A Estatística Básica e Sua Prática

O GEN | Grupo Editorial Nacional – maior plataforma editorial brasileira no segmento científico, técnico e profissional – publica conteúdos nas áreas de ciências exatas, humanas, jurídicas, da saúde e sociais aplicadas, além de prover serviços direcionados à educação continuada e à preparação para concursos.

As editoras que integram o GEN, das mais respeitadas no mercado editorial, construíram catálogos inigualáveis, com obras decisivas para a formação acadêmica e o aperfeiçoamento de várias gerações de profissionais e estudantes, tendo se tornado sinônimo de qualidade e seriedade.

A missão do GEN e dos núcleos de conteúdo que o compõem é prover a melhor informação científica e distribuí-la de maneira flexível e conveniente, a preços justos, gerando benefícios e servindo a autores, docentes, livreiros, funcionários, colaboradores e acionistas.

Nosso comportamento ético incondicional e nossa responsabilidade social e ambiental são reforçados pela natureza educacional de nossa atividade e dão sustentabilidade ao crescimento contínuo e à rentabilidade do grupo.

A Estatística Básica e Sua Prática

DAVID S. MOORE
Purdue University

WILLIAM I. NOTZ
The Ohio State University

MICHAEL A. FLIGNER
The Ohio State University

Tradução e Revisão Técnica
Ana Maria Lima de Farias
D.Sc. – Professora Associada, Universidade Federal Fluminense (UFF)

9ª edição

gen | LTC

- Data do fechamento do livro: 31/05/2023

- **Atendimento ao cliente: (11) 5080-0751 | faleconosco@grupogen.com.br**

- Traduzido de
  THE BASIC PRACTICE OF STATISTICS 9/e
  First published in the United States by W. H. Freeman and Company

  ISBN: 978-1-319-24437-8

  LTC | LIVROS TÉCNICOS E CIENTÍFICOS EDITORA LTDA.
  Uma editora integrante do GEN | Grupo Editorial Nacional
  Travessa do Ouvidor, 11
  Rio de Janeiro – RJ – CEP 20040-040
  www.grupogen.com.br

- Capa: John Callahan

- Adaptação de Capa: Rejane Megale

- Imagem da capa: Gremlin/Getty Images

- Editoração eletrônica: Eramos Serviços Editoriais

- Ficha catalográfica

M813e
9. ed.

Moore, David S.
A estatística básica e sua prática / David S. Moore, William I. Notz, Michael A. Fligner ; tradução Ana Maria Lima de Farias. - 9. ed. - Rio de Janeiro : LTC, 2023.

Tradução de: The basic practice of statistics
Inclui índice
ISBN 9788521638605

1. Estatística. I. Notz, William I. II. Fligner, Michael A. III. Farias, Ana Maria Lima de. IV. Título.

23-84311 CDD: 519.5
CDU: 519.2

Gabriela Faray Ferreira Lopes – Bibliotecária – CRB-7/6643

SUMÁRIO GERAL

*O material marcado com asterisco é opcional e pode ser ignorado sem perda de continuidade

PARTE VI Capítulos Opcionais, e-83

(DISPONÍVEL *ONLINE*)

SUMÁRIO

*O material marcado com asterisco é opcional e pode ser ignorado sem perda de continuidade

Organização de um Problema Estatístico: Um Processo de Quatro Passos

ESTABELEÇA: Qual é a questão prática, no contexto do cenário do mundo real?

PLANEJE: Quais operações estatísticas específicas o problema requer?

RESOLVA: Construa gráficos e faça os cálculos necessários para esse problema.

CONCLUA: Forneça suas conclusões práticas no contexto do mundo real.

Intervalos de Confiança: O Processo de Quatro Passos

ESTABELEÇA: Qual é a questão prática que requer a estimação de um parâmetro?

PLANEJE: Identifique o parâmetro, escolha um nível de confiança e selecione o tipo de intervalo de confiança adequado à sua situação.

RESOLVA: Desenvolva o trabalho em duas etapas:

1. **Verifique** as condições para o intervalo que você pretende usar.
2. Calcule o **intervalo de confiança**.

CONCLUA: Volte à questão prática para descrever seus resultados nesse contexto.

Testes de Significância: O Processo de Quatro Passos

ESTABELEÇA: Qual é a questão prática que requer um teste estatístico?

PLANEJE: Identifique o parâmetro, estabeleça as hipóteses nula e alternativa e selecione o tipo de teste adequado à sua situação.

RESOLVA: Desenvolva o teste em três etapas:

1. **Verifique as condições** para o teste que você pretende usar.
2. Calcule a **estatística de teste**.
3. Encontre o **valor** P.

CONCLUA: Volte à questão prática para descrever seus resultados nesse contexto.

POR QUE VOCÊS FIZERAM ISSO?

Os autores respondem a questões sobre *A Estatística Básica e Sua Prática*

Bem-vindo à nona edição de *A Estatística Básica e Sua Prática*. Como o título sugere, este livro fornece uma introdução à prática da estatística com o objetivo de possibilitar que os estudantes realizem procedimentos estatísticos comuns e sigam o raciocínio estatístico em suas áreas de estudo e em seus futuros empregos.

Não há um único melhor caminho para a organização da apresentação da estatística para iniciantes. Dito isso, nossa escolha reflete o pensamento tanto sobre o conteúdo quanto sobre a pedagogia. A seguir, há comentários sobre várias questões feitas frequentemente sobre a ordem e a seleção do material desta obra.

Por que vocês escreveram *A Estatística Básica e Sua Prática*?

Vários fatores influenciaram a escrita de *A Estatística Básica e Sua Prática*. Programas estatísticos de fácil uso, com ferramentas gráficas, possibilitam aos estudantes explorar e analisar dados por si próprios. Os educadores estatísticos realmente reconheceram que *fazer* estatística – explorar dados, analisar dados, pensar sobre o que os dados nos dizem e avaliar a validade das conclusões que tiramos dos dados – é uma maneira eficaz de *aprender* estatística. Os professores também reconheceram a importância do uso de dados de estudos reais para reforçar o fato de que a estatística é de valor inestimável para responder a questões do mundo real. Finalmente, um curso introdutório de estatística deve mostrar aos estudantes como a estatística é realmente praticada pelos pesquisadores. À época da escrita da primeira edição, poucos, se algum, livros-texto para cursos destinados a estudantes com apenas a álgebra colegial como pré-requisito matemático incorporavam essas ideias.

Com isso em mente, *A Estatística Básica e Sua Prática* foi planejado para refletir a prática real da estatística, em que a análise e o planejamento da produção dos dados se juntam à inferência baseada na probabilidade para formar uma ciência de dados coerente. Esta obra também pretende ser acessível a estudantes de faculdades e universidades com pré-requisitos quantitativos limitados – "apenas álgebra", no sentido de serem capazes de ler e usar equações simples.

Por que devo usar *A Estatística Básica e Sua Prática* para lecionar um curso introdutório de estatística?

A Estatística Básica e Sua Prática se baseia em três princípios: conteúdo equilibrado, experiência com dados e a importância dos conceitos. Esses princípios são amplamente aceitos pelos estatísticos que se preocupam com o ensino e estão diretamente ligados aos temas do College Report of the Guidelines for Assessment and Instruction in Statistics Education (GAISE) Project (Relatório das Universidades sobre o Projeto das Diretrizes para a Avaliação e o Ensino na Educação em Estatística).

As diretrizes GAISE incluem seis recomendações para um curso introdutório em estatística. O conteúdo, a extensão e as características deste livro estão muito alinhados com essas recomendações.

1. *Ensinar o pensamento estatístico.*
   - *Ensinar estatística como um processo investigativo de resolução de problema e tomada de decisão.* Nesta obra, apresentamos um processo de quatro passos para a resolução de problemas estatísticos, que começa pelo estabelecimento da questão prática a ser respondida no contexto do mundo real e termina com uma conclusão prática, geralmente uma decisão a ser tomada no contexto do mundo real. O processo é ilustrado no texto pelo retorno a dados de um estudo em uma série de exemplos e exercícios. Aspectos distintos dos dados são investigados em diferentes exemplos e exercícios, com o objetivo principal de se tomar uma decisão com base no que foi aprendido.
   - *Propiciar aos estudantes experiência com o pensamento multivariado.* O livro expõe os estudantes ao pensamento multivariado bem cedo no texto. Os Capítulos 4, 5 e 6 apresentam aos estudantes os métodos para a exploração de dados bivariados. No Capítulo 7, incluímos dados *online* com muitas variáveis, convidando os estudantes a explorarem aspectos desses dados. No Capítulo 9, discutimos a importância da identificação de muitas variáveis que podem afetar uma resposta e sua inclusão no planejamento de um experimento e a interpretação dos resultados. Na Parte V, disponível *online*, introduzimos os métodos formais de inferência para dados bivariados e, na Parte VI, também *online*, discutimos regressão múltipla, ANOVA de dois critérios e controle estatístico de processo.
2. *Enfatizar a compreensão dos conceitos.* Um primeiro curso de estatística introduz muitas habilidades, desde a construção de um diagrama de ramo e folhas e o cálculo de uma correlação até a escolha e a realização de um teste de significância. Na prática (mesmo que não esteja sempre presente no curso), os cálculos e os gráficos são automatizados. Além disso, qualquer pessoa que faça uso sério da estatística precisará de alguns procedimentos específicos não ensinados em seu curso de estatística da faculdade. Este livro, portanto, enfatiza a compreensão conceitual, tornando claros os padrões mais amplos e as grandes ideias da estatística –

não de maneira abstrata, mas no contexto da aprendizagem de habilidades específicas e do trabalho com dados específicos. Muitos desses conceitos estão resumidos em esboços gráficos. Três dos mais úteis aparecem nestas páginas iniciais, após o sumário do livro. Fórmulas sem princípios orientadores são de pouca utilidade para os estudantes, uma vez passados os exames finais, de modo que é preferível diminuir um pouco o ritmo para explicar os conceitos.

3. *Integrar os dados reais com um contexto e um propósito.* O estudo da estatística pretende ajudar os estudantes a trabalhar com dados em suas variadas disciplinas acadêmicas e, posteriormente, em suas vidas profissionais. Os estudantes aprendem a trabalhar com dados por meio do contato direto com eles. Este livro está repleto de dados de muitas áreas de estudo e da vida cotidiana. Os dados representam mais do que simples números – eles são números dentro de um contexto, cuja função é dar significado aos números e ajudar no estabelecimento de conclusões. Os exemplos e exercícios no livro, embora planejados para iniciantes, usam dados reais e fornecem base suficiente para que os estudantes percebam o significado de seus cálculos.

4. *Favorecer a aprendizagem ativa em sala de aula.* Favorecer a aprendizagem ativa é trabalho do professor, embora a ênfase no trabalho com dados seja útil. Para este fim, foram criados *applets* interativos (conteúdo em inglês) sob nossas especificações que estão disponíveis no *site* do Grupo GEN. Esses *applets* se destinam, principalmente, a ensinar estatística, e não a fazer estatística. Sugerimos que o professor use *applets* selecionados para demonstrações em sala de aula, mesmo que não peça aos estudantes para trabalhar com eles. Os *applets Correlation and Regression* (*Correlação e Regressão*), *Confidence Intervals* (*Intervalos de Confiança*) e *P-Value* (*Valor-P*) de um Teste de Significância, por exemplo, transmitem conceitos fundamentais mais claramente do que muito giz e conversa.

   Para cada capítulo (exceto para os capítulos de revisão) apresentamos, também, um banco de exercícios na *web* (conteúdo em inglês). Nossa intenção é aproveitar o fato de que a maioria dos alunos é "craque na rede". Esses exercícios exigem que o estudante procure, na rede, por dados ou exemplos estatísticos e avalie o que encontrar. Os professores podem usá-los como atividades em sala de aula ou como projetos a serem feitos em casa.

5. *Usar a tecnologia para explorar conceitos e analisar dados.* A automação dos cálculos aumenta a capacidade dos estudantes de completarem os problemas, reduz o sentimento de frustração e os ajuda a se concentrarem nas ideias e no reconhecimento de problemas mais do que na mecânica. No mínimo, os estudantes devem ter uma calculadora com "estatística de duas variáveis" com funções para correlação e reta de regressão de mínimos quadrados, bem como para média e desvio-padrão.

   Muitos professores vão aproveitar a tecnologia mais elaborada, como recomendam ASA/MAA e GAISE, e muitos estudantes que não usam tecnologia em seus cursos de estatística na faculdade usarão (por exemplo) o Excel em seus trabalhos. Esta obra não supõe ou exige o uso de *software*, exceto na Parte V, em que o trabalho, de outro modo, seria muito tedioso; mas ele concilia o seu uso e provê os estudantes com conhecimento que lhes possibilitará ler e usar as saídas de quase qualquer fonte. Há seções regulares "Exemplos de tecnologia" em todo o texto. Cada uma delas apresenta e comenta saídas das mesmas três tecnologias, que representam as calculadoras gráficas (a Texas Instruments TI-83 ou TI-84), as planilhas de cálculo (Microsoft Excel) e um pacote estatístico (JMP, Minitab, R e CrunchIt!). A saída sempre se refere a um dos exemplos principais, de modo que os estudantes poderão compará-la com o texto.

6. *Usar testes para melhorar e avaliar a aprendizagem dos estudantes.* Nos capítulos, alguns poucos exercícios do tipo "Aplique seu conhecimento" seguem cada nova ideia ou habilidade para uma verificação rápida do domínio básico e também para demarcar pequenas quantidades de material a serem assimiladas. Cada uma das quatro primeiras partes do livro termina com um capítulo de revisão que inclui um resumo das habilidades adquiridas, problemas que os estudantes podem usar para se autoavaliarem e vários exercícios suplementares. (Os professores podem abordar alguns ou nenhum dos capítulos na Parte V, de modo que cada um destes inclui um resumo das habilidades.) Os capítulos de revisão apresentam exercícios suplementares sem o contexto de "acabamos de estudar", exigindo, assim, outro nível de aprendizagem. Achamos útil o uso de alguns dos exercícios suplementares. Muitos professores descobrirão que os capítulos de revisão aparecem nos pontos exatos para uma revisão antes de exames. As questões do tipo "Autoteste" podem ser usadas pelo estudante para fazer uma revisão, autoavaliação e preparação para esses exames. Além disso, um material de avaliação na forma de banco de testes (conteúdo em inglês) está disponível *online*, no *site* do GEN.

Por que você escolheu ordenar os tópicos como listados no livro?

Há boas razões pedagógicas para dar início pela análise de dados (Capítulos 1 a 7), em seguida passar à produção de dados (Capítulos 8 a 11) e, então, à probabilidade e à inferência (Capítulos 12 a 27). Ao estudar a análise de dados, os estudantes aprendem imediatamente habilidades úteis e superam um pouco de seu medo da estatística. A análise de dados aparece com muita frequência na mídia hoje em dia, e, com a discussão desse tema, os professores podem associar o material do curso ao interesse atual em análise matemática de dados. A análise de dados é uma introdução necessária à inferência na prática, porque esta última requer dados limpos. A produção planejada de dados é o fundamento mais seguro para inferência, e o uso deliberado do acaso na amostragem aleatória e experimentos comparativos aleatorizados motiva o estudo da probabilidade em um curso que enfatiza a estatística orientada pelos dados. *A Estatística Básica e Sua Prática* apresenta de maneira completa a probabilidade e a inferência básicas (16 dos 27 capítulos no texto impresso), mas as coloca no contexto da estatística como um todo.

Por que a distinção entre população e amostra não aparece na Parte I?

Há mais coisas em relação à estatística do que inferência. De fato, a inferência estatística só é apropriada em circunstâncias muito especiais. Os capítulos da Parte I apresentam ferramentas e estratégias para a descrição de dados – quaisquer dados. Essas ferramentas e estratégias não dependem do conceito de inferência para a população a partir da amostra. Muitos conjuntos de dados nesses capítulos (por exemplo, os vários conjuntos de dados sobre os 50 estados) não se prestam à inferência porque representam uma população inteira. Do mesmo modo, diversos grandes conjuntos de dados são também considerados informação sobre uma população inteira, para os quais a inferência formal pode não ser adequada. John Tukey, do Bell Labs e da Princeton University, o filósofo da análise de dados moderna, insistia que se evitasse a distinção população-amostra quando não fosse relevante. Ele usou a palavra *lote* para conjuntos de dados em geral. Não vemos necessidade de uma palavra especial, mas pensamos que Tukey estava certo.

Por que não iniciar com a produção de dados?

Preferimos começar com a exploração de dados (Parte I), uma vez que a maioria dos estudantes usará a estatística principalmente em contextos diferentes dos estudos de pesquisa planejados em suas vidas profissionais. Colocamos o planejamento da produção de dados (Parte II) após a análise de dados para enfatizar que as técnicas da análise de dados se aplicam a quaisquer conjuntos de dados. No entanto, é igualmente razoável começar pela produção de dados; o fluxo natural de um estudo planejado vai do delineamento à análise de dados e, depois, à inferência. Como os professores têm opiniões fortes e diferentes sobre essa questão, esses dois tópicos são agora as duas primeiras partes do livro, com o texto sendo escrito de modo a poder começar tanto na Parte I quanto na Parte II, mantendo-se, no entanto, a continuidade do material.

Outra razão para iniciarmos com a exploração de dados é proporcionar aos estudantes experiência ao explorar dados e pensar sobre como interpretar o que encontraram. Essa experiência propicia um contexto para ilustrar como a produção de dados afeta a confiabilidade das conclusões que se podem tirar deles.

Por que as distribuições Normais aparecem na Parte I?

As curvas de densidade, como as curvas Normais, são apenas outra ferramenta para descrever a distribuição de uma variável quantitativa, juntamente com diagramas de ramo e folhas, histogramas e diagramas em caixa. Programas computacionais estatísticos profissionais oferecem a opção de construção de curvas de densidade para os dados, do mesmo modo que oferecem histogramas. Preferimos não sugerir que esse assunto esteja essencialmente ligado à probabilidade, como o faz a ordem tradicional. E consideramos muito útil quebrar o amontoado indigesto de probabilidade que tanto perturba os estudantes. O contato com distribuições Normais desde o início tem esse efeito e reforça a maneira de abordar probabilidade, segundo a qual "distribuições de probabilidade são como distribuições de dados".

Por que não adiar correlação e regressão para o fim do curso, como é feito tradicionalmente?

A obra inicia oferecendo experiência de trabalho com dados e fornece uma estrutura conceitual dessa parte não matemática, mas essencial, da estatística. Os estudantes se beneficiam dessa maior experiência com os dados e de ver a estrutura conceitual trabalhada em relações entre variáveis, bem como na descrição de dados de uma única variável. Correlação e regressão de mínimos quadrados são ferramentas descritivas muito importantes, geralmente usadas em contextos em que não há distinção população-amostra, tais como em estudos sobre todos os empregados de uma empresa. Talvez o mais importante, a abordagem do livro exige que os estudantes pensem sobre o tipo de relação existente por trás dos dados (confundimento, variáveis ocultas, associação não implica causação, e assim por diante), sem sobrecarregá-los com as demandas dos métodos formais de inferência. A inferência no contexto da correlação e regressão é um tanto complexa, exige uso de *software* e, em geral, é ensinada bem ao final do curso. Consideramos que retardar toda a menção da correlação e regressão para tal ponto significa que os estudantes, em geral, não dominam as propriedades e os usos básicos desses métodos. Julgamos os Capítulos 4 e 5 (sobre correlação e regressão) essenciais e o Capítulo 26 (sobre inferência para regressão), opcional.

Por que usar os procedimentos *z* para uma média populacional para introduzir o raciocínio da inferência?

Esse é um problema pedagógico, não uma questão de estatística na prática. As duas escolhas mais populares para a introdução da inferência são z para uma média e z para uma proporção. (Outra opção é reamostragem e testes de permutação. Incluímos material sobre esses tópicos, mas não os usamos para a introdução da inferência.)

Consideramos z para médias um pouco mais acessível para os estudantes. Positivamente, podemos dizer, de início, que exploramos o raciocínio da inferência no contexto mais simples, descrito no boxe da página 297, Capítulo 16, intitulado

"Condições simples para inferência sobre uma média". Como esse boxe sugere, população exatamente Normal e amostra aleatória simples (AAS) real são tão irreais quanto s conhecido. Todos os problemas da prática - robustez contra falta de Normalidade e aplicação quando os dados não são uma AAS, bem como a necessidade de estimar s - são adiados até que, com o raciocínio em mãos, possamos discutir os procedimentos t úteis na prática. Essa separação do raciocínio inicial da prática mais elaborada funciona bem.

Negativamente, começar com inferência para p introduz muitos problemas colaterais: nenhuma distribuição amostral Normal exata, mas uma aproximação Normal para uma distribuição discreta; uso de $\hat{p}$ tanto no numerador quanto no denominador da estatística de teste para estimar o parâmetro p e o próprio desvio-padrão de $\hat{p}$; perda da relação direta entre teste e intervalo de confiança; e a necessidade de evitar tamanhos amostrais pequenos e moderados, porque a aproximação para o teste é bastante não confiável.

Há vantagens em começar com inferência para p. Começar com z para médias exige grande quantidade de tempo, e as ideias precisam ser rearranjadas com a introdução dos procedimentos t. Muitos professores enfrentam a pressão de departamentos de clientes para cobrir uma grande quantidade de material em um único semestre. A eliminação da cobertura do "não realista" z para médias com variância conhecida permite que os professores cubram aplicações da inferência adicionais, mais realistas. Também, muitos professores acreditam que proporções são mais simples e mais familiares para os estudantes do que médias.

Por que não incluir o tópico X?

Textos introdutórios não devem ser enciclopédicos. Escolhemos tópicos com base em dois critérios: tópicos mais comumente usados na prática e veículos adequados para a aprendizagem dos conceitos estatísticos mais amplos. Estudantes que tiverem estudado por completo a parte essencial do livro, Capítulos 1 a 12 e 15 a 24, terão pouca dificuldade ao passarem para métodos mais elaborados. Os Capítulos 25 a 27 oferecem uma escolha de tópicos ligeiramente mais avançados, bem como os Capítulos 28 a 32, todos estes disponíveis *online* no *site* do GEN.

Por que alguns capítulos e seções são listados como opcionais?

Muitos leitores pediram que incluíssemos o conteúdo listado como opcional. No entanto, como mencionado anteriormente, muitos professores enfrentam a pressão de departamentos de clientes para que cubram diversos tópicos em um único semestre. Identificamos materiais que podem ser seguramente omitidos, pois não são exigidos para partes posteriores do livro. Os professores podem cobrir esse conteúdo opcional, se desejarem, mas também podem omiti-lo para cobrir tópicos que os departamentos de clientes tiverem pedido.

O conteúdo que designamos como opcional não é menos importante do que outro material no livro. Por exemplo, muitos professores podem desejar cobrir os Capítulos 6 e 25 por considerarem as relações entre variáveis categóricas um tópico essencial para seus estudantes.

Apreciamos a oportunidade de, mais uma vez, repensar como ajudar estudantes iniciantes a alcançar o domínio prático da estatística básica. O que os estudantes realmente aprendem não é igual ao que nós, professores, pensam ter "abordado"; assim, a virtude de se concentrar no essencial é considerável. Esperamos que esta nova edição de *A Estatística Básica e Sua Prática* ofereça um misto de habilidades concretas e conceitos claramente explicados que ajudarão os professores a guiar seus alunos na direção de um conhecimento útil.

PREFÁCIO

Ênfase na resolução de problema e a tomada de decisão no mundo real

A nona edição de *A Estatística Básica e Sua Prática* ensina o pensamento estatístico por meio de um processo investigativo de resolução de problema com pedagogia, planejado para ajudar estudantes de todos os níveis. Exemplos e exercícios de uma variedade de áreas usam dados reais e atuais para propiciar ao estudante um entendimento sobre como os dados são usados para a tomada de decisão no mundo real.

A Estatística Básica e Sua Prática conecta a confiável abordagem de Quatro Passos para resolução de problema e exemplos do mundo real a ricas fontes digitais que garantem compreensão e facilitam a prática da estatística.

Visão geral das características-chave

Apoio para os estudantes em todas as páginas

- Exemplos de **resolução de problema em quatro passos** guiam os estudantes por meio do processo de quatro passos para o trabalho com problemas estatísticos: Estabeleça, Planeje, Resolva e Conclua. Os estudantes são instruídos a aplicarem esse processo em exercícios designados.
- Os exercícios "**Aplique seu conhecimento**" no final de cada seção encorajam os estudantes a ler ativamente e a sedimentar novos conceitos, aplicando-os à medida que aprendem.
- **Exemplos de tecnologia**, localizados onde mais apropriado, apresentam e comentam as saídas de programas estatísticos populares (notadamente Excel, Minitab, JMP e R) e das calculadoras gráficas TI 83/84 no contexto dos exemplos trabalhados. Os estudantes aprendem a interpretar saídas de qualquer pacote estatístico padrão.
- **Boxes de definição e teorema** alertam os estudantes para os principais conceitos, termos e procedimentos.
- **Boxes de atenção** avisam os estudantes sobre erros comuns e conceitos equivocados.
- **Estatística no mundo real** são notas que conectam ainda mais os tópicos estatísticos ao mundo real, realçando exemplos e aplicações interessantes de uma variedade de áreas.
- Os temas principais do texto estão fortemente **alinhados com as diretrizes do GAISE** (Guidelines for Assessment and Instruction in Statistics Education College Report).

Novidades da nona edição

- Os exemplos e exercícios enfatizam claramente a **chegada a conclusões e tomada de decisões** com base na exploração dos dados e inferência estatística.
- Resumos dos capítulos são apresentados em tópicos, e o item "Revisão das habilidades" (nos capítulos de revisão) se referem às seções relevantes do capítulo para **ajudar os estudantes a verificar seu conhecimento e revisar o conteúdo para exames.**
- Os dados em exemplos e exercícios foram **atualizados por relevância**, e novos exemplos e exercícios exploram **problemas atuais**, como uso das mídias sociais.
- Apresentados em negrito, **os termos-chave são definidos claramente** no texto para a construção do entendimento sem focar no vocabulário.

Foco na Resolução de Problema em Quatro Passos

Ampliado na nona edição

Instrumentaliza os estudantes para resolver problemas estatísticos complexos

O reconhecimento de qual abordagem usar e como começar a resolver um problema é, em geral, desafiador para os estudantes de estatística. David Moore e William Notz reduzem o estresse do estudante e apoiam a aprendizagem com o uso de uma estrutura de resolução de problema em todo o texto de *A Estatística Básica e Sua Prática*.

A organização de um problema estatístico: um processo de quatro passos

ESTABELEÇA: Qual é a questão prática, no contexto do cenário do mundo real?

PLANEJE: Quais operações estatísticas específicas esse problema requer?

RESOLVA: Construa gráficos e faça os cálculos necessários para esse problema.

CONCLUA: Forneça suas conclusões práticas no cenário do mundo real.

EXEMPLO 4.3 Escores estaduais do teste SAT de matemática

4 PASSOS A Figura 1.8 nos mostra que, em alguns estados, a maioria dos egressos do Ensino Médio faz o SAT para entrar na universidade e, em outros estados, a maioria faz o ACT. Quem faz esse ou aquele teste pode influenciar o escore médio. Vamos seguir nosso processo de quatro passos para analisar essa influência.[2]

SATMAT **ESTABELEÇA:** o percentual de estudantes do Ensino Médio que fazem o SAT varia de estado para estado. Esse fato ajuda a explicar as diferenças entre os estados relativas à média do escore SAT de matemática?

PLANEJE: examine a relação entre o percentual de estudantes que fazem o SAT e o escore médio do estado na parte de matemática do SAT. Escolha as variáveis explicativa e resposta. Faça um *diagrama de dispersão* para mostrar a relação entre as variáveis. Interprete o diagrama para entender a relação.

RESOLVA (faça o diagrama): suspeitamos que o "percentual dos que fazem o teste" ajudará a explicar o "escore médio". Portanto, "percentual dos que fazem o teste" é a variável explicativa, e "escore médio" é a variável resposta. Queremos ver como o escore médio varia quando o percentual dos que fazem o teste varia; logo, colocamos esse percentual (a variável explicativa) no eixo horizontal. A Figura 4.1 é o diagrama de dispersão. Cada ponto representa um único estado. Em Nevada, por exemplo, 23% fizeram o SAT, e a média do escore SAT de matemática foi 566. Ache 23 no eixo x (horizontal) e 566 no eixo y (vertical). Nevada aparece como o ponto (23, 566) acima de 23 e à direita de 566.

CONCLUA: exploraremos as conclusões no Exemplo 4.4.

"*A Estatística Básica e Sua Prática* tem uma grande história e melhora a cada edição. [O livro] sempre tem uma apresentação aprimorada com excelentes explicações."

—Patricia Buchanan, *Professora, Pennsylvania State University*

AGRADECIMENTOS

Agradecemos aos colegas de faculdades e de universidades que revisaram e fizeram comentários sobre a edição anterior de *A Estatística Básica e Sua Prática*, no preparo para esta edição, ou que comentaram sobre o manuscrito da nona edição.

Todd Burus, Eastern Kentucky University
Rita Chattopadhyay, Eastern Michigan University
Elijah Dikong, Michigan State University
Kimberly Druschel, Saint Louis University
Cathy Frey, Norwich University
Petre Ghenciu, University of Wisconsin–Stout
Billie-Jo Grant, California State Polytechnic University
Mark Hardwidge, Danville Area Community College
Lisa Kay, Eastern Kentucky University
Michael Macon, Green River Community College
Connie Marberry, Kirkwood Community College
Andrew McDougall, Montclair State University
Juli Moore, Oregon State University
Roland Moore, Florida State University
Thomas Oliveri, University of Massachusetts–Lowell
Christina Pierre, Saint Mary's University of Minnesota
Mohammed Quasem, University of South Carolina
Joshua Roberts, Georgia Gwinnett College
N. Paul Schembari, East Stroudsburg University
Hilary Seagle, Southwestern Community College
Kristi Spittler-Brown, Arkansas Tech University
Tim Swartz, Simon Fraser University
Susan Toma, Madonna University
Carol Weideman, St. Petersburg College

Estendemos nossos agradecimentos a Sarah Seymour, Debbie Hardin, David Dietz, Katrin Mangold, Catriona Kaplan, Andy Newton, Justin Jones, Lisa Kinne, Edward Dionne, Paul Rohloff, Diana Blume, John Callahan, Vicki Tomaselli e outros profissionais editoriais que contribuíram para o desenvolvimento, projeto, produção e coesão deste livro e de seus recursos *online*.

Jack Miller e Mark McKibben devem ser reconhecidos pelo seu trabalho nos manuais de soluções, bem como nas respostas no final do livro e nas avaliações de exercícios –, oferecendo seu conhecimento em estatística e sua dedicação à educação. John Samons não poupou esforços para garantir a precisão, o fluxo e a consistência da apresentação no texto, nas respostas no final do livro e nas soluções completas. Agradecemos a vocês três por abraçarem o projeto com o espírito e a colaboração de um time.

Estendemos, também, nossa gratidão aos seguintes colaboradores que contribuíram com sua *expertise* nos recursos para professor e estudante para esta edição:

- Nicole Dalzell, Wake Forest University, revisou as *Clicker Questions* e o *Test Bank*.
- Terri Rizzo, Lakehead University, revisou a precisão das *Clicker Questions, Practice Quizzes* e *Test Bank*.
- Mark Gebert, University of Kentucky, revisou os *Lecture Slides* e os *Practice Quizzes*.
- Michelle Duda, Columbus State Community College, revisou o *Instructor's Guide*.
- Karen Starin, Columbus State Community College, revisou a precisão do *Instructor's Guide*.

Gostaríamos de agradecer a Robert Wolf, University of San Francisco; Eugene Komaroff, Keiser University; Stephen Doty; e Aaron Gladish por apontar erros na edição anterior e por sugestões úteis.

Partes da informação contida neste livro foram impressas com a permissão do Minitab, LLC. Esse material permanece propriedade e com direito de cópia exclusivos de Minitab, LLC. Todos os direitos reservados.

Finalmente, estamos em débito com: os muitos professores de estatística com os quais discutimos o ensino do tema deste livro durante muitos anos; pessoas de diversas áreas com quem trabalhamos para entender os dados; e, especialmente, os estudantes cujos cumprimentos e queixas mudaram e melhoraram nossa maneira de ensinar. O trabalho com professores, colegas de outras disciplinas e estudantes nos lembra, constantemente, da importância da nossa própria experiência com dados e do pensamento estatístico, em uma era em que as rotinas de computadores nos dão rapidamente os detalhes estatísticos.

David S. Moore
William I. Notz

SOBRE OS AUTORES

David S. Moore é Professor Emérito de Estatística da Purdue University, tendo recebido o título de Professor Honorário Shanti S. Gupta; em 1998, foi o presidente da American Statistical Association. Recebeu seu A.B. da Princeton University e seu PhD na Cornell University, ambos em matemática. Escreveu muitos artigos de pesquisa em teoria estatística e trabalhou nas equipes editoriais de vários importantes periódicos. O professor Moore é *fellow* eleito da American Statistical Association e do Institute of Mathematical Statistics e membro eleito do International Statistical Institute. Trabalhou como diretor do programa de estatística e probabilidade na National Science Foundation.

Recentemente, ele tem dedicado sua atenção ao ensino de estatística. Foi o desenvolvedor de conteúdo para o telecurso de nível superior *Against All Odds: Inside Statistics*, da Annenberg/Corporation for Public Broadcasting, e para a série de módulos de vídeos *Statistics: Decisions through Data*, destinada a ajudar o ensino de estatística nas escolas. É autor de artigos influentes em educação estatística e de vários importantes livros-texto. Professor Moore foi presidente da International Association for Statistical Education e recebeu o prêmio nacional da Mathematical Association of America pela excelência no ensino de matemática em faculdades e universidades.

William I. Notz é Professor Emérito da Ohio State University. Recebeu seu B.S. em Física na Johns Hopkins University e seu PhD em matemática na Cornell University. Seu primeiro trabalho acadêmico foi como professor assistente no Departamento de Estatística da Purdue University, onde lecionou o curso introdutório de conceitos estatísticos com o professor Moore e desenvolveu interesse pela educação estatística. Professor Notz é coautor da *Eletronic Encyclopedia of Statistical Examples and Exercises* e coautor de *Statistics: Concepts and Controversies*. Seus interesses de pesquisa se concentram em planejamento experimental e experimentos computacionais. Ele é autor de vários artigos de pesquisa e de um livro sobre planejamento e análise de experimentos computacionais. Também é *fellow* eleito da American Statistical Association e foi editor dos periódicos *Technometrics* e *Journal of Statistics Education*. Na The Ohio State University, foi diretor do Statistical Consulting Service, membro ativo do Departamento de Estatística e reitor associado do College of Mathematical and Physical Sciences. Recebeu o Prêmio The Ohio University Alumni Distinguished Teaching.

MATERIAL SUPLEMENTAR

Este livro conta com os seguintes materiais suplementares:

Material de acesso livre, mediante uso do PIN:

- Parte V (Capítulos 25 ao 27).
- Parte VI (Capítulos 28 ao 32).
- Notas e Fontes de Dados.
- Conjunto de Dados (conteúdo em inglês).
- Test Bank (conteúdo em inglês).

Material restrito a docentes:

- Figuras da obra em formato de apresentação.
- Instructor's Guide (conteúdo em inglês).
- Lecture Slides (conteúdo em inglês).

O acesso ao material suplementar é gratuito. Basta que o leitor se cadastre, faça seu *login* em nosso *site* (www.grupogen.com.br) e, após, clique em Ambiente de aprendizagem. Em seguida, insira no canto superior esquerdo o código PIN de acesso localizado na orelha deste livro.

O acesso ao material suplementar online fica disponível até seis meses após a edição do livro ser retirada do mercado.

Caso haja alguma mudança no sistema ou dificuldade de acesso, entre em contato conosco (gendigital@grupogen.com.br).

A Estatística Básica e Sua Prática

m-imagephotography/iStock

CAPÍTULO

0

Introdução

Após leitura do capítulo, você será capaz de:

0.1 Descrever como o método usado para a coleta de dados pode afetar a confiabilidade das conclusões neles baseadas.

0.2 Reconhecer que examinar os dados pela construção de gráficos e resumos numéricos é a melhor maneira para começar a maioria das análises de dados.

0.3 Descrever as relações entre variação nos dados, incerteza nas conclusões a que podemos chegar a partir dos dados e estatística.

Neste capítulo, começamos a pensar sobre como os dados podem ser usados para responder a questões práticas. Apontamos alguns problemas importantes sobre os dados e seu uso, que exploraremos em detalhe nos capítulos posteriores.

Quais as músicas mais pedidas da semana? SoundScan sabe. O SoundScan coleta dados eletronicamente das caixas registradoras em mais de 39 mil lojas de varejo em todo o mundo[1] e também coleta dados de vendas por download de sites da Internet. Quando você compra um CD ou baixa uma música, o escâner da caixa registradora ou do site está provavelmente comunicando ao SoundScan sua compra. O SoundScan fornece essa informação à *Billboard* Magazine, à MTV e ao *website* VH1, bem como às gravadoras e aos agentes dos artistas.

As mulheres devem tomar hormônios, como estrogênio, após a menopausa, quando a produção natural desses hormônios termina? Em 1992, várias das principais organizações médicas disseram "sim". Em particular, as mulheres que tomaram hormônios pareciam ter reduzido sua chance de ataques do coração em 35 a 50%. O risco da ingestão de hormônios parecia pequeno comparado aos benefícios. Mas, em 2002, o órgão norte-americano National Institutes of Health declarou que essas conclusões estão erradas. O uso de hormônios após a menopausa imediatamente despencou. Ambas as recomendações se baseavam em estudos exaustivos. O que aconteceu?

O clima global está esquentando? Está se tornando mais extremo? Uma esmagadora maioria de cientistas agora concorda que a Terra está passando por mudanças climáticas importantes. Enormes quantidades de dados estão sendo continuamente coletadas das estações de tempo, satélites, e outras fontes que monitoram fatores tais como a temperatura na superfície da terra e do mar, precipitação, atividade solar, e a composição química do ar e da água. Os modelos climáticos incorporam essa informação para fazer projeções da futura mudança climática, e podem nos ajudar a entender a eficácia de soluções propostas.

SoundScan, estudos médicos e pesquisa climática produzem, todos, dados (fatos numéricos) – e muitos deles. O uso eficaz de dados é uma parte crescente da maioria das profissões, e a reação aos dados é parte da vida diária. De fato, definimos a **estatística** como *a ciência do aprendizado a partir dos dados.*

Embora os dados sejam números, eles não são "apenas números". *Dados são números com um contexto.* O número 8,5, por exemplo, não contém, ele mesmo, qualquer informação. Mas, se soubermos que o bebê de uma amiga pesou 3,85 quilos ao nascer, a congratulamos pelo tamanho saudável do bebê. O contexto exige nosso conhecimento prévio e nos permite fazer julgamentos. Sabemos que um bebê pesando 3,85 quilos está um pouco acima da média e é pouco provável que um bebê humano pese 240 gramas ou 8,5 quilos. O contexto torna o número informativo.

Dados são usados para responder a questões práticas. Para obtermos uma ideia sobre os dados, construímos gráficos e fazemos cálculos. Mas gráficos e cálculos são guiados pelos modos de pensar que resultam de um senso comum refinado. Iniciemos nosso estudo de estatística com um olhar informal sobre alguns princípios do pensamento estatístico.[2]

0.1 O modo como os dados foram obtidos importa

Embora os dados possam ser coletados de variadas maneiras, o tipo de conclusão a que se pode chegar a partir deles depende de como os dados foram obtidos. *Estudos observacionais* e *experimentos* são dois métodos comuns de coleta de dados. Vamos olhar mais de perto para os dados de reposição hormonal para entender as diferenças.

EXEMPLO 0.1 Terapia de reposição hormonal

O que há por trás do vai e vem dos conselhos dados às mulheres sobre reposição hormonal? A evidência a favor da reposição hormonal resultou de vários estudos observacionais que compararam mulheres que estavam tomando hormônio com outras que não estavam. Mas as mulheres que escolhem tomar hormônio são muito diferentes daquelas que não tomam: elas tendem a ter mais escolaridade e a ser mais ricas. Por isso, como um grupo, elas são mais proativas em relação ao cuidado com a saúde e têm a motivação e os meios para procurar cuidado preventivo de saúde, incluindo dietas mais saudáveis e aumento de exercícios. Não é de surpreender que o grupo que toma mais cuidado com a saúde tenha menos ataques cardíacos.

Estudos observacionais grandes e cuidadosos são caros, mas são mais fáceis de serem feitos do que experimentos cuidadosos. Experimentos não deixam as mulheres decidirem o que fazer. Eles prescrevem às mulheres a reposição hormonal ou pílulas inócuas que se parecem e têm o mesmo gosto que as pílulas de hormônio. Essa prescrição das mulheres a cada tratamento é feita pela jogada de uma moeda, de modo que todos os tipos de mulheres têm a mesma chance de receber qualquer um dos tratamentos. Agora, as mulheres no grupo que recebe a terapia hormonal não serão necessariamente mais educadas ou mais ricas do que as mulheres que não recebem a terapia hormonal. Parte da dificuldade de um bom experimento é persuadir as mulheres a aceitarem o resultado – invisível para elas – da jogada da moeda. Em torno de 2002, vários experimentos concordaram que a reposição hormonal *não* reduz o risco de ataques do coração, pelos menos para mulheres mais velhas. Em face dessa melhor evidência, as autoridades médicas mudaram suas recomendações.[3]

Mulheres que escolhem a reposição hormonal após a menopausa eram, na média, mais bem educadas e mais ricas do que aquelas que não escolheram a terapia. Não é de admirar que elas tivessem menos ataques do coração. Não podemos concluir que a reposição hormonal reduz ataques do coração só porque vimos essa relação nos dados. Nesse exemplo, educação e riqueza são fatores de fundo, que ajudam a explicar a relação entre reposição hormonal e boa saúde.

Crianças que jogam futebol se saem melhor na escola (na média) do que as que não jogam. Isso significa que jogar futebol aumenta as notas na escola? Crianças que jogam futebol tendem a ter pais prósperos e bem-educados. Uma vez mais, educação e poder aquisitivo são fatores de fundo que ajudam a explicar a relação entre futebol e boas notas.

Quase todas as relações entre duas características observadas, ou "variáveis", são influenciadas por outras variáveis ocultas ao fundo. Para compreender a relação entre duas variáveis, você deve sempre olhar para outras variáveis. Estudos estatísticos cuidadosos tentam pensar e medir possíveis *variáveis ocultas* para fazer a correção em relação a sua influência. Como a saga do hormônio ilustra, isso nem sempre funciona bem. Reportagens jornalísticas, em geral, ignoram as variáveis ocultas que podem arruinar uma boa manchete como "Jogar futebol pode melhorar suas notas". O hábito de perguntar "O que pode estar por trás dessa relação?" é parte do pensar estatisticamente.

Naturalmente, estudos observacionais são frequentemente úteis. Por meio deles, podemos aprender como os chimpanzés se comportam na floresta, ou que tipo de música vendeu mais na semana passada, ou qual foi o percentual de trabalhadores desempregados no último mês. Os dados do SoundScan sobre música popular e os dados do governo sobre taxas de emprego e desemprego se originam de *pesquisas amostrais*, um tipo importante de estudo observacional que escolhe uma parte (amostra) para representar um conjunto maior. As pesquisas de opinião entrevistam talvez 1000 dos 254 milhões de adultos nos EUA para informar a visão do público sobre assuntos atuais. Podemos confiar nesses resultados? Veremos que não se trata de uma simples questão de sim ou não. Vamos apenas dizer que as taxas de desemprego do governo são muito mais confiáveis do que os resultados de pesquisas de opinião – e não apenas porque o Bureau of Labor Statistics entrevista 60 mil e não apenas mil famílias. Podemos, no entanto, dizer de imediato que algumas amostras *não* são confiáveis. Considere a seguinte pesquisa de opinião com resposta voluntária.

EXEMPLO 0.2 Você teria filhos de novo?

A colunista Ann Landers uma vez perguntou a seus leitores: "Se você pudesse fazer tudo de novo, você teria filhos?" Algumas semanas mais tarde, sua coluna tinha a seguinte manchete: "70% DOS PAIS DISSERAM QUE CRIANÇAS NÃO VALEM A PENA." Na verdade, 70% de quase 10 mil pais que escreveram disseram que não teriam filhos, se pudessem escolher de novo. Esses 10 mil pais estavam aborrecidos com seus filhos o bastante para escreverem a Ann Landers. Por isso, as opiniões desses pais não são *representativas* dos pais em geral. A maioria dos pais está feliz com seus filhos e não se preocupa em escrever.

Em 24 de agosto de 2011, Abigail Van Buren (irmã gêmea de Ann Landers) voltou a essa questão em sua coluna "Dear Abby". Uma leitora perguntou: "Estive pensando sobre quando a informação foi coletada e quais foram os resultados das pesquisas, e sobre se a mesma pergunta fosse feita hoje, o que a maioria de seus leitores responderia."

A Sra. Van Buren respondeu: "Os resultados foram considerados chocantes àquela época porque a maioria dos respondentes disse que NÃO teria filhos se tivesse que fazer tudo de novo. Estou registrando sua pergunta porque será interessante ver se os sentimentos mudaram nesses anos que se passaram."

Em outubro de 2011, a Sra. Van Buren escreveu que, dessa vez, a maioria dos respondentes disse que teria filhos de novo. Isso é encorajante, mas isso foi, de novo, uma pesquisa com resposta voluntária!

Amostras estatisticamente planejadas, mesmo pesquisas de opinião, não deixam que as pessoas sejam voluntárias para a amostra. São entrevistadas pessoas selecionadas ao acaso de forma impessoal, de modo que todas as pessoas têm igual oportunidade de estar na amostra. Pesquisa com essa característica mostrou que 91% dos pais *teriam* filhos de novo. *A procedência dos dados importa muito.* Se você for descuidado na obtenção dos dados, você pode anunciar 70% de "Não" quando a verdade é próxima de 90% de "Sim". A compreensão da importância da procedência dos dados e sua relação com as conclusões a que se pode chegar é parte importante do aprender a pensar estatisticamente.

0.2 Sempre olhe os dados

Yogi Berra, o jogador de beisebol no *Hall of Fame* do New York Yankees, disse: "Você pode observar muito, apenas olhando." Esse é um moto para se aprender a partir dos dados. *Alguns poucos gráficos escolhidos cuidadosamente são sempre mais instrutivos do que grandes pilhas de números.* Considere o resultado da eleição presidencial de 2000 na Flórida.

O gráfico pede uma explicação. Acontece que o condado de Palm Beach usou uma cédula de votação confusa, em forma de "borboleta", na qual os nomes dos candidatos apareciam à

EXEMPLO 0.3 Condado de Palm Beach

As eleições, em geral, não terminam muito próximas de empate: depois de muita recontagem, funcionários do estado declararam que George Bush ganhara na Flórida por 537 votos em mais de 6 milhões de votos apurados. O voto da Flórida decidiu a eleição presidencial de 2000 e fez George Bush presidente em vez de Al Gore. Vamos examinar alguns dados. A Figura 0.1 mostra um gráfico que apresenta os votos para o candidato do terceiro partido Pat Buchanan

FIGURA 0.1
Votos na eleição presidencial de 2000 para Al Gore e Patrick Buchanan nos 67 condados da Flórida. O que aconteceu no condado de Palm Beach?

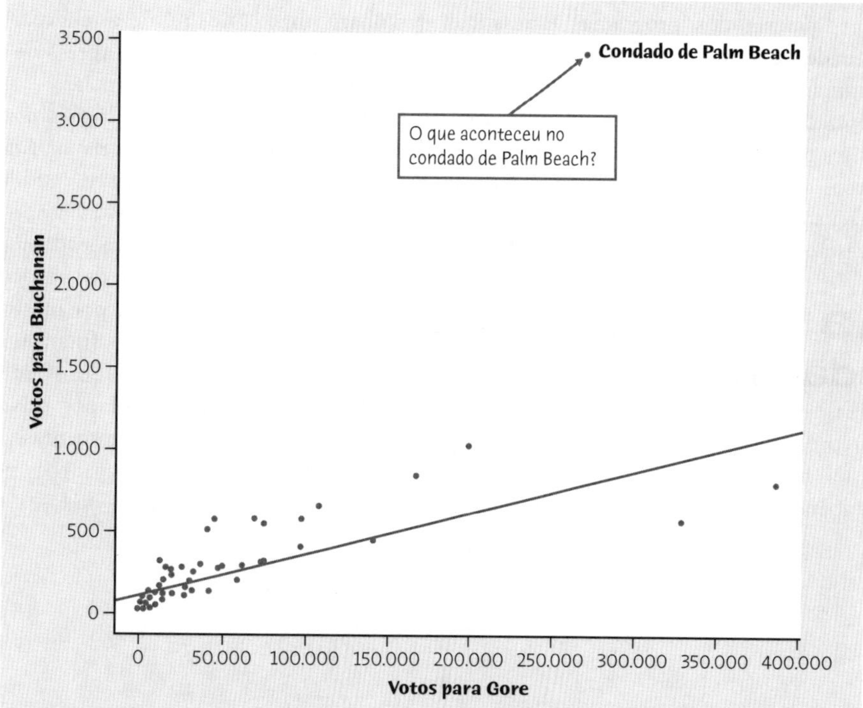

versus votos para o candidato democrata Al Gore, nos 67 condados da Flórida.

O que aconteceu no condado de Palm Beach? A pergunta salta do gráfico. Nesse condado grande e altamente democrata, um candidato conservador do terceiro partido se saiu muito melhor em relação ao candidato democrata do que em qualquer outro condado. Os pontos para os outros 66 condados mostram ambos os candidatos crescendo juntos em um padrão próximo ao de uma reta. Ambas as contagens crescem à medida que cresce a população. Com base nesse padrão, esperaríamos que Buchanan recebesse cerca de 800 votos no condado de Palm Beach. Ele recebeu, na verdade, mais de 3.400 votos. Essa diferença determinou o resultado da eleição na Flórida e no país.

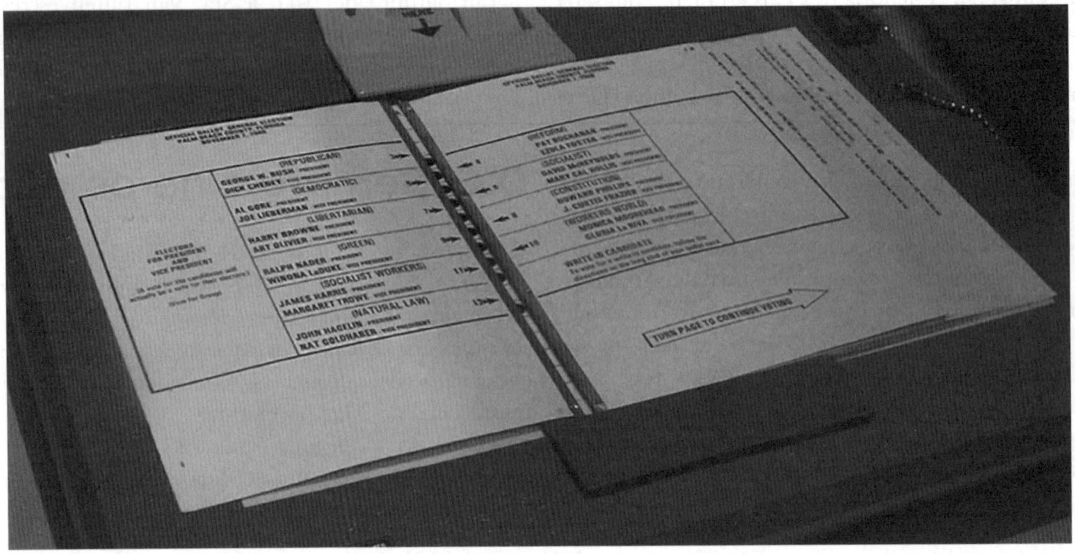

ROBERT DUYOS/Newscom/Tribune News Service/PALM BEACH/FL/USA

direita e à esquerda da cédula e a escolha a ser indicada em uma coluna no centro (ver figura). Seria fácil para um eleitor que quisesse votar em Al Gore se confundir e votar em Buchanan. O gráfico é evidência convincente de que isso, de fato, aconteceu.

A maioria dos programas estatísticos desenhará uma variedade de gráficos com alguns poucos comandos simples. Examinar seus dados com gráficos e resumos numéricos apropriados é o ponto certo por onde começar a maioria das análises de dados. Esses podem, em geral, revelar importantes padrões ou tendências que ajudarão na compreensão sobre o que seus dados têm a dizer e, finalmente, ajudá-lo a responder à questão que o levou a examinar os dados.

0.3 A variação está em toda parte

Os representantes de vendas de uma companhia participam de sua reunião mensal. O gerente de vendas se levanta. "Parabéns! Nossas vendas subiram 2% neste mês, de modo que estamos tomando champanhe nesta manhã. Vocês se lembram de que, quando nossas vendas baixaram 1% no mês anterior, eu despedi metade de nossos representantes." Essa situação é apenas um pouco exagerada. Muitos gerentes reagem exageradamente a pequenas variações de curto prazo nos números-chave. Aqui está Arthur Nielsen, antigo diretor da maior empresa de pesquisa de mercado do país, relatando sua experiência:

> *Muitos empresários de negócios dão valor igual a todos os números impressos em um papel. Eles aceitam os números como a Verdade e acham difícil trabalhar com o conceito de probabilidade. Não enxergam um número como uma abreviatura para um intervalo que descreve nosso real conhecimento da condição subjacente.*[4]

Dados de negócios, tais como vendas e preços, variam mês a mês, por motivos que vão desde o clima, passam pelas dificuldades financeiras do cliente, até os inevitáveis erros na coleta de dados. O desafio do gerente é dizer quando há um padrão real por trás da variação. Veremos que a estatística fornece ferramentas para a compreensão da variação e para a procura de padrões por trás da cortina da variação. Vejamos mais alguns dados.

EXEMPLO 0.4 O preço da gasolina

A Figura 0.2 mostra o preço médio de um galão de gasolina regular sem chumbo em cada semana, desde agosto de 1990 até agosto de 2019.[5] Certamente há variação! Mas um olhar mais cuidadoso mostra um padrão anual: os preços da gasolina sobem durante a temporada de viagens no verão, e depois caem no outono. Sobre esse padrão regular, vemos os efeitos dos acontecimentos internacionais. Por exemplo, os preços subiram quando a Guerra do Golfo, em 1990, ameaçou os suprimentos de petróleo e caíram quando a economia mundial teve uma queda após os ataques terroristas de 11 de setembro de 2001 nos EUA. Os anos de 2007 e 2008 trouxeram a verdadeira tempestade: a capacidade de produção de petróleo e gasolina refinada foi ultrapassada pela alta demanda da China e dos EUA e pelo contínuo turbilhão nas áreas de produção de petróleo do Oriente Médio e da Nigéria. Acrescente-se a isso uma rápida queda no valor do dólar, e os preços nas bombas atingiram níveis estratosféricos de mais de quatro dólares por galão. Esse crescimento foi rapidamente seguido por uma queda causada pela crise financeira mundial de 2008. Em 2010, o derramamento de petróleo no Golfo também afetou o fornecimento e, portanto, os preços. Em 2015 e 2016, o lento crescimento dos mercados emergentes – e, mais importante, da China –, aliado ao aumento do suprimento de petróleo, levou a uma forte queda nos preços do petróleo. Os dados trazem uma importante mensagem: como os EUA importam a maior parte do petróleo que consomem, não podemos controlar o preço que pagamos pela gasolina.

O lento crescimento dos mercados emergentes, mais importante o da China, levou a fortes quedas nos preços das *commodities* em quase sua totalidade. O aumento da oferta foi, pelo menos, tão importante quanto a queda da demanda.

FIGURA 0.2
A variação está em toda parte: o preço médio de varejo da gasolina regular não aditivada, da metade de 1990 até a metade de 2019.

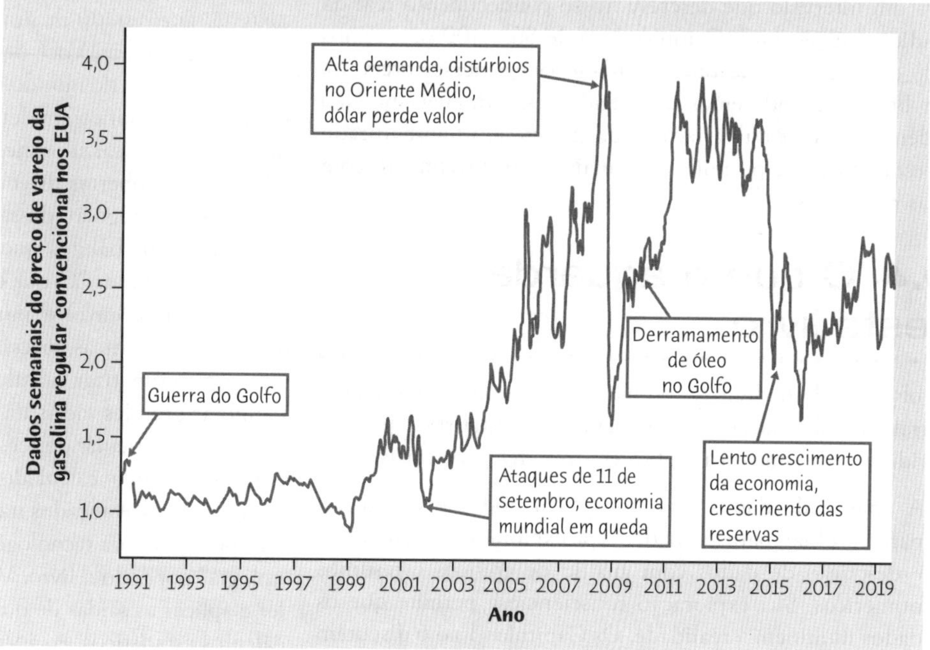

A variação está em toda parte. Os indivíduos variam; medidas repetidas do mesmo indivíduo variam; quase tudo varia com o tempo. Uma das razões pelas quais precisamos saber alguma estatística é que ela nos ajuda a lidar com a variação e descrever a incerteza em nossas conclusões. Vamos examinar outro exemplo para vermos como a variação é incorporada em nossas conclusões.

EXEMPLO 0.5 A vacina HPV

O câncer cervical, que era a principal causa de mortes por câncer entre as mulheres, é o câncer feminino mais fácil de ser prevenido com testes de controle regulares e acompanhamento. Quase todos os cânceres cervicais são causados pelo vírus humano *papillomavirus* (HPV). A primeira vacina a proteger contra as variedades mais comuns do HPV foi disponibilizada em 2006. O órgão norte-americano Centers for Disease Control and Prevention (CDC) recomenda que sejam vacinadas todas as meninas com 11 ou 12 anos de idade. Em 2011, o CDC fez a mesma recomendação para os meninos, para proteger câncer anal e de garganta causados pelo vírus HPV.

Uma questão natural que se coloca é "Qual o sucesso dessa vacina?" Os médicos se apoiam em experimentos (chamados de "testes clínicos" em medicina) que dão a algumas mulheres a nova vacina e, a outras, uma vacina inócua. (Isso é ético quando ainda não se sabe se a vacina é segura e eficaz.) A conclusão do teste mais importante estimou que

98% das mulheres com idade até 26 anos que sejam vacinadas antes de serem infectadas pelo HPV evitarão o câncer cervical por um período de 3 anos.

Mulheres que tomam a vacina são muito menos propensas a desenvolverem câncer cervical. Mas, como a variação está em toda parte, os resultados são diferentes para mulheres diferentes. Algumas mulheres vacinadas terão o câncer, e muitas não vacinadas escaparão. As conclusões estatísticas sobre as questões que os dados pretendem responder são afirmativas "na média" apenas, e mesmo essas afirmativas "na média" têm um elemento de incerteza. Embora não possamos estar 100% certos de que a vacina reduz o risco na média, a estatística nos permite estabelecer quão confiantes estamos em que esse seja o caso.

Como a variação está em toda parte, as conclusões não são exatas. A estatística nos dá uma linguagem para conversarmos sobre incerteza, que é usada e compreendida pelas pessoas com letramento em estatística, em todos os lugares. No caso da vacina contra o HPV, a revista médica usou essa linguagem para nos dizer que "A eficácia da vacina... é de 98% (intervalo de confiança de 86 a 100% com 95% de confiança)".[6] Esses "98% de eficácia" são, nas palavras de Arthur Nielsen, "uma abreviatura para um intervalo que descreve nosso conhecimento real da condição subjacente". O intervalo é de 86 a 100%, e temos 95% de confiança de que a verdade esteja nesse intervalo. Em breve, aprenderemos a entender essa linguagem. Não podemos escapar da variação e da incerteza. O aprendizado da estatística nos permite viver mais confortavelmente com essas realidades.

0.4 O que o aguarda neste livro

O objetivo deste livro é propiciar um conhecimento para o trabalho das ideias e ferramentas da estatística prática. Dividiremos a estatística prática em três áreas principais:

- A **análise de dados** se refere aos métodos e estratégias para se olhar para os dados – a exploração, organização e descrição de dados com auxílio de gráficos e resumos numéricos. Sua exploração conscienciosa permite que os dados iluminem a realidade. Os Capítulos 1 ao 6 discutem a análise de dados
- A **produção de dados** fornece métodos para gerar dados que deem respostas claras a questões específicas. A origem dos dados é importante e é, em geral, a mais relevante limitação de sua utilidade. Os conceitos básicos sobre como selecionar amostras e planejar experimentos são as ideias mais importantes na estatística. Esses conceitos são o objeto dos Capítulos 8 e 9
- A **inferência estatística** vai além dos dados disponíveis para tirar conclusões sobre um universo maior. As conclusões estatísticas não são respostas do tipo sim-não; elas devem levar em conta que a variação está em toda parte – variabilidade entre pessoas, animais, ou objetos e incerteza nos dados. Para descrever a variação e a incerteza, a inferência usa a linguagem da probabilidade, introduzida no Capítulo 12. Como estamos interessados mais na prática do que na teoria, precisamos apenas de um conhecimento limitado de probabilidade. Os Capítulos 13 e 14 apresentam mais probabilidade para aqueles que o desejarem. Os Capítulos 15 a 18 discutem a lógica da inferência estatística. Esses capítulos são fundamentais para o restante do livro. Os Capítulos 20 a 24 apresentam a inferência como é usada na prática nos contextos mais comuns. Os Capítulos 25 a 27 se referem a tipos de inferência mais avançados ou mais especializados.

Pelo fato de os dados serem números inseridos em um contexto, fazer estatística significa mais do que a manipulação de números. Você deve *formular* um problema em seu contexto do mundo real, *planejar* seu trabalho estatístico específico em detalhes, *resolver* o problema por meio dos gráficos e cálculos necessários, e *concluir*, explicando o que suas descobertas dizem sobre o contexto do mundo real. Faremos uso regular desse processo de quatro passos para encorajar bons hábitos que vão além de gráficos e cálculos e incluem perguntar "O que os dados me dizem?"

Estatística envolve muitos gráficos e cálculos. O texto apresenta as técnicas necessárias, mas você deve usar a tecnologia para automatizar cálculos e gráficos tanto quanto possível. Como as grandes ideias da estatística não dependem de qualquer nível particular de acesso à tecnologia, este livro não exige *software* ou uma calculadora gráfica até que alcancemos os métodos mais avançados na Parte V do texto. Mesmo que você faça pouco uso da tecnologia, deve olhar as seções "Uso da tecnologia" por todo o livro. Você verá que pode, imediatamente, ler e aplicar as saídas de quase qualquer tecnologia usada para cálculos estatísticos. As ideias realmente são mais importantes do que os detalhes de como os cálculos são feitos.

A menos que você tenha acesso constante a *softwares* ou a uma calculadora gráfica, *você precisará de uma calculadora básica com algumas funções estatísticas embutidas.* Especificamente, sua calculadora deve encontrar médias e desvios-padrão e calcular correlações e retas de regressão. Procure uma calculadora que afirme fazer "estatística de duas variáveis" ou mencione "regressão".

Embora a capacidade de realizar os procedimentos estatísticos seja muito útil no curso e no trabalho, as mais importantes vantagens que você pode obter do estudo da estatística são a compreensão das grandes ideias e a iniciação ao bom julgamento no trabalho com dados. O livro tenta explicar os conceitos mais importantes da estatística, não apenas ensinar métodos. Alguns exemplos de grandes conceitos que você vai encontrar (um de cada uma das três áreas da estatística) são "faça sempre um gráfico de seus dados", "experimentos comparativos aleatorizados" e "significância estatística".

Você aprende estatística resolvendo problemas estatísticos. Ao avançar na leitura, você verá vários níveis de exercícios, organizados para ajudar seu aprendizado. Pequenos conjuntos de problemas nas seções "Aplique seu conhecimento" aparecem depois de cada conceito mais importante. Esses são exercícios diretos, que ajudam você a solidificar os pontos principais durante sua leitura. Certifique-se de ser capaz de fazer esses exercícios antes de prosseguir. Os exercícios do fim do capítulo iniciam com questões de múltipla escolha na seção "Verifique suas habilidades" (com todas as respostas aos exercícios de números ímpares no fim do livro). Use-os para checar seu entendimento do básico. A seção "Exercícios" em todo o livro ajuda a combinar os conceitos de um capítulo. Finalmente, os capítulos de revisão das quatro partes (Capítulos 7, 11, 19 e 24) voltam aos principais blocos de aprendizagem, com muitos exercícios de revisão. A cada passo, você recebe menos conhecimento avançado sobre exatamente quais ideias estatísticas e habilidades o problema exigirá, de modo que cada tipo de exercício requer mais compreensão.

A chave para a aprendizagem é a persistência. As ideias principais da estatística, assim como as ideias centrais em qualquer área, levaram um longo tempo para serem descobertas e leva-se algum tempo para dominá-las. O ganho compensará o esforço.

EXERCÍCIOS

0.1 **Estudos observacionais e experimentos.** Um estudo publicado no *Journal of Epidemiology and Community Health* investigou o efeito da vitamina C sobre a saúde. Um grupo de homens e mulheres saudáveis foi acompanhado por 16 anos, e sua saúde foi rastreada. As pessoas cujas amostras sanguíneas tinham o mais alto nível de vitamina C no início do estudo tiveram riscos significantemente menores de morrerem ao fim do estudo. Um artigo *online* descrevendo o estudo diz que

> *Enquanto os níveis mais altos de vitamina C estão associados com pessoas que praticam padrões de comportamento mais saudáveis, esse estudo, no entanto, mostra impressionantes reduções nas taxas de mortalidade entre aqueles com os mais altos níveis de vitamina C.*[7]

(a) Releia o Exemplo 0.1 e os comentários que o seguem. Explique por que estudos observacionais podem sugerir que a vitamina C reduz o risco de morte e descreva algumas variáveis ocultas.

(b) Um experimento controlado aleatorizado é um tipo de experimento. Como "altos níveis de vitamina C estão associados a pessoas que praticam padrões de comportamento mais saudáveis" explica como pessoas com níveis mais altos de vitamina C podem ter menores riscos de morte em estudos observacionais, mas pode não explicar em experimentos?

0.2 **O preço da gasolina.** No Exemplo 0.4, examinamos a variação no preço da gasolina desde 1990 até 2019. Observamos tanto um padrão regular quanto os efeitos de eventos internacionais. A Figura 0.3 faz o gráfico do preço de varejo anual médio da gasolina, de 1929 a 1990.[8] Os preços são reajustados pela inflação.

(a) Quais padrões gerais você observa? Quais afastamentos dos padrões gerais você observa? A quais eventos internacionais correspondem esses afastamentos?

(b) Dados são coletados para responderem a questões do mundo real. Para responder a quais questões esses dados podem ser usados?

0.3 **Pesquisas *online*.** Em 2016, MSNBC postou uma pesquisa *online* com a pergunta "O que você acha? A Europa permitiu a entrada de muitos refugiados?"[9] Aproximadamente 32% dos que responderam *online* disseram "não".

(a) Essa pesquisa tem algo do mesmo problema da pesquisa de Ann Landers do Exemplo 0.2. Você acha que a proporção de americanos que pensam dessa maneira é maior, menor ou próxima de 32%? Explique.

FIGURA 0.3
O preço de varejo anual médio da gasolina, 1929 a 1990. Os preços são ajustados pela inflação.

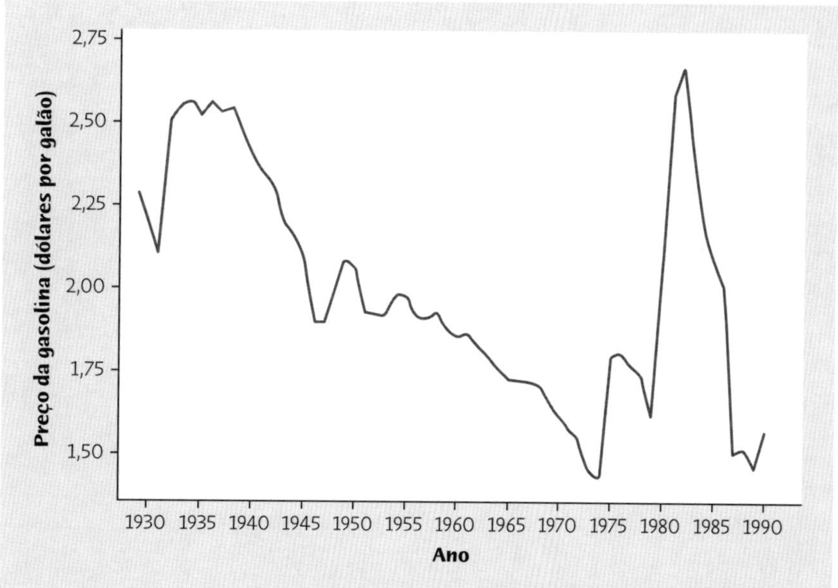

(b) A essa pesquisa, 3 mil pessoas responderam (até 26 de agosto, 2019). Entre os que responderam, 946 ou 32% disseram "não". Você acha que os resultados teriam sido mais confiáveis se 30 mil pessoas tivessem respondido em vez de 3 mil? Explique.

0.4 **Mortes no trânsito e 11/9.** A Figura 0.4 fornece informações sobre o número de acidentes fatais no trânsito, por mês, para os anos de 1996 a 2001.[10] A linha vertical acima de cada mês dá os números, do menor para o maior, dos acidentes fatais para os anos de 1996 a 2000. Por exemplo, em janeiro, o número de acidentes fatais para os 5 anos de 1996 até 2000 estava entre 2600 e 2900. Os pontos indicam o número de acidentes fatais para cada mês em 2001. Os números de acidentes fatais de janeiro a setembro de 2001 seguem o padrão geral para os 5 anos precedentes, pois, como vemos, os pontos estão bem dentro das linhas para cada mês.

(a) O que aconteceu nos últimos três meses de 2001? O número de acidentes fatais de outubro até dezembro de 2001 está consistentemente nos valores dos 5 anos precedentes ou acima deles. Como você pode concluir isso pelo gráfico?

(b) Em 11 de setembro de 2001, terroristas sequestraram quatro aviões e os usaram para atingir vários alvos no leste dos EUA. Na parte (a), vimos pelo gráfico que os números dos acidentes de tráfego fatais pareceram ser altos nos três meses após os ataques. Os terroristas fizeram com que os acidentes de tráfego fatais aumentassem? Você pode dar uma explicação para o aparente aumento no número de acidentes fatais nesses meses? (Sugestão: pense sobre o efeito dos ataques de 11 de setembro sobre as viagens aéreas e, portanto, o efeito sobre os meios alternativos de viagem.)

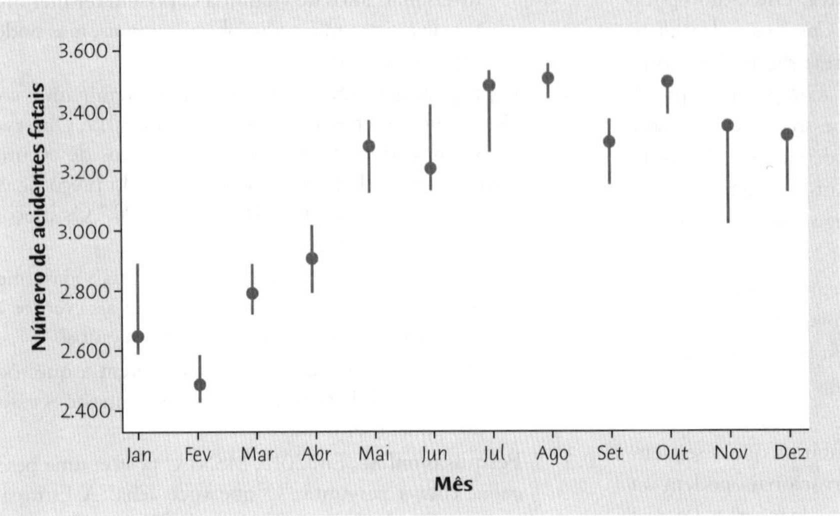

FIGURA 0.4
Número de acidentes fatais nos EUA, de 1996 a 2000 *versus* 2001. Para cada mês, as linhas representam a amplitude do número de acidentes fatais de 1996 a 2000, e os pontos dão os números de acidentes fatais em cada mês de 2001.

VitalyEdush/iStock

PARTE I

Exploração de Dados

"O que dizem os dados?" é a primeira pergunta que fazemos em qualquer estudo estatístico. A *análise de dados* responde a essa questão por meio de uma exploração ampla dos dados. As ferramentas da análise de dados são gráficos, como os histogramas e os diagramas de dispersão, e medidas numéricas, como as médias e as correlações. No entanto, ao menos tão importantes quanto as ferramentas, são os princípios que organizam nosso pensamento no exame dos dados. Os sete capítulos que compõem a Parte I apresentam os princípios e as ferramentas da análise estatística de dados. Estes proporcionam ao leitor a aquisição de habilidades que são imediatamente úteis no trato com números.

Estes capítulos refletem a forte ênfase dada à exploração de dados que caracteriza a estatística atual. Algumas vezes, desejamos tirar conclusões que se apliquem a um conjunto que extrapola os dados disponíveis. Isso é a *inferência estatística*, assunto da maior parte do restante do livro. A análise de dados é vital para que possamos confiar nos resultados da inferência, mas ela não se resume apenas a uma preparação para a inferência. De modo geral, sempre podemos fazer análise de dados, enquanto a inferência requer condições bem especiais.

Um dos princípios organizadores da análise de dados consiste em olhar, primeiro, um item de cada vez e, depois, as relações entre estes. Nossa apresentação segue esse princípio. Nos Capítulos 1 a 3, você estudará *variáveis e suas distribuições*. Os Capítulos 4 a 6 referem-se a *relações entre variáveis*. O Capítulo 7 faz uma revisão dessa parte do texto.

CAPÍTULO

1

Após leitura do capítulo, você será capaz de:

1.1 Identificar os indivíduos e as variáveis em certo conjunto de dados e distinguir entre variáveis que assumem valores numéricos e variáveis que simplesmente colocam indivíduos em diferentes categorias.

1.2 Explorar dados que envolvem variáveis categóricas usando gráficos de barras e gráficos de setores.

1.3 Desenhar um histograma para apresentar a distribuição de uma variável que assume valores numéricos.

1.4 Explorar e compreender conjuntos de dados pela interpretação de histogramas.

1.5 Fazer um diagrama de ramo e folhas para apresentar a distribuição de uma variável que assume valores numéricos.

1.6 Fazer um gráfico temporal para apresentar variáveis cujos valores variam ao longo do tempo.

Prostock-Studio/iStock

Como Retratar Distribuições por Meio de Gráficos

A estatística prática usa dados para tirar conclusões sobre algum universo mais amplo. Em nosso estudo da estatística prática, dividiremos o conteúdo em três áreas principais. Na análise exploratória de dados, gráficos e resumos numéricos são usados para exploração, organização e descrição de dados, de modo que os padrões se tornem aparentes. A produção de dados se refere à origem dos dados e nos ajuda a entender se o que aprendemos a partir de nossos dados pode ser generalizado a um universo mais amplo. E a inferência estatística fornece ferramentas para a generalização do que aprendemos a um universo mais amplo.

Neste capítulo, começaremos a explorar a análise de dados. Um conjunto de dados pode consistir em centenas de observações sobre muitas variáveis. Mesmo que consideremos uma variável de cada vez, é difícil vermos o que os dados têm a dizer pelo exame de uma lista que contém muitos desses dados. Um gráfico fornece uma ferramenta visual para a organização e identificação de padrões nos dados e é um bom ponto de partida na exploração da distribuição de uma variável.

Estatística é a ciência dos dados. O volume de dados disponíveis é avassalador. Por exemplo, o órgão norte-americano American Community Survey do Census Bureau coleta dados de 3 milhões de unidades residenciais a cada ano. Os astrônomos trabalham com dados de dezenas de milhões de galáxias. Os escâneres de saída das 11 mil lojas da Walmart em 27 países registram centenas de milhões de transações a cada semana, todas guardadas para fornecer informações à Walmart e aos seus fornecedores. O primeiro passo para lidarmos com essa avalanche de dados é organizarmos nosso pensamento em relação a dados. Felizmente, podemos fazer isso sem precisar examinar os milhões de pontos de dados.

1.1 Indivíduos e variáveis

Qualquer conjunto de dados contém informações a respeito de algum grupo de *indivíduos*. A informação é organizada em *variáveis*.

Indivíduos e variáveis

Indivíduos são os objetos descritos por um conjunto de dados. Os indivíduos podem ser pessoas, mas também podem ser animais ou objetos.

Uma **variável** é qualquer característica de um indivíduo. Uma variável pode assumir valores diferentes para indivíduos diferentes.

Um banco de dados de estudantes de uma faculdade, por exemplo, contém dados sobre cada estudante atualmente matriculado. Os estudantes são os indivíduos descritos pelo conjunto de dados. Para cada indivíduo, os dados contêm os valores de variáveis, como data de nascimento, escolha da habilitação e média das notas. Na prática, qualquer conjunto de dados vem acompanhado de informações subjacentes que nos ajudam a entendê-lo. Ao planejar um estudo estatístico ou explorar dados produzidos por terceiros, questione-se acerca dos seguintes pontos:

1. **Quem?** Quais *indivíduos* os dados descrevem? *Quantos* indivíduos aparecem nos dados?
2. **O quê?** Quantas *variáveis* os dados contêm? Quais são as *definições exatas* dessas variáveis? Em qual *unidade de medida* cada variável está registrada? Pesos, por exemplo, podem ser registrados em libras, em milhares de libras ou em quilogramas.
3. **Onde?** As médias de estudantes e os escores SAT (ou a falta deles) variam de faculdade para faculdade, dependendo de muitas variáveis, inclusive os critérios de "seletividade" para admissão na escola.
4. **Quando?** Os estudantes mudam de ano para ano, assim como preços, salários etc.
5. **Por quê?** *Quais propósitos* têm os dados? Esperamos responder a algumas perguntas específicas? Desejamos respostas apenas para esses indivíduos ou para algum grupo maior supostamente representado por esses indivíduos? Os indivíduos e as variáveis são adequados aos propósitos pretendidos?

ESTATÍSTICA NO MUNDO REAL

Dados!

Apesar da imagem tradicional de cientistas com jalecos examinando por meio de microscópios, os experimentos na moderna física de partículas produzem dados digitais em vez de fenômenos diretamente observáveis. O documentário "A febre da partícula" recria a excitação do experimento do *Large Hadron Collider* (LHC). Quando as primeiras colisões de prótons altamente acelerados são registradas ao vivo no filme, a física americana exclama "Temos dados. É inacreditável como esses dados são fantásticos".

Algumas variáveis, como gênero e área de habilitação, meramente colocam os indivíduos em categorias. Outras, como altura e nota média, assumem valores numéricos com os quais podemos fazer cálculos aritméticos. Faz sentido calcular uma renda média dos empregados de uma empresa, mas não um gênero "médio". É possível, contudo, contar os empregados dos sexos feminino e masculino e, então, desenvolver cálculos aritméticos com essas contagens.

Variáveis categóricas e quantitativas

Uma **variável categórica** coloca um indivíduo em um de diversos grupos ou categorias.

Uma **variável quantitativa** assume valores numéricos com os quais faz sentido efetuar operações aritméticas, como adição e cálculo de médias. Os valores de uma variável quantitativa são usualmente registrados com uma unidade de medida, como segundos ou quilogramas.

EXEMPLO 1.1 A pesquisa da comunidade americana

No *site* do Census Bureau, você pode ver, em detalhes, os dados coletados pela pesquisa da comunidade americana, embora, naturalmente, as identidades das pessoas e das unidades residenciais sejam protegidas. Se você escolhe o arquivo de dados sobre pessoas, os *indivíduos* são as pessoas que moram nas unidades residenciais contatadas pela pesquisa. Mais de 100 variáveis são registradas para cada indivíduo. A Figura 1.1 mostra uma pequena parte dos dados.

Cada linha registra dados sobre um indivíduo. Cada coluna contém os valores de uma *variável* para todos os indivíduos. Traduzindo as abreviaturas do Census Bureau, as variáveis são as seguintes:

`SERIALNO`	Um número identificador da unidade residencial.
`PWGTP`	Peso, em libras.
`AGEP`	Idade, em anos.
`JWMNP`	Tempo no trajeto para o trabalho, em minutos.
`SCHL`	Grau mais elevado de escolarização. As categorias são designadas por números. Por exemplo, 9 = graduado no Ensino Médio, 10 = algum estudo de terceiro grau, mas sem diploma, e 13 = grau de bacharel.
`SEX`	Sexo, designado por 1 = masculino e 2 = feminino.
`WAGP`	Salário e renda do último ano, em dólares.

Observe a linha indicada na Figura 1.1. Esse indivíduo é um homem de 53 anos de idade, que pesa 234 libras, viaja 10 minutos para o trabalho, tem grau de bacharel e ganhou US$ 83 mil no último ano.

Além do número de série da residência, há seis variáveis. Escolaridade e sexo são variáveis categóricas. Os valores para essas variáveis são registrados como números, mas estes são apenas rótulos para as categorias e não possuem unidades de medida. As outras quatro variáveis são quantitativas e seus valores têm unidades. Essas variáveis são peso em libras, idade em anos, tempo de viagem em minutos, e renda em dólares.

O *propósito* da pesquisa da comunidade americana é coletar dados que representem toda a nação americana, a fim de orientar a política do governo e as decisões de negócios. Para isso, as famílias contatadas são escolhidas aleatoriamente entre todas as famílias do país. No Capítulo 8, veremos por que a escolha aleatória é uma boa ideia.

Excel

	A	B	C	D	E	F	G
1	SERIALNO	PWGTP	AGEP	JWMNP	SCHL	SEX	WAGP
2	283	187	66		6	1	24000
3	283	158	66		9	2	0
4	323	176	54	10	12	2	11900
5	346	339	37	10	11	1	6000
6	346	91	27	10	10	2	30000
7	370	234	53	10	13	1	83000
8	370	181	46	15	10	2	74000
9	370	155	18		9	2	0
10	487	233	26		14	2	800
11	487	146	23		12	2	8000
12	511	236	53		9	2	0
13	511	131	53		11	1	0
14	515	213	38		11	2	12500
15	515	194	40		9	1	800
16	515	221	18	20	9	1	2500
17	515	193	11		3	1	

Cada linha na planilha contém dados sobre um indivíduo.

FIGURA 1.1
Uma planilha com dados da pesquisa da comunidade americana, para o Exemplo 1.1.

A maioria das tabelas de dados segue este formato: cada linha representa um indivíduo e cada coluna é uma variável. O conjunto de dados da Figura 1.1 é mostrado em um programa de planilha de cálculo, com linhas e colunas à disposição do usuário. Planilhas de cálculos são comumente utilizadas para digitação e transmissão de dados e para a realização de cálculos simples.

APLIQUE SEU CONHECIMENTO

1.1 Economia de combustível. Eis uma pequena parte de um conjunto de dados que descreve a economia de combustível (em milhas por galão – mpg) para modelos de automóveis de 2019:

Marca e modelo	Tipo do veículo	Tipo de transmissão	Número de cilindros	MPG na cidade	MPG na estrada	Custo anual do combustível
⋮						
Subaru Impreza	Médio	Manual	4	24	32	$ 1.450
Nissan Rogue Sport	SUV pequena	Automática	4	25	32	$ 1.400
Hyundai Elantra	Médio	Automática	4	28	37	$ 1.200
Chevrolet Impala	Grande	Automática	6	19	28	$ 1.750
⋮						

O custo anual do combustível é uma estimativa supondo-se 15 mil milhas de rodagem por ano (55% na cidade e 45% na estrada) e um preço médio do combustível.

(a) Quais são os indivíduos nesse conjunto de dados?

(b) Para cada indivíduo, quais variáveis são fornecidas? Quais delas são categóricas e quais são quantitativas? Em quais unidades são medidas as variáveis quantitativas?

1.2 Estudantes e exercício. Você está se preparando para estudar os hábitos de exercício de estudantes de faculdades. Descreva duas variáveis categóricas e duas variáveis quantitativas que você deve medir para cada estudante. Dê as unidades de medida para as variáveis quantitativas.

1.2 Variáveis categóricas: gráficos de setores e gráficos de barras

Ideias e ferramentas estatísticas nos ajudam a examinar os dados com o objetivo de descobrir suas características principais. Esse exame é chamado de **análise exploratória de dados.** Como um explorador ao cruzar terras desconhecidas, queremos, em um primeiro momento, simplesmente descrever o que vemos. A seguir, apresentamos dois princípios que nos ajudam a organizar nossa exploração do conjunto de dados.

Análise exploratória de dados
Uso de gráficos e resumos numéricos para a descrição das variáveis em um conjunto de dados e as relações entre elas.

Exploração de dados

1. Inicie pelo exame de cada variável por si mesma. Em seguida, estude as relações entre essas variáveis.
2. Inicie com um ou mais gráficos. Adicione, então, resumos numéricos de aspectos específicos dos dados.

Seguiremos esses princípios para organizar nosso aprendizado. Os Capítulos 1 a 3 apresentam métodos para a descrição de uma única variável. Estudamos relações entre duas ou mais variáveis nos Capítulos 4 a 6. Em cada caso, iniciamos com apresentações gráficas para, posteriormente, adicionarmos resumos numéricos para uma descrição mais completa.

A escolha apropriada do gráfico depende da natureza da variável. Para o exame de uma única variável, em geral, apresentamos sua *distribuição.*

Distribuição de uma variável

A **distribuição** de uma variável nos diz quais os valores assumidos por ela e qual a frequência com que ela os assume.

Os valores de uma variável categórica são rótulos para as categorias. A **distribuição de uma variável categórica** lista as categorias e dá ou a contagem, ou o percentual de indivíduos que estão em cada uma delas.

EXEMPLO 1.2 Qual área de estudo?

AREAESTUDO

Cerca de 1,5 milhão de estudantes de tempo integral se matricularam em faculdades e universidades em 2017. O que eles pretendem estudar? Aqui estão dados sobre o percentual de estudantes de primeiro ano que pretendiam se habilitar em diversas áreas disciplinares:[1]

Área de estudo	Porcentagem de estudantes
Ciências biológicas	15,5
Administração	13,8
Profissões da saúde	11,7
Engenharia	11,5
Ciências sociais	11,0
Artes e humanidades	8,8
Matemática e ciência da computação	6,2
Educação	4,4
Ciências físicas	2,7
Outras áreas e não declaradas	13,1
Total	98,7

É uma boa ideia verificar a consistência desses dados. Os percentuais devem totalizar 100%. Na verdade, eles totalizam 98,7%. O que aconteceu? É possível que haja erro nos dados, mas acreditamos que há outra explicação. Os dados a partir dos quais a tabela foi criada consistem em percentuais de estudantes que planejam se habilitar em várias subáreas. Por exemplo, para Educação, os dados consistem nos percentuais de estudantes que planejam se habilitar em Educação Básica, Música/Educação Artística, Educação Física/Recreação, Professor do Ensino Médio, Educação Especial, ou Outra Educação. A porcentagem listada sob Educação na tabela é a soma desses percentuais. Cada um deles é arredondado para o décimo mais próximo. Os percentuais exatos para todas essas subáreas deviam ter soma 100, mas os percentuais arredondados apenas se aproximam. Esse é o **erro de arredondamento.** Erros de arredondamento não apontam para erros em nosso trabalho, mas apenas para o efeito do arredondamento dos resultados.

Erro de arredondamento
A diferença entre o valor exato e seu valor estimado, que ocorre quando os resultados dos cálculos são alterados por redução do número de casas decimais.

Colunas de números tomam tempo para serem lidas. Pode-se usar um gráfico de setores ou um gráfico de barras para a apresentação da distribuição de uma variável categórica muito mais vividamente. As Figuras 1.2 e 1.3 ilustram esses tipos de apresentação para a distribuição das áreas de estudo pretendidas.

Gráficos de setores mostram a distribuição de uma variável categórica como uma pizza cujas fatias são dimensionadas pelas contagens ou percentuais para as categorias.

Não é uma tarefa fácil construir manualmente um gráfico de pizza, mas um programa computacional executará essa tarefa para você. *Um gráfico de setores deve incluir todas as categorias que compõem o todo. Use um gráfico de setores apenas quando desejar enfatizar a relação de cada categoria com o todo.* Precisamos da categoria "Outras habilitações e não declaradas" no Exemplo 1.2 para completar o todo (todas as habilitações pretendidas) e nos permitir construir o gráfico de setores na Figura 1.2.

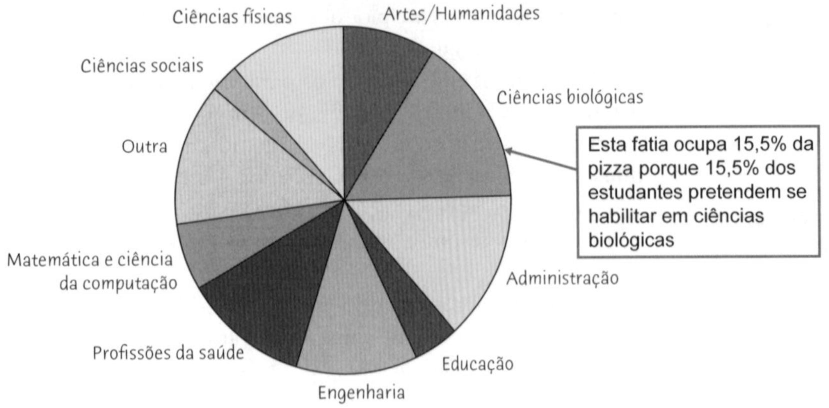

FIGURA 1.2
Você pode usar um gráfico de setores para exibir a distribuição de uma variável categórica. Este gráfico de setores, criado com o pacote de programas JMP Pro 14, mostra a distribuição das áreas de estudo pretendidas pelos calouros de faculdades. A análise estatística se apoia fortemente nos programas estatísticos, e JMP é uma das mais populares escolhas de programas, tanto na indústria quanto nas escolas de administração. As saídas de computador de outros pacotes estatísticos, como Minitab, SPSS e R, são semelhantes, de modo que você se sentirá confortável usando qualquer desses pacotes. Os programas de planilhas de cálculo, como o Excel, podem criar gráficos de setores e outros gráficos.

Os **gráficos de barras** representam cada categoria como uma barra. As alturas das barras mostram as contagens ou percentuais da categoria. Os gráficos de barras são mais fáceis de serem construídos do que os gráficos de setores e, também, de mais fácil leitura. A Figura 1.3 exibe dois gráficos de barras para os dados das habilitações pretendidas. O primeiro ordena as barras alfabeticamente pela área de estudo. Comumente, é preferível o arranjo das barras em ordem de altura, como na Figura 1.3B. Isso nos ajuda a perceber, imediatamente, quais áreas de estudo aparecem com maior frequência.

Os gráficos de barra são mais flexíveis que os gráficos de setores. Ambos podem apresentar a distribuição de uma variável categórica, mas um gráfico de barras pode comparar, também, qualquer conjunto de quantidades que sejam medidas na mesma unidade.

Gráfico de barras
Um gráfico que mostra a distribuição de uma variável categórica representando cada categoria como uma barra, com a altura de cada barra representando a contagem ou percentual da categoria correspondente.

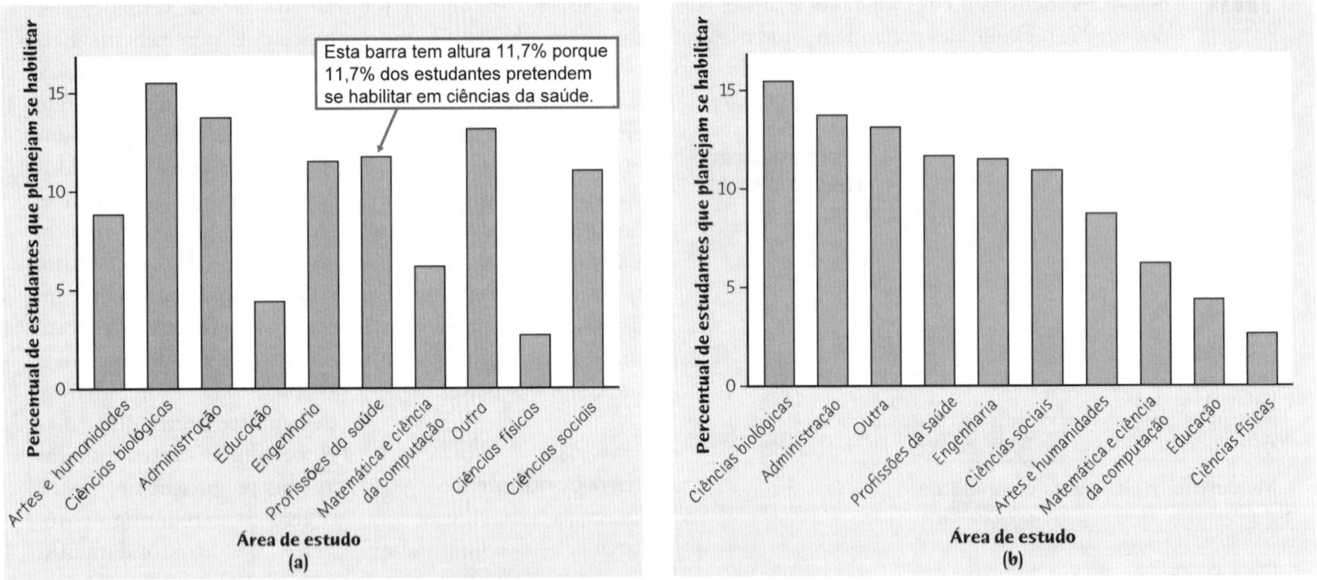

FIGURA 1.3
Gráficos de barras da distribuição de áreas de estudo pretendidas por estudantes calouros. Em (a), as barras seguem a ordem alfabética das áreas de estudo. Em (b), as mesmas barras aparecem em ordem de altura. Essas figuras foram criadas com o pacote de programas JMP Pro 14.

EXEMPLO 1.3 Quais plataformas de áudio as pessoas com 12 a 34 anos de idade ouvem?

PLATMUSICA

Quais plataformas de áudio os americanos de 12 a 34 anos ouvem? A Pesquisa Edison perguntou qual das várias plataformas de áudio as pessoas nessa faixa etária ouvem. Eis as porcentagens por plataforma.[2]

Não podemos fazer um gráfico de setores para apresentar esses dados. Cada percentual na tabela se refere a uma plataforma diferente, não a partes de um único todo. Note que os percentuais não têm soma 100. A Figura 1.4 é um gráfico de barras que compara as sete plataformas. Novamente aqui, arranjamos as barras em ordem de altura.

Plataforma	Porcentagem de pessoas de 12 a 34 anos que ouviram cada plataforma
Pandora	36
Spotify	46
iHeartRadio	14
Apple Music	20
Amazon Music	10
SoundCloud	23
Google Play All Access	8

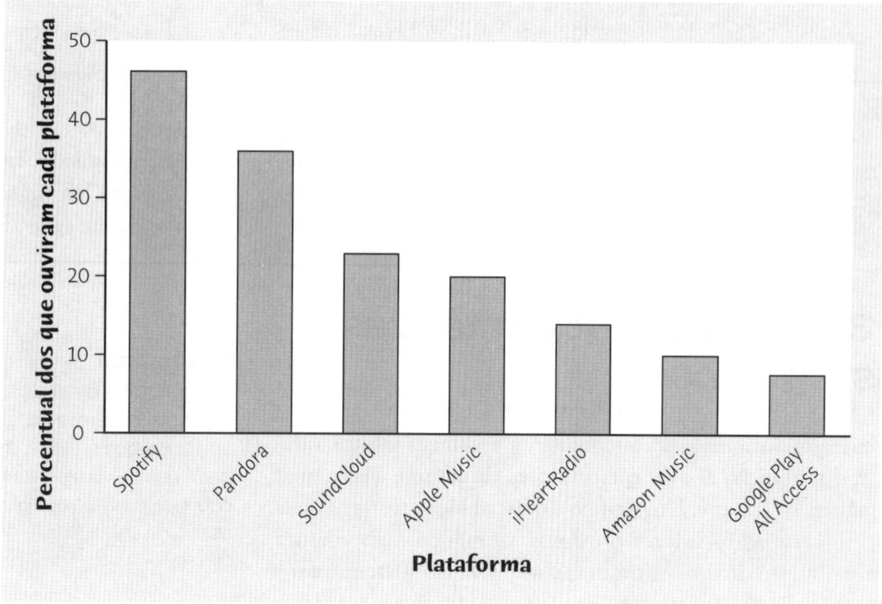

FIGURA 1.4
Você pode utilizar um gráfico de barras para comparar quantidades que não são partes de um todo. Este gráfico de barras compara os percentuais de norte-americanos na faixa etária entre 12 e 34 anos que ouviram cada plataforma de áudio, para o Exemplo 1.3.

Os gráficos de barras e os gráficos de setores são, principalmente, ferramentas para a apresentação de dados: eles ajudam seu interlocutor a assimilá-los rapidamente. São de uso limitado na análise de dados, pois é fácil o entendimento de dados sobre uma única variável categórica sem um gráfico. Passaremos às variáveis quantitativas, para as quais os gráficos são ferramentas essenciais.

APLIQUE SEU CONHECIMENTO

1.3 Preferências por mídias sociais para audiências mais jovens. Por uma pequena margem, Facebook permanece a escolha principal de mídia social em todas as idades, com 29% usando o Facebook com mais frequência entre os que usam mídias sociais. No entanto, as redes sociais mais visualmente orientadas, como Snapchat e Instagram, continuam a penetrar nas audiências mais jovens. Quando se pergunta "Qual plataforma de rede social você usa com mais frequência?", eis as plataformas mais usadas pelos americanos de 12 a 34 anos que usam atualmente algum serviço ou *site* de rede social:[3] MIDSOCIAL

(a) Qual é a soma das porcentagens para esses *sites* principais de mídias sociais? Qual o percentual de americanos com idade de 12 a 34 anos que usam outros *sites* de mídia social com mais frequência?

(b) Faça um gráfico de barras para apresentar esses dados. Certifique-se de incluir uma categoria "Outra plataforma de mídia social".

(c) Seria correto apresentar esses dados em um gráfico de setores? Por que ou por que não?

(d) Os dados são coletados para responder a questões do mundo real. Quais questões poderiam ser respondidas por esses dados?

Mídia social	Porcentagem dos que usam com mais frequência
Facebook	29
Snapchat	28
Instagram	26
Twitter	6
Pinterest	1

1.4 Como os estudantes pagam a faculdade? A pesquisa com calouros do órgão norte-americano Higher Education Research Institute inclui mais de 120 mil calouros de tempo integral que entraram pela primeira vez em uma faculdade em 2017.[4] A pesquisa relata os seguintes dados sobre as fontes que os estudantes usam para pagar as despesas da faculdade: DESPESA

Fonte para despesas escolares	Estudantes
Recursos das famílias	69,9%
Recursos do estudante	55,4%
Auxílio - a não ser restituído	70,2%
Auxílio - a ser restituído	47,6%

(a) Explique por que *não* é correto usar um gráfico de setores para a apresentação desses dados.

(b) Faça um gráfico de barras dos dados. Observe que, como os dados contrapõem grupos como recursos de família e recursos do estudante, é melhor manter essas barras próximas umas das outras, em vez de ordenar as barras por altura.

1.5 Nunca aos domingos? Nascimentos não são, como você poderia pensar, uniformemente distribuídos ao longo dos dias da semana. Os números médios de bebês nascidos em cada dia da semana, em 2017, são:[5] NASCIMENTOS

Dia	Nascimentos
Domingo	7.164
Segunda-feira	11.008
Terça-feira	11.943
Quarta-feira	11.949
Quinta-feira	11.959
Sexta-feira	11.779
Sábado	8.203

Apresente esses dados em um gráfico de barras devidamente rotulado. Também seria correto utilizar um gráfico de setores? Sugira algumas possíveis razões para o fato de haver menos nascimentos nos fins de semana.

1.3 Variáveis quantitativas: histogramas

Variáveis quantitativas frequentemente assumem muitos valores. A distribuição nos diz quais valores ela assume e com qual frequência os assume. Um gráfico da distribuição torna-se mais claro se agrupamos valores próximos. O gráfico mais comum da distribuição de uma variável quantitativa é o **histograma**.

Histograma

Um gráfico da distribuição de uma variável quantitativa. O eixo horizontal é marcado segundo a unidade de medida da variável. A amplitude dos dados é dividida em classes de igual largura. Cada barra no gráfico representa uma classe, com a base de cada barra cobrindo a classe no eixo horizontal. O eixo vertical apresenta a escala de contagens, e a altura de cada barra é a contagem da classe.

EXEMPLO 1.4 Construção de um histograma

Que porcentagem dos estudantes das escolas de Ensino Médio de seu estado natal se forma em 4 anos? Dados sobre a taxa de graduação ajudam a responder à questão "Quão bem-sucedido é o meu estado na graduação de estudantes e como ele se compara a outros estados?" A taxa de graduação de calouros (*Freshman Graduation Rate* - FGR) conta o número de graduados no Ensino Médio em determinado ano para um estado e divide esse valor pelo número de estudantes de nono ano que se matricularam 4 anos antes. A FGR ignora os alunos de Ensino Médio que entram em um estado ou saem dele e pode incluir estudantes que repetiram alguma série. Várias medidas alternativas estão disponíveis, e o estado é livre para escolher suas próprias, mas as taxas resultantes podem diferir em mais de 10%. A lei federal exige, agora, que todos os estados usem um cálculo comum, mais rigoroso, a taxa da graduação de coorte ajustada (*Adjusted Cohort Graduation Rate*), que segue os estudantes individualmente. O uso da taxa da graduação de coorte ajustada foi exigido pela primeira vez para 2010 e 2011, e isso finalmente permitiu comparações acuradas das taxas de graduação entre os estados. A Tabela 1.1 apresenta os dados de 2016 e 2017.[6] TAXAGRAD

Os *indivíduos* nesse conjunto de dados são os estados. A *variável* é a porcentagem de estudantes do Ensino Médio de um estado que se formaram em 4 anos. Os estados variam bastante nessa variável, de 71,1% no Novo México a 91% em Iowa. É mais fácil ver como seu estado se compara com outros estados por meio de um histograma em vez de pela tabela. Para fazer um histograma da distribuição dessa variável, proceda como a seguir:

ESTATÍSTICA NO MUNDO REAL

O que é aquele número?

Você pode pensar que os números, diferentemente das palavras, são universais. Pense de novo. Um "bilhão" nos EUA significa 1,000,000,000 (nove zeros). Na Europa, um "bilhão" é 1,000,000,000,000 (12 zeros). Tudo bem, essas são palavras que descrevem números. Essas vírgulas em grandes números são, no entanto, pontos em muitas outras línguas. Isso é tão confuso que os padrões internacionais instituíram espaços no lugar, de modo que um bilhão americano é 1 000 000 000. E o ponto decimal dos países de língua inglesa é a vírgula em muitas outras línguas, de modo que 3.1416 nos EUA se torna 3,1416 na Europa. Assim, o que é o número 10,642.389? Depende de onde você esteja.

Tabela 1.1 Percentual, por estado, de alunos do Ensino Médio que se formam no prazo

Estado	Percentual	Região	Estado	Percentual	Região	Estado	Percentual	Região
Alabama	89,3	S	Louisiana	78,1	S	Ohio	84,2	MO
Alasca	78,2	O	Maine	86,9	NE	Oklahoma	82,6	S
Arizona	78,0	O	Maryland	87,7	S	Oregon	76,7	O
Arkansas	88,0	S	Massachusetts	88,3	NE	Pensilvânia	86,6	NE
Califórnia	82,7	O	Michigan	80,2	MO	Rhode Island	84,1	NE
Colorado	79,1	O	Minnesota	82,7	MO	Carolina do Sul	83,6	S
Connecticut	87,9	NE	Mississippi	83,0	S	Dakota do Sul	83,7	MO
Delaware	86,9	S	Missouri	88,3	MO	Tennessee	89,8	S
Flórida	82,3	S	Montana	85,8	O	Texas	89,7	S
Geórgia	80,6	S	Nebraska	89,1	MO	Utah	86,0	O
Havaí	82,7	O	Nevada	80,9	O	Vermont	89,1	NE
Idaho	79,7	O	New Hampshire	88,9	NE	Virgínia	86,9	S
Illinois	87,0	MO	Nova Jersey	90,5	NE	Washington	79,4	O
Indiana	83,8	MO	Novo México	71,1	O	Virgínia Ocidental	89,4	S
Iowa	91,0	MO	Nova York	81,8	NE	Wisconsin	88,6	MO
Kansas	86,5	MO	Carolina do Norte	86,6	S	Wyoming	86,2	O
Kentucky	89,7	S	Dakota do Norte	87,2	MO	Distrito de Colúmbia	73,2	S

Passo 1. Escolha as classes. Divida a amplitude dos dados em classes de igual largura. Os dados na Tabela 1.1 vão de 71,1 a 91,0, e decidimos usar as seguintes classes:

porcentagem dos que se graduam no prazo entre 70,0 e 72,5 (70,0 a < 72,5)

porcentagem dos que se graduam no prazo entre 72,5 e 75,0 (72,5 a < 75,0)

⋮

porcentagem dos que se graduam no prazo entre 90,0 e 92,5 (90,0 a < 92,5)

É importante a especificação cuidadosa das classes de modo que cada indivíduo seja colocado em exatamente uma classe. Nossa notação 70,0 a < 72,5, que indica a primeira classe, inclui estados com taxas de variação que começam em 70,0% indo até, mas não incluindo, 72,5%. Assim, um estado com taxa de graduação no prazo de 72,5 estará na segunda classe, enquanto um estado com taxa da graduação no prazo de 72,4% estará na primeira classe. É correto usar classes 70,0 a < 72,0, 72,0 a < 74,0, e assim por diante. Apenas se assegure de especificar as classes precisamente, de modo que cada indivíduo se coloque em exatamente uma classe.

Passo 2. Conte os indivíduos em cada classe. Eis as contagens:

Classe	Contagem	Classe	Contagem
70,0 a < 72,5	1	82,5 a < 85,0	10
72,5 a < 75,0	1	85,0 a < 87,5	11
75,0 a < 77,5	1	87,5 a < 90,0	14
77,5 a < 80,0	6	90,0 a < 92,5	2
80,0 a < 82,5	5		

Verifique se as contagens têm soma 51, o número de indivíduos no conjunto de dados (os 50 estados e o Distrito de Colúmbia).

Passo 3. Desenhe o histograma. Marque, no eixo horizontal, a escala para a variável que você está apresentando. Essa é o percentual dos estudantes do Ensino Médio de um estado que se formam em 4 anos. A escala vai de 70,0 a 92,5 porque esse é o intervalo que escolhemos para as classes. O eixo vertical contém a escala das contagens. Cada barra representa uma classe. A base da classe cobre a classe, e a altura da barra é a contagem da classe. Desenhe as barras sem qualquer espaço horizontal entre elas, a menos que uma classe seja vazia, de modo que a barra correspondente tem altura zero. A Figura 1.5 é nosso histograma. Lembre-se de que uma observação na fronteira das barras – digamos, 75,0 – é contada na barra a sua direita.

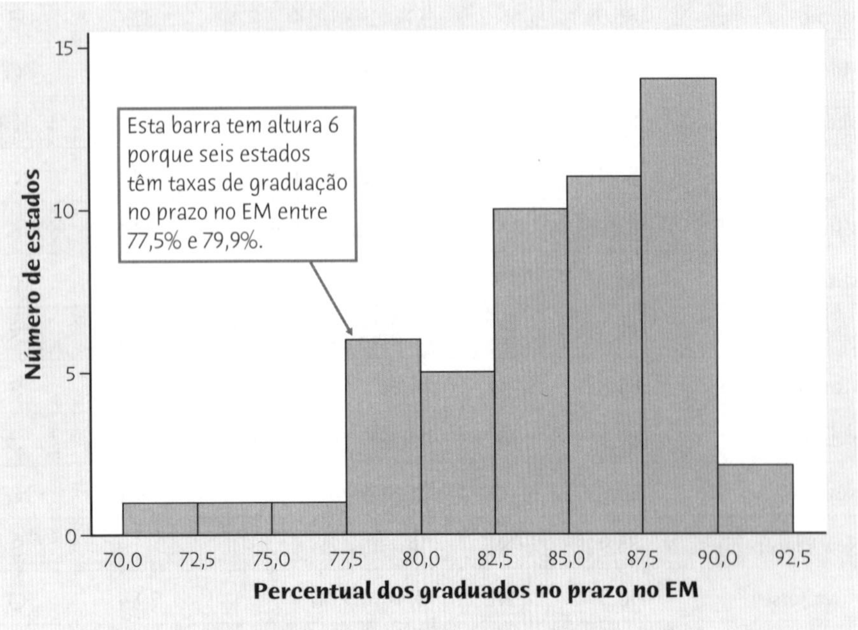

FIGURA 1.5
Histograma da distribuição dos percentuais de graduados no prazo no Ensino Médio (EM) nos 50 estados e no Distrito de Colúmbia, para o Exemplo 1.4. Esta figura foi criada com o pacote de programas JMP 14.

Embora histogramas se pareçam com gráficos de barras, seus detalhes e usos são diferentes. Um histograma apresenta a distribuição de uma variável quantitativa. O eixo horizontal de um histograma é marcado nas unidades de medida para a variável. Um gráfico de barras compara os tamanhos de quantidades diferentes. O eixo horizontal de um gráfico de barras não precisa ter qualquer escala de medida, mas simplesmente identifica as quantidades que estão em comparação. Essas podem ser os valores de uma variável categórica, mas podem não ter qualquer relação, como as fontes usadas para aprender sobre música no Exemplo 1.3. Construa o gráfico de barras com espaço entre as barras para separar as quantidades em comparação. Faça histogramas sem qualquer espaço, para indicar que todos os valores da variável estão sendo considerados. Um espaço entre barras em um histograma indica que não há valores para aquela classe.

Nossa visão responde à *área* das barras em um histograma.[7] Como as classes são todas da mesma largura, a área é determinada pela altura e todas as classes são representadas de forma equitativa. Não existe uma única escolha correta das classes em um histograma. Um número muito pequeno de classes origina um gráfico tipo "arranha-céu", com todos os valores em poucas classes com barras altas. Um número muito grande de classes produzirá um gráfico tipo "panqueca", com a maioria das classes tendo uma ou nenhuma observação. Nenhuma dessas escolhas fornecerá uma boa imagem da forma da distribuição. Use discernimento ao escolher as classes para mostrar a forma. Programas computacionais de estatística escolherão as classes para você. A escolha feita por esses programas é usualmente boa, mas você pode mudá-la, se preferir. A função histograma no *applet* One-Variable Statistical Calculator (conteúdo em inglês), por exemplo, permite que você mude o número de classes arrastando o *mouse*, de modo que é fácil ver como a escolha das classes afeta o histograma.

applet

APLIQUE SEU CONHECIMENTO

1.6 A face mutante da América. Em 1980, aproximadamente 20% dos adultos com idade entre 18 e 34 anos eram considerados minorias, relatando sua etnia como diferente de branca não hispânica. Ao fim de 2013, esse percentual tinha mais do que dobrado. Como são distribuídas nos EUA as minorias com idade entre 18 e 34 anos? No país como um todo, 42,8% dos adultos com idade de 18 a 34 anos são considerados minorias, mas os estados variam de 8% no Maine e Vermont a 75% no Havaí. A Tabela 1.2 apresenta dados para todos os 50 estados e o Distrito de Colúmbia.[8] Faça um histograma dos percentuais usando classes com largura de 10%, começando em 0%. Isto é, a primeira barra cobre 0 a < 10%, a segunda cobre 10 a < 20%, e assim por diante. (Faça esse histograma a mão, mesmo que você tenha um programa, para ter certeza de que entendeu o processo. Você pode, então, querer comparar seu histograma com o construído pelo programa de sua escolha.) MINORIA

Tabela 1.2 Percentual da população estadual com idade de 18 a 34 anos que é minoria

Estado	Percentual	Estado	Percentual	Estado	Percentual
Alabama	39	Louisiana	45	Ohio	23
Alasca	40	Maine	8	Oklahoma	37
Arizona	51	Maryland	52	Oregon	27
Arkansas	31	Massachusetts	31	Pensilvânia	26
Califórnia	67	Michigan	28	Rhode Island	31
Colorado	35	Minnesota	23	Carolina do Sul	41
Connecticut	39	Mississippi	48	Dakota do Sul	19
Delaware	23	Missouri	23	Tennessee	30
Flórida	52	Montana	15	Texas	61
Geórgia	51	Nebraska	23	Utah	22
Havaí	75	Nevada	54	Vermont	8
Idaho	20	New Hampshire	11	Virgínia	41
Illinois	42	Nova Jersey	51	Washington	34
Indiana	23	Novo México	67	Virgínia Ocidental	9
Iowa	16	Nova York	48	Wisconsin	22
Kansas	27	Carolina do Norte	41	Wyoming	18
Kentucky	17	Dakota do Norte	15	Distrito de Colúmbia	53

applet **1.7 Escolha das classes em um histograma.** O menu de conjuntos de dados que acompanha o *applet* One-Variable Statistical Calculator inclui os dados sobre os percentuais de minorias na faixa etária entre 18 e 34 anos da Tabela 1.2. Escolha esses dados e clique na barra "Histogram" (histograma) para ver um histograma. MINORIA

(a) Quantas classes o *applet* escolheu usar? (Você pode clicar no gráfico fora das barras para obter uma contagem das classes.)

(b) Clique no gráfico e arraste para a esquerda. Qual é o menor número de classes que você pode obter? Quais são os limites inferior e superior de cada classe? (Clique na barra para descobrir.) Faça um esboço rápido desse histograma.

(c) Clique e arraste para a direita. Qual é o maior número de classes que você pode obter? Quantas observações tem a maior classe?

(d) Você observa que a escolha das classes muda a aparência de um histograma. Arraste para direita e para esquerda até obter um histograma que você considere que melhor apresenta a distribuição. Quantas classes você usou? Por que você acha que esse é o melhor?

1.4 Interpretação de histogramas

A construção de um gráfico estatístico não é um fim em si mesmo. *O propósito dos gráficos consiste em nos ajudar a entender como os dados nos facilitam responder a alguma questão do mundo real.* Depois de construir um gráfico, sempre pergunte: "o que vejo?" Uma vez exibida a distribuição, você poderá ver seus aspectos importantes, da maneira a seguir.

Exame de um histograma

Em qualquer gráfico de dados, procure pelo padrão geral e por desvios notáveis desse padrão. Você pode descrever o padrão geral de um histograma por sua *forma, centro* e *variabilidade*. Às vezes, você verá variabilidade referida por *dispersão*.

Um tipo importante de desvio é um **valor atípico**, um valor individual que está fora do padrão geral.

Uma forma de descrever numericamente o centro de uma distribuição é por meio do seu *ponto do meio*, ou seja, o valor tal que, aproximadamente, metade das observações apresenta valores abaixo dele, e metade, valores acima dele. No Capítulo 2, definiremos formalmente o ponto do meio como a *mediana*. Para encontrar o ponto do meio, ordene as observações da menor para a maior, certificando-se de incluir observações repetidas quantas vezes elas aparecerem nos dados. Primeiro, tire a maior e a menor observação; então, a maior e a menor das restantes, e assim por diante. Se você inicialmente tinha um número ímpar de observações, você ficará, ao fim, com uma única observação, que é o ponto do meio. Se você inicialmente tinha um número par de observações, você ficará, ao fim, com duas observações, e sua média é o ponto médio.

Por ora, descreveremos a variabilidade de uma distribuição fornecendo o *menor e o maior valor*. Veremos maneiras melhores de descrever o centro e a variabilidade no Capítulo 2. A forma geral de uma distribuição pode, normalmente, ser descrita em termos da simetria ou assimetria, definidas a seguir.

Distribuições simétricas e assimétricas

Uma distribuição é **simétrica** se os lados direito e esquerdo do histograma são aproximadamente a imagem espelhada um do outro.

Uma distribuição é **assimétrica à direita** se o lado direito do histograma (que contém a metade das observações com valores maiores) se estende muito mais do que o lado esquerdo. Ela é **assimétrica à esquerda** se o lado esquerdo do histograma se estende muito mais do que o lado direito.

EXEMPLO 1.5 Descrição de uma distribuição

Reveja o histograma na Figura 1.5. Para descrever a distribuição, desejamos olhar seu padrão geral e quaisquer desvios.

TAXAGRAD

FORMA: A distribuição tem um *pico único*, que representa estados nos quais entre 87,5 e 90,0% dos estudantes se graduam no EM no prazo. A distribuição é *assimétrica à esquerda*. Há apenas uma observação à direita do pico, enquanto, à direita do pico, a maioria dos estados tem taxas de graduação entre 77,5 e 87,5%, mas vários estados têm percentuais muito menores, de modo que o gráfico se estende bastante para a esquerda de seu pico.

CENTRO: A ordenação das observações da Tabela 1.1 por tamanho mostra que 86,0% é o ponto do meio da distribuição. Há um total de 51 observações, e se você retira as 25 maiores taxas de graduação e as 25 menores taxas de graduação, você fica com apenas uma observação de 86,0%, que tomamos como o centro da distribuição.

VARIABILIDADE: As taxas de graduação variam de 71,1 a 91,0%, o que mostra uma variação considerável nas taxas de graduação entre os estados.

VALORES ATÍPICOS: A Figura 1.5 não mostra qualquer observação fora do padrão da distribuição de pico único e assimetria à esquerda. A Figura 1.6 é outro histograma da mesma distribuição, com classes com largura de 2%, em vez de 2,5%. Agora, Novo México, com 71,1%, e o Distrito de Colúmbia, com 73,2%, ficam mais claramente separados dos estados restantes. Novo México e o Distrito de Colúmbia são valores atípicos, ou são apenas as menores observações em uma distribuição fortemente assimétrica? Infelizmente, não há regra. Vamos concordar em chamar a atenção apenas para fortes valores atípicos que sugerem alguma coisa especial sobre uma observação – ou um erro, como digitar 10,1 como 101. Embora o Distrito de Colúmbia seja sempre incluído com os outros 50 estados em conjuntos de dados, para muitas variáveis ele pode diferir marcadamente dos outros estados.

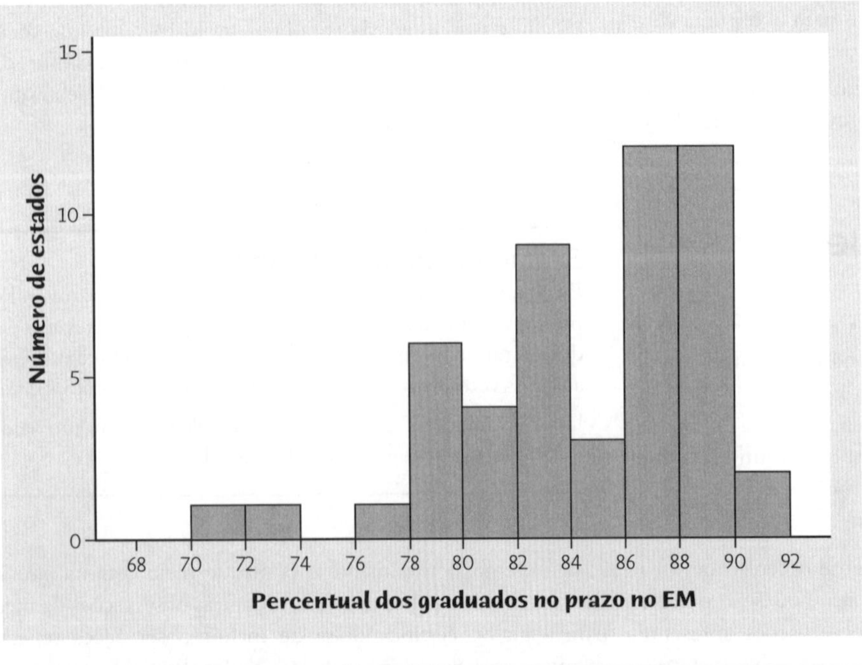

FIGURA 1.6
Outro histograma da distribuição da porcentagem de graduados no prazo no Ensino Médio (EM), com as larguras das classes mais estreitas do que na Figura 1.5. Um histograma com mais classes mostra mais detalhes, mas pode ter um padrão menos claro.

As Figuras 1.5 e 1.6 lembram que a interpretação de gráficos requer discernimento. Vemos também que *a escolha das classes em um histograma pode influenciar a aparência de uma distribuição*. Por isso, e para evitar a preocupação com detalhes menores, concentre-se nas características principais de uma distribuição, que persistem com várias escolhas de intervalos de classes. Procure picos maiores, não os "sobe e desce" menores, nas barras de um histograma. Quando você escolher um número maior de intervalos de classe, o histograma poderá se tornar mais denteado, tendo uma aparência de múltiplos picos que estão juntos. Certifique-se sempre de verificar valores atípicos claros, não apenas a menor e a maior observação, e procure por uma *simetria* razoável ou clara *assimetria*.

A seguir, apresentamos outros exemplos de descrição do padrão geral de um histograma.

EXEMPLO 1.6 Escores do teste Iowa

TESTEIOWA

A Figura 1.7 apresenta os escores de vocabulário de todos os 947 alunos de sétima série nas escolas públicas de Gary, Indiana, na parte de vocabulário do teste Iowa de habilidades básicas.[9] A distribuição apresenta *um só pico* e é *simétrica*. Dados reais quase nunca são exatamente simétricos. Considera-se satisfatório descrever a Figura 1.7 como simétrica. O centro (metade acima, metade abaixo) está próximo de 7. Esse é o nível de leitura da sétima série. Os escores variam de 2,1 (nível de segunda série) até 12,1 (nível de décima segunda série).

Observe que a escala vertical na Figura 1.7 não corresponde à *contagem* de alunos, e sim ao *percentual* de alunos em cada classe do histograma. Um histograma de percentuais, em vez de contagens, é conveniente quando queremos comparar várias distribuições. Para comparar Gary com Los Angeles, cidade muito maior, usaríamos percentuais, de modo que ambos os histogramas teriam a mesma escala vertical.

Ao descrever a escala vertical de um histograma, você algumas vezes verá contagens referidas como *frequência* e porcentagem referida como *frequência relativa*, particularmente ao escolher uma opção para o eixo vertical usando um programa de computador.

FIGURA 1.7
Histograma dos escores de vocabulário no teste Iowa de todos os alunos de sétima série e m Gary, Indiana, para o Exemplo 1.6. Essa distribuição tem um único pico e é simétrica.

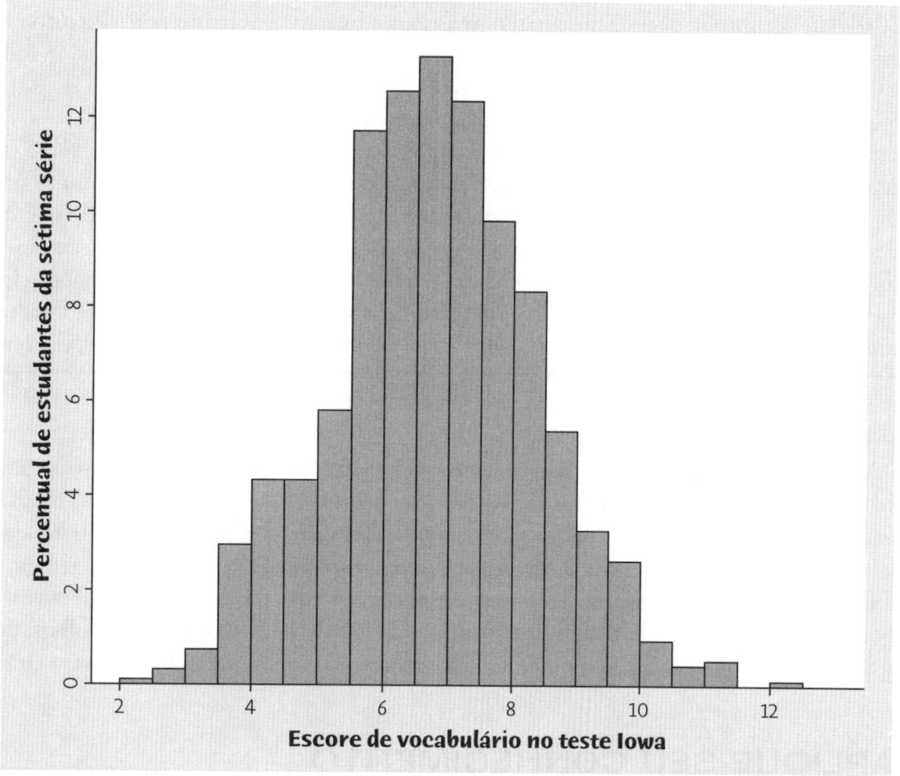

EXEMPLO 1.7 Quem faz o SAT?

PCTSAT

Dependendo de onde você cursou o Ensino Médio, a resposta a essa questão pode ser "quase todo mundo", "muitos, mas nem todos", ou "quase ninguém". A Figura 1.8 é um histograma do percentual de estudantes que terminaram o Ensino Médio em cada estado e que fizeram o teste SAT em 2018.[10]

Para a criação do histograma com barras que cobrem apenas a amplitude 0 a 100%, tivemos que escolher os intervalos de classes com sabedoria. Poucos estados tinham 100% dos estudantes do Ensino Médio fazendo o SAT. O menor percentual é 2%, para Dakota do Norte. Gostaríamos de evitar ter um intervalo de classe que comece em 100% e inclua valores maiores

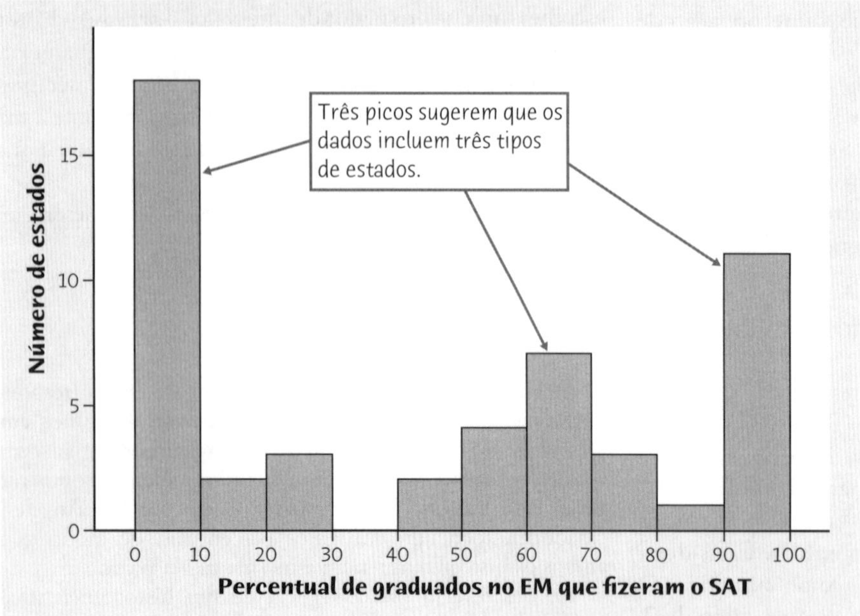

FIGURA 1.8
Histograma do percentual de graduados no Ensino Médio (EM) em cada estado, os quais fizeram o teste de raciocínio SAT, para o Exemplo 1.7. O gráfico mostra três grupos de estados: os estados ACT (onde poucos estudantes fazem o SAT) à esquerda, estados onde muitos fazem o SAT e alguns o ACT, e os estados SAT à direita.

que 100% (o que é impossível) e resultaria em um histograma que sugere valores maiores que 100% nos dados. Portanto, usamos intervalos de classes de 0,01 a < 10,01%, 10,01 a < 20,01%, e assim por diante. No entanto, mostramos apenas os percentuais até o inteiro mais próximo na escala horizontal.

O histograma mostra três picos: um pico alto bem à esquerda, representando percentuais de 10% ou menos, um pico menor na classe de 60,01 a 70,01%, e um pico alto que representa percentuais acima de 90%. A presença de mais de um pico sugere que a distribuição mistura vários tipos de indivíduos. É o caso aqui. Há dois testes principais para medir o preparo de alunos do Ensino Médio para entrar na faculdade: o ACT e o SAT. A maioria dos estados tem forte preferência por um ou outro. Em alguns estados, muitos estudantes fazem o ACT e alguns fazem o SAT; esses estados formam o pico à esquerda. Em outros estados, alguns estudantes fazem o ACT e alguns fazem o SAT; esses estados são as barras perto do pico na classe 60,01 a < 70,01. E ainda em outros estados, quase todos os alunos fazem o SAT e muito poucos escolhem o ACT; esses estados formam o alto pico bem à direita.

A informação sobre o centro e a variabilidade dessa distribuição não é muito útil. O ponto do meio está na classe de 50,01 a < 60,01%, entre os picos. A história contada por esse histograma está nos três picos, que correspondem aos estados que fazem principalmente o ACT, depois estados em que os estudantes fazem ambos, e aos que fazem principalmente o SAT, respectivamente.

A forma geral de uma distribuição é informação importante sobre uma variável (embora a descrição de um gráfico de barras para uma variável categórica não seja útil). Algumas variáveis têm distribuições com formas previsíveis. Muitas medições biológicas em amostras da mesma espécie e gênero – comprimento de bicos de aves, alturas de mulheres jovens – têm distribuições simétricas. Por outro lado, os dados sobre a renda das pessoas são, em geral, fortemente assimétricos à direita. Há muitas rendas moderadas, algumas grandes rendas e algumas poucas rendas enormes. Muitas distribuições têm formas irregulares, nem simétricas nem assimétricas. Alguns dados apresentam outros padrões, como os três picos na Figura 1.8. Utilize seus olhos, descreva o padrão que você vê e, então, tente explicar esse padrão.

APLIQUE SEU CONHECIMENTO

1.8 A face mutante da América. No Exercício 1.6, você fez um histograma do percentual das minorias de residentes com idade de 18 a 34 anos em cada um dos 50 estados e no Distrito de Colúmbia. Esses dados aparecem na Tabela 1.2. Descreva a forma da distribuição. Ela se aproxima mais de uma distribuição simétrica ou assimétrica? Qual é o centro (ponto do meio) dos dados? Qual é a variabilidade em termos do menor e maior valor? Há algum estado com um percentual não usual, grande ou pequeno, de minorias? MINORIA

1.9 A doença de Lyme. A doença de Lyme é causada por uma bactéria chamada *Borrelia burgdorferi* e se espalha com a picada de um carrapato de patas pretas infectado, geralmente encontrado em florestas

Erik Karits/iStockphoto

e em áreas relvadas. Houve 383.846 casos confirmados relatados aos Centers for Disease Control and Prevention (CDC) (Centros para Controle e Prevenção de Doenças) entre 2001 e 2017, e esses casos são divididos por idade e sexo na Figura 1.9.[11]

Eis como a Figura 1.9 se relaciona com o que estivemos estudando. Os indivíduos são as 383.846 pessoas com casos confirmados, e duas das variáveis medidas em cada indivíduo são sexo e idade. Considerando homens e mulheres separadamente, poderíamos fazer um histograma da variável idade usando intervalos de classe 0 a < 5 anos, 5 a < 10 anos, e assim por diante. Observe as duas barras mais à esquerda na Figura 1.9. As barras mais escuras mostram que quase 10 mil dos homens estavam entre 0 e 5 anos, e a barra mais clara mostra ligeiramente menos mulheres nessa faixa de idade. Se colocássemos todas as barras mais escuras lado a lado, teríamos o histograma de idade para homens usando os intervalos de classe estabelecidos. Analogamente, as barras mais clara mostram as mulheres. Como estamos tentando apresentar ambos os histogramas no mesmo gráfico, as barras para homens e mulheres dentro de cada classe foram colocadas uma ao lado da outra para uma comparação fácil, com as barras para diferentes intervalos de classe separadas por pequenos espaços.

(a) Descreva as principais características da distribuição de idade para os homens. Por que a descrição dessa distribuição em termos apenas do centro e da variabilidade seria enganosa?

(b) Suponha que os diferentes grupos de idade de homens gastem diferentes quantidades de tempo ao ar livre. Como esse fato poderia ser usado para explicar o que você encontrou na parte (a)? Lembre-se de usar seus olhos para descrever o padrão que você vê e, então, explique-o.

(c) Um amigo seu, homem de 45 anos de idade, olha o histograma e lhe diz que ele está planejando desistir de uma caminhada porque esse gráfico sugere que ele está em um grupo de alto risco para a doença de Lyme. Ele retomará a caminhada quando tiver 65 anos, pois será menos provável pegar a doença nessa idade. Essa é uma interpretação correta do histograma?

(d) Comparando os histogramas para homens e mulheres, como eles se assemelham? Qual é a principal diferença, e por que você acha que ela ocorre?

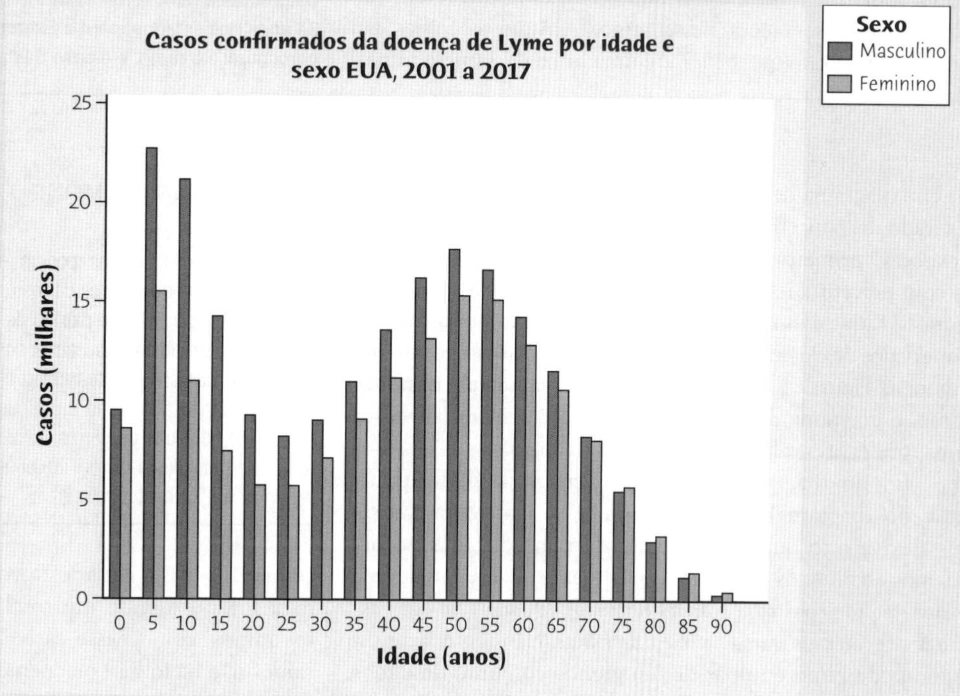

FIGURA 1.9 Histograma das idades de indivíduos infectados com a doença de Lyme para casos relatados entre 2001 e 2017 nos EUA, para homens e mulheres, para o Exercício 1.9.

1.5 Variáveis quantitativas: diagramas de ramo e folhas

Os histogramas não são as únicas apresentações gráficas das distribuições. Para pequenos conjuntos de dados, é mais rápido construir um **diagrama de ramo e folhas**, que apresenta informações mais detalhadas.

Diagrama de ramo e folhas

Um gráfico da distribuição de uma variável quantitativa. Cada observação é mostrada como um ramo, que consiste em todos, menos o dígito final (o mais à direita), e uma folha, o dígito final. Os ramos são empilhados em uma coluna vertical com o menor no topo, e uma linha vertical aparece à direita dessa coluna. Cada folha para um ramo aparece em uma coluna à direita do ramo.

Diagrama de ramo e folhas

Para construir um diagrama de ramo e folhas:

1. Separe cada observação em um **ramo**, constituído de todos os dígitos menos o final (mais à direita), e em uma **folha**, o dígito final. Os ramos podem ter tantos dígitos quantos necessários, mas cada folha contém apenas um único dígito.
2. Escreva os ramos em uma coluna vertical, com o menor na parte superior, e desenhe uma linha vertical à direita dessa coluna. Certifique-se de incluir todos os ramos necessários para cobrir os dados, mesmo que algum não tenha folhas.
3. Escreva cada folha na linha à direita de seu ramo, em ordem crescente a partir do ramo.

EXEMPLO 1.8 Construção de um diagrama de ramo e folhas

MINORIA

A Tabela 1.2 apresenta os percentuais de adultos com idade de 18 a 34 anos que são considerados minorias em cada um dos estados e no Distrito de Colúmbia. Para fazer um diagrama de ramo e folhas desses dados, primeiro escreva os percentuais 8 e 9 como 08 e 09, de modo que todos os percentuais sejam números de dois dígitos. Tome a casa das dezenas (o dígito mais à esquerda) dos percentuais como o ramo e o dígito final (casa das unidades) como a folha. Escreva os ramos a partir de 0 para o Maine, Vermont e West Virginia, até 7 para o Havaí. Agora acrescente as folhas. Texas, 61%, tem folha 1 no ramo 6. Para Califórnia e Novo México, ambos com 67%, coloque uma folha de 7 no mesmo ramo para cada um. Essas são as únicas observações nesse ramo. Arrume as folhas em ordem, de modo que 6 | 1 7 7 é uma linha do ramo e folhas.

A Figura 1.10 é o diagrama de ramo e folhas completo para os dados na Tabela 1.2.

0	8 8 9
1	1 5 5 6 7 8 9
2	0 2 2 3 3 3 3 3 3 6 7 7 8
3	0 1 1 1 4 5 7 9 9
4	0 1 1 1 2 5 8 8
5	1 1 1 2 2 3 4
6	1 7 7
7	5

FIGURA 1.10
Diagrama de ramo e folhas das minorias com idades entre 18 e 34 anos nos estados, para o Exemplo 1.8. A casa das dezenas do percentual é o ramo, e a casa das unidades é a folha.

Um diagrama de ramo e folhas se parece com um histograma virado de lado, com os ramos correspondendo aos intervalos de classe. O primeiro ramo na Figura 1.10 contém todos os estados com percentuais entre 0 e 10%. Examine o histograma na Figura 1.11, que é um histograma dos dados de minorias usando os intervalos de classe 0 a < 10%, 10 a < 20%, e assim por diante. Embora as Figuras 1.10 e 1.11 apresentem exatamente o mesmo padrão, o diagrama de ramo e folhas, diferentemente do histograma, preserva o valor real de cada observação.

Em um diagrama de ramo e folhas, as classes (os ramos do diagrama) são dadas a você. Os histogramas são mais flexíveis do que os diagramas de ramo e folhas porque podemos escolher as classes mais facilmente. *Diagramas de ramo e folhas não são bons para grandes conjuntos de dados, em que cada ramo deve conter um grande número de folhas.* Não tente fazer um diagrama de ramo e folhas de um grande conjunto de dados, como os 947 escores do teste Iowa, na Figura 1.7.

Considere fazer um diagrama de ramo e folhas dos dados das taxas de graduação no Ensino Médio na Tabela 1.1. Se usarmos os décimos como as folhas, os ramos necessários começarão em 71, para Novo México, e terminarão em 91, para Iowa, exigindo um total de 21 ramos. Quando há muitos ramos, como nesse caso, frequentemente, em muitos dos ramos não há folhas, ou apenas uma ou duas folhas. O número de ramos pode ser reduzido se primeiro arredondarmos os números. Nesse exemplo, podemos arredondar o dado para cada estado para o percentual mais próximo, antes de desenhar o diagrama de ramo e folhas. Eis o resultado:

7	1 3 7 8 8 8 9 9
8	0 0 1 1 2 2 3 3 3 3 3 4 4 4 4 4 6 6 6 7 7 7 7 7 7 7 7 8 8 8 8 8 9 9 9 9 9 9
9	0 0 0 1 1

ESTATÍSTICA NO MUNDO REAL

Os poucos vitais

Distribuições assimétricas podem nos mostrar onde concentrar nossos esforços. Dez por cento dos carros na estrada são responsáveis por metade de todas as emissões de dióxido de carbono. Um histograma de emissões de CO_2 mostraria muitos carros com pequenos ou moderados valores e alguns poucos com valores muito altos. A limpeza ou substituição desses carros reduziria a poluição a um custo muito menor do que os programas destinados a todos os carros. Estatísticos que trabalham na melhoria da qualidade na indústria fazem um princípio da seguinte afirmação: "os poucos vitais" entre "os muitos triviais".

FIGURA 1.11
Histograma dos percentuais de minorias com idades entre 18 e 34 anos, nos estados, para o Exemplo 1.8. As larguras das classes foram escolhidas para coincidir com as larguras dos ramos no diagrama de ramo e folhas na Figura 1.10.

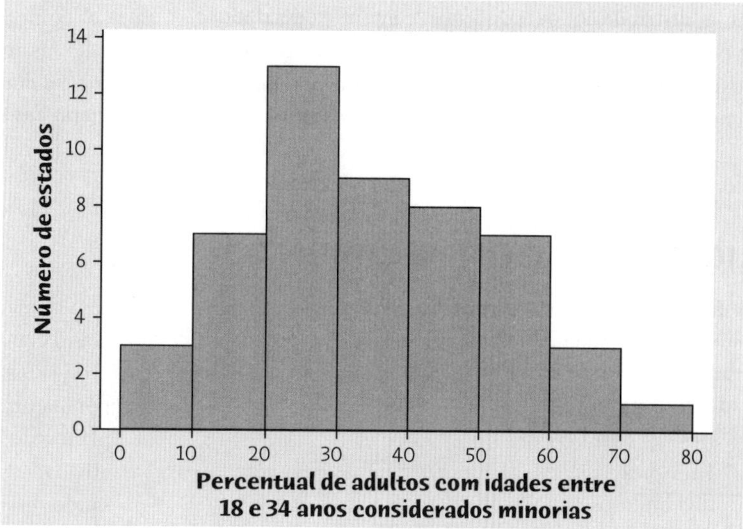

Agora, parece haver muito poucos ramos. Podemos, também, subdividir os ramos em um ramo e folhas para dobrar o número de ramos quando todas as folhas caírem em apenas alguns ramos, como ocorreu quando arredondamos para o percentual mais próximo. Cada ramo, então, aparece duas vezes. As folhas 0 a 4 ficam no ramo superior, e as folhas 5 a 9 vão para o ramo inferior. Se você dividir os ramos com os dados arredondados para o percentual mais próximo, o ramo e folhas se torna:

```
7 | 13
7 | 788899
8 | 001122333334444 4
8 | 6667777777788888999999
9 | 00011
```

o que torna o padrão de assimetria à esquerda mais claro. Na verdade, os ramos no diagrama de ramo e folhas anterior correspondem aos intervalos de classe usados no histograma da Figura 1.5, embora haja diferenças mínimas entre o diagrama de ramo e folhas e o histograma, porque os dados foram arredondados para o diagrama de ramo e folhas, mas não para o histograma. Quando se desenha um diagrama de ramo e folhas, alguns dados requerem arredondamentos, mas não a divisão dos ramos; alguns exigem a divisão dos ramos, e outros requerem os dois. O *applet* One-Variable Statistical Calculator permite que você decida se divide os ramos, facilitando, assim, a visualização do efeito.

applet

Um *diagrama de pontos* é outro gráfico para a apresentação de pequenos conjuntos de dados. Diagramas de pontos são usados, em geral, quando temos poucos valores distintos – por exemplo, uma pequena amplitude de valores inteiros, como de 1 a 10. Um diagrama de pontos é como um diagrama de ramo e folhas no qual as folhas para cada ramo são substituídas por pontos. Um diagrama de pontos é tipicamente orientado como um histograma, com os valores do ramo listados ao longo do eixo horizontal e os pontos formando uma coluna vertical acima de cada ramo. Assim, diagramas de pontos se parecem com histogramas. A Figura 1.12 é um diagrama de pontos dos dados da Tabela 1.1, correspondendo ao diagrama de ramo e folhas dividido acima. Diagramas de pontos, assim como o de ramo e folhas, nos ajudam

FIGURA 1.12
Diagrama de pontos dos dados da Tabela 1.1.

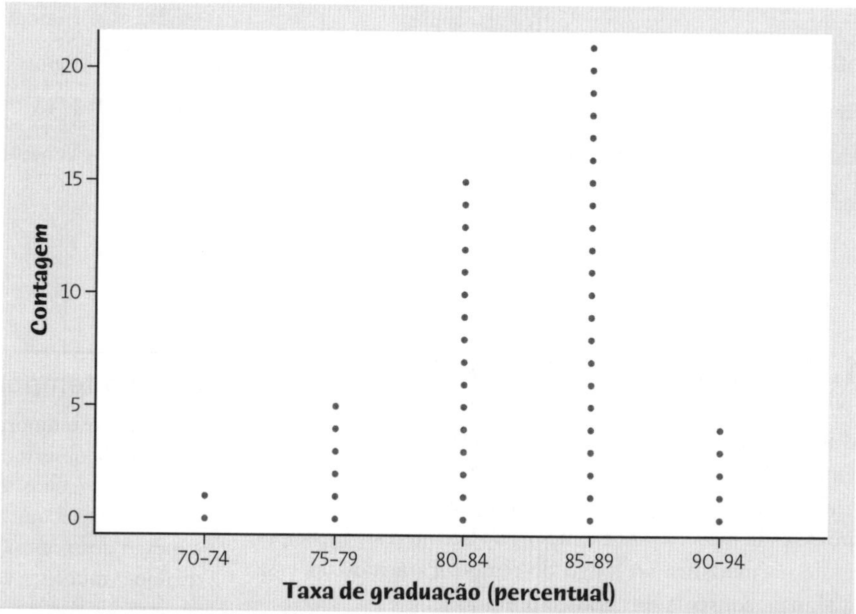

a visualizar a distribuição de pequenos conjuntos de dados. Preferimos o diagrama de ramo e folhas ao diagrama de pontos e, no restante deste livro, usaremos o diagrama de ramo e folhas em vez do diagrama de pontos para pequenos conjuntos de dados.

⚠ A comparação das Figuras 1.11 (assimétrica à direita) e 1.5 (assimétrica à esquerda) nos lembra que *a direção da assimetria é a direção da cauda maior, não a direção onde se aglomera a maioria das observações.*

APLIQUE SEU CONHECIMENTO

1.10 A face mutante da América. A Figura 1.10 apresenta um diagrama de ramo e folhas dos percentuais de adultos com idade entre 18 e 34 anos que são considerados minorias em cada um dos estados e no Distrito de Colúmbia. MINORIA

(a) Faça outro diagrama de ramo e folhas desses dados dividindo os ramos, colocando as folhas de 0 a 4 no primeiro ramo e as folhas de 5 a 9 no segundo ramo do mesmo valor. A divisão dos ramos dá uma impressão diferente da distribuição? Explique.

(b) Faça um histograma desses dados usando intervalos de classe que resultem no mesmo padrão do diagrama de ramo e folhas desenhado na parte (a).

1.11 Despesas com Cuidados da Saúde. A Tabela 1.3 mostra o gasto com saúde *per capita* em 2015 em 35 países com os maiores produtos internos brutos naquele ano.[12] Gasto com saúde *per capita* é a soma dos gastos públicos e privados (em PPC, US$ internacional) dividida pela população. Os gastos com saúde incluem a provisão de planos de saúde, atividades de planejamento familiar, atividades de nutrição e ajuda de emergência para a saúde, mas excluem a provisão de água e esgoto. Faça um diagrama de ramo e folhas dos dados, depois de arredondar para a centena de dólares mais próxima (de modo que os ramos são milhares de dólares e as folhas são centenas de dólares). Divida os ramos, colocando as folhas de 0 a 4 no primeiro ramo, e as folhas de 5 a 9 no segundo ramo do mesmo valor. Descreva a forma, o centro e a variabilidade da distribuição. Qual país é um valor atípico alto? SAUDE

Tabela 1.3 Despesa total *per capita* com saúde (dólares internacionais)

País	Dólares	País	Dólares	País	Dólares
Argentina	1.390	Indonésia	369	Arábia Saudita	3.121
Austrália	4.492	Irã	1.262	África do Sul	1.086
Áustria	5.138	Itália	3351	Espanha	3.183
Bélgica	4.782	Japão	4.405	Suécia	5.299
Brasil	1.392	Coreia do Sul	2.556	Suíça	7.583
Canadá	4.600	Malásia	1.064	Tailândia	610
China	762	México	1.009	Turquia	996
Colômbia	853	Holanda	5.313	Emirados Árabes Unidos	2.426
Dinamarca	5.083	Nigéria	215	Reino Unido	4145
França	4.542	Noruega	6.222	EUA	9.536
Alemanha	5.357	Polônia	1.704	Venezuela	106
Índia	238	Rússia	1.414		

1.6 Gráficos temporais

Muitas variáveis são medidas a intervalos ao longo do tempo. Podemos, por exemplo, medir a altura de uma criança em fase de crescimento ou o preço de uma ação ao fim de cada mês. Nesses exemplos, nosso interesse principal reside na mudança ao longo do tempo. Para mostrar essa mudança, construa um **gráfico temporal**.

Gráfico temporal

Um **gráfico temporal** de uma variável representa graficamente cada observação contra o tempo em que foi medida. Sempre coloque o tempo na escala horizontal de seu gráfico e a variável que está sendo medida na escala vertical. A conexão dos pontos de dados por linhas ajuda a enfatizar qualquer mudança ao longo do tempo.

EXEMPLO 1.9 Níveis de água no Everglades

NIVAGUA

Os níveis de água no Everglades National Park são críticos para a sobrevivência dessa região única. Dados sobre os níveis de água podem ajudar a responder a questões sobre a ameaça à sobrevivência da região. A foto mostra uma estação de monitoramento de água no Shark River Slough (Atoleiro do Rio Shark), o principal caminho para a água da superfície que se desloca através do "rio de grama" que é o Everglades. A cada dia, a altura média no medidor, que é a altura, em pés, da superfície da água acima da cota de referência do medidor, é medida na estação de monitoramento do Shark River Slough. (A cota de referência do medidor é uma medida de controle vertical estabelecida em 1929, e é usada como referência para estabelecimento das variações de elevações. Ela determina um ponto zero a partir do qual se mede a altura no medidor.) A Figura 1.13 é um gráfico temporal da altura média diária de água nessa estação, de 1º de janeiro de 2000 a 27 de agosto de 2019.[13]

Image courtesy of the U.S. Geological Survey

Ao examinar um gráfico temporal, procure, mais uma vez, por um padrão geral e por desvios fortes do padrão. A Figura 1.13 mostra fortes *ciclos* – movimentos regulares de "sobe e desce" no nível da água. Os ciclos mostram os efeitos da estação de chuvas (mais ou menos de junho a novembro) e da estação seca (mais ou menos de dezembro a maio) na Flórida. Os níveis da água são mais altos no fim do outono. Olhando mais atentamente, nota-se uma variação ano a ano. A estação seca em 2003 terminou mais cedo, com a primeira tempestade tropical de abril. Em consequência, o nível da água na estação seca em 2003 não baixou tanto quanto nos outros anos. A seca na porção sudeste do país em 2008 e 2009 mostra a queda brusca na altura média do medidor em 2009, enquanto os picos mais baixos em 2006 e 2007 refletem baixos níveis da água durante a estação das chuvas nesses anos. Finalmente, em 2011, uma estação seca extralonga e um lento início da estação de chuvas de 2011 se juntaram na pior seca no sudoeste da área da Flórida em 80 anos, o que mostra a abrupta caída na altura média do medidor em 2011. O Furacão Irma atingiu a Flórida em setembro de 2017.

Outro padrão geral comum equivale a uma *tendência*, um movimento a longo prazo, ascendente ou descendente, no decorrer do tempo. Muitas variáveis econômicas mostram uma tendência ascendente. Renda, preços de casas, e (ai de nós!) taxas escolares tendem, em geral, a se mover para cima ao longo do tempo. A Figura 1.14 mostra a média anual da concentração de CO_2, de 1959 a 2017, com uma firme tendência ascendente.

Histogramas e gráficos temporais fornecem diferentes informações sobre uma variável. O gráfico temporal na Figura 1.13 apresenta **dados de séries temporais** que mostram a mudança no nível da água em um local ao longo do tempo.

Dados de séries temporais
Medidas de uma variável feitas repetidamente, registrando o tempo, bem como o valor de cada medida.

Um histograma apresenta dados *transversais*, como níveis de água em muitos locais no Everglades ao mesmo tempo.

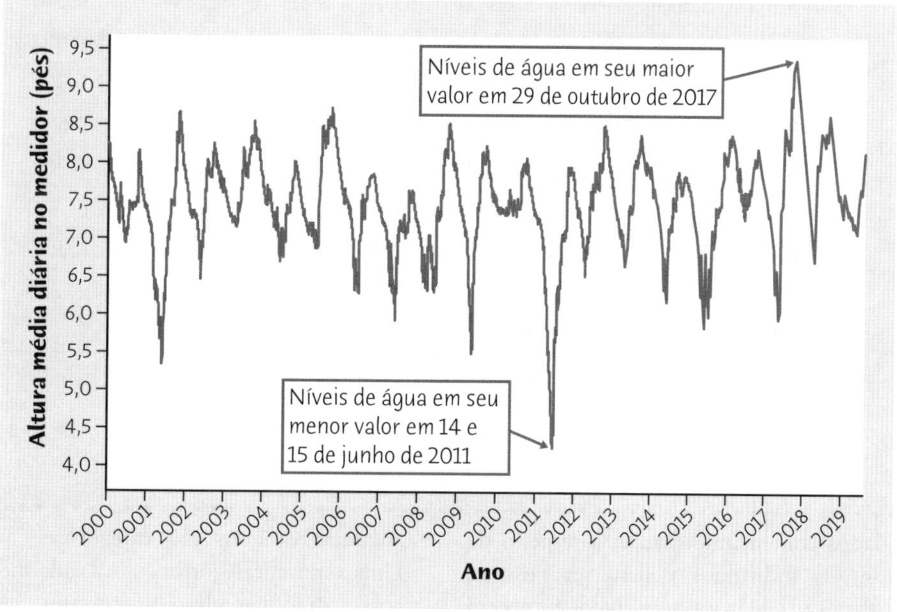

FIGURA 1.13

O gráfico temporal da altura média do medidor em uma estação de monitoramento no Parque Nacional dos Everglades durante um período de 19 anos, para o Exemplo 1.9. Os ciclos anuais refletem as estações de chuvas e de seca. Esta figura foi criada com o pacote de programas JMP 14.

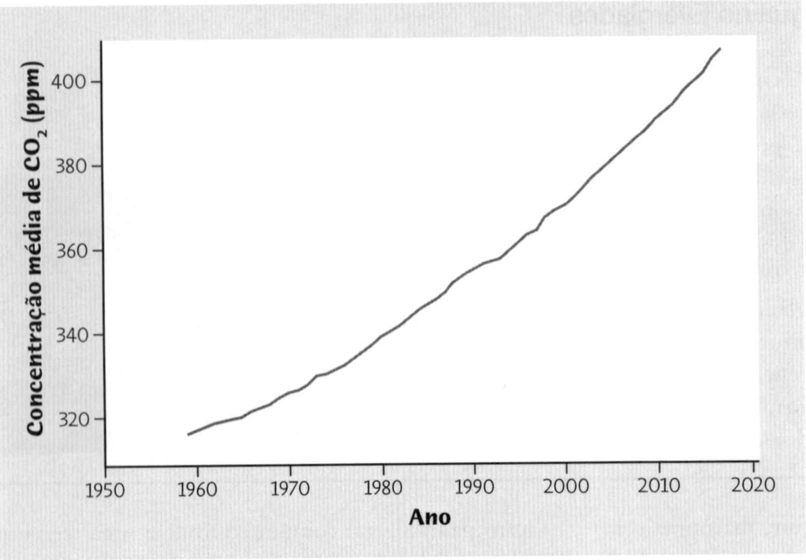

FIGURA 1.14
Um gráfico temporal da concentração média de CO_2 (em partes por milhão) na atmosfera, de 1959 a 2017. Esta figura foi criada com o pacote de programa JMP 14.

APLIQUE SEU CONHECIMENTO

1.12 O custo da faculdade. Apresentamos, agora, os dados médios sobre mensalidades e taxas de matrícula cobradas de alunos do estado por faculdades e universidades de 4 anos, para os anos acadêmicos de 1980 a 2018. Como quase todas as variáveis medidas em dólares crescem ao longo do tempo devido à inflação (o decrescente poder de compra de um dólar), os valores são dados em "dólares constantes", ajustados para terem o mesmo poder de compra de um dólar em 2018.[14] DESPFAC

(a) Faça um gráfico temporal das mensalidades e taxas médias.

(b) Que padrão geral seu gráfico apresenta?

(c) Alguns possíveis desvios do padrão geral são valores atípicos, períodos em que as taxas caíram (em dólares de 2018), e períodos de aumentos particularmente rápidos. Quais estão presentes em seu gráfico, e durante quais anos?

(d) Ao procurar por padrões, você acha que seria melhor o estudo de uma série temporal das taxas para cada ano ou o percentual de aumento para cada ano? Por quê? Pense sobre quais questões esses dados poderiam responder.

Ano	Taxas	Ano	Taxas	Ano	Taxas	Ano	Taxas
1980	$ 2.440	1990	$ 3.690	2000	$ 5.120	2010	$ 8.820
1981	$ 2.500	1991	$ 3.900	2001	$ 5.350	2011	$ 9.240
1982	$ 2.660	1992	$ 4.180	2002	$ 5.740	2012	$ 9.510
1983	$ 2.900	1993	$ 4.430	2003	$ 6.370	2013	$ 9.590
1984	$ 2.980	1994	$ 4.600	2004	$ 6.830	2014	$ 9.680
1985	$ 3.090	1995	$ 4.640	2005	$ 7.080	2015	$ 9.960
1986	$ 3.250	1996	$ 4.780	2006	$ 7.180	2016	$ 10.130
1987	$ 3.300	1997	$ 4.880	2007	$ 7.490	2017	$ 10.270
1988	$ 3.360	1998	$ 5.020	2008	$ 7.560	2018	$ 10.230
1989	$ 3.440	1999	$ 5.080	2009	$ 8.270		

RESUMO

- Um conjunto de dados contém informações a respeito de diversos **indivíduos**. Os indivíduos podem ser pessoas, animais ou coisas. Para cada indivíduo, os dados fornecem valores para uma ou mais **variáveis**. Uma variável descreve alguma característica de um indivíduo, como a altura, o gênero, ou o salário de uma pessoa.
- Algumas variáveis são **categóricas**; outras, **quantitativas**. Uma variável categórica coloca cada indivíduo em uma categoria, como masculino ou feminino. Uma variável quantitativa tem valores numéricos que medem alguma característica de cada indivíduo, usando uma unidade de medida, como altura em centímetros ou salário em dólares.

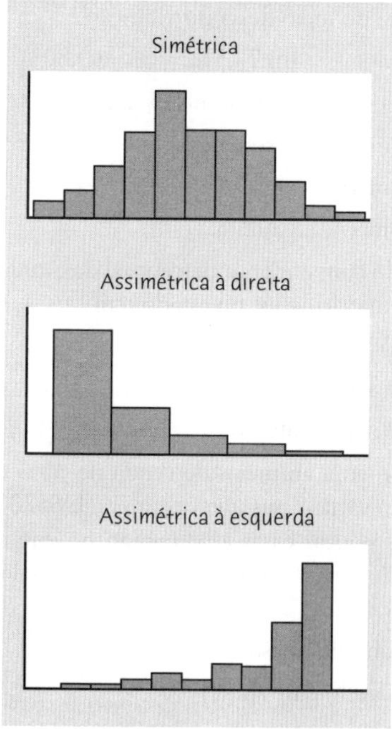

FIGURA 1.15
Distribuições simétrica, assimétrica à direita e assimétrica à esquerda.

- A **análise exploratória de dados** utiliza gráficos e resumos numéricos para descrever as variáveis em um conjunto de dados e as relações entre elas.
- Depois de entender o contexto dos dados (indivíduos, variáveis, unidades de medida), a primeira coisa a ser feita é, quase sempre, representar os dados graficamente.
- A **distribuição** de uma variável descreve quais valores a variável assume e com que frequência os assume. **Gráficos de setores** e **gráficos de barras** descrevem a distribuição de uma variável categórica. Os gráficos de barras podem, também, comparar qualquer conjunto de quantidades medidas nas mesmas unidades. **Histogramas** e **diagramas de ramo e folhas** representam graficamente a distribuição de uma variável quantitativa.
- Ao examinar qualquer gráfico, procure por um **padrão geral** e por **desvios** notáveis do padrão.
- A *forma*, o *centro* e a *dispersão* descrevem o padrão geral da distribuição de uma variável quantitativa. Algumas distribuições têm formas simples, como **simétrica** ou **assimétrica.** Nem todas as distribuições têm uma forma geral simples, especialmente quando há poucas observações.
- **Valores atípicos** são observações que estão fora do padrão geral de uma distribuição. Sempre procure por valores atípicos e tente explicá-los.
- Quando observações de uma variável são tomadas ao longo do tempo, construa um **gráfico temporal,** que represente o tempo no eixo horizontal e os valores da variável no vertical. Um gráfico temporal pode revelar **tendências, ciclos** ou outras mudanças ao longo do tempo.

VERIFIQUE SUAS HABILIDADES

Os exercícios de múltipla escolha na seção "Verifique suas habilidades" são questões diretas sobre fatos básicos do capítulo. As respostas aos exercícios de números ímpares aparecem ao fim do livro. Você deve esperar que todas as suas respostas estejam corretas.

1.13 Eis as primeiras linhas do conjunto de dados de um professor ao fim de um curso de estatística:

Nome	Habilitação	Média	Grau
ADVANI, SURA	COM	397	B
BARTON, DAVID	HIST	323	C
BROWN, ANNETTE	BIOL	446	A
CHIU, SUN	PSICO	405	B
CORTEZ, MARIA	PSICO	461	A

Os indivíduos nesses dados são

(a) os estudantes.

(b) o total dos pontos.

(c) as notas no curso.

1.14 De acordo com a pesquisa nacional de domicílios sobre o uso de drogas e saúde, ao serem entrevistados, em 2017, 31,0% dos indivíduos entre 18 e 25 anos disseram que haviam usado cigarros no último ano, 7,7% disseram ter usado tabaco sem fumaça, 39,4% disseram ter usado drogas ilícitas, e 7,8% disseram ter usado analgésicos ou sedativos.[15] Para apresentar esses dados, seria correto usar

(a) ou um gráfico de setores, ou um gráfico de barras.

(b) um gráfico de setores, desde que uma categoria Outras fosse acrescentada para obter 100%.

(c) um gráfico de barras, mas não um gráfico de setores.

1.15 Uma descrição de diferentes casas no mercado inclui as variáveis metragem quadrada da casa e a conta média mensal de gás.

(a) Metragem quadrada e conta média mensal de gás são, ambas, variáveis categóricas.

(b) Metragem quadrada e conta média mensal de gás são, ambas, variáveis quantitativas.

(c) Metragem quadrada é uma variável categórica e conta média mensal de gás é uma variável quantitativa.

1.16 O banco de dados de um partido político inclui os códigos postais de antigos doadores, como

47906 34236 53075 10010 90210 75204 30304 99709

Código postal é uma

(a) variável quantitativa.

(b) variável categórica.

(c) unidade de medida.

1.17 A Figura 1.6 é um histograma dos percentuais de graduados dentro do prazo no Ensino Médio em cada estado. A barra mais à direita no histograma cobre percentuais de graduados dentro do prazo no Ensino Médio de cerca de

(a) 85 a 90%.

(b) 88 a 92%.

(c) 90 a 92%.

1.18 Eis os escores de exame de 10 estudantes em uma turma de estatística:

50 35 41 97 76 69 94 91 23 65

Para fazer um diagrama de ramo e folhas desses dados, você deve usar ramos

(a) 2, 3, 4, 5, 6, 7, 9.

(b) 2, 3, 4, 5, 6, 7, 8, 9.

(c) 20, 30, 40, 50, 60, 70, 80, 90.

1.19 Onde ficam as escolas que os estudantes frequentam? Embora 78% dos estudantes do primeiro ano frequentassem faculdades no estado em que viviam, esse percentual variava consideravelmente entre os estados. Eis um diagrama de ramo e folhas dos percentuais de estudantes de primeiro ano em cada um dos 50 estados que eram dos estados em que estudavam. Os ramos são dezenas e as folhas são unidades. Os ramos foram divididos no diagrama.[16]

3	3
3	7
4	0 3
4	
5	0 2 2
5	5 6 7 9
6	0 1 3 4
6	7 8 9
7	0 0 1 1 3 3 3 4 4 4
7	5 6 6 6 7 9 9 9
8	0 2 4
8	5 6 7 7 7 7 8
9	0 2 2 4

NOESTADO

O ponto do meio dessa distribuição é

(a) 60%. (b) 73,5%. (c) 80%.

1.20 A forma da distribuição no Exercício 1.19 é

(a) assimétrica à esquerda.

(b) assimétrica para cima.

(c) assimétrica à direita.

1.21 O estado com o menor percentual de estudantes de primeiro ano matriculados no estado tem

(a) 0,33% matriculados.

(b) 3,3% matriculados.

(c) 33% matriculados.

1.22 Você procura anúncios de venda de casas em Naples, Flórida. Há várias casas que custam de US$200 mil a US$500 mil. As poucas casas à beira-mar, no entanto, têm preços acima de US$15 milhões. A distribuição dos preços das casas será

(a) assimétrica à esquerda.

(b) razoavelmente simétrica.

(c) assimétrica à direita.

EXERCÍCIOS

1.23 **Estudantes de medicina.** Estudantes que terminaram o curso de medicina são encaminhados a residências nos hospitais para treinamento mais aprofundado em uma especialidade médica. Apresentamos uma parte de um banco de dados hipotético de estudantes que procuram posições de residência. ELM é o escore do estudante na Etapa 1 do exame nacional de licenciamento médico.

Nome	Escola de medicina	Sexo	Idade	ELM	Especialidade desejada
Abrams, Laurie	Flórida	F	28	238	Medicina da família
Brown, Gordon	Meharry	M	25	205	Radiologia
Cabrera, Maria	Tufts	F	26	191	Pediatria
Ismael, Miranda	Indiana	F	32	245	Medicina interna

(a) Quais indivíduos os dados descrevem?

(b) Além do nome do estudante, quantas variáveis o conjunto de dados contém? Quais dessas variáveis são categóricas e quais são quantitativas? Se uma variável é quantitativa, em qual unidade é medida?

1.24 **Comprando um refrigerador.** *Consumer Reports* terá um artigo na próxima edição que compara refrigeradores. Algumas das características a serem incluídas no artigo são nome da marca e modelo; *freezer* na parte de baixo ou disposição lado a lado; consumo estimado de energia por ano (em kW); se ele é ou não compatível com a *Energy Star*; a largura, profundidade e altura em polegadas; e capacidade de líquida de ambos, *freezer* e refrigerador, em pés cúbicos. Quais dessas variáveis são categóricas, e quais são quantitativas? Dê unidades para as variáveis quantitativas e as categorias para as variáveis categóricas. Quais são os indivíduos nesse relatório?

1.25 **Qual a cor do seu carro?** As cores mais populares para carros e caminhões leves mudam com a região e o tipo de veículo e ao longo do tempo. Na América do Norte, a cor prata e o branco continuam a ser as escolhas mais populares para carros médios, prata e preto para conversíveis e *coupés*, e branco para caminhões leves. Apesar dessa variação, em geral o branco permanece a principal escolha pelo oitavo ano consecutivo, aumentando sua liderança em 2% em relação ao ano anterior. Eis uma distribuição das principais cores de veículos vendidos globalmente em 2018:[17]

CORCARRO

Cor	Popularidade
Branco	39%
Preto	17%
Cinza	12%
Prata	10%
Natural	7%
Vermelho	7%
Azul	7%
Verde	

Preencha o percentual de veículos que estão em "Verde". Faça um gráfico para mostrar a distribuição da popularidade das cores.

1.26 **Uso de tabaco no Ensino Médio.** Apesar das intensas campanhas antifumo custeadas por agências federais e privadas, o fumo continua a ser a única maior causa de mortes evitáveis nos EUA. Como mudou o uso do tabaco por estudantes do Ensino Médio nos poucos últimos anos? Perguntou-se aos estudantes do Ensino Médio se haviam usado cada um dos vários produtos de tabaco nos últimos 30 dias. Eis alguns dos resultados:[18]

	Ano							
Produto	2011	2012	2013	2014	2015	2016	2017	2018
Qualquer produto de tabaco	24,3	23,3	22,9	24,6	25,3	20,2	19,6	27,1
Cigarros	15,8	14,0	12,7	9,2	9,3	8,0	7,6	8,1
Charuto	12,6	11,6	11,9	8,2	8,6	7,7	7,7	7,6
Cachimbo	4,5	4,0	4,1	1,5	1,0	1,4	0,8	1,1
Tabaco sem fumaça	7,3	6,4	5,7	5,5	6,0	5,8	5,5	5,9
Cigarros eletrônicos	1,5	2,8	4,5	13,4	16,0	11,3	11,7	20,8

A primeira linha da tabela dá os percentuais de estudantes do Ensino Médio que usaram algum produto do tabaco, incluindo cigarros, cachimbos, charutos, tabaco sem fumaça (tabaco para mascar), cigarros eletrônicos, *narguilés*, *snus* (tabaco úmido em pó), *bidis*, ou tabaco dissolvido, nos últimos 30 dias, para os anos de 2011 a 2018. As linhas restantes dão os percentuais de estudantes do Ensino Médio que usaram os produtos de tabaco mais comuns em cada um desses anos.

(a) Usando a informação na primeira linha da tabela, faça um gráfico de barras que mostre a mudança no uso de qualquer produto de tabaco entre os anos de 2011 e 2018. Como você descreveria o padrão da mudança desse uso?

(b) Faça um gráfico de barras que ilustre a mudança no uso nesses anos, para os produtos de tabaco individuais. Se seu programa permitir, faça um único gráfico de barras que contenha a informação para todos os produtos. Caso contrário, faça um gráfico separado para cada produto.

(c) Usando os gráficos de barras das partes (a) e (b), dê uma descrição simples das mudanças no uso dos produtos de tabaco pelos alunos do Ensino Médio entre 2011 e 2018.

1.27 **Mortes entre jovens.** Entre as pessoas com idade de 15 a 24 anos, nos EUA, houve 32.025 mortes em 2017. A principal causa (distinta) e o número de mortes foram acidentes, 13.441; suicídio, 6.252; homicídio, 4.905; câncer, 1.374; doenças cardíacas, 1.126; sintomas, sinais e descobertas anormais clínicas e laboratoriais, 362.[19]

(a) Faça um gráfico de barras para apresentar os dados.

(b) Você pode fazer um gráfico de setores, usando a informação dada? Explique cuidadosamente por que sim ou por que não.

1.28 **Débito estudantil.** Ao fim de 2016, o débito estudantil médio pendente dos que iam se bacharelar em instituições públicas e privadas sem fins lucrativos era de US$28.500 dólares. A Figura 1.16 é um gráfico de setores que mostra a distribuição do débito educacional pendente.[20] Cerca de qual percentual de estudantes tinha um débito pendente entre US$20 mil e US$49.999?

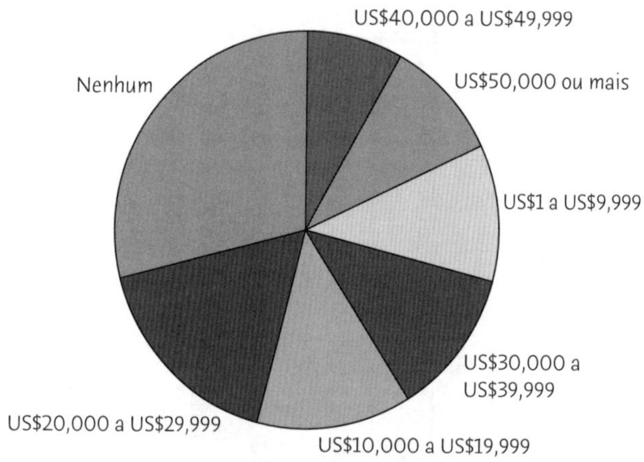

FIGURA 1.16
Gráfico de setores do débito educacional pendente, para o Exercício 1.28.

US$50 mil ou mais? Você percebe que é difícil a determinação de valores a partir de gráficos de setores. Gráficos de barras são mais fáceis de usar. (Muitas agências incluem os percentuais em seus gráficos de setores para ajudar na interpretação.)

1.29 **Aplicativos móveis sem os quais não podemos passar.** Os usuários de *smartphones* têm muitos aplicativos em seus aparelhos. Quais eles dizem que devem ter? Eis os percentuais de usuários de *smartphones* que dizem que não podem passar sem Amazon e sem busca do Google, por faixa etária:[21]

APCELULAR

Faixa etária	Amazon	Busca do Google
18 a 34 anos	35	11
35 a 54 anos	30	21
55 anos ou mais	24	39

(a) Se seu programa permitir, faça um gráfico de barras com barras adjacentes para os percentuais para Amazon e para busca do Google, para cada uma das três categorias de idade, permitindo fácil comparação desses percentuais dentro de cada categoria. Se seu programa não permitir isso, faça gráficos de barras, um para Amazon e o segundo para busca do Google.

(b) Descreva as principais diferenças nos percentuais da Amazon e busca do Google por faixa etária.

(c) Explique cuidadosamente por que não é correto fazer um gráfico de setores para os percentuais da Amazon ou da busca do Google.

1.30 **Meninas adolescentes comem frutas?** Todos sabemos que comer frutas é bom. Muitos de nós, entretanto, não comemos frutas o suficiente. A Figura 1.17 exibe um histograma do número de porções de frutas comidas por dia, declarado por 74 meninas de 17 anos, em um estudo na Pensilvânia.[22] Descreva a forma, o centro e a variabilidade dessa distribuição. Há valores atípicos? Qual percentual dessas meninas comeu seis ou mais porções diárias? Quantas dessas meninas comeram menos do que duas porções diárias?

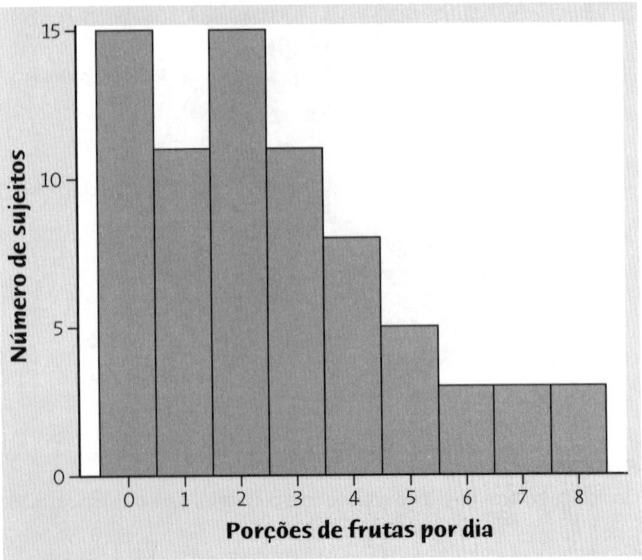

FIGURA 1.17
Distribuição do consumo de frutas em uma amostra de 74 meninas de 17 anos, para o Exercício 1.30.

1.31 **Escores do teste de QI.** A Figura 1.18 é um diagrama de ramo e folhas dos escores de teste de QI de 78 estudantes da sétima série de uma escola rural do meio-oeste norte-americano.[23] QI

7	24
7	79
8	
8	69
9	0133
9	6778
10	0022333344
10	555666777789
11	0000111122223333334444
11	55688999
12	003344
12	677888
13	02
13	6

FIGURA 1.18
Distribuição dos escores de QI para 78 estudantes da sétima série, para o Exercício 1.31.

(a) Quatro estudantes tiveram escores baixos que devem ser considerados valores atípicos. Ignorando esses, descreva a forma, o centro e a variabilidade do restante da distribuição.

(b) Em geral, lemos que os escores de QI para grandes populações são centrados em 100. Qual porcentagem desses 78 estudantes tem escores acima de 100?

1.32 **Retorno de ações S&P.** O retorno de uma ação equivale à variação do seu preço de mercado, mais qualquer pagamento de dividendos durante algum período. O retorno total é normalmente expresso como percentual do preço inicial. A Figura 1.19 é um histograma da distribuição dos retornos combinados anuais para todas as ações listadas no S&P 500, de 1928 a 2018 (91 anos).[24] RETSP

(a) Descreva a forma geral da distribuição dos retornos mensais.

(b) Qual é o centro aproximado dessa distribuição? (Por ora, considere o centro como o valor em que cerca da metade dos anos apresenta retornos mais baixos, e metade, retornos mais altos.)

(c) Aproximadamente, quais foram o maior e menor retornos anuais? (Essa é uma forma de descrever a variabilidade da distribuição.)

(d) Um rendimento menor que zero significa que as ações perderam valor naquele mês. Aproximadamente, que percentual de todos os anos teve rendimentos menores que zero?

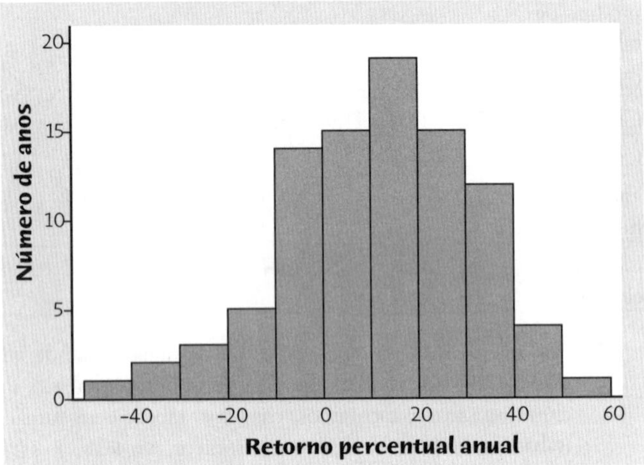

FIGURA 1.19
A distribuição dos retornos percentuais anuais das 500 ações S&P, de 1928 a 2018, para o Exercício 1.32.

1.33 **Nomeie aquela variável.** Uma pesquisa com uma grande turma de faculdade fez as seguintes perguntas:

1. Você é homem ou mulher? (Nos dados, homem = 0, mulher = 1.)
2. Você é destro ou canhoto? (Nos dados, destro = 0, canhoto = 1.)
3. Qual é a sua altura em polegadas?
4. Quantos minutos você estuda em uma noite típica de semana?

A Figura 1.20 mostra histogramas das respostas dos estudantes, sem ordenação e sem marcação de escala. Qual histograma se refere a qual variável? Explique o seu raciocínio.

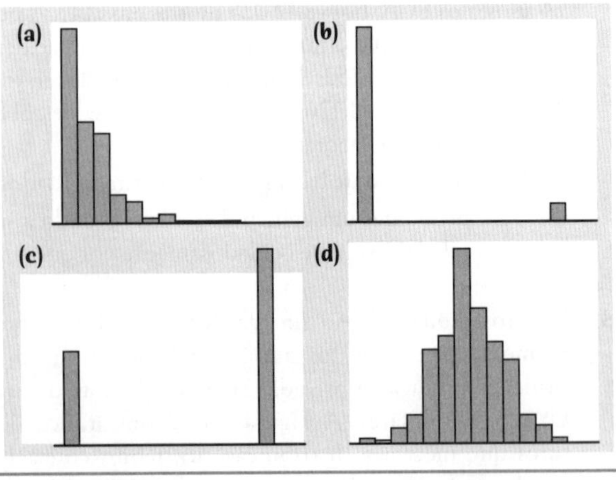

FIGURA 1.20
Histograma de quatro distribuições, para o Exercício 1.33.

1.34 **Óleos dos alimentos e saúde.** Ácidos graxos, a despeito de seu nome desagradável, são necessários à saúde humana. Dois tipos de ácidos graxos essenciais, chamados de ômega 3 e ômega 6, não são produzidos por nosso corpo, de modo que devemos obtê-los de nossa alimentação. Os óleos de alimentos, largamente usados no processamento de alimentos e culinária, são as principais fontes desses compostos. Há alguma evidência de que uma dieta saudável deva ter mais ômega 3 do que ômega 6. A Tabela 1.4 dá a razão de ômega 3 para ômega 6 em alguns óleos de alimentos comuns.[25] Valores maiores do que 1 mostram que o óleo tem mais ômega 3 do que ômega 6. OLEOSCOM

(a) Faça um histograma desses dados, usando classes limitadas pelos inteiros de 0 a 6.

(b) Qual é a forma da distribuição? Quantos dos 30 óleos de alimentos têm mais ômega 3 do que ômega 6? O que essa distribuição sugere sobre os possíveis efeitos para a saúde dos óleos de alimentos modernos?

(c) A Tabela 1.4 contém entradas para vários óleos de peixes (bacalhau, arenque, savelha, salmão, sardinha). Como esses valores ajudam a responder à pergunta "Comer peixe é saudável?"

1.35 **Onde estão as enfermeiras?** A Tabela 1.5 fornece o número de enfermeiras ativas para 100 mil pessoas em cada estado.[26] ENFERMEIRAS

(a) Por que o número de enfermeiras para 100 mil pessoas é uma medida melhor da disponibilidade de enfermeiras do que uma simples contagem do número de enfermeiras em um estado?

(b) Faça um diagrama de ramo e folhas de enfermeiras por 100 mil habitantes. Os dados precisarão ser primeiro arredondados. Quais unidades você vai usar para os ramos? As folhas? Você deve arredondar os dados até as unidades que você está planejando usar para as folhas, antes de fazer o diagrama. Faça uma pequena descrição da distribuição. Há valores atípicos? Se sim, você pode explicá-los?

(c) Você acha que seria útil dividir os ramos ao desenhar o diagrama de ramo e folhas para esses dados? Explique sua razão.

Tabela 1.4 Ácidos graxos ômega 3 como fração dos ácidos graxos ômega 6 nos óleos dos alimentos

Óleo	Razão	Óleo	Razão
Perila	5,33	Linhaça	3,56
Noz	0,20	Canola	0,46
Germe de trigo	0,13	Soja	0,13
Mostarda	0,38	Semente de uva	0,00
Sardinha	2,16	Savelha	1,96
Salmão	2,50	Arenque	2,67
Maionese	0,06	Soja, hidrogenada	0,07
Fígado de bacalhau	2,00	Farelo de arroz	0,05
Manteiga ou banha (caseira)	0,11	Manteiga	0,64
Manteiga ou banha (industrial)	0,06	Girassol	0,03
Margarina	0,05	Milho	0,01
Azeite de oliva	0,08	Gergelim	0,01
Carité	0,06	Semente de algodão	0,00
Girassol (oleico)	0,05	Palmeira	0,02
Girassol (linoleico)	0,00	Manteiga de cacau	0,04

Tabela 1.5 Enfermeiras por 100 mil pessoas, por estado

Estado	Enfermeiras	Estado	Enfermeiras	Estado	Enfermeiras
Alabama	911	Louisiana	881	Ohio	1.021
Alasca	717	Maine	1.093	Oklahoma	742
Arizona	585	Maryland	906	Oregon	803
Arkansas	798	Massachusetts	1.260	Pensilvânia	1.030
Califórnia	630	Michigan	849	Rhode Island	1.104
Colorado	831	Minnesota	1.093	Carolina do Sul	834

(*continua*)

Tabela 1.5 Enfermeiras por 100 mil pessoas, por estado *(Continuação)*

Estado	Enfermeiras	Estado	Enfermeiras	Estado	Enfermeiras
Connecticut	1.017	Mississippi	950	Dakota do Sul	1.296
Delaware	1.155	Missouri	1038	Tennessee	984
Flórida	814	Montana	855	Texas	678
Geórgia	665	Nebraska	1054	Utah	635
Havaí	689	Nevada	609	Vermont	914
Idaho	682	New Hampshire	1006	Virgínia	764
Illinois	901	Nova Jersey	858	Washington	814
Indiana	901	Novo México	614	Virgínia Ocidental	953
Iowa	1.022	Nova York	848	Wisconsin	946
Kansas	934	Carolina do Norte	940	Wyoming	864
Kentucky	1.003	Dakota do Norte	968	Distrito de Colúmbia	1.483

1.36 **Taxas de mortalidade infantil.** Embora as taxas de mortalidade infantil tenham caído mais de 50% desde 1990, ainda assim 5,4 milhões de crianças com menos de 5 anos morreram em 2017. As taxas de mortalidade para crianças com menos de 5 anos variaram de 2,1 por 1.000 na Eslovênia até 127,2 por 1.000 na Somália. O conjunto de dados é muito grande para ser impresso aqui, mas eis os dados para os primeiros cinco países:[27] MORTALIDADE

País	Taxa de mortalidade infantil (por 1.000)
Aruba	–
Afeganistão	67,9
Angola	81,1
Albânia	8,8
Andorra	3,3

(a) Por que você acha que as taxas de mortalidade são dadas como o número de crianças por 1.000 crianças abaixo de 5 anos de idade, em vez de simplesmente como o número de mortes?

(b) Faça um histograma que apresente a distribuição das taxas de mortalidade de crianças. Descreva a forma, o centro e a variabilidade da distribuição. Alguns países parecem ser valores atípicos óbvios no histograma?

1.37 **Focas de pelo na Ilha St. Paul.** Todo ano, centenas de milhares de focas de pelo do extremo norte retornam para seus locais de desova nas Ilhas Pribilof, no Alasca, para procriar e ensinar seus filhotes a nadar, caçar e sobreviver no Mar de Bering. As operações americanas de comércio de pele de foca continuaram até 1984, mas, a despeito de uma redução na caça, a população de focas de pelo continuou a diminuir. Possíveis razões incluem mudanças climáticas no Pacífico Norte, mudanças na disponibilidade de presas e nova ou aumentada interação com pescas comerciais que aumentam a mortalidade. Eis os dados do número estimado de bebês focas nascidos na Ilha St. Paul (em milhares), de 1979 a 2018, onde um traço indica que nenhum dado foi coletado:[28] FOCAS

IPG Gutenberg UK Ltd/iStock

Faça um diagrama de ramo e folhas que apresente a distribuição do número de bebês focas nascidos por ano. Descreva a forma, o centro e a variabilidade da distribuição. Há valores atípicos?

1.38 **Nintendo e habilidades laparoscópicas.** Em cirurgia laparoscópica, uma câmera de vídeo e vários instrumentos fins são inseridos na cavidade abdominal do paciente. O cirurgião usa a imagem da câmera de vídeo posicionada dentro do corpo do paciente para realizar o procedimento pela manipulação dos instrumentos que foram anteriormente inseridos. Descobriu-se que o Nintendo Wii™ reproduz os movimentos exigidos na cirurgia laparoscópica com muito mais precisão do que quaisquer outros *videogames* com sua interface motora e sensorial. Se o treino com o Nintendo Wii™ pode melhorar as habilidades laparoscópicas, ele pode complementar o treinamento mais dispendioso em um simulador laparoscópico. Quarenta e dois médicos residentes foram escolhidos, e todos foram testados em um conjunto de habilidades laparoscópicas básicas. Vinte e um deles foram selecionados aleatoriamente para passar por um treinamento sistemático com o Nintendo Wii™ por uma hora por dia, cinco dias na semana, durante quatro semanas. Os 21 restantes não receberam o Nintendo Wii™

Com treinamento em Wii						Sem treinamento em Wii					
281	134	186	128	84	243	21	66	54	85	229	92
212	121	134	221	59	244	43	27	77	−29	−14	88
79	333	−13	−16	71	−16	145	110	32	90	46	−81
71	77	144				68	61	44			

e foram aconselhados a se afastarem dos *videogames* nesse período. Ao fim das 4 semanas, todos os 42 residentes foram testados de novo nas mesmas habilidades laparoscópicas. Uma das habilidades envolvia uma remoção virtual de uma vesícula biliar, com várias medidas de desempenho, incluindo o tempo de conclusão da tarefa. Eis os tempos (antes e depois) de melhora, em segundos, depois de quatro semanas para os dois grupos:[29] NINTENDO

(a) No contexto desse estudo, o que significam os valores negativos nos dados?

(b) ***Diagramas de ramo e folhas lado a lado*** podem ser usados para a comparação das duas amostras. Isto é, use um conjunto de ramos com dois conjuntos de folhas, um à direita e outro à esquerda dos ramos. (Desenhe uma linha de cada lado dos ramos para separar os ramos das folhas.) Ordene ambos os conjuntos de folhas do menor para o maior a partir do ramo. Complete o diagrama de ramo e folhas lado a lado iniciado a seguir. Os dados foram arredondados para a dezena mais próxima, com os ramos sendo as centenas e as folhas sendo as dezenas. Os ramos foram divididos. A primeira observação de controle corresponde a −80 e as duas seguintes a −30 e −10.

(c) Relate os pontos médios aproximados de ambos os grupos. Parece que o tratamento tenha resultado em uma grande melhora nos tempos em relação ao grupo de controle? (Para compreender melhor a magnitude as melhoras, note que o tempo mediano para completar a tarefa na primeira ocasião foi de 11 minutos e 40 segundos, usando os tempos de todos os 42 residentes.)

Com treinamento em Wii		Sem treinamento em Wii
	-0	8
1 2 2	-0	3 1
	0	
	0	
	1	
	1	
	2	
	2	
	3	

1.39 **Focas de pelo na Ilha St. Paul.** Faça um gráfico temporal do número de focas nascidas por ano, do Exercício 1.37. O que esse gráfico temporal mostra que seu diagrama de ramo e folhas no Exercício 1.37 não mostrou? Quando você tem dados coletados ao longo do tempo, sempre é necessário um gráfico temporal para entender o que está acontecendo. FOCAS

1.40 **Marijuana e acidentes de trânsito.** Pesquisadores na Nova Zelândia entrevistaram 907 motoristas com 21 anos de idade. Eles tinham dados sobre acidentes de trânsito e perguntaram sobre o uso de marijuana. Eis os dados dos números de acidentes causados por esses motoristas aos 19 anos, classificados segundo o uso de marijuana na mesma idade:[30]

	Uso de marijuana por ano			
	Nunca	1 a 10 Vezes	11 a 50 Vezes	51+ Vezes
Acidentes causados	59	36	15	50
Motoristas	452	229	70	156

(a) Explique cuidadosamente por que um gráfico útil deve comparar *taxas* (acidentes por motorista) em vez de *contagem* de acidentes nas quatro classes de uso de marijuana.

(b) Calcule as taxas de acidentes nas quatro classes de uso de marijuana. Depois de feito isso, construa um gráfico mostrando a taxa de acidentes para cada classe. O que você conclui? (Você não pode concluir que o uso de marijuana *cause* acidentes, pois quem assume riscos tem maior chance tanto de dirigir agressivamente como de usar marijuana.)

1.41 **Compras com celulares nos EUA, no Canadá e no Reino Unido.** O uso de *smartphones* para a realização de transações financeiras está aumentando fortemente, na medida em que os compradores que usam celulares se sentem mais confortáveis com as finanças nesses aparelhos. Eis os dados dos percentuais desses compradores que realizam transações financeiras nos aparelhos móveis em um mês, nos EUA, Canadá e Reino Unido:[31] COMPCELULAR

Cocorattanakom/iStock

Transação financeira	Canadá	EUA	Reino Unido
Compra de ações	54%	23%	11%
Conta bancária	45%	66%	68%
Conta de cartão de crédito	53%	50%	34%
Pagamento *online*	57%	52%	56%

(a) Faça um gráfico de barras para o percentual de compradores com aparelhos móveis que realizam transações financeiras por meio desses aparelhos, em um mês, no Canadá. Faça o mesmo para os EUA e Reino Unido, usando a mesma escala para o eixo dos percentuais.

(b) Descreva a diferença mais importante nos percentuais de compradores com aparelhos móveis que realizam transações financeiras em um mês para os três países. Como essa diferença se apresenta nos gráficos de barras?

(c) Explique por que *não é* apropriado o uso de um gráfico de setores para apresentar qualquer uma das distribuições.

1.42 **Ela soa alta!** Apresentando gravações sonoras de um par de pessoas do mesmo sexo falando a mesma frase, pode um ouvinte determinar qual dos falantes é mais alto a partir do som de suas vozes? Vinte e quatro adultos jovens na Washington University ouviram 100 pares de gravações e, em cada par, lhes foi pedido que indicassem qual dos dois falantes era mais alto. Eis os números corretos (em 100) para cada um dos 24 participantes:[32] AUDICAO

65	61	67	59	58	62	56	67	61	67	63	53
68	49	66	58	69	70	65	56	68	56	58	70

Os pesquisadores acreditam que a chave para a discriminação correta está contida em um tipo particular de som produzido nos pulmões, cuja frequência é mais baixa para pessoas mais altas.

(a) Faça dois diagramas de ramo e folhas com e sem divisão dos ramos. Qual gráfico você prefere e por quê?

(b) Descreva a forma, o centro e a variabilidade da distribuição. Há valores atípicos?

(c) Se os sujeitos experimentais estão apenas adivinhando qual o falante mais alto, eles deveriam identificar corretamente a pessoa mais alta 50% das vezes. Esses dados apoiam a conjectura dos pesquisadores de que há informação na voz de uma pessoa que ajude a identificar a pessoa mais alta? Por que ou por que não?

1.43 **Observe aquelas escalas!** A Figura 1.21(a) e (b) mostra gráficos temporais de valores de matrícula cobrados dos estudantes do estado, de 1980 a 2018.[33]

(a) Qual gráfico parece mostrar o maior aumento nas taxas entre 2000 e 2018?

(b) Leia os gráficos e calcule o aumento real nas taxas entre 2000 e 2018 em cada gráfico. Você acha que esses gráficos são para os mesmos ou para diferentes conjuntos de dados? Por quê?

A impressão que um gráfico temporal causa depende das escalas que você usa nos dois eixos. A mudança das escalas pode fazer parecer que as taxas aumentaram muito rapidamente, ou que tiveram apenas um leve aumento. Também, truncar a escala do eixo vertical pode levar a conclusões muito diferentes (e incorretas). A moral desse exercício é: sempre preste atenção às escalas quando for analisar um gráfico temporal.

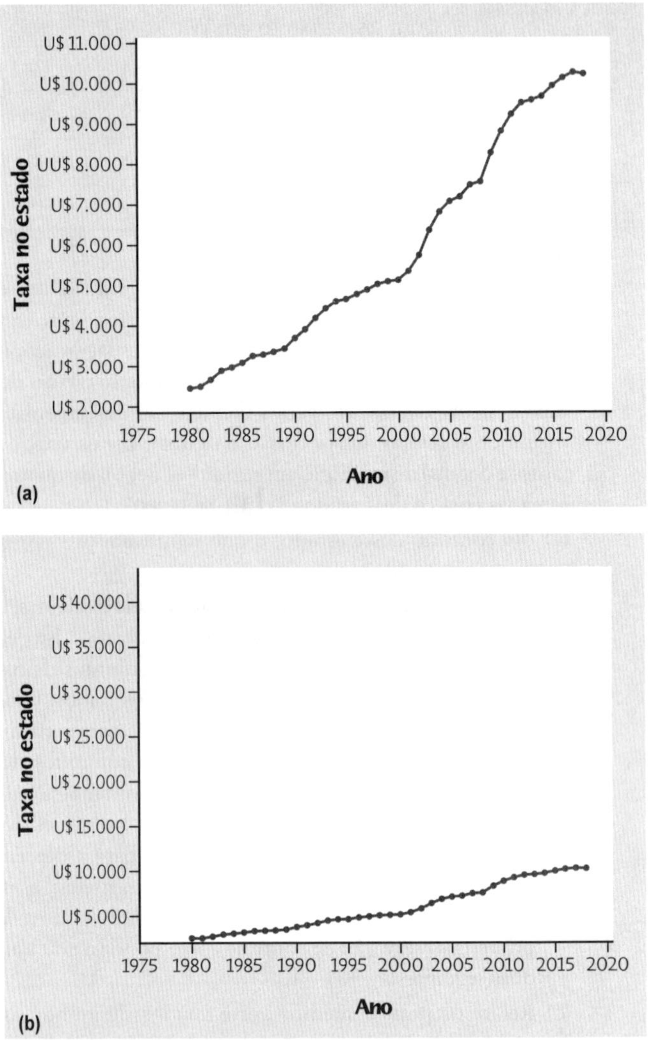

FIGURA 1.21
Gráficos temporais das taxas para alunos do estado entre 1980 e 2018, para o Exercício 1.43.

1.44 **O valor de um grau de 4 anos!** A grande notícia na economia em 2007 foi uma severa queda na habitação, que começou em meados de 2006. Isso foi seguido pela crise financeira em 2008. E, nos anos recentes, a economia tem crescido. Como esses eventos econômicos afetaram a taxa de desemprego, e todos os segmentos da população foram afetados de igual maneira? Os dados são as taxas de desemprego para as pessoas com mais de 25 anos de idade, com educação com nível abaixo do Ensino Médio, e para as pessoas com mais de 25 anos de idade com um grau de bacharel, de janeiro de 1992 até agosto de 2019. O conjunto de dados é muito grande para ser impresso, mas aqui estão os dados para as taxas de desemprego para ambos os grupos para os cinco primeiros meses:[34] DESEMPREGO

(a) Faça um gráfico temporal das taxas mensais de desemprego para aqueles com mais de 25 anos de idade, sem diploma

Mês	Grau em faculdade de 4 anos	Grau inferior ao Ensino Médio
Janeiro 1992	3,1	10,8
Fevereiro 1992	3,2	11,0
Março 1992	2,9	11,2
Abril 1992	3,2	10,8
Maio 1992	3,2	12,2

de Ensino Médio nem faculdade, e para aqueles com mais de 25 anos de idade, com grau de faculdade de 4 anos. Se seu programa permitir, faça ambos os gráficos no mesmo sistema de eixos. Caso contrário, faça gráficos temporais para cada grupo, mas use a mesma escala para ambos os gráficos para uma fácil comparação. Os padrões nos dois gráficos temporais são semelhantes? Qual é a principal diferença entre os dois gráficos temporais?

(b) Como os eventos econômicos descritos se refletiram nos gráficos temporais de taxas de desemprego? Desde o fim de 2009, como você descreveria o comportamento das taxas de desemprego para ambos os grupos?

(c) Há quaisquer outros períodos durante os quais houve padrões nas taxas de desemprego? Descreva-os.

1.45 Novas residências. A Figura 1.22 é um gráfico temporal do número de residências de uma família iniciadas por construtores a cada mês, desde janeiro de 1990 até julho de 2019.[35] As contagens são em milhares de casas. HABITA

(a) O padrão mais notável nesse gráfico temporal são os ciclos anuais de "sobe e desce". Em qual estação do ano a construção estava no máximo? No mínimo? Os ciclos são explicados pelo clima na parte norte do país.

(b) Há alguma tendência visível de longo prazo, além dos ciclos? Se for o caso, descreva-a.

(c) As grandes notícias econômicas de 2007 foram uma grande revirada para baixo na construção, que começou em meados de 2006. Isso foi seguido pela crise financeira em 2008. Como esses eventos econômicos se refletem no gráfico temporal?

(d) Como você descreveria o comportamento do gráfico temporal desde janeiro de 2011?

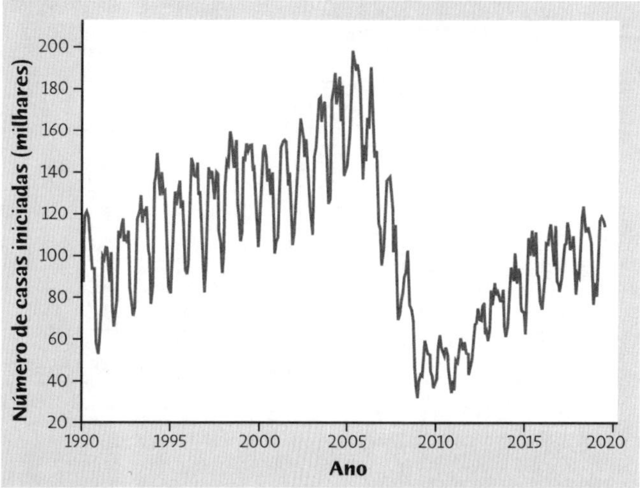

FIGURA 1.22
Gráfico temporal da contagem mensal de novas casas de uma família iniciadas (em milhares) entre janeiro de 1990 e julho de 2019, para o Exercício 1.45.

1.46 Escolhendo intervalos de classe. applet Engenheiros estudantes aprendem que, embora os manuais deem a resistência de um material com um único número, na verdade a resistência varia de peça para peça. Uma lição vital em todos os campos de estudo é que "a variação está em toda parte". Aqui estão dados de um típico exercício de laboratório de estudante: a carga em libras necessária para quebrar peças de abeto Douglas de 4 polegadas de comprimento e 1,5 polegada quadrada:

33.190	31.860	32.590	26.520	33.280
32.320	33.020	32.030	30.460	32.700
23.040	30.930	32.720	33.650	32.340
24.050	30.170	31.300	28.730	31.920

Os conjuntos de dados no *applet* One-Variable Statistical Calculator incluem os dados deste exercício de "separar madeira". Quantos intervalos de classe o *applet* escolhe ao desenhar o histograma? Use o *applet* para fazer vários histogramas com um maior número de intervalos de classe. Há quaisquer características dos dados que são reveladas com um número maior de intervalos de classe? Qual histograma você prefere? Explique sua escolha.

CAPÍTULO

2

Após leitura do capítulo, você será capaz de:

2.1 Encontrar a média de um conjunto de observações e interpretá-la como o centro do conjunto.

2.2 Encontrar a mediana de um conjunto de observações e interpretá-la como o centro do conjunto.

2.3 Comparar os valores da média e da mediana de um conjunto de dados e distinguir seus significados.

2.4 Calcular e usar os quartis para descrever a variação de um conjunto de dados.

2.5 Usar o resumo dos cinco números (o mínimo, o máximo, os quartis e a mediana) e o diagrama em caixa para caracterizar uma distribuição.

2.6 Usar a regra 1,5 × *AIQ* para identificar valores atípicos em um conjunto de dados.

2.7 Calcular e usar o desvio-padrão para descrever a variação de um conjunto de dados.

2.8 Discriminar entre o resumo dos cinco números e a média e o desvio-padrão para descrever a distribuição de dados, dependendo do conjunto de dados.

2.9 Interpretar apresentações de saídas de estatísticas descritivas de calculadoras gráficas e programas de computador.

2.10 Aplicar o processo dos quatro passos estabeleça, planeje, resolva e conclua para examinar dados baseados em um contexto.

Abadonian/iStock

Como Descrever Distribuições por Meio de Números

No Capítulo 1, começamos a aprender sobre análise de dados usando gráficos para nos dar uma ferramenta visual para organização e identificação de padrões nos dados. Gráficos de setores e gráficos de barras podem resumir a informação em uma variável categórica dando-nos o percentual da distribuição nas várias categorias. Histogramas e diagramas de ramo e folhas são ferramentas gráficas para o resumo de informação fornecida por uma variável quantitativa. O padrão geral de um histograma ilustra algumas das características importantes da distribuição de uma variável. O centro do histograma nos diz sobre o valor de uma observação "típica" nessa variável, enquanto a variabilidade nos dá uma noção de quão próxima desse valor está a maioria das observações. Outras características interessantes são a presença de valores atípicos e a forma geral do gráfico. Para dados coletados ao longo do tempo, os gráficos temporais podem mostrar padrões, como variação sazonal e tendências na variável. No próximo capítulo, veremos como a informação sobre a distribuição de uma variável pode também ser descrita através de resumos numéricos.

Neste capítulo, continuamos nosso estudo da análise exploratória de dados. Um gráfico é uma importante ferramenta visual para a organização e identificação de padrões nos dados. Ele fornece uma descrição bastante completa de uma distribuição, embora para alguns problemas, a informação importante nos dados possa ser descrita pelo uso de alguns números. Um gráfico é um resumo numérico que pode ser útil para a descrição de uma única distribuição, bem como para a comparação de distribuições a partir de vários grupos de observações.

Vimos no Capítulo 1 que a pesquisa da comunidade americana pergunta, entre outras coisas, sobre o tempo de viagem do trabalhador para o trabalho. Eis os tempos de viagem para 15 trabalhadores na Carolina do Norte, escolhidos aleatoriamente do Census Bureau:[1]

20 35 8 70 5 15 25 30 40 35 10 12 40 15 20

Não é de surpreender que a maioria das pessoas estime seu tempo de viagem em múltiplos de cinco minutos. Eis um diagrama de ramos e folhas desses dados:

0	58
1	0255
2	005
3	055
4	00
5	
6	
7	0

A distribuição é de pico único e assimétrica à direita. O tempo mais longo de viagem (70 minutos) pode ser um valor atípico. Nosso objetivo neste capítulo é descrever com números o centro e a variabilidade dessa e de outras distribuições.

2.1 Medida de centro: a média

A medida de centro mais comum é a média aritmética simples, ou *média*.

Média $\bar{x}$

Para achar a **média** de um conjunto de observações, some seus valores e divida pelo número de observações. Se as n observações são $x_1, x_2, \ldots, x_n$, sua média é

$$\bar{x} = \frac{x_1 + x_2 + \cdots + x_n}{n}$$

ou, em uma notação mais compacta,

$$\bar{x} = \frac{1}{n}\sum x_i$$

Na fórmula da média, a letra $\sum$ (letra grega sigma maiúscula) é uma escrita abreviada de "some todas elas". Os subscritos nas observações x_i são apenas uma maneira de diferenciar as n observações. Elas não indicam necessariamente ordem ou quaisquer outros fatos especiais sobre os dados. A barra sobre o x indica a média de todos os valores de x. Leia a média $\bar{x}$ como "x barra". Essa notação é muito comum. Quando os autores que estão discutindo dados usam $\bar{x}$ ou $\bar{y}$, eles estão se referindo à média.

EXEMPLO 2.1 Tempos de viagem para o trabalho

TVIAGEMCN

O tempo médio de viagem dos 15 trabalhadores da Carolina do Norte é de

$$\bar{x} = \frac{x_1 + x_2 + \cdots + x_n}{n}$$

$$= \frac{20 + 35 + \cdots + 20}{15}$$

$$= \frac{380}{15} = 25{,}3 \text{ minutos}$$

Na prática, você pode digitar os números em sua calculadora e apertar a tecla da média. Você realmente não tem que somar e dividir, mas precisa saber que esse é o procedimento da calculadora.

Note que apenas 6 dos 15 tempos de viagem são maiores do que a média. Se desprezarmos o maior tempo de viagem, 70 minutos, a média para os restantes 14 será 22,1 minutos. Essa única observação de 70 minutos eleva a média em 3,2 minutos.

O Exemplo 2.1 ressalta um fato importante sobre a média como uma medida de centro: ela é sensível à influência de poucas observações extremas. Estas podem ser valores atípicos, mas uma distribuição assimétrica, sem qualquer valor atípico, também puxará a média na direção de sua cauda longa. Como a média não pode resistir à influência de observações extremas, dizemos que ela não é uma *medida resistente* de centro.

Medida resistente

Uma **medida resistente** é uma medida estatística que não é relativamente afetada por grandes mudanças nos valores numéricos de uma pequena proporção das observações na distribuição que a medida descreve.

ESTATÍSTICA NO MUNDO REAL

Não esconda os valores atípicos

Dados das superfícies de controle de uma aeronave, como o leme da cauda vertical, vão para os instrumentos da cabine e, então, para o gravador de voo da "caixa-preta". Para evitar confundir os pilotos, pequenos movimentos erráticos são "suavizados", de modo que os instrumentos mostram apenas padrões gerais. Quando uma queda matou 260 pessoas, os investigadores suspeitaram de um movimento catastrófico do leme da cauda. Mas a caixa-preta continha apenas os dados suavizados. Algumas vezes, valores atípicos são mais importantes do que o padrão geral.

APLIQUE SEU CONHECIMENTO

2.1 *E. coli* em áreas de natação. Para investigar a qualidade da água, o jornal *Columbus Dispatch* pegou amostras de 16 áreas de natação no Parque Estadual de Ohio, no centro de Ohio. Esses espécimes foram levados para laboratórios e testados em relação a *E. coli*, que são bactérias que podem causar sérios problemas gastrointestinais. Para referência, se um espécime de 100 mℓ de água contém mais de 130 bactérias *E. coli*, a água é considerada não segura. Eis os níveis de *E. coli* por 100 mililitros encontrados pelos laboratórios:[2] ECOLI

291,0	10,9	47,0	86,0	44,0	18,9	1,0	50,0
190,4	45,7	28,5	18,9	16,0	34,0	8,6	9,6

Encontre a média do nível de *E. coli*. Quantas das áreas para natação têm *E. coli* em níveis maiores do que a média? Qual característica dos dados explica o fato de que a média seja maior do que a maioria das observações?

2.2 Despesas com cuidados da saúde. A Tabela 1.3 mostra as despesas anuais, em 2015, com cuidados da saúde por pessoa, nos 35 países com os maiores valores do produto interno bruto em 2015. Os EUA, com 9.536 dólares internacionais por pessoa, são um alto valor atípico. Ache a média das despesas com cuidados da saúde nesses 35 países, com e sem os EUA. De quanto o valor atípico aumenta a média? SAUDE

2.2 Medida de centro: a mediana

No Capítulo 1, usamos o ponto do meio de uma distribuição como uma medida informal de centro, e demos um método para seu cálculo. A *mediana* é a versão formal do ponto do meio, com uma regra específica de cálculo.

Mediana M

A **mediana M** é o ponto do meio de uma distribuição, o número tal que metade das observações é menor do que ele, e metade, maior. Para achar a mediana de uma distribuição:

1. Ordene todas as observações segundo o tamanho, da menor para a maior.
2. Se o número de observações n for ímpar, a mediana M será a observação central na lista ordenada. Se o número n de observações for par, a mediana M será a média das duas observações centrais na lista ordenada.
3. Você sempre pode localizar a mediana na lista ordenada das observações contando até $(n + 1)/2$ observações a partir do menor valor da lista.

Observe que a fórmula $(n + 1)/2$ não nos dá a mediana; apenas a localização da mediana na lista ordenada. Medianas exigem pouca aritmética, de modo que é fácil achá-las manualmente em pequenos conjuntos de dados. Se a ordenação de um número moderado de observações é muito tediosa, ainda mais desagradável é achar manualmente a mediana para conjuntos maiores de dados. Mesmo calculadoras simples têm um botão $\bar{x}$, mas você precisará usar um *software* ou uma calculadora gráfica para a determinação automática da mediana.

EXEMPLO 2.2 Determinação da mediana: *n* ímpar

TVIAGEMCN

Qual é o tempo de viagem mediano para os nossos 15 trabalhadores da Carolina do Norte? Os dados dispostos em ordem são:

5 8 10 12 15 15 20 **20** 25 30 35 35 40 40 70

O número de observações $n = 15$ é ímpar. O **20** ressaltado em negrito é a observação central na lista ordenada, com sete observações à sua esquerda e sete à sua direita. Esta é a mediana, $M = 20$ minutos.

Como $n = 15$, nossa regra para localização da mediana fornece

$$\text{localização de } M = \frac{n+1}{2} = \frac{16}{2} = 8$$

Ou seja, a mediana é a oitava observação na lista ordenada. Usar essa regra é mais rápido do que localizar o centro a olho.

EXEMPLO 2.3 Determinação da mediana: *n* par

TVIAGEMNY

Os tempos de viagem para o trabalho no Estado de Nova Iorque são (na média) maiores do que os da Carolina do Norte. Eis os tempos de viagem, em minutos, de 20 trabalhadores do Estado de Nova Iorque, escolhidos aleatoriamente:

Um diagrama de ramo e folhas não apenas apresenta a distribuição, como facilita encontrar a mediana, pois coloca as observações em ordem:

0	
1	0000255
2	00
3	**0**5**5**
4	05
5	005
6	05
7	5

A distribuição tem pico único e é assimétrica à direita, com vários tempos de viagem de uma hora ou mais. Não há uma observação central, mas há um par central. Essas são as observações **30** e **35** em negrito no diagrama, que têm nove observações antes delas na lista ordenada, e nove depois delas. A mediana está a meio caminho entre essas duas observações:

$$M = \frac{30+35}{2} = 32,5 \text{ minutos}$$

Com $n = 20$, nossa regra para localização da mediana na lista nos dá

$$\text{localização de } M = \frac{n+1}{2} = \frac{21}{2} = 10{,}5$$

A localização 10,5 significa "meio caminho entre a décima e a décima primeira observação na lista ordenada". Isto coincide com o que encontramos a olho.

2.3 Comparação entre média e mediana

Os Exemplos 2.1 e 2.2 ilustram uma diferença importante entre a média e a mediana. O tempo de viagem mediano (o ponto do meio da distribuição) é 20 minutos. O tempo médio de viagem é maior, 25,3 minutos. A média é puxada para cima na direção da cauda direita nessa distribuição assimétrica à direita. A mediana, diferentemente da média, é *resistente*. Se o maior tempo fosse 700 minutos e não 70 minutos, a média cresceria para 67,3 minutos, mas a mediana não mudaria. O valor atípico é apenas uma observação acima do centro, não importando sua distância até o centro. A média usa o valor real de cada observação e, assim, perseguirá uma única observação para cima. O *applet* Mean and Median (conteúdo em inglês) é uma excelente maneira de comparar a resistência de M e de $\bar{x}$.

Comparação entre média e mediana

A média e a mediana de uma distribuição razoavelmente simétrica ficam localizadas próximas uma da outra. Se a distribuição é exatamente simétrica, a média e a mediana são exatamente iguais. Em uma distribuição assimétrica, a média, em geral, está mais distante na cauda longa do que a mediana.[3]

Muitas variáveis econômicas têm distribuições assimétricas à direita. Por exemplo, a doação mediana de faculdades e universidades nos EUA e Canadá, em 2018, foi de cerca de US$ 142 milhões – mas a doação média foi de mais de US$ 770 milhões. A maioria das instituições tem doações modestas, mas algumas poucas são muito ricas. A doação para Harvard foi de mais de US$ 38 bilhões.[4] As poucas instituições ricas puxam a média para cima, mas não afetam a mediana. Relatórios sobre rendas e outras distribuições fortemente assimétricas em geral dão a mediana ("ponto médio") em lugar da média ("média aritmética"). No entanto, um país que esteja prestes a impor uma taxa de 1% sobre as rendas dos residentes se preocupa com a renda média, não com a mediana. O retorno da taxa será de 1% da renda total, e, como a renda total é a renda média vezes o número de residentes, o retorno da taxa pode ser facilmente calculado a partir da média. A média e a mediana medem o centro de maneiras diferentes, e ambas são úteis. *Não confunda a "média" de uma variável (média aritmética) com seu "valor" do meio, que descrevemos pela mediana, ou com seu "valor típico", que descrevemos pela* moda.

A **moda** de um conjunto de valores é o valor que ocorre com maior frequência. A moda pode ser calculada tanto para dados numéricos quanto categóricos. No Exemplo 1.3, Spotify é a moda das plataformas de música, porque o percentual mais alto de pessoas de 12 a 34 anos tinha ouvido essa plataforma. Para os 20 tempos de viagem em Nova York, a moda é de 10 minutos, porque esse tempo ocorreu com mais frequência nos 20 tempos de viagem. Pode haver múltiplas modas; por exemplo, nos 15 tempos de viagem na Carolina do Norte, 15, 20, 35 e 40 minutos todos são modas, porque todos esses números estão empatados na maior ocorrência.

APLIQUE SEU CONHECIMENTO

2.3 Tempos de viagem em Nova York. Determine a média dos tempos de viagem para o trabalho para os 20 trabalhadores do Estado de Nova York no Exemplo 2.3. Compare a média e a mediana para esses dados. Qual fato geral sua comparação ilustra? TVIAGEMNY

2.4 Preços de novas residências. A média e a mediana dos preços de venda de novas residências vendidas nos EUA em julho de 2019, foram de US$ 312.800 e US$ 388.000.[5] Qual destes números corresponde à média e qual corresponde à mediana? Explique como você sabe.

2.5 Emissões de dióxido de carbono. A queima de combustíveis nas usinas de energia e nos veículos a motor emite dióxido de carbono (CO_2), que contribui para o aquecimento global. As emissões de CO_2 (toneladas métricas *per capita*) para os países variam de 0,04 em Burundi a 43,86 no Qatar. Embora o conjunto de dados inclua 203 países, as emissões de CO_2 de 14 países não estão disponíveis na base de dados do Banco Mundial. O conjunto de dados é muito grande para ser impresso, mas aqui apresentamos os dados para os cinco primeiros países:[6] EMISCO2

FilippoBacci/iStock

País	Emissões de CO_2 (toneladas métricas *per capita*)
Aruba	8,41
Afeganistão	0,29
Angola	1,29
Albânia	1,98
Andorra	5,83

Encontre a média e a mediana para o conjunto de dados completo (incluído entre os conjuntos de dados disponíveis para este capítulo). Faça um histograma dos dados. Quais características da distribuição explicam por que a média é maior do que a mediana?

2.4 Medida de variabilidade: os quartis

A média e a mediana fornecem duas medidas diferentes do centro de uma distribuição. Uma medida de centro, sozinha, pode, porém, ser enganosa. O birô do censo dos EUA informa que, em 2017, o rendimento mediano dos domicílios americanos foi de US$ 61.372. Metade de todos os domicílios apresentou um rendimento inferior a US$ 61.372, e metade, um rendimento superior. O rendimento médio desses mesmos domicílios foi muito maior, US$ 86.220, porque a distribuição de rendimentos é assimétrica para a direita. Mas a mediana e a média não revelam todos os detalhes. Os 20% dos domicílios com rendimentos mais baixos apresentavam rendas menores do que US$ 24.638, e os 5% com rendimentos mais elevados receberam mais que US$ 237.034.[7] Estamos interessados na *dispersão* ou *variabilidade* de rendimentos, bem como no seu centro. *A descrição numérica útil mais simples de uma distribuição requer uma medida de centro, bem como uma medida de dispersão.*

Um modo de medir a dispersão é fornecer a menor e maior observações. Por exemplo, os tempos de viagem de nossos 15 trabalhadores da Carolina do Norte vão de 5 a 70 minutos. Essas observações, sozinhas, mostram a dispersão total dos dados, mas podem ocorrer valores atípicos. Podemos melhorar nossa descrição da dispersão observando, também, a dispersão da metade central dos dados. Os *quartis* delimitam a metade central. Conte na lista ordenada de observações, começando pela mais baixa. O *primeiro quartil* cai em um quarto do caminho da lista. O *terceiro quartil* cai em três quartos do caminho na lista. Em suma, o primeiro quartil é maior que 25% das observações, e o terceiro quartil é maior que 75% das observações. O segundo quartil é a mediana, que é maior que 50% das observações. Essa é a ideia dos quartis. Precisamos de uma regra para tornar a ideia exata. A regra para o cálculo dos quartis usa a regra para o cálculo da mediana.

Quartis Q_1 e Q_3

Para o cálculo dos **quartis**:

1. Organize as observações em ordem crescente e localize a mediana, M, na lista de observações ordenadas.
2. O **primeiro quartil**, Q_1, é a mediana das observações localizadas à esquerda da mediana geral na lista ordenada.
3. O **terceiro quartil**, Q_3, é a mediana das observações localizadas à direita da mediana geral na lista ordenada.

Os exemplos que seguem mostram como funcionam as regras para os quartis, tanto para número par como para número ímpar de observações.

EXEMPLO 2.4 Determinação dos quartis: *n* ímpar

TVIAGEMNC

Nossa amostra dos tempos de viagem dos 15 trabalhadores da Carolina do Norte, arranjada em ordem crescente, é

5 8 10 12 15 15 20 **20** 25 30 35 35 40 40 70

Há um número ímpar de observações, de modo que a mediana é aquela do meio, o **20** em negrito na lista. O primeiro quartil é a mediana das sete observações à esquerda da mediana. Essa é a quarta dessas sete observações; logo, $Q_1 = 12$ minutos. Se você quiser, poderá usar a receita para localização da mediana com $n = 7$:

$$\text{localização de } Q_1 = \frac{n+1}{2} = \frac{7+1}{2} = 4$$

O terceiro quartil é a mediana das sete observações à direita da mediana, $Q_3 = 35$ minutos. *Quando há um número ímpar de observações, deixe de fora a mediana geral ao localizar os quartis na lista ordenada.*

Os quartis são *resistentes* porque eles não são afetados por poucas observações extremas. Por exemplo, Q_3 teria o mesmo valor 35 se o valor atípico fosse 700 em vez de 70.

EXEMPLO 2.5 Determinação dos quartis: *n* par

TVIAGEMNY

Aqui estão os tempos de viagem para o trabalho dos 20 cidadãos de Nova York do Exemplo 2.3, arranjados em ordem crescente:

10 10 10 10 12 15 15 20 20 30 |
35 35 40 45 50 50 55 60 65 75

Há um número par de observações; logo, a mediana cai no meio do par central, correspondendo à décima e à décima primeira observação da lista. Seu valor é M = 32,5 minutos. Marcamos a localização da mediana por |. O primeiro quartil é a mediana das dez primeiras observações, pois estas são as observações situadas à esquerda da localização da mediana. Verifique que $Q_1 = 13{,}5$ minutos e $Q_3 = 50$ minutos. *Quando o número de observações for par, inclua todas as observações para localizar os quartis.*

Fique atento quando, como nestes exemplos, várias observações assumirem o mesmo valor numérico. Liste todas as observações, ordene-as e aplique as regras exatamente como se todas tivessem valores diferentes.

Há várias regras para encontrar os quartis. Algumas calculadoras e programas usam regras que dão resultados que diferem dos nossos, para alguns conjuntos de dados (ver Exemplo 2.8). Nossa regra é a mais simples para cálculo a mão e os resultados das várias regras, em geral, são muito próximos uns dos outros.

2.5 Resumo dos cinco números e diagramas em caixa

A menor e maior observações nos dão pouca informação sobre a distribuição como um todo, mas informam sobre as caudas da distribuição, informação que ficaria faltando se conhecêssemos apenas a mediana e os quartis. Para obter um resumo rápido, tanto do centro como da dispersão, combine todos os cinco números.

O resumo dos cinco números

O **resumo dos cinco números** de uma distribuição consiste na menor observação, no primeiro quartil, na mediana, no terceiro quartil e na maior observação, escritas em ordem crescente. Em símbolos, o resumo de cinco números é

$$\text{Mínimo} \quad Q_1 \quad M \quad Q_3 \quad \text{Máximo}$$

Estes cinco números oferecem uma descrição razoavelmente completa de centro e dispersão. Os resumos dos cinco números para os tempos de viagem para o trabalho dos Exemplos 2.4 e 2.5 são

Carolina do Norte	5	12	20	35	70
Nova York	10	13,5	32,5	50	75

O resumo dos cinco números de uma distribuição nos leva a um novo gráfico, o *diagrama em caixa*. A Figura 2.1 mostra diagramas em caixa dos tempos de viagem para o trabalho na Carolina do Norte e em Nova York.

Como os diagramas em caixa mostram menos detalhes do que histogramas ou diagramas de ramo e folhas, eles são mais bem usados para comparação lado a lado de mais

Diagrama em caixa

Um **diagrama em caixa** é um gráfico do resumo dos cinco números:

- Uma caixa central abarca os quartis Q_1 e Q_3.
- Uma linha na caixa marca a mediana M.
- Linhas se estendem para fora da caixa até a menor e maior observações.

de uma distribuição, como na Figura 2.1. Certifique-se de incluir uma escala numérica no gráfico. Diante de um diagrama em caixa, primeiramente localize a mediana, que marca o centro da distribuição. Em seguida, olhe a dispersão. A abrangência da caixa central mostra a dispersão da metade central dos dados, e os extremos (a menor e maior observações) mostram a dispersão da totalidade do conjunto de dados. Vemos, a partir da Figura 2.1, que os tempos de viagem para o trabalho são, em geral, um pouco maiores em Nova York do que na Carolina do Norte. A mediana, ambos os quartis e o máximo são todos maiores em Nova York. Os tempos de viagem em Nova York são, também, mais variáveis, como mostra a amplitude da caixa. Note que as caixas com setas na Figura 2.1, que indicam a localização do resumo dos cinco números, *não* são parte do diagrama, mas foram incluídas apenas para ilustração.

Finalmente, os dados da Carolina do Norte são mais fortemente assimétricos à direita. Em uma distribuição simétrica, o primeiro e terceiro quartis são igualmente distantes da mediana. Na maioria das distribuições assimétricas à direita, por outro lado, o terceiro quartil estará mais afastado para cima da mediana do que o primeiro quartil, para baixo dela. Os extremos se comportam da mesma maneira, mas, vale lembrar, eles são apenas observações únicas e podem informar pouco sobre a distribuição como um todo.

FIGURA 2.1
Diagramas em caixa que comparam os tempos de viagem para o trabalho de amostras de trabalhadores na Carolina do Norte e em Nova York.

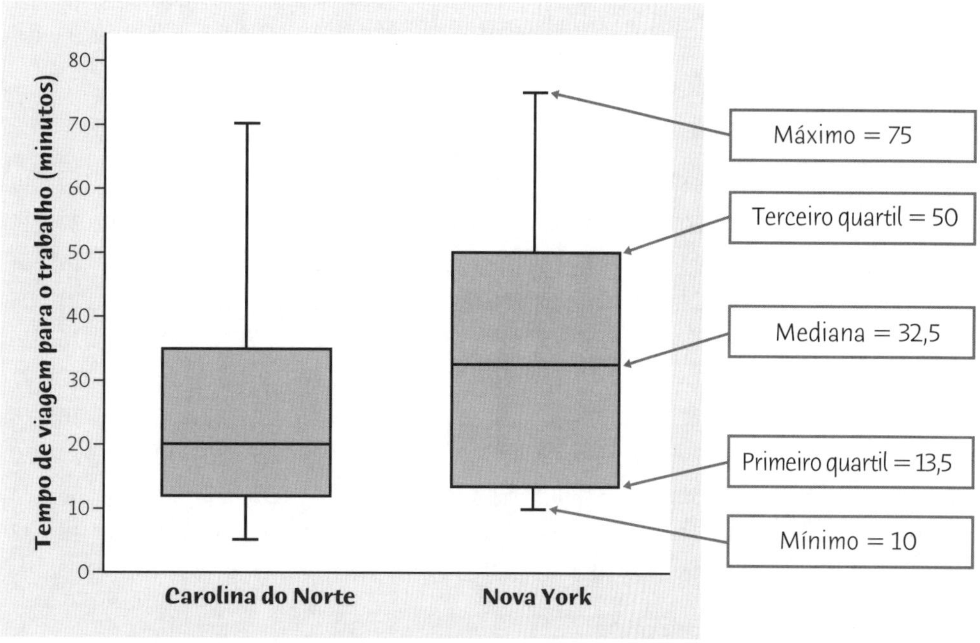

APLIQUE SEU CONHECIMENTO

2.6 Dor compartilhada e vínculo. Embora experiências dolorosas estejam envolvidas em rituais sociais em muitas partes do mundo, pouco se sabe sobre os efeitos sociais da dor. O compartilhamento de experiências dolorosas em um pequeno grupo leva a um maior vínculo entre os membros do grupo do que o compartilhamento de experiências semelhantes não dolorosas? Cinquenta e quatro estudantes universitários em South Wales foram divididos aleatoriamente em um grupo de dor com 27 estudantes, enquanto os restantes ficaram em um grupo sem dor. A dor foi induzida por duas tarefas. Na primeira tarefa, os estudantes imergiram suas mãos em água congelante por tanto tempo quanto possível, movendo bolas de metal no fundo da vasilha em um recipiente submerso; na segunda tarefa, os estudantes ficaram em uma posição de agachamento, com as costas retas encostadas em uma parede e joelhos a 90 graus, por tanto tempo quanto possível. O grupo sem dor completou a primeira tarefa usando água à temperatura ambiente, por 90 segundos, e a segunda tarefa, balançando um pé por 60 segundos, trocando de pé, se necessário. Em ambos os grupos, com e sem dor, os estudantes completaram a tarefa em pequenos grupos, o que tipicamente consistia em quatro estudantes e continham níveis semelhantes de interação de grupo. Depois, cada estudante respondeu a um questionário para criar um escore de vínculo com base nas respostas a questões como "Sinto que os participantes nesse estudo têm muito em comum", ou "Sinto que posso confiar nos outros participantes". Eis os escores de vínculo para os dois grupos:[8] VINCULO

(a) Ache o resumo dos cinco números para os grupos com dor e sem dor.

(b) Construa um diagrama em caixa comparativo para os dois grupos seguindo o modelo da Figura 2.1. Não importa se seus diagramas em caixa são horizontais ou verticais, mas eles devem ser desenhados no mesmo conjunto de eixos.

(c) Qual grupo tende a ter escores de vínculo mais altos? A variabilidade nos dois grupos é semelhante, ou um dos grupos tende a ter escores de vínculo menos variáveis? Algum grupo tem um ou mais valores atípicos claros?

Grupo sem dor:	3,43	4,86	1,71	1,71	3,86	3,14	4,14	3,14	4,43	3,71
	3,00	3,14	4,14	4,29	2,43	2,71	4,43	3,43	1,29	1,29
	3,00	3,00	2,86	2,14	4,71	1,00	3,71			
Grupo com dor:	4,71	4,86	4,14	1,29	2,29	4,43	3,57	4,43	3,57	3,43
	4,14	3,86	4,57	4,57	4,29	1,43	4,29	3,57	3,57	3,43
	2,29	4,00	4,43	4,71	4,71	2,14	3,57			

2.7 Economia de combustível para carros de tamanho médio. O Departamento de Energia americano fornece classificações de economia de combustível para todos os carros e caminhões leves vendidos nos EUA. Eis os números de milhas por galão estimados para tráfego combinado, na cidade e na estrada, para os 189 carros classificados como de tamanho médio em 2019, em ordem crescente:[9] CARROMEDIO

(a) Dê o resumo dos cinco números dessa distribuição.

(b) Faça um diagrama em caixa desses dados. Qual é a forma da distribuição mostrada pelo diagrama? Quais características do diagrama levaram você a essa conclusão? Alguma observação é não usualmente pequena ou grande?

12	14	16	16	16	17	17	17	18	18	18	18	19	19	19	19	19	19
20	20	20	20	20	20	20	20	21	21	21	21	21	21	22	22	22	22
22	23	23	23	23	23	23	23	23	23	23	23	23	23	24	24	24	24
24	24	24	24	24	24	24	24	24	24	24	24	24	25	25	25	25	25
25	25	25	25	25	25	25	25	25	25	25	25	26	26	26	26	26	26
26	26	26	26	26	26	26	26	26	26	26	26	26	26	27	27	27	27
27	27	27	27	27	27	27	27	27	27	27	27	27	28	28	28	28	28
29	29	29	29	29	29	29	29	29	29	29	30	30	30	30	30	31	31
31	31	32	32	32	32	32	32	32	32	32	32	32	33	33	33	33	33
33	34	34	34	34	35	35	35	35	36	41	41	41	41	42	42	43	44
44	46	46	48	50	52	52	52	56									

2.6 Detecção de possíveis valores atípicos e diagramas em caixa modificados*

Olhe novamente o diagrama de ramo e folhas dos tempos de viagem na Carolina do Norte no Exemplo 2.3. O resumo dos cinco números para essa distribuição é:

5 12 20 35 70

Como podemos descrever a variabilidade dessa distribuição? A menor e a maior observações são extremas e não descrevem a dispersão da maioria dos dados. A distância entre os quartis (a amplitude da metade central dos dados) é uma medida de dispersão mais resistente. Essa distância é chamada de *amplitude interquartil*.

Amplitude interquartil (AIQ)

A **amplitude interquartil (AIQ)** é a distância entre o primeiro e o terceiro quartis,

$$AIQ = Q_3 - Q_1$$

ESTATÍSTICA NO MUNDO REAL

Qual é o valor dessa casa?

A cidade de Manhattan, Kansas, é algumas vezes chamada de "a Pequena Maçã" para distingui-la da outra Manhattan, "a Grande Maçã". Há alguns anos, apareceu uma casa nos registros de avaliadores do condado avaliada em US$ 200.059.000. Essa seria uma casa espetacular, mesmo na Ilha de Manhattan. Como você pode imaginar, o dado estava errado: o verdadeiro valor era de US$ 59.500. Mas, antes de ser descoberto o erro, o condado, a cidade e o conselho da escola tinham baseado seus orçamentos no valor total da avaliação de imóveis, os quais, devido ao único valor atípico, tiveram um aumento de 6,5%. Vale a pena localizar valores atípicos antes de confiar nos dados.

Para nossos dados sobre os tempos de viagem na Carolina do Norte, $AIQ = 35 - 12 = 23$ minutos. No entanto, *nenhuma medida numérica única da dispersão, como AIQ, é muito útil para a descrição de distribuições assimétricas.* Os dois lados de uma distribuição assimétrica têm dispersões diferentes, de modo que um único número não pode resumi-las. Eis por que usamos o resumo completo dos cinco números. A amplitude interquartil é usada, principalmente, como base para uma regra empírica para a identificação de possíveis valores atípicos.

Regra 1,5 × *AIQ* para valores atípicos

Uma observação é um valor suspeito de ser atípico se ela está a mais de 1,5 × AIQ acima do terceiro quartil ou abaixo do primeiro quartil.

EXEMPLO 2.6 Uso da regra 1,5 × *AIQ*

TVIAGEMNY

Para os dados dos tempos de viagem na Carolina do Norte, $AIQ = 23$ e

$$1{,}5 \times AIQ = 1{,}5 \times 23 = 34{,}5$$

Quaisquer valores que não caiam entre

$$Q_1 - (1{,}5 \times AIQ) = 12{,}0 - 34{,}5 = -22{,}5 \text{ e}$$

$$Q_3 + (1{,}5 \times AIQ) = 35 + 34{,}5 = 69{,}5$$

são rotulados como suspeitos de serem valores atípicos. Olhe de novo para o diagrama de ramo e folhas no Exemplo 2.3: o único valor suspeito de ser atípico é o maior tempo de viagem, 70 minutos. A regra 1,5 × *AIQ* sugere que os três próximos maiores tempos de viagem de 40 minutos sejam apenas parte da longa cauda direita dessa distribuição assimétrica.

Em um diagrama em caixa modificado, que é fornecido por muitos pacotes de programas, os valores suspeitos de serem atípicos são identificados no diagrama em caixa com uma marcação especial, como um ponto (•). Comparando a Figura 2.2 com a Figura 2.1, vemos que a maior observação da Carolina do Norte é marcada como um valor atípico. A linha que começa no terceiro quartil não se estende mais até o máximo, mas termina em 40, que é a maior observação da Carolina do Norte que não é identificada como um valor atípico. A Figura 2.2 também apresenta os diagramas em caixa modificados na posição horizontal, em vez de vertical, uma opção disponível em alguns pacotes de programas, o que não muda a interpretação do diagrama. Finalmente, a regra 1,5 × *AIQ* não é uma substituição para olhar os dados. Ela é mais útil quando grandes volumes de dados são processados automaticamente.

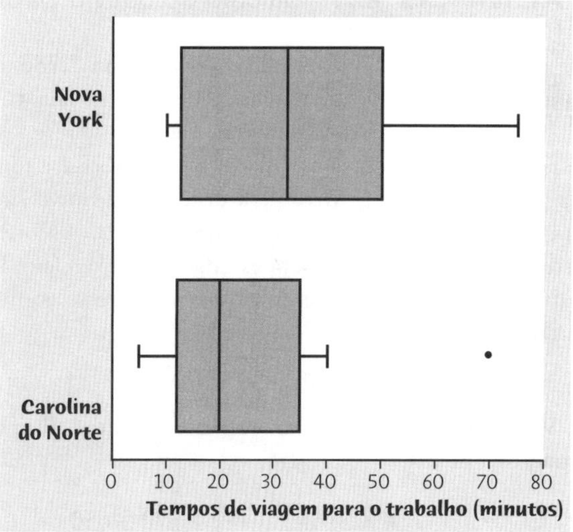

FIGURA 2.2
Diagramas horizontais modificados que comparam os tempos de viagem para o trabalho de amostras de trabalhadores na Carolina do Norte e em Nova York.

*Esta curta seção é opcional.

APLIQUE SEU CONHECIMENTO

2.8 Tempo de viagem para o trabalho. No Exemplo 2.3, há um longo tempo de viagem de 75 minutos em nossa amostra de 20 tempos de viagem em Nova York. A regra 1,5 × *AIQ* identifica esse tempo de viagem como um valor suspeito de ser atípico? TVIAGEMNY

Bluegame/iStock

2.9 Economia de combustível para carros médios. O Exercício 2.7 dá as milhas por galão estimadas (mpg) para tráfego na cidade, para os 189 carros classificados como de tamanho médio em 2019. Naquele exercício, notamos que vários dos valores de mpg eram não usualmente grandes. Alguns desses valores mais altos são suspeitos de serem atípicos pela regra 1,5 × *AIQ*? Embora valores atípicos possam ser produzidos por erros ou registro incorreto de observações, eles são sempre observações que diferem das demais de alguma maneira particular. Nesse caso, os carros que resultam nos valores atípicos altos compartilham uma característica comum. Qual é essa característica? CARROMEDIO

2.7 Medida de variabilidade: o desvio-padrão

O resumo dos cinco números não é a descrição numérica mais comum de uma distribuição. Essa distinção pertence à combinação da média para medir o centro, e do *desvio-padrão* para medir a dispersão, ou variabilidade. O desvio-padrão, assim como a *variância*, mede a dispersão, considerando o quanto as observações se afastam de sua média.

Desvio-padrão s

A **variância s^2** de um conjunto de observações é uma média dos quadrados dos desvios das observações a partir de sua média. Em símbolos, a variância de n observações $x_1, x_2, \ldots, x_n$ é

$$s^2 = \frac{(x_1 - \bar{x})^2 + (x_2 - \bar{x})^2 + \cdots + (x_n - \bar{x})^2}{n-1}$$

ou, mais compactamente,

$$s^2 = \frac{1}{n-1}\sum (x_i - \bar{x})^2$$

O **desvio-padrão s** é a raiz quadrada da variância s^2:

$$s = \sqrt{\frac{1}{n-1}\sum (x_i - \bar{x})^2}$$

Na prática, use um *software* ou sua calculadora para obter o desvio-padrão de dados digitados. Contudo, seguir um exemplo passo a passo o ajudará a entender como funcionam a variância e o desvio-padrão.

EXEMPLO 2.7 Cálculo do desvio-padrão

SATMAT

A Georgia Southern University tinha 2.786 estudantes regularmente matriculados em sua turma de calouros de 2015. Para cada estudante, estão disponíveis seus escores nos testes SAT e ACT (se feitos), sua média no Ensino Médio e a unidade da universidade na qual foi admitido.[10] O conjunto completo de escores no teste SAT de matemática será estudado no Exercício 3.49. Aqui estão as cinco primeiras observações desse conjunto de dados:

490 580 450 570 650

Vamos calcular $\bar{x}$ e s para esses estudantes. Primeiro, achamos a média:

$$\bar{x} = \frac{490 + 580 + 450 + 570 + 650}{5}$$
$$= \frac{2.740}{5} = 548$$

A Figura 2.3 mostra os dados como pontos acima da reta numérica, com a média marcada por um asterisco (*). As setas marcam dois dos desvios a partir da média. Os desvios mostram quão espalhados são nossos dados em torno da média. Eles são o ponto inicial para o cálculo da variância e do desvio-padrão.

Observações x_i	Desvios $x_i - \bar{x}$	Desvios ao quadrado $(x_i - \bar{x})^2$
490	490 − 548 = −58	$(-58)^2$ = 3.364
580	580 − 548 = 32	32^2 = 1.024
450	450 − 548 = −98	$(-98)^2$ = 9.604
570	570 − 548 = 22	22^2 = 484
650	650 − 548 = 102	102^2 = 10.404
	soma = 0	soma = 24.880

FIGURA 2.3 Os escores SAT de matemática para cinco estudantes, com sua média (*) e os desvios das observações a partir da média, para o Exemplo 2.7.

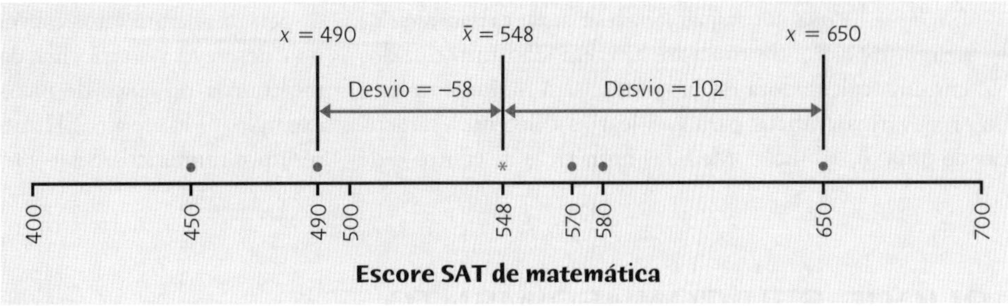

A variância é a soma dos quadrados dos desvios, dividida pelo número de observações menos 1:

$$s^2 = \frac{1}{n-1}\sum(x_i - \bar{x})^2 = \frac{24.880}{4} = 6.220$$

O desvio-padrão é a raiz quadrada da variância:

$$s = \sqrt{6.220} = 78{,}87$$

Observe que a "média" na variância s^2 divide a soma pelo número de observações menos 1, ou seja, $n - 1$ em vez de n. A razão disso é que os desvios $x_i - \bar{x}$ sempre têm soma exatamente 0; consequentemente, conhecendo $n - 1$ deles, determina-se o último. Apenas $n - 1$ dos desvios quadráticos podem variar livremente, e calculamos a média dividindo o total por $n - 1$. O número $n - 1$ é chamado de *graus de liberdade*[11] da variância ou do desvio-padrão. Muitas calculadoras oferecem uma escolha entre dividir por n ou por $n - 1$; certifique-se de usar $n - 1$.

Mais importante do que alguns detalhes de cálculo manual são as propriedades que determinam a utilidade do desvio-padrão, quais sejam:

- s mede a *dispersão em torno da média* e deve ser usado apenas quando a média é escolhida como a medida de centro.
- *s é sempre zero ou maior que zero*; $s = 0$ somente quando não há variabilidade. Isso acontece apenas quando todas as observações têm o mesmo valor. Caso contrário, $s > 0$. À medida que as observações se tornam mais dispersas em torno de sua média, s aumenta.
- s tem a *mesma unidade de medida* que as *observações originais*. Por exemplo, se você medir pesos em quilogramas, tanto a média $\bar{x}$ quanto o desvio-padrão s também estarão em quilogramas. Essa é uma razão para preferir s em vez da variância s^2, que estaria medida em quilogramas ao quadrado.
- Assim como a média $\bar{x}$, *s não é resistente*. Algumas observações atípicas podem tornar s bastante grande.

O uso de desvios quadráticos torna s ainda mais sensível do que $\bar{x}$ a algumas poucas observações extremas. Por exemplo, o desvio-padrão dos tempos de viagem para os 15 trabalhadores da Carolina do Norte no Exemplo 2.1 é 16,97 minutos. (Use sua calculadora ou programa para verificar isso.) Se omitimos o valor atípico alto, o desvio-padrão cai para 12,07 minutos.

Se você acha que a importância do desvio-padrão ainda não está clara, você está certo. Veremos, no Capítulo 3, que o desvio-padrão é a medida natural de dispersão para uma importante classe de distribuições simétricas, as distribuições Normais. A utilidade de muitos procedimentos estatísticos está ligada a distribuições de formas particulares. Isto certamente é verdadeiro para o desvio-padrão.

2.8 Escolha de medidas de centro e de dispersão

Temos, agora, uma escolha entre duas descrições do centro e dispersão de uma distribuição: o resumo dos cinco números, ou $\bar{x}$ e s. Como $\bar{x}$ e s são sensíveis a observações extremas, eles podem ser enganosos quando a distribuição é fortemente assimétrica ou tem valores atípicos. De fato, como os dois lados de uma distribuição assimétrica têm dispersões diferentes, nenhum número único, tal como s, descreve bem a dispersão. O resumo dos cinco números, com seus dois quartis e dois extremos, funciona melhor.

Escolha de um resumo

- Em geral, o resumo de cinco números é melhor do que a média e o desvio-padrão para a descrição de uma distribuição assimétrica ou uma distribuição com valores atípicos extremados.
- Use $\bar{x}$ e s somente para distribuições razoavelmente simétricas que não apresentem valores atípicos.

Valores atípicos afetam grandemente os valores da média $\bar{x}$ e do desvio-padrão s, as medidas mais comuns de centro e de dispersão. Procedimentos estatísticos muito mais elaborados também não são confiáveis na presença de valores atípicos. *Sempre que encontrar valores atípicos em seus dados, tente encontrar uma explicação para eles.* Algumas vezes, a explicação é simples, como um erro na digitação de 10,1 como 101; se esse for o caso, corrija o erro. Algumas vezes, o aparelho de medição estragou ou alguém forneceu uma resposta inconsequente, como o estudante em uma pesquisa em classe que declarou estudar 30 mil minutos por noite. (Sim, isso realmente aconteceu.) Em todos esses casos, você pode simplesmente remover o valor atípico de seu conjunto de dados. Quando os valores atípicos são "dados reais", como os longos tempos de viagem de alguns trabalhadores de Nova York, você deve escolher modelos estatísticos que não sejam grandemente perturbados por eles. Por exemplo, use o resumo dos cinco números, preferencialmente a $\bar{x}$ e s, para descrever uma distribuição com valores atípicos extremos. Você encontrará outros exemplos mais à frente neste livro.

Lembre-se de que um gráfico fornece a melhor visão geral de uma distribuição. Se os dados tiverem sido introduzidos em uma calculadora ou programa, será muito simples e rápido criar vários gráficos para verificar as diferentes características de uma distribuição. Medidas numéricas de centro e de dispersão relatam fatos específicos sobre uma distribuição, mas não descrevem sua forma completa. Resumos numéricos não mostram a presença de picos múltiplos ou agrupamentos, por exemplo. O Exercício 2.11 mostra quão enganosos podem ser os resumos numéricos. *Sempre represente graficamente os seus dados.*

APLIQUE SEU CONHECIMENTO

2.10 $\bar{x}$ e s à mão. Rádon é um gás que ocorre naturalmente e é a segunda principal causa de câncer de pulmão nos EUA.[12] Ele é proveniente do decaimento natural do urânio no solo, e entra nas construções através de rachaduras e outros buracos nas fundações. Rádon é encontrado em todos os EUA, mas os níveis variam consideravelmente de estado para estado. Há vários métodos para a redução dos níveis de rádon em sua casa, e o órgão norte-americano Environmental Protection Agency recomenda o uso de um desses, se o nível medido em sua casa estiver acima de quatro picocuries por litro. Quatro leituras no Franklin County, Ohio, onde a contagem média é de 8,2 picocuries por litro, foram 3,8; 1,9; 12,1 e 14,4.

(a) Encontre a média, passo a passo. Isto é, encontre a soma das quatro observações e divida-a por 4.

(b) Ache o desvio-padrão, passo a passo. Isto é, ache o desvio de cada observação em relação à média, eleve esses desvios ao quadrado e obtenha, então, a variância e o desvio-padrão. O Exemplo 2.7 mostra o método.

(c) Agora, introduza os dados em sua calculadora e use as teclas para a média e o desvio-padrão para obter $\bar{x}$ e s. Esses resultados coincidem com os que você calculou à mão?

2.11 $\bar{x}$ e s não bastam. A média $\bar{x}$ e o desvio-padrão s medem o centro e a dispersão, mas não representam uma descrição completa de uma distribuição. Conjuntos de dados com diferentes formas podem ter a mesma média e o mesmo desvio-padrão. Para demonstrar esse fato, use sua calculadora para achar $\bar{x}$ e s para esses dois pequenos conjuntos de dados. Faça, então, um diagrama de ramo e folhas de cada um e comente sobre a forma de cada distribuição. CJDADOS2

Dados A:	9,14	8,14	8,74	8,77	9,26	8,10	6,13	3,10	9,13	7,26	4,74
Dados B:	6,58	5,76	7,71	8,84	8,47	7,04	5,25	6,89	5,56	7,91	12,50

2.12 Escolha um resumo. A forma de uma distribuição é um guia razoável que nos orienta para decidirmos se a média e o desvio-padrão são um resumo útil do centro e dispersão. Para quais dessas distribuições $\bar{x}$ e s seriam úteis? Em cada caso, dê uma razão para sua decisão.

(a) Percentuais de graduados no Ensino Médio nos estados que fazem o SAT, Figura 1.8

(b) Escores do teste Iowa, Figura 1.7

(c) Tempos de viagem para o trabalho em Nova York, Exemplo 2.3

2.9 Exemplos de tecnologia

Embora uma calculadora com funções de "estatística de duas variáveis" execute os cálculos básicos de que precisamos em todo este texto, ferramentas mais elaboradas de tecnologia são muito úteis. Calculadoras gráficas e programas de computador farão os cálculos e os gráficos que você mandar, liberando você para se concentrar na escolha dos métodos adequados e na interpretação de seus resultados. A Figura 2.4 apresenta saídas de três ferramentas de tecnologia que descrevem os tempos de viagem para o trabalho de 20 pessoas no Estado de Nova York (Exemplo 2.3). Você consegue achar $\bar{x}$, s e o resumo dos cinco números em cada saída? A grande mensagem desta seção é: *uma vez que você saiba o que procurar, você pode ler a partir de qualquer recurso de tecnologia.*

As apresentações na Figura 2.4 são de uma calculadora gráfica da Texas Instruments, do programa de planilhas de cálculo Microsoft Excel, e do programa estatístico JMP. O programa JMP permite que você escolha quais medidas descritivas você deseja, enquanto as medidas descritivas no Excel e na calculadora fornecem algumas coisas de que você não necessita. Apenas ignore os extras. Como o item do *menu* do Excel "Estatística Descritiva" não fornece os quartis, utilizamos a função quartil para obter Q_1 e Q_3.

EXEMPLO 2.8 Qual é o terceiro quartil?

No Exemplo 2.5, vimos que os quartis dos tempos de viagem em Nova York são $Q_1 = 13{,}5$ e $Q_3 = 50$. Olhe as apresentações das saídas na Figura 2.4. A calculadora concorda com nosso trabalho, enquanto o Excel diz que $Q_1 = 14{,}25$ e JMP apresenta $Q_1 = 12{,}75$. O que aconteceu? *Há várias regras para a determinação dos quartis. Algumas calculadoras e programas usam regras que dão resultados diferentes dos nossos para alguns conjuntos de dados.* Isto é verdade para o JMP e o Excel. Os resultados das várias regras são sempre próximos uns dos outros, de modo que as diferenças não são importantes na prática. Nossa regra é a mais simples para cálculo manual.

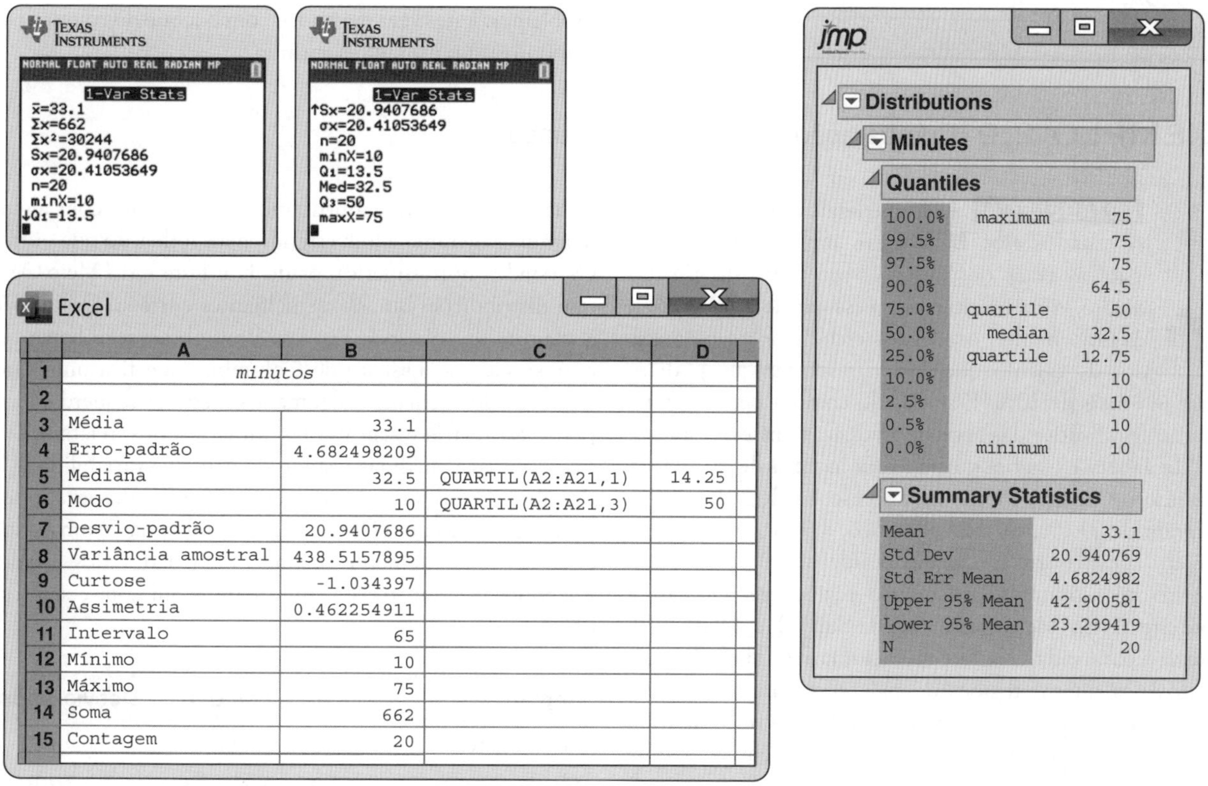

FIGURA 2.4
Saídas de uma calculadora gráfica, um programa de planilha de cálculo e um pacote de programas estatísticos, que descrevem os dados dos tempos de viagem para o trabalho no Estado de Nova York.

2.10 Organização de um problema estatístico

A maioria de nossos exemplos e exercícios teve por objetivo ajudar você a aprender as ferramentas básicas (gráficos e cálculos) para a descrição e comparação de distribuições. Você aprendeu, também, os princípios básicos que orientam o uso dessas ferramentas, como "comece por um gráfico" e "observe o padrão geral e desvios fortes do padrão". Os dados com os quais você trabalha não são apenas números; eles descrevem um contexto específico, como a profundidade da água nos Everglades, ou os tempos de viagem para o trabalho. Pelo fato de os dados se originarem de um contexto específico, o passo final no exame de dados é uma *conclusão em relação a esse contexto*. A profundidade da água nos Everglades tem um ciclo anual que reflete as estações de chuva e de seca na Flórida. Os tempos de viagem para o trabalho são geralmente mais longos em Nova York do que na Carolina do Norte.

Vamos voltar às taxas de graduação no prazo no Ensino Médio, discutidas no Exemplo 1.4. Pelo exemplo, sabemos que as taxas de graduação no prazo variam de 71,1%, no Novo México, a 91%, em Iowa, com mediana de 86%. As taxas de graduação nos estados estão relacionadas a muitos fatores e, em um problema estatístico, em geral tentamos explicar as diferenças ou variação em uma variável como taxa de graduação através de alguns desses fatores. Por exemplo, os estados com menores rendas familiares tendem a ter taxas de graduação mais baixas no Ensino Médio? Ou, os estados em alguma região do país tendem a ter taxas mais baixas de graduação no Ensino Médio do que os estados em outras regiões?

À medida que você aprender mais sobre as ferramentas e os princípios estatísticos, você se deparará com problemas estatísticos mais complexos. Embora nenhum sistema acomode todos os vários problemas que surgem na aplicação da estatística ao mundo real, achamos que o seguinte processo de pensamento em quatro passos dá uma orientação útil. Em particular, o

Organização de um problema estatístico: um processo de quatro passos

ESTABELEÇA: Qual é a questão prática, no contexto do mundo real?

PLANEJE: Quais operações estatísticas específicas esse problema requer?

RESOLVA: Construa gráficos e faça os cálculos necessários para esse problema.

CONCLUA: Forneça suas conclusões práticas no contexto do mundo real.

primeiro e o último passos enfatizam que os problemas estatísticos estão ligados a situações específicas do mundo real e, portanto, envolvem mais do que cálculos e desenho de gráficos.

Para ajudar você a dominar o básico, muitos exercícios irão continuar a dizer-lhe o que fazer – faça um histograma, ache o resumo dos cinco números, e assim por diante. Problemas estatísticos reais não vêm com instruções detalhadas. De agora em diante, especialmente nos capítulos finais deste livro, você encontrará alguns exercícios que são mais realistas. Use o processo dos quatro passos como guia para resolver e relatar esses problemas. Estes vêm marcados com o ícone dos quatro passos, como ilustra o exemplo seguinte.

EXEMPLO 2.9 Comparação de taxas de graduação

ESTABELEÇA: A lei federal exige que todos os estados nos EUA usem um cálculo comum para as taxas de graduação no prazo no Ensino Médio, começando no ano escolar de 2010 e 2011. Anteriormente, os estados escolhiam vários métodos de cálculo que davam respostas que podiam variar em mais de 10%. Esse cálculo comum permite comparação significativa das taxas de graduação entre os estados.

Pela Tabela 1.1, agora sabemos que as taxas de graduação no prazo no Ensino Médio no ano escolar de 2016 e 2017 variaram de 71,1%, no Novo México, a 91%, em Iowa. O birô do censo norte-americano divide os 50 estados e o Distrito de Colúmbia em quatro regiões geográficas: a Nordeste (NE), Meio-Oeste (MO), Sul (S) e Oeste (O). A região para cada estado está incluída na Tabela 1.1. Os estados nas quatro regiões do país apresentam distribuições distintas das taxas de graduação? Como se comparam as taxas médias de graduação dos estados em cada uma dessas regiões?

PLANEJE: Use gráficos e resumos numéricos para descrever e comparar as distribuições das taxas de graduação no prazo no Ensino Médio dos estados nas quatro regiões dos EUA.

RESOLVA: Podemos usar diagramas em caixa para comparar as distribuições, mas diagramas de ramo e folhas preservam mais detalhes e funcionam bem com conjuntos de dados desse tamanho. A Figura 2.5 apresenta diagramas de ramo e folhas com os ramos alinhados, para fácil comparação. Os ramos foram divididos para apresentar melhor as distribuições, e os dados foram arredondados para o percentual mais próximo (sem casas decimais). Os diagramas de ramo e folhas se sobrepõem, e é necessário algum cuidado na comparação dos quatro diagramas de ramo e folhas porque os tamanhos amostrais diferem, com alguns diagramas de ramo e folhas tendo mais folhas do que outros. Os estados norte-americanos do Nordeste e do Meio-Oeste têm distribuições que são semelhantes entre si. O Sul, com a maioria das observações, tem uma observação baixa que corresponde ao Distrito de Colúmbia, que fica um pouco separado dos demais, e alguma assimetria à esquerda. Com pouca assimetria e sem valores atípicos sérios, relatamos $\bar{x}$ e s como nossas medidas resumo do centro e variabilidade da distribuição das taxas de graduação no prazo dos estados em cada região. Como o Distrito de Colúmbia não é um estado, embora frequentemente incluído com dados dos estados, relatamos as estatísticas resumo para o Sul com e sem essa observação.

Região	n	Média	Desvio-padrão
Meio-Oeste	12	86,03	3,12
Nordeste	9	87,12	2,70
Sul (incluindo DC)	17	85,14	4,72
Sul (excluindo DC)	16	85,89	3,69
Oeste	13	80,5	4,27

CONCLUA: A tabela de estatísticas resumo e os diagramas de ramo e folhas levam a conclusões semelhantes. Os estados norte-americanos do Meio-Oeste e do Nordeste são mais semelhantes entre si com o Sul, excluindo o Distrito de Colúmbia, tendo uma média ligeiramente menor e maior desvio-padrão. Os estados do Oeste têm uma taxa média de graduação mais baixa do que as outras três regiões, com desvio-padrão semelhante ao do Sul, porém mais alto do que os do Meio-Oeste ou Nordeste.

Meio-Oeste		Nordeste		Sul		Oeste	
7		7		7	3	7	1
7		7		7	8	7	688999
8	02334	8	14	8	02233	8	0225
8	677889	8	667889	8	6667899999	8	66
9	1	9	0	9		9	

FIGURA 2.5 Diagramas de ramo e folhas que comparam as distribuições das taxas de graduação para as quatro regiões do censo da Tabela 1.1 para o Exemplo 2.9.

É importante lembrar que os indivíduos no Exemplo 2.9 são os estados. Por exemplo, a média de 87,12 é a média das taxas de graduação no prazo para os nove estados norte-americanos do Nordeste, e o desvio-padrão nos diz quanto as taxas desses estados variam em relação a essa média. No entanto, a média desses nove estados *não* é a mesma que a taxa de graduação para todos das escolas de Ensino Médio no Nordeste, a menos que os estados tenham o mesmo número de graduados no Ensino Médio. A taxa de graduação no Nordeste para todos os estudantes do Ensino Médio no Nordeste é uma média *ponderada* das taxas dos estados, com os maiores estados recebendo mais peso. Por exemplo, como Nova York é o estado mais populoso no Nordeste e tem também a menor taxa da graduação, esperaríamos que a taxa de graduação de todos os estudantes do Ensino Médio no Nordeste fosse menor que 87,12, porque Nova York puxaria para baixo a taxa geral de graduação. Um exemplo análogo pode ser observado no Exercício 2.37.

APLIQUE SEU CONHECIMENTO

4 PASSOS **2.13 Extração de madeira em floresta tropical.** "Os ambientalistas estão desesperados com a destruição da floresta tropical pela extração de madeira, abertura de clareiras e queimadas." Essas palavras abrem um relatório de um estudo estatístico dos efeitos da extração de madeira em Bornéu.[13] Charles Cannon, da Duke University, e seus colegas de trabalho compararam lotes de floresta que nunca sofreram extração (Grupo 1) com lotes similares próximos que tinham sido explorados 1 ano antes (Grupo 2) e 8 anos antes (Grupo 3). Todos os lotes tinham 0,1 hectare de área. Eis as contagens de árvores por lote em cada grupo: EXTMADEIRA

STILLFX/iStock

Grupo 1:	27	22	29	21	19	33	16	20	24	27	28	19
Grupo 2:	12	12	15	9	20	18	17	14	14	2	17	19
Grupo 3:	18	4	22	15	18	19	22	12	12			

Até que ponto a extração de madeira afetou a contagem de árvores? Siga o processo dos quatro passos ao relatar seu trabalho.

4 PASSOS **2.14 Mortalidade infantil no mundo.** Embora as taxas de mortalidade infantil no mundo tenham diminuído em mais de 50% desde 1990, ainda assim, em 2017, 16 mil crianças com menos de 5 anos morreram a cada dia. As taxas de mortalidade para crianças com menos de 5 anos variaram de 2,1 por 1.000 na Islândia, a 127,2 por 1.000 na Somália. No Exercício 1.36, pediu-se que você fizesse um histograma desses dados. Nesse exercício, você explorará a relação entre mortalidade infantil e uma medida da riqueza econômica de um país. Uma medida usada pelo Banco Mundial é a renda nacional bruta (RNB) *per capita*, o valor em dólares da renda final de um país em 1 ano dividido por sua população. Esse valor reflete a renda média dos cidadãos de um país, e o Banco Mundial usa o RNB *per capita* para classificar países em economias de baixa renda, de renda média baixa, de renda média alta e de alta renda. Embora o conjunto de dados inclua 214 países, as taxas de mortalidade infantil de 21 países não estão disponíveis no banco de dados da Organização Mundial da Saúde. Como o conjunto de dados é muito grande para ser impresso, apresentamos os dados para os cinco primeiros países:[14] MORTALIDADE

País	Taxa de mortalidade infantil (por 1.000)	Classificação da economia
Aruba	–	Alta
Afeganistão	67,9	Alta
Angola	81,1	Baixa
Albânia	8,8	Média alta
Andorra	3,3	Média alta

Dê uma descrição completa da distribuição das taxas de mortalidade infantil para os países em cada uma das quatro classificações econômicas e identifique quaisquer valores atípicos. Compare os quatro grupos. A classificação econômica usada pelo Banco Mundial faz um bom trabalho na explicação das diferenças nas taxas de mortalidade infantil entre os países?

RESUMO

- Um resumo numérico de uma distribuição deve reportar, no mínimo, seu centro e sua dispersão ou variabilidade.
- A **média** $\bar{x}$ e a **mediana** M descrevem o centro da distribuição de diferentes maneiras. A média equivale à média aritmética das observações e a mediana é o ponto do meio de seus valores.
- Quando você usar a mediana para indicar o centro da distribuição, descreva sua dispersão fornecendo os **quartis**. O **primeiro quartil**, Q_1, tem um quarto das observações abaixo dele, e o **terceiro quartil**, Q_3, tem três quartos das observações abaixo dele.
- O **resumo dos cinco números**, que consiste na mediana, nos quartis e na menor e na maior observação, fornece uma descrição geral rápida de uma distribuição. A mediana descreve o centro, e os quartis e os extremos mostram a dispersão.

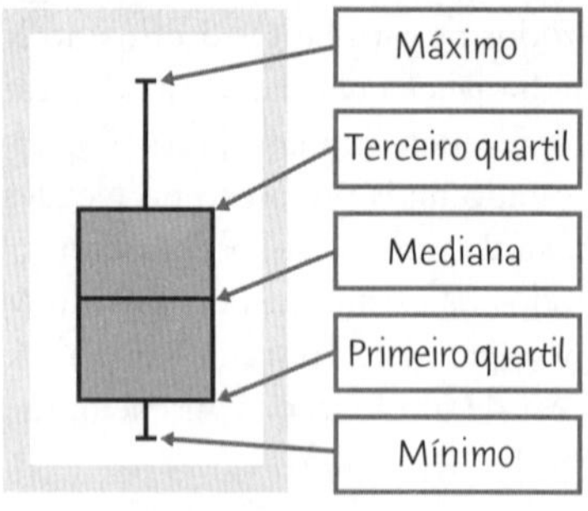

FIGURA 2.6
Diagrama em caixa mostrando o máximo, o terceiro quartil, a mediana, o primeiro quartil e o mínimo.

- **Diagramas em caixa**, baseados no resumo dos cinco números, são úteis para a comparação de várias distribuições. A caixa se estende entre os quartis e mostra a dispersão da metade central da distribuição. A mediana é marcada dentro da caixa. Linhas se estendem a partir da caixa até os extremos e mostram a dispersão total dos dados.
- A **variância** s^2 e especialmente sua raiz quadrada, o **desvio-padrão** s, são medidas comuns de dispersão em torno da média como centro. O desvio-padrão s é zero quando não há qualquer dispersão, e aumenta quando a dispersão cresce.
- Uma **medida resistente** de qualquer característica de uma distribuição não é relativamente afetada por mudanças no valor numérico de uma pequena proporção do número total de observações, não importando quão grandes sejam essas mudanças. A mediana e os quartis são resistentes, mas a média e o desvio-padrão não o são.
- A média e o desvio-padrão são boas descrições para distribuições simétricas sem valores atípicos. Eles são ainda mais úteis para as distribuições Normais, a serem introduzidas no próximo capítulo. O resumo dos cinco números é uma descrição melhor para distribuições assimétricas.
- Resumos numéricos não descrevem completamente a forma da distribuição. Sempre represente seus dados graficamente.
- Um problema estatístico tem um contexto do mundo real. Você pode organizar muitos deles por meio do processo dos quatro passos: *estabeleça*, *planeje*, *resolva* e *conclua*.

VERIFIQUE SUAS HABILIDADES

2.15 O escalamento de 2019 a 2020 do New England Patriots, vencedores da supercopa da NFL de 2019, incluiu 10 defensores de linha. Os pesos, em libras, dos 10 defensores de linha eram HLINHA

275 300 300 315 345 260 250 275 280 250

A média desses dados é:

(a) 277,50.
(b) 285,00.
(c) 300,25.

2.16 A mediana dos dados do Exercício 2.15 é HLINHA

(a) 277,50.
(b) 285,00.
(c) 300,25.

2.17 O primeiro quartil dos dados do Exercício 2.15 é HLINHA

(a) 260,00.
(b) 300,00.
(c) 303,75.

2.18 Se a distribuição é assimétrica à esquerda,

(a) a média é menor do que a mediana.
(b) a média e a mediana são iguais.
(c) a média é maior do que a mediana.

2.19 Qual porcentagem das observações na distribuição é maior do que o primeiro quartil?

(a) 25%
(b) 50%
(c) 75%

2.20 Para fazer um diagrama em caixa, você deve conhecer

(a) todas as observações individuais.
(b) a média e o desvio-padrão.
(c) o resumo dos cinco números.

2.21 O desvio-padrão dos 10 pesos no Exercício 2.15 (use sua calculadora) é de cerca de HLINHA

(a) 28,72.
(b) 30,28.
(c) 46,25.

2.22 Quais são os valores que um desvio-padrão s pode assumir?

(a) $0 \leq s$
(b) $0 \leq s \leq 1$
(c) $-1 \leq s \leq 1$

2.23 As unidades corretas para o desvio-padrão no Exercício 2.21 são

(a) nenhuma unidade – é apenas um número.
(b) libras.
(c) libras ao quadrado.

2.24 Qual dos seguintes é mais afetado se um alto valor atípico extremo é acrescentado aos dados?

(a) A mediana
(b) A média
(c) O primeiro quartil

EXERCÍCIOS

2.25 Rendas de graduados em faculdades. De acordo com a pesquisa da população corrente, do birô do censo dos EUA, a renda média e mediana em 2018 de pessoas com idade entre 25 e 34 anos que tinham um título de bacharel, mas nenhum grau acima, eram US$ 50.350 e US$ 60.178, por ano.[15] Qual desses números é a média, e qual é a mediana? Explique seu raciocínio.

2.26 Bens das famílias. Uma vez a cada 3 anos, o conselho de governadores do sistema de reserva federal coleta dados sobre as obrigações e os bens (ativos e passivos) das famílias por meio da pesquisa das finanças do consumidor (PFC).[16] Eis alguns resultados da pesquisa de 2016.

(a) Contas de transação, que incluem contas correntes, poupanças e contas no mercado monetário, são os tipos de bens financeiros mais comuns. O valor médio de contas de transação por família foi de US$ 40.200, e o valor mediano foi de US$ 4.500. O que explica as diferenças entre as duas medidas de centro?

(b) O valor mediano do seguro de vida, em dinheiro, por família era US$ 0. O que uma mediana de US$ 0 diz sobre o percentual de famílias com seguro de vida em dinheiro?

2.27 Dotações universitárias. A associação nacional de diretores administrativos de faculdade e universidade coleta dados sobre as dotações universitárias. Em 2018, seu relatório incluiu valores de 809 faculdades e universidades nos EUA e Canadá. Quando os valores das dotações são ordenados, quais são as localizações da mediana e dos quartis nessa lista ordenada?

2.28 Rompendo madeira. O Exercício 1.46 dá as forças em libras, para quebrar 20 peças de abeto Douglas. MADEIRA

(a) Dê o resumo dos cinco números da distribuição das forças de quebra.

(b) Eis o diagrama de ramo e folhas dos dados arredondados para a centena de libra mais próxima. Os ramos são milhares de libras, e as folhas são centenas de libras.

23	0
24	1
25	
26	5
27	
28	7
29	
30	259
31	399
32	033677
33	0237

O diagrama de ramo e folhas mostra que a distribuição é assimétrica à esquerda. O resumo dos cinco números mostra a assimetria? Lembre-se de que apenas um gráfico dá uma clara figura da forma de uma distribuição.

2.29 Comparando taxas de graduação. Uma apresentação alternativa para a comparação de taxas de graduação na Tabela 1.1 por região do país relata o resumo dos cinco números e usa diagramas em caixa para apresentar as distribuições. Calcule os resumos de cinco números e faça os diagramas em caixa. Os diagramas em caixa falham em revelar alguma informação importante visível nos diagramas de ramo e folhas da Figura 2.5? Por quê? TAXAGRAD

2.30 Qual quantidade de frutas as meninas adolescentes comem? A Figura 1.17 é um histograma do número de porções de fruta por dia declarado por 74 meninas de 17 anos de idade.

(a) Com um pouco de cuidado, você pode encontrar a mediana e os quartis a partir do histograma. Quais são os números? Como você os encontrou?

(b) Você também pode encontrar o número médio de porções diária de frutas declaradas a partir do histograma. Primeiro use a informação no histograma para calcular a soma das 74 observações e, então, use-a para calcular a média. Qual é a relação entre a média e a mediana? Ela é o que você esperava?

(c) Em geral, você não pode encontrar os valores exatos da mediana, quartis ou média a partir de um histograma. O que há de especial sobre o histograma do número de porções de fruta por dia que permite que você faça isso?

2.31 Tempos de sobrevivência da cobaia. Eis os tempos de sobrevivência, em dias, de 72 cobaias depois de serem infectadas, por injeção, com uma bactéria infecciosa, em um experimento médico.[17] Os tempos de sobrevivência, sejam de máquinas sob estresse ou pacientes de câncer após o tratamento, em geral têm distribuições que são assimétricas à direita. COBAIAS

43	45	53	56	56	57	58	66	67	73	74	79
80	80	81	81	81	82	83	83	84	88	89	91
91	92	92	97	99	99	100	100	101	102	102	102
103	104	107	108	109	113	114	118	121	123	126	128
137	138	139	144	145	147	156	162	174	178	179	184
191	198	211	214	243	249	329	380	403	511	522	598

(a) Faça o gráfico da distribuição e descreva suas principais características. O gráfico mostra a assimetria à direita esperada?

(b) Qual resumo numérico você escolheria para esses dados? Calcule seu resumo escolhido. Como ele reflete a assimetria da distribuição?

2.32 Idade da mãe ao tempo do parto. Qual a idade de mulheres quando tiveram seu primeiro filho? Aqui está a distribuição da idade da mãe para todos os primeiros filhos nascidos nos EUA em 2017:[18]

Idade	Contagem	Idade	Contagem
10–14 anos	1.892	30–34 anos	329.623
15–19 anos	162.536	35–39 anos	124.637
20–24 anos	395.927	40–44 anos	24.049
25–29 anos	417.162	45–49 anos	2.377

O número de primeiro filho nascido de mães com menos de 10 anos ou acima de 50 anos é uma porcentagem desprezível de todos os primogênitos no ano e não estão incluídos na tabela.

Svetlana_Smirnova/iStock

(a) Para comparação com outros anos e com outros países, preferimos um histograma dos *percentuais* em cada faixa etária, em vez de contagens. Explique por quê.

(b) Quantos bebês havia?

(c) Faça um histograma da distribuição, usando percentuais na escala vertical. Usando esse histograma, descreva a distribuição das idades nas quais as mulheres têm seu primeiro filho.

(d) Qual é a localização da mediana e dos quartis em uma lista ordenada de todas as idades maternas? Em quais faixas etárias ficam a mediana e os quartis?

2.33 Mais sobre Nintendo e cirurgia laparoscópica. No Exercício 1.38, você examinou a melhora nos tempos para completar uma remoção virtual de vesícula biliar para aqueles com e sem quatro semanas de treinamento com Nintendo Wii™. Os métodos mais comuns para comparação formal de dois grupos usam $\bar{x}$ e s para resumir os dados. NINTENDO

(a) Quais tipos de distribuições são mais bem resumidas por $\bar{x}$ e s? Você acha que essas medidas resumo são apropriadas nesse caso?

(b) No grupo de controle, um sujeito melhorou seu tempo em 229 segundos. Qual a mudança em $\bar{x}$ e s para o grupo de controle com a remoção dessa observação? Você precisará calcular $\bar{x}$ e s para o grupo de controle com e sem o alto valor atípico.

(c) Calcule a mediana para o grupo de controle com e sem o alto valor atípico. O que isso mostra sobre a resistência da mediana e de $\bar{x}$?

2.34 Tornando a resistência visível. No *applet* Mean and Median, coloque três observações sobre a linha, clicando abaixo dela: duas juntas perto do centro da linha e outra um pouco à direita dessas duas.

applet

(a) Empurre a observação isolada mais para a direita. (Coloque o cursor sobre o ponto, segure o botão do *mouse*, e arraste o ponto.) Como a média se comporta? Como a mediana se comporta? Explique brevemente por que cada medida age como faz.

(b) Agora, arraste a observação isolada mais à direita para a esquerda, tão longe quanto possível. O que acontece com a média? O que acontece com a mediana à medida que você arrasta esse ponto além dos outros dois? (Observe cuidadosamente.)

2.35 Comportamento da mediana. Coloque cinco observações sobre a linha no aplicativo Mean and Median, clicando abaixo dela.

applet

(a) Acrescente uma observação adicional *sem mudar a mediana*. Onde está seu novo ponto?

(b) Use o aplicativo para se convencer de que, quando você acrescenta ainda outra observação (há agora sete ao todo), a mediana não muda, não interessa onde você coloque o sétimo ponto. Explique por que isso deve ser verdade.

2.36 Nunca aos domingos: também no Canadá? O Exercício 1.5 dá o número de nascimentos nos EUA em cada dia da semana, durante todo um ano. Os diagramas em caixa na Figura 2.7 se baseiam em dados mais detalhados de Toronto, Canadá: o número de nascimentos em cada um dos 365 dias do ano, agrupados por dia da semana.[19] Com base nesses diagramas, compare as distribuições por dia da semana usando forma, centro e variabilidade. Resuma suas descobertas.

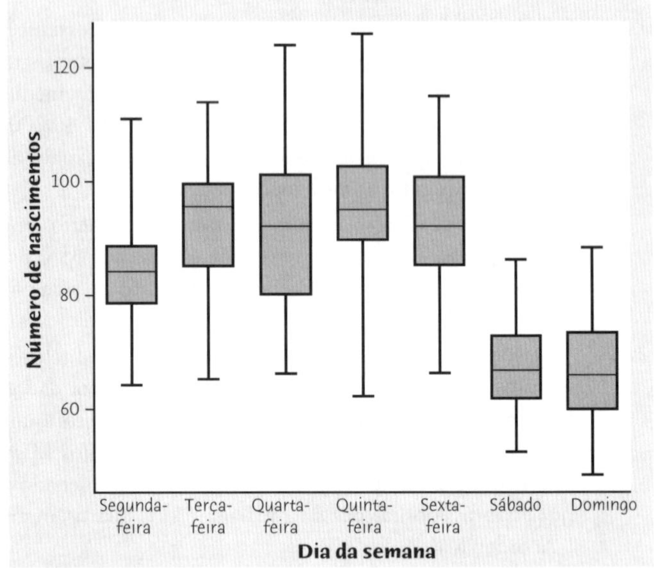

FIGURA 2.7
Diagramas em caixa dos números de nascimentos em Toronto, Canadá, em cada dia da semana, durante 1 ano, para o Exercício 2.36.

2.37 Pensando sobre médias. A Tabela 1.2 dá o percentual de residentes de minorias em cada um dos estados americanos. Para a nação como um todo, 42,8% dos residentes são de minorias. Ache a média das 51 entradas na Tabela 1.2. Ela *não* é 42,8%. Explique cuidadosamente por que isso acontece. (*Sugestão*: os estados com as maiores populações são Califórnia, Texas, Nova York e Flórida. Ver suas entradas na Tabela 1.2.) MINORIAS

2.38 Pensando sobre médias e medianas. Em 2018, aproximadamente 2,1% da taxa de trabalhadores horistas estavam sendo pagos no nível do salário mínimo federal ou abaixo. Uma legislação federal para aumentar o salário mínimo teria maior efeito sobre a renda média ou sobre a renda mediana de *todos* os trabalhadores? Explique sua resposta.

2.39 Uma competição sobre o desvio-padrão. Você deve escolher quatro números entre os inteiros de 0 a 10, com permissão de repetições.

(a) Escolha quatro números que têm o menor desvio-padrão possível.

(b) Escolha quatro números que têm o maior desvio-padrão possível.

(c) Há mais de uma escolha possível na parte (a) ou (b)? Explique.

2.40 **Você cria os dados.** Crie um conjunto de sete números (repetições permitidas) que tenha o seguinte resumo dos cinco números:

Mínimo = 4 $Q_1 = 8$ M = 12 $Q_3 = 15$ Máximo = 19

Há mais de um conjunto de sete números com esse resumo dos cinco números. O que deve ser verdadeiro sobre os sete números para terem esse resumo de cinco números?

2.41 **Você cria os dados.** Dê um exemplo de um pequeno conjunto de dados para o qual a média é maior do que o terceiro quartil.

2.42 **Obesidade de adolescente.** A obesidade de adolescente é um risco sério para a saúde, que afeta mais de 5 milhões de jovens nos EUA. A banda gástrica laparoscópica ajustável tem o potencial de fornecer um tratamento seguro e eficaz. Cinquenta adolescentes entre 14 e 18 anos de idade, com índice de massa corporal (IMC) maior do que 35, foram recrutados na comunidade de Melbourne, Austrália, para o estudo.[20] Vinte e cinco foram selecionados aleatoriamente para passar pela bandagem gástrica, e os restantes 25 foram orientados para um programa de intervenção supervisionada de estilo de vida, envolvendo dieta, exercício e modificação de comportamento. Todos os sujeitos foram acompanhados durante 2 anos. Eis as perdas de peso, em quilogramas, para os sujeitos que completaram o estudo: GASTRICA

Banda gástrica					
35,6	81,4	57,6	32,8	31,0	37,6
36,5	-5,4	27,9	49,0	64,8	39,0
43,0	33,9	29,7	20,2	15,2	41,7
53,4	13,4	24,8	19,4	32,3	22,0

Intervenção no estilo de vida					
6,0	2,0	-3,0	20,6	11,6	15,5
-17,0	1,4	4,0	-4,6	15,8	34,6
6,0	-3,1	-4,3	-16,7	-1,8	-12,8

(a) No contexto desse estudo, o que significam os valores negativos no conjunto de dados?

(b) Faça uma comparação gráfica das distribuições das perdas de pesos para os dois grupos, usando diagramas em caixa lado a lado. Forneça resumos numéricos apropriados para as duas distribuições e identifique quaisquer valores atípicos em qualquer dos grupos. O que você pode dizer sobre os efeitos da banda gástrica *versus* intervenção no estilo de vida na perda de peso para os sujeitos nesse estudo?

(c) A variável medida foi a perda de peso, em quilogramas. Dois sujeitos com a mesma perda de peso teriam sempre benefícios semelhantes de um programa de redução de peso? Isso depende de seus pesos iniciais? Outras variáveis nesse estudo foram o percentual de excesso de peso perdido e a redução no IMC. Você percebe alguma vantagem para qualquer dessas variáveis ao comparar a perda de peso para os dois grupos?

(d) Um sujeito do grupo da banda gástrica abandonou o estudo, e sete sujeitos do grupo do estilo de vida também abandonaram o estudo. Dos sete que abandonaram o estudo no grupo do estilo de vida, seis haviam ganho peso quando saíram. Se todos os sujeitos tivessem completado o estudo, como você acha que isso afetaria a comparação entre os dois grupos?

Os Exercícios 2.43 a 2.49 pedem que você analise dados sem ter os detalhes delineados para você. As afirmativas do exercício lhe dão o passo ***estabeleça*** *do processo dos quatro passos. Em seu trabalho, siga os passos* ***planeje***, ***resolva*** *e* ***conclua*** *como ilustrado no Exemplo 2.9.*

2.43 **Equipamento de proteção e assumir risco.** Estudos mostraram que pessoas que usam equipamento de segurança quando envolvidos em atividades tendem a assumir riscos mais altos. As pessoas assumirão mais riscos quando não estão conscientes de estarem usando equipamentos de proteção e estão envolvidas em uma atividade que não pode se tornar mais segura pelo uso do equipamento? Participantes de um estudo foram falsamente informados de que estavam participando de um experimento de rastreamento ocular para o qual precisavam usar um aparelho de rastreamento ocular. Oitenta sujeitos foram divididos aleatoriamente em dois grupos de 40 cada, com um grupo usando o aparelho de rastreamento montado em um boné de beisebol, e o outro grupo usando o aparelho montado em um capacete de bicicleta. Foi dito aos sujeitos que o capacete ou o boné estavam sendo usados apenas para montar o aparelho. Todos os sujeitos observaram um balão animado em uma tela e pressionavam um botão para inflá-lo. O balão estava programado para estourar em um ponto aleatório, mas, até esse ponto, cada pressionada no botão inflava o balão cada vez mais e aumentava a quantidade fictícia de dinheiro que o sujeito ganhava. Os sujeitos estavam livres para parar de bombear a qualquer instante e conservar seus ganhos, sabendo que, se o balão estourasse, eles perderiam todos os ganhos naquela rodada. O escore era o número médio de bombeadas nas tentativas, com escores mais baixos correspondendo a assumir menor risco e um jogo mais conservador. Eis as 10 primeiras observações de cada grupo:[21] CAPACETE

Capacete	3,67	36,50	29,28	30,50	24,08
	32,10	50,67	26,26	41,05	20,56
Boné de beisebol	29,38	42,50	41,57	47,77	32,45
	30,65	7,04	2,68	22,04	25,86

Compare as distribuições para os dois grupos. Como o uso de um capacete se relaciona com a medida de comportamento de risco?

2.44 **Salários de atletas.** O time Montreal Canadiens foi fundado em 1909 e é o time profissional de hóquei no gelo com mais longo tempo de operação contínua. O time venceu 24 Copas Estaduais, o que os tornou um dos mais bem-sucedidos times de esporte profissional dos quatro principais esportes tradicionais dos EUA. A Tabela 2.1 mostra os salários da lista do período de 2019 a 2020 antes do início da temporada de 2019 a 2020.[22] Forneça ao dono do time uma descrição completa da distribuição dos salários e um breve resumo de suas mais importantes características. SALHOQUEI

2.45 Retorno de ações. Como se comportaram as ações durante a última geração? O índice Wilshire 5000 descreve o desempenho médio de todas as ações nos EUA. A média é ponderada pelo valor total de mercado de cada ação da companhia, de modo que você pode considerar o índice como uma medida do desempenho do investidor médio. A seguir, são dados os retornos percentuais do índice Wilshire 5000 para os anos de 1971 a 2018. O que você pode dizer da distribuição dos retornos anuais das ações?[23] WILSHIRE

4 PASSOS

Ano	Retorno	Ano	Retorno	Ano	Retorno
1971	17,68	1987	2,27	2003	31,64
1972	17,98	1988	17,94	2004	12,62
1973	-18,52	1989	29,17	2005	6,32
1974	-28,39	1990	-6,18	2006	15,88
1975	38,47	1991	34,20	2007	5,73
1976	26,59	1992	8,97	2008	-37,34
1977	-2,64	1993	11,28	2009	29,42
1978	9,27	1994	-0,06	2010	17,87
1979	25,56	1995	36,45	2011	0,59
1980	33,67	1996	21,21	2012	16,12
1981	-3,75	1997	31,29	2013	34,02
1982	18,71	1998	23,43	2014	12,07
1983	23,47	1999	23,56	2015	-0,24
1984	3,05	2000	-10,89	2016	13,04
1985	32,56	2001	-10,97	2017	21,00
1986	16,09	2002	-20,86	2018	-5,29

2.46 Bons aromas trazem bons negócios? Os homens de negócios sabem que os clientes, em geral, respondem bem a música de fundo. Eles respondem também a aromas? Nicolas Guéguen e seus colegas estudaram essa questão em uma pequena pizzaria na França nas noites de sábado, em maio. Em uma noite, um perfume relaxante de lavanda foi espalhado pelo restaurante; em outra noite, um aroma estimulante de limão; uma terceira noite serviu como controle, sem qualquer perfume. A Tabela 2.2 mostra as quantias (em euros) gastas pelos clientes em cada uma dessas noites.[24] Compare as três distribuições. Ambos os aromas estão associados a gasto crescente pelos clientes? AROMAS

4 PASSOS

2.47 Justificativa para política: pragmática *versus* moral. Como a justificativa de um líder sobre política de sua organização afeta o apoio para essa política? Um estudo comparou uma justificativa moral, uma pragmática e uma ambígua para três propostas de política: um plano político para a criação de uma agência de planejamento de aposentadoria, um plano do governo do estado para repavimentar as rodovias do estado, e um plano do presidente para banir o trabalho infantil em um país em desenvolvimento. Por exemplo, para a proposta da agência para aposentadoria, a justificativa moral era a importância de os aposentados "viverem com dignidade e conforto", a pragmática era "não escoar os fundos públicos", e a ambígua era "ter fundos suficientes". Trezentos e setenta e quatro voluntários foram distribuídos aleatoriamente para lerem as três propostas: 122 sujeitos leram as três propostas com uma justificativa moral, 126 sujeitos leram as três propostas com uma justificativa pragmática, e 126 leram as três propostas com uma justificativa ambígua. Várias questões que mediam o apoio a cada proposta foram respondidas por cada sujeito para criar um escore de apoio para cada proposta, e calculou-se a média de seus escores para as três propostas para a criação de um índice de apoio à política para cada sujeito, com valores mais altos indicando maior apoio.[25] Eis as cinco primeiras observações: JUSTIFICA

4 PASSOS

Justificativa:	Pragmática	Ambígua	Pragmática	Moral	Ambígua
Índice de apoio à política:	5	7	4,75	7	5,75

Tabela 2.1 Salários dos jogadores do Montreal Canadiens de 2019 a 2020

Jogador	Salário	Jogador	Salário	Jogador	Salário
Carey Price	US$ 15.000.000	Phillip Danault	US$ 3.000.000	Christian Folin	US$ 800.000
Shea Weber	US$ 6.000.000	Brett Kulak	US$ 1.950.000	Victor Mete	US$ 750.000
Jonathan Drouin	US$ 5.500.000	Dale Weise	US$ 1.750.000	Charlie Lindgren	US$ 750.000
Tomas Tatar	US$ 4.981.132	Jordan Weal	US$ 1.300.000		
Karl Alznerr	US$ 4.625.000	Matthew Peca	US$ 1.300.000		
Paul Byron	US$ 4.000.000	Nate Thompson	US$ 1.000.000		
Jeff Petry	US$ 4.000.000	Nicolas Deslauriers	US$ 950.000		
Brendan Gallagher	US$ 4.000.000	Jesperi Kotkaniemi	US$ 925.000		
Andrew Shaw	US$ 3.250.000	Ryan Poehling	US$ 925.000		
Max Domi	US$ 3.150.000	Noah Juulsen	US$ 832.000		

Tabela 2.2 Quantia gasta (em euros) por clientes em um restaurante com exposição a aromas

Nenhum aroma									
15,9	18,5	15,9	18,5	18,5	21,9	15,9	15,9	15,9	15,9
15,9	18,5	18,5	18,5	20,5	18,5	18,5	15,9	15,9	15,9
18,5	18,5	15,9	18,5	15,9	18,5	15,9	25,5	12,9	15,9
Aroma de limão									
18,5	15,9	18,5	18,5	18,5	15,9	18,5	15,9	18,5	18,5
15,9	18,5	21,5	15,9	21,9	15,9	18,5	18,5	18,5	18,5
25,9	15,9	15,9	15,9	18,5	18,5	18,5	18,5		
Aroma de lavanda									
21,9	18,5	22,3	21,9	18,5	24,9	18,5	22,5	21,5	21,9
21,5	18,5	25,5	18,5	18,5	21,9	18,5	18,5	24,9	21,9
25,9	21,9	18,5	18,5	22,8	18,5	21,9	20,7	21,9	22,5

O primeiro indivíduo leu as propostas com uma justificativa pragmática, com índice de apoio de 5, o segundo, com uma justificativa ambígua e um índice de apoio à política de 7, e assim por diante. Compare as três distribuições. Como o índice de apoio varia com o tipo de justificativa?

2.48 **Jogar *videogame* melhora a habilidade cirúrgica?** 4 PASSOS Na cirurgia laparoscópica, uma câmera de vídeo e vários instrumentos finos são inseridos na cavidade abdominal do paciente. O cirurgião usa a imagem da câmera de vídeo posicionada dentro do corpo do paciente para realizar o procedimento pela manipulação dos instrumentos que foram inseridos antes. O programa de altas habilidades laparoscópicas e sutura foi desenvolvido para ajudar os cirurgiões a desenvolverem o conjunto de habilidades necessário para a cirurgia laparoscópica. Devido à semelhança entre muitas das habilidades envolvidas nos *videogames* e cirurgia laparoscópica, formou-se a hipótese de que cirurgiões com maior experiência anterior com *videogames* poderiam adquirir as habilidades exigidas na cirurgia laparoscópica mais facilmente. Trinta e três cirurgiões participaram do estudo e foram classificados em três categorias – nunca usaram, menos de três horas por dia, e mais de três horas por dia – dependendo do número de horas em que jogavam *videogames* no momento de seu maior uso do jogo. Eles fizeram ainda perfurações do Top Gun e receberam escores quanto ao tempo que levaram para completar a perfuração e o número de erros cometidos, com escores mais baixos indicando melhor desempenho. Eis os escores Top Gun e categorias de *videogame* para os 33 participantes:[26] TOPGUN

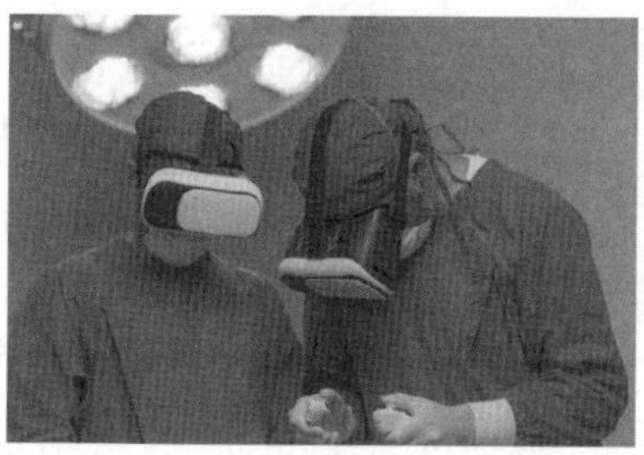

Thirawatana Phaisalratana/iStock

Compare as distribuições para os três grupos. Como a experiência prévia com *videogames* se relaciona com os escores Top Gun?

Nunca jogaram:	9.379	8.302	5.489	5.334	4.605	4.789	9.185	7.216	9.930
	4.828	5.655	4.623	7.778	8.837	5.947			
Menos de três horas:	5.540	6.259	5.163	6.149	4.398	3.968	7.367	4.217	5.716
Três horas ou mais:	7.288	4.010	4.859	4.432	4.845	5.394	2.703	5.797	3.758

2.49 **Níveis de colesterol e idade.** 4 PASSOS A pesquisa nacional de exame de saúde e nutrição é uma pesquisa única que combina entrevistas e exame físico.[27] Ela inclui informação demográfica básica; questões sobre tópicos como dieta, atividade física, e prescrição de medicamentos; e resultados de um exame físico que mede um número de variáveis, incluindo pressão sanguínea e níveis de colesterol. O programa começou no início dos anos de 1960, e a pesquisa examina atualmente uma amostra nacionalmente representativa de cerca de 5 mil pessoas a cada ano. Você vai trabalhar com as medidas totais de colesterol (mg/dL) obtidas dos participantes na pesquisa de 2009 a 2010. COLEST

Para examinar as mudanças no colesterol com a idade, consideramos apenas os 3044 participantes entre 20 e 50 anos de idade, e os classificamos em três categorias: dezena dos 20 anos, dezena dos 30 anos e dezena dos 40 anos. O conjunto de dados completo é muito grande para ser impresso, mas eis os dados para os 10 primeiros indivíduos:

Faixa etária:	30s	20s	20s	40s	30s	40s	20s	30s	30s	20s
Colesterol total:	135	160	299	197	196	202	175	216	181	149

O primeiro indivíduo está na casa dos 30, com colesterol total de 135, o segundo está na casa dos 20, com colesterol total de 160, e assim por diante.

(a) Use resumos gráficos e numéricos para comparar as três distribuições. Como muda o colesterol com a idade?

(b) A amplitude ideal para o colesterol total é abaixo de 200 mg/dL. Para indivíduos com níveis elevados de colesterol, a prescrição de medicamentos é sempre recomendada para a redução dos níveis. Entre os 3044 participantes com idade entre 20 e 50 anos, 4 indivíduos na casa dos 20, 24 indivíduos na casa do 30, e 117 indivíduos na casa dos 40 estavam tomando medicações prescritas para redução de seus níveis de colesterol. Como você acha que sua comparação das distribuições mudaria se nenhum dos indivíduos estivesse tomando medicamentos? Explique.

Os Exercícios 2.50 a 2.53 fazem uso do material opcional sobre a regra 1,5 × AIQ para valores atípicos suspeitos.

2.50 **A face mutante da América.** A Figura 1.10 mostra um diagrama de ramo e folhas do percentual de residentes de minorias com idades de 18 a 34, em cada um dos 50 estados e no Distrito de Columbia. Esses dados são apresentados na Tabela 1.2. MINORIA

(a) Dê o resumo dos cinco números dessa distribuição.

(b) Embora não pareça haver qualquer valor atípico na Figura 1.10, quando você divide os ramos para os dados no Exercício 1.10, Texas, Califórnia, Novo México e Havaí são separados dos demais estados. Os percentuais desses quatro estados são valores atípicos ou apenas as maiores observações em uma distribuição fortemente assimétrica? O que a regra 1,5 × *AIQ* nos diz?

2.51 **Dor compartilhada e vínculo.** No Exercício 2.6, você deve ter notado alguns baixos valores atípicos no grupo da dor. VINCULO

(a) Compare a média e a mediana dos escores de vínculo para o grupo da dor, com e sem os dois menores escores. Eles têm maior efeito sobre a média ou a mediana? Explique por quê.

(b) A regra 1,5 × *AIQ* identifica esses dois escores baixos de vínculo como valores atípicos suspeitos?

(c) Observações não usuais não são necessariamente erros. Suponha que uma pequena porcentagem de sujeitos experimente pequeno vínculo, independentemente de estarem no grupo sem dor ou no grupo da dor. Explique como a aleatorização dos estudantes nos dois grupos pode ter levado a esses "valores atípicos".

2.52 **As 500 globais da *Fortune*.** As 500 Globais da *Fortune*, também conhecidas como as 500 Globais, é uma classificação anual da revista *Fortune* das 500 principais corporações mundiais, medidas pela receita. No total, as 500 Globais geraram US$ 32,7 trilhões de receitas em 2018. A Tabela 2.3 fornece uma lista das 30 empresas com as mais altas receitas (em bilhões de dólares) em 2018.[28] Um diagrama de ramo e folhas ou histograma mostra que a distribuição é fortemente assimétrica à direita. 500GLOBAIS

(a) Dê o resumo dos cinco números. Explique por que esse resumo sugere que a distribuição é assimétrica à direita.

(b) Quais companhias são valores atípicos de acordo com a regra 1,5 × *AIQ*? Faça um diagrama de ramo e folhas dos dados. Você concorda com a sugestão da regra sobre quais companhias são e não são valores atípicos?

(c) Se você considera *todas* as 500 companhias, cada uma das 30 companhias na Tabela 2.3 representa um alto valor atípico entre todas as 500 Globais. Existe uma característica comum compartilhada por muitas das 30 companhias na tabela? Qual proporção do total das receitas das 500 Globais é devida a essas 30 companhias?

2.53 **Colesterol para pessoas na casa dos 20 anos.** O Exercício 2.49 contém os níveis de colesterol de indivíduos na casa dos 20 anos, extraídos da pesquisa NHANES em 2009 e 2010. Os níveis de colesterol são assimétricos à direita, com poucos altos níveis de colesterol. Quais níveis de colesterol são valores atípicos suspeitos pela regra 1,5 × *AIQ*? COLEST20

Tabela 2.3 Receitas (em bilhões de dólares) para as principais 500 globais em 2018

Empresa	Receitas (US$ bi)	Empresa	Receitas (US$ bi)
Wal-Mart Stores	514,4	Glencore	219,8
Sinopec Group	414,6	McKesson	214,3
Royal Duch Shell	396,6	Daimler	197,5
China National Petroleum	393,0	Total	184,1
State Grid	387,1	China State Construction Engineering	181,5
Saudi Aramco	355,9	Trafigura Group	180,7
BP	303,7	Hon Hai Precision Industry	175,6
Exxon Mobil	290,2	EXOR Group	175,0
Volkswagen	278,3	AT&T	170,8
Toyota Motor	272,6	Industrial & Commercial Bank of China	169,0
Apple	265,6	AmerisourceBergen	167,9
Berkshire Hathaway	247,8	Chevron	166,3
Amazon,com	232,9	Ping An Insurance	163,6
UnitedHealth Group	226,2	Ford Motor	160,3
Samsung Electronics	221,6	China Construction Bank	151,1

basar17/iStock

CAPÍTULO

3

Após leitura do capítulo, você será capaz de:

3.1 Compreender as propriedades das curvas de densidade.

3.2 Usar as curvas de densidade para inferir características de um conjunto de dados.

3.3 Estabelecer as propriedades das distribuições Normais e entender seu papel.

3.4 Usar a regra 68-95-99,7 para estimar proporções de uma distribuição Normal acima ou abaixo de dado valor ou entre dois valores.

3.5 Usar a tecnologia e uma compreensão de proporções acumuladas para encontrar proporções de uma distribuição Normal acima ou abaixo de dado valor ou entre dois valores.

3.6 Usar uma tabela de proporções acumuladas de uma Normal padrão para encontrar proporções de uma distribuição Normal acima ou abaixo de dado valor ou entre dois valores.

3.7 Dada a proporção de observações acima ou abaixo de um valor particular observado em uma distribuição, encontrar o valor observado.

As Distribuições Normais

Nos Capítulos 1 e 2, discutimos métodos para resumir um grande conjunto de dados. Esses incluem apresentações gráficas. Gráficos de barras e histogramas e resumos numéricos, como média, mediana, quartis e desvio-padrão. Neste capítulo, veremos outra maneira de resumir um grande conjunto de dados usando uma curva suave para dar a forma geral de sua distribuição.

Dispomos, então, de um conjunto de ferramentas gráficas e numéricas para descrever distribuições. Mais ainda, temos uma estratégia clara para a exploração de dados de uma única variável quantitativa.

Exploração de uma distribuição

1. Sempre represente seus dados graficamente: faça um gráfico, geralmente um histograma ou um diagrama de ramo e folhas.
2. Procure o padrão geral (forma, centro, dispersão) e os desvios acentuados, como valores atípicos.
3. Calcule um resumo numérico para descrever brevemente o centro e a dispersão.

Neste capítulo, adicionamos à estratégia mais este passo:

4. O padrão geral de um grande número de observações, às vezes, é tão regular que podemos descrevê-lo por meio de uma curva suave.

3.1 Curvas de densidade

A Figura 3.1 é um histograma dos escores de todos os 947 alunos do sétimo ano em Gary, Indiana, na parte de vocabulário no teste Iowa de habilidades básicas.[1] Os escores de muitos alunos nesse teste nacional

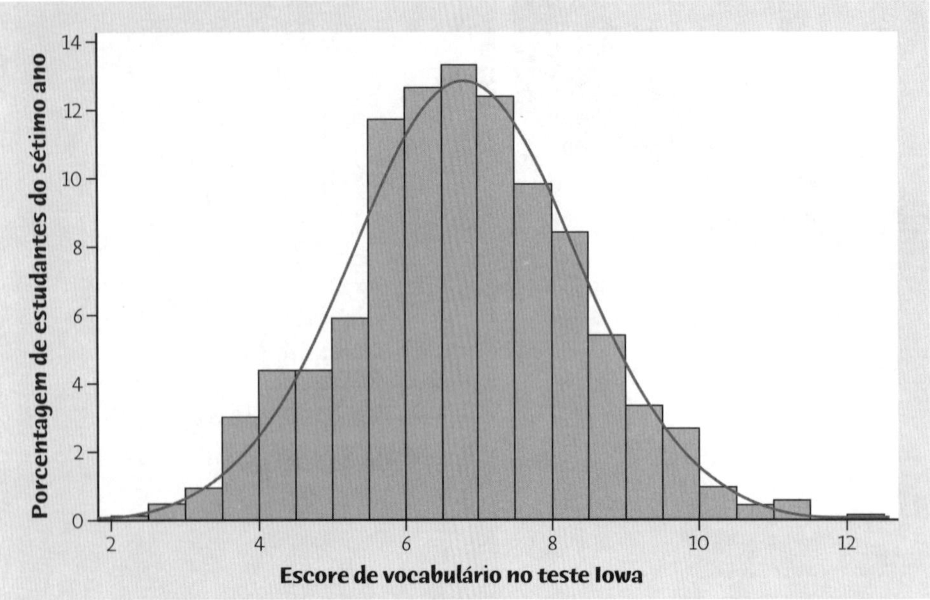

FIGURA 3.1
Histograma dos escores de vocabulário no teste Iowa de todos os alunos do sétimo ano em Gary, Indiana. A curva suave mostra a forma geral da distribuição.

apresentam uma distribuição bastante regular. O histograma é simétrico e ambas as caudas decrescem suavemente a partir de um pico central único. Não há grandes lacunas ou valores atípicos evidentes. A curva suave traçada se aproxima bem de perto dos topos das barras do histograma, na Figura 3.1, e é uma boa descrição do padrão geral dos dados.

EXEMPLO 3.1 Do histograma à curva de densidade

TESTEIOWA

Em um histograma, o que chama a atenção de nossa visão são as *áreas* de suas barras. Essas áreas representam as proporções de observações. A Figura 3.2(a) é uma cópia da Figura 3.1, com as barras mais à esquerda sombreadas. A área das barras sombreadas na Figura 3.2(a) representa os alunos com escore de vocabulário 6,0 ou inferior. Há 287 alunos desse tipo, perfazendo a proporção 287/947 = 0,303 de todos os alunos do sétimo ano de Gary.

Observe, agora, a curva traçada sobre as barras. Na Figura 3.2(b), a área sob a curva à esquerda de 6,0 está sombreada. Podemos desenhar barras de um histograma mais altas ou

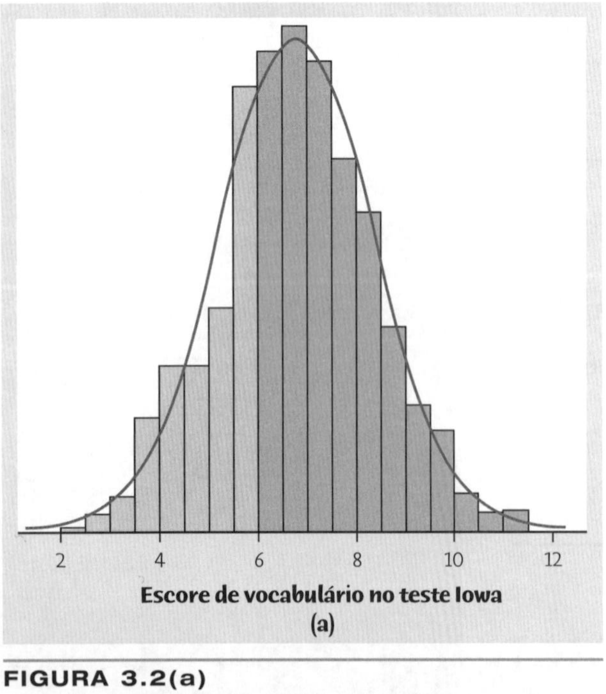

FIGURA 3.2(a)
A proporção de escores menores do que 6,0 ou iguais a 6,0 no conjunto real de dados é 0,303. A escala vertical é ajustada de modo que a área total sob a curva seja igual a 1.

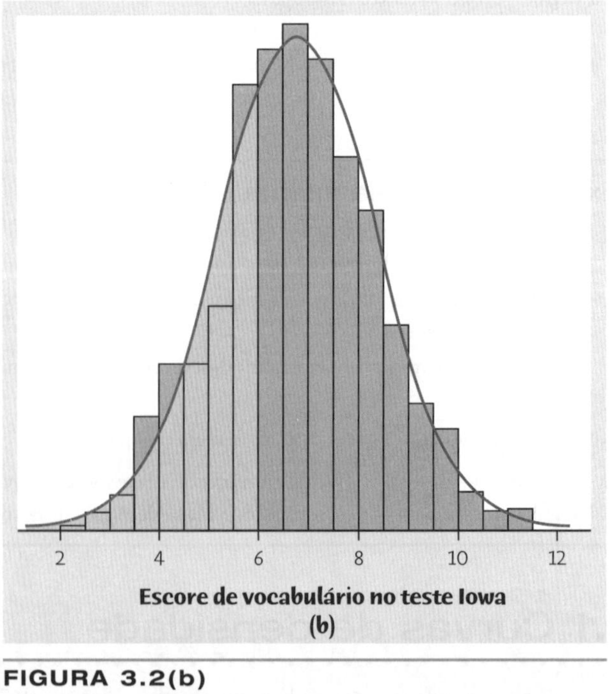

FIGURA 3.2(b)
A proporção de escores menores do que 6,0 ou iguais a 6,0, pela curva de densidade, é 0,293. A curva de densidade é uma boa aproximação para a distribuição dos dados.

mais baixas, ajustando a escala vertical. Ao passarmos de um histograma de barras para uma curva suave, fazemos uma escolha específica: ajustar a escala do gráfico de modo que *a área total sob a curva seja exatamente 1*. Essa área total representa a proporção 1 – ou seja, todas as observações. Podemos, então, interpretar áreas sob a curva como proporções das observações. A curva é, agora, uma *curva de densidade*. A área sombreada sob a curva de densidade na Figura 3.2(b) representa a proporção de alunos com escore 6,0 ou menor. Essa área é 0,293, distante apenas 0,010 do valor real 0,303. O método para achar essa área será apresentado em breve. Por ora, note que as áreas sob a curva de densidade fornecem aproximações bem razoáveis da distribuição real dos 947 escores de teste.

Curva de densidade

Uma **curva de densidade** é uma curva que

- Está sempre sobre o eixo horizontal ou acima dele.
- Tem área exatamente igual a 1 abaixo dela.

Uma curva de densidade descreve o padrão geral de uma distribuição. A área sob a curva e acima de qualquer faixa de valores é a proporção de todas as observações que caem nesse intervalo.

Naturalmente, nenhum conjunto de dados reais é descrito exatamente por uma curva de densidade. A curva consiste em uma descrição idealizada de fácil utilização e com precisão suficiente para ser usada na prática.

As curvas de densidade, assim como as distribuições, podem apresentar diversas formas. A Figura 3.3 mostra uma distribuição fortemente assimétrica, referente aos tempos de sobrevivência de 72 cobaias do Exercício 2.31. O histograma e a curva de densidade foram ambos criados por um *software* a partir dos dados. Ambos mostram a forma geral e as "ondulações" na longa cauda direita. A curva de densidade mostra um único pico alto como uma característica principal da distribuição. O histograma divide as observações próximas ao pico entre duas barras, reduzindo, assim, a altura do pico. Uma curva de densidade é, geralmente, uma descrição adequada do padrão geral de uma distribuição. Valores atípicos, que são desvios do padrão geral, não são descritos pela curva.

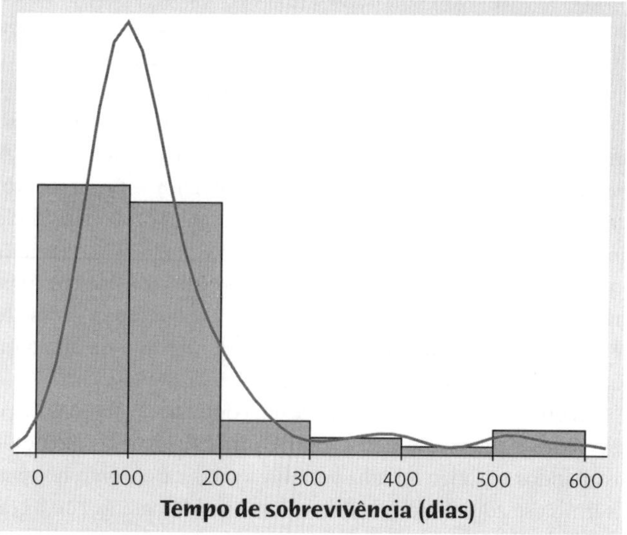

FIGURA 3.3
Uma distribuição assimétrica à direita descrita por um histograma e por uma curva de densidade.

APLIQUE SEU CONHECIMENTO

3.1 Esboce curvas de densidade. Esboce curvas de densidade que possam descrever distribuições com as seguintes formas:

(a) Simétrica, mas com dois picos (ou seja, dois conglomerados acentuados de observações).

(b) Com um único pico e assimétrica à direita.

3.2 Acidentes em uma ciclovia. Analisando a localização de acidentes em uma ciclovia pavimentada, de 10 milhas (9,656 km) de extensão, verifica-se que os acidentes ocorrem uniformemente em toda a extensão da pista. A Figura 3.4 mostra a curva de densidade que descreve a distribuição dos acidentes.

(a) Explique por que essa curva satisfaz os dois requisitos para uma curva de densidade.

(b) A proporção de acidentes que ocorrem nas duas primeiras milhas da pista é a área sob a curva de densidade entre 0 milha e 2 milhas. Qual é essa área?

(c) Há um riacho ao longo da pista entre as marcas de 2,5 milhas e 4,0 milhas. Qual proporção dos acidentes acontece na pista no trecho do riacho?

(d) Há pequenas cidades em cada extremidade da pista. Qual proporção de acidentes acontece a mais de uma milha de cada extremidade? (*Sugestão*: primeiro, determine onde, na pista, o acidente precisa ocorrer para estar a mais de uma milha de qualquer das extremidades e, então, ache a área.)

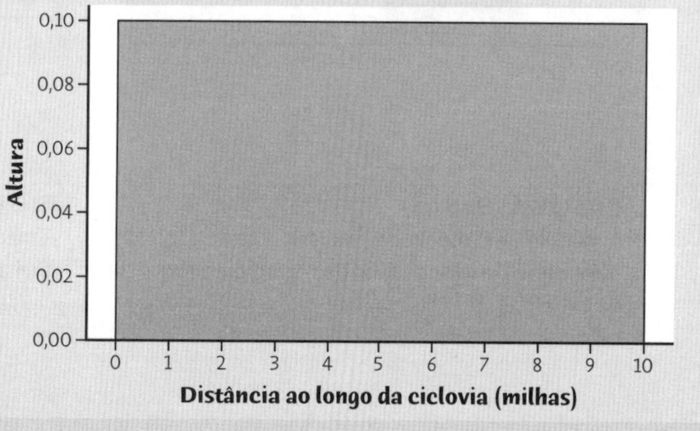

FIGURA 3.4
A curva de densidade para a localização de acidentes ao longo de 10 milhas (16,0934 km) de uma ciclovia, para o Exercício 3.2.

3.2 Descrição das curvas de densidade

Nossas medidas de centro e dispersão se aplicam tanto a curvas de densidade quanto a conjuntos de observações reais. A mediana e os quartis são fáceis. As áreas sob uma curva de densidade representam proporções do número total de observações. A mediana é o ponto com metade das observações em cada lado. Assim, *a mediana de uma curva de densidade é o ponto de áreas iguais*, o ponto com metade da área sob a curva à sua esquerda e a metade restante à sua direita. Os quartis dividem a área sob a curva em quartos. Um quarto da área sob a curva está à esquerda do primeiro quartil, e três quartos da área estão à esquerda do terceiro quartil. Podemos determinar a localização aproximada da mediana e dos quartis de qualquer curva de densidade a olho, dividindo a área sob a curva em quatro partes iguais.

Como as curvas de densidade são padrões idealizados, uma curva de densidade simétrica é exatamente simétrica. A mediana de uma curva de densidade simétrica está, portanto, em seu centro. A Figura 3.5(a) mostra uma curva de densidade simétrica com a mediana assinalada. Não é tão fácil determinar o ponto de áreas iguais em uma curva assimétrica. Há recursos matemáticos para encontrar a mediana de qualquer curva de densidade. Utilizamos esses recursos para marcar a mediana na curva assimétrica da Figura 3.5(b).

E quanto à média? A média de um conjunto de observações é sua média aritmética. Se considerarmos as observações como pesos distribuídos ao longo de uma varinha, a média é o ponto no qual a varinha se equilibraria. Isso também é válido para as curvas de densidade. *A média é o ponto no qual a curva se equilibraria, se ela fosse de material sólido.* A Figura 3.6 ilustra esse fato sobre a média. Uma curva simétrica se equilibra em seu centro, pois seus dois lados são idênticos. *A média e a mediana de uma curva de densidade simétrica são iguais*, como mostra a Figura 3.5(a). Sabemos que a média de uma distribuição assimétrica é deslocada em direção à cauda longa. A Figura 3.5(b) mostra como a média de uma curva de densidade assimétrica está mais deslocada em direção à cauda longa do que a mediana. É difícil a localização, a olho, do ponto de equilíbrio em uma curva assimétrica. Há cálculos matemáticos para determinar a média de qualquer curva de densidade, o que nos possibilita marcar tanto a média como a mediana na Figura 3.5(b).

Mediana e média de uma curva de densidade

A **mediana de uma curva de densidade** é o ponto de áreas iguais, isto é, o ponto que divide ao meio a área sob a curva.

A **média de uma curva de densidade** é o ponto de equilíbrio, no qual a curva se equilibraria se fosse construída de material sólido. A notação usual para a média de uma curva de densidade é μ (a letra grega mu).

A mediana e a média são iguais em uma curva de densidade simétrica. Ambas estão no centro de simetria da curva. A média de uma curva assimétrica está além da mediana, na direção da cauda longa.

Como uma curva de densidade é uma descrição idealizada de uma distribuição de dados, precisamos fazer a distinção entre a média e o desvio-padrão da curva de densidade, e a média $\bar{x}$ e o desvio-padrão s, calculados a partir das observações reais. Usamos μ para a média de uma curva de densidade, e representamos o *desvio-padrão de uma curva de densidade* por σ (a letra grega sigma). Podemos localizar, aproximadamente, a média μ de qualquer curva de densidade a olho, como o ponto de equilíbrio. Em geral, não há maneira fácil de localizar o desvio-padrão σ a olho para curvas de densidade.

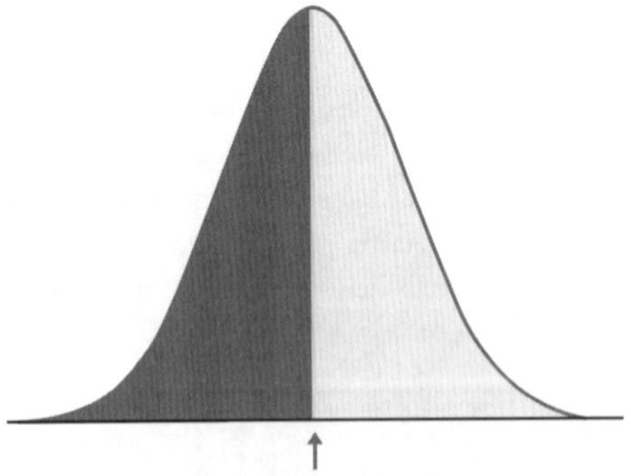

FIGURA 3.5(a)
A mediana e a média de uma curva de densidade simétrica coincidem com o centro de simetria.

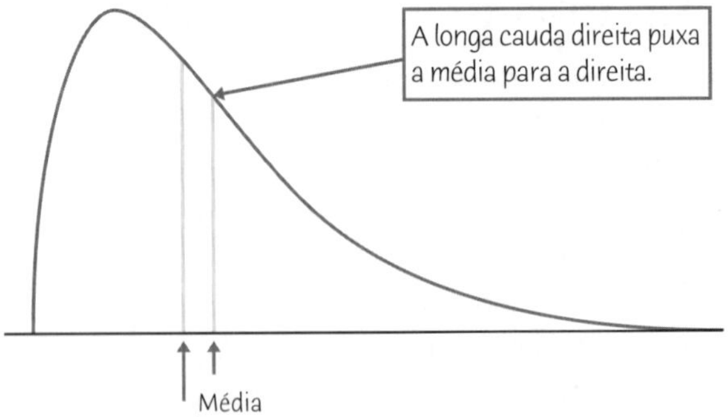

FIGURA 3.5(b)
A mediana e a média de uma curva de densidade assimétrica à direita. A média é puxada para longe da mediana na direção da cauda longa.

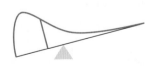

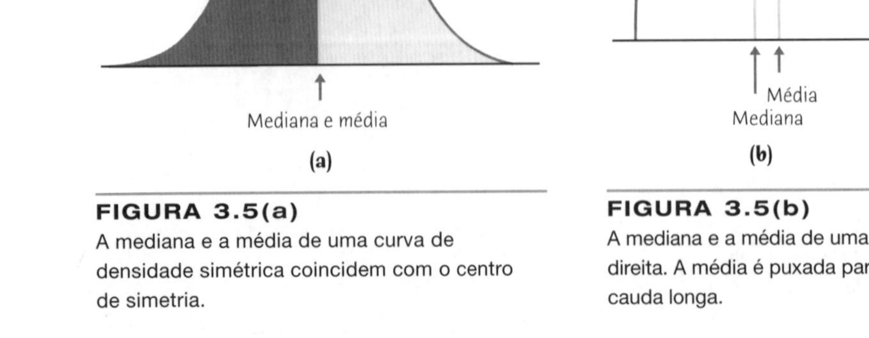

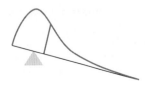

FIGURA 3.6
A média é o ponto de equilíbrio de uma curva de densidade.

APLIQUE SEU CONHECIMENTO

3.3 Média, mediana e quartis. A curva de densidade desenhada na Figura 3.4 é chamada de densidade uniforme. Em razão da facilidade de calcular áreas sob essa curva de densidade, ela permite que muitos cálculos sejam feitos à mão.

(a) Qual é a média μ da curva de densidade mostrada na Figura 3.4? (Isto é, onde a curva se equilibraria?) Qual é a mediana? (Isto é, onde está o ponto com área 0,5 em cada um dos lados?)

(b) Quais são o primeiro e o terceiro quartil?

3.4 Média e mediana. A Figura 3.7 mostra três curvas de densidade, cada uma com três pontos assinalados. Em quais desses pontos, em cada curva, caem a média e a mediana?

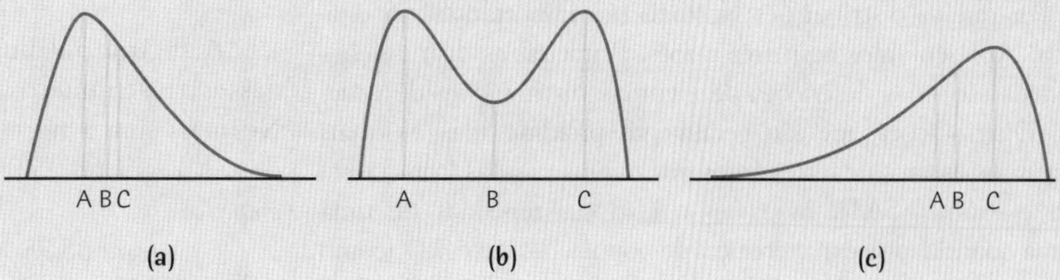

FIGURA 3.7
Três curvas de densidade, para o Exercício 3.4.

3.3 Distribuições Normais

Uma classe particularmente importante de curvas de densidade já apareceu nas Figuras 3.1 e 3.2. Elas são chamadas de *curvas Normais*. As distribuições que elas descrevem são chamadas de *distribuições Normais*. As distribuições Normais têm um papel muito importante na estatística, mas são bastante peculiares e nem um pouco "normais", no sentido de serem comuns ou naturais.

Escrevemos Normal com letra maiúscula para lembrar que essas curvas são especiais. Observe as duas curvas Normais na Figura 3.8. Elas ilustram vários fatos importantes:

- Todas as curvas Normais têm a mesma forma geral: simétricas, um único pico, forma de sino.
- Qualquer curva Normal específica é completamente caracterizada por sua média μ e seu desvio-padrão σ.
- A média está localizada no centro da curva simétrica e coincide com a mediana. Alterando μ, e deixando σ inalterado, a curva Normal desloca-se ao longo do eixo horizontal, sem modificar sua dispersão.
- O desvio-padrão σ controla a dispersão de uma curva Normal. Quando o desvio-padrão é maior, a área sob a curva normal é menos concentrada em torno da média.

O desvio-padrão σ é a medida natural de dispersão para distribuições Normais. Não apenas μ e σ determinam completamente a forma de uma curva Normal, mas podemos localizar σ a olho na curva Normal. Veja como proceder. Imagine que você esteja descendo sobre esquis uma montanha que tem a forma de uma curva Normal. No início, a descida é ainda mais íngreme, pois você está partindo do pico:

Felizmente, antes que comece a descer descontroladamente, há uma redução da declividade, à medida que você se afasta e desce:

Os pontos nos quais essa mudança de curvatura ocorre estão localizados a uma distância σ em ambos os lados da média μ. Você pode sentir essa mudança se deslizar um lápis sobre uma curva Normal, encontrando, assim, o desvio-padrão. Lembre-se de que μ e σ, *sozinhos, não especificam a forma da maioria das distribuições* e que, geralmente, a forma das curvas de densidade não revela σ. Essas são propriedades especiais das distribuições Normais.

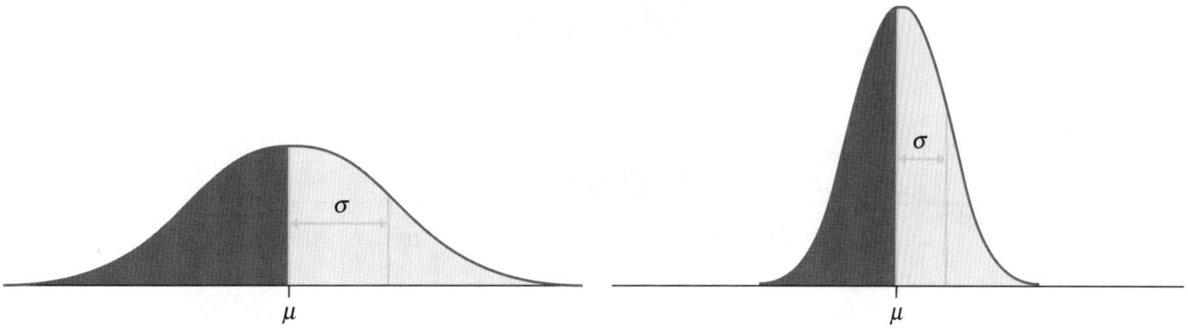

FIGURA 3.8
Duas curvas Normais, nas quais se mostram a média μ e o desvio-padrão σ.

Distribuições Normais

Uma **distribuição Normal** é descrita por uma curva de densidade Normal. Qualquer distribuição Normal particular fica completamente especificada por dois números: sua média μ e seu desvio-padrão σ.

A média de uma distribuição Normal está no centro de simetria da curva Normal. O desvio-padrão é a distância do centro até os pontos de mudança de curvatura em cada lado.

Regra 68-95-99,7

Na distribuição Normal com média μ e desvio-padrão σ:

- Aproximadamente **68%** das observações estão a menos de σ da média μ.
- Aproximadamente **95%** das observações estão a menos de 2σ da média μ.
- Aproximadamente **99,7%** das observações estão a menos de 3σ da média μ.

Por que as distribuições Normais são importantes em estatística? Apresentamos aqui três razões. Primeira, as distribuições Normais são boas descrições de algumas distribuições de *dados reais*. Distribuições que são geralmente próximas das Normais incluem os escores de testes feitos por muitas pessoas (como teste Iowa e exames SAT), medições cuidadosas repetidas de uma mesma quantidade e características de populações biológicas (como o comprimento de grilos e safras de milho). Segunda, as distribuições Normais são boas aproximações para muitos tipos de *resultados aleatórios*, como a proporção de caras em muitos lançamentos de uma moeda. Terceira, veremos que muitos procedimentos de *inferência estatística* baseados em distribuições Normais funcionam bem para outras distribuições aproximadamente simétricas. Porém, muitos conjuntos de dados não seguem uma distribuição Normal. A maioria das distribuições de renda, por exemplo, é assimétrica à direita e, portanto, não é Normal. Dados não Normais, assim como pessoas não normais, não somente são comuns, mas, às vezes, são mais interessantes do que sua contrapartida Normal.

3.4 Regra 68-95-99,7

Embora haja muitas curvas Normais, todas têm propriedades em comum. Em particular, todas as distribuições Normais obedecem à regra seguinte.

A Figura 3.9 ilustra a regra 68-95-99,7. Lembrando-se desses três números, é possível pensar sobre distribuições Normais sem a necessidade de constantes cálculos detalhados. A regra 68-95-99,7 é, algumas vezes, chamada de *regra empírica*.

A regra 68-95-99,7 descreve distribuições que são exatamente Normais. Dados reais, como os escores de Gary, nunca são exatamente Normais. Os escores do teste Iowa são registrados até o décimo mais próximo. Assim, um escore pode ser 9,9 ou 10,0, mas não 9,94. Usamos uma distribuição Normal porque é uma boa aproximação e porque consideramos as medidas de teste como contínuas, em vez de parar nos décimos.

Até que ponto nosso trabalho no Exemplo 3.2 descreve bem os escores reais do teste Iowa? Bem, 900 dos 947 escores estão entre 3,74 e 9,94. Isso corresponde a 95,04%, o que é bastante exato. Dos 47 escores restantes, 20 estão abaixo de 3,74, e 27 acima de 9,94. As caudas dos dados reais não são exatamente iguais, como seriam em uma distribuição exatamente Normal. As distribuições Normais, em geral, descrevem dados reais melhor no centro da distribuição do que nas caudas do extremo inferior e do extremo superior.

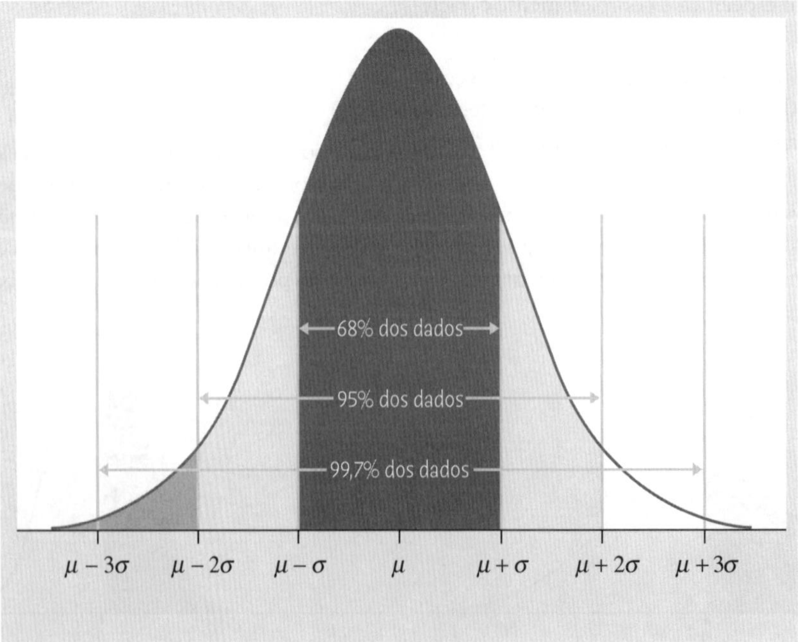

FIGURA 3.9
Regra 68-95-99,7 para distribuições Normais.

EXEMPLO 3.2 Escores do teste Iowa

TESTEIOWA

As Figuras 3.1 e 3.2 mostram que a distribuição dos escores de vocabulário do *teste Iowa* para estudantes do sétimo ano em Gary, Indiana, é próxima da Normal. Suponha que a distribuição seja exatamente Normal, com média μ = 6,84 e desvio-padrão σ = 1,55. (Esses são a média e o desvio-padrão dos 947 escores reais.)

A Figura 3.10 aplica a regra 68-95-99,7 aos escores do teste Iowa. A parte 95 da regra diz que 95% de todos os escores estão entre

$$\mu - 2\sigma = 6{,}84 - (2)(1{,}55) = 6{,}84 - 3.10 = 3{,}74$$

e

$$\mu + 2\sigma = 6{,}84 + (2)(1{,}55) = 6{,}84 + 3{,}10 = 9{,}94$$

Os outros 5% dos escores estão fora dessa faixa. Como as distribuições Normais são simétricas, metade desses escores é menor do que 3,74 e metade é maior do que 9,94. Isto é, 2,5% dos escores estão abaixo de 3,74, e 2,5% estão acima de 9,94.

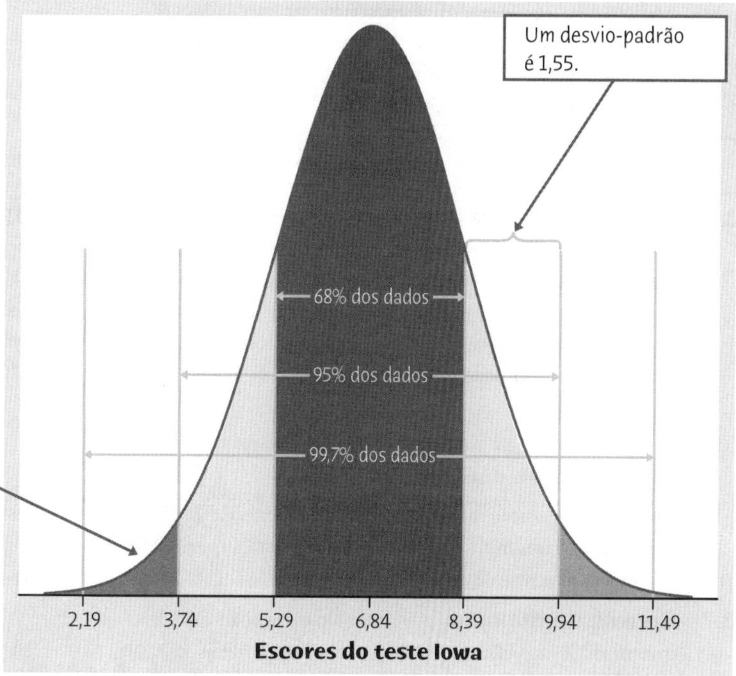

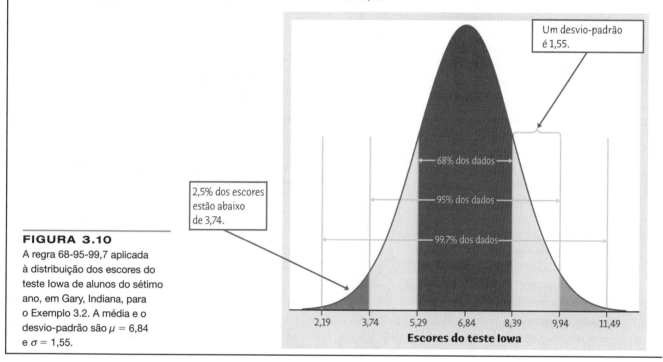

FIGURA 3.10 A regra 68-95-99,7 aplicada à distribuição dos escores do teste Iowa de alunos do sétimo ano, em Gary, Indiana, para o Exemplo 3.2. A média e o desvio-padrão são μ = 6,84 e σ = 1,55.

EXEMPLO 3.3 Escores do teste Iowa

Olhe de novo a Figura 3.10. Um escore de 5,29 está a um desvio-padrão abaixo da média. Qual o percentual dos escores que são maiores do que 5,29? Ache a resposta somando áreas na figura. Eis o cálculo em figuras:

porcentagem entre 5,29 e 8,39 + porcentagem acima de 8,39 = porcentagem acima de 5,29

68% + 16% = 84%

Assim, cerca de 84% dos escores são maiores do que 5,29. Certifique-se de entender de onde os 16% surgiram. Sabemos que 68% dos escores estão entre 5,29 e 8,39, de modo que 32% dos escores estão fora dessa faixa. Esses estão igualmente divididos entre as duas caudas, 16% abaixo de 5,29 e 16% acima de 8,39.

Como mencionaremos as distribuições Normais com frequência, será útil adotarmos uma notação abreviada. Abreviamos a distribuição Normal com média μ e desvio-padrão σ por $N(\mu; \sigma)$. Por exemplo, a distribuição dos escores do teste Iowa em Gary é aproximadamente $N(6{,}84; 1{,}55)$.

APLIQUE SEU CONHECIMENTO

3.5 Comprimentos da parte superior do braço. Dados antropomórficos são medidas do corpo humano que podem acompanhar o crescimento e peso de bebês e crianças e avaliar mudanças no corpo que ocorrem durante o tempo de vida adulta. Os dados resultantes podem ser usados em áreas tão diversas como ergonomia e *design* de roupas. O comprimento da parte superior do braço de homens com mais de 20 anos de idade nos EUA é aproximadamente Normal, com média de 39,1 cm e desvio-padrão de 5,0 cm. Desenhe uma curva Normal na qual essa média e esse desvio-padrão estão corretamente colocados. (*Sugestão*: desenhe uma curva Normal sem rótulo, localize pontos nos quais a curvatura muda e, então, acrescente os rótulos numéricos no eixo horizontal.)

A Figura 3.11 mostra como o comprimento do braço é medido.[2]

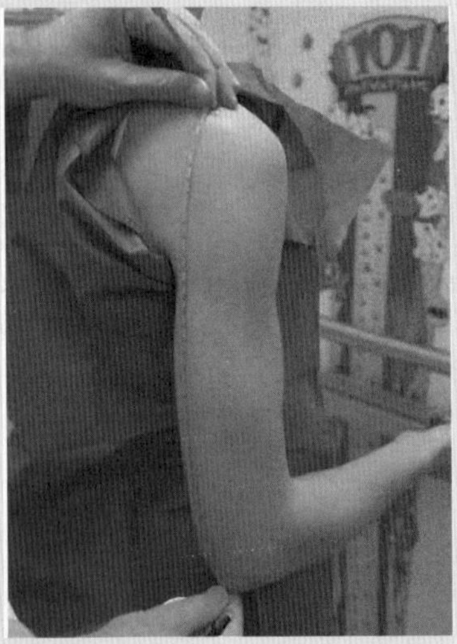

FIGURA 3.11
Colocação correta da fita métrica quando se mede a parte superior do braço, para o Exercício 3.5. O comprimento da parte superior do braço é medido do acrômio, o ponto mais alto do ombro, ao longo da parte posterior do braço até a ponta do olécrano, a parte óssea do meio do cotovelo.

3.6 Comprimentos da parte superior do braço. O comprimento da parte superior do braço de homens com mais de 20 anos de idade nos EUA é aproximadamente Normal, com média de 39,1 cm e desvio-padrão de 5,0 cm. Use a regra 68-95-99,7 para responder às questões a seguir. (Comece fazendo um esboço como na Figura 3.10.)

(a) Qual intervalo de comprimentos cobre os 99,7% centrais dessa distribuição?

(b) Qual porcentagem dos homens com mais de 20 anos de idade que têm comprimento da parte superior do braço maior do que 44,1 cm?

3.7 Chuvas de monção. As chuvas da monção de verão trazem 80% das chuvas na Índia e são essenciais para a agricultura do país. Registros que vão até um século atrás mostram que a quantidade de chuvas de monção varia de ano para ano, de acordo com uma distribuição que é aproximadamente Normal, com média de 852 mm e desvio-padrão de 82 mm.[3] Use a regra 68-95-99,7 para responder às seguintes questões.

(a) Entre quais valores as chuvas de monção caem em 95% de todos os anos?

(b) Quão pouca é a quantidade das chuvas de monção nos 2,5% anos mais secos?

3.5 Distribuição Normal padrão

Como sugere a regra 68-95-99,7, todas as distribuições Normais compartilham muitas propriedades. Na verdade, todas as distribuições Normais são idênticas, se medimos em unidades de tamanho σ em torno da média μ como centro. A mudança para essas unidades chama-se *padronização*. Para padronizar um valor, subtraia a média da distribuição e, então, divida o resultado pelo desvio-padrão.

Padronização e escores z

Se x é uma observação de uma distribuição com média μ e desvio-padrão σ, o **valor padronizado** de x é

$$z = \frac{x - \mu}{\sigma}$$

Um valor padronizado frequentemente é chamado de um **escore** z.

Um escore z nos diz de quantos desvios padrão a observação original está distanciada da média e em que direção. As observações maiores do que a média são positivas, quando padronizadas, enquanto as observações menores do que a média são negativas.

ESTATÍSTICA NO MUNDO REAL

Ele disse, ela disse.
As distribuições de altura, peso e índice de massa corporal neste livro são de dados reais de uma pesquisa do governo. É uma boa coisa. Quando se *perguntou* sobre o peso, em uma recente Pesquisa do Gallup, quase todos os respondentes disseram estar em sobrepeso. No entanto, um índice de massa corporal acima de 25 é considerado sobrepeso e as medidas reais da pesquisa do governo indicam que bem mais de 50% estão em sobrepeso.

Frequentemente, padronizamos observações de distribuições simétricas para expressá-las em uma escala comum. Podemos comparar, por exemplo, as alturas de duas crianças de idades diferentes por meio dos escores z dessas alturas. As alturas padronizadas nos dizem onde cada criança está na distribuição da sua faixa etária.

Se a variável que padronizamos tem distribuição Normal, a padronização faz mais do que definir uma escala comum. Ela transforma todas as distribuições Normais em uma única distribuição e essa distribuição é ainda Normal. A padronização de uma variável que tem uma distribuição Normal qualquer gera uma nova variável que tem a *distribuição Normal padrão*.

EXEMPLO 3.4 Padronização de alturas de mulheres

As alturas de mulheres na faixa etária entre 20 e 29 anos, nos EUA, são aproximadamente Normais, com $\mu = 64{,}1$ polegadas (163,3 cm) e $\sigma = 3{,}7$ polegadas (6,9 cm).[4] A altura padronizada é

$$z = \frac{\text{altura} - 64{,}1}{3{,}7}$$

A altura padronizada de uma mulher é quanto sua altura difere, em número de desvios padrão, da altura média de todas as mulheres jovens de 20 a 29 anos de idade. Uma mulher com 70 polegadas (177,8 cm) de altura, por exemplo, tem uma altura padronizada

$$z = \frac{70 - 64{,}1}{3{,}7} = 1{,}59$$

ou 1,59 desvio-padrão acima da média. Analogamente, uma mulher com altura de 5 pés (60 polegadas = 152,4 cm) tem altura padronizada

$$z = \frac{60 - 64{,}1}{3{,}7} = -1{,}11$$

ou 1,11 desvio-padrão a menos do que a altura média.

Distribuição Normal padrão

A **distribuição Normal padrão** é a distribuição Normal $N(0;\ 1)$, com média 0 e desvio-padrão 1.

Se uma variável x tem distribuição Normal $N(\mu, \sigma)$ qualquer, com média μ e desvio-padrão σ, então a **variável padronizada**

$$z = \frac{x - \mu}{\sigma}$$

tem distribuição Normal padrão.

APLIQUE SEU CONHECIMENTO

3.8 SAT *versus* ACT. Em 2018, quando era veterana na escola de Ensino Médio, Linda obteve escore 680 na parte de matemática do SAT.[5] A distribuição dos escores de matemática do SAT, em 2018, foi Normal, com média 528 e desvio-padrão 117. John fez o teste ACT de avaliação e obteve 26 na parte de matemática. Os escores de matemática no ACT, em 2018, tinham uma distribuição Normal, com média 20,5 e desvio-padrão 5,5. Encontre os escores padronizados para ambos os alunos. Partindo do pressuposto de que ambos os testes medem o mesmo tipo de habilidade, quem teve escore mais alto?

3.9 Alturas de homens e mulheres. As alturas de mulheres na faixa etária entre 20 e 29 anos, nos EUA, são aproximadamente Normais, com média de 64,1 polegadas (162,814 cm) e desvio-padrão de 3,7 polegadas (9,398 cm). Os homens na mesma faixa etária têm uma altura média de 69,4 polegadas (176,276 cm) com um desvio-padrão de 3,1 polegadas (7,874 cm).[6] Quais são os escores z para uma mulher com altura de 5,5 pés (66 polegadas ou 1,68 m) e para um homem com altura de 5,5 pés (66 polegadas ou 1,68 m)? Utilizando uma linguagem simples, diga qual informação os escores z fornecem que as alturas reais não fornecem. (1 polegada = 2,54 cm e 1 pé = 12 polegadas.)

JSABBOTT/iStock

3.6 Determinação de proporções Normais

Áreas sob uma curva Normal representam proporções de observações da distribuição Normal. Não há fórmulas para áreas sob uma curva Normal. Para os cálculos, são usados programas que calculam áreas ou uma tabela de áreas. A maioria das tabelas e programas calcula um tipo de área, *proporções acumuladas*. A ideia de "acumulada" é "tudo o que veio antes". Eis a definição exata.

Proporções acumuladas

A **proporção acumulada** para um valor *x* em uma distribuição é a proporção de observações na distribuição que são menores ou iguais a *x*.

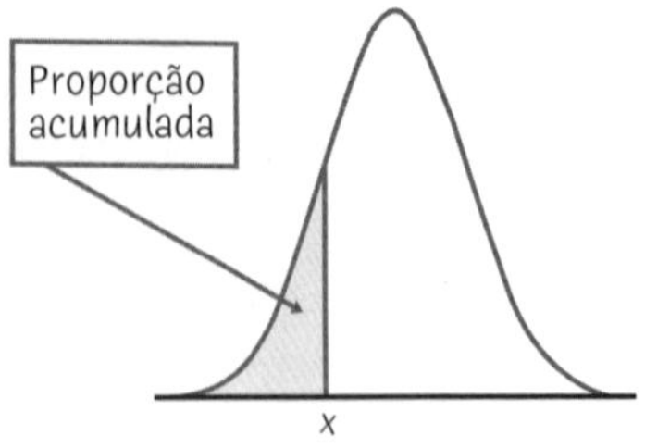

A chave para o cálculo de proporções Normais é associar a área desejada a áreas que representam proporções acumuladas. Se você fizer um esboço da área que deseja, você quase nunca errará. Encontre áreas para proporções acumuladas tanto por programas quanto (com um passo a mais) por tabela. O exemplo que segue mostra o método em uma figura.

EXEMPLO 3.5 Quem se habilita aos esportes na faculdade?

O órgão norte-americano National Collegiate Athletic Association (NCAA) usa uma escala deslizante para a elegibilidade de atletas para a Divisão I.[7] Os estudantes com média mais baixa no Ensino Médio (GPA) devem ter um escore combinado mais alto nas partes de matemática e de leitura crítica no teste SAT (ou o composto ACT) para poderem competir em seu primeiro ano de universidade. Começando em agosto de 2016, a elegibilidade no primeiro ano exige um GPA mínimo de 2,3 nos cursos do Ensino Médio. Aqueles com escores GPA no Ensino Médio que fazem o SAT têm que alcançar um escore combinado de, no mínimo, 980 nas partes do SAT de matemática e leitura e escrita com base em evidência para serem elegíveis. Os escores combinados de quase 2,2 milhões de formandos no Ensino Médio que fizeram o SAT em 2018 eram aproximadamente Normais, com média 1059 e desvio-padrão 210. Qual proporção de formandos do Ensino Médio satisfazem esses requisitos para um escore SAT combinado de 980 ou mais?

Mostramos, aqui, o cálculo em uma figura: a proporção de escores acima de 980 é a área sob a curva à direita de 980. Sabemos que 980 está à esquerda do centro do gráfico, porque 980 < μ. A área à direita de 980 é a área total sob a curva (que é sempre 1) menos a proporção acumulada até 980.

A área à esquerda de 980, 0,3534, foi encontrada com o uso de programa. O uso de programas para a determinação de áreas sob a curva Normal será discutido mais à frente, ao final desta seção. Para concluir o exemplo, cerca de 65% de todos os alunos de último ano do Ensino Médio cumprem a exigência do SAT de um escore combinado de matemática e leitura de 980 ou mais.

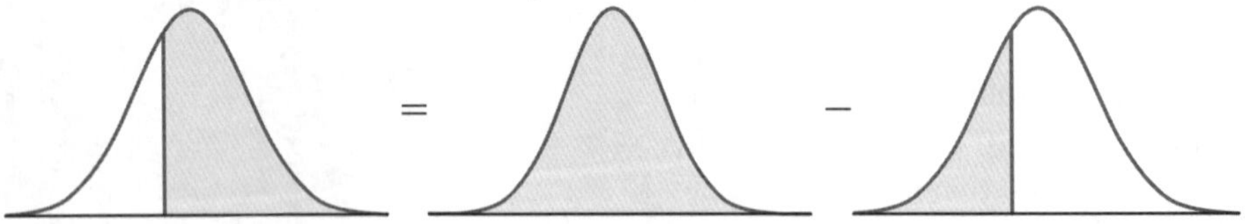

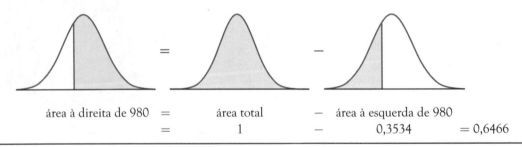

área à direita de 980	=	área total	−	área à esquerda de 980	
	=	1	−	0,3534	= 0,6466

Não há área sob uma curva suave e exatamente acima do ponto 980. Por conseguinte, a área à direita de 980 (a proporção de escores > 980) é a mesma área nesse ponto e à direita dele (a proporção de escores ≥ 980). Os dados reais podem conter um estudante que obteve exatamente 980 no SAT. O fato de a proporção de escores exatamente iguais a 980 ser 0 para uma distribuição Normal é uma consequência da suavização idealizada das distribuições Normais para os dados.

Para encontrar, com auxílio de um programa, o valor numérico 0,3534 da proporção acumulada no Exemplo 3.5, introduza a média 1059 e o desvio-padrão 210 e peça a proporção acumulada para 980. Os programas, em geral, usam termos como "distribuição acumulada" ou "probabilidade acumulada". Aprenderemos, no Capítulo 11, por que a linguagem da probabilidade se aplica. A título de exemplo, eis a saída do Minitab:

Minitab

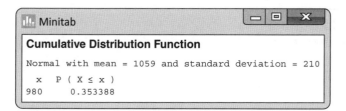

Cumulative Distribution Function

```
Normal with mean = 1059 and standard deviation = 210
  x    P ( X ≤ x )
980      0.353388
```

O P na saída representa "probabilidade", mas podemos lê-lo como "proporção das observações". O *applet* Normal Density Curve (conteúdo em inglês) é mais útil, pois desenha figuras além de calcular as áreas. Se você não estiver usando um programa, poderá achar proporções acumuladas para curvas Normais a partir de uma tabela. Isso exige um passo a mais.

3.7 Uso da tabela da Normal padrão

O passo extra para acharmos as proporções acumuladas a partir de uma tabela é a necessidade da padronização para expressarmos o problema em termos da escala padrão de escores z. Isso permite que nos arranjemos com uma única tabela, a tabela das *proporções acumuladas da Normal padrão*. A Tabela A, no final do livro, mostra as proporções acumuladas para a distribuição Normal padrão. As figuras no topo da tabela nos lembram que as entradas são proporções acumuladas, áreas sob a curva, à esquerda de um valor z.

EXEMPLO 3.6 A tabela da Normal padrão

Que proporção das observações de uma variável Normal padrão z assume valores menores do que 1,47?

SOLUÇÃO: Para achar a área à esquerda de 1,47, localize 1,4 na coluna da esquerda da Tabela A e, então, localize o algarismo 7, restante, como 0,07 na linha superior. A entrada correspondente a 1,4 e sob 0,07 é 0,9292. Essa é a proporção acumulada que procuramos. A Figura 3.12 ilustra essa área.

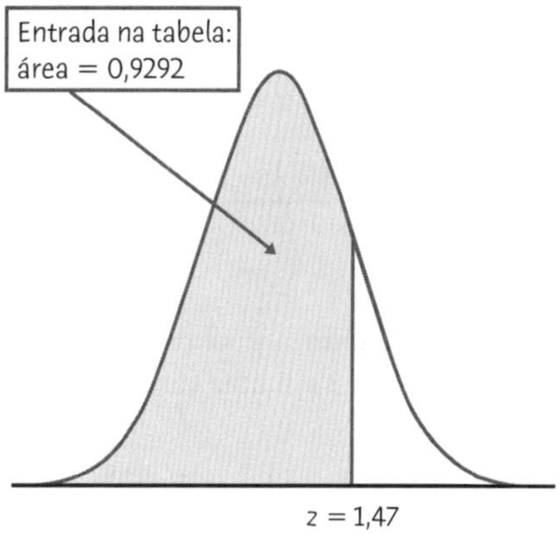

FIGURA 3.12
A área sob a curva Normal padrão à esquerda do ponto $z = 1{,}47$ é 0,9292. A Tabela A fornece áreas sob a curva Normal padrão.

Agora que você já viu como a Tabela A funciona, vamos refazer o Exemplo 3.5 usando a tabela. Podemos dividir os cálculos sobre a Normal usando a tabela em três passos.

EXEMPLO 3.7 Quem se habilita aos esportes na faculdade?

Os escores dos alunos de último ano do Ensino Médio no SAT seguem uma distribuição Normal, com média $\mu = 1.059$ e desvio-padrão $\sigma = 210$. Que proporção dos escores dos alunos de último ano é de, pelo menos, 980?

Passo 1. Faça uma figura. A figura é exatamente como no Exemplo 3.5. Ela mostra que

área à direita de 980 = 1 − área à esquerda de 980

Passo 2: Padronize. Chame de x os escores SAT. Subtraia a média e divida, então, pelo desvio-padrão para transformar o problema sobre x em um problema sobre uma Normal padronizada z:

$$x \geq 980$$

$$\frac{x - 1.059}{210} \geq \frac{980 - 1.059}{210}$$

$$z \geq -0{,}38$$

Passo 3. Use a tabela. A figura mostra que precisamos da proporção acumulada para $x = 980$. Pelo passo 2, isso é o mesmo que a proporção acumulada para $z = -0{,}38$. A entrada na Tabela A para $z = -0{,}38$ diz que essa proporção acumulada é 0,3520. A área à direita de -0,38 é, portanto, $1 - 0{,}3520 = 0{,}6480$.

No Exemplo 3.7, a área pela tabela (0,6480) é ligeiramente menos exata do que a área calculada pelo programa no Exemplo 3.5 (0,6466), porque temos que arredondar z para duas casas decimais quando usamos a Tabela A. A diferença raramente é importante na prática. Eis um esboço do método.

Uso da Tabela A para determinar proporções da Normal

Passo 1. Enuncie o problema em termos da variável observada x. Desenhe uma figura que mostre a proporção desejada em termos de proporções acumuladas.

Passo 2. Padronize x para reformular o problema em termos de uma variável Normal padrão z.

Passo 3. Use a Tabela A para encontrar áreas à esquerda de z. O fato de que a área total sob a curva é 1 pode também ser necessário para achar a área desejada sob a curva Normal padrão.

EXEMPLO 3.8 Quem se habilita aos esportes na faculdade?

Lembre-se de que a NCAA usa uma escala deslizante para elegibilidade de atletas para a Divisão I. Estudantes com média 2,3 no Ensino Médio (GPA) devem ter um escore SAT combinado de 980 ou mais para se candidatar. Estudantes com médias GPA maiores podem ter escore SAT mais baixo e, ainda assim, se candidatar. Por exemplo, estudantes com média GPA de 2,75 devem ter um escore SAT combinado de, pelo menos, 810. Qual proporção de todos os estudantes que fazem o SAT satisfaria a exigência de um escore SAT de, pelo menos, 810, mas não de 980?

Passo 1. Enuncie o problema e desenhe uma figura. Chame de x o escore SAT. A variável x tem a distribuição $N(1059; 210)$. Que proporção dos escores SAT fica entre 810 e 980? Eis a figura:

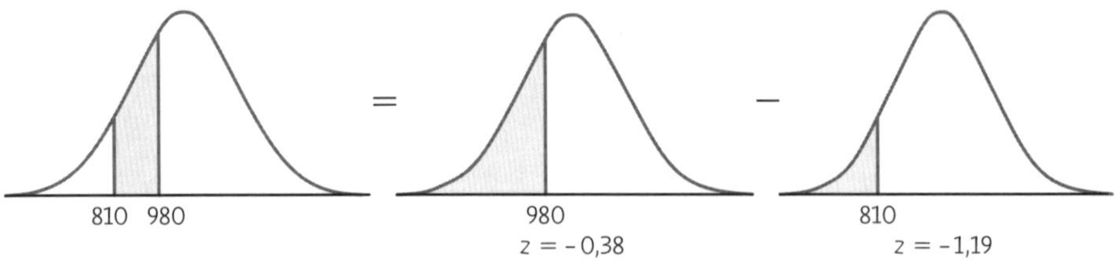

Passo 2. Padronize. Subtraia a média e divida pelo desvio-padrão para transformar x em uma variável z Normal padronizada:

$$810 \leq x < 980$$

$$\frac{810 - 1.059}{210} \leq \frac{x - 1.059}{210} < \frac{980 - 1.059}{210}$$

$$-1,19 \leq z < -0,38$$

Passo 3. Utilize a tabela. Siga a figura (acrescentamos os escores z à figura para ajudar você):

$$\text{área entre } -1,19 \text{ e } -0,38 = (\text{área à esquerda de } -0,38) - (\text{área à esquerda de } -1,19)$$

$$= 0,3520 - 0,1170 = 0,2350$$

Cerca de 24% dos alunos de último ano do Ensino Médio têm escore SAT entre 810 e 980.

Às vezes, encontramos um valor de z mais extremo do que os que aparecem na Tabela A. Por exemplo, a área à esquerda de $z = -4$ não é diretamente fornecida na tabela. Os valores de z na Tabela A deixam de considerar apenas uma área de 0,0002 em cada cauda. Para objetivos práticos, podemos considerar como se a área fora da amplitude de valores da Tabela A fosse zero. Especificamente, agimos como se a área abaixo de $z = -3,5$ fosse zero, bem como a área acima de $z = 3,5$. Embora dizer que a área acima de $z = 3,5$ é 0,0002 *versus* dizer que a área é cerca de 0 faça pouca diferença na prática da estatística, conceitualmente é importante lembrar que essas áreas não são realmente nulas.

APLIQUE SEU CONHECIMENTO

3.10 Use a tabela da Normal. Use a Tabela A para encontrar a proporção das observações de uma distribuição Normal padrão que satisfaça cada uma das afirmações seguintes. Em cada caso, esboce uma curva Normal padrão e sombreie a área sob a curva que é a resposta à questão.

(a) $z < -0,42$ (b) $z > -1,58$ (c) $z < 2,12$ (d) $-0,42 < z < 2,12$

3.11 Chuvas de monção. As chuvas da monção de verão na Índia seguem uma distribuição aproximadamente Normal, com média de 852 mm de chuva e desvio-padrão de 82 mm.

(a) No ano de seca de 1987, caíram 697 mm de chuva. Em que percentual de todos os anos a Índia terá 697 mm ou menos de chuvas de monção?

Danielrao/iStock

(b) "Chuva normal" significa em torno de 20% da média de longo prazo, ou entre 682 mm e 1.022 mm. Em qual percentual de todos os anos a chuva é normal?

3.12 Teste de admissão em escolas de medicina. Quase todas as escolas de medicina nos EUA exigem que os estudantes façam o Medical College Admission Test (MCAT).[8] O escore total das quatro seções do teste vai de 472 a 528. Na primavera de 2019, o escore médio foi de 500,9, com desvio-padrão de 10,6.

(a) Qual proporção dos estudantes que fazem o MCAT teve um escore acima de 510?

(b) Qual proporção dos estudantes teve escores entre 505 e 515?

3.8 Determinação de um valor, dada uma proporção

Os Exemplos 3.5 a 3.8 ilustram o uso de *software* ou da Tabela A para achar a proporção das observações que satisfazem determinada condição, como "escore SAT acima de 810". Podemos, em vez disso, estar interessados no valor observado com determinada proporção de observações acima ou abaixo dele. Os *softwares* estatísticos fornecerão a resposta diretamente.

EXEMPLO 3.9 Encontre os 10% superiores usando *software*

Escores do teste SAT de leitura e escrita com base em evidência em 2018 seguiram aproximadamente a distribuição $N(531; 104)$. Qual deve ser o escore de um aluno para estar entre os 10% melhores alunos que fizeram o teste SAT?

Queremos determinar o escore do teste SAT x com área 0,1 à sua *direita* sob a curva Normal com média $\mu = 531$ e desvio-padrão $\sigma = 104$. Isto equivale a achar o escore do teste SAT x com área 0,9 à sua *esquerda*. A Figura 3.13 coloca a questão em forma gráfica. A maioria dos programas mostrará o x quando você introduzir a média 531, o desvio-padrão 104 e a proporção acumulada 0,9. Eis a saída do Minitab:

```
Minitab
Inverse Cumulative Distribution Function
Normal with mean = 531 and standard deviation = 104
P( X ≤ x )      x
       0.9  664.281
```

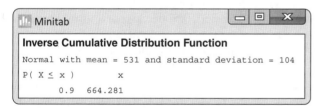

O Minitab mostra $x = 664{,}281$. Assim, escores acima de 664 estão nos 10% superiores. (Arredondamos porque os escores SAT só podem ser números inteiros.)

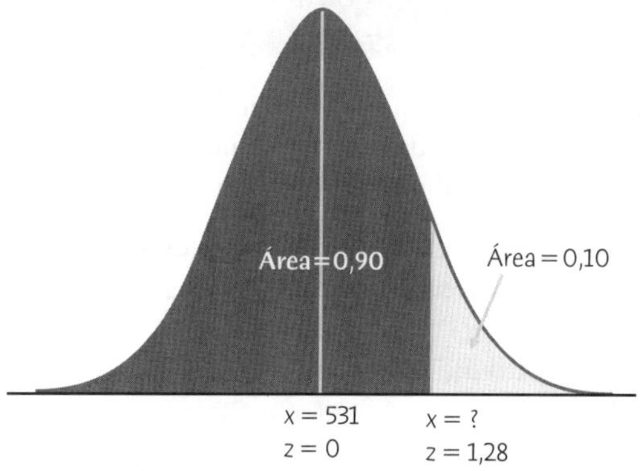

FIGURA 3.13
Localização do ponto em uma curva Normal com área 0,10 à sua direita, para os Exemplos 3.9 e 3.10.

Sem a ajuda de um programa, use a Tabela A ao contrário. Determine a proporção mostrada no corpo da tabela e leia, então, o z correspondente na coluna da esquerda e linha superior. Novamente, temos três passos.

Despadronização de um escore *z*

Passo 1. Estabeleça o problema em termos da variável observada x. Faça uma figura que mostre a proporção desejada em termos de proporções acumuladas.

Passo 2. Use a Tabela A para encontrar a entrada no corpo da tabela que seja mais próxima da proporção acumulada que você deseja. Determine o valor correspondente de z na tabela.

Passo 3. Despadronize, para transformar z de volta à escala original de x utilizando $x = \mu + z \times \sigma$. (Note que o valor de z no passo 2 pode ser um número negativo.)

EXEMPLO 3.10 Encontre os 10% superiores usando a Tabela A

Escores do teste SAT de Leitura Crítica em 2018 seguem aproximadamente a distribuição $N(531;\ 104)$. Qual deve ser o escore de um aluno para estar entre os 10% melhores alunos que fizeram o teste SAT?

Passo 1. Enuncie o problema e desenhe uma figura. Esse passo é exatamente igual ao Exemplo 3.9. O desenho está na Figura 3.13. O valor de x que coloca um estudante nos 10% superiores é o mesmo valor de x para o qual 90% da área estão à esquerda dele.

Passo 2. Use a tabela. Procure no corpo da Tabela A o valor mais próximo de 0,9, que é 0,8997. Esse valor corresponde a $z = 1{,}28$. Logo, $z = 1{,}28$ é o valor padronizado com área 0,9 à sua esquerda.

Passo 3. Despadronize para transformar a solução z de volta para a escala original dos x. Sabemos que o valor padronizado do x desconhecido é $z = 1{,}28$. Isso significa que o próprio x está 1,28 desvio-padrão acima da média nessa curva Normal específica. Isto é,

$$x = \text{média} + (1{,}28)\ (\text{desvio-padrão})$$
$$= 531 + (1{,}28)\ (104) = 664{,}12$$

Um estudante precisa obter um escore acima de 664 para estar entre os 10% superiores.

EXEMPLO 3.11 Determine o primeiro quartil

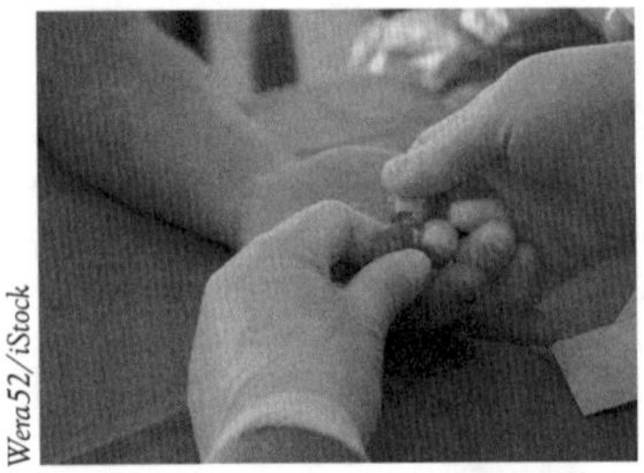
Wera52/iStock

Altos níveis de colesterol no sangue aumentam o risco de doenças cardíacas. Para homens de 20 a 24 anos de idade, a distribuição da quantidade de colesterol no sangue é aproximadamente Normal, com média $\mu = 180$ mg de colesterol por decilitro de sangue (mg/dL) e desvio-padrão $\sigma = 34{,}8$ mg/dL.[9] Qual é o primeiro quartil da distribuição do colesterol no sangue?

Passo 1. Estabeleça o problema e desenhe uma figura. Chame de x o nível de colesterol no sangue. A variável x tem distribuição $N(180;\ 34{,}8)$. O primeiro quartil é o valor com 25% da distribuição à sua esquerda, como mostra a Figura 3.14.

Passo 2. Use a tabela. Procure, no corpo da Tabela A, a entrada mais próxima de 0,25. É 0,2514, que corresponde a $z = -0{,}67$. Assim, $z = -0{,}67$ é o valor padronizado com área 0,25 à sua esquerda.

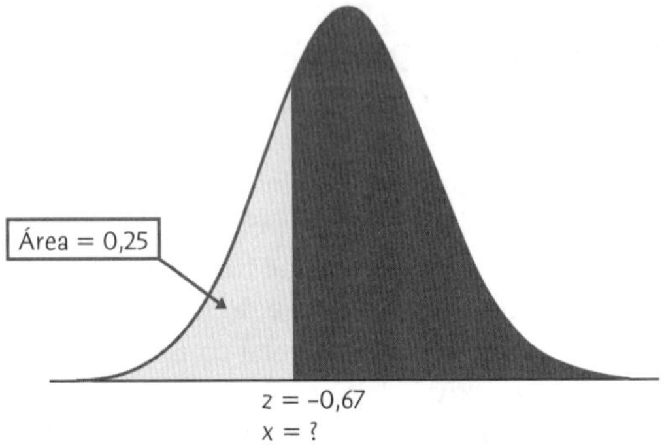

FIGURA 3.14
Localização do primeiro quartil de uma curva Normal para o Exemplo 3.11.

Passo 3. Despadronize. O nível de colesterol correspondente a $z = -0{,}67$ está a 0,67 desvio-padrão abaixo da média, ou seja,

$$x = \text{média} + (0{,}67)\ (\text{desvio-padrão})$$
$$= 180 - (0{,}67)\ (34{,}8) = 156{,}7$$

O primeiro quartil dos níveis de colesterol no sangue em homens de 20 a 24 anos de idade é de cerca de 157 mg/dL.

APLIQUE SEU CONHECIMENTO

3.13 Tabela A. Use a Tabela A para determinar o valor z de uma variável Normal padrão que satisfaz cada uma das seguintes condições. (Use o valor de z da Tabela A que mais se aproxima da condição.) Em cada caso, esboce uma curva Normal padrão com seu valor de z marcado no eixo.

(a) O ponto z com 75% das observações situadas abaixo dele.

(b) O ponto z com 15% das observações situadas acima dele.

(c) O ponto z com 15% das observações situadas abaixo dele.

3.14 Teste de admissão em escolas de medicina. Quase todas as escolas de medicina nos EUA exigem que os estudantes façam o Medical College Admission Test (MCAT). O escore total das quatro seções do teste varia de 472 a 528. Na primavera de 2019, o escore médio foi de 500,9, com desvio-padrão de 10,6.

(a) Quais são a mediana e o primeiro e terceiro quartis dos escores no MCAT? Qual é a amplitude interquartil?

(b) Dê o intervalo que contém os 80% centrais dos escores do MCAT.

ESTATÍSTICA NO MUNDO REAL

A curva em forma de sino?

A distribuição da inteligência humana segue a "curva em forma de sino" de uma distribuição Normal? Os escores de um teste de QI seguem aproximadamente uma distribuição Normal. Isso ocorre porque um escore de teste é calculado a partir das respostas de uma pessoa, de modo a produzir uma distribuição Normal. Para concluir que a inteligência segue uma curva em forma de sino, precisamos concordar com a afirmativa de que os escores de testes medem diretamente a inteligência. Muitos psicólogos não acreditam que haja uma característica humana que possa ser chamada de "inteligência" e que possa ser medida por um único escore de teste.

RESUMO

- Às vezes, é possível descrever o padrão geral de uma distribuição por uma curva de densidade. Uma curva de densidade tem área total 1 sob ela. Uma área sob uma curva de densidade e acima de uma faixa de valores fornece a proporção de observações que estão nessa faixa.
- Uma curva de densidade é uma descrição idealizada do padrão geral de um grande número de observações, que suaviza as irregularidades nos dados reais. Denotamos a média de uma curva de densidade por μ e o desvio-padrão de uma curva de densidade por σ, para distingui-los da média $\bar{x}$ e do desvio-padrão s dos dados reais.
- A média, a mediana e os quartis de uma curva de densidade podem ser localizados a olho. A **média** μ é o ponto de equilíbrio da curva. A **mediana** divide ao meio a área sob a curva. Os quartis e a mediana dividem a área sob a curva em quartos. O *desvio-padrão* σ não pode ser localizado a olho na maioria das curvas de densidade.
- A média e a mediana são iguais para curvas de densidade simétricas. A média de uma curva assimétrica está localizada além da mediana em direção à cauda longa.
- As **distribuições Normais** são descritas por uma família especial de curvas de densidade simétricas, em forma de sino, chamadas de *curvas Normais*. A média μ e o desvio-padrão σ especificam completamente uma distribuição Normal $N(\mu, \sigma)$. A média é o centro da curva, e σ é a distância, a partir de μ, aos pontos de mudança de curvatura nos dois lados.
- Para **padronizar** qualquer observação x, subraia dela a média da distribuição e, então, divida o resultado pelo desvio-padrão. O **escore** z resultante.

$$z = \frac{x - \mu}{\sigma}$$

diz de quantos desvios padrão x está afastado da média da distribuição.
- Todas as distribuições Normais ficam iguais quando as medições são transformadas para a escala padronizada. Em particular, todas as distribuições Normais satisfazem a **regra 68-95-99,7**, que descreve o percentual de observações que cai dentro de um, dois e três desvios padrão da média, respectivamente.
- Se x tem distribuição $N(\mu, \sigma)$, então a **variável padronizada** $z = (x - \mu)/\sigma$ tem **distribuição Normal padrão** $N(0; 1)$, com média 0 e desvio-padrão 1. A Tabela A fornece as proporções acumuladas de observações Normais padronizadas, que são menores que z, para diversos valores de z. Com a padronização, podemos usar a Tabela A para qualquer distribuição Normal.

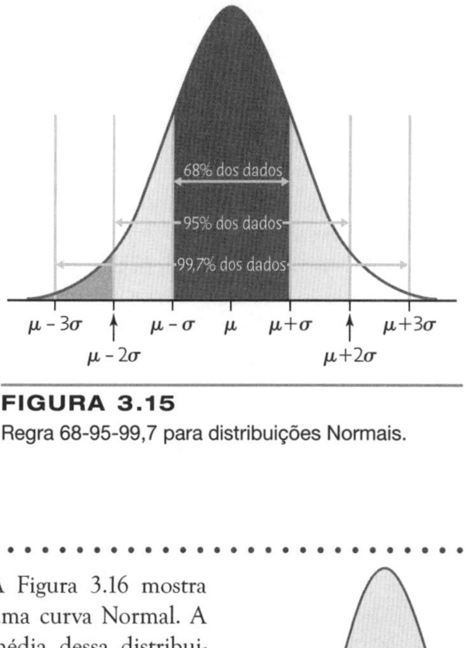

FIGURA 3.15
Regra 68-95-99,7 para distribuições Normais.

VERIFIQUE SUAS HABILIDADES

3.15 Qual das seguintes variáveis tem mais chance de ter uma distribuição Normal?

(a) Renda *per capita* para 150 países diferentes.
(b) Preços de venda de 200 casas em Santa Bárbara.
(c) Alturas de 100 recém-nascidos em Connecticut.

3.16 Para especificar completamente a forma de uma distribuição Normal, você deve determinar

(a) a média e o desvio-padrão.
(b) o resumo dos cinco números.
(c) a média e a mediana.

3.17 A Figura 3.16 mostra uma curva Normal. A média dessa distribuição é

(a) 0. (b) 2. (c) 3.

3.18 O desvio-padrão da distribuição Normal na Figura 3.16 é

(a) 2.
(b) 3.
(c) 5.

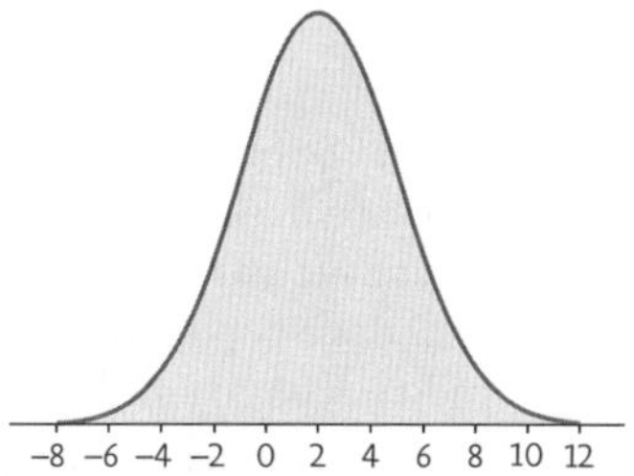

FIGURA 3.16
Uma curva Normal, para os Exercícios 3.17 e 3.18.

3.19 Observou-se que as horas de sono por noite da semana entre estudantes de faculdade são Normalmente distribuídas, com média de 6,5 horas e desvio-padrão de 1 hora. Qual intervalo contém os 95% centrais de horas dormidas por noite da semana por estudantes de faculdade?

(a) 5,5 a 7,5 horas por noite da semana.
(b) 4,5 a 7,5 horas por noite da semana.
(c) 4,5 a 8,5 horas por noite da semana.

3.20 Observou-se que as horas de sono por noite da semana entre estudantes de faculdade são Normalmente distribuídas, com média de 6,5 horas e desvio-padrão de 1 hora. O percentual de estudantes de faculdade que dormem pelo menos oito horas por noite da semana é de cerca de

(a) 95%.
(b) 6,7%.
(c) 2,5%.

3.21 Os escores de adultos em um teste de QI têm distribuição aproximadamente Normal, com média 100 e desvio-padrão 15. Alysha obteve um escore de 135 nesse teste. O escore z dela é de cerca de

(a) 1,33.
(b) 2,33.
(c) 6,33.

3.22 A proporção de observações de uma distribuição Normal padrão que assumem valores maiores do que 1,78 é de cerca de

(a) 0,9554.
(b) 0,0446.
(c) 0,0375.

3.23 A proporção de observações de uma distribuição Normal padrão que assumem valores entre 1 e 2 é de cerca de

(a) 0,025.
(b) 0,135.
(c) 0,160.

3.24 Os escores de adultos em um teste de QI têm distribuição aproximadamente Normal, com média 100 e desvio-padrão 15. Alysha obteve um escore de 135 nesse teste. Seu escore é maior do que qual percentual de todos os adultos?

(a) Cerca de 5%.
(b) Cerca de 95%.
(c) Cerca de 99%.

EXERCÍCIOS

3.25 **Entendendo as curvas de densidade.** Lembre-se de que é a área sob uma curva de densidade, não a altura da curva, que dá as proporções em uma distribuição. Para ilustrar isso, esboce uma curva de densidade que tenha um pico alto e fino em 0 do eixo horizontal, mas que tenha a maior parte de sua área próxima de 1 no eixo horizontal, sem um pico alto em 1.

3.26 **Atividade diária.** Parece que as pessoas que são ligeiramente obesas são menos ativas do que as pessoas mais magras. Um estudo observou o número médio de minutos por dia que as pessoas passam de pé ou andando.[10] Entre as pessoas ligeiramente obesas, os minutos de atividade variaram de acordo com a distribuição $N(373; 67)$. Os minutos de atividade para as pessoas magras tinham a distribuição $N(526; 107)$. Dentro de quais limites estão os minutos de atividade para 95% das pessoas em cada grupo? Use a regra 68-95-99,7.

3.27 **Colesterol.** Lipoproteína de baixa densidade (LDL – *Low Density Lipoprotein*) é a principal fonte do acúmulo de colesterol e bloqueio das artérias. Essa é a razão pela qual LDL é conhecido como "colesterol ruim". LDL é medido em miligramas por decilitro de sangue, ou mg/dL. Em uma população de adultos, a distribuição dos níveis de LDL é Normal, com média de 123 mg/dL e desvio-padrão de 41 mg/dL. Se o LDL de um indivíduo está pelo menos a um desvio-padrão acima da média, ele será monitorado cuidadosamente por um médico. Qual porcentagem de indivíduos dessa população terá níveis de LDL 1 ou mais desvios padrão acima da média? Use a regra 68-95-99,7.

3.28 **Treinamento na Normal padrão.** Use a Tabela A para determinar a proporção de observações de uma distribuição Normal padrão que está em cada uma das regiões a seguir. Em cada caso, esboce uma curva Normal padrão e sombreie a área que representa a região.

(a) $z \leq 1,63$
(b) $z \geq 1,63$
(c) $z > 0,92$
(d) $-1,63 < z < 0,92$

3.29 **Treinamento na Normal padrão.**

(a) Determine o número z de modo que a proporção de observações que são inferiores a z em uma distribuição Normal padrão seja 0,2.
(b) Determine o número z de modo que 40% de todas as observações de uma distribuição Normal padrão sejam maiores do que z.

3.30 **Moscas de fruta.** A mosca de fruta comum *Drosophila melanogaster* é o organismo mais estudado na pesquisa genética porque é pequena, de fácil crescimento e se reproduz rapidamente. Os comprimentos do tórax (onde as asas e as pernas se prendem) em uma população de machos de moscas de fruta seguem uma distribuição aproximadamente Normal, com média de 0,800 mm e desvio-padrão de 0,078 mm.

(a) Qual proporção de moscas macho tem comprimento do tórax menor que 0,7 mm?
(b) Qual proporção tem comprimento do tórax maior que 1,0 mm?
(c) Qual proporção tem comprimento do tórax entre 0,7 e 1,0 mm?

3.31 **Chuva ácida?** As emissões de dióxido de enxofre pela indústria causam mudanças químicas na atmosfera que resultam na "chuva ácida". A acidez dos líquidos é medida pelo pH, em uma escala de 0 a 14. A água destilada tem pH 7,0 e valores mais baixos de pH indicam acidez. A chuva normal é um pouco ácida, de modo que chuva ácida é, algumas vezes, definida como chuva com pH abaixo de 5,0. O pH da chuva em um local varia, nos dias chuvosos, de acordo com uma distribuição Normal, com média de 5,43 e desvio-padrão de 0,54. Que proporção dos dias chuvosos tem chuvas com pH abaixo de 5,0?

3.32 **Corredores.** Em um estudo de exercício físico, um grande grupo de corredores homens andou em uma esteira por 6 minutos. No final, suas taxas cardíacas, em batimentos por minuto, variaram, de corredor para corredor, de acordo com a distribuição Normal $N(104; 12{,}5)$. As taxas de batimentos cardíacos para homens não corredores, depois do mesmo exercício, tiveram a distribuição $N(130; 17)$.

(a) Que percentual dos corredores tem taxas cardíacas acima de 140?

(b) Que percentual dos não corredores tem taxas cardíacas acima de 140?

3.33 **Estamos ficando mais inteligentes?** Quando o teste de QI Stanford-Binet entrou em uso, em 1932, ele foi ajustado de modo que os escores para crianças em cada faixa etária seguissem razoavelmente uma distribuição Normal, com média 100 e desvio-padrão 15. O teste é reajustado de tempos em tempos para manter a média em 100. Se crianças americanas atuais fizessem o teste de Stanford-Binet de 1932, seu escore médio seria de cerca de 120. As razões para o aumento não são conhecidas, mas provavelmente incluem melhor nutrição na infância e mais experiência em fazer testes.[11]

(a) Os escores QI acima de 130 são, em geral, chamados de "muito superiores". Qual porcentagem de crianças teve escores muito superiores em 1932?

(b) Se crianças americanas atuais fizessem o teste de Stanford-Binet de 1932, qual porcentagem teria escores muito superiores? (Suponha que o desvio-padrão de 15 não tenha se alterado.)

3.34 **Índice de massa corporal.** Seu índice de massa corporal (IMC) é seu peso, em quilogramas, dividido pelo quadrado de sua altura em metros. Muitas calculadoras *online* permitem que você registre seu peso em libras e sua altura em polegadas. IMC alto é um indicador comum, mas controverso, de sobrepeso ou obesidade. Um estudo do órgão norte-americano National Center for Health Statistics constatou que o IMC de meninos norte-americanos de 2 anos de idade tem distribuição aproximadamente Normal, com média 16,8 e desvio-padrão 1,9.[12]

(a) Qual porcentagem de meninos norte-americanos de 2 anos de idade tem IMC menor do que 15,0?

(b) Qual porcentagem de meninos norte-americanos de 2 anos de idade tem IMC menor do que 18,5?

Milhas por galão. *Em seu guia* Fuel Economy Guide *para veículos modelo 2019, a agência Environmental Protection Agency fornece dados sobre 1.259 veículos. Há uma quantidade de valores atípicos altos, principalmente veículos híbridos gasolina-elétrico. No entanto, se ignorarmos os veículos identificados como valores atípicos, a milhagem de gasolina combinada cidade-estrada dos outros cerca de 1.231 veículos é aproximadamente Normal, com média de 22,8 milhas por galão (mpg) e desvio-padrão de 4,8 mpg. Os Exercícios 3.35 a 3.38 referem-se a essa distribuição.*

3.35 **Eu amo meu bug!** O Fusca 2019 da Volkswagen, com motor 2.0-L de quatro cilindros e transmissão automática, tem milhagem de gasolina combinada de 29 mpg. Que percentual de todos os veículos tem milhagem de gasolina melhor do que o Fusca?

3.36 **Os 15% superiores.** Quão alta deve ser a milhagem de gasolina de um veículo 2019 para que se situe entre os 15% superiores entre todos os veículos?

3.37 **A metade central.** Os quartis de qualquer distribuição são os valores com proporções acumuladas de 0,25 e 0,75. Eles cobrem a metade central da distribuição. Quais são os quartis da distribuição de milhagens de gasolina?

3.38 **Os quintis.** Os quintis de qualquer distribuição são os valores com proporções acumuladas de 0,20, 0,40, 0,60 e 0,80. Quais são os quintis da distribuição de milhagens de gasolina?

3.39 **Qual é o seu percentil?** Relatórios sobre o resultado de um estudante em um teste, como o SAT, ou a altura ou peso de uma criança, em geral fornecem o percentil, bem como o valor real da variável. O percentil é apenas uma proporção acumulada declarada como um percentual: o percentual de todos os valores da variável que foram menores do que determinado escore. Os comprimentos da parte superior do braço de mulheres de 20 anos de idade ou mais, nos EUA, têm distribuição aproximadamente Normal, com média 35,9 cm e desvio-padrão de 5,1 cm; esses comprimentos para homens de 20 anos de idade ou mais têm distribuição aproximadamente Normal, com média 39,1 cm e desvio-padrão 5,0 cm.

(a) Cecile, uma mulher de 73 anos de idade nos EUA, tem comprimento da parte superior do braço de 33,9 cm. Qual é o seu percentil?

(b) Meça o comprimento da parte superior do seu braço até o décimo mais próximo, consultando a Figura 3.11 para as instruções de medição. Qual é o comprimento de sua parte superior do braço, em centímetros? Qual é seu percentil?

3.40 **Escores SAT perfeitos.** É possível conseguir um escore maior do que 1.600 nas partes combinadas de matemática e leitura e escrita com base em evidência no SAT, mas escores iguais a 1.600 ou maiores do que 1.600 são relatados como 1.600. A distribuição dos escores SAT (matemática e leitura combinados), em 2019, ficou próxima de uma Normal, com média de 1.059 e desvio-padrão de 210. Qual a proporção dos escores SAT para essas duas partes foi relatada como 1.600? (Isto é, qual proporção de escores SAT foi realmente de 1.600 ou mais?)

3.41 **Alturas de homens e mulheres.** As alturas de mulheres na faixa etária entre 20 e 29 anos seguem aproximadamente a distribuição $N(64{,}1; 3{,}7)$. Homens com a mesma idade têm as alturas distribuídas como $N(69{,}4; 3{,}1)$. Qual é o percentual de homens de 20 a 29 anos de idade que são mais altos do que a altura média de mulheres na faixa etária entre 20 e 29 anos?

3.42 **Pesos não são normais.** As alturas de pessoas do mesmo sexo e idades semelhantes seguem, razoavelmente de perto, uma distribuição Normal. Os pesos, por outro lado, não são Normalmente distribuídos. Os pesos de homens na faixa etária entre 20 e 29 anos têm média de 186,8 libras e mediana de 177,8 libras. O primeiro e o terceiro quartis são 152,9 libras e 208,5 libras, respectivamente. Além disso, os 10% inferiores têm pesos menores ou iguais a 137,6 libras, enquanto os 10% superiores têm pesos maiores ou iguais a 247,2 libras. O que se pode dizer sobre a forma da distribuição dos pesos? Por quê?

3.43 **Um cálculo surpreendente.** A mudança da média e do desvio-padrão de uma distribuição Normal por uma quantidade moderada pode alterar, em muito, o percentual de observações nas caudas. Suponha que uma faculdade esteja à procura de candidatos com escores de 780 ou mais, ou no teste SAT de matemática ou no teste leitura e escrita com base em evidência.

(a) Em 2018, os escores no teste SAT de matemática seguiram a distribuição *N*(528; 117). Que percentual obteve um escore de 780 ou mais?

(b) Os escores no teste leitura e escrita, nesse mesmo ano, tiveram a distribuição *N*(531; 104). Que percentual obteve escore de 780 ou mais? Podemos ver que o percentual de estudantes com pontuação acima de 780 no SAT é quase duas vezes o percentual de estudantes com escores de mesma magnitude no teste de leitura.

3.44 **Atribuição de notas aos gerentes.** Diversas companhias "dão notas em uma curva em forma de sino" para comparar o desempenho de seus gerentes e funcionários. Isso leva ao uso de algumas taxas de desempenho baixas, para que nem todos os funcionários sejam listados como "acima da média". O "processo de gerenciamento de desempenho" da Ford Motor Company atribuiu 10% de conceitos A, 80% de conceitos B e 10% de conceitos C aos gerentes da companhia. Suponha que os escores de desempenho da Ford realmente sejam Normalmente distribuídos. Esse ano, os gerentes com escores inferiores a 25 receberam C e aqueles com escores superiores a 475 receberam A. Quais são a média e o desvio-padrão dos escores?

3.45 **Osteoporose.** Osteoporose é uma condição em que os ossos se tornam quebradiços devido à perda de minerais. Para diagnosticar a osteoporose, um elaborado aparelho mede a densidade mineral do osso (DMO). DMO é, em geral, reportada em forma padronizada. A padronização se baseia em uma população de adultos jovens saudáveis. O critério da Organização Mundial da Saúde (OMS) para a osteoporose é uma DMO menor do que 2,5 desvios padrão abaixo da média para jovens adultos. As medidas da DMO em uma população de pessoas similares em idade e sexo seguem, razoavelmente, uma distribuição Normal.

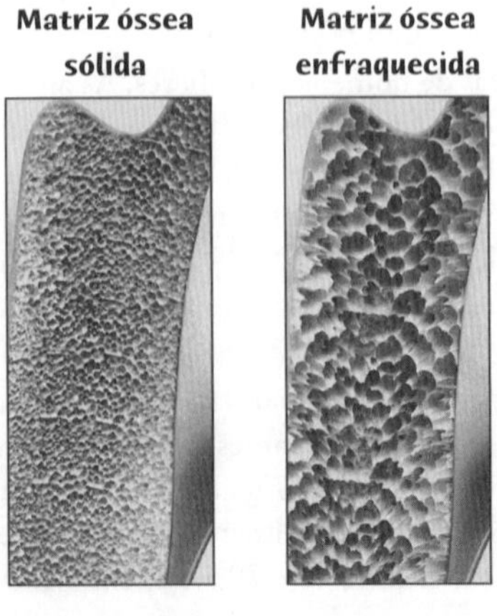

CreVis2/iStock

(a) Pelo critério da OMS, qual percentual de adultos jovens saudáveis tem osteoporose?

(b) Mulheres na faixa etária entre 70 e 79 anos não são, obviamente, pessoas jovens. A DMO média para essa idade é de cerca de –2 na escala padronizada para jovens adultos. Suponha que o desvio-padrão seja o mesmo que para os jovens adultos. Que percentual dessa população mais idosa tem osteoporose?

Nos capítulos mais à frente, veremos muitos procedimentos estatísticos que funcionam bem quando os dados estão "bastante próximos de uma Normal". Os Exercícios 3.46 a 3.50 se referem a dados que estão, na maioria, perto o bastante da Normal para trabalho estatístico, enquanto o Exercício 3.51 se refere a dados que não são próximos de uma Normal. Esses exercícios pedem que você faça a análise de dados e os cálculos Normais para verificar quão próximos da Normal estão os dados reais.

3.46 **Normal é apenas uma aproximação: escores ACT.** Escores compostos no teste ACT para graduandos do Ensino Médio em 2019 tiveram média 20,8 e desvio-padrão 5,8. No total, 1.914.817 estudantes nessa classe fizeram o teste. Desses, 227.221 tiveram escores maiores do que 28, e outros 54.848 tiveram escores de exatamente 28. Os escores ACT são sempre números inteiros. A distribuição exatamente Normal *N*(20,8; 5,8) pode incluir qualquer valor, não apenas números inteiros. Ainda mais, *não* há área exatamente acima de 28 sob a curva suave Normal. Assim, os escores ACT podem apenas ser aproximadamente Normais. Para ilustrar esse fato, determine

(a) o percentual de escores ACT de 2019 maiores do que 28, usando as contagens reais relatadas.

(b) o percentual dos escores ACT de 2019 maiores do que 28 ou iguais a 28, usando as contagens reais relatadas.

(c) o percentual de observações que são maiores do que 28 usando a distribuição *N*(20,8; 5,8). (O percentual maior do que 28 ou igual a 28 é o mesmo, porque não há área exatamente sobre 28.)

3.47 **Os dados são normais? Retornos de ações.** O retorno de uma ação é a mudança em seu preço de mercado, mais algum pagamento de dividendo feito. O retorno total é, em geral, expresso como um percentual do preço inicial. O Exercício 1.32 fornece um histograma da distribuição dos retornos anuais de todas as ações na S&P, de 1928 a 2018 (91 anos). O retorno médio é 11,36%, com desvio-padrão de 19,58%.[13] RETSP

(a) Se a distribuição dos 91 anos fosse exatamente *N*(11,36; 19,58), qual seria a proporção de meses com retornos maiores do que 0? Maiores do que 30%?

(b) Qual proporção dos retornos reais é maior do que 0? Maiores do que 30%? Esses resultados sugerem que a *N*(11,36; 19,58) fornece uma boa aproximação para a distribuição dos retornos durante esse período?

3.48 **Os dados são normais? Acidez da chuva.** O Exercício 3.31 se refere à acidez (medida pelo pH) da chuva. Uma amostra de 105 espécimes de água de chuva apresentou pH médio de 5,43, desvio-padrão de 0,54 e resumo dos cinco números 4,33; 5,05; 5,44; 5,79; 6,81.[14]

(a) Compare a média e a mediana e, também, as distâncias dos dois quartis até a mediana. Parece que a distribuição seja razoavelmente simétrica? Por quê?

(b) Se a distribuição for realmente $N(5{,}43;\ 0{,}54)$, qual proporção das observações será menor do que 5,05? Menor do que 5,79? Essas proporções sugerem que a distribuição seja próxima da Normal? Por quê?

3.49 **Os dados são normais? Escores de matemática do SAT.** A Georgia Southern University (GSU) tinha 2.786 estudantes matriculados em sua turma de calouros de 2015. Para cada estudante, estão disponíveis dados sobre seus escores no SAT e no ACT, se feitos; média no Ensino Médio (GPA); e a unidade na universidade em que foi admitido.[15] Eis os primeiros 20 escores SAT de matemática desse conjunto de dados: SATMAT

490	580	450	570	650	420	560	410	480	510
540	530	620	380	440	460	460	600	640	450

O conjunto de dados completo está no arquivo SATMAT, que contém os escores de matemática originais e ordenados.

(a) Faça um histograma da distribuição (se seu programa permitir, sobreponha uma curva Normal a seu histograma, como na Figura 3.1). Embora o histograma resultante dependa um pouco de sua escolha das classes, a distribuição parece razoavelmente simétrica, sem valores atípicos.

(b) Determine a média, a mediana, o desvio-padrão e os quartis para esses dados. A comparação entre a média e a mediana e as distâncias dos dois quartis até a mediana sugere que a distribuição seja razoavelmente simétrica. Por quê?

(c) Em 2015, o escore médio na porção matemática do SAT para todos os alunos de último ano que se destinavam à universidade foi de 511. Se a distribuição fosse exatamente Normal com a média e o desvio-padrão encontrados em (b), que proporção dos calouros da GSU regularmente matriculados teria escore acima da média entre todos os que fizeram o teste?

(d) Calcule a proporção exata de calouros regularmente admitidos que tiveram escore acima da média para todos os alunos de último ano que se destinavam à universidade. Será mais simples usar o conjunto de escores ordenados no arquivo de dados para esse cálculo. Como esse percentual se compara com o percentual calculado na parte (c)? A despeito das discrepâncias, essa distribuição é "próxima o bastante da Normal" para o trabalho estatístico em capítulos posteriores.

3.50 **Os dados são normais? Chuvas de monção.** Eis as quantidades de chuva de monção de verão (milímetros) para a Índia em 100 anos, de 1901 a 2000:[16] MONCAO

(a) Faça um histograma dessas quantidades de chuva. Encontre a média e a mediana.

(b) Embora a distribuição seja razoavelmente Normal, seu trabalho mostra algum desvio da Normalidade. De que modo os dados deixam de ser Normais?

3.51 **Os dados são normais? Peso de mulheres na casa dos 20.** Muitas medidas corporais de pessoas do mesmo sexo e idades próximas, como altura e comprimento da parte superior do braço, seguem uma distribuição razoavelmente próxima da Normal. Os pesos, por outro lado, não são Normalmente distribuídos. A pesquisa NHANES de 2009 a 2010[17] inclui os pesos de uma amostra representativa de 548 mulheres nos EUA, na faixa etária entre 20 e 29 anos. O peso médio era 161,58 libras e o desvio-padrão era 48,96 libras. A Figura 3.17 mostra um histograma dos dados, junto com uma curva suave representando a distribuição $N(161{,}58;\ 48{,}96)$. Pela figura, a curva Normal não parece seguir o padrão no histograma tão de perto. Por isso, o uso de áreas sob a curva Normal pode não fornecer uma boa aproximação para os pesos em vários intervalos. PESOFEM

(a) Usando o arquivo de dados no *site* do texto, qual proporção de mulheres na faixa etária entre 20 e 29 anos pesava abaixo de 100 libras? Qual porcentagem da distribuição N(161,58; 48,96) está abaixo de 100?

(b) Qual proporção de mulheres com 20 a 29 anos de idade pesava acima de 250 libras? Qual porcentagem na distribuição $N(161{,}58;\ 48{,}96)$ está acima de 250?

(c) Com base em suas respostas às partes (a) e (b), você acha uma boa ideia resumir a distribuição dos pesos por uma distribuição $N(161{,}58;\ 48{,}96)$?

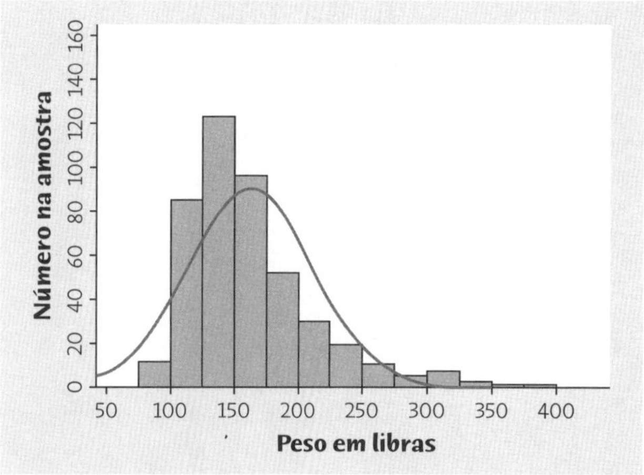

FIGURA 3.17
Histograma dos pesos de 548 mulheres na faixa etária entre 20 e 29 anos, na pesquisa NHANES de 2009 a 2010, com uma curva Normal sobreposta, para o Exercício 3.51.

722,4	792,2	861,3	750,6	716,8	885,5	777,9	897,5	889,6	935,4
736,8	806,4	784,8	898,5	781,0	951,1	1.004,7	651,2	885,0	719,4
866,2	869,4	823,5	863,0	804,0	903,1	853,5	768,2	821,5	804,9
877,6	803,8	976,2	913,8	843,9	908,7	842,4	908,6	789,9	853,6
728,7	958,1	868,6	920,8	911,3	904,0	945,9	874,3	904,2	877,3
739,2	793,3	923,4	885,8	930,5	983,6	789,0	889,6	944,3	839,9
1020,5	810,0	858,1	922,8	709,6	740,2	860,3	754,8	831,3	940,0
887,0	653,1	913,6	748,3	963,0	857,0	883,4	909,5	708,0	882,9
852,4	735,6	955,9	836,9	760,0	743,2	697,4	961,7	866,9	908,8
784,7	785,0	896,6	938,4	826,4	857,3	870,5	873,8	827,0	770,2

O applet Normal Density Curve permite que você faça rapidamente os cálculos da Normal. É, de algum modo, limitado pelo número de pixels disponíveis para uso, de modo que não atinge qualquer valor exatamente. Nos exercícios que seguem, use os valores disponíveis mais próximos. Em cada caso, faça um esboço da curva a partir do applet, marcando os valores usados para responder às questões.

3.52 **Qual a precisão de 68-95-99,7?** A regra 68-95-99,7 para distribuições Normais é uma aproximação útil. Para verificar a precisão dessa regra, arraste um marcador até ultrapassar o outro, para que o *applet* mostre a área sob a curva entre os dois marcadores.

(a) Posicione os marcadores a um desvio-padrão de cada lado da média. Qual é a área entre esses dois valores? Qual o valor que a regra 68-95-99,7 atribui a essa área?

(b) Repita para as posições a dois e três desvios padrão nos dois lados da média. Compare novamente a regra 68-95-99,7 com a área determinada pelo *applet*.

3.53 **Onde estão os quartis?** A quantos desvios padrão acima e abaixo da média estão os quartis de qualquer distribuição Normal? (Use a distribuição Normal padrão para responder a essa questão.)

3.54 **Atribuição de notas aos gerentes.** No Exercício 3.44, vimos que a Ford Motor Company classificava seus gerentes de tal modo que os 10% melhores recebiam conceito A, os que obtiveram os resultados entre os 10% mais baixos recebiam C e os 80% intermediários recebiam B. Vamos supor que os escores de desempenho sigam uma distribuição Normal. Os pontos de corte A/B e B/C estão a quantos desvios padrão acima e abaixo da média? (Use a distribuição Normal padrão para responder a essa questão.)

mlharing/iStock

CAPÍTULO

4

Diagramas de Dispersão e Correlação

Após leitura do capítulo, você será capaz de:

4.1 Dadas duas variáveis relacionadas, identificar a variável explanatória e a variável resposta.

4.2 Dadas duas variáveis relacionadas, criar um diagrama de dispersão.

4.3 Usar as características de um diagrama de dispersão para fazer afirmações sobre os dados apresentados.

4.4 Criar um diagrama de dispersão que distinga valores de uma variável categórica, usando um símbolo diferente para cada categoria.

4.5 Dadas duas variáveis relacionadas, calcular sua correlação *r* com e sem tecnologia.

4.6 Usar a correlação *r* para descrever a relação entre duas variáveis.

Nos Capítulos 1 a 3, enfatizamos a exploração de características de uma única variável. Neste capítulo, continuamos nosso estudo da análise exploratória de dados, mas com o objetivo de examinar as relações *entre* variáveis. Introduzimos uma ferramenta gráfica muito útil para a exploração da relação entre duas variáveis e uma medida numérica da força da relação entre duas variáveis.

Um estudo médico revela que é mais provável que mulheres baixas tenham infartos cardíacos do que mulheres de altura média, enquanto mulheres altas têm menos infartos cardíacos. Uma companhia de seguros reporta que carros mais pesados têm menos mortes registradas por 10 mil veículos do que carros mais leves. Esses e muitos outros estudos estatísticos analisam a *relação entre duas variáveis*. As relações estatísticas são tendências gerais, não regras rígidas. Elas permitem exceções individuais. Embora os fumantes, em média, morram mais jovens do que os não fumantes, algumas pessoas podem viver até os 90 anos fumando três maços de cigarro por dia.

Para compreendermos uma relação estatística entre duas variáveis, medimos ambas nos mesmos indivíduos. Frequentemente, devemos examinar também outras variáveis. Para concluir que mulheres mais baixas têm maior risco de sofrer infartos cardíacos, por exemplo, os pesquisadores eliminaram o efeito de outras variáveis, como peso e hábitos de exercícios. Neste e no próximo capítulo, estudamos relações entre variáveis. Um dos nossos temas principais é que a relação entre duas variáveis pode ser fortemente influenciada por outras variáveis que estão ocultas no contexto subjacente.

4.1 Variáveis resposta e explicativa

Consideramos que o peso do carro ajude a explicar as mortes por acidente e que o hábito de fumar influencie a expectativa de vida. Em cada uma dessas relações, as duas variáveis têm papéis diferentes: uma explica ou influencia a outra.

Variável resposta, variável explicativa

Uma **variável resposta** mede um resultado de um estudo. Uma **variável explicativa** explica ou influencia as mudanças em uma variável resposta.

Frequentemente, você encontrará variáveis explicativas chamadas de *variáveis independentes*, e as variáveis resposta chamadas de *variáveis dependentes*. A ideia por trás dessa linguagem é que a variável resposta depende da variável explicativa. Como "independente" e "dependente" têm outros significados em estatística, não relacionados à distinção explicativa-resposta, preferimos evitar essas palavras.

Algumas vezes, nos referiremos às variáveis explicativas como *variáveis preditoras*. Aqui a ideia é de que, em muitas aplicações, a relação explicativa-resposta é explorada para predizer uma resposta a partir do valor da variável explicativa.

A identificação de variáveis explicativas e variáveis resposta é mais fácil quando, de fato, atribuímos valores a uma variável para analisar como ela afeta a outra variável.

Quando não fixamos os valores de qualquer das variáveis, mas apenas as observamos, pode haver, ou não, uma variável explicativa e uma variável resposta. A existência delas depende de como planejamos usar os dados.

EXEMPLO 4.1 Cerveja e álcool no sangue

Como a ingestão de cerveja afeta o nível de álcool em nosso sangue? O limite legal desse nível, para dirigir um carro em todos os estados americanos, é de 0,08%. Estudantes voluntários da Ohio State University beberam números diferentes de latas de cerveja. Trinta minutos depois, um policial mediu o conteúdo de álcool no sangue desses estudantes. O número de latas consumidas é a variável explicativa e o percentual de álcool no sangue é a variável resposta.

EXEMPLO 4.2 Débitos para com a faculdade

Uma funcionária e estudante da faculdade examina os achados da National Student Loan Survey. Ela vê dados sobre quantidade de débitos de graduados recentes, sobre suas rendas atuais e sobre quão estressados eles se encontram em relação a esses débitos. Ela não está interessada em fazer previsões, mas está simplesmente tentando entender a situação dos recém-graduados. A distinção entre variável explicativa e resposta não se aplica.

Uma socióloga examina os mesmos dados com outro olhar, tentando usar a quantidade de débito e a renda, juntamente com outras variáveis, para explicar o estresse causado pelo débito escolar. Agora, o valor do débito e a renda são variáveis explicativas e o nível de estresse é a variável resposta.

ESTATÍSTICA NO MUNDO REAL

Após representar graficamente seus dados, reflita!

O estatístico Abraham Wald (1902-1950) resolveu alguns problemas de guerra, durante a Segunda Guerra Mundial. Wald inventou alguns métodos estatísticos, que foram considerados segredos militares até o fim do conflito. Eis aqui uma de suas ideias mais simples. Ao ser questionado onde blindagens extras deveriam ser adicionadas aos aviões, Wald estudou a localização dos buracos de balas inimigas nos aviões que retornaram do combate. Ele representou graficamente as localizações em um esboço do avião. À medida que os dados se acumularam, a maior parte desse esboço foi preenchida. "Coloque as blindagens nos poucos pontos em que não há buracos de bala", disse Wald. "Foi onde as balas atingiram os aviões que não conseguiram retornar."

Em muitos estudos, o objetivo é mostrar que mudanças em uma ou mais variáveis explicativas realmente *causam* mudanças em uma variável resposta. Outras relações explicativa-resposta não envolvem causação direta. Nações com mais aparelhos de televisão por pessoa têm maior expectativa de vida, mas o envio de muitos aparelhos de televisão para Botswana *não fará* com que a expectativa de vida aumente. Mesmo quando a causação *direta* não está presente, variáveis explicativas podem ser usadas para a predição de variáveis resposta. Por exemplo, por muitos anos as faculdades usaram os escores SAT para predizer o sucesso na faculdade. E em 2008, o Google usou os dados de busca na internet para predizer a disseminação da influenza. (Duvidamos de que as buscas na internet tenham causado a influenza, mas é plausível que, à medida que as pessoas desenvolveram sintomas, procuraram informação *online* sobre a influenza.)

A maioria dos estudos estatísticos examina dados sobre mais de uma variável. Felizmente, a análise estatística de dados de várias variáveis fundamenta-se nas ferramentas que usamos para examinar as variáveis individuais. Os princípios que guiam nosso trabalho permanecem os mesmos, quais sejam:

- Faça um gráfico dos dados. Procure padrões gerais e desvios relativos a esses padrões.
- Com base no que seu gráfico mostra, escolha resumos numéricos para alguns aspectos de seus dados.

APLIQUE SEU CONHECIMENTO

4.1 Variáveis explicativa e resposta? Você possui dados sobre grande número de estudantes universitários. A seguir, estão quatro pares de variáveis medidas para esses estudantes. Para cada par, é mais razoável simplesmente explorar a relação entre as duas variáveis ou considerar uma das variáveis como explicativa e a outra como resposta? No último caso, qual é a variável explicativa e qual é a variável resposta?

(a) Número de vezes que um estudante acessou o *site* do curso para seu curso de estatística e nota no exame final desse curso.

(b) Número de horas por semana gastas se exercitando e as calorias queimadas por semana.

(c) Horas, por semana, gastas *online* usando as mídias sociais e o coeficiente de rendimento (GPA).

(d) Horas, por semana, gastas *online* usando as mídias sociais e QI.

4.2 Recifes de coral. Qual a sensibilidade dos recifes de coral a mudanças na temperatura da água? Para descobrir, cientistas examinaram dados sobre as temperaturas na superfície da água e o crescimento dos corais durante um ano, em locais no Golfo do México e no Mar do Caribe.[1] Qual é a variável explicativa e qual é a variável resposta? Elas são categóricas ou quantitativas?

4.3 Predizendo a expectativa de vida. A identificação de variáveis que podem ser usadas para a predição da expectativa de vida é importante para as companhias de seguro, economistas e políticos. Vários pesquisadores investigaram até quanto o nível de pobreza pode ser usado para predizer a expectativa de vida. Nomeie duas outras variáveis que poderiam ser utilizadas para a predição da expectativa de vida.

4.2 Apresentação de relações: diagramas de dispersão

A maneira mais eficiente de mostrar a relação entre duas variáveis quantitativas é por meio de um *diagrama de dispersão.*

Sempre disponha a variável explicativa, se houver, no eixo horizontal (o eixo x) de um diagrama de dispersão. Como um lembrete, chame a variável explicativa de x e a variável resposta de y. Se não houver distinção explicativa/resposta, qualquer variável pode ficar no eixo horizontal.

Diagrama de dispersão

Um **diagrama de dispersão** é um gráfico que apresenta a relação entre duas variáveis quantitativas medidas nos mesmos indivíduos. Os valores de uma variável aparecem no eixo horizontal, e os valores da outra variável aparecem no eixo vertical. Cada indivíduo nos dados aparece como um ponto fixado pelos valores de ambas as variáveis para aquele indivíduo.

EXEMPLO 4.3 Escores estaduais do teste SAT de matemática

4 PASSOS A Figura 1.8 nos mostra que, em alguns estados, a maioria dos egressos do Ensino Médio faz o SAT para entrar na universidade e, em outros estados, a maioria faz o ACT. Quem faz esse ou aquele teste pode influenciar o escore médio. Vamos seguir nosso processo de quatro passos para analisar essa influência.[2]

SATMAT **ESTABELEÇA:** o percentual de estudantes do Ensino Médio que fazem o SAT varia de estado para estado. Esse fato ajuda a explicar as diferenças entre os estados relativas à média do escore SAT de matemática?

PLANEJE: examine a relação entre o percentual de estudantes que fazem o SAT e o escore médio do estado na parte de matemática do SAT. Escolha as variáveis explicativa e resposta. Faça um *diagrama de dispersão* para mostrar a relação entre as variáveis. Interprete o diagrama para entender a relação.

RESOLVA (faça o diagrama): suspeitamos que o "percentual dos que fazem o teste" ajudará a explicar o "escore médio". Portanto, "percentual dos que fazem o teste" é a variável explicativa, e "escore médio" é a variável resposta. Queremos ver como o escore médio varia quando o percentual dos que fazem o teste varia; logo, colocamos esse percentual (a variável explicativa) no eixo horizontal. A Figura 4.1 é o diagrama de dispersão. Cada ponto representa um único estado. Em Nevada, por exemplo, 23% fizeram o SAT, e a média do escore SAT de matemática foi 566. Ache 23 no eixo x (horizontal) e 566 no eixo y (vertical). Nevada aparece como o ponto (23, 566) acima de 23 e à direita de 566.

CONCLUA: exploraremos as conclusões no Exemplo 4.4.

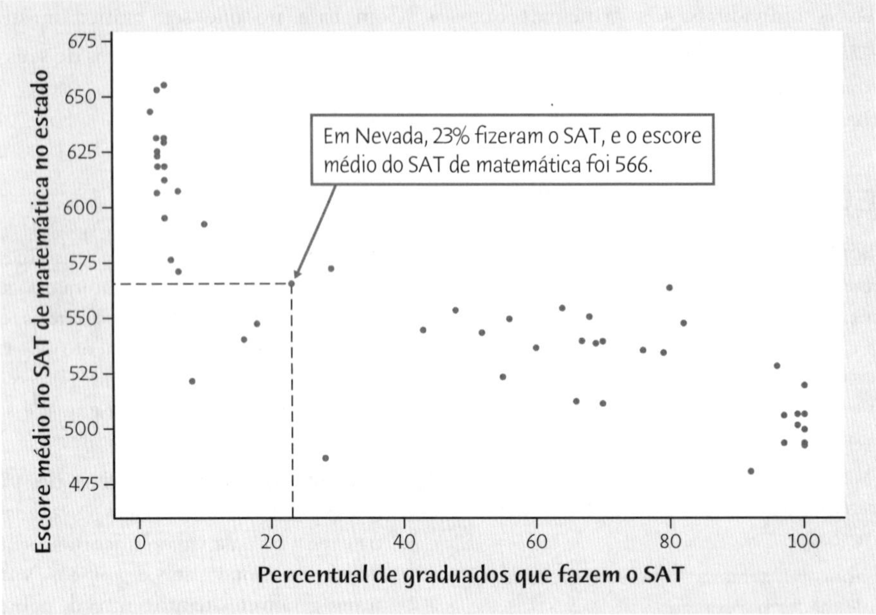

FIGURA 4.1

Diagrama de dispersão do escore médio do SAT de matemática de cada estado *versus* o percentual de graduandos do Ensino Médio do mesmo estado que fizeram o teste SAT, para o Exemplo 4.3. As linhas pontilhadas se cruzam no ponto (23; 566), os dados para Nevada.

APLIQUE SEU CONHECIMENTO

4.4 Homicídio e suicídio. A prevenção do suicídio é um problema importante encarado pelos trabalhadores da saúde mental. A previsão de regiões geográficas onde o risco de suicídio é alto poderia ajudar as pessoas a decidir onde aumentar ou melhorar os recursos e cuidados com a saúde. Alguns psiquiatras argumentaram que homicídio e suicídio podem ter algumas causas em comum. Nesse caso, seria de se esperar que as taxas de homicídio e suicídio fossem correlacionadas. E se isso é verdade, áreas com altas taxas de homicídio poderiam ter previsão de altas taxas de suicídio e, portanto, merecedoras de mais recursos para a saúde mental. A pesquisa tem tido resultados mistos, incluindo alguma evidência de que há uma correlação positiva em certos países europeus, mas não nos EUA. Eis os dados de 2015 para 11 condados em Ohio com dados suficientes para homicídios e suicídios para permitir uma estimativa de taxas para ambos.[3] As taxas são por 100 mil pessoas. MORTE

Condado	Taxa de homicídio	Taxa de suicídio	Condado	Taxa de homicídio	Taxa de suicídio
Butler	4,0	11,2	Lucas	6,0	12,6
Clark	10,8	15,3	Mahoning	11,7	15,2
Cuyahoga	12,2	11,4	Montgomery	8,9	15,7
Franklin	8,7	12,3	Stark	5,8	16,1
Hamilton	10,2	11,0	Summit	7,1	17,9
Lorain	3,3	14,3			

applet

Faça um diagrama de dispersão para verificar se taxas de homicídio e suicídio são correlacionadas. Para esses dados, estamos simplesmente interessados em explorar a relação entre as duas variáveis, de modo que nenhuma variável é uma escolha óbvia para a variável explicativa. Por conveniência, use a taxa de homicídio como variável explicativa e taxa de suicídio como resposta. (O *applet* Two-Variable Statistical Calculator [conteúdo em inglês] fornece um meio fácil de fazer diagramas de dispersão. Clique em "Data" (dados) para introduzir seus dados e, então, em "Scatterplot" (diagrama de dispersão) para ver o diagrama.)

4.5 Terceirização pelas companhias aéreas. As companhias aéreas têm terceirizado, de modo crescente, a manutenção de suas aeronaves para outras companhias. Uma preocupação externada por críticos é que a manutenção pode ser feita de maneira menos cuidadosa, de modo que a terceirização cria uma condição de perigo. Além disso, os atrasos são constantes, devido a problemas de manutenção, de modo que se devem examinar os dados do governo sobre percentuais das principais manutenções terceirizadas e percentuais de atrasos em voos atribuídos à companhia, para determinar se a preocupação se justifica. Isso foi feito e os dados de 2005 e 2006 parecem justificar a preocupação dos críticos. Dados mais recentes justificam essa preocupação? Eis os dados para 2018.[4] CIAEREA

Companhia aérea	Porcentagem de terceirização	Porcentagem de atrasos	Companhia aérea	Porcentagem de terceirização	Porcentagem de atrasos
Alaska	62,8	14	Hawaiian	75,5	8
Allegiant	8,0	22	JetBlue	71,0	19
American	38,8	20	Southwest	53,6	24
Delta	53,7	15	Spirit	20,9	18
Frontier	39,1	31	United	52,0	18

Faça um diagrama de dispersão que mostre a relação entre atrasos e terceirização.

4.3 Interpretação de diagramas de dispersão

Para interpretar um diagrama de dispersão, adapte as estratégias de análise de dados aprendidas nos Capítulos 1 e 2 ao novo contexto de duas variáveis. Descreva o padrão geral de um diagrama de dispersão por sua direção, forma e força.

Direção é bastante simples e indica se o padrão geral se move de mais embaixo à esquerda para cima à direita, de cima à esquerda para baixo à direita, ou nenhuma delas.

Forma se refere à forma funcional aproximada. Por exemplo, ela é razoavelmente uma linha reta, é curvada, ou oscila de alguma maneira? A Figura 4.2 mostra três formas diferentes. A Figura 4.2(a) é um diagrama de dispersão no qual a forma seria descrita como *linear*. A forma na Figura 4.2(b) é curva ou

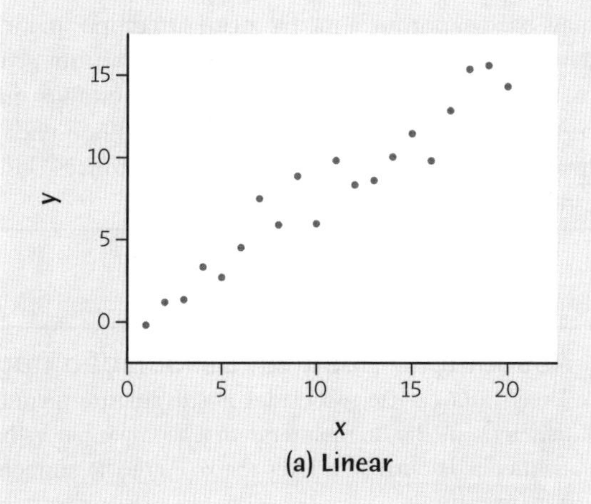

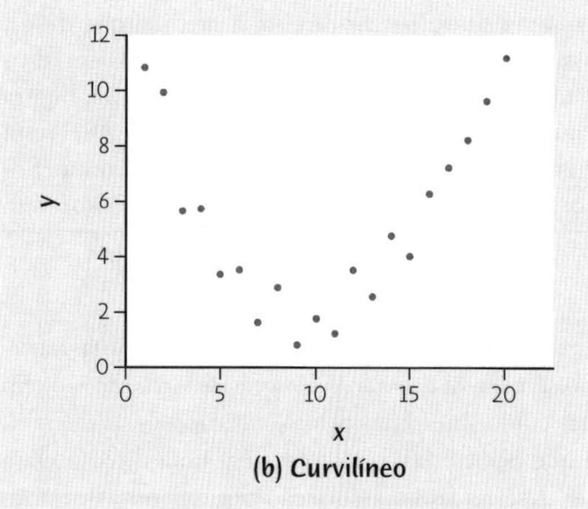

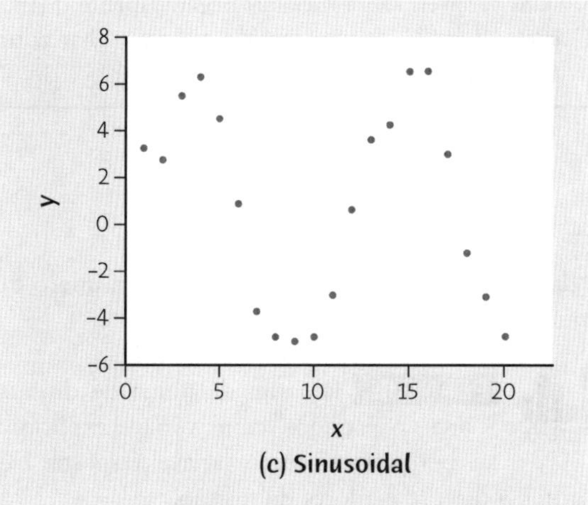

FIGURA 4.2
Exemplos de diagramas de dispersão mostrando diferentes formas: (**a**) linear, (**b**) em curva ou curvilíneo e (**c**) oscilante ou sinusoidal.

curvilínea, e a forma na Figura 4.2(c) oscila e deve ser descrita como *sinusoidal*.

Força se refere a quão de perto os pontos no diagrama seguem a forma. Se eles se colocam quase perfeitamente sobre uma reta, dizemos que há uma forte relação linear (de linha reta). Se eles se espalham muito em torno de uma reta, dizemos que a relação é fraca.

Força
Característica de uma relação entre duas variáveis determinada por quão perto de uma forma simples, como uma reta, os pontos do diagrama de dispersão se colocam.

Exame de um diagrama de dispersão

Em qualquer gráfico de dados, procure pelo *padrão geral* e por fortes *desvios* em relação ao padrão.

Você pode descrever o padrão geral de um diagrama de dispersão por sua *direção*, sua *forma*, e pela *força* da relação.

Um tipo importante de desvio é um *valor atípico*, um valor individual que fica fora do padrão geral da relação.

Tenha cuidado para não confundir as maneiras como descrevemos padrões para distribuições de uma única variável, como simétrica ou assimétrica, com as maneiras como descrevemos padrões em diagramas de dispersão.

EXEMPLO 4.4 Compreendendo os escores SAT estaduais

4 PASSOS Continuamos a explorar os escores estaduais do teste SAT de matemática, interpretando o que o diagrama de dispersão nos diz sobre a variação nesses escores de estado para estado.

SATMAT **RESOLVA (interprete o gráfico):** a Figura 4.1 mostra uma *direção* nítida: o padrão geral se desloca da parte superior esquerda para a parte inferior direita. Isto é, estados nos quais um percentual maior de estudantes faz o teste SAT tendem a ter escores médios menores no SAT de matemática. Essa é uma *associação negativa* entre as duas variáveis.

A *forma* da relação é, aproximadamente, a de uma reta com uma curva suave para a direita, à medida que desce. Além disso, a maioria dos estados se localiza em dois *conglomerados* distintos. Como no histograma da Figura 1.8, o conglomerado dos estados que fazem o ACT está à esquerda e o dos que fazem o SAT está à direita. Em 23 estados, menos de 30% dos estudantes de último ano fizeram o SAT; em outros 28 estados, mais de 40% fizeram o SAT.

A *força* de uma relação em um diagrama de dispersão é determinada pela proximidade com que os pontos seguem uma forma clara. A relação geral na Figura 4.1 é moderadamente forte: estados com percentuais semelhantes de estudantes que fazem o teste SAT tendem a ter escores médios razoavelmente parecidos no SAT de matemática.

CONCLUA: o percentual dos que fazem o teste explica grande parte da variação entre estados nos escores médios do SAT de matemática. Os estados nos quais um maior percentual de estudantes faz o SAT tendem a ter escores médios mais baixos, porque a média inclui um grupo maior de estudantes. Os estados que fazem o SAT, como um grupo, têm menores escores médios SAT do que os estados que fazem o ACT. Assim, o escore SAT médio diz quase nada sobre a qualidade da educação em um estado. É tolice "ordenar" os estados por seus escores médios no SAT.

Quando discutirmos a direção da relação entre duas variáveis, usaremos a palavra *associação*. *Associação* e *relação* são, em geral, tratadas como sinônimas pelos estatísticos.

É claro que nem todas as relações têm uma direção clara que possa ser descrita como associação positiva ou associação negativa. O Exercício 4.8 fornece um exemplo em que não há uma única direção. A seguir, apresentamos um exemplo de uma forte associação positiva com uma simples e importante forma.

Associação positiva, associação negativa

Duas variáveis são **associadas positivamente** quando valores acima da média de uma tendem a acompanhar valores acima da média da outra, e valores abaixo da média também tendem a ocorrer juntos.

Duas variáveis são **associadas negativamente** quando valores acima da média de uma tendem a acompanhar valores abaixo da média da outra, e vice-versa.

EXEMPLO 4.5 Os peixes-boi ameaçados

4 PASSOS **ESTABELEÇA:** os peixes-boi são criaturas grandes, dóceis e de movimentos lentos, encontrados ao longo da costa da Flórida. Muitos peixes-boi são machucados ou mortos por barcos. A Tabela 4.1 contém dados sobre o número de barcos registrados na Flórida (em milhares) e o número de peixes-boi mortos por barcos, entre os anos de 1977 e 2018.[5] Examine a relação. É plausível que a restrição no número de barcos ajude a proteger os peixes-boi?

PEIXEBOI **PLANEJE:** faça um diagrama de dispersão com "barcos registrados" como variável explicativa e "peixes-boi mortos" como variável resposta. Descreva a forma, a direção e a força da relação.

Tabela 4.1 Registros de barcos na Flórida (milhares) e peixes-boi mortos por barcos

Ano	Barcos	Peixes-boi	Ano	Barcos	Peixes-boi	Ano	Barcos	Peixes-boi
1977	447	13	1992	679	38	2007	1027	73
1978	460	21	1993	678	35	2008	1.010	90
1979	481	24	1994	696	49	2009	982	97
1980	498	16	1995	713	42	2010	942	83
1981	513	24	1996	732	60	2011	922	88
1982	512	20	1997	755	54	2012	902	82
1983	526	15	1998	809	66	2013	897	73
1984	559	34	1999	830	82	2014	900	69
1985	585	33	2000	880	78	2015	916	86
1986	614	33	2001	944	81	2016	931	106
1987	645	39	2002	962	95	2017	944	111
1988	675	43	2003	978	73	2018	951	124
1989	711	50	2004	983	69			
1990	719	47	2005	1.010	79			
1991	681	53	2006	1.024	92			

RESOLVA: a Figura 4.3 é o diagrama de dispersão. Há uma associação positiva: mais barcos vão junto com mais peixes-boi mortos. Essa forma é uma **relação linear**. Isto é, o padrão geral segue uma linha reta, da esquerda inferior à direita superior. A relação é forte porque os pontos não se afastam muito de uma reta.

Relação linear
Importante forma de relação entre duas variáveis na qual os pontos em um diagrama de dispersão mostram um padrão de linha reta.

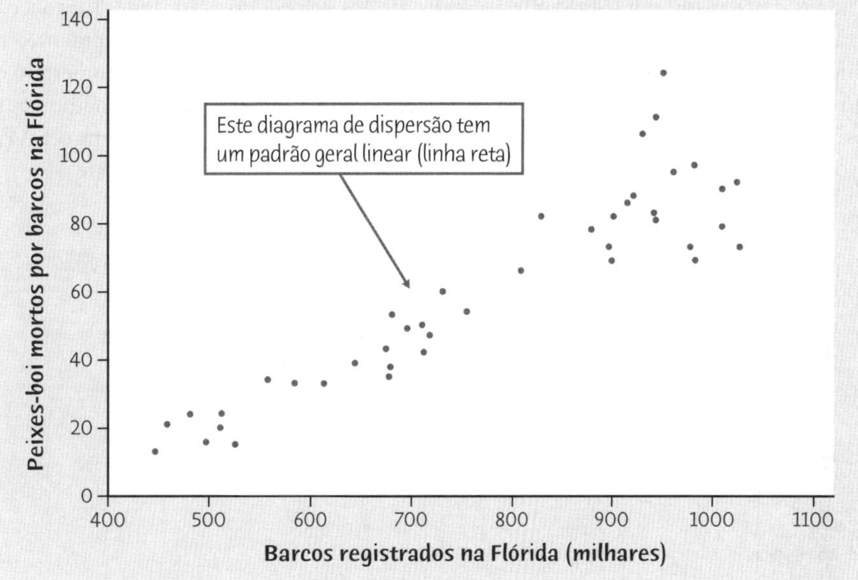

FIGURA 4.3
Diagrama de dispersão do número de peixes-boi mortos por barcos na Flórida, nos anos de 1977 a 2018, contra o número de barcos registrados na Flórida em cada um desses anos, para o Exemplo 4.5. Há um forte padrão linear (linha reta).

CONCLUA: à medida que mais barcos são registrados, o número de peixes-boi mortos por barcos cresce linearmente. Dados da Comissão da Vida Selvagem da Flórida apontam que, em 2018, os barcos foram responsáveis por 15% de todas as mortes de peixes-boi (tanto aquelas em que as causas puderam ser determinadas quanto aquelas em que as causas não puderam ser determinadas) com base na associação estatística mostrada acima, e por 21,6% das mortes cujas causas puderam ser determinadas. Embora muitos peixes-boi morram por outras causas, parece que menos barcos significariam menos mortes de peixes-boi.

Como o próximo capítulo enfatizará, *é sempre prudente se perguntar quais outras variáveis ocultas podem contribuir para a relação apresentada em um diagrama de dispersão.* Como os barcos registrados e as mortes de peixes-boi são registrados ano a ano, qualquer mudança nas condições ao longo do tempo pode afetar a relação. Por exemplo, se os barcos na Flórida tendessem a andar mais rápido ao longo dos anos, isso resultaria em mais peixes-boi mortos pelo mesmo número de barcos.

APLIQUE SEU CONHECIMENTO

4.6 Homicídio e suicídio. Descreva a direção, a forma e a força da relação entre taxa de homicídio e taxa de suicídio, como mostrado no seu gráfico para o Exercício 4.4. Há algum desvio do padrão geral? MORTE

4.7 Terceirização por companhias aéreas. Seu diagrama para o Exercício 4.5 mostra uma associação positiva, uma associação negativa, ou nenhuma associação entre terceirização da manutenção e atrasos causados pela companhia aérea? Se seu diagrama mostra uma associação, a relação é muito forte? Há algum valor atípico? CIAEREA

4.8 Dirigir rápido desperdiça gasolina? Como muda o consumo de gasolina de um carro quando sua velocidade aumenta? A seguir, estão os dados para um Volkawagen Jetta Diesel de 2013. A velocidade foi medida em milhas por hora, e o consumo de combustível, em milhas por galão.[6] DIRVELOZ

Velocidade	20	30	40	50	60	70	80
Combustível	49,0	67,9	66,5	59	50,4	44,8	39,1

(a) Faça um diagrama de dispersão. (Qual é a variável explicativa?)

(b) Descreva a forma da relação. Ela não é linear. Explique por que a forma da relação faz sentido.

(c) Não faz sentido descrever as variáveis como positivamente associadas ou negativamente associadas. Por quê?

(d) A relação é razoavelmente forte ou bem fraca? Explique sua resposta.

4.4 Adição de variáveis categóricas a diagramas de dispersão

O Birô do Censo dos EUA agrupa os estados em quatro grandes regiões, denominadas Meio-Oeste, Nordeste, Sul e Oeste. Podemos nos perguntar sobre padrões regionais nos escores do exame SAT. A Figura 4.4 repete parte da Figura 4.1, com uma diferença importante: registramos apenas os grupos de estados do Meio-Oeste e do Nordeste, marcando com o símbolo "•" os estados do Meio-Oeste e com o símbolo "+" os estados do Nordeste.

A comparação por região é surpreendente. Os nove estados do Nordeste são todos estados SAT – pelo menos 63% dos graduados no Ensino Médio em cada um desses estados fazem o SAT. Os 13 estados do Meio-Oeste são, em sua maioria, estados ACT. Em nove desses estados, menos de 5% dos graduados no Ensino Médio fazem o SAT. Três estados na região do Meio-Oeste são, claramente, valores atípicos: Indiana, Illinois e Michigan são estados SAT (67, 99 e 100%, respectivamente, fazem o SAT) cujos escores médios caem no conglomerado do Nordeste no diagrama de dispersão. Os escores médios para o estado de Ohio, do Meio-Oeste, onde 18% fazem o SAT, também ficam fora do conglomerado do Meio-Oeste.

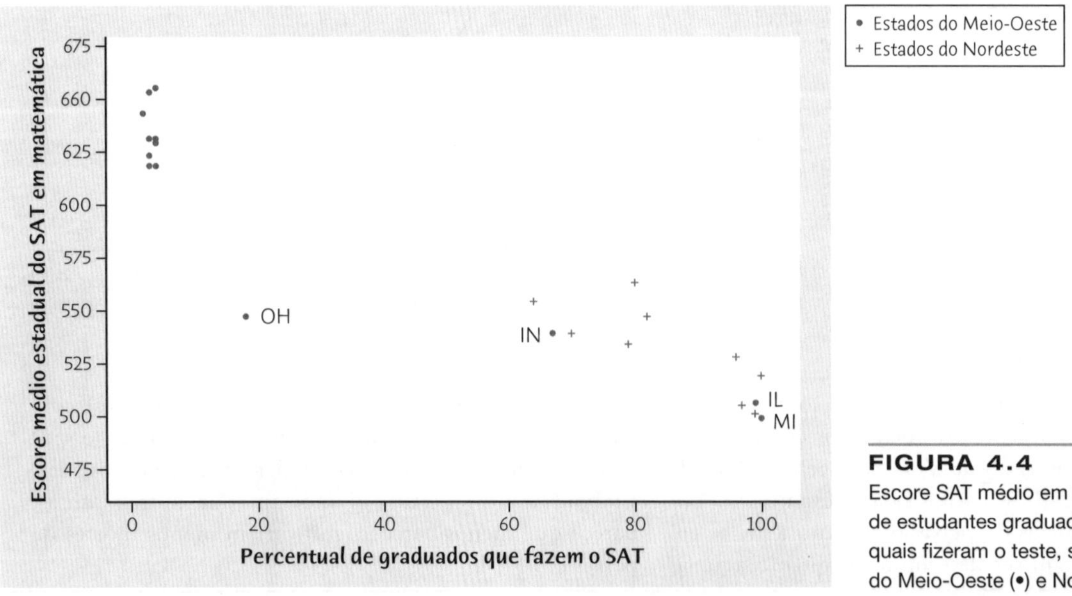

FIGURA 4.4
Escore SAT médio em matemática e percentual de estudantes graduados no Ensino Médio os quais fizeram o teste, somente para os estados do Meio-Oeste (•) e Nordeste (+).

A divisão dos estados em regiões introduz uma terceira variável no diagrama de dispersão. "Região" é uma variável categórica que assume quatro valores, embora no gráfico sejam exibidas apenas duas das quatro regiões, que são identificadas por dois símbolos diferentes.

Variáveis categóricas em diagramas de dispersão

Para acrescentar uma variável categórica a um diagrama de dispersão, use cores ou símbolos diferentes para cada categoria.

APLIQUE SEU CONHECIMENTO

4.9 Homicídio e suicídio. Os dados descritos no Exercício 4.4 incluem condados de vários tamanhos. Aqueles com populações muito grandes (maiores do que 800 mil) são indicados na tabela: MORTE2

Condado	Taxa de homicídio	Taxa de suicídio	População acima de 800 mil	Condado	Taxa de homicídio	Taxa de suicídio	População acima de 800 mil
Butler	4,0	11,2	N	Lucas	6,0	12,6	N
Clark	10,8	15,3	N	Mahoning	11,7	15,2	N
Cuyahoga	12,2	11,4	S	Montgomery	8,9	15,7	N
Franklin	8,7	12,3	S	Stark	5,8	16,1	N
Hamilton	10,2	11,0	S	Summit	7,1	17,9	N
Lorain	3,3	14,3	N				

(a) Faça um diagrama de dispersão da taxa de homicídio *versus* taxa de suicídio para todos os condados. Use símbolos diferentes para distinguir condados com populações muito grandes.

(b) O mesmo padrão geral vale para ambos os tipos de condados? Qual a diferença mais importante entre os dois tipos de condados?

4.5 Medida de associação linear: correlação

Um diagrama de dispersão mostra a direção, a forma e a força da relação entre duas variáveis quantitativas. As relações lineares (linha reta) são especialmente importantes porque uma reta é um padrão simples bastante comum. Dizemos que uma relação linear é forte se os pontos caem próximos de uma reta, e fraca, se eles estão bastante espalhados em torno de uma reta. Nossos olhos não são bons juízes da intensidade de uma relação linear. Os dois diagramas de dispersão na Figura 4.5 representam exatamente os mesmos dados, porém o gráfico de baixo foi desenhado em tamanho menor em um grande espaço. O gráfico inferior parece mostrar uma relação linear mais forte. Nossos olhos podem ser enganados pela mudança de escalas do gráfico ou pela quantidade de espaço em branco em torno da nuvem de pontos em um diagrama de dispersão.[7] Precisamos seguir nossa estratégia de análise de dados, usando uma medida numérica para suplementar o gráfico. A *correlação* é a medida que usamos.

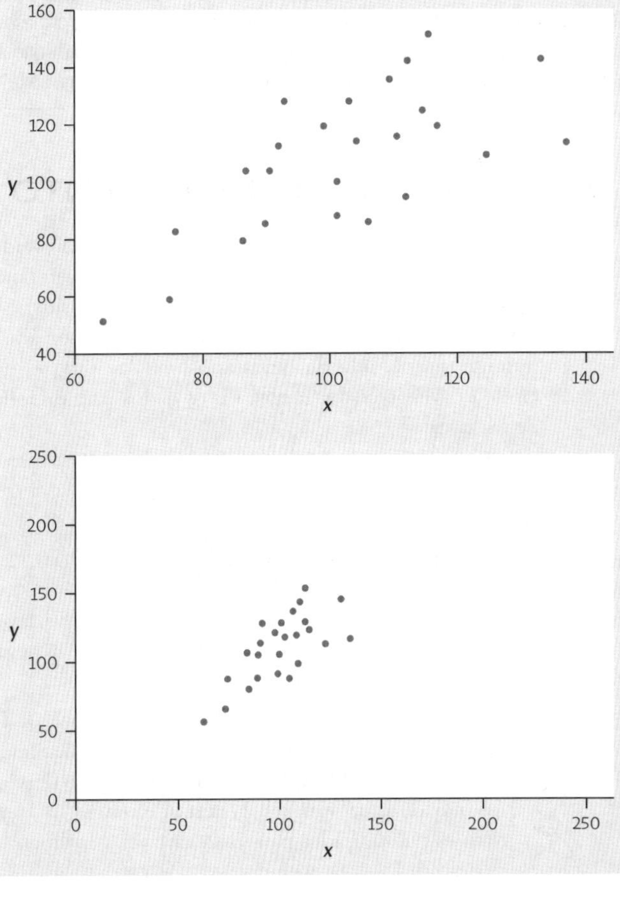

FIGURA 4.5
Dois diagramas de dispersão dos mesmos dados. O padrão de linha reta no gráfico inferior parece ser mais forte, devido ao espaço em branco circundante.

Correlação

A **correlação** mede a direção e a força da relação linear entre duas variáveis quantitativas. Costuma-se representar a correlação pela letra r.

Suponha que tenhamos dados sobre variáveis x e y para n indivíduos. Os valores para o primeiro indivíduo são x_1 e y_1, os valores para o segundo indivíduo são x_2 e y_2, e assim por diante. As médias e os desvios padrão das duas variáveis são $\bar{x}$ e s_x para os valores de x, e $\bar{y}$ e s_y para os valores de y. A correlação r entre x e y é

$$r = \frac{1}{n-1}\left[\left(\frac{x_1-\bar{x}}{s_x}\right)\left(\frac{y_1-\bar{y}}{s_y}\right) + \left(\frac{x_2-\bar{x}}{s_x}\right)\left(\frac{y_2-\bar{y}}{s_y}\right) + \cdots + \left(\frac{x_n-\bar{x}}{s_x}\right)\left(\frac{y_n-\bar{y}}{s_y}\right)\right]$$

ou, de forma mais compacta,

$$r = \frac{1}{n-1}\sum\left(\frac{x_i-\bar{x}}{s_x}\right)\left(\frac{y_i-\bar{y}}{s_y}\right)$$

A fórmula da correlação r é um pouco complicada. Ela nos ajuda a ver o que é correlação, mas, na prática, você deve usar um *software* ou uma calculadora que forneça r, a partir de valores digitados de duas variáveis x e y. O Exercício 4.10 pede a você para calcular uma correlação passo a passo a partir da definição para fixar melhor seu significado.

ESTATÍSTICA NO MUNDO REAL

Morte por superstição?

Existe uma relação entre crenças supersticiosas e o acontecimento de coisas ruins? Aparentemente, há. Os japoneses e os chineses acreditam que o número 4 traz má sorte, pois, ao ser pronunciado, soa como a palavra para "morte". Alguns sociólogos observaram 15 anos de certidões de óbito de chineses e japoneses americanos e de americanos brancos. O número de mortes por infarto cardíaco era notadamente maior no quarto dia do mês entre os chineses e os japoneses, mas não entre os brancos. Os sociólogos acreditam que a explicação para esse fato está no aumento de estresse nos "dias de má sorte".

A fórmula de r começa pela padronização das observações. Suponha, por exemplo, que x seja a altura em centímetros e y o peso em quilogramas, e que tenhamos medidas de peso e altura para n pessoas. Então, $\bar{x}$ e s_x são a média e o desvio-padrão das n alturas em centímetros. O valor

$$\frac{x_i-\bar{x}}{s_x}$$

é a altura padronizada da i-ésima pessoa, do Capítulo 3. A altura padronizada nos diz a quantos desvios padrão abaixo ou acima da média cai a altura da pessoa. Os valores padronizados não têm unidades: nesse exemplo, não são mais medidos em centímetros. Padronize, também, os pesos. A correlação r é uma média dos produtos das alturas padronizadas pelos pesos padronizados para as n pessoas. Assim como no caso do desvio-padrão s, a "média" aqui é obtida pela divisão pelo número de indivíduos menos 1.

APLIQUE SEU CONHECIMENTO

4.10 Recifes de coral. O Exercício 4.2 discute um estudo no qual cientistas examinaram dados sobre as temperaturas médias da superfície do mar (em graus Celsius) e o crescimento médio de corais (em centímetros por ano), durante um período de vários anos, em localizações do Golfo do México e do Caribe. Eis os dados para o Golfo do México:[8]

Temperatura da superfície do mar	26,7	26,6	26,6	26,5	26,3	26,1
Crescimento	0,85	0,85	0,79	0,86	0,89	0,92

(a) Faça um diagrama de dispersão. Qual é a variável explicativa? O gráfico mostra um padrão linear negativo.

(b) Encontre a correlação r passo a passo. Você pode querer arredondar os dados para duas casas decimais em cada passo. Primeiro, encontre a média e o desvio-padrão de cada variável. Determine, então, os seis valores padronizados para cada variável. Finalmente, use a fórmula de r. Explique como seu valor para r coincide com a direção do padrão linear em seu gráfico da parte (a).

Hlib Serbskyi/iStock

CORAL

(c) Digite, agora, esses dados em sua calculadora ou em um *software* e use a função correlação para encontrar r. Verifique se você obteve o mesmo resultado que em (b), a menos de erros de arredondamento.

4.11 Tamanho do cérebro e inteligência. Por muitos séculos, as pessoas associaram inteligência ao tamanho do cérebro. Um estudo recente usou imagem por ressonância magnética para medir o tamanho do cérebro dos indivíduos. Os QIs e os tamanhos dos cérebros (em unidades de 10 mil *pixels*) de seis indivíduos são os seguintes:

Tamanho do cérebro:	100	90	95	92	88	106
QI:	140	90	100	135	80	103

(a) Faça um diagrama de dispersão. Qual é a variável explicativa? O diagrama mostra um padrão linear positivo.

(b) Encontre a correlação r passo a passo. Você pode querer arredondar para duas casas decimais em cada passo. Primeiro, encontre a média e o desvio-padrão de cada variável. Então, determine os seis valores padronizados para cada variável. Finalmente, use a fórmula para r. Explique como seu valor de r coincide com a direção do padrão linear de seu diagrama na parte (a).

(c) Digite, agora, esses dados em sua calculadora ou em um *software* e use a função correlação para achar r. Verifique se você obteve o mesmo resultado que em (b), a menos de erros de arredondamento.

CEREBRO

4.6 Fatos sobre a correlação

A fórmula da correlação nos ajuda a ver que r é positivo quando há uma associação positiva entre as variáveis. A altura e o peso, por exemplo, têm associação positiva. Pessoas que têm altura acima da média tendem também a ter peso acima da média. Tanto a altura padronizada quanto o peso padronizado são positivos. Pessoas que têm altura abaixo da média tendem também a ter peso abaixo da média. Então, a altura padronizada e o peso padronizado são negativos. Em ambos os casos, os produtos na fórmula de r são, preponderantemente, positivos e, dessa forma, r é positivo. Da mesma maneira, podemos ver que r é negativo quando a associação entre x e y é negativa. Um estudo mais detalhado da fórmula fornece outras propriedades de r. A seguir, apresentamos o que você precisa saber para interpretar a correlação.

1. *A correlação não faz distinção entre variável explicativa e variável resposta.* Não faz diferença alguma qual variável você chama de x e qual você chama de y, ao calcular a correlação.
2. Como r usa os valores padronizados das observações, *r não se altera, quando mudamos as unidades de medida de x, de y, ou de ambas.* Medir altura em polegadas, em vez de em centímetros, e peso em libras, em vez de em quilogramas, não altera a correlação entre altura e peso. A própria correlação r não tem qualquer unidade de medida; é apenas um número.
3. *r positivo indica uma associação positiva entre as variáveis, e r negativo indica uma associação negativa.*
4. *A correlação r é sempre um número entre -1 e 1.* Valores de r próximos de 0 indicam uma relação linear muito fraca. A intensidade da relação linear cresce à medida que r se afasta de 0 em direção a -1 ou a 1. Os valores de r próximos de -1 ou 1 indicam que os pontos em um diagrama de dispersão caem próximos de uma reta. Os valores extremos $r = -1$ e $r = 1$ ocorrem apenas no caso de relação linear perfeita, quando os pontos caem exatamente sobre a reta.

EXEMPLO 4.6 Do diagrama de dispersão à correlação

Os diagramas de dispersão da Figura 4.6 ilustram como valores de r mais próximos de 1 e -1 correspondem a relações lineares mais fortes. Para tornar mais claro o significado de r, os desvios padrão de ambas as variáveis nesses gráficos são iguais, e as escalas horizontal e vertical são iguais. Em geral, não é tão fácil adivinharmos o valor de r a partir da aparência de um diagrama de dispersão. Lembre-se de que a alteração das escalas do gráfico em um diagrama de dispersão pode enganar nossos olhos, mas não altera a correlação.

Os diagramas de dispersão na Figura 4.7 mostram quatro conjuntos de dados reais. Os padrões são menos regulares que aqueles mostrados na Figura 4.6, mas ilustram também como a correlação mede a intensidade das relações lineares.[9]

(a) Este repete o diagrama dos peixes-boi na Figura 4.3. Há uma forte relação linear positiva, $r = 0{,}919$.

(b) Aqui estão os números de tempestades tropicais com nomes em cada ano entre 1984 e 2018 *versus* o número previsto antes de se iniciar a estação dos furacões, dados de William Gray, da Colorado State University. Há uma relação linear moderada, $r = 0{,}628$.

(c) Esses dados vieram de um experimento que estudou quão rapidamente cortes nos membros de salamandras saram. Cada ponto representa a taxa de cura em micrômetros (milionésimo de um metro) por hora para os dois membros anteriores da mesma salamandra. Essa relação é mais fraca do que as de (a) e (b), com $r = 0{,}358$.

(d) O desempenho das ações do mercado no último ano ajuda a prever como as ações se comportarão este ano? Não. A correlação entre o retorno percentual do último ano e o retorno percentual deste ano, durante 56 anos, é de apenas $r = -0{,}081$. O diagrama de dispersão mostra uma nuvem de pontos sem qualquer padrão linear visível.

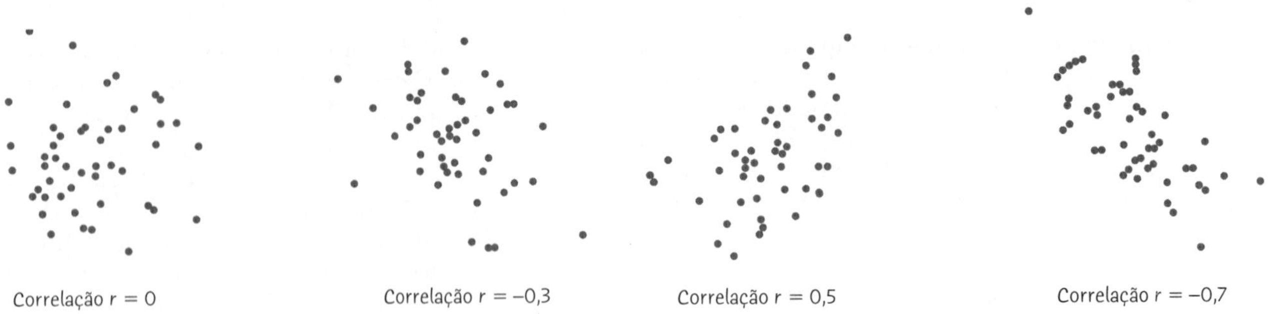

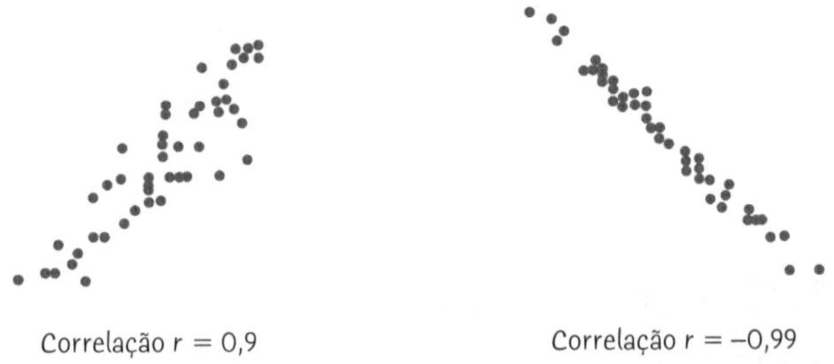

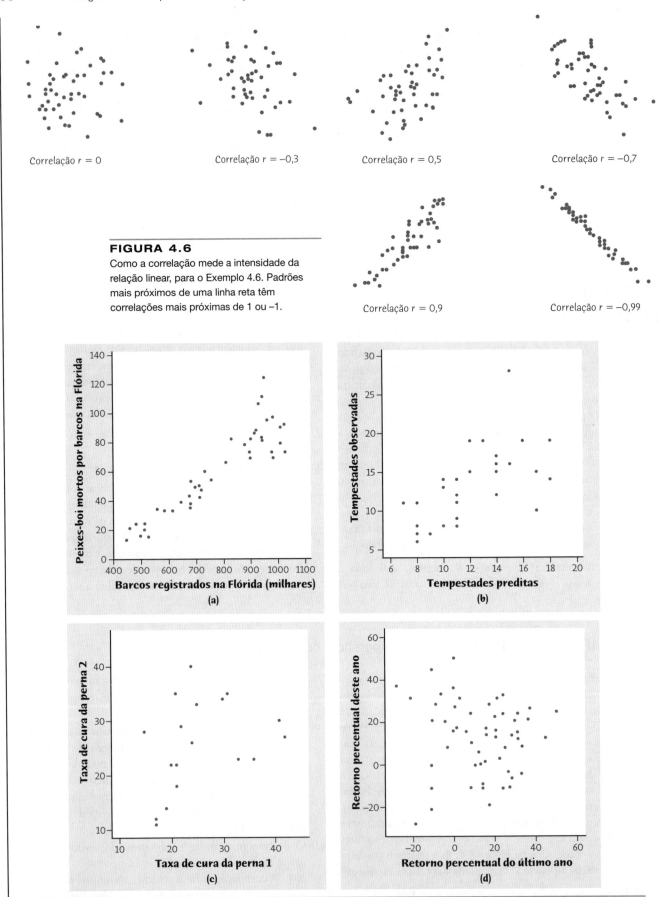

FIGURA 4.6
Como a correlação mede a intensidade da relação linear, para o Exemplo 4.6. Padrões mais próximos de uma linha reta têm correlações mais próximas de 1 ou −1.

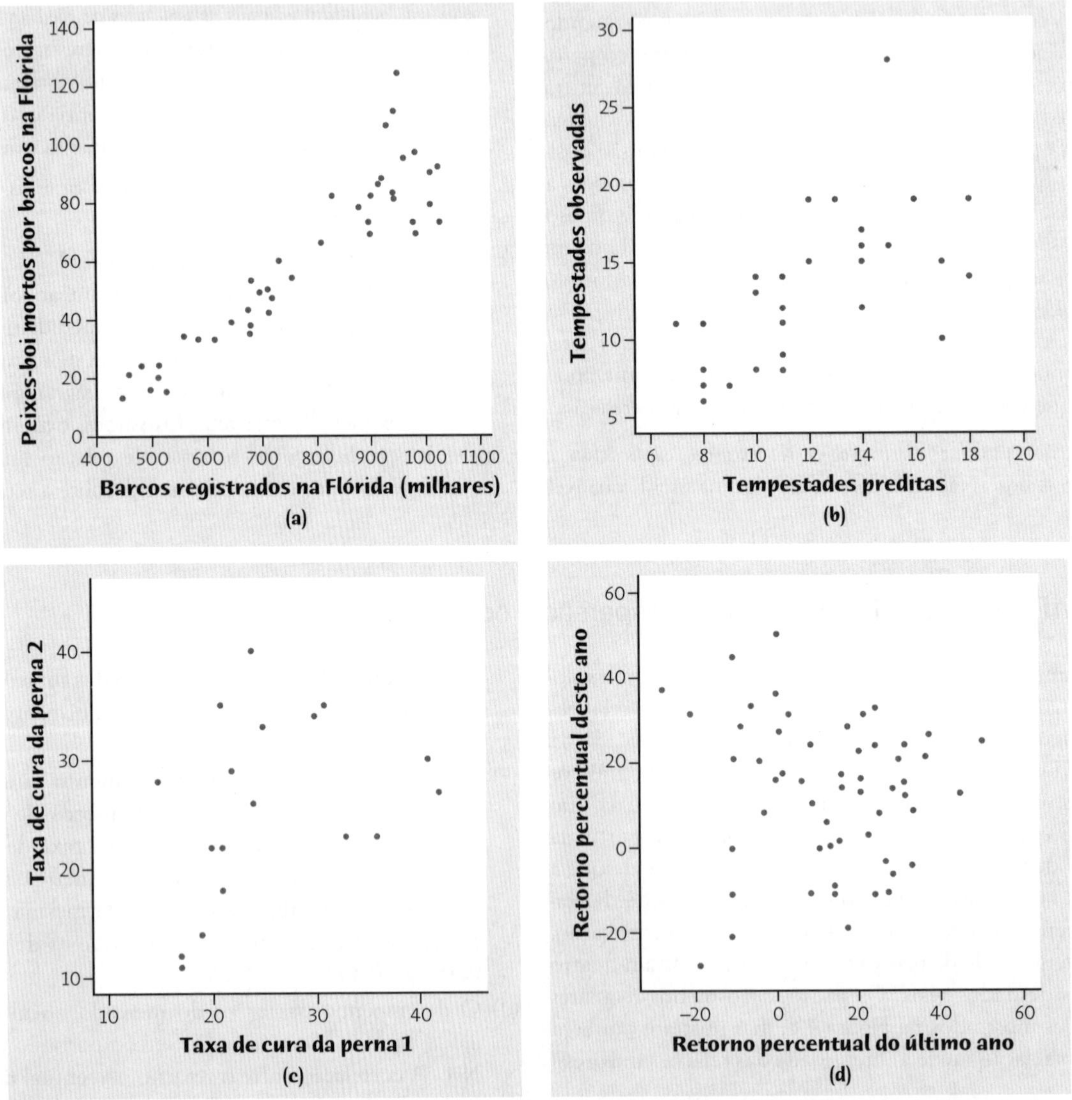

FIGURA 4.7
Como a correlação mede a intensidade de uma relação linear, para o Exemplo 4.6. Quatro conjuntos de dados reais com (a) r = 0,919, (b) r = 0,628, (c) r = 0,358 e (d) r = −0,081.

A descrição de uma relação entre duas variáveis é uma tarefa mais complexa do que a descrição da distribuição de uma variável. Apresentamos, agora, mais alguns fatos sobre correlação e cuidados que devemos ter em mente ao usarmos *r*.

1. *A correlação requer que ambas as variáveis sejam quantitativas, de modo que os cálculos aritméticos indicados na fórmula de r fazem sentido.* Não podemos calcular a correlação entre os rendimentos de um grupo de pessoas e a cidade onde elas moram, porque cidade é uma variável categórica.

2. A correlação mede a intensidade apenas de uma relação linear entre duas variáveis. *A correlação não descreve relações curvas entre variáveis, não importa sua intensidade.* O Exercício 4.14 ilustra esse fato importante.

3. *Assim como a média e o desvio-padrão, a correlação não é resistente: r é fortemente afetada por poucas observações atípicas.* Tenha cuidado ao usar r quando aparecerem valores atípicos no diagrama de dispersão. Relatar a correlação com os valores atípicos incluídos e com os valores atípicos removidos é informativo.

4. *A correlação não é uma descrição completa de dados de duas variáveis*, mesmo quando a relação entre as duas variáveis é linear. Você deve fornecer as médias e os desvios padrão de ambas *x* e *y*, juntamente com a correlação.

Como a fórmula da correlação usa as médias e os desvios padrão, essas medidas são a escolha apropriada para acompanhar uma correlação. Eis um exemplo em que se exigem as médias e a correlação para seu entendimento.

EXEMPLO 4.7 Classificando *American Idol* em casa

Um *site* recomendou que os fãs do programa de televisão *American Idol* classificassem os candidatos em casa, em uma escala de 0 a 10, com escores mais altos significando melhor desempenho. Duas amigas, Ângela e Elizabeth, decidem seguir esse conselho e classificam os candidatos durante a temporada final de 2016. Quanto elas concordaram? Calculamos que a correlação entre seus escores seja $r = 0{,}9$, sugerindo que elas concordaram. Mas a média dos escores de Ângela foi 0,8 ponto menor do que a média dos escores de Elizabeth. Isso sugere que as duas amigas discordaram?

Esses fatos não se contradizem, mas são, simplesmente, diferentes tipos de informação. Os escores médios mostram que Ângela atribuiu escores mais baixos que Elizabeth. Mas, como Ângela atribuiu a *todo* concorrente um escore de aproximadamente 0,8 ponto mais baixo do que Elizabeth, a correlação permanece alta. Somar o mesmo número a todos os valores de *x* ou *y* não altera a correlação. Ângela e Elizabeth, na verdade, classificaram de maneira consistente, pois concordaram sobre quais foram melhores. O alto valor de *r* mostra essa concordância.

Naturalmente, mesmo fornecendo médias, desvios padrão e a correlação para os escores SAT estaduais e o percentual dos que fazem o teste, os conglomerados na Figura 4.1 não serão apontados. Resumos numéricos complementam as representações gráficas dos dados, mas não as substituem.

APLIQUE SEU CONHECIMENTO

4.12 Mudança nas unidades. As temperaturas na superfície do mar, no Exercício 4.10, são medidas em graus Celsius, e o crescimento, em centímetros por ano. A correlação entre a temperatura na superfície do mar e o crescimento dos corais é $r = -0{,}8111$. Se as medições tivessem sido feitas em graus Fahrenheit e polegadas por ano, a correlação mudaria? Explique sua resposta.

4.13 Mudança na correlação. Use sua calculadora, um programa, ou o *applet* Two-Variable Statistical Calculator para demonstrar como os valores atípicos podem afetar a correlação.

applet

(a) Qual é a correlação entre a taxa de homicídio e a taxa de suicídio para os 11 condados no Exercício 4.4? MORTE

(b) Faça um diagrama de dispersão dos dados acrescentando um novo ponto. Ponto A: taxa de homicídio 30, taxa de suicídio 30. Encontre a nova correlação para os dados originais mais o Ponto A. MORTE3

(c) Olhando o seu gráfico, explique por que o acréscimo do Ponto A torna a correlação mais forte (mais próxima de 1).

4.14 Associação forte, mas nenhuma correlação. O consumo de combustível de um carro primeiro cresce e, então, decresce, quando a velocidade aumenta. Suponha que essa relação seja muito regular, como mostrado pelos seguintes dados de velocidade (milhas por hora) e consumo (milhas por galão): MPG

Velocidade	20	30	40	50	60	70	80
Milhagem	21	26	29	30	29	26	21

Faça um diagrama de dispersão da milhagem *versus* a velocidade. Mostre que a correlação entre velocidade e milhagem é $r = 0$. Explique por que a correlação é 0, embora haja uma forte relação entre velocidade e milhagem.

RESUMO

- Para estudar relações entre variáveis, devemos medir as variáveis no mesmo grupo de indivíduos.
- Se achamos que uma variável *x* pode explicar ou mesmo causar mudanças em outra variável *y*, chamamos *x* de **variável explicativa** e *y* de **variável resposta**.
- Um **diagrama de dispersão** mostra a relação entre duas variáveis quantitativas medidas nos mesmos indivíduos. Marque os valores de uma variável no eixo horizontal (eixo *x*) e os valores da outra variável no eixo vertical (eixo *y*). Represente os dados de cada indivíduo como um ponto no gráfico. Coloque sempre a variável explicativa, se houver uma, no eixo *x* de um diagrama de dispersão.
- Desenhe pontos com cores ou símbolos diferentes para ver o efeito de uma variável categórica em um diagrama de dispersão.
- Ao examinar um diagrama de dispersão, procure um padrão geral que mostre a *direção*, a *forma*, e a *força* da relação e, então, busque *valores atípicos* ou outros desvios em relação ao padrão.
- Direção: se a relação tiver uma direção clara, dizemos que há ou **associação positiva** (valores altos das duas variáveis tendem a ocorrer juntos) ou **associação negativa** (valores altos de uma variável tendem a ocorrer com valores baixos da outra variável).
- Forma: **relações lineares**, em que os pontos mostram um padrão de linha reta, são uma forma importante de relação entre duas variáveis. Precisamos também estar atentos para outras formas, como relações em curvas e *conglomerados*.
- Força: A **força** de uma relação é determinada pelo grau de proximidade dos pontos em relação a uma forma simples, como uma reta, no diagrama de dispersão.
- A **correlação r** mede a direção e a força da associação linear entre duas variáveis quantitativas *x* e *y*. Embora seja possível o cálculo de uma correlação para qualquer diagrama de dispersão, *r* mede apenas relações lineares.
- O sinal da correlação indica a direção de uma relação linear: $r > 0$ para uma associação positiva e $r < 0$ para uma associação negativa. A correlação sempre satisfaz $-1 \leq r \leq 1$ e indica a força de uma relação por seu grau de proximidade a -1 ou 1. Correlação linear perfeita, $r = \pm 1$, ocorre apenas quando os pontos no diagrama de dispersão caem exatamente sobre uma reta.
- A correlação ignora a distinção entre variável explicativa e variável resposta. O valor de *r* não é afetado por mudanças na unidade de medida de qualquer das variáveis. A correlação não é resistente, pois valores atípicos podem alterar substancialmente o valor de *r*.

VERIFIQUE SUAS HABILIDADES

4.15 O *site* do departamento de energia contém dados sobre 1259 carros e SUVs modelo de 2019.[10] Incluídos nos dados, estão o tamanho do motor (medido pela cilindrada do motor em litros) e a milhagem combinada cidade e estrada (em milhas por galão). Quando você faz um diagrama de dispersão para predizer a milhagem a partir do tamanho do motor, a variável explicativa no eixo *x*

(a) é a milhagem.

(b) é o tamanho do motor.

(c) pode ser tanto a milhagem quanto o tamanho do motor.

4.16 Examinando os dados no exercício anterior, vemos que carros com motores maiores tendem a ter milhagem menor. Em um diagrama de dispersão do tamanho do motor e milhagem, esperamos ver

(a) uma associação positiva.

(b) muito pouca associação.

(c) uma associação negativa.

4.17 A Figura 4.8 é um diagrama de dispersão do preço de um cachorro-quente contra o preço da cerveja (por onça) nas 30 principais arenas da liga em 2019.[11] Há dois valores atípicos baixos no diagrama. Os preços de um cachorro-quente para duas dessas arenas são aproximadamente

(a) US$ 0,28 e US$ 0,33.

(b) US$1,50 e US$ 2,00.

(c) US$ 0,72 e US$ 5,25.

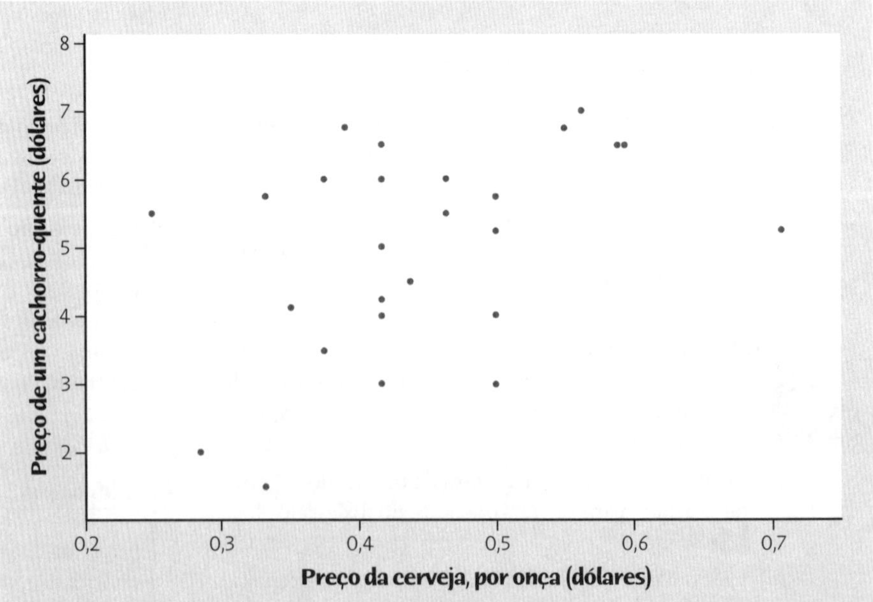

FIGURA 4.8

Diagrama de dispersão do preço do cachorro-quente contra o preço da cerveja (por onça) para as 24 principais arenas da liga, para os Exercícios 4.17 e 4.18.

4.18 Ignorando os dois valores atípicos baixos, a correlação para os 28 pontos restantes na Figura 4.8 é mais próxima de
(a) 0,8
(b) −0,8
(c) 0,2

4.19 Quais são todos os valores que uma correlação r pode assumir?
(a) $r \geq 0$
(b) $0 \leq r \leq 1$
(c) $-1 \leq r \leq 1$

4.20 Se a correlação entre duas variáveis é próxima de 0, você pode concluir que um diagrama de dispersão para essas variáveis mostrará
(a) um forte padrão linear.
(b) uma nuvem de pontos, sem qualquer padrão visível.
(c) nenhum padrão linear, mas poderia haver um forte padrão de outra forma.

4.21 Os pontos em um diagrama de dispersão se encontram muito próximos de uma reta. A correlação entre x e y está próxima de
(a) −1.
(b) 1.
(c) ou −1 ou 1, dependendo da direção.

4.22 Uma professora de estatística avisa à sua turma que seu segundo exame é sempre mais difícil do que o primeiro. Ela diz à sua turma que os alunos sempre têm escores piores em 10 pontos no segundo exame do que seus escores no primeiro exame. Isso significa que a correlação entre os escores dos estudantes no primeiro e no segundo exame é
(a) 1.
(b) −1.
(c) Não podemos dizer, sem ver os dados.

4.23 Pesquisadores perguntaram a mães quanto refrigerante (em onças) seus filhos bebiam em um dia típico. Eles também pediram a essas mães para classificar o grau de agressividade de seus filhos, em uma escala de 1 a 10, com valores maiores correspondendo a maior grau de agressividade.[12] A correlação entre quantidade de refrigerante e classificação de agressividade foi de $r = 0,3$. Se os pesquisadores tivessem medido a quantidade de refrigerante consumida em litros, em vez de em onças, qual seria a correlação? (Há 35 onças em um litro.)
(a) 0,3/35 = 0,009
(b) 0,3
(c) (0,3)(35) = 10,5

4.24 Pesquisadores mediram a porcentagem de gordura no corpo e a quantidade preferida de sal (percentual peso/volume) para várias crianças. Eis os dados para sete crianças:[13] SAL

Quantidade preferida de sal x	0,2	0,3	0,4	0,5	0,6	0,8	1,1
Porcentagem de gordura corporal y	20	30	22	30	38	23	30

Use sua calculadora ou programa: a correlação entre a porcentagem de gordura corporal e a quantidade preferida de sal é de cerca de
(a) $r = 0,08$
(b) $r = 0,3$
(c) $r = 0,8$

EXERCÍCIOS

4.25 **Escores do Masters.** O Masters é um dos quatro maiores torneios de golfe. A Figura 4.9 é um diagrama de dispersão para as duas primeiras rodadas do Masters de 2019 para todos os jogadores que participaram. O gráfico tem a forma de malha porque os escores de golfe devem ser números inteiros.[14] MASTERS19

(a) Leia o gráfico: Qual foi o escore mais baixo na primeira rodada? Quantos jogadores tiveram esse escore? Para cada jogador com esse escore mais baixo na primeira rodada, qual foi seu escore na segunda rodada?

(b) Leia o gráfico: José Maria Olazabal e Jovan Rebula tiveram o escore mais alto na segunda rodada. Qual foi esse escore? Quais foram seus escores na primeira rodada?

(c) A correlação entre os escores na primeira e na segunda rodada está próxima de

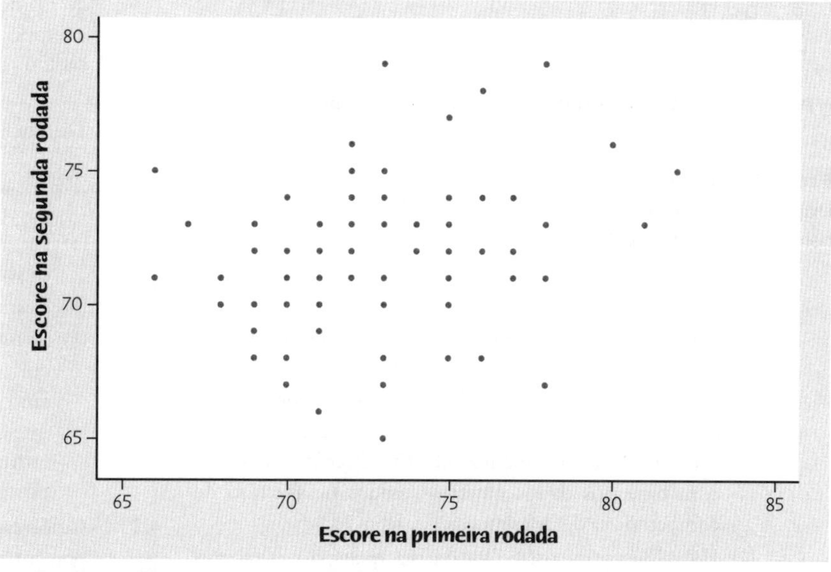

FIGURA 4.9
Diagrama de dispersão dos escores nas duas primeiras rodadas do Masters de 2019, para o Exercício 4.25.

$r = 0{,}01$, $r = 0{,}25$, $r = 0{,}75$ ou $r = 0{,}99$? Explique sua escolha. O gráfico sugere que o conhecimento do escore de um jogador profissional em uma rodada ajude na predição de seu escore em outra rodada no mesmo campo?

4.26 **Estados felizes.** A felicidade humana, ou bem-estar, pode ser avaliada subjetivamente ou objetivamente. Avaliação subjetiva pode ser feita, ouvindo-se o que as pessoas dizem. Avaliação objetiva pode ser feita a partir de dados relacionados a bem-estar, como renda, clima, disponibilidade de lazer, preços das casas, ausência de congestionamentos de tráfego etc. As avaliações subjetivas e objetivas coincidem? Para estudar esse assunto, os investigadores fizeram avaliações de felicidade, tanto subjetiva quanto objetiva, para cada um dos 50 estados. A medida subjetiva foi o escore médio de questões de satisfação com a vida, encontradas no órgão norte-americano Behavioral Risk Factor Surveillance System (BRFSS), que é um sistema de pesquisas de saúde com base nos estados. Menores escores indicam maior grau de felicidade. Para a avaliação objetiva da felicidade, os investigadores calcularam um escore de bem-estar (chamado escore de compensação de diferenciais) para cada estado, com base em medidas objetivas que julgaram relacionadas à felicidade e ao bem-estar. Os estados foram, então, ordenados de acordo com esse escore (Posto 1 sendo o mais feliz). A Figura 4.10 é um diagrama de dispersão dos escores BRFSS médio (resposta) contra o posto, baseado nos escores de compensação de diferenciais (explicativa)[15] FELIZ

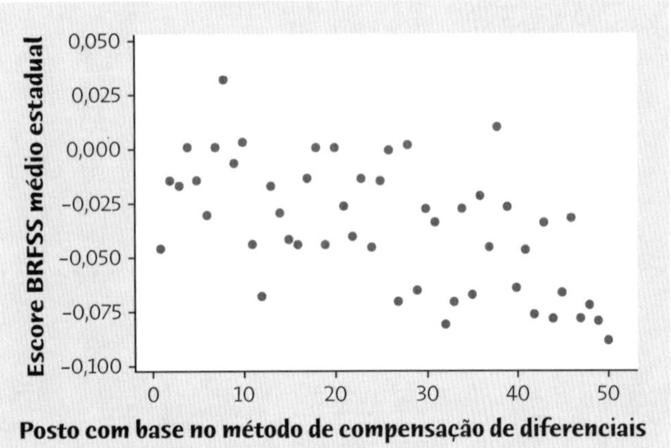

FIGURA 4.10
Diagrama de dispersão do escore médio BRFSS *versus* o posto de bem-estar de cada estado, para o Exercício 4.26.

(a) Há uma associação geral positiva ou uma associação geral negativa entre os escores BRFSS e o posto com base no método de compensação de diferenciais?

(b) A associação geral mostra concordância ou discordância entre o escore médio subjetivo BRFSS e o posto com base nos dados objetivos usados no método de compensação de diferenciais?

(c) Há valores atípicos? Se for o caso, quais são os escores BRFSS correspondentes a esses valores atípicos?

4.27 **Vinho e câncer em mulheres.** Alguns estudos sugeriram que uma taça de vinho à noite não apenas pode alegrar o dia, como pode melhorar a saúde. O vinho é bom para a sua saúde? Um estudo feito com cerca de 1,3 milhão de mulheres inglesas de meia-idade examinou o consumo de vinho e o risco de câncer de mama. Os pesquisadores estavam interessados em saber como o risco mudava, à medida que o consumo de vinho aumentava. O risco se baseia em taxas de câncer de mama em pessoas que bebem em relação às taxas de câncer de mama em pessoas que não bebem, no estudo, com valores mais altos indicando maior risco. Em particular, um valor maior do que 1 indica uma taxa de risco de câncer de mama maior do que aquela de não bebedores. Ingestão de vinho é a ingestão média de vinho, em gramas de álcool por dia (em que uma taça de vinho é, aproximadamente, 10 gramas de álcool), de grupos de mulheres no estudo que tomavam aproximadamente a mesma quantidade de vinho por semana. Eis os dados (apenas para as que beberam):[16]

CANCER

Ingestão de vinho x (gramas de álcool por dia)	2,5	8,5	15,5	26,5
Risco relativo y	1,00	1,08	1,15	1,22

(a) Faça um diagrama de dispersão desses dados. Com base no diagrama, você espera que a correlação seja positiva ou negativa? Próxima de ±1 ou não?

(b) Determine a correlação r entre ingestão de vinho e risco relativo. Os dados mostram que as mulheres que consomem mais vinho têm maior risco relativo de terem câncer de mama?

(c) Você pode concluir uma relação causal entre ingestão de vinho e câncer de mama em mulheres? Explique.

4.28 **Ebola e gorilas.** O vírus mortal Ebola é uma ameaça tanto para as pessoas quanto para os gorilas na África Central. Um surto em 2002 e 2003 matou 91 dos 95 gorilas em 7 sítios domiciliares no Congo. Para estudar o espalhamento do vírus, meça a "distância" pelo número de sítios de domicílio que separam um grupo de gorilas do primeiro grupo infectado. Eis os dados sobre distância e tempo em número de dias até as mortes começarem em cada último grupo:[17] EBOLA

Distância	1	3	4	4	4	5
Tempo	4	21	33	41	43	46

(a) Faça um diagrama de dispersão. Qual é a variável explicativa? Que tipo de padrão o seu gráfico mostra?

(b) Encontre a correlação r entre distância e tempo.

(c) Se os tempos em dias fossem substituídos por tempos em números de semanas até as mortes começarem em cada último grupo (permitidas frações, de modo que 4 dias se tornam 4/7 de semana), a correlação entre distância e tempo mudaria? Explique sua resposta.

4.29 **Colônias de falcões.** Um dos padrões da natureza associa o percentual de pássaros adultos em uma colônia que voltam do ano anterior e o número de adultos novos que se juntam à colônia. Eis os dados para 13 colônias de falcões:[18]

FALCOES

Percentagem que retorna	74	66	81	52	73	62	52	45	62	46	60	46	38
Novos adultos	5	6	8	11	12	15	16	17	18	18	19	20	20

(a) Faça o gráfico da contagem dos novos adultos (resposta) contra o percentual de pássaros que retornam (explicativa). Descreva a direção e a forma da relação. A correlação r é uma medida apropriada da intensidade da relação? Caso seja, encontre r.

(b) Para pássaros de vida curta, a associação entre essas variáveis é positiva: as mudanças no clima e a disponibilidade de alimentos fazem com que as populações dos novos pássaros e a dos que retornam variem juntas – aumentem ou diminuam juntas. Para os pássaros territoriais de vida longa, por outro lado, a associação é negativa, pois os pássaros que retornam reclamam seus territórios na colônia e não deixam espaço para os novos. Qual tipo de espécie é o falcão?

4.30 **Nossos cérebros não gostam de perdas.** Muitas pessoas detestam perdas mais do que gostam de ganhos. Em termos monetários, as pessoas são tão sensíveis a uma perda de US$10 quanto a um ganho de US$20. Para descobrir que partes de nosso cérebro são ativadas nas decisões sobre perdas e ganhos, psicólogos apresentaram aos sujeitos uma série de jogos com diferentes chances e diferentes quantidades de perdas e ganhos. A partir das escolhas do sujeito, construíram uma medida de "aversão comportamental à perda". Escores altos mostram maior sensibilidade a perdas. A observação da atividade cerebral enquanto os sujeitos tomavam suas decisões apontou para regiões específicas do cérebro. Aqui estão os dados de 16 sujeitos sobre aversão comportamental à perda e "aversão neural à perda", uma medida da atividade em uma região do cérebro:[19] PERDAS

Neural	-50,0	-39,1	-25,9	-26,7	-28,6	-19,8	-17,6	5,5
Comportamental	0,08	0,81	0,01	0,12	0,68	0,11	0,36	0,34
Neural	2,6	20,7	12,1	15,5	28,8	41,7	55,3	155,2
Comportamental	0,53	0,68	0,99	1,04	0,66	0,86	1,29	1,94

(a) Faça um diagrama de dispersão que mostre como o comportamento reage à atividade cerebral.

(b) Descreva o padrão geral dos dados. Há um claro valor atípico. Qual é o escore comportamental associado a esse valor atípico?

(c) Determine a correlação r entre as aversões à perda neural e comportamental, com e sem o valor atípico. Esse valor tem uma influência forte sobre o valor de r? Olhando o seu gráfico, explique por que a inclusão do valor atípico no conjunto dos outros dados faz com que r aumente.

4.31 **Pobreza e expectativa de vida.** As pessoas mais pobres tendem a ter vidas mais curtas do que as pessoas mais ricas? Dois pesquisadores classificaram todos os condados nos EUA por seu nível de pobreza e, então, dividiram-nos em 20 grupos, cada um representando cerca de 5% da população total dos EUA. Os 5% inferiores eram os menos empobrecidos (os mais ricos), e os 5% superiores (o centésimo percentil) eram os mais empobrecidos. As expectativas de vida ao nascer para cada um dos 20 grupos foram calculadas com base em tabelas de vida. Eis os dados para os percentis de pobreza (com os percentis mais altos correspondendo a maior pobreza) e as expectativas de vida ao nascer (em anos) em 2010 para homens nos 20 grupos:[20] EXPVIDA

Posto de percentil	5	10	15	20	25	30	35	40	45	50
Expectativa de vida para homens	79	79	78	77,5	77,5	77,5	77	76,5	77	77
Posto de percentil	55	60	65	70	75	80	85	90	95	100
Expectativa de vida para homens	76,5	76	76	77	76,5	75	75,5	74	74	73

(a) Faça um diagrama de dispersão que mostre como a expectativa de vida responde a mudanças no posto de percentil do nível de pobreza.

(b) Descreva o padrão geral dos dados. Encontre a correlação r entre expectativa de vida e posto de percentil do nível de pobreza.

4.32 **Pobreza e expectativa de vida.** O Exercício 4.31 discute um estudo sobre a relação entre nível de pobreza e expectativa de vida de homens, em 2010, em 20 grupos dos condados dos EUA. Os pesquisadores estavam também interessados na relação entre nível de pobreza e expectativa de vida de mulheres em 2010, nesses 20 condados. Eis os dados para ambos, homens e mulheres, nos 20 grupos de condados: EXPVIDA2

Posto de percentil	5	10	15	20	25	30	35	40	45	50
Expectativa de vida para homens	79	79	78	77,5	77,5	77,5	77	76,5	77	77
Posto de percentil	55	60	65	70	75	80	85	90	95	100
Expectativa de vida para homens	76,5	76	76	77	76,5	75	75,5	74	74	73

Posto de percentil	5	10	15	20	25	30	35	40	45	50
Expectativa de vida para mulheres	83	83	82,5	82,5	82,5	82,5	82	81,5	82	82
Posto de percentil	55	60	65	70	75	80	85	90	95	100
Expectativa de vida para mulheres	81	81	81	82	81	80	80,5	79	79,5	79

(a) Faça um diagrama para a expectativa de vida *versus* posto de percentil do nível de pobreza para homens e mulheres.

(b) O que o seu diagrama mostra sobre o padrão de expetativa de vida? O que ele mostra sobre o efeito do sexo sobre a expectativa de vida?

4.33 **Alimente os pássaros.** Canários fornecem mais alimento para seus filhotes quando eles pedem mais insistentemente. Pesquisadores se perguntavam se pedir era o principal fator determinante da quantidade de alimento que um filhote de canário recebia, ou se os pais levavam em conta se os filhotes eram, ou não, seus. Para estudar isso, os pesquisadores realizaram um experimento que permitia aos pais canários criar duas proles: uma sua própria e outra adotada de um par diferente de pais. Se pedir determina quanto alimento os filhotes recebem, então diferenças nas "intensidades do pedido" das proles devem estar fortemente associadas a diferenças na quantidade de alimento que elas recebem. Os pesquisadores decidiram usar taxas de crescimento relativo (a taxa do crescimento dos filhotes adotados para o dos filhotes naturais, com valores maiores do que 1 indicando que os filhotes adotados cresciam mais rapidamente do que os filhotes naturais) como medida da diferença na quantidade de alimento recebido. Eles registraram a diferença nas intensidades do pedido (a intensidade do pedido dos filhotes adotados menos a dos filhotes naturais) e as taxas de crescimento relativo. Eis os dados do experimento:[21] CANARIO

Diferença na intensidade do pedido	-14,0	-12,5	-12,0	-8,0	-8,0	-6,5	-5,5
Taxa de crescimento relativo	0,85	1,00	1,33	0,85	0,90	1,15	1,00
Diferença na intensidade do pedido	-3,5	-3,0	-2,0	-1,5	-1,5	0,0	0,0
Taxa de crescimento relativo	1,30	1,33	1,03	0,95	1,15	1,13	1,00
Diferença na intensidade do pedido	2,00	2,00	3,00	4,50	7,00	8,00	8,50
Taxa de crescimento relativo	1,07	1,14	1,00	0,83	1,15	0,93	0,70

(a) Faça um diagrama de dispersão que mostre como a taxa de crescimento relativo responde à diferença na intensidade do pedido.

(b) Descreva o padrão geral da relação. Ela é linear? Há uma associação positiva ou negativa, ou nenhuma delas? Determine a correlação r. Essa correlação r é uma descrição útil dessa relação?

(c) Se a intensidade do pedido é o principal fator determinante da quantidade de alimento recebido, com maior intensidade levando a mais comida, é de se esperar que a taxa de crescimento relativo cresça, à medida que cresce a intensidade do pedido. No entanto, se ambos, intensidade do pedido e preferência por seus filhotes naturais, determinarem a quantidade de alimento recebido (e, portanto, a taxa de crescimento relativo), podemos esperar que a taxa de crescimento relativo aumente inicialmente com o aumento da intensidade do pedido, mas que se nivele (ou mesmo decresça) à medida que os pais comecem a ignorar o aumento na intensidade do pedido dos filhotes adotados. Qual dessas teorias os dados parecem apoiar? Explique sua resposta.

4.34 Tempo bom e gorjetas. Tempo favorável tem se mostrado associado ao aumento de gorjetas de garçons em restaurantes. A simples crença de que o tempo futuro estará favorável leva a gorjetas mais altas? Pesquisadores deram 60 cartões a uma garçonete em um restaurante italiano em Nova Jersey. Antes de entregar a conta a cada cliente, a garçonete escolhia ao acaso um cartão e escrevia na conta a mensagem impressa no cartão. Vinte desses cartões tinham a mensagem "O tempo será realmente bom amanhã. Espero que você aproveite o dia!". Outros 20 cartões tinham a mensagem "O tempo não estará tão bom amanhã. Espero que aproveite o dia mesmo assim!". Os 20 cartões restantes estavam em branco; supunha-se que a garçonete não deveria escrever qualquer mensagem. A escolha, ao acaso, do cartão garantia que haveria uma associação ao acaso dos clientes às três condições experimentais. Eis os percentuais das gorjetas para as três mensagens:[22] GORJETA

martin-dm/iStock

Informe sobre o tempo	Percentual da gorjeta									
Bom	20,8	18,7	19,9	20,6	21,9	23,4	22,8	24,9	22,2	20,3
	24,9	22,3	27,0	20,5	22,2	24,0	21,2	22,1	22,0	22,7
Ruim	18,0	19,1	19,2	18,8	18,4	19,0	18,5	16,1	16,8	14,0
	17,0	13,6	17,5	20,0	20,2	18,8	18,0	23,2	18,2	19,4
Nenhum	19,9	16,0	15,0	20,1	19,3	19,2	18,0	19,2	21,2	18,8
	18,5	19,3	19,3	19,4	10,8	19,1	19,7	19,9	21,3	20,6

(a) Faça um diagrama de dispersão do percentual da gorjeta *versus* o informe do tempo na conta (espace os três informes do tempo igualmente no eixo horizontal). Qual informe sobre o tempo parece levar às melhores gorjetas?

(b) Faz sentido falar de uma associação positiva ou negativa entre informe sobre o tempo e percentual da gorjeta? Por quê? A correlação r é uma descrição útil da relação? Por quê?

4.35 Pensando sobre correlação. O Exercício 4.27 apresenta dados sobre ingestão de vinho e risco relativo de câncer de mama em mulheres.

(a) Se a ingestão de vinho é medida em onças por dia em vez de gramas por dia, como mudaria a correlação? (Há 0,035 onça em um grama.)

(b) Como mudaria r se todos os riscos relativos fossem 0,25 menores do que os valores dados na tabela? A correlação nos diz que, entre as mulheres que bebem, as que bebem mais vinho tendem a ter maior risco relativo de câncer de mama do que mulheres que não bebem?

(c) Se a ingestão de um grama adicional de vinho a cada dia aumentasse o risco relativo de câncer de mama de exatamente 0,01, qual seria a correlação entre ingestão de vinho e risco relativo de câncer de mama? (*Sugestão*: desenhe um diagrama de dispersão para vários valores de ingestão de vinho.)

4.36 O efeito da mudança de unidades. Mudar unidades de medida pode alterar consideravelmente a aparência de um diagrama de dispersão. Volte aos dados sobre a porcentagem de gordura corporal e quantidade preferida de sal, no Exercício 4.24: SAL2

Quantidade preferida de sal x	0,2	0,3	0,4	0,5	0,6	0,8	1,1
Porcentagem de gordura corporal y	20	30	22	30	38	23	30

No cálculo da quantidade preferida de sal, o peso do sal foi em miligramas. Um cientista louco decide medir o peso em décimos de miligrama. Os mesmos dados nessas unidades são

Quantidade preferida de sal x	2	3	4	5	6	8	11
Porcentagem de gordura corporal y	20	30	22	30	38	23	30

(a) Faça um diagrama de dispersão com o eixo dos x se estendendo de 0 a 12 e o eixo dos y de 15 a 40. Marque os pontos originais nesses eixos. Então, marque os novos dados usando uma cor ou símbolo diferente. Os dois diagramas parecem bem diferentes.

(b) A correlação é exatamente a mesma para os dois conjuntos de medidas. Por que você sabe que isso é verdade sem fazer novos cálculos? Determine as duas correlações para verificar se elas são iguais.

4.37 Estatística para investimentos. Atualmente, os relatórios de investimentos, em geral, incluem correlações. Lendo uma tabela de correlações entre fundos mútuos, um repórter completa: "dois fundos podem ter correlação perfeita, embora com níveis de risco diferentes. Por exemplo, Fundo A e Fundo B podem ser perfeitamente correlacionados, embora o Fundo A se mova 20% sempre que o Fundo B se move 10%". Escreva uma breve explanação, para alguém que não conhece estatística, sobre como isso pode acontecer. Inclua um esboço para ilustrar sua explicação.

4.38 Estatística para investimentos. O informativo de uma companhia de fundo mútuo diz: "um portfólio bem diversificado inclui ativos com baixas correlações". O informativo inclui uma tabela de correlações entre os retornos de várias classes de investimentos. Por exemplo, a correlação entre obrigações municipais e ações de alta capitalização é 0,50, e a correlação entre obrigações municipais e ações de baixa capitalização é 0,21.

(a) Raquel investe bastante em obrigações municipais. Ela deseja diversificar, acrescentando um investimento cujos retornos não sigam muito proximamente os retornos de suas obrigações. Ela deve escolher ações de alta capitalização ou ações de baixa capitalização para esse propósito? Explique sua resposta.

(b) Se Raquel deseja um investimento que tenda a crescer quando o retorno de suas obrigações cai, que tipo de correlação ela deve procurar?

4.39 Ensino e pesquisa. O jornal de uma faculdade entrevista um psicólogo a respeito das avaliações dos estudantes sobre a qualidade do ensino dos professores da faculdade. O psicólogo diz: "a evidência indica que a correlação entre a produtividade científica e a avaliação do ensino dos professores é próxima de zero". O jornal relata isto da seguinte maneira: "o professor McDaniel afirmou que bons pesquisadores tendem a ser professores ruins, e vice-versa". Explique por que o relatório do jornal está errado. Explique, em linguagem não técnica (não use a palavra *correlação*), o que o psicólogo quis dizer.

4.40 Afirmações incorretas sobre correlação. Cada uma das afirmações seguintes contém um erro crasso. Explique em cada caso o que está errado.

(a) "Há uma alta correlação entre o sexo de um adulto e sua filiação política."

(b) "Encontramos uma alta correlação negativa ($r = -1{,}09$) entre a quantidade de tempo gasto nas mídias sociais e o número de livros lidos no último ano."

(c) "A correlação entre a altura e o peso dos sujeitos foi $r = 0{,}63$ centímetro por quilograma."

4.41 Mais sobre diagramas de dispersão. Aqui estão dois conjuntos de dados:

Conjunto de dados A

x	1	2	3	4
y	1	1,5	0,5	4

Conjunto de dados B

x	1	1	1	2	3	4	4	4
y	1	1	1	1,5	0,5	4	4	4

(a) Faça um diagrama de dispersão de ambos os conjuntos de dados. Comente sobre quaisquer diferenças que você perceba nos dois diagramas.

(b) Calcule a correlação para ambos os conjuntos de dados. Comente sobre quaisquer diferenças nos dois valores. Essas diferenças são o que você esperaria dos diagramas na parte (a)?

4.42 A correlação não é resistente. Retorne ao *applet* Correlation and Regression (conteúdo em inglês). Clique no diagrama de dispersão para criar um grupo de 10 pontos no canto inferior à esquerda do diagrama de dispersão com um forte padrão de linha reta (correlação aproximada de 0,9).

(a) Acrescente um ponto na parte superior à direita que esteja alinhado com os 10 primeiros. Como muda a correlação?

(b) Arraste esse último ponto para baixo até que ele se oponha ao grupo dos 10 pontos. Até que ponto você pode diminuir a correlação? Você pode tornar a correlação negativa? Vê-se que um simples valor atípico pode fortalecer ou enfraquecer muito uma correlação. Sempre represente graficamente seus dados para verificar se há pontos atípicos.

4.43 Ajuste os pontos à correlação. Você utilizará o *applet* Correlation and Regression para construir diagramas de dispersão com 10 pontos que tenham uma correlação próxima de 0,7. A lição é que muitos padrões podem ter a mesma correlação. Sempre represente seus dados graficamente antes de confiar em uma correlação.

(a) Clique no diagrama de dispersão para colocar os dois primeiros pontos. Qual é o valor da correlação? Por que ela tem esse valor?

(b) Construa um padrão de 10 pontos da parte inferior à esquerda até a parte superior à direita com correlação aproximada de $r = 0{,}7$. (Você pode arrastar os pontos para cima ou para baixo para ajustar r após obter 10 pontos.) Faça um esboço aproximado de seu diagrama de dispersão.

(c) Construa outro diagrama de dispersão com 9 pontos em uma pilha vertical na parte esquerda do gráfico. Acrescente um ponto afastado à direita e mova-o até que a correlação fique cerca de 0,7. Faça um esboço aproximado de seu diagrama de dispersão.

(d) Construa ainda outro diagrama de dispersão de 10 pontos em um padrão curvo, que comece na parte inferior à esquerda, eleve-se para a direita e, então, caia novamente na extremidade à direita. Ajuste os pontos para cima ou para baixo, até obter uma curva bastante suave com correlação próxima de 0,7. Faça também um esboço aproximado desse diagrama de dispersão.

Os exercícios que seguem pedem que você responda a questões relativas a dados, sem que os detalhes lhe sejam apresentados. As afirmativas dos exercícios fornecem a você o passo **Estabeleça**, *do processo de quatro passos. Em seu trabalho, siga os passos* **Planeje**, **Resolva** *e* **Conclua** *do processo.*

4.44 Aquecimento global. As temperaturas médias globais têm aumentado nos anos recentes? Aqui estão as temperaturas médias globais anuais para os últimos 25 anos, em graus Celsius:[23] TEMPGLOB

Ano	1994	1995	1996	1997	1998	1999	2000	2001
Temperatura	14,25	14,37	14,23	14,42	14,56	14,34	14,33	14,47
Ano	2002	2003	2004	2005	2006	2007	2008	2009
Temperatura	14,52	14,54	14,49	14,57	14,54	14,52	14,45	14,55
Ano	2010	2011	2012	2013	2014	2015	2016	2017
Temperatura	14,63	14,48	14,54	14,58	14,64	14,83	14,90	14,81
Ano	2018							
Temperatura	14,73							

Discuta o que os dados mostram sobre a mudança nas temperaturas médias globais ao longo do tempo.

4.45 As mulheres vão ultrapassar os homens? A psicologia das mulheres as torna mais adaptadas do que os homens para corridas de longa distância? As mulheres terão, eventualmente, melhor desempenho do que os homens em corridas de longa distância? Em 1992, pesquisadores examinaram os dados sobre tempos de recordes mundiais (em segundos) para homens e mulheres na maratona. Eis os dados para as mulheres:[24] CORRIDA

Ano	1926	1964	1967	1970	1971	1974	1975
Tempo	13222,0	11973,0	11246,0	10973,0	9990,0	9834,5	9499,0
Ano	1977	1980	1981	1982	1983	1985	
Tempo	9287,5	9027,0	8806,0	8771,0	8563,0	8466,0	

Eis os dados para os homens:

Ano	1908	1909	1913	1920	1925	1935	1947
Tempo	10518,4	9751,0	9366,6	9155,8	8941,8	8802,0	8739,0
Ano	1952	1953	1954	1958	1960	1963	1964
Tempo	8442,2	8314,8	8259,4	8117,0	8116,2	8068,0	7931,2
Ano	1965	1967	1969	1981	1984	1985	1988
Tempo	7920,0	7776,4	7713,6	7698,0	7685,0	7632,0	7610,0

(a) O que os dados mostram sobre os tempos de mulheres e homens na maratona? (Comece marcando os tempos das mulheres e dos homens no mesmo gráfico, usando dois símbolos diferentes.)

(b) Com base nesses dados, os pesquisadores (em 1992) predisseram que as mulheres ultrapassariam os homens na maratona de 1998. Como você acha que esses pesquisadores chegaram a essa data? A predição deles foi precisa? (Você pode querer procurar na web; tente a pesquisa do Google em "tempos de recorde mundial de mulheres em maratona".)

4.46 Bico do tucano. O tucano toco, o maior membro da família dos tucanos, possui o maior bico relativo ao tamanho do corpo de todos os pássaros. Essa característica exagerada tem recebido várias interpretações, como sendo uma refinada adaptação para alimentação. No entanto, a grande área da superfície pode também ser um importante mecanismo para irradiação do calor (e, portanto, de esfriamento do pássaro) à medida que a temperatura externa aumenta. Eis os dados para a perda de calor pelo bico, como percentual da perda total de calor pelo corpo, a várias temperaturas em graus Celsius:[25] TUCANO

agustavop/iStock

Temperatura (°C)	15	16	17	18	19	20	21	22
Porcentagem de perda de calor pelo bico	32	34	35	33	37	46	55	51
Temperatura (°C)	23	24	25	26	27	28	29	30
Porcentagem de perda de calor pelo bico	43	52	45	53	58	60	62	62

Investigue a relação entre a temperatura externa e a perda de calor pelo bico, como percentual da perda total de calor pelo corpo.

4.47 A rejeição social dói? Em geral, descrevemos nossa reação emocional à rejeição social como "dor". A rejeição social ocasiona atividade em áreas do cérebro que são conhecidas por serem ativadas pela dor física? Caso isso ocorra, nós realmente experimentamos a dor social e a dor física de maneiras semelhantes. Os psicólogos primeiramente incluíram e, depois, deliberadamente, excluíram indivíduos de uma atividade social, enquanto mediam as mudanças na atividade cerebral. Depois de cada atividade, os sujeitos preenchiam questionários que avaliavam quão excluídos eles se sentiam. Eis os dados para 13 sujeitos:[26] REJEICAO

Sujeito	Desconforto social	Atividade cerebral	Sujeito	Desconforto social	Atividade cerebral
1	1,26	−0,055	8	2,18	0,025
2	1,85	−0,040	9	2,58	0,027
3	1,10	−0,026	10	2,75	0,033
4	2,50	−0,017	11	2,75	0,064
5	2,17	−0,017	12	3,33	0,077
6	2,67	0,017	13	3,65	0,124
7	2,01	0,021			

A variável explicativa é a mudança na atividade cerebral em uma região do cérebro que é ativada pela dor física. Valores negativos mostram um decréscimo na atividade, sugerindo menos desconforto físico. A variável de resposta é "desconforto social", medido pelo escore do questionário de cada sujeito depois da exclusão em relação ao escore depois da inclusão. (Assim, valores maiores do que 1 mostram o grau de desconforto causado pela exclusão.) Discuta o que os dados mostram sobre a relação entre desconforto social e atividade cerebral.

4.48 **Esquilos de Yukon.** A densidade populacional dos esquilos vermelhos da América do Norte em Yukon, Canadá, flutua anualmente. Os pesquisadores acreditam que uma razão para a flutuação pode ser a disponibilidade de pinhas de abeto branco na primavera, uma fonte significativa de alimento para os esquilos. Para explorar isso, os pesquisadores mediram a densidade populacional dos esquilos vermelhos na primavera e a produção de pinhas de abeto no outono anterior, durante um período de 23 anos. Os dados para uma área de estudo aparecem na Tabela 4.2.[27] A densidade populacional dos esquilos é medida em esquilos por hectare. A produção de pinhas de abeto é um índice em uma escala logarítmica, com grandes valores indicando produção maior de pinhas de abeto. Discuta se os dados apoiam a ideia de que maior produção de pinhas de abeto no outono leva a uma densidade populacional de esquilos mais alta na primavera seguinte. ESQUILO

Tabela 4.2 Densidade populacional de esquilos vermelhos e produção de pinhas de abeto em Yukon, Canadá

Densidade de esquilos (esquilos por ha)	Produção de pinhas (índice)	Densidade de esquilos (esquilos por ha)	Produção de pinhas (índice)
1,0	0,1	1,3	2,3
1,5	0,3	2,3	2,5
1,4	0,4	2,0	2,9
1,5	0,5	1,0	3,1
0,7	0,5	1,4	3,3
1,2	0,8	0,9	3,6
0,9	1,2	1,3	3,8
1,0	1,4	1,9	4,2
1,2	1,8	1,8	5,1
1,4	2,0	1,9	5,2
1,5	2,1	3,4	5,3
0,8	2,2		

4.49 **Salários de professores.** Para cada um dos 50 estados e o Distrito de Colúmbia, os escores médios no SAT de matemática e salários médios de professores do Ensino Médio para 2018 estão disponíveis.[28] Discuta se os dados apoiam a ideia de que salários mais altos de professores levam a escores SAT em matemática mais altos. SALPROF

CAPÍTULO

5

Após leitura do capítulo, você será capaz de:

5.1 Usar uma reta de regressão para predizer valores de uma variável resposta e interpretar a inclinação e o intercepto de uma reta de regressão.

5.2 Compreender o significado da reta de regressão de mínimos quadrados e sua equação.

5.3 Identificar a reta de regressão de mínimos quadrados nas saídas de calculadoras e computadores.

5.4 Com base nas propriedades da reta de regressão de mínimos quadrados, julgar sua utilidade em situações específicas.

5.5 Usar resíduos e gráficos de resíduos para chegar a conclusões sobre a relação entre duas variáveis quantitativas.

5.6 Descrever o impacto de valores atípicos e observações influentes sobre as retas de regressão de mínimos quadrados e fórmulas.

5.7 Considerar o impacto de correlação ecológica, extrapolação e variáveis ocultas ao fazer predições com base em regressão.

5.8 Distinguir entre correlação e causação ao interpretar associações entre variáveis.

5.9 Reconhecer as limitações de se chegar a conclusões sobre associações entre variáveis com base em padrões em grandes conjuntos de dados.

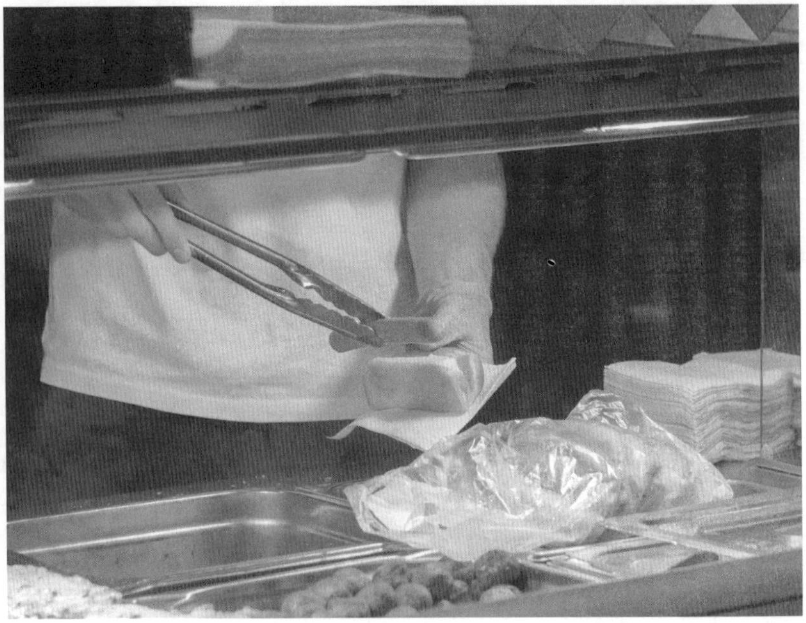

Михаил Руденко/iStock

Regressão

Neste capítulo, continuamos a exploração das relações entre duas variáveis, que começamos no Capítulo 4. No Capítulo 4, vimos que uma ferramenta útil para a exploração de relação entre duas variáveis é o diagrama de dispersão. Quando a relação é linear, a correlação é uma medida numérica da intensidade da relação linear.

Neste capítulo, introduziremos um método para o resumo de relação de linha reta entre duas variáveis, quando ela existir. Quando há uma clara variável explicativa e uma forte relação linear, é tentador supormos que grandes valores da correlação implicam que existe uma relação de causa e efeito entre a variável explicativa e a variável resposta. Isso pode não ser verdade. A correlação não implica causação! Neste capítulo, vamos explorar esse problema com mais cuidado.

Relações lineares (linhas retas) entre duas variáveis quantitativas são de fácil compreensão e bastante comuns. No Capítulo 4, encontramos relações lineares em situações tão variadas como mortes de peixes-boi na Flórida, risco de câncer e predição de tempestades tropicais. A correlação mede a direção e a intensidade dessas relações. Quando um diagrama de dispersão mostra uma relação linear, gostaríamos de resumir o padrão geral desenhando uma reta de melhor ajuste (chamada reta de regressão) no diagrama de dispersão.

5.1 Retas de regressão

Uma *reta de regressão* resume a relação entre duas variáveis – mas apenas em uma situação específica: quando uma das variáveis ajuda a explicar ou predizer a outra. Isto é, a regressão descreve a relação entre uma variável explicativa e uma variável resposta.

Reta de regressão

Uma **reta de regressão** é uma linha reta que descreve como uma variável resposta y muda quando uma variável explicativa x muda. Frequentemente, usamos uma reta de regressão para predizer o valor de y, dado o valor de x, quando acreditamos que a relação entre x e y é linear.

EXEMPLO 5.1 A agitação mantém a pessoa magra?

4 PASSOS

Por que algumas pessoas acham fácil permanecer magras? Seguindo o processo de quatro passos, mostramos o relato de um estudo que clareia um pouco o assunto de ganho de peso.

GANGORD

ESTABELEÇA: algumas pessoas não ganham peso, mesmo quando comem muito. Talvez a agitação e outras "atividades de não exercício" (ANE) expliquem por quê. De fato, algumas pessoas podem, espontaneamente, aumentar a atividade de não exercício quando comem mais, reduzindo, assim, a quantidade de peso que ganham com o excesso de comida. Para investigar o efeito de ANE no ganho de peso, pesquisadores, deliberadamente, superalimentaram 16 jovens adultos saudáveis durante oito semanas. Mediram o ganho de gordura (em quilogramas) e, como variável explicativa, mudanças no uso da energia (em calorias) em atividades diferentes de exercício deliberado – agitação, vida diária e semelhantes. A mudança no uso da energia foi a energia medida no último dia do período de oito semanas, menos o uso de energia medida no dia antes do início da superalimentação. Eis os dados:[1]

Mudança na ANE (cal)	-94	-57	-29	135	143	151	245	355
Ganho de gordura (kg)	4,2	3,0	3,7	2,7	3,2	3,6	2,4	1,3
Mudança na ANE (cal)	392	473	486	535	571	580	620	690
Ganho de gordura (kg)	3,8	1,7	1,6	2,2	1,0	0,4	2,3	1,1

As pessoas com os maiores aumentos em ANE tendem a ganhar menos gordura?

PLANEJE: faça um diagrama de dispersão dos dados e examine o padrão. Se for linear, use a correlação para medir sua intensidade e desenhe uma reta de regressão no diagrama para predizer o ganho de gordura a partir de mudança na ANE.

RESOLVA: a Figura 5.1 é um diagrama de dispersão desses dados. O gráfico mostra uma associação linear negativa ligeiramente forte, sem valores atípicos. A correlação é $r = -0{,}7786$. A reta no gráfico é uma reta de regressão para predição do ganho de gordura a partir de mudanças na ANE.

CONCLUA: pessoas com maiores aumentos em ANE realmente ganham menos gordura. Para acrescentarmos mais a essa conclusão, devemos estudar retas de regressão com mais detalhe.

No entanto, já podemos usar a reta de regressão para predizer o ganho de gordura a partir do valor de ANE. Suponha que a ANE de um indivíduo cresça de 400 calorias quando ele se superalimenta. "Suba e vire" no gráfico da Figura 5.1. A partir de 400 calorias no eixo x, suba até a reta de regressão e, então, vá para o eixo y. O gráfico mostra que o ganho de gordura predito é um pouco maior do que 2 quilogramas.

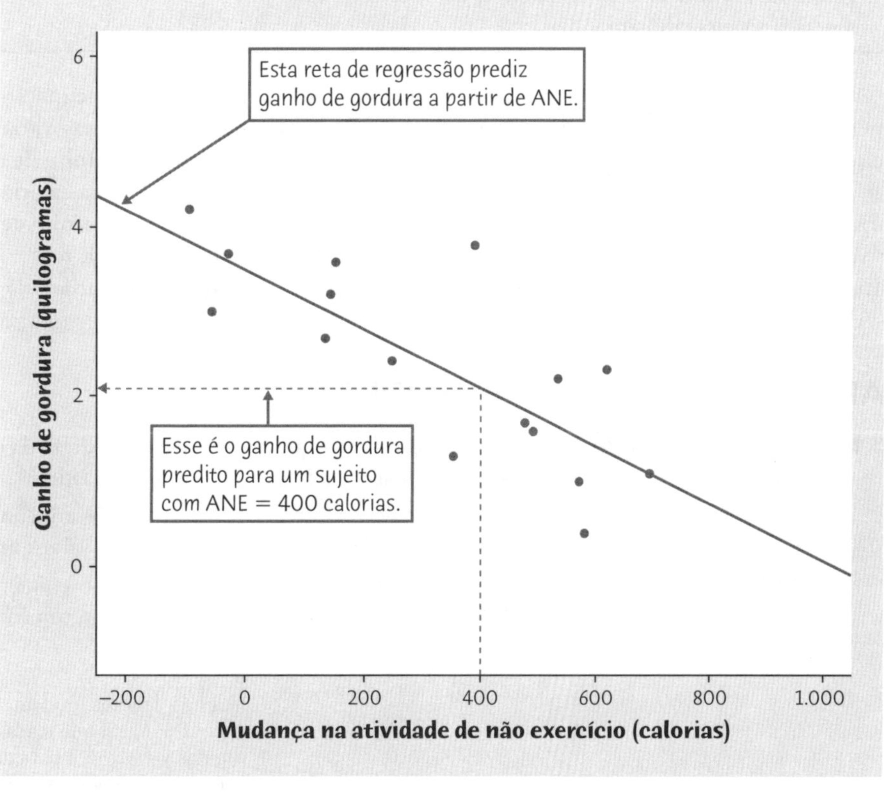

FIGURA 5.1
Ganho de gordura depois de oito semanas de superalimentação contra ANE (aumento na atividade de não exercício) durante o mesmo período, para o Exemplo 5.1.

ESTATÍSTICA NO MUNDO REAL

Regressão em direção à média

"Regredir" significa andar para trás. Por que métodos estatísticos para a predição de uma resposta a partir de uma variável explicativa são chamados de "regressão"? Sir Francis Galton (1822-1911), o primeiro a aplicar regressão a dados biológicos e psicológicos, analisou exemplos como altura de crianças *versus* altura de seus pais. Ele descobriu que pais com altura acima da média tendiam a ter filhos que também eram mais altos que a média, porém não tão altos quanto seus pais. Galton chamou esse fato de "regressão em direção à média", e o nome passou a ser aplicado ao método estatístico.

Muitas calculadoras e programas fornecerão a você a equação da reta de regressão a partir da introdução dos dados. A compreensão e o uso da reta são mais importantes do que os detalhes sobre a origem da equação.

Revisão de retas

Suponha que y seja uma variável resposta (marcada no eixo vertical) e x seja uma variável explicativa (marcada no eixo horizontal). Uma reta que relacione y a x tem uma equação da forma*

$$y = a + bx$$

Nessa equação, b é a **inclinação**, que é o quanto y muda quando x aumenta de uma unidade. O número a é o **intercepto**, o valor de y quando $x = 0$.

EXEMPLO 5.2 Uso de uma reta de regressão

Qualquer reta que descreva os dados de ANE tem a forma

$$\text{ganho de gordura} = a + (b \times \text{mudança na ANE})$$

A reta na Figura 5.1 é a reta de regressão, com a equação

$$\text{ganho de gordura} = 3{,}505 - 0{,}00344 \times \text{mudança na ANE}$$

Certifique-se de entender bem o papel dos dois números nessa equação:

- A inclinação $b = -0{,}00344$ nos diz que o ganho de gordura diminui, em média, de 0,00344 quilograma para cada caloria a mais de ANE. A inclinação de uma reta de regressão é, na média, a *taxa de variação* na resposta quando a variável explicativa muda.
- O intercepto, $a = 3{,}505$ quilogramas, é a estimativa do ganho de gordura se o valor de ANE não muda quando a pessoa se superalimenta.

A equação da reta de regressão torna fácil a predição do ganho de gordura. Se a ANE de uma pessoa aumenta para 400 calorias quando ela se superalimenta, substitua $x = 400$ na equação. O ganho de gordura predito é

$$\text{ganho de gordura} = 3{,}505 - (0{,}00344 \times 400) = 2{,}13 \text{ quilos}$$

Isso é um pouco mais que 2 quilos, conforme estimado diretamente do gráfico no Exemplo 5.1.

Para desenhar a reta no diagrama de dispersão, use a equação para encontrar o y predito para dois valores de x, cada um próximo de um dos extremos do intervalo de x. Marque cada y acima do valor correspondente de x e trace a reta pelos dois pontos.

A inclinação de uma reta de regressão é uma descrição numérica importante da relação entre duas variáveis. Embora precisemos do valor do intercepto para traçar a reta, esse valor é estatisticamente significativo apenas quando, como no Exemplo 5.2, a variável explicativa pode realmente assumir valores próximos de zero. A inclinação $b = -0{,}00344$ no Exemplo 5.2 é pequena. Isso *não* significa que a mudança em ANE tenha pouco efeito sobre o ganho de gordura. O tamanho da inclinação depende das unidades com as quais medimos as duas variáveis. Nesse exemplo, a inclinação é a mudança no ganho de gordura em quilogramas quando ANE aumenta de uma caloria. Há mil gramas em um quilograma. Se medíssemos o ganho de gordura em gramas, a inclinação seria mil vezes maior, $b = -3{,}44$. *Não se pode dizer quão importante é uma relação pelo simples exame do tamanho da inclinação da reta de regressão.*

APLIQUE SEU CONHECIMENTO

5.1 Milhagem na cidade e na estrada. Esperamos que a milhagem de um carro na estrada esteja relacionada à sua milhagem na cidade (em milhas por galão). Dados para todos os 1.259 veículos que constam do *2019 Fuel Economy Guide* do governo fornecem a reta de regressão

$$\text{mpg na estrada} = 8{,}720 + (0{,}914 \times \text{mpg na cidade})$$

para a predição da milhagem na estrada a partir da milhagem na cidade.

(a) Qual é a inclinação dessa reta? Diga, em palavras, o que o valor numérico da inclinação informa.

(b) Qual é o intercepto? Explique por que o valor do intercepto não é estatisticamente significativo.

*Alguns leitores podem estar mais acostumados com a notação $y = mx + b$, em que m é a inclinação da reta e b é o intercepto. Aqui, usamos $y = ax + b$ para antecipar o uso de curvas de regressão mais complexas, como $y = a + bx + cx^2$, que pode ser um melhor ajuste para um diagrama de dispersão. Discussões de curvas mais complexas aparecem em livros sobre métodos de regressão múltipla.

(c) Determine a milhagem na estrada predita para um carro que faz 16 milhas por galão (6,8023 km/L) na cidade. Faça o mesmo para um carro com milhagem na cidade de 28 mpg (11,904 km/L).

(d) Faça um gráfico da reta de regressão para as milhagens na cidade entre 10 e 50 mpg (4,2514 e 21,2572 km/L). (Não se esqueça de explicitar as escalas para os eixos x e y.)

5.2 Qual é a reta? Um artigo *online* sugeriu que, para cada pessoa adicional que começava a correr por exercício, o número de cigarros fumados diariamente decrescia em 0,178.[2] Se supusermos que 48 milhões de cigarros seriam fumados por dia se ninguém corresse, qual seria a equação da reta de regressão para a predição do número de cigarros fumados por dia a partir do número de pessoas que corressem regularmente por exercício?

5.3 Florestas se encolhendo. Cientistas mediram a perda florestal anual (em quilômetros quadrados) na Indonésia, de 2000 a 2012.[3] Eles encontraram a reta de regressão

$$\text{perda florestal} = 7.500 + (1.021 \times \text{anos desde 2000})$$

para a predição de perda florestal, em quilômetros quadrados, a partir de anos desde 2000.

(a) Qual é a inclinação dessa reta? Diga, em palavras, o que o valor numérico da inclinação lhe diz.

(b) Se medíssemos a perda florestal em metros quadrados por ano, qual seria a inclinação? Note que há 10^6 metros quadrados em um quilômetro quadrado.

(c) Se medíssemos a perda florestal em milhares de quilômetros quadrados por ano, qual seria a inclinação?

5.2 A reta de regressão de mínimos quadrados

Na maioria dos casos, nenhuma reta passará exatamente sobre todos os pontos de um diagrama de dispersão. Pessoas diferentes irão desenhar retas diferentes a olho em um diagrama de dispersão. Precisamos desenhar uma reta de regressão que não dependa de nosso palpite sobre sua posição. Como usamos a reta para predizer y a partir de x, os erros de predição que cometemos são erros em y, a direção vertical no gráfico de dispersão. *Uma boa reta de regressão torna as distâncias verticais dos pontos à reta tão pequenas quanto possível.*

A Figura 5.2 ilustra essa ideia. Esse gráfico mostra três dos pontos da Figura 5.1, acompanhados da reta, em uma escala expandida. A reta passa acima de um dos pontos e abaixo de dois deles. Os três erros de predição aparecem como segmentos de reta verticais. Por exemplo, um sujeito teve $x = -57$, um decréscimo de 57 calorias na ANE. A reta prediz um ganho de gordura de 3,7 quilogramas, mas o ganho real para esse sujeito foi de 3,0 quilogramas. O erro de predição é

$$\begin{aligned} \text{erro} &= \text{resposta observada} - \text{resposta predita} \\ &= 3{,}0 - 3{,}7 = -0{,}7 \text{ quilograma} \end{aligned}$$

Há muitas maneiras de tornar a coleção de distâncias verticais "tão pequena quanto possível". A mais comum é o método de *mínimos quadrados*.

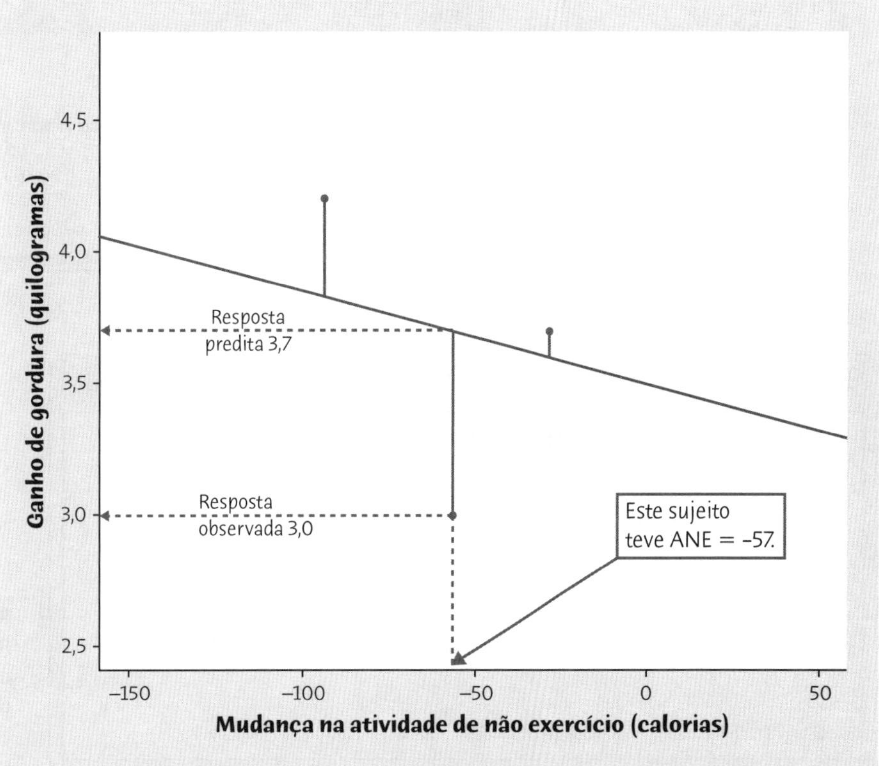

FIGURA 5.2
A ideia de mínimos quadrados. Para cada observação, encontre a distância vertical de cada ponto no diagrama de dispersão à reta de regressão. A regressão de mínimos quadrados torna a soma dos quadrados dessas distâncias tão pequena quanto possível.

Reta de regressão de mínimos quadrados

A **reta de regressão de mínimos quadrados** de y sobre x é a reta que torna a soma dos quadrados das distâncias verticais dos pontos observados à reta a menor possível.

Uma razão da popularidade da reta de regressão de mínimos quadrados é que o problema de achar a reta tem uma resposta simples. Podemos fornecer a equação para a reta de mínimos quadrados em termos das médias e desvios-padrão das duas variáveis e da correlação entre elas.

Equação da reta de regressão de mínimos quadrados

Temos dados de uma variável explicativa x e de uma variável resposta y para n indivíduos. A partir dos dados, calcule as médias $\bar{x}$ e $\bar{y}$ e os desvios-padrão s_x e s_y das duas variáveis e também a sua correlação r. A reta de regressão de mínimos quadrados é a reta

$$\hat{y} = a + bx$$

com inclinação

$$b = r\frac{s_y}{s_x}$$

e intercepto

$$a = \bar{y} - b\bar{x}$$

Escrevemos $\hat{y}$ (lê-se "y chapéu") na equação da regressão para enfatizar que a reta fornece uma resposta *predita* $\hat{y}$ para qualquer x. Devido à dispersão dos pontos em torno da reta, a resposta predita não será, usualmente, a mesma que a resposta y realmente *observada*. Na prática, não precisamos calcular as médias, os desvios-padrão e a correlação. Programas computacionais ou sua calculadora fornecerão a inclinação b e o intercepto a da reta de mínimos quadrados a partir dos valores digitados das variáveis x e y. Você pode, então, concentrar-se em compreender e utilizar a reta de regressão.

5.3 Exemplos de tecnologia

Regressão de mínimos quadrados é um dos procedimentos estatísticos mais comuns. Qualquer tecnologia que você use para cálculos estatísticos lhe fornecerá a reta de mínimos quadrados e informações relacionadas. A Figura 5.3 mostra as saídas para os dados dos Exemplos 5.1 e 5.2 de uma calculadora gráfica, de três pacotes estatísticos e de uma planilha de cálculos. Cada saída apresenta a inclinação e o intercepto da reta de mínimos quadrados. O pacote estatístico fornece, também, informações ainda não necessárias, embora a maior parte delas seja usada posteriormente. (Na verdade, excluímos partes das saídas do Minitab e do Excel.) Certifique-se de poder localizar a inclinação e o intercepto em todas as quatro saídas. *Desde que compreenda as ideias estatísticas, você pode ler e trabalhar com quase qualquer saída de software.*

Texas Instruments

```
LinReg
 y=a+bx
 a=3.505122916
 b =-.003441487
 r 2=.6061492049
 r =-.7785558457
```

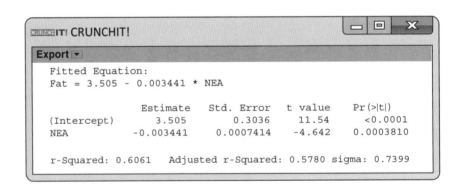

CRUNCHIT!

```
Export
Fitted Equation:
Fat = 3.505 - 0.003441 * NEA

                 Estimate   Std. Error   t value    Pr(>|t|)
(Intercept)        3.505       0.3036      11.54     <0.0001
NEA            -0.003441    0.0007414     -4.642   0.0003810

r-Squared: 0.6061   Adjusted r-Squared: 0.5780 sigma: 0.7399
```

Minitab

```
Regression Analysis: fat versus nea

The regression equation is
fat = 3.51 - 0.00344 nea


Predictor        Coef     SE Coef      T      P
Constant       3.5051      0.3036  11.54  0.000
nea        -0.0034415   0.0007414  -4.64  0.000


S = 0.739853   R-Sq = 60.6%   R-Sq (adj) = 57.8%
```

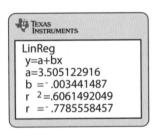

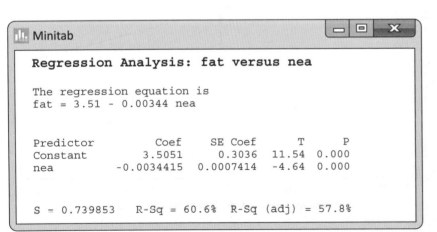

FIGURA 5.3
Regressão de mínimos quadrados para os dados de atividade de não exercício: saídas de uma calculadora gráfica, três pacotes estatísticos, e um programa de planilha de cálculos.

FIGURA 5.3
(Continuação)

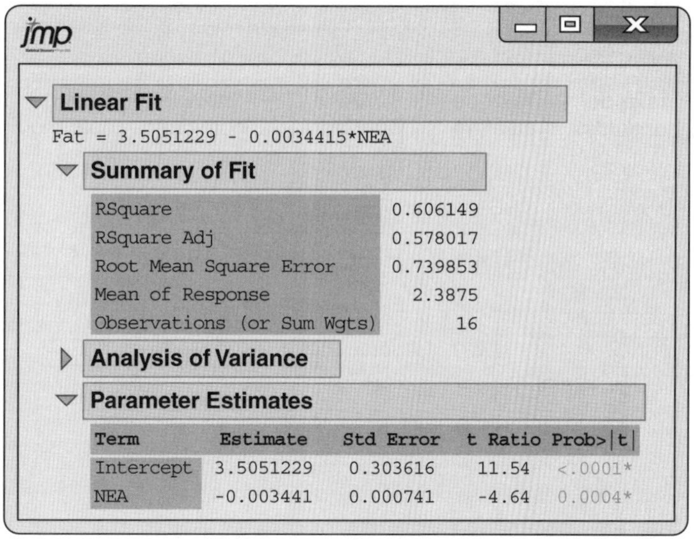
jmp

Linear Fit

Fat = 3.5051229 - 0.0034415*NEA

Summary of Fit

RSquare	0.606149
RSquare Adj	0.578017
Root Mean Square Error	0.739853
Mean of Response	2.3875
Observations (or Sum Wgts)	16

Analysis of Variance

Parameter Estimates

Term	Estimate	Std Error	t Ratio	Prob>|t|
Intercept	3.5051229	0.303616	11.54	<.0001*
NEA	-0.003441	0.000741	-4.64	0.0004*

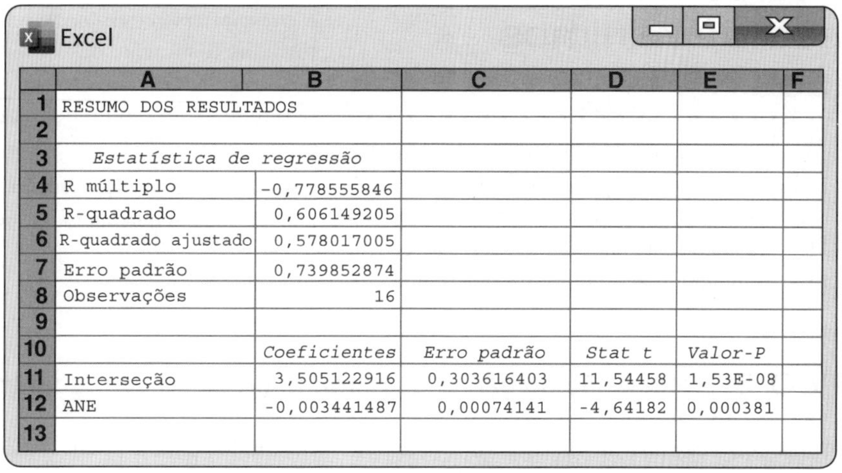
Excel

	A	B	C	D	E	F
1	RESUMO DOS RESULTADOS					
2						
3	*Estatística de regressão*					
4	R múltiplo	-0,778555846				
5	R-quadrado	0,606149205				
6	R-quadrado ajustado	0,578017005				
7	Erro padrão	0,739852874				
8	Observações	16				
9						
10		*Coeficientes*	*Erro padrão*	*Stat t*	*Valor-P*	
11	Interseção	3,505122916	0,303616403	11,54458	1,53E-08	
12	ANE	-0,003441487	0,00074141	-4,64182	0,000381	
13						

APLIQUE SEU CONHECIMENTO

5.4 Recifes de coral. Os Exercícios 4.2 e 4.10 discutem um estudo, no qual cientistas examinaram dados dobre as temperaturas médias na superfície do mar (em graus Celsius) e o crescimento médio de corais (em centímetros por ano), durante um período de vários anos, em localidades no Golfo do México e no Caribe. Eis os dados:[4] CORAL

Temperatura na superfície do mar	26,7	26,6	26,6	26,5	26,3	26,1
Crescimento	0,85	0,85	0,79	0,86	0,89	0,92

(a) Use sua calculadora para encontrar a média e o desvio-padrão da temperatura na superfície do mar x e do crescimento y, e a correlação r entre x e y. Utilize essas medidas básicas para achar a equação da reta de mínimos quadrados para predizer y a partir de x.

(b) Digite os dados no seu programa de estatística ou na sua calculadora e use a função de regressão para achar a equação da reta de mínimos quadrados. O resultado deve coincidir com o obtido em (a), a menos de erros de arredondamento.

(c) Diga, em palavras, o que o valor numérico da inclinação lhe diz.

5.5 Homicídio e suicídio. A prevenção de suicídios é um assunto importante com que se deparam profissionais da área de saúde mental. A predição de regiões em que o risco de suicídio é alto poderia ajudar na decisão sobre onde aumentar ou melhorar os recursos e cuidados de saúde mental. Alguns psiquiatras argumentaram que homicídio e suicídio podem ter causas em comum. Se for esse o caso, esperaríamos que as taxas de homicídio e suicídio fossem correlacionadas. E se isso é verdade, poderíamos esperar que áreas com altas taxas de homicídio tivessem altas taxas de suicídio e, portanto, necessitariam de mais recursos para a saúde mental. A pesquisa teve resultados mistos, incluindo alguma evidência de que há uma correlação positiva em certos países europeus, mas não nos EUA. Eis os dados de 2015 para 11 condados em Ohio, com dados suficientes para homicídios e suicídios que permitem a estimativa de taxas para ambos.[5] As taxas são por 100 mil pessoas. MORTE

Condado	Taxa de homicídio	Taxa de suicídio	Condado	Taxa de homicídio	Taxa de suicídio
Butler	4,0	11,2	Lucas	6,0	12,6
Clark	10,8	15,3	Mahoning	11,7	15,2
Cuyahoga	12,2	11,4	Montgomery	8,9	15,7
Franklin	8,7	12,3	Stark	5,8	16,1
Hamilton	10,2	11,0	Summit	7,1	17,9
Lorain	3,3	14,3			

(a) Faça um diagrama de dispersão que mostre como a taxa de suicídio pode ser predita a partir da taxa de homicídio. Há uma fraca relação linear, com correlação $r = -0{,}0645$.

(b) Encontre a reta de regressão de mínimos quadrados para a predição da taxa de suicídio a partir da taxa de homicídio. Acrescente essa reta ao seu diagrama de dispersão.

(c) Explique, em palavras, o que a inclinação da reta de regressão nos diz.

(d) Outro condado de Ohio tem uma taxa de homicídio de 8,0 por 100 mil. Qual é a taxa de suicídio predita para o condado?

5.4 Fatos sobre a regressão de mínimos quadrados

Uma razão da popularidade de retas de regressão de mínimos quadrados é que elas têm muitas propriedades convenientes. A reta de regressão de mínimos quadrados faz as distâncias verticais dos pontos de dados à reta tão pequenas quanto possível. Seguem alguns fatos sobre retas de regressão de mínimos quadrados.

Fato 1. *A distinção entre variável explicativa e variável resposta é essencial em regressão.* A regressão de mínimos quadrados torna as distâncias das observações à reta pequenas apenas na direção y. Se invertermos os papéis das duas variáveis, obteremos uma reta de regressão de mínimos quadrados diferente.

Fato 2. *Há uma relação estreita entre a correlação e a inclinação da reta de mínimos quadrados.* A inclinação é

$$b = r\,\frac{s_y}{s_x}$$

EXEMPLO 5.3 Predição do ganho de gordura, predição de mudança em ANE

A Figura 5.4 repete o diagrama de dispersão dos dados de atividades de não exercício (ANE) da Figura 5.1, mas com duas retas de regressão de mínimos quadrados. A linha sólida é a reta para predição de ganho de gordura a partir de mudanças em ANE. Essa é a reta que apareceu na Figura 5.1. Também, poderíamos usar os dados desses 16 sujeitos para predizer a mudança em ANE para outro sujeito a partir do ganho de gordura desse sujeito, quando superalimentado por oito semanas. Agora, os papéis das variáveis foram invertidos: ganho de gordura é a variável explicativa e mudança em ANE é a variável resposta. A linha tracejada na Figura 5.4 é a reta de regressão de mínimos quadrados para a predição de mudanças em ANE a partir do ganho de gordura. As duas retas de regressão não são a mesma. *No contexto de regressão, deve-se saber claramente qual é a variável explicativa.*

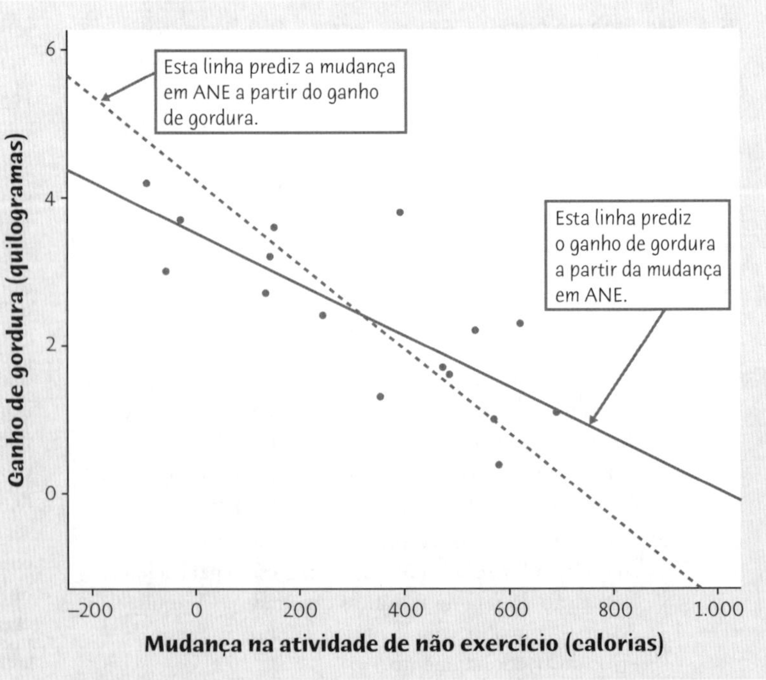

FIGURA 5.4
Duas retas de regressão de mínimos quadrados para os dados de atividades de não exercício, para o Exemplo 5.3. A linha sólida prediz ganho de gordura a partir de mudanças nas atividades de não exercício. A equação para essa reta é gordura = 3,505 – 0,00344 ANE. A linha tracejada prediz mudanças nas atividades de não exercício a partir do ganho de gordura. A equação para essa reta é ANE = 745,3 – 176 gordura (ou, após rearranjar os termos, gordura = 4,23 – 0,00568 ANE).

Vemos que a inclinação e a correlação sempre têm o mesmo sinal. Por exemplo, se um diagrama de dispersão mostra uma associação positiva, então ambos b e r são positivos. A fórmula para a inclinação b diz mais: ao longo da reta de regressão, uma mudança de um desvio-padrão em x corresponde a uma mudança de r desvios-padrão em y. Quando as variáveis são perfeitamente correlacionadas ($r = 1$ ou $r = -1$), a mudança na resposta predita $\hat{y}$ é a mesma (em unidades de desvio-padrão) que a mudança em x. Caso contrário, como $-1 \leq r \leq 1$, a mudança em $\hat{y}$ (em unidades de desvio-padrão) é menor do que a mudança em x (em unidades de desvio-padrão). À medida que a correlação fica menos forte, a predição $\hat{y}$ muda menos em resposta a mudanças em x.

Fato 3. *A reta de regressão de mínimos quadrados sempre passa pelo ponto* $(\bar{x}, \bar{y})$ *no gráfico de* y *contra* x. Essa é uma consequência da equação de reta de regressão de mínimos quadrados. No Exercício 5.55 pedimos que você confirme isso.

Fato 4. *A correlação* r *descreve a intensidade de uma relação linear.* No contexto de regressão linear, essa descrição toma uma forma específica: o quadrado da correlação, r^2, é a fração da variação nos valores de y que é explicada pela regressão de mínimos quadrados de y sobre x.

A ideia é de que, quando há uma relação linear, parte da variação em y deve-se ao fato de que, quando x varia, ele arrasta y consigo. Olhe novamente a Figura 5.1, o diagrama de dispersão dos dados de ANE. A variação em y aparece como o espalhamento dos ganhos de gordura de 0,4 a 4,2 kg. Parte dessa variação é explicada pelo fato de que x (mudança em ANE) varia de uma perda de 94 calorias a um ganho de 690 calorias. À medida que x se desloca de −94 a 690, y muda ao longo da reta. Você prediria um ganho menor de gordura para um sujeito cuja ANE fosse de 600 calorias do que para alguém com 0 de mudança na ANE. Mas a ligação de y a x pela reta não explica *toda* a variação em y. A variação restante aparece como a dispersão dos pontos acima e abaixo da reta.

Embora sem mostrar os cálculos algébricos, é possível decompor a variação total nos valores observados de y em duas partes. Uma parte mede a variação em $\hat{y}$ ao longo da reta de regressão quando x varia. A outra mede a dispersão vertical das observações acima e abaixo da reta. O quadrado da correlação r^2 é a primeira dessas, expressa como uma fração da variação total:

$$r^2 = \frac{\text{variação de } \hat{y} \text{ ao longo da reta quando } x \text{ varia}}{\text{variação total nos valores observados de } y}$$

EXEMPLO 5.4 Uso de r^2

Para os dados de ANE, $r = -0{,}7786$ e $r^2 = (-0{,}7786)^2 = 0{,}6062$. Aproximadamente 61% da variação na gordura ganha são explicados pela relação linear com a mudança em ANE. Os outros 39% são devidos à variação individual entre os sujeitos, que não é explicada pela relação linear.

A Figura 4.3 mostra uma relação linear mais forte entre registros de barcos na Flórida e peixes-boi mortos por barcos. A correlação é $r = 0{,}919$ e $r^2 = (0{,}919)^2 = 0{,}845$. Cerca de 85% da variação ano a ano no número de peixes-boi mortos por barcos são explicados pela regressão sobre o número de barcos registrados. Apenas cerca de 15% são variações entre os anos com números similares de barcos registrados.

Você pode achar uma reta de regressão para qualquer relação entre duas variáveis quantitativas, mas a utilidade da reta para predição depende da intensidade da relação linear. Assim, r^2 é quase tão importante quanto a equação da reta no relato de uma regressão. Todas as saídas da Figura 5.3 incluem r^2, na forma decimal ou na forma percentual. Quando você se deparar com uma correlação, eleve-a ao quadrado para ter uma ideia melhor da intensidade da associação. Correlação perfeita ($r = -1$ ou $r = 1$) significa que os pontos se situam exatamente sobre uma reta. Neste caso, $r^2 = 1$, e toda a variação em uma variável se deve à relação linear com a outra variável. Se $r = -0{,}7$ ou $r = 0{,}7$, $r^2 = 0{,}49$, e cerca de metade da variação se deve à relação linear. Na escala de r^2, correlação $\pm 0{,}7$ significa cerca de metade do caminho entre 0 e ± 1.

Os Fatos 2, 3 e 4 são propriedades especiais da regressão de mínimos quadrados. Não são verdadeiros para outros métodos de ajuste de uma reta aos dados, que são discutidos em cursos mais avançados.

APLIQUE SEU CONHECIMENTO

5.6 Quão útil é a regressão? A Figura 4.9 mostra a relação entre os escores de jogadores de golfe na primeira e na segunda rodadas do Torneio Masters de 2019. A correlação é $r = 0{,}283$. A Figura 4.3 fornece os dados sobre o número de barcos registrados na Flórida e o número de peixes-boi mortos por barcos, para os anos de 1977 a 2018. A correlação é $r = 0{,}919$. Explique, em linguagem simples, por que o conhecimento de apenas essas correlações nos permite dizer que a predição de mortes de peixes-boi a partir do número de barcos registrados por uma reta de regressão será muito mais precisa do que predição do escore de um jogador de golfe na segunda rodada a partir do escore dele na primeira rodada.

5.7 Alimente os pássaros. O Exercício 4.33 fornece os dados de um estudo no qual os pais de canários cuidavam de sua própria prole e de outra de outros pais. Os pesquisadores queriam ver como mudava a taxa de crescimento dos filhotes adotivos em relação à taxa de crescimento

CherylEDavis/iStock

dos bebês naturais, à medida que a intensidade do pedido por comida dos bebês adotivos crescia em relação à intensidade do pedido dos bebês naturais. Se a intensidade do pedido for o principal fator determinante da comida recebida, com maior intensidade levando a mais comida, poderíamos esperar que a taxa de crescimento relativo aumentasse à medida que a diferença na intensidade do pedido aumentasse. Porém, se tanto intensidade do pedido quanto a preferência por seus próprios filhotes determinam a quantidade de comida recebida (e, portanto, a taxa de crescimento relativo), devemos esperar que a taxa de crescimento aumente inicialmente, à medida que a intensidade do pedido aumenta, mas então se estabilize (ou mesmo decresça), quando os pais começam a ignorar novos aumentos nos pedidos dos filhotes adotivos.

CANARIO

(a) Construa um diagrama de dispersão dos dados. Determine a reta de regressão de mínimos quadrados para predizer a taxa de crescimento relativo da prole adotiva a partir da diferença na intensidade do pedido entre a prole adotiva e a prole natural dos pais, e acrescente essa reta a seu gráfico. Você *não* deveria usar a reta de regressão para predição nesse contexto?

(b) Qual é o valor de r^2? O que esse valor nos informa a respeito do sucesso da reta de regressão para predizer a taxa de crescimento relativo?

5.5 Resíduos

Um dos princípios básicos da análise de dados é procurar um padrão geral e também desvios que se destacam do padrão. Uma reta de regressão descreve o padrão geral de uma relação linear entre uma variável explicativa e uma variável resposta. Vemos os desvios desse padrão examinando a dispersão das observações em torno da reta de regressão. As distâncias verticais dos pontos à reta de regressão de mínimos quadrados são tão pequenas quanto possível, no sentido de terem a menor soma de quadrados possível. Como elas representam a variação "que sobra" na resposta depois do ajuste da reta de regressão, essas distâncias são chamadas de *resíduos*.

Resíduos

Um **resíduo** é a diferença entre um valor observado da variável resposta e o valor predito pela reta de regressão. Isto é, um resíduo é o erro de predição que permanece depois de escolhermos a reta de regressão:

$$\text{resíduo} = y \text{ observado} - y \text{ predito}$$
$$= y - \hat{y}$$

EXEMPLO 5.5 Mais exercício, mais perda de peso?

EXERC

Quanto mais calorias você queima, mais peso você perde. A tecnologia vestível, como da Fitbits e relógios inteligentes, permite aos usuários acompanhar a atividade diária, como andar, correr e subir escada. Assim, a tecnologia vestível é vista como uma ferramenta útil para aqueles que buscam a perda de peso.

AnnaStills/iStock

O aumento na quantidade de exercícios deve aumentar o número de calorias que você queima, levando à perda de peso. Mas será verdade que o aumento na quantidade de exercício sempre aumenta o número de calorias que você queima? Para explorar isso, os pesquisadores mediram a atividade física de 332 sujeitos em contagens médias por minuto por dia (CPM/d), usando aceleradores vestíveis. Eles mediram, também, o gasto total de energia em quilocalorias por dia (kcal/d) para cada sujeito. Em níveis baixo a moderado de exercício, aumentos na atividade física, medida por CPM/d, eram positivamente associados a aumentos no gasto real de energia. Mas, em níveis altos de atividade física, a relação era menos clara. Eis os dados para os 34 sujeitos com os níveis mais altos (os 10% superiores) de atividade física:[6]

A Figura 5.5 é um diagrama de dispersão com CPM/d como variável explicativa x e gasto de energia como variável resposta y. O diagrama mostra uma fraca associação positiva. Isto é, sujeitos com CPM/d mais alto têm, sim, gastos de energia mais altos. O padrão geral é moderadamente linear, com correlação $r = 0{,}181$. A reta no diagrama é a reta de regressão de mínimos quadrados de gasto de energia sobre CPM/d. Sua equação (arredondando para duas casas decimais) é

$$\text{gasto de energia} = 2.467{,}55 + 1{,}01(\text{CPM/d})$$

Para o sujeito 11, com CPM/d de 430, predizemos

$$\text{gasto de energia} = 2.467{,}55 + (1{,}01)(430) = 2.901{,}85$$

O gasto real de energia desse sujeito foi de 2.500. O resíduo é

$$\text{resíduo} = \text{gasto de energia observado} - \text{gasto de energia predito}$$
$$= 2.500 - 2.901{,}85 = -401{,}85$$

O resíduo é negativo porque o ponto de dado está abaixo da reta de regressão. O segmento de reta tracejado na Figura 5.5 mostra o tamanho do resíduo.

Sujeito	1	2	3	4	5	6	7	8	9
CPM/d	700	640	590	550	510	510	500	500	490
Gasto de energia (kcal/d)	2.800	4.500	2.600	2.700	2.400	2.600	2.200	3.300	3.500
Sujeito	10	11	12	13	14	15	16	17	18
CPM/d	450	430	425	420	410	410	405	380	375
Gasto de energia (kcal/d)	2.800	2.500	3.200	2.800	3.150	3.500	2.850	3.600	2.900
Sujeito	19	20	21	22	23	24	25	26	27
CPM/d	370	370	360	360	350	350	350	350	345
Gasto de energia (kcal/d)	3.700	2.500	3.100	2.450	3.200	2.700	2.300	1.950	3.150
Sujeito	28	29	30	31	32	33	34		
CPM/d	340	330	330	330	325	321	320		
Gasto de energia (kcal/d)	2.000	3.650	2.700	2.400	3.100	2.500	2.950		

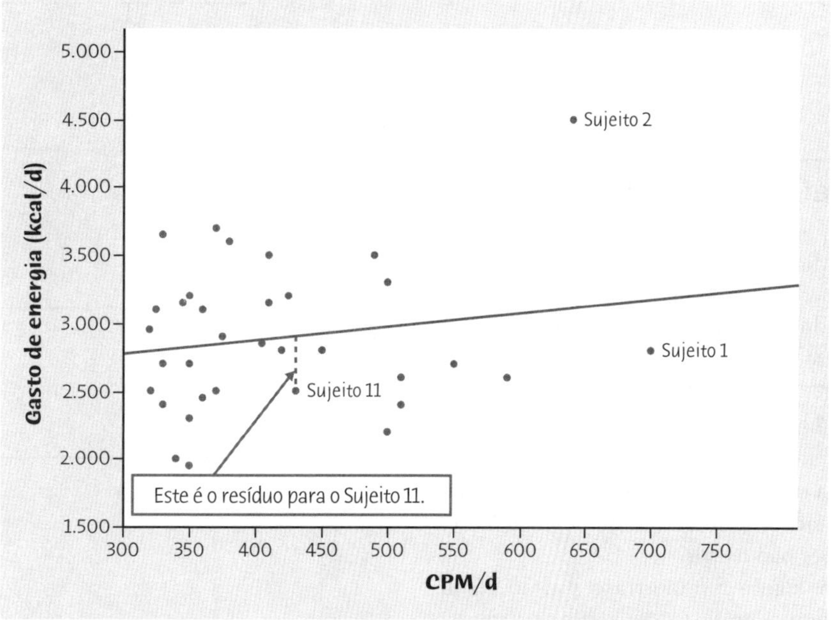

FIGURA 5.5
Diagrama de dispersão do gasto de energia (kcal/d) *versus* atividade física (CPM/d), para o Exemplo 5.5. A reta é a reta de regressão de mínimos quadrados.

Há um resíduo para cada ponto de dado. A determinação dos resíduos é um tanto desagradável, porque você deve primeiro encontrar a resposta predita para todo *x*. Um programa ou uma calculadora gráfica lhe dá os resíduos de uma só vez. Eis os 34 resíduos para o estudo da atividade física, fornecidos por um programa:

Como os resíduos mostram quão distantes os dados ficam em relação a nossa reta de regressão, o exame dos resíduos nos ajuda a avaliar quão bem a reta descreve os dados. Embora os resíduos possam ser calculados a partir de qualquer curva ou reta ajustada aos dados, os resíduos da reta de mínimos quadrados têm a propriedade especial de que a média dos resíduos de mínimos quadrados é sempre zero.

Compare o diagrama de dispersão na Figura 5.5 com o *gráfico de resíduos* para os mesmos dados na Figura 5.6. A reta horizontal em zero na Figura 5.6 ajuda na nossa orientação. Essa reta "resíduo = 0" corresponde à reta de regressão na Figura 5.5.

Sujeito	1	2	3	4	5	6	7	8	9
Resíduo	−375,307	1.385,358	−464,088	−323,645	−583,201	−383,201	−773,090	326,910	537,020
Sujeito	10	11	12	13	14	15	16	17	18
Resíduo	−122,536	−402,315	302,741	−92,204	267,907	617,907	−27,038	748,239	53,295
Sujeito	19	20	21	22	23	24	25	26	27
Resíduo	858,350	−341,650	268,461	−381,539	378,572	−121,428	−521,428	−871,428	333,627
Sujeito	28	29	30	31	32	33	34		
Resíduo	−811,317	848,794	−101,206	−401,206	303,849	−292,107	158,904		

FIGURA 5.6
Gráfico dos resíduos para os dados mostrados na Figura 5.5. A reta horizontal no resíduo zero corresponde à reta de regressão na Figura 5.5.

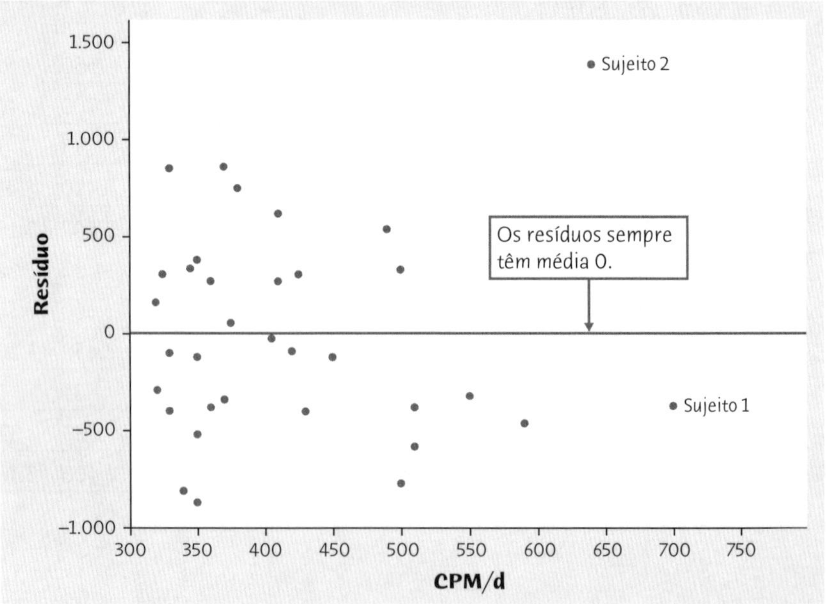

Gráficos de resíduos

Um **gráfico de resíduos** é um diagrama de dispersão dos resíduos da regressão *versus* a variável explicativa. Gráficos de resíduos nos ajudam a avaliar quão bem a reta de regressão se ajusta aos dados.

Um gráfico de resíduos, na verdade, torna horizontal a reta de regressão. Ele clareia os desvios em relação à reta e torna mais fácil a visualização de observações e padrões não usuais.

A Figura 5.7 mostra o padrão geral de alguns gráficos de resíduos típicos na forma simplificada. Os resíduos são marcados na direção vertical, contra os valores correspondentes da variável explicativa na direção horizontal. Se nossas suposições valerem, o padrão desse gráfico será uma faixa horizontal desestruturada, centrada em 0 (a média dos resíduos) e simétrica em torno de 0, como na Figura 5.7(a). Um padrão em curva, como o da Figura 5.7(b), indica que a relação entre as variáveis explicativa e resposta é curvilínea, em vez de linear. Uma reta não é uma boa descrição dessa relação. Um padrão em forma de leque, como o da Figura 5.7(c), mostra que a variação da resposta em torno da reta de mínimos quadrados aumenta à medida que a variável explicativa aumenta. Predições da resposta serão mais precisas para valores menores da variável explicativa, em que a resposta mostra menos variabilidade em torno da reta.

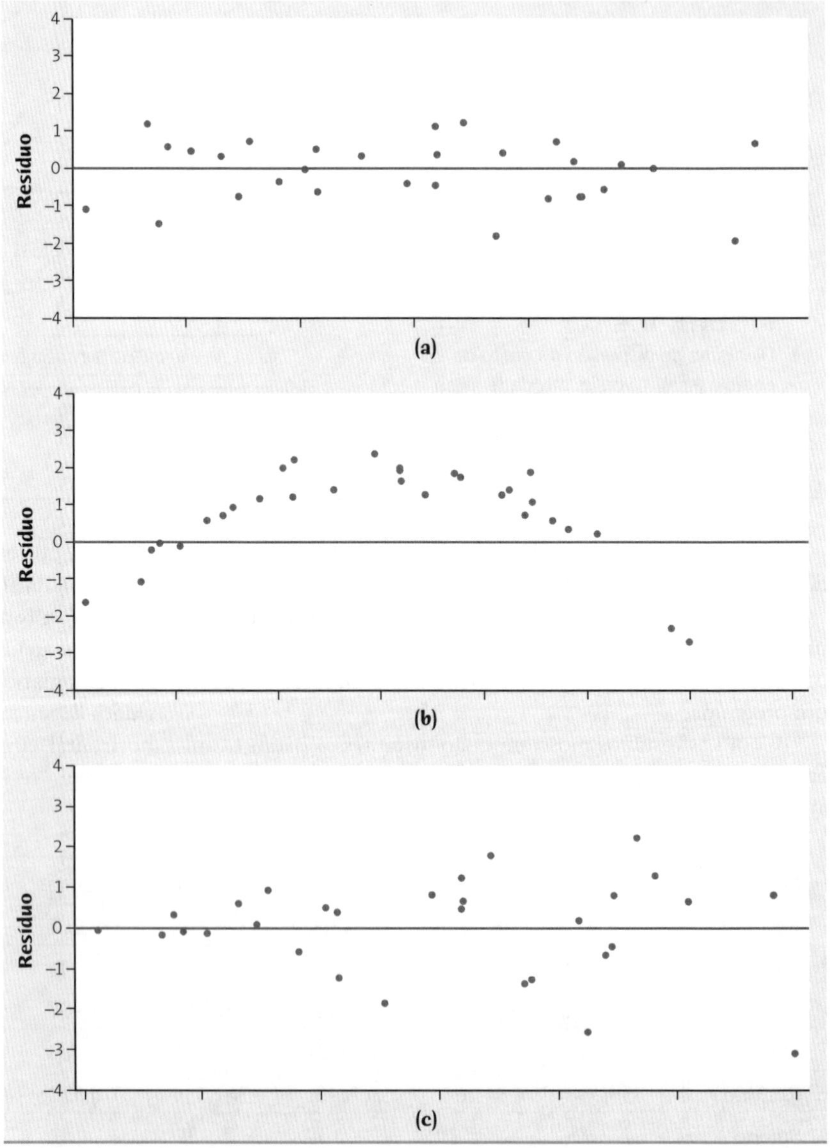

FIGURA 5.7
Alguns gráficos de resíduos típicos em forma simplificada.

APLIQUE SEU CONHECIMENTO

5.8 Resíduos à mão. No Exercício 5.4, você encontrou a equação da reta de mínimos quadrados para a predição do crescimento do coral y a partir da temperatura média na superfície do mar x.

(a) Use a equação para obter, passo a passo, os sete resíduos. Isto é, encontre a predição $\hat{y}$ para cada observação e, então, determine o resíduo $y - \hat{y}$.

(b) Verifique se os resíduos (a menos de erros de arredondamento) têm soma 0.

(c) Os resíduos são a parte desprezada da resposta y depois que se remove a ligação linear entre y e x. Mostre que a correlação entre os resíduos e x é 0 (a menos de erros de arredondamento). O fato de essa correlação ser sempre 0 é outra propriedade especial da regressão de mínimos quadrados.

5.9 Dirigir rápido desperdiça gasolina? O Exercício 4.8 fornece os dados de consumo de combustível y de um carro em várias velocidades x. O consumo de combustível é medido em milhas por galão, e a velocidade é medida em milhas por hora. O *software* nos diz que a equação da reta de regressão de mínimos quadrados é DIRVELOZ2

$$\hat{y} = 70{,}243 - 0{,}329x$$

Usando essa equação, podemos adicionar os resíduos aos dados originais:

Velocidade	20	30	40	50	60	70	80
Combustível	49,0	67,9	66,5	59,0	50,4	44,8	39,1
Resíduo	-14,67	7,51	9,40	5,19	-0,13	-2,44	-4,86

(a) Construa um diagrama de dispersão das observações e desenhe a reta de regressão em seu gráfico.

(b) Você usaria a reta de regressão para predizer y a partir de x? Explique sua resposta.

(c) Verifique o valor do primeiro resíduo, para $x = 20$. Verifique se a soma dos resíduos é zero (a menos de erros de arredondamento).

(d) Construa um gráfico dos resíduos contra os valores de x. Desenhe uma reta horizontal na altura zero no seu gráfico. Como se compara o padrão dos resíduos em torno dessa reta com o padrão dos dados em torno da reta de regressão em seu diagrama de dispersão em (a)?

5.10 Não óbvio a olho nu. O conjunto de dados RESIDS contém os valores da resposta y, uma variável explicativa x, e os resíduos a partir da reta de regressão de mínimos quadrados para a predição de y a partir de x. RESIDS

(a) Faça um diagrama de dispersão das observações e desenhe a reta de regressão no seu gráfico.

(b) Você usaria a reta de regressão para predizer y a partir de x? Explique sua resposta.

(c) Faça um gráfico de resíduos contra os valores de x. Desenhe uma reta horizontal na altura zero do seu gráfico. Como o padrão dos resíduos em torno dessa reta se compara com o padrão dos pontos de dados em torno da reta de regressão em seu diagrama de dispersão da parte (a)?

5.6 Observações influentes

As Figuras 5.5 e 5.6 mostram duas observações bem incomuns: Sujeitos 1 e 2. O Sujeito 2 é um valor atípico em ambas as direções, x e y, com CPM/d de 50 contagens a mais do que todos os sujeitos, exceto o Sujeito 1, e gasto de energia de 850 kcal/d, mais alta do que todos os outros sujeitos. Devido a sua posição extrema em ambas as escalas de CPM/d e de gasto de energia, o Sujeito 2 tem uma forte influência sobre a correlação. Tirando o Sujeito 2, a correlação se reduz de $r = 0{,}181$ (uma fraca associação positiva) para $r = -0{,}043$ (uma fraca associação negativa). Relatar que há uma fraca associação positiva entre exercício e gasto de energia é qualitativamente diferente de relatar que há uma fraca associação negativa.

Dizemos que o Sujeito 2 é *influente* para o cálculo da correlação.

Observações influentes

Uma observação é **influente** para um cálculo estatístico se, ao removê-la, alteramos acentuadamente o resultado do cálculo. O resultado de um cálculo estatístico pode ser de pouca utilidade prática, se depender fortemente de algumas poucas observações influentes.

Pontos que são valores atípicos em qualquer das direções x ou y de um diagrama de dispersão são, quase sempre, influentes para a correlação. Pontos que são valores atípicos na direção x frequentemente são influentes para a reta de regressão de mínimos quadrados.

O que constitui uma mudança "acentuada"? Isso é algo subjetivo. Mudanças em um cálculo que são do mesmo tamanho de erros de arredondamento geralmente não são evidência de que uma observação seja influente. Uma mudança em um cálculo que difere por um fator de 1,5 ou mais é, em geral, evidência de que uma observação é influente. Uma mudança na direção de uma associação é, frequentemente, uma evidência de que uma observação é influente. Se a reta de regressão de mínimos quadrados calculada depois da remoção de uma observação ainda se ajusta aos dados originais no diagrama de dispersão, a observação, provavelmente, não é influente. No entanto, podem-se achar exceções a essas diretrizes, e estatísticos podem discordar em relação a se uma observação deva ser considerada influente.

Se uma observação é influente, ou se há alguma dúvida sobre se ela é, ou não, influente, pode ser informativo relatar os cálculos estatísticos com a observação incluída e com a observação removida. Isso dá aos leitores a possibilidade de avaliar o efeito da observação.

EXEMPLO 5.6 Uma observação influente?

Nas Figuras 5.5 e 5.6, o Sujeito 1 é um valor atípico na direção *x*, com CPM/d de 60 contagens a mais do que Sujeito 2, e 110 mais alta do que todos os demais sujeitos. Ela é influente para a correlação? Podemos explorar isso, vendo o que acontece quando removemos o Sujeito 1 dos dados. A remoção do Sujeito 1 aumenta a correlação, de 0,181 para 0,229, um aumento por um fator de 1,27. Pode-se considerar isso como uma alteração acentuada. A Figura 5.8 mostra que essa observação não é influente para a reta de regressão de mínimos quadrados.

A reta de regressão calculada sem o Sujeito 1 (tracejada) difere pouco da reta que usa todas as observações (sólida). A razão pela qual o valor atípico tem pequena influência na reta de regressão é que ele está razoavelmente perto da reta de regressão tracejada, calculada a partir das outras observações.

O Sujeito 2 é um valor atípico em ambas as direções, *x* e *y*. Investigamos se o Sujeito 2 é influente, analisando o que acontece quando o removemos dos dados. O Sujeito 2 no Exemplo 5.5 é influente para a correlação entre CPM/d e gasto de energia, porque sua remoção reduz r de 0,181 para −0,043. Uma mudança no sinal da correlação seria, em geral, considerada uma alteração acentuada, de modo que o Sujeito 2 é influente para a correlação. Isso sugere que $r = 0{,}181$ não é uma descrição muito útil dos dados, porque depende fortemente de apenas de 1 de 34 sujeitos.

Essa observação é também influente para a reta de mínimos quadrados? A Figura 5.9 mostra que sim. A reta de regressão

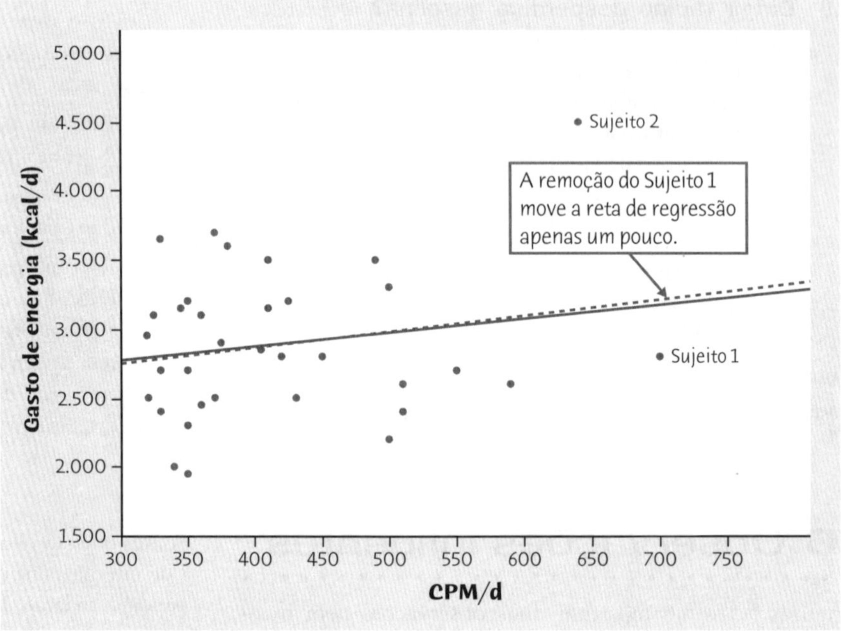

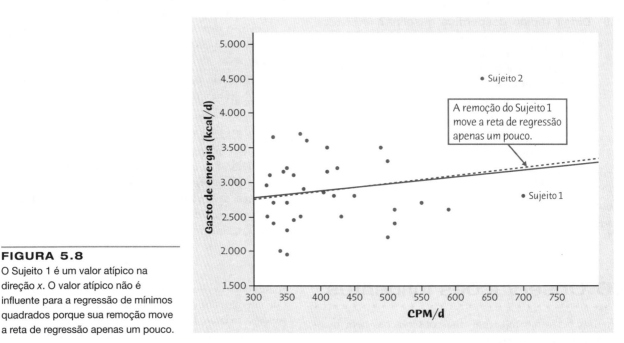

FIGURA 5.8
O Sujeito 1 é um valor atípico na direção *x*. O valor atípico não é influente para a regressão de mínimos quadrados porque sua remoção move a reta de regressão apenas um pouco.

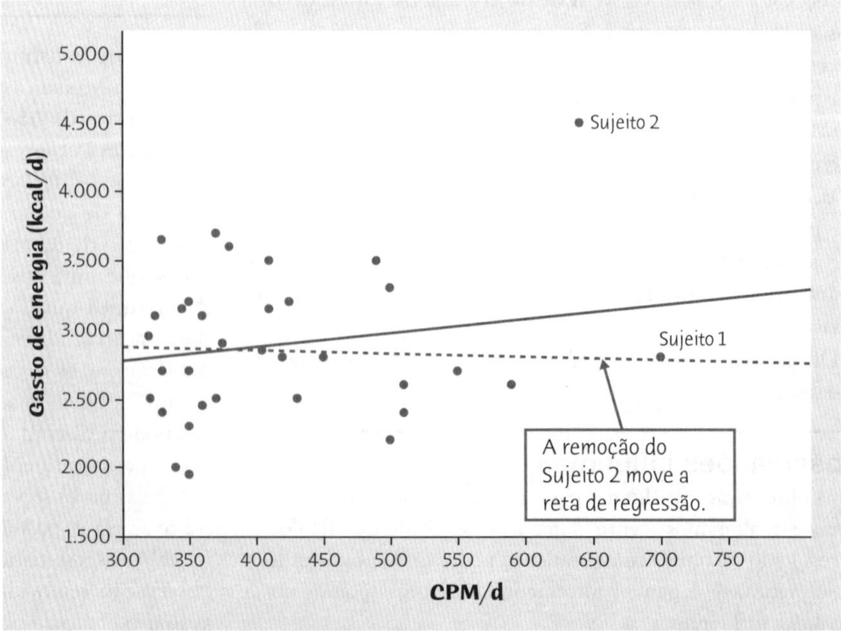

FIGURA 5.9
O Sujeito 2 é um valor atípico nas direções *x* e *y*. O valor atípico é influente para a regressão de mínimos quadrados porque sua remoção move a reta de regressão, mudando sua inclinação de positiva para negativa.

calculada sem o Sujeito 2 (tracejada) difere da reta que usa todas as observações (sólida). A inclinação ligeiramente para baixo da linha tracejada indica que a associação entre CPM/d e gasto de energia é (fracamente) negativa, enquanto a inclinação positiva da reta sólida indica uma fraca associação positiva. A razão pela qual o valor atípico tem influência sobre a reta de regressão é que ele se encontra bem acima da reta de regressão tracejada, calculada a partir das outras observações.

Como a associação positiva desaparece quando o Sujeito 2 é removido, os pesquisadores concluíram que o gasto de energia parece nivelar-se para grandes quantidades de exercício (CPM/d). Em outras palavras, aumentar o exercício de alguém de moderado para níveis extremos pode produzir pouca, ou nenhuma, queima de calorias e, portanto, pouca ou nenhuma perda de peso adicional.

applet O *applet* Correlation and Regression (conteúdo em inglês) permite que você mesmo faça esse experimento com o efeito de valores atípicos na direção x (ver Exercício 5.11). *Um valor atípico em x puxa a reta de mínimos quadrados para ele mesmo. Se o valor atípico não fica próximo da reta calculada a partir das outras observações, ele será influente.*

No Capítulo 2, não foi necessária a distinção entre valores atípicos e observações influentes. Um único salário alto, que puxa a média de salários $\bar{x}$ de um grupo de trabalhadores, é um valor atípico porque cai muito acima dos outros salários. É também influente, pois a média muda quando ele é removido. No contexto da regressão, contudo, nem todos os valores atípicos são influentes.

APLIQUE SEU CONHECIMENTO

applet **5.11 Influência na regressão.** O *applet* Correlation and Regression permite que animemos a Figura 5.9. Clique para criar um grupo de 10 pontos no canto inferior esquerdo do diagrama de dispersão, com um forte padrão de linha reta (correlação de cerca de 0,9). Clique na caixa "Show least-square line" (mostrar reta de mínimos quadrados) para ver a reta de regressão.

(a) Acrescente um ponto na parte superior direita, bem afastado dos demais 10 pontos, mas exatamente sobre a reta de regressão. Por que esse valor atípico não tem qualquer efeito sobre a reta, embora mude a correlação?

(b) Agora, use o *mouse* para arrastar esse último ponto para baixo. Você vê que um extremo da reta de regressão vai atrás desse único ponto, enquanto o outro extremo permanece perto do meio do grupo dos 10 pontos originais. O que torna o último ponto tão influente?

5.12 Homicídio e suicídio. Retorne aos dados do Exercício 5.5 sobre taxa de homicídio e taxa de suicídio. Usaremos esses dados para ilustrar a influência. MORTE4

(a) Faça um diagrama de dispersão dos dados que seja adequado para a predição da taxa de suicídio a partir da taxa de homicídio, com dois novos pontos adicionados. O Ponto A tem taxa de homicídio de 21,8 e taxa de suicídio de 27,6. O Ponto B tem taxa de homicídio de 20,2 e taxa de suicídio de 14,0. Em qual direção cada um desses pontos é valor atípico?

(b) Acrescente as retas de regressão de mínimos quadrados ao seu gráfico: para os 11 condados originais, para os 11 condados originais mais o Ponto A, e para os 11 condados originais mais o Ponto B. Qual desses novos pontos é mais influente para a reta de regressão? Explique em linguagem simples por que cada novo ponto move a reta na maneira que seu gráfico mostra.

5.13 Terceirização por companhias aéreas. O Exercício 4.5 fornece dados para nove companhias aéreas sobre o percentual de manutenção principal terceirizada e o percentual de atrasos imputados à companhia. CIAEREA

(a) Faça um diagrama de dispersão com percentual de terceirização como x e percentual de atrasos como y. Você consideraria Hawaiian Airlines um valor influente?

(b) Encontre a correlação r com e sem a Hawaiian Airlines. Quão influente é o valor atípico para a correlação?

(c) Determine a reta de mínimos quadrados para a predição de y a partir de x, com e sem a Hawaiian Airlines. Desenhe ambas as retas em seu diagrama de dispersão. Use ambas as retas para predizer o percentual de atrasos imputados a uma companhia que tenha terceirizado 78,4% de sua manutenção principal. Quão influente é o valor atípico para a reta de mínimos quadrados?

5.7 Cuidados com a correlação e a regressão

Correlação e regressão são ferramentas poderosas para a descrição da relação entre duas variáveis. Ao usar essas ferramentas, você deve estar ciente de suas limitações. Você já sabe que

- *Correlação e regressão descrevem apenas relações lineares.* Você pode fazer os cálculos para qualquer relação entre duas variáveis quantitativas, mas os resultados serão úteis apenas se o diagrama de dispersão mostrar um padrão linear.
- *A correlação e a reta de regressão de mínimos quadrados não são resistentes.* Sempre represente graficamente seus dados e procure por observações que possam ser influentes.

Aqui estão três outras coisas a serem lembradas nas aplicações de correlação e regressão.

Tenha cuidado com correlação ecológica. Há uma grande correlação positiva entre renda *média* e escolaridade. A correlação é menor se comparamos rendas de *indivíduos* com escolaridade. A correlação com base na renda média ignora a grande variação nas rendas dos indivíduos que têm a mesma escolaridade. A variação de indivíduo para indivíduo aumenta a dispersão no diagrama de dispersão, reduzindo a correlação. A correlação entre renda média e escolaridade reforça a intensidade da relação entre rendas de indivíduos e escolaridade. *Correlação com base em médias pode ser enganosa se forem interpretadas em relação aos indivíduos.*

Correlação ecológica

Uma correlação que se baseia em médias, em vez de nos indivíduos, é chamada de **correlação ecológica**.

Tenha cuidado com extrapolação. Suponha que você tenha dados sobre o crescimento de crianças com idade entre 3 e 8 anos. Você encontra uma forte relação linear entre idade x e altura y. Se ajustar uma reta de regressão a esses dados e usá-la para predizer a altura aos 25 anos de idade, você irá predizer que essa pessoa terá 8 pés (2,44 metros) de altura. O crescimento se torna mais lento com o tempo e para na maturidade; assim, estender a reta à idade adulta não faz sentido. *Poucas relações são lineares para todos os valores de x. Não faça predições para valores muito distantes do intervalo de valores de x que realmente aparecem em seus dados.*

Extrapolação

Extrapolação é o uso de uma reta de regressão para predição para valores da variável explicativa x muito afastados daqueles usados na obtenção da reta. Essas predições frequentemente não são precisas.

Tenha cuidado com variáveis ocultas. Outro cuidado é ainda mais importante: *a relação entre duas variáveis, muitas vezes, só pode ser entendida se levarmos em conta outras variáveis. Variáveis ocultas* podem tornar enganosa uma correlação ou regressão.

Variável oculta

Uma **variável oculta** é uma variável que não está entre as variáveis resposta e explicativa de um estudo, mas, ainda assim, pode influenciar a interpretação da relação entre aquelas variáveis.

Devemos sempre pensar sobre as possíveis variáveis ocultas antes de tirar conclusões baseadas na correlação ou regressão.

ESTATÍSTICA NO MUNDO REAL

Canhotos morrem mais cedo?

Sim, afirmou um estudo de mil mortes na Califórnia. Os canhotos morreram com média de idade de 66 anos, e os destros, com média de 75 anos. Os canhotos devem temer morrer mais cedo? Não. Aqui a variável oculta atacou novamente. Os mais velhos cresceram em uma época em que muitos canhotos naturais eram forçados a usar a mão direita. Portanto, os destros são mais comuns entre as pessoas mais velhas, e os canhotos são mais comuns entre os jovens. Quando analisamos as mortes, os canhotos que morreram são mais jovens em média, pois canhotos são, em geral, mais jovens. Mistério solucionado.

EXEMPLO 5.7 Mozart mágico?

A Kalamazoo Symphony (Michigan) uma vez anunciou um programa "Mozart para Menores" com esta afirmação: "Pergunta: que alunos obtiveram mais de 51 pontos em habilidades verbais e mais de 39 pontos em matemática? Resposta: alunos que tiveram educação musical."[7]

Poderíamos, da mesma forma, ter respondido: "crianças que jogaram futebol". Por quê? Crianças com pais prósperos e cultos têm maior chance do que crianças mais pobres de ter experiência em música e também de jogar futebol. Têm, também, maior chance de frequentar boas escolas, ter melhores cuidados de saúde e ser encorajadas a estudar muito. Essas vantagens levam a notas mais altas nas provas. A história de família é uma variável oculta que explica por que os escores de teste estão relacionados com a experiência em música.

APLIQUE SEU CONHECIMENTO

5.14 Escores SAT. A correlação entre os escores médios SAT em matemática de 2018 e os escores médios em leitura com base em evidência em 2018 para todos os 50 estados americanos e o Distrito de Colúmbia é 0,985. Você esperaria que a correlação entre os escores médios SAT para esses dois testes fosse menor, aproximadamente a mesma, ou maior do que a correlação entre os escores de indivíduos nesses dois testes? Explique sua resposta.

5.15 Peixes-boi ameaçados. A Tabela 4.1 mostra 42 anos de dados sobre barcos registrados na Flórida e peixes-boi mortos por barcos. A Figura 4.3 mostra uma forte relação linear. A correlação é $r = 0{,}919$. PEIXEBOI

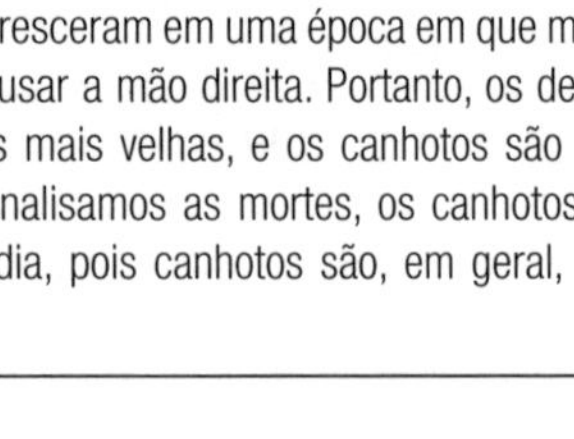
33karen33/iStock

(a) Determine a equação da reta de regressão de mínimos quadrados para predição de peixes-boi mortos a partir de milhares de barcos registrados. Como o padrão linear é tão forte, esperamos que as predições por essa reta de regressão sejam acuradas – mas apenas se as condições na Flórida permanecerem semelhantes àquelas dos 42 anos passados.

(b) Suponha que esperemos ser o número de barcos registrados na Flórida 950 mil em 2019. Qual a predição do número de peixes-boi mortos por barcos se houver 950 mil barcos registrados? Explique por que podemos confiar nessa predição.

(c) Prediga o número de mortes de peixes-boi se *não* houvesse barcos registrados na Flórida. Explique por que a contagem predita de mortes é impossível. (Utilizamos $x = 0$ para encontrar o intercepto da reta de regressão, mas, a menos que a variável explicativa x realmente considere valores próximos de 0, a predição para $x = 0$ é um exemplo de extrapolação.)

5.16 Matemática é a chave para o sucesso na faculdade? Um estudo do College Board, envolvendo 15.941 graduados no Ensino Médio, encontrou uma forte correlação entre a quantidade de disciplinas de matemática que os alunos de minorias cursaram na escola secundária e seu sucesso posterior na faculdade. Artigos na imprensa divulgaram que o presidente do Conselho teria dito que "matemática é a porta de entrada para o sucesso na faculdade".[8] Pode até ser, mas também deveríamos pensar em variáveis ocultas. O que levaria alunos de minorias a fazerem mais ou menos disciplinas de matemática? Esses mesmos fatores influenciariam o sucesso na faculdade?

5.8 Associação não implica causação

A análise de variáveis ocultas conduz à precaução mais importante sobre correlação e regressão. Quando estudamos a relação entre duas variáveis, frequentemente esperamos que mudanças na variável explicativa *causem* mudanças na variável resposta. *Uma associação forte entre duas variáveis não basta para tirarmos conclusões sobre causa e efeito.* Uma reta de regressão de mínimos quadrados que se ajusta bem aos dados e fornece predições acuradas também não é suficiente para tirar conclusões sobre causa e efeito. Algumas vezes, uma associação observada realmente reflete causa e efeito. Uma residência aquecida à base de gás natural gasta mais gás em meses mais frios porque o clima mais frio requer maior queima de gás para manter o ambiente aquecido. Em outros casos, uma associação é explicada por variáveis ocultas, e a conclusão de que x causa y é errada ou não provada.

EXEMPLO 5.8 Ter mais carros faz você viver mais?

Um estudo sério, certa vez, verificou que pessoas que têm dois carros vivem mais do que pessoas que têm apenas um.[9] Ter três carros é ainda melhor, e assim por diante. Há uma correlação positiva substancial entre número de carros x e duração da vida y.

O significado básico de causação é que, mudando x, podemos provocar uma mudança em y. Poderíamos prolongar nossas vidas comprando mais carros? Não. O estudo usou o número de carros como um fácil indicador de riqueza. As pessoas mais ricas tendem a ter mais carros. E tendem, também, a viver mais, provavelmente por serem mais bem-educadas, tomarem mais cuidado consigo próprias e terem melhor atendimento médico. Os carros não têm coisa alguma com isso. Não há qualquer ligação de causa e efeito entre número de carros e duração de vida.

OlegAlbinsky/iStock

ESTATÍSTICA NO MUNDO REAL

O efeito da Super Bowl

A Super Bowl é a transmissão de televisão mais assistida nos EUA. Os dados mostram que nos domingos de Super Liga consomem-se 3 vezes mais batatas fritas do que nos dias normais, e 17 vezes a quantidade de cerveja. Além disso, o número de acidentes de tráfego fatais cresce nas horas depois do final dos jogos. Seriam as comemorações? Ou pressa para fazer o que ficou sem ser feito? Ou, talvez, seja a cerveja.

Correlações como aquelas no Exemplo 5.8 são, às vezes, chamadas de "correlações espúrias". A correlação é real. O que não tem sentido é a conclusão de que mudar uma variável cause mudanças na outra. Uma variável oculta – como a riqueza no Exemplo 5.8 – que influencia ambas as variáveis x e y pode criar uma alta correlação, embora não haja qualquer ligação direta entre x e y.

Associação não implica causação

Uma associação entre uma variável explicativa x e uma variável resposta y, mesmo que seja muito forte, por si só não é boa evidência de que mudanças em x realmente causem mudanças em y.

EXEMPLO 5.9 Escores SAT e salários de professores

O Exercício 4.49 pede que você explore a relação entre escores SAT de matemática e salário médio de professores, usando dados de 2018, para cada um dos 50 estados americanos e o Distrito de Colúmbia. A Figura 5.10 é um diagrama de dispersão desses dados, que mostra que os escores SAT e os salários são negativamente correlacionados ($r = -0{,}266$).

Os escores médios no SAT de matemática são determinados, em parte, pelo percentual dos que fazem o teste. Estados que não exigem o SAT têm menos estudantes que fazem o teste. Tipicamente, apenas os melhores estudantes fazem o exame SAT nesses estados - portanto, os escores médios são altos. Os estados que exigem o SAT tendem a ser estados com custo de vida mais alto e, portanto, salários médios mais altos dos professores. Os pontos representados por círculos vazados na Figura 5.10 são Califórnia, Connecticut, o Distrito de Colúmbia, Massachusetts e Nova York, todos com alto custo de vida. Os pontos representados por x's são Arkansas, Mississipi, Missouri, Novo México e Oklahoma, todos com baixo custo de vida e não exigem o SAT. Essas variáveis ocultas explicam a correlação negativa, e você explorará isso nos Exercícios 5.50 e 5.51. De fato, descobriremos que, depois de levar em conta a porcentagem dos que fazem o teste, a associação realmente se inverte!

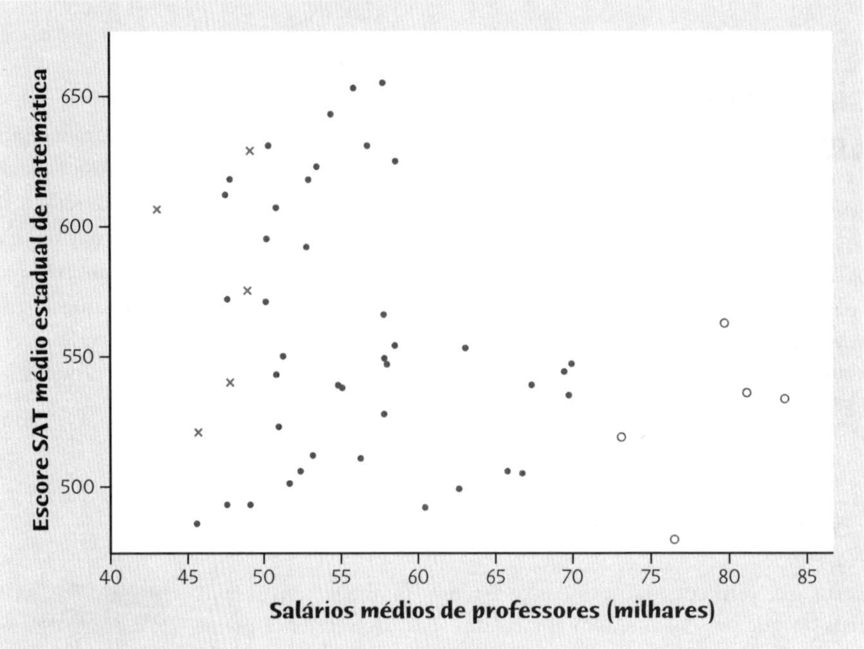

FIGURA 5.10

Diagrama de dispersão dos escores SAT médios estaduais de matemática *versus* salários médios de professores, para os 50 estados americanos e o Distrito de Colúmbia. Os cinco círculos vazados são Califórnia, Connecticut, o Distrito de Colúmbia, Massachusetts e Nova York, onde o custo de vida é alto. Os cinco x's são Arkansas, Mississipi, Missouri, Novo México e Oklahoma, onde o custo de vida é baixo.

EXEMPLO 5.10 Imunização e taxas de mortalidade

Sarampo é uma doença séria e altamente contagiosa. Antes da introdução da vacina contra sarampo, em 1963, e a vacinação em larga escala, as maiores epidemias ocorriam aproximadamente a cada 2 ou 3 anos, e o sarampo causava uma estimativa de 2,6 milhões de mortes a cada ano, incluindo muitas crianças com menos de 5 anos de idade. Os dados da Organização Mundial da Saúde mostram o percentual de crianças entre 12 e 23 meses em todo o mundo que foram imunizadas contra o sarampo e a taxa mundial de mortalidade por mil nascidos vivos, para crianças com menos de 5 anos, de 1990 a 2017. A correlação entre o percentual de imunizados contra sarampo e a taxa de mortalidade para crianças com menos de 5 anos durante esse período é $r = -0{,}953$.[10]

A taxa de mortalidade para crianças com menos de 5 anos se deve, em parte, a mortes por sarampo. Há uma ligação direta de causa e efeito entre imunização contra sarampo, que evita mortes, e taxa de mortalidade. A correlação negativa reflete o fato de a imunização reduzir a mortalidade. Mas, há muitas outras causas de morte em crianças com menos de 5 anos, como outras doenças e desnutrição, e essas causas podem ser mais prevalentes em regiões com baixas taxas de vacinação. Há, também, tratamentos para sarampo que, se administrados cedo, podem evitar a doença ou reduzir a severidade dos sintomas. Todos esses fatores contribuem para as taxas de mortalidade e obscurecem o real efeito da imunização.

A lição do Exemplo 5.9 é que associação não implica causação. Uma variável oculta pode ajudar a explicar a associação observada e, uma vez considerada, ela pode até inverter a associação observada. No Capítulo 6, vamos falar sobre o 'paradoxo de Simpson".

A lição do Exemplo 5.10 é mais sutil do que apenas "associação não implica causação". *Mesmo quando causação direta está presente, pode não ser a explicação completa de uma correlação.* Você ainda deve se preocupar com variáveis ocultas. Estudos estatísticos cuidadosos tentam antecipar e medir variáveis ocultas. A Organização Mundial da Saúde fornece dados sobre algumas possíveis variáveis ocultas. Análises estatísticas elaboradas podem remover os efeitos dessas variáveis para se chegar mais perto do efeito da imunização sobre as taxas de mortalidade.

Essa fica sendo a segunda melhor abordagem para causação. A melhor maneira de obtermos boa evidência de que x causa y é realizar um experimento, no qual mudamos x e mantemos as variáveis ocultas sob controle. Discutiremos experimentos no Capítulo 9.

Quando não podemos realizar experimentos, achar uma explicação para uma associação observada é, muitas vezes, difícil e controverso. Muitas das disputas mais agudas nas quais a estatística desempenha algum papel envolvem questões de causação que não podem ser decididas por experimento. As leis de controle de armas reduzem a criminalidade? O uso de telefone celular causa tumores cerebrais? O aumento do livre comércio aumentou o fosso entre os rendimentos de trabalhadores americanos mais e menos educados? Todas essas questões tornaram-se polêmicas públicas. Todas essas questões são relativas a associações entre variáveis. E todas têm o seguinte em comum: tentam estabelecer causa e efeito em um contexto que envolve relações complexas entre muitas variáveis que interagem.

EXEMPLO 5.11 O fumo causa câncer de pulmão?

Apesar das dificuldades, às vezes é possível estabelecer uma forte fundamentação favorável à causação na ausência de um experimento. A evidência de que o fumo causa câncer no pulmão é tão forte quanto pode ser uma evidência não experimental.

Os médicos há muito observaram que a maioria dos pacientes de câncer de pulmão era fumante. Comparações de fumantes e não fumantes "semelhantes" mostraram uma associação muito forte entre fumar e morrer de câncer no pulmão. A associação poderia ser explicada por variáveis ocultas? Poderia haver, por exemplo, um fator genético que predispusesse as pessoas tanto ao vício da nicotina como ao câncer no pulmão? Fumo e câncer no pulmão seriam, então, positivamente associados, mesmo que o fumo não tivesse nenhum efeito direto sobre os pulmões. Como essas objeções foram superadas?

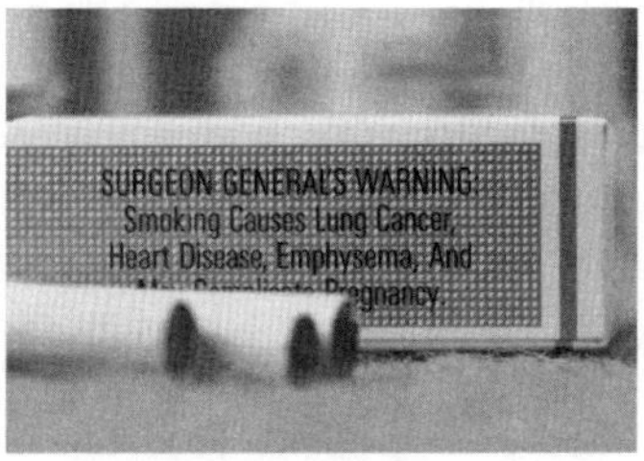

skhoward/iStock

Vamos responder a essa pergunta em termos gerais. Quais são os critérios para estabelecer causação quando não podemos executar um experimento?

- *A associação é forte.* A associação entre fumar e câncer no pulmão é muito forte.
- *A associação é consistente.* Muitos estudos de diferentes tipos de pessoas e em muitos países relacionam fumo ao câncer no pulmão. Isso reduz a chance de que uma variável oculta, específica para um grupo ou estudo, explique a associação.
- *Doses mais altas estão associadas a respostas mais fortes.* As pessoas que fumam mais cigarros por dia, ou que fumam por um período mais longo, têm câncer no pulmão mais frequentemente. As pessoas que param de fumar reduzem seus riscos.
- *A causa alegada precede o efeito no tempo.* O câncer no pulmão se desenvolve após anos de fumo. O número de homens que morrem de câncer no pulmão aumentou, à medida que o fumo se tornou mais comum, com uma defasagem de 30 anos. O câncer de pulmão mata mais homens do que qualquer outra forma de câncer e era raro entre as mulheres até elas começarem a fumar. O câncer no pulmão de mulheres aumentou com o fumo, novamente com uma defasagem de aproximadamente 30 anos, e agora ultrapassou o câncer de mama como a principal causa de morte por câncer entre as mulheres.
- *A causa alegada é plausível.* Experimentos com animais mostram que o alcatrão da fumaça do cigarro causa câncer.

As autoridades médicas não hesitam em dizer que fumar causa câncer no pulmão. O U.S. Surgeon General há muito afirmou que o fumo é "a maior causa evitável de morte e de enfermidades nos EUA".[11] A evidência de causação é esmagadora – mas não tão forte quanto a evidência fornecida por experimentos bem planejados.

APLIQUE SEU CONHECIMENTO

5.17 Outra razão para não fumar? Um artigo de pesquisa diz que crianças com idade de 5 anos, filhos de mulheres que fumaram 10 ou mais cigarros por dia durante a gravidez tinham QIs quatro pontos mais baixos, em média, do que crianças de mães não fumantes.[12] Sugira alguma variável oculta que possa explicar a associação entre fumar durante a gravidez e escores de teste posteriores das crianças. A associação por si só não é boa evidência de que fumar *cause* escores mais baixos.

5.18 Escolaridade e renda. Há uma forte associação positiva entre a escolaridade e a renda de adultos. Por exemplo, o Census Bureau relatou em 2018 que a renda média de jovens adultos (idade entre 25 e 34 anos) que trabalhavam em horário integral durante todo o ano aumentou de US$ 28.511,00, que é a renda para aqueles com menos de 9 anos de estudo, para US$ 35.327,00, para aqueles com segundo grau completo, e para US$ 60.178,00, para quem possui grau de bacharelado, e mais ainda para quem tem mais escolaridade. Em parte, essa associação reflete causação – a educação ajuda as pessoas a se qualificarem para melhores empregos. Sugira diversas variáveis ocultas que também contribuem. (Pergunte-se quais tipos de pessoas tendem a ter melhor educação.)

5.19 Para ganhar mais, case-se? Os dados mostram que os homens casados, divorciados ou viúvos ganham um pouco mais do que homens da mesma idade que nunca se casaram. Isso não significa que um homem possa aumentar sua renda casando-se, pois homens que nunca se casaram são diferentes de homens casados em diversos outros aspectos que não o estado civil. Sugira várias variáveis ocultas que possam ajudar a explicar a associação entre estado civil e renda.

5.9 Correlação, predição e grandes dados*

Em 2008, pesquisadores no Google foram capazes de rastrear o espalhamento da influenza através dos EUA muito mais depressa do que o Centers for Disease Control and Prevention (CDC). Usando algoritmos computacionais para explorar milhões de buscas na internet, os pesquisadores descobriram uma correlação entre o que as pessoas procuravam e se tinham sintomas da influenza. Os pesquisadores usaram essa correlação para fazer suas predições surpreendentemente precisas.

Bancos de dados massivos, ou "grandes dados", que são coletados pelo Google, Facebok, companhias de cartão de crédito e outras, contêm petabytes, ou 10^{15} bytes, de dados e continuam crescendo. Técnicas de *big data* permitem que pesquisadores, negócios e a indústria procurem por correlações e padrões em dados que possibilitarão que eles façam predições acuradas sobre saúde pública, economia, tendências, ou comportamento do consumidor. O uso de *big data* para predições está se tornando cada vez mais comum. A exploração de *big data* com algoritmos inteligentes abre possibilidades excitantes. A experiência do Google vai tornar-se a norma?

Proponentes de *big data*, em geral, fazem algumas afirmativas de seu valor. Primeiro, não há necessidade de se preocupar com causação, porque correlações são tudo que precisamos saber para predições acuradas. Segundo, as teorias científicas e estatísticas são desnecessárias porque, com tantos dados, os números falam por si.

Essas afirmativas são corretas? É verdade que a correlação pode ser explorada com propósitos de predição, mesmo que não haja qualquer relação causal entre variáveis explicativa e resposta. No entanto, se você não tem qualquer ideia sobre o que está por detrás de uma correlação, você não tem ideia sobre o que pode fazer com que uma predição falhe, especialmente quando se explora a correlação para extrapolar para novas situações. Por alguns invernos depois de seu sucesso em 2008, Google Flu Trends continuou a reestrear com precisão o espalhamento de influenza, usando as correlações descobertas. Mas, durante a temporada da influenza de 2012 a 2013, os dados do CDC mostraram que a estimativa do Google do espalhamento da doença semelhante à influenza foi sobrestimada por um fator de quase dois. Uma possível explicação foi de que os jornais estavam cheios de histórias sobre a influenza, e isso provocou buscas na internet por pessoas que estavam sadias. O fracasso em entender por que os termos de busca estavam correlacionados com o espalhamento da influenza resultou na suposição incorreta de que as correlações prévias tinham extrapolado no futuro.

Viés (afastamento sistemático do que é verdadeiro sobre um grupo particular porque os dados não são representativos do grupo) é outra fonte de erro e não é eliminado pelo grande número de dados. *Big data* são, em geral, enormes conjuntos de dados, o resultado de gravação de grandes números de buscas na rede, compras com cartões de crédito, ou telefones celulares que se conectam à torre de celular mais próxima. Isso não é equivalente a se ter boa informação sobre o grupo de interesse. Por exemplo, em princípio, é possível o registro de toda mensagem no Twitter e usar esses dados para tirar conclusões sobre opinião pública. Porém, os usuários do Twitter não são representativos do público como um todo. De acordo com o Projeto Pew de Pesquisa na Internet, em 2013, os usuários baseados nos EUA eram desproporcionalmente jovens, urbanos ou suburbanos, e negros. Em outras palavras, a grande quantidade de dados gerada pelos usuários do Twitter é viesada quando o objetivo é chegar-se a conclusões sobre opinião pública de todos os adultos nos EUA. (Ver Capítulo 8 para uma discussão do viés em amostras.)

Acrescidas à percepção de infalibilidade dos *big data* estão as notícias da mídia divulgando sucessos, com poucos relatos de fracassos. A afirmativa de que a teoria é desnecessária porque os números falam por si é enganosa quando todos os números relativos a sucessos e fracassos dos *big data* não são relatados. A teoria estatística tem muito a dizer que pode evitar que analistas de dados cometam sérios erros. Com a disponibilização de exemplos sobre onde os erros foram cometidos e a explicação de por que o foram, com compreensão e ferramentas estatísticas apropriadas, esses erros poderiam ter sido evitados, o que seria uma importante contribuição.

A era do *big data* é excitante e desafiadora, e ela tem aberto incríveis oportunidades para pesquisadores, negócios e indústria. Mas o fato de simplesmente serem grandes não isenta os *big data* de armadilhas estatísticas, como o viés e a extrapolação.[13]

*Este material é opcional. Alguns professores podem preferir adiar esta seção até que tenham discutido o material nos Capítulos 8 e 9.

RESUMO

- Uma **reta de regressão** é uma reta que descreve como uma variável resposta y muda quando uma variável explicativa x muda. Você pode usar uma reta de regressão para predizer o valor de y para qualquer valor de x, substituindo esse valor de x na equação da reta.
- A **inclinação** b de uma reta de regressão $\hat{y} = a + bx$ é a taxa com que a resposta predita $\hat{y}$ muda ao longo da reta quando a variável explicativa x muda. Especificamente, b é a mudança em $\hat{y}$ quando x aumenta em 1.
- O **intercepto** a de uma reta de regressão $\hat{y} = a + bx$ é a resposta predita $\hat{y}$ quando a variável explicativa $x = 0$. Essa predição não tem uso estatístico, a menos que x possa, na verdade, assumir valores próximos de 0.
- O método mais comum de ajustar uma reta a um diagrama de dispersão é o de mínimos quadrados. A **reta de regressão de mínimos quadrados** é a reta $\hat{y} = a + bx$ que minimiza a soma dos quadrados das distâncias verticais dos pontos observados à reta.
- A reta de regressão de mínimos quadrados de y em x é a reta com inclinação $b = rs_y/s_x$ e intercepto $a = \bar{y} - b\bar{x}$. Essa reta sempre passa pelo ponto $(\bar{x}, \bar{y})$.
- A reta de mínimos quadrados depende da escolha das variáveis explicativa e resposta.
- Correlação e regressão estão intimamente ligadas. A correlação r é a inclinação da reta de regressão de mínimos quadrados quando medimos ambas as variáveis x e y em unidades padronizadas. O quadrado da correlação r^2 é a fração da variação em uma variável que é explicada pela regressão de mínimos quadrados sobre a outra variável.
- A correlação e a regressão devem ser interpretadas com precaução. Represente graficamente os dados para se certificar de que a relação é aproximadamente linear e para detectar valores atípicos e observações influentes. Um gráfico de **resíduos** torna esses efeitos mais fáceis de serem visualizados.
- Procure **observações influentes**, pontos individuais que mudam substancialmente a correlação ou a reta de regressão. Valores atípicos na direção x frequentemente são observações influentes para a reta de regressão. Pode ser útil relatar os cálculos estatísticos incluindo e excluindo observações influentes.
- Fique atento à **correlação ecológica**, a tendência de correlações com base em médias serem mais fortes do que correlações com base em indivíduos. Tenha cuidado para não interpretar erroneamente as correlações com base em médias como se fossem aplicáveis a indivíduos.
- Evite **extrapolação**, o uso da reta de regressão na predição para valores da variável explicativa muito afastados da faixa de valores dos dados utilizados no cálculo para obtenção da reta.
- **Variáveis ocultas** podem explicar as relações entre as variáveis explicativa e resposta. A correlação e a regressão podem ser enganosas se você ignorar variáveis ocultas importantes.
- Acima de tudo, tenha cuidado para não concluir que há uma relação de causa e efeito entre duas variáveis apenas porque elas são fortemente associadas. *Correlação alta não implica causação.* A melhor evidência de que uma associação é devida à causação provém de um experimento, no qual a variável explicativa é mudada diretamente e outras influências sobre a resposta são controladas.

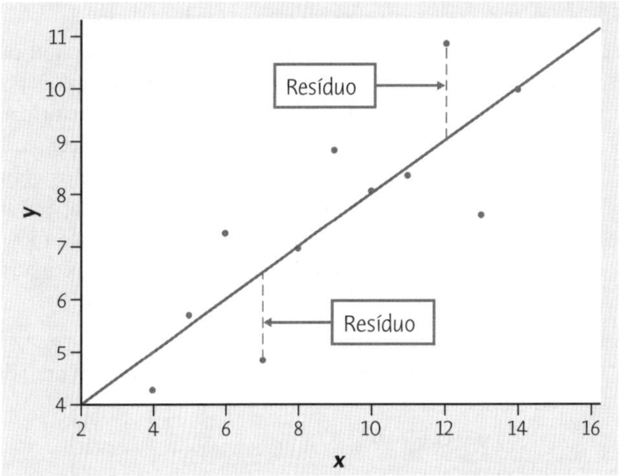

FIGURA 5.11
Diagrama de dispersão mostrando a reta de mínimos quadrados e os resíduos.

VERIFIQUE SUAS HABILIDADES

5.20 A Figura 5.12 é o diagrama de dispersão do preço de um cachorro-quente contra o preço da cerveja (por onça) em 30 arenas da liga principal em 2019.[14] A reta é a reta de regressão de mínimos quadrados para a predição do preço de um cachorro-quente a partir do preço da cerveja. Se outra arena cobra US$ 0,60 por onça de cerveja, você prediz o preço de um cachorro-quente como próximo de

(a) US$ 3,50 (b) US$ 6,00 (c) US$ 7,00

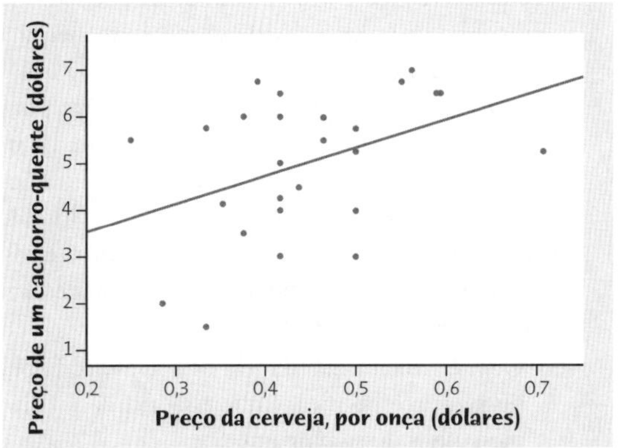

FIGURA 5.12
Diagrama de dispersão dos preços de cerveja (por onça) e preços de cachorros-quentes para 30 arenas da liga principal, para os Exercícios 5.20 e 5.21.

5.21 A inclinação da reta na Figura 5.12 é mais próxima de

(a) 2,3

(b) 0,2

(c) 6,0

5.22 Os pontos em um diagrama de dispersão estão próximos da reta cuja equação é $y = 2 - x$. A inclinação dessa reta é

(a) 2

(b) 1

(c) −1

5.23 Fred guarda suas economias debaixo do colchão. Ele começou com US$ 10 mil que sua mãe lhe deu e acrescenta US$ 200,00 a cada ano. Sua economia total y depois de x anos é dada pela equação

(a) $y = 10.000 + 200x$

(b) $y = 200 + 10.000x$

(c) $y = 10.000 + x$

5.24 Fumantes não vivem, na média, tanto quanto os não fumantes, e os que fumam muito não vivem tanto quanto os que fumam menos. Você faz a regressão da idade de um grupo de fumantes homens sobre o número de maços de cigarro por dia que fumavam. A inclinação de sua reta de regressão

(a) será maior do que 0.

(b) será menor do que 0.

(c) não pode ser avaliada sem se verem os dados.

5.25 Um proprietário de uma casa no Meio-Oeste instalou painéis solares para reduzir os custos de aquecimento. Depois da instalação dos painéis solares, ele mediu a quantidade de gás natural usado y (em pés cúbicos) para aquecer a casa e a temperatura exterior x (em graus-dia, em que os graus-dia de um dia são o número de graus que sua temperatura média caiu abaixo de 65°F), por um período de 23 meses. Ele então calculou a reta de regressão de mínimos quadrados para a predição de y a partir de x e encontrou[15]

$$\hat{y} = 85 + 16x$$

Na média, quanto aumenta o uso de gás para cada grau-dia adicional?

(a) 23 pés cúbicos.

(b) 85 pés cúbicos.

(c) 16 pés cúbicos.

5.26 De acordo com a reta de regressão na Questão 5.25, a quantidade predita de gás usado quando a temperatura externa é 20 graus-dia é de cerca de

(a) 405 pés cúbicos.

(b) 320 pés cúbicos.

(c) 105 pés cúbicos.

5.27 Observando a equação da reta de regressão de mínimos quadrados na Questão 5.25, pode-se ver que a correlação entre quantidade de gás e graus-dia é

(a) maior do que 0.

(b) menor do que 0.

(c) não pode ser avaliada sem se verem os dados.

5.28 O *software* usado para calcular a reta de regressão de mínimos quadrados na Questão 5.25 diz que $r^2 = 0,98$. Isso sugere que

(a) embora os graus-dia e o gás usado sejam correlacionados, grau-dia não pode predizer o gás usado com muita precisão.

(b) o gás utilizado aumenta de $\sqrt{0,98} = 0,99$ pés cúbicos para cada adição de um grau-dia.

(c) a predição do gás usado a partir dos graus-dia será muito precisa.

5.29 Pesquisadores mediram a porcentagem de gordura corporal e a quantidade preferida de sal (porcentagem peso/volume) para várias crianças. Eis os dados para sete crianças:[16] SAL

Quantidade preferida de sal x	0,2	0,3	0,4	0,5	0,6	0,8	1,1
Porcentagem de gordura corporal y	20	30	22	30	38	23	30

Usando sua calculadora ou programa, qual é a equação da reta de regressão de mínimos quadrados para a predição da porcentagem de gordura corporal com base na quantidade preferida de sal?

(a) $\hat{y} = 24,2 + 6,0x$

(b) $\hat{y} = 0,15 + 0,01x$

(c) $\hat{y} = 6,0 + 24,2x$

EXERCÍCIOS

5.30 **Mergulhos de pinguins.** Um estudo sobre os pinguins-reis procurou a relação entre a profundidade de seus mergulhos à procura de comida e o tempo que permanecem debaixo d'água.[17] Com exceção dos mergulhos mais rasos, há uma relação linear que é diferente para diferentes pinguins. O relatório do estudo apresenta um diagrama de dispersão para um pinguim, intitulado "A relação da duração do mergulho (DM) com a profundidade (P)". A duração DM é medida em minutos e a profundidade P, em metros. O relatório diz então: "a equação de regressão para esse pássaro é $DM = 2,69 + 0,0138P$".

(a) Qual é a inclinação da reta de regressão? Explique, em linguagem específica, o que essa inclinação diz sobre os mergulhos desse pinguim.

herraez/iStock

(b) De acordo com a reta de regressão, quanto tempo dura um mergulho típico a uma profundidade de 200 metros?

(c) As profundidades dos mergulhos variaram de 40 a 300 metros. Use a equação de regressão para determinar DM para $P = 40$ e $P = 300$ e, então, trace a reta de regressão de $P = 40$ a $P = 300$.

5.31 **O preço de anéis de diamante.** Anúncios *online* continham figuras de anéis de diamantes e listavam seus preços, o peso do diamante (em quilates) e a pureza do ouro. Com base nos dados para apenas anéis de ouro e diamantes de 18 quilates para mulheres no anúncio, a reta de regressão de mínimos quadrados para predição do preço (em dólares de Cingapura) a partir do peso do diamante (em quilates) é[18]

$$\text{preço} = -6.047{,}75 + 11.975{,}14 \text{ quilates}$$

(a) O que a inclinação dessa reta diz sobre a relação entre preço e número de quilates?

(b) Qual é o preço predito quando o número de quilates é 0? Como você interpretaria esse preço?

5.32 **A rejeição social dói?** O Exercício 4.47 fornece os dados de um estudo que mostra que a exclusão social causa "dor real". Isto é, a atividade em uma área do cérebro que responde à dor física aumenta quando o desconforto da rejeição social aumenta. Um diagrama de dispersão apresenta uma moderada relação linear. A Figura 5.13 mostra a saída da regressão do JMP para esses dados. REJEICAO

(a) Qual é a equação da reta de regressão de mínimos quadrados para a predição do desconforto social (DISTRESS) a partir da atividade cerebral (BRAIN)? Interprete a inclinação no contexto do problema. Use a equação para predizer o escore de desconforto social para uma atividade cerebral de 0,020.

(b) Qual percentual da variação no escore de desconforto entre esses sujeitos é explicado pela relação linear com a atividade cerebral?

(c) Use a informação da Figura 5.13 para encontrar a correlação r entre a atividade cerebral e o escore de desconforto social. Como você sabe se o sinal de r é positivo ou negativo?

jmp

Linear Fit

Distress = 2.1417958 + 12.689507*Brain

Summary of Fit

RSquare	0.771299
RSquare Adj	0.750508
Root Mean Square Error	0.362516
Mean of Response	2.369231
Observations (or Sum Wgts)	13

Parameter Estimates

Term	Estimate	Std Error	t Ratio	Prob>|t|
Intercept	2.1417958	0.107254	19.97	<.0001*
Brain	12.689507	2.083391	6.09	<.0001*

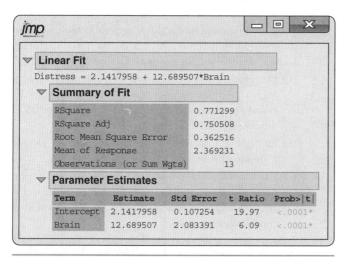

FIGURA 5.13

Saída da regressão do JMP para um estudo dos efeitos da rejeição social sobre a atividade cerebral, para o Exercício 5.32.

5.33 **Bicos de tucanos.** O Exercício 4.46 fornece dados sobre perda de calor pelo bico, como percentual da perda total de calor pelo corpo de todas as fontes, em várias temperaturas. Os dados mostram que a perda de calor pelo bico é maior em temperaturas mais altas e que a relação é razoavelmente linear. A Figura 5.14 mostra a saída da regressão do Minitab para esses dados. TUCANO

(a) Qual é a equação da reta de regressão de mínimos quadrados para a predição de perda de calor pelo bico, como percentual da perda total de calor do corpo de todas as fontes, a partir da temperatura? Explique em linguagem específica o que a inclinação dessa reta diz sobre a relação entre a perda de calor pelo bico e a temperatura.

(b) Use a equação da reta de regressão de mínimos quadrados para predizer a perda de calor pelo bico, como percentual da perda total de calor do corpo de todas as fontes, à temperatura de 25°C.

(c) Qual percentual da variação na perda de calor pelo bico é explicado pela relação linear com a temperatura?

(d) Use a informação na Figura 5.14 para encontrar a correlação r entre perda de calor pelo bico e temperatura. Como você sabe se o sinal de r é positivo ou negativo?

Minitab

Regression Analysis: Percent heat loss versus Temperature

The regression equation is
Percent heat loss = 0.92 + 2.06 Temperature

Predictor	Coef	SE Coef	T	P
Constant	0.919	5.613	0.16	0.872
Temperatures	2.0647	0.2444	8.45	0.000

S = 4.50655 R-Sq = 83.6% R-Sq(adj) = 82.4%

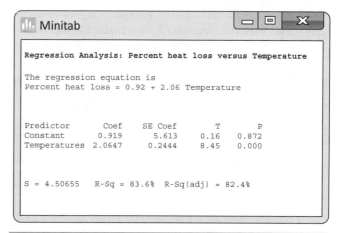

FIGURA 5.14

Saída da regressão do Minitab para o estudo de como a temperatura afeta a perda de calor pelo bico de tucanos, para o Exercício 5.33.

5.34 **Maridos e mulheres.** A altura média das mulheres americanas com a idade por volta dos 20 anos é de aproximadamente 64,3 polegadas, com desvio-padrão de cerca de 2,7 polegadas. A altura média de homens com a mesma idade é de aproximadamente 69,9 polegadas, com um desvio-padrão de cerca de 3,1 polegadas. Suponha que a correlação entre a altura de maridos e a altura das esposas seja de $r = 0{,}5$. (NT: 1 polegada = 2,54 cm.)

(a) Quais são a inclinação e o intercepto da reta de regressão das alturas dos maridos sobre as alturas das esposas em casais jovens? Interprete a inclinação no contexto do problema.

(b) Faça um gráfico dessa reta de regressão para as alturas de mulheres entre 56 e 72 polegadas (142 e 183 cm). Prediga a altura do marido de uma mulher de 67 polegadas de altura e marque a altura da esposa e a altura predita do marido em seu gráfico.

(c) Você não espera que essa predição para um único casal seja muito precisa. Por que não?

5.35 **Qual é a minha nota?** No curso de economia, do professor Krugman, a correlação entre os escores totais dos alunos antes do exame final e seus escores no exame final é $r = 0{,}5$. Os totais pré-exame para todos os alunos no curso têm média de 280 e desvio-padrão de 40. Os escores do exame final têm média de 75 e desvio-padrão de 8. O professor Krugman perdeu o exame final de Julie, mas sabe que o total dela antes do exame era 300. Ele decide predizer o escore do exame final dela a partir do total pré-exame.

(a) Qual é a inclinação da reta de regressão de mínimos quadrados dos escores do exame final sobre os escores totais pré-exame nesse curso? Qual é o intercepto? Interprete a inclinação no contexto do problema.

(b) Use a reta de regressão para predizer o escore do exame final de Julie.

(c) Julie acha que esse método pode não prever precisamente seu desempenho no exame final. Use r^2 para argumentar que o escore verdadeiro dela poderia ter sido muito mais alto (ou mais baixo) do que o valor predito.

5.36 **Mais exercício, mais perda de peso.** No estudo descrito no Exemplo 5.5, os pesquisadores descobriram que, em geral, os sujeitos que se envolvem em mais atividade física têm maior gasto total de energia. Em particular, eles viram que a atividade física explicava 3,3% da variação no gasto total de energia. Qual é o valor numérico da correlação entre atividade física e gasto total de energia?

5.37 **Irmãs e irmãos.** Qual a intensidade da correlação das características físicas de irmãs e irmãos? Eis os dados das alturas (em polegadas) de 12 pares de adultos:[19] IRMAOS

Irmão	71	68	66	67	70	71	70	73	72	65	66	70
Irmã	69	64	65	63	65	62	65	64	66	59	62	64

(a) Use sua calculadora ou programa para encontrar a correlação e a equação da reta de regressão de mínimos quadrados para a predição da altura da irmã a partir da altura do irmão. Faça um diagrama de dispersão dos dados e acrescente a ele a reta de regressão.

(b) Damien tem 70 polegadas de altura. Prediga a altura de sua irmã Tonya. Com base no diagrama de dispersão e na correlação r, você espera que essa predição seja muito precisa? Por quê?

5.38 **Mantendo a água limpa.** Para manter suprimentos de água limpos é necessária uma medição constante dos níveis de poluentes. As medições são indiretas: uma análise típica envolve a formação de uma tintura por meio de uma reação química com o poluente dissolvido para então, passando luz através da solução, medir sua "absorbância". Para calibrar essas medições, o laboratório mede soluções padrão conhecidas e usa regressão para relacionar a absorbância à concentração do poluente. Isso é normalmente feito todos os dias. A seguir, há uma série de dados sobre a absorbância para diferentes níveis de nitratos. Os nitratos são medidos em miligramas por litro de água.[20] NITRATOS

Nitratos	50	50	100	200	400	800	1.200	1.600	2.000	2.000
Absorbância	7,0	7,5	12,8	24,0	47,0	93,0	138,0	183,0	230,0	226,0

(a) A teoria química diz que esses dados deveriam cair sobre uma reta. Se a correlação não for de pelo menos 0,997, algo errado aconteceu e o processo de calibração é repetido. Represente graficamente os dados e determine a correlação. A calibração deve ser feita novamente?

(b) O processo de calibração dá o nível de nitrato e mede a absorbância. A relação linear que resulta é usada para estimar o nível de nitrato na água para determinada medida de absorbância. Qual é a equação da reta usada para estimar o nível de nitrato? O que a inclinação dessa reta diz sobre a relação entre nível de nitrato e absorbância? Qual é o nível estimado de nitrato em um espécime de água com absorbância de 40?

(c) Você espera que as estimativas dos níveis de nitrato a partir da absorbância sejam precisas? Por quê?

5.39 **Colônias de falcões.** Um dos padrões da natureza associa o percentual de pássaros adultos em uma colônia que voltam do ano anterior e o número de adultos novos que se juntam à colônia. Eis os dados para 13 colônias de falcões:[21] FALCOES

Percentual que retorna x	74	66	81	52	73	62	52	45	62	46	60	46	38
Novos adultos y	5	6	8	11	12	15	16	17	18	18	19	20	20

Você viu, no Exercício 4.29, que há uma relação linear moderadamente forte, com correlação $r = 0{,}748$.

(a) Encontre a reta de regressão de mínimos quadrados para a predição de y sobre x. Faça um diagrama de dispersão e desenhe nele sua reta de regressão.

(b) Explique, em palavras, o que a inclinação da reta de regressão nos diz.

(c) Um ecologista usa a reta, com base em 13 colônias, para predizer quantos novos pássaros se juntarão a outra colônia, para a qual retornaram 60% dos adultos do ano anterior. Qual é a predição?

5.40 **Aquecimento global.** O Exercício 4.44 fornece dados sobre anomalias na temperatura global média anual (a diferença entre a temperatura média global para dado ano e a temperatura média global entre 1901 e 2000, que foi de 13,9 graus Celsius) de 1994 a 2018, em graus Celsius. TEMPGLOB

(a) Determine a reta de regressão de mínimos quadrados para a predição da anomalia na temperatura média global a partir de ano. Faça um diagrama de dispersão e desenhe sua reta sobre o gráfico.

(b) Explique em palavras o que a inclinação da reta de regressão nos diz.

(c) Um ambientalista usa a reta, com base nos 25 anos, para predizer a anomalia na temperatura média global em 2050. Qual é essa predição? Quão confiável você considera essa predição?

5.41 **Nossos cérebros não gostam de perdas.** O Exercício 4.30 descreve um experimento que mostrou uma relação linear entre quão sensíveis as pessoas se mostram em relação a perdas monetárias ("aversão comportamental a perdas") e atividade em uma parte de seus cérebros ("aversão neural a perdas"). PERDAS

(a) Faça um diagrama de dispersão com aversão neural a perdas como x e aversão comportamental a perdas como y. Um ponto é um valor atípico alto, em ambas as direções x e y.

(b) Encontre a reta de regressão de mínimos quadrados para a predição de y a partir de x, *desprezando o valor atípico*, e acrescente a reta a seu diagrama.

(c) O valor atípico está muito próximo de sua reta de regressão. Observando o gráfico, você agora espera que, acrescentando o valor atípico, a correlação seja aumentada, mas o efeito sobre a reta de regressão seja pequeno. Explique por quê.

(d) Ache a correlação com e sem o valor atípico. Seus resultados comprovam as expectativas de (c).

5.42 **Sempre represente graficamente seus dados!** A Tabela 5.1 apresenta quatro conjuntos de dados preparados pelo estatístico Frank Anscombe para ilustrar os perigos de calcular sem antes elaborar um gráfico dos dados.[22] ANSCOMBE A, B, C, D

(a) Sem fazer diagramas de dispersão, determine a correlação e a reta de regressão de mínimos quadrados para todos os quatro conjuntos de dados. O que você percebe? Use a reta de regressão para predizer y para $x = 10$.

(b) Faça um diagrama de dispersão para cada um dos conjuntos de dados e adicione a reta de regressão a cada gráfico.

(c) Em qual dos quatro casos você gostaria de usar a reta de regressão para descrever a dependência de y em relação a x? Explique sua resposta em cada caso.

5.43 **Lidando com o diabetes.** Pessoas com diabetes devem controlar cuidadosamente seus níveis de açúcar no sangue. Medem a glicose no plasma em jejum (GJ) várias vezes por dia com um glicômetro. Outra medida, feita regularmente nas consultas médicas, é chamada de hemoglobina glicada (HG) que é, de maneira simples, o percentual de células vermelhas do sangue que carregam uma molécula de glicose. Essa é uma medida da exposição média à glicose por um período de vários meses. A Tabela 5.2 fornece dados de HG e de GJ para 18 pessoas diabéticas, cinco meses depois de completarem um curso em educação para o diabetes.[23] DIABETES

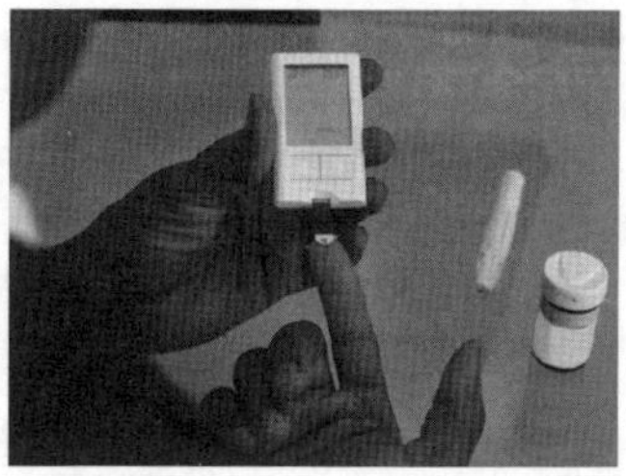

AndreyPopov/iStock

(a) Faça um diagrama de dispersão com HG como variável explicativa. Há uma relação linear positiva, mas é surpreendentemente fraca.

(b) O Sujeito 15 é um valor atípico na direção y. O Sujeito 18 é um valor atípico na direção x. Determine a correlação para todos os 18 sujeitos, para todos menos o Sujeito 15, e para todos menos o Sujeito 18. Algum desses, ou ambos, é influente para a correlação? Explique, em linguagem simples, por que r muda em direções opostas quando removemos cada um desses pontos.

Tabela 5.1 Quatro conjuntos de dados para explorar correlação e regressão

	Conjunto de dados A										
x	10	8	13	9	11	14	6	4	12	7	5
y	8,04	6,95	7,58	8,81	8,33	9,96	7,24	4,26	10,84	4,82	5,68
	Conjunto de dados B										
x	10	8	13	9	11	14	6	4	12	7	5
y	9,14	8,14	8,74	8,77	9,26	8,10	6,13	3,10	9,13	7,26	4,74
	Conjunto de dados C										
x	10	8	13	9	11	14	6	4	12	7	5
y	7,46	6,77	12,74	7,11	7,81	8,84	6,08	5,39	8,15	6,42	5,73
	Conjunto de dados D										
x	8	8	8	8	8	8	8	8	8	8	19
y	6,58	5,76	7,71	8,84	8,47	7,04	5,25	5,56	7,91	6,89	12,50

Tabela 5.2 Duas medidas do nível de glicose em diabéticos

Sujeito	HG (%)	GJ (mg/mL)	Sujeito	HG (%)	GJ (mg/mL)	Sujeito	HG (%)	GJ (mg/mL)
1	6,1	141	7	7,5	96	13	10,6	103
2	6,3	158	8	7,7	78	14	10,7	172
3	6,4	112	9	7,9	148	15	10,7	359
4	6,8	153	10	8,7	172	16	11,2	145
5	7,0	134	11	9,4	200	17	13,7	147
6	7,1	95	12	10,4	271	18	19,3	255

HG = hemoglobina glicada; GJ = glicose em jejum.

5.44 **O efeito da mudança de unidades.** A equação de uma reta de regressão, diferentemente da correlação, depende das unidades usadas nas medidas das variáveis explicativa e resposta. Retorne aos dados sobre preços de cachorro-quente e cerveja nas arenas da liga principal, no Exercício 5.20: CERVEJA2

Time	Cachorro-quente	Cerveja
Angels	5,00	0,42
Astros	6,00	0,46
Athletics	5,75	0,50
Blue Jays	4,13	0,35
Braves	4,25	0,42
Brewers	6,00	0,42
Cardinals	5,00	0,42
Cubs	6,50	0,59
Diamondbacks	2,00	0,29
Dodgers	6,75	0,39
Giants	6,50	0,59
Indians	4,25	0,42
Mariners	6,50	0,42
Marlins	3,00	0,42
Mets	6,75	0,55
Nationals	7,00	0,56
Orioles	1,50	0,33
Padres	5,25	0,50
Phillies	4,00	0,50
Pirates	3,50	0,38
Rangers	6,00	0,38
Rays	5,00	0,42
Reds	5,50	0,46
Red Sox	5,25	0,71
Rockies	5,50	0,25
Royals	5,75	0,33
Tigers	5,00	0,42
Twins	4,00	0,42
White Sox	4,50	0,44
Yankees	3,00	0,50

Os preços da cerveja são medidos em dólares por onça (arredondados para duas casas decimais).

(a) Ache a equação da reta de regressão para predição do preço do cachorro-quente a partir do preço da cerveja, quando o preço da cerveja é em dólares por onça.

(b) Um cientista maluco decide medir o preço da cerveja em dólares por libra. Os mesmos dados nessas unidades são:

Time	Cachorro-quente	Cerveja
Angels	5,00	6,67
Astros	6,00	7,43
Athletics	5,75	8,00
Blue Jays	4,13	5,63
Braves	4,25	6,67
Brewers	6,00	6,67
Cardinals	5,00	6,67
Cubs	6,50	9,50
Diamondbacks	2,00	4,57
Dodgers	6,75	6,25
Giants	6,50	9,43
Indians	4,25	6,67
Mariners	6,50	6,67
Marlins	3,00	6,67
Mets	6,75	8,80
Nationals	7,00	9,00
Orioles	1,50	5,33
Padres	5,25	8,00
Phillies	4,00	8,00
Pirates	3,50	6,00
Rangers	6,00	6,00
Rays	5,00	6,67
Reds	5,50	7,43
Red Sox	5,25	11,33
Rockies	5,50	4,00
Royals	5,75	5,33
Tigers	5,00	6,67
Twins	4,00	6,67
White Sox	4,50	7,00
Yankees	3,00	8,00

Encontre a equação da reta de regressão para predição do preço do cachorro-quente a partir do preço da cerveja em dólares por libra.

(c) Use ambas as retas para predizer o preço do cachorro-quente a partir do preço da cerveja, quando o preço da cerveja é US$ 0,60 por onça, que é equivalente a US$ 9,60 dólares por libra. As duas predições são a mesma (a menos de erro de arredondamento)?

5.45 **Lidando com o diabetes (continuação).** Acrescente três retas de regressão para a predição do GJ a partir da HG ao seu diagrama do Exercício 5.43: para todos os 18 sujeitos, para todos menos o Sujeito 15, e para todos menos o Sujeito 18. O Sujeito 15 ou o Sujeito 18 são fortemente influentes para a reta de mínimos quadrados? Explique, em linguagem simples, quais características do diagrama de dispersão explicam o grau de influência. DIABETES

5.46 **Você está feliz?** O Exercício 4.26 discute um estudo no qual o escore médio de satisfação com a vida BRFSS de indivíduos em cada estado era comparado com o escore médio de uma medida objetiva de bem-estar (com base no "método de compensação de diferenciais") para cada estado. Suponha que, em vez de médias para os estados, os escores de satisfação com a vida BRFSS para os indivíduos tivessem sido comparados com a correspondente medida de bem-estar (com base no método de compensação de diferenciais) para esses indivíduos. Você esperaria que a correlação entre os escores médios dos estados nessas duas medidas fosse mais baixa, aproximadamente igual, ou mais alta do que a correlação entre os escores dos indivíduos nessas duas medidas? Explique sua resposta.

5.47 **Poucos dólares a mais, um ano a mais.** Dados sobre a renda *média* e *idade média* ao morrer de todos os homens que morreram no ano passado em vários condados nos EUA mostraram uma correlação positiva entre essas duas variáveis. A correlação seria maior, menor, ou mais ou menos a mesma se você calculasse a correlação entre as rendas dos homens individuais que morreram no ano passado e suas idades ao morrer? Explique sua resposta.

5.48 **Refrigerantes dietéticos causam ganho de peso?** Pesquisadores analisaram dados de mais de 5 mil adultos e descobriram que quanto mais refrigerante dietético eles bebiam, maior o ganho de peso deles.[24] Isso significa que refrigerantes dietéticos causam ganho de peso? Dê uma explicação mais plausível para essa associação.

5.49 **Estudando *online*.** Muitas faculdades oferecem versões *online* dos cursos que são também presenciais. Frequentemente, acontece que os estudantes que se matriculam no curso *online* se saem melhor nas avaliações do curso do que os estudantes do curso presencial. Isso não mostra que a aprendizagem *online* seja mais eficaz do que a presencial, pois as pessoas que se matriculam em cursos *online* são, frequentemente, muito diferentes das que se matriculam em cursos presenciais. Sugira algumas diferenças entre esses estudantes que possam explicar por que os alunos dos cursos *online* têm melhor desempenho.

5.50 **Escores SAT e salários de professores.** O conjunto de dados SALPROF apresenta o escore médio SAT de matemática e o salário médio dos professores nos 50 estados dos EUA e no Distrito de Colúmbia, em 2018.[25] A correlação entre escore médio SAT em matemática e o salário médio dos professores é $r = -0,266$. SALPROF

(a) Encontre a reta de mínimos quadrados para a predição do escore SAT médio em matemática a partir do salário médio dos professores. Interprete a inclinação no contexto do problema.

(b) É razoável concluir que os governantes podem aumentar o escore SAT médio em matemática em seus estados reduzindo os salários dos professores? (*Sugestão*: quais estados têm o maior e o menor escore SAT médio em matemática? Quais estados têm o maior e o menor custo de vida?)

5.51 **Escores SAT e salários de professores (continuação).** O conjunto de dados SALPROF2 fornece o escore SAT médio em matemática e o salário médio dos professores em cada um dos 50 estados e no Distrito de Colúmbia em 2018. Inclui, também, uma variável categórica pct-35, que indica se o percentual dos que fazem o exame está acima de 35% (S) ou abaixo de 35% (N). SALPROF2

(a) Ache a reta de mínimos quadrados para a predição do escore SAT médio de matemática a partir dos salários médios dos professores apenas para os casos em que o percentual dos que fazem o exame está acima de 35%. Interprete a inclinação no contexto do problema.

(b) Encontre a reta de mínimos quadrados para a predição do escore SAT médio de matemática a partir dos salários médios dos professores apenas para os casos em que o percentual dos que fazem o exame está abaixo de 35%. Interprete a inclinação no contexto do problema.

(c) Se você fez o Exercício 5.50, compare seus resultados aqui com os da parte (a) do Exercício 5.50. O que você conclui?

5.52 **Correlação e causação.** O conjunto de dados DJI fornece o Dow Jones Industrial Average (ao final do ano), o nível médio global de CO_2 em partes por milhão (ppm), e o desvio da temperatura global média em relação à média de 1901 a 2000, em graus Celsius, para os anos de 1984 a 2017.[26] DJI

(a) Calcule a correlação entre nível médio de CO_2 e desvio na temperatura.

(b) Calcule a correlação entre desvio na temperatura e o Dow Jones Industrial Average.

(c) Em cada caso, você acha que a correlação é devida a causação? Isto é, níveis crescentes de CO_2 causam aumento na temperatura, temperaturas crescentes aumentam o Dow Jones Industrial Average? Explique as razões de suas respostas.

5.53 **Crescimento no conceito e o SAT.** O efeito de uma variável oculta pode ser surpreendente quando os indivíduos são divididos em grupos. Em anos recentes, o escore SAT médio de todos os alunos de último ano do Ensino Médio tem aumentado. Mas o escore SAT médio tem decrescido para estudantes em cada nível dos conceitos escolares no Ensino Médio (A, B, C etc.). Explique como o aumento nos conceitos escolares (a variável oculta) pode ser responsável por esse padrão.

5.54 **Rendas de trabalhadores.** Eis outro exemplo do efeito do grupo sobre o qual o exercício anterior alertou. Explique como, à medida que a população de um país envelhece, a renda mediana pode diminuir em cada faixa etária e, ainda assim, crescer para o conjunto de todos os trabalhadores.

5.55 **Um pouco da matemática da regressão.** Use a equação da reta de regressão de mínimos quadrados para mostrar que a reta de regressão para a predição de y a partir de x sempre passa pelo ponto $(\bar{x}, \bar{y})$. Isto é, quando $x = \bar{x}$, a equação dá $\hat{y} = \bar{y}$.

5.56 **Regressão para a média.** A Figura 4.9 mostra a relação entre os escores de jogadores de golfe na primeira e na segunda rodadas do Torneio Masters de 2019. A reta de mínimos quadrados para a predição dos escores da segunda rodada (y) com base nos escores da primeira rodada (x) tem equação $\hat{y} = 62,91 + 0,164x$. Encontre os escores preditos para a segunda rodada de um jogador que fez 80 na primeira rodada e para um jogador que fez 70. O escore médio da segunda rodada para todos os jogadores foi de 75,02. Assim, um jogador que se saiu bem na primeira rodada tem predição de se sair pior, mas ainda melhor do que a média, na segunda rodada. Além disso, um jogador que não se saiu tão bem na primeira tem predição de se sair melhor, mas ainda pior do que a média, na segunda rodada.

(*Comentário*: essa é a regressão para a média. Se indivíduos com escores extremos em alguma medida são selecionados, eles tendem a ter escores menos extremos quando medidos novamente. Isso porque sua posição extrema é parte mérito e parte acaso, e o acaso será diferente da próxima vez. A regressão para a média contribui para vários "efeitos". O novato do ano, em geral, não se sai bem no ano seguinte; o melhor instrumentista em uma audição de orquestra pode tocar pior do que o segundo colocado, depois de contratado; uma estudante que sente que precisa de acompanhamento depois de um teste SAT, em geral se sai melhor, sem acompanhamento, na próxima tentativa.)

5.57 Regressão para a média. Esperamos, em geral, que estudantes que se saem bem no exame de meio do curso se saiam bem no exame final. Gary Smith, da Faculdade Pomona, estudou os escores de exames de todos os 346 alunos que fizeram seu curso de estatística por um período de 10 anos.[27] A reta de mínimos quadrados para predição do escore no exame final a partir da nota no exame do meio de curso foi $\hat{y} = 46{,}6 + 0{,}41x$. (Ambos os exames tinham uma escala de 100 pontos.)

Otávio obteve 10 pontos acima da média da classe no exame do meio do curso. Quantos pontos acima da média da classe você pode predizer para ele no exame final? (*Sugestão*: use o fato de que a reta de mínimos quadrados passa por $(\bar{x}, \bar{y})$ e o fato de que o escore de Otávio do meio do curso é $\bar{x} + 10$.) Esse é outro exemplo de regressão para a média: alunos que se saem bem no exame do meio do curso se sairão, em geral, um pouco pior no exame final, mas ainda acima da média.

5.58 A regressão é útil? No Exercício 4.43 você usou o *applet* Correlation and Regression para criar três diagramas de dispersão com correlação em torno de $r = 0{,}7$ entre a variável horizontal x e a variável vertical y. Crie novamente três diagramas similares e clique em "Show least-square line" (mostrar reta de mínimos quadrados) para exibir as retas de regressão. Correlação $r = 0{,}7$ é considerada razoavelmente forte em muitas áreas de trabalho. Como há uma correlação razoavelmente forte, podemos usar a reta de regressão para predizer y a partir de x. Em qual de seus três diagramas de dispersão faz sentido o uso de uma reta para predição?

5.59 Adivinhando uma reta de regressão. No *applet* Correlation and Regression, clique no diagrama de dispersão para criar um conjunto de 15 a 20 pontos a partir de baixo, à esquerda, até em cima, à direita, com um padrão linear positivo claro (correlação em torno de 0,7). Clique no botão "Draw your own line" (criar sua própria reta) e use o *mouse* (clique em duas localizações no diagrama de dispersão para criar uma reta ligando essas duas localizações) para desenhar uma reta através do conjunto de pontos, da esquerda para a direita e de baixo para cima. A entrada "Relative SS" (soma de quadrados relativa) embaixo do botão "Draw your own line" mostra quão bem a reta que você desenhou se ajusta aos dados relativos à reta de mínimos quadrados. Os valores são maiores do que 1, ou iguais a 1, com 1 indicando que sua reta se ajusta tão bem quanto a reta de mínimos quadrados.

(a) Você desenhou, a olho, uma reta no meio de seu padrão e, ainda assim, a SQ relativa é maior do que 1. O que isso lhe diz?

(b) Clique, agora, no boxe "Show least-square line" (mostrar a reta de mínimos quadrados). A inclinação da reta de mínimos quadrados é menor (a nova reta é menos inclinada) ou maior (mais inclinada) do que a da sua reta? Se repetir esse exercício várias vezes, você obterá, consistentemente, o mesmo resultado. A reta de mínimos quadrados minimiza as distâncias verticais dos pontos à reta. Ela não *é* a reta pelo "meio" dos pontos. Essa é o motivo por que é difícil traçar uma boa reta de regressão a olho.

Os exercícios que seguem lhe pedem que responda a partir de dados, sem apresentar os detalhes. O enunciado do exercício lhe fornece o passo **Estabeleça** *do processo de quatro passos. Em seu trabalho, siga os passos* **Planeje**, **Resolva** *e* **Conclua**.

5.60 Castores e besouros. Castores beneficiam os besouros? Os pesquisadores prepararam 23 canteiros circulares, cada um com 4 metros de diâmetro, em uma área onde castores estavam derrubando árvores de choupo-do-canadá. Em cada canteiro, eles contaram o número de tocos das árvores derrubadas pelos castores e o número de aglomerados de larvas de besouros. Os ecologistas acham que os novos brotos que nascem nos tocos são mais tenros do que em outros modos de crescimento dessas árvores, de modo que os besouros os preferem. Se for o caso, mais tocos produzirão mais besouros. Estes são os dados:[28] CASTORES

Tocos	2	2	1	3	3	4	3	1	2	5	1	3
Larvas de besouros	10	30	12	24	36	40	43	11	27	56	18	40
Tocos	2	1	2	2	1	1	4	1	2	1	4	
Larvas de besouros	25	8	21	14	16	6	54	9	13	14	50	

Analise esses dados para ver se eles apoiam a ideia de que "castores beneficiam os besouros".

5.61 Um jogo de computador. Um sistema multimídia de aprendizagem de estatística inclui um teste de habilidade no uso do *mouse* do computador. O programa apresenta um círculo em local aleatório da tela. O sujeito clica no círculo com o *mouse* tão rápido quanto possível. Um novo círculo aparece tão logo se clica no antigo. A Tabela 5.3 fornece os dados das tentativas de um sujeito, 20 com cada uma das mãos. Distância é a distância do cursor até o centro do novo círculo, em unidades cujo tamanho depende do tamanho da tela. Tempo é o tempo que o sujeito leva para clicar no novo círculo, em milissegundos.[29] Suspeitamos de que o tempo dependa da distância. Também suspeitamos de que o desempenho não será o mesmo com a mão direita e com a esquerda. Analise os dados com vistas à predição do desempenho, separadamente, para as duas mãos. JOGOCOMP

5.62 Predição de tempestades tropicais. William Gray dirige o Tropical Meteorology Project na Colorado State University (bem distante do cinturão dos furacões). Suas previsões antes de cada temporada anual de furacões atraem muita atenção. Eis os dados para o número de tempestades tropicais no Atlântico, com nome, previstas por Dr. Gray e o número real de tempestades, para os anos de 1984 a 2018:[30]

4 PASSOS

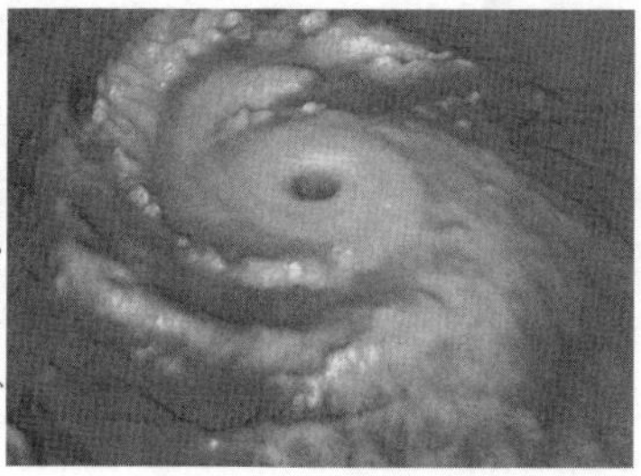

NASA/Goddard Space Flight Center/ Scientific Visualization Studio

Ano	Previsão	Real
1984	10	13
1985	11	11
1986	8	6
1987	8	7
1988	11	12
1989	7	11
1990	11	14
1991	8	8
1992	8	7
1993	11	8
1994	9	7
1995	12	19
1996	10	13
1997	11	8
1998	10	14
1999	14	12
2000	12	15
2001	12	15
2002	11	12
2003	14	16
2004	14	15
2005	15	28
2006	17	10
2007	17	15
2008	15	16
2009	11	9
2010	18	19
2011	16	19
2012	13	19
2013	18	14
2014	10	8
2015	8	11
2016	14	15
2017	14	17
2018	14	15

Analise esses dados. Quão precisas são as previsões de Dr. Gray? Quantas tempestades tropicais você esperaria em um ano em que a previsão anterior à temporada é de 16 tempestades? Qual é o efeito da desastrosa temporada de 2005 em suas respostas? TEMPEST

5.63 Grandes rios árticos. Um efeito do aquecimento global é o aumento do fluxo de água dos rios no Oceano Ártico. Esse aumento pode ter efeitos importantes sobre o clima do planeta. Seis rios (Yenisey, Lena, Ob, Pechora, Kolyma a Severnaya Dvina) drenam dois terços do Ártico na Europa e Ásia. Vários desses estão entre os maiores rios do mundo. A Tabela 5.4 apresenta a descarga total desses rios, a cada ano, de 1936 a 2014.[31] A descarga é medida em quilômetros cúbicos de água. Analise esses dados para descobrir a natureza e força da tendência na descarga total ao longo do tempo. ARTICO

4 PASSOS

5.64 As mulheres ultrapassarão os homens? A fisiologia das mulheres as torna mais aptas do que os homens para a corrida de longa distância? As mulheres terão, eventualmente, desempenho melhor do que os homens em corridas de longa distância? Pesquisadores examinaram dados sobre tempos de recordes (em segundos) para homens e mulheres na maratona. Com base nesses dados, os pesquisadores (em 1992) tentaram predizer quando as mulheres ultrapassariam os homens na maratona. Eis os dados para as mulheres:[32] MARATONA

4 PASSOS

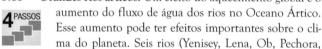

Ano	1926	1964	1967	1970	1971	1974	1975
Tempo	13.222,0	11.973,0	11.246,0	10,973,0	9990,0	9834,5	9499,0
Ano	1977	1980	1981	1982	1983	1985	
Tempo	9287,5	9027,0	8806,0	8771,0	8563,0	8466,0	

Tabela 5.3 Tempos de reação (em milissegundos) em um jogo de computador

Tempo	Distância	Mão	Tempo	Distância	Mão
115	190,70	direita	240	190,70	esquerda
96	138,52	direita	190	138,52	esquerda
110	165,08	direita	170	165,08	esquerda
100	126,19	direita	125	126,19	esquerda
111	163,19	direita	315	163,19	esquerda
101	305,66	direita	240	305,66	esquerda
111	176,15	direita	141	176,15	esquerda
106	162,78	direita	210	162,78	esquerda
96	147,87	direita	200	147,87	esquerda
96	271,46	direita	401	271,46	esquerda
95	40,25	direita	320	40,25	esquerda
96	24,76	direita	113	24,76	esquerda
96	104,80	direita	176	104,80	esquerda
106	136,80	direita	211	136,80	esquerda
100	308,60	direita	238	308,60	esquerda
113	279,80	direita	316	279,80	esquerda
123	125,51	direita	176	125,51	esquerda
111	329,80	direita	173	329,80	esquerda
95	51,66	direita	210	51,66	esquerda
108	201,95	direita	170	201,95	esquerda

Tabela 5.4 Descarga de rios no Ártico (em quilômetros cúbicos), de 1936 a 2017

Ano	Descarga	Ano	Descarga	Ano	Descarga	Ano	Descarga
1936	1721	1957	1762	1978	2008	1999	1970
1937	1713	1958	1936	1979	1970	2000	1905
1938	1860	1959	1906	1980	1758	2001	1890
1939	1739	1960	1736	1981	1774	2002	2085
1940	1615	1961	1970	1982	1728	2003	1780
1941	1838	1962	1849	1983	1920	2004	1900
1942	1762	1963	1774	1984	1823	2005	1930
1943	1709	1964	1606	1985	1822	2006	1910
1944	1921	1965	1735	1986	1860	2007	2270
1945	1581	1966	1883	1987	1732	2008	2078
1946	1834	1967	1642	1988	1906	2009	1900
1947	1890	1968	1713	1989	1932	2010	1813
1948	1898	1969	1742	1990	1861	2011	1859
1949	1958	1970	1751	1991	1801	2012	1702
1950	1830	1971	1879	1992	1793	2013	1758
1951	1864	1972	1736	1993	1845	2014	1988
1952	1829	1973	1861	1994	1902	2015	2042
1953	1652	1974	2000	1995	1842	2016	1863
1954	1589	1975	1928	1996	1849	2017	1988
1955	1656	1976	1653	1997	2007		
1956	1721	1977	1698	1998	1903		

Eis os dados para os homens:

Ano	1908	1909	1913	1920	1925	1935	1947
Tempo	10.518,4	9751,0	9366,6	9155,8	8941,8	8802,0	8739,0
Ano	1952	1953	1954	1958	1960	1963	1964
Tempo	8442.2	8314,8	8259,4	8117,0	8116,2	8068,0	7931,2
Ano	1965	1967	1969	1981	1984	1985	1988
Tempo	7920,0	7776,4	7713,6	7698,0	7685,0	7632,0	7610,0

Analise esses dados, usando a regressão de mínimos quadrados para estimar quando os tempos de recordes de homens e de mulheres serão iguais. Quão confiável é a sua estimativa? (Você pode querer procurar *online* para encontrar os tempos de recorde atuais para mulheres e homens.)

4 PASSOS **5.65 As mulheres ultrapassarão os homens? (continuação)** O conjunto de dados CORRIDA2 contém todos os tempos de recordes mundiais (em segundos), para homens e mulheres na maratona, até 2019. Use esses dados para repetir a análise do Exercício 5.64; isto é, use a regressão de mínimos quadrados para estimar quando os tempos de recorde de homens e de mulheres serão iguais. Quão confiável é sua estimativa? Explique sua resposta. CORRIDA2

CAPÍTULO

6

Após leitura do capítulo, você será capaz de:

6.1 Calcular e interpretar distribuições marginais em tabelas de dupla entrada.

6.2 Calcular e interpretar distribuições condicionais em tabelas de dupla entrada.

6.3 Reconhecer e explicar o paradoxo de Simpson.

miodrag ignjatovic/Getty Images

Tabelas de Dupla Entrada*

Nos Capítulos 4 e 5, consideramos relações entre duas variáveis quantitativas. Neste capítulo, usaremos tabelas de dupla entrada para descrevermos relações entre duas variáveis categóricas. Algumas variáveis – tais como gênero, raça e ocupação – são categóricas por natureza. Outras variáveis categóricas são criadas pelo agrupamento em classes dos valores de uma variável quantitativa.

Para explorar relações entre duas variáveis categóricas, usamos as contagens ou percentuais de indivíduos que se encaixam nas várias categorias. Assim como com variáveis quantitativas, devemos estar alertas para a influência de variáveis ocultas, e tomar cuidado para não assumirmos que os padrões que observamos continuem a valer para dados adicionais ou em um contexto mais amplo.

EXEMPLO 6.1 Quem recebe graus acadêmicos?

Em 2017, o órgão norte-americano National Center for Education Statistics fez uma projeção do número de graus acadêmicos a serem dados em 2020 e 2021 para homens e mulheres. A Tabela 6.1 mostra suas projeções.[1] Essa é uma **tabela de dupla entrada** porque descreve duas variáveis categóricas. Uma é o sexo de um indivíduo. A outra é o grau acadêmico recebido. Sexo é a *variável linha* porque cada linha na tabela descreve o sexo de um indivíduo. Grau acadêmico conferido é a *variável coluna* porque cada coluna descreve um grau. Como o grau acadêmico conferido tem uma ordem natural, desde "Associado" a "Doutor", as colunas estão nessa ordem. As entradas

*Este material é importante em estatística, mas será necessário no livro apenas para o Capítulo 25. Você pode omiti-lo, caso não planeje ler o Capítulo 25, ou sua leitura pode ser adiada até que você atinja o Capítulo 25.

na tabela são as contagens de indivíduos (em milhares) em cada classe de sexo por grau acadêmico.

As entradas na margem direita são os totais das entradas das linhas, as entradas na margem inferior são os totais das entradas das colunas, e a entrada embaixo à direita é o total de todos os estudantes previstos para receberem um grau acadêmico no período de 2020 e 2021.

Tabela 6.1 Graus acadêmicos por sexo

Sexo	Graus conferidos (milhares)				Total
	Associado	Bacharel	Mestre	Doutor	
Mulheres	639	1.087	460	97	2.283
Homens	402	804	329	87	1.622
Total	1.041	1.891	789	184	3.905

Tabela de dupla entrada

Uma tabela de contagens usada para a organização de dados sobre duas variáveis categóricas. Valores de cada variável linha percorrem horizontalmente a tabela, e valores de cada variável coluna percorrem a tabela verticalmente. Entradas na tabela são as contagens da frequência em que cada combinação da linha e da coluna correspondentes ocorre. Tabelas de dupla entrada são usadas, em geral, para o resumo de grandes quantidades de informação por meio do agrupamento das observações em categorias.

6.1 Distribuições marginais

Como podemos apreender a informação contida na Tabela 6.1? Primeiro, *olhe a distribuição de cada variável separadamente*. A distribuição de uma variável categórica diz com que frequência cada resultado ocorreu. A coluna "Total" à direita da tabela contém os totais para as linhas. Esses totais de linhas mostram a distribuição de sexo no grupo inteiro de 3.905 mil estudantes: 2.283 mil são mulheres, e 1.622 mil são homens.

Se os totais de linhas e de colunas estiverem ausentes, a primeira coisa a fazer no estudo de uma tabela de dupla entrada é calcular esses totais. As distribuições de sexo apenas e de grau conferido apenas são chamadas *distribuições marginais*, porque elas aparecem nas margens direita e inferior da tabela de dupla entrada.

Distribuições marginais

A **distribuição marginal** de uma das variáveis categóricas em uma tabela de dupla entrada de contagens é a distribuição dos valores daquela variável entre todos os indivíduos descritos pela tabela.

Porcentagens são, em geral, mais informativas do que contagens. Podemos apresentar a distribuição marginal de sexo em porcentagens, dividindo cada total de linha pelo total da tabela e convertendo para uma porcentagem.

EXEMPLO 6.2 Cálculo de uma distribuição marginal

A porcentagem dos estudantes na Tabela 6.1 que são mulheres é

$$\frac{\text{total de mulheres}}{\text{total da tabela}} = \frac{2.283}{3.905} = 0{,}585 = 58{,}5\%$$

Repita esse cálculo para obter a distribuição marginal dos homens (ou subtraia 58,5% de 100%). Eis a distribuição completa:

Resposta	Porcentagem
Mulheres	$\frac{2.283}{3.905} = 58{,}5\%$
Homens	$\frac{1.622}{3.905} = 41{,}5\%$

Prevê-se que mais mulheres do que homens vão receber graus acadêmicos. O total é 100% porque todas as pessoas pertencem a uma classe sexo/educação.

Cada distribuição marginal de uma tabela de dupla entrada é uma distribuição para uma única variável categórica. Como vimos no Capítulo 1, podemos usar um gráfico de barras ou um gráfico de setores para apresentar essa distribuição. A Figura 6.1 é um gráfico de barras da distribuição de sexo entre os estudantes na amostra.

Ao trabalhar com uma tabela de dupla entrada, você deve calcular muitos percentuais. Aqui está uma sugestão para ajudá-lo a decidir qual fração dá o percentual que você deseja. Pergunte-se: "qual grupo representa o total do qual eu desejo uma porcentagem?" A contagem para esse grupo é o denominador da fração que leva à porcentagem. No Exemplo 6.2, desejamos a porcentagem "de estudantes", de modo que a contagem de estudantes (o total da tabela) é o denominador.

FIGURA 6.1
Gráfico de barras da distribuição de sexo dos adultos que participaram da pesquisa. Essa é uma das distribuições marginais para a Tabela 6.1.

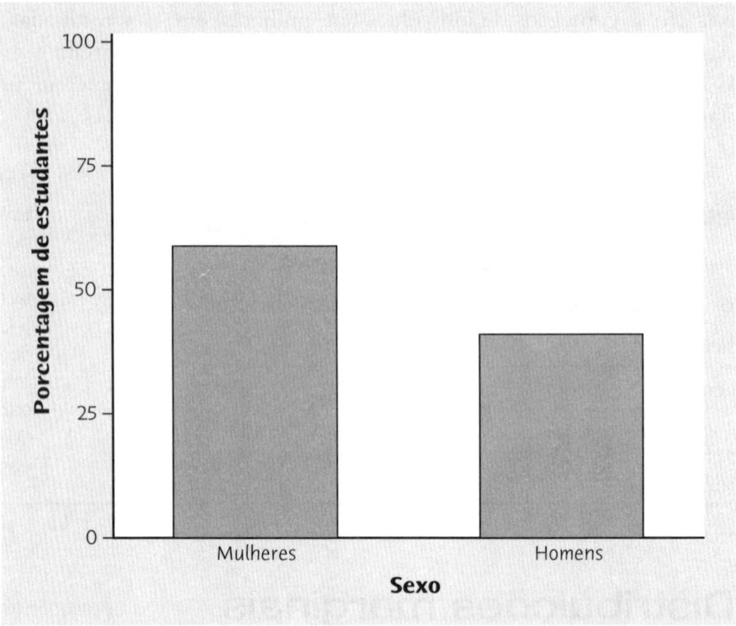

APLIQUE SEU CONHECIMENTO

6.1 Videogames e conceitos. A popularidade do computador, vídeo, internet e de jogos de realidade virtual tem aumentado a preocupação sobre sua capacidade de impactar negativamente a juventude. Os dados neste exercício se baseiam em pesquisa recente com alunos do Ensino Médio com idade entre 14 a 18 anos, em escolas de Connecticut. Eis as distribuições das notas dos meninos que jogaram e que não jogaram *videogame*.[2] JOGOS

	Conceito		
	As e Bs	Cs	Ds e Fs
Jogaram *videogame*	736	450	193
Nunca jogaram *videogame*	205	144	80

(a) Quantas pessoas essa tabela descreve? Quantas delas jogaram *videogame*?

(b) Dê a distribuição marginal dos conceitos. Qual percentual dos meninos representados na tabela teve conc eito C ou menos?

6.2 Idades de universitários. Eis uma tabela de dupla entrada de dados do U.S. Census Bureau que descreve a idade e o gênero de todos os alunos universitários americanos. As entradas na tabela são contagens em milhares de estudantes.[3] IDADES

Faixa etária	Mulher	Homem
15 a 19 anos	2.348	1.831
20 a 24 anos	4.280	3.713
25 a 34 anos	2.166	1.714
35 anos ou mais	1.492	853

(a) Há quantos alunos universitários?

(b) Encontre a distribuição marginal das faixas etárias. Qual percentual de universitários está na faixa etária de 20 a 24 anos?

6.2 Distribuições condicionais

A Tabela 6.1 contém muito mais informação do que as duas distribuições marginais de sexo e de grau conferido, separadas. *Distribuições marginais nada dizem sobre a relação entre duas variáveis.* Para descrevermos uma relação entre duas variáveis categóricas, devemos calcular alguns percentuais bem escolhidos a partir das contagens mostradas no corpo da tabela.

Digamos que você deseje comparar as proporções de mulheres e de homens que recebem um grau de doutor. Para isso, compare os percentuais para cada categoria de sexo. Para estudar as mulheres, examinamos apenas a linha "Mulheres" na Tabela 6.1. Para encontrar o percentual de *mulheres* que recebem o grau de doutor, divida a contagem dessas mulheres pelo número total de mulheres (total da linha):

$$\frac{\text{mulheres que recebem um grau de doutorado}}{\text{total da linha}} = \frac{97}{2.283} = 0{,}042 = 4{,}2\%$$

Fazendo isso para todas as quatro entradas na linha "Mulheres" obtemos a *distribuição condicional* de graus conferidos entre as mulheres. Usamos o termo *condicional* porque essa distribuição descreve apenas estudantes que satisfazem a condição de serem mulheres.

ESTATÍSTICA NO MUNDO REAL

Faces sorridentes

As mulheres sorriem mais do que os homens. Os mesmos dados que fornecem esse fato nos permitem ligar o sorriso a outras variáveis em tabelas de dupla entrada. Por exemplo, como segunda variável, introduza o fato de a pessoa pensar que está, ou não, sendo olhada. Se sim, é quando a mulher sorri mais. Se não, não há diferença entre homens e mulheres. Em seguida, tome para segunda variável o papel social da pessoa (por exemplo, é ela a chefe no escritório?). Dentro de cada papel, há pouca diferença no ato de sorrir entre mulheres e homens.

Distribuições condicionais

Uma **distribuição condicional** de uma variável é a distribuição dos valores daquela variável apenas entre os indivíduos que têm determinado valor na outra variável. Há uma distribuição condicional distinta para cada valor da outra variável.

EXEMPLO 6.3 Comparação de mulheres e homens

ESTABELEÇA: como diferem homens e mulheres em relação aos graus que pretendiam receber no período de 2020 e 2021?

4 PASSOS

PLANEJE: faça uma tabela de dupla entrada das respostas pela categoria sexo. Encontre a distribuição condicional para cada categoria de sexo. Compare essas duas distribuições.

RESOLVA: a Tabela 6.1 é a tabela de dupla entrada de que precisamos. Olhe primeiro apenas para a linha "Mulheres" para encontrar a distribuição condicional para mulheres; depois, apenas para a linha "Homens" para encontrar a distribuição condicional para homens. Eis os cálculos e as duas distribuições condicionais:

Resposta	Associado	Bacharel	Mestre	Doutor
Mulheres	$\frac{639}{2.283} = 28{,}0\%$	$\frac{1.087}{2.283} = 47{,}6\%$	$\frac{460}{2.283} = 20{,}1\%$	$\frac{97}{2.283} = 4{,}2\%$
Homens	$\frac{402}{1.622} = 24{,}8\%$	$\frac{804}{1.622} = 49{,}6\%$	$\frac{329}{1.622} = 20{,}3\%$	$\frac{87}{1.622} = 5{,}4\%$

As porcentagens em cada linha devem somar 100% porque, para cada categoria de sexo, todos recebem um dos quatro graus. No entanto, em geral, as porcentagens podem não ter soma exatamente 100% porque arredondamos para um número fixo de casas decimais. Esse é o *erro de arredondamento*, e vemos que há erro de arredondamento aqui.

CONCLUA: a porcentagem projetada de mulheres a receber um grau de associado é maior do que a porcentagem projetada de homens a receber esse mesmo grau, enquanto a porcentagem projetada de homens a receber outros graus diferentes de associado é ligeiramente maior do que a porcentagem de mulheres.

Erro de arredondamento

O **erro de arredondamento** é a pequena diferença entre um número decimal arredondado e seu valor preciso antes do arredondamento.

Um programa de computador fará esses cálculos para você. A maioria dos programas permite que você escolha quais distribuições condicionais você quer comparar. A saída na Figura 6.2 apresenta as duas distribuições condicionais de graus conferidos, uma para cada sexo, e também a distribuição marginal dos graus conferidos a todos os estudantes. As distribuições coincidem (a menos de erro de arredondamento) com os resultados nos Exemplos 6.2 e 6.3.

Lembre-se de que há dois conjuntos de distribuições condicionais para qualquer tabela de dupla entrada. O Exemplo 6.3 examinou as distribuições condicionais de graus conferidos para as duas categorias de sexo. A Figura 6.3(a) faz essa comparação em um gráfico de barras, com barras separadas para homens e mulheres, lado a lado, para cada categoria de grau. Nesse gráfico, o total das quatro barras cinza-escuro é 100%, e o total das barras cinza-claro também é 100%. Poderíamos também examinar as quatro distribuições condicionais de sexo, uma para cada categoria de grau conferido, olhando separadamente as quatro colunas na Tabela 6.1. A Figura 6.3(b) faz essa comparação em um gráfico de barras, novamente com barras separadas para homens e mulheres, lado a lado, para cada categoria de grau. Note que os percentuais de cada par lado a lado têm soma 100%. A Figura 6.3(c) também faz essa comparação. Em (c), cada barra é dividida (segmentada) em duas partes, representadas por dois tons de cinza. A porção superior de cada barra representa a proporção de mulheres que receberam cada grau. A porção inferior representa a proporção de homens. Cada barra tem altura 1, porque cada barra representa todos os estudantes em cada grupo diferente de pessoas. Gráficos de barras como esse na Figura 6.3(c), nos quais cada barra é dividida em partes, cada parte representando uma categoria diferente, são algumas vezes chamados de *gráficos de barras segmentadas*.

Minitab

Tabulated statistics: sex, degree

Rows: Sex Columns: Degree

	Associate's	Bachelor's	Master's	Professional/Doctorate	All
Men	402	804	329	87	1622
	24.78	49.57	20.28	5.36	100.00
Women	639	1087	460	97	2283
	27.99	47.61	20.15	4.25	100.00
All	1041	1891	789	184	3905
	26.66	48.43	20.20	4.71	100.00

Cell contents: Count
% of row

jmp

Contingency Table

Degree

Sex	Count row %	Associate's	Bachelor's	Master's	Professional/ Doctorate	Total
	Men	402	804	329	87	1622
		24.78	49.57	20.28	5.36	
	Women	639	1087	460	97	2283
		27.99	47.61	20.15	4.25	
	Total	1041	1891	789	184	3905

FIGURA 6.2

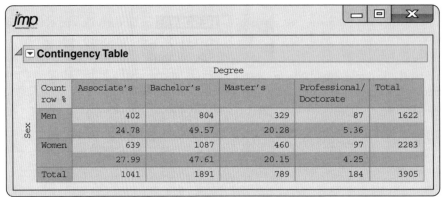

Saídas do Minitab e do JMP para a tabela de dupla entrada de adultos por sexo e educação. Cada entrada na saída do Minitab inclui a contagem e o percentual de seu total de linha. As linhas "Homens" (Men) e "Mulheres" (Women) apresentam as distribuições condicionais de respostas para cada categoria de sexo, e a linha "Todos" (All) mostra a distribuição marginal das respostas para todos esses adultos. Note que o Minitab e o JMP ordenam as variáveis na tabela alfabeticamente. Cada entrada na saída do JMP inclui a contagem e o percentual de seu total de linha. A segunda entrada em cada célula fornece a distribuição condicional das respostas para as diferentes categorias de sexo. A linha e a coluna rotuladas por "Total" mostram os totais marginais correspondentes das respostas para todos esses adultos.

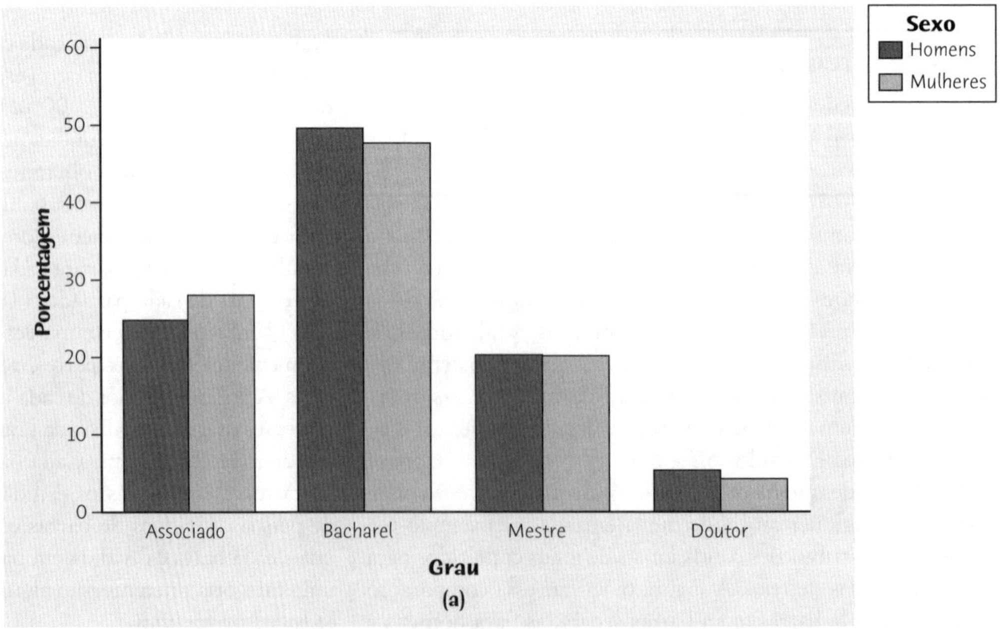

FIGURA 6.3

(a) Gráfico de barras lado a lado, comparando os percentuais de mulheres e homens, entre aqueles em cada categoria de sexo, para cada grau conferido. (b) Gráfico de barras lado a lado, comparando os percentuais de mulheres e homens, entre aqueles em cada categoria de grau conferido. (c) Gráfico de barras segmentado, comparando os percentuais de mulheres e homens, entre aqueles em cada categoria de grau conferido.

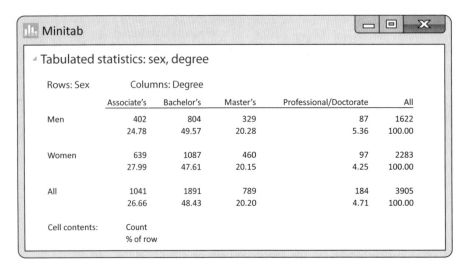

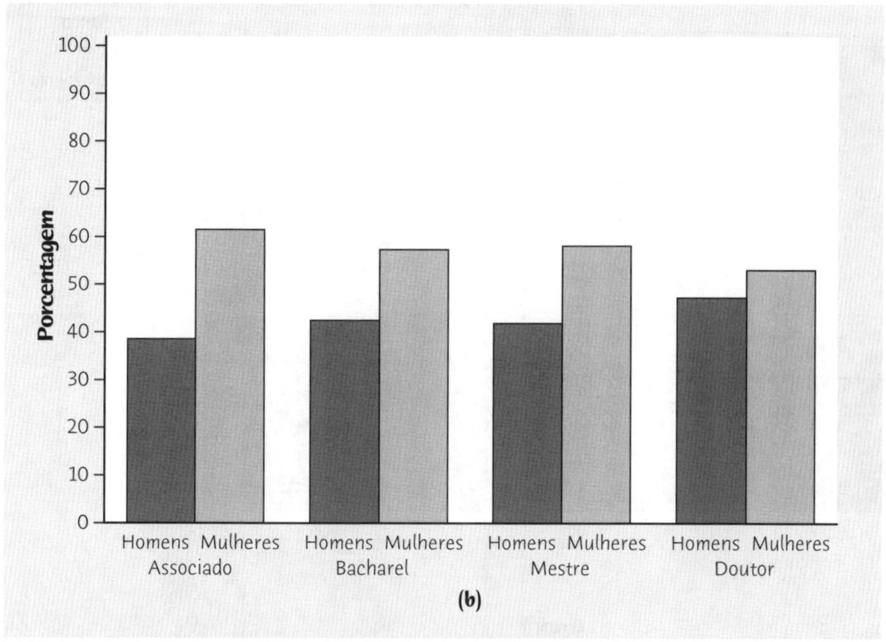

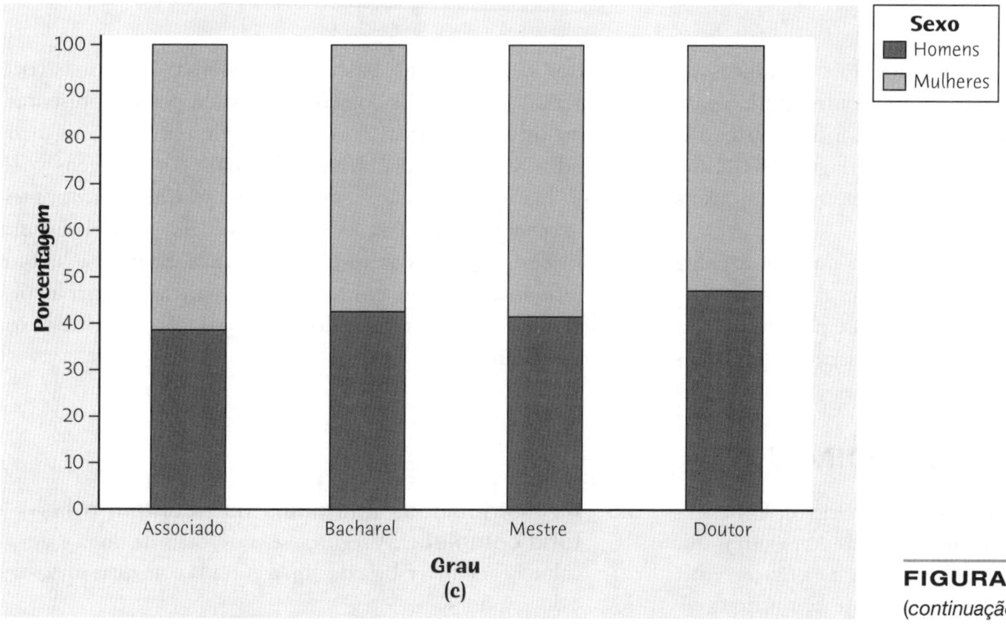

FIGURA 6.3
(continuação)

Gráfico de barras segmentadas

Um **gráfico de barras segmentadas** é um gráfico de barras para a apresentação de dados sobre duas variáveis categóricas no qual cada barra é dividida em partes. Cada barra representa as observações que assumem determinado valor de uma variável, e o comprimento de cada parte da barra representa a proporção daquelas observações que assumem um valor específico da segunda variável.

A Figura 6.4 mostra um **gráfico de mosaico**, que é uma variação de um gráfico de barras segmentadas. Agora, as barras têm larguras diferentes, e essas larguras correspondem à proporção de estudantes em cada uma das quatro categorias de grau. Assim, as larguras mostram a distribuição marginal do grau conferido. Cada barra é, novamente, dividida (segmentada) em duas partes, representadas por dois tons de cinza. A porção superior (cinza-claro) de cada barra representa a proporção de mulheres entre os estudantes que receberam cada um dos graus. A outra porção (cinza-escuro) representa a proporção de homens. Cada barra tem altura de 100%, porque cada barra representa todos os adultos em cada grupo diferente de pessoas. O gráfico de mosaico é mais informativo do que o gráfico de barras segmentadas porque mostra a distribuição marginal do grau conferido, bem como a distribuição condicional de sexo, dado o grau conferido.

Gráfico de mosaico
Um gráfico de barras segmentadas no qual a largura de cada barra representa a proporção de todas as observações que estão na categoria que a barra representa.

FIGURA 6.4
Gráfico de mosaico comparando as proporções de mulheres e homens entre aqueles em cada categoria de grau conferido.

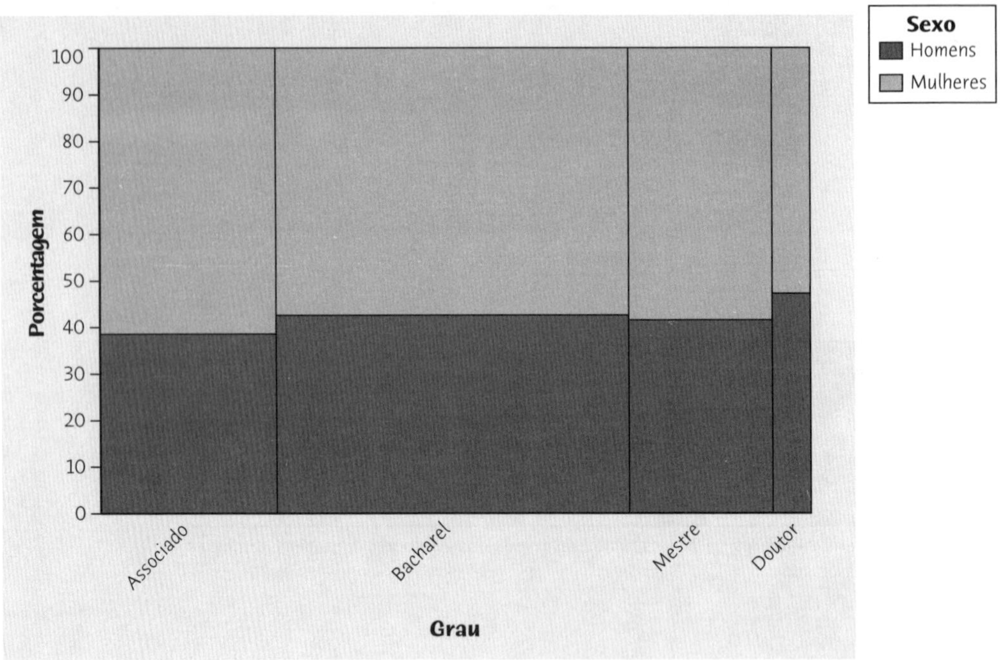

A Figura 6.4 mostra apenas um dos dois conjuntos de distribuições condicionais. Precisaríamos de outro gráfico para apresentar o outro (a distribuição condicional de grau conferido, dado o sexo). Também, os gráficos nas Figuras 6.3 e 6.4 indicam apenas porcentagens ou proporções, não contagens totais.

Nenhum gráfico único retrata a forma da relação entre variáveis categóricas (como um diagrama de dispersão faz para variáveis quantitativas). Nenhuma medida numérica única (como a correlação) resume a intensidade da associação. Gráficos de barras são flexíveis o bastante para serem úteis, mas você deve pensar sobre quais comparações você deseja apresentar. Para medidas numéricas, confiamos em porcentagens bem escolhidas. Convém você decidir de quais porcentagens você precisa. Eis uma sugestão: *se houver uma relação explicativa-resposta, compare as distribuições condicionais da variável resposta para os valores separados da variável explicativa.* Se você acha que sexo influencia o grau conferido, compare as distribuições condicionais de grau conferido para cada categoria de sexo, como no Exemplo 6.3.

APLIQUE SEU CONHECIMENTO

6.3 ***Videogames* e conceitos.** O Exercício 6.1 fornece os dados sobre a distribuição de conceitos de meninos que jogaram e não jogaram *videogames*. Para ver a relação entre conceitos e jogar *videogames*, determine as distribuições condicionais de conceitos (a variável resposta) para jogadores e não jogadores. O que você conclui? JOGOS

6.4 **Idades de universitários.** O Exercício 6.2 fornece dados do U.S. Census Bureau que descrevem a idade e o sexo de todos os estudantes universitários americanos. Suspeitamos de que o percentual de mulheres seja maior entre estudantes na faixa etária de 25 a 34 anos do que na faixa etária de 20 a 24 anos. Os dados apoiam essa suspeita? Siga o processo dos quatro passos, como ilustrado no Exemplo 6.3. IDADES

4 PASSOS

6.5 **As distribuições marginais não contam a história completa.** A seguir, estão os totais de linha e de coluna para uma tabela de dupla entrada com duas linhas e duas colunas:

a	b	50
c	d	50
60	40	100

Encontre *dois* conjuntos *diferentes* de contagens a, b, c e d para o corpo da tabela que forneçam os mesmos totais. Isso mostra que a relação entre duas variáveis não pode ser obtida a partir de duas distribuições individuais das variáveis.

6.3 O paradoxo de Simpson

Como no caso de variáveis quantitativas, os efeitos de variáveis ocultas podem mudar, ou mesmo inverter, relações entre duas variáveis categóricas. Aqui está um exemplo que demonstra as surpresas com as quais um usuário de dados menos avisado pode se defrontar.

EXEMPLO 6.4 Helicópteros médicos salvam vidas?

BeyondImages/iStock

Vítimas de acidentes são, algumas vezes, transportadas por helicóptero do local do acidente para um hospital. Helicópteros economizam tempo. Eles também salvam vidas? Vamos comparar os percentuais de vítimas de acidentes que morrem quando retiradas por helicóptero e por transporte usual por rodovia para um hospital. A seguir, estão dados hipotéticos que ilustram uma dificuldade prática:[4]

	Helicóptero	Estrada
Vítima morreu	64	260
Vítima sobreviveu	136	840
Total	200	1.100

Vemos que 32% (64 entre 200) dos pacientes transportados por helicóptero morreram, mas apenas 24% (260 entre 1.100) dos outros morreram. Isso parece desencorajador.

A explicação é que o helicóptero é enviado, na maior parte das vezes, para acidentes graves; logo, as vítimas transportadas por helicópteros, com maior frequência estão mais gravemente feridas do que as outras vítimas. Elas têm maior chance de morrer com ou sem transporte por helicóptero.

A seguir, estão os mesmos dados decompostos segundo a gravidade do acidente:

Acidentes graves		
	Helicóptero	Estrada
Morreram	48	60
Sobreviveram	52	40
Total	100	100

Acidentes menos graves		
	Helicóptero	Estrada
Morreram	16	200
Sobreviveram	84	800
Total	100	1.000

Examine essas tabelas para se convencer de que elas descrevem as mesmas 1.300 vítimas de acidentes que a tabela original de dupla entrada. Por exemplo, 200 pacientes (= 100 + 100) foram removidos por helicóptero, e 64 (= 48 + 16) desses morreram.

Entre as vítimas de acidentes graves, o helicóptero salva 52% (52 em 100) em comparação com 40% para o transporte por estrada. Se olharmos apenas para os acidentes menos graves, 84% dos transportados por helicóptero sobreviveram, contra 80% dos transportados por estrada. Ambos os grupos têm uma taxa maior de sobrevivência quando evacuados por helicóptero.

Como pode acontecer que o helicóptero se saia melhor para ambos os grupos de vítimas, mas pior quando todas as vítimas são consideradas em conjunto? O exame dos dados torna clara a explicação. Metade dos pacientes transportados por helicóptero são vítimas de acidentes graves, comparados com apenas 100 dos 1.100 pacientes transportados pela estrada. Assim, o helicóptero carrega mais pacientes que têm mais chance de morrer. A gravidade do acidente era uma variável oculta que, até que a revelamos, escondia a verdadeira relação entre sobrevivência e modo de transporte para um hospital. O Exemplo 6.4 ilustra o *paradoxo de Simpson*.

Paradoxo de Simpson

Uma associação ou comparação que se verifica para todos os diversos grupos pode reverter sua direção quando os dados são combinados para formar um só grupo. Essa reversão é chamada de **paradoxo de Simpson**.

A variável oculta no paradoxo de Simpson é categórica. Ou seja, decompõe os indivíduos em grupos, como para as vítimas de acidentes classificados, segundo a gravidade, em "acidente grave" ou "acidente menos grave". O paradoxo de Simpson é apenas uma forma extrema do fato de que as associações observadas podem ser enganadoras quando há variáveis ocultas.

APLIQUE SEU CONHECIMENTO

6.6 Arremessos para a cesta. Eis os dados sobre arremessos para a cesta para dois membros do time de basquete masculino de 2017 e 2018 da University of Michigan:[5] BASQUETE

	Charles Matthews		Duncan Robinson	
	Converteu	Perdeu	Converteu	Perdeu
Dois pontos	171	136	44	30
Três pontos	34	73	78	125

(a) Qual percentual de todos os arremessos Charles Matthews converteu? Qual percentual de todos os arremessos Duncan Robinson converteu?

(b) Agora encontre o percentual de todos os arremessos de dois pontos e de todos os arremessos de três pontos que Charles converteu. Faça o mesmo para Duncan.

(c) Charles teve um percentual menor para *ambos* os tipos de cestas, mas teve um percentual geral melhor. Isso parece impossível. Explique cuidadosamente, referindo-se aos dados, como isso pode acontecer.

6.7 Viés na lista para o júri? O Departamento de Justiça da Nova Zelândia fez um estudo da composição do júri em casos de tribunal. O interesse era saber se os Maori, povo indígena da Nova Zelândia, estavam representados de maneira adequada nas listas para o júri. Eis os resultados para dois distritos, Rotorua e Nelson, na Nova Zelândia (resultados semelhantes foram encontrados em todos os distritos):[6] JURI

MollyNZ/iStock

Rotorua

	Maori	Não Maori
Na lista para o júri	79	258
Não na lista para o júri	8.810	23.751
Total	8.889	24.009

Nelson

	Maori	Não Maori
Na lista para o júri	1	56
Não na lista para o júri	1.328	32.602
Total	1.329	32.658

(a) Compare os percentuais para mostrar que o percentual de Maori nas listas de júri em cada distrito é menor do que o percentual de não Maori nessas listas.

(b) Combine os dados em uma única tabela de dupla entrada de resultados ("na lista do júri" ou "não na lista do júri") por etnia (Maori ou não Maori). O estudo original relatou apenas essa taxa geral. Qual grupo étnico tem um percentual mais alto de sua etnia na lista para o júri?

(c) Explique, a partir dos dados, em linguagem que um repórter possa entender, como os Maori podem ter um percentual geral mais alto, embora os não Maori tenham percentuais mais altos em ambos os distritos.

RESUMO

- Uma **tabela de dupla entrada** de contagens organiza os dados sobre duas variáveis categóricas. Os valores da **variável linha** rotulam as linhas da tabela, e os valores da **variável coluna** rotulam as colunas da tabela. Tabelas de dupla entrada são frequentemente usadas para o resumo de grandes quantidades de informação pelo agrupamento de resultados em categorias.
- Os **totais de linha** e os **totais de coluna** em uma tabela de dupla entrada fornecem as **distribuições marginais** das duas variáveis individuais. É mais claro apresentar essas distribuições expressas como percentuais do total da tabela. As distribuições marginais não nos fornecem qualquer informação sobre a relação entre as variáveis.
- Há dois conjuntos de **distribuições condicionais** para uma tabela de dupla entrada: as distribuições da variável linha para cada valor fixado da variável coluna, e as distribuições da variável coluna para cada valor fixado da variável linha. A comparação de um conjunto de distribuições condicionais é uma maneira de descrever a associação entre as variáveis linha e coluna.
- Para achar a **distribuição condicional** da variável linha para um valor específico da variável coluna, examine apenas esta coluna na tabela. Encontre cada entrada na coluna como um percentual do total da coluna.
- **Gráficos de barras** são um meio flexível de apresentar dados categóricos. Não existe uma melhor maneira única de descrever uma associação entre duas variáveis categóricas.
- Uma comparação entre duas variáveis que vale para cada valor individual de uma terceira variável pode ser alterada, ou até mesmo invertida, quando os dados para todos os valores da terceira variável são combinados. Este é o **paradoxo de Simpson**. O paradoxo de Simpson é um exemplo do efeito das variáveis ocultas sobre uma associação observada.

VERIFIQUE SUAS HABILIDADES

O Pew Research Center realiza um projeto na internet, anualmente, que inclui pesquisa relacionada às redes sociais. A tabela de dupla entrada que segue, sobre o percentual de adultos nos EUA pesquisados que usam as mídias sociais ao menos uma vez, se baseia em dados relatados pelo Pew em fevereiro de 2019:[7]

Uso de mídia social	Sim	Não
Idade 18–29	212	24
Idade 30–49	324	71
Idade 50–64	293	131
Idade 65+	156	235

Os Exercícios 6.8 a 6.16 se baseiam nessa tabela. MIDIASOC

6.8 Quantos indivíduos estão descritos nessa tabela?
(a) 1.446
(b) 985
(c) É necessário mais informação.

6.9 Quantos indivíduos com idade entre 18 e 29 anos estavam entre os respondentes?
(a) 212
(b) 236
(c) É necessário mais informação.

6.10 O percentual de indivíduos com idade entre 18 e 29 anos que estavam entre os respondentes era de
(a) cerca de 22% (b) cerca de 16% (c) cerca de 90%

6.11 Seu percentual do exercício anterior é parte da
(a) distribuição marginal da idade.
(b) distribuição marginal do uso, pelo indivíduo, das mídias sociais.
(c) distribuição condicional do uso das mídias sociais entre os indivíduos de 18 a 29 anos.

6.12 Qual percentual dos indivíduos que usam as mídias sociais tem idade entre 18 e 29 anos?
(a) Cerca de 15%
(b) Cerca de 22%
(c) Cerca de 90%

6.13 Seu percentual do exercício anterior é parte da
(a) distribuição marginal do uso, pelo indivíduo, das mídias sociais.
(b) distribuição condicional do uso das mídias sociais entre indivíduos de 18 a 29 anos.
(c) distribuição condicional da idade entre os que usam as mídias sociais.

6.14 Qual percentual dos indivíduos de 18 a 29 anos usa as mídias sociais?
(a) Cerca de 15%
(b) Cerca de 22%
(c) Cerca de 90%

6.15 Seu percentual do exercício anterior é parte da
(a) distribuição marginal da idade.
(b) distribuição condicional do uso das mídias sociais entre os indivíduos de 18 a 29 anos.
(c) distribuição condicional da idade entre aqueles que usam as mídias sociais.

6.16 Um gráfico de barras que mostre a distribuição condicional da frequência do uso, por um indivíduo, das mídias sociais entre faixas etárias deveria ter
(a) 2 barras.
(b) 4 barras.
(c) 8 barras.

6.17 Uma faculdade examina o coeficiente de rendimento médio (GPA) de seus alunos de tempo integral e de tempo parcial. As notas nos cursos de ciências são, em geral, mais baixas do que as notas em outros cursos. Há pouca ênfase em ciências entre os alunos de tempo parcial, mas muita entre os alunos de tempo integral. A faculdade percebe que os estudantes de tempo integral que escolhem ênfase em ciências têm GPA mais altos do que os alunos de tempo parcial que também optam por ênfase em ciências. Os estudantes de tempo integral que não escolhem ênfase em ciências também têm GPA mais altos do que os estudantes de tempo parcial que não optaram por ciências. No entanto, os alunos de tempo parcial, como um grupo, têm GPA mais altos do que os estudantes de tempo integral. Esse resultado é
(a) impossível: se tanto os alunos de ciências quanto os de outras ênfases que são de tempo integral têm GPA mais altos do que os que são de tempo parcial, então os estudantes de tempo integral, juntos, devem ter GPA mais altos do que os estudantes de tempo parcial, juntos.
(b) um exemplo do paradoxo de Simpson: os estudantes de tempo integral se saem melhor em ambos os tipos de curso, mas pior no geral, pois fazem mais cursos de ciências.
(c) devido à comparação de distribuições condicionais que não deveriam ser comparadas.

EXERCÍCIOS

6.18 **Astrologia é científica?** A General Social Survey (GSS), da Universidade de Chicago, é a mais importante pesquisa amostral em ciências sociais nos EUA, e perguntou a uma amostra de adultos qual sua opinião sobre se a astrologia é muito científica, um pouco científica, ou absolutamente não é científica. Eis uma tabela de dupla entrada das contagens para as pessoas da amostra, que tinham três níveis de educação superior:[8] ASTROL

	Grau acadêmico		
	Ensino Médio	Bacharel	Graduado
Não é científica	47	181	113
Muito ou pouco científica	36	43	13

Encontre as duas distribuições condicionais de grau de educação, uma para aqueles que têm a opinião de que a astrologia absolutamente não é científica e uma para as pessoas que disseram que a astrologia é muito ou pouco científica. Com base em seus cálculos, descreva com um gráfico e em palavras as diferenças entre aqueles que dizem que a astrologia não é científica e aqueles que dizem que é muito ou pouco científica.

6.19 **Lesões em levantamento de peso.** O treinamento de resistência é uma forma popular de condicionamento destinado a melhorar o desempenho nos esportes, e é largamente usada entre atletas profissionais e de escolas e faculdades, embora seu uso em atletas mais jovens seja controverso. Obteve-se uma amostra aleatória de 4.111 pacientes, com idades entre 8 e 30 anos, admitidos nos atendimentos de emergência com o código de lesão "levantamento de peso". Essas lesões foram classificadas como "acidentais" se causadas pela queda do peso ou uso inadequado do equipamento. Os pacientes também foram classificados em quatro categorias de idade: 8 a 13 anos, 14 a 18, 19 a 22 e 23 a 30. Eis uma tabela de dupla entrada dos resultados:[9] LEVPESO

Idade	Acidental	Não acidental
8-13	295	102
14-18	655	916
19-22	239	533
23-30	363	1.008

Compare as distribuições de idade por lesões acidentais e não acidentais. Use porcentagens e desenhe um gráfico de barras. O que você conclui?

Estado civil e nível de emprego. *Algumas vezes, ouvimos que o casamento é benéfico para a carreira. A Tabela 6.2 apresenta os dados do U.S. Census Bureau, que classifica homens com idades de 18 ou mais anos de acordo com seu estado civil e renda anual, em 2018. Incluímos apenas dados de homens.*[10] *Os Exercícios 6.20 a 6.24 se baseiam nesses dados.* ESTCIVIL

6.20 **Distribuições marginais.** Dê (em porcentagens) as duas distribuições marginais, para estado civil e para renda. Seus dois conjuntos de porcentagens têm soma exatamente 100%? Se não, por que não?

6.21 **Porcentagens.** Qual porcentagem de homens solteiros não tem renda? Qual porcentagem de homens que não têm renda e são solteiros?

6.22 **Distribuições condicionais.** Dê (em porcentagens) a distribuição condicional para nível de renda entre os homens solteiros. Suas porcentagens devem ter soma 100% (a menos de arredondamento)? Explique seu raciocínio.

6.23 **Estado civil e renda.** Uma maneira de ver a relação é olhar quem não tem renda.

(a) Há 1 milhão e 933 mil homens casados sem renda e 5 milhões e 514 mil homens solteiros sem renda. Explique por que essas contagens por si sós não descrevem a relação entre estado civil e renda.

(b) Entre os homens que não têm renda, determine as porcentagens por estado civil. Faça o mesmo para os homens que têm uma renda de US$ 100 mil ou mais. O que essas porcentagens dizem sobre a relação?

6.24 **Associação não é causação.** Os dados na Tabela 6.2 mostram que homens solteiros têm mais chance de manter empregos de mais baixo salário do que homens casados. Não devemos concluir que homens solteiros podem aumentar sua renda casando-se. Quais variáveis ocultas podem ajudar a explicar a associação entre estado civil e renda?

6.25 **Raça e pena de morte.** Se um assassino condenado recebe, ou não, a pena de morte parece sofrer influência da raça da vítima. Vários pesquisadores estudaram esse problema nas décadas de 1970 e 1980, resultando em várias referências, muito citadas, e artigos controversos. Eis os dados de um desses estudos sobre 326 casos nos quais o acusado foi condenado por assassinato:[11] DISCRIM

	Réu branco	
	Vítima branca	Vítima negra
Morte	19	0
Não	132	9

	Réu negro	
	Vítima branca	Vítima negra
Morte	11	6
Não	52	97

(a) Use esses dados para fazer uma tabela de dupla entrada da raça do acusado (branco ou negro) *versus* pena de morte (morte ou não).

(b) Mostre que o paradoxo de Simpson se verifica: um percentual mais alto de acusados brancos é sentenciado à morte no geral, mas, tanto para vítimas brancas como para negras, um percentual mais alto de acusados negros é sentenciado à morte.

(c) Use os dados para explicar por que o paradoxo se verifica, em linguagem que um juiz possa entender.

Tabela 6.2 Estado civil e nível de salário (milhares de homens)

	Estado civil				
Renda	Solteiro (nunca se casou)	Casado	Divorciado	Viúvo	Total
Sem renda	5.514	1.933	552	136	8.135
US$ 1-US$ 49,999	24.827	30.609	5.917	2.437	63.790
US$ 50,000-US$ 99,999	6.359	21.546	2.895	629	31.429
US$ 100,000 ou mais	2.076	14.332	1.276	265	17.949
Total	39.776	68.420	10.640	3.467	121.303

6.26 Obesidade e saúde. Para estimar os riscos da obesidade para a saúde, devemos comparar quanto tempo vivem pessoas obesas e não obesas. O hábito de fumar é uma variável oculta, que pode reduzir o hiato entre os dois grupos, pois o fumo tende a reduzir ambos: peso e vida. Assim, ao ignorarmos o fumo, podemos subestimar os riscos da obesidade para a saúde. Ilustre o paradoxo de Simpson por meio de uma versão simplificada dessa situação: construa tabelas de dupla entrada de obeso (sim ou não) *versus* morte prematura (sim ou não) separadas para fumantes e não fumantes, de modo a mostrar que

- Tanto obesos fumantes como obesos não fumantes tendem a morrer mais cedo do que aqueles que não são obesos.
- Mas, quando os fumantes e os não fumantes são combinados em uma tabela de dupla entrada de obesidade por morte prematura, as pessoas que não são obesas tendem a morrer mais cedo.

Os exercícios que seguem lhe fazem perguntas sobre dados cujos detalhes não lhe são fornecidos. O enunciado do exercício lhe fornece o passo ***Estabeleça****, do processo de quatro passos. Em seu trabalho, siga os passos* ***Planeje****,* ***Resolva*** *e* ***Conclua****, do processo, conforme ilustrado no Exemplo 6.3.*

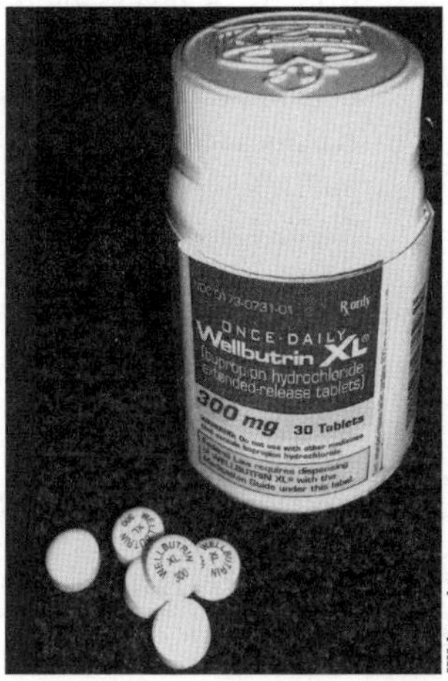

Wikipedia

6.27 Parar de fumar. Um grande experimento aleatorizado foi realizado para avaliar a eficácia de Chantix® para parar de fumar, comparado com bupropiona e um placebo. Chantix® é diferente da maioria dos produtos para parar de fumar, pois tem como alvo os receptores de nicotina no cérebro, anexa-se a eles e impede que a nicotina os alcance, enquanto a bupropiona é um antidepressivo muito usado para ajudar as pessoas a parar de fumar. Em geral, fumantes com boa saúde geral que fumavam, pelo menos 10 cigarros por dia, foram associados aleatoriamente aos tratamentos com Chantix® (n = 352), com bupropiona (n = 329), ou com o placebo (n = 344). A medida da resposta é a cessação contínua do fumo para as semanas de 9 a 12 do estudo. Eis uma tabela de dupla entrada dos resultados:[12] FUMO

	Tratamento		
	Chantix®	Bupropiona	Placebo
Sem fumar nas semanas de 9 a 12	155	97	61
Fumou nas semanas de 9 a 12	197	232	283

Como o fato de um sujeito ter fumado, ou não, nas semanas de 9 a 12, depende do tratamento recebido?

6.28 Testes com animais. "É correto usar animais para testes médicos se isso salva vidas humanas." A General Social Survey pediu a 1.152 adultos que se manifestassem em relação a essa afirmativa. Eis a tabela de dupla entrada de suas respostas: TESTEANI

Resposta	Homem	Mulher
Concorda fortemente	76	59
Concorda	270	247
Nem concorda nem discorda	87	139
Discorda	61	123
Discorda fortemente	22	68

Como as distribuições de opinião se diferenciam entre homens e mulheres?

6.29 Graus universitários. "Faculdades e universidades por todo o país estão às voltas com o caso do misterioso desaparecimento dos homens." Assim dizia um artigo no *Washington Post*. Eis as projeções dos números de graus a serem recebidos no período de 2023 a 2024, conforme projeção do National Center for Education Statistics. As entradas da tabela são contagens dos graus em milhares.[13] GRAUS

Grau	Mulher	Homem
Associado	644	405
Bacharel	1.092	806
Mestre	467	335
Doutor	99	89

Faça um breve contraste entre o recebimento de graus por homens e mulheres. Os homens estão "desaparecendo" das faculdades e universidades em todo o país?

6.30 Complicações de cirurgia bariátrica. Cirurgia bariátrica, ou cirurgia de perda de peso, inclui uma variedade de procedimentos realizados em pessoas obesas. Alcança-se a perda de peso pela redução do tamanho do estômago, pelo implante de um aparelho (banda gástrica), pela remoção de parte do estômago (gastrectomia), ou pela recolocação e redirecionamento do intestino delgado para uma pequena bolsa estomacal (cirurgia gástrica de *bypass*). Como podem ocorrer complicações no uso desses métodos, o National Institutes of Health recomenda a cirurgia bariátrica para pessoas obesas com um índice de massa corporal (IMC) de, no mínimo, 40, e para pessoas com IMC de 35 e sérias condições médicas coexistentes, como diabetes. Complicações sérias incluem potencial risco de vida, incapacitação permanente e resultados fatais. Eis uma tabela de dupla entrada para dados coletados em Michigan, durante vários anos, e que fornece as contagens de complicações sem risco de vida, complicações sérias e nenhuma complicação, para esses três tipos de cirurgia:[14] BARI

	Tipo de complicação			
	Sem risco de vida	Séria	Nenhuma	Total
Banda gástrica	81	46	5.253	5.380
Gastrectomia vertical	31	19	804	854
Cirurgia gástrica de *bypass*	606	325	8.110	9.041

O que os dados dizem sobre as diferenças nas complicações para os três tipos de cirurgia?

6.31 Fumantes classificam sua saúde. O estudo Health and Retirement Study (HRS), da University of Michigan, pesquisa mais de 22 mil americanos com idades acima de 50, a cada dois anos. Uma subamostra do HRS participou, em 2009, de uma pesquisa pela internet que coletou informação sobre vários tópicos, incluindo saúde (comportamentos de saúde física e mental), itens de psicologia, economia (renda, bens, expectativas e consumo) e aposentadoria.[15] Duas das questões eram: "você diria que sua saúde é excelente, muito boa, boa, razoável ou ruim?" e "você fuma cigarros atualmente?" A tabela de dupla entrada resume as respostas a essas questões. CLASSFUM

	Fumante atual	
Saúde	Sim	Não
Excelente	25	484
Muito boa	115	1.557
Boa	145	1.309
Razoável	90	545
Ruim	29	11

O que esses dados dizem sobre as diferenças na autoavaliação da saúde para fumantes atuais e não fumantes?

6.32 O Phil de Punxsutawney. Nos EUA, o Ground Hog Day é celebrado no dia 2 de fevereiro. Nesse dia, o Phil de Punxsutawney, uma legendária marmota em Punxsutawney, Pensilvânia, surge de sua caverna e, se ele vê sua sombra e volta à caverna, ele prediz mais seis semanas de tempo de inverno. Quão preciso é Phil? Temos dados para 119 anos (até 2019) que indicam se Phil viu sua sombra e a temperatura média em março. Não é muito claro do que se trata "mais seis semanas de tempo de inverno", de modo que, aqui, definimos que isso ocorra se a temperatura média para março não for acima da média histórica. Aqui, só usamos dados de temperatura para a Pensilvânia, o estado natal de Phil. Os resultados são 51 anos em que Phil viu sua sombra e a temperatura média para março não ficou acima da média histórica, 51 anos em que Phil viu sua sombra e a temperatura média para março ficou acima da média histórica, 7 anos em que Phil não viu sua sombra e a temperatura média para março não ficou acima da média histórica, e 10 anos em que Phil não viu sua sombra e a temperatura média para março ficou acima da média histórica.[16]

(a) Faça uma tabela de dupla entrada de "Phil viu sua sombra ou não" contra "temperaturas acima da média histórica em março ou não."

(b) O que os dados nos dizem sobre Phil como um previsor do tempo para a Pensilvânia?

6.33 Qualidade do sono. Uma amostra aleatória de 871 estudantes com idades entre 20 e 24 anos de uma grande universidade do Meio-Oeste preencheu uma pesquisa que incluía questões sobre sua qualidade do sono, humor, desempenho acadêmico, saúde física, e uso de drogas psicotrópicas. A qualidade do sono foi medida com o uso do Pittsburgh Sleep Quality Index (PSQI), com os estudantes obtendo escores menores do que 5 ou iguais a 5 no índice classificados como tendo ótimo sono; os com escore de 6 ou 7 classificados como sono limite, e os com escore acima de 7 classificados como tendo sono ruim. A tabela que segue examina a relação entre classificação da qualidade do sono e o uso de medicações estimulantes com ou sem receita por mais de 1 mês para ajudar a ficar acordado.[17] QUSONO

Uso de medicação com ou sem receita para ficar acordado > 1×/Mês	Qualidade do sono no PSQI		
	Ótima	No limite	Ruim
Sim	37	53	84
Não	266	186	245

O que os dados dizem sobre diferenças na qualidade do sono para aqueles que usam medicamentos estimulantes com ou sem receita mais de uma vez por mês para se manterem acordados e para aqueles que não o fazem?

VitalyEdush/iStock

CAPÍTULO

7

Exploração de Dados: Revisão da Parte I

NESTE CAPÍTULO ABORDAMOS...

Parte I: Revisão de Habilidades

Autoteste

Exercícios Suplementares

Análise de dados é a arte da descrição de dados por meio de gráficos e resumos numéricos. O propósito da análise exploratória de dados é nos ajudar a enxergar e entender as características mais importantes de um conjunto de dados. O Capítulo 1 descreveu gráficos para exibir distribuições: gráficos de setores e gráficos de barras para variáveis categóricas, histogramas e diagramas de ramo e folhas para variáveis quantitativas. Além disso, os gráficos temporais mostram como uma variável quantitativa muda ao longo do tempo. O Capítulo 2 apresentou ferramentas numéricas para a descrição do centro e da dispersão da distribuição de uma variável. O Capítulo 3 discutiu curvas de densidade para a descrição do padrão geral de uma distribuição, com ênfase nas distribuições Normais.

A primeira figura intitulada ESTATÍSTICA EM RESUMO, apresentada a seguir, organiza as ideias principais para a exploração de uma variável quantitativa. Represente graficamente seus dados e descreva, então, o centro e a dispersão deles, usando a média e o desvio-padrão, ou o resumo de cinco números. O último passo, que faz sentido apenas para alguns dados que são de pico único e razoavelmente simétricos, consiste em resumi-los em uma forma compacta com o uso de uma curva Normal como uma descrição do padrão geral. As interrogações nos dois últimos estágios nos lembram que a utilidade de resumos numéricos e de distribuições Normais depende do que descobrimos quando examinamos os gráficos dos nossos dados. Nenhum resumo faz justiça a formas irregulares ou a dados com vários conglomerados distintos.

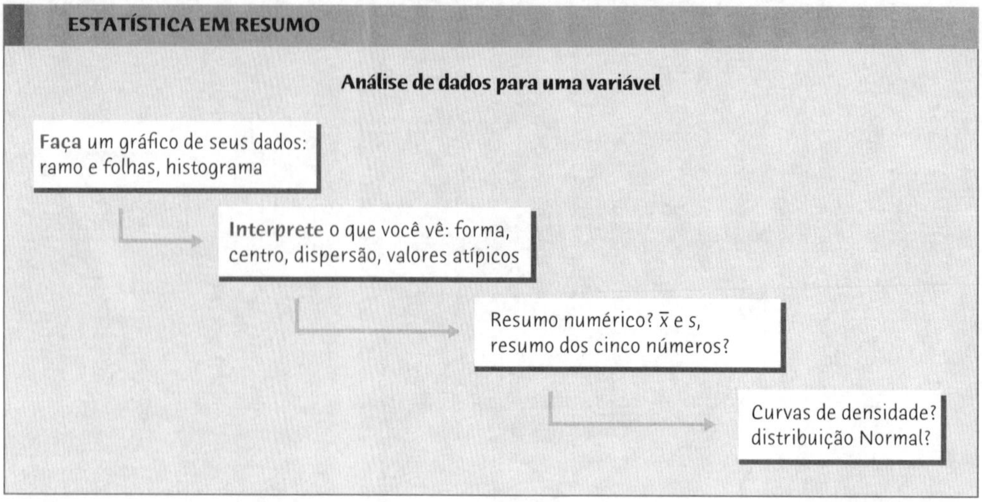

Os Capítulos 4 e 5 aplicaram as mesmas ideias a relações entre duas variáveis quantitativas. O segundo quadro ESTATÍSTICA EM RESUMO refaz as grandes ideias, com detalhes que se ajustam ao novo contexto. Sempre comece por fazer gráficos de seus dados. No caso de um diagrama de dispersão, aprendemos um resumo numérico apenas para dados que mostram um padrão ligeiramente linear no diagrama de dispersão. O resumo são então as médias e os desvios-padrão das duas variáveis e sua correlação. Uma reta de regressão desenhada no gráfico fornece uma descrição compacta do padrão geral que podemos usar para predição. Uma vez mais, há pontos de interrogação nos últimos dois estágios para nos lembrar de que a correlação e a regressão descrevem apenas relações lineares (linha reta). O Capítulo 6 mostra como compreender relações entre duas variáveis categóricas; a comparação de porcentagens bem escolhidas é a chave.

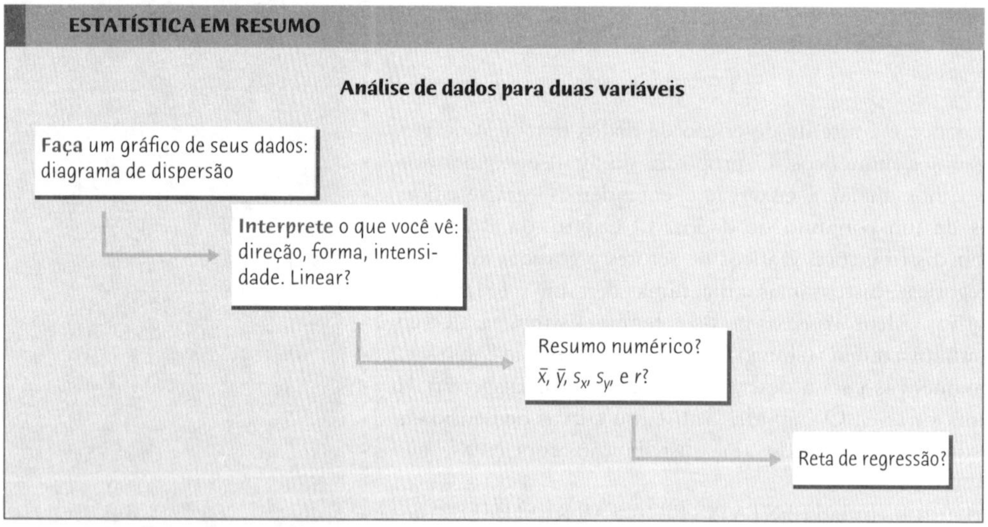

Você pode organizar seu trabalho em qualquer contexto de análise de dados seguindo o processo dos quatro passos **Estabeleça, Planeje, Resolva** e **Conclua**, inicialmente introduzido no Capítulo 2. Depois que você dominar os fundamentos extras necessários à inferência estatística, esse processo também guiará o trabalho prático sobre inferência, mais adiante neste livro.

ESTATÍSTICA EM RESUMO

Processo dos quatro passos

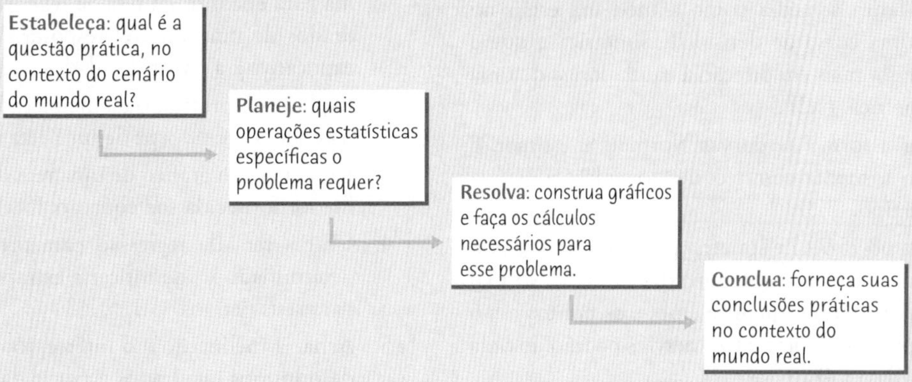

Parte I Revisão de Habilidades

Aqui, estão as habilidades mais importantes que você deve ter adquirido com a leitura dos Capítulos 1 a 6. Após cada habilidade, entre parênteses, está a seção do texto em que o tópico foi apresentado.

A. Dados

1. Identificar os indivíduos e as variáveis em um conjunto de dados. (1.1)
2. Identificar cada variável como categórica ou quantitativa. Identificar as unidades de medida de cada variável quantitativa. (1.1)
3. Identificar as variáveis explicativa e resposta em situações em que uma variável explica ou influencia a outra. (4.1)

B. Apresentação de distribuições

1. Reconhecer quando um gráfico de setores pode, ou não, ser usado. (1.2)
2. Fazer um gráfico de barras da distribuição de uma variável categórica ou, de modo geral, para comparar quantidades relacionadas. (1.2)
3. Interpretar gráficos de setores e gráficos de barras. (1.2)
4. Fazer um histograma da distribuição de uma variável quantitativa. (1.3)
5. Fazer um diagrama de ramo e folhas da distribuição de um conjunto pequeno de observações. Arredondar as folhas ou dividir os ramos conforme necessário para a construção de um diagrama eficaz. (1.5)
6. Construir um gráfico temporal de uma variável quantitativa ao longo do tempo. Identificar padrões, como tendências e ciclos, em gráficos temporais. (1.6)

C. Descrição de distribuições (variável quantitativa)

1. Procurar um padrão geral e desvios significativos em relação ao padrão. (1.4)
2. Avaliar, a partir de um histograma ou de um diagrama de ramo e folhas, se a forma de uma distribuição é aproximadamente simétrica, nitidamente assimétrica, ou nenhuma delas. Verificar se a distribuição tem um ou mais picos significativos. (1.4, 1.5)
3. Descrever o padrão geral, fornecendo medidas numéricas de centro e de dispersão, além de uma descrição verbal da forma. (2.1-2.8)
4. Decidir quais medidas de centro e de dispersão são mais apropriadas: a média e o desvio-padrão (especialmente para distribuições simétricas) ou o resumo de cinco números (especialmente para distribuições assimétricas). (2.8)
5. Reconhecer valores atípicos e fornecer possíveis explicações para eles. (2.4-2.8)

D. Resumos numéricos de distribuições

1. Achar a mediana M e os quartis Q_1 e Q_3 de um conjunto de observações. (2.2, 2.4)
2. Fornecer o resumo de cinco números e desenhar um diagrama em caixa; avaliar centro, dispersão, simetria e assimetria a partir de um diagrama em caixa. (2.5)
3. Achar a média $\bar{x}$ e o desvio-padrão s de um conjunto de observações. (2.1, 2.7)
4. Compreender que a mediana é mais resistente do que a média. Reconhecer que assimetria em uma distribuição afasta a média da mediana em direção à cauda longa. (2.3)
5. Saber as propriedades básicas do desvio-padrão: $s \geq 0$ sempre; $s = 0$ apenas quando todas as observações são idênticas e aumenta quando a dispersão aumenta; s tem as mesmas unidades que as medições originais; s é puxado fortemente para cima por valores atípicos ou assimetria. (2.7)

E. Curvas de densidade e distribuições Normais

1. Saber que áreas sob uma curva de densidade representam proporções de todas as observações e que a área total sob uma curva de densidade é 1. (3.1)

2. Localizar, aproximadamente, a mediana (ponto de áreas iguais) e a média (ponto de equilíbrio) em uma curva de densidade. (3.2)
3. Saber que tanto a média como a mediana estão no centro de uma curva de densidade simétrica e que a média se afasta mais em direção à cauda longa de uma curva assimétrica. (3.2)
4. Reconhecer a forma de curvas Normais e estimar, a olho, tanto a média como o desvio-padrão de uma curva desse tipo. (3.3)
5. Usar a regra 68-95-99,7 e simetria para indicar que porcentagem das observações de uma distribuição Normal está entre dois pontos, quando ambos os pontos estão na média, ou a um, dois ou três desvios-padrão de cada lado da média. (3.4)
6. Achar o valor padronizado (escore z) de uma observação. Interpretar escores z e compreender que qualquer distribuição Normal se torna a Normal padrão $N(0; 1)$ quando padronizada. (3.5)
7. Dado que uma variável tem uma distribuição Normal com média μ e desvio-padrão σ fixados, calcular a proporção de valores acima de um número fixado, abaixo de um número fixado ou entre dois números fixados. (3.6)
8. Dado que uma variável tem uma distribuição Normal com média μ e desvio-padrão σ fixados, calcular o ponto que tem uma proporção fixada de todos os valores acima ou abaixo dele. (3.6)

F. Diagramas de dispersão e correlação

1. Construir um diagrama de dispersão para exibir a relação entre duas variáveis quantitativas medidas nos mesmos sujeitos. Posicionar a variável explicativa (se houver) na escala horizontal do gráfico. (4.2)
2. Adicionar uma variável categórica a um diagrama de dispersão, usando outra cor ou um símbolo gráfico diferente. (4.4)
3. Descrever a direção, a forma e a intensidade do padrão geral de um diagrama de dispersão. Em particular, reconhecer associação positiva ou negativa e padrões lineares (linha reta). Reconhecer valores atípicos em um diagrama de dispersão. (4.3)
4. Julgar se é apropriado o uso da correlação para descrever a relação entre duas variáveis quantitativas. Achar a correlação r. (4.5)
5. Saber as propriedades básicas da correlação: r mede a direção e a intensidade apenas de relações lineares. (4.6)
   - r é sempre um número entre -1 e 1.
   - $r > 0$ para associações positivas e $r < 0$ para associações negativas.
   - $r = \pm 1$ apenas para relações lineares perfeitas.
   - r se afasta de 0 em direção a ± 1, à medida que a relação linear se torna mais forte.

G. Retas de regressão

1. Entender que a regressão requer uma variável explicativa e uma variável resposta. Identificar corretamente qual variável é explicativa e qual é resposta é um passo importante. A troca dessas duas resulta em diferentes retas de regressão. Utilizar uma calculadora ou programa para encontrar a reta de regressão de mínimos quadrados de uma variável resposta y sobre uma variável explicativa x a partir dos dados. (5.1)
2. Explicar o significado da inclinação b e do intercepto a na equação $\hat{y} = a + bx$ de uma reta de regressão. (5.2)
3. Desenhar um gráfico de uma reta de regressão quando lhe for fornecida sua equação. (5.3)
4. Usar a reta de regressão para predizer y a partir de determinado x. Identificar a extrapolação e estar alerta para seus perigos. (5.1, 5.7)
5. Achar a inclinação e o intercepto da reta de regressão de mínimos quadrados a partir das médias e dos desvios-padrão de x e y e da sua correlação. (5.2)
6. Usar r^2, o quadrado da correlação, para descrever quanto da variação de uma variável pode ser explicado por uma relação linear com outra variável. (5.4)
7. Reconhecer valores atípicos e observações potencialmente influentes a partir de um diagrama de dispersão sobre o qual há uma reta de regressão desenhada. (5.6)
8. Calcular os resíduos e representá-los graficamente contra a variável explicativa x. Reconhecer que um gráfico de resíduos ressalta o padrão do diagrama de dispersão de y *versus* x e nos ajuda a avaliar quão bem a reta de regressão se ajusta aos dados. (5.5)

H. Cuidados com a correlação e a regressão

1. Compreender que tanto r como a reta de regressão de mínimos quadrados podem ser fortemente influenciados por algumas poucas observações extremas. (5.6)
2. Reconhecer possíveis variáveis ocultas que possam explicar a associação observada entre duas variáveis x e y. (5.7)
3. Compreender que até mesmo a existência de uma forte correlação não significa que haja uma relação de causa e efeito entre x e y. (5.8)
4. Dar explicações plausíveis para uma associação observada entre duas variáveis: causa e efeito direto, a influência de variáveis ocultas, ou ambas. (5.8)

ESTATÍSTICA NO MUNDO REAL

Dirigindo no Canadá

O Canadá é um país civilizado e comedido, pelo menos aos olhos de americanos. Uma pesquisa financiada pelo Canada Safety Council sugere que dirigir no Canadá pode ser mais aventureiro do que o esperado. Dos motoristas canadenses pesquisados, 88% admitiram direção agressiva no ano anterior e 76% disseram que motoristas privados do sono eram comuns nas estradas canadenses. O que realmente nos assusta é o título da pesquisa: Estudo de direção agressiva de nervos de aço.

I. Dados categóricos

1. A partir de uma tabela de contagens de dupla entrada, determinar as distribuições marginais de ambas as variáveis a contar das somas de linhas e somas de colunas. (6.1)

2. Expressar qualquer distribuição em percentuais, dividindo as contagens de categorias pelo seu total. (6.2)
3. Descrever a relação entre duas variáveis categóricas por meio do cálculo e da comparação de percentuais. Frequentemente, isso envolve a comparação de distribuições condicionais de uma variável para as diferentes categorias da outra variável. (6.2)
4. Reconhecer o paradoxo de Simpson e estar apto a judá-lo. (6.3)

AUTOTESTE

As questões a seguir incluem questões de múltipla escolha, cálculos e questões de respostas curtas. Elas irão ajudá-lo na revisão das ideias e habilidades básicas apresentadas nos Capítulos 1 a 6.

7.1 Como parte de um banco de dados sobre novos nascimentos em um hospital, algumas variáveis registradas são a idade da mãe, o estado civil da mãe (solteira, casada, divorciada, outro), o peso do bebê e o sexo do bebê. Dessas variáveis,

(a) idade, estado civil e peso são variáveis quantitativas.

(b) idade e peso são variáveis categóricas.

(c) sexo e estado civil são variáveis categóricas.

(d) sexo, estado civil e idade são variáveis categóricas.

7.2 Você está interessado em obter informação sobre o desempenho de estudantes em sua turma de estatística e ver como esse desempenho é afetado por vários fatores, como idade. Para isso, você vai fornecer um questionário a todos os estudantes de sua turma. Dê duas questões para as quais a resposta seja categórica e duas questões para as quais a resposta seja quantitativa. Para as variáveis categóricas, dê os valores possíveis e para as variáveis quantitativas dê a unidade de medida.

DarcyMaulsby/iStock

Ervas daninhas entre o milho. *Folha de veludo é uma erva daninha particularmente importuna nos campos de milho. Ela produz muitas sementes, que esperam no solo por anos até que as condições estejam adequadas. Quantas sementes as plantas de folhas de veludo produzem? A Figura 7.1 é um histograma do número de sementes produzidas por 28 plantas de folhas de veludo que surgiram em uma plantação de milho quando nenhum herbicida foi usado.[1] Use esse histograma para responder as Questões 7.3 a 7.5.*

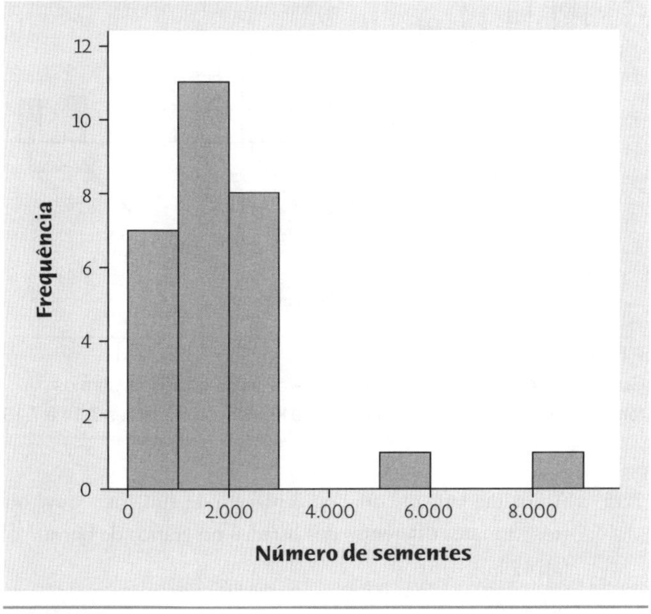

FIGURA 7.1
Histograma do número de sementes produzidas por plantas de folhas de veludo quando nenhum herbicida foi usado, para as Questões 7.3 a 7.5.

7.3 O histograma

(a) é assimétrico à direita.

(b) tem valores atípicos.

(c) é assimétrico.

(d) tem todas as características anteriores.

7.4 O número mediano de sementes produzidas é

(a) abaixo de 1.000.

(b) entre 1.000 e 2.000.

(c) entre 2.000 e 3.000.

(d) acima de 3.000.

7.5 O *percentual* de plantas que produziram menos de 2.000 sementes é de

(a) cerca de 55%.

(b) cerca de 65%.

(c) cerca de 75%.

(d) cerca de 85%.

7.6 Um repórter deseja retratar jogadoras de futebol profissionais como tendo salários baixos. Qual medida de centro deve ele reportar como o salário médio das mulheres jogadoras profissionais de futebol?

(a) A média

(b) A mediana

(c) Ou a média ou a mediana. Não importa, uma vez que serão iguais.

(d) Nem a média nem a mediana. Ambas estarão bem abaixo do verdadeiro valor do salário médio.

Graus de bacharel. *A Organisation for Economic Cooperation and Development (OECD) começou, em 1961, a estimular o progresso econômico e o comércio internacional. Originalmente, o órgão se constituía de países europeus, os EUA e o Canadá, mas agora cresceu e inclui 37 países em todo o mundo. A seguir, mostra-se um diagrama de ramo e folhas do percentual da população entre 25 e 64 anos de idade com grau de bacharel ou semelhante. Os ramos são dezenas, as folhas são unidades, e os ramos foram divididos.[2] Use o ramo e folhas para responder às Questões 7.7 a 7.9.* BACHAREL

0	344
0	6677
1	00333
1	555677889
2	222333334
2	66779
3	11

7.7 A forma da distribuição é
(a) ligeiramente assimétrica à direita.
(b) quase exatamente simétrica.
(c) ligeiramente assimétrica à esquerda.

7.8 A porcentagem mediana daqueles com educação pós-secundária nesses países é
(a) 15%
(b) 17%
(c) 17,5%
(d) 18%

7.9 Qual é o terceiro quartil para esses dados?
(a) 3%
(b) 10%
(c) 23%
(d) 31%

7.10 Um repórter fornece a média e a mediana do débito do cartão de crédito por família americana em outubro de 2019. Os dois valores são relatados como US$ 2.300 e US$ 5.700. Qual deles é a média? Explique como você sabe isso.

7.11 Um projeto de biologia examina o efeito, sobre o crescimento, de um tipo de música a que uma planta é exposta. Ao fim do experimento, medem-se a altura, em centímetros, e o peso, em gramas, das plantas. Quais unidades de medida tem cada um dos seguintes elementos?
(a) O peso médio das plantas.
(b) O primeiro quartil das alturas das plantas.
(c) O desvio-padrão das alturas das plantas.
(d) A variância dos pesos das plantas.

El Niño e a monção. *A Terra é interconectada. Por exemplo, parece que El Niño, o aquecimento periódico do Oceano Pacífico a oeste da América do Sul, afeta as chuvas de monção que são essenciais para a agricultura na Índia. A Figura 7.2 é o diagrama em caixa das chuvas de monção (em milímetros) para os 23 anos de El Niño mais forte, entre 1871 e 2004. Use a figura para responder às Questões 7.12 e 7.13.*[3] MONCAO

7.12 Qual é a amplitude interquartil para a quantidade de chuva nos anos do El Niño forte?
(a) 90 milímetros.
(b) 130 milímetros.
(c) 200 milímetros.
(d) 784 milímetros.

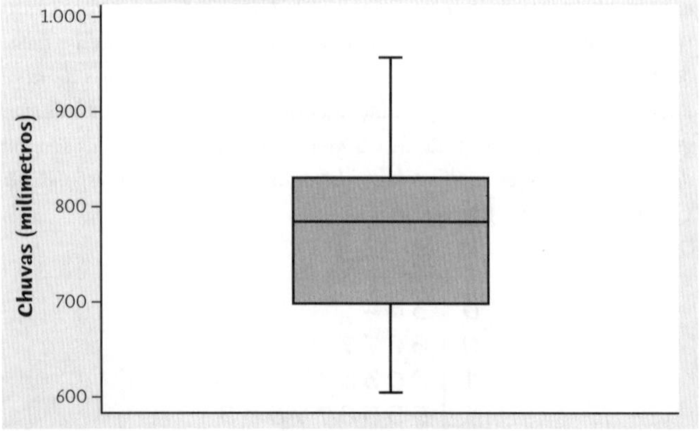

FIGURA 7.2
Diagrama em caixa para as chuvas de monção (em milímetros) nos anos de El Niño forte, para as Questões 7.12 e 7.13.

7.13 A quantidade de chuva de monção média para todos os anos de 1871 a 2004 é de cerca de 850 milímetros. Qual efeito parece ter o El Niño sobre as chuvas de monção?
(a) Os anos de El Niño forte tendem a ter quantidades maiores de chuvas de monção do que nos outros anos.
(b) Os anos de El Niño forte tendem a ter a mesma quantidade de chuvas de monção que os outros anos.
(c) Os anos de El Niño forte tendem a ter quantidades menores de chuvas de monção do que os outros anos.
(d) Nenhuma das opções anteriores.

Você ouve o rádio adulto contemporâneo? *O serviço de classificação Arbitron coloca as estações de rádio nos EUA em mais de 50 categorias que descrevem os tipos de programação que elas transmitem. Quais formatos atraem as maiores audiências? O gráfico de barras na Figura 7.3 mostra as porcentagens da audiência de ouvintes (idades de 12 anos ou mais) em dado momento, para os formatos mais populares.*[4] *Use o gráfico de barras como ajuda para responder às Questões 7.14 e 7.15.*

7.14 Aproximadamente, qual porcentagem da audiência ouve música *country*?
(a) 3%
(b) 8%
(c) 13%
(d) 20%

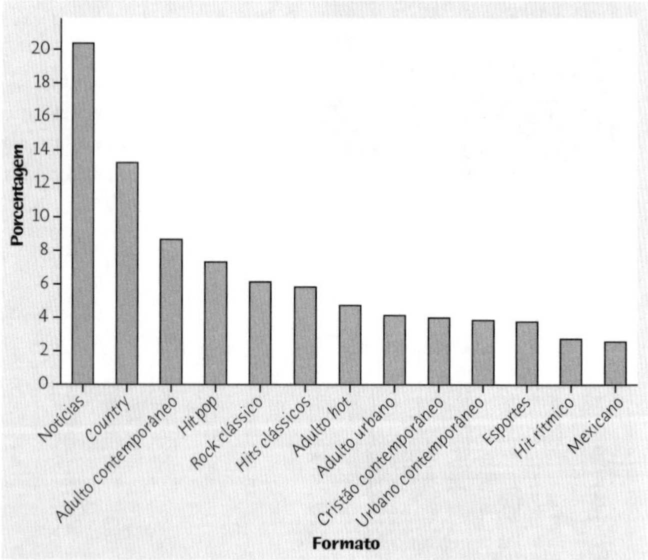

FIGURA 7.3
Gráfico de barras da distribuição das parcelas da audiência para os formatos de rádio mais populares em 2019, para as Questões 7.14 e 7.15.

7.15 Aproximadamente qual porcentagem da audiência ouve outros formatos diferentes dos listados no gráfico de barras?
(a) 12%
(b) 25%
(c) 75%
(d) 88%

7.16 Relatórios sobre os testes ACT, SAT e MCAT dos estudantes mostram, em geral, o percentil, bem como o escore real. O percentil é a proporção acumulada estabelecida como uma porcentagem: a porcentagem de todos os escores que foram menores que esse. Em 2019, os escores na parte de matemática do SAT ficaram próximos de uma Normal, com média 528 e desvio-padrão 117.[5]

(a) Encontre o 85º percentil para os escores da parte de matemática do SAT.

(b) Joseph teve escore 451. Qual foi seu percentil?

(c) Encontre o primeiro quartil para os escores na parte de matemática do SAT.

7.17 As alturas de meninos de cinco anos de idade têm uma distribuição Normal, com média de 44,8 polegadas e desvio-padrão de 2,1 polegadas.[6]

(a) Qual porcentagem dos meninos de cinco anos de idade tem altura entre 40 e 50 polegadas?

(b) Qual amplitude das alturas cobre os 95% centrais dessa distribuição?

(c) Você é informado por seu médico de que a altura de seu menino de cinco anos de idade está no 70º percentil de alturas. Qual a altura de seu filho?

7.18 A duração das gravidezes humanas, da concepção ao nascimento, varia de acordo com uma distribuição que é aproximadamente Normal, com média de 266 dias e desvio-padrão de 16 dias. Use a regra 68-95-99,7 para responder às questões seguintes.

(a) Qual amplitude da duração das gravidezes cobre quase toda (99,7%) essa distribuição?

(b) Qual porcentagem das gravidezes dura mais que 282 dias?

7.19 Operações de manufatura automatizadas são bastante precisas, mas ainda variam, em geral com distribuições que são próximas da Normal. A largura, em polegadas, de aberturas cortadas por uma máquina fresadora segue aproximadamente a distribuição $N(0,8750;\ 0,0012)$. As especificações permitem larguras entre 0,8725 e 0,8775 polegada. Qual é a proporção de aberturas que *não* satisfazem essas especificações?

7.20 As pulsações em repouso para adultos saudáveis têm aproximadamente uma distribuição Normal, com média de 69 batidas por minuto e desvio-padrão de 8,5 batidas por minuto.

(a) Qual porcentagem de adultos saudáveis tem taxas de pulsação em repouso abaixo de 50 batidas por minuto?

(b) Qual porcentagem de adultos saudáveis tem taxas de pulsação em repouso que excedem 85 batidas por minuto?

(c) Entre quais dois valores ficam os 80% centrais das taxas de pulsação em repouso?

ESTATÍSTICA NO MUNDO REAL

Cerveja na Dakota do Sul

Faça uma pausa nos seus exercícios para aplicar a matemática a latas de cerveja em Dakota do Sul. Um jornal de lá relatou que, a cada ano, em média, 650 latas de cerveja por milha são jogadas nas estradas desse estado norte-americano. Dakota do Sul tem 83 mil milhas de estradas. Quantas latas de cerveja é o total? O U.S. Census Bureau diz que há cerca de 882.235 pessoas em Dakota do Sul. Supondo que as latas sejam jogadas por naturais de Dakota do Sul, quantas latas de cerveja cada homem, mulher e criança no estado joga na estrada a cada ano? Talvez o jornal tenha publicado números errados.

7.21 Os pinheiros Aleppo e Torrey são largamente plantados como árvores ornamentais no sul da Califórnia. Eis os comprimentos (centímetros) de 15 agulhas de pinheiros Aleppo:[7]

Paul Owens/iStock

10,2 7,2 7,6 9,3 12,1 10,9 9,4 11,3 8,5 8,5
12,8 8,7 9,0 9,0 9,4

(a) Encontre o resumo dos cinco números para a distribuição das agulhas de pinheiros Aleppo. A Figura 7.4 mostra um diagrama em caixa para a distribuição dos comprimentos (centímetros) de 18 agulhas de pinheiros Torrey. Use essa informação para ajudar você a responder ao restante dessa questão.

(b) A mediana da distribuição de agulhas de pinheiros Torrey está mais próxima de qual dos seguintes valores?

24 25 27 30

(c) Vinte e cinco por cento das agulhas de pinheiros Torrey excedem qual valor?

(d) Dado apenas o comprimento de uma agulha, você acha que poderia dizer de que espécie de pinheiro ela é proveniente? Explique brevemente.

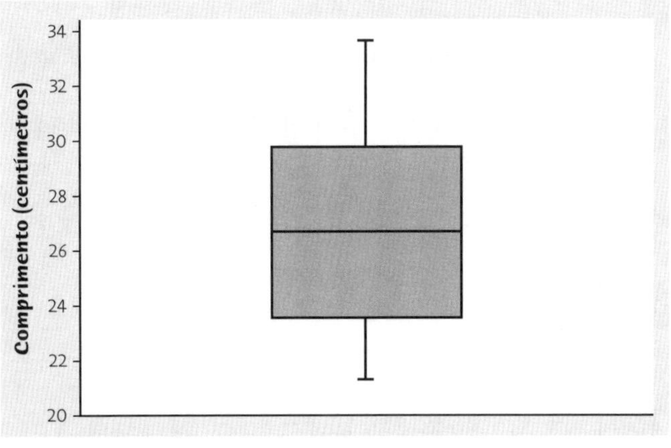

FIGURA 7.4
Diagrama em caixa para a distribuição dos comprimentos (centímetros) das agulhas de 18 pinheiros Torrey, para a Questão 7.21

Salários da NHL. *Pode-se encontrar* online[8] *a quantia que cada time da NHL (National Hockey League) gastou com os jogadores (em milhões de dólares) na temporada de 2018 a 2019 da NHL, e o total de pontos que cada time ganhou ao fim da temporada. As Questões 7.22 a 7.25 se baseiam no conjunto de dados da NHL.* SALNHL

Time	Despesa	Pontos	Time	Despesa	Pontos	Time	Despesa	Pontos
Anaheim Ducks	66,3	80	Edmonton Oilers	73,9	79	Pittsburgh Penguins	72,0	100
Arizona Coyotes	51,2	86	Florida Panthers	64,2	86	San Jose Sharks	84,0	101
Boston Bruins	64,9	107	Los Angeles Kings	71,7	71	St, Louis Blues	83,2	99
Buffalo Sabres	64,5	76	Minnesota Wild	55,0	83	Tampa Bay Lightning	79,1	128
Calgary Flames	75,3	107	Montreal Canadiens	64,8	96	Toronto Maple Leafs	69,0	100
Carolina Hurricanes	55,0	99	Nashville Predators	76,5	100	Vancouver Canucks	60,0	81
Chicago Blackhawks	74,2	84	New Jersey Devils	44,9	72	Vegas Golden Knights	61,7	93
Colorado Avalanche	64,5	90	New York Islanders	71,6	103	Washington Capitals	90,3	104
Columbus Blue Jackets	69,4	98	New York Rangers	58,5	78	Winnipeg Jets	74,9	99
Dallas Stars	71,2	93	Ottawa Senators	38,3	64			
Detroit Red Wings	56,4	74	Philadelphia Flyers	59,3	82			

7.22 A Figura 7.5 é um diagrama de dispersão dos pontos ganhos contra despesa. Como você descreveria o padrão geral?

(a) Fortemente curvo.

(b) Dois aglomerados distintos que são muito espalhados.

(c) Uma associação negativa.

(d) Uma associação positiva.

7.23 A equação da reta de regressão de mínimos quadrados para a predição de pontos a partir de despesa é

$$\text{pontos} = 39{,}64 + 0{,}77 \times \text{despesa}$$

O que isso nos diz sobre pontos ganhos para cada milhão de dólares de despesa?

(a) Um time ganha 0,77 ponto por milhão de dólares gastos.

(b) Um time ganha cerca de 0,3964 ponto por milhão de dólares gastos.

(c) Um time ganha cerca de 39,64 pontos por milhão de dólares gastos.

(d) Um time ganha cerca de 40,41 pontos por milhão de dólares gastos.

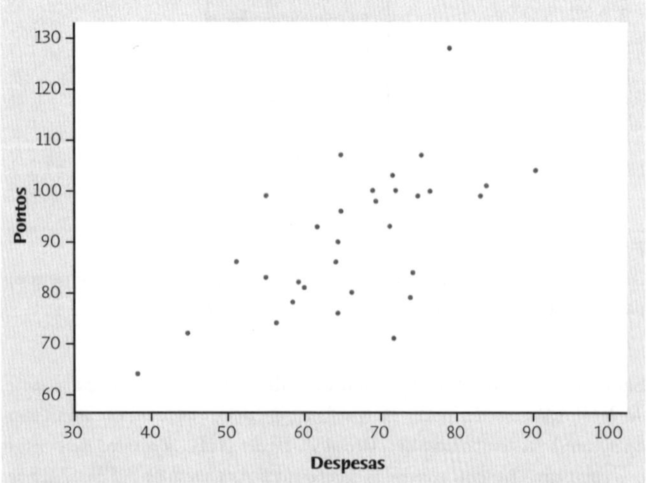

FIGURA 7.5
Diagrama de dispersão dos pontos ganhos na temporada regular da NHL, de 2018 a 2019, contra despesas com salários de jogadores, para a Questão 7.22.

7.24 A equação da reta de regressão de mínimos quadrados para a predição de pontos ganhos a partir de despesa é

$$\text{pontos} = 39{,}64 + 0{,}77 \times \text{despesa}$$

Utilize a equação de regressão para predizer os pontos ganhos, se um time gasta US$ 60 milhões.

(a) 46,2

(b) 81,0

(c) 85,8

(d) 99,6

7.25 A equação da reta de regressão de mínimos quadrados para a predição de pontos ganhos a partir de despesa é

$$\text{pontos} = 39{,}64 + 0{,}77 \times \text{despesa}$$

Use a equação de regressão para predizer os pontos ganhos, se o time não investe qualquer dinheiro. Concluímos que

(a) o time ganhará 39,64 pontos.

(b) a predição não é sensata porque a predição está longe da amplitude de valores da variável resposta.

(c) a predição não é sensata porque nenhuma quantia está tão longe da amplitude de valores da variável explicativa.

(d) a predição não é sensata por causa do valor atípico presente nos dados.

Recifes de coral no Mar do Caribe. *Quão sensíveis às mudanças na temperatura da água são os recifes de coral? Para descobrir isso, cientistas examinaram dados da temperatura da superfície da água (em graus Celsius) e o crescimento médio dos corais (em centímetros por ano), durante um período de vários anos, em locais do Mar do Caribe.*[9] *Eis os dados:*

CORALCAR

Temperatura da superfície do mar x	28,2	28,1	27,9	27,6	27,6	27,6
Crescimento y	0,78	0,91	0,82	0,99	1,00	0,86

As Questões 7.26 a 7.28 se baseiam nesses dados.

7.26 A Figura 7.6 é um diagrama de dispersão do crescimento médio do coral contra a temperatura média da superfície do mar. Qual dos seguintes é um valor plausível da correlação entre crescimento do coral e temperatura da superfície do mar?

(a) 0 (b) −0,6 (c) 0,95 (d) −0,95

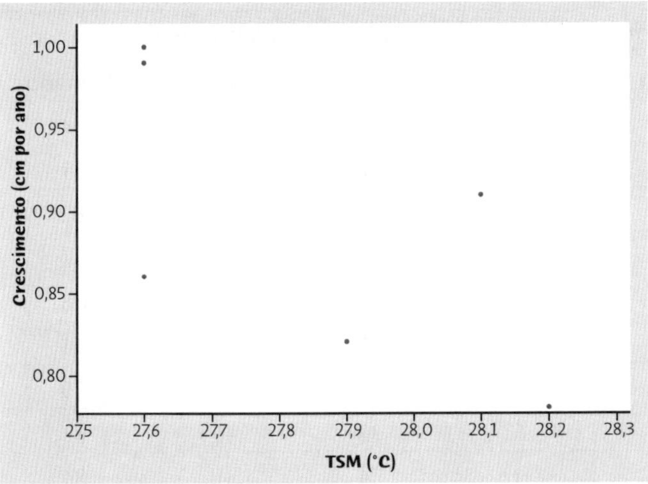

FIGURA 7.6
Diagrama de dispersão do crescimento do coral contra a temperatura da superfície do mar, para a Questão 7.26.

7.27 A equação da reta de regressão de mínimos quadrados para a predição do crescimento médio do coral de um recife, a partir da temperatura da superfície da água é

crescimento = 6,98 − 0,22 × temperatura da superfície da água

O que a inclinação −0,22 nos diz?

(a) O crescimento médio do coral de recifes no estudo está decrescendo 0,22 centímetro por ano.

(b) O crescimento médio de coral de recifes predito no estudo é 0,22 centímetro por grau de temperatura média da superfície do mar.

(c) O crescimento médio de coral de recifes predito no estudo quando a temperatura média da superfície do mar é 0 grau é 6,98 centímetros.

(d) Para cada grau de aumento na temperatura média da superfície do mar, o crescimento médio de coral de um recife predito decresce de 0,22 centímetro.

7.28 A equação da reta de regressão de mínimos quadrados para a predição do crescimento médio do coral de um recife, a partir da temperatura da superfície da água é

crescimento = 6,98 − 0,22 × temperatura da superfície da água

Use isso para predizer o crescimento médio de um coral de um recife no Mar do Caribe com uma temperatura média da superfície do mar de 28.

(a) −6,16

(b) −0,82

(c) 0,82

(d) 6,16

7.29 Quão bem as pessoas se lembram de suas dietas passadas? Dados estão disponíveis para 91 pessoas a quem se perguntou sobre suas dietas quando tinham 18 anos. Os pesquisadores lhes pediram, agora com idade de cerca de 55 anos, que descrevessem seus hábitos alimentares com 18 anos de idade. Para cada sujeito, os pesquisadores calcularam a correlação entre a real ingestão de muitos alimentos aos 18 anos e as ingestões de que os sujeitos se lembravam agora. A mediana das 91 correlações foi de r = 0,217.[10] Qual das seguintes conclusões é consistente com essa correlação?

(a) Concluímos que os sujeitos se lembravam de aproximadamente 21,7% de suas ingestões de alimentos aos 18 anos.

(b) Concluímos que os sujeitos se lembravam de aproximadamente $r^2 = 0{,}217^2 = 0{,}047$ de suas ingestões de alimentos aos 18 anos.

(c) Concluímos que a ingestão de alimentos na idade de 55 anos é de cerca de 21,7% da ingestão aos 18 anos.

(d) Concluímos que a memória da ingestão de alimentos no passado distante é muito fraca.

7.30 O plano de aposentadoria de Joe investe em ações por meio de um "fundo indexado" que segue o comportamento do mercado de ações como um todo, conforme medido pelo índice de ações Standard & Poor's (S&P) 500. Joe deseja comprar um fundo mútuo que não siga o índice muito de perto. Ele lê que os retornos mensais do Fidelity Technology Fund têm correlação r = 0,77 com o índice S&P 500 e que o Fidelity Real Estate Fund tem correlação r = 0,37 com o índice. Qual das seguintes afirmações é correta?

(a) O Fidelity Technology Fund tem uma relação mais próxima aos retornos do mercado de ações como um todo e tem retornos mais altos do que os do Fidelity Real Estate Fund.

(b) O Fidelity Technology Fund tem uma relação mais próxima aos retornos do mercado de ações como um todo, mas não podemos dizer que tenha retornos mais altos do que o Fidelity Real Estate Fund.

(c) O Fidelity Real Estate Fund tem uma relação mais próxima aos retornos do mercado de ações como um todo e também tem retornos mais altos do que o Fidelity Technology Fund.

(d) O Fidelity Real Estate Fund tem uma relação mais próxima aos retornos do mercado de ações como um todo, mas não podemos dizer que tenha retornos mais altos do que o Fidelity Technology Fund.

zlikovec/iStock

Chamados de macacos. *A maneira usual de estudar a resposta do cérebro a sons é fazer sujeitos ouvirem a "sons puros". A resposta a sons reconhecíveis pode diferir. Para comparar respostas, pesquisadores anestesiaram macacos. Eles introduziram diretamente em seus cérebros sons puros e também chamados de macacos, pela inserção de eletrodos. A resposta ao estímulo foi medida pela taxa de disparo (fagulhas elétricas por segundo) dos neurônios em várias áreas do cérebro. A Tabela 7.1 contém as respostas para 37 neurônios.*[11] *A Figura 7.7 é um diagrama de dispersão da resposta ao chamado de macaco contra a resposta ao som puro (variável explicativa). As Questões 7.31 e 7.32 se referem a esses dados.*

MACACO

7.31 Devemos esperar que alguns neurônios tenham respostas fortes a algum estímulo e outros tenham respostas fracas consistentemente. Haveria, então, uma forte relação entre resposta ao som e resposta ao chamado. Pelo diagrama de dispersão da resposta ao chamado de macaco contra a resposta ao som puro na Figura 7.7, qual seria sua estimativa da correlação r?

(a) -0,6 (b) -0,1 (c) 0,1 (d) 0,6

Tabela 7.1 Resposta neuronal (taxa de disparos elétricos por segundo) a sons puros e a chamados de macacos

Neurônio	Som	Chamado	Neurônio	Som	Chamado	Neurônio	Som	Chamado
1	474	500	14	145	42	26	71	134
2	256	138	15	141	241	27	68	65
3	241	485	16	129	194	28	59	182
4	226	338	17	113	123	29	59	97
5	185	194	18	112	182	30	57	318
6	174	159	19	102	141	31	56	201
7	176	341	20	100	118	32	47	279
8	168	85	21	74	62	33	46	62
9	161	303	22	72	112	34	41	84
10	150	208	23	20	193	35	26	203
11	19	66	24	21	129	36	28	192
12	20	54	25	26	135	37	31	70
13	35	103						

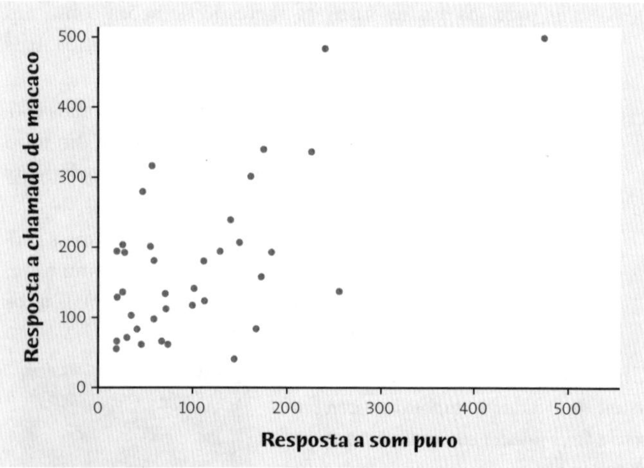

FIGURA 7.7
Diagrama de dispersão da resposta a chamado de macaco contra as respostas a sons puros, para as Questões 7.31 e 7.32.

7.32 Qual das seguintes afirmativas sobre o diagrama de dispersão na Figura 7.7 é correta?

(a) Há evidência moderada de que a resposta ao som puro cause a resposta ao chamando de macaco.

(b) Há evidência moderada de que a resposta ao chamado de macaco cause a resposta ao som puro.

(c) Há um ou dois valores atípicos e pelo menos um deles pode, também, ser influente.

(d) Nenhuma das opções anteriores.

Carregar uma arma é bacana? *A pesquisa de comportamento de risco dos jovens do estado norte-americano de Indiana (***Indiana Youth Risk Behavior Survey***) perguntou a estudantes do Ensino Médio: "quais são as chances de você ser considerado bacana se você carregasse uma arma?"*[12] *Eis as contagens para meninos e meninas do 12º ano. Use as contagens para responder às Questões 7.33 a 7.35.* ARMA

Chance	Menina	Menino
Muito boa	276	540
Boa	224	298
Um pouco	447	580
Pouca	729	862
Muito pouca ou nenhuma	4.206	3.474
Total	5.882	5.754

7.33 Qual porcentagem de todos os estudantes do 12º ano diz haver uma chance muito boa de eles serem considerados bacanas, se vistos carregando uma arma?

(a) 66,0%

(b) 9,4%

(c) 7,0%

(d) 4,7%

7.34 Qual porcentagem de meninas do 12º ano diz haver uma chance muito boa de elas serem consideradas bacanas, se vistas carregando uma arma?

(a) 66,0% (b) 9,4% (c) 7,0% (d) 4,7%

7.35 Quais são as diferenças mais importantes entre meninas e meninos nesse estudo?

(a) Uma maior porcentagem de meninos do que meninas diz que há pouca ou nenhuma chance de serem considerados bacanas se carregarem uma arma.

(b) Os meninos têm duas vezes mais chance de dizer que há uma chance muito boa de serem considerados bacanas se carregarem uma arma.

(c) Uma maior porcentagem de meninas do que de meninos diz haver alguma chance de serem consideradas bacanas se carregarem uma arma.

(d) Todas as anteriores.

Estratégias de investimento. *Uma das razões de se investir no exterior é que os mercados em diferentes países não se movem no mesmo passo. Quando as ações norte-americanas caem, as ações estrangeiras podem subir. Assim, um investidor que tenha ambas, arrisca menos. Essa é a teoria. Mas, então, lemos em um artigo de uma revista que a correlação entre as mudanças nos preços de ações norte-americanas e europeias subiu de 0,4 no meio da década de 1990, para 0,8, em 2000.*[13] *As Questões 7.36 e 7.37 se referem a esse artigo.*

7.36 Explique a um investidor que não sabe estatística por que o fato estabelecido nesse artigo reduz a proteção dada pela compra de ações europeias.

7.37 O mesmo artigo, que afirma que a correlação entre as mudanças nos preços de ações na Europa e nos EUA é 0,8, continua e diz: "grosso modo, isso significa que movimentos em Wall Street podem explicar 80% dos movimentos nos preços na Europa".

(a) Isso é verdade?

(b) Qual é a porcentagem correta dos movimentos dos preços explicada, se $r = 0,8$?

7.38 Pesquisadores desejavam determinar se diferenças individuais na capacidade de introspecção se refletem na anatomia de regiões do cérebro responsáveis por essa função. Eles mediram a capacidade de introspecção (usando um escore em um teste da capacidade introspectiva, com valores maiores indicando maior capacidade introspectiva) e volume de massa cinzenta em mililitros (a área de Brodman) no córtex pré-frontal anterior dos cérebros de 29 sujeitos. Eis os dados: INTROSP

Volume	0,55	0,58	0,59	0,59	0,59	0,61	0,62	0,63	0,63	0,63
Capacidade introspectiva	59	62	43	63	83	61	55	57	57	67
Volume	0,63	0,64	0,65	0,65	0,65	0,65	0,65	0,66	0,66	0,67
Capacidade introspectiva	72	62	58	62	65	70	75	60	63	71
Volume	0,67	0,67	0,68	0,69	0,70	0,70	0,71	0,72	0,75	
Capacidade introspectiva	71	80	68	72	66	73	61	80	75	

Os pesquisadores desejavam determinar a equação da reta de regressão de mínimos quadrados para a predição da capacidade introspectiva (y) a partir do volume de massa cinzenta (x). Para isso, eles calcularam as seguintes estatísticas resumo:

$$\bar{x} = 0,649, \; s_x = 0,045$$
$$\bar{y} = 65,897, \; s_y = 8,69$$
$$r = 0,448$$

(a) Use essa informação para calcular a equação da reta de regressão de mínimos quadrados. Estabeleça qual a inclinação da reta de regressão de mínimos quadrados nesse contexto.

(b) Com base na reta de regressão de mínimos quadrados, qual seria sua predição da capacidade introspectiva para alguém com volume de massa cinzenta de 0,60?

(c) Com base na reta de regressão de mínimos quadrados, qual seria sua predição da capacidade introspectiva para alguém com volume de massa cinzenta de 0,99? Para você, quão confiável é essa predição? Explique sua resposta.

7.39 Animais e pessoas que ingerem mais energia do que consomem aumentarão sua gordura corporal. Eis os dados de 12 macacos rhesus: seis macacos magros (4 a 9% de gordura corporal) e seis macacos obesos (13 a 44% de gordura corporal). Os dados a seguir relatam a energia gasta em 24 horas (quilojoules por minuto) e a massa corporal magra (quilogramas, deixando fora a gordura) para cada macaco:[14] MAGROBESO

Magro		Obeso	
Massa	Energia	Massa	Energia
6,6	1,17	7,9	0,93
7,8	1,02	9,4	1,39
8,9	1,46	10,7	1,19
9,8	1,68	12,2	1,49
9,7	1,06	12,1	1,29
9,3	1,16	10,8	1,31

(a) Calcule a massa corporal magra média dos macacos magros.

(b) Calcule a massa corporal magra média dos macacos obesos.

(c) O objetivo do estudo é comparar a energia gasta em 24 horas pelos macacos magros com a dos macacos obesos. No entanto, animais com maior massa magra, em geral, gastam mais energia. Com base em seus cálculos nas partes (a) e (b), faria sentido simplesmente calcular a energia média gasta pelos macacos magros e pelos macacos obesos e comparar as médias? Explique.

(d) Para analisar como a energia gasta está relacionada com a massa corporal, faça um diagrama de dispersão de energia *versus* massa, usando símbolos diferentes para macacos magros e obesos.

(e) O que as tendências em seu diagrama de dispersão sugerem sobre os macacos?

7.40 O número de americanos que fumam continua a cair. Eis estimativas das porcentagens de adultos (idades de 18 ou mais) que eram fumantes nos anos entre 1965 e 2017:[15] FUMANTES

Ano x	1965	1970	1974	1978	1980	1983	1985	1987	1990	1993	1995
Fumantes y	41,9	37,4	37,1	34,1	33,2	32,1	30,1	28,8	25,5	25,0	24,7
Ano x	1997	1999	2001	2002	2004	2006	2008	2010	2012	2014	2017
Fumantes y	24,7	23,5	22,8	22,5	20,9	20,8	20,6	19,3	18,1	16,8	14,0

(a) Faça um diagrama de dispersão desses dados.

(b) Descreva a direção, forma e intensidade da relação entre porcentagem de fumantes e ano. Há valores atípicos?

(c) Eis as médias e os desvios-padrão para ambas as variáveis e a correlação entre porcentagem de fumantes e ano:

$$\bar{x} = 1994{,}1, \; s_x = 14{,}9$$
$$\bar{y} = 26{,}1, \; s_y = 7{,}4$$
$$r = -0{,}9$$

Use essa informação para encontrar a reta de regressão de mínimos quadrados para a predição da porcentagem de fumantes a partir de ano e acrescente a reta ao seu gráfico.

(d) De acordo com sua reta de regressão, de quanto diminuiu o uso do fumo por ano durante esse período, em média?

(e) Qual porcentagem da variação observada na porcentagem de adultos que fumam pode ser explicada pela mudança linear ao longo do tempo?

(f) Use sua reta de regressão para predizer a porcentagem de adultos que irão fumar em 2030.

(g) Use sua reta de regressão para predizer a porcentagem de adultos que irão fumar em 2075. Por que seu resultado é impossível? Por que é bobagem o uso da reta de regressão para essa predição?

7.41 Pessoas que se enraivecem com facilidade tendem a ter mais doenças do coração. Essa é a conclusão de um estudo que acompanhou uma amostra de 12.986 pessoas de três localidades, durante quatro anos. Todos os sujeitos não sofriam de doenças cardíacas no início do estudo. Os sujeitos foram submetidos ao teste Spielberg Trait Anger Scale, que mede quão propensa é uma pessoa à raiva súbita. Eis os dados para 8.474 pessoas na amostra que tinham pressão sanguínea normal. (DC significa "doenças coronarianas".) Isso inclui pessoas que tiveram ataques do coração e pessoas que necessitaram de tratamento médico para doença do coração.[16] RAIVA

	Raiva baixa	Raiva moderada	Raiva alta	Total
DC	53	110	27	190
Sem DC	3.057	4.621	606	8.284
Total	3.110	4.731	633	8.474

(a) Qual porcentagem de todas as 8.474 pessoas com pressão sanguínea normal que tiveram DC?

(b) Qual porcentagem de todas as 8.474 pessoas que foram classificadas como tendo raiva alta?

(c) Qual porcentagem dos classificados como tendo raiva alta teve DC?

(d) Qual porcentagem daqueles sem DC que foram classificados como tendo raiva moderada?

(e) Esses dados fornecem alguma evidência de que, à medida que o escore de raiva aumenta, a porcentagem dos que sofrem de DC aumenta? Explique.

EXERCÍCIOS SUPLEMENTARES

Os exercícios suplementares aplicam as habilidades que você adquiriu de maneiras que exigem mais raciocínio ou uso mais elaborado da tecnologia. Alguns desses exercícios requerem que você siga os passos ***Planeje, Resolva*** *e* ***Conclua*** *do processo de quatro passos.*

7.42 **Buraco na camada de ozônio.** O buraco na camada de ozônio é uma região na estratosfera acima da Antártida com ozônio excepcionalmente esgotado. O tamanho do buraco não fica constante ao longo do ano, mas é maior no início da primavera no Hemisfério Sul (agosto-outubro). O aumento no tamanho do buraco do ozônio levou ao Protocolo de Montreal, em 1987, um tratado internacional com o objetivo de proteger a camada pela eliminação gradativa de substâncias, como clorofluorcarbonos (CFCs), que se acredita serem os responsáveis pelo esgotamento do ozônio. A tabela a seguir apresenta o tamanho médio do buraco do ozônio para o período de 7 de setembro a 13 de outubro para cada um dos anos de 1979 a 2019 (sem dados em 1995).[17] Para termos uma melhor ideia da magnitude dos números, a área da América do Norte é de aproximadamente 24,5 milhões de quilômetros quadrados (km^2). OZONIO

Ano	Área (milhões de km^2)	Ano	Área (milhões de km^2)	Ano	Área (milhões de km^2)
1979	0,1	1993	24,2	2007	22,0
1980	1,4	1994	23,6	2008	25,2
1981	0,6	1995	–	2009	22,0
1982	4,8	1996	22,7	2010	19,4
1983	7,9	1997	22,1	2011	24,7
1984	10,1	1998	25,9	2012	17,8
1985	14,2	1999	23,2	2013	21,0
1986	11,3	2000	24,8	2014	20,9
1987	19,3	2001	25,0	2015	25,6

Ano	Área (milhões de km²)	Ano	Área (milhões de km²)	Ano	Área (milhões de km²)
1988	10,0	2002	12,0	2016	20,7
1989	18,7	2003	25,8	2017	17,4
1990	19,2	2004	19,5	2018	22,9
1991	18,8	2005	24,4	2019	9,3
1992	22,3	2006	26,6		

(a) Faça um gráfico da distribuição do tamanho do buraco do ozônio. Descreva a forma geral da distribuição e quaisquer valores atípicos.

(b) Com base na forma da distribuição, você espera que a média esteja perto da mediana, seja claramente menor do que a mediana, ou claramente maior do que a mediana? Encontre a média e a mediana para verificar sua resposta.

7.43 Mais sobre o buraco na camada de ozônio. Os dados no Exercício 7.42 são uma série temporal. A seriedade do buraco na camada de ozônio variará de ano para ano, dependendo da meteorologia da atmosfera acima da Antártida. Faça um gráfico temporal que mostre como o tamanho do buraco de ozônio mudou entre 1979 e 2019. O gráfico temporal ilustra apenas a variação ano a ano, ou outros padrões aparentes? Especificamente, há alguma tendência ao longo de algum período de anos? E sobre flutuação cíclica? Explique em palavras a mudança no tamanho médio do buraco na camada de ozônio durante esse período de 41 anos. É sempre uma boa ideia fazer um gráfico temporal dos dados da série temporal, porque um histograma não pode mostrar mudanças ao longo do tempo. OZONIO

4 PASSOS

Caindo através do gelo. *Nenana Ice Classic é uma disputa anual para adivinhar o tempo exato, no degelo da primavera, em que um tripé erigido no Rio Tanana, congelado, perto de Nenana, Alasca, cairá através do gelo. O prêmio em 2019 foi de US$ 311.652. A disputa acontece desde 1917. A Tabela 7.2 fornece dados simplificados que registram apenas a data em que o tripé caiu, a cada ano. A data mais avançada, até agora, é 14 de abril. Para tornar os dados de mais fácil uso, a tabela mostra a data, em cada ano, em dias, a partir de 14 de abril. Isto é, 14 de abril é 1, 15 de abril é 2, e assim por diante. Os Exercícios 7.44 a 7.46 se referem a esses dados.*[18]

7.44 Quando o gelo se quebra? Temos 103 anos de dados sobre a data em que o gelo se quebra no Rio Tanana. Descreva a distribuição das datas de quebra, tanto com um gráfico, quanto com um gráfico e resumos numéricos apropriados. Qual é a data mediana (mês e dia) para a quebra do gelo? TANANA

7.45 Aquecimento global? Devido às altas apostas, a queda do tripé tem sido cuidadosamente observada por muitos anos. Se a data de queda do tripé está correndo cada ano mais cedo, isso pode ser evidência dos efeitos do aquecimento global. TANANA

(a) Faça um gráfico temporal da data da queda do tripé contra ano.

(b) Há grande variação de ano para ano. O ajuste de uma reta de regressão aos dados pode nos ajudar a perceber a tendência. Ajuste a reta de mínimos quadrados e acrescente-a a seu gráfico. O que você conclui?

(c) Há muita variação em torno da reta. Dê uma descrição numérica do quanto a variação ano a ano no tempo da quebra do gelo é responsável pela tendência temporal representada pela reta de regressão. (Esse exemplo simples é típico de evidência mais complexa para os efeitos do aquecimento global: grande variação ano a ano requer muitos anos de dados para perceber uma tendência.)

Tabela 7.2 Dias a partir de 14 de abril para a queda do tripé do Rio Tanana

Ano	Dia	Ano	Dia	Ano	Dia	Ano	Dia	Ano	Dia	Ano	Dia
1917	17	1935	32	1953	16	1971	25	1989	18	2007	14
1918	28	1936	17	1954	23	1972	27	1990	11	2008	22
1919	20	1937	29	1955	26	1973	21	1991	18	2009	18
1920	28	1938	23	1956	18	1974	23	1992	31	2010	16
1921	28	1939	16	1957	22	1975	27	1993	10	2011	20
1922	29	1940	7	1958	16	1976	19	1994	16	2012	9
1923	26	1941	20	1959	25	1977	23	1995	13	2013	37
1924	28	1942	17	1960	19	1978	17	1996	22	2014	12
1925	22	1943	15	1961	22	1979	17	1997	17	2015	11
1926	13	1944	21	1962	29	1980	16	1998	7	2016	10
1927	29	1945	33	1963	22	1981	17	1999	16	2017	18

(continua)

Tabela 7.2 Dias a partir de 14 de abril para a queda do tripé do Rio Tanana *(Continuação)*

Ano	Dia	Ano	Dia	Ano	Dia	Ano	Dia	Ano	Dia	Ano	Dia
1928	23	1946	22	1964	37	1982	27	2000	18	2018	18
1929	22	1947	20	1965	24	1983	16	2001	25	2019	1
1930	25	1948	30	1966	25	1984	26	2002	24		
1931	27	1949	31	1967	21	1985	29	2003	16		
1932	18	1950	23	1968	25	1986	25	2004	11		
1933	25	1951	17	1969	15	1987	22	2005	15		
1934	17	1952	29	1970	21	1988	14	2006	19		

7.46 **Mais sobre aquecimento global.** Diagramas em caixa lado a lado oferecem uma visão diferente dos dados. Agrupe os dados em períodos de comprimentos mais ou menos iguais: 1917 a 1942, 1943 a 1968, 1969 a 1994 e 1995 a 2019. Faça diagramas em caixa para comparar as datas de quebra do gelo nesses quatro períodos de tempo. Faça, por escrito, uma breve descrição do que os gráficos mostram. TANANA

7.47 **Desrespeito à lei por diplomatas.** Até que o Congresso permitisse alguma fiscalização em 2002, os milhares de diplomatas estrangeiros na cidade de Nova York podiam livremente violar as leis de estacionamento. Dois economistas examinaram o número de multas de estacionamento não pagas por diplomatas em um período de cinco anos, terminando quando a fiscalização reduziu o problema.[19] Eles concluíram que grande número de multas não pagas indicava uma "cultura de corrupção" em um país e se alinhavam bem com medidas mais elaboradas de corrupção. O conjunto de dados para 145 países é muito grande para ser impresso aqui, mas examine o conjunto de dados no *site* do texto. Os 32 primeiros países na lista (Austrália até Trinidad e Tobago) são classificados pelo Banco Mundial como "desenvolvidos". Os países restantes (Albânia até Zimbabwe) são países "em desenvolvimento". A classificação do Banco Mundial se baseia apenas na renda nacional e não leva em conta medidas de desenvolvimento social. TRANSG

Dê uma descrição completa da distribuição de multas não pagas para ambos os grupos de países e identifique quaisquer valores atípicos altos. Compare os dois grupos. Apenas a renda nacional é suficiente para distinguir países cujos diplomatas obedecem e não obedecem às leis de estacionamento?

7.48 Cigarras como fertilizante? A cada 17 anos, enxames de cigarras emergem do solo no Oeste dos EUA, vivem por cerca de seis semanas e, então, morrem. (Há várias ninhadas, de modo que vemos erupções de cigarras mais frequentemente do que a cada 17 anos.) Há tantas cigarras que seus corpos mortos podem servir de fertilizante e aumentar o crescimento das plantações. Em um experimento, um pesquisador adicionou 10 cigarras sob algumas plantas em um lote natural de campânulas americanas em uma floresta, deixando as outras plantas intocadas. Uma das variáveis resposta foi o tamanho das sementes produzidas pelas plantas. Eis os dados (massa da semente em miligramas) para 39 plantas com cigarras e 33 plantas sem cigarras (controle):[20] CIGARRAS

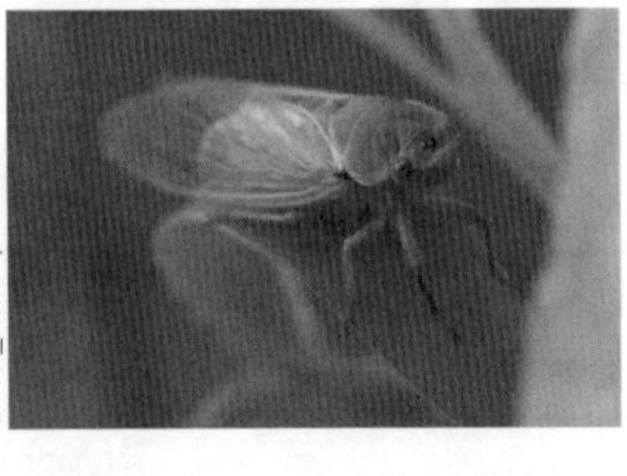

Becca_Ellison/iStock

Plantas com cigarras				Plantas de controle			
0,237	0,277	0,241	0,142	0,212	0,188	0,263	0,253
0,109	0,209	0,238	0,277	0,261	0,265	0,135	0,170
0,261	0,227	0,171	0,235	0,203	0,241	0,257	0,155
0,276	0,234	0,255	0,296	0,215	0,285	0,198	0,266
0,239	0,266	0,296	0,217	0,178	0,244	0,190	0,212
0,238	0,210	0,295	0,193	0,290	0,253	0,249	0,253
0,218	0,263	0,305	0,257	0,268	0,190	0,196	0,220
0,351	0,245	0,226	0,276	0,246	0,145	0,247	0,140
0,317	0,310	0,223	0,229	0,241			
0,192	0,201	0,211					

Descreva e compare as duas distribuições. Os dados corroboram a ideia de que as cigarras mortas podem servir como fertilizante?

7.49 **Um problema do dedão do pé.** *Hallux abducto valgus* (chame-o de HAV) é uma deformação do dedo grande do pé que não é comum nos jovens e, em geral, requer cirurgia. Os médicos usaram raios X para medir o ângulo (em graus) da deformidade em 38 pacientes consecutivos, com menos de 21 anos, que foram a um centro médico para cirurgia corretiva do HAV.[21] O ângulo é uma medida da seriedade da deformidade. Os dados aparecem na Tabela 7.3 como "Ângulo HAV". (Os dados "Ângulo MA" nessa tabela serão usados no Exercício 7.51.) Descreva a distribuição do ângulo da deformidade entre os jovens pacientes que necessitam de cirurgia para essa condição. DEDOPE

7.50 **Presa atrai predadores.** Eis uma maneira pela qual a natureza regula o tamanho das populações animais: alta densidade populacional atrai predadores, que removem uma proporção mais alta da população do que quando a densidade da presa está baixa. Um estudo observou sargaços perchas e seu predador mais comum, o sargaço

Tabela 7.3 Ângulo de deformidade (graus) para dois tipos de deformidade do pé

Ângulo HAV	Ângulo MA	Ângulo HAV	Ângulo MA	Ângulo HAV	Ângulo MA
28	18	21	15	16	10
32	16	17	16	30	12
25	22	16	10	30	10
34	17	21	7	20	10
38	33	23	11	50	12
26	10	14	15	25	25
25	18	32	12	26	30
18	13	25	16	28	22
30	19	21	16	31	24
26	10	22	18	38	20
28	17	20	10	32	37
13	14	18	15	21	23
20	20	26	16		

baixo. O pesquisador colocou quatro grandes cercados no fundo arenoso do oceano na Califórnia do Sul. Ele escolheu sargaços perchas jovens, aleatoriamente, de um grande grupo, e colocou 10, 20, 40 e 60 sargaços nos quatro cercados. Retirou, então, as redes que protegiam os cercados, permitindo que os predadores entrassem, e contou os sargaços restantes depois de duas horas. Eis os dados sobre as proporções de sargaços comidos em quatro repetições desse esquema:[22] PRESA

Percha	Proporção morta			
10	0,0	0,1	0,3	0,3
20	0,2	0,3	0,3	0,6
40	0,075	0,3	0,6	0,725
60	0,517	0,55	0,7	0,817

Os dados apoiam o princípio de que "mais presas atraem mais predadores, que diminuem o número de presas?"

7.51 Predizendo problemas com os pés. *Metatarsus adductus* (chame-o de MA) é uma virada da parte frontal do pé que é comum em adolescentes e que se corrige por si mesma. A Tabela 7.3 mostra a seriedade do MA ("Ângulo MA"). Médicos especulam se a seriedade do MA pode ajudar a predizer a seriedade do HAV. Descreva a relação entre MA e HAV. Você acha que os dados confirmam a especulação dos médicos? Por que ou por que não? DEDOPE

7.52 Mudança no Serengeti. Registros de muito tempo do Serengeti National Park na Tanzânia mostram interessantes relações ecológicas. Quando as feras selvagens são mais abundantes, elas pisam sobre a relva mais pesadamente, de modo que há menos incêndios, e mais árvores crescem. Os leões se alimentam melhor quando há mais árvores, de modo que a população de leões cresce. Eis os dados sobre uma parte desse ciclo, abundância de feras selvagens (em milhares de animais) e o percentual de relva queimada no mesmo ano:[23] SERENG

PloPh/iStock

Feras selvagens (em 1.000)	Porcentagem queimada	Feras selvagens (em 1.000)	Porcentagem queimada
396	56	622	60
476	50	600	56
698	25	902	45
1.049	16	1.440	21
1.178	7	1.147	32
1.200	5	1.173	31
1.302	7	1.178	24
360	88	1.253	24
444	88	1.249	53
524	75		

Até que ponto esses dados apoiam a afirmativa de que quanto mais feras selvagens, menor o percentual de relva queimada? Quão rapidamente a área queimada diminui na medida em que aumenta o número de feras selvagens? Inclua um gráfico e cálculos apropriados.

7.53 Fundição do alumínio. Na fundição de peças metálicas, o metal derretido flui por um "portão" em uma matriz que dá forma à peça. A velocidade no portão (a velocidade à qual o metal é forçado pelo portão) desempenha um papel crucial na fundição. Uma empresa que funde pistões cilíndricos de alumínio examinou 12 tipos formados a partir da mesma liga. Como a espessura da parede do cilindro (polegadas) influencia a velocidade no portão (pés por segundo) escolhida por operários qualificados que fazem a fundição? Se há um padrão claro, ele pode ser usado para dirigir novos operários ou para automatizar o processo. Analise esses dados e relate seus achados.[24] ALUMINIO

Espessura	Velocidade	Espessura	Velocidade
0,248	123,8	0,628	326,2
0,359	223,9	0,697	302,4
0,366	180,9	0,697	145,2
0,400	104,8	0,752	263,1
0,524	228,6	0,806	302,4
0,552	223,8	0,821	302,4

7.54 Usuários do Twitter. Apenas 22% dos adultos americanos usam o Twitter. O fim de 2018, o Pew Research Center realizou uma pesquisa para saber sobre os usuários do Twitter, como eles se comparam com os adultos em geral, e como os usuários mais frequentes do Twitter diferem de outros usuários do Twitter. Eis os resultados da pesquisa, que compara o sexo dos 10% superiores dos usuários do Twitter com os dos 90% inferiores dos usuários:[25] TWITTER

Sexo	10% superiores	90% inferiores
Feminino	181	1.206
Masculino	98	1.306
Total	279	2.512

Escreva uma breve análise dos resultados que focalize a relação entre sexo e uso do Twitter.

7.55 **Influência: fundos setoriais mais fortes?** As propagandas de investimentos sempre avisam que "desempenho passado não garante resultados futuros". Eis um exemplo que mostra por que você deve prestar atenção a esse aviso. As ações caíram abruptamente em 2002, e então subiram também abruptamente em 2003. A tabela que segue apresenta os retornos percentuais de 23 "fundos setoriais" da Fidelity Investiments nesses dois anos. Os fundos setoriais investem em segmentos mais restritos do mercado de ações. Eles, em geral, sobem e descem mais depressa do que o mercado como um todo: FUNDOSET

Retorno 2002	Retorno 2003	Retorno 2002	Retorno 2003	Retorno 2002	Retorno 2003
−17,1	23,9	−0,7	36,9	−37,8	59,4
−6,7	14,1	−5,6	27,5	−11,5	22,9
−21,1	41,8	−26,9	26,1	−0,7	36,9
−12,8	43,9	−42,0	62,7	64,3	32,1
−18,9	31,1	−47,8	68,1	−9,6	28,7
−7,7	32,3	−50,5	71,9	−11,7	29,5
−17,2	36,5	−49,5	57,0	−2,3	19,1
−11,4	30,6	−23,4	35,0		

(a) Faça um diagrama de dispersão do retorno de 2003 (resposta) contra o retorno de 2002 (explicativa). Os fundos com o melhor desempenho em 2002 tendem a ter o pior desempenho em 2003. O Fidelity Gold Fund, o único fundo com retorno positivo em ambos os anos, é um valor atípico extremo.

(b) Para demonstrar que correlação não é resistente, encontre r para todos os 23 fundos e r para os 22 fundos sem o Gold. Explique, a partir da posição do Gold em seu gráfico, por que a omissão desse ponto torna r mais negativa.

(c) Determine a equação das duas retas de mínimos quadrados para a predição do retorno de 2003 a partir do retorno de 2002, uma para todos os 23 fundos e uma omitindo o Fidelity Gold Fund. Acrescente ambas as retas a seu diagrama de dispersão. Começando com a ideia de mínimos quadrados, explique por que a inclusão do Fidelity Golg Fund no conjunto dos demais 22 fundos move a reta na direção que seu gráfico mostra.

7.56 **Influência: chamados de macacos.** A Tabela 7.1 contém dados sobre as respostas de 37 neurônios de macacos a sons puros e a chamados de macacos. A Figura 7.7 é um diagrama de dispersão desses dados. MACACO

(a) Encontre a reta de mínimos quadrados para a predição da resposta do neurônio ao chamado com base na resposta do neurônio ao som puro. Acrescente essa reta ao seu diagrama. Marque em seu diagrama o ponto (chame-o de A) com o maior resíduo (positivo ou negativo) e, também, o ponto (chame-o de B) que é um valor atípico na direção x.

(b) Quão influente é cada um desses pontos para a correlação r?

(c) Quão influente é cada um desses pontos para a reta de regressão?

7.57 **Influência: carne selvagem.** A Tabela 7.4 fornece dados sobre pesca em uma região da África Ocidental e o percentual de mudança na biomassa (peso total) de 41 animais em reservas naturais. Parece que os anos de menor pesca correspondem aos de maior declínio nos animais, provavelmente porque a população local se vale da "carne selvagem" quando outras fontes de proteína não estão disponíveis. No ano seguinte (1999) houve uma pesca de 23,0 quilogramas por pessoa e a biomassa dos animais mudou em −22,9%. CARNESELV

(a) Faça um diagrama de dispersão que mostre como a mudança na biomassa animal depende do resultado da pesca. Certifique-se de incluir a observação adicional. Descreva o padrão geral. O ponto acrescentado é um valor atípico na direção y.

(b) Encontre a correlação entre o resultado da pesca e a mudança na biomassa animal, com e sem o valor atípico. O valor atípico é influente para a correlação. Explique, a partir de seu diagrama, por que o acréscimo do valor atípico torna a correlação menor.

(c) Encontre a reta de mínimos quadrados para a predição da mudança na biomassa animal a partir do resultado da pesca, com e sem a observação adicional para 1999. Acrescente ambas as retas ao seu diagrama de (a). O valor atípico não é influente para a reta de mínimos quadrados. Explique, a partir de seu diagrama, por que isso é verdade.

7.58 **Ovos de píton.** Como a incubação de ovos de pítons aquáticas é influenciada pela temperatura do ninho da cobra? Pesquisadores colocaram 104 ovos recém-postos em um ambiente quente, 56 em um ambiente neutro, e 27 em um ambiente frio. O ambiente quente duplica o calor fornecido pela mãe píton. Os ambientes neutro e frio são mais frios, como quando a mãe está ausente. Os resultados: 75 dos ovos quentes se abriram, junto com 38 dos neutros e 16 dos frios.[26]

(a) Faça uma tabela de dupla entrada de "temperatura ambiente" contra "abriram ou não".

(b) Os pesquisadores anteciparam que os ovos se abririam com mais dificuldade em temperaturas mais frias. Os dados apoiam essa antecipação?

7.59 **Normal é apenas aproximado: escores de teste de QI.** Eis os escores do teste de QI de 31 meninas da sétima série em um distrito do Meio-Oeste:[27] QI

Tabela 7.4 Suprimento de peixe e declínio da vida selvagem na África Ocidental

Ano	Suprimento de peixe (quilogramas por pessoa)	Mudança na biomassa (percentual)	Ano	Suprimento de peixe (quilogramas por pessoa)	Mudança na biomassa (percentual)
1971	34,7	2,9	1985	21,3	−5,5
1972	39,3	3,1	1986	24,3	−0,7
1973	32,4	−1,2	1987	27,4	−5,1
1974	31,8	−1,1	1988	24,5	−7,1
1975	32,8	−3,3	1989	25,2	−4,2
1976	38,4	3,7	1990	25,9	0,9
1977	33,2	1,9	1991	23,0	−6,1
1978	29,7	−0,3	1992	27,1	−4,1
1979	25,0	−5,9	1993	23,4	−4,8
1980	21,8	−7,9	1994	18,9	−11,3
1981	20,8	−5,5	1995	19,6	−9,3
1982	19,7	−7,2	1996	25,3	−10,7
1983	20,8	−4,1	1997	22,0	−1,8
1984	21,1	−8,6	1998	21,0	−1,8

114	100	104	89	102	91	114	114	103	105	
108	130	120	132	111	128	118	119	86	72	
111	103	74	112	107	103	98	96	112	112	93

(a) Esperamos que os escores de QI sejam distribuídos de maneira aproximadamente Normal. Faça um diagrama de ramo e folhas para verificar se há afastamentos importantes da Normalidade.

(b) Proporções calculadas a partir de uma distribuição Normal não são sempre muito precisas para pequeno número de observações. Encontre a média $\bar{x}$ e o desvio-padrão s para esses escores de QI. Quais proporções dos escores estão a um desvio-padrão e a dois desvios-padrão da média? O que essas proporções seriam em uma distribuição exatamente Normal?

Dados *Online* para Análises Adicionais

1. Dados do *site* do Ohio Department of Health estão disponíveis no PDF 2013OHH Detail Tables. Essa é uma fonte de muitas tabelas que podem ser usadas para mais análises aplicando métodos discutidos no Capítulo 6. SAUDE
2. SAT, ACT, e salários de professores para 2018 para cada um dos 50 estados e o Distrito de Colúmbia estão disponíveis no conjunto de dados SATACT. Podem ser usados esses dados para realizar análises para os escores ACT, de modo semelhante às feitas para os escores SAT nos Capítulos 5 e 6. SATACT
3. O conjunto de dados MLB contém dados de desempenho de batidas, lançamentos, campo, salário e ganho-perda da temporada de 2019 para todos os times de beisebol da liga principal. Esses dados podem ser usados para determinar a correlação entre folha de pagamento e porcentagem de vitórias. Podem-se, também, explorar quais variáveis são as mais altamente correlacionadas com porcentagem de vitórias e se as variáveis que medem desempenho no lançamento são mais altamente correlacionadas com porcentagem de vitórias do que variáveis que medem desempenho em batidas. Esses dados são de http://www.baseball-reference.com/. Acesse esse *site* para definições de várias das variáveis no conjunto de dados. MLB
4. Dados históricos sobre temperatura e sobre se Punxsutawney Phil viu sua sombra estão disponíveis no conjunto de dados PHIL. Podem-se usar várias medidas sobre se a primavera chegou mais cedo, com base em quão quentes fevereiro e março foram comparados com a média histórica, para avaliar o desempenho de Phil. PHIL
5. Os dados em WHAT contêm três variáveis e 3.848 observações sobre cada uma delas. Houve tempo em que isso foi considerado um grande conjunto de dados e de difícil exploração com programas. Os estudantes podem usar vários métodos exploratórios disponíveis em pacotes de programas, como JMP e Minitab, para encontrar o "padrão escondido" nesses dados. WHAT

Dados On-line para Análises Adicionais

JanelleLugge/iStock

PARTE II

Produção de Dados

O propósito da estatística é ampliar nossa compreensão a partir dos dados. Podemos buscar a compreensão de diferentes maneiras, dependendo das circunstâncias. Já estudamos uma abordagem dos dados, *análise exploratória de dados*, em algum detalhe. Passamos, agora, da análise de dados para a *inferência estatística*. Ambos os tipos de raciocínio são essenciais para se trabalhar efetivamente com os dados. A seguir, apresentamos um esboço resumido das diferenças entre eles.

Análise exploratória de dados	Inferência estatística
O propósito é a exploração irrestrita dos dados, em busca de padrões interessantes.	O propósito é responder a questões específicas, colocadas antes de os dados serem produzidos.
As conclusões se aplicam apenas aos indivíduos e circunstâncias para os quais temos dados em mãos.	As conclusões se aplicam a um grupo maior de indivíduos ou a uma classe mais ampla de circunstâncias.
As conclusões são informais, baseadas no que vemos nos dados.	As conclusões são formais, apoiadas por uma afirmativa de nossa confiança nelas.

Nossa caminhada em direção à inferência começa nos Capítulos 8 até 10, que descrevem planejamentos estatísticos para a *produção de dados* por meio de amostras e de experimentos, e os problemas éticos envolvidos. A lição importante da Parte II é que a qualidade da inferência que fazemos a partir dos dados depende fundamentalmente de como os dados foram produzidos.

CAPÍTULO

8

Após leitura do capítulo, você será capaz de:

8.1 Identificar a população e a amostra em um estudo estatístico observacional.

8.2 Reconhecer e evitar possíveis fontes de viés no planejamento amostral.

8.3 Construir uma amostra aleatória simples a partir de uma lista de sujeitos de estudo, usando um programa ou uma tabela de números aleatórios.

8.4 Usar fatos sobre amostras aleatórias, incluindo tamanho amostral, para fazer julgamentos sobre a confiabilidade de conclusões sobre populações, com base naquelas amostras.

8.5 Descrever os métodos usados para a construção de amostras aleatórias estratificadas e amostras de múltiplos estágios.

8.6 Reconhecer e evitar a subcobertura, a não resposta, viés de resposta, e efeitos do fraseado da questão, como fontes de viés, especialmente em pesquisas com sujeitos humanos.

8.7 Descrever as vantagens e limitações da discagem aleatória de números e pesquisas com base na internet, e como a viabilidade desses métodos de pesquisa está mudando.

JackF/iStock

Produção de Dados: Amostragem

Estatística, a ciência dos dados, fornece ideias e ferramentas que podemos usar em vários contextos. Às vezes, temos dados que descrevem um grupo de indivíduos e desejamos saber o que os dados nos dizem. Esse é o trabalho da análise exploratória de dados, e os métodos dos Capítulos 1 a 6 podem ser usados. Outras vezes, temos questões específicas, mas não dispomos de dados para responder a elas. Para alcançarmos respostas sólidas, devemos produzir dados de maneira planejada para responder a nossas perguntas. Este capítulo introduz uma maneira de produzir dados: com o uso de amostras. No Capítulo 9, exploramos planejamentos estatísticos para experimentos, uma maneira bem diferente de produção de dados.

Suponha que nossa pergunta seja "Qual percentual de estudantes de faculdades que acham que não se deve obedecer a leis que violam seus valores pessoais?" Para responder a essa questão, entrevistamos estudantes universitários. É dispendioso entrevistarmos todos os estudantes; assim, fazemos a pergunta a uma *amostra* escolhida para representar toda a *população* de estudantes. Como devemos escolher uma amostra que realmente represente as opiniões de toda a população? Os planejamentos estatísticos para a escolha de amostras são o tópico deste capítulo. Veremos que

- É necessário um planejamento estatístico sólido se queremos confiar nos dados de uma amostra para extração de conclusões também sólidas sobre a população.
- Na amostragem de grandes populações humanas, mesmo com sólido planejamento, ainda há muitas dificuldades práticas que surgem.
- O impacto da tecnologia (particularmente telefones celulares e internet) está tornando cada vez mais difícil a produção, por amostragem, de dados nacionais confiáveis.

8.1 População *versus* amostra

Um cientista político deseja saber o percentual de adultos em idade universitária que se consideram conservadores. Um fabricante de automóveis contrata uma empresa de pesquisa de mercado para saber o percentual de adultos, com idade entre 18 e 35 anos, que se lembram de ter visto um anúncio na televisão sobre um novo carro híbrido gasolina-elétrico. Economistas do governo pesquisam a renda familiar média. Em todas essas situações, queremos juntar informação sobre um grande grupo de pessoas ou coisas. Tempo, custo e inconveniência usualmente proíbem o contato com todos os indivíduos. Assim, juntamos informação apenas sobre uma parte do grupo a extrair conclusões sobre a totalidade.

Preste bastante atenção aos detalhes das definições de *população* e *amostra*. O Exercício 8.1 vai ajudá-lo a verificar sua compreensão.

Em geral, tiramos conclusões sobre um todo a partir de uma amostra. Todos já provaram um sabor de sorvete e pediram uma casquinha com base nessa prova. Mas o sorvete é uniforme, de modo que uma simples prova representa o todo. A escolha de uma amostra representativa de uma população grande e variada não é tão simples. O primeiro passo no planejamento de uma **pesquisa por amostragem** é sabermos exatamente *qual população* desejamos descrever.

População, amostra e planejamento amostral

A **população** em um estudo estatístico é o grupo inteiro de indivíduos sobre os quais queremos obter informações.

Uma **amostra** é uma parte da população da qual realmente coletamos informações. Usamos uma amostra para tirar conclusões sobre toda a população.

Um **planejamento amostral** descreve exatamente como escolher uma amostra de uma população.

O segundo passo é dizermos exatamente *o que desejamos medir* – isto é, dar definições exatas de nossas variáveis. Esses passos preliminares podem ser complicados, como ilustra o exemplo seguinte.

Pesquisa por amostragem

Uma pesquisa realizada sobre uma amostra da população de todos os indivíduos sobre os quais desejamos informação. Baseamos as conclusões sobre a população nos dados da amostra.

O passo final do planejamento de uma pesquisa por amostragem é o desenho amostral. Introduziremos, agora, os desenhos estatísticos básicos para amostragem.

EXEMPLO 8.1 A Pesquisa da População Corrente

A mais importante pesquisa por amostragem do governo dos EUA é a *Current Population Survey* – CPS), de caráter mensal, realizada pelo Bureau of the Census para o Bureau of Labor Statistics. A CPS contata cerca de 60 mil famílias a cada mês e produz as taxas mensais de desemprego e muitas outras informações econômicas e sociais (ver Figura 8.1). Para medir o desemprego, devemos primeiro especificar a população que desejamos descrever. Quais grupos de idade incluiremos? Vamos incluir imigrantes ilegais ou pessoas em prisões? A CPS define sua população como o conjunto de

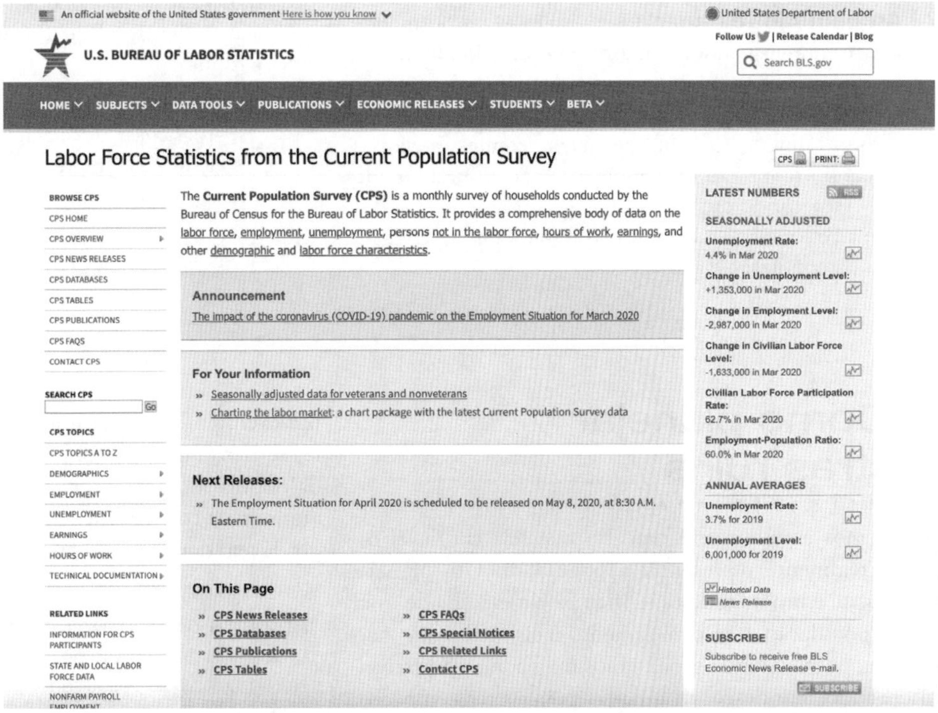

U.S. Bureau of Labor Statistics

FIGURA 8.1
Página de entrada da pesquisa da Current Population Survey no Bureau of Labor Statistics.

todos os residentes nos EUA (legais ou não) com 16 anos de idade ou mais, que são civis e que não estejam em instituições como prisões. A taxa de desemprego anunciada nos noticiários se refere a essa população específica.

A segunda questão é mais difícil: o que significa estar "desempregado"? Alguém que não esteja procurando trabalho - um estudante de tempo integral, por exemplo - não deve ser chamado de desempregado apenas porque não está trabalhando por salário. Se você for escolhido para a amostra da CPS, a primeira coisa que o entrevistador pergunta é se você está disponível para o trabalho e se você realmente procurou emprego nas últimas quatro semanas. Em caso negativo, você não está nem empregado nem desempregado - você não faz parte da força de trabalho. Assim, trabalhadores desencorajados que não procuraram por emprego nas quatro últimas semanas são excluídos da pesquisa.

Se você faz parte da força de trabalho, o entrevistador continua com as perguntas sobre emprego. Se você fez algum trabalho remunerado ou em seu próprio negócio durante a semana da pesquisa, você é considerado empregado. Se você trabalhou no negócio da família por, pelo menos, 15 horas, sem pagamento, você é empregado. Você é também considerado empregado se tem um emprego e não trabalhou devido a férias, greve ou outra boa razão. Uma taxa de desemprego de 6,7% significa que 6,7% da amostra estavam desempregados, usando as definições exatas da CPS tanto de *força de trabalho* como de *desempregado*.

APLIQUE SEU CONHECIMENTO

8.1 Moradia fora do *campus*. Um escritório de moradia e residência de uma universidade deseja saber quanto os estudantes pagam por mês pelo aluguel de moradia fora do *campus*. A universidade não tem alojamento no *campus* suficiente para os estudantes, e essa informação será usada em um folheto sobre moradia estudantil. O escritório de moradia obtém uma lista de 12.304 estudantes que moram fora do *campus* e ainda não se formaram, e envia um questionário a um grupo de 200 desses estudantes selecionados aleatoriamente. Apenas 78 questionários são devolvidos.

(a) Qual é a população nesse estudo? Tenha cuidado: sobre qual grupo o escritório *deseja informação*?

(b) Qual é a amostra? Cuidado: de qual grupo o escritório *realmente obtém informação*?

A mensagem importante nesse problema é que a amostra pode redefinir a população sobre a qual se obtém informação.

8.2 Arqueólogos estudantes. Uma escavação arqueológica resulta em grande número de cerâmicas, implementos de pedra quebrados e outros artefatos. Estudantes que trabalham no projeto classificam cada artefato e dão a ele um número. As contagens nas diferentes categorias são importantes para a compreensão do sítio, de modo que o diretor do projeto escolhe aleatoriamente 2% dos artefatos e verifica o trabalho dos estudantes. Quais são, aqui, a população e a amostra?

Bratislav Stefanovic/iStock

8.3 Pesquisa sobre *software*. Uma companhia de programas estatísticos está planejando atualizar a Versão 8.1 de seu programa e deseja saber quais características são mais importantes para os usuários. O gerente da companhia tem os endereços de *e-mail* de 1.100 indivíduos, na maioria faculdades e universidades, para os quais eles disponibilizaram cópias de cortesia da Versão 8.1. A companhia manda *e-mails* para esses 1.100 indivíduos e lhes pede que respondam a uma pesquisa *online*. Um total de 186 desses indivíduos completa a pesquisa.

(a) Qual é a população de interesse da companhia de programas? Você acha que os 1.100 indivíduos contatados são representativos da população? Explique suas razões.

(b) Qual é a amostra? De qual grupo a informação foi realmente obtida?

8.2 Como planejar amostras ruins

Como podemos escolher uma amostra que seja confiável no sentido de realmente representar a população? Um planejamento amostral é um método específico para a escolha de uma amostra da população. Um planejamento mais fácil - mas não o melhor - apenas escolhe os indivíduos mais à mão. Se estivermos interessados em descobrir quantas pessoas têm emprego, por exemplo, podemos ir a um *shopping* e perguntar aos passantes se eles têm emprego. Uma amostra composta por membros da população mais fáceis de serem encontrados é chamada de **amostra de conveniência**. Amostras de conveniência, em geral, produzem dados não representativos.

Amostra de conveniência
Uma amostra composta de membros da população que são selecionados pelo pesquisador por serem de fácil acesso.

EXEMPLO 8.2 Amostragem no *shopping*

Uma amostra de compradores em *shoppings* é rápida e barata. Mas as pessoas em *shoppings* tendem a ser mais prósperas do que o cidadão típico. É também mais provável que sejam adolescentes ou aposentados. Além disso, a menos que os entrevistadores sejam cuidadosamente treinados, eles tendem a interpelar pessoas bem-vestidas, de aspecto respeitável, e evitar pessoas malvestidas e de aspecto mais rude. Os tipos de pessoas em um *shopping* também podem variar pela hora do dia e pelo dia da semana. Em resumo, entrevistas em *shoppings* não abordarão uma amostra que seja representativa de toda a população.

Entrevistas em *shoppings*, quase sempre, super-representarão a classe média e pessoas aposentadas, e sub-representarão os mais pobres. Isso acontecerá quase sempre com essas amostras. Ou seja, é um erro sistemático causado por um planejamento amostral ruim, não apenas má sorte em uma amostra. Isso é o *viés*: os resultados de pesquisas em *shoppings* perderão, repetidamente, a verdade sobre a população da mesma maneira.

Viés

O planejamento de um estudo estatístico é **viesado** se, sistematicamente, favorece determinados resultados.

EXEMPLO 8.3 Sondagens *online*

Em junho de 2019, a KGAB AM 650 em Cheyenne, Wyoming, postou uma pesquisa *online* em seu *site*. Essa pesquisa perguntava se Wyoming devia considerar a legalização da marijuana como um meio de melhorar as receitas do estado, em face de uma queda no orçamento que alguns economistas estavam estimando em 1 bilhão de dólares nos anos seguintes. Dos mais de 1.100 respondentes, 57% disseram “sim, deveria não ser ilegal de qualquer modo”; 24% disseram “vamos cortar despesas e legalizar a canabis recreacional”; 16% disseram “absolutamente não, vai criar mais problemas do que resolver”; 3% disseram “vamos simplesmente cortar despesas”; e 0% disse “eu preferia impor taxas sobre renda imobiliária”. [1] Esses resultados parecem indicar forte (81%) apoio à legalização da marijuana em Wyoming.

A sondagem da kgab.com foi viesada porque as pessoas escolheram participar ou não. Pessoas que se dão o trabalho de responder a um convite aberto não são, em geral, representativas de qualquer população claramente definida. Isso é verdade em relação às pessoas que respondem a sondagens por escrito, por telefone ou internet, em geral. Sondagens como essas são exemplos de amostragem de resposta voluntária.

Não sabemos se aqueles respondentes da sondagem a KGAB no Exemplo 8.3 são prováveis eleitores ou mesmo eleitores registrados. De fato, uma pesquisa por telefone das residências de Wyoming realizada pelo Wyoming Survey and Analysis Center, da Wyominhg University, em outubro de 2018, mostrou que apenas 49% eram a favor da legalização.

Amostra de resposta voluntária

Uma **amostra de resposta voluntária** consiste em pessoas que escolhem a si próprias, respondendo a um atrativo geral. Amostras de resposta voluntária são viesadas, porque pessoas com opiniões fortes têm maior chance de responder.

APLIQUE SEU CONHECIMENTO

8.4 Amostragem no *campus*. Você gostaria de iniciar um clube no *campus* para os que fazem psicologia, e você está interessado na proporção dos que fazem psicologia que adeririam. A taxa seria de US$35 e usada para pagar palestrantes convidados. Você pergunta a cinco estudantes que fazem psicologia e que fazem seu seminário de psicologia se eles estariam interessados em aderir ao clube e quatro, dos cinco, respondem que sim. Esse método de amostragem é viesado? Se for, qual é a direção provável do viés?

8.5 Transporte para o aeroporto. A companhia de táxis Blue Ribbon oferece serviço de transporte para o aeroporto mais próximo. Você olha na internet os comentários para a Blue Ribbon e vê que há 17 comentários, 6 dos quais relatam que os táxis nunca aparecem. Esse é um método de amostragem viesado para a obtenção da opinião do cliente sobre o serviço de táxi? Nesse caso, qual é a provável direção do viés? Explique seu raciocínio cuidadosamente.

8.3 Amostras aleatórias simples

Amostragem aleatória, o uso da chance para a seleção de uma amostra, é o princípio essencial da amostragem estatística. Em uma amostra de resposta voluntária, as pessoas escolhem se respondem. Em uma amostra de conveniência, o entrevistador faz a escolha. Em ambos os casos, a escolha pessoal produz viés. A solução do estatístico é deixar que o acaso impessoal escolha a amostra. Uma amostra escolhida ao acaso não permite nem favoritismo por quem faz a amostra, nem autosseleção por parte de quem responde. Escolher uma amostra ao acaso ataca o viés, atribuindo a todos os indivíduos a mesma chance de serem escolhidos. Rico ou pobre, jovem ou velho, liberal ou conservador, todos têm a mesma chance de estar na amostra.

A maneira mais simples de usar o acaso para a seleção de uma amostra é colocar os nomes em um chapéu (a população) e extrair uma porção (a amostra). Essa é a ideia de *amostragem aleatória simples*. Embora a ideia de extrair nomes de um chapéu seja uma boa maneira de conceituar uma amostra aleatória simples, em geral *não* é prática para grandes populações.

Amostra aleatória simples

Uma **amostra aleatória simples (AAS)** de tamanho *n* consiste em *n* indivíduos da população escolhidos de tal maneira que todos os conjuntos de *n* indivíduos têm a mesma chance de ser a amostra realmente selecionada.

Uma AAS não apenas concede a cada indivíduo a mesma chance de ser escolhido, mas também dá a cada amostra possível a mesma chance de ser escolhida. Há outros planejamentos amostrais aleatórios que dão a cada indivíduo, mas não a cada amostra, a mesma chance. O Exercício 8.43 descreve um desses planejamentos.

Quando você pensar em uma AAS, imagine a extração de nomes de um chapéu para lembrar-lhe que uma AAS não favorece qualquer parte da população. Essa é a razão pela qual uma AAS é melhor método de escolha de amostras do que amostragem de conveniência ou de resposta voluntária. No entanto, na prática, a maioria dos amostradores usa programas de computador para a obtenção de uma AAS. O uso de programas ou do *applet* Simple Random Sample (conteúdo em inglês) torna muito rápida a escolha de uma AAS. Se você não usa o *applet* ou um programa para a escolha de amostras, você pode aleatorizar com uma *tabela de dígitos aleatórios*. Na verdade, programas para escolha de amostras começam gerando dígitos aleatórios e, assim, o uso de uma tabela faz, à mão, o que o computador faz muito mais rapidamente.

Dígitos aleatórios

Uma **tabela de dígitos aleatórios** é uma longa série dos dígitos 0, 1, 2, 3, 4, 5, 6, 7, 8, 9 com estas duas propriedades:

1. Cada entrada na tabela é igualmente provável de ser qualquer um dos 10 dígitos de 0 até 9.
2. As entradas são independentes umas das outras. Ou seja, o conhecimento de uma parte da tabela não fornece informações sobre qualquer outra parte.

ESTATÍSTICA NO MUNDO REAL

Esses dígitos aleatórios são realmente aleatórios?

Sem a menor chance. Os dígitos aleatórios na Tabela B foram gerados por um programa de computador. Programas de computador fazem exatamente o que mandamos. Dê ao programa a mesma entrada de dados e ele gerará exatamente os mesmos dígitos "aleatórios". Obviamente, pessoas inteligentes desenvolveram programas de computador que geram resultados que *parecem* dígitos aleatórios. Estes são chamados de "números pseudoaleatórios" e é o que contém a Tabela B. Números pseudoaleatórios funcionam bem para aleatorização estatística, mas escondem padrões não aleatórios que podem atrapalhar em usos mais apurados.

A Tabela B no fim do livro contém dígitos aleatórios. Ela começa com os dígitos 19223950340575628713. Para tornar a tabela mais fácil de se ler, os dígitos aparecem em grupos de cinco e em linhas numeradas. Os grupos e as linhas não têm qualquer significado – a tabela é apenas uma longa lista de dígitos escolhidos aleatoriamente. Há dois passos no uso da tabela para a escolha de uma amostra aleatória simples.

Usando a Tabela B para escolher uma AAS

Rótulo: Atribua um rótulo numérico, *de mesmo tamanho*, a cada indivíduo da população.

Tabela: Para escolher uma AAS, leia, na Tabela B, sucessivos grupos de dígitos do tamanho que você usou como rótulos. Sua amostra contém os indivíduos cujos rótulos você encontrou na tabela.

Você pode rotular até 100 itens com dois dígitos: 01, 02, ..., 99, 00. Até 1.000 itens podem ser rotulados com três dígitos, e assim por diante. Use sempre o menor tamanho de rótulo que cubra sua população. Como prática padrão, recomendamos que você comece com o rótulo 1 (ou 01 ou 001, conforme necessário). A leitura de grupos de dígitos da tabela dá a todos os indivíduos a mesma chance de serem escolhidos, porque todos os rótulos de mesmo tamanho têm a mesma chance de serem encontrados na tabela. Por exemplo, qualquer par de dígitos na tabela tem chance igual de ser um dos possíveis rótulos 01, 02, ..., 99, 00. Ignore qualquer grupo de dígitos que não tenha sido usado como rótulo ou que repita um rótulo que já esteja na amostra. Você pode ler os dígitos na Tabela B em qualquer ordem – ao longo de uma linha, ao longo de uma coluna, e assim por diante – porque a tabela não tem qualquer ordem. Como padrão, recomendamos que se leia ao longo das linhas.

EXEMPLO 8.4 Amostragem de *resorts* para as férias de primavera

Um jornal do *campus* planeja uma matéria principal sobre os destinos nas férias de primavera. Os autores pretendem chamar aleatoriamente quatro *resorts* em cada destino e perguntar sobre suas atitudes em relação a grupos de estudantes como hóspedes. Eis a lista de *resorts* em uma cidade:

01	Aloha Kai	08	Captiva	15	Palm Tree	22	Sea Shell
02	Anchor Down	09	Casa del Mar	16	Radisson	23	Silver Beach
03	Banana Bay	10	Coconuts	17	Ramada	24	Sunset Beach
04	Banyan Tree	11	Diplomat	18	Sandpiper	25	Tradewinds
05	Beach Castle	12	Holiday Inn	19	Sea Castle	26	Tropical Breeze
06	Best Western	13	Lime Tree	20	Sea Club	27	Tropical Shores
07	Cabana	14	Outrigger	21	Sea Grape	28	Veranda

RÓTULO: como precisamos de dois dígitos para rotular 28 *resorts*, todos os rótulos terão dois dígitos. Acrescentamos os rótulos de 01 a 28 à lista. (Se você desejasse uma amostra de uma área de férias contendo 1.240 *resorts*, você rotularia os *resorts* como 0001, 0002, ..., 1239, 1240.) Indique sempre como você rotulou os membros da população.

applet **SELECIONE A AMOSTRA:** para usar o *applet* Simple Random Sample, apenas insira o valor 28 na caixa "Population =" e 4 na caixa "Select a sample of size:" clique em "Reset" e, depois, em "Sample". A Figura 8.2 mostra o resultado de uma amostra que contém os *resorts* rotulados por 20, 16, 21 e 10. Esses são Sea Club, Radisson, Sea Grape e Coconuts.

Para usar a Tabela B, leia grupos de dois dígitos até que tenha escolhido quatro *resorts*. Começando na linha 130 (qualquer linha serve), temos

69051 64817 87174 09517
84534 06489 87201 97245

Como os rótulos têm dois dígitos, leia grupos sucessivos de dois dígitos na tabela; assim, os três primeiros grupos de dois dígitos são 69, 05 e 16. Ignore grupos não usados como rótulos, como o inicial 69. Ignore, também, quaisquer rótulos repetidos, como o segundo e o terceiro 17 nessa linha, pois você não pode escolher o mesmo *resort* duas vezes. A sua amostra contém os *resorts* de rótulos 05, 16, 17 e 20. São eles Beach Castle, Radisson, Ramada e Sea Club.

A maioria dos pacotes estatísticos produzirá uma AAS se você introduzir o tamanho da amostra e o tamanho da população.

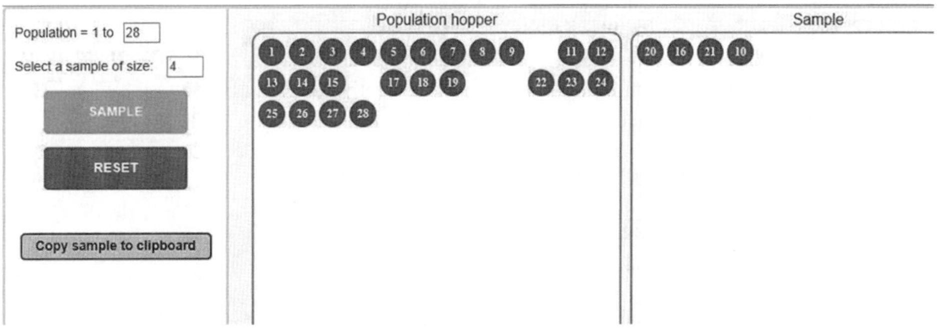

FIGURA 8.2
O *applet* Simple Random Sample usado para a escolha de uma AAS de tamanho $n = 4$ de uma população de tamanho 28.

Podemos confiar nos resultados a partir de uma AAS, bem como de outros tipos de amostras aleatórias que você verá mais tarde, pois o uso da chance impessoal evita o viés. Sondagens *online* e entrevistas em *shoppings* também produzem amostras. Não podemos confiar nos resultados dessas amostras, pois são escolhidas de tal modo que convidam ao viés. *A primeira pergunta a se fazer sobre qualquer amostra é se foi escolhida de maneira aleatória.*

EXEMPLO 8.5 Venda de armas

"Você apoiaria ou se oporia à exigência de verificação de antecedentes de todos os potenciais compradores de armas, incluindo vendas privadas e exposições de armas?" Quando a ABC News e o *Washington Post* fizeram essa pergunta a 1.003 adultos em setembro de 2019, 89% disseram apoiar, 9% se opunham e o restante não tinha opinião. Podemos confiar em que as opiniões dessa amostra representem bem as opiniões de todos os adultos? Seguem algumas características-chave da metodologia de pesquisa fornecida pela *Times*:[2]

- Para essa pesquisa, a cadeia ABC News/*Washington Post* usou entrevistas por telefone com 1.003 adultos em todo o país (EUA), feitas no período de 2 a 5 de setembro de 2019.
- Para entrevistas por telefones fixos, selecionou-se uma amostra de residências com telefone fixo nos EUA continental por meio da discagem por dígitos aleatórios, na qual todos os números de telefones fixos, listados ou não, têm igual probabilidade de seleção. Os núme-

ros de telefones fixos são extraídos de maneira proporcional a sua distribuição estimada nas nove divisões do país feitas pelo censo. O conjunto de dados consiste em todos os números de telefones fixos listados, atualizado a cada quatro ou seis semanas, 25% das listagens a cada vez.

- Os números dos telefones celulares foram gerados por um processo aleatório similar. As duas amostras foram, então, combinadas e ajustadas para garantir as razões apropriadas de usuários de apenas fixo, de apenas celular e dos dois tipos.

A seleção dos números de telefones fixos é uma boa descrição de um método comum de escolha de amostras nacionais, chamado de *discagem de dígitos aleatórios*. Embora a informação sobre a conduta da pesquisa forneça ao leitor alguns detalhes básicos, a coleta de dados e a análise de uma pesquisa nacional é um tanto mais complexa do que essa breve descrição sugere. Voltaremos à discagem de dígitos aleatórios e seus problemas mais adiante (Exercício 8.16), mas essa descrição da conduta da pesquisa contém informação importante. Sabemos o tamanho da amostra, quando a pesquisa foi feita, e que um processo aleatório foi usado na seleção da amostra.

APLIQUE SEU CONHECIMENTO

8.6 Viver em apartamento. Você está planejando um relatório sobre a vida em apartamento em uma cidade universitária. Você decide selecionar aleatoriamente quatro complexos de apartamentos para entrevistas completas com os moradores. Use o *applet* Simple Random Sample, outro programa ou a Tabela B para selecionar uma amostra aleatória simples de quatro dos seguintes complexos de apartamentos. Se usar a Tabela B, comece na linha 133.

Ashley Oaks	Country View	Mayfair Village
Bay Pointe	Country Villa	Nobb Hill
Beau Jardin	Crestview	Pemberly Courts
Bluffs	Del-Lynn	Peppermill
Brandon Place	Fairington	Pheasant Run
Briarwood	Fairway Knolls	River Walk
Brownstone	Fowler	Sagamore Ridge
Burberry Place	Franklin Park	Salem Courthouse
Cambridge	Georgetown	Village Square

8.7 Gerentes provenientes de minorias. Uma empresa deseja entender as atitudes de seus gerentes provenientes de minorias em relação a seu sistema de avaliação de desempenho gerencial. A seguir, está uma lista de todos os gerentes da empresa que pertencem a algum grupo de minoria. Use o *applet* Simple Random Sample, outro programa ou a Tabela B a partir da linha 127, para escolher cinco gerentes para serem entrevistados, em detalhe, sobre o sistema de avaliação de desempenho gerencial.

Adelaja	Draguljic	Huo	Modur
Ahmadiani	Fernandez	Ippolito	Rettiganti
Barnes	Fox	Jiang	Rodriguez
Bonds	Gao	Jung	Sanchez
Burke	Gemayel	Mani	Sgambellone
Deis	Gupta	Mazzeo	Yajima

8.8 Amostragem de lápides. A sociedade genealógica local, no Condado de Coles, Illinois, tem registros de todas as 55.914 lápides em cemitérios no condado, desde 1825 até 1985. Historiadores planejam usar esses registros para aprenderem sobre os afro-americanos na história do Condado de Coles. Escolheram, primeiro, uma AAS de 395 registros para verificar sua precisão, visitando as lápides reais.[3]

WendellandCarolyn/iStock

(a) Como você rotularia os 55.914 registros?

(b) Use um programa, o *applet* Simple Random Sample, ou a Tabela B (começando na linha 141), para escolher os seis primeiros registros para a AAS.

8.4 Credibilidade da inferência a partir de amostras

O objetivo de uma amostra é dar informação sobre uma população maior. O processo de extração de conclusões sobre a população com base na amostra de dados se chama *inferência*, porque *inferimos* informação sobre a população a partir do que *sabemos* sobre a amostra.

Inferência a partir de amostras de conveniência ou de resposta voluntária seria enganosa, pois esses métodos de escolha de amostra são viesados. Nesses casos, estamos quase absolutamente certos de que a amostra *não* representa precisamente a população. *A primeira razão para nos apoiarmos em amostragem aleatória é a eliminação do viés na seleção de amostras de uma lista de indivíduos disponíveis.*

No entanto, é pouco provável que os resultados a partir de uma amostra aleatória sejam exatamente os mesmos para toda a população. Resultados amostrais, como as taxas mensais de desemprego obtidas pela Pesquisa da População Corrente, são apenas estimativas da verdade sobre a população. Se selecionarmos duas amostras aleatórias da mesma população, iremos, quase certamente, selecionar indivíduos diferentes. Assim, os resultados irão diferir de alguma forma, apenas pelo acaso. Amostras adequadamente planejadas evitam viés sistemático, mas raramente seus resultados são exatamente precisos e variam de amostra para amostra.

Por que podemos confiar em amostras aleatórias? A grande ideia é de que os resultados de amostragem aleatória não mudam de maneira fortuita de amostra para amostra. Como usamos o acaso deliberadamente, os resultados obedecem às leis da probabilidade que governam o comportamento aleatório. Essas leis nos permitem dizer quão provavelmente os resultados amostrais estarão próximos da verdade sobre a população. *A segunda razão para o uso de amostragem aleatória é que as leis da probabilidade permitem inferência confiável sobre a população.* Resultados de amostras aleatórias vêm com uma margem de erro que delimita o tamanho do erro provável. Como fazer isso é parte da técnica da inferência estatística. Apresentaremos o raciocínio no Capítulo 16 e detalhes em todo o restante do livro.

Um ponto merece nota: *amostras aleatórias maiores fornecem resultados mais precisos do que amostras menores.* Tomando uma amostra *aleatória* muito grande, você pode ter certeza de que o resultado amostral está muito próximo da verdade sobre a população. A Pesquisa da População Corrente contata cerca de 60 mil residências, de modo que estima a taxa nacional de desemprego de modo muito preciso. Pesquisas de opinião que contatam 1.000 ou 1.500 pessoas apresentam resultados menos precisos.

É uma ideia errada a de que tamanhos amostrais maiores *sempre* dão resultados mais precisos. Depois do debate democrático em julho de 2019, uma pesquisa *online* em Nova Jersey listou Bernie Sanders como vencedor do debate, obtendo 53% dos 13.468 votos na pesquisa. No entanto, uma pesquisa da Quinnipiac University, em 29 de julho, de uma amostra aleatória de 807 democratas eleitores encontrou que apenas 8% escolheram Sanders como vencedor. Outras pesquisas obtiveram resultados semelhantes.

Ao ler resultados de uma pesquisa, não suponha que a pesquisa seja exata porque o tamanho amostral é grande. Você deve prestar mais atenção ao modo como a amostra foi selecionada. Técnicas amostrais viesadas continuam a fornecer resultados viesados, não importando o tamanho da amostra.

APLIQUE SEU CONHECIMENTO

8.9 Pergunte a mais pessoas. Nas pesquisas anteriores à eleição presidencial em 2016, ABC/Post amostraram 740 prováveis eleitores durante os dias 10 a 13 de outubro de 2016, e perguntaram se eles estavam pretendendo votar em Clinton e, então, fizeram a mesma pergunta a uma amostra de 1.135 prováveis eleitores nos dias 22 a 25 de outubro de 2016. No entanto, na sua última pesquisa, feita nos dias 3 a 6 de novembro de 2016, imediatamente antes da eleição realizada em 8 de novembro de 2016, eles fizeram essa pergunta a uma amostra de 2.220 prováveis eleitores. Por que você acha que ABC/Post fizeram isso?

8.10 Quão precisa é a pesquisa? Uma pesquisa do Pew Research Center chamada de *Teens, Social Media & Technology* na primavera de 2018 incluiu 743 adolescentes, dos quais 355 eram brancos, não hispânicos; 129 eram negros, não hispânicos; 202 eram hispânicos; e 57 eram de outras raças ou outros grupos étnicos. A cada adolescente amostrado, perguntou-se sobre uso da tecnologia, incluindo acesso a aparelhos móveis, uso de plataformas *online*, visitas a mídias sociais, e jogos de *videogame*. A margem de erro (daremos mais detalhes em capítulos posteriores) foi relatada como ±5% para toda a amostra. Quando se considerou o uso da tecnologia apenas de adolescentes hispânicos, a margem de erro foi relatada como ±9,5%.[4] O que você acha que explica o fato de as estimativas para os adolescentes hispânicos serem menos precisas do que para a amostra inteira?

8.5 Outros planejamentos amostrais

Planejamentos para amostragem aleatória a partir de populações grandes, espalhadas por uma grande área, são usualmente mais complexos que uma AAS. Por exemplo, é comum extrair separadamente amostras de grupos importantes dentro da população e, então, combinar essas amostras. Essa é a ideia de uma *amostra aleatória estratificada.*

Amostra aleatória estratificada

Para selecionar uma **amostra aleatória estratificada**, primeiro classifique a população em grupos de indivíduos similares, chamados de *estratos*. Em seguida, escolha uma AAS separada em cada estrato e combine essas AASs para formar a amostra completa.

Escolha os estratos com base em fatos conhecidos antes da extração da amostra. Por exemplo, uma população de distritos eleitorais poderia ser dividida em estratos urbano, suburbano e rural. Um planejamento estratificado pode produzir informação mais exata do que uma AAS de mesmo tamanho, tirando vantagem do fato de os indivíduos no mesmo estrato serem semelhantes entre si.

ESTATÍSTICA NO MUNDO REAL

Jogar golfe aleatoriamente

Extrações aleatórias dão a todas as pessoas a mesma chance de serem escolhidas, de modo que elas oferecem uma maneira justa de decidir quem leva um bem raro – como uma rodada de golfe. Muitos golfistas desejam jogar no famoso Old Course em St. Andrews, Escócia. Alguns podem reservar com antecedência, a um custo considerável. Muitos devem esperar que a chance os favoreça na extração aleatória diária para os horários das tacadas. No pico da temporada de verão, apenas um em seis ganha o direito de pagar US$250 por uma rodada.

EXEMPLO 8.6 Uso do cinto de segurança no Alasca

muthardman/iStock

Cada estado realiza uma pesquisa anual sobre o uso do cinto de segurança pelos motoristas, seguindo diretrizes determinadas pelo governo federal. As diretrizes requerem amostragem aleatória, com o uso do cinto de segurança observado em localizações da rodovia escolhidas aleatoriamente, em momentos aleatórios durante dia claro.

No Alasca, as localizações não são uma AAS de todas as localidades no estado, mas sim uma amostra estratificada que usa os condados do estado como estratos. A amostra aleatória para a pesquisa sobre o uso do cinto de segurança consiste em 256 locais nas rodovias, selecionados aleatoriamente, nos cinco condados (os estratos) que respondem por 85% das fatalidades relacionadas a batidas de carros, de 2005 a 2009: uma amostra aleatória de 112 em Anchorage, uma amostra aleatória de 56 em Matanuska-Susitna, uma amostra aleatória de 40 em Fairbanks North Star, uma amostra aleatória de 24 na Península Kenai, e uma amostra aleatória de 24 em Juneau. Os tamanhos amostrais nos condados são proporcionais a suas populações.[5]

Amostras em múltiplos estágios
Um método de amostragem no qual grupos são selecionados aleatoriamente de dentro de grupos maiores, de modo que os grupos são menores a cada estágio, até que indivíduos sejam amostrados dos menores grupos.

Muitas pesquisas amostrais de larga escala usam as **amostras em múltiplos estágios**. Por exemplo, a pesquisa de opinião descrita no Exemplo 8.5 tem três estágios: escolha de uma amostra aleatória de centrais telefônicas (estratificada por região do país), depois uma AAS de números de telefones residenciais em cada central e, então, um adulto aleatório em cada residência.

A análise de dados de planejamentos amostrais mais complexos do que uma AAS nos leva além da estatística básica. Mas a AAS é o bloco construtor de planejamentos mais elaborados, e a análise de outros planejamentos difere mais na complexidade do detalhe do que nos conceitos fundamentais.

APLIQUE SEU CONHECIMENTO

8.11 Amostragem no metrô de Chicago. O Condado de Cook, Illinois, tem a segunda maior população entre todos os condados dos EUA (atrás do Condado de Los Angeles, Califórnia). O Condado de Cook tem 30 distritos suburbanos e mais 8 distritos urbanos que compõem a cidade de Chicago. Os distritos suburbanos são

Barrington	Elk Grove	Maine	Orland	Riverside
Berwyn	Evanston	New Trier	Palatine	Schaumburg
Bloom	Hanover	Niles	Palos	Stickney
Bremen	Lemont	Northfield	Proviso	Thornton
Calumet	Leyden	Norwood Park	Rich	Wheeling
Cicero	Lyons	Oak Park	River Forest	Worth

Os distritos urbanos que compõem Chicago são

Hyde Park	Lake	North Chicago	South Chicago
Jefferson	Lake View	Rogers Park	West Chicago

Como áreas urbanas e suburbanas podem diferir muito, o primeiro estágio de uma amostra em múltiplos estágios é a escolha de uma amostra estratificada de quatro distritos suburbanos e dois de Chicago, que são mais populosos. Use um programa, o *applet* Simple Random Sample ou a Tabela B, para escolher essa amostra. (Se você usar a Tabela B, associe rótulos em ordem alfabética e comece na linha 118 para os subúrbios e na linha 127 para Chicago.)

8.12 Desonestidade acadêmica. Um estudo sobre desonestidade acadêmica entre estudantes de faculdades usou um planejamento amostral em dois estágios. O primeiro estágio escolheu uma amostra de 30 faculdades e universidades. Então, os autores do estudo enviaram, por correio, questionários a uma amostra estratificada de 200 estudantes do último ano, 100 estudantes do penúltimo ano e 100 segundanistas em cada escola.[6] Uma das escolas escolhidas tinha 1.127 calouros, 989 segundanistas, 943 estudantes do penúltimo ano e 895 estudantes de último ano. Você tem uma lista em ordem alfabética dos estudantes em cada classe. Explique como você daria rótulos para uma amostragem estratificada. Use, então, um programa, o *applet* Simple Random Sample, ou a Tabela B, começando na linha 138, para selecionar os quatro primeiros estudantes na amostra em cada estrato. Depois de selecionar quatro estudantes para um estrato, continue para selecionar os estudantes para o estrato seguinte, a partir do ponto da tabela onde parou, se você estiver usando a Tabela B.

8.6 Cuidados com as pesquisas amostrais

A seleção aleatória elimina o viés na escolha de uma amostra a partir de uma lista da população. Quando esta consiste em seres humanos, no entanto, informação exata a partir de uma amostra requer mais do que simples planejamento amostral.

Para começar, necessitamos de uma lista precisa e completa da população. Como essa lista raramente está disponível, muitas amostras sofrem de algum grau de *subcobertura*. Uma pesquisa amostral de residências, por exemplo, omitirá não apenas as pessoas sem teto, mas presidiários e estudantes em dormitórios estudantis. Uma pesquisa de opinião por telefone, que use apenas números de telefones fixos, omitirá as residências que têm apenas telefones celulares, bem como as residências sem qualquer telefone. Assim, os resultados de pesquisas amostrais nacionais têm algum viés, se as pessoas não abrangidas por elas diferem do restante da população.

Uma fonte mais séria de viés na maioria das pesquisas amostrais é a *não resposta*, que ocorre quando um indivíduo selecionado não pode ser contatado ou se recusa a responder. A não resposta a pesquisas amostrais excede, em geral, 50%, mesmo com planejamento cuidadoso e vários retornos. Como a não resposta é mais alta em áreas urbanas, a maioria das pesquisas amostrais substitui os que não respondem por outras pessoas na mesma área para evitar o favorecimento de áreas rurais na amostra final. Se as pessoas contatadas diferem das que raramente estão em casa ou que se recusam a responder, algum viés permanece.

Subcobertura e não resposta

Subcobertura ocorre quando alguns grupos na população são deixados fora do processo de escolha da amostra.

Não resposta ocorre quando um indivíduo escolhido para a amostra não pode ser contatado ou se recusa a participar.

EXEMPLO 8.7 Quão prejudicial é a não resposta?

A American Community Survey (ACS) do Census Bureau tem a menor taxa de não resposta entre todas as pesquisas conhecidas: em 2018, apenas cerca de 8,0% das residências na amostra se recusaram a responder; a taxa geral de não resposta, incluindo "nunca em casa" e outras causas, é de apenas 3,3%.[7] Essa pesquisa mensal de cerca de 300 mil residências substitui o "longo formulário" que, no passado, era enviado a algumas residências por ocasião do censo nacional, que ocorre de dez em dez anos. A participação na ACS é obrigatória, e o Census Bureau acompanha, por telefone e depois pessoalmente, se uma residência deixa de retornar o questionário.

A General Social Survey (GSS), da Universidade de Chicago, é a pesquisa na área de ciências sociais mais importante do país (ver Figura 8.3). A GSS contata sua amostra pessoalmente e é realizada por uma universidade. Sua taxa de não resposta em 2016 foi de 61,3%, entre as mais altas do mundo.

O que dizer de pesquisas de opinião feitas pelos meios de comunicação e empresas de pesquisa de opinião? Não sabemos as taxas de não resposta de muitas delas porque eles não revelam, o que, por si só, é um mau sinal. Em uma pesquisa em janeiro de 2014 sobre leitores de livros e de *ebooks*, o Pew Research Center forneceu uma lista completa dos números de telefone amostrados. Aqui estão os detalhes. Inicialmente,

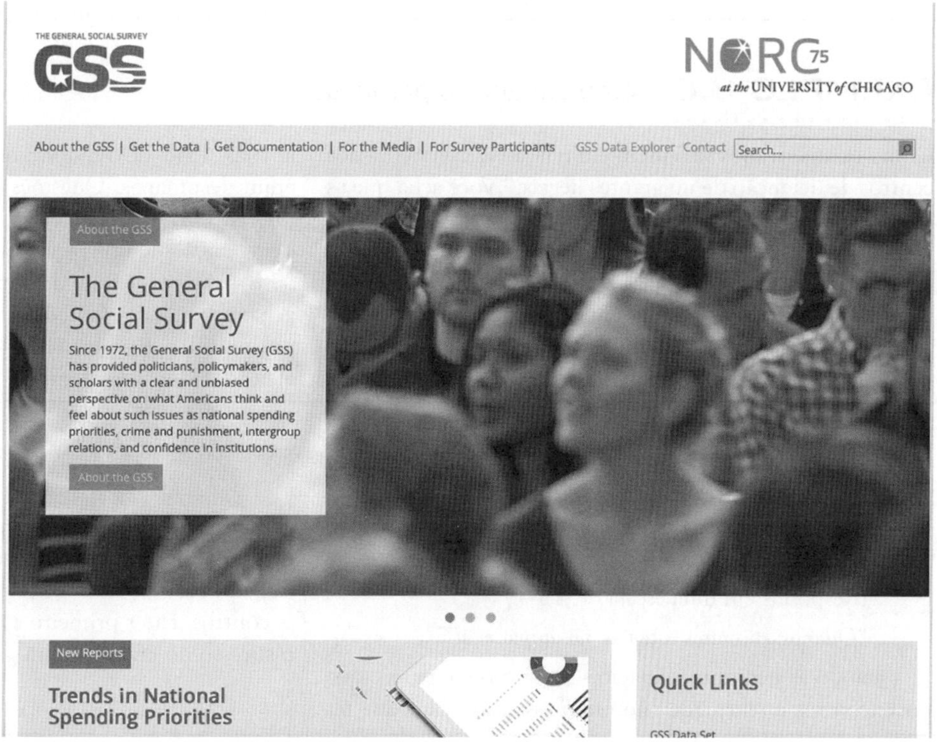

FIGURA 8.3
A página da General Social Survey, no Centro de Pesquisa de Opinião Nacional da Universidade de Chicago. A GSS tem acompanhado opiniões sobre uma grande variedade de assuntos desde 1972.

26.388 números de telefones fixos e 16 mil números de telefones celulares foram discados, com 7.767 dos fixos e 9.654 dos celulares sendo números ativos. Desses, o Pew conseguiu contatar 3.839 dos fixos e 4.747 dos celulares, ou cerca de 50% de cada grupo, uma vez que grande parte das ligações ia para a caixa postal. Entre esses contatos, 13,6% dos números fixos e 18,6% dos números de celulares cooperaram. Dos que cooperaram, alguns eram inelegíveis devido a barreiras de língua ou por contatar o telefone celular de uma criança, e algumas chamadas eram eventualmente interrompidas sem terem sido completadas. No final, os 17.421 números em funcionamento discados resultaram em uma amostra final de 500 números fixos e 505 números de celulares, dando uma taxa de resposta de 6% para os números fixos e de 5% para os telefones celulares, a fração de todos os respondentes *aptos* na amostra que foram finalmente entrevistados.[8] Não sabemos se aqueles que não foram entrevistados diferiam de modo sistemático daqueles que o foram. É improvável que os dois grupos sejam similares, e nenhuma evidência é fornecida de que eles sejam. Se eles não o são, viés (talvez substancial) estaria presente, tornando os resultados não confiáveis como indicadores do que seria verdadeiro sobre a população em geral. Seria uma infelicidade se decisões pessoais ou de políticas públicas se baseassem em tais resultados.

Além disso, o comportamento do respondente ou do entrevistador pode causar um *viés de resposta* nos resultados amostrais. As pessoas sabem que devem se dar ao trabalho de votar, por exemplo, de modo que muitos dos que não votaram na última eleição dirão ao entrevistador que votaram. A raça ou o gênero do entrevistador podem influenciar respostas a questões sobre relações raciais ou atitudes em relação ao feminismo. Respostas a questões que exigem que o respondente se lembre de acontecimentos passados são, em geral, imprecisas devido à falha de memória. Por exemplo, muitas pessoas usam um processo de "telescópio" sobre acontecimentos do passado, trazendo-os, na memória, para período de tempo mais recente. "Você foi ao dentista nos últimos seis meses?" Em geral terá um "sim" como resposta de pessoas que foram ao dentista, pela última vez, há oito meses.[9] O cuidado no treinamento dos entrevistadores e na supervisão para evitar variação entre os entrevistadores pode reduzir o viés de resposta. Uma boa técnica de entrevista é outro aspecto de uma pesquisa amostral bem-feita.

Viés de resposta

Viés de resposta ocorre quando os respondentes da pesquisa respondem de maneira falsa, ou deliberadamente, ou por erro.

Em nossa discussão sobre viés, é importante distinguir entre duas maneiras nas quais o viés pode ocorrer em uma pesquisa. O viés pode resultar da seleção da amostra por meio de amostragem voluntária ou subcobertura. No entanto, mesmo com uma amostra bem selecionada, o viés ainda pode ocorrer por meio da não resposta ou respostas não verdadeiras à questão. Não confunda amostragem voluntária com não resposta. Amostragem voluntária está relacionada à seleção da amostra, enquanto a não resposta se relaciona à escolha feita por possíveis participantes de não responder depois que a amostra já foi selecionada.

Efeitos da formulação das questões
A influência da formulação da questão sobre as respostas da pesquisa, nas quais diferentes fraseados da mesma questão podem sugerir diferentes respostas.

Os **efeitos da formulação das questões** são a mais importante influência sobre as respostas dadas a uma pesquisa amostral. Perguntas confusas ou dirigidas podem introduzir forte viés, e mudanças na redação podem alterar enormemente o resultado de uma pesquisa. Até mesmo a ordem em que as questões são feitas interessa. Eis alguns exemplos.[10]

EXEMPLO 8.8 Como era aquela pergunta?

Como os americanos se sentem em relação às condições dos centros de detenção de imigrantes ilegais? "Você acha que as condições nos centros de detenção da imigração são um problema sério, ou você não pensa assim?" Feita essa pergunta em uma pesquisa de opinião, 42% de republicanos disseram ser um problema sério. Mas, quando a mesma pergunta foi feita: "Você acha que as condições nos centros de detenção da imigração são desumanas, ou você não pensa assim?", apenas 13% de republicanos disseram que as condições eram desumanas. Questões diferentes dão impressões bem diferentes de atitudes em relação às condições nos centros de detenção de imigração.

E sobre a eleição de um presidente *gay*? Apenas 36% acham que "nós" (americanos) estamos prontos para eleger um presidente *gay*, mas 70% disseram que estão abertos à eleição de um presidente *gay*.

EXEMPLO 8.9 Você é feliz?

Faça estas duas perguntas a uma amostra de universitários:

"*Quão satisfeito você está com sua vida em geral?*" (Respostas em uma escala de 1 a 5.)

"*Quantos encontros você teve no último mês?*"

Quando as perguntas são feitas nessa ordem, parece que ter encontros e felicidade não estão associados, ou que ter encontros tem pouco a ver com felicidade. No entanto, inverta a ordem das questões e você verá uma forte associação entre as respostas, com maior felicidade associada a mais encontros. Fazer primeiro a pergunta sobre encontros torna o sucesso do encontro um grande fator na felicidade.

⚠ *Não confie nos resultados de uma pesquisa amostral até ter lido as questões exatas que foram feitas. A quantidade de não resposta e a data da pesquisa também são importantes.* Bom planejamento estatístico é uma parte – mas apenas uma parte – de uma pesquisa confiável.

APLIQUE SEU CONHECIMENTO

8.13 Uma pesquisa com 100 mil médicos. Em 2010, a Physicians Foundation realizou uma pesquisa sobre as atitudes dos médicos em relação à reforma do serviço de saúde, dizendo que o relatório era de "uma pesquisa com 100 mil médicos". A pesquisa foi enviada a 100 mil médicos selecionados aleatoriamente e que exerciam a medicina nos EUA; 40 mil pelos correios e 60 mil via *e-mail*. Um total de 2.379 pesquisas preenchidas foram recebidas.[11]

(a) Estabeleça cuidadosamente qual população é amostrada nessa pesquisa e qual é o tamanho amostral. Você poderia tirar conclusões desse estudo sobre todos os médicos exercendo a medicina nos EUA?

(b) Qual é a taxa de não resposta para essa pesquisa? Como isso afeta a credibilidade dos resultados da pesquisa?

(c) Por que é enganoso chamar o relatório de "uma pesquisa com 100 mil médicos"?

8.14 Serviço de saúde universal. Em 2019, duas pesquisas foram realizadas, uma pela Monmouth University e outra pela NBC News/*Wall Street Journal*. Cada uma perguntou a uma amostra nacional de pessoas sobre suas opiniões relativas ao serviço de saúde universal.[12] A seguir, estão as duas questões:

Questão A: *Você é a favor ou contra a criação de um sistema universal de saúde na América?*

Questão B: *Você é a favor ou contra um sistema de saúde de pagador único no qual todos os americanos obteriam seu seguro de saúde de um plano do governo que é financiado em parte por taxas?*

Uma dessas questões teve 58% de respostas favoráveis; a outra questão teve apenas 44% de respostas a favor. Qual redação incentiva na direção de uma resposta mais negativa sobre o serviço de saúde universal? Por quê?

8.7 O impacto da tecnologia

Algumas pesquisas amostrais nacionais, incluindo a General Social Survey, as governamentais American Community Survey e a Current Population Survey, entrevistam alguns, ou todos os sujeitos, pessoalmente. Isso é dispendioso e demorado, de modo que a maioria das pesquisas nacionais contata os sujeitos por telefone usando o método de discagem de dígitos aleatórios (DDA) descrito no Exemplo 8.5. A tecnologia, especialmente o avanço dos telefones celulares, está tornando o tradicional método DDA superado.

Primeiramente, a *varredura de chamadas* é hoje comum. Grande parte das residências americanas possui secretárias eletrônicas, correio de voz ou identificadores de chamada, e muitas usam esses métodos para examinar suas chamadas. Chamadas de organizações de pesquisa raramente são retornadas.

ESTATÍSTICA NO MUNDO REAL

Não telefone!

As pessoas que fazem pesquisas amostrais detestam *telemarketing*. Diante de tantas ofertas de vendas indesejadas por telefone, muitas pessoas desligam o telefone antes de saber que quem está telefonando está realizando uma pesquisa e não vendendo revestimento de vinil. Nos EUA, é possível eliminar chamadas de *telemarketing* comerciais colocando o número de telefone no National Do Not Call Registry. Basta assinar em www.donotcall.gov. Chamadas de organização política, caridade e de pesquisa por telefone não são cobertas pelo Registro Nacional Não Telefone. Mas, se eles fazem uma pesquisa e também oferecem venda de produtos ou serviços, eles devem cumprir as regras.

Mais sério ainda, o número de *residências com apenas telefones celulares* está crescendo rapidamente. Já no final de 2009, 25% das residências americanas possuíam telefones celulares, mas não tinham telefones fixos; no final de 2014 esse número tinha crescido para 45% e, em meados de 2017, o percentual era de 53,9%. A partir desses números, está claro que será um problema o DDA alcançar apenas números de telefones fixos. As pesquisas podem simplesmente adicionar os números de telefones celulares? Não facilmente. As regulamentações federais proíbem discagem automática para telefones celulares, o que impede a amostragem via DDA computadorizada e requer a discagem, à mão, de números de telefones celulares, o que é dispendioso. Um telefone celular pode estar em qualquer lugar, e muitas pessoas mantêm seus números, mesmo quando mudam, de modo que a estratificação por localização se torna difícil. E o usuário de um telefone celular pode estar dirigindo ou, de outra maneira, impossibilitado de conversar com segurança.

Pessoas que protegem as chamadas de seus telefones e que têm apenas telefone celular tendem a ser mais jovens do que a população em geral. Em meados de 2017, 73,3% dos adultos com idade entre 25 e 29 anos viviam em residências sem telefone fixo. Assim, as pesquisas com DDA podem se tornar viesadas (ver Exercício 8.16). Pesquisas cuidadosas ponderam suas respostas para reduzir o viés. Por exemplo, se uma amostra contém poucos adultos jovens, as respostas dos jovens adultos que realmente respondem recebem um peso extra. Isso pode ser feito pela multiplicação do número de respostas por um número maior do que 1 com base na proporção conhecida de jovens adultos na população geral.

Mas, com as taxas de resposta caindo continuamente e o número de telefones celulares crescendo sistematicamente, o futuro das pesquisas por DDA de telefones fixos não é promissor. Algumas organizações de pesquisa incluem uma quota mínima de usuários de celulares em suas amostras, para ajudar a ajustar o viés[13] (ver Exercícios 8.5 e 8.45).

Uma alternativa é o uso de *pesquisas pela web*, um método de pesquisa que está se tornando popular, em vez de pesquisas telefônicas. As pesquisas pela *web* têm várias vantagens em relação aos métodos mais tradicionais. É possível coletar grande quantidade de dados de pesquisa a custos muito mais baixos do que permitem os métodos tradicionais. Qualquer pessoa pode colocar questões de pesquisa em *sites* dedicados que oferecem serviços gratuitos; assim, a coleta de dados em larga escala está disponível a qualquer pessoa com acesso à internet. Além disso, as pesquisas pela *web* permitem a entrega de conteúdos de pesquisas multimídia aos respondentes, abrindo novos horizontes de possibilidades de pesquisa que seriam de difícil implementação pelos métodos tradicionais. Alguns afirmam que as pesquisas pela *web* substituirão os métodos tradicionais de pesquisa.

Embora as pesquisas pela *web* sejam fáceis de fazer, não é fácil fazê-las bem feitas. Três principais problemas são resposta voluntária, subcobertura, e não resposta. A resposta voluntária aparece de várias maneiras em pesquisas *online*. O Exemplo 8.3 é uma pesquisa que convidou indivíduos a um *site* particular para participar de uma pesquisa. Outras pesquisas pela *web* solicitam participação por meio de anúncios em grupos de notícias, convites por *e-mail*, e anúncios em *sites* de alto tráfego.[14]

EXEMPLO 8.10 Compras de volta às aulas

NerdWallet, uma companhia financeira, relata que 52% dos pais dizem se sentirem pressionados pelos filhos a comprar itens para a volta às aulas que eles desejam, mesmo que custem mais do que os pais normalmente desejariam pagar.[15] Como NerdWallet chegou a esse número? Esse número se baseia em uma pesquisa *online* com 2.010 adultos nos EUA, realizada por Harris Interactive, durante o período de 30 de maio a 30 e junho de 2019. Esse é um exemplo mais sofisticado de resposta voluntária, que ocorre quando uma organização de pesquisa, nesse caso a Harris Interactive, mantém um painel de voluntários, que é recrutado para preencher questionários na internet, em geral em troca de pontos resgatáveis por dinheiro ou brindes. Os componentes do painel aderem pelo *site* da companhia de pesquisa e fornecendo algumas informações pessoais que são, mais tarde, usadas para selecioná-los para pesquisas específicas. A Harris Interactive usa um painel de pesquisa de mais de 6 milhões de voluntários em todo o mundo, do qual ela selecionou a amostra para a pesquisa de NerdWallet. Em seu relatório sobre painéis *online*,[16] a American Association of Public Opinion Research adverte contra o uso da não probabilidade em painéis *online* (painéis que não são amostras aleatórias) quando o objetivo é a estimativa de valores populacionais. Ela também recomenda contra a indicação de uma margem de erro amostral desse tipo de amostra, porque o resultado pode ser enganoso. Na seção sobre a metodologia de sua pesquisa, NerdWallet afirma "Essa pesquisa *online* não se baseia em uma amostra probabilística e, portanto, nenhuma estimativa de erro amostral pode ser calculada", embora o problema de potencial viés não seja abordado.

Subcobertura ainda é um problema, mesmo para pesquisas cuidadosas na *web*, porque, como em 2019, cerca de 10% dos americanos não tinham acesso à internet e apenas cerca de 73% tinham acesso via banda larga. Pessoas sem acesso à internet têm mais chance de serem pobres, mais velhas, pertencerem a minorias ou serem de zona rural, do que a população em geral, de modo que o potencial de um viés em uma pesquisa pela *web* é claro. Não há uma maneira fácil de escolher uma amostra aleatória, mesmo entre pessoas com acesso à internet, porque não há tecnologia que gere aleatoriamente endereços eletrônicos como a DDA, que gera números de telefones residenciais. Mesmo que essa tecnologia existisse, a etiqueta e as regulamentações sobre *spam* impediriam envio de mensagens em massa. Por enquanto, pesquisas pela *web* funcionam bem apenas para populações restritas; por exemplo, pesquisa de estudantes de sua universidade usando a lista da escola dos endereços eletrônicos dos estudantes. A seguir, um exemplo de uma bem-sucedida pesquisa pela *web*.

EXEMPLO 8.11 Médicos e placebos

Um placebo é um tratamento inócuo, como uma pílula de sal, que não tem qualquer efeito direto sobre o paciente, mas que pode produzir uma resposta pela expectativa do paciente. Os médicos acadêmicos que mantêm clínicas particulares dão, algumas vezes, um placebo a seus pacientes? Uma pesquisa, pela internet, com médicos de departamentos de medicina interna em escolas de medicina na área de Chicago foi possível porque quase todos tinham endereços de *e-mail* listados.

Foi enviado um *e-mail* a cada médico explicando o objetivo do estudo, prometendo sigilo e fornecendo um *link* individual na rede para resposta. No total, 231 de 443 médicos responderam. A taxa de resposta foi ajudada pelo fato de os *e-mails* terem sido enviados por um grupo de uma escola de medicina. Resultado: 45% disseram ter usado, algumas vezes, um placebo em sua prática clínica.[17]

APLIQUE SEU CONHECIMENTO

8.15 SurveyMonkey. Em 2019, o *New York Times* realizou uma pesquisa *online* usando SurveyMonkey para determinar como as pessoas se sentiam sobre sua situação financeira. SurveyMonkey é um serviço grátis, *online*, de desenvolvimento de pesquisa e que oferece, também, uma opção promocional, com taxas, com base em características adicionais. A pesquisa foi realizada no período de 7 a 13 de outubro, e uma questão era "Olhando para frente - você acha que daqui a um ano você e sua família estarão financeiramente melhor, pior, ou do mesmo jeito que agora?" Um total de 2.701 pessoas responderam à pesquisa, e 85% responderam que do mesmo jeito ou melhor.

(a) Eis o que o *New York Times* diz sobre a metodologia da pesquisa: "Essa pesquisa *online* por meio do SurveyMonkey foi realizada no período de 7 a 13 de outubro de 2019 com uma amostra nacional de 2.701 adultos. Os respondentes da pesquisa foram selecionados entre mais de 2 milhões de pessoas que faziam pesquisa na plataforma SurveyMonkey a cada dia. Os dados eram ponderados em relação a idade, raça, sexo, educação e geografia, usando a pesquisa da comunidade americana do Census Bureau para refletir a composição demográfica dos EUA."[18] Quais preocupações você tem sobre se os resultados dessa pesquisa representam as opiniões de todos os adultos americanos?

(b) Qual grupo de adultos nos EUA provavelmente é sub-representado por essa pesquisa?

8.16 Mais sobre discagem de dígitos aleatórios. Em meados de 2017, cerca de 53,9% dos adultos viviam em residências com um telefone celular e sem telefone fixo. Entre os adultos com idade de 25 a 29 anos, esse número era de aproximadamente 73,3%, enquanto entre adultos acima de 65 anos, o percentual era de apenas 23,9%.[19]

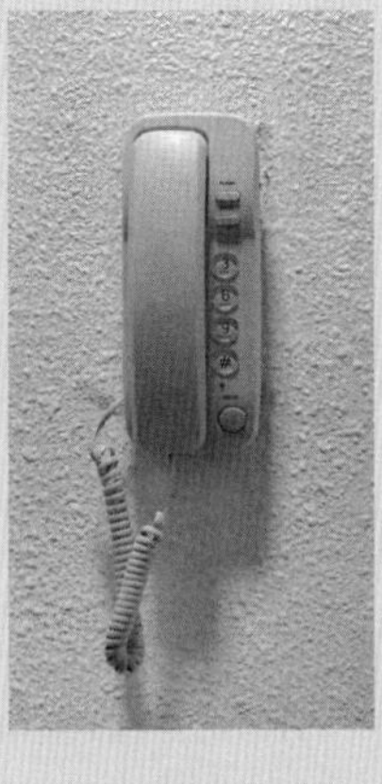
Igor Vershinsky/iStock

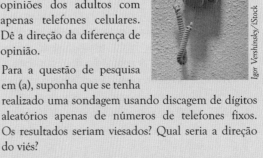

(a) Escreva uma pergunta de pesquisa para a qual as opiniões dos adultos que tinham apenas telefones fixos provavelmente vão ser diferentes das opiniões dos adultos com apenas telefones celulares. Dê a direção da diferença de opinião.

(b) Para a questão de pesquisa em (a), suponha que se tenha realizado uma sondagem usando discagem de dígitos aleatórios apenas de números de telefones fixos. Os resultados seriam viesados? Qual seria a direção do viés?

(c) A maioria das pesquisas suplementa a amostra com telefone fixo contatada por discagem DDA com uma segunda amostra de respondentes alcançados por discagem aleatória de números de telefones celulares. Os respondentes de telefones fixos são ponderados para levar em conta o tamanho da família e o número de linhas de telefone na residência, enquanto os respondentes de celulares são ponderados de acordo com serem alcançados apenas por celular ou também por telefone fixo. Explique por que é importante a inclusão de ambas as amostras, a de respondentes de telefones fixos e a de respondentes de telefones celulares. Por que o número de linhas de telefone na residência é importante? (*Sugestão*: como o número de linhas telefônicas em uma residência afeta a chance de a residência ser incluída na amostra DDA?)

RESUMO

- Uma **pesquisa amostral** seleciona uma amostra de uma população de todos os indivíduos sobre os quais queremos informação. As conclusões sobre a população se baseiam nos dados da amostra. É importante especificar exatamente qual a população de interesse e quais variáveis estão sendo medidas.
- O planejamento de uma amostra descreve o método usado para a seleção da amostra da população. Planejamentos amostrais aleatórios usam o acaso para selecionar uma amostra.
- O planejamento básico de uma amostragem aleatória é uma **amostra aleatória simples (AAS)**. Uma AAS atribui a cada amostra possível de determinado tamanho a mesma chance de ser escolhida.
- Escolha uma AAS rotulando os membros da população e usando **dígitos aleatórios** para selecionar a amostra. Um *software* pode automatizar esse processo.
- Para escolher uma **amostra aleatória estratificada**, classifique a população em **estratos**, grupos de indivíduos que são similares de alguma forma importante para a resposta. Escolha, então, uma AAS separada de cada estrato.
- Deixar de usar amostragem aleatória frequentemente resulta em **viés**, ou erros sistemáticos na maneira como a amostra representa a população. **Amostras de resposta voluntária**, nas quais os informantes escolhem a si próprios, tendem, em particular, a gerar grandes vieses.
- Em populações humanas, mesmo amostras aleatórias podem sofrer de viés devido à **subcobertura** ou **não resposta**, a **viés de resposta**, ou a resultados enganadores em razão de perguntas mal formuladas. Pesquisas amostrais devem lidar habilmente com esses problemas potenciais, além de utilizar planejamento de amostragem aleatória.
- A maioria das pesquisas amostrais nacionais (nos EUA) é feita por telefone, usando a *discagem de dígitos aleatórios* para

a escolha aleatória de números de telefones residenciais. Como a proteção de chamadas telefônicas está aumentando a não resposta nessas pesquisas, e o aumento do número de residências com apenas telefones celulares aumenta a subcobertura, muitas pesquisas incluem uma quota mínima de usuários de telefones celulares em suas amostras para ajudar a ajustar o viés. *Pesquisas pela web* estão se tornando mais frequentes, mas podem sofrer por resposta voluntária, subcobertura e não resposta.

VERIFIQUE SUAS HABILIDADES

8.17 Uma loja *online* contata 1.000 clientes de sua lista de clientes que haviam feito alguma compra na loja no último ano. Ao todo, 696 dos 1.000 disseram estar muito satisfeitos com o *site* da loja. A população nesse contexto é

(a) todos os clientes que fizeram alguma compra nessa loja no último ano.

(b) os 1.000 clientes contatados.

(c) os 696 clientes que estavam satisfeitos com o *site* da loja na *web*.

8.18 Uma pesquisa de opinião liga para 2.000 telefones residenciais escolhidos aleatoriamente em Portland e pede para falar com um membro adulto da residência. O entrevistador pergunta: "A quantos filmes você assistiu em um cinema nos últimos 12 meses?" Ao todo, 831 pessoas responderam. A amostra nesse estudo se refere a

(a) todos os adultos que vivem em Portland.

(b) os 2.000 números de telefone residenciais chamados.

(c) as 831 pessoas que responderam.

8.19 A taxa (percentual) de não resposta no exercício anterior é de

(a) 8,31% (b) 41,5% (c) 58,5%

8.20 O National Health and Nutrition Examination Study (NHANES) pediu a uma amostra de 9.317 participantes que lembrassem suas dietas durante as 24 horas anteriores. A informação nessa amostra foi usada em um estudo recente que encontrou que, na média, 57,9% das calorias ingeridas pelos participantes eram obtidas de alimentos ultraprocessados que incluem substâncias não usadas em receitas culinárias, como sabores, cores, adoçantes, emulsificantes e outros aditivos. Uma das limitações do estudo relatadas pelos autores foi a dependência da lembrança dos indivíduos sobre suas dietas.[20] Os autores estavam preocupados com

(a) viés de resposta.

(b) subcobertura.

(c) superestratificação.

8.21 Arqueólogos planejam examinar uma amostra de terrenos de 2 metros quadrados próximos de uma cidade grega, antiga, em razão de artefatos visíveis no solo. Eles escolhem amostras separadas de terrenos alagadiços, na costa, no pé de montanhas e no alto de montanhas. Que tipo de amostra é essa?

(a) Uma amostra aleatória simples.

(b) Uma amostra aleatória estratificada.

(c) Uma amostra de resposta voluntária.

8.22 Você deve escolher uma AAS de 10 das 440 lojas de varejo em Nova York que vendem os produtos de sua companhia. Como você rotularia essa população para selecionar uma amostra aleatória simples?

(a) 001, 002, 003, . . . , 439, 440

(b) 000, 001, 002, . . . , 439, 440

(c) 1, 2, . . . , 439, 440

8.23 Você está usando a tabela de dígitos aleatórios para escolher uma amostra aleatória simples de seis estudantes de uma classe de 30 estudantes. Você rotula os estudantes de 01 a 30, em ordem alfabética e, então, escolhe a amostra aleatória simples. Qual das seguintes é uma amostra possível de ser obtida?

(a) 45, 74, 04, 18, 07, 65

(b) 04, 18, 07, 13, 02, 07

(c) 04, 18, 07, 13, 02, 05

8.24 Uma loja *online* escolhe uma amostra, selecionada aleatoriamente, de uma lista de todas as pessoas que compraram um item da loja no último ano. A loja envia a cada pessoa selecionada um *e-mail* convidando-a a preencher uma breve pesquisa *online* sobre sua experiência de comprar na loja *online*. A loja está interessada somente na população de todos os seus clientes do último ano. A amostra certamente sofrerá de

(a) não resposta.

(b) subcobertura.

(c) má redação da questão.

8.25 O Relatório do Pew Research Center intitulado "Libraries 2016", lançado em 9 de setembro de 2016, perguntou a uma amostra de 1.601 norte-americanos, com idade de 16 anos ou mais: "Você já visitou pessoalmente uma biblioteca pública ou usou uma biblioteca pública móvel pessoalmente nos últimos 12 meses?" Em toda a amostra, 48% disseram sim. Mas apenas 40% daqueles na amostra com mais de 65 anos de idade disseram sim. Qual dessas duas porcentagens amostrais será mais exata como uma estimativa da verdade sobre a população?

(a) O resultado daquele acima de 65 anos é mais exata porque é mais fácil estimar uma proporção para um grupo pequeno de pessoas.

(b) O resultado para a amostra inteira é mais exato porque vem de uma amostra maior.

(c) Ambas são igualmente exatas porque são provenientes da mesma amostra.

EXERCÍCIOS

Em todos os exercícios que pedem uma AAS, você pode usar um programa, o applet *Simple Random Sample, ou a Tabela B.*

8.26 **Importância das vacinações na infância.** O debate sobre vacinações na infância continuou a ser um dos principais problemas das notícias em 2019, com o CDC relatando que, no período de 1º de janeiro a 1º de outubro de 2019, os EUA enfrentaram um número recorde de casos de sarampo, com 1.249 casos relatados em 31 estados. Esse é o maior número de casos relatados em um único ano desde 1992. (A eliminação do sarampo foi documentada nos EUA em 2000.) De acordo com o mesmo relatório do CDC, "1.107 (89%) [dos casos de sarampo] eram em pacientes não vacinados ou que tinham um *status* vacinal desconhecido". Uma pesquisa do Gallup World fez a seguinte pergunta: "Você concorda, discorda, ou nem concorda nem discorda quanto à afirmação de que 'É importante que as crianças sejam vacinadas'?" De acordo com a seção de metodologia de pesquisa, os resultados da pesquisa do Gallup se baseiam em entrevistas por telefone, realizadas durante o período de 12 de julho a 23 de agosto de 2018, com uma amostra aleatória de 1.006 pessoas, com idade de 15 anos ou mais, que moravam nos EUA.[21]

(a) Qual é a população para essa pesquisa amostral?

(b) Qual é a amostra?

8.27 **Perfilamento racial e paradas no trânsito.** O Departamento de Polícia de Denver deseja saber se os residentes hispânicos de Denver acreditam que a polícia usa perfilamento racial ao fazer paradas no trânsito. Um sociólogo prepara várias questões sobre a polícia. O departamento de polícia escolhe uma AAS de 200 endereços de correio predominantemente em vizinhanças hispânicas e envia um oficial de polícia sem uniforme para cada endereço para fazer perguntas a um adulto que more lá.

(a) Quais são a população e a amostra?

(b) Por que os resultados provavelmente serão viesados, mesmo a amostra sendo uma AAS?

8.28 **Relações raciais.** Uma pesquisa de 2018 do Gallup mostrou que a maioria dos americanos negros classifica as relações raciais com as pessoas brancas como ruins. A pesquisa se baseia em entrevistas por telefone realizadas em 19 de dezembro de 2018, com uma amostra aleatória de 6.502 adultos, com 18 anos ou mais, e que moram nos 50 estados americanos e no Distrito de Columbia. Telefones fixos e celulares foram selecionados com o uso da discagem digital aleatória.[22]

(a) A pesquisa deseja a opinião de um indivíduo adulto, mas um telefone fixo pode alcançar uma residência em que podem morar vários adultos. Nesse caso, a pesquisa entrevista o adulto com a data de aniversário mais recente. Por que isso é preferível a simplesmente entrevistar a pessoa que atende ao telefone?

(b) Qual é a população que essa pesquisa deseja descrever? Por que você acha importante a inclusão tanto de telefones fixos quanto de celulares na amostra?

8.29 **Amostrando o Condado de Greenville.** O programa "rails to trails" envolve a conversão dos velhos corredores de trens em trilhas de múltiplos propósitos, para recreação e transporte. Os pesquisadores estavam interessados em obter informação sobre as características e usuários e de não usuários de uma trilha verde pavimentada de 10 milhas de extensão em Greenville, Carolina do Sul, que liga as áreas residenciais tanto ao *campus* universitário quanto à área comercial central da cidade. Foi feita a discagem de dígitos aleatórios de números residenciais usando uma base de dados de códigos de área. Foi contatado um total de 2.461 pessoas, e 726 deles completaram a pesquisa. Quando se contatava uma residência, os pesquisadores pediam para falar com o adulto com mais de 18 anos, com aniversário mais próximo. Nenhum número de telefone celular foi incluído.[23]

(a) Qual é a população de interesse? Qual é a taxa de resposta para a pesquisa?

(b) A tabela a seguir dá o número de adultos entre 18 e 64 anos e acima de 65 anos, tanto na amostra como no condado (apenas 689 dos 726 respondentes à pesquisa forneceram dados sobre suas idades). As contagens do condado foram obtidas do U.S. Census Bureau:

	Na amostra	No Condado de Greenville
Idade 18-64	436	356.123
Idade de 65 ou mais	253	105.176
Total	689	461.299

Qual porcentagem da amostra está entre 18 e 64 anos? Qual porcentagem da população está entre 18 e 64 anos? Essa diferença surpreende você, dado o método amostral descrito? Explique brevemente.

(c) Entre os 726 respondentes, 181, ou 24,9%, relataram terem usado a trilha nos seis meses passados. Você acha que esse método amostral fornece informação viesada sobre a porcentagem dos adultos do Condado de Greenville que usaram a trilha nos últimos seis meses? Qual é a provável direção do viés? Explique brevemente.

8.30 **Relações raciais (continuação).** A amostra para a pesquisa descrita no Exercício 8.28 incluía 4.578 adultos brancos não hispânicos, 701 negros não hispânicos, e 760 hispânicos. Os resultados para toda a amostra são considerados exatos com ±2%. A margem de erro para brancos não hispânicos é de ±2%, e para negros não hispânicos e hispânicos, a margem de erro é de ±5%.

(a) Por que a precisão para brancos não hispânicos é maior do que para negros não hispânicos e hispânicos?

(b) O tamanho total da amostra era de 6.502. Por que você acha que foi usado um tamanho amostral tão grande? Se você desejar comparar as respostas de vários diferentes grupos étnicos, explique brevemente a necessidade de um grande tamanho amostral no total.

8.31 **Pagando impostos.** Em abril de 2019, uma pesquisa Gallup fez duas perguntas sobre a quantia que se paga em impostos federais sobre a renda.[24] Eis as duas questões:

Questão A: *Você considera justo o imposto de renda que você vai pagar neste ano?*

Questão B: *Você considera a quantia de imposto sobre a renda que você deve pagar como muito alta, justa, ou muito baixa?*

Uma dessas apontou 57% que disseram que a quantia era justa ou certa; para a outra, 48%. Qual fraseado resultou na menor porcentagem? Por quê?

8.32 **Pesquisas *online* de notícias.** Em seguida a 15 de outubro de 2019, o quarto debate democrático, *Drudge Report* publicou uma pesquisa *online* em seu *site* e perguntou aos leitores quem havia ganho o debate. Um total de 208.001 eleitores participaram, com Gabbard recebendo 79.881 votos (38%), Yang recebendo 37.944 votos (18%), Buttigieg recebendo 25.337 votos (12%), Warren recebendo 14.405 votos (7%), Kloubachar recebendo 13.142 votos (6%), Biden recebendo 11.246 votos (5%), Steyers recebendo 7.791 votos (4%), Sanders recebendo 7.672 votos (4%), e os candidatos restantes recebendo, cada um, 1% ou menos votos.[25] O tamanho amostral para essa pesquisa é muito maior do que é típico para pesquisas como as do Gallup. Explique por que a pesquisa deve dar informação não confiável sobre a população de eleitores, mesmo com amostra tão grande.

8.33 **Fraseado das questões.** Em agosto de 2019, o Gallup fez a seguinte pergunta a uma amostra de 2.291 americanos adultos:

> *Você é a favor ou contra uma lei que tornaria ilegal fabricar, vender ou possuir armas semiautomáticas conhecidas como fuzis de assalto?*

47% foram favoráveis. Ao mesmo tempo, o Gallup fez também a pergunta:

> *Você acha que deveria ou não haver uma proibição sobre fabricação, posse e venda de armas semiautomáticas, conhecidas como fuzis de assalto?*

61% disseram que deveria haver.[26] Por que você acha que os resultados para as duas questões diferem tanto?

8.34 **Não resposta.** O Exercício 8.10 discute a pesquisa do Pew Research Center *Teens, Social Media & Technology* realizada na primavera de 2018. O relatório menciona que 743 adolescentes completaram a pesquisa e que a taxa de resposta foi de 18%.[27] Aproximadamente, quantos adolescentes devem ter sido recrutados para a pesquisa para uma taxa de resposta de 18%?

8.35 **Ultrapassando o sinal vermelho.** Uma pesquisa sobre hábitos de direção feita por pesquisadores acadêmicos produziu uma lista de 5.024 motoristas com carteira.[28] Os pesquisadores escolheram uma AAS de 880 desses motoristas para responder a questões sobre seus hábitos de direção.

(a) Como você daria rótulos aos 5.024 motoristas? Escolha os cinco primeiros motoristas na amostra. Se você usar a Tabela B, comece na linha 118.

(b) Uma pergunta feita foi "Relembrando os dez últimos sinais de trânsito pelos quais você passou, quantos deles estavam vermelhos quando você entrou nos cruzamentos? Dos 880 respondentes, 171 admitiram que pelo menos um dos sinais estava vermelho. Um problema prático com essa pesquisa é que as pessoas podem não dar respostas verdadeiras. Qual é, provavelmente, a direção do viés: você acha que mais ou menos de 171 dos 880 respondentes realmente passaram com a luz vermelha? Por quê?

8.36 **Uso do cinto de segurança.** Um estudo em El Paso, Texas, analisou o uso do cinto de segurança pelos motoristas. Os motoristas foram observados em lojas de conveniência escolhidas aleatoriamente. Depois que eles saíam dos carros, eram convidados a responder a questões que incluíam o uso do cinto de segurança. Ao todo, 75% disseram que sempre usavam os cintos, embora apenas 61,5% estivessem usando o cinto quando entraram nas vagas de estacionamento da loja.[29] Explique a razão para o viés observado nas respostas à pesquisa. Você espera viés na mesma direção na maioria das pesquisas sobre o uso do cinto de segurança?

8.37 **Opiniões de estudantes.** Uma universidade tem 30 mil estudantes na graduação e 10 mil estudantes graduados. Uma pesquisa da opinião dos estudantes relativa aos benefícios do serviço de saúde para parceiros domésticos de estudantes seleciona aleatoriamente 300 dos 30 mil estudantes da graduação e, então, separadamente, seleciona aleatoriamente 100 dos 10 mil estudantes graduados. Os 400 estudantes escolhidos constituem a amostra.

(a) Qual é a probabilidade de que qualquer dos 30 mil estudantes da graduação esteja em sua amostra aleatória de 300 selecionados na graduação? Qual é a probabilidade de que qualquer dos 10 mil estudantes graduados esteja em sua amostra aleatória de 100 estudantes graduados selecionados?

(b) Se você fez os cálculos corretos na parte (a), a probabilidade de qualquer estudante da universidade ser selecionado é a mesma. Por que sua amostra de 400 estudantes da universidade não é uma AAS de estudantes? Explique.

8.38 **Liga-não atende.** Uma forma comum de não resposta em pesquisas por telefone é "liga-não atende". Isto é, uma chamada é feita para um número ativo, mas ninguém atende. O Italian National Statistical Institute analisou a não resposta para uma pesquisa do governo com residências na Itália durante os períodos de 1º de janeiro até a Páscoa e de 1º de julho até 31 de agosto. Todas as chamadas foram feitas entre 19 e 22 h, mas 21,4 % deram "liga-não atende" em um dos períodos *versus* 41,5% "liga-não atende" em outro período.[30] Qual período você acha que teve a maior taxa de não resposta? Por quê? Explique por que uma alta taxa de não resposta torna os resultados amostrais menos confiáveis.

8.39 ***Retweeters.*** Twitter and Compete, companhia de serviços de *marketing*, realizaram uma pesquisa para investigar algumas das características daqueles que retweetam (isto é, repostam o que alguém já postou). Entre outras descobertas, encontrou-se que os usuários do Twitter que retweetam são demograficamente similares àqueles que não o fazem, usam o Twitter mais durante o dia, e são mais propensos a usar o Twitter no telefone móvel. Eis a seção de metodologia contida junto aos resultados da pesquisa:

> As descobertas se baseiam em dados de pesquisas feitas nos EUA durante 2012. Twitter and Compete trabalharam junto para construir um questionário que perguntava aos respondentes sobre sua propensão a usar

o Twitter e outros serviços, bem como quando, onde, como e por que seus padrões de uso. Compete entrevistou 655 usuários da internet nos EUA para esse estudo.[31]

(a) Explique, em linguagem simples, por que é importante saber como a amostra foi selecionada quando da extração das conclusões sobre uma pesquisa.

(b) Você acha que a seção de metodologia explica adequadamente como a amostra foi selecionada? Explique por que, ou por que não. Se não, qual informação está faltando, e por que ela é importante?

8.40 **Amostragem de farmacêuticos.** Todos os farmacêuticos na província de Ontário, Canadá, necessitam ser membros do Ontario College of Pharmacists. Ao final de 2018, eis os tipos de práticas que eles tinham:[32]

Tipo de prática	Número de farmacêuticos
Farmácia da comunidade	11.323
Hospital ou outro local de cuidado de saúde	2.664
Academia ou governo	333
Indústria	500
Escritório corporativo, prática profissional, ou clínica	167

Suponha que o conselho esteja interessado em obter as opiniões dos membros e a compreensão do 2012 Expanded Scope of Practice Regulations, que autoriza os farmacêuticos a fornecer serviços adicionais, inclusive a prescrever drogas para parar de fumar e a administrar a vacina contra influenza custeada pelo poder público. Para ter certeza de que todos os tipos de prática serão representados, você escolhe uma amostra aleatória estratificada de 10 farmacêuticos de cada tipo de prática. Explique como você rotulará cada tipo de prática e dará os números de rótulo para os 10 farmacêuticos em cada farmácia da comunidade e indústria que farão parte de sua amostra. Utilize um programa, o *applet* Simple Random Sample, ou a Tabela B. Se você usar a Tabela B, comece na linha 125 para farmácias de comunidade e na linha 133 para indústria.

8.41 **Amostragem de florestas amazônicas.** Amostras estratificadas são amplamente usadas para o estudo de grandes áreas de floresta. Com base em imagens de satélite, a área de floresta na Bacia Amazônica é dividida em 14 tipos. Foram estudados os quatro tipos de maior valor comercial: florestas clímax aluvial de níveis de qualidade 1, 2 e 3, e floresta madura secundária. Os estudiosos dividiram a área de cada tipo em grandes lotes, escolheram lotes de cada tipo aleatoriamente, e contaram as espécies de árvores em um retângulo de 20 por 25 metros aleatoriamente localizado dentro de cada lote selecionado. Eis alguns detalhes:

Ildo Frazao/iStock

Tipo de floresta	Total de lotes	Tamanho amostral
Clímax 1	36	4
Clímax 2	72	7
Clímax 3	31	3
Secundária	42	4

Escolha a amostra estratificada de 18 lotes. Certifique-se de explicar como você rotulou os lotes. Se usar a Tabela B, comece na linha 112.

8.42 **Pesquisa sobre o serviço de saúde canadense.** A décima terceira pesquisa anual sobre o Serviço de Saúde no Canadá, realizada pela POLLARA Research em maio e junho de 2018, é uma pesquisa de opiniões do público canadense e dos provedores de serviços de saúde sobre vários problemas de cuidados da saúde, incluindo qualidade dos serviços, acesso aos serviços de saúde, saúde e ambiente, e outros. De acordo com POLLARA, a pesquisa se baseou em entrevistas por telefone e incluiu amostras nacionalmente representativas de 1.500 membros do público canadense, 100 médicos, 100 enfermeiros, 100 farmacêuticos e 100 gerentes de saúde. Os resultados públicos são considerados exatos dentro de ±2,5%, enquanto a margem de erro para resultados para médicos, enfermeiros, farmacêuticos e gerentes é de ±9,8%.[33]

(a) Por que a exatidão é maior para o público do que para os provedores de saúde e gerentes?

(b) Por que você acha que os pesquisadores amostraram o público bem como provedores de serviços de saúde e gerentes?

8.43 **Amostras aleatórias sistemáticas.** Uma *amostra aleatória sistemática* percorre uma lista da população a intervalos fixos a partir de um ponto inicial escolhido aleatoriamente. Por exemplo, um estudo sobre encontros entre estudantes de faculdades escolheu uma amostra sistemática de 200 estudantes homens solteiros em uma universidade como segue.[34] Comece com uma lista de todos os 9 mil estudantes homens solteiros. Como 9.000/200 = 45, escolha um dos 45 primeiros nomes na lista aleatoriamente e, então, cada 45º depois desse. Por exemplo, se o primeiro nome escolhido está na posição 23, a amostra sistemática consiste nos nomes nas posições 23, 68, 113, 158, e assim por diante, até o número 8.978.

(a) Escolha uma amostra sistemática de 5 nomes de uma lista de 200. Se usar a Tabela B, entre na tabela na linha 128.

(b) Como uma AAS, uma amostra sistemática dá a todos os indivíduos a mesma chance de serem escolhidos. Explique por que isso é verdade e explique cuidadosamente por que uma amostra sistemática *não* é, no entanto, uma AAS.

8.44 **Mais sobre amostragem sistemática.** Silvicultores estavam interessados em estudar uma medida por sensor remoto de árvores em pé como alternativa para fazer medições no solo. A área de estudo era de 1.220 acres de floresta de pinheiros na Louisiana, na qual o U.S. Forest Service criou, primeiro, uma grade de 1.410 lotes circulares igualmente espaçados de 0,05 acre de área sobre um mapa da floresta.

A pesquisa no solo então visitou cada décimo lote e tomou medidas do volume das árvores.[35]

(a) Supondo que os lotes sejam numerados de 1 a 1.410, use a informação no exercício anterior para explicar como você selecionaria uma amostra sistemática de cada décimo lote.

(b) Agora, escolha uma amostra aleatória sistemática de 141 lotes para a pesquisa em solo. Se usar a Tabela B, comece na linha 133.

8.45 **Por que a discagem de dígitos aleatórios é comum.** A lista de indivíduos da qual uma amostra é realmente selecionada é chamada de *cadastro de referência*. Idealmente, o cadastro deveria listar todos os indivíduos na população, mas, na prática, em geral isso é difícil. Um cadastro que deixa de fora parte da população é uma fonte comum de subcobertura.

(a) Suponha que uma amostra de residências em uma comunidade seja selecionada aleatoriamente pelo catálogo telefônico. Quais residências serão omitidas? Quais tipos de pessoas você acha que, provavelmente, vivem nessas casas? Essas pessoas serão, possivelmente, sub-representadas na amostra.

(b) É comum as pesquisas por telefone usarem equipamentos de discagem de dígitos aleatórios que selecionam os últimos quatro dígitos de um número aleatoriamente, depois de receber o código de área (os três primeiros dígitos), como descrito no Exemplo 8.5. Quais das residências que você mencionou em sua resposta à parte (a) serão incluídas no cadastro de referência pela discagem de dígitos aleatórios?

8.46 **Uma pesquisa do Twitter.** Em setembro de 2019, a ProgressPolls fez a pergunta "Você acha que os democratas têm uma razão válida para querer impugnar Trump?" Dos 1.437 votos obtidos, 91% disseram não. Essa foi uma pesquisa feita no Twitter. Uma pesquisa por telefone feita por discagem de dígitos aleatórios da CNN, com 1.003 respondentes, em setembro de 2019, fez a pergunta "De seu ponto de vista, por que a maioria dos democratas no Congresso apoia o *impeachment* de Donald Trump?" Trinta e oito por cento responderam "Porque eles estão atrás de Donald Trump a qualquer custo". Explique a alguém que não sabe estatística por que duas pesquisas podem dar resultados tão diferentes e qual das pesquisas é mais confiável.

8.47 **Fraseado de questões de pesquisa.** Comente sobre cada uma das questões a seguir como sendo uma potencial questão de pesquisa amostral. A questão é suficientemente clara? Ela é tendenciosa na direção de uma resposta desejada?

(a) "Em face das crescentes ameaças sobre a mudança climática, devíamos diminuir nossa dependência de combustíveis fósseis. Você concorda ou discorda?"

(b) "Você concorda que se deva favorecer um sistema nacional de seguro de saúde porque daria segurança de saúde para todos e reduziria os custos administrativos?"

(c) "Em vista dos efeitos negativos da participação dos pais na força de trabalho, e da evidência pediátrica que associa tamanho maior de grupo com morbidade de crianças em creches, você apoia subsídios governamentais aos programas de creches?"

8.48 **Sua própria má questão.** Escreva seus próprios exemplos de questões ruins para pesquisas amostrais.

(a) Escreva uma questão viesada destinada a obter uma resposta mais do que outra.

(b) Escreva a "mesma questão" de duas maneiras diferentes para obter diferentes respostas.

(c) Escreva uma questão à qual muitas pessoas poderão não dar respostas verdadeiras.

8.49 **O censo do Canadá.** A decisão do governo canadense de eliminar a versão obrigatória de formulário longo do censo e mover essas questões para uma pesquisa opcional traz muitas preocupações. Muitos membros da comunidade de negócios e economistas reforçam a importância dos dados do censo para a elaboração de políticas públicas. O ministro da Indústria recebeu a incumbência de defender a decisão do governo. Em resposta a um argumento de que tornando-se voluntário o questionário longo do censo poderia viesar a aleatoriedade estatística da pesquisa, o ministro replicou: "Errado. Os estatísticos podem garantir a validade com um tamanho maior de amostra."[36] O ministro está correto? Se não, explique em termos simples o erro na afirmativa dele.

8.50 **Pesquisas eleitorais.** Em resposta à questão "Se as eleições presidenciais de 2016 estivessem sendo realizadas hoje, você votaria em Hilary Clinton ou Donald Trump?", o *New York Times* relatou o resultado como 43% para Hilary Clinton e 39% para Donald J. Trump em 7 de julho de 2016. Esse resultado foi descrito como uma "Média Nacional de Pesquisa". Eis alguns detalhes sobre como a média foi calculada:

As médias de pesquisas do *New York Times* usam todas as pesquisas atualmente listadas na base de dados de pesquisas do The Huffington Post. As pesquisas realizadas mais recentemente e pesquisas com tamanhos amostrais maiores recebem peso maior no cálculo das médias, e pesquisas com patrocinador partidário são excluídas.[37]

(a) Por que você acha que os pesquisadores deram maior peso a pesquisas com maiores tamanhos amostrais?

(b) Por que pesquisas mais recentes deveriam receber maior peso? Em qual população os pesquisadores estavam interessados em 7 de julho de 2016, e como essa população continua a mudar durante o período eleitoral?

(c) Por que as pesquisas com patrocinadores partidários foram excluídas?

8.51 **Amostragem por conglomerado.** A *amostragem por conglomerado* começa pela divisão da população em grupos separados, ou conglomerados. Seleciona-se uma AAS dos conglomerados, e indivíduos no conglomerado são amostrados. Se todos os indivíduos em um conglomerado são amostrados, essa é chamada amostragem por conglomerado de um estágio. Se uma amostra aleatória de indivíduos em um conglomerado é escolhida, essa é chamada amostragem por conglomerados de dois estágios. Amostragem por conglomerado pode ser conveniente quando os indivíduos em um conglomerado são facilmente amostrados como um grupo, como pessoas em uma vizinhança para uma pesquisa de porta em porta. Eis um exemplo simples de uma amostragem por conglomerado de um estágio. Em uma pequena faculdade, todos os estudantes são obrigados a dormir em dormitórios. Existem 25 desses dormitórios no *campus*, cada um com 30 estudantes.

(a) Para selecionar uma amostra por conglomerado de 150 estudantes, faça como a seguir. Rotule os dormitórios de 01 a 25. Escolha uma AAS de 5 dormitórios da lista dos 25. Se você usar a Tabela B, entre na tabela na linha 121 e indique quais dormitórios você selecionou. Sua amostra por conglomerado são os 150 estudantes nesses dormitórios.

(b) Quantos dormitórios você teria que amostrar se você desejasse uma amostra de 100 estudantes?

UPI/Alamy Stock Photo

CAPÍTULO

9

Produção de Dados: Experimentos

Após leitura do capítulo, você será capaz de:

9.1 Distinguir estudos observacionais de experimentos.

9.2 Identificar sujeitos, fatores e tratamentos em um estudo estatístico.

9.3 Reconhecer como confundir variáveis ocultas pode invalidar experimentos não controlados.

9.4 Usar programa ou uma tabela de dígitos aleatórios para associar aleatoriamente sujeitos a grupos de tratamento em um experimento.

9.5 Explicar como os princípios do planejamento experimental – controle, aleatorização e replicação – ajudam os pesquisadores a obter resultados que são estatisticamente significantes e indicar relação de causa e efeito.

9.6 Explicar o papel dos grupos de tratamento de placebo e cegamento em experimentos comparativos aleatorizados.

9.7 Planejar experimentos usando dados emparelhados e outros planejamentos de bloco.

Uma pesquisa amostral tem por objetivo colher informação sobre uma população, sem perturbá-la no processo. Pesquisas amostrais são uma espécie de *estudo observacional*. Outros estudos observacionais acompanham o comportamento de animais na vida selvagem ou as interações entre professor e alunos em uma sala de aula. Este capítulo versa sobre planejamentos estatísticos para *experimentos*, um modo bem diferente de produção de dados.

Experimentos são usados quando a situação exige uma conclusão sobre se um tratamento causa mudança na resposta. A distinção entre estudos observacionais e experimentos será importante quando do estabelecimento de suas conclusões em capítulos posteriores. Apenas experimentos bem planejados fornecem uma base sólida para a conclusão sobre relações de causa e efeito.

9.1 Observação *versus* experimento

Em contraste com estudos observacionais, experimentos não apenas observam indivíduos ou lhes fazem perguntas como também eles impõem, de maneira ativa, algum tratamento para observar a resposta. Experimentos podem responder a perguntas como "A aspirina reduz a chance de um ataque do coração?" e "A maioria dos universitários prefere Pepsi a Coca quando testam as duas sem saber qual delas estão tomando?"

Observação *versus* experimento

Um **estudo observacional** observa indivíduos e mede variáveis de interesse, mas não tenta influenciar as respostas. O objetivo de um estudo observacional é descrever algum grupo ou situação.

Um **experimento**, pelo contrário, deliberadamente impõe algum tratamento aos indivíduos para observar suas respostas. O objetivo de um experimento é verificar se o tratamento causa uma mudança na resposta.

Um estudo observacional, mesmo que se baseie em amostra estatística, não é o melhor meio de avaliar o efeito de um tratamento. Para observarmos a resposta a uma mudança, devemos realmente impor a mudança. *Quando nosso objetivo é entender causa e efeito, os experimentos são a fonte preferida de dados completamente convincentes.* Por essa razão, a distinção entre estudos observacionais e experimentos é uma das mais importantes em estatística.

ESTATÍSTICA NO MUNDO REAL

Você não compreende

Uma pesquisa amostral de jornalistas e cientistas encontrou uma grande lacuna de comunicação. Jornalistas acham que os cientistas são arrogantes, enquanto os cientistas acham que os jornalistas são ignorantes. Não tomamos partido, mas aqui está um resultado interessante da pesquisa: 82% dos cientistas concordam que "a mídia não entende estatística o suficiente para explicar novas descobertas" em medicina e outras áreas.

EXEMPLO 9.1 Jogar *videogame* melhora as habilidades cirúrgicas?

Em cirurgia laparoscópica, uma câmera de vídeo e vários instrumentos finos são inseridos na cavidade abdominal do paciente. O cirurgião usa a imagem da câmera de vídeo posicionada dentro do corpo do paciente para realizar o procedimento, manipulando os instrumentos que foram inseridos. Devido à similaridade em muitas das habilidades envolvidas em *videogames* e cirurgia laparoscópica, fez-se a hipótese de que cirurgiões com experiência anterior com *videogames* devem adquirir com mais facilidade as habilidades exigidas na cirurgia laparoscópica.

Trinta e três cirurgiões participaram do estudo e foram classificados em três categorias - nunca usou, menos de três horas por dia, e mais de três horas por dia - em função do número de horas em que jogavam *videogame* no auge de seu uso do jogo. Descobriu-se que aqueles que relatavam jogar mais *videogame* se saíram melhor em um programa de simulação de medidas de habilidades laparoscópicas. No entanto, em suas conclusões, o autor aponta corretamente, "Esse é um estudo correlacional (observacional) e, portanto, causalidade não pode ser definitivamente determinada."[1]

Embora os dados tenham mostrado uma clara associação entre experiência anterior com *videogame* e melhores escores no programa simulador, não podemos concluir que jogar mais *videogame* tenha causado a melhora. Pessoas que jogam mais *videogames* podem ser diferentes das que não jogam, em termos tanto do seu interesse quanto das habilidades naturais exigidas nos *videogames*. Aqueles que jogam mais *videogames* podem ter tido melhores escores simplesmente porque têm mais habilidades em áreas como habilidades motoras finas, coordenação olho-mão, e percepção de profundidade que são exigidas tanto nos *videogames* quanto na cirurgia laparoscópica. Os jogadores desse jogo poderiam já ter essas habilidades maiores antes que eles jogassem *videogame*.

É fácil imaginar um experimento que estabelecesse o problema de jogar *videogame* causa melhoria nas habilidades laparoscópicas. Escolha aleatoriamente metade de um grupo de cirurgiões para ser o grupo de "tratamento". A metade restante se torna o grupo de "controle". Exija que o grupo de tratamento jogue *videogame* de maneira regular por várias semanas e exija que o grupo de controle se abstenha de *videogames*. Esse experimento isola o efeito de jogar *videogame*. Ver Exercício 9.8 para uma descrição desse experimento.

O ponto do Exemplo 9.1 é o contraste entre observar pessoas que escolhem, elas mesmas, quantas horas de *videogame* querem jogar, e um experimento que exige que algumas pessoas joguem *videogames* e outras se abstenham de fazê-lo. Quando simplesmente observamos as escolhas das pessoas em relação ao *videogame*, o efeito da escolha de jogar mais *videogames* é confundido com (misturado com) as características da pessoa que escolheu jogar mais. Essas características são variáveis ocultas que dificultam que se veja a verdadeira relação entre as variáveis explicativa e resposta. A Figura 9.1 mostra o confundimento de forma pictórica.

Confundimento

Duas variáveis (variáveis explicativas ou variáveis ocultas) são **confundidas** quando seus efeitos sobre a variável resposta não podem ser distinguidos um do outro.

⚠ *Estudos observacionais do efeito de uma variável sobre outra em geral fracassam devido ao fato de a variável explicativa poder ser confundida com variáveis ocultas.* Experimentos bem planejados tomam precauções para evitar o confundimento.

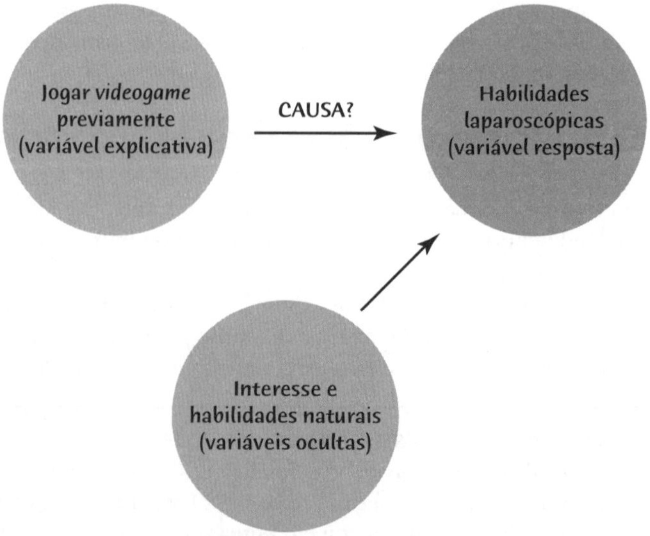

FIGURA 9.1
Confundimento: não podemos distinguir os efeitos de experiência prévia com *videogame* dos efeitos do interesse e habilidades naturais.

APLIQUE SEU CONHECIMENTO

9.1 Mais educação melhora a direção? Embora as fatalidades no trânsito tenham diminuído durante anos, esse decréscimo não foi experimentado igualmente em todos os segmentos da população. De fato, embora a taxa geral de fatalidades no trânsito tenha diminuído, a taxa diminuiu mais para aqueles com mais educação, e tem realmente aumentado para aqueles sem graus de ensino médio. Um estudo recente mostra que entre aqueles com mais de 25 anos, à medida que o nível de educação aumentou de menos do que ensino médio para ensino médio, para alguma faculdade, para graduação em faculdade, a taxa de morte por batidas de veículos decresceu.[2]

(a) Quais são as variáveis explicativa e resposta?

(b) Aqueles com menos educação tendem a dirigir carros que são mais velhos, têm pior classificação em testes de batidas, e têm menos características de segurança, tais como *airbags* laterais. As variáveis idade do carro, classificação no teste de batida, e presença de características de segurança são variáveis explicativas, variáveis resposta, ou variáveis ocultas? Explique sua razão.

(c) A *associação* entre fatalidades no trânsito e maior nível de educação é uma boa razão para se pensar que maior nível de educação realmente seja a *causa* de um indivíduo ser um motorista mais seguro? Explique por que ou por que não.

9.2 A fonte interessa! Em geral, ao tentar mudar seu comportamento, se o esforço exigido é percebido como alto, isso será um impedimento para a mudança, seja modificação de sua dieta ou de seus hábitos de estudo. Pesquisadores dividiram 40 estudantes em dois grupos de 20. O primeiro grupo lê instruções para um programa de exercícios impresso em uma fonte de fácil leitura (Arial, 12), e o segundo grupo lê instruções idênticas impressas em uma fonte de difícil leitura (Brush, 12). Cada sujeito estima quantos minutos o programa vai durar e também usa uma escala de sete pontos para relatar se eles estão inclinados a incluir o programa de exercícios como fazendo parte de sua rotina diária (7 = muito provavelmente). Os pesquisadores levantaram a hipótese de que os que leram o programa de exercícios na fonte de mais difícil leitura estimariam que o programa tomaria muito tempo e eles estariam menos propensos a fazer do programa de exercícios uma parte de sua rotina diária.[3] Esse é um experimento? Por que ou por que não? Quais são as variáveis explicativa e resposta?

9.3 Deixar de fumar e risco de diabetes tipo 2. Pesquisadores estudaram um grupo de 10.892 adultos de meia-idade durante um período de nove anos.

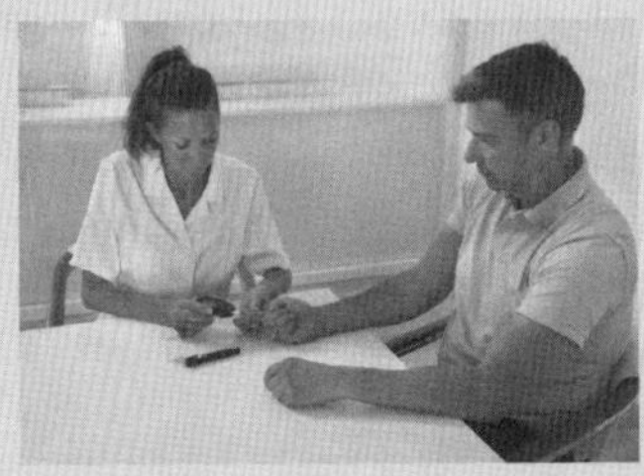
AndreyPopov/iStock

Eles descobriram que os fumantes que deixaram de fumar tiveram um risco maior de diabetes dentro de um período de três anos depois de deixar de fumar, do que os não fumantes ou os fumantes que continuaram a fumar.[4] Isso mostra que parar de fumar causa o aumento do risco de curto prazo para o diabetes tipo 2? (Tem sido mostrado que o ganho de peso é o principal fator de risco para o desenvolvimento do diabetes tipo 2 e é sempre um efeito colateral do parar de fumar. Fumantes também deixam de fumar, em geral, por motivos de saúde.) Com base nessa pesquisa, você deveria dizer a um adulto de meia-idade, que fuma, que parar de fumar pode *causar* diabetes e o aconselharia a continuar fumando? Explique cuidadosamente suas respostas a ambas as questões.

9.2 Sujeitos, fatores e tratamentos

Um estudo é um experimento quando atuamos efetivamente sobre pessoas, animais ou objetos a fim de observar a resposta. Como o propósito de um experimento é revelar a resposta de uma variável a mudanças em outras variáveis, é essencial a distinção entre variável explicativa e variável resposta. Segue o vocabulário básico de experimentos.

Sujeitos, fatores, tratamentos

Os indivíduos estudados em um experimento são frequentemente chamados de **sujeitos**, particularmente quando são pessoas.

As variáveis explicativas em um experimento são frequentemente chamadas de **fatores**.

Um **tratamento** é qualquer condição experimental específica aplicada aos sujeitos. Se um experimento tem vários fatores, um tratamento é uma combinação de valores específicos de cada fator.

EXEMPLO 9.2 Adoção *versus* orfanatos

Crianças abandonadas colocadas em lares adotivos se saem melhor do que crianças colocadas em uma instituição? O Bucharest Early Intervention Project descobriu que a resposta é um claro sim. Os *sujeitos* foram 136 crianças jovens abandonadas ao nascer e que viviam em orfanatos em Bucareste, Romênia. Metade das crianças, escolhidas aleatoriamente, foi colocada em lares adotivos. A outra metade permaneceu nos orfanatos. O experimento comparou esses dois *tratamentos*. Há um único *fator*, "tipo de cuidado", com dois valores: adoção e cuidado institucional. Quando há apenas um fator, os níveis ou valores do fator correspondem aos tratamentos. As *variáveis resposta* incluíram medidas de desenvolvimento mental e físico.[5] (A adoção não era facilmente implementada na Romênia naquela ocasião e por isso foi paga pelo estudo. Ver Exercício 10.24, no Capítulo 10, para questões éticas relativas a esse estudo.)

EXEMPLO 9.3 Justificativa de política: pragmática *versus* moral

Como a justificativa de um líder relativa à sua política de organização afeta o apoio a essa política? Um estudo comparou justificativas moral, pragmática e ambígua tanto para política pública quanto para privada, usando uma amostra de 300 *sujeitos*. Como exemplo de política pública, os sujeitos leram uma proposta de um político para financiar uma agência de planejamento de aposentadoria. A justificativa moral foi a importância dos que se aposentam "viverem com dignidade e conforto"; a justificativa pragmática foi "não drenar os fundos públicos", e a ambígua foi "ter fundos suficientes". Para uma política privada, os sujeitos leram sobre o plano de um CEO para o fornecimento de comida saudável para os empregados. A justificativa moral foi a de que aumentar o acesso a refeições "deve melhorar o bem-estar de nossos empregados", a pragmática foi "melhorar a produtividade de nossos empregados", e a ambígua foi "melhorar o *status-quo*".[6]

Esse experimento tem dois *fatores*: tipo de justificativa para a proposta, com três valores, e política pública *versus* privada, com dois valores. As seis combinações de um valor de cada fator formam os seis *tratamentos*. A Figura 9.2 mostra o esquema dos tratamentos. Os sujeitos foram divididos em seis grupos de tamanho 50, cada um associado a um tratamento. Por exemplo, aqueles no grupo 3 leram uma afirmativa sobre política pública com uma justificativa ambígua. Depois de lerem as propostas para uma das condições de tratamento, os sujeitos responderam a questões para medir seu apoio à política, o caráter moral do líder, e a ética da política. Essas são as *variáveis resposta*.

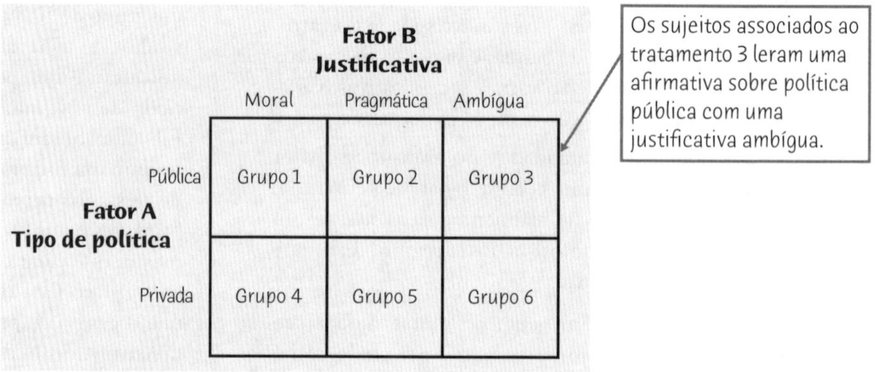

Fator B
Justificativa
Moral
Pragmática
Ambígua
Pública
Privada
Fator A
Tipo de política
Grupo 1
Grupo 2
Grupo 3
Grupo 4
Grupo 5
Grupo 6
Os sujeitos associados ao tratamento 3 leram uma afirmativa sobre política pública com uma justificativa ambígua.

FIGURA 9.2
Os tratamentos no planejamento experimental do Exemplo 9.3. As combinações dos valores dos dois fatores formam seis tratamentos.

Os Exemplos 9.2 e 9.3 ilustram as vantagens de experimentos sobre estudos observacionais. Em um experimento, podemos estudar os efeitos dos tratamentos específicos em que estamos interessados. Com a associação dos sujeitos aos tratamentos de maneira aleatória, podemos evitar o confundimento. Por exemplo, estudos observacionais dos efeitos de lares adotivos *versus* instituições sobre o desenvolvimento das crianças têm sido viesados, em geral, porque crianças mais sadias e mais alertas tendem a ser colocadas em lares adotivos. A associação aleatória no Exemplo 9.2 eliminou o viés ao colocar as crianças. Além disso, podemos controlar o ambiente dos sujeitos para manter constantes fatores que não nos interessam, tais como propostas específicas lidas no Exemplo 9.3.

Outra vantagem dos experimentos é que podemos estudar efeitos combinados de vários fatores simultaneamente. A interação de vários fatores pode produzir efeitos que não poderiam ser preditos pelo exame do efeito de cada fator sozinho. Talvez uma justificativa moral melhore o apoio a políticas públicas, mas não para políticas privadas. O experimento de dois fatores no Exemplo 9.3 nos ajudará a descobrir.

APLIQUE SEU CONHECIMENTO

Para os experimentos descritos nos Exercícios 9.4 e 9.5, identifique os sujeitos, os fatores, os tratamentos e as variáveis resposta.

9.4 Obesidade em adolescentes. A obesidade em adolescentes é um sério risco à saúde, e afeta mais de 5 milhões de jovens só nos EUA. Bandagem gástrica ajustável por laparoscopia tem o potencial de oferecer um tratamento eficaz e seguro. Cinquenta adolescentes, entre 14 e 18 anos de idade, com índice de massa corporal maior do que 35, foram recrutados na comunidade de Melbourne, Austrália, para o estudo. Vinte e cinco foram selecionados aleatoriamente para se submeterem à bandagem gástrica, e os 25 restantes se submeteram a um programa supervisionado de intervenção no estilo de vida, envolvendo dieta, exercício e modificação comportamental. Todos os sujeitos foram acompanhados durante dois anos, e suas perdas de peso foram registradas.[7]

9.5 Soa maior. Um tom de voz mais baixo em um anúncio leva os consumidores a visualizarem um produto maior? Para testar isso, pesquisadores fizeram estudantes ouvirem um anúncio de rádio do novo Southwest Turkey Club Sandwich, em uma cadeia fictícia de lanchonetes, Cosmo. Metade dos estudantes foi associada aleatoriamente a ouvir o anúncio falado em um tom alto de voz e a outra metade, em um tom baixo de voz. Em todos os outros aspectos os anúncios eram idênticos, e nenhuma pista foi dada em relação ao tamanho do sanduíche. Depois de ouvirem o anúncio, pediu-se aos estudantes que classificassem o tamanho percebido do sanduíche, em uma escala de 7 pontos, variando de −3 (muito menor do que a média) a +3 (muito maior do que a média).[8]

9.6 Amadurecendo mangas. A manga é considerada a "rainha das frutas" em muitas partes do mundo. As mangas são, em geral, colhidas no estágio verde maduro e amadurecem durante o processo de comercialização nas etapas de transporte, armazenamento e outras. Durante esse processo, cerca de 30% das frutas se perdem. Por isso, os impactos do estágio da colheita e das condições de armazenamento sobre a qualidade pós-colheita são de interesse. Em um experimento, a fruta foi colhida em 80, 95 ou 110 dias depois de se formar (a transição da flor para a fruta) e, então, armazenada a temperaturas de 20, 30 ou 40°C. Para cada tempo de colheita e temperatura de armazenamento, foi selecionada uma amostra aleatória de mangas, e o tempo de amadurecimento foi medido.[9]

(a) Quais são os fatores, os tratamentos, e as variáveis resposta? Use um diagrama como o da Figura 9.2 para mostrar os fatores e os tratamentos.

(b) Por simplicidade, o pesquisador pensou em selecionar nove mangueiras e associar uma árvore a cada tratamento. Todas as mangas de uma árvore receberiam o mesmo tratamento. Você acha que essa seja uma boa maneira de associar as mangas aos tratamentos? Explique seu raciocínio em linguagem simples.

9.3 Como planejar experimentos ruins

Experimentos são o método preferido para examinar o efeito de uma variável sobre outra. Pela imposição de um tratamento específico de interesse, e pelo controle de outras influências, podemos apontar causa e efeito. Planejamentos estatísticos são sempre essenciais para experimentos eficazes. Para ver por que, examinemos um exemplo no qual o confundimento afeta um experimento tanto quanto estudos observacionais o fazem.

EXEMPLO 9.4 Um experimento sem controle

Uma faculdade oferece regularmente um curso de revisão para preparar os candidatos ao Graduate Management Admission Test (GMAT), que é exigido pela maioria das escolas de administração. Neste ano, ela oferece apenas uma versão *online* do curso. O escore médio GMAT dos estudantes dos cursos *online* é 10% mais alto do que a média em longo prazo dos que fazem o curso de revisão presencial. O curso *online* é mais eficaz?

Esse experimento tem um planejamento muito simples. Um grupo de sujeitos (os estudantes) foi exposto a um tratamento (o curso *online*), e o resultado (escores GMAT) foi observado. Eis o planejamento:

Sujeitos → Curso *online* → Escores GMAT

Um olhar mais cuidadoso sobre o curso de revisão para o GMAT mostrou que os estudantes do curso de revisão *online* eram muito diferentes dos estudantes que, nos anos anteriores, tinham feito o curso presencial. Em particular, eles eram mais velhos e, muito provavelmente, trabalhavam. Um curso *online* tem apelo para essas pessoas mais maduras, mas não podemos comparar seu desempenho com o de alunos de graduação que, anteriormente, dominavam o curso. O curso *online* pode até ser menos eficaz do que o curso presencial. O efeito do curso *online versus* presencial se confunde com o efeito de variáveis ocultas. Como resultado do confundimento, o experimento é viesado a favor do curso *online*.

O planejamento simples desse experimento falhou em controlar possíveis diferenças entre os estudantes que fizeram o curso *online* e os estudantes que, no passado, fizeram o curso presencial. A situação teria sido diferente se ambos os cursos, *online* e presencial, tivessem sido oferecidos neste ano? Se os estudantes ainda escolhessem o curso que desejavam fazer, com os mais velhos tendendo a se matricular no curso *online* e os mais jovens, no curso presencial, então o efeito do tipo do curso ainda seria confundido com a variável oculta idade. Novamente, esse experimento falha no controle de possíveis diferenças entre os que escolhem o curso *online* e os que escolhem o curso presencial. A solução a esses experimentos não controlados será descrita na próxima seção.

Muitos experimentos laboratoriais usam um planejamento como esse do Exemplo 9.4:

Sujeitos → Tratamento → Resposta medida

No ambiente rigidamente controlado do laboratório, com objetos inanimados como sujeitos, planejamentos simples em geral funcionam bem. Experimentos de campo e experimentos com sujeitos vivos são expostos a condições mais variáveis e lidam com sujeitos também mais variáveis. *Fora do laboratório, experimentos sem controle, em geral dão resultados inúteis, devido ao confundimento com variáveis ocultas.*

APLIQUE SEU CONHECIMENTO

9.7 Casamento infeliz, intestino infeliz. Para avaliar como um casamento infeliz pode afetar a saúde de um indivíduo, cientistas recrutaram 43 casais saudáveis entre 24 e 61 anos de idade que estavam casados há, pelo menos, três anos, para fazerem parte de um experimento.[10] Os pesquisadores pediram aos casais que discutissem tópicos sensíveis, com chance de despertar desacordos, como dinheiro ou sogros, e gravaram as conversas. Eles usaram essas cenas para analisar modos de conflito verbais e não verbais, inclusive viradas de olhos. A equipe também colheu amostras de sangue dos casais antes e depois das conversas, e descobriu que aqueles que foram mais hostis em relação ao cônjuge tinham níveis mais altos da proteína de ligação LPS, um biomarcador para um intestino solto. Os casais resolveram discutir e se envolveram em um comportamento hostil ao discutirem assuntos sensíveis. E raiva e infelicidade, que podem provocar briga, podem ser sintomas de um problema de saúde fisiológica ou mental. Explique por que esses fatos tornam qualquer conclusão sobre causa e efeito não confiável. Use a linguagem de variáveis ocultas e confundimento em sua explicação.

9.4 Experimentos comparativos aleatorizados

O remédio para o confundimento no Exemplo 9.4 é termos certeza de que estamos realizando um *experimento comparativo*, no qual alguns estudantes fazem o curso presencial e outros, similares, fazem o curso *online*. No Exemplo 9.4, o grupo do curso presencial é chamado de "grupo de controle". Um **grupo de controle** recebe ou um tratamento padrão (que pode ser nenhum tratamento) ou, em alguns casos, um tratamento simulado, e fornece uma base para comparação com os outros grupos de tratamento. Embora, em muitos experimentos, um dos tratamentos seja o tratamento de controle, um experimento comparativo não exige isso. No Exemplo 9.4, um experimento comparativo poderia simplesmente comparar dois cursos *online* desenvolvidos recentemente, sem incluir um tratamento de controle ou presencial.

A maioria dos experimentos bem planejados compara dois ou mais tratamentos (um dos quais pode ser um tratamento simulado ou nenhum tratamento). Parte do planejamento de um experimento consiste em uma descrição dos fatores (variáveis explicativas) e no esboço dos tratamentos, com a comparação como princípio orientador.

No entanto, como discutido ao final do Exemplo 9.4, apenas a comparação não é suficiente para a produção de resultados confiáveis. Se os tratamentos são administrados a grupos que diferem substancialmente no início do experimento, o viés estará presente nos resultados. Por exemplo, se permitirmos que os estudantes escolham qual curso querem fazer, *online* ou presencial, provavelmente os estudantes mais velhos e que trabalham escolherão o curso *online*. A escolha pessoal introduzirá viés em nossos resultados, do mesmo modo que voluntários o fazem em pesquisas de opinião *online*. A solução para o problema do viés na amostragem é a seleção aleatória, e o mesmo vale para experimentos. Os sujeitos indicados para cada tratamento devem ser escolhidos aleatoriamente entre os sujeitos disponíveis.

Experimento comparativo aleatorizado

Um experimento que usa a comparação de dois ou mais tratamentos e associação aleatorizada dos sujeitos aos tratamentos é um **experimento comparativo aleatorizado.**

EXEMPLO 9.5 Presencial *versus online*

A faculdade decide comparar o progresso de 25 estudantes do *campus* que fazem cursos presenciais com o progresso de 25 estudantes que fazem o mesmo curso *online*. Selecione os estudantes que irão fazer o curso *online* extraindo uma amostra aleatória simples de tamanho 25 entre 50 sujeitos disponíveis. Os 25 estudantes restantes formam o grupo de controle e receberão aulas presenciais. O resultado é um experimento comparativo aleatorizado, com dois grupos. A Figura 9.3 esboça o planejamento de forma gráfica.

O processo de seleção é exatamente o mesmo da amostragem.

ROTULE: Rotule os 50 estudantes de 01 a 50.

TABELA: Vá à Tabela B e leia grupos sucessivos de dois dígitos. Os primeiros 25 rótulos encontrados selecionam o grupo *online*. Como sempre, ignore rótulos repetidos e grupos de dígitos não usados como rótulos. Por exemplo, se você começar na linha 125 na Tabela B, os cinco primeiros estudantes escolhidos são os de rótulos 21, 49, 37, 18 e 44.

applet — Programas como o *applet* Simple Random Sample (conteúdo em inglês) tornam particularmente fácil a escolha aleatória de grupos de tratamento.

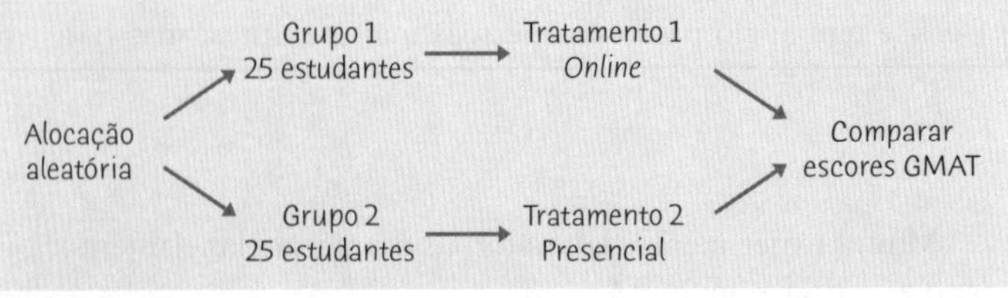

FIGURA 9.3
Esboço de um experimento comparativo aleatorizado para comparar instrução *online* e presencial, para o Exemplo 9.5.

O planejamento no Exemplo 9.5 é *comparativo*, uma vez que compara dois tratamentos (os dois contextos de aprendizagem). É *aleatorizado*, pois os sujeitos são atribuídos ao grupo de tratamento pelo acaso. O fluxograma esboçado na Figura 9.3 apresenta o essencial: aleatorização, os tamanhos dos grupos e qual tratamento recebem, e a variável resposta. Como veremos em capítulos posteriores, há razões estatísticas para o uso de grupos de tratamento de tamanhos quase iguais, em geral. Planejamentos como o da Figura 9.3 são chamados de *completamente aleatorizados*.

Planejamento completamente aleatorizado

Em um planejamento experimental **completamente aleatorizado**, todos os sujeitos são distribuídos aleatoriamente entre todos os tratamentos.

Planejamentos completamente aleatorizados podem comparar qualquer número de tratamentos. A seguir, um exemplo que compara três tratamentos.

EXEMPLO 9.6 Economia de energia

Muitas empresas de serviço público introduziram programas para incentivar a economia de energia entre seus usuários. Uma companhia elétrica considera a possibilidade de colocar medidores eletrônicos nas residências para mostrar qual seria o custo se a utilização de eletricidade daquele momento continuasse por um mês. Esses medidores reduzirão o consumo de eletricidade? Métodos mais baratos funcionariam tão bem? A companhia decide realizar um experimento.

Uma abordagem mais barata é fornecer aos usuários um *applet* e informações sobre o uso do *applet* para monitorar seu uso de eletricidade. O experimento compara essas duas abordagens (medidor, *applet*) e também um controle. Os usuários do grupo de controle recebem informações sobre economia de energia, mas nenhuma ajuda no monitoramento do uso de eletricidade. A variável resposta é a eletricidade total consumida em um ano. A companhia encontra 60 residências, na mesma cidade, cada uma habitada por uma única família, querendo participar. Assim, ela aloca 20 residências aleatoriamente a cada um dos três tratamentos. A Figura 9.4 esboça o planejamento.

applet

Para usar o *applet* Simple Random Sample, estabeleça os rótulos da população de 1 a 60 e o tamanho da amostra de 20 e clique em "Sample". As 20 residências escolhidas recebem os medidores. A coluna da população contém, agora, as 40 residências restantes, em ordem aleatória. Clique em "Sample" novamente para escolher 20 dessas para receberem os *applets*. As 20 restantes na coluna da população formam o grupo de controle.

Para usar a Tabela B, rotule as 60 residências de 01 a 60. Entre na tabela para selecionar uma AAS de 20 para receber os medidores. Continue na Tabela B, selecionando mais 20 para receber os *applets*. As 20 restantes formam o grupo de controle.

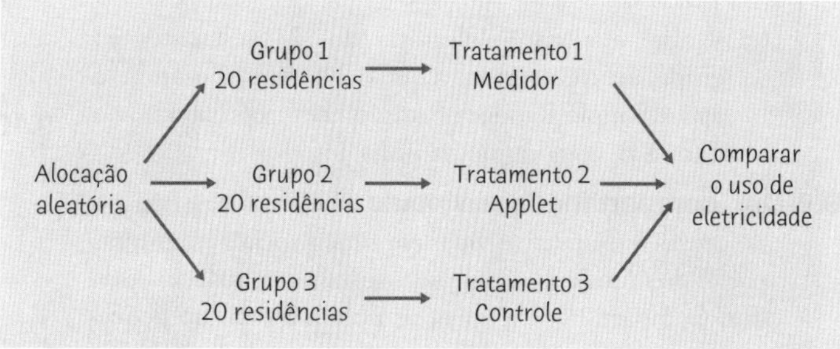

FIGURA 9.4
Esboço de um planejamento completamente aleatorizado comparando três programas de economia de energia, para o Exemplo 9.6.

Os Exemplos 9.5 e 9.6 descrevem planejamentos completamente aleatorizados que comparam valores de um único fator. No Exemplo 9.5, o fator é o tipo de instrução. No Exemplo 9.6, é o método usado para incentivar a economia de energia. Planejamentos completamente aleatorizados podem ter mais de um fator. O experimento sobre a justificativa sobre políticas do Exemplo 9.3 tem dois fatores: tipo de justificativa e política pública *versus* privada. Suas combinações formam os seis tratamentos esboçados na Figura 9.2. Um planejamento completamente aleatorizado destina sujeitos aleatoriamente a esses seis tratamentos. Uma vez estabelecido o esboço dos tratamentos, a aleatorização necessária para um planejamento completamente aleatorizado é tediosa, mas direta.

APLIQUE SEU CONHECIMENTO

9.8 Jogar *videogames* aprimora as habilidades cirúrgicas? Outra visão. Em cirurgia laparoscópica, uma câmera de vídeo e vários instrumentos finos são inseridos na cavidade abdominal do paciente. O cirurgião usa a imagem da câmera posicionada dentro do corpo do paciente para realizar o procedimento pela manipulação dos instrumentos inseridos anteriormente. Descobriu-se que o Nintendo Wii, com sua interface de sensibilidade ao movimento, reproduz os movimentos exigidos na cirurgia laparoscópica mais do que qualquer outro *videogame*. Se o treinamento com o Nintendo Wii pode melhorar as habilidades laparoscópicas, isso pode complementar o treinamento em um simulador laparoscópico. Quarenta e dois médicos residentes foram escolhidos, e todos foram testados em habilidades laparoscópicas básicas. Vinte e um foram selecionados aleatoriamente para passar por um treinamento sistemático com Nintendo Wii por uma hora por dia, cinco dias por semana, durante quatro semanas. Os 21 restantes formaram o grupo de controle, e não receberam qualquer treinamento com o Nintendo Wii, e foi-lhes pedido que se abstivessem de *videogames* durante esse período. Ao final das quatro semanas, todos os 42 residentes foram testados novamente nas mesmas habilidades laparoscópicas. A diferença no tempo (antes − depois) para completarem uma retirada virtual de vesícula no simulador foi medida.[11]

(a) Compare o estudo descrito aqui com o estudo no Exemplo 9.1. Quais são as diferenças importantes entre os dois estudos? Ignorando o fato de que foram usados diferentes *videogames* e medidas de habilidades laparoscópicas nos dois estudos, explique, em linguagem simples, qual estudo fornece evidência mais forte de que jogar *videogame* é útil no aperfeiçoamento das habilidades laparoscópicas e por quê.

(b) Esboce o planejamento desse experimento, seguindo o modelo da Figura 9.3. Qual é a variável resposta?

(c) Realize a alocação aleatória dos 21 residentes ao grupo de treinamento com o Nintendo, usando o *applet* Simple Random Sample, outro programa ou a Tabela B, começando na linha 130.

9.9 Dor compartilhada e vínculo. Embora experiências dolorosas estejam envolvidas em rituais sociais em muitas partes do mundo, pouco se sabe sobre os efeitos sociais da dor. Compartilhar experiências dolorosas em um pequeno grupo leva a maior vínculo entre os membros do grupo do que compartilhar uma experiência não dolorosa semelhante? Vinte e sete de 54 estudantes em New South Wales, Austrália, foram destinados, aleatoriamente, a um grupo de dor, enquanto os estudantes restantes foram destinados ao grupo sem dor. A dor foi induzida por duas tarefas. Na primeira tarefa, os estudantes submergiam suas mãos em água gelada pelo tempo que aguentassem, movendo bolas de metal no fundo de um vaso em um *container* submerso; na segunda tarefa, os estudantes realizaram um agachamento com as costas retas na parede e os joelhos a 90 graus, durante o tempo que aguentassem. O grupo sem dor completou a primeira tarefa usando água à temperatura ambiente por 90 segundos, e a segunda tarefa, equilibrando-se em um pé por 60 segundos, trocando de pé, se necessário. Em ambos os contextos, com e sem dor, os estudantes completaram as tarefas em pequenos grupos, que consistiam tipicamente em quatro estudantes, e continham níveis similares de interação de grupo. Depois, cada estudante respondeu a um questionário para criar um escore de vínculo com base nas respostas a questões, como "Eu acho que os participantes nesse estudo têm muito em comum", ou "Eu acho que posso confiar nos demais participantes".[12]

(a) Esboce o planejamento do experimento, seguindo o modelo da Figura 9.4.

(b) Explique como você irá associar os sujeitos aleatoriamente aos dois grupos e, então, faça a aleatorização usando programa, o *applet* Simple Random Sample, ou a Tabela B, começando na linha 125.

(c) Por que você acha que o pesquisador tinha estudantes no grupo sem dor fazendo tarefas sem dor semelhantes em pequenos grupos? Você acha que isso é importante para o tipo de conclusão a que se pode chegar? Explique.

9.10 Justificativa política. A Figura 9.2 mostra os seis tratamentos para o experimento de dois fatores sobre justificativa política. Os 30 voluntários aqui nomeados vão servir como sujeitos. Esboce o planejamento e associe aleatoriamente os sujeitos aos seis tratamentos, um número igual de sujeitos a cada tratamento. Se usar a Tabela B, comece na linha 133.

Aaron	Alexander	Banks	Campanella	Duffy	Foxx	Greenberg
Herman	Hubbell	Johnson	Kiner	Lajoie	Lemon	Lombardi
Mize	Newhouser	Ott	Paige	Palmer	Robinson	Ruffing
Sisler	Speaker	Terry	Traynor	Vance	Wagner	Waner
Williams	Young					

9.5 A lógica dos experimentos comparativos aleatorizados

Experimentos comparativos aleatorizados são planejados para fornecer boa evidência de que as diferenças nos tratamentos na verdade *causam* as diferenças que observamos na resposta. A lógica é a seguinte:

- A alocação aleatória de sujeitos forma grupos que devem ser semelhantes sob todos os aspectos, antes da aplicação dos tratamentos. O Exercício 9.52 demonstra isso.
- Um experimento comparativo com aleatorização assegura que influências diferentes dos tratamentos experimentais atuem igualmente sobre todos os grupos.
- Portanto, as diferenças na resposta média devem advir ou dos tratamentos ou do resultado do acaso na alocação aleatória dos sujeitos aos tratamentos.

Aquele "ou-ou" merece maior reflexão. No Exemplo 9.5, não podemos dizer que *qualquer* diferença entre os escores GMAT de estudantes de cursos *online* e de cursos presenciais deva ser causada por uma diferença na eficácia dos dois tipos de instrução. Haveria alguma diferença, mesmo se ambos os grupos recebessem a mesma instrução, em razão de variações entre os estudantes relativas a conhecimento prévio e hábitos de estudo. O acaso associa os estudantes a um grupo ou a outro, e isso cria uma diferença, devida ao acaso, entre os grupos. Não confiaríamos em um experimento com apenas um estudante em cada grupo, por exemplo. Os resultados dependeriam fortemente de qual grupo teve a sorte de receber o melhor estudante. Se replicarmos o experimento, alocando muitos sujeitos a cada grupo, contudo, os efeitos do acaso serão compensados e haverá pequena diferença nas respostas médias nos dois grupos, a menos que os próprios tratamentos causem uma diferença. *Replicação* ou o uso de sujeitos em número suficiente para reduzir a variação do acaso, é a terceira grande ideia do planejamento estatístico de experimentos.

ESTATÍSTICA NO MUNDO REAL

O que é notícia?

Experimentos comparativos aleatorizados fornecem a melhor evidência para avanços médicos. Os jornais se preocupam? Talvez não. Pesquisadores universitários analisaram 1.192 artigos em periódicos de medicina, dos quais 7% haviam sido transformados em histórias pelos dois jornais analisados. Dos artigos de periódicos, 37% se referiam a estudos observacionais e 25% descreviam experimentos aleatorizados. Entre os artigos publicados pelos jornais, 58% eram sobre estudos observacionais e apenas 6% sobre experimentos aleatorizados. Conclusão: os jornais desejam histórias excitantes, especialmente histórias com más notícias, seja a evidência boa ou não.

Princípios do planejamento experimental

Os princípios básicos do planejamento estatístico de experimentos são

1. **Controle** – restrinja os efeitos de variáveis ocultas sobre a resposta, mais simplesmente pela comparação de dois ou mais tratamentos.
2. **Aleatorização** – use o acaso impessoal para alocar indivíduos aos tratamentos.
3. **Replicação** – use sujeitos em quantidade suficiente em cada grupo para reduzir a variação aleatória nos resultados.

Esperamos observar uma diferença nas respostas, entre os dois grupos, tão grande que torne improvável sua ocorrência apenas por variação aleatória. Podemos usar as leis de probabilidade, que fornecem uma descrição matemática do comportamento do acaso, para verificar se os efeitos de tratamento são maiores do que esperaríamos ver se apenas o acaso estivesse operando. Se o são, nós os chamamos de *estatisticamente significantes.*

Significância estatística

Um efeito observado tão grande, que raramente ocorreria por acaso, é chamado de **estatisticamente significante**.

ESTATÍSTICA NO MUNDO REAL

Correlação = causação?

Experimentos comparativos aleatorizados são a melhor maneira de determinar que diferenças nos tratamentos realmente *causam* as diferenças que vemos na resposta. Estudos observacionais que encontram uma associação entre diferenças nos tratamentos e diferenças observadas na resposta não fornecem uma base sólida para concluir que os tratamentos causaram as diferenças nas respostas. Os pesquisadores reconhecem isso? Um estudo de 2019 no periódico *Psychology of Aesthetics, Creativity, and the Arts* avaliou 114 artigos publicados, nos quais os estudos observacionais encontraram uma associação entre treinamento musical e uma habilidade não musical, estrutura cerebral, ou função cerebral. Desses, 72 atribuíram a associação observada a causação. Aparentemente, mesmo os pesquisadores são vítimas da tentação de concluir que correlação = causação.

Se observarmos diferenças estatisticamente significantes entre os grupos em um experimento comparativo aleatorizado, temos boa evidência de que os tratamentos, na verdade, causaram essas diferenças. Você verá frequentemente a frase "estatisticamente significante" em relatórios de pesquisas em diversas áreas de estudo. A grande vantagem de experimentos comparativos aleatorizados é que eles podem produzir dados que fornecem boa evidência de uma relação de causa e efeito entre a variável explicativa e a variável resposta. Sabemos que, em geral, uma forte associação não implica causação. Já uma associação estatisticamente significante em dados de um experimento bem planejado, *de fato*, implica causação.

APLIQUE SEU CONHECIMENTO

9.11 Prece e meditação. Você lê em uma revista que "tratamentos não físicos, como meditação e prece, se mostraram eficazes em estudos científicos controlados para problemas como pressão alta, insônia, úlcera e asma". Explique, em linguagem simples, o que o artigo quer dizer com "estudos científicos controlados". Por que esses estudos podem, em princípio, fornecer boa evidência de que, por exemplo, a meditação seja um tratamento eficaz para a pressão alta?

9.12 Economia de energia. O Exemplo 9.6 descreve um experimento para investigar se o fornecimento de medidores eletrônicos ou *applet* às residências reduzirá seu consumo de eletricidade. Um executivo da empresa de eletricidade é contrário à inclusão de um grupo de controle. Ele diz: "Seria mais simples comparar apenas o consumo de eletricidade do ano passado (antes de o medidor ou *applet* ser fornecido) com o consumo no mesmo período deste ano. Se as residências consomem menos eletricidade este ano, o medidor ou o *applet* devem estar funcionando." Explique claramente por que esse planejamento é inferior àquele no Exercício 9.6.

9.13 Dieta saudável e catarata. A relação entre dieta saudável e prevalência de catarata foi avaliada, usando uma amostra de 1.808 participantes do Women's Health Initiative Observational Study. Um alto escore no Healthy Eating Index era o mais forte preditor de risco reduzido de catarata, entre os comportamentos modificáveis observados. O escore de Healthy Eating Index foi criado pelo Departamento de Agricultura dos EUA e mede a conformidade da dieta de uma pessoa aos padrões recomendados de alimentação saudável. O relatório conclui: "Esses dados se somam ao corpo de evidências, sugerindo que a ingestão de alimentos ricos em uma variedade de vitaminas e minerais pode contribuir na postergação da ocorrência do tipo mais comum de catarata nos EUA."[13]

(a) Explique por que esse é um estudo observacional e não um experimento.

(b) Embora o resultado seja estatisticamente significante, os autores não usaram uma linguagem forte no estabelecimento de suas conclusões, e sim palavras como *sugerindo* e *pode*. Você acha que essa linguagem seja apropriada, dada a natureza do estudo? Por quê?

9.6 Cuidados com a experimentação

A lógica de um experimento comparativo aleatorizado depende de nossa capacidade de tratar todos os sujeitos de forma idêntica em todos os aspectos, exceto pelos tratamentos que, de fato, estão sendo comparados. Bons experimentos, consequentemente, exigem atenção cuidadosa aos detalhes para assegurar que todos os sujeitos realmente sejam tratados de forma idêntica.

Se alguns sujeitos, em um experimento médico, tomam uma pílula todo dia e os de um grupo de controle não tomam, os sujeitos não são tratados de maneira idêntica. Muitos experimentos médicos são, assim, *controlados por placebo*. Um estudo dos efeitos da ingestão de vitamina E sobre doenças do coração é um bom exemplo. Todos os sujeitos recebem a mesma atenção médica durante os vários anos do experimento. Todos eles tomam uma pílula todos os dias: vitamina E no grupo de tratamento e placebo no grupo de controle. Um **placebo** é um tratamento inócuo, que é similar ao tratamento tanto quanto possível, mas não contém qualquer ingrediente ativo. Nesse experimento, o placebo seria uma pílula como a pílula da vitamina E, mas sem o ingrediente ativo. Como um segundo exemplo, um estudo comparou cirurgia artroscópica *versus* não cirurgia em vários resultados de recuperação para ruptura parcial do menisco.[14] Pacientes alocados aleatoriamente ao grupo da não cirurgia receberam uma cirurgia simulada, na qual o cirurgião pediu todos os instrumentos, manipulou o joelho como em uma cirurgia, e manteve a cirurgia suficientemente realista, de modo que depois os pacientes não sabiam se tinham recebido a cirurgia real ou a cirurgia simulada.

ESTATÍSTICA NO MUNDO REAL

Coce minhas orelhas peludas

Ratos e coelhos, especialmente criados para serem uniformes em suas características hereditárias, são sujeitos de muitos experimentos. Animais, assim como os humanos, são muito sensíveis ao modo como são tratados. Isso pode criar oportunidades para viés escondido. Por exemplo, a afeição humana pode mudar o nível de colesterol de coelhos. Escolha alguns coelhos aleatoriamente e regularmente retire-os da gaiola e deixe que pessoas gentis os afaguem na cabeça. Deixe os outros coelhos sem afago. Todos os coelhos comem a mesma dieta, mas os coelhos que recebem afeto têm nível mais baixo de colesterol.

Muitos pacientes respondem favoravelmente a qualquer tratamento, mesmo um placebo, talvez porque confiem no médico ou acreditem que o tratamento vai funcionar. A resposta favorável a um tratamento placebo ou a um tratamento sem qualquer efeito terapêutico se chama *efeito placebo*. Se o grupo de controle não tivesse tomado qualquer pílula, o efeito da vitamina E no grupo de tratamento poderia ser confundido com o efeito placebo, o efeito de simplesmente estar tomando pílulas. Isto é, se o grupo da vitamina E melhorou, não poderíamos saber se foi devido a simplesmente tomar pílulas ou se ao real conteúdo de vitamina E da pílula. Termos um grupo placebo para comparação nos permite ver se o efeito de tomar vitamina E é maior do que o efeito de simplesmente tomar uma pílula no grupo placebo.

Além disso, esses estudos são usualmente do tipo *duplo-cego*. Os sujeitos não sabem se estão tomando a vitamina E ou um placebo, assim como o pessoal médico que trabalha com eles. O método duplo-cego evita viés inconsciente, por exemplo, de um médico que esteja convencido de que uma vitamina deve ser melhor do que um placebo. Em muitos estudos médicos, apenas o estatístico que faz a aleatorização sabe qual tratamento cada paciente está recebendo.

Experimento duplo-cego

Em um experimento **duplo-cego**, nem os sujeitos, nem as pessoas que interagem com eles, sabem qual tratamento cada sujeito está recebendo.

Quando testamos uma droga contra um placebo, indicamos que o placebo não contém qualquer princípio ativo, mas a situação pode ser mais complexa do que isso possa sugerir. Como muitas drogas em teste têm efeitos colaterais conhecidos, como boca seca, um *placebo ativo* pode ser usado. Um placebo ativo contém ingredientes destinados a imitar os efeitos colaterais da droga, mas não trata a doença do paciente.[15] Isso é importante no cegamento, uma vez que pode evitar que o sujeito saiba se recebeu a droga ou o placebo. As companhias farmacêuticas criaram essas drogas placebo, e muitas não fornecem informação relativa ao conteúdo de um placebo ativo. Infelizmente, isso então permite que as companhias farmacêuticas façam afirmativas de propaganda, como "a ocorrência de boca seca foi semelhante no grupo da droga e no do placebo".

Os controles por placebo e o método duplo-cego são maneiras adicionais de eliminar possível confundimento. Porém, mesmo experimentos bem planejados se deparam, em geral, com um outro problema: *falta de realismo*. Restrições de ordem prática podem significar que os sujeitos, ou os tratamentos, ou o contexto de um experimento não reproduzam realisticamente as condições que, de fato, desejamos estudar. Veja dois exemplos a seguir.

EXEMPLO 9.7 Estudo sobre a frustração

Uma psicóloga deseja estudar os efeitos do fracasso e frustração nas relações entre membros de uma equipe de trabalho. Ela forma uma equipe de estudantes, leva-os ao laboratório de psicologia e faz com que eles joguem um jogo que exige trabalho de equipe. O jogo é manipulado, de modo que eles perdem regularmente. A psicóloga observa os estudantes por uma janela de sentido único e nota as mudanças em seus comportamentos durante uma tarde em que jogam o jogo.

Jogar um jogo em um laboratório por pequenas apostas, sabendo que a sessão logo terminará, é muito diferente de trabalhar por meses desenvolvendo um novo produto que nunca funciona direito e é finalmente abandonado pela companhia. O comportamento dos estudantes no laboratório nos diz muito sobre o comportamento da equipe cujo produto fracassou? Muitos experimentos da ciência comportamental usam como sujeitos estudantes ou outros voluntários que sabem que são sujeitos em um experimento. Esse não é um contexto realista.

EXEMPLO 9.8 Luzes de freio centrais

oversnap/iStock

Essas luzes de freio centrais e altas, exigidas em todos os carros nos EUA desde 1986, realmente reduzem as colisões na traseira? Experimentos comparativos aleatorizados com frotas de carros de aluguel e de empresas, realizados antes dessa obrigatoriedade, mostraram que a terceira lâmpada de freio reduziu em 50% as colisões na traseira. Entretanto, a exigência da terceira lâmpada em todos os carros levou a apenas uma redução de 5%.

O que aconteceu? Quando da execução do experimento, a maioria dos carros não tinha a lâmpada extra de freio, o que chamava a atenção dos motoristas que vinham atrás. Atualmente, quando quase todos os carros têm a terceira lâmpada, elas não mais chamam a atenção.

Falta de realismo pode limitar nossa capacidade de aplicar as conclusões de um experimento aos contextos de maior interesse. A maioria dos pesquisadores quer generalizar suas conclusões a algum contexto mais amplo do que aquele do experimento real. *A análise estatística de um experimento não pode nos dizer até que ponto os resultados podem ser generalizados.* Ainda assim, o experimento comparativo aleatorizado, por sua capacidade de fornecer evidência convincente de causação, constitui uma das ideias mais importantes da estatística.

APLIQUE SEU CONHECIMENTO

9.14 Oração e cura. Para estudar o efeito da oração sobre a cura, pacientes com problemas de saúde são divididos aleatoriamente em dois grupos. Em um grupo, intercessores oram pela saúde dos pacientes. No outro grupo, não se ora pelos pacientes. Os pacientes não sabem que estão orando por eles, e as pessoas que estão orando não entram em contato com os pacientes por quem oram. Os resultados médicos nos dois grupos são comparados. Finalmente, a equipe do tratamento médico é também cegada em relação ao *status* dos pacientes individuais do grupo da oração.[16] Esse é um experimento duplo-cego? Quais são os tratamentos? Um dos tratamentos é um placebo? Explique suas respostas.

9.15 Ovos e colesterol. Um artigo em um periódico médico relata sobre um experimento para ver o efeito, sobre os níveis de colesterol, da ingestão de três ovos inteiros por dia, comparado com a ingestão equivalente de ovo sem gema. O artigo descreve o experimento como um experimento com cegamento único, aleatorizado, de 37 sujeitos com síndrome metabólica.[17] O que você acha que "cego" significa aqui? Por que um experimento duplo-cego não é possível?

9.7 Dados emparelhados e outros planejamentos em blocos

Planejamentos completamente aleatorizados são os planejamentos estatísticos mais simples para experimentos. Eles ilustram claramente os princípios de controle, aleatorização e número adequado de sujeitos. Contudo, planejamentos completamente aleatorizados são frequentemente inferiores a planejamentos estatísticos mais elaborados. Em particular, emparelhar os sujeitos de várias formas pode produzir resultados mais precisos do que uma simples aleatorização.

Um planejamento comum combinando emparelhamento e aleatorização é o **planejamento de dados emparelhados**. Um planejamento de dados emparelhados compara apenas dois tratamentos. Escolha pares de sujeitos que sejam, tanto quanto possível, comparáveis. Use o acaso para decidir qual dos sujeitos do par recebe o primeiro tratamento. O outro sujeito daquele par recebe o outro tratamento. Isto é, a alocação aleatória dos sujeitos aos tratamentos é feita dentro de cada par, e não para todos os sujeitos ao mesmo tempo. Às vezes, cada "par" em um planejamento de dados emparelhados consiste em apenas um sujeito, que recebe ambos os tratamentos, um após o outro. Cada sujeito serve como seu próprio controle. A *ordem* dos tratamentos pode influenciar a resposta do sujeito; logo, aleatorizamos a ordem para cada sujeito.

Planejamento de dados emparelhados

Planejamento de um experimento que compara dois tratamentos. Cada sujeito recebe ambos os tratamentos em ordem aleatória, ou os sujeitos são arranjados em pares que são semelhantes de alguma maneira que se espera afetar a resposta, e um sujeito em cada par recebe cada tratamento.

EXEMPLO 9.9 Teste de repelentes de insetos

BartekSzewczyk/iStock

O *Consumer Reports* descreve um método para comparação da eficácia de dois repelentes de insetos. O ingrediente ativo em um é 15% Deet (dietiltoluamida). O ingrediente ativo do outro é óleo de eucalipto-limão. Começando 30 minutos após a aplicação do repelente, uma vez a cada hora, os sujeitos voluntários põem um braço em uma caixa de 8 pés cúbicos que contém 200 fêmeas de mosquitos sem doenças precisando se alimentar de sangue para colocar seus ovos. Os sujeitos deixam seus braços na caixa por cinco minutos. Considera-se que o repelente falhou se o sujeito é picado duas ou mais vezes no período de cinco minutos. A resposta é o número de sessões de uma hora até que o repelente falhe. Vamos comparar dois planejamentos para esse experimento.

No planejamento 1, *planejamento completamente aleatorizado*, todos os sujeitos são alocados aleatoriamente a um dos dois repelentes: metade ao repelente com 15% de Deet e a outra metade ao repelente com óleo de eucalipto-limão. No planejamento 2, o *planejamento de dados emparelhados*, que foi realmente usado, todos os sujeitos usam ambos os repelentes. Para cada sujeito, o braço esquerdo recebe o *spray* de um dos repelentes e o braço direito recebe o *spray* do outro repelente. Para se prevenir contra a possibilidade de que as respostas possam depender de qual braço recebe qual repelente, essa determinação é feita aleatoriamente.[18]

Por razões que são, na maioria, genéticas, alguns sujeitos são mais suscetíveis a picadas de mosquitos do que outros. O planejamento completamente aleatorizado se apoia na chance para distribuir os sujeitos mais suscetíveis de maneira razoavelmente equilibrada entre os dois grupos. O planejamento de dados emparelhados compara a resposta de cada sujeito usando ambos os tipos de repelente. Isso torna mais fácil perceber a diferença entre os dois repelentes.

Planejamentos de dados emparelhados usam os princípios de comparação de tratamentos e aleatorização. Contudo, a aleatorização não é completa: ou seja, não alocamos aleatoriamente todos os sujeitos de uma só vez aos dois tratamentos; em vez disso, aleatorizamos apenas dentro de cada par. Isso permite que o emparelhamento reduza o efeito da variação entre sujeitos. Dados emparelhados são um tipo de *planejamento em blocos*, com cada par formando um *bloco*.

Um planejamento em blocos combina a ideia de criação de grupos de tratamento equivalentes por emparelhamento com o princípio de formação de grupos de tratamento ao acaso. Blocos são outra forma de *controle*. Eles controlam os efeitos de algumas variáveis externas, introduzindo essas variáveis no experimento para a formação dos blocos. A seguir, apresentamos alguns exemplos típicos de planejamentos em blocos.

Planejamento em blocos

Um **bloco** é um grupo de indivíduos que, antes da realização do experimento, são considerados semelhantes em relação a características que possam afetar a resposta aos tratamentos.

Em um **planejamento em blocos**, a atribuição aleatória dos indivíduos aos tratamentos é feita separadamente dentro de cada bloco.

EXEMPLO 9.10 Homens, mulheres e propaganda

Mulheres e homens respondem diferentemente a comerciais. Um experimento para comparar a eficácia de três comerciais para o mesmo produto quer examinar, separadamente, as reações de homens e mulheres, bem como avaliar a resposta geral aos comerciais.

Um *planejamento completamente aleatorizado* considera todos os sujeitos, tanto homens quanto mulheres, como um único agregado. A aleatorização aloca os sujeitos aos três grupos de tratamento sem levar em consideração o gênero. Isso ignora as diferenças entre homens e mulheres. Um *planejamento em blocos* considera mulheres e homens separadamente. Aloque aleatoriamente as mulheres aos três grupos, cada um para ver um comercial. Em seguida, separadamente, aloque os homens aleatoriamente aos três grupos. A Figura 9.5 esboça esse planejamento melhorado. Note que a alocação dos sujeitos aos blocos não é aleatória.

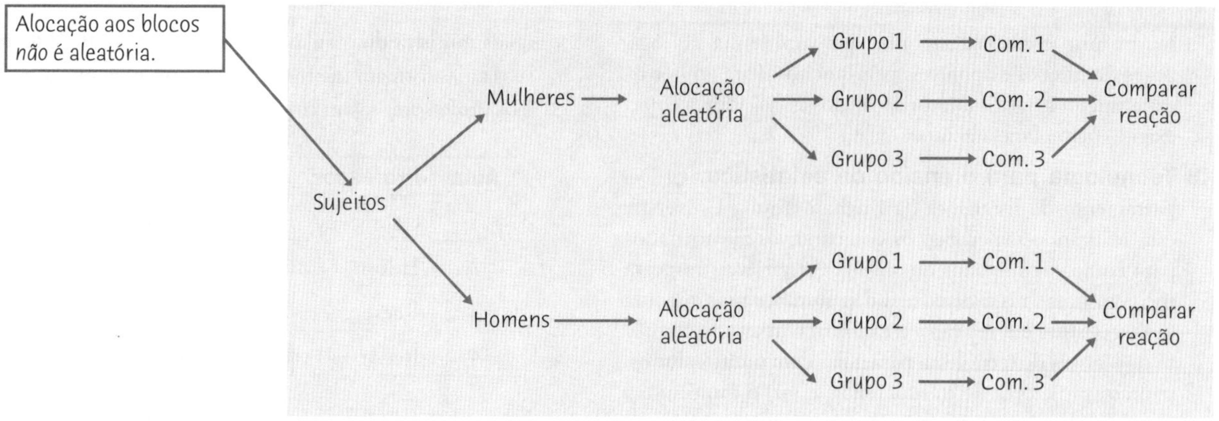

FIGURA 9.5
Esboço de um planejamento em blocos, para o Exemplo 9.10. Os blocos consistem em sujeitos masculinos e femininos. Os tratamentos são três comerciais do mesmo produto.

EXEMPLO 9.11 Comparação de políticas de bem-estar social

Um experimento de política social avalia o efeito, sobre a renda familiar, de vários sistemas novos de assistência social propostos e os compara com o atual sistema. Como a renda futura de uma família está fortemente relacionada com sua renda presente, as famílias que concordam em participar são divididas em blocos de níveis de renda semelhantes. As famílias em cada bloco são, então, alocadas aleatoriamente aos sistemas de assistência social.

Planejamentos em blocos nos permitem extrair conclusões separadas sobre cada bloco, por exemplo, sobre homens e mulheres no Exemplo 9.10. A formação de blocos também permite conclusões gerais mais precisas, porque as diferenças sistemáticas entre homens e mulheres podem ser removidas quando estudamos os efeitos gerais dos três comerciais. A ideia da formação de blocos é um princípio adicional importante do planejamento estatístico de experimentos. Um pesquisador sensato formará blocos baseados nas mais importantes fontes inevitáveis de variabilidade entre os sujeitos. A aleatorização, então, irá fazer com que os efeitos da variação restante se distribuam uniformemente e deem lugar a uma comparação não viesada dos tratamentos.

Como o planejamento de amostras, o planejamento de experimentos complexos é uma tarefa para especialistas. Agora que já vimos um pouco do que está envolvido, concentrar-nos-emos, principalmente, em experimentos completamente aleatorizados.

APLIQUE SEU CONHECIMENTO

9.16 Comparação das frequências de respiração na natação. Pesquisadores no Reino Unido estudaram o efeito de duas frequências de respiração sobre os tempos de desempenho, bem como sobre vários parâmetros psicológicos, no nado *crawl*.[19] As frequências de respiração eram uma respiração a cada segunda braçada (R2) e uma respiração a cada quarta braçada (R4). Os sujeitos eram 10 nadadores homens universitários. Cada sujeito nadou 200 metros, uma vez, com a frequência R2, e uma vez, em outro dia, com a frequência R4.

(a) Descreva o planejamento desse experimento de dados emparelhados, incluindo a aleatorização exigida pelo planejamento. Explique como você deve realizar a aleatorização.

(b) Esse experimento poderia ser realizado usando um planejamento completamente aleatorizado? Como esse planejamento diferiria do experimento de dados emparelhados?

(c) Suponha que se permita que cada nadador escolha a frequência de respiração e, então, nade 200 metros usando a frequência escolhida. Há algum problema em comparar o desempenho das duas frequências de respiração?

9.17 Atletas usam oxigênio. É frequente vermos jogadores nas laterais de um campo de futebol inalando oxigênio. Seus treinadores acham que isso vai agilizar sua recuperação. Pode-se medir a recuperação de um esforço intenso da seguinte maneira: faça um jogador de futebol correr 100 jardas três vezes, em rápida sucessão. Em seguida permita três minutos de descanso antes de correr 100 jardas novamente. Marque o tempo da corrida final. Descreva o planejamento de dois experimentos para investigar o efeito da inalação de oxigênio durante o período de descanso. Um dos experimentos deve ser um planejamento completamente aleatorizado e o outro um planejamento de dados emparelhados, no qual cada atleta serve como seu próprio controle. Suponha que você tenha 20 jogadores de futebol disponíveis para sujeitos. Para ambos os experimentos, faça a aleatorização dos 20 jogadores como exigido pelo planejamento.

9.18 Tecnologia para o ensino de estatística. O Departamento de Estatística da Brigham Young University está realizando experimentos comparativos aleatorizados para comparar métodos de ensino. As variáveis resposta incluem notas no exame final dos alunos e uma medida de sua postura em relação à estatística. Um estudo compara dois níveis de tecnologia para aulas com muitos alunos: padrão (projetores de transparência e giz) e multimídia. Os indivíduos no estudo são as oito aulas de um curso básico de estatística. Há quatro professores, cada um dos quais ministra duas aulas. Como os professores diferem, suas aulas formam quatro blocos.[20] Suponha que as aulas e os professores sejam como a seguir.

Aula	Professor	Aula	Professor
1	Grimshaw	5	Tolley
2	Hilton	6	Grimshaw
3	Reese	7	Tolley
4	Reese	8	Hilton

Esboce um planejamento em blocos e faça a aleatorização exigida por seu planejamento.

RESUMO

- Podemos produzir dados que visem a responder questões específicas por meio de **estudos observacionais** ou **experimentos**. Pesquisas amostrais que selecionam uma parte de uma população de interesse para representar o todo são um tipo de estudo observacional. Experimentos, diferentemente de estudos observacionais, impõem ativamente algum tratamento aos sujeitos do experimento.
- Variáveis são **confundidas** quando seus efeitos sobre a resposta não podem ser distinguidos uns dos outros. Estudos observacionais e experimentos não controlados, em geral, não conseguem mostrar que mudanças em uma variável explicativa realmente causam mudanças em uma variável resposta, porque a variável explicativa pode ser confundida com variáveis ocultas.
- Em um experimento, impomos um ou mais **tratamentos** aos indivíduos, muitas vezes chamados de **sujeitos**. Cada tratamento é uma combinação de valores das variáveis explicativas, que chamamos de **fatores**.
- O **planejamento** de um experimento descreve a escolha de tratamentos e a maneira pela qual os sujeitos são alocados aos tratamentos.
- Os princípios básicos de um planejamento estatístico de experimentos são **controle** e **aleatorização**, para combater o viés, e **replicação** (uso de sujeitos em quantidade suficiente), para reduzir a variação aleatória.

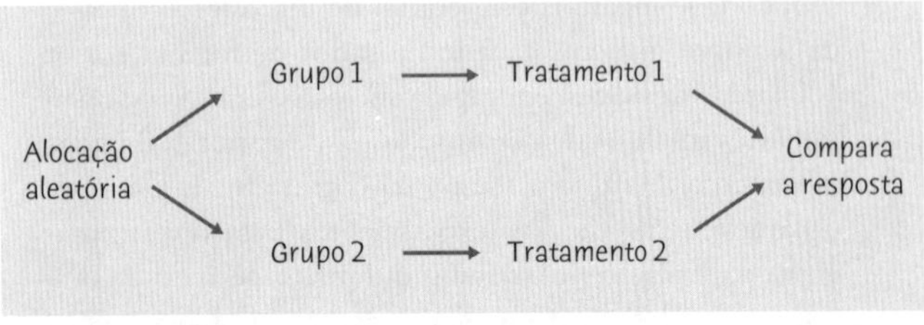

FIGURA 9.6
Esboço de um experimento comparativo aleatorizado para a comparação de dois tratamentos.

- A forma mais simples de **controle** é a comparação. Experimentos devem comparar dois ou mais tratamentos, a fim de evitar o confundimento do efeito de um tratamento com outras influências, tais como variáveis ocultas.
- A **aleatorização** usa o acaso para alocar sujeitos aos tratamentos e cria grupos de tratamento que são semelhantes (exceto por variação aleatória) antes de os tratamentos serem aplicados. A aleatorização e a comparação, juntas, evitam o viés, ou favoritismo sistemático, em experimentos.
- Você pode executar a aleatorização dando rótulos numéricos aos sujeitos e usando programas computacionais, ou uma tabela de dígitos aleatórios para escolher grupos de tratamento.
- A aplicação de cada tratamento a muitos sujeitos reduz o papel da variação aleatória e torna o experimento mais sensível a diferenças entre os tratamentos.
- Bons experimentos exigem atenção aos detalhes, bem como um bom planejamento estatístico. Muitos experimentos médicos e comportamentais são do tipo **duplo-cego**. Alguns dão um **placebo** a um grupo de controle.
- Falta de realismo em um experimento pode nos impedir de generalizar seus resultados.
- Além da comparação, uma segunda forma de controle é restringir a aleatorização pela formação de **blocos** de indivíduos que sejam semelhantes, de alguma forma importante à resposta. A aleatorização é, então, executada separadamente dentro de cada bloco.
- **Dados emparelhados** são uma forma comum de formação de blocos para a comparação de apenas dois tratamentos. Em alguns planejamentos de dados emparelhados, cada sujeito recebe ambos os tratamentos em uma ordem aleatória. Em outros, os sujeitos são colocados em pares, tão semelhantes quanto possível, e um sujeito em cada par recebe um dos tratamentos.

VERIFIQUE SUAS HABILIDADES

9.19 A vitimização pelos colegas (*bullying*) durante a adolescência tem um impacto na depressão no início da vida adulta? Um estudo no Reino Unido examinou dados de 3.898 participantes para o quais os pesquisadores tinham informação sobre vitimização pelos colegas aos 13 anos e a presença de depressão aos 18 anos. O estudo encontrou um aumento de mais do dobro das chances de depressão entre crianças que não foram vitimizadas para aquelas que o foram frequentemente.[21] Esse é um exemplo de

(a) um estudo observacional.

(b) um experimento comparativo aleatorizado.

(c) um planejamento em blocos, com níveis de vitimização como os blocos.

9.20 O estudo descrito na Questão 9.19 também mostrou que adolescentes que tinham sido vitimizados pelos colegas aos 13 anos de idade tinham mais chance de serem mulheres e mais chance de terem mostrado níveis mais altos de problemas emocionais e comportamentais antes de sofrerem o *bullying*. Sexo e problemas prévios emocionais e comportamentais são exemplos de

(a) variáveis de bloqueamento.

(b) variáveis explicativas.

(c) variáveis ocultas.

9.21 Enxaqueca é uma doença prevalente caracterizada por dores de cabeça que em geral são sérias e latejantes, e acompanhadas por sintomas associados, como náusea, vômito, vertigem e disfunção cognitiva. Uma droga, fremanezumab, pode ser um tratamento preventivo eficaz para enxaqueca. Para investigar isso, pesquisadores deram fremanezumab a 20 pessoas que padeciam de enxaqueca e observaram se o número de dias de enxaqueca, em um período de 12 semanas, era reduzido. Esse é

(a) um estudo observacional.

(b) um experimento não controlado.

(c) um experimento comparativo aleatorizado.

9.22 Qual é o efeito do comportamento de um vendedor sobre um cliente? Ao comprar roupas, fez-se a hipótese de que para uma marca mais luxuosa, como Louis Vuitton, os consumidores esperam mais em relação à marca se o vendedor for condescendente, enquanto para uma marca mais popular, como American Eagle, o oposto seria verdade. Participantes de um estudo leram o seguinte cenário hipotético:[22]

> *Imagine que você está fazendo compras de algumas roupas novas. Você decide ir a (Louis Vuitton) porque você sempre gostou de comprar lá. Enquanto você está andando pela loja, encontra uma vendedora. Ela cumprimenta você e (de* **maneira condescendente**) *pergunta se pode ajudar você a encontrar o que procura.*

Para a marca popular, Louis Vuitton é substituído por American Eagle, e para o comportamento da vendedora a expressão *de maneira condescendente* é substituída pela condição neutra. Trezentos e sessenta participantes foram alocados aleatoriamente a uma das quatro condições: (marca de luxo, condescendente), (marca de luxo, neutra), (marca popular, condescendente) ou (marca popular, neutra). Uma medida da aspiração em relação ao produto foi calculada com base nas respostas a questões sobre gostar do produto, distinção, moda, e desejo de ser visto usando o produto. Esse é um

(a) experimento com quatro fatores correspondentes às quatro condições.

(b) experimento com fatores correspondentes às diferentes marcas.

(c) experimento com dois fatores, luxo/popular e condescendente/neutra.

9.23 Na Questão 9.22, a generalização dos resultados a consumidores além desse experimento pode ser

(a) limitada por causa dos pequenos tamanhos das amostras.

(b) limitada por causa da falta de bloqueamento.

(c) limitada por causa da falta de realismo.

9.24 Na Questão 9.22, a resposta é

(a) o nível de condescendência da vendedora.

(b) o nível de luxo do produto.

(c) a medida de aspiração em relação ao produto.

9.25 A exposição ao barulho de aviões aumenta o risco de hospitalização por doenças cardiovasculares em pessoas mais velhas (≥ 65 anos) que residem perto de aeroportos? Selecionando uma amostra de aproximadamente 650 mil reclamações no Serviço de Saúde, descobriu-se que cerca de 75 mil dessas pessoas tinham códigos postais de localidades próximas a aeroportos, e os 575 mil restantes não. As proporções de admissões em hospitais relacionadas a doenças cardiovasculares foram calculadas para aqueles com códigos de localidades próximas a aeroportos e para os que não tinham códigos de localidades próximas de aeroportos. Uma maior proporção de admissões por doenças cardiovasculares foi encontrada entre pessoas mais velhas que moravam perto de aeroportos. Qual das seguintes afirmativas é correta?

(a) Como esse é um estudo observacional, morar em uma localidade próxima a um aeroporto pode ou não pode estar causando o aumento nas proporções de admissões por doenças cardiovasculares.

(b) Devido aos grandes tamanhos das amostras em cada grupo, podemos afirmar que morar em localidade próxima a um aeroporto está causando o aumento na proporção de admissões por doenças cardiovasculares.

(c) Como esse é um experimento, embora não aleatorizado, ainda podemos concluir que morar perto de um aeroporto está causando o aumento nas proporções de admissões por doenças cardiovasculares.

9.26 O Community Intervention Trial for Smoking Cessation perguntou se uma campanha comunitária de publicidade poderia reduzir o hábito de fumar. Os pesquisadores localizaram 11 pares de comunidades, com cada par semelhante em localização, tamanho, *status* econômico e outros. Uma comunidade em cada par foi escolhida aleatoriamente para participar da campanha de publicidade e a outra não. Esse é

(a) um estudo observacional.

(b) um experimento de dados emparelhados.

(c) um experimento completamente aleatorizado.

9.27 Na questão anterior, para decidir qual comunidade em cada par deveria participar da campanha, é melhor

(a) jogar uma moeda.

(b) escolher a comunidade que ajudará a pagar pela campanha.

(c) escolher a comunidade cujo prefeito vai participar.

9.28 Pesquisadores recrutaram 60 estudantes da graduação, em troca de crédito no curso, para um estudo do efeito da reciclagem sobre quanto papel os sujeitos usaram para embrulhar um presente. Os sujeitos foram alocados aleatoriamente a um de dois quartos. Em um quarto havia uma grande lixeira de reciclagem e no outro uma grande lixeira. Pediu-se aos sujeitos que embrulhassem um presente. Sem que os estudantes soubessem, os pesquisadores estavam interessados em quanto de papel os estudantes usariam. Os pesquisadores viram que os estudantes no quarto com a lixeira de reciclagem usaram (estatisticamente) significantemente mais papel do que aqueles no quarto com a lixeira comum. Os pesquisadores tinham feito a hipótese de que as pessoas, em geral, preferem reciclar a jogar fora coisas no lixo e, assim, usariam menos de um recurso descartável quando a reciclagem não está disponível. Qual das seguintes é uma fraqueza importante desse estudo?

(a) O estudo deveria ter usado planejamento de dados emparelhados em vez de um planejamento completamente aleatorizado.

(b) Como estudantes de graduação foram usados como sujeitos, os resultados podem não se generalizar para todos os adultos e todas as situações envolvendo itens descartáveis.

(c) Esse é um estudo observacional, não um experimento.

EXERCÍCIOS

applet *Em todos os exercícios que pedem que você esboce o experimento, use uma figura semelhante às Figuras 9.3, 9.4 ou 9.5, dependendo do contexto. Em todos os exercícios que exigem aleatorização, você pode usar um programa, o* applet *Simple Random Sample, ou a Tabela B. Ver Exemplo 9.6 para orientações sobre o uso do* applet *para mais de dois grupos de tratamento.*

9.29 **Carne vermelha e mortalidade.** Muitos estudos encontraram uma associação entre o consumo de carne vermelha e o aumento do risco de doenças crônicas. Qual é a relação entre o consumo de carne vermelha e mortalidade? Um grande estudo acompanhou 120 mil homens e mulheres que não sofriam de doenças cardíacas coronarianas e câncer no início do estudo. Foram feitas aos participantes perguntas detalhadas sobre seus hábitos alimentares a cada 4 anos, e o estudo se estendeu por quase 30 anos. Descobriu-se que o risco de morte prematura - de doenças do coração, câncer ou qualquer outra causa - aumenta com a quantidade de carne vermelha consumida.[23]

(a) Esse é um estudo observacional ou um experimento? Quais são as variáveis explicativa e resposta?

(b) Os autores notaram que "homens e mulheres com maior ingestão de carne vermelha tinham menos chance de serem fisicamente ativos e tinham mais chance de serem fumantes atuais, de beberem bebidas alcoólicas, e de terem índice de massa corporal mais alto". Explique cuidadosamente por que as diferenças nessas variáveis tornam mais difícil a conclusão de que maior ingestão de carne vermelha explique o aumento da taxa de mortalidade. Como são chamadas as variáveis atividade física, *status* em relação ao fumo, comportamento de bebida, e índice de massa corporal?

(c) Sugira pelo menos uma variável oculta relacionada à dieta que possa ser confundida com ingestão maior de carne vermelha. Explique por que você escolheu essa variável ou essas variáveis.

9.30 **Mudança no preço e justiça.** Um pesquisador do mercado deseja estudar quais fatores afetam a justiça percebida da mudança do preço de um item em relação ao preço anunciado. Em particular, o tipo de mudança no preço (um aumento ou uma diminuição) e a fonte da informação sobre a mudança (um funcionário da loja ou a etiqueta de preço do produto) afetam a justiça percebida? Em um experimento, são recrutados 20 sujeitos interessados em comprar um novo tapete. Dizem a eles que o preço de um tapete em certa loja foi anunciado por 500 dólares. Os sujeitos são enviados, um de cada vez, à loja, onde veem que o preço mudou. Cinco sujeitos são informados por um funcionário da loja de que o preço *aumentou* para 550 dólares. Cinco sujeitos são informados de que o preço *aumentou* para 550 dólares pela etiqueta de preço no tapete. Cinco sujeitos são informados por um funcionário da loja de que o preço *diminuiu* para 450 dólares. Cinco sujeitos são informados de que o preço *diminuiu* para 450 dólares pela etiqueta de preço no tapete. Depois de tomar conhecimento da mudança no preço, pede-se a cada sujeito que classifique a justiça da mudança, em uma escala de 10 pontos, de 1 = "muito injusta" até 10 = "muito justa".

(a) Quais são as variáveis explicativa e resposta para esse experimento?

(b) Faça um diagrama como o da Figura 9.1 para descrever os tratamentos. Quantos tratamentos há?

(c) No experimento, os cinco primeiros sujeitos souberam do aumento do preço para 550 dólares por um funcionário da loja, os cinco seguintes souberam do aumento do preço para 550 dólares pela etiqueta no tapete, e assim por diante. Seria melhor determinar a ordem em que os sujeitos seriam enviados à loja e qual cenário encontrariam (tipo da mudança e fonte da informação sobre a mudança) aleatoriamente? Explique sua resposta.

9.31 **Não pare de se exercitar!** Uma investigação do efeito de diferentes níveis de atividade física foi realizada com pares de gêmeos homens na Finlândia. Para cada gêmeo do par, embora os gêmeos tivessem mantido o mesmo nível de atividade a maior parte de suas vidas, um dos gêmeos tinha reduzido significantemente a atividade nos últimos anos, devido a trabalho ou pressão familiar. Para cada par de gêmeos, foram medidos a porcentagem de gordura corporal, os níveis de resistência e a sensibilidade à insulina. Para o gêmeo menos ativo, os resultados mostraram maior gordura corporal, pior resistência, e níveis de sensibilidade à insulina que indicavam sinais prematuros de doença metabólica.[24]

(a) Qual tipo de planejamento está sendo usado nessa investigação? Dê as variáveis explicativa e resposta.

(b) Esse é um experimento ou um estudo observacional? Por quê?

(c) O artigo relata que as medidas foram realizadas com cegamento. Explique o que isso significa e por que é importante.

9.32 **Corrida e sono.** Sono suficiente é importante para adolescentes, tanto para seu desenvolvimento neural quanto psicológico. Apesar disso, sonolência durante o dia e mau funcionamento físico e psicológico relacionados a perturbações do sono são comuns. Um crescente conjunto de evidências sugere que o exercício está associado tanto à melhor qualidade do sono quanto ao melhor funcionamento psicológico. Sessenta participantes foram recrutados de uma escola do ensino médio no noroeste da Suíça. Eles foram alocados aleatoriamente ou a um grupo de corrida ou a um grupo de controle, 30 a cada grupo. O grupo da corrida correu todas as manhãs por pouco mais de 30 minutos nos dias de semana, por um período de três semanas. Todos os participantes usaram um registro do sono para avaliação subjetiva do sono, e o sono foi também avaliado objetivamente no início e no final do estudo, usando um aparelho eletroencefalográfico de sono, que media quantidades, como eficácia do sono e tempo gasto nas quatro diferentes fases do sono. Observou-se que a corrida impacta positivamente tanto as medidas objetivas quanto subjetivas do funcionamento do sono.[25]

(a) Quais são as variáveis explicativas e as variáveis resposta?

(b) Esboce o planejamento do experimento.

(c) Aqui estão alguns detalhes a mais sobre os grupos de tratamento e de controle. Todos os participantes chegaram à escola às 7 horas da manhã e os membros do grupo da corrida deram duas voltas na pista e, então, correram por 30 minutos, em grupos de pelo menos quatro pessoas. Os membros do grupo de controle permaneceram sentados na pista, trabalharam em seus deveres de casa, e interagiram entre eles. Quando os corredores retornaram, todos os participantes se prepararam para a escola e tomaram um café da manhã que foi fornecido. Por que você acha que os pesquisadores fizeram o grupo de controle chegar às 7 horas da manhã, interagir com os colegas, e tomar o café da manhã juntos? Explique. Você acha que fazer com que o grupo de controle realizasse essas atividades é importante para os tipos de conclusões a que se pode chegar? Como?

(d) A hora do início do sono foi medida antes do início do estudo, e de novo ao final do estudo, para os participantes de ambos os grupos. Esse pode ser considerado um experimento controlado aleatorizado, com hora do início do sono como resposta e quatro tratamentos (corredores antes, corredores depois, controle antes, controle depois)? Explique por que ou por que não.

9.33 **Observação *versus* experimento.** Pesquisadores da Universidade da Pensilvânia descobriram que pacientes que eram divorciados, separados ou viúvos tinham chance aproximadamente 40% maior de morrer ou desenvolver uma nova incapacidade funcional nos dois primeiros anos após uma cirurgia cardíaca do que os pacientes casados. Os dados incluíam 1.576 sujeitos que passaram por cirurgias cardíacas, dos quais 65% eram casados, 33% eram divorciados, separados ou viúvos, e 2% nunca tinham se casado. As descobertas foram relatadas como estatisticamente significantes.[26]

(a) Sem ler quaisquer outros detalhes desse estudo, como você sabe que esse foi um estudo observacional?

(b) Sugira algumas variáveis que possam diferir entre os sujeitos no estudo que eram casados *versus* aqueles que eram divorciados, separados ou viúvos. Algumas dessas variáveis são possíveis variáveis ocultas? Explique.

(c) Resuma brevemente as limitações desse estudo. A despeito dessas limitações, explique por que esse estudo ainda fornece informação útil na formulação de um plano de recuperação para aqueles que passam por uma cirurgia cardíaca.

9.34 **Atitudes em relação aos sem-teto.** Atitudes negativas em relação às pessoas pobres são comuns. As atitudes são mais negativas quando a pessoa não tem casa? Para descobrir isso, leia para os sujeitos uma descrição de uma pessoa pobre. Há duas versões dessa descrição. Uma começa assim:

Jim é um homem solteiro, de 30 anos de idade. Atualmente, mora em um pequeno apartamento de um quarto.

A outra, assim:

Jim é um homem solteiro, de 30 anos de idade. Atualmente, ele não tem casa e mora em um abrigo para pessoas sem-teto.

No mais, as descrições são iguais. Depois de ler a descrição, pergunte aos sujeitos o que eles pensam de Jim e o que eles acham que pode ser feito para ajudá-lo. Os sujeitos são 544 adultos, entrevistados por telefone.[27] Esboce o planejamento desse experimento.

9.35 **Grãos integrais e metabolismo.** O *American Journal of Clinical Nutrition* publicou um estudo de pesquisa para investigar o efeito de uma dieta com grãos integrais sobre o metabolismo. Cinquenta adultos com síndrome metabólica foram divididos aleatoriamente em dois grupos. Ambos os grupos tiveram uma dieta de caloria reduzida, mas, para um dos grupos, todos os seus grãos eram grãos integrais (arroz castanho, pão de trigo integral etc.) e o outro grupo recebeu todos os seus grãos como grãos refinados (pão branco, arroz branco etc.). Ambos os grupos perderam peso ao final de 12 semanas, mas o grupo de grãos refinados perdeu 11 libras, e o grupo de grãos integrais perdeu 8 libras. No entanto, o grupo dos grãos integrais perdeu mais gordura corporal de seus abdomens e tiveram outros benefícios para a saúde.[28]

(a) Esboce o planejamento para esse experimento.

(b) Rotule os adultos e escolha os 10 primeiros adultos para o grupo de tratamento (grãos integrais). Se usar a Tabela B, comece na linha 107.

9.36 **O efeito da densidade de produto e do perfume no ambiente sobre a ansiedade do cliente.** Lojas de varejo superlotadas de mercadorias podem tornar o cliente ansioso, e espaços minimamente abastecidos podem ter o mesmo efeito. Pesquisadores investigaram se o uso de uma essência no ambiente pode reduzir a ansiedade pela criação de uma sensação de abertura em um ambiente lotado ou de aconchego em um ambiente minimamente abastecido. Os participantes foram convidados a um laboratório que simulava um ambiente de varejo que não era nem superlotado ou quase vazio. Para cada uma dessas duas densidades de produto o laboratório foi espargido com uma de três essências: (1) uma essência associada a locais espaçosos, como a beira-mar; (2) uma essência associada a um espaço fechado, como o cheiro de madeira queimada; e (3) nenhuma essência. Os consumidores avaliaram vários produtos, e seu nível de ansiedade foi medido.[29]

(a) Use um diagrama como o da Figura 9.2 para apresentar os tratamentos em um planejamento com dois fatores: "densidade do produto" e "essência do ambiente". Então, esboce o planejamento de um experimento completamente aleatorizado para comparar esses tratamentos.

(b) Há 30 sujeitos disponíveis para o experimento, e eles devem ser alocados aleatoriamente aos tratamentos, um número igual de sujeitos em cada tratamento. Explique como você numeraria os sujeitos e, então, os associaria aleatoriamente aos tratamentos. Se você usar o *applet* Simple Random Sample ou outro programa, associe todos os sujeitos. Se usar a Tabela B, comece na linha 133 e associe os sujeitos apenas ao primeiro grupo de tratamento.

9.37 **Deixe-os comer chocolate.** Há alguma evidência de que o cacau tem efeitos benéficos sobre a saúde do coração. Para estudar isso, os pesquisadores decidem dar aos sujeitos uma pílula de cacau ou um placebo diariamente, por um período de dois anos. Medições da saúde do coração dos sujeitos, com base em um questionário, antes e depois do período de dois anos, devem ser comparadas.[30]

(a) Esboce o planejamento desse experimento, usando 20 sujeitos, com 10 alocados a cada grupo.

(b) Eis os nomes dos 20 sujeitos. Use um programa ou a Tabela B na linha 129 para realizar a aleatorização que seu planejamento exige.

Abel	DeVore	Kennedy	Reichert	Stout
Aeffner	Fleming	Lamone	Riddle	Williams
Birkel	Fritz	Mani	Sawant	Wilson
Bower	Giriunas	Mattos	Scannell	Worbis

(c) Você acha que isso pode funcionar como um experimento duplo-cego? Explique.

9.38 **Escrita à mão *versus* escrita no teclado.** As pessoas que escrevem à mão memorizam melhor o que escrevem do que aquelas que escrevem usando um teclado? Para testar isso, os pesquisadores fizeram 36 participantes em um estudo escreverem uma longa lista de palavras reais lidas em voz alta para eles. Então, foi pedido que deixassem de lado a lista que escreveram e tentassem lembrar quantas palavras fosse possível. Foram usados dois métodos para eles escreverem as palavras da lista. Um foi com o uso de uma caneta de tinta azul regular, de ponta em bola, e um bloco de notas. O outro usou um *laptop* equipado com teclado completo. O número de palavras lembradas corretamente era a resposta.[31]

(a) Esboce um planejamento completamente aleatorizado para verificar o efeito do método de escrita de palavras sobre o número de palavras lembradas corretamente.

(b) Descreva em detalhe o planejamento de um experimento de dados emparelhados, no qual cada sujeito serve de seu próprio controle.

(c) Os pesquisadores relataram que a lembrança de palavras foi melhor quando as palavras eram escritas em um bloco de notas, e o resultado foi estatisticamente significante. O que estatisticamente significante quer dizer na descrição do resultado desse estudo?

9.39 **Os rótulos de comida de baixo teor de gordura podem levar à obesidade?** Quais são os efeitos de rótulos de comida com baixo teor de gordura sobre o consumo de comida? As pessoas comem mais lanches quando a comida vem rotulada como de baixo teor de gordura? A resposta pode depender tanto de a comida ser rotulada como de baixo teor de gordura quanto de o rótulo incluir informação sobre tamanho da porção. Um experimento investigou essa questão, usando funcionários, estudantes graduados e em graduação de uma grande universidade como sujeitos. Pediu-se aos sujeitos que avaliassem um episódio piloto para um *show* de TV a ser estreado em um teatro no *campus* onde receberam uma garrafa de água gelada de 24 onças e um pacote de granola de um respeitado restaurante do *campus* chamado The Spice Box. Disseram-lhes para aproveitar, ou não, da granola, tanto quanto quisessem. Dependendo da condição associada aleatoriamente aos sujeitos, a granola era rotulada como "Regular Rocky Mountain Granola" ou "Low-Fat Rocky Mountain Granola". Abaixo disso, o rótulo indicava "Contém uma porção" ou "Contém duas porções", ou não dava qualquer informação sobre a quantidade.[32] Vinte sujeitos foram alocados a cada tratamento, e seus pacotes de granola eram pesados ao final da sessão para determinar quanta granola haviam comido.

(a) Quais são os fatores e os tratamentos? Quantos sujeitos o experimento requer?

(b) Esboce um planejamento completamente aleatorizado para esse experimento. (Você não precisa fazer realmente a aleatorização.)

9.40 **Criatividade em vitrine de loja e comportamento do comprador.** As apresentações mais criativas de vitrines de lojas afetam o comportamento do comprador? Seis varejistas da rua principal, que vendem todos os dias itens de moda, foram usados no estudo. Pré-testes com compradores mostraram que as seis lojas eram comparáveis em relação a marcas e percepções do comprador do valor do dinheiro. Três dos varejistas tinham vitrines mais criativas, em termos de mostrar itens de uma maneira mais inovadora e artística *versus* vitrines menos criativas, que tinham um foco mais concreto nos itens apresentados. Todas as vitrines eram de dimensões semelhantes. Observadores, bem próximos das lojas, mas fora da vista dos compradores, notavam seus comportamentos quando passavam pelas vitrines, e para cada comprador os observadores registravam se o comprador olhava a vitrine ou se entrava na loja. Um total de 863 compradores passaram pelas vitrines mais criativas e 971 passaram pelas vitrines menos criativas. O estudo mostrou que uma porcentagem maior de compradores olhou e entrou nas lojas com vitrines mais criativas, e a diferença no comportamento dos compradores entre vitrines mais/menos criativas foi estatisticamente significante.[33]

Mais criativa

Menos criativa

(a) Esse é um estudo observacional ou um experimento? Quais são as variáveis explicativa e resposta?

(b) Explique o que significância estatística quer dizer na descrição do resultado desse estudo.

(c) A despeito de os resultados serem estatisticamente significantes, os autores dizem:

O estudo de campo não apoia um exame do porquê vitrines mais criativas levam os compradores a entrarem nas lojas... O uso de vitrines de varejistas reais significou que o nível de criatividade não foi a única variável que diferiu entre os varejistas e suas vitrines.

Usando a linguagem deste capítulo, explique as preocupações dos autores e sugira pelo menos uma variável que poderia diferir entre os varejistas e suas vitrines.

9.41 **Tratando a sinusite.** Infecções dos sínus (sinusite) são comuns, e os médicos em geral as tratam com antibióticos. Outro tratamento é com um *spray* de solução de um esteroide no nariz. Um teste clínico bem planejado descobriu que esses tratamentos, isolados ou combinados, não reduzem a seriedade ou a duração das infecções dos sínus.[34] O teste clínico foi um experimento completamente aleatorizado que associou aleatoriamente 240 pacientes a um de quatro tratamentos, como segue:

	Pílula de antibiótico	Pílula de placebo
Spray de esteroide	53	64
Spray de placebo	60	63

(a) O relatório desse estudo no *Journal of the American Medical Association* descreve-o como "um teste fatorial, duplo-cego, aleatorizado, controlado por placebo". "Fatorial" significa que os tratamentos são formados por mais de um fator. Quais são os fatores? O que "duplo-cego" e "controlado por placebo" significam?

(b) Se a alocação aleatória dos pacientes aos tratamentos funcionou bem eliminando o viés, possíveis variáveis ocultas, como história de tabagismo, asma e febre do feno, devem ser semelhantes em todos os quatro grupos. Depois de registrar e comparar muitas dessas variáveis, os investigadores disseram que "nenhuma diferença significante entre os grupos" foi notada. Explique a alguém que não sabe estatística o que quer dizer "nenhuma diferença significante". Isso significa que a presença de todas essas variáveis foi exatamente a mesma em todos os quatro grupos de tratamento?

9.42 **Criatividade em vitrine de loja e comportamento do comprador (continuação).** Em seu artigo, os autores do estudo no Exercício 9.40 também relataram os resultados de um segundo estudo para comparar mais/menos criatividade na apresentação das vitrines. Nesse segundo estudo os autores usaram um único lojista e apresentaram a mesma mercadoria exatamente do mesmo jeito para as apresentações mais ou menos criativas. As diferenças entre as vitrines envolviam o projeto em torno das mercadorias, que era mais ou menos criativo, não o conteúdo. Sujeitos recrutados no conjunto de dados dos clientes do lojista foram alocados aleatoriamente a verem uma *imagem* de uma ou de outa vitrine. Depois de verem a imagem, os sujeitos responderam a questões sobre se os produtos na vitrine fizeram com que eles quisessem entrar na loja.

(a) Esse é um estudo observacional ou um experimento? Quais são as variáveis explicativa e resposta?

(b) O Exercício 9.40 considerou algumas desvantagens do primeiro estudo. Explique como esse segundo estudo aborda tais desvantagens. Algum dos estudos sofre de falta de realismo? Explique brevemente.

9.43 **Potenciadores de água líquida?** Água em garrafas, aromatizada e pura, deve se tornar o maior segmento do mercado de refrescos líquidos até o final desta década, ultrapassando os tradicionais refrigerantes com carbonato.[35] Kraft´s MiO, um potenciador de água líquida, vem em uma variedade de sabores, e algumas gotas adicionadas à água criam uma bebida de água com sabor de caloria zero. Você deseja saber se aqueles que bebem água com sabor gostariam de provar MiO, bem como provar um produto competidor de água com sabor que vem pronto para beber.

(a) Descreva um experimento de dados emparelhados para responder a essa questão. Certifique-se de incluir o cegamento apropriado de seus sujeitos. Qual vai ser sua variável resposta?

(b) Você tem 20 pessoas disponíveis que preferem beber água aromatizada. Use o *applet* Simple Random Sample, um programa, ou a Tabela B, na linha 138, para fazer a aleatorização que seu experimento exige.

9.44 **Flores de algas.** Flores de algas têm se tornado um problema recorrente em muitos lagos americanos. Entre outras coisas, elas podem causar danos ao fígado, aos rins e ao sistema nervoso de uma pessoa. O escoamento de fósforo de fazendas é um dos fatores que contribuem para o aparecimento das flores de algas. Inserir o fertilizante no solo em vez de espalhá-lo sobre a superfície ajudaria a reduzir o escoamento? Para estudar isso, pesquisadores comparam os efeitos desses dois métodos de fertilização de campos sobre a quantidade de fósforo no escoamento. Características específicas de um campo, como inclinação e natureza do solo, podem afetar o escoamento, e os pesquisadores dividiram cada um dos quatro campos em dois lotes de igual tamanho, de modo que o escoamento de cada lote possa ser medido separadamente. Eles usam um planejamento de dados emparelhados, com os dois lotes no mesmo campo como emparelhados.

(a) Faça um esboço dos quatro campos, mostrando cada um como um retângulo. Divida cada campo (retângulo) ao meio, cada metade representando um dos dois lotes. Rotule os dois lotes para cada campo como Lote 1 e Lote 2.

(b) Faça a aleatorização exigida pelo planejamento de dados emparelhados. Isso é, associe aleatoriamente os dois tratamentos aos dois lotes em cada campo. Marque em seu esboço qual tratamento é usado em cada lote.

9.45 **Economize dinheiro, o ambiente, ou ambos!** Muitos consumidores têm razões monetárias e ambientais para economizar energia. Planejou-se um estudo para ver como diferentes tipos de propaganda afetam o desejo de um consumidor de se envolver em um programa de economia de energia. Os programas de economia de energia foram de dois tipos: ou redução do gasto geral (programa de conservação) ou redução do consumo quando a demanda é a mais alta (programa de economia de pico). Para cada um dos dois tipos de programas de economia de energia, a propaganda descrevia os benefícios do programa como economia de dinheiro, economia de energia, ou economia de ambos – dinheiro e energia. Para o estudo, foram recrutados 1.406 participantes e alocados aleatoriamente às combinações de programa de economia de energia e benefícios do programa. Depois de ler a propaganda, um sujeito então indicava o desejo de se envolver no programa em uma escala de 1 (definitivamente não) a 8 (definitivamente sim). Eis alguns dos fraseados usados para o programa de conservação enfatizando a economia de dinheiro:

> *Estamos oferecendo um novo programa que o ajudará a reduzir sua conta de eletricidade. ... Para ajudá-lo a ECONOMIZAR DINHEIRO, você receberá de graça um mostrador que indica quanta eletricidade você está usando. ... Por exemplo, você pode colocar seu termostato em um ponto mais alto no verão, desligar seu ar condicionado, ...*

A propaganda do programa de economia de pico enfatizava a economia de dinheiro de maneira semelhante, mas o mostrador grátis se destinava a rastrear o preço e uso da eletricidade na área do consumidor para permitir ao indivíduo usar a eletricidade durante os períodos fora de pico, mais baratos.[36]

(a) Identifique os sujeitos, os fatores, os tratamentos, e a variável resposta.

(b) Use um diagrama como o da Figura 9.2 para mostrar os fatores e os tratamentos.

9.46 **Polarização política e mídias sociais.** Em 1º de setembro de 2018, *The Columbus Dispatch* fez uma reportagem sobre um estudo acerca de polarização política e mídias sociais. Nesse estudo, 901 democratas e 751 republicanos foram recrutados. Os democratas foram divididos aleatoriamente em dois grupos. A todos foi pedido que seguissem uma conta automatizada do Twitter (*Twitter bot*) todos os dias, por um mês. Um grupo recebeu mensagens (*tweets*) com um ponto de vista liberal, e o outro recebeu *tweets* com um ponto de vista conservador. Do mesmo modo, os republicanos foram divididos aleatoriamente em dois grupos e receberam os mesmos dois tratamentos (*tweets* liberais ou conservadores). Todos os sujeitos passaram por um teste, antes e depois do experimento, que os classificava em uma escala liberal/conservadora. As mudanças nos escores eram a variável resposta.[37]

(a) A filiação partidária dos sujeitos (democrata ou republicano) é uma variável de tratamento ou um bloco? Por quê?

(b) O tipo de *tweet* (liberal ou conservador) é um tratamento ou um bloco? Por quê?

(c) Use um diagrama para esboçar o planejamento.

9.47 **Sono melhor?** O número de vezes que você acorda durante a noite é afetado pelo fato de você tomar uma taça de vinho antes de se deitar ou se você tomou um lanche antes de se deitar? Descreva brevemente o planejamento de um experimento com duas variáveis explicativas – se você tomou ou não uma taça de vinho e se você tomou ou não tomou um lanche antes de se deitar – para investigar essa questão. Certifique-se de especificar qual será a variável resposta. Também diga como lidará com variáveis ocultas, como quantidade de sono na noite anterior.

9.48 **Sono melhor?** Os hábitos de sono de homens e mulheres podem diferir. Podemos melhorar o planejamento completamente aleatorizado do Exercício 9.47 usando mulheres e homens como blocos. Seus 300 sujeitos incluem 120 mulheres e 180 homens. Esboce um planejamento em blocos para a comparação do efeito sobre o sono, se você tomou ou não uma taça de vinho ou se você tomou ou não um lanche antes de se deitar. Certifique-se de dizer quantos sujeitos você colocará em cada grupo no seu planejamento.

9.49 **Aleatorização rápida.** Eis uma maneira rápida e fácil de fazer a aleatorização. Você tem 100 sujeitos: 50 adultos com menos de 65 anos de idade, e 50 com 65 anos ou mais. Jogue uma moeda. Se sair cara, associe todos os adultos com menos de 65 anos ao grupo de tratamento e todos os com 65 anos ou mais ao grupo de controle. Se sair coroa, associe todos com 65 ou mais ao grupo de tratamento, e todos os com menos de 65, ao grupo de controle. Isso dá a todos os indivíduos uma chance 50-50 de ser associado ao grupo de tratamento ou ao grupo de controle. Por que essa não é uma boa maneira de associação de sujeitos a grupos de tratamento?

9.50 **Os antioxidantes previnem o câncer?** Pessoas que comem muitas frutas e vegetais têm taxas de câncer de cólon mais baixas do que aquelas que comem pouco desses alimentos. Frutas e vegetais são ricos em antioxidantes, como vitaminas A, C e E. A ingestão de antioxidantes ajudará a prevenir o câncer de cólon? Um experimento médico estudou essa questão com 864 pessoas que estavam em risco de câncer de cólon. Os sujeitos foram divididos em quatro grupos: betacaroteno diariamente, vitaminas C e E diariamente, todas as três vitaminas todos os dias, ou um placebo diariamente. Depois de quatro anos, os pesquisadores ficaram surpresos de não encontrar diferença significante em relação ao câncer de cólon entre os grupos.[38]

(a) Quais são as variáveis explicativa e resposta nesse experimento?

(b) Esboce o planejamento do experimento. Use seu julgamento na escolha dos tamanhos dos grupos.

(c) O estudo foi do tipo duplo-cego. O que isso significa?

(d) O que "nenhuma diferença significante" quer dizer na descrição do resultado desse estudo?

(e) Sugira algumas variáveis ocultas que possam explicar por que as pessoas que comem muitas frutas e vegetais têm taxas mais baixas de câncer de cólon. O experimento sugere que essas variáveis ocultas ou outras propriedades das frutas e vegetais, mais do que os antioxidantes, podem ser responsáveis pelos benefícios observados das frutas e vegetais.

9.51 **SAMe para depressão?** S-adenosilmetionina (SAMe), uma molécula que ocorre naturalmente, encontrada em todo o corpo, tem sido usada como um antidepressivo com algum sucesso. Está comercialmente disponível na Europa desde finais da década 1970 e agora disponível sem receita nos EUA. Participantes de um estudo eram 73 indivíduos com grave distúrbio depressivo que não tinham respondido a um tratamento padrão usando inibidores seletivos de recaptação de serotonina (ISRS) para aliviar seus sintomas. Investigou-se o efeito de complementar o tratamento ISRS com SAMe.[39]

(a) O estudo foi um teste *aleatorizado, duplo-cego*, realizado durante seis semanas, com 34 participantes recebendo um placebo (pílulas falsas) e os 39 restantes recebendo pílulas que continham SAMe (um teste é um experimento médico que usa pacientes reais como sujeitos). Explique por que é importante ter o grupo placebo, em vez de ter todos os pacientes recebendo pílulas contendo SAMe. Qual é o objetivo dos dois termos em itálico no contexto desse estudo?

(b) Uma redução de 50% na escala de classificação Hamilton para depressão durante o período de tratamento foi considerada uma resposta positiva ao tratamento. Encontrou-se que 36,1% do grupo do SAMe tiveram uma resposta positiva contra 17,6% do grupo do placebo, uma diferença estatisticamente significante. Explique o que significância estatística quer dizer no contexto desse teste.

(c) Pela informação fornecida, utilize um diagrama para esboçar o planejamento desse teste.

9.52 **Aleatorização funcionando.** Para demonstrar como a aleatorização reduz o confundimento, considere a seguinte situação. Uma pesquisadora em nutrição pretende comparar o ganho de peso de bebês nascidos prematuramente, alimentados com a Dieta A com os alimentados com a Dieta B. Para isso, ela alimentará cada 40 bebês nascidos prematuramente cujos pais os inscreveram no estudo. Ela tem disponíveis 20 bebês meninas e 20 bebês meninos. A pesquisadora está preocupada com o fato de que os meninos possam responder mais favoravelmente às dietas; assim, se todos os bebês meninos forem alimentados com a Dieta A, o experimento seria viesado em favor da Dieta A.

(a) Rotule os bebês 01, 02, ..., 40. Use a Tabela B para associar 20 bebês à Dieta A. Ou, se você tem acesso a um programa estatístico, use-o para associar 20 bebês à Dieta A. Faça isso 10 vezes, usando partes diferentes da tabela (ou diferentes rodadas do seu programa) e escreva os 10 grupos associados à Dieta A.

(b) Os bebês rotulados 21, 22, ..., 40 são os meninos. Quantos desses bebês estavam em cada um dos 10 grupos da Dieta A que você gerou?

(c) Você vê que há considerável variação do acaso no número de bebês meninos associados à Dieta A. Desenhe um diagrama de ramo e folhas do número de bebês meninos associados à Dieta A. Você vê algum viés sistemático a favor de uma ou de outra dieta ser associada aos bebês meninos? Maiores amostras de maiores populações irão, na média, fazer um trabalho ainda melhor de criar dois grupos similares.

CAPÍTULO

10

Após leitura do capítulo, você será capaz de:

10.1 Descrever os objetivos, processos e efeitos dos conselhos de revisão institucionais.

10.2 Explicar padrões de consentimento informado nos estudos estatísticos que envolvem sujeitos humanos.

10.3 Avaliar as práticas de confidencialidade de estudos observacionais e experimentos e distinguir entre confidencialidade e anonimidade.

10.4 Explicar os problemas éticos associados aos testes clínicos.

10.5 Discutir as diferenças entre princípios éticos subjacentes aos estudos em ciências comportamental e social, e aqueles em medicina.

Radius Images/Alamy Stock Photo

Ética nos Dados*

Os Capítulos 8 e 9 discutiram métodos de produção de dados. A aplicação desses métodos na prática levanta questões éticas. Neste capítulo, apresentamos alguns desses problemas éticos.

Não vamos discutir o funcionário de *telemarketing*, que começa uma venda por telefone com "Estou realizando uma pesquisa". Esse engano é claramente antiético e irrita organizações legítimas de pesquisa, que encontram o público menos disposto a falar com eles. Nem discutiremos aqueles poucos pesquisadores que, na busca de um avanço profissional, publicam dados falsos. Não há qualquer ética aqui: dados falsos para alavancar sua carreira é simplesmente errado.[1] Acabará com sua carreira assim que descobertos. Mas, quão honestos devem ser os pesquisadores sobre dados reais, não falsos? Aqui segue um exemplo que sugere que a resposta é "Mais honestos do que em geral o são".

EXEMPLO 10.1 Toda a verdade?

Supõe-se que artigos que relatam pesquisa científica sejam curtos, sem qualquer bagagem extra. A brevidade, no entanto, pode permitir que pesquisadores evitem total honestidade sobre seus dados. Eles escolheram seus sujeitos de maneira viesada? Relataram dados sobre apenas alguns de seus sujeitos? Tentaram várias análises estatísticas e relataram apenas as que pareciam melhores? O estatístico John Bailar examinou mais de 4 mil artigos médicos em mais de uma década como consultor do *New England Journal of Medicine*. Ele diz: "quando se chegava à revisão estatística, era em geral claro que faltava informação crítica, e as lacunas quase sempre tinham o efeito prático de tornar as conclusões do autor parecerem mais fortes do que deveriam ter sido".[2] A situação é, sem dúvida, pior nos campos que revisam trabalhos publicados menos cuidadosamente. Esse problema continua a crescer com a proliferação de periódicos de livre acesso *online* que "publicarão aparentemente qualquer coisa por uma taxa" e fornecem pouca ou nenhuma revisão.[3]

*Este pequeno capítulo se relaciona a um tópico muito importante, mas o material não é necessário para a leitura do restante do livro.

Os problemas mais complexos de ética nos dados surgem quando coletamos dados de pessoas (mas pesquisas com animais também suscitam problemas éticos). As dificuldades éticas são mais severas para experimentos que impõem algum tratamento às pessoas do que para pesquisas amostrais que simplesmente coletam informação. Testes de novos tratamentos médicos, por exemplo, podem causar danos, bem como benefícios a seus sujeitos. Aqui estão alguns padrões básicos de ética nos dados que devem ser obedecidos por todos os estudos que coletam dados de sujeitos humanos, tanto estudos observacionais quanto experimentos.

Ética de dados básica para sujeitos humanos

Todos os estudos planejados devem ser revistos antes por um *conselho de revisão institucional* encarregado de proteger a segurança e bem-estar dos sujeitos.

Todos os indivíduos que são sujeitos em um estudo devem dar seu *consentimento informado* antes de os dados serem coletados.

Todos os dados individuais devem ser mantidos como *confidenciais*. Apenas resumos estatísticos para grupos de sujeitos podem ser tornados públicos.

Se os sujeitos são crianças, então seu consentimento é necessário, bem como o de seus pais ou guardiões.

Muitos periódicos têm um requerimento formal de abordagem de problemas de sujeitos humanos se o estudo é classificado como pesquisa de sujeitos humanos. Por exemplo, eis uma afirmativa das instruções para autores para o *JAMA – Journal of the American Medical Association:*[4]

> Para todos os manuscritos que relatam dados de estudos envolvendo participantes humanos ou animais, exige-se que haja revisão e aprovação formais, ou revisão e renúncia formais, por um conselho de revisão institucional apropriado ou comitê de ética, e isso deve ser descrito na seção Métodos.

Para situações nas quais não existe um comitê formal de revisão, o *Journal of the American Medical Association* instrui os pesquisadores a seguirem os princípios delineados na Declaração de Helsinki, de 1964, da World Medical Association. Quando são envolvidos sujeitos humanos os pesquisadores devem estabelecer, na seção "Métodos" de seus artigos, o modo pelo qual o consentimento informado dos participantes foi conseguido (isto é, oral ou por escrito). Também, a lei exige que os estudos realizados ou financiados pelo governo federal obedeçam a esses princípios.[5] Mas nem a lei nem o consenso de especialistas são completamente claros sobre os detalhes de sua aplicação.

10.1 Comitês institucionais de revisão

O propósito de um comitê institucional de revisão não é decidir se um estudo proposto produzirá informação valiosa ou se é estatisticamente sólido. O objetivo desse comitê é, nas palavras do comitê de uma universidade, "proteger os direitos e bem-estar dos sujeitos humanos ou pacientes recrutados para participar de atividades de pesquisa".[6] O comitê revê o planejamento do estudo e pode requerer mudanças. Ele revê o formulário de consentimento para garantir que os sujeitos sejam informados sobre a natureza do estudo e sobre potenciais riscos. Uma vez iniciada a pesquisa, o comitê monitora o andamento do estudo, pelo menos uma vez por ano.

O problema mais premente relativo aos comitês institucionais de revisão é saber se sua carga de trabalho está se tornando tão grande a ponto de reduzir sua eficácia na proteção dos sujeitos. Quando o governo interrompeu, temporariamente, a pesquisa com sujeitos humanos no Duke University Medical Center, em 1999, devido à proteção inadequada dos sujeitos, mais de 2 mil estudos estavam sendo realizados. É muito trabalho para ser revisto. Há procedimentos de revisão mais rápidos para projetos que envolvem apenas riscos mínimos para os sujeitos, tais como as pesquisas amostrais. Quando um comitê está sobrecarregado, há uma tentação de colocar mais propostas na categoria de risco mínimo para agilizar o trabalho.

Comitê de revisão institucional
Um painel de especialistas, associado a uma universidade ou outra organização de pesquisa, que revê todos os estudos planejados, de forma a proteger a segurança e o bem-estar dos sujeitos.

APLIQUE SEU CONHECIMENTO

10.1 Risco mínimo? Você é um membro do conselho de revisão institucional de sua faculdade. Você deve decidir se várias propostas de pesquisa se qualificam como de revisão menos rigorosa porque envolvem apenas risco mínimo para os sujeitos. As regulamentações legais dizem que "risco mínimo" significa não maior do que "aqueles ordinariamente encontrados na vida diária ou durante a realização de rotina física ou exames ou testes psicológicos". Isso é vago. Qual dos seguintes você acha que se qualifica como de "risco mínimo"?

(a) Dê aos sujeitos uma droga experimental que pode produzir tonteira temporária como efeito colateral e avise os sujeitos sobre o risco.

(b) Dê aos sujeitos uma droga experimental que pode produzir episódios de depressão como efeito colateral.

(c) Recrute mulheres para um estudo sobre abuso físico por esposos ou companheiros colocando *posters* no entorno da comunidade. Os *posters* instruem qualquer mulher interessada que vivenciou abuso a chamar o número de telefone do laboratório e deixar uma mensagem com nome e números de telefone.

(d) Recrute mulheres para um estudo sobre abuso físico por esposos ou companheiros visitando abrigos de vítimas de violência doméstica e chamando voluntárias.

(e) Pergunte a mulheres se elas fizeram um aborto em um país onde o aborto é ilegal.

(f) Pergunte a mulheres se elas fizeram um aborto em um país onde o aborto é legal, mas a questão é carregada de controvérsias religiosas e políticas.

10.2 Isso realmente precisa ser revisado? Um professor de faculdade gostaria de realizar um teste de sabor de uma nova barra de cereal matinal que contém apenas ingredientes integrais, como grãos integrais, fruta seca, e mel sem aditivos. Ele planeja perguntar aos estudantes se algum deles gostaria de se voluntariar para servir como testador de sabores. Ele deve buscar o conselho de revisão institucional antes de proceder? Discuta.

10.2 Consentimento informado

Ambas as palavras na expressão "consentimento informado" são importantes, e ambas podem ser controversas. Os sujeitos devem ser *informados*, com antecedência, da natureza de um estudo e sobre qualquer risco para eles. No caso de uma pesquisa amostral, dano físico não é possível. Os sujeitos devem ser informados sobre os tipos de perguntas que o estudo irá lhes fazer e sobre o tempo que demorará. Os pesquisadores devem dizer aos sujeitos a natureza e o objetivo do estudo e esboçar possíveis riscos. Os sujeitos devem, então, dar seu *consentimento* por escrito.

Consentimento informado
A exigência de que os sujeitos devem ser avisados antes sobre a natureza e o objetivo de um estudo e sobre qualquer risco que ele possa causar. Os sujeitos devem então dar aprovação de sua participação, por escrito, antes que o estudo comece.

EXEMPLO 10.2 Quem pode consentir?

Existem sujeitos que não possam dar o consentimento informado? Há algum tempo, era comum o teste de novas vacinas em prisioneiros, que davam seu consentimento em troca de créditos por bom comportamento. Atualmente, há a preocupação com o fato de que os prisioneiros não são realmente livres para recusar, e a lei proíbe quase todas as pesquisas médicas em prisões.

Crianças não podem dar consentimento informado completo, de modo que o procedimento usual é pedi-lo aos pais. Um estudo sobre novas técnicas de ensino de leitura deve ser iniciado na escola elementar local, de modo que a equipe do estudo envia formulários para os pais em domicílio. Muitos pais não devolvem o formulário. Seus filhos podem participar do estudo porque os pais não disseram "não", ou devem ser aceitas apenas crianças cujos pais retornaram o formulário e disseram "sim"?

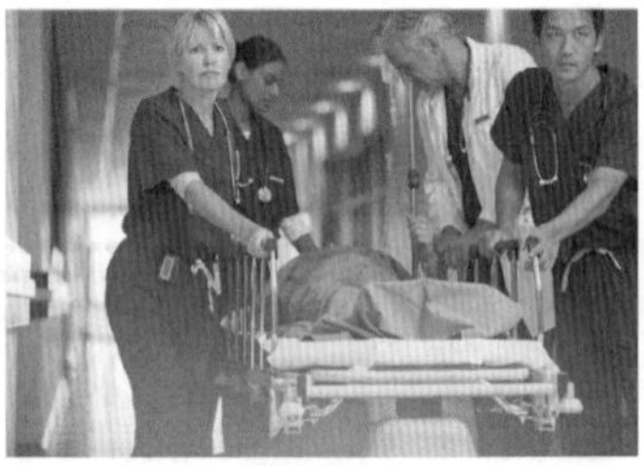
Sam Edwards/iStock

O que dizer de pesquisas sobre novos tratamentos médicos para pessoas que sofrem de doenças mentais? E sobre novas maneiras de ajuda a pacientes em salas de emergência que podem estar inconscientes? Na maioria dos casos, não há tempo para se obter o consentimento da família. O princípio do consentimento informado impede testes realísticos de novos tratamentos para pacientes inconscientes?

Essas são perguntas sem respostas claras. Pessoas razoáveis diferem fortemente em relação a todas elas. Não há coisa alguma simples sobre o consentimento informado.[7]

As dificuldades do consentimento informado não se acabam, mesmo para sujeitos capazes. Alguns pesquisadores, especialmente em testes clínicos, consideram o consentimento como uma barreira na obtenção de pacientes para participar de pesquisas. Eles podem não explicar todos os riscos possíveis; podem não informar que há outras terapias que podem ser melhores do que as que estão em estudo; podem ser muito otimistas na conversa com os pacientes, mesmo quando o formulário do consentimento tem todos os detalhes corretos. Por outro lado, a menção de todos os possíveis riscos leva a formulários de consentimento muito longos, que realmente se tornam barreiras. "São como contratos de aluguel de carros", disse um advogado. Alguns sujeitos não leem formulários com cinco ou seis páginas impressas. Outros se sentem assustados com o grande número de possíveis (mas quase sem chance) desastres que possam acontecer e se recusam a participar. Naturalmente, desastres com chances mínimas podem acontecer. Quando eles acontecem, ocasionam processos judiciais e os formulários de consentimento se tornam ainda mais longos e detalhados.

APLIQUE SEU CONHECIMENTO

10.3 Coerção? As regulamentações do órgão norte-americano U.S. Department of Health and Human Services para o consentimento informado estabelecem que "um pesquisador deve procurar esse consentimento apenas sob circunstâncias que forneçam ao provável sujeito, ou seu representante, oportunidade suficiente para considerar se participa ou não e isso minimiza a possibilidade de coerção ou influência indevida".[8] A coerção ocorre quando uma ameaça de dano aberta ou implícita é intencionalmente apresentada por uma pessoa a outra para obter concordância. Qual das seguintes circunstâncias você acredita constitui coerção? Discuta.

(a) Um pesquisador desenvolveu uma vacina contra um novo vírus. O pesquisador está recrutando voluntários adultos saudáveis de uma cidade do interior para determinar se a vacina é segura em humanos. Os voluntários serão pagos pela participação. Um dos participantes diz a uma das enfermeiras do estudo que ele não se inscreveria no estudo, mas, recentemente, perdeu seu emprego e precisa do dinheiro. Ele afirma que se sente como se não tivesse alternativa, a não ser participar.

(b) Pede-se a uma enfermeira de pesquisa que consinta e forneça amostras para três estudos de risco mínimo, durante sua primeira semana no emprego. Dizem a ela que "todos que trabalham aqui estão inscritos nesses estudos".

10.4 Influência indevida? Influência indevida na obtenção do consentimento informado em geral ocorre mediante uma oferta de uma excessiva recompensa ou retorno inapropriado, ou outra abertura com a finalidade de conseguir concordância. Qual das seguintes circunstâncias você acredita constitui influência indevida? Discuta.

(a) Os estudantes da turma de uma professora são avisados de que ganharão crédito extra se participarem de um estudo de pesquisa que ela está realizando. Um meio alternativo de obtenção de crédito extra está disponível para estudantes que não querem participar.

(b) Os estudantes da turma de uma professora são avisados de que ganharão crédito extra se participarem de um estudo de pesquisa que ela está realizando. Crédito extra só está disponível para estudantes que escolhem participar, mas serão recompensados com os créditos, mesmo que o estudante abandone o estudo antes de completado.

(c) Os estudantes da turma de uma professora são avisados de que ganharão crédito extra se participarem de um estudo de pesquisa que ela está realizando. O crédito extra só será dado aos estudantes que continuarem no estudo até que ele termine.

10.3 Confidencialidade

Problemas éticos não desaparecem depois que um estudo foi liberado pelo conselho de revisão, obteve o consentimento de seus sujeitos e realmente coletou dados sobre os sujeitos. É importante proteger a privacidade dos sujeitos e dos próprios pesquisadores, incluindo informação sobre eles. Uma maneira de isso ser feito é mantendo confidenciais todos os dados sobre os indivíduos. A **confidencialidade** se refere ao acordo entre o investigador e o participante sobre como os dados serão manipulados e usados. O relatório de uma pesquisa de opinião pode dizer qual porcentagem dos 1.200 respondentes acha que a imigração legal deve ser reduzida. Ele não pode mencionar o que *você* disse sobre isso ou qualquer outra questão. No entanto, o investigador que coletou os dados saberá o que você disse sobre isso ou outras questões na pesquisa.

Confidencialidade não é o mesmo que *anonimidade*. Anonimidade significa que os sujeitos são anônimos – seus nomes não são conhecidos, nem mesmo pelo diretor do estudo. Anonimidade fornece um alto grau de privacidade, mas anonimidade é rara em estudos estatísticos. Mesmo onde é possível (principalmente em pesquisas realizadas pelo correio), anonimidade impede qualquer acompanhamento para melhorar a não resposta ou informar os sujeitos dos resultados.

Qualquer quebra de confidencialidade é uma séria violação da ética dos dados. A melhor prática é a separação da identidade dos sujeitos do resto dos dados logo de início. Pesquisas amostrais, por exemplo, usam a identificação apenas para verificar quem respondeu ou não. Em uma era de tecnologia avançada, não é mais suficiente estar certo de que cada conjunto individual de dados protege a privacidade da pessoa. O governo, por exemplo, mantém uma vasta quantidade de informação sobre cidadãos em muitas bases de dados separadas – respostas ao censo, devolução de impostos, seguridade social, informação, dados de pesquisas, como a pesquisa da população corrente, e outros. Muitas dessas bases de dados podem ser pesquisadas por computadores para estudos estatísticos. Uma pesquisa com um computador inteligente de várias bases de dados pode ser capaz, por combinação de informação, de identificar e saber bastante sobre você, mesmo que seu nome e outra identificação tenham sido removidos dos dados disponíveis para pesquisa. Um colega da Alemanha observou, certa vez, que "mulher professora de tempo integral de estatística com Doutorado, dos EUA", era suficiente para sua identificação entre os 83 milhões de residentes da Alemanha. Privacidade e confidencialidade dos dados são problemas pesados entre estatísticos na era do computador. O hackeamento de computadores e o roubo de *laptops* que contêm dados aumentam as dificuldades. É possível garantir a confidencialidade dos dados armazenados em bases de dados que podem ser hackeadas ou roubadas? A U.S. Social Security Administration elaborou uma política ampla de privacidade na internet, parte da qual pode ser vista na Figura 10.1.

FIGURA 10.1
A política de privacidade do *site* da administração de segurança social do governo norte-americano, www.ssa.gov/agency/privacy.html.

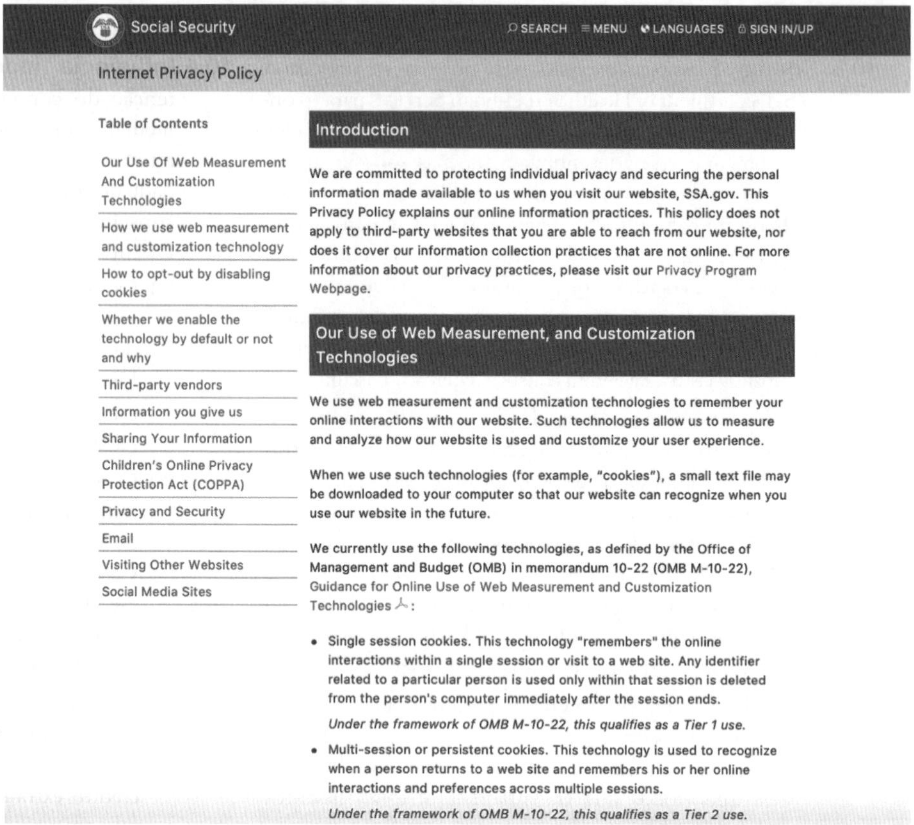

Social Security Administration

EXEMPLO 10.3 Tio Sam sabe

Pede-se aos cidadãos que deem informações ao governo. Pense nas devoluções de impostos e nas contribuições para a Seguridade Social. O governo precisa desses dados para fins administrativos – para verificar se você pagou a quantidade correta de imposto e o tamanho do benefício da Seguridade Social a que você tem direito quando se aposenta. Algumas pessoas sentem que os indivíduos deviam ser capazes de proibir qualquer outro uso de seus dados, mesmo com toda a identificação removida. Isso evitaria o uso dos registros do governo para estudos, digamos, sobre idades, rendas e tamanhos das residências dos beneficiários do seguro social. Esses estudos poderiam ser vitais em debates sobre seguridade social.

APLIQUE SEU CONHECIMENTO

10.5 Sunshine Laws. Todos os estados dos EUA têm leis de registros abertos, algumas vezes conhecidas como "Sunshine Laws", que dão ao cidadão acesso a encontros e registros do governo.[9] Isso inclui, por exemplo, relatórios de crimes e registros de chamadas do 911. Um relatório de crime inclui o nome de alguém acusado do crime. Suponha que um adolescente de 10 anos de idade seja acusado de cometer um crime. Um repórter do jornal local pede uma cópia do relatório do crime. O delegado se recusa a fornecer o relatório porque o acusado é menor de idade, e ele acha que o nome dele deveria ser informação confidencial. Esse é um problema de confidencialidade? Discuta.

10.6 https. Em geral, *sites* seguros usam criptografia e padrões de identificação para proteger a confidencialidade de transações na internet. O protocolo mais comumente usado para a segurança na rede tem sido o TLS, ou Transport Layer Security. Essa tecnologia é ainda conhecida como SSL. *Sites* com endereços que começam com https usam esse protocolo. Você acredita que *sites* https propiciam verdadeira confidencialidade?[10] Você acha possível garantir a confidencialidade de dados em qualquer *site*? Discuta.

10.4 Testes clínicos

Testes clínicos são experimentos que estudam a eficácia de tratamentos em pacientes reais. Tratamentos médicos podem causar danos, bem como podem curar, e os testes clínicos destacam os problemas éticos de experimentos com sujeitos humanos. A seguir, estão os pontos iniciais para uma discussão:

- Experimentos comparativos aleatorizados são, sem dúvida, a melhor maneira de ver os verdadeiros efeitos de novos tratamentos. Sem eles, tratamentos de risco que não são mais eficazes do que placebos tornar-se-ão comuns.[11]

- Testes clínicos produzem grandes benefícios, mas a maioria desses benefícios vai para futuros pacientes. Os testes também apresentam riscos, e esses riscos são suportados pelos sujeitos do teste. Assim, devemos avaliar futuros benefícios contra riscos presentes.
- Tanto a ética médica quanto os padrões internacionais de direitos humanos dizem que "os interesses do sujeito devem sempre prevalecer sobre os interesses da ciência e da sociedade".

As palavras entre aspas são da Declaração de Helsinki de 1964, de World Medical Association, o padrão internacional mais respeitado. Os exemplos mais ultrajantes de experimentos não éticos são aqueles que ignoram os interesses dos sujeitos.

EXEMPLO 10.4 O estudo de Tuskegee

Na década de 1930, sífilis era comum entre os homens negros no Sul rural, um grupo que não tinha quase nenhum acesso a tratamento médico. O estudo Public Health Service Tuskegee recrutou 399 negros pobres meeiros com sífilis e 201 outros sem a doença para observar como a sífilis se desenvolvia quando nenhum tratamento era oferecido. No início de 1943, a penicilina se tornou disponível para o tratamento da sífilis. Os sujeitos do estudo não foram tratados. Na verdade, o Public Health Service evitou qualquer tratamento, até que notícias vazaram e forçaram o fim do estudo, na década de 1970.

O estudo Tuskegee é um exemplo extremo de pesquisadores que seguem seus próprios interesses e ignoram o bem-estar de seus sujeitos. Uma revisão de 1996 disse: "ele passou a simbolizar o racismo em medicina, má conduta ética em pesquisa humana, paternalismo por parte dos médicos, e abuso do governo de pessoas vulneráveis". Em 1997, o presidente Clinton formalmente se desculpou com os pacientes sobreviventes em uma cerimônia na Casa Branca.[12]

O estudo Tuskegee pode ajudar a explicar a relutância de muitos negros americanos em participarem de testes clínicos: "de uma perspectiva histórica, o estudo de sífilis de Tuskegee é mundialmente reconhecido como uma razão para desconfiança, por causa da extensão e duração da fraude e maus-tratos, e pelo impacto do estudo sobre a revisão e aprovação de sujeitos humanos".[13] Infelizmente, os negros americanos sofreram o impacto de mais do que o estudo Tuskegee. Muitos estudos tiraram proveito dos negros americanos, o que levou Harriet S. Washington a escrever o livro *Medical Apartheid: The Dark History of Medical Experimentation on Black Americans from Colonial Times to the Present.* Harriet S. Washington documenta os maus-tratos por que passaram os negros americanos em nome da pesquisa.

Como "os interesses dos sujeitos devem sempre prevalecer", os tratamentos médicos podem ser testados em testes clínicos apenas quando há razão para esperar que eles ajudarão os pacientes que são sujeitos nos testes. Os benefícios futuros não são suficientes para justificar experimentos com sujeitos humanos. Naturalmente, se já existem fortes evidências de que o tratamento funciona e é seguro, é antiético *não* oferecê-lo. O Dr. Charles Hennekens, da Harvard Medical School, que dirigiu o grande teste clínico que mostrou que aspirina reduz o risco de ataques do coração em homens, discutiu a questão de quando fazer, ou não fazer, um teste aleatorizado. Eis suas palavras:

> Por um lado, deve haver suficiente crença no potencial do agente que justifique a exposição de metade dos sujeitos a ele. Por outro lado, deve haver suficiente dúvida sobre sua eficácia que justifique reter e não administrá-lo aos sujeitos que vão receber placebos.[14]

Por que é ético dar ao grupo de controle de pacientes um placebo? Bem sabemos que placebos geralmente funcionam. Além disso, placebos não têm quaisquer efeitos colaterais danosos. Assim, no estado de dúvida equilibrada descrita pelo Dr. Hennekens, o grupo do placebo pode estar recebendo um melhor tratamento do que o grupo da droga. Se *soubéssemos* qual tratamento é o melhor, nós o daríamos a todos. Quando não sabemos, é ético tentar ambos e compará-los.[15]

APLIQUE SEU CONHECIMENTO

10.7 Ética e validade científica. Os autores de um artigo sobre pesquisa clínica e ética[16] estabeleceram o seguinte:

> ... a pesquisa deve ter um objetivo científico claro; deve ser planejada com princípios aceitos, métodos e prática confiáveis, ter poder suficiente para testar definitivamente o objetivo; e oferecer um plano de análise de dados plausível. Além disso, deve ser possível a execução do estudo proposto.

Você acha que isso exclui os estudos observacionais como "éticos"? Discuta. Você pode desejar consultar sobre correlação e causação, assunto discutido na Seção 5.8.

10.5 Experimentos em ciências sociais e comportamentais

Quando passamos da medicina para as ciências sociais e comportamentais, os riscos diretos aos sujeitos do experimento são menos agudos, mas também o são os possíveis benefícios. Considere, por exemplo, os experimentos realizados por psicólogos em seus estudos do comportamento humano.

EXEMPLO 10.5 Psicólogos no banheiro masculino

Psicólogos observam que as pessoas têm um "espaço pessoal" e se sentem desconfortáveis se outros se aproximam demais. Não gostamos de que estranhos se sentem à nossa mesa em uma lanchonete, se há outras mesas vazias, e vemos pessoas se afastarem em elevadores, se há espaço para isso. Os americanos tendem a exigir mais espaço pessoal do que as pessoas na maioria das outras culturas. A violação do espaço pessoal pode ter efeitos físicos, bem como emocionais?

Pesquisadores montaram um ponto de observação em um banheiro público masculino. Bloquearam mictórios de modo a forçar os homens que entravam a usar, ou um mictório próximo de um pesquisador (grupo de tratamento), ou um mictório longe do pesquisador (grupo de controle). Outro pesquisador, usando um periscópio em um banheiro reservado, media quanto tempo levava para o sujeito começar a urinar e por quanto tempo o fazia.[17]

Stratol/iStock

Esse experimento sobre o espaço pessoal ilustra as dificuldades com que se deparam aqueles que planejam e revisam estudos comportamentais.

- Não há risco de dano aos sujeitos, embora certamente objetassem por estarem sendo observados com um periscópio. Contra que devemos proteger os sujeitos quando o risco de dano físico é improvável? Possível dano emocional? Situações indignas? Invasão de privacidade?
- E sobre o consentimento informado? Os sujeitos nem sabiam que estavam participando de um experimento. Muitos experimentos comportamentais se apoiam em não revelar o verdadeiro objetivo do estudo. Os sujeitos mudariam seus comportamentos se soubessem, de antemão, o que os pesquisadores estavam procurando. Pede-se o consentimento dos sujeitos com base em informação vaga. Eles recebem informação completa apenas depois do experimento.

Os "Princípios Éticos" da American Psychological Association exigem o consentimento, a menos que o estudo se limite a observar o comportamento em um espaço público. Permitem o engano apenas quando é necessário ao estudo, não esconde informação que possa influenciar a vontade do sujeito em participar, e deve ser explicada ao sujeito logo que possível. O estudo do espaço pessoal, da década de 1970, não corresponde aos padrões éticos atuais.

Vemos que o requerimento básico para o consentimento informado é entendido de diferentes maneiras em medicina e em psicologia. Eis um exemplo de outro contexto com ainda outra interpretação do que seja ético. Os sujeitos não recebem qualquer informação e não dão qualquer consentimento. Eles nem sabem que um experimento pode mandá-los para a cadeia por uma noite.

EXEMPLO 10.6 Redução da violência doméstica

Como a polícia deve responder a chamados sobre violência doméstica? No passado, a prática usual era a remoção do agressor e ordenar-lhe que ficasse fora de casa até o dia seguinte. A polícia relutava em efetuar prisões porque as vítimas raramente apresentavam queixa. Grupos de mulheres argumentavam que a prisão dos agressores ajudaria a prevenir violências futuras, mesmo que queixas não fossem apresentadas. Há evidências de que a prisão reduzirá agressões futuras? Essa é uma pergunta a que experimentos tentaram responder.

Um experimento típico sobre violência doméstica compara dois tratamentos: prisão do agressor por uma noite, ou advertência ao agressor e sua liberação. Quando a polícia chega à cena de uma violência doméstica, eles acalmam os participantes e investigam. Armas e ameaças de morte exigem prisão. Se os fatos permitem a prisão, mas não a exigem, o policial se comunica com a delegacia e pede instruções. A pessoa em serviço abre o próximo envelope em um arquivo previamente preparado por um estatístico. Os envelopes contêm os tratamentos em ordem aleatória. A polícia prende o sujeito ou o adverte e o libera, dependendo do conteúdo do envelope. Os pesquisadores, então, observam os registros da polícia e visitam a vítima para ver se a violência doméstica ocorreu de novo.

Esses experimentos mostram que a prisão de suspeitos de violência doméstica realmente reduz seus futuros comportamentos violentos.[18] Como um resultado dessa evidência, a prisão se tornou a resposta comum da polícia à violência doméstica.

Experimentos sobre violência doméstica apontaram para um importante problema de política pública. Como não há consentimento informado, as regras éticas que regulam testes clínicos e a maioria dos estudos em ciências sociais proibiriam esses experimentos. Eles foram liberados pelos comitês de revisão porque, nas palavras de um pesquisador de violência doméstica, "essas pessoas se tornam sujeitos ao cometer atos que permitem que a polícia as prendam. Não é necessário consentimento para prender alguém".

APLIQUE SEU CONHECIMENTO

10.8 Enganando sujeitos. Pesquisadores estão interessados em avaliar o comportamento do "Bom Samaritano" em passageiros insuspeitos em um trem do metrô. Um ator, aparentemente bêbado ou carregando uma bengala, cai, e o número de intervenções de ajuda pelos passageiros é observado e registrado. Os resultados do experimento determinaram que as pessoas eram, em geral, úteis, embora fossem um pouco mais relutantes em ajudar um bêbado. Você acha que esse estudo é eticamente correto? Discuta.

RESUMO

- Todos os estudos devem ser revistos com antecedência por um **conselho de revisão institucional** encarregado de proteger a segurança e o bem-estar dos sujeitos.
- Todos os indivíduos que são sujeitos em um estudo devem fornecer seu consentimento informado antes que os dados sejam coletados.
- Todos os dados individuais devem ser mantidos confidenciais. Apenas resumos estatísticos para grupos de sujeitos podem ser tornados públicos. O objetivo é proteger a privacidade dos sujeitos.

EXERCÍCIOS

A maioria destes exercícios propõe questões para discussão. Não há resposta certa ou errada, mas há respostas mais ou menos conscientes.

10.9 **Quem revê?** As regras do governo exigem que os comitês institucionais de revisão consistam, no mínimo, em cinco pessoas, incluindo, pelo menos, um cientista, um não cientista e uma pessoa de fora da instituição. Muitos comitês são maiores, mas muitos contêm apenas uma pessoa de fora da instituição.

(a) Por que os comitês de revisão devem conter pessoas não cientistas?

(b) Você acha que um membro de fora da instituição é suficiente? Como você escolheria esse membro? (Por exemplo, você preferiria um médico? Um membro da Igreja? Um ativista dos direitos dos pacientes?)

10.10 **Consentimento informado.** Uma pesquisadora suspeita que pessoas que são abusadas quando crianças tendem a ser mais propensas a depressão severa quando jovens adultos. Ela prepara um questionário que mede depressão e que também faz várias perguntas sobre as experiências da infância. Escreva uma descrição do objetivo dessa pesquisa para ser lida para os sujeitos a fim de obter seu consentimento informado. Você deve equilibrar os objetivos conflitantes de não enganar os sujeitos sobre o que o questionário dirá sobre eles e não viesar a amostra, afastando as pessoas com experiências dolorosas da infância.

Em janeiro de 2012, o Facebook realizou um experimento com mais de 689 mil usuários, sem os informar, mesmo depois de concluído o experimento. O Facebook ajustou a alimentação de notícias das pessoas, de modo que metade desses indivíduos viu apenas postagens felizes de seus amigos e a outra metade viu apenas postagens de seus amigos. O Facebook determinou, então, o humor dos usuários julgando a qualidade de suas próprias postagens. Por que o Facebook deseja saber como manipular emoções? Sabe-se que pessoas tristes tendem a comprar mais, e Facebook vende espaços de propaganda em seus sites. As Questões 10.11 a 10.14 se referem a esse experimento.

10.11 **Aprovação do conselho de revisão.** Uma organização que recebe financiamento federal deve receber aprovação do conselho de revisão para pesquisa com humanos. Facebook não recebe financiamento federal. Facebook foi parceiro da Cornell University para escrever o artigo e analisar os dados depois que o experimento já havia sido realizado. O pesquisador em Cornell consultou o conselho de revisão de sua instituição para obter a aprovação para sua parte desse trabalho, mas como seu envolvimento começou depois que o experimento já estava completo, seu conselho de revisão disse que ele não precisava de aprovação deles. O que você pensa sobre esse experimento acontecendo sem um conselho de revisão?

10.12 **Confidencialidade.** Facebook realmente deu um passo não usual para uma empresa ao publicar os resultados desse experimento nos *Proceedings of the National Academy of Sciences*, um periódico de prestígio.[19] Facebook sabia quem eram todos os indivíduos e o que eles tinham postado, mas Facebook não publicou qualquer informação individual no artigo. O Facebook providenciou confidencialidade? Explique sua resposta.

10.13 **Consentimento informado.** O Facebook afirma que sua política de privacidade de dados cobriu esse experimento porque incluiu esta linha: "por exemplo, além de ajudar as pessoas a ver e encontrar coisas que você faz e compartilha, podemos usar a informação que recebemos sobre você... para operações internas, análise de dados, testagens, pesquisa e serviço de aprimoramento". Você concorda que essa política faça o suficiente para ser considerada um consentimento informado? Discuta seu raciocínio.

10.14 Consentimento informado (continuação). Algumas vezes, podem ser feitas exceções no processo de consentimento informado. Exemplos incluem estudos de pesquisa de educação com atividades de sala de aula normais que não apresentam qualquer risco não usual (como tentar uma palestra *versus* uma atividade de aprendizagem ativa para ensinar um novo conceito) ou estudos comportamentais em um espaço público. Essas diretrizes éticas foram escritas na metade do século XX, bem antes de existirem a internet e as mídias sociais. Você acredita que o Facebook e outros *sites* de mídias sociais contam como "espaços públicos"? Se sim, isso muda sua resposta sobre se o consentimento informado era necessário para esse experimento?

10.15 Anônimo ou confidencial? Uma das mais importantes pesquisas não governamentais nos EUA é a General Social Survey (GSS) do National Opinion Research Center. A GSS monitora regularmente a opinião pública sobre uma grande variedade de problemas políticos e sociais. As entrevistas são realizadas pessoalmente na residência do sujeito. As respostas de um sujeito da GSS são anônimas, confidenciais, ou as duas coisas? Explique sua resposta.

10.16 Anônimo ou confidencial? O *site* STDcheck.com contém a seguinte informação sobre testagem para HIV: "Oferecemos testagem 100% privada. Você não é obrigado a mostrar sua identidade no laboratório, você recebe um único código que permite ao laboratório realizar a testagem sem sua identidade, e seus resultados são carregados em sua conta privada *online*... Criptografamos nossos dados com o padrão industrial 128-bit de criptografia. Todas as comunicações e transações entre você e nosso *site* são seguras." Essa prática oferece anonimidade ou confidencialidade ou ambas? Explique sua resposta.

10.17 Pesquisas políticas. A campanha para a eleição presidencial está no auge, e os candidatos pagaram organizações de sondagens para fazer pesquisas amostrais com o objetivo de saber o que os eleitores pensam dos problemas. Quais informações os pesquisadores devem fornecer?

(a) O que o padrão do consentimento informado exige que os pesquisadores digam aos respondentes?

(b) Os padrões aceitos pelas organizações de pesquisa exigem também que sejam fornecidos aos respondentes o nome e o endereço da organização que realiza a pesquisa. Por que você acha que isso é exigido?

(c) A organização de pesquisa usualmente tem um nome profissional, como "Incorporação de pesquisas", de modo que os respondentes não sabem que a pesquisa está sendo paga por um partido político ou candidato. A revelação do financiador aos respondentes ocasionaria viés na pesquisa? O financiador da pesquisa deveria ser sempre anunciado assim que os resultados se tornassem públicos?

10.18 Cobranças por dados? Dados produzidos pelo governo são, em geral, disponíveis de graça, ou a baixo custo para usuários privados. Por exemplo os dados do satélite do tempo produzidos pelo órgão norte-americano U.S. National Weather Service estão disponíveis de graça na internet. *Opinião 1: Dados do governo deveriam ser disponibilizados para qualquer pessoa a um custo mínimo.* Os governos europeus, por outro lado, cobram das estações de TV pelos dados do tempo. *Opinião 2: Os satélites são dispendiosos, e as estações de TV têm lucro com seus serviços sobre o tempo, de modo que devem dividir os custos.* Qual opinião você apoia, e por quê?

10.19 Influência indevida? Um investigador deseja realizar um estudo financiado da segurança de uma vacina para evitar a hepatite C, envolvendo prisioneiros como sujeitos. Os prisioneiros vão receber ou a vacina ou um placebo; em seguida, será pedido a eles que completem pesquisas e se submetam a exames físicos para avaliação dos efeitos adversos. Para ter certeza de que os sujeitos vão relatar os efeitos adversos e cooperar com os exames, os prisioneiros que são considerados pelos guardas como mais complacentes e bem comportados são associados não aleatoriamente para serem o grupo experimental; os outros são associados ao grupo de controle (placebo). Para encorajar a participação, são oferecidas melhores refeições e a oportunidade de trabalhos com melhores salários na prisão. Há quaisquer aspectos desse estudo a que você faça objeção? Por quê?

10.20 Os estudos de Willowbrook sobre hepatite. Nos anos 1960, as crianças que entravam na Escola Estadual de Willowbrook, uma instituição para crianças com problemas mentais, eram deliberadamente infectadas com hepatite. Os pesquisadores argumentavam que, rapidamente, quase todas as crianças na instituição se infectavam de qualquer modo. Os estudos mostraram pela primeira vez que havia dois tipos de hepatite. Essa descoberta contribuiu para o desenvolvimento de vacinas eficazes. A despeito dos valiosos resultados, os estudos de Willowbrook são hoje considerados um exemplo de pesquisa antiética. Explique por que, de acordo com os padrões éticos atuais, resultados úteis não são suficientes para permitir um estudo.

10.21 Benefícios desiguais. Pesquisadores da depressão propuseram investigar o efeito de terapia suplementar e aconselhamento sobre a qualidade de vida de pessoas com depressão. Pacientes elegíveis nas listas de uma grande clínica médica foram associados aleatoriamente a grupos de tratamento e de controle. Ao grupo de tratamento seriam oferecidos tratamento dentário, teste de visão, transporte, e outros serviços não disponíveis sem ônus para o grupo de controle. O comitê de revisão considerou que oferecer esses serviços a algumas, mas não a todas as pessoas na mesma instituição, daria origem a questões éticas. Você concorda? Explique sua resposta.

10.22 Células imortais. Em 1951, Henrietta Lacks morreu no Hospital John Hopkins por complicações de um câncer cervical. Algumas de suas células foram retiradas sem sua permissão. Descobriu-se posteriormente que essas eram "células imortais", células que não morrem depois de um estabelecido número de divisões celulares. Essas eram as primeiras células humanas a crescerem em um laboratório que eram naturalmente imortais, tornando-as inestimáveis para pesquisa. Por exemplo, em experimentos médicos, se as células morrem, elas seriam simplesmente descartadas e o experimento seria tentado de novo em células frescas da cultura. As "células imortais" de Henrietta se tornaram a linhagem de células HeLa e foram usadas para o desenvolvimento da vacina contra a pólio e tratamento de gripe e nas pesquisas de HIV/AIDS, leucemia, tuberculose e mal de Parkinson, só para nomear algumas aplicações. A pesquisa a partir das células HeLa salvou centenas de milhares, se não milhões, de pessoas. O benefício para a sociedade recebido das células de Henrietta Lacks ultrapassa a ética ao deixar de receber permissão para o uso das células de alguém da família Lacks, inclusive a própria Henrietta? Explique sua resposta.

10.23 **Testes de AIDS na África.** Os programas de drogas que tratam a AIDS em países ricos são muito caros, de modo que algumas nações da África não podem economicamente fornecer essas drogas a grande número de pessoas, embora a AIDS seja mais comum em partes da África do que em qualquer outro lugar. Programas de "curto prazo" que são muito menos dispendiosos poderiam ajudar, por exemplo, na prevenção da transmissão da doença de mulheres grávidas para seus fetos. É ético comparar um programa de curto prazo e um placebo em um teste clínico? Alguns dizem não: isso seria um caso de dois pesos e duas medidas, pois, em países ricos, o programa completo de droga seria o tratamento de controle. Outros dizem sim: a intenção é a descoberta de tratamentos que sejam práticos na África, e o teste não está negando qualquer tratamento que os sujeitos pudessem receber. O que você acha?

10.24 **Crianças abandonadas na Romênia.** O estudo descrito no Exemplo 9.2, do Capítulo 9, associou aleatoriamente crianças abandonadas em orfanatos na Romênia a lares adotivos ou à permanência nos orfanatos. De outro modo, todas as crianças teriam permanecido em um orfanato. O cuidado em um lar adotivo foi pago pelo estudo. Não houve consentimento informado porque as crianças tinham sido abandonadas e não tinham um adulto que respondesse por elas. O experimento foi considerado ético porque "pessoas que não podem dar o consentimento só podem ser protegidas se fizerem parte de pesquisa de risco mínimo, riscos que não excedam os da vida diária", e porque o estudo "tinha por objetivo produzir resultados que beneficiariam, primariamente, crianças abandonadas em instituições". Você concorda?

10.25 **Perguntas a adolescentes sobre vaporizadores.** Uma pesquisa com mais de 44 mil adolescentes perguntou aos sujeitos se eles tinham usado aparelhos de vaporização nos últimos doze meses. Em uma pergunta de acompanhamento, perguntou-se aos sujeitos o que eles tinham aspirado. O consentimento dos pais deveria ser exigido para perguntar a menores de idade sobre uso de drogas e outras questões, ou o consentimento dos menores é suficiente? Dê razões para sua opinião.

10.26 **Enganando os sujeitos.** Estudantes se inscrevem para serem sujeitos em um experimento psicológico. Quando chegam, são colocados em uma sala e lhes é dada uma tarefa. Durante a tarefa, os sujeitos ouvem um alto baque de uma sala adjacente e, então, um agudo grito de socorro. Alguns sujeitos são colocados em uma sala, sozinhos. Outros são colocados em uma sala com "confederados" (um termo de métodos de pesquisa para cúmplices) que tinham sido instruídos pelo pesquisador a olhar para cima ao ouvir o grito e, então, retornar a suas tarefas. Os tratamentos em comparação eram se o sujeito que está sozinho em uma sala ou em uma sala com os cúmplices vai ignorar o grito de socorro?

Os estudantes tinham concordado em tomar parte em um estudo não especificado, e a verdadeira natureza do experimento é explicada a eles posteriormente. Você acha que esse estudo é, portanto, eticamente aceitável?

10.27 **Mostre-me os dados.** No Exemplo 10.1, mencionamos que pesquisadores não são sempre completamente honestos sobre seus dados. No interesse da transparência, alguns sugerem que se deveria exigir dos pesquisadores que eles publicassem seus dados como parte de alguma publicação cujos achados se baseiam nesses dados.

Em defesa de manter os dados privados, os pesquisadores gastam considerável tempo e esforço na coleta de dados. Os dados podem ser parte de uma pesquisa em andamento e usados em futuras publicações. Torná-los públicos antes que os pesquisadores tenham a oportunidade de completar todas as suas pesquisas envolvendo os dados permite que outros explorem os dados em seu próprio favor (talvez antecipando publicações pelos pesquisadores que coletaram os dados) sem ter de gastar qualquer esforço na coleta de dados eles mesmos. Isso parece injusto.

Os pesquisadores deveriam ser obrigados a publicar seus dados junto com suas descobertas a partir desses dados? Se não, você pode sugerir como se pode confirmar a precisão de quaisquer descobertas com base nos dados, e ao mesmo tempo evitando que outros usem os dados em seu favor?

CAPÍTULO

11

NESTE CAPÍTULO ABORDAMOS...

Parte II: Revisão de Habilidades

Autoteste

Exercícios Suplementares

Janelle Lugge/iStock

Produção de Dados: Revisão da Parte II

Na Parte I deste livro, você dominou a *análise de dados*, o uso de gráficos e resumos numéricos para a organização e exploração de qualquer conjunto de dados. A Parte II introduziu planejamentos para a produção de dados. A Parte III irá discutir a probabilidade básica e os fundamentos da inferência. As Partes IV e V trabalharão em detalhe com a inferência estatística.

Os planejamentos para a produção de dados são essenciais se se pretende que os dados representem alguma população ou processo maior. As Figuras 11.1 e 11.2 apresentam as grandes ideias visualmente. Amostragem aleatória e experimentos comparativos aleatorizados são, talvez, as invenções estatísticas mais importantes do século XX. Ambos levaram tempo para serem aceitos, e você ainda verá muitas amostras de resposta voluntária e experimentos não controlados. Você deve, agora, entender os bons planejamentos para a produção de dados e também por que os planejamentos ruins, em geral, produzem dados que são inúteis para inferência. O uso deliberado do acaso na produção de dados é uma ideia central na estatística. Isso não só reduz o viés, mas também nos permite usar a probabilidade, a matemática da chance, como base para a inferência.

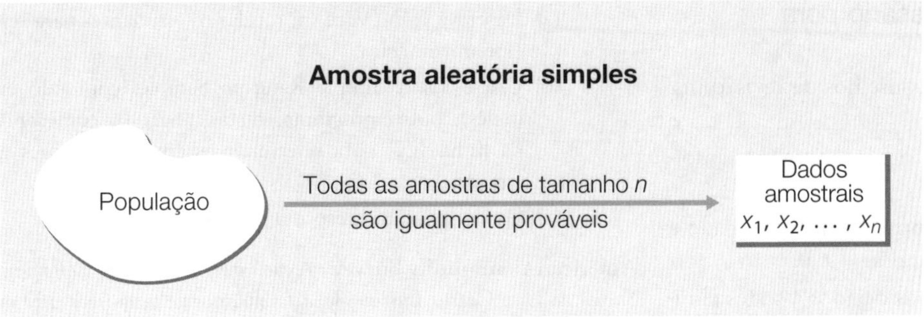

FIGURA 11.1
Estatística em resumo.

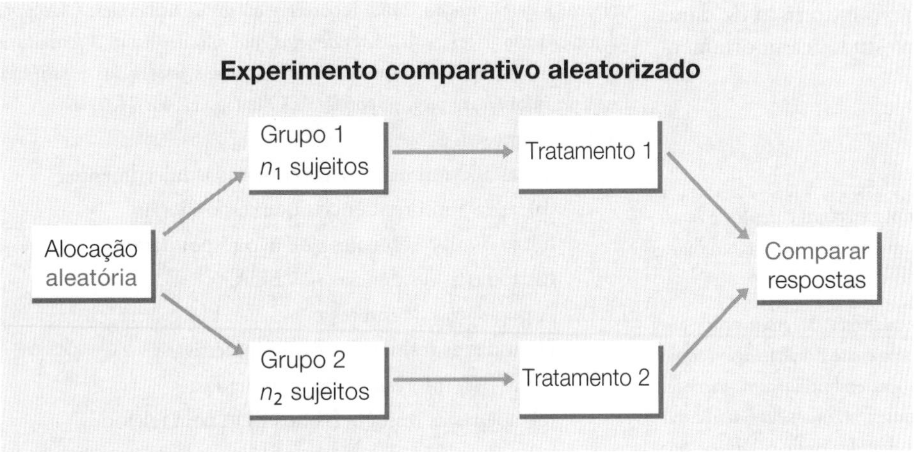

FIGURA 11.2
Estatística em resumo.

Parte II Revisão de Habilidades

Aqui estão as habilidades mais importantes que você deve ter adquirido com a leitura dos Capítulos 8 a 10. Após cada habilidade, entre parênteses, está a seção do texto em que o tópico foi apresentado.

A. Amostragem

1. Identificar a população em uma situação de amostragem. (8.1)
2. Reconhecer viés devido a amostras de resposta voluntária e outros métodos amostrais inferiores. (8.2)
3. Usar um programa de computador ou a Tabela B de dígitos aleatórios para selecionar uma amostra aleatória simples (AAS) de uma população. (8.3)
4. Reconhecer a presença de subcobertura e não resposta como fontes de erro em uma pesquisa amostral. Reconhecer o efeito do fraseado de questões sobre as respostas. (8.6)
5. Usar um programa ou a Tabela B de dígitos aleatórios para selecionar uma amostra aleatória estratificada de uma população, quando os estratos são identificados. (8.5)

B. Experimentos

1. Reconhecer se um estudo é um estudo observacional ou um experimento. (9.1)
2. Reconhecer viés devido ao confundimento de variáveis explicativas com variáveis ocultas em um estudo observacional ou em um experimento. (9.3)
3. Identificar os fatores (variáveis explicativas), tratamentos, variáveis resposta, e indivíduos ou sujeitos em um experimento. (9.2)
4. Esboçar o planejamento de um experimento completamente aleatorizado usando um diagrama como o da Figura 9.3. O diagrama em um caso específico deve mostrar os tamanhos dos grupos, os tratamentos específicos, e a variável resposta. (9.4)
5. Usar um programa ou a Tabela B de dígitos aleatórios para realizar a alocação aleatória dos sujeitos aos grupos em um experimento completamente aleatorizado. (9.4)
6. Reconhecer o efeito placebo. Reconhecer quando a técnica de duplo-cego deve ser usada. (9.6)
7. Explicar por que os experimentos comparativos aleatorizados podem dar uma boa evidência de relações de causa e efeito. (9.5)

ESTATÍSTICA NO MUNDO REAL

Esfriar o chutador

O time de futebol se alinha para o que eles esperam será o *field goal* da vitória... e o outro time pede tempo. "Faça o chutador pensar sobre isso" é seu moto. "Esfriar o chutador" realmente funciona? Isto é, a probabilidade de fazer um *field goal* se reduz quando o chutador deve esperar durante o tempo pedido? Essa não é uma questão simples. Um estudo estatístico detalhado considerou a distância, o clima, a habilidade do chutador, e assim por diante. A conclusão é animadora para os treinadores: sim, esfriar o chutador realmente reduz a probabilidade de sucesso.

C. Ética nos dados (não necessário para os capítulos posteriores)

1. Compreender o objetivo dos conselhos de revisão institucionais. (10.1)
2. Compreender o que significa o consentimento informado. (10.2)
3. Explicar a diferença que há entre confidencialidade e anonimato em estudos de pesquisa. (10.3)
4. Explicar os benefícios e riscos associados a testes clínicos. (10.3)
5. Explicar as dificuldades de avaliação do risco de dano e consentimento informado em estudos comportamentais. (10.2, 10.5)

AUTOTESTE

As questões a seguir incluem questões de múltipla escolha, cálculos e questões de respostas curtas. Elas irão ajudá-lo na revisão das ideias e habilidades básicas apresentadas nos Capítulos 8 a 10.

Reciclagem. *Pesquisadores recrutaram 60 estudantes de graduação, em troca por créditos no curso, para um estudo sobre o efeito da reciclagem sobre a quantidade de papel que os sujeitos usavam para embrulhar um presente. Os sujeitos foram conduzidos a uma de duas salas. Em uma sala havia uma grande lixeira de reciclagem, e na outra uma grande lixeira. Pediu-se aos sujeitos que embrulhassem um presente. Sem que os sujeitos soubessem, os pesquisadores estavam interessados em quanto papel os estudantes usariam. Os pesquisadores descobriram que os estudantes na sala com a lixeira de reciclagem usaram (estatisticamente) significantemente mais papel do que aqueles na sala sem a lixeira de reciclagem.[1] Os pesquisadores tinham feito a hipótese de que as pessoas, em geral, prefeririam reciclar a jogar coisas no lixo, e então usariam menos de um recurso descartável quando a reciclagem não estivesse disponível. Use essa informação para responder às Questões 11.1 e 11.2.*

11.1 Esse experimento tem
(a) dois fatores: lixeira de reciclagem e lixeira comum.
(b) dados emparelhados.
(c) um tratamento.
(d) estratificação pelo presente.

11.2 A resposta nesse experimento é
(a) a quantidade de papel usado.
(b) o tipo de lixeira disponível.
(c) o desejo de reciclar.
(d) os 60 estudantes de graduação.

11.3 **Você confia na internet?** Você deseja perguntar a uma amostra de estudantes de faculdade, "até que ponto você confia na informação sobre política que você encontra na internet – muito, um pouco, não muito, de jeito nenhum?" Você experimenta essas e outras questões em um grupo piloto de cinco estudantes escolhidos na sua turma. Os estudantes da sua turma são

Allenby	Drake	Kelbick	Rumsey
Bach	Ding	Kim	Scott
Baker	Drake	Lee	Smith
Chen	Farmer	Linder	Stewart
Collins	Hans	Miner	Verducci
Critchlow	Howell	O'Neill	Wolfe
Davis	Jeter	Paul	
Dean	Jones	Richards	

(a) Descreva como você vai rotular os estudantes para selecionar a amostra.
(b) Use o *applet* Simple Random Sample (conteúdo em inglês), outro programa, ou a Tabela B, começando na linha 122, para selecionar os cinco estudantes na amostra.
(c) Qual é a variável resposta nesse estudo?

American Community Survey. *A cada mês, a American Community Survey do U.S. Census Bureau envia formulários de pesquisa a 300 mil residências, com perguntas sobre características demográficas, sociais, econômicas e de habitação, como hipoteca e custos de utilidades. Chamadas telefônicas são feitas para as residências que não devolvem o formulário. Em 1 mês, obtiveram-se respostas de 295 mil das residências contatadas. Use essa informação para responder às Questões 11.4 a 11.6.*

11.4 A amostra é
(a) as 300 mil residências contatadas inicialmente.
(b) as 295 mil residências que responderam.
(c) as 5 mil residências que não responderam.
(d) todas as residências nos EUA.

11.5 A população de interesse é
(a) todas as residências com hipotecas.
(b) as 300 mil residências contatadas.
(c) apenas as residências nos EUA com telefones.
(d) todas as residências nos EUA.

11.6 Uma fonte de viés é
(a) resposta voluntária.
(b) não resposta.
(c) o fato de a pesquisa não ser duplo-cego.
(d) apenas residências nos EUA foram contatadas.

11.7 Danos cerebrais traumáticos podem ter consequências sérias de longo prazo, inclusive distúrbios psiquiátricos. Para determinar se existe uma relação entre TBI e o risco de suicídio, pesquisadores examinaram os registros médicos de 7.418.391 indivíduos que viviam na Dinamarca, de 1980 a 2014. Os pesquisadores descobriram que as taxas de suicídio eram estatisticamente significantemente mais altas entre aqueles que tiveram contato médico por TBI comparadas com as daqueles sem qualquer evidência de TBI. No entanto, os registros médicos não continham informação sobre TBI ocorrida antes de 1977, nem indicavam qual tratamento os pacientes de TBI receberam.[2] Esse é um exemplo de
(a) um estudo observacional.
(b) um experimento comparativo aleatorizado.
(c) um planejamento em blocos, com os blocos sendo se havia ou não informação anterior a 1977.

11.8 No estudo descrito na Questão 11.7, podemos concluir que
(a) sofrer de TBI leva a um maior risco de suicídio. Podemos chegar a essa conclusão porque temos registros médicos reais durante um grande período.
(b) sofrer TBI leva a um maior risco de suicídio. Podemos chegar a essa conclusão porque temos uma grande amostra.
(c) indivíduos que tiveram contato médico por causa de TBI tendiam a ter taxas de suicídio mais altas do que aqueles que não tiveram contato médico por TBI.

11.9 Uma definição comum de bebedeira é a ingestão de cinco ou mais drinques de uma vez para homens, e de quatro ou mais para mulheres. Um estudo observacional descobre que estudantes que se embebedam têm médias GPA mais baixas do que aqueles que não o fazem. Sugira duas variáveis ocultas que podem ser confundidas com a bebedeira, e certifique-se de dar uma razão por ter escolhido essas variáveis. A possibilidade de confundimento significa que não podemos concluir que beber demais *causa* GPA mais baixo.

11.10 Muitas organizações de sondagens realizam pesquisas sobre a opinião pública relativa à pena de morte em base regular. Eis as questões usadas em duas sondagens realizadas em 2018.

Questão A: Qual punição você prefere para pessoas condenadas por homicídio: a pena de morte ou vida na prisão, sem chance de liberdade condicional?

Questão B: Você é a favor da pena de morte para uma pessoa condenada por homicídio?

Uma dessas questões obteve 56% de preferência/favorecimento da pena de morte. A outra teve 37%. Qual fraseado puxa os respondentes ao favorecimento/preferência pela pena de morte? Por quê?

Reações a reportagens de notícias simuladas. *Cada um dos estudantes da Colorado University que compunham uma amostra viu uma de duas reportagens de notícias sobre um bombardeio terrorista contra os EUA por um país fictício. Uma reportagem mostrou o ataque por bombas contra um alvo militar, e a outra, contra um local cultural/educacional. Além disso, antes de verem as reportagens, cada estudante leu uma de duas "entradas". A primeira era sobre o perdão com base no dito bíblico "Ame seu inimigo", e a segunda era retaliatória, com base no dito bíblico "Olho por olho, dente por dente". Depois de verem as reportagens, pediu-se aos estudantes que classificassem, em uma escala de 1 a 12, qual deveria ser a reação dos EUA, com o menor escore (1) correspondendo ao envio, pelos EUA, de um embaixador ao país, e o escore mais alto (12) correspondendo a um ataque nuclear total contra o país.*[3] *Use essa informação para responder às Questões 11.11 e 11.12.*

11.11 Qual dos seguintes é correto?

(a) Há dois fatores nesse experimento.

(b) Há quatro tratamentos nesse experimento.

(c) Ambos (a) e (b) estão corretos.

11.12 A resposta nesse experimento é

(a) o tipo de entrada.

(b) a classificação da reação dos EUA.

(c) o tipo de reportagem.

11.13 Em julho de 2018, C-SPAN fez uma sondagem no Twitter que perguntava "Você APOIA ou se OPÕE à nomeação do juiz Brett Kavanaugh para a Suprema Corte?" O resultado final foi 54% APOIAM, 39% se OPÕEM, e 7% INDECISOS. O número de votos recebidos foi de 42.145. Explique por que esses resultados amostrais são quase certamente viesados.

11.14 Um estudo tenta determinar se uma bola de futebol enchida com hélio vai mais longe quando chutada do que uma enchida com ar. Cada sujeito chuta duas vezes: uma com a bola de futebol enchida com hélio, e uma com a bola de futebol enchida com ar. A ordem do tipo de bola de futebol é aleatorizada. Esse é um exemplo de

(a) um experimento de dados emparelhados.

(b) um experimento controlado aleatorizado.

(c) um experimento estratificado.

(d) efeito placebo.

11.15 Um artigo do *Columbia Dispatch* reportou que pesquisadores do Departamento de Medicina da Columbia University examinaram registros para inacreditável 1,75 milhão de pacientes nascidos entre 1900 e 2000 e que tinham sido tratados no Centro Médico da Columbia University. Usando análise estatística, os pesquisadores descobriram que, para doença cardiovascular, aqueles nascidos no outono (setembro até dezembro) eram mais protegidos, enquanto os nascidos no inverno e primavera (janeiro a junho) tinham risco aumentado. E porque muitas vidas foram interrompidas devido a doenças cardiovasculares, o fato de nascer no outono foi realmente associado a vida mais longa do que nascer na primavera.[4] Esse é um exemplo de

(a) um estudo de dois fatores com fatores doença cardiovascular e duração da vida.

(b) um estudo observacional.

(c) um experimento cego, uma vez que os pacientes não sabiam que seus registros médicos estavam sendo estudados.

(d) um experimento de dados emparelhados, com cada sujeito nascido no outono emparelhado com um sujeito nascido no inverno ou primavera.

11.16 (Tópico opcional) Um pesquisador está realizando uma pesquisa escrita sobre atitudes de pessoas em relação à caminhada como opção de exercício, em um grande *shopping* que apoia um programa de caminhada. A pesquisa é anônima (sem códigos, nome, ou outra informação), e os voluntários podem completar a pesquisa e colocá-la em uma caixa na saída do *shopping*. Qual das seguintes é a mais importante questão ética que o pesquisador abordou ao planejar a pesquisa?

(a) Produzir um grande tamanho de amostra.

(b) Confidencialidade das respostas individuais dos sujeitos.

(c) Minimizar o risco de distúrbio emocional a partir das próprias questões.

11.17 (Tópico opcional) O objetivo do consentimento informado é

(a) obter uma assinatura de um sujeito de um estudo para proteger o pesquisador, a equipe do estudo, e a instituição.

(b) obter uma assinatura de um sujeito de um estudo para registrar sua concordância em participar da pesquisa.

(c) fornecer a um potencial sujeito informação apropriada, de maneira apropriada, e permitir que a pessoa tome uma decisão informada sobre a participação na pesquisa.

EXERCÍCIOS SUPLEMENTARES

Os exercícios suplementares aplicam as habilidades que você adquiriu de maneiras que exigem mais raciocínio ou uso mais elaborado da tecnologia.

11.18 Amostragem de estudantes. Você deseja investigar as atitudes de estudantes de sua escola em relação à política da escola sobre assédio sexual. Você tem uma subvenção que irá pagar os custos para contato de 500 estudantes.

Ababsolutum/iStock

(a) Especifique a população exata para seu estudo. Por exemplo, você incluirá estudantes de tempo parcial?

(b) Descreva seu planejamento amostral. Você vai usar uma amostra estratificada?

(c) Discuta, brevemente, as dificuldades práticas que você antevê. Por exemplo, como você irá contatar os estudantes de sua amostra?

11.19 Redução da não resposta. Como podemos reduzir a taxa de recusas em pesquisas por telefone? A maioria das pessoas que atendem, ouvem as observações introdutórias do entrevistador e, então, decidem se continuam. Um estudo fez chamadas telefônicas para residências selecionadas aleatoriamente para pedir opiniões sobre a próxima eleição. Em algumas chamadas, a entrevistadora dava seu nome, em outras ela identificava a universidade que ela representava, e ainda em outras, ela identificava ambas, ela e a universidade. O estudo registrou qual porcentagem de cada grupo de entrevistas era completada. Esse é um estudo observacional ou um experimento? Por quê? Quais são as variáveis explicativa e resposta?

11.20 Escolha de controles. A exigência de que sujeitos humanos deem seu consentimento informado para participar de um experimento pode reduzir muito o número de sujeitos disponíveis. Por exemplo, um estudo de novos métodos de ensino pede o consentimento dos pais para que suas crianças sejam ensinadas ou por um novo método ou pelo método padrão. Muitos pais não retornam o formulário; logo, suas crianças continuam a seguir o currículo padrão. Por que não é correto considerar essas crianças como parte do grupo de controle, junto com crianças que são associadas aleatoriamente ao método padrão?

11.21 Arrumando o cuidado da saúde. O custo com o cuidado da saúde e seguro de saúde é a maior preocupação relativa à saúde dos americanos, à frente mesmo de câncer e outras doenças. A mudança para um sistema de seguro de saúde do governo nacional é controversa. Uma pesquisa de opinião dará diferentes resultados, dependendo do fraseado das perguntas feitas. Para cada uma das seguintes afirmativas, indique se sua inclusão na pergunta *aumentaria* ou *diminuiria* a porcentagem de uma amostra de pesquisa indicando apoio a um sistema de saúde do governo.

(a) Um sistema nacional significaria que todos têm seguro de saúde.

(b) Um sistema nacional provavelmente iria exigir um aumento de impostos.

(c) A eliminação das companhias privadas de seguro e seus lucros reduziria os custos do seguro.

(d) Um sistema nacional limitaria os tratamentos médicos disponíveis para conter custos.

11.22 Pesquisa de mercado. Lojas anunciam reduções de preços para atrair consumidores. Qual tipo de corte nos preços é mais atraente? Pesquisadores de mercado preparam anúncios de calçados de atletismo oferecendo diferentes níveis de desconto (20, 40, ou 60%). Os sujeitos estudantes que leram os anúncios receberam também "informação privilegiada" sobre a fração de sapatos na liquidação (50 ou 100%). Então, cada estudante classificou a atratividade da liquidação em uma escala de 1 a 7.[5]

(a) Há dois fatores. Faça um esboço como o da Figura 9.2 que mostre os tratamentos formados por todas as combinações de níveis dos fatores.

(b) Esboce um planejamento completamente aleatorizado usando 60 sujeitos estudantes. Use um programa ou a Tabela B, na linha 111, para escolher os sujeitos para o primeiro tratamento.

11.23 O nível mais seguro da bebida é nenhuma. O *site* de notícias *Vox* fez uma reportagem sobre um estudo no periódico *Lancet*. Pesquisadores olharam os resultados de 700 estudos ao redor do mundo, envolvendo milhões de pessoas, e concluíram que "o nível mais seguro da bebida é nenhuma bebida". O estudo viu que quanto mais as pessoas bebiam ao redor do mundo, maior se tornava seu risco de câncer. "O uso de álcool é um dos principais fatores de risco para o fardo de doenças globais e causa substancial perda de saúde", e "o nível de consumo que minimiza a perda de saúde é zero".[6]

(a) Quais são as variáveis explicativa e resposta?

(b) O artigo na *Vox* vai em frente para dizer que "os dados no artigo não apoiam uma recomendação de bebida zero". Por que você acha que a *Vox* fez essa afirmativa?

11.24 Naturalidade do tipo de letra e percepção de quão saudável. O tipo de letra usado em um produto empacotado pode afetar nossa percepção de quão saudável é o produto? Foi levantada a hipótese de que o uso de um tipo de letra "natural", que se parece mais com escrita à mão e tende a ser mais inclinada e curva, levaria a uma percepção mais favorável do produto do que uma letra não natural. Foram usados dois tipos de letra, Impact e Sketchflow Print. Esses tipos de letras tinham sido mostrados em um estudo anterior para diferi-los em sua naturalidade percebida, mas, ao contrário, eles foram classificados como similares em fatores, como legibilidade e apreciabilidade. Imagens de dois pacotes que diferiam apenas no tipo de letra usado foram apresentadas aos sujeitos. Participantes leram afirmativas como "Esse produto é saudável natural/integral/orgânico", e eles classificaram o quanto concordavam com a afirmativa

matheesaengkaeu/iStock

em uma escala de sete pontos, de 1 = forte concordância, a 7 = forte discordância. As respostas dos sujeitos foram combinadas para criar um escore de salubridade percebida.[7] O pesquisador tinha 100 estudantes disponíveis para servirem como sujeitos.

(a) Quais são as variáveis explicativa e resposta?

(b) Descreva o planejamento de um experimento completamente aleatorizado para verificar o efeito da naturalidade do tipo de letra sobre a percepção de quão saudável é o produto.

(c) Descreva o planejamento de um experimento de dados emparelhados usando os mesmos 100 sujeitos.

11.25 Observação *versus* experimento. Um artigo no *LA Times* relatou que as paredes das artérias de pessoas que vivem a 100 metros de uma rodovia engrossam mais do que duas vezes mais rápido do que as da média das pessoas.[8] Pesquisadores usaram ultrassom para medir a espessura da parede da artéria carótida em 1.483 pessoas que viviam próximo a uma autoestrada na área de Los Angeles. A espessura da parede da artéria dos que moravam a menos de 100 metros de uma autoestrada aumentava em 5,5 micrômetros (cerca de 1/20 a espessura de um fio de cabelo humano) a cada ano durante os três anos do estudo, o que é mais do que o dobro da progressão observada nos participantes que não moravam a essa distância de uma autoestrada.

(a) O estudo comparou o espessamento da parede da artéria dos sujeitos no estudo que estavam vivendo a menos de 100 metros de uma autoestrada com o daqueles que não estavam. Sem ler quaisquer outros detalhes do estudo, como você sabe que esse é um estudo observacional?

(b) Sugira algumas variáveis que podem diferir entre os sujeitos no estudo que vivem a até 100 metros de uma autoestrada e aqueles que vivem mais distantes. Algumas dessas são possíveis variáveis de confundimento? Explique. (Pense sobre se morar muito perto de uma autoestrada indica uma vizinhança desejável.)

(c) Esse estudo poderia ser realizado como um experimento comparativo aleatorizado? Quais seriam as dificuldades?

11.26 Vacinas contra a gripe. Um artigo do *New York Times* relatou um estudo que investigou se vacinar as crianças em idade escolar contra a gripe protege toda a comunidade contra a doença. Pesquisadores no Canadá recrutaram 49 colônias agrícolas Hutterite no oeste do Canadá para o estudo. Em 25 das colônias, todas as crianças com idade entre 3 e 15 anos foram vacinadas contra a gripe em meados de 2008; nas outras 24 colônias, todas as crianças com idades entre 3 e 15 anos receberam um placebo. Quais colônias receberam a vacina e quais receberam o placebo foi determinado por aleatorização, e as colônias não sabiam se receberam a vacina ou o placebo. Os pesquisadores registraram a porcentagem de todas as crianças e adultos, em cada colônia, que tiveram gripe confirmada em laboratório no inverno e primavera seguintes.[9]

(a) Esboce o planejamento desse experimento. Você não precisa fazer a aleatorização que o seu planejamento exige.

(b) O placebo foi, na verdade, a vacina de hepatite A. Os pesquisadores afirmaram que "a hepatite não foi estudada, mas, para evitar que os investigadores soubessem quais colônias receberam a vacina, eles tiveram que oferecer vacinas de placebo, e vacinas de hepatite fazem algum bem, enquanto injeções de água estéril não fazem". Além disso, o artigo menciona que as colônias foram estudadas "sem que os investigadores fossem subconscientemente viesados, o que seria o caso se soubessem quais colônias receberam o placebo". Por que foi importante que os investigadores não fossem subconscientemente viesados por saberem quais colônias receberam o placebo?

(c) Em torno de junho de 2009, mais de 10% de todos os adultos e crianças nas colônias que receberam o placebo tiveram gripe sazonal confirmada em laboratório. Menos de 5% daqueles nas colônias que receberam a vacina contra a gripe tiveram a gripe. Essa diferença foi estatisticamente significante. Explique a alguém que não sabe estatística o que quer dizer "estatisticamente significante" nesse contexto.

Bobex-73/iStock

PARTE III

Da Produção de Dados à Inferência

Munidos com planejamentos para a produção de dados confiáveis, continuamos nossa jornada em direção à *inferência estatística*. A análise exploratória de dados nos instrumenta para o exame dos dados obtidos de amostragens ou experimentos, mas simplesmente descrever ou procurar padrões nos dados em mãos não é nosso objetivo primordial. Normalmente, os dados são usados para responder a questões específicas, postas antes de os dados serem coletados. Se a amostra foi selecionada, aplicando os princípios apresentados no Capítulo 8, ela pode nos informar sobre importantes aspectos da população da qual ela foi obtida. Em um experimento comparativo, os dados podem indicar quão forte é a evidência de que nosso tratamento seria superior a um placebo para uma classe mais ampla de circunstâncias.

A generalização de resultados de amostras ou experimentos a um grupo maior de indivíduos, ou a uma classe mais ampla de circunstâncias, é um objetivo da inferência estatística. As conclusões da inferência usam a linguagem da *probabilidade*, a matemática da chance. Os Capítulos 12 e 15 apresentam as ideias de que precisamos, e os Capítulos opcionais 13 e 14 acrescentam mais detalhes. Munidos com planejamentos para a produção de dados confiáveis, análise de dados para o exame dos dados e a linguagem da probabilidade, estamos preparados para compreender as grandes ideias da inferência nos Capítulos 16, 17 e 18. Esses capítulos são o fundamento para a discussão da inferência na prática, que ocupa o restante do texto.

*Este material não é exigido para partes posteriores do texto.

CAPÍTULO

12

Após leitura do capítulo, você será capaz de:

12.1 Compreender probabilidade como uma maneira de qualificar o comportamento de longo prazo de fenômenos aleatórios.

12.2 Interpretar o conceito de aleatoriedade no mundo físico e em simulações de computador.

12.3 Considerando fatos sobre uma situação ou processo que envolve resultados aleatórios, construir um modelo de probabilidade.

12.4 Usar as regras básicas de probabilidade para avaliar a legitimidade de um dado modelo de probabilidade, e determinar probabilidades de eventos específicos.

12.5 Usar o modelo de probabilidade finito para calcular probabilidades de eventos.

12.6 Dado um modelo de probabilidade contínuo, calcular probabilidades representadas por áreas sob a curva de densidade.

12.7 Distinguir variáveis aleatórias finitas e contínuas e aplicar o conceito de uma variável aleatória aos cenários do mundo real.

12.8 Interpretar julgamentos sobre a verossimilhança de eventos como probabilidades pessoais.

gpgturtle/iStock

Introdução à Probabilidade

Por que a probabilidade, a matemática do comportamento aleatório, é necessária para compreender estatística, a ciência dos dados? Coletamos dados para fornecer uma visão mais ampla da população, da qual eles são provenientes. No entanto, decidir o que é verdadeiro sobre essa população pela observação de apenas parte dela envolve certo grau de incerteza. É onde a matemática do comportamento aleatório, ou incerteza, pode ajudar. Para ver como, vamos examinar uma pesquisa amostral típica.

EXEMPLO 12.1 Alguém na sua casa possui uma arma?

Qual proporção de todos os adultos nos EUA diz que alguém possui uma arma em casa? Não sabemos, mas temos resultados de uma pesquisa do *Washington Post*/ABC News.[1] A pesquisa extraiu uma amostra aleatória de 1.003 adultos e descobriu que 461 das pessoas na amostra disseram que alguém em suas casas possuía uma arma. A proporção dos que disseram que alguém possuía uma arma em casa é

$$\text{proporção amostral} = \frac{461}{1.003} = 0{,}46 \text{ (isto é, 46\%)}$$

Se a amostra fosse uma amostra aleatória simples de todos os adultos,[2] então, como discutido no Capítulo 8, todos os adultos teriam a mesma chance de estar entre os 1.003 escolhidos. Seria razoável usar esses 46% como uma estimativa da proporção desconhecida na população. É *fato* que 46% da amostra disseram que alguém possuía uma arma em casa; sabemos, porque a pesquisa lhes perguntou. Não sabemos a porcentagem de todos os adultos que diriam que alguém possuía uma arma em casa, mas *estimamos* que cerca de 46% o fariam ao tempo da pesquisa. Esse é um passo básico na estatística: usar o resultado de uma amostra para estimar algo sobre a população.

E se a pesquisa do *Washington Post*/ABC News extraísse uma segunda amostra de 1.003 adultos? A nova amostra teria pessoas diferentes. É quase certo que não haveria exatamente 461 respostas positivas. Isto é, a estimativa da pesquisa do *Washington Post*/ABC News sobre a proporção de adultos que diriam que alguém em sua casa possui uma arma varia de amostra para amostra. Poderia acontecer de uma amostra aleatória encontrar 46% dos adultos dizendo que alguém em sua casa possuía uma arma e outra amostra aleatória extraída ao mesmo tempo encontrar que 64% têm uma arma em sua casa? *Amostras aleatórias eliminam o viés do ato de escolher uma amostra, mas elas podem ainda deixar de concordar perfeitamente com a verdadeira proporção populacional devido à variabilidade que resulta quando escolhemos aleatoriamente.* Se, quando extraímos repetidas amostras da mesma população, a variação é muito grande, não podemos confiar nos resultados de qualquer uma delas.

É nessa hora que precisamos de fatos sobre probabilidade para progredir em estatística. Quando uma pesquisa usa a chance para escolher suas amostras, as leis da probabilidade governam o comportamento das amostras. A pesquisa do *Washington Post*/ABC News diz que a probabilidade é de 0,95 de que a estimativa a partir de uma de suas amostras esteja a ±3,5 pontos percentuais da verdade sobre a população de todos os adultos. O primeiro passo para compreender essa afirmação é compreender o que significa "a probabilidade é de 0,95". Nosso objetivo neste capítulo é compreender a linguagem da probabilidade, mas sem entrar na matemática da teoria de probabilidade.

12.1 A ideia de probabilidade

Para entender por que podemos confiar em amostras aleatórias e experimentos comparativos aleatorizados, devemos examinar cuidadosamente o comportamento do acaso. O grande fato que emerge é este: *o comportamento do acaso é imprevisível no curto prazo, mas tem um padrão regular e previsível no longo prazo.*

Lance uma moeda, ou selecione uma amostra aleatória. O resultado não pode ser antecipado, porque irá variar quando você lançar a moeda ou selecionar a amostra repetidamente. Mas há ainda um padrão regular nos resultados, um padrão que emerge de forma clara somente após muitas repetições. Esse fato notável é a base da ideia de probabilidade.

EXEMPLO 12.2 Lançamento de moeda

Quando você lança uma moeda, há apenas dois resultados possíveis: cara ou coroa. A Figura 12.1 mostra os resultados do lançamento de uma moeda 5 mil vezes, duas vezes. Para cada número de lançamentos de 1 a 5 mil, representamos a proporção dos lançamentos que resultaram em uma cara. O Ensaio A (linha sólida) começa com coroa, cara, coroa, coroa. Você pode ver que a proporção de caras para o Ensaio A começa em 0 no primeiro lançamento, sobe até 0,5 quando o segundo lançamento dá uma cara, em seguida cai para 0,33 e 0,25 quando obtemos mais duas coroas. O Ensaio B (linha tracejada), por outro lado, começa com cinco caras subsequentes, de modo que a proporção de caras é 1 até o sexto lançamento.

A proporção de lançamentos que resultam em caras é muito variável no começo. O Ensaio A começa baixo e o Ensaio B começa alto. À medida que fazemos mais e mais lançamentos, contudo, a proporção de caras para ambos os ensaios se aproxima de 0,5 e lá permanece. Se fizéssemos ainda um terceiro ensaio, lançando uma moeda um grande número de vezes, a proporção de caras, no longo prazo, novamente se estabilizaria em 0,5. Essa é a ideia intuitiva de probabilidade. A probabilidade 0,5 significa que "ocorre metade das vezes em um número muito grande de ensaios". A probabilidade 0,5 aparece como a reta horizontal no gráfico.

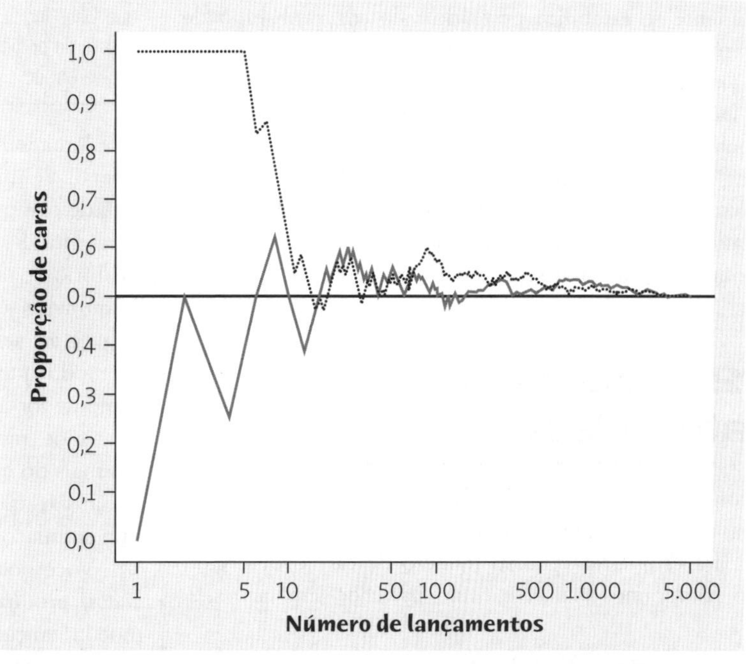

FIGURA 12.1
A proporção de lançamentos de uma moeda em que aparece cara muda, à medida que fazemos mais lançamentos. Finalmente, porém, a proporção atinge 0,5, a probabilidade de cara. Esta figura mostra os resultados de dois ensaios de 5 mil lançamentos cada.

Poderíamos suspeitar que uma moeda tivesse probabilidade 0,5 de fornecer cara apenas porque a moeda possui dois lados. Mas não podemos ter certeza. De fato, girando uma moeda de um centavo em uma superfície plana, em vez de jogá-la, resulta em uma probabilidade de cara de 0,45, em vez de 0,5.[3] A ideia de probabilidade é empírica. Ou seja, baseia-se em observação em vez de em teoria. A probabilidade descreve o que ocorre em muitos ensaios, e realmente devemos observar muitos ensaios para estabelecer uma probabilidade. No caso do lançamento de uma moeda, algumas pessoas diligentes, de fato, fizeram milhares de lançamentos.

EXEMPLO 12.3 Alguns lançadores de moedas

O naturalista francês, Conde de Buffon (1707-1788), lançou uma moeda 4.040 vezes. Resultado: 2.048 caras, ou proporção de 2.048/4.040 = 0,5069 de caras.

Por volta de 1900, o estatístico inglês Karl Pearson heroicamente lançou uma moeda 24 mil vezes. Resultado: 12.012 caras, uma proporção de 0,5005.

Enquanto prisioneiro dos alemães durante a Segunda Guerra Mundial, o matemático sul-africano John Kerrich lançou uma moeda 10 mil vezes. Resultado: 5.067 caras, uma proporção de 0,5067.

Aleatoriedade e probabilidade

Chamamos um fenômeno de **aleatório** se os resultados individuais são incertos, embora haja um padrão, ou distribuição regular de resultados em um grande número de repetições.

A **probabilidade** de qualquer resultado de um fenômeno aleatório é a proporção de vezes em que o resultado ocorreria em uma série muito longa de repetições.

applet

A melhor maneira de entender aleatoriedade é pela observação do comportamento aleatório, como na Figura 12.1. Você pode fazer isso com dispositivos físicos, como moedas, mas a simulação por computador (imitações) de comportamento aleatório permite uma exploração mais rápida. O *applet* Probability (conteúdo em inglês) é uma simulação de computador que anima a Figura 12.1. Ele permite que você escolha a probabilidade de uma cara e simule qualquer número de jogadas de uma moeda com aquela probabilidade. A experiência mostra que a proporção de caras gradualmente se estabiliza perto do valor da probabilidade. Igualmente importante, mostra também que *a proporção em um número pequeno ou moderado de jogadas pode ficar bem longe da probabilidade. A probabilidade descreve* apenas *o que acontece no longo prazo.* Naturalmente, nunca poderemos observar uma probabilidade exatamente. Poderíamos sempre continuar lançando a moeda, por exemplo. A probabilidade matemática é uma idealização que se baseia na suposição do que aconteceria em uma série indefinidamente longa de tentativas.

12.2 Procura da aleatoriedade*

Números aleatórios são valiosos. São usados para a escolha de amostras aleatórias, para misturar as cartas em jogos de pôquer *online*, para criptografar nosso número de cartão de crédito quando compramos *online*, e como parte de simulações do fluxo de tráfego e da disseminação de epidemias. De onde vem a aleatoriedade e como podemos obter números aleatórios? Definimos aleatoriedade pelo modo como ela se comporta: imprevisível no curto prazo, mas exibindo um padrão regular no longo prazo. A probabilidade descreve o padrão regular de longo prazo. É um fato observado desse mundo que muitas coisas são aleatórias nesse sentido. Nem todas elas são realmente aleatórias. Eis uma rápida mostra de como podemos encontrar comportamento aleatório e obter números aleatórios.

ESTATÍSTICA NO MUNDO REAL

Deus joga dados?

Poucas coisas no mundo são verdadeiramente aleatórias no sentido de que nenhuma quantidade de informação nos permitirá predizer o resultado. Mas, de acordo com um ramo da física, chamado de mecânica quântica, a aleatoriedade realmente regula os acontecimentos dentro dos átomos individuais. Embora Albert Einstein tenha ajudado o nascimento da teoria quântica, ele sempre insistia em que os eventos físicos são determinados por causas observáveis, não apenas probabilidades. "Eu nunca acreditarei que Deus joga dados com o mundo", disse o grande cientista. Um século depois do primeiro trabalho de Einstein em teoria quântica, parece que ele estava errado.

A maneira mais fácil de obtenção de números aleatórios é a partir de um *programa de computador*. Naturalmente, programas de computador só fazem o que se ordena a eles. Rode o programa de novo e obterá o mesmo resultado. Os números aleatórios na Tabela B, os resultados do *applet* Probability, e os números aleatórios que embaralham cartas para o jogo de pôquer *online* são provenientes de programas de computador, de modo que não são "realmente" aleatórios. Programas de computador inteligentes produzem resultados que parecem aleatórios, mesmo não o sendo. Esses *números pseudoaleatórios* são mais do que bons para a escolha de amostras e para embaralhar cartas. Mas podem ter padrões escondidos que distorçam simulações científicas.

Você pode pensar que *instrumentos físicos, como moedas e dados*, produzem resultados realmente aleatórios. Mas uma moeda lançada obedece às leis da física. Se soubéssemos todas as entradas da jogada (forças, ângulo e outros), então

*Esta breve discussão é opcional.

poderíamos dizer, de antemão, se o resultado seria cara ou coroa. O resultado da jogada de uma moeda é previsível, mais do que aleatório. Por que os resultados da jogada de uma moeda *parecem* aleatórios? Os resultados são extremamente sensíveis às entradas, de modo que mudanças muito pequenas nas forças aplicadas quando se joga a moeda mudam o resultado de cara para coroa, e vice-versa. Na prática, os resultados não são previsíveis. A probabilidade é muito mais útil do que a física para a descrição de jogadas de moedas.

Um fenômeno, cujo comportamento é de "pequenas mudanças internas, grandes mudanças externas", é chamado de *caótico*. Se introduzirmos um comportamento caótico em um computador, obteremos resultado melhor do que números pseudoaleatórios. Moedas e dados são incômodos, mas você pode visitar o *site* www.random.org para obter números aleatórios a partir de ruídos de rádio na atmosfera, um fenômeno caótico de fácil alimentação em um computador.

Alguma coisa é realmente aleatória? Tanto quanto a ciência atual pode dizer, o comportamento no interior dos átomos é realmente aleatório – isto é, não há como predizer, de antemão, o comportamento, não importa quanta informação tenhamos. Era essa ideia de "realmente, verdadeiramente aleatória" que Einstein detestava, enquanto observava o surgimento da nova ciência da mecânica quântica. Realmente, números verdadeiramente aleatórios gerados pelo decaimento radioativo de átomos estão disponíveis no *site* HotBits: www.fourmilab.ch/hotbits.

APLIQUE SEU CONHECIMENTO

12.1 Um *flush*. Você lê *online* que a probabilidade de receber um *flush* (todas as cinco cartas do mesmo naipe) em uma mão de cinco cartas é de 1/508. Explique cuidadosamente por que isso *não* significa que, se você receber 508 mãos de cinco cartas no pôquer, uma será um *flush*.

12.2 A probabilidade diz... A probabilidade constitui uma medida do quão verossímil é a ocorrência de um evento. Faça a correspondência entre uma das probabilidades a seguir, com uma de cada afirmação de verossimilhança dada. (A probabilidade é usualmente uma medida mais exata de verossimilhança do que a afirmação verbal.)

0 0,05 0,45 0,50 0,55 0,95 1

(a) Este evento é impossível. Nunca pode ocorrer.

(b) Este evento é tão provável que ocorra quanto não ocorra.

(c) Este evento é muito provável, mas não ocorrerá vez ou outra em uma longa sequência de ensaios.

(d) Este evento ocorrerá ligeiramente com menos frequência do que não ocorrerá.

12.3 Dígitos aleatórios. applet A tabela de dígitos aleatórios (Tabela B) foi produzida por um mecanismo aleatório que dá a cada dígito a probabilidade 0,1 de ser 0.

(a) Qual proporção dos 200 primeiros dígitos da tabela (aqueles nas cinco primeiras linhas) é de zeros? Essa proporção é uma estimativa, baseada em 200 repetições, da verdadeira probabilidade, que, neste caso, sabe-se ser 0,1.

(b) O *applet* Probability pode imitar dígitos aleatórios. Fixe a probabilidade de cara no *applet* em 0,1. Marque a opção "Show true probability" (mostrar probabilidade real) para exibir esse valor no gráfico. Uma cara é representada por um 0 na tabela de dígitos aleatórios, e uma coroa, por qualquer outro dígito. Simule 200 dígitos (fixe "Number of Tosses" [número de jogadas] em 200 e clique em "Toss" [jogar]). Qual foi o resultado de seus 200 lançamentos?

12.4 No longo prazo, mas não no curto prazo. applet Nossa intuição sobre o comportamento do acaso não é muito precisa. Em particular, tendemos a esperar que o padrão de longo prazo descrito pela probabilidade aparecerá também no curto prazo. Por exemplo, pensamos que, se jogarmos uma moeda 10 vezes, obteremos perto de cinco caras.

(a) Coloque a probabilidade de cara em 0,5 no *applet* Probability e o número de jogadas em 10. Clique em "Toss" para simular 10 jogadas de uma moeda equilibrada. Qual foi a proporção de caras?

(b) Clique em "Reset" (recomeçar) e jogue de novo. A simulação é rápida; assim, faça-a 25 vezes e registre a proporção de caras em cada conjunto de 10 jogadas. Faça um diagrama de ramo e folhas de seus resultados. Você observa que o resultado da jogada de uma moeda 10 vezes é bem variável e não precisa estar muito próxima da probabilidade 0,5 de caras.

12.3 Modelos probabilísticos

Os jogadores já sabiam, há séculos, que moedas, cartas e dados apresentam padrões claros no longo prazo. A ideia de probabilidade se fundamenta no fato observado de que o resultado médio de muitos milhares de resultados ao acaso pode ser conhecido com quase certeza. Como podemos dar uma descrição matemática da regularidade em longo prazo?

Para entender como proceder, pense primeiro sobre um fenômeno aleatório muito simples: um único lançamento de uma moeda. Quando lançamos uma moeda, não podemos saber o resultado antecipadamente. O que *sabemos*? Podemos dizer que o resultado será ou cara ou coroa. Acreditamos que cada um desses resultados tem probabilidade 1/2. Essa descrição do lançamento de moeda tem duas partes:

- Uma lista de resultados possíveis.
- Uma probabilidade para cada resultado.

Essa descrição é a base para todos os *modelos probabilísticos*. A seguir, está o vocabulário básico usado.

Modelos probabilísticos

O **espaço amostral S** de um fenômeno aleatório é o conjunto de todos os resultados possíveis.

Um **evento** é um resultado ou um conjunto de resultados de um fenômeno aleatório. Ou seja, um evento é um subconjunto do espaço amostral.

Um **modelo probabilístico** é uma descrição matemática de um fenômeno aleatório que consiste em duas partes: um espaço amostral S e uma maneira de atribuir probabilidades a eventos.

Um espaço amostral S pode ser muito simples ou muito complexo. Quando lançamos uma moeda uma vez, existem apenas dois resultados: cara e coroa. O espaço amostral é S = {K, C}. (Vamos representar o evento cara pela letra K.) Quando a pesquisa do *Washington Post*/ABC News extrai uma amostra aleatória de 1.003 adultos, o espaço amostral contém todas as escolhas possíveis de 1.003 entre os 254 milhões de adultos nos EUA. Esse S é extremamente grande. Cada membro de S é uma possível amostra, de modo que S é a coleção, ou "espaço", de todas as possíveis amostras. Isso explica o termo *espaço amostral*.

EXEMPLO 12.4 Lançamento de dados

O lançamento de dois dados é uma maneira comum de perder dinheiro em cassinos. Há 36 resultados possíveis quando lançamos dois dados e registramos as faces superiores em ordem (primeiro dado, segundo dado). A Figura 12.2 mostra esses resultados. Eles formam o espaço amostral S. "Sair uma soma de 5" é um evento, chame-o de A, que contém quatro desses 36 resultados:

A = {  }

Como podemos atribuir probabilidades a esse espaço amostral? Podemos encontrar as probabilidades reais para dois dados específicos apenas se os jogarmos muitas vezes, e mesmo assim, aproximadamente. Assim, daremos um modelo de probabilidade que pressupõe dados ideais, perfeitamente balanceados. Esse modelo será bastante preciso para dados de cassino, que são cuidadosamente feitos, e menos preciso para dados baratos que acompanham jogos de tabuleiro.

Se os dados são perfeitamente balanceados, todos os 36 resultados na Figura 12.2 serão *igualmente prováveis*. Isto é, cada um dos 36 resultados aparecerá em um trinta e seis avos de todas as jogadas, no longo prazo. Assim, cada resultado tem probabilidade 1/36. Há quatro resultados no evento A ("sair soma 5"), de modo que esse evento tem probabilidade 4/36. Dessa maneira, podemos atribuir probabilidade a qualquer evento e temos um modelo probabilístico completo.

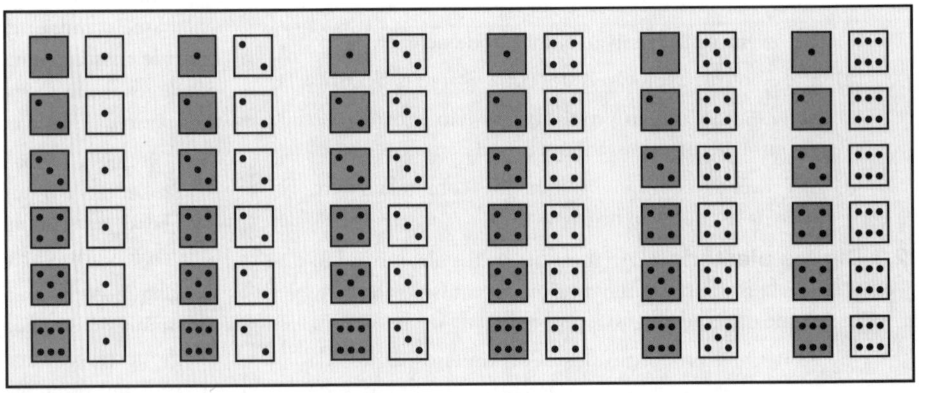

FIGURA 12.2
Os 36 resultados possíveis no lançamento de dois dados. Se os dados forem cuidadosamente fabricados, todos esses resultados têm a mesma probabilidade.

Em geral, se os resultados em um espaço amostral são igualmente prováveis, encontramos a probabilidade de qualquer evento por

$$\frac{\text{número de maneiras em que o evento pode ocorrer}}{\text{número total de resultados no espaço amostral}}$$

EXEMPLO 12.5 Lançamento de dados e contagem de pontos

Os jogadores se importam apenas com o número de pontos nas faces superiores dos dados. O espaço amostral da contagem do número de pontos no lançamento de dois dados é

S = {2, 3, 4, 5, 6, 7, 8, 9, 10, 11, 12}

A comparação desse S com a Figura 12.2 nos lembra que *podemos mudar S pela mudança da descrição detalhada do fenômeno aleatório que estamos descrevendo.*

Quais são as probabilidades para esse novo espaço amostral? Os 11 resultados possíveis *não* são igualmente prováveis, pois há seis maneiras de obter uma soma 7 e apenas uma maneira de obter uma soma 2 ou uma soma 12. Esta é a chave: cada resultado na Figura 12.2 tem probabilidade 1/36. Assim, "sair uma soma 7" tem probabilidade 6/36, porque esse evento contém seis dos 36 resultados. Analogamente, "sair uma soma 2" tem probabilidade 1/36, e "sair uma soma 5" (quatro resultados pela Figura 12.2) tem probabilidade 4/36. Eis o modelo probabilístico completo:

Total de pontos	2	3	4	5	6	7	8	9	10	11	12
Probabilidade	1/36	2/36	3/36	4/36	5/36	6/36	5/36	4/36	3/36	2/36	1/36

APLIQUE SEU CONHECIMENTO

12.5 Espaço amostral. Selecione ao acaso um estudante de uma grande turma de estatística. Descreva um espaço amostral S para cada questão que segue. (Em alguns casos, você pode ter alguma liberdade na especificação de S.)

(a) O estudante tem um *pet* ou não?

(b) Qual é a altura do estudante, em metros?

(c) Quais são os três últimos dígitos do telefone celular do estudante?

(d) Qual é o mês de nascimento do estudante?

12.6 Jogos de RPG. Jogos de computador, em que os jogadores assumem o papel das personagens, são muito populares. Remontam à época dos primeiros jogos de console, como Dungeons & Dragons. Esses jogos usam muitos tipos diferentes de dados. Um dado de quatro lados tem faces com os números 1, 2, 3 ou 4 aparecendo na base de cada face visível.

(a) Qual é o espaço amostral para duas jogadas do dado de quatro lados (números na primeira e na segunda jogadas)? Siga o exemplo da Figura 12.2.

(b) Qual é a atribuição de probabilidades aos resultados nesse espaço amostral? Suponha que o dado seja perfeitamente balanceado, e siga o método do Exemplo 12.4.

Esther Derksen/iStock

12.7 Jogos de RPG. Suponha que a força de uma personagem em um jogo seja determinada por duas jogadas de um dado de quatro lados e somando 2 à soma dos números. Comece com seu trabalho no exercício anterior para dar um modelo probabilístico (espaço amostral e probabilidades dos eventos) para a força da personagem. Siga o método do Exemplo 12.5.

12.4 Regras da probabilidade

Nos Exemplos 12.4 e 12.5, encontramos as probabilidades para a jogada de dados. Em relação a fenômenos aleatórios, dados são muito simples. Mesmo assim, tivemos que pressupor um dado ideal, perfeitamente balanceado. Na maioria das situações, não é fácil fornecer um modelo probabilístico "correto". Fazemos algum progresso listando alguns fatos que devem ser verdadeiros para *qualquer* atribuição de probabilidades. Esses fatos seguem da ideia de probabilidade como "a proporção, no longo prazo, das repetições nas quais ocorre o evento":

1. *Qualquer probabilidade é um número entre 0 e 1, inclusive.* Qualquer proporção é um número entre 0 e 1; logo, qualquer probabilidade é também um número entre 0 e 1. Um evento com probabilidade 0 nunca ocorre, e um evento com probabilidade 1 ocorre em todos os ensaios. Um evento com probabilidade 0,5 ocorre, no longo prazo, na metade dos ensaios.
2. *Todos os resultados possíveis, juntos, devem ter probabilidade 1.* Como algum resultado deve ocorrer em qualquer ensaio, a soma das probabilidades de todos os resultados possíveis deve ser exatamente 1.
3. *Se dois eventos não têm resultados em comum, a probabilidade de que um ou outro ocorra é a soma de suas probabilidades individuais.* Se um evento ocorre em 40% de todos os ensaios, um evento diferente ocorre em 25% de todos os ensaios, e os dois nunca podem ocorrer juntos; então, um ou outro evento ocorre em 65% de todos os ensaios porque 40% + 25% = 65%.
4. *A probabilidade de que um evento não ocorra é 1 menos a probabilidade de que o evento ocorra.* Se um evento ocorre em (digamos) 70% de todos os ensaios, ele não ocorre nos outros 30%. A probabilidade de que um evento ocorra e a probabilidade de que não ocorra sempre somam 100%, ou 1.

Podemos usar notação matemática para enunciar mais concisamente os Fatos 1 a 4. As letras maiúsculas iniciais do alfabeto denotam eventos. Se A é um evento qualquer, podemos denotar sua probabilidade por $P(A)$. A seguir, estão nossos fatos sobre probabilidade em linguagem formal. Ao aplicar essas regras, lembre-se de que elas representam apenas outra forma de fatos intuitivamente verdadeiros sobre proporções no longo prazo.

Regras de probabilidade

Regra 1. A probabilidade $P(A)$ de qualquer evento A satisfaz $0 \leq P(A) \leq 1$.

Regra 2. Se S é o espaço amostral em um modelo de probabilidade, então $P(S) = 1$.

Regra 3. Dois eventos A e B são **disjuntos** se eles não têm qualquer resultado em comum e, portanto, nunca podem ocorrer simultaneamente. Se A e B são disjuntos,

$$P(A \text{ ou } B) = P(A) + P(B)$$

Essa é a **regra da adição para eventos disjuntos.**

Regra 4. Para qualquer evento A,

$$P(A \text{ não ocorrer}) = 1 - P(A)$$

ESTATÍSTICA NO MUNDO REAL

Igualmente prováveis?

Um jogo de *bridge* começa pela distribuição de todas as 52 cartas do baralho aos quatro participantes, 13 para cada. Se o baralho está bem misturado, todas as mãos, de um número enorme de mãos possíveis, serão igualmente prováveis. Mas não espere que as mãos que aparecem nas colunas de *bridge* dos jornais reflitam o modelo probabilístico de igualdade de probabilidades. Os que escrevem sobre *bridge* escolhem mãos "interessantes", especialmente aquelas que levam a altos lances que são raros no jogo real.

A regra da adição se estende a mais de dois eventos que são disjuntos, no sentido de que quaisquer dois deles não têm qualquer resultado em comum. Então, se os eventos A, B e C são disjuntos dois a dois, a probabilidade de que um deles ocorra é $P(A) + P(B) + P(C)$.

EXEMPLO 12.6 Uso das regras de probabilidade

Já usamos a regra da adição para eventos disjuntos, sem chamá-la pelo nome, para encontrar as probabilidades no Exemplo 12.5. O evento "sair uma soma 5" contém os quatro eventos disjuntos exibidos no Exemplo 12.4, de modo que a regra da adição (Regra 3) diz que sua probabilidade é

P(sair uma soma 5) = P(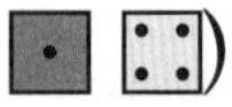) + P(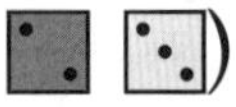) + P(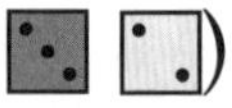) + P(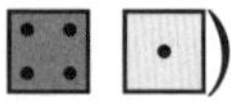)

$$= \frac{1}{36} + \frac{1}{36} + \frac{1}{36} + \frac{1}{36}$$

$$= \frac{4}{36} = 0{,}111$$

jroballo/iStock

Verifique se as probabilidades no Exemplo 12.5, encontradas com o uso da regra da adição, estão todas entre 0 e 1 e têm total exatamente 1. Ou seja, esse modelo probabilístico obedece às Regras 1 e 2.

Qual é a probabilidade de se obter qualquer resultado diferente de uma soma 5? Pela Regra 4,

$$P(\text{jogada não dá uma soma 5}) = 1 - P(\text{sai uma soma 5}) = 1 - 0{,}111 = 0{,}889$$

Nosso modelo atribui probabilidades a resultados individuais. Para encontrar a probabilidade de um evento, adicione as probabilidades dos resultados que o compõem. Por exemplo:

$$P(\text{resultado é ímpar}) = P(3) + P(5) + P(7) + P(9) + P(11)$$

$$= \frac{2}{36} + \frac{4}{36} + \frac{6}{36} + \frac{4}{36} + \frac{2}{36}$$

$$= \frac{18}{36} = \frac{1}{2}$$

APLIQUE SEU CONHECIMENTO

12.8 Quem faz o GMAT? Em muitos contextos, as "regras de probabilidade" são apenas fatos básicos sobre percentuais. O *site* oficial do Graduate Management Admission Test (GMAT) tem as seguintes informações sobre a região geográfica de origem para os que fizeram o teste em 2018: 1,9% eram da África; 0,3% eram nascidos na Austrália e Ilhas do Pacífico; 2,4% eram do Canadá; 14,3% eram da Ásia Central e Sul; 36,1% eram do Leste e Sudeste da Ásia; 1,7% eram da Europa Oriental; 3,2% eram do México, Caribe e América do Sul; 2,2% eram do Oriente Médio; 30,3% eram dos EUA; e 7,6% eram da Europa Ocidental.[4]

(a) Qual o percentual dos que fizeram o teste em 2018 e que eram das Américas (Canadá, EUA, México, Caribe, ou América Latina)? Qual regra de probabilidade você usou para encontrar a resposta?

(b) Qual o percentual dos que fizeram o teste em 2018 e que eram de alguma outra região diferente dos EUA? Qual regra de probabilidade você usou para encontrar a resposta?

12.9 Sobrepeso? Embora as regras de probabilidade sejam apenas fatos básicos sobre percentuais ou proporções, devemos ser capazes de usar a linguagem de eventos e suas probabilidades. Escolha aleatoriamente um adulto americano de 20 anos de idade ou mais. Defina dois eventos:

A = a pessoa escolhida é obesa

B = a pessoa escolhida está no sobrepeso, mas não é obesa

De acordo com o National Center for Health Statistics, $P(A) = 0{,}40$ e $P(B) = 0{,}32$.

(a) Explique por que os eventos *A* e *B* são disjuntos.

(b) Diga, em linguagem simples, o que é o evento "*A* ou *B*". Quanto é *P*(*A* ou *B*)?

(c) Se C é o evento de a pessoa escolhida ter peso normal ou menos, quanto é *P*(C)?

12.10 Línguas no Canadá. O Canadá tem duas línguas oficiais: inglês e francês. Escolha um canadense aleatoriamente e pergunte a ele: "Qual é a sua língua materna?" Eis a distribuição das respostas, combinando várias línguas separadas:[5]

Língua	Inglês	Francês	Outra
Probabilidade	0,57	0,21	?

(a) Qual é a probabilidade de que a língua materna seja inglês ou francês?

(b) Qual probabilidade deve entrar no lugar de "?" na distribuição?

(c) Qual é a probabilidade de que a língua materna de um canadense não seja o inglês?

12.11 Eles são disjuntos? Quais dos seguintes pares de eventos, *A* e *B*, são disjuntos? Explique suas respostas.

(a) Uma pessoa é selecionada aleatoriamente. *A* é o evento "a pessoa selecionada tem menos de 18 anos"; *B* é o evento "a pessoa selecionada tem 18 anos ou mais".

(b) Uma pessoa é selecionada aleatoriamente. *A* é o evento "a pessoas selecionada ganha mais de 100 mil dólares por ano"; *B* é o evento "a pessoa selecionada ganha mais de 250 mil dólares por ano".

(c) Joga-se um par de dados. *A* é o evento "um dos dados dá 3"; *B* é o evento "a soma dos dois dados é 3".

12.5 Modelos probabilísticos finitos

Os Exemplos 12.4, 12.5 e 12.6 ilustram uma maneira de fazer a associação de probabilidades a eventos: atribua uma probabilidade a cada resultado individual e, então, some essas probabilidades para encontrar a probabilidade de qualquer evento. Essa ideia funciona bem quando há apenas um número finito (fixo e limitado) de resultados.

Os estatísticos, em geral, se referem aos modelos de probabilidade finitos como modelos de probabilidade discretos.[6] Neste livro, algumas vezes vamos fazer referência a modelos de probabilidade finitos como discretos.

Modelo probabilístico finito

Um modelo probabilístico com um espaço amostral finito é chamado de **finito**.

Para atribuir probabilidades aos eventos em um modelo finito, liste as probabilidades de todos os resultados individuais. Essas probabilidades devem ser números entre 0 e 1 que têm total exatamente igual a 1. A probabilidade de qualquer evento é a soma das probabilidades dos resultados que o compõem.

EXEMPLO 12.7 Falseando dados?

Números forjados em restituições de imposto de renda, faturas ou pedidos de reembolso de despesas frequentemente apresentam padrões que não estão presentes em registros verdadeiros. Alguns padrões, como muitos números arredondados, são óbvios e facilmente evitáveis por um falsário esperto. Outros são mais sutis. É um fato surpreendente que os primeiros dígitos de números em registros legítimos frequentemente sigam uma distribuição conhecida como lei de Benford.[7] Chame de X o primeiro dígito de um registro escolhido aleatoriamente. A lei de Benford dá o seguinte modelo de probabilidade para X (note que o primeiro dígito não pode ser 0):

Primeiro dígito X	1	2	3	4	5	6	7	8	9
Probabilidade	0,301	0,176	0,125	0,097	0,079	0,067	0,058	0,051	0,046

Verifique se as probabilidades dos resultados têm soma exatamente 1. Esse é, portanto, um legítimo modelo de probabilidade finito (ou discreto). Com essas probabilidades, investigadores podem detectar fraude pela comparação dos primeiros dígitos, por exemplo, em registros de faturas pagas por um negociante.

A probabilidade de que um primeiro dígito seja maior do que 6 ou igual a 6 é

$$P(X \geq 6) = P(X = 6) + P(X = 7) + P(X = 8) + P(X = 9)$$
$$= 0{,}067 + 0{,}058 + 0{,}051 + 0{,}046 = 0{,}222$$

Isso é menor que a probabilidade de um registro ter o primeiro dígito igual a 1, que é

$$P(X = 1) = 0{,}301$$

Registros fraudados tendem a ter poucos dígitos iguais a 1 e muitos primeiros dígitos maiores do que 1.

Note que a probabilidade de que um primeiro dígito seja maior do que 6 ou igual a 6 não é a mesma que a probabilidade de que um primeiro dígito seja estritamente maior do que 6. Esta última probabilidade é

$$P(X > 6) = 0{,}058 + 0{,}051 + 0{,}046 = 0{,}155$$

O resultado X = 6 está incluído em "maior do que ou igual a" e não está incluído em "estritamente maior do que".

EXEMPLO 12.8 Um planejamento completamente aleatorizado

No Capítulo 9 discutimos planejamentos experimentais completamente aleatorizados. Suponha que você tenha selecionado três homens - Ari, Luís, e Troy - e três mulheres - Ana, Deb e Hui - para um experimento. Três dos seis sujeitos devem ser associados de maneira completamente aleatória a um novo tratamento experimental de perda de peso, e três a um placebo. Eis todas as 20 possíveis maneiras de selecionar três desses sujeitos para o grupo de tratamento. (Os três restantes ficarão no grupo do placebo.)

Esses 20 possíveis grupos de tratamento são os resultados da associação de três dos seis sujeitos ao tratamento, e esses resultados constituem um espaço amostral. Com um planejamento completamente aleatorizado, cada um desses 20 possíveis grupos de tratamento (resultados) é igualmente provável; assim, cada um tem probabilidade 1/20 de ser o real grupo associado ao tratamento. Note que a chance de que todos os homens sejam associados ao grupo de tratamento é 1/20, e a chance de que o grupo de tratamento se constitua ou de todos os homens ou de todas as mulheres é 2/20.

Grupo de tratamento	Grupo de tratamento
Ari, Luís, Troy	Luís, Troy, Ana
Ari, Luís, Ana	Luís, Troy, Deb
Ari, Luís, Deb	Luís, Troy, Hui
Ari, Luís, Hui	Luís, Ana, Deb
Ari, Troy, Ana	Luís, Ana, Hui
Ari, Troy, Deb	Luís, Deb, Hui
Ari, Troy, Hui	Troy. Ana, Deb
Ari, Ana, Deb	Troy, Ana, Hui
Ari, Ana, Hui	Troy, Deb, Hui
Ari, Deb, Hui	Ana, Deb, Hui

APLIQUE SEU CONHECIMENTO

12.12 Lançamento de um dado. A Figura 12.3 mostra vários modelos probabilísticos finitos para o lançamento de um dado. Só podemos saber qual atribuição de probabilidades é realmente *precisa* para um dado particular se lançarmos esse dado muitas vezes. Contudo, alguns dos modelos não são *legítimos*. Isto é, eles não satisfazem as regras. Quais são legítimos e quais não são? No caso dos modelos ilegítimos, explique o que está errado.

	Probabilidade			
Resultado	Modelo 1	Modelo 2	Modelo 3	Modelo 4
⚀	1/7	1/3	1/3	1
⚁	1/7	1/6	1/6	1
⚂	1/7	1/6	1/6	2
⚃	1/7	0	1/6	1
⚄	1/7	1/6	1/6	1
⚅	1/7	1/6	1/6	2

FIGURA 12.3 Quatro atribuições de probabilidades às seis faces de um dado, para o Exercício 12.12.

12.13 Lei de Benford. O primeiro dígito de um pedido de reembolso de despesas escolhido aleatoriamente segue a lei de Benford (Exemplo 12.7). Considere os eventos

A = {primeiro dígito é 4 ou maior}

B = {primeiro dígito é par}

(a) Quais resultados formam o evento A? Quanto é $P(A)$?

(b) Quais resultados formam o evento B? Quanto é $P(B)$?

(c) Quais resultados formam o evento "A ou B"? Quanto é $P(A$ ou $B)$? Por que essa probabilidade não é igual a $P(A) + P(B)$?

12.14 Quantas xícaras de café? Escolha aleatoriamente um adulto de 18 anos de idade ou mais nos EUA e pergunte: "Quantas xícaras de café você toma, em média, por dia?" Chame de X a resposta, para abreviar. Com base em uma pesquisa de uma grande amostra, eis um modelo de probabilidade para a resposta que você obterá:[8]

Número	0	1	2	3	4 ou mais
Probabilidade	0,36	0,26	0,19	0,08	0,11

(a) Verifique se esse é um modelo probabilístico finito válido.

(b) Descreva o evento $X < 4$ em palavras. Quanto é $P(X < 4)$?

(c) Expresse o evento "tomar ao menos uma xícara de café em um dia regular" em termos de X. Qual é a probabilidade desse evento?

12.6 Modelos probabilísticos contínuos

Quando usamos a tabela de dígitos aleatórios para selecionar um dígito entre 0 e 9, o modelo probabilístico finito atribui probabilidade de 1/10 a cada um dos 10 possíveis resultados. Suponha que desejemos escolher aleatoriamente um número entre 0 e 1, admitindo *qualquer* número entre 0 e 1 como resultado. Os programas geradores de números aleatórios farão isso. Por exemplo, eis o resultado de um programa para a escolha de cinco números aleatórios entre 0 e 1 (com os resultados arredondados para sete casas decimais):[9]

0,2893511 0,3213787 0,5816462 0,9787920 0,4475373

Ignorando o fato de que os resultados devem ser arredondados para podermos mostrá-los, o espaço amostral é, agora, um intervalo completo de números:

S = {todos os números entre 0 e 1}

Chame de Y o resultado do gerador de números aleatórios, para abreviar. Como podemos atribuir probabilidades a eventos como $\{0,3 \leq Y \leq 0,7\}$? Como no caso da seleção de um dígito aleatório, gostaríamos de que todos os resultados possíveis fossem igualmente prováveis. Mas não podemos atribuir probabilidade a cada valor individual de Y e então somá-los, porque há um *continuum* infinito de valores possíveis. Na verdade, não podemos nem mesmo fazer uma lista dos valores individuais de Y. Por exemplo, qual é o valor seguinte de Y depois de 0,3?

ESTATÍSTICA NO MUNDO REAL

Dígitos realmente aleatórios

Para puristas, a RAND Corporation há muito tempo publicou um livro intitulado *Um Milhão de Dígitos Aleatórios*. O livro lista 1 milhão de dígitos que foram produzidos por uma aleatorização física muito elaborada e que realmente são aleatórios. Um empregado da RAND certa vez comentou que esse não é o livro mais entediante publicado pela RAND.

Usamos uma nova maneira de atribuir probabilidades diretamente aos eventos – como *áreas sob uma curva de densidade*. Qualquer curva de densidade tem área exatamente 1 sob ela, correspondendo à probabilidade total 1. Encontramos curvas de densidade pela primeira vez como modelos para dados no Capítulo 3.

Modelos probabilísticos contínuos

Um **modelo probabilístico contínuo** atribui probabilidades como áreas sob uma curva de densidade. A área sob a curva e acima de qualquer intervalo de valores é a probabilidade de um resultado naquele intervalo.

EXEMPLO 12.9 Números aleatórios

O gerador de números aleatórios espalhará sua saída uniformemente ao longo de todo o intervalo de 0 a 1, quando permitirmos que ele gere uma longa sequência de números. A Figura 12.4 é um histograma da geração de 10 mil números aleatórios. Eles são bem uniformes, mas não exatamente. As alturas das barras deveriam ser todas exatamente iguais (mil números para cada barra) se os 10 mil números fossem exatamente uniformes. Na verdade, as contagens variam de 978 a 1.060.

Como no Capítulo 3, ajustamos a escala do histograma de modo que a área total das barras fosse exatamente 1. Agora, podemos acrescentar a curva de densidade que descreve a distribuição dos números perfeitamente aleatórios. Essa curva também aparece na Figura 12.4. Ela tem altura 1 ao longo de todo o intervalo de 0 a 1. Essa é a curva de densidade de uma *distribuição uniforme*. Ela é o modelo de probabilidade contínuo para os resultados da geração de muitos números aleatórios. Como os modelos de probabilidade para moedas e dados perfeitamente balanceados, a curva de densidade é uma descrição idealizada dos resultados de um gerador perfeitamente uniforme de números aleatórios. É uma boa aproximação para os resultados de programas, mas mesmo 10 mil tentativas não são suficientes para que os resultados reais sejam exatamente iguais ao modelo idealizado.

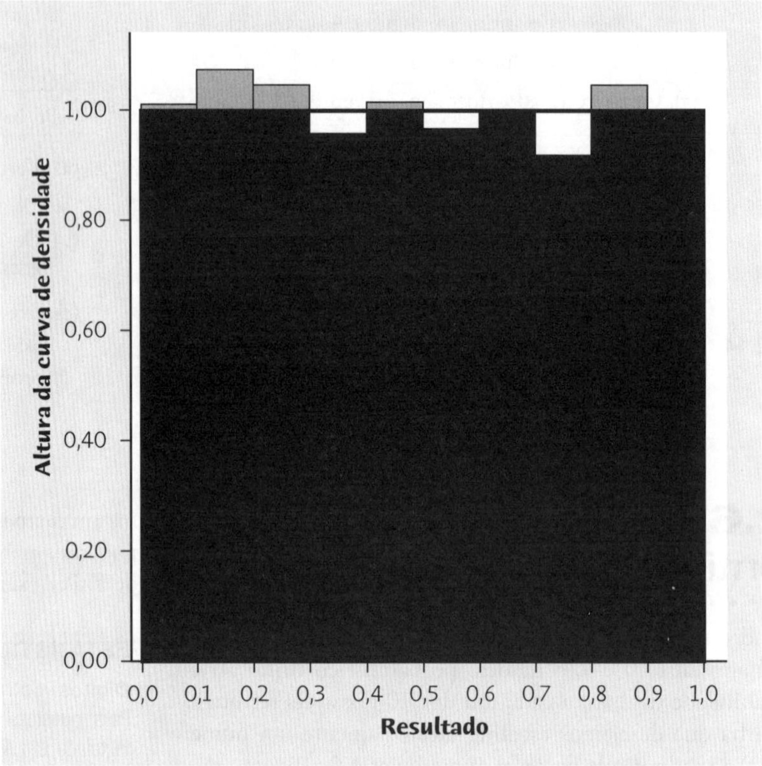

FIGURA 12.4
O modelo de probabilidade para os resultados de um programa gerador de números aleatórios, para o Exemplo 12.9. Compare o histograma dos 10 mil resultados reais com a curva de densidade uniforme, (quadrado preto), que espalha a probabilidade igualmente no intervalo entre 0 e 1.

Distribuição uniforme

Uma **distribuição uniforme** é uma distribuição de probabilidade contínua que associa probabilidades iguais a todos os números (ou a todo intervalo de um dado comprimento) na amplitude dos valores sobre a qual é definida.

A curva de densidade uniforme tem altura 1 ao longo de todo o intervalo de 0 a 1. A área sob a curva é 1, e a probabilidade de qualquer evento é a área sob a curva e acima do intervalo que corresponde ao evento em questão. A Figura 12.5 ilustra o cálculo de probabilidades como áreas sob a curva de densidade. A probabilidade de que o gerador de números aleatórios produza um número entre 0,3 e 0,7 é

$$P(0{,}3 \leq Y \leq 0{,}7) = 0{,}4$$

pois a área sob a curva de densidade e acima do intervalo, que vai de 0,3 a 0,7, é 0,4.

A altura da curva é 1, e a área de um retângulo é o produto da altura pela base, de modo que a probabilidade de qualquer intervalo de resultados é apenas o comprimento do intervalo. Analogamente,

$$P(Y \leq 0{,}5) = 0{,}5$$
$$P(Y > 0{,}8) = 0{,}2$$
$$P(Y \leq 0{,}5 \text{ ou } Y > 0{,}8) = 0{,}7$$

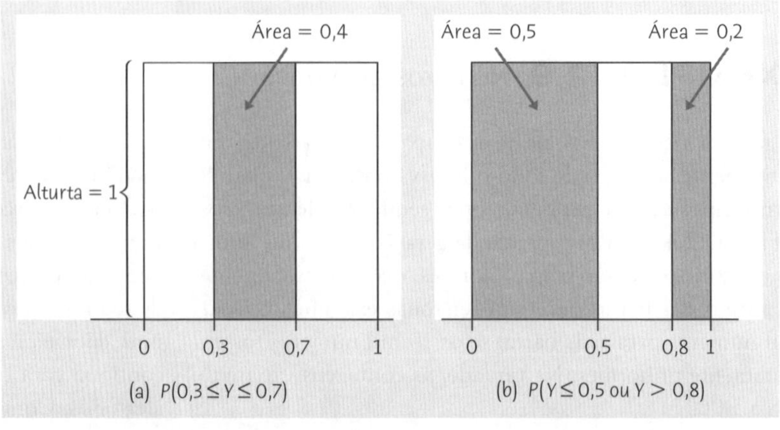

FIGURA 12.5
Probabilidade como área sob uma curva de densidade. A curva de densidade uniforme espalha a probabilidade igualmente entre 0 e 1.

O último evento consiste em dois intervalos disjuntos, de modo que a área total acima do evento é obtida somando duas áreas, como ilustrado pela Figura 12.5(b). Essa atribuição de probabilidades obedece a todas as nossas regras de probabilidade.

Os modelos probabilísticos contínuos atribuem probabilidades a intervalos de resultados, em vez de atribuí-las a resultados individuais. De fato, *todos os modelos probabilísticos contínuos atribuem probabilidade 0 a qualquer resultado individual.* Apenas intervalos de valores têm probabilidade positiva. Para ver como isso é verdade, considere um resultado específico, como $P(Y = 0{,}8)$. A probabilidade de qualquer intervalo é igual ao seu comprimento. O ponto 0,8 não tem comprimento, de modo que sua probabilidade é zero. Em outras palavras, $P(Y > 0{,}8)$ e $P(Y \geq 0{,}8)$ são ambas 0,2 porque essa é a área na Figura 12.5(b) entre 0,8 e 1.

Podemos usar qualquer curva de densidade para a atribuição de probabilidades. Discutimos curvas de densidade no Capítulo 3, e as curvas de densidade mais familiares são as curvas Normais. No Capítulo 3, foram usadas curvas Normais para a descrição da distribuição de dados, e as usamos para responder a questões sobre proporções dos dados que assumiam valores entre dois números. As *distribuições Normais são modelos probabilísticos contínuos*, bem como descrições de dados. Nós as usamos para responder a questões sobre a probabilidade de uma variável aleatória assumir um valor entre dois números. Há uma ligação íntima entre uma distribuição Normal como uma descrição idealizada de dados e um modelo de probabilidade Normal. Se examinarmos as alturas de todas as mulheres jovens, veremos que elas seguem bem de perto a distribuição Normal com média $\mu = 64{,}1$ polegadas (162,81 cm) e desvio padrão $\sigma = 3{,}7$ polegadas (9,39 cm). Essa é uma distribuição para um grande conjunto de dados. Agora, escolha uma mulher jovem ao acaso. Denote sua altura por X. Se for repetida a escolha aleatória muitas vezes, a distribuição dos valores de X será a mesma distribuição Normal que descreve as alturas de todas as mulheres jovens.

EXEMPLO 12.10 As alturas de mulheres jovens

applet

Qual é a probabilidade de uma mulher jovem, entre 20 e 29 anos de idade, escolhida aleatoriamente, ter altura entre 68 e 70 polegadas (1,72 e 1,78 m)? A altura X da mulher que escolhemos aleatoriamente tem a distribuição $N(64{,}1;\ 3{,}7)$. Queremos $P(68 \leq X \leq 70)$. Isso é a área sob a curva Normal na Figura 12.6. Um programa ou o *applet* Normal Density Curve (conteúdo em inglês) nos dará a resposta imediatamente: $P(68 \leq X \leq 70) = 0{,}0905$.

Podemos também encontrar a probabilidade por padronização, como discutido na Seção 3.5, e usando a Tabela A, a tabela das probabilidades Normais padrão. Reservaremos a letra maiúscula Z para a variável Normal padrão.

$$
\begin{aligned}
P(68 \leq X \leq 70) &= P\left(\frac{68-64{,}1}{3{,}7} \leq \frac{X-64{,}1}{3{,}7} \leq \frac{70-64{,}1}{3{,}7}\right) \\
&= P(1{,}05 \leq Z \leq 1{,}59) \\
&= P(Z \leq 1{,}59) - P(Z \leq 1{,}05) \\
&= 0{,}9441 - 0{,}8531 = 0{,}0910
\end{aligned}
$$

Os cálculos são os mesmos que fizemos no Capítulo 3. Apenas a linguagem da probabilidade é nova. No Capítulo 3, perguntamos qual proporção ou porcentagem dos valores de uma população caía em dado intervalo. Agora perguntamos: qual é a probabilidade de que um valor selecionado aleatoriamente esteja dentro do intervalo? A probabilidade é igual à proporção.

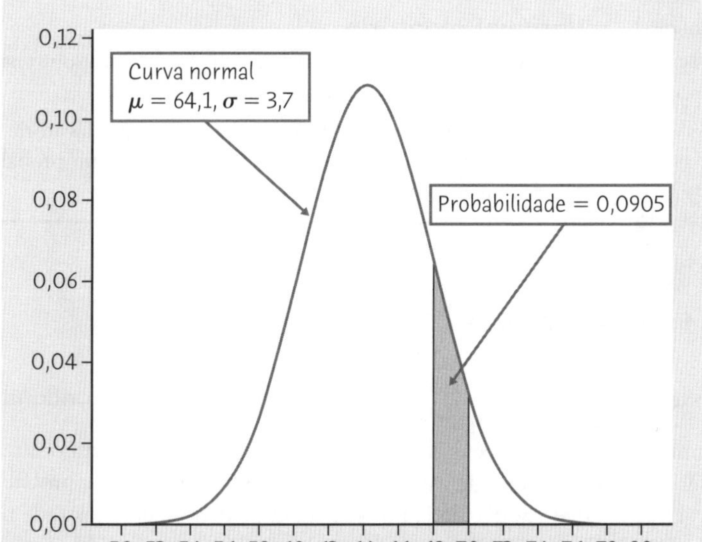

FIGURA 12.6
A probabilidade no Exemplo 12.10 como uma área sob uma curva Normal.

APLIQUE SEU CONHECIMENTO

12.15 Números aleatórios. Seja Y um número aleatório entre 0 e 1 produzido pelo gerador idealizado de números aleatórios, descrito no Exemplo 12.9 e na Figura 12.4. Encontre as seguintes probabilidades:

(a) $P(Y \leq 0{,}6)$

(b) $P(Y < 0{,}6)$

(c) $P(0{,}4 \leq Y \leq 0{,}8)$

(d) $P(0{,}4 < Y \leq 0{,}8)$

12.16 Adição de números aleatórios. Gere dois números aleatórios entre 0 e 1 e seja X sua soma. A soma X pode assumir qualquer valor entre 0 e 2. A curva de densidade de X é o triângulo mostrado na Figura 12.7.

(a) Verifique, por geometria, se a área sob essa curva é 1.

(b) Qual é a probabilidade de X ser menor do que 1? Esboce a curva de densidade, sombreie a área que representa a probabilidade e, em seguida, determine essa área. Faça isso também para (c).

(c) Qual é a probabilidade de X ser menor do que 0,5.

12.17 O teste de admissão à faculdade de medicina. A distribuição Normal com média μ = 500,9 e desvio padrão σ = 10,6 é uma boa descrição do escore total no Medical College Admission Teste (MCAT).[10] Esse é um modelo contínuo de probabilidade para o escore de um estudante escolhido aleatoriamente. Chame de X esse escore, para abreviar.

(a) Escreva o evento "o estudante escolhido tem escore 510 ou mais" em termos de X.

(b) Encontre a probabilidade desse evento.

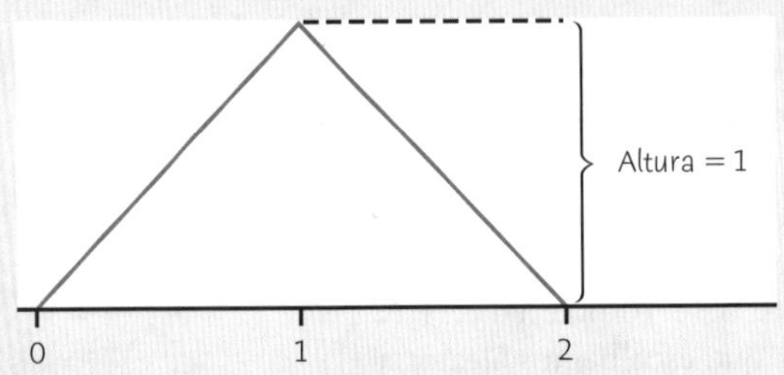

FIGURA 12.7
A curva de densidade para a soma de dois números aleatórios, para o Exercício 12.16. Esta curva de densidade distribui a probabilidade entre 0 e 2.

12.7 Variáveis aleatórias

Os Exemplos 12.7, 12.9 e 12.10 usam uma notação abreviada que é frequentemente conveniente. No Exemplo 12.10, denotamos por X o resultado de selecionar uma mulher ao acaso e medir sua altura. X assume valores numéricos. Sabemos que X assumiria um valor numérico diferente, se fizéssemos outra escolha aleatória. Como seu valor muda de uma escolha aleatória para outra, chamamos a altura X de *variável aleatória*.

Usualmente, denotamos as variáveis aleatórias por letras maiúsculas próximas do fim do alfabeto, como X ou Y. É claro que as variáveis aleatórias de nosso maior interesse são resultados, como a média $\bar{x}$ de uma amostra aleatória, para a qual manteremos a notação familiar. Há dois tipos principais de variáveis aleatórias, que correspondem às duas maneiras de atribuição de probabilidades: *finitas* (ou *discretas*) e *contínuas*.

Variável aleatória

Uma **variável aleatória** é uma variável cujo valor é um resultado numérico de um fenômeno aleatório.

A **distribuição de probabilidade** de uma variável aleatória X nos diz quais valores X pode assumir e como atribuir probabilidades a esses valores.

EXEMPLO 12.11 Variáveis aleatórias finitas e contínuas

Variável aleatória finita

O primeiro dígito X no Exemplo 12.7 é uma variável aleatória cujos possíveis valores são os números inteiros {1, 2, 3, 4, 5, 6, 7, 8, 9}. A distribuição de X atribui uma probabilidade a cada um desses resultados. Uma **variável aleatória finita** tem uma lista finita de possíveis resultados.

Variável aleatória contínua

Analise a saída Y do gerador de dígitos aleatórios no Exemplo 12.8. Os valores de Y preenchem o intervalo inteiro de valores entre 0 e 1. A distribuição de probabilidade de Y é dada por sua curva de densidade, mostrada na Figura 12.4. Uma **variável aleatória contínua** pode assumir qualquer valor em um intervalo, com probabilidades dadas por áreas sob uma curva de densidade.

Definimos uma variável aleatória como uma variável cujo valor é um resultado *numérico* de um fenômeno aleatório. No entanto, há situações nas quais os resultados de um fenômeno aleatório não são numéricos. No Exemplo 12.2, os resultados possíveis do lançamento de uma moeda são caras e coroas. Podemos representar esses resultados por números, fazendo 1 representar cara e 0 representar coroa. O uso de números para representar resultados não numéricos de um fenômeno aleatório é uma prática comum em estatística. Para propósitos matemáticos, é conveniente a restrição das variáveis aleatórias a resultados numéricos, mesmo se isso significar a representação de resultados não numéricos por números.

APLIQUE SEU CONHECIMENTO

12.18 Notas em um curso de economia. A Indiana University divulga as distribuições de notas de seus cursos *online*.[11] Os estudantes de Economia 100, na primavera de 2019, receberam estes conceitos: 9% A+, 15% A, 13% A–, 10%, B+, 13% B, 8%, B–, 7% C+, 11% C, 0% C–, 2% D+, 4% D, 0% D– e 8% F. Escolha aleatoriamente um estudante de Economia 100. "Escolher aleatoriamente" significa dar a cada estudante a mesma chance de ser escolhido. A nota de um estudante, em uma escala numérica (com A+ = 4,3; A = 4; A– = 3,7; B+ = 3,3; B = 3,0; B– = 2,7; C+ = 2,3; C = 2,0; C– = 1,7; D+ = 1,3; D = 1,0; D– = 0,7 e F = 0,0) é uma variável aleatória discreta X, com a seguinte distribuição de probabilidade:

Valor de X	0,0	0,7	1,0	1,3	1,7	2,0	2,3	2,7	3,0	3,3	3,7	4,0	4,3
Probabilidade	0,08	0,00	0,04	0,02	0,00	0,11	0,07	0,08	0,13	0,10	0,13	0,15	0,09

(a) X é uma variável aleatória finita ou contínua? Explique sua resposta.

(b) Expresse, em palavras, qual é o significado de $P(X \geq 3{,}0)$. Qual é essa probabilidade?

(c) Escreva o evento "o aluno obteve um conceito inferior a B–" em termos dos valores da variável aleatória X. Qual é a probabilidade desse evento?

12.19 Correndo uma milha. Um estudo de 12 mil estudantes homens, fisicamente capazes, da University of Illinois, mostrou que seus tempos para a corrida de uma milha eram aproximadamente Normais, com média de 7,11 minutos e desvio padrão de 0,74 minuto.[12] Escolha aleatoriamente um estudante desse grupo e chame seu tempo de corrida de uma milha de Y.

(a) Y é uma variável aleatória finita ou contínua? Explique sua resposta.

(b) Diga, em palavras, o que significa $P(Y \geq 8)$. Qual o valor dessa probabilidade?

(c) Escreva o evento "o estudante poderia correr uma milha em menos de seis minutos" em termos dos valores da variável aleatória Y. Qual é a probabilidade desse evento?

12.8 Probabilidade pessoal*

Iniciamos nossa discussão de probabilidade com uma ideia: a probabilidade de um resultado de um fenômeno aleatório é a proporção de vezes que o resultado ocorreria em uma longa série de repetições. Essa ideia liga a probabilidade a resultados reais. Permite-nos, por exemplo, estimar probabilidades pela simulação de fenômenos aleatórios. Ainda assim, encontramos frequentemente outra ideia bem diferente de probabilidade.

ESTATÍSTICA NO MUNDO REAL

Quais são as chances?

Os jogadores frequentemente expressam o acaso em termos de *chances* em vez de probabilidade. A chance de *A* para *B* contra um resultado significa que a probabilidade desse resultado é $B/(A + B)$. Assim, "chance de 5 para 1" é outra maneira de dizer "probabilidade de 1/6". Uma probabilidade está sempre entre 0 e 1, mas as chances variam de 0 a infinito. Embora chances são usadas principalmente em jogos de apostas, elas representam um modo de tornar mais claras as probabilidades muito pequenas. "Chance de 999 para 1" pode ser mais fácil de entender do que "probabilidade de 0,001".

EXEMPLO 12.12 Joe e o Cleveland Indians

Joe senta-se olhando sua cerveja enquanto seu time favorito de beisebol, o Cleveland Indians, perde nos *playoffs*. Os Indians têm alguns jogadores talentosos; logo, vamos perguntar a Joe: "qual é a chance de os Indians irem para os *playoffs* no próximo ano?" O rosto de Joe se ilumina. "Oh, cerca de 60%", ele diz.

Joe atribui a probabilidade 0,60 de os Indians aparecerem nos *playoffs*? O resultado da temporada do próximo ano é certamente imprevisível, mas não podemos, razoavelmente, perguntar o que aconteceria em muitas repetições. A série de beisebol da próxima temporada ocorrerá apenas uma vez e será diferente de todas as outras temporadas em relação a jogadores, clima, entre muitos outros fatores. Se a probabilidade mede "o que ocorreria se fizéssemos isso muitas vezes", o 0,60 de Joe não é uma probabilidade. A probabilidade se baseia em dados sobre muitas repetições do mesmo fenômeno aleatório. Joe está nos dando algo diferente: seu julgamento pessoal.

*Esta curta seção é opcional.

Embora não seja uma probabilidade no nosso sentido usual, 0,60 de Joe nos dá uma informação útil sobre a opinião de Joe. Mais seriamente, quando uma empresa pergunta "qual é a probabilidade de a construção dessa fábrica ser amortizada dentro de cinco anos?", não pode empregar uma ideia de probabilidade baseada em muitas repetições da mesma coisa. As opiniões dos diretores e conselheiros da empresa são, no entanto, informações úteis, e essas opiniões podem ser expressas na linguagem de probabilidade. Essas são *probabilidades pessoais.*

Probabilidade pessoal

Uma **probabilidade pessoal** de um resultado é um número entre 0 e 1 que expressa o julgamento de um indivíduo sobre quão provável é o resultado.

A opinião de Rachel sobre os Indians pode diferir da de Joe, e as opiniões de vários diretores da empresa sobre a nova fábrica podem diferir. Essas opiniões podem se basear em análise cuidadosa de dados passados, teoria estabelecida, e argumentos lógicos de especialistas, mas ainda são opiniões. Probabilidades pessoais são, na verdade, pessoais: variam de pessoa para pessoa. Além disso, se duas pessoas associam diferentes probabilidades pessoais a um evento, pode ser difícil, ou impossível, determinar quem está mais correto. Se dizemos: "a longo prazo, essa moeda dará cara 60% das vezes", podemos descobrir se estamos certos jogando realmente a moeda vários milhares de vezes. Se Joe diz: "eu acho que os Indians têm chance de 60% de chegar aos *playoffs* no próximo ano", essa é somente a opinião de Joe. Por que pensar nas probabilidades pessoais como probabilidades? Porque *qualquer conjunto de probabilidades pessoais que faça sentido obedece às mesmas Regras básicas de 1 a 4 que descrevem qualquer atribuição legítima de probabilidades a eventos.* Se Joe pensa que há 60% de chance de que os Indians cheguem aos *playoffs*, ele deve também pensar que há 40% de chance de que não cheguem. Há apenas um conjunto de regras de probabilidade, embora agora tenhamos duas interpretações para o significado de probabilidade.

APLIQUE SEU CONHECIMENTO

12.20 Você sofrerá um acidente? A probabilidade de que um motorista selecionado aleatoriamente se envolva em um acidente no próximo ano é de, aproximadamente, 0,051.[13] Isso se baseia na proporção de milhões de motoristas que sofrem acidentes.

(a) Qual você julga ser sua própria probabilidade de sofrer um acidente no próximo ano? Essa é uma probabilidade pessoal.

(b) Dê algumas razões pelas quais sua probabilidade pessoal poderia ser uma predição mais precisa de sua "chance verdadeira" de sofrer um acidente do que a probabilidade para um motorista ao acaso.

(c) Quase todo mundo diz que sua probabilidade pessoal é mais baixa do que a probabilidade do motorista ao acaso. Por que você acha que isso é verdadeiro?

12.21 Vitória no torneio ACC. O torneio anual de basquete masculino da Atlantic Coast Conference tem desviado temporariamente o pensamento de Joe do Cleveland Indians. Ele diz a si mesmo: "acho que Louisville tem 0,05 de probabilidade de vencer. A probabilidade de Carolina do Norte é o dobro da de Louisville, e a probabilidade de Duke é quatro vezes a de Louisville".

(a) Quais são as probabilidades pessoais de Joe para Carolina do Norte e Duke?

(b) Qual é a probabilidade pessoal de Joe de que um dos 15 times, diferentes de Louisville, Carolina do Norte e Duke vença o torneio?

RESUMO

- Um **fenômeno aleatório** (chance experimental) tem resultados que não podemos predizer, mas que, não obstante, possuem uma distribuição regular em grande quantidade de repetições.
- A **probabilidade** de um evento é a proporção de vezes que o evento ocorre em muitos ensaios repetidos de um fenômeno aleatório.
- Um **modelo probabilístico** para um fenômeno aleatório consiste em um espaço amostral *S* e uma atribuição de probabilidades *P*.
- O **espaço amostral** ***S*** é o conjunto de todos os resultados possíveis de um fenômeno aleatório. Conjuntos de resultados são chamados de **eventos.** *P* atribui um número *P*(*A*) ao evento *A* como sua probabilidade.
- Qualquer atribuição de probabilidade deve obedecer às regras que expressam as propriedades básicas da probabilidade:
  1. $0 \leq P(A) \leq 1$ para qualquer evento *A*
  2. $P(S) = 1$
  3. **Regra da adição para eventos disjuntos:** os eventos *A* e *B* são **disjuntos** se não tiverem qualquer resultado em comum. Se *A* e *B* são disjuntos, então $P(A \text{ ou } B) = P(A) + P(B)$
  4. Para qualquer evento *A*, $P(A \text{ não ocorre}) = 1 - P(A)$.
- Quando um espaço amostral *S* contém um número finito de valores possíveis, um **modelo probabilístico finito** atribui a cada um desses valores uma probabilidade entre 0 e 1, de modo que a soma de todas as probabilidades seja exatamente 1. A probabilidade de qualquer evento é a soma das

probabilidades de todos os resultados que compõem o evento. Modelos probabilísticos finitos são também chamados de modelos probabilísticos discretos.

- Um espaço amostral pode conter todos os valores em algum intervalo numérico. Um **modelo probabilístico contínuo** atribui probabilidades como áreas sob uma curva de densidade. A probabilidade de qualquer evento é a área sob a curva acima dos valores que constituem o evento.
- Uma **variável aleatória** é uma variável que assume valores numéricos determinados pelos resultados de um fenômeno aleatório. A **distribuição de probabilidade** de uma variável aleatória X nos informa quais são os valores possíveis de X e como as probabilidades são atribuídas a eles.
- Uma variável aleatória X e sua distribuição podem ser *discretas* ou *contínuas*. A distribuição de uma **variável aleatória discreta** com um número finito de valores possíveis dá a probabilidade de cada valor. Uma **variável aleatória contínua** assume todos os valores em algum intervalo numérico. Uma curva de densidade descreve a distribuição de probabilidade de uma variável aleatória contínua.

VERIFIQUE SUAS HABILIDADES

12.22 Você lê em um livro sobre pôquer que a probabilidade de receber uma sequência em uma mão de pôquer de cinco cartas é 1/255. Isso significa que

(a) se você receber milhões de mãos de pôquer, a fração delas que contém uma sequência será bem próxima de 1/255.

(b) se você receber 255 mãos de pôquer, exatamente uma delas conterá uma sequência.

(c) se você receber 25.500 mãos de pôquer, exatamente 100 delas conterão uma sequência.

12.23 Uma jogadora de basquete joga seis lances livres durante um jogo. O espaço amostral para a contagem do número que ela converte é

(a) S = qualquer número entre 0 e 1.

(b) S = números inteiros de 0 a 6.

(c) S = todas as sequências de seis acertos (A) ou erros (E), como AEEAAA.

Eis um modelo probabilístico para a filiação política de um adulto escolhido aleatoriamente nos EUA.[14] *Os Exercícios 12.24 a 12.27 usam esta informação.*

Filiação política	Republicano	Independente	Democrata	Outra
Probabilidade	0,30	0,38	0,31	?

12.24 Esse modelo de probabilidade é

(a) finito.

(b) contínuo.

(c) igualmente provável.

12.25 A probabilidade de que a filiação política de um americano escolhido aleatoriamente seja "Outra" deve ser

(a) qualquer número entre 0 e 1

(b) 0,01

(c) 0,1

12.26 Qual é a probabilidade de que um adulto americano escolhido aleatoriamente seja membro de um dos dois maiores partidos políticos (Republicano e Democrata)?

(a) 0,38

(b) 0,61

(c) 0,99

12.27 Qual é a probabilidade de um adulto americano selecionado aleatoriamente não ser republicano?

(a) 0,39 (b) 0,70 (c) 0,01

12.28 Em uma tabela de dígitos aleatórios, como a Tabela B, cada dígito tem probabilidade igual de ser qualquer um entre 0, 1, 2, 3, 4, 5, 6, 7, 8 ou 9. Qual é a probabilidade de que um dígito na tabela seja 7?

(a) 1/9

(b) 1/10

(c) 9/10

12.29 Em uma tabela de dígitos aleatórios, como a Tabela B, cada dígito tem probabilidade igual de ser qualquer um entre 0, 1, 2, 3, 4, 5, 6, 7, 8 ou 9. Qual é a probabilidade de que um dígito na tabela seja igual a 7 ou maior que 7?

(a) 7/10

(b) 4/10

(c) 3/10

12.30 Escolha aleatoriamente uma família americana e seja X a variável aleatória que representa o número de carros (incluindo SUVs e caminhões leves) que a família possui. Eis um modelo de probabilidade, se ignorarmos algumas poucas famílias com mais de sete carros:[15]

Número de carros X	0	1	2	3	4	5	6	7
Probabilidade	0,004	0,247	0,383	0,212	0,097	0,037	0,011	0,009

Uma construtora constrói casas com garagens para dois carros. Qual percentual de famílias tem mais carros do que a garagem pode suportar?

(a) 21,2% (b) 25,1% (c) 36,6%

12.31 Escolha aleatoriamente uma mosca comum de fruta, *Drosophila melanogaster*. Chame de Y o comprimento do tórax (onde se seguram as asas e as pernas). A variável aleatória Y tem distribuição Normal, com média $\mu = 0{,}800$ mm e desvio-padrão $\sigma = 0{,}078$ mm. A probabilidade $P(Y > 1)$ de que a mosca que você escolheu tenha um tórax com mais de 1 mm de comprimento é cerca de

(a) 0,995.

(b) 0,5.

(c) 0,005.

EXERCÍCIOS

12.32 Espaço amostral. Em cada uma das seguintes situações, descreva um espaço amostral S para o fenômeno aleatório.

rbv/iStock

(a) Uma jogadora de basquete joga quatro lances livres. Você registra a sequência de acertos e erros.

(b) Uma jogadora de basquete joga quatro lances livres. Você registra o número de cestas que ela faz.

12.33 Modelos probabilísticos? Em cada uma das seguintes situações, decida se a atribuição de probabilidades aos resultados individuais é legítima, ou não – isto é, se satisfaz as regras da probabilidade. Lembre-se de que um modelo legítimo não precisa ser um modelo razoável na prática. Se a atribuição de probabilidades não for legítima, dê razões específicas para sua resposta.

(a) Jogar um dado de seis faces e registrar a contagem dos pontos na face superior:

$P(1) = 0$ $P(2) = 1/6$ $P(3) = 1/3$

$P(4) = 1/3$ $P(5) = 1/6$ $P(6) = 0$

(b) Tirar uma carta de um baralho misturado:

$P(\text{paus}) = 12/52$ $P(\text{copas}) = 12/52$

$P(\text{ouros}) = 12/52$ $P(\text{espadas}) = 16/52$

(c) Escolha aleatoriamente um estudante de faculdade e registre seu sexo e *status* de matrícula:

$P(\text{mulher tempo integral}) = 0{,}56$

$P(\text{mulher tempo parcial}) = 0{,}24$

$P(\text{homem tempo integral}) = 0{,}44$

$P(\text{homem tempo parcial}) = 0{,}17$

12.34 Educação entre jovens adultos. Escolha um jovem adulto (idade entre 25 e 29 anos) aleatoriamente. A probabilidade de que a pessoa escolhida não tenha completado o Ensino Médio é de 0,07; de que a pessoa tenha um certificado do Ensino Médio, mas nenhum estudo além, é de 0,46; e é de 0,37 a probabilidade de que a pessoa tenha, pelo menos, um bacharelado.

(a) Qual deve ser a probabilidade de que um jovem adulto, escolhido aleatoriamente, tenha alguma educação além do Ensino Médio, mas não tenha um bacharelado?

(b) Qual é a probabilidade de que um jovem adulto, escolhido aleatoriamente, tenha, pelo menos, o Ensino Médio?

12.35 Terra no Canadá. Statistics Canada, a agência nacional de estatística do Canadá, diz que a superfície do Canadá é de 9 milhões e 94 mil quilômetros quadrados. Dessa área, 4 milhões 176 mil quilômetros quadrados são de florestas. Escolha aleatoriamente um quilômetro quadrado da superfície do Canadá. (Suponha que um quadrado selecionado seja de floresta ou não de floresta.)

(a) Qual é a probabilidade de que a área escolhida seja de floresta?

(b) Qual é a probabilidade de não ser de floresta?

12.36 Estudo de língua estrangeira. Escolha aleatoriamente um estudante em uma escola pública do Ensino Médio nos EUA e pergunte a ele se está estudando alguma outra língua além de inglês. A distribuição dos resultados é a seguinte:

Língua	Espanhol	Francês	Alemão	Todas as outras	Nenhuma
Probabilidade	0,30	0,08	0,02	0,03	0,57

(a) Explique por que esse é um modelo de probabilidade legítimo.

(b) Qual é a probabilidade de que um aluno selecionado ao acaso esteja estudando alguma língua além de inglês?

(c) Qual é a probabilidade de que um aluno selecionado ao acaso esteja estudando francês, alemão ou espanhol?

12.37 Cores de carro. Ver Exercício 1.25. Escolha, ao acaso, um novo carro ou caminhão leve e anote sua cor. A seguir, estão as probabilidades das cores mais populares de veículos vendidos globalmente em 2018:[16]

Cor	Branca	Preta	Cinza	Prata	Natural	Vermelha	Azul
Probabilidade	0,39	0,17	0,12	0,10	0,07	0,07	0,07

(a) Qual é a probabilidade de que o veículo que você escolheu tenha qualquer cor diferente daquelas listadas?

(b) Qual é a probabilidade de um veículo escolhido ao acaso não ser de cor branca nem prata?

12.38 Extração de cartas. Você está prestes a tirar uma carta ao acaso (isto é, todas as escolhas têm a mesma probabilidade) de um conjunto de sete cartas. Embora você não possa vê-las, aqui estão elas:

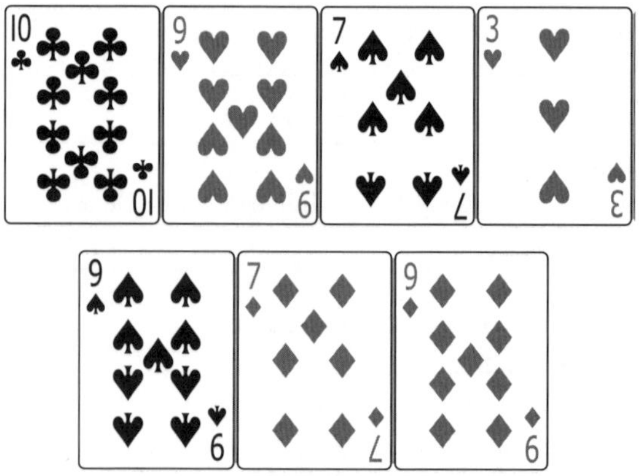

(a) Qual é a probabilidade de que você tire um 9?

(b) Qual é a probabilidade de que você tire um 9 vermelho?

(c) Qual é a probabilidade de que você não tire um 7?

12.39 Dados carregados. Há várias maneiras de produzir um dado não honesto. Para *carregar* um dado de modo que saia 6 frequentemente e 1 (que é o lado oposto ao 6) saia muito raramente, acrescente um pouco de chumbo ao preenchimento do ponto na face 1. Se um dado é carregado de modo que a face 6 saia com probabilidade 0,2 e as probabilidades das faces 2, 3, 4 e 5 não sejam afetadas, qual é a atribuição de probabilidades às seis faces?

12.40 Um prêmio à porta. Uma anfitriã de uma festa dá um prêmio a um convidado escolhido ao acaso. Na festa, há 48 homens e 42 mulheres. Qual é a probabilidade de que o prêmio seja dado a uma mulher? Explique como você chegou à sua conclusão.

12.41 Raça e etnia. O Census Bureau permite que cada pessoa faça uma escolha a partir de uma longa lista de raças. Isto é, aos olhos do Census Bureau, você pertence à raça a que diz pertencer. "Hispânico/latino" é uma categoria separada; hispânicos podem ser de qualquer raça. Se você escolhe um residente dos EUA ao acaso, o Census Bureau dá as seguintes probabilidades:[17]

	Hispânico	Não hispânico
Asiático	0,003	0,064
Negro	0,011	0,131
Branco	0,161	0,605
Outra	0,009	0,016

(a) Verifique se essa é uma atribuição de probabilidades legítima.

(b) Qual é a probabilidade de que um americano, escolhido ao acaso, seja hispânico?

(c) Não hispânicos brancos são a maioria histórica nos EUA. Qual é a probabilidade de que um americano, escolhido ao acaso, não seja um membro desse grupo?

Escolha, ao acaso, uma pessoa com idade de 15 anos ou mais. Pergunte-lhe seu gênero e estado civil [nunca se casou, casado(a), ou viúvo(a)/divorciado(a)/separado(a)]. Eis o modelo de probabilidade para as oito respostas possíveis:[18]

	Gênero	
	Homens	Mulheres
Nunca se casou	0,171	0,152
Casado(a)	0,259	0,261
Divorciado(a)	0,042	0,057
Viúvo(a)	0,013	0,045

Os Exercícios 12.42 a 12.44 usam esse modelo probabilístico.

12.42 Estado civil

(a) Por que esse é um modelo probabilístico finito legítimo?

(b) Qual é a probabilidade de que a pessoa escolhida seja uma mulher casada?

(c) Qual é a probabilidade de que a pessoa seja uma mulher?

(d) Qual é a probabilidade de que a pessoa escolhida seja casada?

12.43 Estado civil (continuação).

(a) Liste os resultados que compõem o evento

A = {A pessoa escolhida *ou* é uma mulher *ou* é casada}.

(b) Quanto vale $P(A)$? Explique cuidadosamente por que $P(A)$ não é a soma das probabilidades encontradas nas partes (c) e (d) do exercício anterior.

12.44 Estado civil (continuação).

(a) Qual é a probabilidade de que a pessoa escolhida seja um homem?

(b) Qual é a probabilidade de que a pessoa escolhida seja, ou tenha sido, casada?

12.45 Erros de soletração. Programas que verificam digitação detectam "erros que não são palavras" que resultam em uma sequência de letras que não formam uma palavra, como quando "mas" é digitado como "msa". Quando se pede a alunos de graduação que digitem um ensaio de 250 palavras (sem o verificador de erros), o número X de erros de não palavras tem a seguinte distribuição:

Valor de X	0	1	2	3	4
Probabilidade	0,1	0,2	0,3	0,3	0,1

(a) A variável aleatória X é discreta ou contínua? Por quê?

(b) Escreva o evento "pelo menos um erro de não palavra" em termos de X. Qual é a probabilidade desse evento?

(c) Descreva o evento $X \leq 2$ em palavras. Qual é sua probabilidade? Qual é a probabilidade de $X < 2$?

12.46 Primeiros dígitos, novamente. Um falsário, que nunca ouviu falar da lei de Benford, deve escolher os primeiros dígitos de suas faturas falsas, de modo que 1, 2, 3, 4, 5, 6, 7, 8 e 9 sejam igualmente prováveis. Chame de W o primeiro dígito de uma fatura falsa, escolhida ao acaso.

(a) Escreva a distribuição de probabilidade da variável aleatória W.

(b) Encontre $P(W \geq 6)$ e compare seu resultado com a probabilidade da lei de Benford do Exemplo 12.7.

12.47 Quem vai ser entrevistado? Abby, Deborah, Mei-Ling, Sam e Roberto são estudantes de um pequeno curso-seminário. O professor decide escolher dois deles para fazerem uma entrevista sobre o curso. Para evitar injustiça, a escolha será feita por meio da extração de dois nomes de um chapéu. (Essa é uma AAS de tamanho 2.)

(a) Escreva todas as escolhas possíveis de dois dos cinco nomes. Esse é o espaço amostral.

(b) A extração aleatória torna as escolhas igualmente prováveis. Qual é a probabilidade de cada escolha?

(c) Qual é a probabilidade de Mei-Ling ser escolhida?

(d) Abby, Deborah e Mei-Ling gostaram do curso. Sam e Roberto não gostaram do curso. Qual é a probabilidade de que ambas as pessoas selecionadas tenham gostado do curso?

12.48 Ordem de nascimento. Um casal planeja ter três filhos. Há oito arranjos possíveis de meninas e meninos. Por exemplo, FFM significa que as duas primeiras crianças são meninas (feminino) e a terceira criança é um menino (masculino). Todos os oito arranjos têm (aproximadamente) a mesma probabilidade.

Imgorthand/iStock

(a) Escreva todos os oito arranjos de gêneros das três crianças. Qual é a probabilidade de qualquer um desses arranjos?

(b) Seja X o número de meninas que o casal tem. Qual é a probabilidade de $X = 2$?

(c) A partir de seu trabalho em (a), encontre a distribuição de X. Ou seja, quais valores X assume e qual é a probabilidade de cada valor?

12.49 Dados incomuns. Dados diferentes do padrão podem produzir interessantes distribuições de resultados. Você tem dois dados equilibrados de seis faces. Um é um dado padrão, com faces de 1, 2, 3, 4, 5 e 6 pontos. O outro dado tem três faces com 0 ponto e três faces com 6 pontos. Ache a distribuição de probabilidade do número total de pontos Y nas faces superiores quando você lança esses dois dados. (*Sugestão*: comece com uma figura como a Figura 12.2 para as possíveis faces superiores. Rotule as três faces 0 no segundo dado 0a, 0b, 0c na sua figura e, analogamente, distinga as três faces 6.)

12.50 Um teste de sabor. Uma amiga sua canadense, que gosta de tomar chá, afirma ter um paladar muito apurado. Ela lhe diz que pode dizer se, ao preparar uma xícara de chá, o leite foi colocado antes na xícara e, então, o chá quente foi acrescentado, ou se o chá foi colocado primeiro na xícara e, então, o leite foi acrescentado.[19] Para testar suas afirmações, você prepara seis xícaras de chá. Três têm leite colocado primeiro e as outras três, o chá é colocado primeiro. Em um teste cego, sua amiga prova todas as seis xícaras e você lhe pede que identifique as três que tiveram o leite colocado primeiro.

(a) Quantas maneiras diferentes há para selecionar três das seis xícaras? (*Sugestão*: ver Exemplo 12.8.)

(b) Se sua amiga está apenas adivinhando, qual é a probabilidade de que ela identifique corretamente as três xícaras em que o leite foi colocado primeiro?

12.51 Números aleatórios. Muitos geradores de números aleatórios permitem aos usuários especificar a amplitude dos números aleatórios a serem produzidos. Suponhamos que você especifique que o número aleatório Y pode assumir qualquer valor entre 0 e 2. Então, a curva de densidade dos resultados tem uma altura constante entre 0 e 2, e altura 0 fora desse intervalo.

(a) A variável aleatória Y é discreta ou contínua? Por quê?

(b) Qual é a altura da curva de densidade entre 0 e 2? Desenhe um gráfico da curva de densidade.

(c) Use seu gráfico de (b) e o fato de a probabilidade ser a área sob a curva, para encontrar $P(Y \leq 1)$.

12.52 Mais números aleatórios. Determine as probabilidades que seguem como áreas sob a curva de densidade que você esboçou no Exercício 12.51.

(a) $P(0{,}5 < Y < 1{,}3)$

(b) $P(Y \geq 0{,}8)$

12.53 Precisão na pesquisa. Uma pesquisa amostral contatou uma AAS de 2.220 eleitores registrados, pouco antes da eleição presidencial de 2016, e perguntou aos respondentes em quem eles pretendiam votar. Os resultados da eleição mostram que 46% dos eleitores registrados votaram em Donald Trump. A proporção da amostra que votou em Trump varia, dependendo de quais 2.220 eleitores estejam na amostra. Veremos mais tarde que, nessa situação, se considerarmos *todas as amostras possíveis* de 2.220 eleitores, a proporção de eleitores em cada amostra que planejavam votar em Trump (chame essa proporção de *V*) tem distribuição aproximadamente Normal, com média $\mu = 0{,}46$ e desvio padrão $\sigma = 0{,}011$.

(a) Se os respondentes responderem sinceramente, quanto é $P(0{,}44 \leq V \leq 0{,}48)$? Essa é a probabilidade de que a proporção amostral *V* estime a proporção populacional de 0,46 dentro de mais ou menos 0,02.

(b) De fato, 43% dos respondentes na amostra real disseram que planejavam votar em Donald Trump. Se os respondentes são sinceros, quanto é $P(V \geq 0{,}43)$?

12.54 Amigos. Quantos amigos próximos você tem? Suponha que o número de amigos próximos que os adultos afirmam ter varie de pessoa para pessoa, com média $\mu = 9$ e desvio padrão $\sigma = 2{,}5$. Uma pesquisa de opinião faz essa pergunta a uma AAS de 1.100 adultos. Veremos mais adiante, no Capítulo 19, que, nessa situação, a resposta média amostral $\bar{x}$ tem distribuição aproximadamente Normal, com média 9 e desvio padrão 0,075. Quanto vale $P(8{,}9 \leq \bar{x} \leq 9{,}1)$, a probabilidade de que o resultado amostral $\bar{x}$ estime a verdadeira média $\mu = 9$ da população dentro de ±0,1?

12.55 O jogo "Selecione 4". Os jogos tipo Selecione 4 em muitas loterias estaduais anunciam um número vencedor de quatro dígitos diariamente. Cada um dos 10 mil possíveis números de 0000 a 9999 tem a mesma chance de ser sorteado. Você ganha se sua escolha coincide com os dígitos sorteados. Suponhamos que seu número escolhido seja 5.974.

(a) Qual é a probabilidade de seu número coincidir exatamente com o número sorteado?

(b) Qual é a probabilidade de que os dígitos de seu número coincidam com os dígitos do número sorteado, *em uma ordem qualquer*?

12.56 Qual tipo de probabilidade? (tópico opcional) O *site* da NASA sobre mudanças climáticas globais diz que "a tendência da corrente de aquecimento é de particular significância porque a maioria é extremamente provável (probabilidade maior do que 95%) de ser resultado da atividade humana desde meados do século XX".[20] Essa probabilidade se baseia em dados de satélite que coleta muitos diferentes tipos de informação, em dados históricos, teoria científica, e sofisticados modelos de computador que implementam a última teoria. Qual tipo de probabilidade é essa? É uma probabilidade baseada na proporção de vezes que um resultado ocorre em uma longa série de repetições, ou uma probabilidade pessoal?

12.57 O que a probabilidade não diz. A ideia da probabilidade é que a *proporção* de caras em muitas jogadas de uma moeda balanceada se aproxima de 0,5. Mas a *contagem* real de caras se aproxima de metade das jogadas? Vamos descobrir. Escolha "Probability of heads" (probabilidade de caras) como 0,5 no *applet* Probability, e 50 para o número de jogadas. Você pode aumentar o número de jogadas clicando em "Toss" de novo para obter mais 50 jogadas. Não clique em "Reset" durante este exercício.

applet

(a) Depois de 50 jogadas, qual é a proporção de caras? Qual é a contagem de caras? Qual é a diferença entre a contagem de caras e 25 (metade do número de jogadas)?

(b) Continue até 150 jogadas. Registre, novamente, a proporção, a contagem e a diferença entre a contagem e 75 (metade do número de jogadas).

(c) Continue. Pare em 250 jogadas, e novamente em 500 jogadas, para registrar os mesmos fatos. As leis da probabilidade dizem que a proporção de caras sempre se aproximará de 0,5 e também que a diferença entre a contagem de caras e a metade do número de jogadas sempre crescerá sem limites.

12.58 Lances livres de LeBron. Em anos recentes, o jogador de basquete LeBron James converteu cerca de 70% de seus lances livres durante toda a temporada. Use o *applet* Probability ou um programa estatístico para simular 100 lances livres feitos por um jogador que tenha probabilidade 0,70 de converter cada jogada. (Na maioria dos programas, a frase-chave para procurar é "Bernoulli trials". Esse é o termo técnico para tentativas independentes com resultados sim/não. Nossos resultados aqui são "converte" e "não converte".)

(a) Qual percentual das 100 jogadas ele acertou?

(b) Examine a sequência de acertos e erros. Qual o tamanho da maior sequência de acertos que ele fez? De erros? (Sequências de resultados aleatórios, em geral, mostram sequências mais longas do que nossa intuição considera provável.)

12.59 Simulação de pesquisa de opinião. Uma pesquisa de opinião do Gallup, em 2019, mostrou que 34% do público americano tinham muito pouca ou nenhuma confiança nos grandes negócios. Suponha que isso seja exatamente verdadeiro para a população. Escolhendo aleatoriamente uma pessoa, há então uma probabilidade de 0,34 de que ela tenha pouca ou nenhuma confiança em grandes negócios. Use o *applet* Probability ou um programa estatístico para simular a escolha aleatória de muitas pessoas. (Na maioria dos programas, a frase-chave para procurar é "Bernoulli trials". Esse é o termo técnico para tentativas independentes com resultados sim/não. Nossos resultados aqui são "favorável" ou "não favorável".)

(a) Simule a extração de 50 pessoas, depois de 100 e, depois, de 400. Qual proporção tem muito pouca ou nenhuma confiança em grandes negócios, em cada caso? Esperamos (mas não podemos ter certeza, devido à variação da chance) que a proporção ficará mais próxima de 0,34 com maiores amostras.

(b) Simule a extração de 50 pessoas 10 vezes e registre os percentuais dos que têm muito pouca ou nenhuma confiança em grandes negócios, em cada amostra. Simule, então, a extração de 400 pessoas 10 vezes e, novamente, registre os 10 percentuais. Qual conjunto de 10 resultados é menos variável? Esperamos que os resultados amostrais de amostras de tamanho 400 sejam mais previsíveis (menos variáveis) do que os resultados de amostras de tamanho 50. Essa é a "regularidade de longo prazo" se mostrando.

CAPÍTULO

13

Após leitura do capítulo, você será capaz de:

13.1 Usar diagramas de Venn e a regra geral da adição para encontrar probabilidades que envolvem eventos que compartilham resultados (eventos que não são disjuntos).

13.2 Usar a regra da multiplicação para encontrar a probabilidade de dois ou mais eventos independentes ocorrerem juntos.

13.3 Calcular probabilidades condicionais.

13.4 Usar a regra geral da multiplicação para encontrar a probabilidade de dois ou mais eventos ocorrerem juntos.

13.5 Verificar se dois eventos A e B são independentes, testando se $P(B) = P(B \mid A)$.

13.6 Construir e interpretar diagramas em árvore para organizar modelos probabilísticos em múltiplos estágios e para encontrar probabilidades condicionais.

13.7 Aplicar a regra de Bayes para resolver problemas que envolvem probabilidades condicionais.

Tinatin1/iStock

Regras Gerais de Probabilidade*

Modelos probabilísticos podem descrever o fluxo de tráfego por meio de um sistema rodoviário, uma mesa telefônica ou um processador de computador; a constituição genética de populações; os estados de energia de partículas subatômicas; a propagação de epidemias e de boatos; e a taxa de retorno de investimentos de risco. Embora estejamos interessados em probabilidade principalmente por ser a base da inferência estatística, a matemática da chance é importante em muitas áreas de estudo. Nossa introdução à probabilidade, no Capítulo 12, se concentrou em ideias e fatos básicos. Agora, examinamos mais alguns detalhes. Com mais probabilidade a nosso dispor, podemos modelar fenômenos aleatórios mais complexos.

Embora não enfatizemos a matemática, tudo neste capítulo (e muito mais) é consequência das quatro regras que encontramos no Capítulo 12. Ei-las de novo.

Regras da probabilidade

- **Regra 1.** Para qualquer evento A, $0 \le P(A) \le 1$
- **Regra 2.** Se S é o espaço amostral, $P(S) = 1$
- **Regra 3. Regra da adição para eventos disjuntos:** se A e B são eventos disjuntos,

$$P(A \text{ ou } B) = P(A) + P(B)$$

- **Regra 4.** Para qualquer evento A,

$$P(A \text{ não ocorre}) = 1 - P(A)$$

*Este capítulo apresenta um pouco da matemática da probabilidade. O material não é fundamental para a leitura dos demais capítulos do livro.

13.1 A regra geral da adição

Sabemos que, se *A* e *B* são eventos disjuntos, então, com o uso da Regra 3, *P*(*A* ou *B*) = *P*(*A*) + *P*(*B*). Gostaríamos de poder calcular *P*(*A* ou *B*) quando os eventos *A* e *B* *não* são disjuntos e, portanto, têm alguns resultados em comum. Você pode considerar útil distinguir entre essas duas situações usando um **diagrama de Venn** – uma figura que permite que você visualize as relações entre vários eventos.

Diagrama de Venn

Em probabilidade, uma figura usada para mostrar as relações entre eventos, em que o espaço amostral é mostrado como a área de um retângulo e os eventos são mostrados como áreas dentro de círculos ou curvas fechadas. As áreas de sobreposição entre círculos representam resultados comuns aos eventos representados pelos círculos.

O diagrama de Venn na Figura 13.1 mostra o espaço amostral *S* como uma área retangular e os eventos *A* e *B* como áreas dentro de *S*. Os eventos *A* e *B* na Figura 13.1 são disjuntos porque não se sobrepõem – isto é, eles não têm resultados em comum. Contraste isso com o diagrama de Venn na Figura 13.2, que ilustra dois eventos que não são disjuntos. O evento (*A* e *B*) aparece como a área de sobreposição que contém os resultados que são comuns a ambos, *A* e *B*.

Quando dois eventos não são disjuntos, a probabilidade de que um ou outro ocorra é *menor* do que *P*(*A*) + *P*(*B*). Como a Figura 13.3 ilustra, os resultados que são comuns tanto a *A* quanto a *B* são contados duas vezes quando somamos essas duas probabilidades, de modo que devemos subtrair *P*(*A* e *B*) da soma para evitar essa dupla contagem. Eis a regra da adição para quaisquer dois eventos, disjuntos ou não.

Regra da adição para quaisquer dois eventos

Para quaisquer dois eventos *A* e *B*,

$$P(A \text{ ou } B) = P(A) + P(B) - P(A \text{ e } B)$$

Se *A* e *B* são disjuntos, o evento {*A* e *B*} de que ambos ocorrem não contém qualquer resultado e, portanto, tem probabilidade 0. Como a regra geral da adição inclui a Regra 3, a regra da adição para eventos disjuntos, podemos sempre usar a regra geral da adição para encontrarmos *P*(*A* ou *B*).

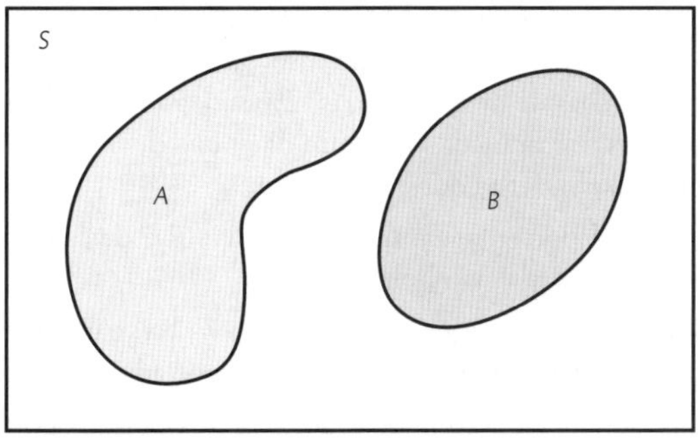

FIGURA 13.1
Diagrama de Venn mostrando os eventos disjuntos *A* e *B*.

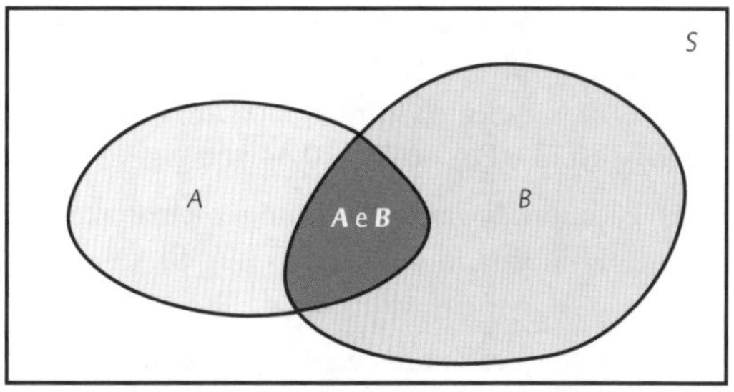

FIGURA 13.2
Diagrama de Venn mostrando os eventos *A* e *B* que não são disjuntos. O evento {*A* e *B*} consiste nos resultados comuns a *A* e a *B*.

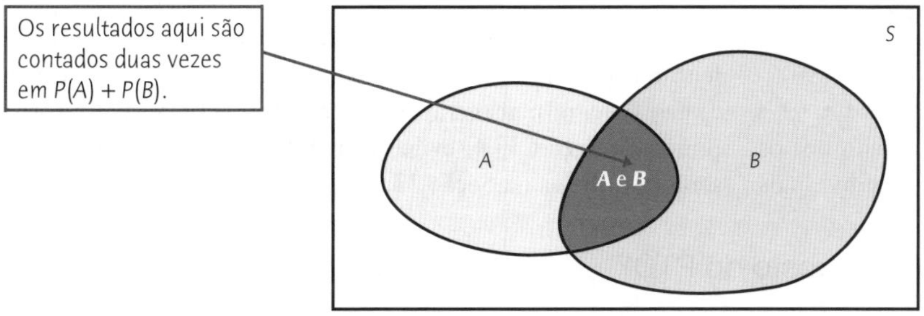

FIGURA 13.3
A regra geral da adição: para quaisquer eventos *A* e *B*, *P*(*A* ou *B*) = *P*(*A*) + *P*(*B*) – *P*(*A* e *B*).

EXEMPLO 13.1 Leitura: formatos impresso *versus* digital

Embora uma crescente parte dos americanos esteja lendo *e-books* em *tablets* e *smartphones* mais do que em leitores eletrônicos destinados a essa prática, os livros impressos continuam a ser muito mais populares do que livros no *formato digital*. (Formato digital inclui tanto *e-books* quanto audiolivros.) Uma pesquisa de 2019 encontrou que 65% dos adultos tinham lido um livro impresso nos 12 meses precedentes, 25% tinham lido um livro no formato digital, e 18% tinham lido tanto um livro impresso quanto um livro no formato digital.[1] Escolha um adulto aleatoriamente.

Então

$$\begin{aligned} P(\text{impresso ou digital}) &= P(\text{impresso}) + P(\text{digital}) - P(\text{impresso e digital}) \\ &= 0{,}65 + 0{,}25 - 0{,}18 = 0{,}72 \end{aligned}$$

Isto é, 72% dos adultos tinham lido ou um livro impresso, ou um livro digital, ou ambos, nos 12 meses precedentes. "Não leitores" não leram qualquer deles, nem um livro impresso, nem um livro digital nos 12 meses precedentes. Assim,

$$P(\text{não leitor}) = 1 - 0{,}72 = 0{,}28$$

Diagramas de Venn esclarecem eventos e suas probabilidades porque você pode pensar apenas em somar e subtrair áreas. A Figura 13.4 mostra todos os eventos formados a partir de "impresso (P)" e "digital (D)" no Exemplo 13.1. As quatro probabilidades que aparecem na figura têm soma 1, porque se referem a quatro eventos disjuntos que compõem todo o espaço amostral. Todas essas probabilidades vêm da informação no Exemplo 13.1. Por exemplo, a probabilidade de que um adulto escolhido ao acaso tenha lido um livro impresso nos 12 meses precedentes, mas não um livro digital ("*P*" e não "*D*" na figura) é

$$P(\text{impresso e não digital}) = P(\text{impresso}) - P(\text{impresso e digital})$$
$$= 0{,}65 - 0{,}18 = 0{,}47$$

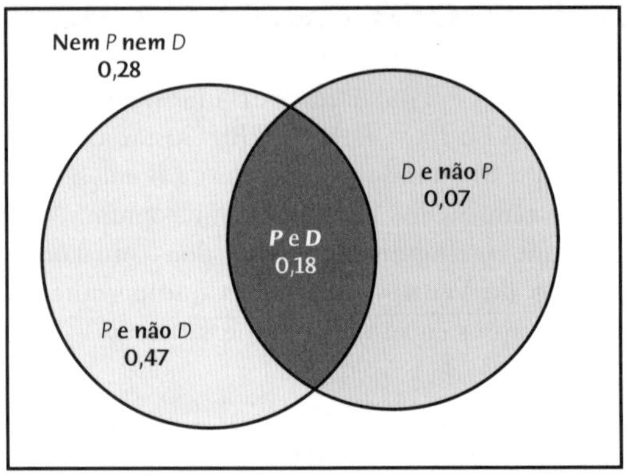

P = leu um livro impresso   *D* = leu um livro digital

FIGURA 13.4
Diagrama de Venn e probabilidades para formato impresso *versus* digital, para o Exemplo 13.1.

APLIQUE SEU CONHECIMENTO

13.1 Canais no YouTube. Durante a primeira semana em 2019, o Pew Research Center acompanhou os tipos de vídeos em língua inglesa que o YouTube postava. Seja *A* o evento que o vídeo postado envolvesse jogo de algum tipo, incluindo esportes. Seja *B* o evento que o vídeo postado envolvesse *hobbies* e habilidades, incluindo esportes. O Pew Research Center encontrou que $P(A) = 0{,}30$, $P(B) = 0{,}13$ e $P(A \text{ ou } B) = 0{,}34$.[2]

(a) Faça um diagrama de Venn semelhante ao da Figura 13.4 mostrando os eventos {*A* e *B*}, {*A* e não *B*}, {*B* e não *A*}, e {nem *A* nem *B*}.

(b) Descreva cada um desses eventos em palavras.

(c) Encontre as probabilidades de todos os quatro eventos e acrescente-as ao seu diagrama de Venn. As quatro probabilidades que você encontrou devem ter soma 1.

13.2 Graus na faculdade. De todos os graus pós-Ensino Médio conferidos nos EUA, incluindo os graus de mestre e doutor, 21% são graus de associado, 58% são obtidos por pessoas de raça branca, e 12% são graus de associado obtidos por brancos.[3] Faça um diagrama de Venn e use-o para responder às questões a seguir.

(a) Qual porcentagem de todos os graus é de associados obtidos por não brancos?

(b) Qual porcentagem de não brancos obteve um grau da faculdade diferente de grau de associado?

(c) Qual porcentagem de todos os graus é obtida por não brancos?

13.2 Independência e a regra da multiplicação

Podemos encontrar a probabilidade $P(A \text{ e } B)$ de que ambos os eventos ocorram se soubermos as probabilidades individuais $P(A)$ e $P(B)$? Nesta seção, vamos mostrar como isso pode ser feito na situação especial em que os eventos *A* e *B* são *independentes*. A regra mais geral para achar $P(A \text{ e } B)$, à qual retornaremos na Seção 13.4, exige probabilidades condicionais, que serão estudadas na Seção 13.3.

EXEMPLO 13.2 Você pode sentir o gosto do PTC?

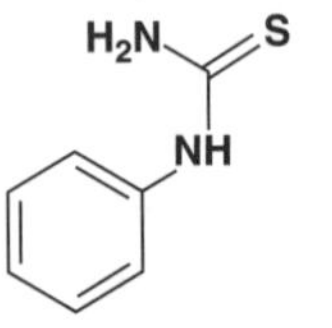

A molécula no diagrama é PTC, uma substância com uma propriedade inusitada: 70% das pessoas acham que tem um gosto amargo, e os outros 30% não sentem qualquer gosto. A diferença é genética e depende de um único gene que codifica para um receptor de gosto na língua. Curiosamente, embora a molécula de PTC não seja encontrada na natureza, a capacidade de sentir seu gosto se correlaciona fortemente com a capacidade de sentir o gosto de outras substâncias amargas que ocorrem naturalmente, muitas das quais são toxinas. Suponha que peçamos a duas pessoas escolhidas aleatoriamente que provem o PTC. Estamos interessados nos eventos

A = {primeira pessoa escolhida pode sentir o gosto do PTC}

B = {segunda pessoa escolhida pode sentir o gosto do PTC}

Sabemos que $P(A) = 0{,}7$ e $P(B) = 0{,}7$. Qual é a probabilidade $P(A \text{ e } B)$ de que ambas sintam o gosto do PTC?

Vamos pensar em como responder. A primeira pessoa escolhida pode sentir o gosto do PTC em 70% de todas as amostras, e então a segunda pessoa pode sentir o gosto do PTC em 70% daquelas amostras. Teremos duas pessoas que sentem o gosto em 70% de 70% de todas as amostras. Isto é, $P(A \text{ e } B) = 0{,}7 \times 0{,}7 = 0{,}49$.

O argumento no Exemplo 13.2 funciona porque o fato de sabermos que a primeira pessoa pode sentir o gosto do PTC nada nos informa sobre a segunda pessoa. A probabilidade de que a segunda pessoa sinta o gosto do PTC ainda é 0,7, independentemente de a primeira pessoa poder ou não sentir. Dizemos que os eventos "primeira pessoa sente o gosto do PTC" e "segunda pessoa sente o gosto do PTC" são independentes. Temos, agora, outra regra da probabilidade.

Regra da multiplicação para eventos independentes

Dois eventos A e B são **independentes** se o conhecimento de que um ocorre não muda a probabilidade de que o outro ocorra. Se A e B são independentes,

$$P(A \text{ e } B) = P(A)P(B)$$

EXEMPLO 13.3 Independentes ou não?

Para usarmos a regra da multiplicação para eventos independentes, devemos decidir se os eventos são independentes. Eis alguns exemplos para nos ajudar a reconhecer quando podemos admitir que eventos são independentes.

No Exemplo 13.2, achamos que a capacidade de uma pessoa, escolhida ao acaso, de sentir o gosto do PTC nada nos diz sobre se outra pessoa, também escolhida ao acaso, pode sentir, ou não, o gosto do PTC. Isso é independência. Mas, se as duas pessoas são membros de uma mesma família, o fato de a capacidade de sentir o gosto do PTC ser hereditária nos alerta para a não independência dos dois eventos.

A independência é claramente reconhecida em contextos artificiais, como jogos de azar. Considerando que uma moeda não tem memória e a maioria dos jogadores de moedas não pode influenciar sua queda, é seguro supor que sucessivas jogadas de uma moeda sejam independentes; desse modo, a probabilidade de três caras é $0{,}5 \times 0{,}5 \times 0{,}5 = 0{,}125$.

Por outro lado, as cores de cartas sucessivas, extraídas de um mesmo baralho, não são independentes. Um baralho comum de 52 cartas contém 26 cartas vermelhas e 26 cartas pretas. Para a primeira carta extraída de um baralho bem misturado, a probabilidade de uma carta vermelha é de $26/52 = 0{,}50$. Uma vez conhecido que a primeira carta é vermelha, sabemos que há apenas 25 cartas vermelhas entre as 51 restantes. A probabilidade de que a segunda carta seja vermelha é de apenas $25/51 = 0{,}49$. O conhecimento do resultado da primeira extração muda a probabilidade da segunda.

ESTATÍSTICA NO MUNDO REAL

Condenadas pela independência

A admissão de independência quando ela não é verdadeira pode levar a desastres. Várias mães, na Inglaterra, foram condenadas por assassinato simplesmente porque duas de suas crianças haviam morrido em seus berços sem causa aparente. Uma "testemunha *expert*" da acusação disse que a probabilidade de uma morte por síndrome de mal súbito, em uma casa de classe média de não fumantes, é de 1/8.500. Ela, então, multiplicou 1/8.500 por 1/8.500 para afirmar que há apenas 1 chance em 73 milhões de que duas crianças na mesma família morram dessa síndrome. Isso não tem sentido: supõe-se que as mortes pela síndrome de mal súbito sejam independentes, mas os dados sugerem que não são. Algum fator genético comum ou causa ambiental, não assassinato, provavelmente explica as mortes.

A regra da multiplicação se estende a coleções de mais de dois eventos, desde que todos sejam independentes. A independência de eventos A, B e C significa que nenhuma informação sobre qualquer um ou sobre quaisquer dois pode mudar a probabilidade dos eventos restantes. Em geral, assume-se a independência ao estabelecer um modelo de probabilidade quando os eventos que estão sendo descritos parecem não ter qualquer relação.

Se dois eventos, A e B, são independentes, o evento em que A não ocorre é também independente de B, e assim por diante. Por exemplo, escolha duas pessoas ao acaso e pergunte se elas sentem o gosto do PTC. Como 70% podem sentir esse gosto e 30% não podem, a probabilidade de que a primeira pessoa sinta o gosto e a segunda não o sinta é $(0{,}7)(0{,}3) = 0{,}21$.

EXEMPLO 13.4 Sobrevivendo?

Matt_Gibson/iStock

Durante a Segunda Guerra Mundial, os britânicos perceberam que a probabilidade de perderem um bombardeiro pela ação inimiga em uma missão sobre a Europa ocupada era de 0,05. A probabilidade de que o bombardeiro regressasse em segurança de uma missão era, portanto, de 0,95. É razoável supor que as missões sejam independentes. Seja A_i o evento de o bombardeiro sobreviver à sua i-ésima missão. A probabilidade de sobreviver a duas missões é

$$\begin{aligned} P(A_1 \text{ e } A_2) &= P(A_1)P(A_2) \\ &= (0{,}95)(0{,}95) = 0{,}9025 \end{aligned}$$

A regra da multiplicação aplica-se a mais de dois eventos independentes, de modo que a probabilidade de sobreviver a três missões é

$$\begin{aligned} P(A_1 \text{ e } A_2 \text{ e } A_3) &= P(A_1)P(A_2)P(A_3) \\ &= (0{,}95)(0{,}95)(0{,}95) = 0{,}8574 \end{aligned}$$

Em 1941, o turno de um piloto era de 30 missões. A probabilidade de sobreviver a 30 missões é de apenas

$$\begin{aligned} P(A_1 \text{ e } A_2 \text{ e } \ldots A_{30}) &= P(A_1)P(A_2) \ldots P(A_{30}) \\ &= (0{,}95)(0{,}95) \ldots (0{,}95) \\ &= (0{,}95)^{30} = 0{,}2146 \end{aligned}$$

A probabilidade de sobreviver a dois turnos era muito menor.

Eis outro exemplo do uso da regra da multiplicação para eventos independentes para o cálculo de probabilidades.

EXEMPLO 13.5 Teste rápido de HIV

4 PASSOS

ESTABELEÇA: muitas pessoas que vão a uma clínica para fazer o teste de HIV, o vírus que causa a AIDS, não voltam para saber o resultado. Agora, as clínicas usam os "testes rápidos de HIV", que dão o resultado enquanto o cliente espera. Em uma clínica em Malawi, por exemplo, o uso dos testes rápidos aumentou de 69% para 99,7% o percentual de clientes que ficam sabendo o resultado de seu teste.

A contrapartida para testes rápidos é que eles são menos precisos do que os testes mais lentos de laboratório. Aplicado a um paciente que não tenha os anticorpos de HIV, o teste rápido pode produzir um falso-positivo com probabilidade de 0,004 (isto é, indicando, de maneira errada, a presença de anticorpos).[4] Se uma clínica testa 200 pessoas que não têm os anticorpos do HIV, qual é a chance de ocorrer pelo menos um falso-positivo?

PLANEJE: é razoável supor que os resultados do teste para indivíduos diferentes sejam independentes. Temos 200 eventos independentes, cada um com probabilidade 0,004. Qual é a probabilidade de ocorrer pelo menos um desses eventos?

RESOLVA: "pelo menos um positivo" combina muitos resultados. Nesse caso, o uso da Regra 4, que diz que para qualquer evento A

$$P(\text{A não ocorrer}) = 1 - P(A),$$

leva a uma solução mais direta. Para nosso contexto, o evento A corresponde a "pelo menos um positivo", e o evento A não ocorre quando há "nenhum positivo". Para resolver nosso problema, é mais simples usar a Regra 4

$$P(\text{pelo menos um positivo}) = 1 - P(\text{nenhum positivo})$$

e encontrar P (nenhum positivo) primeiro.

A probabilidade de um resultado negativo para qualquer pessoa é 1 - 0,004 = 0,996.

Para calcular a probabilidade de que todas as 200 pessoas testadas tenham resultados negativos, use a regra da multiplicação:

$$\begin{aligned} P(\text{nenhum positivo}) &= P(\text{todos 200 negativos}) \\ &= (0{,}996)(0{,}996) \ldots (0{,}996) \\ &= 0{,}996^{200} = 0{,}4486 \end{aligned}$$

A probabilidade desejada é, então,

$$P(\text{pelo menos um positivo}) = 1 - 0{,}4486 = 0{,}5514$$

CONCLUA: a probabilidade de que pelo menos uma das pessoas testadas terá teste positivo para HIV é maior do que 1/2, embora nenhuma das pessoas seja portadora do vírus.

No discurso diário, quase sempre se refere a *independente* e *disjunto* como eventos que não são relacionados, que são separados de alguma maneira, ou não conectados. Mas essas palavras têm significados bem diferentes em probabilidade. Se eu jogo uma moeda uma vez, ela pode mostrar cara ou coroa. Ambos os eventos têm probabilidade 1/2. Mas o evento "a moeda mostra cara e mostra coroa" é impossível e tem probabilidade 0. Os eventos "a moeda mostra cara" e "a moeda mostra coroa" são disjuntos. Se eles fossem independentes, a probabilidade do evento "a moeda mostra cara e a moeda mostra coroa" teria probabilidade 1/2 × 1/2 = 1/4.

Deve-se ter cuidado em não confundir disjunção e independência. Se A e B são disjuntos, então o fato de A ocorrer nos diz que B não pode ocorrer; olhe de novo a Figura 13.1. Então, eventos disjuntos não são independentes. Não podemos mostrar a independência em um diagrama de Venn porque envolve as probabilidades dos eventos mais do que apenas os resultados que compõem os eventos.

Você deve se lembrar, também, de que a regra especial da multiplicação $P(A \text{ e } B) = P(A)P(B)$ vale se A e B são independentes, não em outros casos. Resista à tentação de usar essa regra simples quando as circunstâncias que a justificam não estão presentes. As três próximas seções fornecem mais detalhes para ajudar na determinação de quando dois eventos são independentes e introduzem, também, a regra geral da multiplicação, que pode ser usada para eventos que não são independentes.

APLIQUE SEU CONHECIMENTO

13.3 Estudantes universitários mais velhos. Dados do governo americano mostram que 4% dos adultos são estudantes universitários de tempo integral e que 37% dos adultos têm 55 anos de idade ou mais. No entanto, pelo fato de (0,04)(0,37) = 0,015, não podemos concluir que cerca de 1,5% dos adultos sejam estudantes universitários com 55 anos ou mais. Por que não?

13.4 Nomes comuns. O Census Bureau diz que os 10 sobrenomes mais comuns nos EUA são (em ordem) Smith, Johnson, Williams, Brown, Jones, Miller, Davis, Garcia, Rodriguez e Wilson. Esses nomes correspondem a 9,6% de todos os residentes dos EUA. Por curiosidade, olhe os nomes dos autores dos livros-textos de seus cursos atuais. Há 9 autores ao todo. Você ficaria surpreso se nenhum dos sobrenomes dos autores estivesse entre os 10 mais comuns? (Suponha que os nomes dos autores sejam independentes e que sigam a mesma distribuição de probabilidade que os nomes de todos os residentes.)

13.5 *Sites* da internet perdidos. Os *sites* da internet frequentemente desaparecem ou se movem, de modo que as referências a eles não podem ser seguidas. De fato, 47% dos *sites* da internet citados nos principais periódicos médicos se perdem.[5] Se um artigo contém sete referências da internet, qual é a probabilidade de que todas as sete ainda estejam disponíveis? Quais hipóteses específicas você fez para calcular essa probabilidade?

13.3 Probabilidade condicional

A probabilidade que atribuímos a um evento pode mudar, se soubermos que algum outro evento ocorreu. Essa ideia é a chave para muitas aplicações de probabilidade, e é a mais simples de entender no contexto de uma tabela de dupla entrada de contagens, como discutimos no Capítulo 6.

EXEMPLO 13.6 Veículos automotores importados

Veículos automotores importados vendidos nos EUA são classificados como carros, caminhões leves, caminhões médios, ou caminhões pesados, e podem também ser classificados como provenientes da NAFTA (North American Free Trade Agreement) ou de outros países. Os "caminhões leves" incluem SUVs e minivans. "NAFTA" significa feitos no Canadá ou México. Eis uma tabela de dupla entrada que dá as contagens de veículos vendidos em 2018, classificados como caminhões leves ou carro/caminhão médio ou pesado e NAFTA/outro.[6]

	NAFTA	Outro	Total
Caminhão leve/carro	4.337.091	3.881.650	8.218.741
Caminhão médio/pesado	189.722	40.995	230.717
Total	4.526.813	3.922.645	8.449.458

As entradas no corpo da tabela são as quantidades de veículos com duas classificações específicas. Por exemplo, a entrada na linha para "Caminhão leve/carro" e a coluna para "NAFTA" nos dizem que 4.337.091 veículos vendidos eram caminhões leves ou carros dos países do NAFTA, Canadá e México. As entradas na coluna à direita são os totais para cada linha (8.218.741 veículos vendidos eram caminhões leves ou carros), e as entradas na linha de baixo são os totais para cada coluna (isto é, 3.922.645 veículos vendidos eram importados de países que não o Canadá ou o México). Finalmente, a entrada 8.449.458 embaixo à direita é o número total de veículos vendidos.

Se selecionarmos aleatoriamente um veículo motorizado, qual é a probabilidade de que ele seja proveniente do Canadá ou México? Como houve 8.449.458 veículos vendidos e 4.526.813 deles provenientes do Canadá ou México, a probabilidade de um veículo selecionado aleatoriamente ser proveniente do Canadá ou do México é exatamente a proporção de veículos "NAFTA",

$$P(\text{NAFTA}) = \frac{4.526.813}{8.449.458} = 0{,}536$$

Analogamente, a probabilidade de um veículo selecionado aleatoriamente ser importado do Canadá ou México e ser um caminhão médio/pesado é a proporção de caminhões médios/pesados "NAFTA" vendidos,

$$P(\text{NAFTA e caminhão médio/pesado}) = \frac{189.722}{8.449.458} = 0{,}022$$

Suponha que saibamos que o veículo escolhido é um caminhão médio/pesado. Ou seja, ele é um dos 230.717 veículos na linha da tabela "caminhão médio/pesado". A probabilidade de que um veículo seja proveniente do Canadá ou México, *dado que é um caminhão médio/pesado*, é a proporção de veículos NAFTA na linha "caminhão médio/pesado",

$$P(\text{NAFTA} \mid \text{caminhão médio/pesado}) = \frac{189.722}{230.717} = 0{,}822$$

Essa é uma probabilidade condicional. Você pode ler a barra | como "dado que".

Probabilidade condicional

A probabilidade de um evento *B*, dado que outro evento *A* ocorre.

Embora 53,6% de todos os veículos vendidos sejam provenientes do Canadá ou do México, 82,2% dos caminhões médios/pesados são importados do Canadá ou do México. É senso comum que, sabendo-se que um evento (o veículo é um caminhão médio/pesado) ocorre, em geral a probabilidade de outro evento muda (o veículo é do Canadá ou do México). Embora as probabilidades condicionais tenham sido apresentadas aqui com uma tabela de dupla entrada de contagens, uma probabilidade condicional pode ser expressa em termos das probabilidades originais por:

$$P(\text{NAFTA} \mid \text{caminhão médio/pesado}) = \frac{189.722}{230.717} = \frac{\frac{189.722}{8.449.458}}{\frac{230.717}{8.449.458}} = \frac{P(\text{NAFTA e caminhão médio/pesado})}{P(\text{caminhão médio/pesado})}$$

A ideia de uma probabilidade condicional $P(B \mid A)$ de um evento B, dado que outro evento A ocorre, é a proporção *de todas as ocorrências de* A para as quais B também ocorre.

Fórmula da probabilidade condicional

Quando $P(A) > 0$, a **probabilidade condicional** de B, dado A, é

$$P(B \mid A) = \frac{P(A \text{ e } B)}{P(A)}$$

A Figura 13.5 é um diagrama de Venn que ilustra a probabilidade condicional de B, dado A.

A probabilidade condicional $P(B \mid A)$ não faz sentido se o evento A pode nunca ocorrer; assim, exigimos que $P(A) > 0$ sempre que falamos sobre $P(B \mid A)$. *Certifique-se de ter em mente os papéis distintos dos eventos* A e B em $P(B \mid A)$. O evento A representa a informação que nos é dada, e B é o evento cuja probabilidade estamos calculando. Eis um exemplo que enfatiza essa distinção.

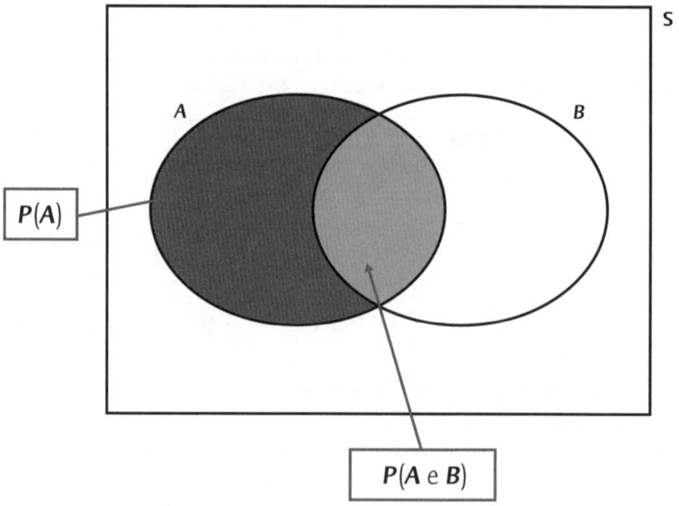

FIGURA 13.5
A probabilidade de *B* dado *A* é a proporção de resultados no espaço oval cinza-claro e cinza-escuro (evento *A*) que estão na área sombreada de cinza-escuro (evento *A* e *B*). Isto é, $P(B|A) = \frac{P(A \text{ e } B)}{P(A)}$.

EXEMPLO 13.7 Caminhões nos países da NAFTA

Qual é a probabilidade condicional de que um veículo, escolhido aleatoriamente, seja um caminhão médio/pesado, *dada a informação de que é proveniente do Canadá ou do México?* Usando a definição de probabilidade condicional,

$$P(\text{caminhão médio/pesado} \mid \text{NAFTA}) = \frac{P(\text{caminhão médio/pesado e NAFTA})}{P(\text{NAFTA})} = \frac{\frac{189.722}{8.449.458}}{\frac{4.526.813}{8.449.458}} = \frac{0{,}022}{0{,}536} = 0{,}041$$

Apenas 4,1% dos veículos do Canadá ou México vendidos são caminhões médios/pesados.

Seja cuidadoso para não confundir as duas probabilidades diferentes

$$P(\text{NAFTA} \mid \text{caminhão médio/pesado}) = 0{,}822$$

$$P(\text{caminhão médio/pesado} \mid \text{NAFTA}) = 0{,}041$$

A primeira responde à questão: "Qual proporção de caminhões médios/pesados é proveniente do Canadá ou do México?" A segunda responde: "Qual proporção de veículos provenientes do Canadá ou do México é de caminhões médios/pesados?"

Em muitas aplicações de probabilidade condicional, temos as probabilidades de vários eventos, em vez de ser fornecida uma tabela de contagens. Eis um exemplo do uso da fórmula da probabilidade condicional nesse contexto.

EXEMPLO 13.8 Leitura: formatos impresso *versus* digital (continuação)

Voltando ao Exemplo 13.1, uma pesquisa de 2019 descobriu que 65% dos adultos tinham lido um livro impresso nos 12 meses precedentes, 25% tinham lido um livro no formato digital, e 18% um livro impresso e um livro no formato digital. Se escolhermos um adulto aleatoriamente, a probabilidade condicional de que ele tenha lido um livro impresso, dado que leu um livro digital, é

$$P(\text{impresso} \mid \text{digital}) = \frac{P(\text{impresso e digital})}{P(\text{digital})}$$

$$= \frac{0{,}18}{0{,}25} = 0{,}72$$

Entre os adultos que leram um livro digital nos 12 meses precedentes, 72% leram, também, um livro impresso.

APLIQUE SEU CONHECIMENTO

13.6 Graus na faculdade. No contexto do Exercício 13.2, qual é a probabilidade condicional de que um grau seja obtido por uma pessoa cuja raça é branca, dado que ela recebeu um grau de associado?

13.7 Canais do YouTube. No contexto do Exercício 13.1, qual é a probabilidade condicional de que um vídeo postado no YouTube envolvesse jogos de algum tipo, incluindo esportes, visto que o vídeo postado envolvia *hobbies* ou habilidades, inclusive esportes? (*Sugestão*: encontre, primeiro, a probabilidade de que um vídeo postado no YouTube envolva jogos de algum tipo, inclusive esportes, *e* envolva *hobbies* ou habilidades, inclusive esportes. Isso pode ser encontrado com o uso da regra da adição para eventos gerais diretamente, ou você pode achar mais simples resumir, primeiro, a informação em um diagrama de Venn, como no Exercício 13.1.)

13.8 Jogos de computador. Eis a distribuição dos jogos de computador vendidos, por tipo de jogo:[7]

Tipo do jogo	Probabilidade
Ação	0,269
Tiro	0,209
RPG	0,113
Esporte	0,111
Aventura	0,079
Luta	0,078
Corrida	0,058
Estratégia	0,037
Outro	0,046

Qual é a probabilidade condicional de que um jogo de computador seja um RPG, uma vez que não é um jogo de ação?

13.4 A regra geral da multiplicação

A definição de probabilidade condicional nos leva a uma versão mais geral da regra da multiplicação, que nos permite calcular a probabilidade de que vários eventos ocorram simultaneamente, mesmo que não sejam independentes. Mais importante ainda, na Seção 13.5, as probabilidades condicionais são usadas para nos dar uma definição formal da independência de dois eventos.

ESTATÍSTICA NO MUNDO REAL

Ganhando duas vezes na loteria

Em 1986, Evelyn Marie Adams ganhou na loteria de Nova Jersey pela segunda vez, acrescentando US$ 1,5 milhão ao seu prêmio anterior de US$ 3,9 milhões. O *New York Times* afirmou que as chances de uma pessoa ganhar um grande prêmio duas vezes eram de 1 em 17 trilhões. Absurdo, disseram dois estatísticos em uma carta ao *Times*. A chance de Evelyn Marie Adams ganhar duas vezes é, na verdade, pequena, mas é quase certo que *alguém*, entre os milhões de jogadores da loteria, ganharia dois prêmios. Sem dúvida, Robert Humphries ganhou seu segundo grande prêmio na loteria da Pensilvânia (US$ 6,8 milhões no total) em 1988 e, mais recentemente, Ernest Pullen, de St. Louis, ganhou na loteria do Missouri em junho de 2010 e, novamente, em setembro de 2010 (US$ 3 milhões no total). Ao comentar sobre seu ganho duplo, Pullen disse considerar-se um "cara de sorte".

Regra da multiplicação para dois eventos quaisquer

A probabilidade de que os dois eventos *A* e *B* ocorram conjuntamente pode ser encontrada por

$$P(A \text{ e } B) = P(A)P(B \mid A)$$

Aqui, $P(B \mid A)$ é a probabilidade condicional de *B* ocorrer, dada a informação de que *A* ocorre.

Em palavras, essa regra diz que, para que dois eventos ocorram, primeiro um deve ocorrer, e, então, dado que o primeiro evento ocorreu, o segundo deve ocorrer. Como ilustram os dois exemplos seguintes, o uso da regra geral da multiplicação é direto, uma vez que você tomou a informação dada e expressou-a em linguagem de probabilidade.

EXEMPLO 13.9 Geração X e a internet

O Pew Internet and American Life Project observou que 91% das pessoas da geração X (adultos nascidos entre 1965 e 1980) usam a internet, e que 89% dos dessa geração que estão *online* dizem que o uso da internet é uma coisa boa para eles, pessoalmente.[8] Qual é o percentual de adultos da geração X que estão *online e* dizem que a internet é uma coisa boa para eles pessoalmente?

Use a regra da multiplicação:

$$P(\textit{online}) = 0{,}91$$

$$P(\text{dizem que seu uso da internet é uma boa coisa para eles pessoalmente} \mid \textit{online}) = 0{,}89$$

$$\begin{aligned} P(\textit{online} \text{ e dizem que seu uso da internet é uma boa coisa para eles pessoalmente}) &= P(\textit{online}) \times P(\text{dizem que seu uso da internet é uma boa coisa para eles pessoalmente} \mid \textit{online}) \\ &= (0{,}91)(0{,}89) \\ &= 0{,}8099 \end{aligned}$$

Isto é, cerca de 81% de todos os adultos da geração X dizem que seu uso da internet é uma boa coisa para eles pessoalmente.

Você pode seguir a seguinte linha de raciocínio: se 91% dos adultos da geração X estão *online* e 89% *deles* dizem que seu uso da internet é uma boa coisa para eles pessoalmente, então 89% de 91% estão *online* e dizem que seu uso da internet é uma boa coisa para eles pessoalmente.

É importante lembrar que a probabilidade condicional de qualquer evento depende, em geral, do evento ao qual estamos condicionados. Embora tenhamos visto que

$$P(\text{dizer que o uso da internet é uma boa coisa para eles pessoalmente} \mid \textit{online}) = 0{,}89$$

uma vez que alguém que não está *online* não pode dizer que seu uso da internet é uma boa coisa para ele pessoalmente, temos

$$P(\text{dizer que o uso da internet é uma boa coisa para eles pessoalmente} \mid \text{não } \textit{online}) = 0$$

Podemos estender a regra da multiplicação para encontrarmos a probabilidade de que todos, de vários eventos, ocorram. A chave é condicionar cada evento à ocorrência de *todos* os eventos precedentes. Por exemplo, para três eventos A, *B* e C,

$$P(A \text{ e } B \text{ e } C) = P(A)P(B \mid A)P(C \mid A \text{ e } B)$$

Eis um exemplo da regra da multiplicação estendida.

EXEMPLO 13.10 Levantamento de fundos por telefone

4 PASSOS

ESTABELEÇA: uma campanha de caridade levanta fundos, ligando para uma lista de potenciais doadores para pedir doações. Ela consegue falar com 40% dos nomes listados. Desses que a campanha de caridade alcança, 30% prometem uma doação. Mas apenas metade dos que prometem doação fazem realmente a doação. Qual percentual da lista de doadores realmente contribui?

PLANEJE: expresse a informação dada em termos de eventos e de suas probabilidades:

Se A = {a campanha alcança um potencial doador}, então $P(A) = 0{,}4$

Se *B* = {o potencial doador alcançado assume um compromisso}, então $P(B \mid A) = 0{,}3$

Se C = {a pessoa faz uma contribuição}, então $P(C \mid A \text{ e } B) = 0{,}5$

Queremos $P(A \text{ e } B \text{ e } C)$.

RESOLVA: use a regra da multiplicação:

$$\begin{aligned} P(A \text{ e } B \text{ e } C) &= P(A)P(B \mid A)P(C \mid A \text{ e } B) \\ &= 0{,}4 \times 0{,}3 \times 0{,}5 = 0{,}06 \end{aligned}$$

CONCLUA: apenas 6% dos potenciais doadores efetivam a contribuição.

Jikaboom/iStock

13.5 Mostrando que eventos são independentes

A probabilidade condicional $P(B \mid A)$, em geral, não é igual à probabilidade não condicional $P(B)$. Isso porque a ocorrência do evento A geralmente nos dá alguma informação adicional sobre a ocorrência, ou não, do evento B. Se o conhecimento da ocorrência do evento A não dá qualquer informação adicional sobre B, então A e B são eventos independentes. A definição precisa de independência é expressa em termos de probabilidade condicional.

Eventos independentes

Dois eventos A e B, ambos com probabilidade positiva, são **independentes** se

$$P(B \mid A) = P(B)$$

O inverso também é verdadeiro: no caso de os eventos A e B serem independentes, então $P(B \mid A) = P(B)$. Isso nos dá uma maneira de verificarmos se dois eventos são independentes.

Como os exemplos nesta seção ilustram, a formulação de um problema na linguagem da probabilidade é, em geral, a chave para o sucesso na aplicação das ideias da probabilidade.

APLIQUE SEU CONHECIMENTO

13.9 Na ginástica. Suponha que 8% dos adultos pertençam a clubes de saúde, e 45% desses membros de clubes de saúde vão ao clube pelo menos duas vezes por semana. Que percentual de todos os adultos frequenta o clube de saúde pelo menos duas vezes por semana? Escreva a informação dada em termos de probabilidades e use a regra geral da multiplicação.

13.10 Geração X e a internet. Vimos, no Exemplo 13.9, que 91% das pessoas da geração X estão *online* e que 89% dos da geração X que estão *online* dizem que o uso da internet é uma boa coisa para eles pessoalmente. A geração X corresponde a 20,3% da população adulta dos EUA. Qual porcentagem de todos os adultos é da geração X, está *online* e diz que seu uso da internet é uma boa coisa para eles pessoalmente? Defina os eventos e probabilidades e siga o padrão do Exemplo 13.10. (4 PASSOS)

EXEMPLO 13.11 Leitura: formatos impresso *versus* digital (conclusão)

Retornando ao Exemplo 13.1, uma pesquisa de 2019 descobriu que 65% dos adultos tinham lido um livro impresso nos 12 meses precedentes, 25% tinham lido um livro no formato digital, e 18% tinham lido um livro no formato impresso e um no formato digital. Se escolhemos um adulto aleatoriamente, a probabilidade de que ele tenha lido um livro impresso depende de se ele leu, ou não, um livro digital? Na linguagem da probabilidade, estamos perguntando se o evento de selecionar um adulto que leu um livro impresso é independente do evento de ele ter lido um livro digital. Pelo Exemplo 13.8, sabemos que a probabilidade condicional de ter lido um livro impresso, dado que ele leu um livro digital, é

$$P(\text{impresso} \mid \text{digital}) = \frac{P(\text{impresso e digital})}{P(\text{digital})} = \frac{0{,}18}{0{,}25} = 0{,}72 \neq P(\text{impresso})$$

Os eventos "ter lido um livro impresso" e "ter lido um livro digital" *não* são independentes. Enquanto 65% dos adultos leram um livro impresso, entre os que leram um livro digital, a proporção dos que leram um livro impresso é 72%.

Pela definição de independência, vemos agora que a regra da multiplicação para eventos independentes, $P(A \text{ e } B) = P(A)P(B)$, é um caso especial da regra geral da multiplicação porque, se A e B são independentes

$$P(A \text{ e } B) = P(A)P(B \mid A) = P(A)P(B)$$

No Exemplo 13.11, poderíamos, também, mostrar que os eventos "ter lido um livro impresso" e "ter lido um livro digital" não são independentes pela verificação direta de que

$$P(\text{impresso e digital}) \neq P(\text{impresso})P(\text{digital})$$

Embora tenhamos nos concentrado, neste capítulo, na compreensão do significado de independência e no uso da definição para determinar se eventos são independentes, a independência é, em geral, uma suposição que faremos sobre observações em um conjunto de dados, como a suposta independência de sucessivas jogadas de moeda.

APLIQUE SEU CONHECIMENTO

13.11 Independentes? A atualização do *Report on the UC Berkeley Faculty Salary Equity Study* mostra que 94 dos 253 professores assistentes eram mulheres, junto com 134 dos 314 professores associados e 244 dos 949 professores titulares. Observe que o estudo apenas classificou os membros da faculdade como homem ou mulher.

(a) Qual é a probabilidade de que um professor de Berkeley, escolhido aleatoriamente (de qualquer classificação), seja uma mulher?

(b) Qual é a probabilidade condicional de que um professor, escolhido aleatoriamente, seja uma mulher, considerando que a pessoa escolhida é titular?

(c) As classificações e o sexo dos professores de Berkeley são independentes? Como você sabe?

13.6 Diagramas em árvore

Modelos probabilísticos, muitas vezes, têm vários estágios, com probabilidades em cada estágio condicionadas aos resultados dos estágios anteriores. Esses modelos nos exigem combinar várias das regras básicas em um cálculo mais elaborado. Eis um exemplo.

EXEMPLO 13.12 Quem namora *online*

ESTABELEÇA: o número de adultos americanos que usam o namoro *online* ou aplicativos de namoro no celular continua a crescer, com o maior aumento ocorrendo para adultos jovens com idade entre 18 e 24 anos. Considerando apenas adultos com menos de 65 anos, cerca de 17% têm entre 18 e 24 anos de idade, outros 41% têm entre 25 e 44 anos, e os restantes 42% têm entre 45 e 64 anos. O Pew Research relata que 27% dos que têm entre 18 e 24 anos usaram os *sites* de namoro *online*, junto com 22% daqueles que têm entre 25 e 44 anos, e 13% dos que têm entre 45 e 64 anos.[9] Qual porcentagem de adultos americanos com menos de 65 anos usou um *site* de namoro *online*?

PLANEJE: para usar as ferramentas da probabilidade, reafirme todas essas porcentagens como probabilidades. Se escolhemos aleatoriamente um adulto com menos de 65 anos,

$$P(\text{idade 18 a 24}) = 0{,}17$$
$$P(\text{idade 25 a 44}) = 0{,}41$$
$$P(\text{idade 45 a 64}) = 0{,}42$$

Essas três probabilidades têm soma 1 porque todos os adultos com menos de 65 anos estão em uma das três faixas etárias. As porcentagens de cada faixa dos que usaram *sites* de namoro *online* são probabilidades *condicionais*:

$$P(\text{namoro } online \text{ sim} \mid \text{idade 18 a 24}) = 0{,}27$$
$$P(\text{namoro } online \text{ sim} \mid \text{idade 25 a 44}) = 0{,}22$$
$$P(\text{namoro } online \text{ sim} \mid \text{idade 45 a 64}) = 0{,}13$$

Desejamos encontrar a probabilidade não condicional de $P(\text{namoro } online \text{ sim})$.

RESOLVA: o *diagrama em árvore* na Figura 13.6 organiza essa informação. Cada segmento na árvore é um estágio do problema. Cada ramo completo mostra um caminho por

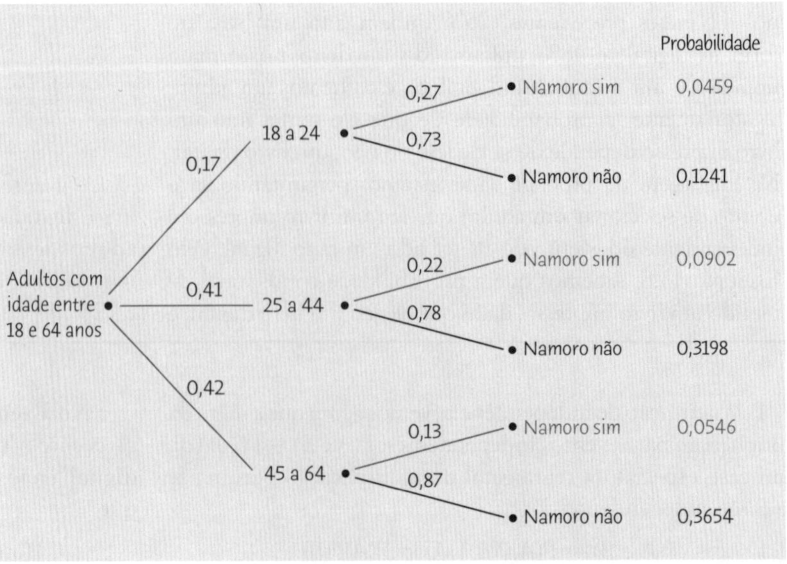

FIGURA 13.6
Diagrama em árvore para quem namora *online*, para o Exemplo 13.12. Os três caminhos disjuntos até o resultado de que um adulto com idade entre 18 e 64 anos tenha usado o namoro *online* ou um aplicativo de namoro no celular estão em cinza.

meio de dois estágios. A probabilidade escrita sobre cada segmento é a probabilidade condicional de um adulto seguir aquele segmento, dado que ele alcançou o nó a partir do qual se ramifica.

Começando à esquerda, um adulto com menos de 65 anos cai em uma das três faixas etárias. As probabilidades dessas faixas marcam os segmentos da árvore mais à esquerda. Olhe a faixa etária entre 18 e 24, o ramo superior. Os dois segmentos que saem do ponto do ramo "18 a 24" carregam as probabilidades condicionais

$$P(\text{namoro } online \text{ sim} \mid \text{idade 18 a 24}) = 0{,}27$$

$$P(\text{namoro } online \text{ não} \mid \text{idade 18 a 24}) = 0{,}73$$

A árvore completa mostra as probabilidades para todas as três faixas etárias.

Agora, use a regra da multiplicação. A probabilidade de que um adulto com menos de 65 anos, selecionado aleatoriamente, com idade entre 18 e 24 anos e tenha usado um *site* de namoro *online*, é

$$\begin{aligned} P(\text{idade 18 a 24 e namoro } online \text{ sim}) &= P(\text{idade 18 a 24})P(\text{namoro } online \text{ sim} \mid \text{idade 18 a 24}) \\ &= (0{,}17)(0{,}27) = 0{,}0459 \end{aligned}$$

Essa probabilidade aparece no final do ramo mais alto. A regra da multiplicação diz que a probabilidade para qualquer ramo completo na árvore é o produto das probabilidades dos segmentos naquele ramo.

Há três caminhos disjuntos para "namoro *online* sim", um para cada faixa etária. Esses caminhos estão em cinza na Figura 13.6. Como os três caminhos são disjuntos, a probabilidade de que um adulto com menos de 65 anos tenha usado um *site* de namoro *online* é a soma de suas probabilidades:

$$\begin{aligned} P(\text{namoro } online \text{ sim}) &= (0{,}17)(0{,}27) + (0{,}41)(0{,}22) + \\ &+ (0{,}42)(0{,}13) \\ &= 0{,}0459 + 0{,}0902 + 0{,}0546 = 0{,}1907 \end{aligned}$$

CONCLUA: ligeiramente menos de 20% dos adultos americanos com menos de 65 anos usam um *site* de namoro *online*.

Diagrama em árvore

Um **diagrama em árvore** é um meio gráfico de organizar um modelo de probabilidade que tem vários estágios, no qual os ramos mais à esquerda representam probabilidades de resultados, e os ramos à direita representam probabilidades condicionais, dados aqueles resultados.

É mais demorado explicar um diagrama em árvore do que usar um. Uma vez que você tenha entendido bem o problema para desenhar a árvore, o resto é mais fácil. Uma propriedade importante de um diagrama em árvore é que os eventos no último ramo são todos disjuntos e incluem todos os resultados no espaço amostral, de modo que as probabilidades no último ramo da árvore devem ter soma 1. Eis outra questão sobre namoro *online* que o diagrama em árvore pode ajudar a responder.

EXEMPLO 13.13 Jovens adultos namorando *online*

4 PASSOS

ESTABELEÇA: qual porcentagem de adultos com menos de 65 anos que namoraram *online* e têm idade entre 18 e 24 anos?

PLANEJE: na linguagem da probabilidade, desejamos a probabilidade condicional $P(\text{idade 18 a 24} \mid \text{namoro } online \text{ sim})$. Use o diagrama em árvore e a definição de probabilidade condicional:

$$P(\text{idade 18 a 24} \mid \text{namoro } online \text{ sim}) = \frac{P(\text{idade 18 a 24 e namoro } online \text{ sim})}{P(\text{namoro } online \text{ sim})}$$

RESOLVA: examine de novo o diagrama em árvore na Figura 13.6. $P(\text{namoro } online \text{ sim})$ é a soma das três probabilidades em cinza, como no Exemplo 13.12. $P(\text{idade 18 a 24 e namoro } online \text{ sim})$ é o resultado obtido quando se segue apenas o ramo superior no diagrama em árvore. Assim,

$$\begin{aligned} P(\text{idade 18 a 24} \mid \text{namoro } online \text{ sim}) &= \frac{P(\text{idade 18 a 24 e namoro } online \text{ sim})}{P(\text{namoro } online \text{ sim})} \\ &= \frac{0{,}0459}{0{,}1907} = 0{,}2407 \end{aligned}$$

CONCLUA: cerca de 24% dos adultos com menos de 65 anos que usaram um *site* de namoro *online* têm entre 18 e 24 anos de idade. Compare essa probabilidade condicional com a informação original (incondicional) de que 17% dos adultos com menos de 65 anos têm entre 18 e 24 anos de idade. Saber que uma pessoa está usando um *site* de namoro aumenta a probabilidade de que ela seja jovem.

Os Exemplos 13.12 e 13.13 ilustram um contexto comum para diagramas em árvore. Algum resultado (como visita a *sites* de namoro *online*) tem várias fontes (como as três faixas etárias). Começando da

- probabilidade de cada fonte, e
- da probabilidade condicional do resultado, dada cada fonte,

o diagrama em árvore leva à probabilidade total do resultado. O Exemplo 13.12 faz isso. Você pode, então, usar a probabilidade do resultado e a definição de probabilidade condicional para encontrar a probabilidade condicional de uma das fontes, dado que o resultado ocorreu. O Exemplo 13.13 mostra como.

APLIQUE SEU CONHECIMENTO

13.12 Gatos brancos e surdez. Embora gatos possuam um sentido agudo de audição, devido a uma anomalia em sua estrutura genética, a surdez entre gatos brancos com olhos azuis é bastante comum. Aproximadamente 95% da população geral de gatos são não brancos (isto é, não brancos puros), e a surdez congênita é extremamente rara em gatos não brancos. No entanto, entre os gatos brancos, cerca de 75% com os dois olhos azuis são surdos, 40% com um olho azul são surdos, e apenas 19% com olhos de outras cores são surdos. Além disso, entre gatos brancos, aproximadamente 23% têm os dois olhos azuis, 4% têm um olho azul, e os restantes têm olhos de outras cores.[10]

(a) Desenhe um diagrama em árvore para a seleção de um gato branco (resultados: um olho azul, dois olhos azuis, ou olhos de outras cores) e surdez (resultados: surdo ou não surdo).

(b) Qual é a probabilidade de que um gato branco escolhido aleatoriamente seja surdo?

13.13 Mais sobre namoro *online* e idade. O Exemplo 13.12 fornece as probabilidades condicionais para o uso de um *site* de namoro *online*, dadas três faixas etárias, bem como as probabilidades de um adulto estar em cada uma das três faixas etárias. Use essa informação para completar o exercício.

(a) Encontre as probabilidades condicionais para cada uma das três faixas etárias, considerando que o adulto *não* usou um *site* de namoro *online*. Essa é a distribuição condicional para idade, dado "namoro *online* não".

(b) Compare essa distribuição condicional com a distribuição não condicional das três faixas etárias fornecida no exemplo. Isso é o que você esperava? Explique.

13.14 Gatos brancos e surdez (continuação). Continue seu trabalho do Exercício 13.12, usando as probabilidades dadas no exercício.

(a) Entre os gatos brancos que são surdos, qual é a probabilidade de um gato selecionado aleatoriamente ter dois olhos azuis? Um olho azul? Olhos de cores diferentes? Verifique se essas três probabilidades têm soma 1. Essas três probabilidades são a *distribuição condicional* da cor do olho, visto que um gato branco é surdo.

(b) Determine a probabilidade de que um gato branco tenha dois olhos azuis e seja surdo. O que você pode dizer sobre os eventos dois olhos azuis e surdez entre os gatos brancos?

ESTATÍSTICA NO MUNDO REAL

Politicamente correto

Em 1950, o matemático soviético B. V. Gnedenko (1912-1995) escreveu *The Theory of Probability*, um texto que se tornou popular ao redor do mundo. A introdução contém um parágrafo enganador, que começa com "Notamos que todo o desenvolvimento da teoria da probabilidade mostra evidências de como seus conceitos e ideias estavam cristalizados em uma severa luta entre concepções materialistas e idealistas". Acontece que "materialista" é um jargão para "marxista-leninista". Era bom para a saúde dos cientistas soviéticos na era de Stalin colocar essas afirmativas em seus livros.

13.7 Regra de Bayes*

Esta seção opcional apresenta uma cobertura da regra de Bayes. Embora os exercícios nesta seção possam ser resolvidos com o uso do material sobre probabilidade condicional e diagramas em árvore, vistos na Seção 13.6, a regra de Bayes fornece uma estrutura unificadora e um resultado básico em uma importante área da estatística, conhecida como *estatística bayesiana*. A notação na regra de Bayes pode ser assustadora no início, mas utilizar a conexão com os diagramas em árvore ajudará a entender as ideias e a notação no teorema.

*Esta seção não é necessária para a compreensão das principais ideias deste capítulo.

O teste para o antígeno específico da próstata é um exame de sangue simples para câncer de próstata. Tem sido usado em homens acima de 50 anos como parte da rotina de um exame físico, com níveis acima de 4 ng/mL indicando câncer de próstata. O resultado do teste não é sempre correto, algumas vezes indicando um câncer da próstata quando ele não está presente, e muitas vezes omitindo o câncer de próstata quando ele está presente. A seguir, mostramos as probabilidades condicionais de um resultado de teste positivo de teste (acima de 4 ng/mL) e o resultado de teste negativo, dado que o câncer está presente, ou o câncer não está presente:[11]

	Resultado do teste	
	Positivo	**Negativo**
Câncer presente	0,21	0,79
Câncer ausente	0,06	0,94

Essas probabilidades são propriedades do teste de triagem e são as mesmas, quer o teste para câncer de próstata seja feito em homens de 30 a 40 anos, para os quais o câncer de próstata é relativamente raro, ou em homens acima de 50 anos, para os quais o câncer de próstata é muito mais comum.

Para os homens com mais de 50 anos, a população de interesse do teste, encontra-se que 6,3% da população tem câncer de próstata. A Figura 13.7 é um diagrama em árvore para a seleção de uma pessoa dessa população (resultados: câncer presente ou ausente) e testagem do seu sangue (resultados: teste positivo ou negativo).

A probabilidade condicional de que uma pessoa não tenha câncer de próstata, dado que seu teste de PSA é positivo, é chamada de **taxa de falso-positivo**. A taxa de falso-positivo depende tanto das propriedades do teste diagnóstico quanto da incidência da doença na população. O Exemplo 13.14 usa a informação no diagrama em árvore para calcular a taxa de falso-positivo do teste de PSA.

Taxa de falso-positivo

Dado um teste para uma doença ou alguma outra condição, a probabilidade de que um sujeito que teste positivo realmente não tenha a condição.

EXEMPLO 13.14 Falso-positivos

4 PASSOS

ESTABELEÇA: o teste de PSA tem probabilidade condicional de 0,21 de ter um resultado de teste positivo quando há câncer, e probabilidade condicional de 0,06 de ter resultado de teste positivo quando o câncer está ausente. Cerca de 6,3% da população testada tem câncer de próstata. Qual é a taxa de falso-positivo quando o teste de PSA é usado para testar em relação ao câncer de próstata nessa população?

PLANEJE: expresse a informação dada em termos dos eventos e suas probabilidades:

Se B_1 = {câncer está presente} então $P(B1) = 0,063$
Se B_2 = {câncer está ausente} então $P(B_2) = 0,937$
Se A = {teste é positivo} então $P(A \mid B_1) = 0,21$
e $P(A \mid B_2) = 0,06$

Desejamos encontrar $P(B_2 \mid A)$.

RESOLVA: pela definição de probabilidade condicional,

$$P(B_2 \mid A) = \frac{P(B_2 \text{ e } A)}{P(A)}$$

Ambas as probabilidades no lado direito dessa equação são consequências imediatas da informação no diagrama em árvore. Usando a regra da multiplicação,

$$\begin{aligned} P(B_2 \text{ e } A) &= P(B_2) \times P(A \mid B_2) \\ &= (0,937)(0,06) = 0,05622 \end{aligned}$$

é a probabilidade em preto no diagrama em árvore da Figura 13.7. No diagrama em árvore, há dois caminhos disjuntos para "teste positivo", um para cada *status* da doença. Como os dois caminhos são disjuntos, a probabilidade de A = {teste positivo} é a soma das probabilidades:

$$\begin{aligned} P(A) &= P(A \text{ e } B_1) + P(A \text{ e } B_2) \\ &= P(B1) \times P(A \mid B_1) + P(B_2) \times P(A \mid B_2) \\ &= (0,063)(0,21) + (0,937)(0,06) \\ &= 0,01323 + 0,05622 = 0,06945 \end{aligned}$$

Assim, $P(A)$ é a soma das probabilidades em cinza e em preto no diagrama em árvore da Figura 13.7. Combinando essas respostas, a probabilidade de um falso-positivo é

$$\begin{aligned} P(B_2 \mid A) &= \frac{P(B_2 \text{ e } A)}{P(A)} \\ &= \frac{0,05622}{0,06945} = 0,81 \end{aligned}$$

CONCLUA: a probabilidade de um falso-positivo quando se usa o teste de PSA como exame de rotina para homens com idade acima de 50 anos é de, aproximadamente, 81%.

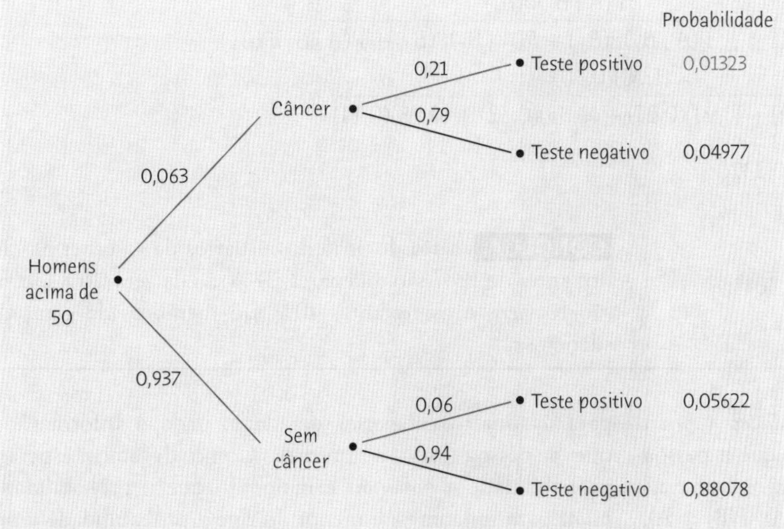

FIGURA 13.7
Diagrama em árvore para o teste de PSA, para o Exemplo 13.14. A probabilidade em cinza é a probabilidade de haver câncer e um resultado positivo de teste, e a probabilidade em preto é a probabilidade de não haver câncer e haver um resultado positivo de teste.

O tratamento para o câncer de próstata pode ter sérios efeitos colaterais, inclusive incontinência e impotência, e muitos homens diagnosticados com câncer de próstata morreriam, eventualmente, de outras causas se o câncer fosse deixado sem tratamento. De fato, descobriu-se em grandes testes clínicos que a triagem não reduziu a mortalidade geral.[12]

Em outubro de 2011, o U.S. Preventive Services Task Force (USPSTF) soltou um rascunho de relatório em que recomendava não usar o teste de PSA para a triagem em relação ao câncer de próstata na população geral. A taxa de falso-positivo é muito alta, mostrando que, em um exame de rotina, cerca de quatro quintos dos resultados positivos de teste ocorrem para pessoas sem câncer, um fato importante na decisão do USPSTF.

No Exemplo 13.14, temos as probabilidades condicionais do resultado do teste, dado o *status* da doença, mas estamos interessados na probabilidade condicional do *status* da doença, dado o resultado do teste – a condição inversa. A relação entre probabilidades condicionais é dada formalmente pela regra de Bayes.

Regra de Bayes

Suponha que $B_1, B_2, \dots B_n$ sejam eventos disjuntos com probabilidades positivas, e que a soma dessas probabilidades seja 1. Se A é qualquer evento com probabilidade maior do que 0, então

$$P(B_i \mid A) = \frac{P(A \mid B_i)P(B_i)}{P(A \mid B_1)P(B_1) + P(A \mid B_2)P(B_2) + \cdots + P(A \mid B_n)P(B_n)}$$

No Exemplo 13.14, usamos intencionalmente a notação para coincidir com a notação usada na regra de Bayes quando há apenas dois eventos B_1 e B_2. No teorema geral, os eventos B_1, $B_2, \dots B_n$ correspondem aos segmentos mais à esquerda no diagrama em árvore, com todo resultado pertencendo a exatamente um dos B_i. Cada evento B_i, então, tem um segmento que vai a A com probabilidade condicional $P(A \mid B_i)$. A probabilidade do ramo que começa em B_i e continua até A é $P(B_i) \times P(A \mid B_i)$. A regra de Bayes estabelece que $P(B_i \mid A)$ é a probabilidade do ramo que vai de B_i até A, dividida pela soma das probabilidades dos n ramos que vão de $B_1, B_2, \dots B_n$ até A. Eis outro exemplo.

EXEMPLO 13.15 Quem usa a internet?

4 PASSOS

ESTABELEÇA: o uso da internet varia entre os milenares (adultos nascidos entre 1981 e 1986), geração X (adultos nascidos entre 1965 e 1980), *boomers* (adultos nascidos entre 1946 e 1964), e a geração silenciosa (adultos nascidos antes de 1946). Entre todos os milenares, a geração X, os *boomers*, e a geração silenciosa, os milenares compreendem 30%, geração X 27%, os *boomers* 32% e a geração silenciosa 11%. Também, 100% dos milenares usam a internet, 91% da geração X usam a internet, 85% dos *boomers* usam a internet, e 78% da geração silenciosa usam a internet.[13] Qual porcentagem de usuários da internet desses quatro grupos é de milenares? E da geração X? E dos *boomers*? E da geração silenciosa?

PLANEJE: expresse a informação em termos de eventos e suas probabilidades:

Se B_1 = (milenar)	então	$P(B_1) = 0{,}30$
Se B_2 = (geração X)	então	$P(B_2) = 0{,}27$
Se B_3 = (*boomer*)	então	$P(B_3) = 0{,}32$
Se B_4 = (silenciosa)	então	$P(B_4) = 0{,}11$
Se A = (usa internet)	então	$P(A \mid B_1) = 1{,}00$
	e	$P(A \mid B_2) = 0{,}91$
	e	$P(A \mid B_3) = 0{,}85$
	e	$P(A \mid B_4) = 0{,}78$

Desejamos encontrar $P(B_1 \mid A)$, $P(B_2 \mid A)$, $P(B_3 \mid A)$, e $P(B_4 \mid A)$.

RESOLVA: usando a regra de Bayes,

$$P(B_1 \mid A) = \frac{P(A \mid B_1)P(B_1)}{P(A \mid B_1)P(B_1) + P(A \mid B_2)P(B_2) + P(A \mid B_3)P(B_3) + P(A \mid B_4)P(B_4)}$$

$$= \frac{(1{,}00)(0{,}30)}{(1{,}00)(0{,}30) + (0{,}91)(0{,}27) + (0{,}85)(0{,}32) + (0{,}78)(0{,}11)}$$

$$= \frac{0{,}30}{0{,}9035} = 0{,}3320$$

Cálculos análogos mostram que

$$P(B_2 \mid A) = 0{,}2719,\ P(B_3 \mid A) = 0{,}3011,$$
$$\text{e } P(B_4 \mid A) = 0{,}0950.$$

CONCLUA: cerca de 33% dos usuários da internet nascidos antes de 1987 são milenares, 27% são da geração X, 30% são *boomers*, e os restantes 10% são membros da geração silenciosa.

$P(B_1)$, $P(B_2)$, $P(B_3)$, e $P(B_4)$ são as *probabilidades a priori* para as quatro categorias de idade. Se sabemos que a pessoa usou a internet, usamos a regra de Bayes para calcular as probabilidades condicionais $P(B_1 \mid A)$, $P(B_2 \mid A)$, $P(B_3 \mid A)$, e $P(B_4 \mid A)$. Essas são chamadas de *probabilidades a posteriori* para as quatro categorias de idade, dada a informação de que a pessoa usou a internet. Como devemos esperar, a probabilidade *a posteriori* é maior do que a probabilidade *a priori* para milenares, e menor do que a probabilidade *a priori* para pessoas que são membros da geração silenciosa.

APLIQUE SEU CONHECIMENTO

13.15 Taxa de falso-negativo. Em um teste diagnóstico para uma doença particular, a probabilidade condicional de que a pessoa tenha a doença, dado que o teste é negativo, é chamada de taxa de falso-negativo. Suponha que o teste de triagem PSA, com as propriedades descritas no Exemplo 13.14, seja usado para a triagem de câncer de próstata na população de homens acima de 50 anos, para os quais 6,3% têm câncer de próstata. Calcule a taxa de falso-negativo usando a regra da Bayes.

13.16 Mais sobre falso-positivo. A taxa de falso-positivo para um diagnóstico depende das propriedades do teste diagnóstico, bem como da taxa da doença na população. Suponha que vamos usar o teste de triagem PSA para fazer a triagem de uma população na qual apenas 3% têm câncer de próstata, com as propriedades dadas no Exemplo 13.14.

(a) Calcule a taxa de falso-positivo do teste de PSA se ele tivesse sido usado para a triagem em relação ao câncer de próstata nessa população. Como isso se compara com a taxa de falso-positivo calculada no Exemplo 13.14, no qual 6,3% da população tinham câncer de próstata? Explique simplesmente por que a taxa de falso-positivo mudou nessa direção.

(b) Qual é a relação entre taxa de falso-positivo e taxa da doença na população? O que isso nos diz sobre triagem para uma doença muito rara?

13.17 Cor dos olhos e cor do cabelo. Um grande estudo de crianças descendentes de caucasianos na Alemanha analisou o efeito da cor dos olhos, cor do cabelo e sardas na extensão de queimaduras relatadas decorrentes da exposição ao sol.[14] A distribuição da população pela cor do cabelo e cor dos olhos é dada no diagrama em árvore da Figura 13.8. (Você não precisará usar a coluna mais à direita no diagrama em árvore para este exercício.)

(a) Quais são as probabilidades *a priori* de cabelos pretos, castanhos, louros, e ruivos para uma criança descendente de caucasianos na Alemanha?

(b) Encontre as probabilidades *a posteriori* de cabelos pretos, castanhos, louros, e ruivos, dado que a criança tem olhos azuis. A relação entre as probabilidades *a priori* e *a posteriori* é o que você esperava, dada a distribuição da cor do cabelo e da cor dos olhos? Explique.

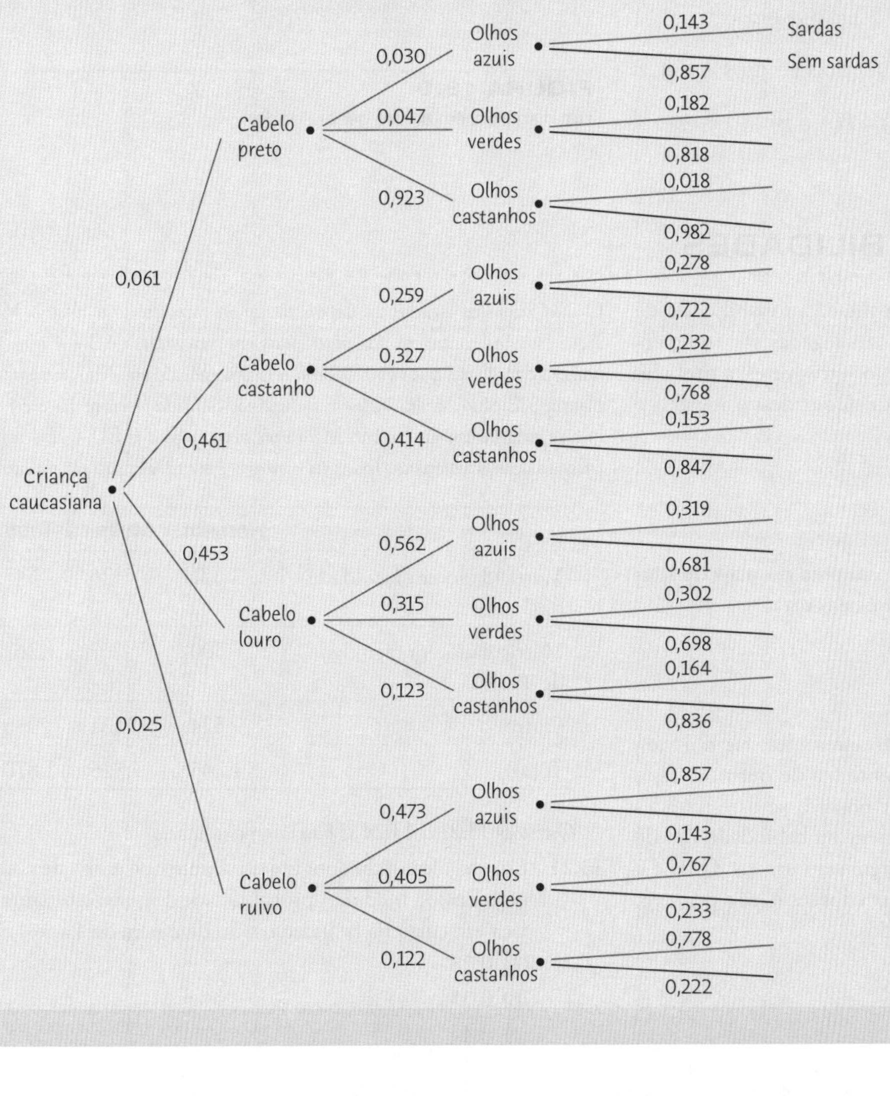

FIGURA 13.8
Diagrama em árvore das características de crianças descendentes de caucasianos na Alemanha, para o Exercício 13.17. Os três estágios são cor do cabelo, cor dos olhos, e se a criança tem sardas, ou não.

RESUMO

- Os eventos A e B são *disjuntos* se não tiverem resultados em comum. Nesse caso, P(A ou B) = P(A) + P(B).
- A **probabilidade condicional** P(B | A) de um evento B, dado um evento A, é definida por

$$P(B \mid A) = \frac{P(A \text{ e } B)}{P(A)}$$

quando P(A) > 0. Na prática, encontramos probabilidades condicionais com mais frequência diretamente da informação disponível, do que a partir da definição.

- Os eventos A e B são **independentes** se o conhecimento de que um evento ocorre não muda a probabilidade que associaríamos ao outro evento; isto é, P(B | A) = P(B). Nesse caso, P(A e B) = P(A)P(B).
- Qualquer associação de probabilidades obedece às seguintes regras:

Regra da adição para eventos disjuntos: se os eventos A, B, C, ... são disjuntos aos pares; então,

$$P(A \text{ ou } B \text{ ou } C \text{ ou } \ldots) = P(A) + P(B) + P(C) \ldots$$

Regra da multiplicação para eventos independentes: se os eventos A, B, C, ... são independentes, então

$$P(\text{todos esses eventos ocorrem}) = P(A)P(B)P(C) \ldots$$

Regra geral da adição: para quaisquer dois eventos A e B,

$$P(A \text{ ou } B) = P(A) + P(B) - P(A \text{ e } B)$$

Regra geral da multiplicação: para quaisquer dois eventos A e B,

$$P(A \text{ e } B) = P(A)P(B \mid A)$$

- **Diagramas em árvore** organizam modelos de probabilidade que têm vários estágios.

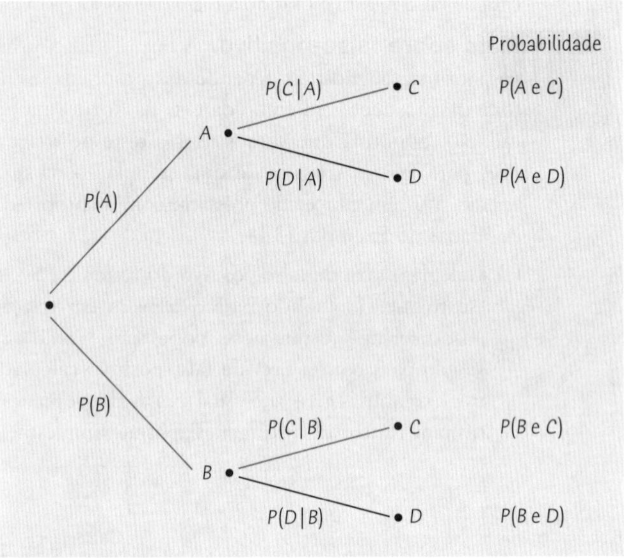

FIGURA 13.9
Um diagrama em árvore generalizado.

VERIFIQUE SUAS HABILIDADES

13.18 Um jogo de loteria instantânea lhe dá probabilidade de 0,02 de ganhar em uma jogada. As jogadas são independentes umas das outras. Se você joga três vezes, a probabilidade de você não ganhar em qualquer dessas jogadas é de cerca de

(a) 0,98
(b) 0,94
(c) 0,000008

13.19 A probabilidade de você ganhar em uma ou mais de suas três jogadas no exercício anterior é de cerca de

(a) 0,02
(b) 0,06
(c) 0,999992

13.20 Um atleta, suspeito de ter usado esteroides, faz dois testes que operam independentemente um do outro. O teste A tem probabilidade 0,9 de dar positivo se os esteroides tiverem sido usados. O teste B tem probabilidade 0,8 de dar positivo se os esteroides tiverem sido usados. Qual é a probabilidade de que *pelo menos um* dos testes seja positivo, se os esteroides tiverem sido usados?

(a) 0,98
(b) 0,72
(c) 0,28

O que fazem os estudantes depois de terem completado o Ensino Médio? Aqui estão as contagens das matrículas em faculdades de 2 e 4 anos para homens e mulheres que completaram o Ensino Médio em 2017. Os que completam o Ensino Médio incluem indivíduos com idade entre 16 e 24 anos que se graduaram no Ensino Médio ou obtiveram o GED, que é um certificado de equivalência. Todas as contagens na tabela são em milhares.[15]

	Homem	Mulher	Total
Matriculado em faculdade de 2 anos	321	326	647
Matriculado em faculdade de 4 anos	500	767	1.267
Outro	524	432	956
Total	1.345	1.525	2.870

As Questões 13.21 a 13.24 se baseiam nesta tabela.

13.21 Escolha aleatoriamente um estudante que acaba de completar o Ensino Médio. A probabilidade de que o estudante não faça um curso na faculdade, nem de 2 nem de 4 anos, é

(a) 0,28
(b) 0,33
(c) 0,44

13.22 A probabilidade condicional de que o estudante esteja matriculado em uma faculdade de 2 anos, considerando que o estudante é homem, é de cerca de

(a) 0,11
(b) 0,24
(c) 0,50

13.23 A probabilidade condicional de que o estudante seja uma mulher, dado que o estudante está matriculado em uma faculdade de 4 anos, é de cerca de

(a) 0,27
(b) 0,50
(c) 0,61

13.24 Seja *A* o evento de que o estudante está matriculado em uma faculdade de 4 anos e seja *B* o evento de que o estudante é mulher. A proporção de mulheres matriculadas em uma faculdade de 4 anos se expressa, na notação de probabilidade, como

(a) $P(A \text{ e } B)$
(b) $P(A \mid B)$
(c) $P(B \mid A)$

13.25 Escolha aleatoriamente um adulto americano. A probabilidade de que você escolha uma pessoa com 65 anos ou mais é 0,20. A probabilidade de que a pessoa escolhida nunca tenha se casado é 0,32. A probabilidade de que você escolha uma pessoa com 65 anos ou mais e que nunca tenha se casado é 0,01. A probabilidade de que a pessoa escolhida tenha 65 anos ou mais ou nunca tenha se casado (ou esteja nas duas situações) é, portanto,

(a) 0,52
(b) 0,51
(c) 0,06

13.26 Das pessoas que morreram nos anos recentes nos EUA, 78% eram brancos não hispânicos, 12% eram negros não hispânicos, 7% eram hispânicos, e 3% eram asiáticos. (Isso ignora um pequeno número de mortes entre outras raças.) Diabetes causou 2,5% das mortes entre brancos não hispânicos, 4,4% entre negros não hispânicos, 4,7% entre hispânicos, e 4,2% entre asiáticos. A probabilidade de que uma dessas pessoas, escolhida aleatoriamente, seja uma pessoa branca não hispânica e que morreu de diabetes é de cerca de

(a) 0,81
(b) 0,025
(c) 0,020

13.27 Usando a informação da Questão 13.26, a probabilidade de uma morte, escolhida aleatoriamente, ter sido devida ao diabetes é de cerca de

(a) 0,158
(b) 0,029
(c) 0,019

EXERCÍCIOS

13.28 **Jogando na loteria.** A loteria "Quick Draw" do Estado de Nova York funciona diretamente. Os jogadores escolhem de 1 a 10 números entre os números de 1 a 80; 20 números sorteados são apresentados em uma tela a cada quatro minutos. Se você escolheu apenas um número, sua probabilidade de ganhar é de 20/80, ou 0,25. Lester joga um número oito vezes, sentado em um bar. Qual é a probabilidade de que todas as oito apostas não sejam premiadas?

13.29 **Doadores de sangue universais.** Pessoas com o tipo sanguíneo O negativo são consideradas doadores universais, embora se você doar sangue O negativo para qualquer paciente, você corre o risco de uma reação de transfusão, devido a certos anticorpos presentes no sangue. No entanto, qualquer paciente pode receber uma transfusão de *hemácias do sangue* O negativo. Apenas 7,2% da população americana tem sangue O negativo. Se 10 pessoas aparecem aleatoriamente para doar sangue, qual é a probabilidade de que, pelo menos uma, seja uma doadora universal?

13.30 **Jogando no caça-níqueis.** Máquinas caça-níqueis são, agora, *videogames*, com resultados determinados por geradores de números aleatórios. As velhas máquinas caça-níqueis funcionam da seguinte maneira: você puxa a alavanca para girar três rodas; cada roda tem 20 símbolos, todos igualmente prováveis de se mostrar quando a roda para de girar; as três rodas são independentes umas das outras. Suponha que a roda do meio tenha nove cerejas entre os 20 símbolos, e as rodas da esquerda e da direita tenham uma cereja cada uma.

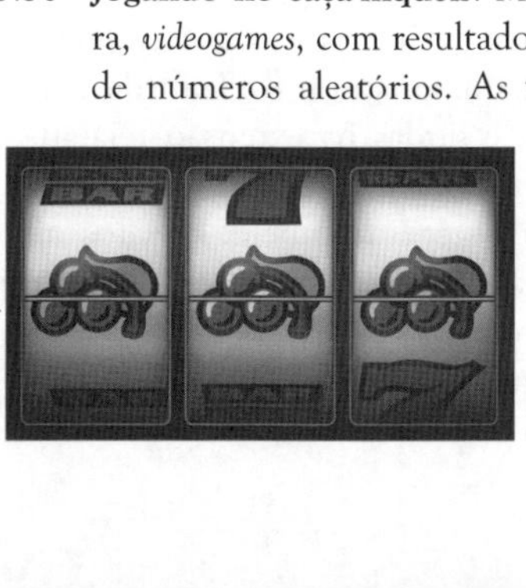

sweetandsour/iStock

(a) Você ganha o prêmio se todas as três rodas mostrarem cerejas. Qual é a probabilidade de você ganhar o prêmio?
(b) Há três maneiras nas quais as três rodas podem mostrar duas cerejas e um outro símbolo diferente de uma cereja. Determine a probabilidade de cada uma dessas maneiras.
(c) Qual é a probabilidade de que as rodas parem com exatamente duas cerejas entre elas?

13.31 **Cirurgia do tendão.** Você rompeu um tendão e está para fazer uma cirurgia para reparação. O cirurgião lhe explica os riscos: infecção ocorre em 3% dessas operações, a reparação falha em 14%, e ambas, infecção e falha, ocorrem juntas em 1% dos casos. Qual porcentagem dessas operações é bem-sucedida e livre de infecção? Siga o processo dos quatro passos em sua resposta.

13.32 **Analisando inscrições para emprego.** Uma companhia emprega uma psicóloga para avaliar se os candidatos ao emprego se adaptam ao trabalho em linha de montagem. A psicóloga classifica os candidatos como *A* (bem adaptado), *B* (na margem), ou *C* (não adaptado). A companhia está preocupada com o evento *D*, de que o candidato deixe a companhia dentro de 1 ano após ser contratado. Dados sobre todas as pessoas contratadas nos últimos 5 anos apresentam estas probabilidades:

$P(A) = 0{,}4$	$P(B) = 0{,}3$	$P(C) = 0{,}3$
$P(A \text{ e } D) = 0{,}1$	$P(B \text{ e } D) = 0{,}1$	$P(C \text{ e } D) = 0{,}2$

Faça um diagrama de Venn dos eventos *A*, *B*, *C*, e *D*, e marque no seu diagrama as probabilidades de todas as combinações da avaliação psicológica e do fato de deixar, (ou não), a companhia dentro de 1 ano. Quanto é *P*(*D*), a probabilidade de que um empregado saia dentro de 1 ano?

13.33 **Cirurgia do tendão (continuação).** Você rompeu um tendão e está para fazer uma cirurgia de reparação. O cirurgião lhe explica os riscos: infecção ocorre em 3% dessas operações, a reparação falha em 14%, e ambas, infecção e falha, ocorrem juntas em 1% dos casos. Qual é a probabilidade de infecção, visto que a reparação foi bem-sucedida? Siga o processo dos quatro passos e sua resposta.

13.34 **Cães que detectam câncer.** Pesquisa mostrou que marcadores bioquímicos específicos são encontrados exclusivamente na respiração de pacientes com câncer de pulmão. No entanto, nenhum teste de laboratório distingue a respiração de pacientes com câncer de pulmão da de outros sujeitos. Cachorros poderiam ser treinados para identificar esses marcadores em espécimes de respiração humana, assim como são treinados para detectar substâncias ilegais ou para seguir o cheiro de uma pessoa? Um experimento treinou cachorros para distinguir espécimes da respiração de pacientes com câncer de pulmão dos espécimes da respiração de indivíduos de controle, usando um método de treinamento de recompensa por alimento. Depois que o treinamento estava completo, os cachorros foram testados com novos espécimes de respiração sem nenhuma recompensa ou pista, usando um planejamento duplo-cego, completamente aleatorizado. Eis os resultados para uma amostra aleatória de 1.286 espécimes de respiração:[16]

Resultado do teste do cachorro	Espécime de respiração		
	Sujeito controle	Sujeito com câncer	Total
Negativo	708	10	718
Positivo	4	564	568
Total	712	574	1.286

(a) A *sensitividade* de um teste diagnóstico é sua capacidade de dar corretamente um resultado positivo quando a pessoa testada tem a doença, ou *P*(positivo | doença). Encontre a sensitividade do teste de detecção do câncer por cachorros para câncer do pulmão.

(b) A *especificidade* de um teste diagnóstico é a probabilidade condicional de que o sujeito testado não tem a doença, uma vez que o teste resultou negativo. Encontre a especificidade do teste de detecção do câncer por cachorros para câncer do pulmão.

13.35 **Débito estudantil.** Ao final de 2016, a média do débito estudantil pendente para os que iam receber o grau de bacharel era de US$ 28.500. Eis a distribuição dos débitos estudantis pendentes (em milhares de dólares):[17]

(a) Qual é a probabilidade de que um estudante escolhido aleatoriamente tenha um débito pendente de US$ 20 mil ou mais?

Débito	< 10	10 a < 20	20 a < 30	30 a < 40	40 a < 50	≥ 50
Probabilidade	0,40	0,13	0,17	0,12	0,08	0,10

(b) Dado que um estudante tem um débito pendente de, pelo menos, US$ 20 mil, qual é a probabilidade de que o débito seja de, pelo menos, US$ 50 mil?

13.36 **Um provocador de probabilidade.** Suponhamos que seja seguro afirmar que as pessoas são homem ou mulher ao nascer[18] e que cada criança que nasce tenha igual probabilidade de ser menino ou menina, e que os sexos de sucessivas crianças sejam independentes. Se fizermos MF representar que a criança mais velha é um menino (sexo masculino) e a mais nova é uma menina (sexo feminino), então cada uma das combinações MM, MF, FM e FF tem probabilidade 0,25. Ashley e Brianna têm, cada uma, duas crianças.

(a) Você sabe que pelo menos uma das crianças de Ashley é um menino. Qual é a probabilidade condicional de que ela tenha dois meninos?

(b) Você sabe que a criança mais velha de Brianna é um menino. Qual é a probabilidade condicional de que ela tenha dois meninos?

13.37 **Graus acadêmicos.** Uma tendência surpreendente na educação superior é que mais mulheres do que homens atingem cada nível de alcance. O National Center for Education Statistics (que classifica todos os sujeitos como homem ou mulher) fornece projeções para o número de graus obtidos, classificados por nível e pelo sexo do que recebe o grau. Eis os números projetados para os graus obtidos (em milhares) nos EUA para o ano acadêmico 2027 a 2028:[19]

michaeljung/iStock

	Associado	Bacharel	Mestre	Doutor	Total
Mulher	653	1.106	473	101	2.333
Homem	411	816	340	90	1.657
Total	1.064	1.922	813	191	3.990

(a) Se você escolhe aleatoriamente uma pessoa que vai receber um grau, qual é a probabilidade de que a pessoa seja um homem?

(b) Qual é a probabilidade condicional de que você escolha um homem, dado que a pessoa escolhida recebeu um grau de mestre?

(c) Os eventos "escolher um homem" e "escolher um recebedor de um grau de mestre" são independentes? Como você sabe?

13.38 **Cor do olho, cor do cabelo e sardas.** Diagramas em árvore podem organizar problemas que têm mais dois estágios. Um grande estudo de crianças descendentes de caucasianos na Alemanha analisou o efeito da cor dos olhos, cor do cabelo, e sardas na extensão relatada de queimaduras decorrentes da exposição ao sol. A distribuição da população de cor de cabelo, cor dos olhos, e sardas é mostrada no diagrama em árvore da Figura 13.8. Determine as seguintes probabilidades e descreva-as em linguagem simples:

(a) P(olhos azuis | cabelo ruivo) e P(olhos azuis e cabelo ruivo)

(b) P(sardas | cabelo ruivo e olhos azuis) e P(sardas e cabelo ruivo e olhos azuis).

13.39 Graus acadêmicos (continuação). O Exercício 13.37 dá as contagens projetadas (em milhares) de graus obtidos nos EUA no ano acadêmico de 2027 a 2028. Use esses dados para responder às seguintes questões:

(a) Qual é a probabilidade de que um grau escolhido aleatoriamente tenha sido recebido por uma mulher?

(b) Qual é a probabilidade condicional de que a pessoa escolhida tenha recebido um grau de associado, dado que é uma mulher?

(c) Use a regra geral da multiplicação para encontrar a probabilidade de escolher uma mulher que recebeu um grau de associado. Verifique seu resultado, consultando essa probabilidade diretamente na tabela de contagens.

13.40 Cor dos olhos, cor do cabelo e sardas (continuação). Continue seu trabalho do Exercício 13.38, usando o diagrama em árvore da Figura 13.8. Encontre as seguintes probabilidades e descreva-as em linguagem simples:

(a) P(cabelo ruivo), P(olhos azuis), e P(sardas).

(b) P(sardas e cabelo ruivo) e P(sardas | cabelo ruivo)

(c) O que você pode dizer sobre os eventos "sardas" e "cabelo ruivo" nessa população?

13.41 A probabilidade de um *flush*. Um jogador de pôquer tem um *flush* quando todas as cinco cartas em sua mão pertencem ao mesmo naipe (paus, ouros, copas ou espadas). Vamos achar a probabilidade de um *flush* quando cinco cartas são extraídas sucessivamente do topo da pilha. Lembre-se de que um baralho tem 52 cartas, 13 de cada naipe, e que, quando o baralho é bem misturado, cada carta é igualmente provável de ser uma daquelas que permanecem no baralho.

(a) Concentre-se em espadas. Qual é a probabilidade de que a primeira carta extraída seja uma de espadas? Qual é a probabilidade condicional de que a segunda carta extraída seja de espadas, dado que a primeira é de espadas? (*Sugestão*: Quantas cartas restam? Quantas dessas são de espadas?)

(b) Continue contando as cartas restantes para encontrar as probabilidades condicionais de uma espada para a terceira, a quarta e a quinta cartas extraídas, considerando, em cada caso, que todas as anteriores eram espadas.

(c) A probabilidade de serem extraídas cinco cartas de espadas em sucessão do topo do baralho é o produto das cinco probabilidades que você encontrou. Por quê? Qual é essa probabilidade?

(d) A probabilidade de extrair cinco cartas de copas, ou cinco ouros, ou cinco paus é a mesma probabilidade de extrair cinco espadas. Qual é a probabilidade de que as cinco cartas extraídas pertençam todas ao mesmo naipe?

13.42 Cervos e mudas de pinheiro. Como sabem os jardineiros suburbanos, os cervos comem quase tudo que é verde. Em um estudo de mudas de pinheiro em um centro ambiental em Ohio, os pesquisadores notaram como o dano causado pelos cervos variava com a altura da cobertura das mudas de pinheiro por vegetação rasteira com espinhos:[20]

Cobertura com espinhos	Dano causado pelos cervos: Sim	Dano causado pelos cervos: Não
Nenhuma	60	151
< 1/3	76	158
1/3 a 2/3	44	177
> 2/3	29	176

ablokhin/iStock

(a) Qual é a probabilidade de que uma muda de pinheiro selecionada aleatoriamente seja danificada por um cervo?

(b) Quais são as probabilidades condicionais de que uma muda de pinheiro selecionada aleatoriamente seja danificada, dado cada nível da cobertura?

(c) O conhecimento da quantidade de cobertura de espinhos sobre uma muda de pinheiro muda a probabilidade de dano por cervo? Se sim, cobertura e dano não são independentes.

13.43 Cervos e mudas de pinheiro (continuação). No contexto do Exercício 13.42, qual porcentagem de árvores que não foram danificadas pelos cervos estava coberta em mais de dois terços por plantas espinhosas?

13.44 Cervos e mudas de pinheiro (continuação). No contexto de Exercício 13.42, qual porcentagem de árvores que foram danificadas pelos cervos estava coberta em menos de um terço por plantas espinhosas?

Embora o hábito de fumar cigarros tenha diminuído entre a juventude norte-americana em anos recentes, o uso de alguns outros produtos de tabaco aumentou. Quando se perguntou a estudantes do Ensino Médio quais de vários produtos de tabaco eles tinham usado nos últimos 30 dias, mais de 40% dos que tinham usado algum produto de tabaco tinha usado múltiplos produtos de tabaco. Sejam A, B, e C os eventos que correspondem ao uso dos seguintes tipos de produtos de tabaco nos últimos 30 dias:

A = cigarros

B = cigarros eletrônicos

C = outros produtos de tabaco incluindo charutos, cachimbos, tabaco sem fumaça, e narguilés.

Eis as probabilidades de que um estudante do Ensino Médio, selecionado aleatoriamente, tenha usado esses diferentes produtos de tabaco:[21]

$P(A) = 0{,}08$ $P(B) = 0{,}21$ $P(C) = 0{,}19$

$P(A \text{ e } B) = 0{,}06$ $P(A \text{ e } C) = 0{,}03$ $P(B \text{ e } C) = 0{,}06$

$P(A \text{ e } B \text{ e } C) = 0{,}02$

Faça um diagrama de Venn dos eventos A, B, e C. Como na Figura 13.4, marque as probabilidades de qualquer interseção envolvendo esses eventos. Use esse diagrama para os Exercícios 13.45 até 13.47.

13.45 Você usa produtos de tabaco? Qual é a probabilidade de que um estudante do Ensino Médio, selecionado aleatoriamente, não use qualquer produto de tabaco?

13.46 Você só usa cigarros eletrônicos? Qual é a probabilidade de que um estudante do Ensino Médio, selecionado aleatoriamente, tenha usado cigarros eletrônicos, mas não outros produtos de tabaco?

13.47 Probabilidades condicionais. Se um estudante fuma cigarros eletrônicos, qual é a probabilidade condicional de que ele também fume cigarros? Se um estudante fuma cigarros, qual é a probabilidade condicional de que ele também fume cigarros eletrônicos?

13.48 As distribuições geométricas. Você está jogando um par de dados equilibrados em um tabuleiro de jogo. As jogadas são independentes. Você está em uma zona de perigo, que exige que você jogue duplos (ambas as faces mostram o mesmo número de pontos) antes que você possa jogar de novo. Quanto tempo você vai esperar para jogar de novo?

(a) Qual é a probabilidade de jogar um duplo em uma única jogada dos dados? (Para uma revisão, ver os possíveis resultados na Figura 12.2. Todos os 36 resultados são igualmente prováveis.)

(b) Qual é a probabilidade de que você não jogue duplos na primeira jogada, mas o faça na segunda jogada?

(c) Qual é a probabilidade de que as duas primeiras jogadas não sejam duplos, e a terceira sim? Essa é uma probabilidade de que o primeiro duplo ocorre na terceira jogada.

(d) Agora você vê o padrão. Qual é a probabilidade de que o primeiro duplo ocorra na quarta jogada? Na quinta jogada? Dê o resultado geral, que é a probabilidade de que o primeiro duplo ocorra na *k*-ésima jogada.

(e) Qual é a probabilidade de que você jogue de novo após três rodadas? (*Comentário*: a distribuição do número de tentativas para o primeiro sucesso é chamada de uma *distribuição geométrica*. Neste problema, você encontrou a distribuição geométrica de probabilidades quando a probabilidade de um sucesso é de 1/6. Essa mesma ideia se aplica para qualquer probabilidade de sucesso.)

13.49 Ganhando no tênis. Um jogador em serviço no tênis tem duas chances de obter um serviço na jogada. Se o primeiro serviço vai para fora, o jogador serve de novo. Se o segundo serviço também é fora, o jogador perde o ponto. Eis as probabilidades com base em 4 anos do Campeonato de Wimbledon:[22]

$$P(1^{\underline{o}}\text{ serviço dentro}) = 0{,}59$$
$$P(\text{ganha ponto no }1^{\underline{o}}\text{ serviço}) = 0{,}73$$
$$P(2^{\underline{o}}\text{ serviço dentro} \mid 1^{\underline{o}}\text{ serviço fora}) = 0{,}86$$
$$P(\text{ganha ponto} \mid 1^{\underline{o}}\text{ serviço fora e }2^{\underline{o}}\text{ serviço dentro}) = 0{,}59$$

Faça um diagrama em árvore para os resultados de dois serviços e o resultado (ganha ou perde) do ponto. (Os ramos em sua árvore têm números diferentes de estágios, dependendo do resultado do primeiro serviço.) Qual é a probabilidade de que o jogador em serviço ganhe o ponto?

13.50 Alergias a amendoim em crianças. Cerca de 2% das crianças nos EUA são alérgicas a amendoins.[23] Escolha aleatoriamente três crianças e seja X a variável aleatória que dá o número, nessa amostra, das que são alérgicas a amendoim. Os valores que X pode assumir são 0, 1, 2, 3. Faça um diagrama em árvore dos resultados (alérgica ou não alérgica) para os três indivíduos e use-o para encontrar a distribuição de probabilidade de X.

13.51 Ganhando no tênis (continuação). Use seu trabalho no Exercício 13.49 para responder ao seguinte. Considerando apenas pontos que o jogador em serviço ganhou, em qual porcentagem desses pontos o primeiro serviço foi dentro? (Escreva isso como uma probabilidade condicional e use a definição de probabilidade condicional.)

13.52 Alergias a amendoim em criança (continuação). Continue seu trabalho do Exercício 13.50. Qual é a probabilidade condicional de que exatamente duas das crianças serão alérgicas a amendoim, dado que pelo menos uma das três crianças sofre dessa alergia?

13.53 Intolerância à lactose. A intolerância à lactose causa dificuldade na digestão de produtos laticínios que contêm lactose (açúcar do leite). Ela é particularmente comum entre pessoas descendentes de africanos e asiáticos. Nos EUA (ignorando outros grupos e pessoas que se consideram como pertencentes a mais de uma raça), 82% da população são brancos, 14% são negros, e 4% são asiáticos. Além disso, 15% dos brancos, 70% dos negros, e 90% dos asiáticos são intolerantes à lactose.[24]

(a) Qual porcentagem de toda a população é intolerante à lactose?

(b) Qual porcentagem das pessoas que são intolerantes à lactose é de asiáticos?

13.54 (Tópico opcional) O governo deveria ajudar os pobres? Na General Social Survey de 2014, 32% dos amostrados se consideravam democratas, 45% como independentes, 21% como republicanos, e 2% como outros.[25] Quando se perguntou "O governo em Washington deveria fazer todo o possível para melhorar o padrão de vida de todos os americanos pobres?", 23% dos democratas, 18% dos independentes, 4% dos republicanos e 15% de outros concordaram. Dado que uma pessoa concorda que o governo em Washington deveria fazer todo o possível para melhorar o padrão de vida de todos os americanos pobres, use a regra de Bayes para encontrar a probabilidade de que a pessoa se considere democrata.

13.55 (Tópico opcional) Graus acadêmicos e raça. De acordo com o National Center for Education Statistics, em 2016, 26% dos graus acadêmicos foram de associados, 49% foram graus de bacharéis, 20% foram de mestres, e 5% foram de doutores ou outros graus avançados (incluindo graus profissionais de dentistas, médicos e advogados). Asiáticos e pessoas das Ilhas do Pacífico receberam 7% dos graus de associados, 6% receberam graus de bacharéis, 6% receberam graus de mestres, e 11% receberam graus de doutor e outros graus avançados.

(a) Quais são as probabilidades *a priori* para os quatro tipos de graus?

(b) Encontre as probabilidades *a posteriori* para os tipos de graus, dado que a pessoa é asiática ou das Ilhas do Pacífico. A relação entre as probabilidades *a priori* e *a posteriori* é o que você esperava? Explique brevemente.

DNA forense. *Quando o DNA de um suspeito é comparado a uma amostra de DNA coletado no local do crime, a comparação é feita entre certas seções do DNA, chamadas* loci (locais). *Cada* locus (local) *tem dois alelos (formas do gene), um herdado da mãe e o outro herdado do pai. Suponha que haja dois alelos para um* locus *particular, chamados de A e B. Esses alelos poderiam estar presentes no* locus *em três combinações. Uma pessoa poderia ter ambos os alelos A no* locus, *um alelo pode ser A e o outro B, ou ambos os alelos podem ser B, originando as três combinações (A e A), (A e B) e (B e B). Eis como a matemática funciona. Se a proporção da população com alelo A já que pelo menos um dos alelos no* locus *é a, e a proporção da população com alelo B já que pelo menos um dos alelos no* locus *é b, então a proporção da população com as três combinações de tipos de alelos no* locus *é a seguinte:*

Alelos no *locus*	Proporção da população com a combinação de alelos
A e A	a^2
A e B	$2ab$
B e B	b^2

Use essa informação nos Exercícios 13.56 e 13.57. Os números usados nos exercícios são da base de dados do FBI.[26]

13.56 Suponha que o *locus* D21S11 tenha dois alelos, chamados de 29 e 31. A proporção da população caucasiana com alelo 29 é 0,181, e com alelo 31 é 0,071. Qual proporção da população caucasiana tem a combinação (29, 31) no *locus* D21S11? Qual proporção tem a combinação (29, 29)?

13.57 Suponha que o *locus* D3S1358 tenha dois alelos, chamados de 16 e 17. A proporção da população caucasiana com alelo 16 é 0,232, e com alelo 17 é 0,213. Qual proporção da população caucasiana tem a combinação (16, 17) no *locus* D3S1358?

Um fato importante relativo aos loci avaliados nesses testes forenses é que as combinações de alelos em cada locus *se mostraram independentes. Use essa informação no Exercício 13.58.*

13.58 Qual proporção da população caucasiana tem a combinação (29, 31) no *locus* D21S11 e combinação (16, 17) no *locus* D3S1358? À medida que especificamos os alelos presentes em mais *loci*, o que acontecerá à proporção da população caucasiana que igualar as combinações de alelos em todos os *loci*?

Um acusado em Ohio foi indiciado em 17 de dezembro de 2009, sob acusação de roubo agravado e assalto (Estado de Ohio *vs.* Myers, *Caso nº 09 CR 666). Nesse caso, um fio de cabelo encontrado na cena do crime foi testado em seis* loci *e demonstrou uma combinação específica de alelos encontrada em uma proporção de cerca de uma em 1,6 milhão de indivíduos na população. A comparação do perfil do DNA encontrado no fio de cabelo com a base de dados de criminosos condenados revelou uma coincidência entre o perfil alélico encontrado no cabelo e um indivíduo na base de dados (o acusado). Os advogados de defesa no caso requisitaram que o estado realizasse testes adicionais de DNA, porque vários loci não testados anteriormente estavam disponíveis para teste. Os resultados desses testes revelaram que o acusado não tinha coincidência em alguns desses marcadores testados, indicando que o DNA do cabelo não era do acusado, e as acusações foram retiradas. Use essa informação no Exercício 13.59.*

13.59 Se o perfil de DNA (ou combinação de alelos) encontrado no cabelo é de uma pessoa em 1,6 milhão de indivíduos, e a base de dados de criminosos condenados contém 4,5 milhões de indivíduos, aproximadamente quantos indivíduos na base de dados mostrariam uma coincidência entre seu DNA e aquele encontrado no fio de cabelo?

13.60 **São independentes?** Para cada um dos seguintes pares de eventos *A* e *B*, você acha que os eventos são independentes? Explique seu raciocínio.

(a) Você seleciona aleatoriamente um adulto cidadão dos EUA. O evento *A* é "a pessoa é registrada como democrata", e o evento *B* é "a pessoa se opõe à pena de morte".

(b) Você seleciona aleatoriamente um adulto cidadão dos EUA. O evento *A* é "a pessoa é um *baby boomer*" (*baby boomer* são pessoas nascidas no período de 1946 a 1964), e o evento *B* é "a pessoa é a favor da legalização da maconha".

(c) Você escolhe ao acaso uma carta de um baralho de jogos. O evento *A* é "a carta é o rei de copas", e o evento *B* é "a carta é a rainha de ouros".

(d) Você seleciona aleatoriamente um estudante de sua faculdade. O evento *A* é "o estudante está fazendo curso de espanhol", e o evento *B* é "o estudante visitou o México".

CAPÍTULO

14

Após leitura do capítulo, você será capaz de:

14.1 Reconhecer se dada situação é um contexto binomial, no qual a contagem de sucessos tem uma distribuição binomial.

14.2 Determinar se a proporção de sucessos em uma amostra aleatória simples tem, aproximadamente, uma distribuição binomial.

14.3 Usar a fórmula da probabilidade binomial para encontrar probabilidades de eventos em contextos binomiais.

14.4 Usar a tecnologia para realizar cálculos binomiais.

14.5 Encontrar a média e o desvio-padrão de uma variável aleatória que tem uma distribuição binomial.

14.6 Reconhecer quando uma aproximação Normal para uma distribuição binomial é válida e usar a distribuição Normal para aproximar distribuições binomiais.

grafvision/iStock

Distribuições Binomiais*

Iniciamos nosso estudo de probabilidade no Capítulo 12. Introduzimos as regras de probabilidade, os modelos probabilísticos e as distribuições de probabilidade como ferramentas para a descrição e predição do comportamento a longo prazo de fenômenos aleatórios. Neste capítulo, estudaremos uma distribuição de probabilidade muito simples, mas muito útil, para a proporção de vezes em que um evento, com apenas dois resultados possíveis, pode ocorrer, em várias tentativas independentes. No Capítulo 22, usaremos essa distribuição para fazermos inferências sobre a proporção de algum resultado em uma população e, no Capítulo 23, nós a usaremos para a comparação do mesmo resultado em duas populações.

14.1 Contexto binomial e as distribuições binomiais

Uma jogadora de basquete arremessa cinco lances livres; quantos ela acerta? Uma pesquisa amostral disca 1.200 números de telefones residenciais ao acaso; quantos dos números discados correspondem a números residenciais operantes? Você planta 10 cornisos; quantos sobrevivem ao inverno? Em todas essas situações, queremos um modelo de probabilidade para a *contagem* de sucessos obtidos entre um número fixo (conhecido) de tentativas. Esses cenários compartilham os atributos a seguir.

Contexto binomial

1. Há um número fixo n de observações.
2. As n observações são todas independentes. Ou seja, o conhecimento do resultado de uma observação não muda as probabilidades que associamos às outras observações.

*Este capítulo aborda um tópico especial em probabilidade. O material não é necessário para a leitura do restante do livro.

3. Cada observação pertence a uma de apenas duas categorias, que por conveniência chamamos de "sucesso" e "fracasso".
4. A probabilidade de um sucesso, designada por p, é a mesma para qualquer observação.

Pense no lançamento de uma moeda n vezes como um exemplo do contexto binomial. Cada lançamento resulta em cara ou em coroa. O fato de sabermos o resultado de um lançamento não muda a probabilidade de cara em qualquer outra jogada, de modo que os lançamentos são independentes. Se considerarmos cara um sucesso, então p é a probabilidade de uma cara e será sempre a mesma, desde que a mesma moeda esteja sendo lançada. Para o lançamento de uma moeda, p é próximo de 0,5. Se giramos a moeda em uma superfície plana, em vez de lançar, p não é igual a 0,5. O número de caras que contamos é uma variável aleatória discreta X. A distribuição de X é chamada de *distribuição binomial*.

ESTATÍSTICA NO MUNDO REAL

Ele era bom ou tinha sorte?

Quando um jogador de beisebol atinge a marca de 0,300, todo mundo aplaude. Um rebatedor 0,300 consegue um acerto em 30% das vezes em que rebate. Seria possível atingir essa marca de 0,300 em 1 ano por pura sorte? Jogadores típicos da Liga Profissional rebatem cerca de 500 vezes em uma temporada e acertam em cerca de 0,260 das vezes. As tentativas sucessivas de um rebatedor parecem ser independentes (isto é, um rebatedor da Liga Profissional, no meio de uma série, *não* tem mais chance do que o usual de acertar a rebatida), portanto temos um contexto binomial. A partir desse modelo, podemos calcular ou simular a probabilidade de acerto em 0,300 das vezes, que é aproximadamente de 0,025. Entre 100 rebatedores medianos da Liga Profissional, dois ou três a cada ano acertariam 0,300 das vezes, por sorte.

Distribuição binomial

A contagem X de sucessos no contexto binomial tem **distribuição binomial** com parâmetros n e p. O parâmetro n é o número de observações, e p é a probabilidade de um sucesso em qualquer das observações. Os valores possíveis de X são os números inteiros de 0 a n.

⚠ As distribuições binomiais são uma classe importante de modelos probabilísticos discretos. *Fique atento ao contexto binomial, pois nem toda contagem tem distribuição binomial.*

EXEMPLO 14.1 Tipos sanguíneos

A genética diz que os filhos recebem independentemente os genes de seus pais. Cada filho de um casal particular de pais tem probabilidade 0,25 de ter sangue tipo O. Se esses pais têm cinco filhos, o número de crianças com sangue tipo O é o número X de sucessos em cinco ensaios independentes com probabilidade 0,25 de sucesso em cada ensaio. Logo, X tem a distribuição binomial com $n = 5$ e $p = 0,25$.

EXEMPLO 14.2 Contagem de meninos

Eis um conjunto de exemplos de genética que requerem mais cuidado.

Escolha ao acaso dois nascimentos entre os nascimentos do último ano de um grande hospital e conte o número de meninos (0, 1 ou 2). Os gêneros de crianças nascidas de mães diferentes são, certamente, independentes. A probabilidade de que um bebê, escolhido ao acaso, nascido no Canadá e nos Estados Unidos seja um menino é de cerca de 0,52. (Por que não é 0,5 é algo misterioso.) Assim, a contagem de meninos tem distribuição binomial, com $n = 2$ e $p = 0,52$.

Em seguida, observe os sucessivos nascimentos em um grande hospital e seja X o número de nascimentos até que nasça o primeiro menino. Os nascimentos são independentes e cada um tem probabilidade 0,52 de ser um menino. No entanto, X *não* é binomial, porque não há um número fixo de observações. "Contar observações até o primeiro sucesso" é um contexto diferente de "contar o número de sucessos em um número fixo de observações."

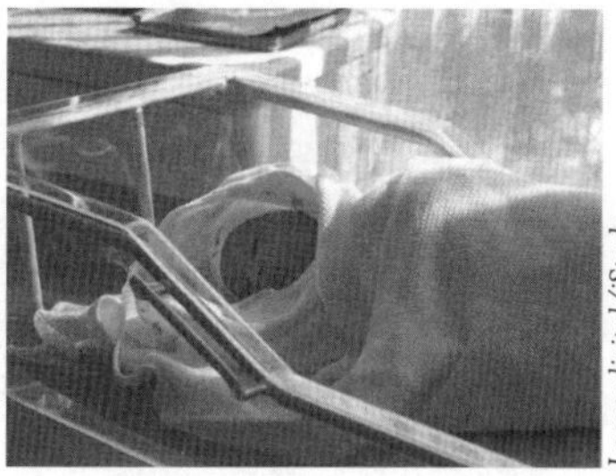
Loceandigital/iStock

Finalmente, escolha ao acaso uma família com exatamente dois filhos e conte o número de meninos. Estudo cuidadoso dessas famílias mostra que a contagem de meninos *não* é binomial: a probabilidade de exatamente 1 menino é muito alta.[1] É pouco provável que as famílias que já têm um menino e uma menina tenham um terceiro filho; assim, quando observamos famílias que pararam em dois filhos, "um de cada" é mais comum do que se observarmos nascimentos escolhidos ao acaso. Os gêneros de crianças sucessivas em famílias de dois filhos *não são independentes*, porque as escolhas dos pais interferem na genética.

14.2 Distribuições binomiais na amostragem estatística

As distribuições binomiais são importantes em estatística quando queremos fazer inferências sobre a proporção p de "sucessos" em uma população. Eis um exemplo típico.

EXEMPLO 14.3 Seleção de uma AAS de tomates

Dano físico aos tomates, que pode ocorrer durante todo o sistema de distribuição, do campo ao consumidor, tem um importante impacto na perda de mercado de tomates frescos. No local de embalagem, um distribuidor inspeciona uma AAS de 10 tomates de um carregamento de 10 mil tomates. Suponha que (sem que o distribuidor saiba) 11% dos tomates no carregamento podem ser considerados não comercializáveis devido a dano físico, mais geralmente amassamentos.[2] Conte o número X de tomates não comercializáveis na amostra.

Esse não é um contexto binomial. A distribuição binomial assume que a AAS de tamanho 10 seja uma série de 10 seleções independentes de um único tomate e que a probabilidade de seleção de um tomate não comercializável seja sempre a mesma para cada seleção. A remoção de um tomate muda a proporção de tomates não comercializáveis que restam no carregamento. Assim, a probabilidade de que o segundo tomate escolhido seja não comercializável muda quando sabemos se o primeiro é, ou não, não comercializável. (Note que isso também viola a suposição de independência, porque a probabilidade em cada seleção aleatória de um tomate depende dos resultados dos tomates selecionados anteriormente.) No entanto, a remoção de um tomate de um carregamento de 10 mil muda muito pouco a configuração dos restantes 9.999. Na prática, a distribuição de X é muito próxima de uma distribuição binomial com $n = 10$ e $p = 0{,}11$.

Distribuição amostral de uma contagem

Selecione uma AAS de tamanho n de uma população com proporção p de sucessos. Quando o tamanho amostral é menor do que 5% do tamanho da população, a contagem X de sucessos na amostra tem distribuição aproximadamente binomial, com parâmetros n e p.

O Exemplo 14.3 mostra como podemos usar as distribuições binomiais no contexto estatístico de seleção de uma AAS. Quando a população é muito maior do que a amostra, o número de sucessos em uma AAS de tamanho n tem aproximadamente distribuição binomial, sendo n igual ao tamanho da amostra e p igual à proporção de sucessos na população.

No Exemplo 14.3, o tamanho amostral de 10 é muito menor do que 5% do tamanho da população de 10 mil, de modo que podemos, com segurança, agir como se o número de tomates não comercializáveis em nossa amostra tivesse distribuição aproximadamente binomial. Se você estiver extraindo uma amostra de 20 estudantes de sua turma de estatística com 100 estudantes para estimar a proporção na turma dos que vivem fora do *campus*, a contagem X do número de estudantes em sua amostra que vivem fora do *campus* não tem distribuição aproximadamente binomial, uma vez que você está amostrando mais de 5% da população.

APLIQUE SEU CONHECIMENTO

Em cada um dos Exercícios 14.1 a 14.3, X é o resultado de uma contagem. X tem uma distribuição binomial? Dê suas razões para cada caso.

14.1 Taxas de resposta para discagem de dígitos aleatórios. Quando uma pesquisa de opinião usa a discagem de dígitos aleatórios para a seleção de respondentes para a pesquisa, a taxa de resposta (a porcentagem dos que realmente fornecem uma resposta útil para a pesquisa) é de aproximadamente 10% para pessoas contatadas pelo telefone celular.[3] Um pesquisador disca 20 números de telefones celulares. X é o número dos que respondem à pesquisa.

14.2 Taxas de resposta para discagem de dígitos aleatórios. Quando uma pesquisa de opinião usa a discagem de dígitos aleatórios para a seleção de respondentes para a pesquisa, a taxa de resposta é de aproximadamente 10% para pessoas contatadas pelo telefone celular. Você observa um pesquisador discar números de telefones celulares que foram selecionados dessa maneira. X é número de chamadas até que a primeira pessoa responda à pesquisa.

14.3 Caixas de cerâmicas. Caixas de cerâmicas de piso de seis polegadas contêm 40 cerâmicas por caixa. A contagem X é o número de cerâmicas quebradas em uma caixa. Você observou que a maioria das caixas não contém cerâmicas quebradas, mas, se há cerâmicas quebradas em uma caixa, em geral são muitas.

14.4 Adultos incapacitados no Canadá. Statistics Canada relata que 22,3% dos adultos canadenses (idades de 15 anos ou mais) relatam ser limitados em suas atividades diárias devido a uma incapacidade.[4] Se você extrai uma AAS de 4 mil canadenses com idade de 15 anos ou mais, qual é a distribuição aproximada do número em sua amostra dos que relatam serem limitados em suas atividades diárias devido a uma incapacidade? Explique por que a aproximação é válida nessa situação.

14.3 Probabilidades binomiais

Podemos encontrar uma fórmula para a probabilidade de uma variável aleatória binomial assumir qualquer valor, somando as probabilidades das diferentes maneiras de obter exatamente essa quantidade de sucessos em n observações. A seguir, está um exemplo para ilustrar essa ideia.

EXEMPLO 14.4 Herança de tipo sanguíneo

Os tipos sanguíneos de crianças nascidas dos mesmos pais são independentes e têm probabilidades fixas, que dependem da constituição genética dos pais. Cada filho que nasce de um conjunto particular de pais tem probabilidade 0,25 de ter sangue tipo O. Se esses pais têm cinco filhos, qual é a probabilidade de exatamente dois deles terem tipo sanguíneo O?

O número de filhos com sangue tipo O é uma variável aleatória binomial X com $n = 5$ tentativas e probabilidade $p = 0{,}25$ de sucesso em cada tentativa. Queremos $P(X = 2)$.

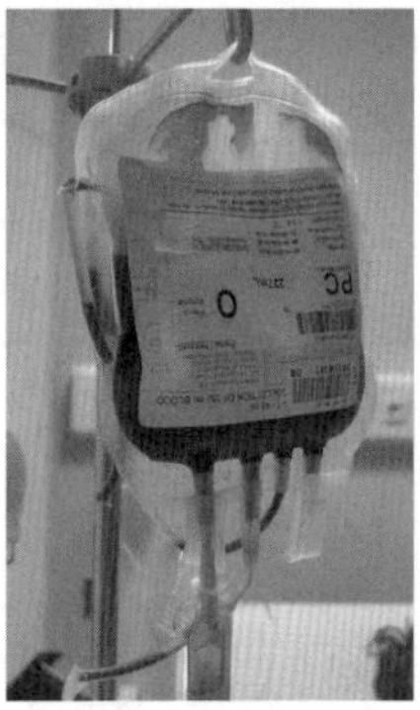

Poetra Dimatra/iStock

Como o método não depende de um exemplo específico, vamos usar "S" para sucesso e "F" para fracasso, para abreviar, com um sucesso representando sangue tipo O. Faça esse trabalho em duas etapas.

Passo 1. Encontre a probabilidade de que duas tentativas específicas das cinco - digamos a primeira e a terceira - resultem em sucesso. Esse é o resultado SFSFF. Como as tentativas são independentes, a regra da multiplicação para eventos independentes pode ser aplicada. A probabilidade que desejamos é

$$\begin{aligned} P(\text{SFSFF}) &= P(S)P(F)P(S)P(F)P(F) \\ &= (0{,}25)(0{,}75)(0{,}25)(0{,}75)(0{,}75) \\ &= (0{,}25)^2(0{,}75)^3 \end{aligned}$$

ESTATÍSTICA NO MUNDO REAL

O que parece aleatório?

Jogue uma moeda seis vezes e registre cara (K) ou coroa (C) em cada jogada. Qual destes resultados é mais provável: KCKCCK ou CCCKKK? Quase todos dizem que KCKCCK é mais provável porque CCCKKK não "parece aleatório". Na verdade, ambos são igualmente prováveis. O fato de cara ter probabilidade 0,5 indica que cerca de metade de uma sequência muito longa de jogadas será de caras. Não indica que caras e coroas devem aparecer quase se alternando, no curto prazo. A moeda não sabe quais foram os resultados anteriores, e não pode tentar criar uma sequência equilibrada.

Passo 2. Observe que *qualquer sequência* com dois Ss e três Fs tem essa mesma probabilidade. Isso é verdade porque multiplicamos os fatores 0,25 duas vezes e 0,75 três vezes, sempre que obtivermos dois sucessos e três fracassos. A probabilidade de $X = 2$ é a probabilidade de obtermos dois sucessos e três fracassos em qualquer que seja a sequência. Eis todas as sequências possíveis:

SSFFF SFSFF SFFSF SFFFS FSSFF

FSFSF FSFFS FFSSF FFSFS FFFSS

Há 10 dessas sequências, todas com a mesma probabilidade. A probabilidade geral de dois sucessos é, portanto,

$$P(X = 2) = 10(0{,}25)^2(0{,}75)^3 = 0{,}2637$$

O padrão desse cálculo funciona para qualquer variável aleatória binomial. Para utilizá-lo, devemos contar o número de sequências com k sucessos em n observações. Usamos o seguinte fato para fazer a contagem sem, na verdade, listar todos os arranjos.

Coeficiente binomial

O número de maneiras de arranjar k sucessos em n observações é dado pelo **coeficiente binomial**

$$\binom{n}{k} = \frac{n!}{k!(n-k)!}$$

para $k = 0, 1, 2, ..., n$.

A fórmula para os coeficientes binomiais usa a notação *fatorial*. Para qualquer número inteiro positivo n, seu **fatorial $n!$** é

$$n! = n \times (n-1) \times (n-2) \times \cdots \times 3 \times 2 \times 1$$

Além disso, define-se $0! = 1$.

O maior dos dois fatoriais no denominador de um coeficiente binomial cancelará grande parte do $n!$ no numerador. Por exemplo, o coeficiente binomial de que precisamos para o Exemplo 14.4 é

$$\begin{aligned} \binom{5}{2} &= \frac{5!}{(2!)(3!)} \\ &= \frac{(5)(4)(3)(2)(1)}{(2)(1) \times (3)(2)(1)} \\ &= \frac{(5)(4)}{(2)(1)} = \frac{20}{2} = 10 \end{aligned}$$

O coeficiente binomial $\binom{5}{2}$ *não está relacionado à fração* $\frac{5}{2}$. O que pode ajudar você a se lembrar de seu significado é ler essa notação como "5, 2 a 2". Coeficientes binomiais têm muitos usos, mas só nos interessam como um auxílio na obtenção de probabilidades binomiais. O coeficiente binomial $\binom{n}{k}$ conta o número de maneiras diferentes nas quais k sucessos podem ser arranjados entre n observações. A *probabilidade binomial* $P(X = k)$ é esse número multiplicado pela probabilidade de qualquer sequência específica de k sucessos. Eis o resultado que buscamos.

Probabilidade binomial

Se X tem distribuição binomial com n observações e probabilidade p de sucesso em cada observação, os valores possíveis de X são 0, 1, 2, ..., n. Se k é qualquer um desses valores,

$$P(X = k) = \binom{n}{k} p^k (1-p)^{n-k}$$

EXEMPLO 14.5 Inspeção de tomates

O número X de tomates não comercializáveis no Exemplo 14.3 tem, aproximadamente, a distribuição binomial com $n = 10$ e $p = 0{,}11$.

A probabilidade de que a amostra contenha não mais que um tomate não comercializável é

$$\begin{aligned} P(X \leq 1) &= P(X = 1) + P(X = 0) \\ &= \binom{10}{1}(0{,}11)^1(0{,}89)^9 + \binom{10}{0}(0{,}11)^0(0{,}89)^{10} \\ &= \frac{10!}{(1!)(9!)}(0{,}11)(0{,}3504) + \frac{10!}{(0!)(10!)}(1)(0{,}3118) \\ &= (10)(0{,}11)(0{,}3504) + (1)(1)(0{,}3118) \\ &= 0{,}3854 + 0{,}3118 = 0{,}6972 \end{aligned}$$

Esse cálculo usa o fato de que $0! = 1$ e de que $a^0 = 1$ para qualquer número a diferente de 0. Vemos que cerca de 70% de todas as amostras conterão não mais do que um tomate não comercializável. Na verdade, cerca de 31% das amostras não conterão qualquer tomate não comercializável. Não se pode confiar em uma amostra de tamanho 10 para alertar o distribuidor sobre a presença de tomates inaceitáveis no carregamento.

A regra do complementar, descrita no Capítulo 12, pode tornar mais simples o cálculo de certas probabilidades binomiais. Por exemplo, a probabilidade de que a amostra contenha pelo menos um tomate não comercializável é

$$\begin{aligned} P(X \geq 1) &= P(X = 1) + P(X = 2) + \cdots + P(X = 10) \\ &= 1 - P(X = 0) \\ &= 1 - 0{,}3118 = 0{,}6882 \end{aligned}$$

Ao calcular probabilidades binomiais a mão, é útil ter em mente a regra do complementar.

14.4 Exemplos de tecnologia

A fórmula de probabilidade binomial é complicada de se usar, a menos que o número de observações n seja pequeno. Você pode encontrar tabelas de probabilidades binomiais $P(X = k)$ e de probabilidades acumuladas $P(X \leq k)$ para valores selecionados de n e p, mas a maneira mais eficiente de fazer cálculos binomiais é com o uso da tecnologia. A Figura 14.1 mostra as saídas para os cálculos do Exemplo 14.5 de uma calculadora gráfica, de dois programas estatísticos e de uma planilha de cálculos. Solicitamos a todos os quatro que fornecessem probabilidades acumuladas. A calculadora, o Minitab e o CrunchIt! têm entradas no menu para cálculo de probabilidades binomiais acumuladas. O Excel não tem uma entrada no menu, mas a função DISTR.BINOM da planilha está disponível. Todas as quatro saídas fornecem o mesmo resultado 0,6972 para o Exemplo 14.5.

APLIQUE SEU CONHECIMENTO

14.5 **Revisão de texto.** Erros de digitação em um texto são erros de não palavra (como quando se digita "mue" em vez de "meu") ou erros de palavra, que resultam em palavra real, mas incorreta. Programas de revisão descobrem erros de não palavras, mas não os erros de palavras. Revisores humanos conseguem identificar 70% dos erros de palavras. Você pede a um colega estudante que revise um artigo no qual você cometeu, deliberadamente, 10 erros de palavras.

(a) Se o estudante alcança a taxa usual de 70%, qual é a distribuição do número de erros encontrados? Qual é a distribuição do número de erros não encontrados?

(b) Deixar de encontrar três ou mais erros em 10 parece um desempenho fraco. Qual é a probabilidade de que um revisor, que encontra 70% de erros de palavras, deixe de encontrar exatamente três em 10? Se você usar um programa, ache também a probabilidade de ele não encontrar três ou mais em 10.

14.6 **Taxas de resposta para a discagem de dígitos aleatórios.** Quando uma pesquisa de opinião usa a discagem de dígitos aleatórios para pesquisas, a taxa de resposta é de, aproximadamente, 10% para pessoas contatadas por telefone celular. Você observa a máquina de discagem aleatória fazer 20 chamadas de números de telefones celulares.

(a) Qual é a probabilidade de exatamente duas chamadas resultarem em uma resposta?

(b) Qual é a probabilidade de, no máximo, duas chamadas resultarem em uma resposta?

(c) Qual é a probabilidade de, pelo menos, duas chamadas resultarem em uma resposta?

(d) Qual é a probabilidade de menos de duas chamadas resultarem em uma resposta?

(e) Qual é a probabilidade de mais de duas chamadas resultarem em uma resposta?

14.7 Google faz binomial. Aponte seu navegador da internet para www.google.com. Em vez de pesquisar na rede ou procurar por imagens, você pode pedir um cálculo na caixa de busca.

(a) Introduza **5, 2 a 2** e tecle ENTER. O que o Google retorna?

(b) Você observa que o Google calcula o coeficiente binomial "5, 2 a 2". Quais são os valores dos coeficientes binomiais para "500, 2 a 2" e "500, 100 a 100"? Esperamos que haja mais maneiras de escolher 100 do que 2, mas quanto mais pode ser uma surpresa. Aquele e+107 na resposta do Google significa um 1 seguido de 107 zeros.

(c) Google também calcula probabilidades binomiais. Introduza **(10, 1 a 1) * 0,11 * 0,89 ^ 9** para encontrar P(X = 1) no Exemplo 14.5. Qual é a resposta do Google com todas as casas decimais?

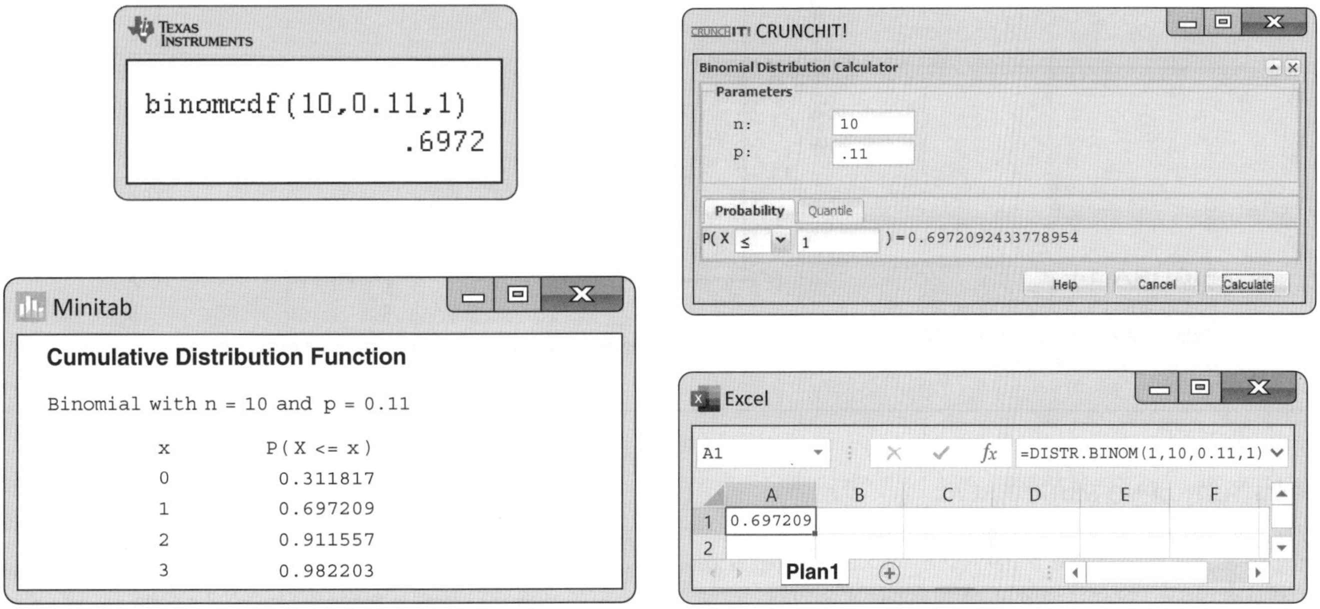

FIGURA 14.1
A probabilidade binomial $P(X \leq 1)$ para o Exemplo 14.5: as saídas de uma calculadora gráfica, de dois programas estatísticos e de um programa de planilha.

14.5 Média e desvio-padrão da binomial

Se uma contagem X tem distribuição binomial baseada em n observações com probabilidade p de sucesso, qual é a sua média μ? Ou seja, em realmente muitas repetições do contexto da binomial, qual será a contagem média de sucessos? Podemos adivinhar a resposta. Se uma jogadora de basquete acerta 80% de seus lances livres, o número médio de acertos em 10 tentativas deveria ser 80% de 10, ou 8. Em geral, a média de uma distribuição binomial deveria ser $\mu = np$. A seguir, apresentamos os fatos.

Média e desvio-padrão da binomial

Se uma contagem X tem distribuição binomial com número n de observações e probabilidade de sucesso p, a **média** e o **desvio-padrão** de X são

$$\mu = np$$
$$\sigma = \sqrt{np(1-p)}$$

Lembre-se de que essas fórmulas simples são válidas apenas para distribuições binomiais. Não podem ser usadas para outras distribuições.

EXEMPLO 14.6 Inspeção de tomates

Em continuação ao Exemplo 14.5, o número X de tomates não comercializáveis é binomial, com $n = 10$ e $p = 0{,}11$. O histograma na Figura 14.2 exibe essa distribuição de probabilidade. (Como as probabilidades são proporções no longo prazo, o uso das probabilidades como a altura das barras mostra qual seria a distribuição de X em muitas repetições.) A distribuição é fortemente assimétrica à direita. Embora X possa assumir qualquer valor inteiro de zero a 10, as probabilidades de valores maiores do que cinco são tão pequenas que não aparecem no histograma.

A média e o desvio-padrão da distribuição binomial na Figura 14.2 são

$$\mu = np$$
$$= (10)(0{,}11) = 1{,}1$$
$$\sigma = \sqrt{np(1-p)}$$
$$= \sqrt{(10)(0{,}11)(0{,}89)} = \sqrt{0{,}979} = 0{,}9894$$

A média está assinalada no histograma de probabilidade na Figura 14.2

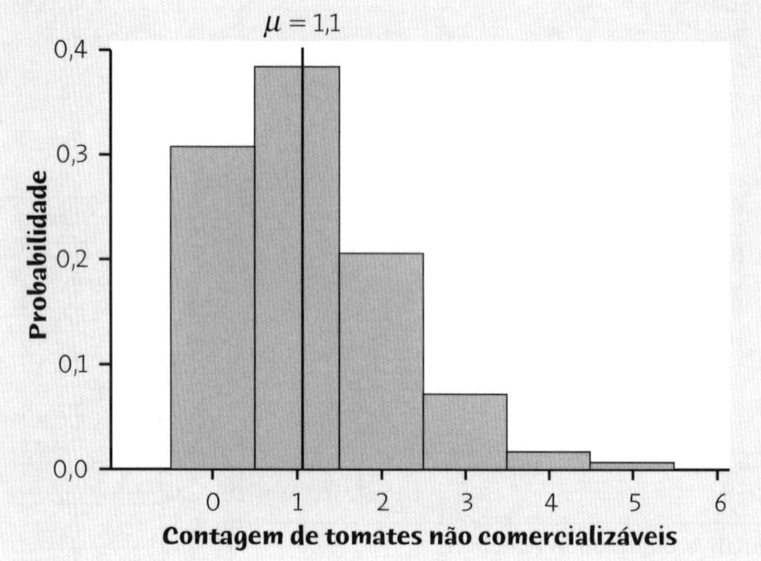

FIGURA 14.2 Histograma de probabilidade da distribuição binomial com $n = 10$ e $p = 0{,}11$, para o Exemplo 14.6.

ESTATÍSTICA NO MUNDO REAL

Aleatoriedade transforma prata em bronze

Depois de muitas acusações de favoritismo dos juízes, as regras para pontuação nas competições internacionais de patinação artística mudaram em 2004. A grande mudança foi que 12 juízes pontuam todas as apresentações e, então, os escores de três juízes são retirados aleatoriamente em cada parte do programa. Assim, há $\binom{12}{9} = 220$ painéis possíveis de nove juízes para, digamos, "Patinação Livre", e esses painéis terão escores ligeiramente diferentes. Resultado: no World Figure Skating Championships de 2006, o par russo Maria Petrova e Alexei Tikhonov recebeu a medalha de bronze quando o consenso de todos os 12 juízes seria o de lhe dar a medalha de prata. O sistema foi mudado novamente em 2008 e agora usa um painel de nove juízes e eliminou-se a retirada aleatória de escores. Os escores mais alto e mais baixo entre os nove juízes são retirados, e o desempenho é simplesmente a média dos sete juízes restantes.

APLIQUE SEU CONHECIMENTO

14.8 Taxas de resposta em discagem de dígitos aleatórios. Quando uma pesquisa de opinião usa a discagem de dígitos aleatórios para a seleção de respondentes para a pesquisa, a taxa de resposta é de aproximadamente 10% para pessoas contatadas por telefones celulares. Você observa um pesquisador discar 20 números de telefones celulares usando a discagem de dígitos aleatórios.

(a) Qual é o número médio de chamadas que resultam em uma resposta?

(b) Qual é o desvio-padrão σ do número de chamadas que resultam em uma resposta?

(c) Suponha que a probabilidade de obter uma resposta seja de $p = 0{,}05$. Como esse novo p afeta o desvio-padrão? Qual seria o desvio-padrão se $p = 0{,}01$? O que o seu trabalho mostra sobre o comportamento do desvio-padrão de uma distribuição binomial à medida que a probabilidade de sucesso se aproxima de zero?

14.9 Revisão de texto. Retorne ao contexto de revisão de texto do Exercício 14.5.

(a) Se X é o número de erros de palavras não encontrados, qual é a distribuição de X? Se Y é o número de erros de palavras encontrados, qual é a distribuição de Y?

(b) Qual é o número médio de erros encontrados? Qual é o número médio de erros não encontrados? As contagens médias de sucessos e fracassos sempre têm soma n, o número de observações.

(c) Qual é o desvio-padrão do número de erros encontrados? Qual é o desvio padrão do número de erros não encontrados? Os desvios-padrão da contagem de sucessos e da contagem de fracassos são sempre iguais.

14.6 Aproximação normal para distribuições binomiais

Não é prático utilizar a fórmula para probabilidades binomiais quando o número de observações n é grande. (Ver parte (b) do Exercício 14.7 para saber por quê.) Um programa ou uma calculadora gráfica lidam com muitos problemas que estão além do alcance de cálculos manuais. Como uma alternativa ao uso da tecnologia, quando n é grande, podemos usar os cálculos da probabilidade Normal para aproximar as probabilidades binomiais. Eis os fatos.

A aproximação Normal é fácil de ser lembrada, pois nos diz que X se comporta como se fosse Normal, com exatamente a mesma média e o mesmo desvio-padrão da binomial. A precisão da aproximação Normal melhora à medida que o tamanho da amostra n aumenta. Para qualquer n fixo, ela é mais precisa quando p está próximo de $1/2$, e menos precisa quando p está próximo de 0 ou 1. Essa é a razão para nossa "regra empírica" depender tanto de p quanto de n.

Aproximação normal para distribuições binomiais

Suponha que uma contagem X tenha distribuição binomial com n observações e probabilidade de sucesso p. Quando n é grande, a distribuição de X é aproximadamente Normal, $N(np, \sqrt{np(1-p)})$.

Como uma regra empírica, a aproximação Normal poderá ser usada quando n for grande o suficiente para que $np \geq 10$ e $n(1-p) \geq 10$.

EXEMPLO 14.7 Morar com os pais

Começando em 2016 e pela primeira vez desde 1880, jovens adultos, com idade de 18 a 34 anos, têm mais chance de estar morando com um dos pais do que com um parceiro romântico em sua própria casa. Embora aproximadamente 32% dos jovens adultos agora morem com um dos pais, isso varia por gênero, com 34% dos homens morando com um dos pais *versus* 29% das mulheres.[5] Em uma amostra de âmbito nacional de 1.200 jovens adultos, qual é a probabilidade de que 400 ou mais morem com um dos pais?

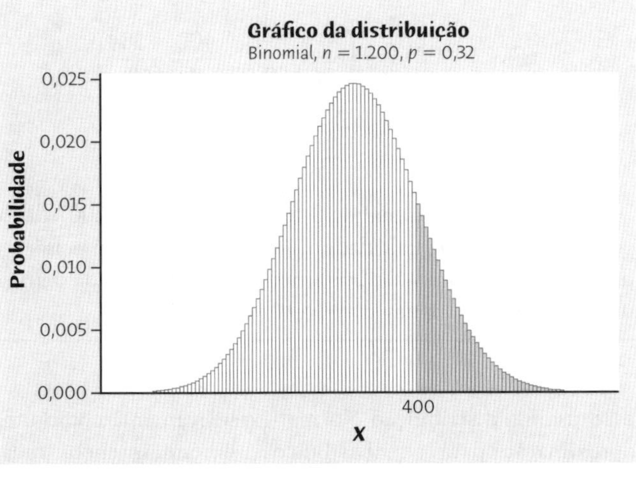

FIGURA 14.3
Histograma de probabilidade para a distribuição binomial com n = 1.200, p = 0,32. As barras em 400 e acima estão sombreadas para enfatizar a probabilidade de, pelo menos, 400 sucessos. A forma dessa distribuição de probabilidade binomial se parece bastante com uma curva Normal.

Como existem mais de 60 milhões de jovens adultos nos Estados Unidos, o tamanho amostral de 1.200 é muito menor do que 5% da população. Assim, o número em nossa amostra dos que moram com um dos pais é uma variável aleatória X que tem a distribuição binomial com n = 1.200 e p = 0,32. Para determinarmos a probabilidade $P(X \geq 400)$ de que, pelo menos, 400 dos jovens adultos na amostra estejam morando com um dos pais, devemos somar as probabilidades binomiais de todos os resultados, desde X = 400 até X = 1.200. A Figura 14.3 é um histograma de probabilidade dessa distribuição binomial, do Minitab. Como a aproximação Normal sugere, a forma da distribuição se parece com a Normal. A probabilidade que desejamos é a soma das alturas das barras sombreadas. Ver, a seguir, três maneiras de encontrar essa probabilidade.

1. Use tecnologia. Programas estatísticos podem encontrar a probabilidade binomial exata. Na maioria dos casos, os programas encontram probabilidades acumuladas $P(X \leq x)$. Assim, comece por escrever

$$P(X \geq 400) = 1 - P(X \leq 399)$$

Eis a resposta do Minitab para $P(X \leq 399)$:

```
Binomial with n = 1200 and p = 0,32
x      p(X<=x)
399    0,831350
```

A probabilidade que desejamos é 1 - 0,831350 = 0,168650, correta até seis casas decimais.

2. Simule um grande número de amostras. A Figura 14.4 exibe um histograma das contagens X a partir de 5 mil amostras de tamanho 1.200, quando a verdade sobre a população é $p = 0,32$. A distribuição simulada, como a distribuição exata na Figura 14.3, parece Normal. Visto que em 832 dessas 5 mil amostras o valor de X é de pelo menos 400, a probabilidade estimada a partir da simulação é

$$P(X \geq 400) = \frac{832}{5.000} = 0,1664$$

Essa estimativa não atinge a verdadeira probabilidade por cerca de 0,002. A lei dos grandes números diz que os resultados dessas simulações sempre se aproximam da verdadeira probabilidade quando simulamos mais e mais amostras.

3. Os dois métodos anteriores requerem um *software*. Podemos evitar isso, usando a aproximação Normal.

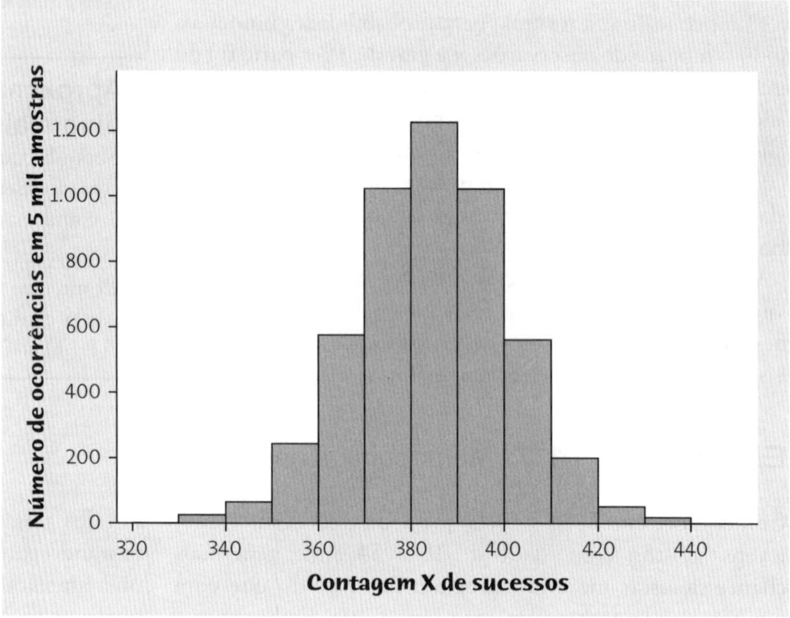

FIGURA 14.4
Histograma de 5 mil contagens binomiais simuladas (n = 1.200, p = 0,32).

EXEMPLO 14.8 Aproximação Normal de uma probabilidade binomial

Aproxime a contagem X no Exemplo 14.7 usando a distribuição Normal, com a mesma média e mesmo desvio-padrão da distribuição binomial:

$$\mu = np = (1.200)(0,32) = 384$$

$$\sigma = \sqrt{np(1-p)} = \sqrt{(1.200)(0,32)(0,68)} = 16,159$$

A padronização de X resulta em uma variável Normal padrão Z. A probabilidade desejada é

$$P(X \geq 400) = P\left(\frac{X - 384}{16,159} \geq \frac{400 - 384}{16,159}\right)$$
$$= P(Z \geq 0,99)$$
$$= 1 - 0,8389 = 0,1611$$

A aproximação Normal de 0,1611 difere apenas 0,007 do verdadeiro resultado calculado no Exemplo 14.7. A precisão da aproximação Normal pode, em geral, ser melhorada pelo uso da *correção de continuidade* (ver Exercício 14.43).

Com a disponibilidade da tecnologia para cálculos binomiais, inclusive calculadoras binomiais *online*, há pouca razão para não usarmos os cálculos exatos para as probabilidades binomiais. A concordância muito próxima da simulação e da aproximação Normal com o cálculo exato não implica que devamos usá-los quando cálculos exatos estão disponíveis. A razão para descrevê-los nesse caso simples é que as simulações e a aproximação Normal são, ambas, úteis em outros contextos, quando os cálculos exatos se tornam muito complexos, mesmo com a tecnologia. O Capítulo 32 descreve métodos estatísticos com base em simulações, e os Capítulos 22, 23, e 28 usam a distribuição Normal extensivamente como uma aproximação para as distribuições binomiais encontradas nesses capítulos.

applet

O *applet* Normal Approximation to Binomial (conteúdo em inglês) mostra, de forma visual, quão bem a aproximação Normal se ajusta à distribuição binomial para quaisquer n e p. Você pode deslizar n e observar a aproximação melhorar. O fato de a aproximação ser, ou não, satisfatória depende de quão exatos seus cálculos precisam ser. Para a maioria dos propósitos estatísticos, não se requer grande precisão. Nossa regra empírica para o uso da aproximação Normal reflete esse julgamento.

APLIQUE SEU CONHECIMENTO

14.10 Uso da lei de Benford. De acordo com a lei de Benford (Exemplo 12.7), a probabilidade de o primeiro dígito da quantia em uma fatura escolhida aleatoriamente ser 1 ou 2 é de 0,477. Você examina 90 faturas de um vendedor e constata que 29 têm primeiros dígitos 1 ou 2. Se a lei de Benford for válida, o número de vezes que aparecem 1 e 2 terá a distribuição binomial com $n = 90$ e $p = 0{,}477$. Um número muito pequeno de 1s e 2s nos primeiros dígitos das faturas sugere fraude. Qual é a probabilidade aproximada de 29 ou menos 1s e 2s, se as faturas seguem a lei de Benford? Você suspeita que as quantias nas faturas não sejam legítimas?

14.11 Admissões à faculdade. Uma pequena faculdade de artes liberais em Ohio gostaria de ter uma turma de calouros de 500 estudantes no próximo ano. A experiência passada mostra que cerca de 40% dos estudantes admitidos decidirão entrar. A faculdade, portanto, planeja admitir 1.250 estudantes. Suponha que os estudantes tomem suas decisões independentemente e que a probabilidade seja de 0,40 de que um aluno, escolhido ao acaso, aceite a oferta de admissão.

(a) Quais são a média e o desvio-padrão do número de estudantes que aceitam a oferta de admissão dessa faculdade?

(b) Usando a aproximação Normal, qual é a probabilidade aproximada de que a faculdade obtenha mais estudantes do que deseja? Verifique se você pode usar a aproximação com segurança.

(c) Use um programa ou uma calculadora binomial *online* para calcular a probabilidade exata de que a faculdade obtenha mais estudantes do que deseja. Quão boa é a aproximação da parte (b)?

(d) Para diminuir a probabilidade de obter mais estudantes do que deseja, a faculdade precisa aumentar ou diminuir o número de estudantes que ela admite? Usando um programa ou uma calculadora binomial *online*, qual é o maior número de estudantes que a faculdade pode admitir, se os administradores quiserem que a probabilidade exata de obter mais estudantes do que desejam não seja maior do que 5%?

14.12 Verificação de erros de pesquisa. Uma maneira de verificar o efeito da subcobertura, não resposta e outras fontes de erro em uma pesquisa amostral é comparar a amostra com fatos conhecidos sobre a população. Cerca de 24% da população canadense são de primeira geração – isto é, nasceram fora do Canadá.[6] O número X de canadenses de primeira geração em amostras aleatórias de 1.500 pessoas deve, portanto, variar de acordo com a distribuição binomial ($n = 1.500$, $p = 0{,}24$).

(a) Quais são a média e o desvio-padrão de X?

(b) Use a aproximação Normal para achar a probabilidade de a amostra conter entre 340 e 390 canadenses de primeira geração. Certifique-se de verificar se é possível o uso da aproximação com segurança.

RESUMO

- O número X de sucessos tem uma **distribuição binomial** no **contexto binomial**: há n observações, as observações são independentes entre si, cada observação resulta em um sucesso ou em um fracasso, e cada observação tem a mesma probabilidade p de sucesso.
- A distribuição binomial com n observações e probabilidade p de sucesso fornece uma boa aproximação para a distribuição amostral da contagem de sucessos em uma AAS de tamanho n de uma população grande, que tem proporção p de sucesso.
- Se X tem distribuição binomial com parâmetros n e p, os valores possíveis de X são os números inteiros 0, 1, 2, ..., n. A **probabilidade binomial** de X assumir qualquer desses valores é

$$P(X = k) = \binom{n}{k} p^k (1 - p)^{n-k}$$

- Na prática, é melhor o cálculo de probabilidades binomiais com o uso de um *software*.
- O **coeficiente binomial**

$$\binom{n}{k} = \frac{n!}{k!(n-k)!}$$

conta o número de maneiras nas quais k sucessos podem ser distribuídos em n observações. Aqui **fatorial $n!$** é

$$n! = n \times (n-1) \times (n-2) \times \cdots \times 3 \times 2 \times 1$$

para números n inteiros positivos, e $0! = 1$.

- A média e o desvio-padrão de uma contagem binomial X são

$$\mu = np$$
$$\sigma = \sqrt{np(1-p)}$$

- A **aproximação Normal para a distribuição binomial** nos diz que, se X é uma contagem que tem distribuição binomial com parâmetros n e p, então, quando n é grande, X é aproximadamente $N(np, \sqrt{np(1-p)})$. Use essa aproximação apenas quando $np \geq 10$ e $n(1 - p) \geq 10$.

VERIFIQUE SUAS HABILIDADES

14.13 Larry lê que metade de todos os ovos superjumbo contêm gema dupla. Assim, ele sempre compra ovos superjumbo e usa dois quando cozinha. Se os ovos contêm ou não duas gemas independentemente um do outro, o número de ovos com duas gemas quando Larry usa dois escolhidos ao acaso tem a distribuição

(a) binomial, com $n = 2$ e $p = 1/2$.

(b) binomial, com $n = 2$ e $p = 1/3$.

(c) binomial, com $n = 3$ e $p = 1/2$.

14.14 No exercício anterior, a probabilidade de que pelo menos um dos dois ovos escolhidos por Larry contenha duas gemas é de

(a) 0,75. (b) 0,50. (c) 0,33.

14.15 Em um grupo de 10 estudantes de faculdade, três fazem especialização em psicologia. Você escolhe três dos 10 estudantes ao acaso e pergunta qual a sua especialização. A distribuição do número de especializações em psicologia que você escolhe é

(a) binomial, com $n = 10$ e $p = 0,3$.

(b) binomial, com $n = 3$ e $p = 0,3$.

(c) não binomial.

Em um teste para ESP (percepção extrassensorial), diz-se a um sujeito que cartas que o experimentador pode ver, mas não o sujeito, contêm ou uma estrela, um círculo, uma onda, ou um quadrado. À medida que o experimentador olha para cada uma das quatro cartas, o sujeito dá o nome da forma na carta. Um sujeito que está apenas adivinhando tem probabilidade 0,25 de adivinhar corretamente em cada carta. As Questões 14.16 até 14.18 usam essa informação.

14.16 Se o sujeito adivinha duas formas corretamente e duas incorretamente, de quantas maneiras você pode arranjar a sequência de adivinhações corretas e incorretas?

(a) $\binom{3}{2} = 3$ (b) $\binom{4}{2} = 12$ (c) $\binom{4}{2} = 6$

14.17 Suponha que as adivinhações do sujeito sejam independentes umas das outras. A probabilidade de que o sujeito adivinhe a forma corretamente na primeira e última cartas, mas incorretamente nas outras duas cartas, é de cerca de

(a) 0,211.

(b) 0,045.

(c) 0,035.

14.18 Suponha que as adivinhações do sujeito sejam independentes umas das outras. A probabilidade de que o sujeito adivinhe a forma corretamente em exatamente metade das vezes é de cerca de

(a) 0,250.

(b) 0,211.

(c) 0,035.

Cada entrada em uma tabela de dígitos aleatórios, como a Tabela B, tem probabilidade 0,1 de ser qualquer dos 10 dígitos de 0 a 9, e os dígitos são independentes uns dos outros. Os Exercícios 14.19 a 14.21 usam esse contexto.

14.19 A probabilidade de uma entrada ser um 0, um 1, ou um 2 é

(a) 0,1.

(b) 0,2.

(c) 0,3.

14.20 Cada linha da Tabela B tem 40 dígitos. O número de vezes que um 0, um 1, ou um 2 ocorrem em *duas linhas* da tabela é

(a) binomial, com $n = 80$ e $p = 0,3$.

(b) binomial, com $n = 40$ e $p = 0,3$.

(c) binomial, com $n = 30$ e $p = 0,1$.

14.21 O número médio de vezes que um 0, um 1, ou um 2 ocorrem em *duas linhas* da tabela

(a) 24.

(b) 12.

(c) 3.

EXERCÍCIOS

14.22 Contexto binomial? Em cada uma das situações a seguir, é razoável usar uma distribuição binomial para a variável aleatória X? Justifique sua resposta em cada caso.

(a) Um fabricante de automóveis seleciona um carro a cada hora de produção para uma detalhada inspeção de qualidade. Uma variável registrada é o número X de defeitos de acabamento (pequenos amassados, ondulações etc.) na pintura do carro.

(b) O grupo de possíveis jurados em um caso de assassinato contém 100 pessoas escolhidas ao acaso entre a população adulta de uma grande cidade. Pergunta-se a cada pessoa no grupo se ela é contra a pena de morte; X é o número das que respondem sim.

(c) Joe compra, todas as semanas, um bilhete da loteria "Escolha 3" de seu estado; X é o número de vezes por ano em que ele é premiado.

14.23 Contexto binomial? Uma distribuição binomial estará aproximadamente correta como modelo para um dos dois contextos esportivos a seguir e não para o outro. Explique por que, discutindo brevemente ambos os contextos.

(a) Um atacante da Liga Nacional de Futebol acertou 90% de suas tentativas de gol no passado. Nesta temporada, ele tem 20 tentativas de gol. As tentativas diferem grandemente em distância, ângulo, vento e outros.

(b) Um jogador da Associação Nacional de Basquetebol acertou 90% de seus lances livres no passado. Nesta temporada, ele recebe 150 lances livres. As tentativas de lances livres no basquete são sempre feitas a 15 pés (cerca de 4,5 m) de distância de cesta, sem qualquer interferência de outros jogadores.

14.24 Resistência a antibióticos. De acordo com estimativas do CDC, pelo menos 2,8 milhões de pessoas nos Estados Unidos adoecem a cada ano com infecções resistentes a antibióticos, e pelo menos 35 mil morrem em consequência.

A resistência a antibióticos ocorre quando os micróbios causadores da doença se tornam resistentes à terapia com drogas antibióticas. Devido ao fato de essa resistência ser tipicamente genética e transferida para a próxima geração de micróbios, ela é um sério problema de saúde pública. Das infecções consideradas mais sérias pelo CDC, a gonorreia tem 1,14 milhão de novos casos estimados a cada ano, e aproximadamente 50% desses casos são resistentes a antibióticos.[7] Uma clínica de saúde pública na Califórnia examina oito pacientes com gonorreia em determinada semana.

(a) Qual é a distribuição de X, o número desses oito casos que são resistentes a antibióticos?

(b) Quais são a média e o desvio-padrão de X?

(c) Encontre a probabilidade de que exatamente um desses casos seja resistente a qualquer antibiótico. Qual é a probabilidade de que pelo menos um caso seja resistente a qualquer antibiótico? (*Sugestão*: é mais fácil encontrar primeiro a probabilidade de que exatamente zero dos oito casos é resistente.)

14.25 *Hot Spot*. *Hot Spot* é um jogo da loteria da Califórnia. Os jogadores escolhem de 1 a 10 Spots (conjuntos de números, cada um de 1 a 80) que eles desejam jogar por extração. Por exemplo, se você seleciona um 4 Spot, você joga quatro números. A loteria extrai 20 números, cada um de 1 a 80. Seu prêmio se baseia em quantos números dos que você escolheu coincidem com um dos selecionados pela loteria. As chances de ganhar dependem do número de Spots que você escolheu jogar. Por exemplo, as chances gerais de você ganhar algum prêmio em 4 Sopt é de, aproximadamente, 0,256.

Você decide jogar o jogo de 4 Spot e compra 5 tíquetes. Seja X o número de tíquetes que ganham algum prêmio.

(a) X tem distribuição binomial. Quais são os valores de *n* e *p*?

(b) Quais são os possíveis valores que X pode assumir?

(c) Encontre a probabilidade de cada valor de X. Faça um histograma de probabilidade para a distribuição de X. (Ver Figura 14.2 para um exemplo de um histograma de probabilidade.)

(d) Quais são a média e o desvio-padrão dessa distribuição? Marque a localização da média em seu histograma.

14.26 Roleta – apostando no vermelho. Uma roleta tem 38 ranhuras, que são numeradas 0, 00 e 1 a 36. As ranhuras 0 e 00 são coloridas de verde, 18 das outras são vermelhas e 18 são pretas. O banqueiro gira a roleta e, ao mesmo tempo, gira uma pequena bola na roleta, no sentido oposto. A roleta é cuidadosamente balanceada de modo que a bola tem igual chance de parar em qualquer ranhura quando a roleta para de girar. Os apostadores podem apostar em várias combinações de números e cores.

(a) Se você aposta no "vermelho", você ganha se a bola parar em uma ranhura vermelha. Qual é a probabilidade de ganhar com uma aposta no vermelho em uma única jogada?

(b) Você decide jogar na roleta quatro vezes, cada vez apostando no vermelho. Qual é a distribuição de X, o número de vezes em que você ganha?

(c) Se você aposta a mesma quantia em cada jogada e ganha em exatamente 2 das 4 jogadas, você ficará "zerado" (nem perde nem ganha). Qual é a probabilidade de que você fique zerado?

(d) Se você ganha em *menos de* duas das quatro jogadas, você perderá dinheiro. Qual é a probabilidade de você perder dinheiro?

14.27 Vacina em aerossol para sarampo. Uma vacina em aerossol para sarampo foi desenvolvida no México e tem sido usada em mais de 4 milhões de crianças desde 1980. Vacinas em aerossol têm a vantagem de serem de fácil administração por pessoas sem treinamento clínico e não causam infecções associadas à injeção. A porcentagem de crianças que desenvolvem uma resposta imune ao sarampo depois de receberem injeção subcutânea da vacina é 95%, e para aquelas que recebem a vacina em aerossol a resposta é de 85%.[8] Há 20 crianças a serem vacinadas contra sarampo em uma pequena vila rural na Índia. Vamos contar o número das que desenvolvem uma resposta imune ao sarampo depois da vacinação.

(a) Explique por que esse é um contexto binomial.

(b) Qual é a probabilidade de que pelo menos uma criança não desenvolva uma resposta imune ao sarampo depois de receber a vacina em aerossol? Qual seria a probabilidade de que pelo menos uma criança não desenvolvesse uma resposta imune ao sarampo se todas as crianças fossem vacinadas com o uso da injeção subcutânea?

14.28 Roleta (continuação). Você decide jogar na roleta 200 vezes, apostando no vermelho a mesma quantia a cada vez. Você perderá dinheiro se você ganhar em menos de 100 das jogadas. Com base na informação no Exercício 14.26, qual é a probabilidade de você perder dinheiro? (Verifique se a aproximação Normal é permitida, e use-a para encontrar essa probabilidade. Se seu programa permitir, determine a probabilidade binomial exata e compare os dois resultados.) Em geral, se você aposta a mesma quantia no vermelho a cada jogada, você perderá dinheiro se você ganhar em menos da metade das jogadas. Qual você acha que seja a probabilidade de ganhar dinheiro quanto mais continuar jogando?

14.29 Vacina em aerossol para sarampo (continuação). A vacina em aerossol contra o sarampo deve ser usada em uma amostra aleatória de 100 crianças.

(a) Com base na informação sobre a eficácia da vacina em aerossol no Exercício 14.27, qual é a probabilidade de que pelo menos 90 das crianças desenvolvam uma resposta imune depois da vacinação? Verifique se a aproximação Normal é permitida e use-a para encontrar a probabilidade. Se seu programa permitir, determine a probabilidade binomial exata e compare os dois resultados.

(b) Se as 100 crianças recebem a injeção subcutânea, não podemos usar a aproximação Normal para encontrar essa probabilidade usando a informação sobre a eficácia da injeção subcutânea descrita no Exercício 14.27. Por que não?

14.30 A cultura de Wall Street corrompe os banqueiros? Funcionários de um grande banco internacional foram recrutados, e 67 foram associados aleatoriamente a um grupo de controle e os restantes 61, a um grupo de tratamento. Todos os sujeitos primeiro completaram uma pequena pesquisa *online*. Depois de responderem a algumas questões sem muita importância, os membros o grupo de tratamento foram questionados sobre sua história profissional, em sete questões como "Atualmente, em qual banco você está empregado?", ou "Qual é a sua função no banco?" Essas são as chamadas questões de identidade inicial. Aos membros do grupo de controle foram feitas perguntas inócuas não relacionadas com sua profissão, como "Quantas horas por semana você assiste à televisão?" Depois da pesquisa, todos os sujeitos realizaram uma tarefa de jogada de uma moeda que exigia que jogassem qualquer moeda 10 vezes e relatassem os resultados *online*. Foi-lhes dito que poderiam ganhar 20 dólares para cada cara resultante, com um pagamento máximo de 200 dólares. Os sujeitos não foram observados durante a tarefa, tornando impossível dizer se um sujeito em particular estava trapaceando. Se a cultura bancária favorece o comportamento desonesto, conjecturou-se que seria possível disparar esse comportamento pela lembrança de sua profissão.[9] Eis os resultados. A primeira linha dá o número possível de caras nas 10 jogadas, e as duas linhas seguintes dão o número de sujeitos que relataram jogar esse número de caras para os grupos de controle e tratamento, respectivamente (por exemplo, 16 sujeitos do grupo de controle relataram ter obtido quatro caras).

Número de caras	0	1	2	3	4	5	6	7	8	9	10
Grupo de controle	0	0	1	8	16	17	14	6	2	1	2
Grupo de tratamento	0	0	2	4	8	14	15	7	6	0	5

(a) Suponha que um sujeito jogue uma moeda equilibrada e responda sinceramente o número de caras. Qual é a distribuição do número de caras relatado? Qual é a probabilidade de ganhar 160 dólares ou mais?

(b) Para um sujeito sincero, qual seria a probabilidade de se sair melhor do que o acaso – isto é, jogar seis ou mais caras? Qual proporção de sujeitos nos dois grupos relataram ter obtido seis ou mais caras?

(c) O que o seu resultado em (b) sugere sobre trapaça nos dois grupos? (No Capítulo 23, retornaremos a esse exemplo com ferramentas mais formais para a comparação dos dois grupos.)

14.31 Genética. De acordo com a teoria genética, a cor da flor na segunda geração de certo cruzamento de ervilhas deve ser vermelha ou branca, em uma razão de 3:1. Isto é, cada planta tem probabilidade de 3/4 de ter flores vermelhas, e as cores das flores de plantas distintas são independentes.

(a) Qual é a probabilidade de que exatamente três em quatro dessas plantas tenham flores vermelhas?

(b) Qual é o número médio de plantas com flores vermelhas, quando 60 plantas desse tipo nascem de sementes?

HeitiPaves/iStock

(c) Qual é a probabilidade de serem obtidas pelo menos 45 plantas com flores vermelhas, quando 60 nascem de sementes? Use a aproximação Normal. Se seu programa permitir, ache a probabilidade binomial exata e compare os dois resultados.

14.32 Falso positivo em testes de HIV. Um teste rápido para detecção da presença de anticorpos de HIV no sangue, o vírus que causa AIDS, dá um resultado positivo, com probabilidade aproximada de 0,004, quando uma pessoa que não apresenta anticorpos para HIV é testada. Uma clínica testa mil pessoas que não apresentam anticorpos contra o HIV.

(a) Qual é a distribuição do número de testes positivos?

(b) Qual é o número médio de testes positivos?

(c) Você não pode usar com segurança a aproximação Normal para essa distribuição. Explique por quê.

14.33 Vendas da Hyundai em 2018. A Hyundai Motor America vendeu 677.946 veículos nos Estados Unidos em 2018, com o Elantra, construído nos Estados Unidos, liderando as vendas, com 200.415 carros vendidos. Os outros modelos com maiores vendas em 2018 foram o Tucson, com 135.348 vendidos, o Santa Fe, com 123.989 vendidos, e o Sonata, com 105.118 .[10] A companhia deseja realizar uma pesquisa com os compradores da Hyundai em 2018 para saber sobre a satisfação com suas compras.

(a) Qual proporção dos Hyundais em 2018 vendidos era de Elantras?

(b) Se a Hyundai planeja pesquisar uma amostra aleatória de mil compradores da Hyundai, qual é o número esperado e o desvio-padrão do número de compradores do Elantra na amostra?

(c) Qual é a probabilidade de que a Hyundai obtenha menos de 300 compradores do Elantra na amostra?

14.34 Preferência pelo meio? Ao escolher um item de um grupo, os pesquisadores mostraram que um fator importante que influencia na escolha é a localização do item. Isso ocorre em variadas situações, como localização na prateleira ao fazer compras, ao preencher um questionário, e mesmo ao escolher um candidato preferido em um debate presidencial. Pesquisadores dispuseram cinco pares idênticos de meias brancas, pregando-as em um fundo azul, que foi então montado sobre um cavalete para exposição. Cem participantes da University of Chester foram usados como sujeitos e lhes foi pedido que escolhessem seu par de meias preferido.[11]

(a) Suponha que cada sujeito selecione um par preferido de meias aleatoriamente. Qual é a probabilidade de que um sujeito escolha o par de meias na posição central?

Supondo que os sujeitos façam suas escolhas independentemente, qual é a distribuição de X, o número de sujeitos, entre os 100, que escolheriam o par de meias na posição central?

(b) Qual é a média do número de sujeitos que escolheriam o par de meias na posição central? Qual é o desvio-padrão?

(c) Em situações de escolha desse tipo, os sujeitos, em geral, exibem o "efeito do estágio de centro", que é uma tendência de escolher o item no centro. Nesse experimento, 34 sujeitos escolheram o par de meias no centro. Qual é a probabilidade de que 34 ou mais escolhessem o item no centro, se cada sujeito estivesse escolhendo o par de meias preferido aleatoriamente? Use a aproximação Normal. Se seu programa permitir, determine a probabilidade binomial exata e compare os dois resultados.

(d) Você acha que o experimento apoia o "efeito do estágio de centro"? Explique brevemente.

14.35 Testes de múltipla escolha. Eis um modelo probabilístico simples para testes de múltipla escolha. Suponha que cada aluno tenha probabilidade p de responder corretamente a uma questão escolhida ao acaso, de um universo de questões possíveis. (Um bom aluno tem um p mais alto do que um aluno fraco.) Respostas a questões diferentes são independentes.

(a) Stacey é um bom aluno para quem $p = 0{,}75$. Use a aproximação Normal para achar a probabilidade de Stacey obter um escore entre 70 e 80% em um teste de 100 questões.

(b) Se o teste contém 250 questões, qual é a probabilidade de Stacey obter um escore entre 70 e 80%? Você vê que o escore de Stacey no teste mais longo tem mais chance de se aproximar do "verdadeiro escore" dele.

14.36 Esta moeda é equilibrada? Quando era prisioneiro dos alemães na Segunda Guerra Mundial, John Kerrich lançou uma moeda 10 mil vezes. Obteve 5.067 caras. Se a moeda for perfeitamente equilibrada, a probabilidade de cara é 0,5. Há razão para achar que a moeda de Kerrich não foi equilibrada? Para responder a essa pergunta, determine a probabilidade de que o lançamento de uma moeda equilibrada por 10 mil vezes resulte em uma contagem de caras, no mínimo, a essa distância de 5 mil (isto é, pelo menos 5.067 caras ou não mais de 4.933 caras).

14.37 Variação binomial. Nunca se esqueça de que a probabilidade descreve apenas o que acontece no longo prazo.

applet

O Exemplo 14.5 se refere à contagem de tomates não comercializáveis na inspeção de amostras de tamanho 10. A contagem tem distribuição binomial com $n = 10$ e $p = 0{,}11$. O *applet* Probability simula a inspeção de uma AAS de 10 tomates, se você fizer a probabilidade de caras igual a 0,11, o número de jogadas igual a 10 e considerar cada cara como um tomate não comercializável.

(a) O número médio de tomates não comercializáveis em uma amostra é 1,1. Clique em "Toss" (jogar) e em "Reset" (refazer) repetidamente para simular 20 amostras. Quantos tomates não comercializáveis você encontrou em cada amostra? Quão perto da média 1,1 está o número médio de tomates não comercializáveis nessas amostras?

(b) O Exemplo 14.5 mostra que a probabilidade de exatamente um tomate não comercializável é de 0,3854. Quão perto dessa probabilidade está a proporção das 20 amostras que têm exatamente um tomate não comercializável?

Coqueluche. *Coqueluche é uma infecção bacteriana altamente contagiosa, que foi uma das principais causas de mortes infantis antes do desenvolvimento das vacinas. Cerca de 80% das crianças não vacinadas que são expostas à coqueluche desenvolverão a infecção, contra apenas 5% das crianças vacinadas. Os Exercícios 14.38 a 14.41 se baseiam nessa informação.*

14.38 Vacinação em campo. Um grupo de 20 crianças em uma creche é exposto à coqueluche ao brincarem com uma criança infectada.

(a) Se todas as 20 crianças tiverem sido vacinadas, qual é o número médio de novas infecções? Qual é a probabilidade de que não mais do que duas das 20 crianças desenvolvam infecções?

(b) Se nenhuma das 20 crianças tiver sido vacinada, qual é o número médio de novas infecções? Qual é a probabilidade de que 18 ou mais das 20 crianças desenvolvam infecções?

14.39 Epidemia de coqueluche. Em 2007, Bob Jones University, em Greenville, Carolina do Sul, encerrou seu semestre de outono uma semana mais cedo devido a uma epidemia de coqueluche; 158 estudantes foram isolados e outros 1.200 tomaram antibióticos por precaução.[12] As autoridades reagem fortemente a epidemias de coqueluche por ser a doença tão contagiosa. Como o efeito da vacinação na infância perde o efeito no final da adolescência, considere os estudantes de Bob Jones como se não tivessem sido vacinados. Parece que cerca de 1.400 estudantes foram expostos. Qual é a probabilidade de que pelo menos 75% desses estudantes desenvolvam a infecção se não forem tratados? (Felizmente, a coqueluche é muito menos séria depois da infância.)

14.40 Um grupo misto: médias. Vinte crianças em uma creche são expostas à coqueluche ao brincarem com uma criança infectada. Dessas crianças, 17 tinham sido vacinadas e três não.

(a) Qual é a distribuição do número de novas infecções entre as 17 crianças vacinadas? Qual é o número médio de novas infecções?

(b) Qual é a distribuição do número de novas infecções entre as três crianças não vacinadas? Qual é o número médio de novas infecções?

(c) Some suas médias das partes (a) e (b). Esse é o número médio de novas infecções entre todas as 20 crianças expostas.

14.41 Um grupo misto: probabilidades. Você gostaria de saber a probabilidade de que exatamente duas das 20 crianças expostas à coqueluche, do exercício anterior, desenvolvam a infecção.

(a) Uma maneira de termos duas infecções é uma entre as 17 crianças vacinadas e uma entre as três não vacinadas. Encontre a probabilidade de exatamente uma infecção entre as 17 crianças vacinadas. Determine a probabilidade de exatamente uma entre as três crianças não vacinadas. Esses eventos são independentes. Qual é a probabilidade de exatamente uma infecção em cada grupo?

(b) Escreva todas as maneiras nas quais duas infecções podem ser divididas entre os dois grupos de crianças. Siga o padrão da parte (a) para encontrar a probabilidade de cada uma dessas possibilidades. Some todos os resultados (inclusive o da parte (a)) para obter a probabilidade de exatamente duas infecções entre as 20 crianças.

14.42 **Estimando π a partir de números aleatórios.** Eric Newman, estudante da Kenyon College, usou geometria básica para avaliar programas de geradores de números aleatórios como parte de um projeto de pesquisa de verão. Ele gerou 2 mil pontos aleatórios independentes (X, Y) no quadrado unitário. (Isto é, X e Y são números aleatórios independentes entre 0 e 1, cada um com a função de densidade ilustrada na Figura 12.5. A probabilidade de que (X, Y) caia em qualquer região dentro do quadrado unitário é dada pela área da região.[13]

(a) Esboce o quadrado unitário, a região dos possíveis valores para o ponto (X, Y).

(b) O conjunto de pontos (X, Y) em que $X^2 + Y^2 < 1$ descreve um círculo de raio 1. Acrescente esse círculo ao seu esboço da parte (a) e rotule com A a interseção das duas regiões.

(c) Seja T o número total dos 2 mil pontos que caem dentro da região A. T segue uma distribuição binomial. Identifique n e p. (*Sugestão*: lembre-se de que a área de um círculo é πr^2.)

(d) Quais são a média e o desvio-padrão de T?

(e) Explique como Eric usou um gerador de números aleatórios e os fatos aqui expostos para estimar π.

14.43 **A correção de continuidade.** Uma razão pela qual a aproximação Normal pode deixar de dar estimativas precisas de probabilidades binomiais é que as distribuições binomiais são discretas e as distribuições Normais são contínuas. Isto é, contagens assumem apenas valores inteiros, mas variáveis Normais podem assumir qualquer valor. Podemos melhorar a aproximação Normal tratando cada número inteiro da contagem como se ele ocupasse o intervalo de 0,5 abaixo do número até 0,5 acima do número. Por exemplo, aproximamos a probabilidade binomial $P(X \geq 10)$ encontrando a probabilidade Normal $P(X \geq 9{,}5)$. Cuidado: a probabilidade binomial $P(X > 10)$ é aproximada pela probabilidade Normal $P(X \geq 10{,}5)$.

Vimos, no Exercício 14.24, que 50% dos casos de gonorreia são resistentes a qualquer antibiótico. Suponha que uma clínica local de saúde examine 20 casos. A probabilidade binomial exata de que 13 ou mais casos sejam resistentes a qualquer antibiótico é de 0,1316.

(a) Mostre que esse contexto satisfaz a regra empírica para o uso da aproximação Normal (apenas razoavelmente).

(b) Qual é a aproximação Normal para $P(X \geq 13)$?

(c) Qual é a aproximação Normal com o uso da correção de continuidade? Essa é muito mais próxima da verdadeira probabilidade binomial.

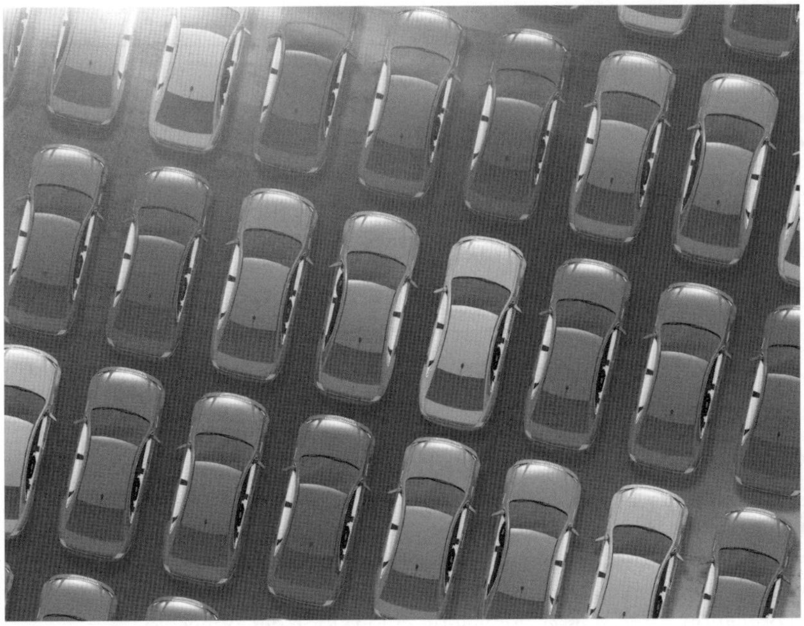
welcomia/iStock

CAPÍTULO

15

Distribuições Amostrais

Após leitura do capítulo, você será capaz de:

15.1 Dada uma medida estatística e seu contexto, determinar se a medida é um parâmetro ou uma estatística.

15.2 Usar a lei dos grandes números para descrever o comportamento da média de um conjunto de valores observados de uma população à medida que o número de valores observados aumenta.

15.3 Interpretar a distribuição de todos os possíveis valores de uma estatística, em uma situação dada, como uma distribuição amostral e distingui-la de uma distribuição populacional.

15.4 Reconhecer que $\bar{x}$ é um estimador não viesado da média populacional e que a variabilidade de uma distribuição amostral decresce à medida que o tamanho amostral aumenta.

15.5 Usar o teorema limite central para calcular probabilidades relacionadas a amostras aleatórias de uma população cujos parâmetros são conhecidos.

15.6 Avaliar a significância estatística de um resultado pelo cálculo da probabilidade do resultado sob a hipótese de que nenhum efeito real está presente.

Como mencionado no Capítulo 12, a probabilidade é uma ferramenta que podemos usar para a generalização, a alguma população mais ampla, a partir de dados produzidos por amostras aleatórias e experimentos comparativos aleatorizados. Neste capítulo, começaremos a formalizar esse processo. Mais especificamente, começaremos a pensar sobre como a média de uma amostra pode fornecer informação sobre a média da população da qual a amostra foi extraída.

A cada primavera, a pesquisa do governo norte-americano Current Population Survey faz perguntas detalhadas sobre renda. As 128.579 famílias incluídas em 2018 tinham "renda total em dinheiro" média de US$ 90.021.[1] (A renda mediana era, naturalmente, mais baixa, US$ 63.179.) O valor de US$ 90.021 descreve a amostra, mas usamos esse valor para estimar a renda média de todos os domicílios. Esse é um exemplo de inferência estatística: usamos informação proveniente de uma amostra para inferir algo sobre uma população maior.

Como os resultados de amostras aleatórias e experimentos comparativos aleatorizados incluem um elemento do acaso, não podemos garantir que nossas inferências sejam sempre corretas. O que podemos garantir é que nossos métodos fornecem, usualmente, respostas corretas. O raciocínio da inferência estatística baseia-se na resposta à pergunta "Com que frequência esse método forneceria uma resposta correta se eu o utilizasse um grande número de vezes?" Se nossos dados provêm de amostragem aleatória ou de experimentos comparativos aleatorizados, as leis da probabilidade respondem a esta pergunta "O que aconteceria se fizéssemos isso muitas vezes?" Este capítulo apresenta alguns fatos sobre probabilidade que ajudam a responder a essa questão.

15.1 Parâmetros e estatísticas

Ao começarmos a usar dados amostrais para tirarmos conclusões a respeito de uma população mais ampla, precisamos ter o cuidado de esclarecer se um número descreve uma amostra ou uma população. Veja o vocabulário usualmente adotado.

Parâmetro, estatística

Um **parâmetro** é um número que descreve a população. Na prática, o valor de um parâmetro não é conhecido, porque, em geral, não se pode examinar a população inteira.

Uma **estatística** é um número que pode ser calculado a partir dos dados amostrais sem fazer uso de quaisquer parâmetros desconhecidos. Na prática, frequentemente, usa-se uma estatística para estimar um parâmetro desconhecido.

EXEMPLO 15.1 Renda domiciliar

A renda média da amostra de 128.579 domicílios contatados em 2018 pela Current Population Survey foi $\bar{x}$ = US$ 90.021. O número US$ 90.021 é uma *estatística*, porque descreve essa amostra específica da Current Population Survey. A população sobre a qual a pesquisa deseja tirar conclusões são todos os 128 milhões de domicílios norte-americanos. O *parâmetro* de interesse é a renda média de todos esses domicílios, cujo valor é desconhecido.

Lembre-se: estatísticas são provenientes de amostras e parâmetros de populações. Enquanto estávamos apenas fazendo análise de dados, procurando por padrões ou resumindo características de nossos dados, a distinção entre população e amostra não era importante. Agora, porém, quando começamos a entender o que nossos dados (amostra) nos dizem sobre uma população, a distinção é essencial, e a notação que usamos deve refletir essa distinção. Denotamos por μ (a letra grega mi) a *média de uma população* e por σ (a letra grega sigma), o *desvio-padrão de uma população*. Esses são parâmetros fixos que são desconhecidos quando usamos uma amostra para inferência. A *média da amostra* é a já familiar $\bar{x}$, a média das observações na amostra. O *desvio-padrão da amostra* é denotado por s, o desvio-padrão das observações na amostra. Essas são estatísticas que, quase certamente, assumiriam valores diferentes se escolhêssemos outra amostra da mesma população. A média amostral $\bar{x}$ e o desvio-padrão s de uma amostra ou de um experimento são estimativas da média μ e do desvio-padrão σ da população subjacente.

Parâmetro e estatística: notação

Denote a **média populacional** por μ, e o **desvio-padrão populacional** por σ, a **média amostral** por $\bar{x}$, e o **desvio-padrão amostral** por s.

APLIQUE SEU CONHECIMENTO

15.1 Engenharia genética. Eis uma nova ideia para o tratamento de melanoma avançado, o tipo mais grave de câncer de pele: trabalhe geneticamente células brancas do sangue para elas melhor reconhecerem e destruírem células cancerosas e, então, infunda essas células nos pacientes. Os sujeitos em um pequeno estudo inicial dessa abordagem eram 11 pacientes cujos melanomas não haviam respondido aos tratamentos existentes. Um resultado desse experimento foi medido por um teste que aponta a presença de células que disparam uma resposta imunológica no corpo, podendo, assim, derrotar o câncer. As contagens médias de células ativas por 100 mil células para os 11 sujeitos eram de **3,8** antes da infusão e de **160,2** depois da infusão. Cada um desses números em negrito é um parâmetro ou uma estatística?

15.2 Eleitores da Flórida. A Flórida teve um papel-chave nas eleições presidenciais recentes. Os registros dos eleitores em setembro de 2019 mostram que **37%** dos eleitores da Flórida estavam registrados como democratas e **35%**, como republicanos. (A maioria dos outros não escolheu um partido.) Para testar um aparelho de discagem de dígitos aleatórios que você pretende usar para pesquisar eleitores para as eleições presidenciais de 2020, você o usa para contatar 250 telefones residenciais na Flórida, escolhidos aleatoriamente. Dos eleitores registrados que foram contatados, **35%** estavam registrados como democratas. Cada um dos números em negrito é um parâmetro ou uma estatística?

15.3 Armas na escola. Pesquisadores analisaram 14.765 estudantes americanos do Ensino Médio (séries de 9 a 12) e descobriram que **27,3%** deles estavam na 9ª série. A porcentagem de todos os estudantes americanos que estão na 9ª série é de **26,5%**. A porcentagem dos analisados que estavam na 9ª série e que haviam carregado uma arma para a escola era de **4,4%**. Cada um dos números em negrito é um parâmetro ou uma estatística?

15.2 Estimação estatística e a lei dos grandes números

A inferência estatística usa dados amostrais para tirar conclusões sobre a população inteira. Como boas amostras são escolhidas aleatoriamente, estatísticas como $\bar{x}$, calculadas a partir dessas amostras, são variáveis aleatórias. Podemos descrever o comportamento de uma estatística amostral por um modelo probabilístico que responda à pergunta "O que aconteceria se fizéssemos isso muitas vezes?" A seguir, veja um exemplo que nos levará em direção aos conceitos de probabilidade mais importantes para a inferência estatística.

ESTATÍSTICA NO MUNDO REAL

Apostas *high-tech*

Há duas vezes mais máquinas caça-níqueis do que caixas eletrônicos nos Estados Unidos. Antigamente, você colocava uma moeda e puxava a alavanca para girar três rodas, cada uma com 20 símbolos. Não mais. Agora, as máquinas são *videogames* com gráficos chamativos e resultados produzidos por geradores de números aleatórios. As máquinas podem aceitar várias moedas de uma vez, podem pagar em uma variedade incrível de resultados e podem ser postas em rede para permitir os grandes prêmios em comum. Os apostadores ainda procuram sistemas, mas, a longo prazo, a lei dos grandes números garante à casa seus 5% de lucro.

EXEMPLO 15.2 Esse vinho cheira mal?

Uma das razões pelas quais a produção de vinho é considerada como uma arte é porque muitas coisas podem dar errado durante a produção. Vinho é quimicamente delicado e deve ser cuidadosamente supervisionado e nutrido. Compostos de enxofre, como sulfureto de dimetil (DMS), são formados naturalmente no processo de produção de vinho. O DMS está presente em todos os vinhos. Em baixos níveis, contribui para a redondeza, o sabor frutado e a complexidade do vinho. Infelizmente, em níveis mais altos, pode contribuir para um odor de vegetais, repolho cozido, alho ou enxofre. Em restaurantes, quando você pede uma garrafa de vinho, sempre lhe dão uma pequena amostra da garrafa recém-aberta para você confirmar se não há cheiros desagradáveis.

Wavebreakmedia/iStock

Produtores de vinho precisam saber o "limiar de odor" – a menor concentração de DMS que o olfato humano pode detectar. As pessoas variam em sua habilidade de detectar o DMS, e é importante entender essa variação.

Como diferentes pessoas têm limiares diferentes, começamos perguntando sobre o limiar médio μ na população de todos os adultos. O número μ é um parâmetro que descreve essa população.

Para estimar μ, submetemos aos provadores tanto um vinho natural quanto o mesmo vinho batizado com DMS, em concentrações diferentes, para determinar a concentração mais baixa em que são capazes de identificar o vinho batizado. Veja, a seguir, os limiares de odor (medidos em microgramas de DMS por litro de vinho) para 10 sujeitos escolhidos ao acaso:

28 40 28 33 20 31 29 27 17 21

O limiar médio para esses sujeitos é $\bar{x} = 27{,}4$. Parece razoável usar o resultado da amostra $\bar{x} = 27{,}4$ para estimar o μ desconhecido. Uma AAS deveria representar imparcialmente a população, de modo que a média $\bar{x}$ da amostra deveria estar situada em um ponto próximo da média μ da população. Obviamente, não esperamos que $\bar{x}$ seja exatamente igual a μ. Constatamos que, se escolhermos outra AAS, o acaso que atua na seleção irá provavelmente produzir um $\bar{x}$ diferente.

Se $\bar{x}$, raramente, tem exatamente o valor certo de μ, e varia de amostra a amostra, por que, apesar disso, é uma estimativa razoável da média populacional μ? Eis uma resposta: *se continuarmos tomando amostras cada vez maiores, asseguramos que a estatística $\bar{x}$ se aproximará cada vez mais do parâmetro μ.* Temos o conforto de saber que, se tivermos recursos para continuar medindo cada vez mais sujeitos, ao final iremos estimar muito precisamente o limiar de odor médio de todos os adultos. Esse fato notável denomina-se *lei dos grandes números*. É notável porque é válido para *qualquer* população, não apenas para uma classe especial, como a das distribuições Normais.

A lei dos grandes números pode ser provada matematicamente a partir das leis básicas de probabilidade. O comportamento de $\bar{x}$ é similar à ideia de probabilidade. No longo prazo, a *proporção* de resultados iguais a um valor qualquer se aproxima da probabilidade desse valor, e o resultado *médio* se aproxima da média populacional. A Figura 12.1 mostra como as proporções se aproximam da probabilidade por meio de um exemplo. A seguir, apresenta-se um exemplo de como médias amostrais se aproximam da média populacional.

Lei dos grandes números

Se você extrai observações ao acaso de qualquer população com média finita μ, à medida que o número de observações extraídas aumenta, a média $\bar{x}$ dos valores observados tende a se aproximar cada vez mais da média μ da população.[2]

EXEMPLO 15.3 A lei dos grandes números em ação

Suponha que a distribuição de limiares de odor entre todos os adultos tenha média 25. A média $\mu = 25$ é o valor verdadeiro do parâmetro que procuramos estimar. A Figura 15.1 mostra como a média amostral $\bar{x}$ de uma AAS extraída dessa população muda, à medida que adicionamos mais sujeitos à nossa amostra.

O primeiro sujeito no Exemplo 15.2 tinha limiar 28, de modo que a reta na Figura 15.1 começa nesse ponto. A média para os dois primeiros sujeitos é

$$\bar{x} = \frac{28 + 40}{2} = 34$$

Esse é o segundo ponto no gráfico. Inicialmente, o gráfico mostra que a média da amostra muda à medida que fazemos mais observações. Finalmente, contudo, a média das observações se aproxima da média populacional $\mu = 25$ e se estabiliza nesse valor.

Se começássemos de novo a escolher ao acaso pessoas da população, obteríamos uma trajetória diferente da esquerda para a direita na Figura 15.1. A lei dos grandes números diz que, seja qual for a trajetória que obtenhamos, ela irá sempre se estabilizar em 25 à medida que sorteamos mais e mais pessoas.

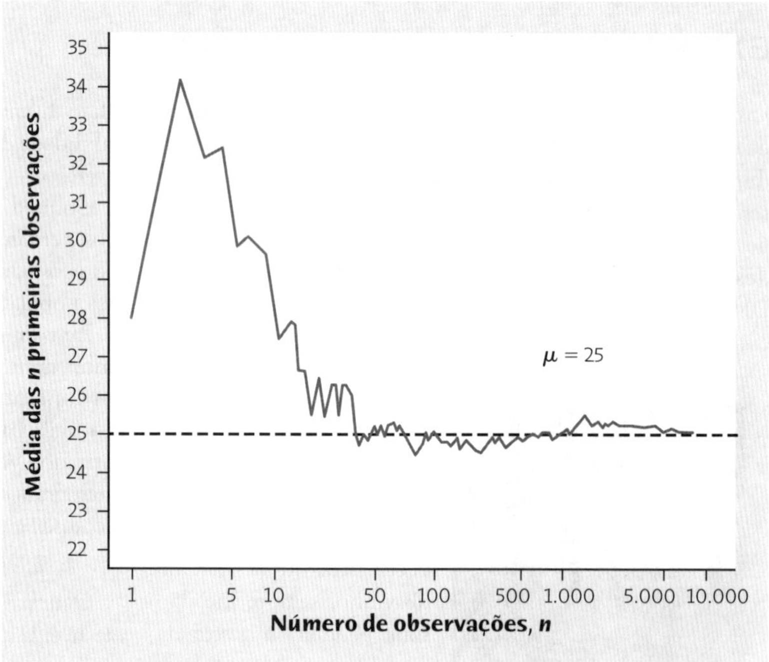

FIGURA 15.1
A lei dos grandes números em ação: à medida que fazemos mais observações, a média amostral $\bar{x}$ sempre se aproxima da média μ da população.

applet

O *applet* Law of Large Numbers (conteúdo em inglês) faz a animação da Figura 15.1 em uma situação diferente. Você pode usar o *applet* para observar $\bar{x}$ mudar à medida que você calcula médias de mais observações até que, finalmente, ela se estabiliza na média μ.

A lei dos grandes números é o fundamento de empreendimentos comerciais, como cassinos de apostas e companhias de seguro. Os ganhos (ou perdas) de um apostador em poucas jogadas são incertos – o que torna o jogo de apostas excitante para algumas pessoas. Na Figura 15.1, a média de 100 observações não é ainda muito próxima de μ. É apenas *no longo prazo* que o resultado médio se tornará previsível. O cassino joga dezenas de milhares de vezes. Assim, o cassino, ao contrário dos apostadores individuais, pode contar com a regularidade de longo prazo descrita pela lei dos grandes números. Os ganhos médios do estabelecimento em dezenas de milhares de jogadas serão muito próximos da média da distribuição dos ganhos, determinada pelas probabilidades dos jogos. Desnecessário ser dito, mas essa média garante o lucro do estabelecimento. É por isso que o jogo de azar pode ser um negócio.

APLIQUE SEU CONHECIMENTO

15.4 A lei dos grandes números tornada visível. Jogue dois dados equilibrados e conte os pontos nas faces superiores. O modelo de probabilidade aparece no Exemplo 12.5. Vê-se que essa distribuição é simétrica, com 7 como seu centro, de modo que não é surpresa que sua média seja $\mu = 7$. Essa é a média populacional para a população idealizada que contém os resultados de infinitas jogadas de dois dados. A lei dos grandes números diz que a média $\bar{x}$ de um número finito de jogadas tende a se aproximar de 7 cada vez mais, na medida em que fazemos mais e mais jogadas.

(a) Clique em "More dice" (mais dados) uma vez no applet Law of Large Numbers para obter dois dados. Clique em "Show μ" (mostrar μ_x) para ver a média

7 no gráfico. Deixando o número de jogadas em 1, clique em "Roll dice" (lançar dados) três vezes, registrando cada jogada. Quantos pontos resultam em cada jogada? Qual é a média para as três jogadas? Você nota que o gráfico mostra, em cada instante, o número médio de pontos para todas as jogadas até a última. Esse resultado é exatamente como o da Figura 15.1.

(b) Clique em "Reset" (reiniciar) para recomeçar. Coloque o número de jogadas em 100 e clique em "Roll dice". O *applet* joga os dois dados 100 vezes. O gráfico mostra como a contagem média dos pontos muda à medida que fazemos mais jogadas. Isto é, o gráfico mostra $\bar{x}$ enquanto continuamos a jogar os dados. Esboce (ou imprima) o gráfico final.

(c) Repita o trabalho de (b). Clique em "Reset" para começar de novo e, então, jogue os dois dados 100 vezes. Faça um esboço do gráfico final da média $\bar{x}$ contra o número de jogadas. Seus dois gráficos, em geral, serão bem diferentes. O que eles têm em comum é que, eventualmente, a média se aproxima da média populacional $\mu = 7$. A lei dos grandes números diz que isso *sempre* acontecerá, se você continuar jogando os dados.

15.5 Seguros. A ideia do seguro é a de que todos nós estamos sujeitos a riscos que são improváveis, mas que implicam custos altos. Pense em um incêndio ou uma enchente destruindo seu apartamento. O seguro espalha o risco: todos pagamos uma pequena quantia e a apólice de seguro paga uma grande quantia para os poucos, entre nós, cujas casas são danificadas. Uma companhia de seguro examina os registros de milhões de proprietários de apartamentos e conclui que a perda média por pessoa com danos em residências em um ano é μ = US\$ 150. (A maioria de nós não tem qualquer perda, mas alguns poucos perdem todos os seus bens. Os US\$ 150 representam a perda média.) A companhia planeja vender seguro a locatários por US\$ 150 mais o suficiente para cobrir seus custos e obter lucro. Explique claramente por que não seria inteligente vender apenas 10 apólices. Em seguida, explique por que a venda de milhares dessas apólices representa um negócio seguro.

15.3 Distribuições amostrais

A lei dos grandes números nos garante que, se medirmos sujeitos escolhidos aleatoriamente em quantidade suficiente, a estatística $\bar{x}$ irá, em algum momento, se aproximar bastante do parâmetro desconhecido μ. Porém, nosso estudo do limiar de odor, no Exemplo 15.2, tinha apenas 10 sujeitos. O que podemos dizer sobre a estimativa de μ a partir de $\bar{x}$ obtida de uma amostra de 10 sujeitos? Coloque essa amostra no contexto de todas as amostras e considere a questão "O que aconteceria se extraíssemos muitas amostras de 10 sujeitos dessa população?" Veja como responder a essa pergunta:

- Extraia um grande número de amostras de tamanho 10 dessa população.
- Calcule a média amostral $\bar{x}$ para cada amostra.
- Construa um histograma dos valores de $\bar{x}$.
- Examine forma, centro e dispersão da distribuição apresentada no histograma.

Na prática, é muito cara a extração de muitas amostras de uma população grande, como a de todos os adultos residentes nos Estados Unidos. Mas podemos imitar muitas amostras usando um *software*. O uso de um *software* para imitar o comportamento aleatório é chamado de **simulação**.

Distribuição populacional, distribuição amostral

A **distribuição populacional** de uma variável é a distribuição dos valores da variável entre todos os indivíduos na população.

A **distribuição amostral** de uma estatística é a distribuição dos valores assumidos pela estatística em todas as amostras possíveis de mesmo tamanho, extraídas de uma mesma população.

EXEMPLO 15.4 O que aconteceria em muitas amostras?

Estudos extensivos descobriram que o limiar de odor de adultos para o DMS segue aproximadamente uma distribuição Normal, com média $\mu = 25$ microgramas por litro e desvio-padrão $\sigma = 7$ microgramas por litro. Chamamos isso de *distribuição populacional* do limiar do odor.

A Figura 15.2 ilustra o processo de escolha de muitas amostras e cálculo do limiar médio amostral $\bar{x}$ de cada uma. Siga o fluxo da figura desde a população, à esquerda, passando pela escolha de uma AAS, pela determinação de $\bar{x}$ para essa amostra, até a coleção de todos os $\bar{x}$'s das diversas amostras. A primeira amostra tem $\bar{x} = 26{,}42$. A segunda amostra contém um grupo diferente de 10 pessoas, com $\bar{x} = 24{,}28$, e assim por diante. O histograma à direita da figura mostra a distribuição dos valores de $\bar{x}$ a partir de mil AASs distintas de tamanho 10. Este histograma exibe a *distribuição amostral* da estatística $\bar{x}$.

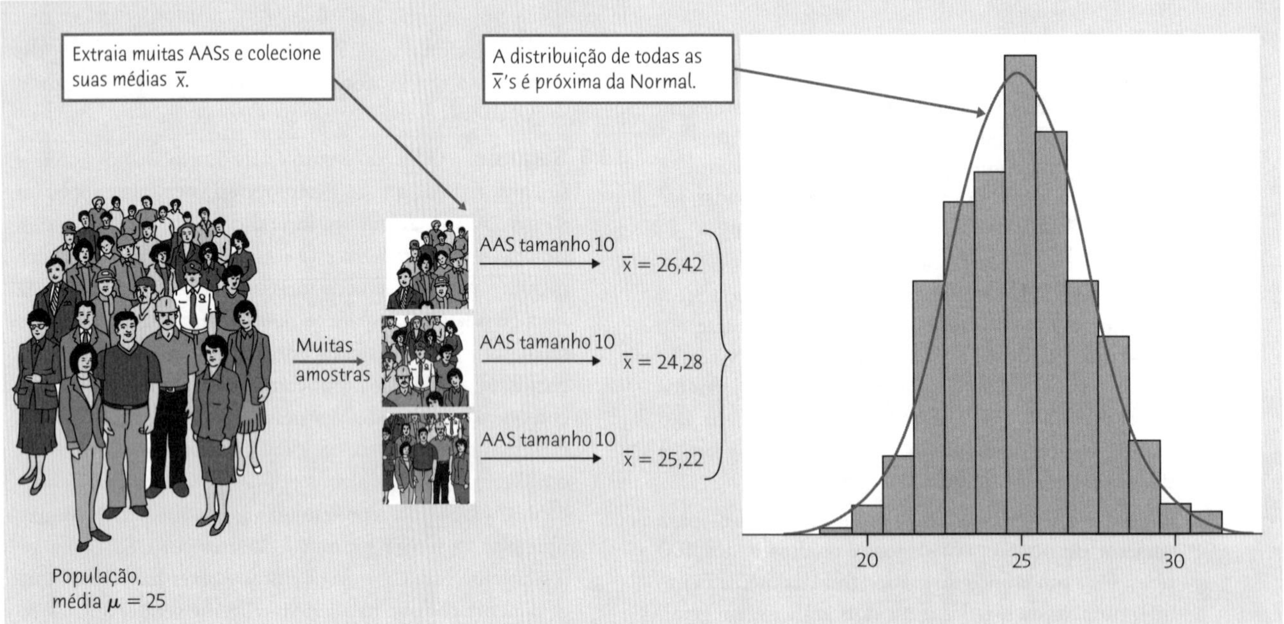

FIGURA 15.2

A ideia de uma distribuição amostral: extraia várias amostras da mesma população, colecione os $\bar{x}$'s de todas as amostras e exiba a distribuição dos $\bar{x}$'s. O histograma mostra os resultados de mil amostras.

Cuidado: a distribuição populacional descreve os *indivíduos* que constituem a população. A distribuição amostral descreve como a *estatística* varia em muitas amostras extraídas da população.

Rigorosamente falando, a distribuição amostral é o padrão ideal que emergiria se observássemos todas as amostras possíveis de tamanho 10 de nossa população. Uma distribuição obtida a partir de um número fixo de ensaios, como os mil ensaios na Figura 15.2, é apenas uma aproximação da distribuição amostral. Um dos usos da teoria de probabilidade em estatística é a obtenção, sem simulação, de distribuições amostrais. Contudo, a interpretação de uma distribuição amostral é a mesma, seja ela obtida por simulação ou por meio da matemática da probabilidade.

Podemos usar as ferramentas da análise de dados para descrever qualquer distribuição. Vamos aplicar essas ferramentas à Figura 15.2. O que podemos dizer acerca da forma, centro e dispersão dessa distribuição?

- *Forma*: parece normal! Um exame detalhado confirma que a distribuição de $\bar{x}$, a partir de diversas amostras, tem uma distribuição que é muito próxima da Normal.
- *Centro*: a média das mil $\bar{x}$'s é 24,95. Ou seja, a distribuição tem seu centro bem próximo da média populacional $\mu = 25$.
- *Dispersão*: o desvio-padrão das mil $\bar{x}$'s é 2,214, notadamente menor do que o desvio-padrão $\sigma = 7$ da população de sujeitos individuais.

Embora esses resultados descrevam apenas uma simulação de uma distribuição amostral, eles refletem fatos que são verdadeiros sempre que usamos amostragem aleatória.

APLIQUE SEU CONHECIMENTO

15.6 Distribuição amostral *versus* distribuição populacional. A American Time Use Survey de 2018 contém dados sobre quantos minutos de sono por noite cada um dos 9.600 participantes da pesquisa estimava ter.[3] Os tempos seguem a distribuição Normal com média de 529,2 minutos e desvio-padrão de 135,6 minutos. Uma AAS de 100 dos participantes tem um tempo médio de $\bar{x} = 514{,}4$ minutos. Uma segunda AAS de tamanho 100 tem média $\bar{x} = 539{,}3$ minutos. Depois de muitas AASs, os muitos valores da média amostral $\bar{x}$ seguem a distribuição Normal com média de 529,9 minutos e desvio-padrão de 13,56 minutos.

(a) Qual é a população? Quais valores a distribuição populacional descreve? Qual é essa distribuição?

(b) Quais valores a distribuição amostral de $\bar{x}$ descreve? Qual é a distribuição amostral?

15.7 Gerando uma distribuição amostral. Vamos ilustrar a ideia de uma distribuição amostral no caso de uma amostra bem pequena de uma população também bem pequena. A população são os escores de 10 estudantes em um exame:

Estudante	1	2	3	4	5	6	7	8	9	10
Escore	98	63	91	75	72	84	65	51	88	69

O parâmetro de interesse é o escore médio μ nessa população. A amostra é uma AAS de tamanho $n = 4$ extraída da população. O *applet* Simple Random Sample (conteúdo em inglês) pode ser utilizado para a seleção de amostras aleatórias simples de quatro números entre 1 e 10, correspondendo aos estudantes.

(a) Faça um histograma desses 10 escores.

(b) Encontre a média dos 10 escores da população. Essa é a média populacional μ.

(c) Use o *applet* Simple Random Sample para extrair uma AAS de tamanho 4 dessa população. Quais são os escores em sua amostra? Qual é sua média $\bar{x}$? Essa estatística é uma estimativa de μ. (Se você preferir não usar o *applet*, use a Tabela B, começando na linha 121, para escolher uma AAS de tamanho 4 dessa população.)

(d) Repita o processo mais nove vezes, usando o *applet* (ou a Tabela B, continuando na linha 121, se você não estiver usando *applets*). Faça um histograma dos 10 valores de $\bar{x}$. Você está construindo a distribuição amostral de $\bar{x}$. O centro de seu histograma está próximo de μ? Como a forma desse histograma se compara com o histograma que você fez na parte (a)?

15.4 A distribuição amostral de $\bar{x}$

A Figura 15.2 sugere que, quando selecionamos muitas AAS de uma população, a distribuição amostral das médias amostrais tem seu centro na média da população original e é menos dispersa (espalhada) do que a distribuição de observações individuais. Veja, a seguir, os fatos.

Média e desvio-padrão de uma média amostral[4]

Suponha que $\bar{x}$ seja a média de uma AAS de tamanho n, extraída de uma população grande, com média μ e desvio-padrão σ. Então, a distribuição amostral de $\bar{x}$ tem média μ e desvio-padrão $\sigma/\sqrt{n}$.

Esses fatos supõem que n não seja uma fração muito grande do tamanho da população – digamos, no máximo, não mais do que 5% do tamanho da população.

Além disso, esses fatos sobre a média e o desvio-padrão da distribuição amostral de $\bar{x}$ são verdadeiros para *qualquer* população, não apenas para alguma classe especial, como quando a população tem uma distribuição Normal. Eles têm implicações importantes para a inferência estatística:

- A média da estatística $\bar{x}$ é sempre igual à média μ da população. Ou seja, a distribuição amostral de $\bar{x}$ tem seu centro em μ. Em amostragens repetidas, $\bar{x}$ irá, por vezes, ficar acima do valor real do parâmetro μ e, por outras, abaixo, mas não há tendência sistemática de superestimar ou subestimar o parâmetro. Isso torna mais precisa a ideia de ausência de viés, no sentido de "nenhum favoritismo". Como a média de $\bar{x}$ é igual a μ, dizemos que a estatística $\bar{x}$ é um *estimador não viesado* do parâmetro μ.
- Um estimador não viesado está "em média correto"[5] em muitas amostras. O grau de proximidade entre o estimador e o parâmetro na maioria das amostras é determinado pela dispersão da distribuição amostral. Se observações individuais têm desvio-padrão σ, então as médias amostrais $\bar{x}$ de amostras de tamanho n têm desvio-padrão $\sigma/\sqrt{n}$. Isto é, *médias são menos variáveis do que observações individuais.*
- O desvio-padrão da distribuição de $\bar{x}$ não é apenas menor do que o desvio-padrão das observações individuais, como também se torna menor à medida que tomamos amostras maiores. *Os resultados de grandes amostras são menos variáveis do que os resultados de pequenas amostras.*

ESTATÍSTICA NO MUNDO REAL

O tamanho da amostra importa

Uma tendência recente no beisebol é o uso de estatística para a avaliação dos jogadores, com novas medidas de desempenho para ajudar a decidir quais jogadores são merecedores dos altos salários que pedem. Esse método desafia a tradicional avaliação subjetiva de jovens jogadores e a utilidade de medidas tradicionais, como a média de rebatimentos. Mas o sucesso tem levado muitos times da Liga Principal a contratar estatísticos. Os estatísticos dizem que o tamanho da amostra importa também no beisebol: a temporada regular de 162 jogos é longa o suficiente para que os melhores times apareçam no topo, mas séries de *playoff* de cinco jogos e sete jogos são muito pouco, de modo que a sorte tem muito a ver com quem vence.

Estimador não viesado

Um **estimador não viesado** é uma estatística usada para a estimação de um parâmetro onde a média da distribuição amostral da estatística é igual ao verdadeiro valor do parâmetro populacional sendo estimado.

O ponto alto de tudo isso é que podemos confiar em que a média amostral de uma grande amostra aleatória estime, de maneira precisa, a média populacional. Se o tamanho amostral n é grande, o desvio-padrão de $\bar{x}$ é pequeno, e quase todas as amostras darão valores de $\bar{x}$ muito próximos do verdadeiro parâmetro μ. *No entanto, o desvio-padrão da distribuição amostral se torna menor apenas à taxa de* $\sqrt{n}$. *Para reduzir o desvio-padrão de* $\bar{x}$ *à metade, devemos tomar quatro vezes o número de observações, não apenas o dobro.* Assim, estimativas muito precisas (estimativas com desvios padrão muito pequenos) podem ser muito dispendiosas.

Já descrevemos o centro e a dispersão da distribuição amostral de uma média amostral $\bar{x}$, mas não a sua forma. A forma da distribuição amostral depende da forma da distribuição populacional. Em um caso importante, há uma relação simples entre as duas distribuições: se a distribuição populacional é Normal, então o mesmo ocorre com a distribuição da média amostral.

Distribuição amostral de uma média amostral para populações normalmente distribuídas

Se observações individuais têm a distribuição $N(\mu; \sigma)$, então a média amostral $\bar{x}$ de uma AAS de tamanho n tem a distribuição $N(\mu, \sigma/\sqrt{n})$.

Observe que, se a distribuição populacional é Normal, então a distribuição amostral da média amostral é Normal, independentemente do tamanho amostral n.

EXEMPLO 15.5 Distribuição populacional, distribuição amostral

Se medirmos os limiares de odor de DMS de adultos individuais (como descrito no Exemplo 15.2), os valores vão seguir a distribuição Normal, com média $\mu = 25$ microgramas por litro e desvio-padrão $\sigma = 7$ microgramas por litro. Essa é a distribuição populacional dos limiares de odor.

Selecione diversas AASs de tamanho 10 dessa população e determine a média amostral $\bar{x}$ de cada amostra, como na Figura 15.2. A distribuição amostral descreve como os valores de $\bar{x}$ variam entre as amostras. Essa distribuição amostral também é Normal, com média $\mu = 25$ e desvio-padrão

$$\frac{\sigma}{\sqrt{n}} = \frac{7}{\sqrt{10}} = 2{,}2136$$

A Figura 15.3 contrasta essas duas distribuições Normais. Ambas estão centradas na média populacional, mas as médias amostrais são bem menos variáveis do que as observações individuais.

A menor variação das médias amostrais se evidencia nos cálculos de probabilidade. Você pode mostrar (por meio de um programa de computador, ou padronizando e usando a Tabela A) que cerca de 52% de todos os adultos têm limiar de odor entre 20 e 30. Mas quase 98% das médias de amostras de tamanho 10 estão nesse intervalo.

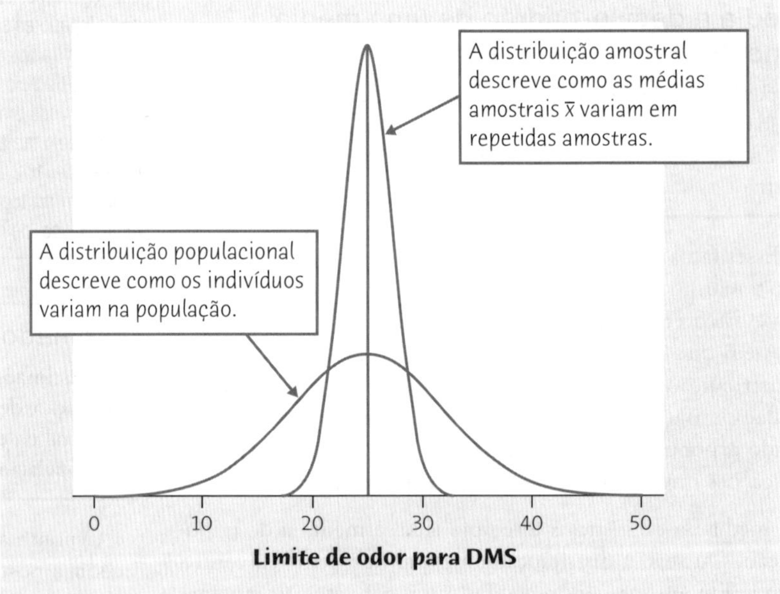

FIGURA 15.3 A distribuição das observações individuais (distribuição populacional) comparada com a distribuição amostral das médias $\bar{x}$ de 10 observações, extraídas várias vezes, para o Exemplo 15.5. Ambas têm a mesma média, mas médias são menos variáveis do que observações individuais.

APLIQUE SEU CONHECIMENTO

15.8 Uma amostra de homens jovens. Uma pesquisa amostral do governo planeja medir o nível médio de colesterol total no sangue de uma AAS de homens com idade entre 20 e 34 anos. Os pesquisadores relatarão a média $\bar{x}$ de sua amostra como uma estimativa do nível médio de colesterol total μ nessa população.

(a) Explique a alguém que não saiba estatística o que significa dizer que $\bar{x}$ é um estimador "não viesado" de μ.

(b) O resultado amostral $\bar{x}$ é um estimador não viesado do verdadeiro μ populacional, independentemente do tamanho da AAS que o estudo use. Explique a alguém que não saiba estatística por que uma grande amostra fornece resultados mais confiáveis do que uma amostra pequena.

15.9 Amostra maior, estimativa mais precisa. Suponha que, de fato, o nível de colesterol total no sangue de

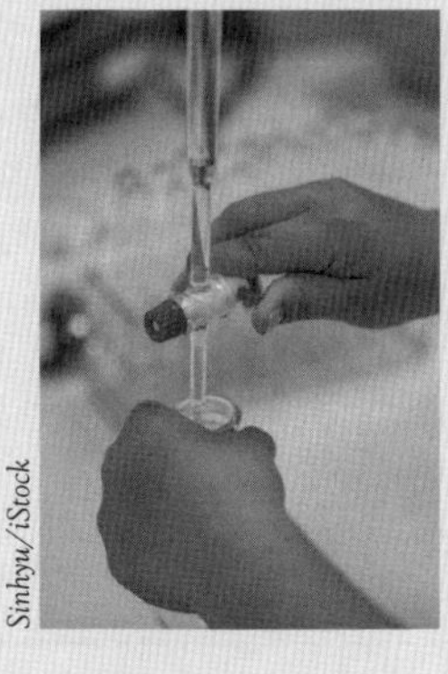

todos os homens com idade entre 20 e 34 anos siga a distribuição Normal com média μ = 182 miligramas por decilitro (mg/dL) e desvio-padrão σ = 37 mg/dL.

(a) Escolha uma AAS de 100 homens dessa população. Qual é a distribuição amostral de $\bar{x}$? Qual é a probabilidade de que $\bar{x}$ assuma um valor entre 180 e 184 mg/dL? Essa é a probabilidade de que $\bar{x}$ estime μ dentro de ± 2 mg/dL.

(b) Escolha uma AAS de mil homens dessa população. Qual é, agora, a probabilidade de que $\bar{x}$ fique a ± 2 mg/dL de μ? A amostra maior tem mais chance de fornecer uma estimativa precisa de μ.

15.10 Medições no laboratório. Juan faz uma medição em um laboratório de química e registra o resultado em seu relatório. Suponha que, se Juan fizer essa medição repetidamente, o desvio-padrão de suas medições será σ = 12 miligramas. Juan repete a medição nove vezes e registra a média $\bar{x}$ de suas nove medições.

(a) Qual é o desvio-padrão do resultado médio de Juan? (Ou seja, se Juan continuasse fazendo nove medições e tirando suas médias, qual seria o desvio-padrão de todas as suas $\bar{x}$'s?)

(b) Quantas vezes Juan vai precisar repetir a medição para reduzir a 2 o desvio-padrão de $\bar{x}$? Explique, para alguém que nada sabe sobre estatística, as vantagens de apresentar a média de diversas medições em vez de o resultado de uma única medição.

15.11 Viés e variabilidade amostral. Suponha que consideremos o verdadeiro valor de um parâmetro populacional como o centro de um alvo e a estatística amostral como uma flecha disparada em direção ao alvo. Viés e variabilidade descrevem o que acontece quando um arqueiro dispara muitas flechas em direção ao alvo. Viés significa que a mira está fora e as flechas não estão centradas no centro do alvo. Variabilidade significa que as flechas estão largamente dispersas. Na Figura 15.4, qual dos alvos mostra o viés? Qual mostra a variabilidade amostral?

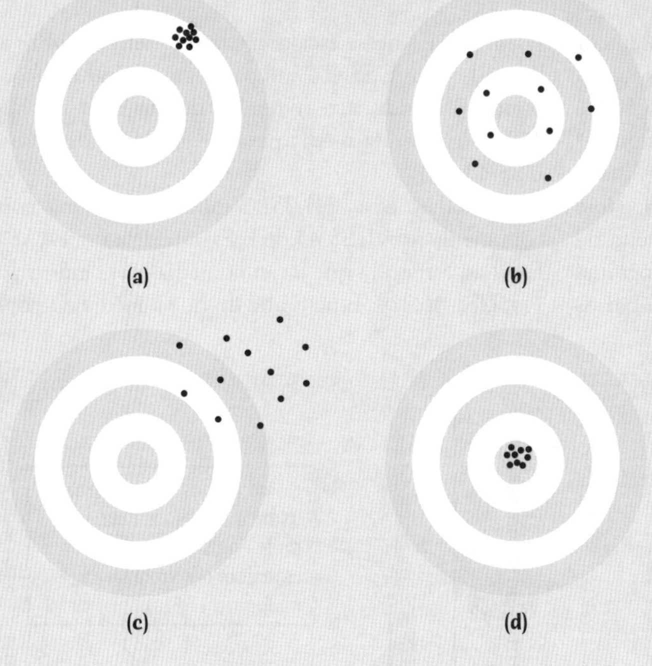

FIGURA 15.4
Quatro alvos com os padrões de várias flechas disparadas em direção a eles, representadas por pontos, para o Exercício 15.11.

15.5 Teorema limite central

Os fatos sobre a média e o desvio-padrão de $\bar{x}$ são verdadeiros, independentemente da forma da distribuição populacional. Mas, qual é a forma da distribuição amostral quando a distribuição populacional não é Normal? *É um fato notável que, à medida que o tamanho da amostra aumenta, a distribuição de $\bar{x}$ muda de forma: se parece menos com a distribuição da população e mais com uma distribuição Normal.* Quando a amostra é suficientemente grande, a distribuição de $\bar{x}$ é bem próxima da Normal. Isso é verdadeiro, não importa que forma tenha a distribuição populacional, desde que a população tenha um desvio-padrão finito σ. Esse famoso fato da teoria de probabilidade é chamado de *teorema limite central*. Ele é muito mais útil do que o fato de a distribuição de $\bar{x}$ ser exatamente Normal, se a população for exatamente Normal.

ESTATÍSTICA NO MUNDO REAL

Novamente, qual era mesmo aquela probabilidade?

Em aplicações da vida real, os cálculos de probabilidade podem ser muito complexos e, em geral, se baseiam em suposições que podem não ser precisas. Wall Street usa matemática avançada para predizer as probabilidades de fracasso de investimentos sofisticados. As probabilidades estimadas são sempre muito baixas – às vezes, porque se supôs Normal algo que não o era. Os resultados podem ser devastadores para os investidores.

Versões mais gerais do teorema limite central dizem que a distribuição de qualquer soma ou média de muitas quantidades aleatórias pequenas é aproximadamente Normal. Isso é verdade, mesmo que as quantidades sejam correlacionadas entre si (contanto que não sejam altamente correlacionadas), e mesmo que tenham distribuições diferentes (contanto que nenhuma das quantidades aleatórias seja tão grande que domine as outras). O teorema limite central sugere por que as distribuições Normais são modelos comuns para dados observados. Qualquer variável que seja uma soma de muitas influências pequenas terá uma distribuição aproximadamente Normal.

Teorema limite central

Extraia uma AAS de tamanho n de qualquer população com média μ e desvio-padrão finito σ. O **teorema limite central** diz que, quando n é grande, a distribuição amostral da média amostral $\bar{x}$ é aproximadamente Normal:

$$\bar{x} \text{ é aproximadamente } N\left(\mu, \frac{\sigma}{\sqrt{n}}\right)$$

O teorema limite central nos permite usar os cálculos da probabilidade Normal para responder a questões sobre médias amostrais de muitas observações, mesmo quando a distribuição populacional não é Normal.

O tamanho n de uma amostra necessário para que $\bar{x}$ seja aproximadamente Normal depende da distribuição populacional. Mais observações são necessárias se a forma da distribuição populacional estiver distante da Normal. A seguir, dois exemplos nos quais a população é muito diferente da Normal.

EXEMPLO 15.6 O teorema limite central em ação

Em 2019, a Annual Social and Economics Supplement to the Current Population Survey obteve dados sobre a renda pessoal de 141.251 indivíduos. A Figura 15.5(a) é um histograma da renda pessoal total desses indivíduos.[6] Como esperávamos, a distribuição do total das rendas é fortemente assimétrica à direita e muito espalhada. Note que algumas das rendas são negativas. A cauda direita da distribuição é mesmo mais longa do que o histograma mostra, porque há poucas rendas altas para que suas barras sejam visíveis nessa escala. De fato, interrompemos a escala de ganhos em US$ 400 mil para economizar espaço; alguns poucos indivíduos têm rendas de até mais do que US$ 400 mil. A renda média para os 141.251 indivíduos foi de US$ 43.663.

Considere essas 141.251 famílias como uma população com média μ = US$ 43.663. Extraia dela uma AAS de 100 famílias. Suponha que a renda média nessa amostra seja de $\bar{x}$ = US$ 46.279. É mais alta do que a média da população.

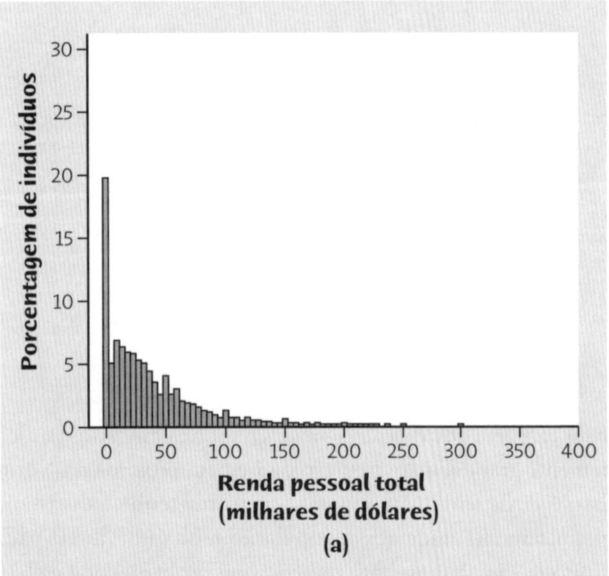

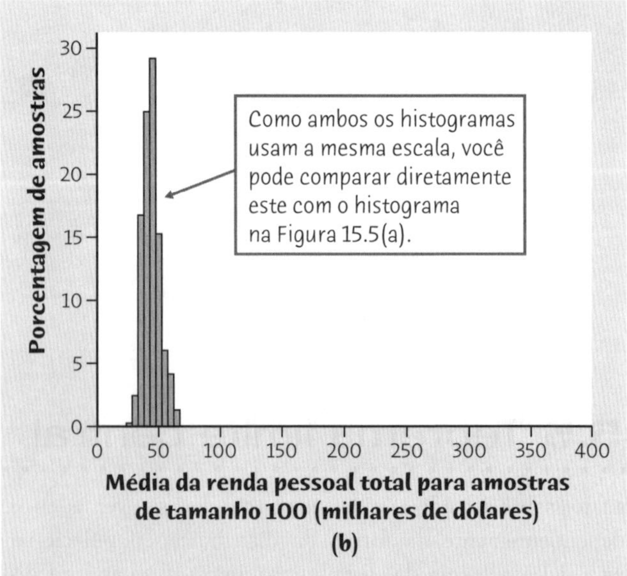

FIGURA 15.5
O teorema limite central em ação, para o Exemplo 15.6. (a) A distribuição dos ganhos pessoais totais em uma população de 141.251 indivíduos famílias. (b) A distribuição dos ganhos médios para 500 AAS, de 100 indivíduos cada, dessa população.

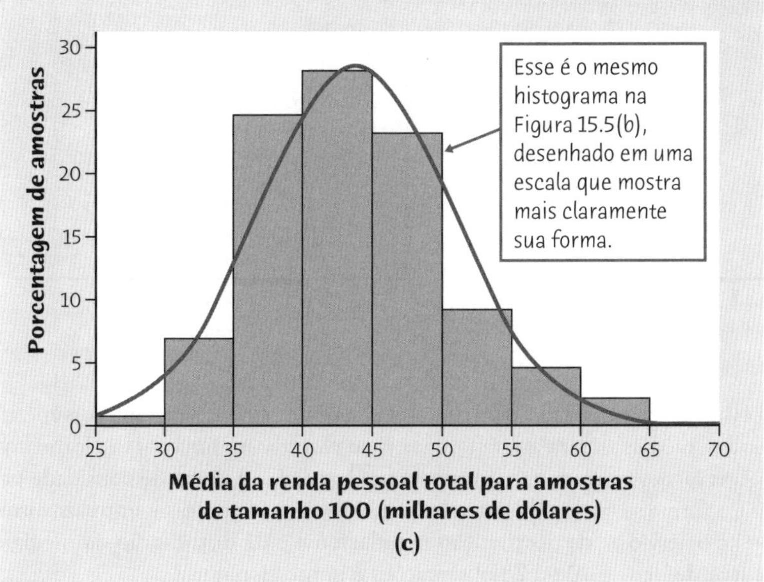

FIGURA 15.5
(*continuação*) (c) A distribuição das médias amostrais em mais detalhe: a forma é próxima da Normal.

Extraia outra AAS de tamanho 100. A média para essa amostra é $\bar{x}$ = US$ 41.266. É menor do que a média da população. O *que aconteceria se fizéssemos isso muitas vezes?* A Figura 15.5(b) é um histograma dos ganhos médios para 500 amostras, cada uma de tamanho 100. As escalas nas Figuras 15.5(a) e 15.5(b) são as mesmas, para facilitar a comparação. Embora a distribuição dos ganhos individuais seja assimétrica e com grande variabilidade, a distribuição das médias amostrais é razoavelmente simétrica e mostra muito menos variabilidade.

A Figura 15.5(c) faz uma aproximação (*zoom*) da parte central do histograma da Figura 15.5(b) para mostrar a forma mais claramente. Embora $n = 100$ não seja um tamanho amostral muito grande e a distribuição populacional seja extremamente assimétrica, podemos ver que a distribuição das médias amostrais é próxima da Normal.

Pensando sobre médias amostrais

Médias de amostras aleatórias são *menos variáveis* do que as observações individuais.

Médias de amostras aleatórias são *mais Normais* do que as observações individuais.

A comparação da Figura 15.5(a) com as Figuras 15.5(b) e 15.5(c) ilustra as duas ideias mais importantes deste capítulo.

EXEMPLO 15.7 O teorema limite central em ação

Distribuições exponenciais são usadas como modelos para o tempo de vida útil de componentes eletrônicos, e para o tempo necessário para atender um cliente ou consertar uma máquina. A Figura 15.6(a) exibe a distribuição populacional exponencial - isto é, a curva de densidade - de uma única observação. Essa distribuição é altamente assimétrica à direita, e os resultados mais prováveis estão próximos de 0. A média μ dessa distribuição é 1, e seu desvio-padrão σ também é 1.

Pode-se usar a matemática para a dedução da distribuição amostral teórica de $\bar{x}$ quando amostramos a partir de

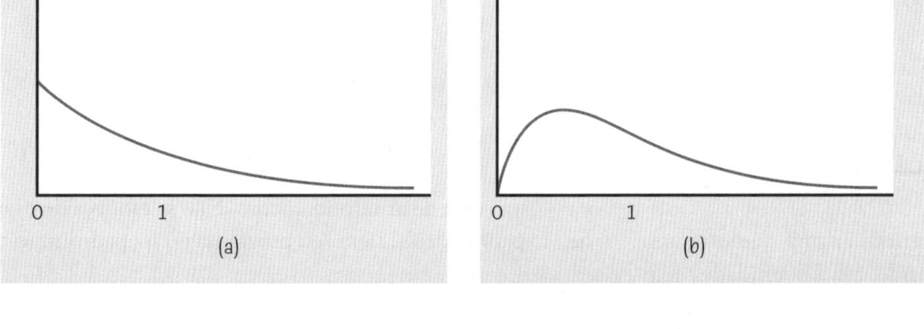

FIGURA 15.6
O teorema limite central em ação, para o Exemplo 15.7. A distribuição de médias amostrais $\bar{x}$, de uma população fortemente não Normal, torna-se mais Normal à medida que o tamanho da amostra aumenta. (a) A distribuição de uma observação (distribuição populacional). (b) A distribuição de $\bar{x}$ para duas observações.

FIGURA 15.6
(*Continuação*) (c) A distribuição de $\bar{x}$ para 10 observações. (d) A distribuição de $\bar{x}$ para 25 observações.

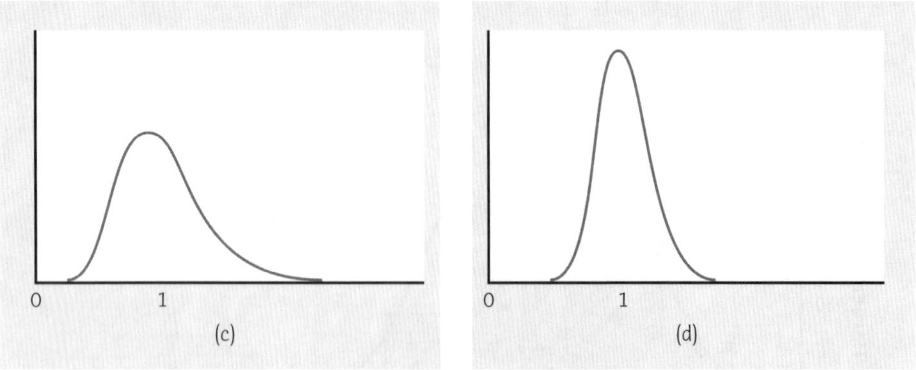

uma distribuição exponencial. As Figuras 15.6(b), 15.6(c) e 15.6(d) são as curvas de densidade teóricas das médias amostrais de amostras de tamanhos 2, 10 e 25 observações a partir dessa população. À medida que n aumenta, a forma se torna mais Normal. A média permanece em $\mu = 1$ e o desvio-padrão decresce, assumindo o valor $1/\sqrt{n}$. A curva de densidade para 10 observações é, ainda, um tanto assimétrica para a direita, mas já se parece com uma curva Normal que tem $\mu = 1$ e $\sigma = 1/\sqrt{10} = 0{,}32$. A curva de densidade para $n = 25$ é ainda mais Normal. O contraste entre as formas da distribuição populacional e da distribuição da média de 10 ou 25 observações é impressionante.

applet

O *applet* Central Limit Theorem (conteúdo em inglês) permite que você veja o teorema limite central em ação. O *applet* simula a distribuição amostral de $\bar{x}$ para várias distribuições populacionais, e você pode ver como a distribuição amostral muda de forma à medida que o tamanho amostral aumenta.

Vamos usar os cálculos da Normal, com base no teorema limite central, para responder a uma pergunta sobre a distribuição bastante não Normal da Figura 15.6(a).

EXEMPLO 15.8 Manutenção de aparelhos de ar-condicionado

ESTABELEÇA: o tempo (em horas) que um técnico necessita para fazer a manutenção preventiva em um aparelho de ar-condicionado é regido pela distribuição exponencial, cuja curva de densidade aparece na Figura 15.6(a). A distribuição exponencial surge em muitos problemas de engenharia e industriais, como tempo até um defeito de uma máquina, ou tempo até um sucesso. O tempo médio é $\mu = 1$ hora e o desvio-padrão é $\sigma = 1$ hora. Sua empresa tem um contrato para manutenção de 70 desses aparelhos em um prédio de apartamentos. Você deve programar os tempos dos técnicos para uma visita a esse prédio. É razoável prever um orçamento médio de 1,1 hora para cada unidade? Ou deve ser orçada uma média de 1,25 hora?

PLANEJE: acreditamos que o processo de fabricação e distribuição associado a esse tipo de ar-condicionado seja tal que a variação de uma para outra unidade é aleatória. Assim, você pode considerar as 70 unidades de ar-condicionado como uma AAS de todas as unidades desse tipo. Qual é a probabilidade de que o tempo médio de manutenção para 70 unidades exceda 1,1 hora? Ou que exceda 1,25 hora?

RESOLVA: o teorema limite central afirma que o tempo médio amostral $\bar{x}$ gasto trabalhando em 70 unidades tem distribuição aproximadamente Normal, com média igual à média populacional $\mu = 1$ hora e desvio-padrão

$$\frac{\sigma}{\sqrt{70}} = \frac{1}{\sqrt{70}} = 0{,}12 \text{ hora}$$

A distribuição de $\bar{x}$ é, portanto, aproximadamente $N(1; 0{,}12)$. Essa curva Normal é a curva contínua na Figura 15.7. (A curva pontilhada não é necessária para a solução do problema; nós a discutimos a seguir.)

Usando essa distribuição Normal, as probabilidades que desejamos são

$$P(\bar{x} > 1{,}10 \text{ hora}) = 0{,}2014$$
$$P(\bar{x} > 1{,}25 \text{ hora}) = 0{,}0182$$

Programas de computador apresentam essas probabilidades imediatamente, ou você pode padronizar e usar a Tabela A. Por exemplo,

$$P(\bar{x} > 1{,}10) = P\left(\frac{\bar{x}-1}{0{,}12} > \frac{1{,}10-1}{0{,}12}\right)$$
$$= P(Z > 0{,}83) = 1 - 0{,}7967 = 0{,}2033$$

com o usual erro de arredondamento. Não se esqueça de usar o desvio-padrão de 0,12 em seu programa ou na padronização de $\bar{x}$.

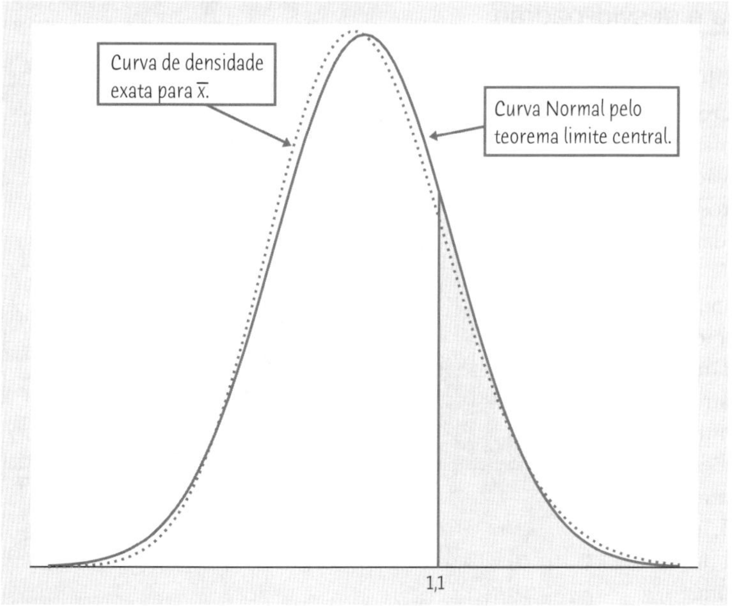

FIGURA 15.7
A distribuição exata (pontilhada) e a aproximação Normal pelo teorema limite central (sólida) para o tempo médio necessário para a manutenção de um ar-condicionado, para o Exemplo 15.8. A probabilidade que desejamos é a área à direita de 1,1.

CONCLUA: se você previu 1,1 hora por unidade, há uma chance de 20% de que os técnicos não completem o trabalho no prédio no tempo orçado. Essa chance cai para 2%, se você tiver previsto um tempo de 1,25 hora. Você deve, portanto, orçar para um tempo de 1,25 hora por unidade.

Com um pouco mais de matemática, você pode começar com a distribuição exponencial e achar a curva de densidade real de $\bar{x}$ para 70 observações. Essa é a curva pontilhada na Figura 15.7. Você percebe que a curva Normal sólida é uma boa aproximação. A probabilidade exatamente correta para 1,1 hora é a área à direita de 1,1 sob a curva de densidade pontilhada e vale 0,1977. A aproximação Normal pelo teorema limite central é 0,2014, com erro de cerca de apenas 0,004.

15.6 Distribuições amostrais e significância estatística*

Até aqui, observamos cuidadosamente a distribuição amostral de uma média amostral. No entanto, qualquer estatística que possamos calcular a partir de uma amostra terá uma distribuição amostral.

APLIQUE SEU CONHECIMENTO

15.12 O que diz o teorema limite central? A essa pergunta, um estudante responde: "à medida que se extraem amostras cada vez maiores de uma população, o histograma dos valores amostrais se aproxima cada vez mais da Normal". O estudante está correto? Explique sua resposta.

15.13 Detectando a traça de freixo esmeralda. A traça de freixo esmeralda é uma séria ameaça ao freixo. Um departamento de agricultura estadual coloca armadilhas em todo o estado para detectar as traças. Na verificação periódica das armadilhas, o número médio de traças apanhadas é de apenas 2,2, mas algumas das armadilhas têm várias traças. A distribuição das contagens de traças é discreta e fortemente assimétrica, com desvio-padrão de 3,9.

David Cappaert/Michigan State University. Image via Bugwood.org.

(a) Quais são a média e o desvio-padrão do número médio de traças $\bar{x}$ em 50 armadilhas?

(b) Use o teorema limite central para encontrar a probabilidade de que o número médio de traças em 50 armadilhas seja maior do que 3,0.

15.14 Mais sobre seguros. 4 PASSOS Uma companhia de seguros sabe que, na população inteira de milhões de pessoas donas de apartamentos, a perda média anual por danos é μ = US$ 150 e o desvio-padrão da perda é σ = US$ 300. A distribuição das perdas é fortemente assimétrica para a direita: muitas apólices têm perda de US$ 0, mas algumas poucas têm perdas consideráveis. Se a companhia vende 10 mil apólices, ela pode basear suas taxas na hipótese de que sua perda média não será maior do que US$ 160? Siga o processo de quatro passos, conforme ilustrado no Exemplo 15.8.

*Este material é opcional. Ele é mais desafiador do que o conteúdo do restante do capítulo, e faz três apontamentos. Primeiro, apresenta distribuições amostrais para estatísticas diferentes da média. Segundo, clareia o conceito de significância estatística, introduzida pela primeira vez no Capítulo 9. Terceiro, introduz o tipo de raciocínio que é a base para o teste de hipótese, discutido no Capítulo 17.

EXEMPLO 15.9 Mediana, variância e desvio-padrão

No Exemplo 15.5, tomamos mil AASs de tamanho 10 de uma população Normal, com média $\mu = 25$ microgramas por litro e desvio-padrão $\sigma = 7$ microgramas por litro. Essa distribuição Normal é a distribuição dos limiares de odor para o DMS de todos os adultos. A Figura 15.3 é um histograma da distribuição das médias amostrais.

Agora, tome mil AASs de tamanho 5 de uma população Normal, com média $\mu = 25$ e desvio-padrão $\sigma = 7$. Para cada amostra, calcule a mediana, a variância e o desvio-padrão amostrais. A Figura 15.8 mostra os histogramas dos resultados amostrais das mil amostras. Esses histogramas mostram as distribuições amostrais das três estatísticas. A distribuição amostral da mediana amostral é simétrica, centrada em 25, e aproximadamente Normal. A distribuição amostral da variância amostral é fortemente assimétrica à direita. A distribuição amostral do desvio-padrão amostral é muito ligeiramente assimétrica à direita.

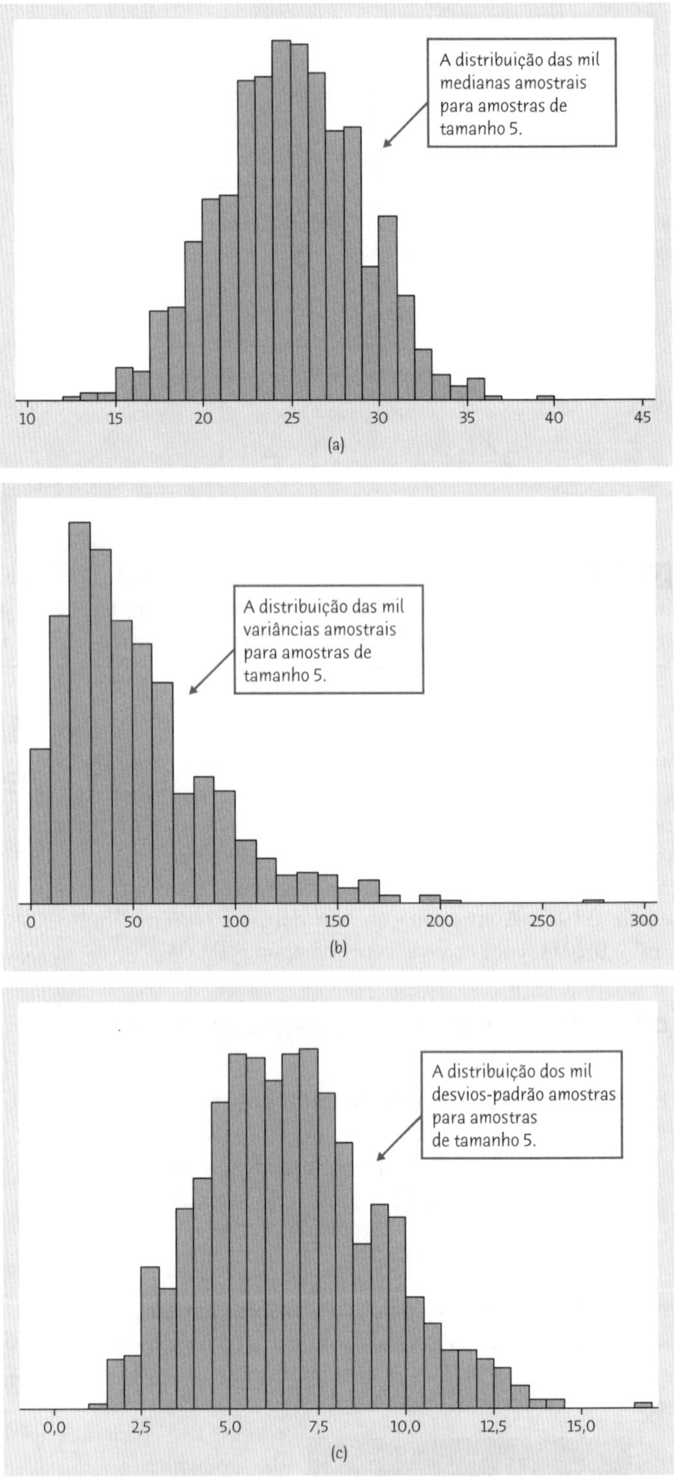

FIGURA 15.8
(a) A distribuição das mil medianas amostrais para amostras de tamanho 5 de uma população Normal, com $\mu = 25$ e $\sigma = 7$. (b) A distribuição das mil variâncias amostrais para amostras de tamanho 5 de uma população Normal, com $\mu = 25$ e $\sigma = 7$. (c) A distribuição dos mil desvios padrão amostrais para amostras de tamanho 5 de uma população Normal, com $\mu = 25$ e $\sigma = 7$

A distribuição amostral de uma estatística amostral é determinada pela estatística amostral particular na qual estamos interessados, pela distribuição da população de valores individuais dos quais a estatística amostral é calculada, e pelo método pelo qual as amostras são selecionadas da população. A distribuição amostral nos permite determinar a probabilidade de observar qualquer valor particular da mesma estatística amostral em uma outra amostra da população. Vamos ver uma aplicação dessa ideia a um conceito primeiramente introduzido no Capítulo 9.

No Capítulo 9, afirmamos que podemos usar as leis da probabilidade para sabermos se um efeito observado de um tratamento é maior do que esperaríamos se apenas o acaso estivesse atuando. Dissemos que um efeito observado que é tão grande que raramente ocorreria por acaso é chamado de *estatisticamente significante*. Como determinar se um efeito observado ocorreria raramente se apenas a chance estivesse atuando? Por "apenas a chance atuando" queremos dizer sob a hipótese de que não há qualquer efeito de tratamento.

Representemos o efeito observado do tratamento pelo valor de uma estatística amostral – por exemplo, a média das respostas daqueles em um grupo de tratamento menos a média daqueles em um grupo de controle. Então, podemos determinar se o efeito observado é estatisticamente significante, considerando a distribuição amostral da estatística amostral, sob a hipótese de que nenhum efeito esteja presente. Use essa distribuição amostral para determinar a probabilidade de observarmos valores tão extremos como os que observamos, se o tratamento realmente não tivesse qualquer efeito. O próximo exemplo ilustra esse cálculo.

EXEMPLO 15.10 Uma distribuição amostral e significância estatística

Os adultos com idade de 65 anos ou mais têm o paladar semelhante ao dos outros adultos? Serão eles capazes, como os jovens adultos, de apreciarem um bom vinho? Suponha que tomemos uma AAS de cinco adultos da população de todos os adultos com 65 anos ou mais. Apresentamos a eles tanto um vinho natural quanto o mesmo vinho batizado com diferentes concentrações de DMS para descobrir a menor concentração (limiar de odor) à qual eles ainda identificam o vinho com DMS. Calculamos a mediana dos limiares de odor para os cinco sujeitos e encontramos a mediana de 35. Se os paladares dos que têm 65 anos ou mais são como os de outros adultos (em outras palavras, não há qualquer "efeito de tratamento", onde o tratamento é ter 65 anos ou mais), esperaríamos que a mediana amostral fosse semelhante àquela calculada de AASs de tamanho 5, da população de todos os adultos. Construímos essa distribuição amostral no Exemplo 15.9. Observando a Figura 15.8(a), vemos que 35 é um valor não usualmente grande para a mediana se os paladares dos adultos com 65 anos ou mais fossem iguais aos dos outros adultos. Assim, a mediana observada de 35 deve ser considerada como evidência de que os paladares de adultos com 65 anos ou mais são diferentes daqueles dos adultos da população geral.

APLIQUE SEU CONHECIMENTO

15.15 Significância estatística de uma variância. No Exemplo 15.9, construímos uma distribuição amostral [ver Figura 15.8(b)] da variância amostral de uma AAS de tamanho 5, da distribuição de limiares de odor para o DMS de adultos individuais. Admitimos que essa distribuição populacional seja Normal, com média $\mu = 25$ microgramas por litro e desvio-padrão $\sigma = 7$ microgramas por litro. No Exemplo 15.10, selecionamos uma AAS de tamanho 5 de adultos com 65 anos ou mais. Suponha que a variância dessa AAS seja 9,2. Você consideraria esse valor estatisticamente significante se os paladares dos adultos com idade de 65 anos ou mais não fossem diferentes dos daqueles de todos os outros adultos? Explique sua resposta.

15.16 Significância estatística a partir de uma distribuição amostral. No Exercício 15.7, você gerou 10 amostras de tamanho 4 da população de 10 estudantes, calculou $\bar{x}$ para cada amostra, e construiu um histograma desses 10 valores de $\bar{x}$.

applet

(a) Use o *applet* Simple Random Sample para gerar 25 novas amostras de tamanho 4, calcule $\bar{x}$ para cada uma, e construa um histograma dos 25 valores. Uma vez mais, você está construindo a distribuição amostral de $\bar{x}$.

(b) Com base em seu histograma na parte (a), qual seria sua estimativa da chance de obter uma amostra aleatória simples de quatro estudantes com $\bar{x} \geq 78$?

(c) Suponha que você saiba que os estudantes 1, 3, 5, e 7 são estudantes de honra. Você consideraria seus escores médios como "estatisticamente significantes"?

RESUMO

- Um **parâmetro** em um problema estatístico é um número que descreve uma população, como a média populacional μ. Para estimar um parâmetro desconhecido, use a **estatística** calculada a partir de uma amostra, como a média amostral $\bar{x}$.
- A **lei dos grandes números** estabelece que o resultado médio $\bar{x}$ realmente observado deve se aproximar da média μ da população, à medida que o número de observações aumenta.
- A **distribuição populacional** de uma variável descreve os valores da variável para todos os indivíduos em uma população.
- A **distribuição amostral** de uma estatística descreve os valores da estatística em todas as amostras possíveis de mesmo tamanho, extraídas da mesma população.
- Quando a amostra é uma AAS da população, a média da distribuição amostral da média amostral $\bar{x}$ é a mesma média populacional, μ. Isto é, $\bar{x}$ é um **estimador não viesado** de μ.
- O desvio-padrão da distribuição amostral de $\bar{x}$ é $\sigma/\sqrt{n}$ para uma AAS de tamanho n, se a população tem desvio-padrão σ. Ou seja, médias são menos variáveis do que observações individuais.

- Quando a amostra é uma AAS extraída de uma população que tem distribuição Normal, a média amostral $\bar{x}$ também tem distribuição Normal.
- Escolha uma AAS de tamanho n de uma população qualquer com média μ e desvio-padrão finito σ. O **teorema limite central** estabelece que, para n grande, a distribuição amostral de $\bar{x}$ é aproximadamente Normal. Ou seja, médias são mais Normais do que observações individuais. Podemos usar a distribuição $N(\mu, \sigma/\sqrt{n})$ para calcular probabilidades aproximadas para eventos que envolvem $\bar{x}$.

VERIFIQUE SUAS HABILIDADES

15.17 O Bureau of Labor Statistics anuncia que entrevistou, no último mês, todos os membros da força de trabalho em uma amostra de 60 mil famílias; **3,5%** dos entrevistados estavam desempregados. O número em negrito é

(a) uma distribuição amostral.

(b) uma estatística.

(c) um parâmetro.

15.18 Uma pesquisa de 20 de outubro de 2019, com adultos canadenses que estavam registrados como eleitores, encontrou que 31,6% disseram que iriam votar no partido conservador nas eleições de outubro de 2019. Os registros das eleições mostram que 34,4% realmente votaram no partido conservador. O número em negrito é

(a) uma distribuição amostral.

(b) uma estatística.

(c) um parâmetro.

15.19 Os retornos anuais de ações variam muito. O retorno médio de longo prazo de ações na S&P 500 é de 9,8%, e o desvio-padrão de longo prazo é 16,8%. A lei dos grandes números diz que

(a) você pode obter um retorno médio mais alto do que a média de 9,8%, investindo em um número maior de ações da S&P.

(b) à medida que você investe em mais e mais ações escolhidas aleatoriamente, seu retorno médio de longo prazo dessas ações se aproxima de 9,8%.

(c) se você investe em um grande número de ações escolhidas aleatoriamente, o retorno médio de longo prazo terá uma distribuição aproximadamente Normal.

15.20 Os escores na parte de Leitura Crítica do teste SAT, em um ano recente, foram aproximadamente Normais, com média 536 e desvio-padrão 102. Escolhe-se uma AAS de 100 estudantes e calcula-se a média de seus escores de Leitura Crítica no SAT. Fazendo isso muitas vezes, a média dos escores médios se aproximará de

(a) 536.

(b) $536/100 = 5{,}36$.

(c) $536/\sqrt{100} = 53{,}6$.

15.21 Os escores na parte de Leitura Crítica do teste SAT, em um ano recente, foram aproximadamente Normais, com média 536 e desvio-padrão 102. Escolhe-se uma AAS de 100 estudantes e calcula-se a média de seus escores de Leitura Crítica no SAT. Fazendo isso muitas vezes, o desvio-padrão dos escores médios se aproximará de

(a) 102.

(b) $102/100 = 1{,}02$.

(c) $102/\sqrt{100} = 10{,}2$.

15.22 Um recém-nascido é classificado como de peso extremamente baixo ao nascer (PEBN) pois pesa menos de mil gramas. Em um estudo sobre a saúde dessas crianças, nos últimos anos, examinou-se uma amostra aleatória de 219 crianças que tinham nascido com PEBN. O peso médio ao nascer dessas crianças era de $\bar{x} = 810$ gramas. Essa média amostral é um *estimador não viesado* do peso médio μ na população de todos os bebês com PEBN. Isso significa que

(a) em muitas amostras extraídas dessa população, a média de muitos valores de $\bar{x}$ será igual a μ.

(b) à medida que se tomam amostras cada vez maiores dessa população, $\bar{x}$ se aproximará, mais e mais, de μ.

(c) em muitas amostras dessa população, os muitos valores de $\bar{x}$ terão uma distribuição próxima da Normal.

15.23 O número de horas que uma bateria funciona antes de falhar varia de bateria para bateria. A distribuição dos tempos para falha segue uma distribuição exponencial (ver Exemplo 15.7, que é extremamente assimétrica à direita. O teorema limite central diz que

(a) à medida que observamos mais e mais baterias, o tempo médio para falha se aproxima, cada vez mais, da média μ para todas as baterias desse tipo.

(b) o tempo médio para falha de um grande número de baterias tem uma distribuição da mesma forma (fortemente assimétrica) que a distribuição para as baterias individuais.

(c) o tempo médio para falha de um grande número de baterias tem uma distribuição que é próxima da Normal.

15.24 A duração da gravidez humana, desde a concepção até o nascimento, varia de acordo com uma distribuição que é aproximadamente Normal, com média de 266 dias e desvio-padrão de 16 dias. A probabilidade de que o tempo médio de gravidez para seis mulheres escolhidas aleatoriamente exceda 270 dias é de cerca de

(a) 0,40.

(b) 0,27.

(c) 0,07.

15.25 A Figura 15.9 mostra o comportamento de uma estatística amostral em muitas amostras, em quatro situações. O verdadeiro valor do parâmetro populacional está marcado em cada gráfico. Os gráficos para os quais a estatística amostral é não viesada são

(a) a, b, e c.

(b) b e c.

(c) apenas b.

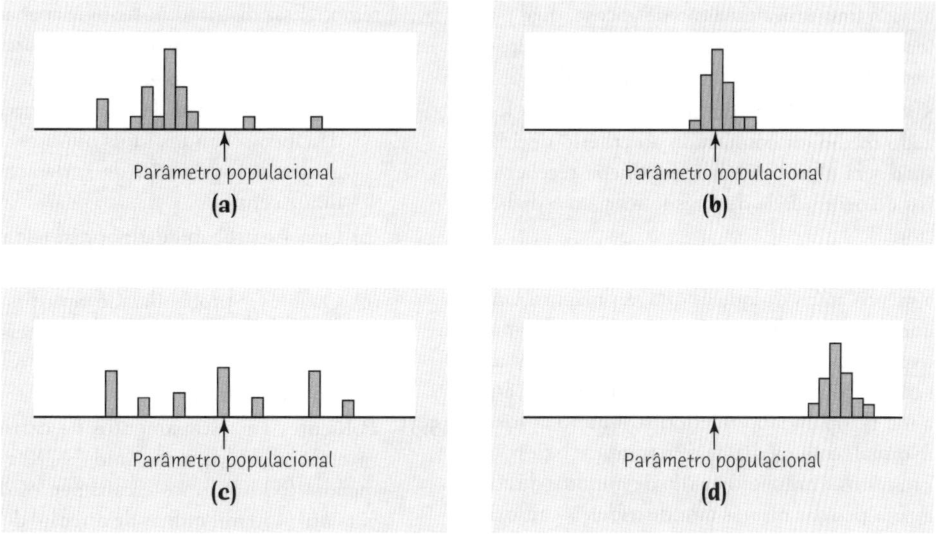

FIGURA 15.9
Extraia muitas amostras da mesma população e faça um histograma dos valores assumidos por uma estatística amostral. Aqui estão quatro diferentes métodos amostrais para a Questão 15.25.

EXERCÍCIOS

15.26 **Teste de vidro.** Ao projetar uma casa, a condutividade de calor dos materiais é importante. Como teste de um novo processo de medição, são feitas 10 medidas em pedaços de vidro, cuja condutividade se sabe ser **1**. A média das 10 medidas é **1,07**. Para cada um dos números em negrito, indique se é um parâmetro ou uma estatística. Explique sua resposta.

15.27 **Ansiedade na estatística.** O que os professores podem fazer para aliviar, em seus alunos, a ansiedade em relação à estatística? Para explorar essa questão, comparou-se a ansiedade em relação à estatística em duas turmas. Em uma turma, o professor lecionou de maneira formal, inclusive vestindo-se formalmente. Na outra turma, o professor foi menos formal, vestiu-se casualmente, foi mais pessoal, usou o humor e chamou os alunos pelos nomes. Mediu-se a ansiedade por meio de um questionário. Escores mais altos indicam níveis mais altos de ansiedade. O escore médio de ansiedade para os alunos da aula formal foi **25,40**; na aula informal, a média foi **20,41**. Para cada um dos números em negrito, indique se é um parâmetro ou uma estatística. Explique sua resposta.

15.28 **Roleta.** Uma roda de roleta tem 38 ranhuras, das quais 18 são pretas, 18 são vermelhas e 2 são verdes. Quando se gira a roleta, a bola tem probabilidade igual de cair em qualquer das ranhuras. Uma das apostas mais simples é escolher vermelho ou preto. Uma aposta de US$ 1 no vermelho paga US$ 2 se a bola para em uma ranhura vermelha. Caso contrário, o apostador perde seu dólar. Quando os jogadores apostam no vermelho ou preto, as duas casas verdes resultam em perdas. Como a probabilidade de ganhar US$ 2 é de 18/38, o retorno médio de uma aposta de US$ 1 é o dobro de 18/38, ou seja 94,7 centavos. Explique o que a lei dos grandes números nos diz sobre o que acontecerá se um jogador fizer muitas apostas no vermelho.

Zolnierek/iStock

15.29 **O teste de admissão à faculdade de medicina.** Quase todas as escolas de medicina nos Estados Unidos exigem que os estudantes façam o Medical College Admission Test (MCAT). Para estimar o escore médio μ dos que fizeram o MCAT no seu *campus*, você obterá os escores de uma AAS de estudantes. Os escores seguem uma distribuição Normal, e com base em informação publicada, você sabe que o desvio-padrão dos escores para todos os que fizeram o MCAT é 10,6. Suponha que (sem que você saiba) o escore médio daqueles que fizeram o MCAT em seu *campus* é 500,0.

(a) Se você escolhe aleatoriamente um estudante, qual é a probabilidade de que o escore do estudante esteja entre 495 e 505?

(b) Você amostra 25 estudantes. Qual é a distribuição amostral de seus escores médios $\bar{x}$?

(c) Qual é a probabilidade de o escore médio de sua amostra estar entre 495 e 505?

15.30 **Teste de glicose.** O médico de Shelia está preocupado com a possibilidade de ela sofrer de diabetes gestacional (níveis altos de glicose no sangue durante a gravidez). Há variação tanto no nível real de glicose como no exame de sangue que mede o nível. Em um teste para examinar o diabetes gestacional, uma paciente é classificada como necessitada de mais testes para diabetes gestacional se seu nível de glicose estiver acima de 130 mg/dL uma hora após ingerir uma bebida adocicada. O nível da glicose de Shelia medido uma hora após a ingestão desse preparado varia de acordo com a distribuição Normal com μ = 122 mg/dL e σ = 12 mg/dL.

(a) Se for realizada uma única medição de glicose, qual é a probabilidade de Shelia ser diagnosticada como necessitada de mais testes para o diabetes gestacional?

(b) Se as medições forem feitas em quatro dias separados e o resultado médio for comparado ao critério de 130 mg/dL, qual será a probabilidade de Shelia receber o diagnóstico de necessidade de mais testes para o diabetes gestacional?

15.31 Atividade diária. Parece que as pessoas que são ligeiramente obesas são menos ativas do que as que são magras. Um estudo examinou o número médio de minutos por dia que as pessoas passavam de pé ou andando.[7] Entre as pessoas ligeiramente obesas, o número médio de minutos de atividade diária (de pé ou andando) tem distribuição aproximadamente Normal, com média de 373 minutos e desvio-padrão de 67 minutos. O número médio de minutos de atividade diária para pessoas magras tem distribuição aproximadamente Normal, com média de 526 minutos e desvio-padrão de 107 minutos. Um pesquisador registra os minutos de atividade para uma AAS de cinco pessoas ligeiramente obesas e uma AAS de cinco pessoas magras.

(a) Qual é a probabilidade de que o número médio de minutos de atividade diária das cinco pessoas ligeiramente obesas exceda 420 minutos?

(b) Qual é a probabilidade de que o número médio de minutos de atividade diária das cinco pessoas magras exceda 420 minutos?

15.32 Teste de glicose (continuação). O nível de glicose de Shelia, medido uma hora após a ingestão da bebida adocicada, varia de acordo com a distribuição Normal com $\mu = 122$ mg/dL e $\sigma = 12$ mg/dL. Qual é o nível L tal que há uma probabilidade de apenas 0,05 de o nível médio de glicose dos resultados de quatro testes ficar acima de L? (*Sugestão*: isso requer um cálculo com a Normal no sentido inverso. Ver Capítulo 3, se precisar de revisão.)

15.33 Poluentes nos escapamentos de automóveis. Em 2017, exigiu-se de toda a frota de veículos leves, vendidos nos Estados Unidos por cada fabricante, que emitisse uma média de não mais do que 86 miligramas por milha (mg/mi) de óxido de nitrogênio (NOX) e gás orgânico não metano (NMOG) durante a vida útil (150 mil milhas de direção)* do veículo. As emissões de NOX + NMOG durante a vida útil de um modelo de carro varia de acordo com uma distribuição Normal, com média 80 mg/mi e desvio-padrão 4 mg/mi.*

(a) Qual é a probabilidade de que um único carro desse modelo emita mais de 86 mg/mi de NOX + NMOG?

(b) Uma companhia tem 25 carros desse modelo em sua frota. Qual é a probabilidade de que o nível médio $\bar{x}$ de NOX + NMOG desses carros fique acima de 86 mg/mi?

15.34 Corredores. Em um estudo de exercício físico, um grande grupo de homens corredores andou em uma esteira por seis minutos. Depois desse exercício, suas taxas cardíacas variam, com média de 8,8 batimentos por cinco segundos e desvio-padrão de 1,0 batimento por cinco segundos. O pesquisador registra o número de batimentos cardíacos por cinco segundos para cada corredor durante um período de tempo. Essa distribuição assume apenas valores inteiros, de modo que ela, certamente, não é Normal.

(a) Seja $\bar{x}$ o número médio de batimentos por cinco segundos após ser medida a taxa cardíaca para 24 intervalos de cinco segundos (dois minutos). Aproximadamente, qual é a distribuição de $\bar{x}$, de acordo com o teorema limite central?

(b) Qual é a probabilidade aproximada de que $\bar{x}$ seja menor do que 8?

(c) Qual é a probabilidade aproximada de que a taxa cardíaca de um corredor seja menor do que 100 batimentos por minuto? (*Sugestão*: reformule esse evento em termos de $\bar{x}$.)

15.35 Poluentes em escapamentos de carros (continuação). O nível de óxidos de nitrogênio (NOX) e de gás orgânico não metano (NMOG) nos escapamentos dos carros durante a vida útil (150 mil milhas de direção) de carros de um modelo particular varia Normalmente, com média de 80 mg/mi e desvio-padrão de 4 mg/mi. Uma companhia tem 25 carros desse modelo em sua frota. Qual é o nível L para o qual a probabilidade de o nível médio $\bar{x}$ de NOX + NMOG para a frota ser maior do que L é de apenas 0,01? (*Sugestão*: isso requer um cálculo da Normal no sentido inverso. Ver Capítulo 3, se precisar de revisão.)

15.36 Retornos de ações. André pretende se aposentar daqui a 40 anos. Ele planeja investir parte do fundo de aposentadoria em ações, de modo que procura informações sobre retornos passados. Descobre que, de 1969 a 2018, os retornos anuais sobre todas as ações de S&P 500 tiveram média de 9,8% e desvio-padrão de 16,8%.[8] O retorno médio, mesmo durante um número moderado de anos, é próximo da Normal. Qual é a probabilidade (supondo que o padrão passado da variação continue o mesmo) de que o retorno médio anual sobre ações de mercado, durante os próximos 40 anos, exceda 10%? Qual é a probabilidade de que o retorno médio seja menor do que 5%? Siga o processo dos quatro passos, conforme ilustrado no Exemplo 15.8.

15.37 Passageiros de aviões se tornam mais pesados. Em resposta ao crescente peso dos passageiros de aviões, a Federal Aviation Administration (FAA), em 2003, orientou as companhias aéreas a considerarem o peso médio dos passageiros como 195 libras (88,45 kg) no inverno, incluindo roupas e bagagem de mão. Mas os passageiros variam e a FAA não especificou um desvio-padrão. Um desvio-padrão razoável é 35 libras (15,88 kg). Os pesos não são distribuídos Normalmente, especialmente quando a população inclui tanto homens quanto mulheres, mas também não são muito diferentes da Normal. Um avião comercial leva 22 passageiros. Qual é a probabilidade aproximada de que o peso total dos passageiros exceda 4.500 libras? Use o processo dos quatro passos para orientar seu trabalho. (*Sugestão*: para aplicar o teorema limite central, reescreva o problema em termos do peso médio.)

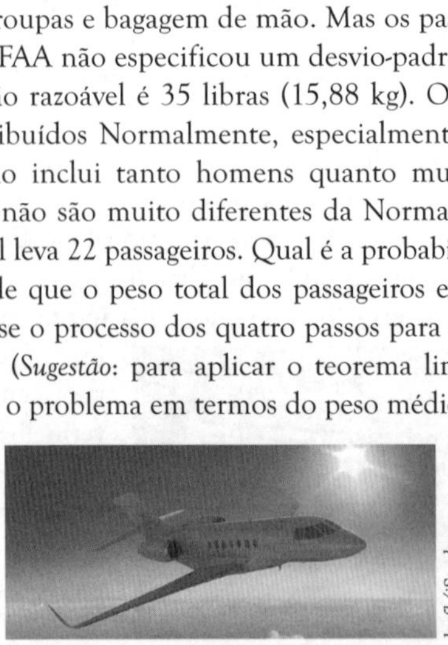
kafl/iStock

*N.R.T.: 1 milha = 1,609344 km.

15.38 Amostragem de estudantes. Para estimar o escore médio μ de estudantes em seu *campus*, que fizeram o MCAT, você obterá os escores de uma AAS de estudantes. Você sabe, por informações publicadas, que os escores são aproximadamente Normais, com desvio-padrão de cerca de 10,6. Qual o tamanho da AAS necessário para reduzir o desvio-padrão do escore médio amostral para 1?

15.39 Amostragem de estudantes (continuação). Para estimar o escore médio μ de estudantes em seu *campus*, que fizeram o MCAT, você obterá os escores de uma AAS de estudantes. Você sabe, por informações publicadas, que os escores são aproximadamente Normais, com desvio-padrão de cerca de 10,6. Você deseja que sua média amostral $\bar{x}$ estime μ com um erro não maior do que um ponto em ambas as direções.

(a) Qual deve ser o desvio-padrão de $\bar{x}$ para que 99,7% de todas as amostras tenham $\bar{x}$ a um ponto de μ? (Use a regra 68-95-99,7.)

(b) Qual o tamanho da AAS necessário para reduzir o desvio-padrão de $\bar{x}$ ao valor encontrado na parte (a)?

15.40 Jogando com números. O jogo raquete de números é uma operação ilegal de apostas muito bem entrincheirada na maioria das grandes cidades. Uma versão é a seguinte: você escolhe um dos mil números de três dígitos, entre 000 a 999, e paga um dólar ao operador local do jogo para apostar. A cada dia, um número de três dígitos é sorteado ao acaso e dá um prêmio de US\$ 600. O retorno médio para a população de milhares de apostas é $\mu = 60$ centavos. Joe faz uma aposta por dia, há muitos anos. Explique o que a lei dos grandes números diz sobre os resultados de Joe enquanto ele continua apostando.

15.41 Jogando com números: um jogador alcança os resultados do acaso. A lei dos grandes números nos diz o que acontece no longo prazo. Como muitos outros jogos de azar, o jogo da raquete de números, descrito no exercício anterior, tem resultados tão variáveis – um número de três dígitos ganha US\$ 600 e todos os outros ganham nada – que os jogadores nunca alcançam "o longo prazo". Mesmo depois de muitas apostas, o ganho médio pode não se aproximar da média. Para o jogo da raquete de números, o retorno médio para apostas individuais é de US\$ 0,60 e o desvio-padrão dos retornos é de cerca de US\$ 18,96. Se Joe joga 350 dias do ano durante 40 anos, ele faz 14 mil apostas.

(a) Quais são a média e o desvio-padrão do retorno médio $\bar{x}$ que Joe recebe por suas 14 mil apostas?

(b) O teorema limite central diz que seu retorno médio é aproximadamente Normal, com média e desvio-padrão encontrados na parte (a). Qual é a probabilidade aproximada de que o retorno médio por aposta de Joe fique entre US\$ 0,50 e US\$ 0,70? Você percebe que a média de Joe pode não ficar muito próxima da média US\$ 0,60, mesmo depois de 14 mil apostas.

15.42 Jogando com números: a casa tem um negócio. Diferentemente de Joe (ver exercício anterior), os operadores do jogo da raquete de números podem se apoiar na lei dos grandes números. Diz-se que o gângster Casper Holstein, da cidade de Nova York, recebia cerca de 25 mil apostas por dia na era da proibição. Isso representa 150 mil apostas por semana, tirando o domingo de folga. O ganho médio de Casper por aposta é de US\$ 0,40 (ele paga 60 centavos por cada dólar apostado a pessoas como Joe e guarda os outros 40 centavos). O desvio-padrão para apostas individuais é de cerca de US\$ 18,96, o mesmo que o de Joe.

Wikimedia Commons

(a) Quais são a média e o desvio-padrão do retorno médio $\bar{x}$ de Casper pelas 150 mil apostas?

(b) De acordo com o teorema limite central, qual é a probabilidade aproximada de que o ganho médio de Casper por aposta fique entre US\$ 0,30 e US\$ 0,50? Depois de apenas uma semana, Casper pode ficar bem confiante de que seu ganho médio por aposta ficará bem próximo de US\$ 0,40.

15.43 Podemos confiar no teorema limite central? O teorema limite central diz que "quando n é grande" podemos agir como se a distribuição da média amostral $\bar{x}$ fosse quase Normal. O tamanho da amostra depende de quão afastada da Normal está a distribuição da população. O Exemplo 15.8 mostra que podemos confiar nessa aproximação Normal para amostras de tamanhos bem moderados, mesmo que a população tenha uma distribuição contínua fortemente assimétrica.

O teorema limite central requer amostras muito maiores para as apostas de Joe no jogo da raquete de números (ver exercício anterior sobre "jogando em números"). A população de apostas individuais tem uma distribuição finita, com apenas dois resultados possíveis: US\$ 600 (probabilidade 0,001) e US\$ 0 (probabilidade 0,999). Essa distribuição tem média $\mu = 0{,}6$ e desvio-padrão de cerca de $\sigma = 18{,}96$. Com mais cálculos e um bom programa de computador, podemos encontrar probabilidades exatas para o ganho médio de Joe.

(a) Se Joe faz 14 mil apostas, a probabilidade exata é $P(0{,}5 \le \bar{x} \le 0{,}7) = 0{,}4961$. Qual o grau de precisão de sua aproximação Normal da parte (b) do Exercício 15.41?

(b) Se Joe faz apenas 3.500 apostas, $P(0{,}5 \le \bar{x} \le 0{,}7) = 0{,}4048$. Quão precisa é a aproximação Normal para essa probabilidade?

(c) Se Joe e seus amigos fazem 150 mil apostas, $P(0{,}5 \le \bar{x} \le 0{,}7) = 0{,}9629$. Quão precisa é a aproximação Normal?

15.44 Qual é a média? Suponha que você lance três dados equilibrados. Imaginamos qual poderia ser o número médio de pontos nas faces superiores dos três dados. Segundo a lei dos grandes números, podemos descobrir isso por meio de experimento: lance três dados diversas vezes e o número médio de pontos irá, no final, se aproximar da média verdadeira. Configure o *applet* Law of Large Numbers para lançar três dados. Não clique ainda em "Show mean" (mostrar média). Lance os dados até se sentir confiante de que conhece a média com boa precisão e, em seguida, clique em "Show mean" para conferir sua descoberta. Qual é a média? Faça um esboço do caminho que as médias $\bar{x}$ seguiram, enquanto você foi aumentando o número de lançamentos.

15.45 Significância estatística? Volte ao Exercício 12.50. Se seu amigo canadense identifica corretamente todas as três xícaras com o leite colocado primeiro, você consideraria o resultado como estatisticamente significante?

CAPÍTULO

16

Após leitura do capítulo, você será capaz de:

16.1 Usar os princípios da inferência e estimação estatísticas para a interpretação de intervalos de confiança.

16.2 Articular o significado de afirmativas que envolvem níveis de confiança e margens de erro.

16.3 Calcular intervalos de confiança para médias, depois de confirmar que as condições necessárias são satisfeitas.

16.4 Compreender como a margem de erro muda com o tamanho amostral e nível de confiança.

Wavebreakmedia/iStock

Intervalos de Confiança: o Básico

Os Capítulos 8 e 9 dizem que a maneira pela qual produzimos dados (amostragem, planejamentos experimentais) afeta a condição de termos, ou não, uma boa base para a generalização para alguma população mais ampla. Os Capítulos 12, 13 e 14 discutem probabilidade, a ferramenta matemática que determina a natureza das inferências que fazemos. O Capítulo 15 discute distribuições amostrais, que nos dizem como repetidas AASs se comportam e o que uma estatística (em particular, uma média amostral), calculada a partir de nossa amostra, pode nos dizer sobre o parâmetro correspondente da população da qual a amostra foi selecionada. Neste capítulo, discutimos o raciocínio básico da estimação estatística, com ênfase na estimação da média de uma população.

Após extrairmos uma amostra, sabemos as respostas dos indivíduos na amostra. O motivo usual da extração de uma amostra não é conhecer os indivíduos que a compõem, mas *inferir*, a partir dos dados amostrais, alguma conclusão sobre a população mais ampla que a amostra representa.

Inferência estatística

A **inferência estatística** fornece métodos para a extração de conclusões sobre uma população a partir de dados amostrais.

Como diferentes amostras podem conduzir a conclusões diferentes, não podemos ter certeza de que nossas conclusões sejam corretas. A inferência estatística usa a linguagem da probabilidade para expressar o grau de confiabilidade de nossas conclusões. Este capítulo introduz um dos dois tipos mais comuns de inferência, *intervalos de confiança* para estimar o valor de um parâmetro populacional. O próximo capítulo discute o outro tipo comum de inferência, *testes de significância* para avaliar a evidência de uma afirmativa sobre uma população. Ambos os tipos de inferência se baseiam nas distribuições amostrais de estatísticas. Ou seja, ambos utilizam a probabilidade para dizer o que aconteceria se usássemos o método de inferência muitas vezes.

Este capítulo apresenta a lógica básica da inferência estatística. Para torná-la mais clara possível, começamos com um contexto que é muito simples para ser realista. Eis o contexto para nosso trabalho neste capítulo.

Condições simples para inferência sobre uma média

1. Temos uma amostra aleatória simples (AAS) da população de interesse. Não há não resposta ou qualquer outra dificuldade prática. A população é grande em comparação ao tamanho da amostra.
2. A variável que medimos tem uma distribuição exatamente normal $N(\mu; \sigma)$ na população.
3. Não conhecemos a média da população μ. Mas conhecemos o desvio-padrão populacional σ.

A condição de que a população seja grande em relação ao tamanho da amostra será adequadamente satisfeita se a população for, digamos, pelo menos 20 vezes maior.[1] *As condições de que temos uma AAS perfeita, de que a população é exatamente Normal e de que conhecemos o σ populacional são todas não realistas.* O Capítulo 18 inicia o movimento que parte das "condições simples" em direção à realidade da prática estatística. Capítulos posteriores tratam da inferência em contextos completamente realistas.

Se essas "condições simples" não são realistas, por que então estudá-las? Uma razão é que, sob essas condições simples, podemos aplicar o que aprendemos nos capítulos anteriores sobre distribuição Normal e sobre distribuição amostral de uma média amostral, para desenvolver, passo a passo, métodos para inferência sobre uma média. O raciocínio usado sob condições simples se aplica a contextos mais realistas, com matemática mais complicada.

Embora nunca saibamos se uma população é exatamente Normal, e nunca conheçamos o σ populacional, os métodos que discutiremos neste e nos dois próximos capítulos são aproximadamente corretos para tamanhos amostrais suficientemente grandes, desde que tratemos o desvio-padrão amostral como se fosse o σ populacional. Assim, há situações (admitidamente raras) em que esses métodos podem ser usados na prática.

16.1 A lógica da estimação estatística

O índice de massa corporal (IMC) é usado para a análise de possíveis problemas de peso. Seu cálculo é feito dividindo o peso pelo quadrado da altura, sendo o peso medido em quilogramas, e a altura, em metros. Muitos programas *online* para cálculo do IMC permitem que você introduza o peso em libras e a altura em polegadas. Adultos com IMC menor do que 18,5 kg/m^2 são considerados em subpeso, e aqueles com IMC acima de 25 kg/m^2 estão em sobrepeso. Para dados sobre IMC, recorremos ao National Health and Nutrition Examination Survey (NHANES), uma pesquisa amostral contínua do governo que monitora a saúde da população norte-americana.

EXEMPLO 16.1 Índice de massa corporal de homens jovens

Um relatório da NHANES fornece dados para 936 homens com idade entre 20 e 29 anos.[2] O IMC médio desses 936 homens foi $\bar{x} = 27{,}2$. Com base nessa amostra, desejamos estimar o IMC médio μ na população de todos os 23,2 milhões de homens nessa faixa etária.

Para nos adequarmos às "condições simples", trataremos a amostra da NHANES como uma AAS de uma população Normal, e vamos supor que conheçamos o desvio-padrão $\sigma = 11{,}6$. (O desvio-padrão amostral para esses 936 homens é 11,63 kg/m^2. Para propósitos do exemplo, vamos arredondá-lo para 11,6 e prosseguir como se isso fosse o desvio-padrão da população σ.)

Eis o raciocínio da estimação estatística em poucas palavras:

1. Para estimar o desconhecido IMC médio μ da população, usamos a média $\bar{x} = 27{,}2$ da amostra aleatória. Não esperamos que $\bar{x}$ seja exatamente igual a μ, de modo que desejamos dizer quão precisa é essa estimativa.
2. Conhecemos a distribuição amostral de $\bar{x}$. Em amostras repetidas, $\bar{x}$ tem distribuição Normal com média μ e desvio-padrão $\sigma/\sqrt{n}$. Então, o IMC médio $\bar{x}$ de uma AAS de 936 homens jovens tem desvio-padrão

$$\frac{\sigma}{\sqrt{n}} = \frac{11{,}6}{\sqrt{936}} = 0{,}4 \quad \text{(arredondado)}$$

3. A parte 95 da regra 68-95-99,7 para distribuições Normais afirma que $\bar{x}$ está a até dois desvios-padrão da média μ em 95% de todas as amostras. O desvio-padrão é 0,4, de modo que dois desvios-padrão valem 0,8. Isto é, para 95% de todas as amostras de tamanho 936, a distância entre a média amostral $\bar{x}$ e a média populacional μ é menor do que 0,8. Logo, se estimarmos que μ esteja em algum lugar no intervalo de $\bar{x} - 0{,}8$ a $\bar{x} + 0{,}8$, estaremos corretos em 95% de todas as possíveis amostras. Para essa amostra particular, esse intervalo é

$$\bar{x} - 0{,}8 = 27{,}2 - 0{,}8 = 26{,}4$$

a

$$\bar{x} + 0{,}8 = 27{,}2 + 0{,}8 = 28{,}0$$

4. Como obtivemos o intervalo 26,4 a 28,0 a partir de um método que captura a média populacional em 95% de todas as amostras possíveis, dizemos que estamos *95% confiantes* em que o IMC médio μ para todos os homens jovens seja algum valor naquele intervalo - não menor do que 26,4 e não maior do que 28,0.

ESTATÍSTICA NO MUNDO REAL

Limites são para estatística?

Muitas pessoas gostam de pensar que as estimativas estatísticas são exatas. O economista Daniel McFadden, ganhador do Prêmio Nobel, conta uma história de seu tempo no Conselho de Economia. Diante de previsões para o crescimento econômico dadas como um conjunto de números entre dois limites, o presidente Lyndon Johnson replicou: "Limites são para gado; dê-me um número."

A ideia principal é que a distribuição amostral de $\bar{x}$ nos diz quão próximo de μ está, provavelmente, a média amostral $\bar{x}$. A estimação estatística apenas inverte essa informação para dizer quão perto de $\bar{x}$ a média populacional μ provavelmente estará. Chamamos o intervalo de números entre os valores $\bar{x} \pm 0{,}8$ de *intervalo de confiança de 95%* para μ.

APLIQUE SEU CONHECIMENTO

16.1 Habilidades numéricas de alunos da oitava série. O National Assessment of Educational Progress (NAEP) inclui um teste de matemática para alunos da oitava série.[3] Os escores no teste variam de 0 a 500. Demonstrar a capacidade de usar a média para resolver um problema é um exemplo das habilidades e conhecimentos associados ao desempenho no nível básico. Um exemplo de conhecimentos e habilidades associados ao nível proficiente é ser capaz de ler e interpretar um diagrama de ramo e folhas.

Em 2019, 147.400 estudantes da oitava série estavam na amostra do NAEP para o teste de matemática. O escore médio de matemática foi $\bar{x} = 282$. Desejamos estimar o escore médio μ na população de todos os alunos da oitava série. Considere a amostra do NAEP como uma AAS de uma população Normal com desvio-padrão $\sigma = 40$.

(a) Se extrairmos várias amostras, a média amostral $\bar{x}$ varia de amostra para amostra, de acordo com uma distribuição Normal, com média igual ao escore médio desconhecido na população, μ. Qual é o desvio-padrão dessa distribuição amostral?

(b) De acordo com a regra 68-95-99,7, 95% de todos os valores de $\bar{x}$ estão a até __________ de cada lado de média desconhecida μ. Qual é o número que falta?

(c) Qual é o intervalo de confiança de 95% para o escore médio populacional μ com base nessa única amostra?

16.2 Refazendo o SAT. Uma AAS de 400 alunos de último ano do Ensino Médio obteve um aumento médio de $\bar{x} = 40$ pontos em sua segunda tentativa no exame SAT de matemática. Suponha que a mudança no escore tenha uma distribuição Normal, com desvio-padrão $\sigma = 25$. Desejamos estimar a mudança média no escore μ na população de todos os estudantes de último ano do Ensino Médio.

(a) Dê um intervalo de confiança de 95% para μ com base nessa amostra.

(b) Baseado em seu intervalo de confiança na parte (a), quão certo você está de que a mudança média no escore μ na população de todos os estudantes de último ano do Ensino Médio será maior do que 0? (*Sugestão*: o intervalo na parte (a) inclui 0?)

16.2 Margem de erro e nível de confiança

O intervalo de confiança de 95% para o IMC médio de homens jovens, com base na amostra NHANES, é $\bar{x} \pm 0{,}8$. Uma vez que temos os resultados amostrais em mãos, sabemos que, para essa amostra, $\bar{x} = 27{,}2$, de modo que nosso intervalo de confiança é $27{,}2 \pm 0{,}8$. A maioria dos intervalos de confiança tem forma similar a esta:

estimativa ± margem de erro

A estimativa ($\bar{x} = 27{,}2$ no nosso exemplo) é a nossa conjectura sobre o valor do parâmetro desconhecido. A *margem de erro* $\pm 0{,}8$ mostra o grau de precisão que acreditamos que nossa conjectura tenha, com base na variabilidade da estimativa. Temos um intervalo de confiança de 95% porque o intervalo $\bar{x} \pm 0{,}8$ contém o parâmetro desconhecido em 95% de todas as amostras possíveis.

Essa forma para um intervalo de confiança e sua interpretação se aplicam à maioria dos parâmetros que consideraremos neste livro, incluindo médias e proporções.

Margem de erro

A **margem de erro** é um número que é acrescentado a, ou subtraído de uma estimativa estatística para definir o intervalo de confiança a dado nível de confiança.

Os usuários podem escolher o nível de confiança, quase sempre 90% ou mais, por quererem estar bastante seguros de suas conclusões. O nível de confiança mais comum é 95%.

Intervalo de confiança

Um **intervalo de confiança de nível C** para um parâmetro tem duas partes:

- Um intervalo calculado a partir dos dados, usualmente da forma

  estimativa ± margem de erro

- **Um nível de confiança C**, que dá a probabilidade de que o intervalo contenha o verdadeiro valor do parâmetro em amostras repetidas. Ou seja, o nível de confiança é a taxa de sucesso do método.

Interpretação de um nível de confiança

O nível de confiança é a taxa de sucesso do método que produz o intervalo. Não sabemos se o intervalo de confiança de 95% obtido a partir de uma amostra particular é um dos 95% que contêm μ, ou se é um dos 5% que não contêm.

Dizer que temos **95% de confiança** em que o parâmetro desconhecido μ esteja entre 26,4 e 28,0 é uma maneira abreviada de dizer que "Obtivemos esses números por um método que fornece resultados corretos em 95% das vezes".

EXEMPLO 16.2 Estimação estatística em figuras

As Figuras 16.1 e 16.2 apresentam o comportamento de intervalos de confiança. Estude-as cuidadosamente. Se entender o que elas dizem, você terá dominado uma das grandes ideias da estatística.

A Figura 16.1 ilustra o comportamento do intervalo $\bar{x} \pm 0{,}8$ para o IMC médio de homens jovens. Começando com a população, imagine a extração de muitas AAS de 936 homens jovens. A primeira amostra tem $\bar{x} = 27{,}2$, a segunda tem $\bar{x} = 27{,}4$, a terceira tem $\bar{x} = 26{,}8$, e assim por diante. A média amostral varia de amostra para amostra, mas quando usamos a fórmula $\bar{x} \pm 0{,}8$ para obtermos um intervalo com base em cada amostra, *95% desses intervalos conterão a média populacional desconhecida* μ. Note que usamos a mesma margem de erro, 0,8, para cada intervalo, porque o tamanho amostral e o desvio-padrão σ são os mesmos.

A Figura 16.2 ilustra a ideia de um intervalo de confiança de 95% de uma maneira diferente. Ela mostra o resultado da extração de muitas AAS da mesma população e do cálculo de um intervalo de confiança de 95% a partir de cada amostra. O centro de cada intervalo está em $\bar{x}$ e, portanto, varia de amostra para amostra. A distribuição amostral de $\bar{x}$ aparece no topo da figura para mostrar o padrão de longo prazo dessa variação. A média populacional μ está no centro dessa distribuição amostral. Os intervalos de confiança de 95% de 25 AASs aparecem abaixo. O centro $\bar{x}$ de cada intervalo é marcado com um ponto. As setas para cada lado do ponto abarcam o intervalo de confiança. Todos, exceto um desses 25 intervalos, contêm o verdadeiro valor de μ. Em um número muito grande de amostras, 95% dos intervalos de confiança conterão μ.

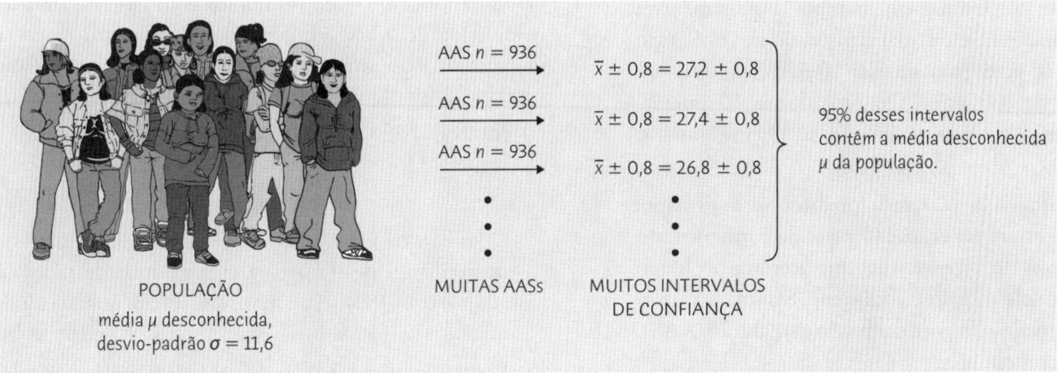

FIGURA 16.1
Dizer que $\bar{x} \pm 0{,}8$ é um intervalo de confiança de 95% para a média populacional μ é o mesmo que dizer que, em amostras repetidas, 95% desses intervalos conterão μ.

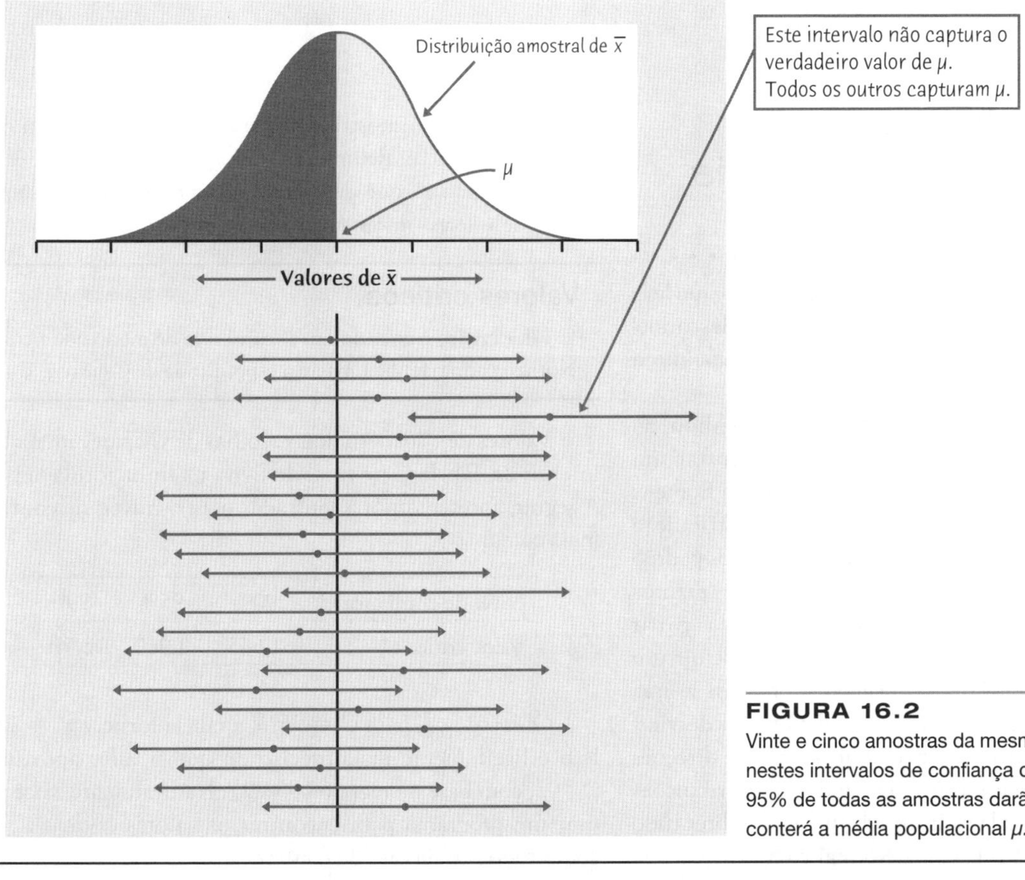

FIGURA 16.2
Vinte e cinco amostras da mesma população resultaram nestes intervalos de confiança de 95%. No longo prazo, 95% de todas as amostras darão um intervalo que conterá a média populacional μ.

applet

O *applet* Confidence Intervals (conteúdo em inglês) cria figuras semelhantes à Figura 16.2. Você pode usar o *applet* para observar os intervalos de confiança de uma amostra depois da outra capturando, ou não, o verdadeiro parâmetro.

APLIQUE SEU CONHECIMENTO

applet

16.3 Intervalos de confiança em ação. A ideia de um intervalo de confiança de 80% é a de que, em 80% de todas as amostras, o método produz intervalos que contêm o verdadeiro valor do parâmetro. Esse não é um nível de confiança alto o suficiente para uso prático, mas 80% de acertos e 20% de erros facilitam a visualização do comportamento do intervalo de confiança em repetidas amostras da mesma população. Use o applet Confidence Intervals.

(a) Fixe o nível de confiança em 80% e o tamanho da amostra em 50. Clique em "Sample" (amostra) para escolher uma AAS e calcular o intervalo de confiança. Faça isso 10 vezes para simular 10 AAS com seus 10 intervalos de confiança. Quantos desses 10 intervalos contêm o verdadeiro valor de μ? Quantos não o contêm?

(b) Você vê que não podemos predizer se a próxima amostra acertará ou errará. O nível de confiança, no entanto, nos diz o percentual que acertará no longo prazo. Reinicie o *applet* e clique em "Sample 25" para obter intervalos de confiança a partir de 25 AASs. Quantos contêm μ?

(c) Clique em "Sample 25" repetidamente e anote o número de acertos de cada vez. Qual o percentual de acertos em 100, 200, 300, 400, 500, 600, 700, 800 e 1.000 AASs? Mesmo mil amostras ainda não são, na verdade, "o longo prazo", mas esperamos que o percentual de acertos em mil amostras esteja bem próximo do nível de confiança, 80%.

16.4 Saúde física e mental. Uma Pesquisa Gallup, em dezembro de 2019, relatou que 46% dos 5.120 adultos com 18 anos de idade ou mais na amostra disseram que sua saúde mental e saúde física estavam boas ou excelentes. O Gallup anunciou: "para resultados com base na amostra combinada de 5.120 adultos, com 18 anos ou mais... a margem de erro amostral é de 2 pontos percentuais ao nível de confiança de 95%".

(a) Intervalos de confiança para uma porcentagem seguem a forma

estimativa ± margem de erro

Com base na informação do Gallup, qual é o intervalo de confiança de 95% para o percentual de todos os adultos com 18 anos ou mais, que diriam que sua saúde mental e sua saúde física estavam boas ou excelentes?

(b) O que significa ter 95% de confiança nesse intervalo?

16.3 Intervalos de confiança para uma média populacional

No contexto do Exemplo 16.1, esboçamos o raciocínio que leva a um intervalo de confiança de 95% para a média desconhecida μ de uma população. Agora, reduziremos o raciocínio a uma fórmula.

No Exemplo 16.1, qual papel "95%" desempenhou na determinação do intervalo de confiança? Para encontrar um intervalo de confiança de 95% para o IMC médio de homens jovens, primeiro encontramos os 95% centrais da distribuição amostral Normal, afastando-nos da média *dois* desvios-padrão em ambas as direções. O valor de 95% determinou quantos desvios-padrão nos afastamos em ambas as direções a partir da média para abarcar esses 95% centrais. Para construir um intervalo de confiança de nível C, primeiro tomamos a área central C sob a distribuição amostral Normal. Quantos desvios-padrão devemos nos afastar da média em ambas as direções para capturar essa área central C? Como todas as distribuições Normais são iguais na escala padronizada, podemos obter tudo de que precisamos a partir da curva Normal padrão.

A Figura 16.3 mostra como a área central C sob a curva Normal padrão é delimitada pelos dois pontos z^* e $-z^*$. Números como z^*, que delimitam áreas especificadas, são chamados de *valores críticos* da distribuição Normal padrão.

Valores críticos

O **valor crítico** é um número z^* escolhido de modo que a curva Normal padrão tenha uma área especificada de C entre z^* e $-z^*$.

Valores de z^* para muitas escolhas de C aparecem na linha inferior da Tabela C no final do livro, na linha rotulada por z^*. A seguir, apresentamos as entradas para os níveis de confiança mais comuns:

Nível de confiança C	90%	95%	99%
Valor crítico z^*	1,645	1,960	2,576

Observe que, para C = 95%, a tabela fornece $z^* = 1{,}960$. Isso é ligeiramente mais preciso do que o valor aproximado $z^* = 2$, com base na regra 68-95-99,7. Naturalmente, você pode usar um programa para encontrar os valores críticos z^*, bem como todo o intervalo de confiança.

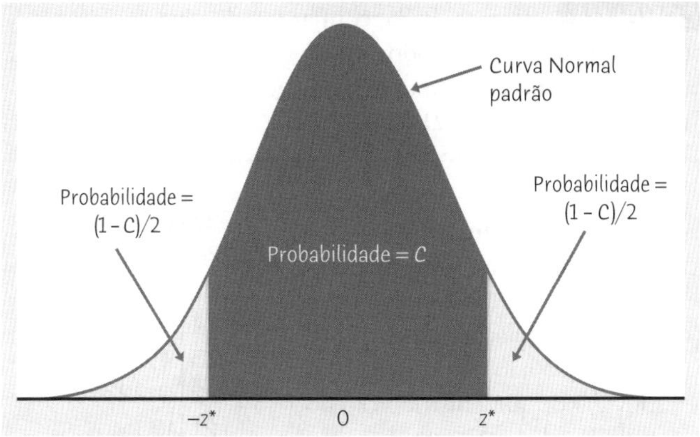

FIGURA 16.3
O valor crítico z^* é o número que engloba a probabilidade central C, sob a curva Normal padrão, entre $-z^*$ e z^*.

A Figura 16.3 mostra que há uma área C sob a curva Normal padrão entre $-z^*$ e z^*. Assim, *qualquer* curva Normal tem área C dentro de z^* desvios-padrão em ambos os lados da média. Isto é, a proporção de valores C está entre $\mu - (z^* \times \sigma)$ e $\mu + (z^* \times \sigma)$.

A distribuição amostral Normal de $\bar{x}$ tem área C dentro de $z^* \times \sigma/\sqrt{n}$ de ambos os lados da média populacional μ, pois tem média μ e desvio-padrão $\sigma/\sqrt{n}$. Se partirmos da média amostral $\bar{x}$ e nos afastarmos $z^*\sigma/\sqrt{n}$ em ambas as direções, obteremos um intervalo que contém a média populacional μ em uma proporção C de todas as amostras. Esse intervalo é

$$\text{de } \bar{x} - z^*\frac{\sigma}{\sqrt{n}} \quad \text{a} \quad \bar{x} + z^*\frac{\sigma}{\sqrt{n}}$$

ou

$$\bar{x} \pm z^*\frac{\sigma}{\sqrt{n}}$$

Este é um intervalo de confiança de nível C para μ.

Intervalo de confiança para a média de uma população normal

Extraia uma AAS de tamanho n de uma população Normal com média desconhecida μ e desvio-padrão conhecido σ. Um **intervalo de confiança para** μ de nível C é

$$\bar{x} \pm z^*\frac{\sigma}{\sqrt{n}}$$

O valor crítico z^* correspondente ao nível de confiança C está ilustrado na Figura 16.3 e é encontrado no pé da Tabela C.

Os passos para a determinação de um intervalo de confiança refletem o processo geral de quatro passos para a organização de problemas estatísticos.

Intervalo de confiança: o processo de quatro passos

ESTABELEÇA: qual é a questão prática que requer a estimação de um parâmetro?

PLANEJE: identifique o parâmetro, escolha um nível de confiança e selecione o tipo de intervalo de confiança adequado à sua situação.

RESOLVA: faça o trabalho em duas fases:

1. Verifique as condições para o intervalo que você planeja usar.
2. Calcule o intervalo de confiança.

CONCLUA: retorne à questão prática para descrever seus resultados nesse contexto.

EXEMPLO 16.3 Bom tempo, boas gorjetas?

4 PASSOS

ESTABELEÇA: a expectativa de bom tempo conduz a comportamentos mais generosos? Psicólogos estudaram o tamanho de gorjetas em um restaurante quando uma mensagem, indicando que o tempo no dia seguinte seria bom, vinha escrita na conta. Eis as gorjetas de 20 clientes, medidas em percentual do total da conta:[4] GORJETA2

asiseeit/iStock

20,8 18,7 19,9 20,6 21,9 23,4 22,8 24,9 22,2 20,3
24,9 22,3 27,0 20,4 22,2 24,0 21,1 22,1 22,0 22,7

Esse é um dos três conjuntos de medições feitas; as outras correspondem a gorjetas recebidas quando a mensagem na conta dizia que no dia seguinte o tempo não seria tão bom ou não havia nenhuma mensagem na conta. Desejamos estimar a gorjeta média para comparação com gorjetas sob as outras condições. Como parte das "condições simples", suponha que, de experiência anterior com clientes desse restaurante, saibamos que o desvio-padrão da gorjeta em porcentagem é $\sigma = 2$.

PLANEJE: estimaremos a gorjeta percentual média μ para todos os clientes desse restaurante, quando recebem a mensagem de que, no dia seguinte, o tempo será bom, apresentando um intervalo de confiança de 95%. O intervalo de confiança que acabamos de introduzir é adequado para essa situação.

RESOLVA: devemos começar pela verificação das condições para inferência. Para esse exemplo, encontraremos primeiro o intervalo e, então, discutiremos como a prática estatística lida com as condições que nunca são perfeitamente satisfeitas.

A gorjeta percentual média da amostra é $\bar{x} = 22{,}21$. Para 95% de confiança, o valor crítico é $z^* = 1{,}960$. Um intervalo de confiança de 95% para μ é, portanto,

$$\bar{x} \pm z^* \frac{\sigma}{\sqrt{n}} = 22{,}21 \pm 1{,}960 \frac{2}{\sqrt{20}}$$
$$= 22{,}21 \pm 0{,}88$$
$$= 21{,}33 \text{ a } 23{,}09$$

CONCLUA: estamos 95% confiantes de que a gorjeta percentual média para todos os clientes desse restaurante, quando as contas contêm uma mensagem de bom tempo no dia seguinte, fica entre 21,33 e 23,09.

Na prática, a primeira parte do passo "Resolva" é a verificação das condições para a inferência. As "condições simples" são as seguintes:

1. **AAS.** Não temos, na verdade, uma AAS da população de todos os clientes do restaurante. Os cientistas, em geral, trabalham como se os sujeitos constituíssem uma AAS se não houver qualquer coisa especial na maneira como eles foram escolhidos. Mas é sempre melhor ter uma AAS real, porque, de outro modo, nunca poderemos estar certos de que vieses escondidos não estejam presentes. Esse estudo foi, na verdade, um experimento comparativo aleatorizado, no qual cada um dos 20 clientes foi apontado, de um grupo maior de clientes, para receber um dos tratamentos em comparação.
2. **Distribuição Normal.** Pela experiência passada, os psicólogos esperam que medidas como essas, com clientes do mesmo restaurante e sob as mesmas condições, sigam aproximadamente uma distribuição Normal. Não podemos olhar a população, mas podemos examinar a amostra. A Figura 16.4 é um diagrama de ramo e folhas, cuja forma é razoavelmente uma forma de sino, com, talvez, um modesto valor atípico, mas sem assimetria forte. Formas como essa, em geral, ocorrem em pequenas amostras de populações Normais, de modo que não temos razão para duvidar de que a distribuição populacional seja Normal.
3. **σ conhecido.** É, na verdade, não realista supor que conheçamos $\sigma = 2$. Veremos, no Capítulo 20, que é fácil dispensar o conhecimento de σ.

27	0
26	
25	
24	099
23	4
22	0122378
21	19
20	3468
19	9
18	7

FIGURA 16.4 Diagrama de ramo e folhas dos percentuais de gorjetas para o Exemplo 16.3.

Como essa discussão sugere, os métodos de inferência são usados, em geral, quando condições como AAS e população Normal não são exatamente satisfeitas. Neste capítulo introdutório, agimos como se as "condições simples" estivessem satisfeitas. Na verdade, o uso sábio da inferência requer julgamento. O Capítulo 17 e capítulos posteriores sobre cada método de inferência fornecerão melhor base para julgamento.

APLIQUE SEU CONHECIMENTO

16.5 Encontre um valor crítico. O valor crítico z^* para um nível de confiança de 75% não está na Tabela C. Use um *software* ou a Tabela A de probabilidades da Normal padrão para achar z^*. Inclua na sua solução um esboço como o da Figura 16.3, com C = 0,75 e o valor crítico z^* marcado no eixo.

16.6 Medindo ponto de fusão. 4 PASSOS O National Institute of Standards and Technology (NIST) fornece "materiais padrão" cujas propriedades físicas são supostamente conhecidas. Por exemplo, pode-se comprar do NIST uma amostra de cobre cujo ponto de fusão é certificado como 1.084,80°C. Naturalmente, nenhuma medida é exatamente correta. O NIST conhece muito bem a variabilidade de suas medidas, de modo que é bastante realista supor que a população de todas as medidas da mesma amostra tenha distribuição Normal, com média μ igual ao verdadeiro ponto de fusão e desvio-padrão σ = 0,25°C. A seguir, estão seis medidas da mesma amostra de cobre, que supostamente tem ponto de fusão 1.084,80°C:

FUSAO

1.084,55 1.084,89 1085,02 1.084,79 1.084,69 1.084,86

O NIST deseja dar ao comprador dessa amostra de cobre um intervalo de confiança de 90% para seu verdadeiro ponto de fusão. Qual é esse intervalo? Siga o processo de quatro passos, conforme ilustrado no Exemplo 16.3.

16.7 Escores de teste de QI. 4 PASSOS A seguir estão os escores de testes de QI de 74 meninas da sétima série, em um distrito escolar do Meio-Oeste dos EUA:[5]

QISETMO

115	111	97	112	104	106	113	109	113	128	128
118	113	124	127	136	106	123	124	126	116	127
119	97	102	110	120	103	115	93	123	119	110
110	107	105	105	110	90	114	106	114	100	104
89	102	91	114	114	103	105	111	108	130	120
132	111	128	118	119	86	107	100	111	103	107
112	107	103	98	96	112	112	93			

(a) Essas 74 meninas são uma AAS de todas as meninas de sétima série no distrito escolar. Suponha que o desvio-padrão dos escores de QI nessa população seja conhecido, σ = 11. Esperamos que a distribuição dos escores de QI seja aproximadamente Normal. Faça um diagrama de ramo e folhas da distribuição desses 74 escores (divida os ramos) para verificar se não há grandes afastamentos da Normalidade. Agora, você verificou as "condições simples" até onde possível.

(b) Estime o escore médio de QI para todas as meninas da sétima série nesse distrito escolar, usando um intervalo de confiança de 99%. Siga o processo de quatro passos, conforme ilustrado no Exemplo 16.3.

(c) Confiança de 99% significa que seu intervalo na parte (b) realmente inclui 99% de todos os escores de teste de QI de meninas da sétima série no distrito escolar do Meio-Oeste? Se não, como você poderia interpretar o intervalo?

16.4 Como se comportam os intervalos de confiança

O intervalo de confiança $\bar{x} \pm z^*\sigma/\sqrt{n}$ para a média de uma população Normal ilustra diversas propriedades importantes compartilhadas por todos os intervalos de confiança comumente usados. O usuário escolhe o nível de confiança, e a margem de erro é consequência dessa escolha. Desejaríamos ter alta confiança e, também, uma pequena margem de erro. Alta confiança diz que nosso método quase sempre fornece respostas corretas. Uma pequena margem de erro diz que determinamos o parâmetro de maneira bastante precisa. Os fatores que influenciam a margem de erro do intervalo de confiança z são típicos da maioria dos intervalos de confiança.

Como obter uma margem de erro pequena? A margem de erro para o intervalo de confiança z é

$$\text{margem de erro} = z^* \frac{\sigma}{\sqrt{n}}$$

Essa expressão tem z^* e σ no numerador e $\sqrt{n}$ no denominador. Portanto, a margem de erro diminui quando

- z^* torna-se menor. Um z^* menor é o mesmo que um nível de confiança C menor. (Observe a Figura 16.3 novamente.) *Há uma relação de compensação entre nível de confiança e margem de erro. Para obter uma margem de erro menor a partir dos mesmos dados, você deve estar disposto a aceitar menor confiança*
- σ torna-se menor. O desvio-padrão σ mede a variação na população. Você pode imaginar a variação entre os indivíduos na população como um ruído que obscurece o valor médio μ. É mais fácil determinar μ quando σ é pequeno
- n aumenta. Aumentar o tamanho n da amostra reduz a margem de erro para qualquer nível de confiança fixado. Amostras maiores, então, fornecem estimativas mais precisas. No entanto, *como n aparece sob um sinal de raiz quadrada, precisamos tomar quatro vezes o número de observações para reduzir a margem de erro à metade.*

Na prática, podemos controlar o nível de confiança e o tamanho amostral, mas não podemos controlar σ.

EXEMPLO 16.4 Mudança da margem de erro

No Exemplo 16.3, psicólogos registraram o tamanho da gorjeta de 20 clientes em um restaurante, quando uma mensagem que indicava bom tempo para o dia seguinte vinha escrita na conta. Os dados forneceram o tamanho médio da gorjeta, como um percentual do total da conta, como $\bar{x} = 22{,}21$, e sabemos que $\sigma = 2$. O intervalo de confiança de 95% para o percentual médio de gorjeta para todos os clientes do restaurante, quando suas contas contêm a mensagem de tempo bom para o dia seguinte, é

$$\bar{x} \pm z^* \frac{\sigma}{\sqrt{n}} = 22{,}21 \pm 1{,}960 \frac{2}{\sqrt{20}}$$
$$= 22{,}21 \pm 0{,}88$$

O intervalo de 90% com base nos mesmos dados substitui o valor crítico de 95%, $z^* = 1{,}960$, pelo valor crítico de 90%, $z^* = 1{,}645$. Esse intervalo é

$$\bar{x} \pm z^* \frac{\sigma}{\sqrt{n}} = 22{,}21 \pm 1{,}645 \frac{2}{\sqrt{20}}$$
$$= 22{,}21 \pm 0{,}74$$

Menor confiança resulta em uma menor margem de erro, ±0,74, em vez de ±0,88. Você pode calcular essa margem de erro para 99% de confiança e verificar que é maior, ±1,15. A Figura 16.5 compara esses três intervalos de confiança.

Se tivéssemos uma amostra de apenas 10 clientes, você poderia verificar que a margem de erro para 95% de confiança aumenta de ±0,88 para ±1,24. Reduzir o tamanho amostral à metade *não* dobra a margem de erro, porque o tamanho amostral n aparece sob o sinal de raiz quadrada.

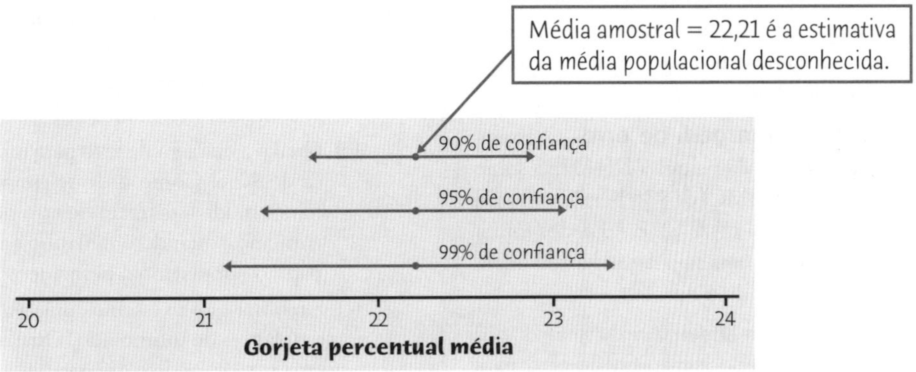

FIGURA 16.5
Os comprimentos de três intervalos de confiança para o Exemplo 16.4. Todos os três estão centrados na estimativa $\bar{x} = 22{,}21$. Quando os dados e o tamanho amostral permanecem os mesmos, maior confiança resulta em margem de erro maior.

EXEMPLO 16.5 Interpretação do nosso intervalo de confiança

No Exemplo 16.3, vimos que um intervalo de confiança de 95% para a gorjeta percentual média de todos os clientes do restaurante, quando suas contas continham a mensagem de que o tempo no dia seguinte seria bom, é o intervalo 21,33 a 23,09. O nível de confiança se refere à taxa de sucesso do método para o cálculo do intervalo. Assim, a probabilidade é de 95% de que nosso método produza um intervalo que conterá a verdadeira gorjeta percentual média para todos os clientes do restaurante, quando suas contas contiverem a mensagem de que o tempo no dia seguinte será bom.

Intervalos de confiança são sempre interpretados de maneira errada. Eis algumas interpretações incorretas desse intervalo:

- A probabilidade é de 95% de que a verdadeira gorjeta percentual média estará entre 21,33 e 23,09 para todos os clientes de restaurante, quando suas contas contiverem a mensagem de que o tempo no dia seguinte será bom. *O nível de confiança não é a probabilidade de que dado intervalo contenha o verdadeiro valor do parâmetro. O verdadeiro valor do parâmetro é um número fixo, e um intervalo de confiança particular conterá, ou não, esse valor. Quando dizemos que estamos 95% confiantes de que a verdadeira gorjeta percentual média esteja entre 21,33 e 23,09 é uma abreviação para "Obtivemos esses números usando um método que dá resultados corretos 95% das vezes"*
- A probabilidade é de 95% de que a gorjeta percentual média esteja entre 21,33 e 23,09 para nossa amostra de 20 clientes do restaurante quando suas contas contiverem a mensagem de que o tempo no dia seguinte será bom. *O nível de confiança não é a probabilidade de que dado intervalo contenha o valor da estatística calculado a partir da amostra*
- 95% das gorjetas, medidas como porcentagens do total da conta, estarão entre 21,33 e 23,09 para qualquer amostra de 20 clientes que recebem uma conta que contém uma mensagem de que o tempo no dia seguinte será bom. *O nível de confiança não é a proporção dos valores amostrais que estão dentro dos limites do intervalo de confiança*
- 95% das gorjetas, medidas como porcentagens do total da conta, estarão entre 21,33 e 23,09 para todos os clientes do restaurante quando suas contas contiverem uma mensagem de que o tempo no dia seguinte será bom. *O nível de confiança não é a proporção dos valores da população que estão dentro dos limites do intervalo de confiança.*

APLIQUE SEU CONHECIMENTO

16.8 Nível de confiança e margem de erro. O Exemplo 16.1 descreveu os dados da pesquisa NHANES sobre o índice de massa corporal (IMC) de 936 homens jovens. O IMC médio na amostra foi $\bar{x} = 27{,}2$. Consideramos esses dados como uma AAS de uma população Normalmente distribuída, com desvio-padrão $\sigma = 11{,}6$.

(a) Dê três intervalos de confiança para o IMC médio μ nessa população, usando 90, 95 e 99% de confiança.

(b) Quais são as margens de erro para 90, 95 e 99% de confiança? Como esse aumento no nível de confiança muda a margem de erro de um intervalo de confiança, quando o tamanho amostral e o desvio-padrão permanecem os mesmos?

16.9 Tamanho amostral e margem de erro. O Exemplo 16.1 descreveu os dados da pesquisa NHANES sobre o índice de massa corporal (IMC) de 936 homens jovens. O IMC médio na amostra foi $\bar{x} = 27{,}2$. Esses dados foram tratados como uma AAS de uma população Normalmente distribuída, com desvio-padrão $\sigma = 11{,}6$.

(a) Suponha que tivéssemos uma AAS de apenas 100 homens jovens. Qual seria a margem de erro para 95% de confiança?

(b) Encontre as margens de erro para 95% de confiança com base em AASs de 400 homens jovens e 1.600 homens jovens.

(c) Compare as três margens de erro. Como o aumento do tamanho amostral muda a margem de erro de um intervalo de confiança, quando o nível de confiança e o desvio-padrão populacional permanecem os mesmos?

16.10 Refazendo o SAT. No Exercício 16.2, vimos que uma AAS de 400 estudantes de último ano do Ensino Médio obteve um aumento médio de $\bar{x} = 40$ pontos em sua segunda tentativa no exame de matemática do SAT. Supondo que a mudança no escore tenha uma distribuição Normal, com desvio-padrão $\sigma = 25$, calculamos um intervalo de confiança de 95% para a mudança média no escore, μ, na população de todos os alunos de último ano do Ensino Médio.

(a) Encontre um intervalo de confiança de 90% para μ, com base nessa amostra.

(b) Qual é a margem de erro para um nível de confiança de 90%? Como o decréscimo no nível de confiança muda a margem de erro de um intervalo de confiança, quando o tamanho amostral e o desvio-padrão populacional permanecem os mesmos?

(c) Suponha que tivéssemos uma AAS de apenas 100 estudantes de último ano. Qual seria a margem de erro para 95% de confiança?

(d) Como o decréscimo no tamanho amostral muda a margem de erro de um intervalo de confiança, quando o nível de confiança e o desvio-padrão populacional permanecem os mesmos?

RESUMO

- Um **intervalo de confiança** usa dados amostrais para estimar um parâmetro populacional desconhecido, com uma indicação do grau de precisão da estimativa e do grau de confiança que temos em que o resultado esteja correto.
- Qualquer intervalo de confiança tem duas partes: um intervalo, calculado a partir dos dados, e um nível de confiança C. O **intervalo de confiança** frequentemente tem a forma

estimativa ± **margem de erro**

- O **nível de confiança** é a taxa de sucesso do método que produz o intervalo. Ou seja, C é a probabilidade de que o método forneça uma resposta correta. Se você usar intervalos de confiança de 95%, frequentemente, no longo prazo, 95% dos seus intervalos irão conter o verdadeiro valor do parâmetro. Não sabemos se um intervalo de confiança de 95%, calculado a partir de um conjunto particular de dados, contém, ou não, o verdadeiro valor do parâmetro.
- Um **intervalo de confiança de nível C para a média** μ de uma população Normal com desvio-padrão σ conhecido, com base em uma AAS de tamanho n, é dado por

$$\bar{x} \pm z^* \frac{\sigma}{\sqrt{n}}$$

- O **valor crítico** z^* é escolhido de modo que a curva Normal padrão tenha área C entre $-z^*$ e z^*.

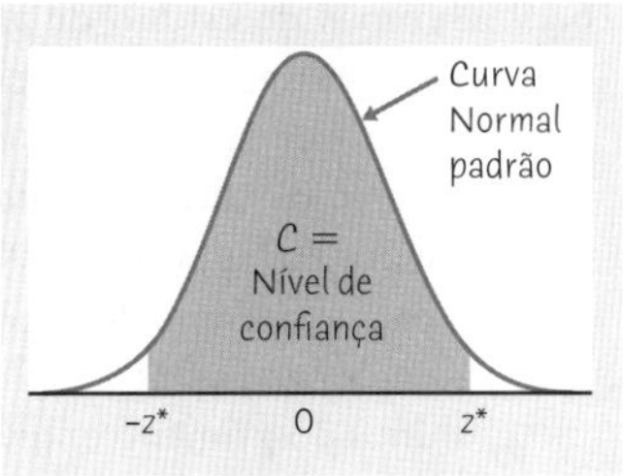

FIGURA 16.6
O nível de confiança C corresponde à área entre $-z^*$ e z^* sob a curva Normal padrão.

Mantidos iguais os demais fatores, a margem de erro de um intervalo de confiança se torna menor, à medida que

- O nível de confiança C decresce
- O desvio-padrão populacional σ decresce
- O tamanho n da amostra aumenta.

VERIFIQUE SUAS HABILIDADES

16.11 Para obter um intervalo de confiança de 99,9% para uma média populacional μ, você usaria o valor crítico
(a) $z^* = 1{,}960$.
(b) $z^* = 2{,}576$.
(c) $z^* = 3{,}291$.

Use a informação seguinte para as Questões 16.12 a 16.14. Sabe-se que a balança de um laboratório tem desvio-padrão de $\sigma = 0{,}001$ grama em repetidas pesagens. As leituras da balança em pesagens repetidas são Normalmente distribuídas, com média igual ao verdadeiro peso do espécime. Três pesagens de um espécime nessa balança resultam em 3,412; 3,416 e 3,414 gramas.

16.12 Um intervalo de confiança de 95% para o verdadeiro peso desse espécime é PESOS
(a) 3,414 ± 0,00113.
(b) 3,414 ± 0,00065.
(c) 3,414 ± 0,00196.

16.13 Você deseja um intervalo de confiança de 99% para o verdadeiro peso desse espécime. A margem de erro para esse intervalo será
(a) menor do que a margem de erro para 95% de confiança.
(b) maior do que a margem de erro para 95% de confiança.
(c) cerca de a mesma margem de erro para 95% de confiança.

16.14 Outro espécime é pesado oito vezes nessa balança. O peso médio é 4,1602 gramas. Um intervalo de confiança de 99% para o verdadeiro peso desse espécime é
(a) 4,1602 ± 0,00032.
(b) 4,1602 ± 0,00069.
(c) 4,1602 ± 0,00091.

Use a informação seguinte para as Questões 16.15 a 16.18. O National Assessment of Educacional Progress (NAEP) inclui um teste de matemática para alunos do oitavo ano. Os escores no teste variam de 0 a 500. Suponha que você aplique o teste NAEP a uma AAS de 2.500 alunos do oitavo ano, extraída de uma população na qual os escores têm média de $\mu = 282$ e desvio-padrão $\sigma = 40$. A média $\bar{x}$ variará, se você extrair amostras repetidas.

16.15 A distribuição amostral de $\bar{x}$ é aproximadamente Normal e tem média $\mu = 282$. Qual é seu desvio-padrão?
(a) 40
(b) 0,8
(c) 0,016

16.16 Suponha que uma AAS de 2.500 alunos do oitavo ano tenha $\bar{x} = 285$. Com base nessa amostra, um intervalo de confiança de 95% para μ é
(a) 1,57 ± 0,031.
(b) 285 ± 1,57.
(c) 282 ± 1,57.

16.17 No exercício anterior, suponha que calculássemos um intervalo de confiança de 90% para μ. Qual das seguintes é verdadeira?
(a) Esse intervalo de confiança de 90% teria uma margem de erro menor do que o intervalo de confiança de 95%.
(b) Esse intervalo de confiança de 90% teria uma margem de erro maior do que o intervalo de confiança de 95%.
(c) Esse intervalo de confiança de 90% poderia ter uma margem de erro maior ou menor do que o intervalo de confiança de 95%. Isso varia de amostra para amostra.

16.18 Suponha que tenhamos extraído uma AAS de 1.600 alunos do oitavo ano e encontrado $\bar{x} = 285$. Comparada com uma AAS de 2.500 alunos do oitavo ano, a margem de erro para um intervalo de confiança de 95% para μ é
(a) menor.
(b) maior.
(c) ou maior ou menor, mas não podemos dizer qual.

EXERCÍCIOS

16.19 Tempos de estudo de alunos. Uma pesquisa em sala de aula em uma turma grande de alunos de primeiro ano de uma universidade perguntou: "Aproximadamente quantas horas você estuda em uma semana típica?" A resposta média dos 463 alunos foi $\bar{x} = 13{,}7$ horas.[6] Suponha que saibamos que o tempo de estudo segue uma distribuição Normal com desvio-padrão $\sigma = 7{,}4$ horas na população de todos os alunos do primeiro ano dessa universidade.

(a) Use o resultado da pesquisa para fornecer um intervalo de confiança de 99% para o tempo médio de estudo de todos os alunos de primeiro ano dessa universidade.

(b) Qual condição ainda não mencionada é necessária para que seu intervalo de confiança seja válido?

16.20 Eu quero mais músculos. Rapazes na América do Norte e na Europa (mas não na Ásia) tendem a pensar que precisam de mais músculos para serem atraentes. Um estudo apresentou a 200 rapazes americanos 100 imagens de homens com diferentes níveis de músculos.[7] Os pesquisadores mediram o nível de músculo em quilogramas de massa corporal sem gordura por metro quadrado da área da superfície corporal (kg/m^2). Rapazes típicos têm cerca de 20 kg/m^2. Cada sujeito escolheu duas imagens, uma que representava seu próprio nível de massa muscular e outra que ele considerava representar "o que as mulheres preferem". A lacuna média entre a autoimagem e "o que as mulheres preferem" foi de 2,35 kg/m^2.

iulianvalentin/iStock

Suponha que a "lacuna muscular" na população de todos os rapazes tenha uma distribuição Normal, com desvio-padrão de 2,5 kg/m^2. Dê um intervalo de confiança de 90% para a quantidade média de músculo que os rapazes acham que devem adquirir para serem atraentes para as mulheres. (Eles estão errados: as mulheres, na verdade, preferem um nível próximo ao do homem típico.)

16.21 Um valor atípico ataca. Na verdade, havia 464 respostas à pesquisa em sala de aula do Exercício 16.19. Um estudante afirmou que estudava 10 mil horas por semana (10 mil é mais do que o número de horas em um ano). Sabemos que ele estava brincando, de modo que desprezamos esse valor. Se fizéssemos os cálculos sem examinar os dados, obteríamos $\bar{x} = 35{,}2$ horas para todos os 464 estudantes. Qual é, agora, o intervalo de confiança de 99% para a média populacional? (Continue a usar $\sigma = 7{,}4$.) Compare o novo intervalo com o do Exercício 16.19. A mensagem é clara: sempre examine os dados, pois valores atípicos podem mudar muito o seu resultado.

16.22 Explicando confiança. Um estudante lê que uma recente pesquisa encontrou que um intervalo de confiança de 95% para o peso médio "ideal" para homens adultos americanos é 183 ± 4,4 libras. Solicitado a explicar o significado desse intervalo, o estudante diz: "95% de todos os homens adultos americanos diriam que seu peso ideal está entre 178,6 e 187,4 libras". Ele está certo? Justifique sua resposta. (*Sugestão*: ver boxe "Interpretação do nível de confiança".)

16.23 Explicando confiança. Você pede a outro estudante que explique o intervalo de confiança para o peso médio ideal do exercício anterior. Ele responde: "podemos estar 95% confiantes de que futuras amostras de homens americanos dirão que seu peso médio ideal está entre 178,6 e 187,4 libras". Essa explicação está correta? Justifique sua resposta. (*Sugestão*: ver boxe "Interpretação do nível de confiança".)

16.24 Explicando confiança. Eis uma explicação da Associated Press relativa a uma de suas pesquisas de opinião. Explique breve, mas claramente, em que essa explicação está incorreta.

Para uma pesquisa com 1.600 adultos, a variação devida ao erro amostral não é mais do que três pontos percentuais em ambas as direções. A margem de erro é válida no nível de confiança de 95%. Isso significa que, se as mesmas questões fossem repetidas em 20 pesquisas, os resultados de pelo menos 19 delas estariam a três pontos percentuais dos resultados dessa pesquisa.

(*Sugestão*: ver boxe "Interpretação do nível de confiança".)

Os Exercícios 16.25 a 16.27 pedem que você responda a questões com base em dados. Suponha que as "condições simples" se verifiquem em cada caso. Os enunciados dos exercícios lhe dão o passo ***Estabeleça*** *do processo de quatro passos. Em seu trabalho, siga os passos* ***Planeje***, ***Resolva*** *e* ***Conclua***, *ilustrados no Exemplo 16.3 para um intervalo de confiança.*

16.25 Ruptura da madeira. 4 PASSOS Qual a carga necessária (em libras) para romper pedaços de pinheiro Douglas de 4 polegadas (10,16 cm) de comprimento e 1,5 polegada quadrada (9,6774 cm^2)? A seguir, estão os dados de alunos fazendo um exercício de laboratório: MADEIRA

33.190	31.860	32.590	26.520	33.280
32.320	33.020	32.030	30.460	32.700
23.040	30.930	32.720	33.650	32.340
24.050	30.170	31.300	28.730	31.920

(a) Desejamos considerar as peças de madeira preparadas para a sessão de laboratório como uma AAS de todas as peças similares de pinheiro Douglas. Engenheiros assumem, também, que características de materiais variem Normalmente. Faça um gráfico que mostre a forma da distribuição para esses dados. Parece seguro assumir que a condição de Normalidade seja satisfeita? Suponha que a força de peças de madeira como essas siga uma distribuição Normal, com desvio-padrão de 3 mil libras.

(b) Dê um intervalo de confiança de 95% para a carga média necessária para romper a madeira.

(c) Um dos estudantes afirmou que o intervalo de confiança calculado na parte (b) contém pelo menos 95% de quaisquer medidas adicionais da carga necessária para romper peças de pinheiro Douglas de 4 polegadas de comprimento por 1,5 polegada quadrada. O estudante está correto? Explique sua resposta.

16.26 Perda óssea por mães que amamentam. 4 PASSOS Mães que amamentam secretam cálcio em seu leite. Parte do cálcio pode provir de seus ossos e, desse modo, as mães podem perder mineral dos ossos. Pesquisadores mediram o percentual de variação do conteúdo mineral da espinha dorsal de 47 mães durante três meses de amamentação.[8] A seguir estão os dados: PEROSSEA

−4,7	−2,5	−4,9	−2,7	−0,8	−5,3	−8,3	−2,1	−6,8	−4,3
2,2	−7,8	−3,1	−1,0	−6,5	−1,8	−5,2	−5,7	−7,0	−2,2
−6,5	−1,0	−3,0	−3,6	−5,2	−2,0	−2,1	−5,6	−4,4	−3,3
−4,0	−4,9	−4,7	−3,8	−5,9	−2,5	−0,3	−6,2	−6,8	1,7
0,3	−2,3	0,4	−5,3	0,2	−2,2	−5,1			

(a) Os pesquisadores desejam considerar essas 47 mulheres como uma AAS da população de todas as mães que amamentam. Suponha que a variação percentual nessa população tenha desvio-padrão de $\sigma = 2{,}5\%$. Faça um diagrama de ramo e folhas dos dados para verificar se eles seguem uma distribuição Normal bem de perto. (Não se esqueça de que você precisa de um ramo 0 e de um ramo -0, porque há valores positivos e negativos.)

JBryson/iStock

(b) Use um intervalo de confiança de 99% para estimar a variação percentual média na população.

(c) Seria correto dizer que a probabilidade é de 99% de que a mudança percentual média na população está no intervalo que você calculou na parte (b)? Explique sua resposta.

16.27 Este vinho cheira mal. Componentes de enxofre causam "odores estranhos" no vinho, de modo que os fabricantes de vinho querem saber o limiar de odor – ou seja, a menor concentração de um composto que o olfato de um ser humano pode detectar. O limiar de odor para o dimetilsulfeto (DMS) em provadores de vinho treinados é de aproximadamente 25 microgramas por litro de vinho (μg/L). Contudo, o olfato de consumidores não treinados pode ser menos sensível. Apresentamos, seguir, os limiares de odor para o DMS de 10 estudantes não treinados: VINHO2

4 PASSOS

30 30 42 35 22 33 31 29 19 23

(a) Suponha que o desvio-padrão do limiar de odor para pessoas não treinadas seja conhecido, $\sigma = 7\mu$g/L. Discuta brevemente as outras duas "condições simples", e crie um diagrama de ramo e folhas para verificar se a distribuição é razoavelmente simétrica, sem valores atípicos.

(b) Dê um intervalo de confiança de 95% para o limiar médio de odor para o DMS entre todos os estudantes. Use o processo dos quatro passos.

16.28 Por que amostras maiores são melhores? Os estatísticos preferem grandes amostras. Descreva brevemente o efeito do aumento do tamanho amostral sobre a margem de erro de um intervalo de confiança de 95%.

16.29 As margens de erro em uma pesquisa. Uma pesquisa Gallup relatou que 89% dos republicanos na pesquisa aprovavam o trabalho que o presidente Trump estava fazendo, 37% dos independentes na pesquisa aprovavam, e 6% dos democratas na pesquisa aprovavam. Ao final da pesquisa, a seção sobre os métodos da pesquisa afirma que ela foi baseada em uma amostra aleatória de 1.108 adultos com idade de 18 anos ou mais, vivendo nos 50 estados e no Distrito de Columbia. A seção dos métodos afirma também que, para resultados baseados na amostra total, a margem de erro é de ± 4 pontos percentuais e o nível de confiança é de 95%. Podemos concluir que o intervalo de confiança de 95% para a porcentagem da população de todos os adultos com 18 anos ou mais, residentes nos 50 estados e no Distrito de Columbia que, à época da pesquisa, eram independentes, e que aprovavam o trabalho que o presidente Trump estava fazendo, é 37% ± 4%? Explique sua resposta.

CAPÍTULO

17

Após leitura do capítulo, você será capaz de:

17.1 Usar o raciocínio dos testes estatísticos para estabelecer se os dados amostrais suportam, ou não, uma afirmativa sobre a população.

17.2 Estabelecer as hipóteses nula e alternativa ao testar uma afirmativa sobre a média de uma população.

17.3 Encontrar e interpretar valores *P* e estabelecer se um resultado de teste é, ou não, estatisticamente significante em dado nível.

17.4 Calcular a estatística de teste *z* de uma amostra, para testes tanto unilaterais quanto bilaterais, de uma média populacional, e tirar conclusões a partir dos resultados.

17.5 Usar uma tabela para procurar valores *P* aproximados com base na estatística *z* e estabelecer se o resultado é estatisticamente significante.

WILLIAM ARCHIE/Tribune News Service/Detroit/MI/USA

Testes de Significância: o Básico

Intervalos de confiança são um dos dois tipos mais comuns de inferência estatística. Neste capítulo, discutimos testes de significância, o segundo tipo de inferência estatística. A matemática da probabilidade - em particular, as distribuições amostrais discutidas no Capítulo 15 - fornece a base formal para um teste de significância. Aqui aplicaremos o raciocínio de testes de significância para a média de uma população que tem distribuição Normal, em um contexto simples e artificial (em que supomos conhecer o desvio-padrão populacional). Usaremos a mesma lógica em capítulos futuros para a construção e testes de significância para parâmetros populacionais em contextos mais realistas.

Use um intervalo de confiança quando seu objetivo for estimar um parâmetro da população. Os testes de significância têm um objetivo diferente: avaliar a evidência fornecida pelos dados sobre alguma afirmativa anterior relativa a um parâmetro da população. A seguir, apresentamos sucintamente a lógica de testes estatísticos.

EXEMPLO 17.1 Eu sou um grande atirador de lances livres

Eu afirmo que acerto 80% de meus lances livres no jogo de basquete. Para testar minha afirmativa, você me pede para fazer 20 lances livres. Eu acerto apenas oito dos 20. "Ah!", você diz. "Alguém que acerta 80% de seus lances livres quase nunca acertaria apenas oito entre 20. Logo, não acredito em sua afirmativa."

Seu raciocínio se baseia no questionamento do que ocorreria se minha afirmativa fosse verdadeira e repetíssemos a amostra de 20 lançamentos muitas vezes: eu quase nunca acertaria oito ou menos. Esse resultado de oito em 20 é tão improvável, que fornece uma forte evidência de que minha afirmativa não seja verdadeira.

Você pode dizer quão forte é a evidência contra minha afirmativa, fornecendo a probabilidade de eu acertar oito ou menos entre 20 lances livres, se eu realmente acertasse 80% no longo prazo. Essa probabilidade é 0,0001; como descrito no Capítulo 14, esse cálculo é feito com o uso da distribuição binomial. Assim, eu acertaria oito ou menos em 20 lances em apenas uma vez em 10 mil tentativas no longo prazo – onde cada "tentativa" são 20 lances livres jogados – se minha afirmativa de acertar 80% fosse verdadeira. O pequeno valor da probabilidade o convence de que minha afirmativa é falsa.

applet

O *applet* Reasoning of a Statistical Test (conteúdo em inglês) faz uma animação do Exemplo 17.1. Você pode pedir a um jogador que faça lances livres até que os dados lhe convençam, ou não, de que ele faz menos do que 80%. Testes de significância usam um vocabulário elaborado, mas a ideia básica é simples: *um resultado que raramente ocorreria se uma afirmativa fosse verdadeira é boa evidência de que a afirmativa não seja verdadeira.*

17.1 A lógica dos testes de significância

A lógica dos testes estatísticos, assim como a dos intervalos de confiança, se baseia no questionamento do que ocorreria se repetíssemos a amostra ou experimento muitas vezes. Agiremos novamente como se as "condições simples" listadas em "Condições simples para inferência sobre uma média", no Capítulo 16, fossem verdadeiras: temos uma AAS perfeita de uma população exatamente Normal com desvio-padrão σ conhecido por nós. Eis um exemplo que analisaremos.

EXEMPLO 17.2 Adoçantes de refrigerantes

REFCOLA

Refrigerantes dietéticos usam adoçantes artificiais para evitar o uso de açúcar. Esses adoçantes gradualmente perdem sua doçura ao longo do tempo. Os fabricantes, portanto, testam a perda de doçura dos refrigerantes novos antes de colocá-los no mercado. Provadores treinados bebem um pequeno gole de refrigerante, juntamente com bebidas de doçura padrão, e atribuem ao refrigerante um "escore de doçura" de 1 a 10, com maiores escores correspondendo a maior doçura. O refrigerante é, então, armazenado por um mês em alta temperatura para imitar o efeito do armazenamento por 4 meses em temperatura ambiente. Cada provador atribui um escore ao refrigerante novamente após o armazenamento. Esse é um experimento de dados emparelhados. Nossos dados são as diferenças (escore antes do armazenamento menos escore após o armazenamento) dos escores dos provadores. Quanto maior a diferença (diferença > 0), maior será a perda de doçura.

Suponha sabermos que, para qualquer refrigerante, os escores de perda de doçura variem de provador para provador de acordo com uma distribuição Normal, com desvio-padrão $\sigma = 1$. A média μ de todos os provadores mede a perda de doçura e é diferente para diferentes refrigerantes.

A seguir, estão as perdas de doçura de um novo refrigerante, medidas por 10 provadores treinados:

1,6 0,4 0,5 −2,0 1,5 −1,1 1,3 −0,1 −0,3 1,2

A perda média de doçura é dada pela média amostral $\bar{x} = 0{,}3$, de modo que, em média, os 10 provadores encontraram uma pequena perda de doçura. Também, mais da metade, (seis) dos provadores encontraram uma perda de doçura. Esses dados são uma boa evidência de que o refrigerante perdeu doçura com o armazenamento?

O raciocínio é o mesmo do Exemplo 17.1. Fazemos uma afirmativa e perguntamos se os dados fornecem evidência *contrária* a ela. Procuramos evidência de que haja uma perda de doçura; logo, a afirmativa que testamos é que *não há* perda. Nesse caso, a perda média para a população de todos os provadores treinados seria $\mu = 0$.

- Se a afirmativa de que $\mu = 0$ é verdadeira, a distribuição amostral de $\bar{x}$ dos 10 provadores é Normal com média $\mu = 0$ e desvio-padrão

$$\frac{\sigma}{\sqrt{n}} = \frac{1}{\sqrt{10}} = 0{,}316$$

Esses são exatamente os cálculos que fizemos no Capítulo 15 (ver Exemplo 15.5) e no Capítulo 16 (ver Exemplo 16.1). A Figura 17.1 mostra essa distribuição amostral. Podemos julgar se qualquer $\bar{x}$ observado é surpreendente, localizando-o nessa distribuição.

- Para esse refrigerante, 10 provadores acusaram perda média $\bar{x} = 0{,}3$. É claro, a partir da Figura 17.1, que um $\bar{x}$ desse tamanho não é particularmente surpreendente. Ele poderia facilmente ocorrer apenas devido ao acaso, quando a média da população é $\mu = 0$. O fato de obter $\bar{x} = 0{,}3$ para 10 provadores não é *forte* evidência de que esse refrigerante perca doçura.

FIGURA 17.1

Se o refrigerante não perde doçura no armazenamento, o escore médio $\bar{x}$ para os 10 provadores terá esta distribuição amostral. O resultado real para uma AAS para o refrigerante foi $\bar{x} = 0,3$. Isso poderia acontecer facilmente por acaso. Uma amostra de perdas de doçura para outro refrigerante teve $\bar{x} = 1,02$. Isso está tão distante na curva Normal que é boa evidência de que esse refrigerante realmente perdeu doçura.

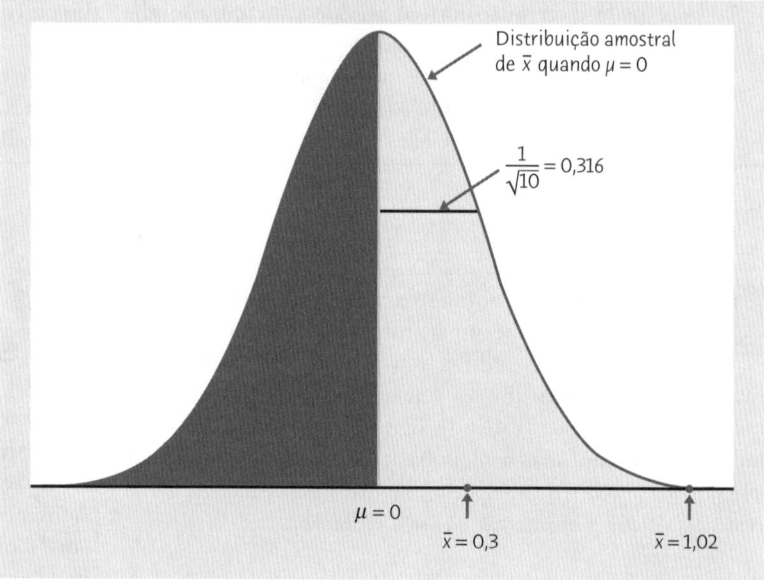

EXEMPLO 17.3 Adoçantes de refrigerantes, novamente

REFCOLA2

A seguir, estão as perdas de doçura de um novo refrigerante, conforme medidas por 10 provadores treinados:

2,0 0,4 0,7 2,0 −0,4 2,2 −1,3 1,2 1,1 2,3

A perda média de doçura é dada pela média amostral $\bar{x} = 1,02$. A maioria dos escores é positiva. Isto é, a maioria dos provadores encontrou uma perda de doçura. Mas as perdas são pequenas, e dois provadores (os escores negativos) acharam que o refrigerante ganhou doçura. Esses dados constituem boa evidência de que o refrigerante perdeu doçura no armazenamento?

O teste de sabor para o novo refrigerante produziu $\bar{x} = 1,02$. Isso está bem longe, na cauda da curva Normal na Figura 17.1 – tão longe que *um valor observado desse tamanho raramente ocorreria por acaso se o verdadeiro μ fosse* 0. Esse valor observado é boa evidência de que o verdadeiro μ é, de fato, maior do que 0 – isto é, o refrigerante perdeu doçura. O fabricante deve reformular o novo refrigerante e tentar novamente.

APLIQUE SEU CONHECIMENTO

17.1 GMAT. O *Graduate ManAgement Admission Test* (GMAT) é feito por indivíduos interessados em seguir a educação na graduação em administração. Os escores do GMAT são utilizados como parte do processo de admissão para mais de 6 mil programas de graduação em administração em todo o mundo. O escore médio para todos os que fazem o teste é 563, com um desvio-padrão de 118.[1] Uma pesquisadora nas Filipinas está preocupada com o desempenho no GMAT de não graduados nas Filipinas. Ela acredita que, na época, o escore médio para os alunos de último ano de faculdades nas Filipinas, que estão interessados em seguir a educação na graduação em administração, será menor do que 563. Ela tem uma amostra aleatória de 250 alunos de último ano de faculdades nas Filipinas interessados em seguir a educação na graduação em administração que vão fazer o GMAT. Suponha que saibamos que os escores GMAT são distribuídos Normalmente, com desvio-padrão $\sigma = 118$.

(a) Procuramos evidência *contra* a afirmativa de que $\mu = 563$. Qual é a distribuição amostral do escore médio $\bar{x}$ de uma amostra de 250 estudantes, se a afirmativa é verdadeira? Esboce a curva de densidade dessa distribuição. (Esboce uma curva Normal e, então, marque no eixo os valores da média e 1, 2 e 3 desvios-padrão da distribuição amostral de cada lado da média.)

(b) Suponha que os dados amostrais resultem em $\bar{x} = 555$. Marque esse ponto no eixo de seu esboço.

(c) Suponha que os dados amostrais resultem em $\bar{x} = 540$. Marque esse ponto em seu esboço. Usando seu esboço, explique, em linguagem simples, por que um resultado é boa evidência de que o escore médio de todos os estudantes de último ano de faculdades nas Filipinas, interessados em fazer a graduação em administração e que planejam fazer o GMAT, seria menor do que 563, e o outro resultado não é.

4 PASSOS **17.2 Inspecionando pesos de caixas de *cookies*.** O National Institute of Standards and Technology (NIST) publica procedimentos para

inspeção de conteúdos líquidos declarados em pacotes de produtos.[2] A discussão desses procedimentos inclui um exemplo de inspeção de peso de uma amostra de caixas de *cookies* finos de hortelã de uma companhia em particular, que são rotuladas com o conteúdo de 1 lb de *cookies*. Uma AAS de 12 caixas é pesada de acordo com os procedimentos do NIST, e os pesos líquidos são registrados. Suponha que os pesos líquidos para a população de todas as caixas de *cookies* finos de hortelã dessa companhia sejam provenientes de uma população Normal, com peso líquido médio μ e desvio-padrão $\sigma = 0{,}01$ lb.

(a) Procuramos evidência *contra* a afirmativa de que $\mu = 1{,}000$. Qual é a distribuição amostral da média $\bar{x}$ em muitas amostras de 12 caixas, se a afirmativa for verdadeira? Faça um esboço da curva Normal para a distribuição. (Desenhe uma curva Normal e, então, marque no eixo os valores da média e 1, 2 e 3 desvios-padrão de cada lado da média.)

(b) Suponha que a média amostral seja $\bar{x} = 0{,}998$. Marque esse valor no eixo de seu esboço. Outra amostra de 12 caixas tem $\bar{x} = 1{,}010$ para 12 medidas. Marque esse valor no eixo, também. Explique, em linguagem simples, por que um resultado fornece boa evidência de que a média populacional de pesos líquidos de caixas de *cookies* difere de 1,000 e por que o outro resultado não dá qualquer razão de dúvida de que 1,000 seja correto.

17.2 Estabelecimento de hipóteses

Um teste estatístico de significância começa com um enunciado cuidadoso das afirmativas que queremos comparar. No Exemplo 17.3, vimos que os dados de teste de sabor não são plausíveis se, de fato, o novo refrigerante não perde doçura. Como a lógica dos testes procura por evidência *contrária* à afirmativa, começamos com a afirmativa contra a qual buscamos evidência, tal qual "nenhuma perda de doçura".

Hipóteses nula e alternativa

A afirmativa testada por um teste estatístico de significância é chamada de **hipótese nula**. O teste é planejado para avaliar a força da evidência *contra* a hipótese nula. Usualmente, a hipótese nula é uma afirmativa de "nenhum efeito" ou "nenhuma diferença".

A afirmativa sobre a população para a qual estamos tentando encontrar evidência *a favor* é a **hipótese alternativa**. A hipótese alternativa é **unilateral** se afirmar que um parâmetro é *maior do que* ou *menor do que* o valor da hipótese nula. Ela é **bilateral** se afirmar que o parâmetro é *diferente* do valor nulo. (Pode ser menor ou maior.)

Abrevia-se a hipótese nula como H_0 e a hipótese alternativa como H_a. *As hipóteses sempre se referem a um parâmetro populacional, não a um resultado amostral particular. Certifique-se de estabelecer H_0 e H_a em termos de parâmetros da população.* Como H_a expressa o efeito *a favor* do qual esperamos encontrar evidência, é frequentemente mais fácil começar pelo enunciado de H_a e, então, enunciar H_0 como uma afirmativa de que o efeito esperado não esteja presente. H_0, em geral, inclui "igual".

Nos Exemplos 17.2 e 17.3, estamos buscando evidência *a favor de* perda na doçura. A hipótese nula diz "nenhuma perda" em média em uma grande população de provadores. A hipótese alternativa diz "há uma perda". Logo, as hipóteses são

$$H_0: \mu = 0$$
$$H_a: \mu > 0$$

A hipótese alternativa é *unilateral* porque estamos interessados apenas em saber se o refrigerante *perdeu* doçura.[3]

EXEMPLO 17.4 Estudo da satisfação no emprego

A satisfação no emprego de operários de montadoras difere quando seu trabalho é ritmado pelas máquinas em vez de autorritmado? Aloque trabalhadores a uma linha de montagem que se move em um ritmo fixo ou a uma condição autorritmada. Todos os sujeitos trabalham em ambas as condições, em ordem aleatória. Esse é um planejamento de dados emparelhados. Após 2 semanas em cada condição de trabalho, os trabalhadores são submetidos a um teste de satisfação com o emprego. A variável de resposta é a diferença entre os escores de satisfação, autorritmado menos ritmado pela máquina.

O parâmetro de interesse é a média μ das diferenças dos escores na população de todos os operários da montadora. A hipótese nula diz que não há diferença entre trabalho autorritmado e ritmado pela máquina – ou seja,

$$H_0: \mu = 0$$

Os autores do estudo queriam saber se as duas condições de trabalho geravam níveis diferentes de satisfação no emprego. Eles não especificaram a direção da diferença. A hipótese alternativa é, portanto, *bilateral*:

$$H_0: \mu = 0$$

ESTATÍSTICA NO MUNDO REAL

Hipóteses honestas?

Pessoas chinesas e japonesas, para as quais o número 4 é de má sorte, morrem mais frequentemente no quarto dia do mês do que em outros dias. Os autores de um estudo fizeram um teste estatístico da afirmativa de que o quarto dia tem mais mortes do que os outros dias, e encontraram boa evidência a favor dessa afirmativa. Você acredita nisso? Não, se os autores examinaram todos os dias, tomaram o que tinha mais mortes e, então, fizeram a afirmativa a ser testada "esse dia é diferente". Um crítico levantou esse problema, e os autores replicaram, "Não, nós tínhamos o dia 4 em mente antes, de modo que nosso teste é legítimo".

As hipóteses devem expressar as expectativas ou suspeitas que temos *antes* de vermos os dados. É trapaça olhar primeiro os dados e então estabelecer hipóteses que se ajustem ao que os dados mostram. Por exemplo, os dados para o estudo no Exemplo 17.4 mostraram que os trabalhadores estavam mais satisfeitos com o trabalho autorritmado, mas isto não deveria influenciar sua escolha de H_a. Se você não tem em mente uma direção específica firmemente estabelecida de antemão, use uma alternativa bilateral.

APLIQUE SEU CONHECIMENTO

17.3 GMAT (continuação). Estabeleça as hipóteses nula e alternativa para o estudo do desempenho no GMAT de alunos do último ano de faculdades nas Filipinas no Exercício 17.1. A hipótese alternativa é unilateral ou bilateral?

17.4 Inspecionando pesos em caixas de *cookies* (continuação). Estabeleça as hipóteses nula e alternativa para o estudo da inspeção de pesos líquidos de caixas de *cookies* descrita no Exercício 17.2. A hipótese alternativa é unilateral ou bilateral?

17.5 Muito cedo. Os exames em uma grande turma de estatística de múltiplas seções são ajustados depois da pontuação, de modo que o escore médio é 70. O professor acha que os estudantes da seção de oito horas da manhã têm problemas para prestarem atenção porque estão sonolentos e suspeita que esses alunos têm um escore médio mais baixo do que a turma como um todo. Os alunos da seção de oito horas da manhã desse semestre podem ser considerados como uma amostra da população de todos os estudantes do curso, de modo que o professor compara o escore médio deles com 70. Estabeleça as hipóteses H_0 e H_a.

Wavebreakmedia/iStock

17.6 Rendas de mulheres. A renda média de mulheres americanas que trabalham em tempo integral e têm apenas educação de nível médio é de 37.616 dólares. Você especula se a renda média de mulheres formadas pela escola de Ensino Médio local e que trabalham em tempo integral, mas têm apenas o certificado do Ensino Médio, é diferente da média nacional. Você obtém informação sobre renda a partir de uma AAS de 62 mulheres formadas em sua escola, com apenas Ensino Médio completo e que trabalham em tempo integral, e encontra $\bar{x} = 36.453$ dólares. Quais são suas hipóteses nula e alternativa?

17.7 Estabelecendo hipóteses. No planejamento de um estudo sobre o número de dias, nos últimos 30 dias, em que os estudantes do Ensino Médio digitaram enquanto dirigiam alguma vez durante o dia, um professor estabelece as hipóteses como

$$H_0: \bar{x} = 15 \text{ dias}$$
$$H_a: \bar{x} > 15 \text{ dias}$$

O que há de errado nelas?

17.3 Valor *P* e significância estatística

A ideia do estabelecimento de uma hipótese nula, *contra* a qual desejamos encontrar evidência, parece estranha no início. Pode ser útil pensar em um julgamento criminal. O acusado é "inocente até que se prove o contrário". Isto é, a hipótese nula é inocente e a acusação deve providenciar provas convincentes contra essa hipótese. É exatamente assim que funcionam os testes estatísticos de significância, embora, em estatística, lidemos com evidência fornecida por dados e usemos a probabilidade para dizer quão forte é a evidência.

A probabilidade que mede a força da evidência contra a hipótese nula é chamada de *valor P*. Testes estatísticos, em geral, funcionam assim:

Estatística de teste e valor *P*

Uma **estatística de teste** calculada a partir de dados amostrais mede quanto os dados divergem do que esperaríamos, se a hipótese nula H_0 fosse verdadeira. Valores não usualmente grandes da estatística mostram que os dados não são consistentes com H_0.

A probabilidade, calculada supondo H_0 verdadeira, de que a estatística de teste assuma um valor tão ou mais extremo do que o valor realmente observado é chamada de **valor P** do teste. Quanto menor o valor *P*, mais forte é a evidência contra H_0 fornecida pelos dados.

Valores *P* pequenos são evidência contra H_0, pois afirmam que o resultado observado tem ocorrência improvável se H_0 for verdadeira. Valores *P* grandes não fornecem evidência contra H_0. Isso se aplica à hipótese nula em geral, incluindo aquelas que envolvem proporções ou aquelas que envolvem a comparação de médias de duas populações (ver, por exemplo, Exercícios 17.10, 17.32, 17.33, 17.36 e 17.37).

Quão pequeno deve ser o valor P para ser evidência convincente contra H_0? Discutiremos isso em detalhe na Seção 18.3, e muitos usuários de estatística consideram valores menores do que 0,05 ou 0,01 como convincentes.

Um exemplo desse processo de cálculo de uma estatística de teste e do correspondente valor P será dado na Seção 17.4. Na prática, usa-se um programa estatístico para a realização dos testes estatísticos. Programas estatísticos fornecem o valor P de um teste quando se introduzem as hipóteses nula e alternativa e os dados. Assim, o mais importante é o entendimento sobre o que diz um valor P.

EXEMPLO 17.5 Adoçante de refrigerantes: valor *P* unilateral

O estudo da perda de doçura nos Exemplos 17.2 e 17.3 testa as seguintes hipóteses:

$$H_0: \mu = 0$$
$$H_a: \mu > 0$$

Como a hipótese alternativa diz que $\mu > 0$, valores de $\bar{x}$ maiores do que 0 favorecem H_a em detrimento de H_0. A estatística de teste compara o $\bar{x}$ observado com o valor da hipótese $\mu = 0$. Por enquanto, vamos nos concentrar no valor P.

O experimento apresentado nos Exemplos 17.2 e 17.3 realmente comparava dois refrigerantes. Para o primeiro refrigerante, os 10 provadores encontraram uma perda média de doçura de $\bar{x} = 0,3$. Para o segundo, os dados forneceram $\bar{x} = 1,02$. *O valor P para cada teste é a probabilidade de obter um* $\bar{x}$ *desse tamanho quando a perda média de doçura é realmente* $\mu = 0$.

A área sombreada na Figura 17.2 mostra o valor P quando $\bar{x} = 0,3$. A curva Normal é a distribuição amostral de $\bar{x}$ quando a hipótese nula H_0: $\mu = 0$ é verdadeira, usando o desvio-padrão populacional $\sigma = 1$. Um cálculo de probabilidade Normal (Exercício 17.8) mostra que o valor P é $P(\bar{x} \geq 0,3) = 0,1714$.

Um valor tão grande quanto $\bar{x} = 0,3$ apareceria por acaso em 17% de todas as amostras, quando H_0: $\mu = 0$ fosse verdadeira. Assim, a observação de $\bar{x} = 0,3$ não é evidência *forte* contra H_0. Por outro lado, pode-se verificar que a probabilidade de que $\bar{x}$ seja 1,02 ou maior, quando de fato $\mu = 0$, é de apenas 0,0006. Ou seja, raramente observaríamos uma perda média de doçura de 1,02 ou maior se H_0 fosse verdadeira. Esse valor P pequeno fornece forte evidência contra H_0 e a favor da alternativa H_a: $\mu > 0$.

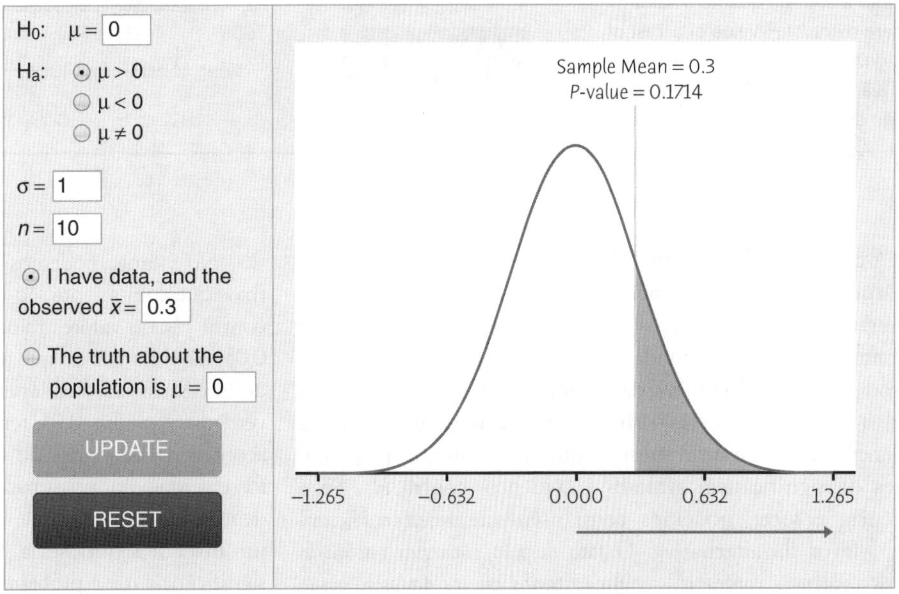

FIGURA 17.2
O valor *P* unilateral para o refrigerante com perda média de doçura $\bar{x} = 0,3$, para o Exemplo 17.5. A figura mostra tanto a entrada quanto a saída para o *applet P*-Value of a Test of Significance (conteúdo em inglês). Note que o valor *P* é a área sombreada sob a curva, não a área sem sombreamento.

applet

A Figura 17.2 é, na verdade, a saída do *applet P*-Value of a Test of Significance (conteúdo em inglês), junto com a informação introduzida no programa. Esse *applet* automatiza o trabalho da determinação de valores P para amostras de tamanho 50 ou menor, sob as "condições simples" para inferência sobre uma média.

A hipótese alternativa estabelece a direção que conta como evidência contra H_0. No Exemplo 17.5, apenas valores grandes, positivos, contam, porque a alternativa é unilateral do lado mais alto. Se a alternativa for bilateral, ambas as direções contam.

EXEMPLO 17.6 Satisfação no emprego: valor *P* bilateral

O estudo sobre satisfação no emprego no Exemplo 17.4 requer que testemos

$$H_0: \mu = 0$$
$$H_a: \mu \neq 0$$

Suponha que saibamos que as diferenças nos escores de satisfação (autorritmado menos ritmado pela máquina) na população de todos os trabalhadores sigam uma distribuição Normal, com desvio-padrão $\sigma = 60$.

Dados de 18 trabalhadores fornecem $\bar{x} = 17$. Isto é, esses trabalhadores preferem, na média, o ambiente autorritmado. Como a alternativa é bilateral, o valor *P* é a probabilidade de obter $\bar{x}$ pelo menos tão distante de $\mu = 0$, *em ambas as direções*, quanto o valor observado $\bar{x} = 17$.

applet Introduza a informação para esse exemplo no *applet* *P*-Value of a Test of Significance e clique em "Show P" (mostrar P). A Figura 17.3 mostra a saída do *applet*, bem como a informação introduzida. O valor *P* é a soma das duas áreas sombreadas sob a curva Normal. Ele é $P = 0{,}2293$. Valores tão distantes de 0 quanto $\bar{x} = 17$ (em qualquer direção) aconteceriam 23% das vezes, quando a verdadeira média populacional é $\mu = 0$. Um resultado que ocorreria tão frequentemente quando H_0 é verdadeira não é boa evidência contra H_0.

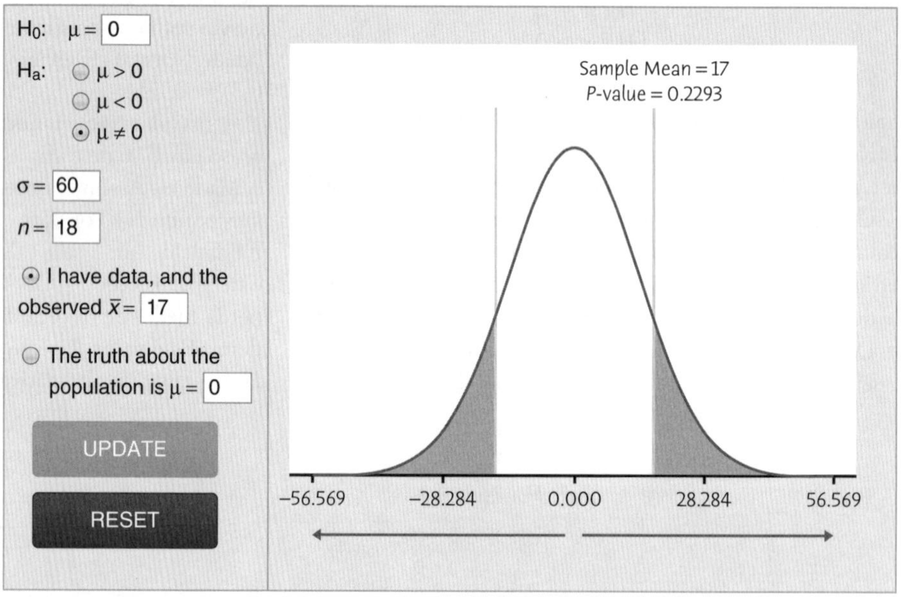

FIGURA 17.3
O valor *P* bilateral, para o Exemplo 17.6. A figura mostra tanto a entrada quanto a saída para o *applet* *P*-Value of a Test of Significance. Note que o valor *P* é a área sombreada sob a curva, não a área sem sombreamento.

A conclusão do Exemplo 17.6 *não* é que H_0 seja verdadeira. O estudo procurou evidência contrária a H_0: $\mu = 0$ e não conseguiu encontrar uma forte evidência. É tudo o que podemos dizer. Sem dúvida, a média μ para a população de todos os trabalhadores da montadora não é exatamente igual a 0. Uma amostra suficientemente grande forneceria evidência da diferença, mesmo que fosse muito pequena. Testes de significância avaliam a evidência contra H_0. Se a evidência é forte, podemos confiantemente rejeitar H_0 em favor da alternativa. *O fato de não conseguir encontrar evidência contra H_0 significa apenas que os dados não são inconsistentes com H_0, e não que tenhamos uma evidência clara de que H_0 seja verdadeira.* Apenas dados que são inconsistentes com H_0 nos permitem fazer uma afirmativa positiva de que temos forte evidência contra H_0.

Nos Exemplos 17.5 e 17.6, decidimos que o valor *P*, $P = 0{,}0006$, era evidência forte contra a hipótese nula e que os valores $P = 0{,}1714$ e $P = 0{,}2293$ não eram evidência convincente. Não há uma regra sobre quão pequeno um valor *P* deva ser para que rejeitemos H_0; é uma questão de julgamento e depende das circunstâncias específicas.

No entanto, podemos comparar um valor *P* com alguns valores fixos que comumente são utilizados como padrões para evidência contra H_0. Os valores fixos mais comuns são 0,05 e 0,01. Se $P \leq 0{,}05$, não há mais do que uma chance em 20 de que uma amostra dê evidência tão forte apenas por acaso, quando H_0 é realmente verdadeira. Se $P \leq 0{,}01$, temos um resultado que, no longo prazo, aconteceria não mais do que uma vez em 100 amostras, se H_0 fosse verdadeira. Esses padrões fixos para valores *P* são chamados de *níveis de significância*. Usamos α, a letra grega alfa, para denotar um nível de significância. Na Seção 18.5, veremos que o nível de significância α é a probabilidade de cometer um tipo de erro. Em particular, α é a probabilidade de decidir (incorretamente) que temos evidência contra H_0 e declarar H_0 falsa, quando, de fato, H_0 é verdadeira. Manter pequeno o nível de significância garante que a chance de cometer tal erro seja pequena.

Significância estatística

Se o valor *P* é tão pequeno quanto α, ou menor do que α, dizemos que os dados são **estatisticamente significantes no nível α**. A quantidade α é chamada de **nível de significância**.

"Significante", em linguagem estatística, não tem o sentido de "importante". Significa simplesmente "improvável de acontecer apenas por acaso". O nível de significância α torna "improvável" mais exato. Significância no nível 0,01 é frequentemente enunciada pela afirmativa "Os resultados foram significantes ($P \leq 0,01$)". Aqui, P representa o valor P. O valor P verdadeiro é mais informativo do que uma afirmação de significância, porque nos permite avaliar a significância em qualquer nível que escolhermos. Por exemplo, um resultado com $P = 0,03$ é significante no nível $\alpha = 0,05$, mas não é significante no nível $\alpha = 0,01$. Para evitar confusão, usaremos "estatisticamente significante" em vez de "significante" neste capítulo. No entanto, em artigos de pesquisa e publicações da mídia, você geralmente verá a palavra "significante" em vez da expressão "estatisticamente significante". Em capítulos posteriores, usaremos ambas.

É boa prática interpretar as descobertas de significância estatística no contexto do problema para o qual os dados foram coletados. Por exemplo, no Exemplo 17.5, significância estatística implica algo sobre a perda de doçura em refrigerantes dietéticos. Uma média amostral de $\bar{x} = 0,3$ não é estatisticamente significante no nível $\alpha = 0,05$. Interpretaríamos isso como significando que nossos dados não fornecem evidência forte de que o refrigerante dietético, na média, perca doçura depois de ser armazenado durante 1 mês em alta temperatura.

ESTATÍSTICA NO MUNDO REAL

Significância derruba um novo medicamento

A companhia farmacêutica Pfizer gastou US$ 1 bilhão no desenvolvimento de uma nova droga contra o colesterol. A verificação final de sua eficácia foi um teste clínico com 15 mil sujeitos. Para reforçar o estudo duplo-cego, apenas um grupo independente de especialistas viu os dados durante o teste. Após 3 anos de testes, os monitores declararam que houve um número excessivo, estatisticamente significante, de mortes e de problemas cardíacos no grupo alocado à nova droga. A Pfizer encerrou o teste.

APLIQUE SEU CONHECIMENTO

17.8 Adoçante de refrigerantes: encontre o valor *P*. O valor P para o primeiro refrigerante no Exemplo 17.5 é a probabilidade (considerando a hipótese nula $\mu = 0$ como verdadeira) de que $\bar{x}$ assuma um valor, no mínimo, tão grande quanto 0,3.

(a) Qual é a distribuição amostral de $\bar{x}$ quando $\mu = 0$? Essa distribuição aparece na Figura 17.2.

(b) Faça um cálculo de probabilidade Normal para encontrar o valor P. Seu resultado deve concordar com o Exemplo 17.5, a menos de erros de arredondamento.

17.9 Satisfação no emprego: encontre o valor *P*. O valor P no Exemplo 17.6 é a probabilidade (considerando a hipótese nula $\mu = 0$ como verdadeira) de que $\bar{x}$ assuma um valor, pelo menos tão distante de 0 como 17.

(a) Qual é a distribuição amostral de $\bar{x}$ quando $\mu = 0$? Essa distribuição aparece na Figura 17.3.

(b) Faça um cálculo de probabilidade Normal para encontrar o valor P. (Lembre-se de que a hipótese alternativa é bilateral.) Seu resultado deve concordar com o Exemplo 17.6, a menos de erros de arredondamento.

17.10 Lorcaserina e perda de peso. Um experimento comparativo aleatorizado, duplo-cego, comparou o efeito da droga lorcaserina e o de um placebo na perda de peso em adultos em sobrepeso. Todos os sujeitos se submeteram, também, a um aconselhamento de dieta e exercício. O estudo relatou que, depois de um ano, os pacientes do grupo da droga lorcaserina tiveram uma perda média de peso de 5,8 kg, enquanto os pacientes do grupo do placebo tiveram uma perda média de peso de 2,2 kg ($P < 0,001$).[4] Explique, a alguém que não conheça estatística, por que esses resultados significam que há boa razão para pensar que a droga lorcaserina funciona. Inclua uma explicação do que significa $P < 0,001$.

17.11 GMAT (continuação). O Exercício 17.1 descreve um estudo do desempenho no GMAT de alunos de último ano de faculdades nas Filipinas. Você estabeleceu as hipóteses nula e alternativa no Exercício 17.3.

applet

(a) Uma amostra de 250 estudantes teve escore médio no GMAT de $\bar{x} = 555$. Introduza esse $\bar{x}$, juntamente com as outras informações pedidas, no *applet* P-Value of a Test of Significance. Qual é o valor P? Esse resultado é estatisticamente significante no nível $\alpha = 0,05$? No nível $\alpha = 0,01$?

(b) Outra amostra de 250 estudantes resultou em $\bar{x} = 540$. Use o *applet* para encontrar o valor P para esse resultado. Ele é estatisticamente significante no nível $\alpha = 0,05$? No nível $\alpha = 0,01$?

(c) Explique brevemente por que esses valores P nos dizem que um desses resultados é evidência forte contra a hipótese nula e o outro resultado não é.

17.12 Inspecionando pesos de caixas de *cookies* (continuação). O Exercício 17.2 descreve medições de pesos líquidos de uma amostra de 12 caixas de *cookies*. Você estabeleceu as hipóteses nula e alternativa no Exercício 17.4.

applet

(a) Um conjunto de medidas resultou em $\bar{x} = 0,998$. Introduza esse $\bar{x}$, juntamente com as outras informações pedidas, no applet P-Value of a Test of Significance. Qual é o valor P? Esse resultado é estatisticamente significante no nível $\alpha = 0,05$? No nível $\alpha = 0,01$?

(b) Outro conjunto de medidas tem $\bar{x} = 1,010$. Use o *applet* para encontrar o valor P para esse resultado. Ele é estatisticamente significante no nível $\alpha = 0,05$? No nível $\alpha = 0,01$?

(c) Explique brevemente por que esses valores P nos dizem que um dos resultados é evidência forte contra a hipótese nula e o outro resultado não é.

17.4 Testes para uma média populacional

Usamos testes para hipóteses sobre a média μ de uma população, sob as "condições simples", para introduzir os testes de significância. O importante é a lógica de um teste: *dados amostrais que ocorreriam raramente se a hipótese nula H_0 fosse verdadeira fornecem evidência de que H_0 não é verdadeira.* O valor *P* nos dá uma probabilidade para medir "ocorreriam raramente". Na prática, os passos para a realização de um teste de significância refletem o processo geral de quatro passos para a organização de problemas estatísticos realistas.

Testes de significância: o processo de quatro passos

ESTABELEÇA: qual é a questão prática que requer um teste estatístico?

PLANEJE: identifique o parâmetro, estabeleça as hipóteses nula e alternativa e escolha o tipo de teste que seja adequado à sua situação.

RESOLVA: realize o teste em três fases:

1. Verifique as condições para o teste que você planeja usar.
2. Calcule a estatística de teste.
3. Encontre o valor *P*.

CONCLUA: volte à questão prática para descrever seus resultados nesse contexto.

Após estabelecer o problema, enunciar as hipóteses e verificar as condições para seu teste, você ou um programa de computador podem encontrar a estatística de teste e o valor *P* seguindo um roteiro. Esse é o roteiro para o teste que usamos em nossos exemplos.

Conforme prometido, a estatística de teste z mede quanto a média amostral observada $\bar{x}$ se afasta do valor populacional hipotético μ_0. A medida é na escala padrão familiar, obtida da divisão pelo desvio-padrão de $\bar{x}$. Assim, temos uma escala comum para todos os testes z, e a regra 68-95-99,7 nos ajuda a ver imediatamente se $\bar{x}$ está longe de μ_0. As figuras que ilustram o valor *P* se parecem com as curvas nas Figuras 17.2 e 17.3, exceto por estarem na escala padronizada.

Teste *z* de uma amostra para uma média populacional

Extraia uma AAS de tamanho n de uma população Normal que tenha média μ desconhecida e desvio-padrão σ conhecido. Para testar a hipótese nula de que μ tenha um valor especificado,

$$H_0: \mu = \mu_0$$

calcule a **estatística de teste z de uma amostra**

$$z = \frac{\bar{x} - \mu_0}{\sigma/\sqrt{n}}$$

Em termos de uma variável Z com distribuição Normal padrão, o valor *P* para um teste de H_0 contra

$H_a: \mu > \mu_0$ é $P(Z \geq z)$

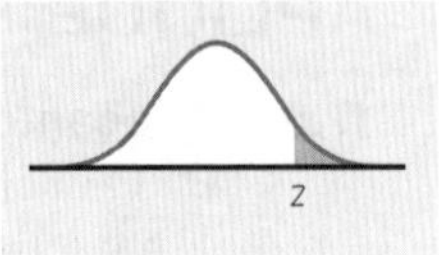

$H_a: \mu < \mu_0$ é $P(Z \leq z)$

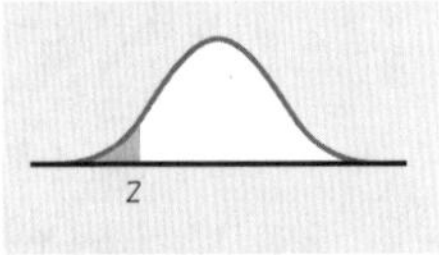

$H_a: \mu \neq \mu_0$ é

$P(Z \leq -|z|) + P(Z \geq |z|) = 2P(Z \geq |z|)$

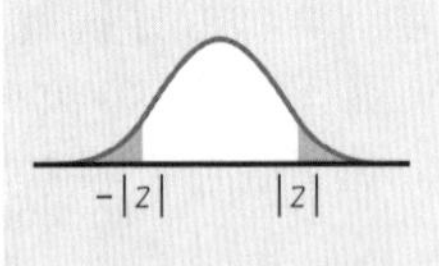

Nos gráficos mostrados acima, supomos que z seja positivo para H_a: $\mu > \mu_0$, porque z negativo seria evidência fraca para $\mu > \mu_0$ e, analogamente, para $H_a : \mu < \mu_0$. Para um teste bilateral, z poderia ser positivo ou negativo.

EXEMPLO 17.7 Colesterol de executivos

ESTABELEÇA: o National Center for Health Statistics relata que o colesterol LDL para adultos tem média 130 e desvio-padrão 40. O diretor médico de uma grande companhia farmacêutica observa os registros médicos de 72 executivos e vê que o LDL médio nessa amostra é $\bar{x}$ = 124,86. Isso é evidência de que os executivos da companhia tenham um LDL médio diferente do da população geral?

PLANEJE: a hipótese nula é "nenhuma diferença" da média nacional $\mu_0 = 130$. A alternativa é bilateral, porque o diretor médico não tinha em mente uma direção particular antes de examinar os dados. Assim, as hipóteses acerca da média desconhecida μ da população de executivos são

$$H_0: \mu = 130$$
$$H_a: \mu \neq 130$$

Sabemos que o teste z de uma amostra é apropriado para essas hipóteses sob as "condições simples".

RESOLVA: como parte das "condições simples", suponha que estejamos desejosos em assumir que o LDL de executivos siga uma distribuição Normal, com desvio-padrão $\sigma = 40$. Um programa pode, agora, calcular z e *P* para você. Seguindo com os cálculos a mão, a estatística de teste é

$$z = \frac{\bar{x} - \mu_0}{\sigma/\sqrt{n}} = \frac{124{,}86 - 130}{40/\sqrt{72}} = -1{,}09$$

Para ajudar a determinar o valor *P*, esboce a curva Normal padrão e marque nela o valor observado de z. A Figura 17.4 mostra que o valor *P* é a probabilidade de que uma variável

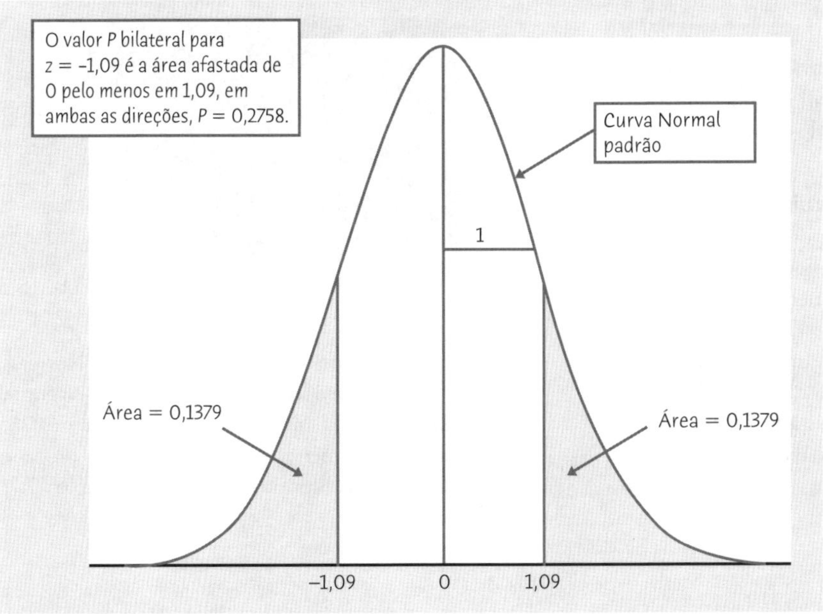

FIGURA 17.4
O valor P para o teste bilateral no Exemplo 17.7. O valor observado da estatística de teste é $z = -1,09$.

Normal padrão Z assuma um valor distante de zero em, pelo menos, 1,09. Pela Tabela A, ou um programa, encontramos que essa probabilidade é

$$P = 2P(Z > 1,09) = (2)(0,1379) = 0,2758$$

CONCLUA: mais de 27% das vezes, uma AAS de tamanho 72 da população adulta em geral teria um LDL médio pelo menos tão longe de 130 quanto o da amostra de executivos. O $\bar{x} = 124,86$ observado não é, portanto, boa evidência de que os executivos sejam diferentes dos outros adultos.

Neste capítulo, estamos agindo como se as "condições simples" estabelecidas em "Condições simples para inferência sobre uma média", no Capítulo 16, fossem verdadeiras. Na prática, você deve verificar essas condições.

1. **AAS:** a condição mais importante é que os 72 executivos na amostra sejam uma AAS da população de todos os executivos na empresa. Devemos conferir essa exigência questionando como os dados foram produzidos. Se os registros médicos estão disponíveis apenas para executivos com problemas recentes de saúde, por exemplo, os dados são de pouco valor para os nossos propósitos, em virtude de um viés óbvio de saúde. No entanto, o fato é que todos os executivos se submetem a um exame médico anual, sem ônus, do qual o diretor médico selecionou 72 resultados ao acaso.
2. **Distribuição Normal:** devemos examinar, também, a distribuição das 72 observações à procura de sinais de que a distribuição populacional não seja Normal.
3. **σ conhecido:** é, de fato, não realista supor que saibamos que $\sigma = 15$. Veremos, no Capítulo 20, que é fácil nos livrarmos da necessidade de conhecer σ.

APLIQUE SEU CONHECIMENTO

17.13 A estatística z. Relatórios publicados de trabalhos de pesquisa são sucintos. Em geral, relatam apenas uma estatística de teste e um valor P. Por exemplo, a conclusão do Exemplo 17.7 poderia ser relatada como "($z = -1,09$; $P = 0,2758$)". Encontre os valores da estatística z de uma amostra necessários para completar as seguintes conclusões:

(a) Para o primeiro refrigerante no Exemplo 17.5, $z = ?$; $P = 0,1714$.

(b) Para o segundo refrigerante no Exemplo 17.5, $z = ?$; $P = 0,0006$.

(c) Para o Exemplo 17.6, $z = ?$; $P = 0,2293$.

4 PASSOS **17.14 Inspecionando pesos de caixas de *cookies* (continuação).** A seguir, estão medições (em libras) dos pesos líquidos de 12 caixas de *cookies*:

PESOS

1,038	1,012	1,008	1,004	0,997	0,998
1,012	0,997	1,004	0,999	1,000	1,006

Suponha que o peso médio da população de todas as caixas de *cookies* seja 1,000 lb. As medições fornecem boa evidência de que o peso médio populacional não seja 1,000?

As 12 caixas medidas são uma AAS da população de todas as caixas dessa marca de *cookies*. Essa população tem uma distribuição Normal, com média igual ao verdadeiro peso médio da população e desvio-padrão 0,01. Use essa informação para realizar um teste de significância, seguindo o processo dos quatro passos ilustrado no Exemplo 17.7

4 PASSOS **17.15 Tempo ruim, gorjeta ruim?** As pessoas tendem a ser mais generosas depois de receberem boas notícias. Elas são menos generosas depois de receberem más notícias? A gorjeta média deixada por adultos norte-americanos é de 20%. Dê a 20 clientes de um restaurante uma mensagem junto com a conta, advertindo-os de que o tempo, no dia seguinte, será ruim, e registre as gorjetas percentuais que eles deixam. Eis as gorjetas, em forma de percentual da conta total:[5] GORJETA3

eZeePics Studio/iStock

18,0 19,1 19,2 18,8 18,4 19,0 18,5 16,1 16,8 18,2
14,0 17,0 13,6 17,5 20,0 20,2 18,8 18,0 23,2 19,4

Suponha que as gorjetas percentuais sejam Normais, com $\sigma = 2$. Há boa evidência de que a gorjeta percentual média deixada pelos clientes que receberam uma previsão de tempo ruim seja menor do que 20%? Siga o processo dos quatro passos, conforme ilustrado no Exemplo 17.7.

17.5 Significância a partir de uma tabela*

Na prática, a estatística usa tecnologia (calculadoras gráficas e programas de computador) para obter valores *P* rápida e precisamente. Na falta de tecnologia adequada, você pode obter rapidamente valores *P* aproximados pela comparação do valor de sua estatística de teste com valores críticos de uma tabela. Para a estatística z, a tabela é a Tabela C, a mesma usada para intervalos de confiança.

Olhe a última linha de valores críticos na Tabela C, rotulada por z^*. No alto da tabela, você vê o nível de confiança C para cada z^*. No pé da tabela, você vê os valores *P* unilaterais e bilaterais para cada valor de z^*. Valores de uma estatística de teste z que estão mais afastados do que z^* (na direção dada pela hipótese alternativa) são estatisticamente significantes no nível que combina com z^*.

Significância a partir de uma tabela de valores críticos

Para encontrar o valor *P* aproximado para qualquer estatística z, compare z (ignorando seu sinal) com os valores críticos z^* no pé da Tabela C. Se z estiver entre dois valores de z^*, o valor *P* estará entre os dois valores correspondentes de *P* na linha "*P* unilateral" ou na linha "*P* bilateral" na Tabela C.

EXEMPLO 17.8 É estatisticamente significante?

A estatística z para um teste unilateral é $z = 2{,}13$. Quão estatisticamente significante é esse resultado? Compare $z = 2{,}13$ com a linha z^* na Tabela C.

z^*	2,054	2,326
P unilateral	0,02	0,01

Ele está entre $z^* = 2{,}054$ e $z^* = 2{,}326$. Assim, o valor *P* estará entre as entradas correspondentes na linha "*P* unilateral", que são o nível de significância $\alpha = 0{,}02$ e o nível de significância $\alpha = 0{,}01$. Esse z é estatisticamente significante no nível $\alpha = 0{,}02$ e *não é* estatisticamente significante no nível $\alpha = 0{,}01$.

Na Figura 17.5 está ilustrada a situação. A área sombreada sob a curva Normal à direita de $z = 2{,}13$ é o valor *P*. Você pode ver que *P* está entre as áreas à direita dos dois valores críticos, para $P = 0{,}02$ e $P = 0{,}01$.

A estatística z no Exemplo 17.7 é $z = -1{,}09$. A hipótese alternativa é bilateral. Compare $z = -1{,}09$ (ignorando o sinal menos) com a linha de z^* na Tabela C.

z^*	1,036	1,282
P bilateral	0,30	0,20

Ele está entre $z^* = 1{,}036$ e $z^* = 1{,}282$. Assim, o valor *P* estará entre as entradas correspondentes na linha "*P* bilateral", $P = 0{,}30$ e $P = 0{,}20$. Isso é suficiente para concluir que os dados não fornecem boa evidência contra a hipótese nula.

*Este material pode ser omitido, se você usar computador para o cálculo de valores *P*.

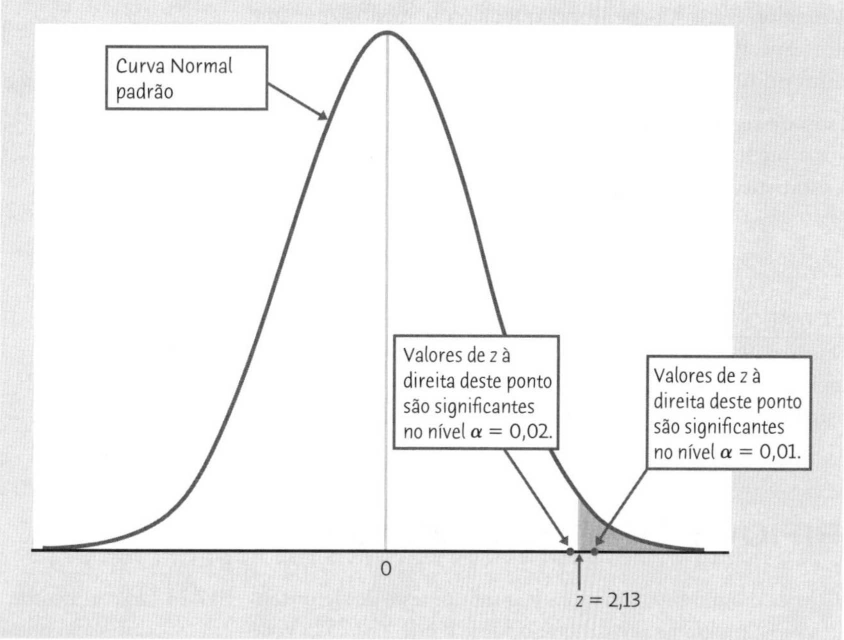

FIGURA 17.5
É significante? O valor da estatística de teste $z = 2{,}13$ está entre os valores críticos exigidos para significância nos níveis $\alpha = 0{,}02$ e $\alpha = 0{,}01$. Assim, o teste *é* significante no nível $\alpha = 0{,}02$ e *não é* significante no nível $\alpha = 0{,}01$.

APLIQUE SEU CONHECIMENTO

17.16 Significância a partir de uma tabela. Um teste de H_0: $\mu = 0$ contra H_a: $\mu > 0$ tem estatística de teste $z = 1{,}65$. Esse teste é estatisticamente significante no nível 5% ($\alpha = 0{,}05$)? É estatisticamente significante no nível 1% ($\alpha = 0{,}01$)?

17.17 Significância a partir de uma tabela. Um teste de H_0: $\mu = 0$ contra H_a: $\mu \neq 0$ tem estatística de teste $z = 1{,}65$. Esse teste é significante no nível 5% ($\alpha = 0{,}05$)? É significante no nível 1% ($\alpha = 0{,}01$)?

17.18 Teste de um gerador de números aleatórios. Suponha que um gerador de números aleatórios produza números aleatórios que são uniformemente distribuídos no intervalo de 0 a 1. Se isso for verdade, os números gerados provêm de uma população com $\mu = 0{,}5$ e $\sigma = 0{,}2887$. Um comando para gerar 100 números aleatórios produz resultados com média $\bar{x} = 0{,}5635$. Suponha que o σ da população permaneça fixo. Desejamos testar

$$H_0: \mu = 0{,}5$$
$$H_a: \mu \neq 0{,}5$$

(a) Calcule o valor da estatística de teste z.

(b) Use a Tabela C: z é estatisticamente significante no nível 5% ($\alpha = 0{,}05$)?

(c) Use a Tabela C: z é estatisticamente significante no nível 1% ($\alpha = 0{,}01$)?

(d) Entre quais dois valores críticos Normais z^*, na linha do pé da Tabela C, z está? Entre quais dois números o valor P está? O teste fornece boa evidência contra a hipótese nula?

RESUMO

- Um **teste de significância** avalia a evidência fornecida pelos dados contra uma **hipótese nula H_0** em favor de uma **hipótese alternativa H_a**.
- As hipóteses são sempre enunciadas em termos de parâmetros populacionais. Em geral, H_0 é uma afirmativa de que não há qualquer efeito presente, e H_a afirma que um parâmetro diverge de seu valor nulo em uma direção específica (alternativa **unilateral**) ou em qualquer direção (alternativa **bilateral**).
- O fundamento essencial de um teste de significância é como segue. Suponha, para raciocinar, que a hipótese nula seja verdadeira. Se repetíssemos nossa produção de dados muitas vezes, obteríamos frequentemente dados tão inconsistentes com H_0 como os dados que realmente temos? Dados que raramente ocorreriam se H_0 fosse verdadeira fornecem evidência contra H_0.
- Um teste se baseia em uma **estatística de teste**, que mede quão distante o resultado amostral está do valor estabelecido por H_0.
- O **valor P** de um teste é a probabilidade, calculada supondo H_0 verdadeira, de que a estatística de teste assuma um valor pelo menos tão extremo quanto o de fato observado. Valores P pequenos são uma forte evidência contra H_0. Para calcular um valor P, é necessário o conhecimento da distribuição amostral da estatística de teste quando H_0 é verdadeira.

- Se o valor P for tão pequeno quanto, ou menor que um valor especificado α, os dados são **estatisticamente significantes** no **nível de significância** α.
- **Testes de significância para a hipótese nula H_0: $\mu = \mu_0$** relativos à média desconhecida μ de uma população se baseiam na **estatística de teste z de uma amostra**

$$z = \frac{\bar{x} - \mu_0}{\sigma/\sqrt{n}}$$

O teste z pressupõe uma AAS de tamanho n de uma população Normal com desvio-padrão populacional σ conhecido. Valores P podem ser obtidos por meio de cálculos da distribuição Normal padrão ou com o uso da tecnologia (*applet* ou programas).

$H_a: \mu > \mu_0$ é $P(Z \geq z)$

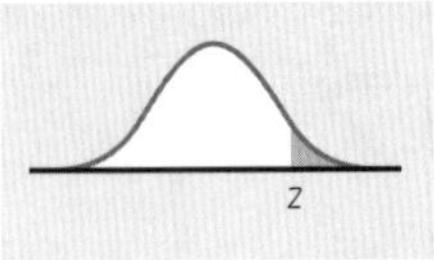

$H_a: \mu < \mu_0$ é $P(Z \leq z)$

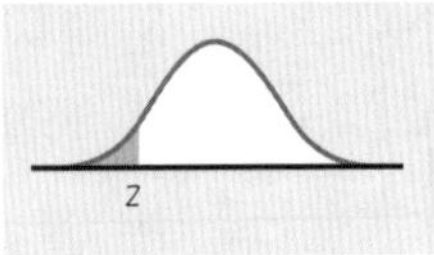

$H_a: \mu \neq \mu_0$ é
$P(Z \leq -|z|) + P(Z \geq |z|) = 2P(Z \geq |z|)$

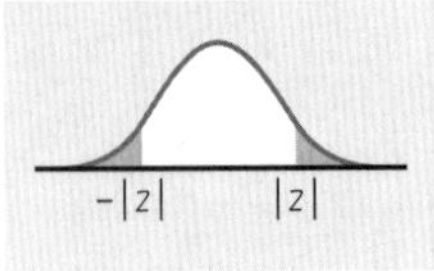

VERIFIQUE SUAS HABILIDADES

17.19 Você usa um programa para realizar um teste de significância. O programa lhe diz que o valor P é $P = 0{,}052$. Você conclui que a probabilidade, calculada supondo que H_0, é

(a) verdadeira, de a estatística de teste assumir um valor tão ou mais extremo do que o realmente observado é 0,052.

(b) verdadeira, de a estatística de teste assumir um valor tão ou menos extremo do que o realmente observado é 0,052.

(c) falsa, de a estatística assumir um valor tão ou mais extremo do que o realmente observado é 0,052.

17.20 Você usa um programa para realizar um teste de significância. O programa lhe diz que o valor P é $P = 0{,}052$. Esse resultado é

(a) não estatisticamente significante tanto no nível $\alpha = 0{,}05$ quanto no nível $\alpha = 0{,}01$.

(b) estatisticamente significante em $\alpha = 0{,}05$, mas não em $\alpha = 0{,}01$.

(c) estatisticamente significante em ambos, $\alpha = 0{,}05$ e $\alpha = 0{,}01$.

17.21 A estatística de teste z para um teste unilateral é $z = 1{,}62$. Esse teste é

(a) não estatisticamente significante tanto no nível $\alpha = 0{,}05$ quanto no nível $\alpha = 0{,}01$.

(b) estatisticamente significante em $\alpha = 0{,}05$, mas não em $\alpha = 0{,}01$.

(c) estatisticamente significante em ambos, $\alpha = 0{,}05$ e $\alpha = 0{,}01$.

17.22 Sabe-se que a milhagem de gasolina (consumo) para um modelo particular de caminhonete tem um desvio-padrão de $\sigma = 1{,}0$ milha por galão em testes repetidos em um ambiente controlado de laboratório, a uma velocidade fixa de 65 milhas por hora. Para uma velocidade fixa de 65 milhas por hora, os consumos em testes repetidos são Normalmente distribuídos. Testes em quatro caminhonetes desse modelo, a 65 milhas por hora, dão os consumos de 19,7; 20,1; 19,9, e 19,5 milhas por galão. A estatística z para o teste de H_0: $\mu = 20$ milhas por galão com base nessas quatro medições é

(a) $z = -0{,}800$.

(b) $z = -0{,}400$.

(c) $z = -0{,}200$.

17.23 Experimentos sobre a aprendizagem em animais algumas vezes medem quanto tempo leva para que camundongos encontrem o caminho em um labirinto. O tempo médio é de 18 segundos para um labirinto particular. Uma pesquisadora acredita que um barulho alto fará com que os camundongos completem o labirinto mais depressa. Ela mede quanto tempo cada um de 10 camundongos gasta com o estímulo de um barulho. A média amostral é $\bar{x} = 16{,}5$ segundos. A hipótese nula para o teste de significância é

fergregory/iStock

(a) H_0: $\mu = 18$. (b) H_0: $\mu = 16{,}5$. (c) H_0: $\mu < 18$.

17.24 A hipótese alternativa para o teste no Exercício 17.23 é

(a) H_a: $\mu \neq 18$.

(b) H_a: $\mu < 18$.

(c) H_a: $\mu = 16.5$.

17.25 Pesquisadores investigaram a eficácia de zinco oral, comparado a um placebo, na redução da duração do resfriado comum, quando tomado 24 horas a partir do aparecimento dos sintomas. Os pesquisadores descobriram que aqueles que tomaram o zinco oral tiveram uma duração estatisticamente significante mais curta ($P < 0{,}05$) do que aqueles que tomaram um placebo.[6] Isso significa que

(a) a probabilidade de que a hipótese nula seja verdadeira é menor do que 0,05.

(b) o valor da estatística de teste, a redução média na duração do resfriado, é grande.

(c) nenhuma das opções acima é verdadeira.

17.26 Você está testando H_0: $\mu = 0$ contra H_a: $\mu \neq 0$, com base em uma AAS de 20 observações de uma população Normal. Quais valores da estatística de teste z são estatisticamente significantes no nível $\alpha = 0{,}001$?

(a) Todos os valores para os quais $|z| > 3{,}291$.

(b) Todos os valores para os quais $z > 3{,}291$.

(c) Todos os valores para os quais $z > 3{,}091$.

17.27 Você está testando H_0: $\mu = 0$ contra H_a: $\mu > 0$, com base em uma AAS de 20 observações de uma população Normal. Quais valores da estatística de teste z são estatisticamente significantes no nível $\alpha = 0{,}001$?

(a) Todos os valores para os quais $|z| > 3{,}291$.

(b) Todos os valores para os quais $z > 3{,}291$.

(c) Todos os valores para os quais $z > 3{,}091$.

EXERCÍCIOS

Em todos os exercícios que pedem valores P, dê o valor real, se você estiver usando um programa ou o applet P-Value. Caso contrário, use a Tabela C para dar valores entre os quais P deve estar.

17.28 **Tempos de estudo de estudantes.** O Exercício 16.19 descreve uma pesquisa em sala de aula na qual os estudantes afirmaram estudar uma média de $\bar{x} = 13{,}7$ horas em uma semana típica. Considere esses estudantes como uma AAS da população de todos os estudantes de graduação dessa universidade. A pesquisa fornece boa evidência da afirmativa dos estudantes de que estudam mais de 13 horas por semana, em média?

(a) Estabeleça as hipóteses nula e alternativa em termos do tempo médio de estudo, em horas, para a população.

(b) Qual é o valor da estatística de teste z?

(c) Qual é o valor P do teste? Você pode concluir que os estudantes realmente estudem mais de 13 horas por semana, em média?

17.29 **Eu quero mais músculos.** Se os rapazes achassem que seu próprio nível de músculos era o que as mulheres preferem, a "lacuna muscular" média descrita no Exercício 16.20 seria 0. Suspeitamos (antes de ver os dados) que os jovens (maioria) acham que as mulheres preferem maior quantidade de músculos à que eles têm.

(a) Estabeleça as hipóteses nula e alternativa para o teste dessa suspeita.

(b) Qual é o valor da estatística de teste z?

(c) Você pode dizer, apenas pelo valor de z, que a evidência em favor da hipótese alternativa é muito forte (isto é, o valor P é muito pequeno). Explique por que isso é verdade.

17.30 **Personalidades de gerentes de hotéis.** Gerentes bem-sucedidos de hotéis devem ter características de personalidade estereotipadas como femininas (como "compassivo"), bem como outras consideradas masculinas (como "enérgico"). O *Bem Sex-Role Inventory* (BSRI) é um teste de personalidade que dá escores separados para estereótipos de "mulheres" e "homens", ambos em uma escala de 1 a 7. Embora o BSRI tenha sido desenvolvido em uma época em que esses estereótipos eram mais pronunciados, ainda é largamente usado para avaliar tipos de personalidade. Infelizmente, as classificações são quase sempre referidas como escores de feminilidade e masculinidade.

Uma amostra de 148 homens, gerentes gerais de hotéis de três e quatro estrelas, teve escore médio de feminilidade BSRI $\bar{x} = 5{,}29$.[7] O escore médio para a população masculina geral é $\mu = 5{,}19$. Os gerentes de hotéis, na média, diferem de maneira estatisticamente significante dos homens em geral no escore de feminilidade? Suponha que o desvio-padrão dos escores na população de todos os homens gerentes de hotéis seja o mesmo, $\sigma = 0{,}78$ para a população de homens adultos.

(a) Estabeleça as hipóteses nula e alternativa em termos do escore de feminilidade médio μ para homens gerentes de hotéis.

(b) Encontre a estatística de teste z.

(c) Qual é o valor P para o seu z? O que você conclui sobre os homens gerentes de hotéis?

17.31 **É isto o que P significa?** Um experimento comparativo aleatorizado examinou o efeito do fato de um professor ser atraente sobre o desempenho dos estudantes em um teste dado por ele. Os pesquisadores encontraram uma diferença estatisticamente significante nos escores do teste entre os estudantes em uma classe com um professor classificado como atraente e os estudantes em uma turma com um professor classificado como não atraente ($P = 0{,}005$).[8] Solicitado a explicar o significado de "$P = 0{,}005$", um estudante diz: "isso significa que há apenas uma probabilidade de 0,005 de que a hipótese nula seja verdadeira". Explique o que $P = 0{,}005$ realmente significa, de maneira que fique claro que a explicação do estudante está errada.

17.32 **Como mostrar que você é rico.** Toda sociedade tem suas próprias marcas de riqueza e prestígio. Na China antiga, parece que possuir porcos era uma dessas marcas. A evidência vem do exame de cemitérios. Os crânios de porcos sacrificados tendem a aparecer junto com ornamentos caros, que sugerem que os porcos, como os ornamentos, sinalizavam a riqueza e o prestígio da pessoa enterrada. Um estudo de enterros de cerca de 3.500 a.C. concluiu que "há diferenças gritantes nos bens das sepulturas com crânios de porcos e nos das sepulturas sem eles... Um teste indica que as duas amostras do total de artefatos são diferentes de modo estatisticamente significante no nível de 0,01".[9] Explique claramente por que "diferentes de modo estatisticamente significante no nível de 0,01" fornece boa razão para pensar que, realmente, há uma diferença sistemática entre os enterros que contêm crânios de porcos e os que não os contêm.

17.33 **Aliviando a ansiedade de um teste.** Pesquisa sugere que a pressão para se sair bem pode reduzir o desempenho em exames. Há estratégias eficazes para lidar com a pressão? Em um experimento, os pesquisadores aplicaram aos estudantes um teste de habilidades matemáticas. Os mesmos estudantes foram, então, solicitados a fazer um segundo teste abordando as mesmas habilidades. No entanto, para o segundo teste, os pesquisadores acrescentaram condições com a intenção de aumentar a pressão de se sair bem. Agora, cada estudante foi emparelhado com um parceiro e, apenas se ambos melhorassem seus escores, receberiam uma recompensa monetária por participarem do experimento. Também lhes foi dito que seu desempenho seria gravado e observado por professores e estudantes.

Os estudantes foram, então, divididos em dois grupos. Um grupo serviu de controle. Para ajudá-los a lidar com a pressão, 10 minutos antes do segundo teste pediu-se aos estudantes do segundo grupo que escrevessem, da maneira mais franca, sobre seus pensamentos e sentimentos em relação ao teste. A diferença nos escores do teste (pós-teste e pré-teste) foi calculada. "Os estudantes que expressaram seus pensamentos antes do segundo teste de alta pressão mostraram uma melhora estatisticamente significante na precisão matemática de 5%, do pré-teste ao pós-teste" ($P < 0{,}03$).[10] Um colega que não sabe estatística diz que um aumento de 5% não é muito – e talvez seja apenas um acidente devido à variação natural entre os estudantes. Explique, em linguagem simples, como "$P < 0{,}03$" responde a essa objeção.

17.34 Gênero do professor. No estudo descrito no Exercício 17.33, os pesquisadores examinaram também o efeito do gênero de um professor (suposto ser homem ou mulher) sobre o desempenho de estudantes em um teste. Os pesquisadores não encontraram qualquer evidência de diferença nos escores ($P = 0{,}24$). O valor P se refere à hipótese nula de "nenhuma diferença" nos escores de teste em classes cujos professores eram homens ou mulheres. Explique claramente por que esse valor não fornece evidência de qualquer diferença.

17.35 5% *versus* 1%. Esboce uma curva Normal padrão para a estatística de teste z e marque as áreas sob a curva para mostrar por que um valor de z, que é estatisticamente significante no nível 1% em um teste unilateral, é sempre estatisticamente significante no nível 5%. Se z é estatisticamente significante no nível 5%, o que você pode dizer sobre sua significância no nível 1%?

17.36 A alternativa errada. Pesquisadores estão interessados no efeito de correr 30 minutos por dia sobre o desempenho de alunos de graduação no teste GRE verbal. Eles começam sem qualquer expectativa sobre se os estudantes que correm 30 minutos por dia terão melhor desempenho do que os estudantes do grupo de controle, que seguem seu regime usual de exercícios. Depois de notarem que os estudantes que corriam 30 minutos por dia tendiam a ter escores mais altos no GRE, os pesquisadores decidiram testar uma alternativa unilateral sobre os escores médios de teste GRE verbal,

$$H_0: \mu_{\text{correndo}} = \mu_{\text{controle}}$$
$$H_a: \mu_{\text{correndo}} > \mu_{\text{controle}}$$

Os pesquisadores encontraram $z = 1{,}71$, com valor P unilateral $P = 0{,}0436$.

(a) Explique por que os pesquisadores deveriam ter usado a hipótese alternativa bilateral.

(b) Qual é o valor P correto para $z = 1{,}71$?

17.37 O *P* errado. O relatório de um estudo sobre o uso do cinto de segurança pelos motoristas diz que "Motoristas hispânicos não foram estatisticamente significantemente mais propensos do que os motoristas brancos/não hispânicos a relatar a mais o uso do cinto de segurança (27,4% *vs.* 21,1%, respectivamente; $z = 1{,}33$, $P > 1{,}0$)".[11] Como você sabe que o valor P fornecido está incorreto? Qual é o valor P unilateral correto para a estatística de teste $z = 1{,}33$?

Os Exercícios 17.38 a 17.41 pedem que você responda a questões com base em dados. Suponha que as "condições simples" se verifiquem em cada caso. Os enunciados dos exercícios lhe dão o passo **Estabeleça** *do processo de quatro passos. Em seu trabalho, siga os passos* **Planeje**, **Resolva** *e* **Conclua**, *ilustrados no Exemplo 16.3 para um intervalo de confiança, e no Exemplo 17.7 para um teste de significância.*

17.38 Ruptura da madeira. Qual a carga necessária (libras) para romper pedaços de pinheiro Douglas de 4 polegadas (10,16 cm) de comprimento e 1,5 polegada quadrada (9,6774 cm²)? A seguir, estão os dados de alunos executando um exercício de laboratório: MADEIRA

33.190	31.860	32.590	26.520	33.280
32.320	33.020	32.030	30.460	32.700
23.040	30.930	32.720	33.650	32.340
24.050	30.170	31.300	28.730	31.920

Desejamos considerar as peças de madeira preparadas para a sessão de laboratório como uma AAS de todas as peças similares de pinheiro Douglas. Engenheiros assumem, também, que características de materiais variem Normalmente. Suponha que as forças de peças de madeira como essas sigam uma distribuição Normal, com desvio-padrão de 3 mil libras.

(a) Há evidência estatisticamente significante no nível $\alpha = 0{,}10$ contra a hipótese de que a média seja 32.500 libras para uma alternativa bilateral?

(b) Há evidência estatisticamente significante no nível $\alpha = 0{,}10$ contra a hipótese de que a média seja 31.500 libras para uma alternativa bilateral?

17.39 Perda óssea por mães que amamentam. Conforme discutido no Exercício 16.26, mães que amamentam secretam cálcio em seu leite. Parte do cálcio pode provir de seus ossos e, desse modo, as mães podem sofrer perda mineral óssea. Pesquisadores mediram o percentual de variação do conteúdo mineral da espinha dorsal de 47 mães durante 3 meses de amamentação.[12] A seguir estão os dados: PEROSSEA

−4,7	−2,5	−4,9	−2,7	−0,8	−5,3	−8,3	−2,1	−6,8	−4,3
2,2	−7,8	−3,1	−1,0	−6,5	−1,8	−5,2	−5,7	−7,0	−2,2
−6,5	−1,0	−3,0	−3,6	−5,2	−2,0	−2,1	−5,6	−4,4	−3,3
−4,0	−4,9	−4,7	−3,8	−5,9	−2,5	−0,3	−6,2	−6,8	1,7
0,3	−2,3	0,4	−5,3	0,2	−2,2	−5,1			

Os pesquisadores desejam considerar essas 47 mulheres como uma AAS da população de todas as mães que amamentam. Suponha que a variação percentual nessa população tenha distribuição Normal, com desvio-padrão de $\sigma = 2{,}5\%$. Esses dados fornecem boa evidência de que, na média, as mães que amamentam perdem minerais dos ossos?

17.40 Este vinho cheira mal. Compostos de enxofre causam "odores estranhos" no vinho, de modo que os fabricantes de vinho querem saber o limiar de odor – a menor concentração de um composto que o olfato de um ser humano pode detectar. O limiar de odor de dimetilsulfeto (DMS) em provadores de vinho treinados é de aproximadamente 25 microgramas por litro de vinho (μg/L). Contudo, o olfato de consumidores não treinados pode ser menos sensível. A seguir, apresentamos os limiares de odor de DMS de 10 estudantes não treinados: VINHO

30 30 42 35 22 33 31 29 19 23

Suponha que o limiar de odor para pessoas não treinadas seja Normalmente distribuído, com $\sigma = 7\ \mu g/L$. Há evidência de que o limiar médio de provadores não treinados seja maior do que 25 $\mu g/L$?

17.41 Graxa para os olhos. Atletas que praticam esporte à luz intensa do Sol, em geral, passam graxa preta sob os olhos para reduzir a luminosidade. Essa graxa resolve? Em um estudo, 16 sujeitos estudantes fizeram um teste de sensibilidade ao contraste claro e escuro depois de três horas olhando o Sol brilhante, com e sem a graxa. Esse é um planejamento de dados emparelhados. Se a graxa para os olhos é eficaz, os sujeitos serão mais sensíveis ao contraste quando usam graxa para os olhos. Eis as diferenças na sensibilidade, com graxa para os olhos menos sem graxa para os olhos:[13] PROTOCULAR

0,07	0,64	−0,12	−0,05	−0,18	0,14	−0,16	0,03
0,05	0,02	0,43	0,24	−0,11	0,28	0,05	0,29

RichVintage/iStock

Desejamos saber se, na média, a graxa aumenta a sensibilidade.

(a) Quais são as hipóteses nula e alternativa? Diga, em palavras, a qual média μ suas hipóteses se referem.

(b) Suponha que os sujeitos sejam uma AAS de todas as pessoas jovens com visão normal, que as diferenças de contraste sigam uma distribuição Normal nessa população, e que o desvio-padrão das diferenças seja $\sigma = 0{,}22$. Realize um teste de significância.

17.42 Testes a partir de intervalos de confiança. Um intervalo de confiança para a média populacional μ nos diz quais valores de μ são plausíveis (aqueles no interior do intervalo) e quais valores não são plausíveis (aqueles fora do intervalo) no nível de confiança escolhido. Você pode usar essa ideia para realizar um teste de qualquer hipótese nula H_0: $\mu = \mu_0$, começando com um intervalo de confiança: *rejeite H_0 se μ_0 estiver fora do intervalo e deixe de rejeitar se μ_0 estiver dentro do intervalo.*

A hipótese alternativa é sempre bilateral, H_a: $\mu \neq \mu_0$, porque o intervalo de confiança se estende em ambas as direções a partir de $\bar{x}$. Um intervalo de confiança de 95% leva a um teste no nível de significância de 5%, porque esse intervalo está errado 5% das vezes. De modo geral, o nível de confiança C leva a um teste no nível de significância $\alpha = 1 - C$.

(a) No Exemplo 17.7, um diretor médico encontrou a média de LDL $\bar{x} = 124{,}86$ para uma amostra de 72 executivos. O desvio-padrão do LDL de todos os adultos é $\sigma = 40$. Dê um intervalo de confiança de 90% para o LDL médio μ de todos os executivos nessa companhia, supondo que o desvio-padrão seja o mesmo de todos os adultos.

(b) O valor hipotético $\mu_0 = 130$ está *dentro* do intervalo de confiança. Realize o teste z para H_0: $\mu = 130$ contra a alternativa bilateral. Mostre que o teste *não é estatisticamente significante* no nível de 10%.

(c) O valor hipotético $\mu = 134$ está *fora* desse intervalo de confiança. Realize o teste z para H_0: $\mu = 134$ contra a alternativa bilateral. Mostre que o teste *é estatisticamente significante* no nível de 10%.

17.43 Testes a partir de intervalos de confiança. Famílias cuidadoras de pacientes com doenças crônicas podem experimentar ansiedade. Encontros regulares de grupos de apoio afetam esses sentimentos de ansiedade? É possível que eles reduzam a ansiedade, talvez pelo compartilhamento de experiências com outras famílias cuidadoras em situações semelhantes, ou aumentem a ansiedade, talvez pelo reforço das experiências dolorosas ao recontá-las a outros. Para explorar o efeito de encontros de grupos de apoio, várias famílias cuidadoras foram inscritas em um grupo de apoio. Depois de 3 meses, os pesquisadores administraram um teste para medir a ansiedade, com escores maiores indicando maior ansiedade. Suponha que essas famílias cuidadoras sejam uma amostra aleatória da população de todas as famílias cuidadoras. Um intervalo de confiança de 99% para o escore de ansiedade média populacional μ, depois de participar do grupo de apoio, é $7{,}2 \pm 0{,}9$.[14]

Use o método descrito no exercício anterior para responder a essas questões.

(a) Suponha sabermos que o escore médio de ansiedade para a população de todas as famílias cuidadoras seja 6,2. Com uma alternativa bilateral, você pode rejeitar a hipótese nula de $\mu = 6{,}2$ no nível de significância de 1% ($\alpha = 0{,}01$)? Por quê?

(b) Suponha que saibamos que o escore médio de ansiedade para a população de todas as famílias cuidadoras seja 6,4. Com uma alternativa bilateral, você pode rejeitar a hipótese nula $\mu = 6{,}4$ no nível de significância de 1% ($\alpha = 0{,}01$)? Por quê?

17.44 Testes a partir de intervalos de confiança. O Exemplo 16.3 calcula um intervalo de confiança de 95% para a gorjeta percentual média μ de todos os clientes de um restaurante quando recebem uma mensagem em suas contas indicando que o tempo será bom no dia seguinte. Use esse intervalo de confiança para testar H_0: $\mu = 20$ contra a alternativa bilateral, no nível de significância de 5%.

17.45 Testes a partir de intervalos de confiança. O Exercício 16.6 pede que você calcule um intervalo de confiança de 90% para o verdadeiro ponto de fusão μ de uma amostra de cobre comprada do NIST. Eis as seis medições da mesma amostra de cobre dadas no Exercício 16.6:

1084,55 1084,89 1085,02 1084,79 1084,69 1084,86

Você lê *online* que o ponto de fusão do cobre é 1.084,62°C. Se você ainda não tiver feito isto, calcule o intervalo de confiança e use-o para testar H_0: $\mu = 1.084{,}62$°C contra a alternativa bilateral, no nível de significância de 10%. Use o processo dos quatro passos.

CAPÍTULO

18

Após leitura do capítulo, você será capaz de:

18.1 Ao aplicar os procedimentos de inferência, confirmar se as condições exigidas – especialmente a de que os dados amostrais foram produzidos com o uso da aleatorização – são satisfeitas.

18.2 Ao interpretar intervalos de confiança, reconhecer que a margem de erro cobre apenas erros que acontecem em decorrência do acaso na amostragem aleatória.

18.3 Compreender os fatores que afetam os níveis de significância em testes estatísticos e distinguir entre significância estatística e significância prática.

18.4 Calcular o tamanho amostral exigido para alcançar uma margem de erro desejada em um estudo estatístico.

18.5 Usar os conceitos dos erros Tipo I e Tipo II e o poder de um teste para planejar e interpretar estudos estatísticos.

mheim3011/iStock

Inferência na Prática

Até agora, nos foram apresentados somente dois procedimentos de inferência estatística. Ambos dizem respeito à inferência sobre a média μ de uma população, quando as "condições simples" são verdadeiras: os dados são uma AAS, a população tem distribuição Normal, e conhecemos o desvio-padrão σ da população. Sob essas condições, um intervalo de confiança para a média μ é

$$\bar{x} \pm z^* \frac{\sigma}{\sqrt{n}}$$

em que z^* é o valor crítico exigido para determinado nível de confiança. Para testarmos uma hipótese H_0: $\mu = \mu_0$, usamos a estatística z de uma amostra:

$$z = \frac{\bar{x} - \mu_0}{\sigma/\sqrt{n}}$$

Chamamos esses procedimentos de *procedimentos z* porque ambos começam com a estatística z de uma amostra e usam a distribuição Normal padrão.

Em capítulos posteriores, modificaremos esses procedimentos para inferência sobre uma média populacional para torná-los mais úteis na prática. Introduziremos, também, procedimentos para intervalos de confiança e testes voltados para a maioria das situações que encontramos quando aprendemos a explorar dados. Há bibliotecas – tanto de livros como de *softwares* – repletas de técnicas estatísticas mais elaboradas. O raciocínio usado em intervalos de confiança e em testes é o mesmo, não importa quão elaborados sejam os detalhes do procedimento.

Existe um ditado entre os estatísticos que diz que "teoremas matemáticos são verdadeiros; métodos estatísticos são eficazes quando usados com discernimento". O fato de a estatística z de uma amostra ter distribuição Normal padrão quando a hipótese nula é verdadeira corresponde a um teorema matemático. O uso eficaz de métodos estatísticos requer mais do que o conhecimento de tais fatos. Requer até mais do que compreender o raciocínio subjacente. Este capítulo inicia o processo que ajudará você a desenvolver o discernimento necessário para usar a estatística na prática. Tal processo continuará em exemplos e exercícios no restante deste livro.

18.1 Condições para inferência na prática

Qualquer intervalo de confiança ou teste de significância só é confiável sob condições específicas. Cabe a você entender essas condições e julgar se elas se ajustam ao seu problema. Com isso em mente, vamos examinar novamente as "condições simples" para os procedimentos z para inferência sobre uma média.

Condições simples para inferência sobre uma média

1. Temos uma amostra aleatória simples (AAS) da população de interesse. Não há não resposta ou outra dificuldade prática. A população é grande em comparação com o tamanho da amostra.
2. A variável que medimos tem uma distribuição exatamente Normal $N(\mu, \sigma)$ na população.
3. Não conhecemos a média populacional μ. Mas conhecemos o desvio-padrão populacional σ.

A última das "condições simples" – conhecemos o desvio-padrão σ da população – raramente é satisfeita na prática. Os procedimentos z, portanto, são de pouco uso prático. Felizmente, é fácil remover a condição "σ conhecido". O Capítulo 20 mostra como fazê-lo. A condição de que o tamanho da população seja grande em comparação com o tamanho da amostra é, em geral, fácil de ser verificada e, quando não é satisfeita, há métodos especiais, avançados, para a inferência. As outras "condições simples" (AAS, população Normal) são mais difíceis de serem contornadas. Na verdade, elas representam os tipos de condições necessárias para que confiemos em quase qualquer inferência estatística. Ao planejar inferência, você deve sempre perguntar-se "De onde vieram os dados?" e também deve responder a outra questão, "Qual é a forma da distribuição populacional?" Esse é o ponto em que o conhecimento de fatos matemáticos cede lugar ao julgamento criterioso.

ESTATÍSTICA NO MUNDO REAL

Não toque nas plantas

Sabemos que o confundimento pode distorcer a inferência; no entanto, nem sempre reconhecemos quão fácil é confundir dados. Considere a cientista inocente que visita plantas no campo uma vez por semana para medir seus tamanhos. Para medir as plantas, ela deve tocá-las. Um estudo de seis espécies de plantas descobriu que um toque por semana aumenta significantemente o dano causado à folha por insetos em duas espécies, e diminui significantemente o dano causado à folha por insetos em outras espécies.

De onde vieram os dados? *O requisito mais importante de qualquer procedimento de inferência é que os dados provenham de um processo ao qual se apliquem as leis de probabilidade.* A inferência é mais confiável quando os dados resultam de uma amostra aleatória ou de um experimento comparativo aleatorizado. Amostras aleatórias usam o acaso para escolher os respondentes. Experimentos comparativos aleatorizados usam o acaso para alocar os sujeitos aos tratamentos. O uso deliberado do acaso assegura que as leis da probabilidade se apliquem aos resultados, e isso, por sua vez, assegura que a inferência estatística faça sentido.

A procedência dos dados importa

Ao usar inferência estatística, você age como se seus dados fossem uma amostra aleatória ou provenientes de um experimento comparativo aleatorizado.

Se seus dados não provêm de uma amostra aleatória ou de um experimento comparativo aleatorizado, suas conclusões podem ser questionadas. Para responder a esses questionamentos, você muito frequentemente confiará no conhecimento especializado do assunto, não na estatística. É comum aplicar a inferência estatística a dados que não são produzidos por seleção aleatória. Ao ver um tal estudo, pergunte a si mesmo se é possível confiar nos dados como embasamento para as conclusões do estudo.

EXEMPLO 18.1 O psicólogo e o sociólogo

Uma psicóloga está interessada em saber como nossa percepção visual pode ser enganada por ilusões óticas. Seus sujeitos são alunos da disciplina de Psicologia 101 de sua universidade. A maioria dos psicólogos concordaria que é seguro tratar os alunos como uma AAS de todas as pessoas com visão normal. Não há nada incomum em ser estudante que mude a percepção visual.

Um sociólogo da mesma universidade usa os alunos da disciplina de Sociologia 101 para examinar as atitudes com relação a pessoas pobres e programas de combate à pobreza. Os alunos, como um grupo, são mais jovens do que a população adulta como um todo. Mesmo entre pessoas jovens, os alunos como um grupo provêm de lares mais educados e mais prósperos. Mesmo entre alunos, essa universidade não é típica de todos os *campi*. Mesmo nesse *campus*, os alunos em um curso de sociologia podem ter opiniões bem diferentes daquelas dos alunos de engenharia. O sociólogo não pode, razoavelmente, agir como se esses alunos fossem uma amostra aleatória de qualquer população de interesse.

Nossos primeiros exemplos de inferência, usando procedimentos z, consideram os dados como uma AAS da população de interesse. Examinemos novamente os exemplos dos Capítulos 16 e 17.

EXEMPLO 18.2 É realmente uma AAS?

A pesquisa NHANES, que produziu os dados de IMC para o Exemplo 16.1, usou um planejamento amostral complexo de estágios múltiplos, de modo que é bastante simplista considerar os dados de IMC como provenientes de uma AAS da população de homens jovens.[1] Embora o efeito geral da amostra NHANES seja próximo de uma AAS, estatísticos profissionais usariam procedimentos de inferência mais complexos para melhor adequação ao planejamento mais complexo da amostra.

Os 20 clientes no estudo da gorjeta apresentado no Exemplo 16.3 foram escolhidos, entre aqueles que comiam em um restaurante particular, para receber um de vários tratamentos em comparação com um experimento comparativo aleatorizado. Lembre-se de que cada grupo de tratamento em um experimento comparativo aleatorizado é uma AAS dos sujeitos disponíveis. Às vezes, os pesquisadores agem como se os sujeitos disponíveis fossem uma AAS de alguma população, se não há qualquer coisa de especial sobre a origem dos sujeitos. Em alguns casos, os pesquisadores coletam dados demográficos sobre sujeitos para ajudar a justificar a suposição de que os sujeitos são uma amostra representativa de alguma população. Desejamos considerar os sujeitos como uma AAS de uma população de clientes desse restaurante particular, mas talvez isso deva ser mais explorado. Por exemplo, se o dia em que o estudo foi realizado era especial de algum modo (como Dia dos Namorados ou algum outro feriado), os clientes podem não ser representativos dos que tipicamente comem no restaurante.

O teste do sabor de refrigerante nos Exemplos 17.2 e 17.3 usa os escores de 10 provadores. Todos foram examinados para verificar se não tinham qualquer condição médica que interferisse no paladar normal e, então, foram treinados cuidadosamente para pontuar a doçura usando um conjunto de bebidas padrão. Desejamos considerar seus escores como uma AAS da população de todos os provadores treinados.

O diretor médico que examinou o LDL de executivos no Exemplo 17.7 escolheu, na verdade, uma AAS de registros médicos de todos os executivos de sua companhia.

Esses exemplos são típicos. Um é uma AAS real; dois são situações em que a prática comum é considerar a amostra como uma AAS; e, no exemplo restante, procedimentos que assumem uma AAS são usados para uma análise rápida de dados de uma amostra aleatória mais complexa. *Não há regra simples para decidir quando se pode considerar uma amostra como uma AAS. Preste atenção a estes cuidados:*

- *Problemas práticos, como não resposta em amostras ou desistências em um experimento, podem prejudicar a inferência, mesmo em um estudo bem planejado.* A pesquisa NHANES tem taxa de resposta de cerca de 80%. Isso é muito mais alto do que o obtido em pesquisas de opinião e na maioria de outras pesquisas nacionais, de modo que, por padrões realistas, os dados da NHANES são bastante confiáveis (NHANES usa métodos avançados para tentar corrigir a não resposta, mas esses métodos funcionam melhor quando a resposta já é alta, de início.)
- *Métodos diferentes são necessários para planejamentos diferentes.* Os procedimentos z não são corretos para planejamentos amostrais aleatórios mais complexos do que uma AAS. Em capítulos posteriores, forneceremos métodos para alguns outros planejamentos, mas não discutiremos inferência para planejamentos realmente complexos, tais como aquele usado na pesquisa NHANES. Certifique-se de que você (ou seu consultor estatístico) saiba como executar a inferência adequada ao seu planejamento
- *Não há remédio para falhas fundamentais, como resposta voluntária ou experimentos não controlados.* Reveja os maus exemplos de como obter uma má amostra, nas Seções 8.2 e 9.3 e ignore dados desses estudos.

Qual é a forma da distribuição populacional? A maioria dos procedimentos de inferência estatística exige algumas condições sobre a forma da distribuição populacional. Muitos dos métodos mais básicos de inferência são planejados para populações Normais. É o caso dos procedimentos z e também dos procedimentos mais práticos para inferência sobre médias que encontraremos nos Capítulos 20 e 21. Felizmente, essa condição é menos essencial do que a procedência dos dados.

Isso é verdade porque os procedimentos z e muitos outros procedimentos planejados para distribuições Normais se baseiam na Normalidade da distribuição da média amostral $\bar{x}$, e não na Normalidade das observações individuais. O teorema limite central nos diz que a distribuição amostral de $\bar{x}$ é mais Normal do que as observações individuais, e que a distribuição amostral de $\bar{x}$ se torna mais Normal à medida que o tamanho da amostra aumenta. Na prática, os procedimentos z são razoavelmente precisos para qualquer distribuição razoavelmente simétrica, até mesmo para amostras de tamanhos moderados. Se a amostra for grande, a distribuição amostral de $\bar{x}$ terá distribuição aproximadamente Normal, mesmo que as medidas individuais sejam fortemente assimétricas, como ilustram as Figuras 15.4 e 15.5. Capítulos posteriores fornecem diretrizes práticas para procedimentos inferenciais específicos.

ESTATÍSTICA NO MUNDO REAL

Números realmente errados

Por enquanto, sabemos que "estatísticas" que não provêm de estudos adequadamente planejados são, em geral, dúbias e, algumas vezes, manipuladas. É raro encontrarmos números errados que qualquer pessoa pode ver que são errados, mas acontece. Um físico alemão afirmou que 2006 era o primeiro ano, desde 1441, com mais de uma sexta-feira 13. Sentimos muito: sexta-feira 13 ocorreu em fevereiro e agosto de 2004, que é mais recente do que 1441.

Há uma importante exceção ao princípio de que a forma da população seja menos crítica do que a procedência dos dados. Valores atípicos podem distorcer os resultados da inferência. *Qualquer procedimento de inferência que se baseie em* *estatísticas amostrais, como a média amostral $\bar{x}$, que não são resistentes a valores atípicos, pode ser fortemente influenciado por algumas poucas observações extremas.*

Raramente sabemos a forma da distribuição populacional. Na prática, apoiamo-nos em estudos prévios e na análise de dados. Algumas vezes, longa experiência sugere que nossos dados sejam, ou não, provenientes de uma distribuição razoavelmente Normal. Por exemplo, alturas de pessoas de mesmo gênero e idades similares são próximas da Normal, mas os pesos não o são. Sempre explore seus dados antes de fazer inferência. Quando os dados são escolhidos aleatoriamente de uma população, a forma da distribuição dos dados se parece com a forma da distribuição populacional. Faça um diagrama de ramo e folhas ou um histograma de seus dados e verifique se a forma é razoavelmente Normal. Lembre-se de que amostras pequenas têm muita variação em razão do acaso, de modo que é difícil julgar a Normalidade a partir de poucas observações. Procure sempre por valores atípicos e tente corrigi-los ou justificar sua remoção, antes de realizar os procedimentos z ou outra inferência com base em estatísticas como $\bar{x}$, que não são resistentes.

Quando ocorre a presença de valores atípicos, ou os dados sugerem que a população seja fortemente não Normal, considere métodos alternativos que não exijam a Normalidade e não sejam sensíveis a valores atípicos. Alguns desses métodos aparecem no Capítulo 28 (disponível *online*).

APLIQUE SEU CONHECIMENTO

18.1 Classifique esse produto. Um *site* de compras *online* pede que os clientes classifiquem os produtos que compram em uma escala de 1 (não gosto fortemente) a 5 (gosto fortemente). O convite para a classificação de uma compra recente é enviado aos clientes uma semana depois da compra, e os clientes podem escolher ignorar o convite. Qual das seguintes é a razão mais importante para que um intervalo de confiança, com base nos dados de tais classificações, seja de pouca utilidade para a classificação média de todos os clientes que compraram um produto particular. Comente brevemente cada razão para explicar sua resposta.

(a) Para alguns produtos, o número de clientes que os compram é pequeno, de modo que a margem de erro será grande.

(b) Muitos dos clientes podem não ler seus *e-mails* ou podem ter um filtro de *spam* que identifica incorretamente o *e-mail* que pede a classificação como *spam*.

(c) Os clientes que fornecem classificações não podem ser considerados uma amostra aleatória da população de todos os clientes que compram um produto particular.

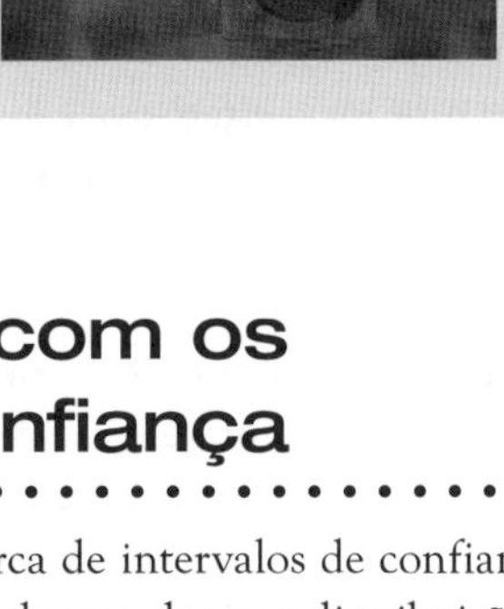
gyname/iStock

18.2 Ultrapassando o sinal vermelho. Uma pesquisa com motoristas habilitados fez perguntas acerca da ultrapassagem do sinal vermelho. Uma das perguntas era "De cada 10 motoristas que ultrapassam o sinal vermelho, cerca de quantos você acha que serão flagrados?" O resultado médio para 880 respondentes foi $\bar{x} = 1{,}92$ e o desvio-padrão $s = 1{,}83$.[2] Para uma amostra desse tamanho, s estará próximo do desvio-padrão da população σ; então, suponha que sabemos que $\sigma = 1{,}83$.

(a) Forneça um intervalo de confiança de 95% para a opinião média da população de todos os motoristas habilitados.

(b) A distribuição das respostas é assimétrica à direita, em vez de Normal. Isso não afetará intensamente o intervalo de confiança z para essa amostra. Por que não?

(c) Os 880 respondentes são uma AAS das ligações completadas entre 45.956 ligações para telefones residenciais selecionados aleatoriamente no catálogo telefônico. Apenas 5.029 das chamadas foram completadas. Essa informação fornece duas razões para suspeitar que a amostra, talvez, não represente todos os motoristas habilitados. Quais são essas razões?

18.3 Amostragem de clientes. Um repórter de uma estação local de televisão visita o novo centro de compras de luxo da cidade, um dia antes do Natal, para entrevistar clientes. Ele entrevista os 25 primeiros clientes que ele encontra fora de uma das lojas de departamentos no centro de compras. Ele pergunta aos clientes se o sentimento geral deles sobre as compras de Natal é positivo, neutro ou negativo. Sugira algumas razões pelas quais pode ser arriscado agir como se os primeiros 25 clientes nesse local particular fossem uma AAS de todos os clientes na cidade.

18.2 Cuidados com os intervalos de confiança

A precaução mais importante acerca de intervalos de confiança, em geral, é uma consequência do uso de uma distribuição amostral. Uma distribuição amostral revela como uma estatística, como $\bar{x}$, varia em amostras repetidas. Essa variação gera *erro amostral aleatório*, porque a estatística erra o verdadeiro parâmetro por uma quantidade aleatória. Nenhuma outra fonte de variação ou viés nos dados amostrais influencia a distribuição amostral. Logo, *a margem de erro em um intervalo de confiança também ignora tudo, menos a variação de amostra para amostra devido à seleção aleatória da amostra.*

A margem de erro não cobre todos os erros

A margem de erro em um intervalo de confiança cobre apenas erros de amostragem aleatória. Dificuldades práticas, como subcobertura e não resposta, são, muitas vezes, mais sérias do que os erros de amostragem aleatória. A margem de erro não leva em consideração essas dificuldades.

Lembre-se, do Capítulo 8, de que pesquisas de opinião nacionais têm taxa de resposta menor do que 50%, e que mesmo pequenas mudanças na redação das questões podem influenciar fortemente os resultados. Nesses casos, a margem de erro relatada é, de maneira não realista, pequena. E, naturalmente, não há como associar uma margem de erro significativa a resultados provenientes de resposta voluntária ou amostras de conveniência, pois não há seleção aleatória. Observe cuidadosamente os detalhes de um estudo antes de acreditar no intervalo de confiança.

APLIQUE SEU CONHECIMENTO

18.4 Qual é o seu peso? Uma pesquisa Gallup de 2019 pediu a uma amostra aleatória nacional de 507 homens adultos que eles fornecessem seus pesos atuais. O peso médio na amostra foi $\bar{x} = 196$. Vamos considerar esses dados como uma AAS proveniente de uma população Normalmente distribuída, com desvio-padrão $\sigma = 35$.

(a) Dê um intervalo de confiança de 95% para o peso médio de homens adultos, com base nesses dados.

(b) Você confia no intervalo de confiança que calculou na parte (a) como sendo de 95% um intervalo de confiança para o peso médio de todos os homens adultos americanos? Por que sim ou por que não?

18.5 Tempo bom, gorjetas boas? O Exemplo 16.3 descreveu um experimento que explorava o tamanho da gorjeta em um restaurante particular, quando se escrevia na conta do cliente uma mensagem de tempo bom no dia seguinte. Você trabalha em tempo parcial em um restaurante como garçom. Você lê em um jornal um artigo sobre o estudo, que relata que, com 95% de confiança, a gorjeta percentual média de clientes de restaurantes estará entre 21,33 e 23,09 quando o garçom escreve uma mensagem, na conta, que afirma que o tempo será bom no dia seguinte. Você pode concluir que, se passar a escrever mensagens nas contas dos clientes de que o tempo será bom no dia seguinte, em aproximadamente 95% dos dias em que você trabalhar sua gorjeta percentual média ficará entre 21,33 e 23,09? Por que sim ou por que não?

18.6 Tamanho amostral e margem de erro. O Exemplo 16.1 descreveu dados da NHANES sobre o índice de massa corporal (IMC) de 936 homens jovens. O IMC médio na amostra foi $\bar{x} = 27{,}2$ kg/m^2. Consideramos esses dados como uma AAS de uma população Normalmente distribuída, com desvio-padrão $\sigma = 11{,}6$.

(a) Suponha que tenhamos uma AAS de apenas 100 homens jovens. Qual seria a margem de erro para 95% de confiança?

(b) Encontre as margens de erro de 95% de confiança com base em AASs de 400 homens jovens e 1.600 homens jovens.

(c) Compare as três margens de erro. Como o aumento do tamanho amostral muda a margem de erro de um intervalo de confiança, quando o nível de confiança e o desvio-padrão populacional permanecem os mesmos?

18.7 Você toma refrigerantes? Uma pesquisa do Gallup de julho de 2015 perguntou a uma amostra nacional de adultos com 18 anos ou mais se eles ativamente evitavam beber refrigerantes. Dos amostrados, 61% indicaram que eles evitavam. O Gallup anunciou a margem de erro da pesquisa para 95% de confiança como ±4 pontos percentuais. Quais das seguintes fontes estão incluídas na margem de erro?

(a) O Gallup discou números de telefones fixos aleatoriamente e, assim, omitiu todas as pessoas sem telefone fixo, inclusive pessoas cujo único telefone é celular.

(b) Algumas pessoas cujos números foram escolhidos nunca responderam às várias chamadas ou se recusaram a participar da pesquisa.

(c) Há uma variação devida ao acaso na seleção aleatória de números de telefone.

18.3 Cuidados com os testes de significância

Testes de significância são amplamente utilizados na maioria das áreas do trabalho estatístico. Novos produtos farmacêuticos exigem evidência significante de eficácia e segurança. Tribunais inquirem sobre a significância estatística nas audiências de casos de discriminação em ações de classe. Pesquisadores de mercado desejam saber se o desenho de uma nova embalagem aumentará significantemente as vendas. Pesquisadores médicos querem saber se uma nova terapia funciona significantemente melhor. Em todos esses usos, a significância estatística é avaliada, pois indica um efeito pouco provável de ocorrer simplesmente pelo acaso. Eis alguns pontos que não podemos esquecer no uso ou interpretação de testes de significância.

Quão pequeno deve ser *P* para ser convincente? O propósito de um teste de significância é descrever o grau de evidência contra a hipótese nula fornecida pela amostra. O valor *P* faz isso. Mas quão pequeno deve ser um valor *P* para ser uma evidência convincente contra a hipótese nula? Isso depende principalmente de duas circunstâncias:

- *Quão plausível é H_0?* Se H_0 for uma suposição na qual as pessoas a serem convencidas acreditam há anos, será necessária uma forte evidência (P pequeno) para persuadi-las
- *Quais são as consequências de rejeitar H_0?* Se a rejeição de H_0 em favor de H_a significa fazer uma troca dispendiosa de um tipo de embalagem de produto por outro, você precisa de uma forte evidência de que a nova embalagem impulsionará as vendas.

Esses critérios são um pouco subjetivos. Pessoas diferentes, muitas vezes, insistirão em níveis de significância distintos em situações similares ou idênticas. O conhecimento do valor P permite a cada um decidir individualmente se a evidência é suficientemente forte.

Os usuários da estatística, com frequência, destacam níveis de significância padrão, como 10, 5 e 1%. Essa ênfase reflete o tempo em que tabelas de valores críticos dominavam a prática estatística, em vez de programas de computadores. O nível de 5% ($\alpha = 0{,}05$) é particularmente comum. *Não há uma fronteira exata entre "significante" e "não significante"; há apenas evidência cada vez mais forte à medida que o valor P decresce. Não há uma distinção prática entre os valores P de 0,049 e 0,051. Não faz sentido tratar $P \leq 0{,}05$ como uma regra universal para o que seja significante.*

No entanto, existem situações em que significância no nível de 5% é considerada uma referência estrita. Por exemplo, os tribunais tendiam a aceitar 5% como o padrão em casos de discriminação.[3] Alguns periódicos tratam 5% como necessário à demonstração da significância de resultados de pesquisa. Agências reguladoras têm usado 5% como uma regra para a declaração de significância de uma descoberta.[4]

Significância depende da hipótese alternativa. Você deve ter notado que o valor P para o teste unilateral é metade do valor P para o teste bilateral da mesma hipótese nula e com base nos mesmos dados. O valor P bilateral combina duas áreas iguais, uma em cada cauda da curva Normal. O valor P unilateral é apenas uma dessas áreas, na direção especificada pela hipótese alternativa. Faz sentido que a evidência contra H_0 seja mais forte quando a alternativa é unilateral, porque ela se baseia nos dados *mais* a informação sobre a direção de possíveis afastamentos de H_0 – a informação ou razão que levou o pesquisador a escolher o teste unilateral antes da coleta de dados. Se você não tem essa informação, use sempre uma hipótese alternativa bilateral.

Significância depende do tamanho amostral. Uma pesquisa amostral revela que significantemente menos estudantes são bebedores pesados nas faculdades que proibiram o álcool no *campus*. "Significantemente menos" não é informação suficiente para decidir se há uma diferença *importante* no comportamento relativo a bebidas nas escolas que proibiram o álcool. *A importância de um efeito depende do tamanho do efeito bem como de sua significância estatística.* Se o número de bebedores pesados é apenas 1% menor nas escolas que proibiram o álcool do que nas outras escolas, esse não é um efeito importante, mesmo que seja estatisticamente significante. (Considere se você descreveria 1% como "significantemente" menos ao conversar com um amigo.) De fato, a pesquisa amostral revelou que 38% dos estudantes de faculdades que proibiram o álcool são "bebedores pesados eventuais", comparados com 48% em outras faculdades.[5] Essa diferença é grande o bastante para ser importante. (Naturalmente, esse estudo observacional não prova que a proibição do álcool diretamente reduza a bebida; pode ser que as faculdades que proíbem o álcool atraiam mais estudantes que não querem beber muito.)

ESTATÍSTICA NO MUNDO REAL

Os testes devem ser banidos?

Os testes de significância não nos dizem quão grande ou quão importante é um efeito. Pesquisa em psicologia tem enfatizado esses testes, mas algumas pessoas acham que seu uso deveria ser banido devido a suas fragilidades. A American Psychological Association pediu a um grupo de especialistas para considerar o problema. Eles disseram "Use qualquer coisa que jogue luz sobre seu estudo. Use mais análise de dados e intervalos de confiança". Disseram também: "a força-tarefa não apoia qualquer ação que possa ser interpretada como banimento do uso da testagem da significância de hipótese nula ou do valor P em pesquisas e publicações psicológicas".

Esses exemplos nos lembram de sempre observar o tamanho de um efeito (como 38% *versus* 48%), bem como sua significância. Eles também levantam uma questão: pode um pequeno efeito ser de fato altamente significante? Sim. O comportamento da estatística de teste z é típico. A estatística é

$$z = \frac{\bar{x} - \mu_0}{\sigma/\sqrt{n}}$$

O numerador mede quanto a média amostral se afasta da média da hipótese μ_0. Valores maiores no numerador apresentam evidência mais forte contra H_0: $\mu = \mu_0$. O denominador é o desvio-padrão de $\bar{x}$. Ele mede quanta variação aleatória esperamos. Há menos variação quando o número de observações n é grande. Assim, z se torna maior (mais significante) quando o efeito estimado $\bar{x} - \mu_0$ se torna maior *ou* quando o número de observações n aumenta. A significância depende do tamanho do efeito observado *e* do tamanho da amostra. A compreensão desse fato é essencial para o entendimento dos testes de significância.

Tamanho amostral afeta a significância estatística

Como grandes amostras aleatórias têm pequena variação do acaso, os efeitos populacionais muito pequenos podem ser altamente significantes se a amostra for grande.

Como amostras aleatórias pequenas têm muita variação do acaso, mesmo efeitos populacionais grandes podem deixar de ser significantes se a amostra for pequena.

Significância estatística não nos diz se um efeito é grande o bastante para ser importante. Isto é, *significância estatística não é a mesma coisa que significância prática.*

Tenha em mente que "significância estatística" quer dizer que "a amostra exibiu um efeito maior do que em geral ocorreria apenas por acaso". A extensão da variação do acaso muda com o tamanho da amostra, de modo que o tamanho da amostra importa muito. O Exercício 18.9 demonstra, em detalhe, como o aumento do tamanho amostral diminui o valor P. A seguir, outro exemplo.

EXEMPLO 18.3 É significante. Ou não. E daí?

Estamos testando a hipótese de nenhuma correlação entre duas variáveis. (Discutiremos como fazer isso no Capítulo 26.) Com mil observações, uma correlação observada de apenas $r = 0{,}08$ é uma evidência significante no nível 1% de que a correlação na população não é zero e sim positiva. *O valor P pequeno não significa que haja uma forte associação, apenas que há forte evidência de alguma associação.* A verdadeira correlação da população é, provavelmente, muito próxima do valor amostral observado, $r = 0{,}08$. Seria possível, então, concluir que, para fins práticos, podemos ignorar a associação entre essas variáveis, mesmo estando confiantes (no nível 1%) de que a correlação é positiva.

Por outro lado, se tivéssemos apenas 10 observações, uma correlação de $r = 0{,}5$ não é significantemente maior do que zero no nível 5%. Amostras pequenas variam tanto que é necessário um r grande para que tenhamos confiança em que não estamos vendo apenas variação do acaso. Assim, uma amostra pequena sempre ficará abaixo da significância, mesmo que a verdadeira correlação populacional seja grande.

Na conversação normal, "significante" e "importante" são tratados como sinônimos. Como a frase "estatisticamente significante" pode ser mal interpretada como se implicasse "importância prática", alguns autores propuseram substituir o termo *significância estatística.*

Cuidado com as análises múltiplas. Significância estatística deve indicar que você encontrou um efeito que estava procurando. O raciocínio que fundamenta a significância estatística funciona bem se você decide qual efeito está procurando, planeja um estudo para procurá-lo e usa um teste de significância para ponderar a evidência obtida. Em contextos diferentes, significância pode ter pouco significado.

EXEMPLO 18.4 Telefones celulares e câncer no cérebro

A radiação dos telefones celulares pode ser prejudicial aos usuários? Muitos estudos encontraram pouca ou até mesmo nenhuma conexão entre o uso de telefones celulares e diversas doenças. A seguir, está parte de um relato de um desses estudos:

> Um estudo hospitalar, que comparou pacientes com câncer no cérebro e um grupo similar sem câncer no cérebro, não encontrou associação estatisticamente significante entre o uso de telefones celulares e um tipo de câncer no cérebro conhecido como glioma. Porém, quando 20 tipos de glioma foram estudados separadamente, foi encontrada uma associação entre o uso de celular e uma forma rara da doença. Enigmaticamente, contudo, esse risco parecia diminuir em vez de aumentar com a maior frequência do uso do telefone celular.[6]

PeopleImages/iStock

Suponha que as 20 hipóteses nulas (nenhuma associação) para esses 20 testes de significância sejam todas verdadeiras. Então, cada teste tem uma chance de 5% de ser significante no nível 5%. Isso é o que $\alpha = 0{,}05$ significa: resultados tão extremos ocorrem somente 5% das vezes apenas ao acaso, quando a hipótese nula é verdadeira. Como 5% são 1/20, esperamos que cerca de 1, entre 20 testes, forneça, apenas devido ao acaso, um resultado significante. Isto é o que o estudo observou.

Conduzir um teste e alcançar o nível de significância de 5% é uma evidência razoavelmente boa de que você encontrou algo. Conduzir 20 testes e alcançar esse nível apenas uma vez não corresponde a uma boa evidência. O cuidado em relação a análises múltiplas se aplica a intervalos de confiança também. Um único intervalo de confiança de 95% tem probabilidade de 0,95 de conter o verdadeiro parâmetro cada vez que você usá-lo. A probabilidade de que todos os 20 intervalos contenham seus parâmetros é muito menor do que 95%. Se você acha que testes ou intervalos múltiplos podem ter descoberto um efeito importante, você precisa reunir mais dados para fazer inferência sobre aquele efeito específico.

EXEMPLO 18.5 Viés de publicação

Um exemplo sutil de análises múltiplas é o *viés de publicação.* Suponha que 20 pesquisadores estejam, independentemente, estudando a eficácia de uma nova terapia para o tratamento de uma doença. Para publicar suas descobertas, os pesquisadores devem demonstrar que a nova terapia é eficaz no nível de significância de 0,05. Um dos pesquisadores obtém resultados estatisticamente significantes, mas os outros 19 não. O único pesquisador que obteve resultados estatisticamente significantes publica suas descobertas. Nada ficamos sabendo sobre os 19 pesquisadores que deixaram de encontrar significância estatística. Se soubéssemos que apenas um dos 20 pesquisadores obteve significância estatística no nível de 0,05, poderíamos suspeitar que os resultados desse único pesquisador são devidos ao acaso mais do que ao real efeito do tratamento. Se não sabemos dos 19 estudos que deixaram de encontrar um efeito do tratamento, seremos "viesados" na direção de tratarmos as descobertas do único estudo publicado com mais importância do que ele merece. Esse é o viés de publicação. A solução é encorajar a replicação das descobertas com estudos adicionais.

APLIQUE SEU CONHECIMENTO

18.8 É significante? Na ausência de preparação especial, os escores de matemática do teste SAT (SATM), em 2019, variaram Normalmente, com média $\mu = 528$ e $\sigma = 117$. Cinquenta alunos são submetidos a um rigoroso programa de treinamento, planejado para elevar seus escores no SATM com a melhoria de suas habilidades matemáticas. À mão ou com o auxílio do *applet* P-Value of a Test of Significance (conteúdo em inglês), execute um teste de

applet

$$H_0: \mu = 528$$
$$H_a: \mu > 528$$

(com $\sigma = 117$), em cada uma das seguintes situações:

(a) O escore médio dos alunos é $\bar{x} = 555$. Esse resultado é significante no nível de 5%?

(b) O escore médio é $\bar{x} = 556$. Esse resultado é significante no nível de 5%?

A diferença entre os dois resultados em (a) e (b) não tem qualquer importância prática. Cuidado com tentativas de tratar $\alpha = 0{,}05$ como sagrado.

18.9 Detecção de chuva ácida. Emissões de dióxido de enxofre pela indústria causam mudanças químicas na atmosfera que resultam na chuva ácida. A acidez de líquidos é medida pelo seu pH, em uma escala de 0 a 14. Água destilada tem pH 7,0 e valores de pH mais baixos indicam acidez. A chuva normal é um pouco ácida, de modo que chuva ácida é, algumas vezes, definida como chuva com pH abaixo de 5,0. Suponha que medições do pH da chuva em dias diferentes em uma floresta no Canadá sigam uma distribuição Normal, com desvio-padrão $\sigma = 0{,}6$. Uma amostra de n dias encontra que o pH médio é $\bar{x} = 4{,}8$. Isso é boa evidência de que o pH médio μ para todos os dias chuvosos seja menor do que 5,0? A resposta depende do tamanho da amostra.

applet

À mão ou com o uso do *applet* P-Value of a Test of Significance, realize quatro testes de

$$H_0: \mu = 5{,}0$$
$$H_a: \mu < 5{,}0$$

Use $\sigma = 0{,}6$ e $\bar{x} = 4{,}8$ em todos os quatro testes. Mas use quatro tamanhos amostrais diferentes: $n = 9$, $n = 16$, $n = 36$ e $n = 64$.

(a) Quais os valores P para os quatro testes? *O valor P do mesmo resultado $\bar{x} = 4{,}8$ se torna menor (mais significante) à medida que o tamanho amostral aumenta.*

(b) Para cada teste, esboce a curva Normal para a distribuição amostral de $\bar{x}$ quando H_0 é verdadeira. Essa curva tem média 5,0 e desvio-padrão $0{,}6/\sqrt{n}$. Marque o valor observado $\bar{x} = 4{,}8$ em cada curva. (Se você usar o *applet*, você pode apenas copiar as curvas apresentadas pelo *applet*.) *O mesmo resultado $\bar{x} = 4{,}8$ se torna mais extremo na distribuição amostral à medida que o tamanho amostral aumenta.*

18.10 Ajuda dos intervalos de confiança. Dê um intervalo de confiança de 95% para o pH médio μ para cada tamanho amostral no exercício anterior. Os intervalos, diferentemente dos valores P, fornecem uma imagem clara de quais valores médios de pH são plausíveis para cada amostra.

18.11 Procurando por PES. Um pesquisador, procurando evidência de percepção extrassensorial (PES), testa mil sujeitos. Desses sujeitos, 43 se saem significantemente melhor ($P < 0{,}05$) do que em adivinhação aleatória.

(a) Quarenta e três parece muitas pessoas, mas você não pode concluir que essas 43 pessoas tenham PES. Por que não?

(b) O que o pesquisador deve fazer agora para testar se algum desses 43 sujeitos tem PES?

18.4 Planejamento de estudos: tamanho amostral para intervalos de confiança

Um usuário experiente de estatística nunca planeja uma amostra ou um experimento sem, ao mesmo tempo, planejar a inferência. O número de observações é uma parte crítica do planejamento de um estudo. Amostras maiores apresentam margens de erro menores para os intervalos de confiança e tornam os testes de significância mais capazes de detectar efeitos na população. Porém, fazer muitas observações custa tempo e dinheiro. Quantas observações são o bastante? Analisaremos essa questão, primeiro para intervalos de confiança e depois para testes. O planejamento de um intervalo de confiança é muito mais simples do que o de um teste. É também mais útil, porque a estimação é, em geral, mais informativa do que um teste. A seção sobre planejamento de testes é, portanto, opcional.

Você pode arranjar para ter tanto alta confiança quanto uma pequena margem de erro, tomando observações suficientes. A margem de erro do intervalo de confiança z para a média de uma população Normalmente distribuída é $m = z^* \sigma/\sqrt{n}$. *Note que é o tamanho da amostra que determina a margem de erro para um dado nível de confiança. O tamanho da população não influencia a margem de erro; portanto, o tamanho amostral é o que precisamos.* (Isso é verdade desde que a população seja bem maior do que a amostra.)

Para obter uma margem de erro desejada, m, substitua o valor de z^* para seu nível de confiança desejado e resolva em relação ao tamanho amostral n. A seguir, o resultado.

Tamanho da amostra para uma margem de erro desejada

Para estimar a média de uma população Normal usando um intervalo de confiança z com dada margem de erro m e um nível de confiança especificado, o tamanho da amostra n deve ser

$$n = \left(\frac{z^*\sigma}{m}\right)^2$$

em que z^* é o valor crítico para o nível de confiança desejado. Sempre arredonde n para o próximo inteiro acima quando usar essa fórmula.

EXEMPLO 18.6 Quantas observações?

No Exemplo 16.3, psicólogos registraram o tamanho das gorjetas de 20 clientes em um restaurante, quando se escrevia, em sua conta, uma mensagem anunciando tempo bom para o dia seguinte. Sabemos que o desvio-padrão populacional é $\sigma = 2$. Desejamos estimar a gorjeta percentual média μ para clientes desse restaurante que recebem essa mensagem em suas contas, dentro de ±0,5, com 90% de confiança. Quantos clientes devem ser observados?

A margem de erro desejada é $m = 0,5$. Para 90% de confiança, a Tabela C fornece $z^* = 1,645$. Portanto,

$$n = \left(\frac{z^*\sigma}{m}\right)^2 = \left(\frac{1,645 \times 2}{0,5}\right)^2 = 43,3$$

Como 43 clientes dão uma margem de erro ligeiramente maior do que a desejada, e 44 clientes, uma margem de erro ligeiramente menor, devemos observar 44 clientes. *Sempre arredonde para o maior inteiro mais próximo ao determinar n.*

APLIQUE SEU CONHECIMENTO

18.12 Índice de massa corporal de homens jovens. O Exemplo 16.1 supôs que o índice de massa corporal (IMC) de todos os homens jovens americanos segue uma distribuição Normal, com desvio-padrão $\sigma = 11,6$ kg/m^2. Qual o tamanho necessário da amostra para se estimar o IMC médio μ nessa população dentro de ±1, com 95% de confiança?

18.13 Habilidades numéricas de alunos do oitavo ano. Suponha que os escores na parte de matemática do teste National Assessment of Educational Progress (NAEP), para alunos do oitavo ano, sigam uma distribuição Normal, com desvio-padrão $\sigma = 40$. Você deseja estimar o escore médio dentro de ±1, com 90% de confiança. Qual tamanho de uma AAS de escores você deve escolher?

18.5 Planejamento de estudos: o poder de um teste estatístico de significância*

Qual o tamanho da amostra que devemos extrair quando planejamos realizar um teste de significância? Sabemos que, se nossa amostra for muito pequena, mesmo grandes efeitos na população, em geral, deixarão de dar resultados estatisticamente significantes. Eis as questões a que devemos responder para decidir quantas observações serão necessárias:

Nível de significância. Quanta proteção desejamos contra a obtenção de um resultado significante a partir de nossa amostra quando, na realidade, não há qualquer efeito na população?

Tamanho do efeito. Qual o tamanho de um efeito na população para ser importante na prática?

Tamanho do efeito

O **tamanho do efeito** é a magnitude do efeito na população.

Poder. Quão confiantes queremos estar de que nosso estudo detectará um efeito do tamanho que consideramos importante?

Nível de significância, tamanho do efeito, e poder são abreviações estatísticas para três peças de informação. *Poder* é uma nova ideia.

*Cálculos de poder são importantes no planejamento de estudos, mas este material mais avançado não é necessário para a leitura do restante do livro.

EXEMPLO 18.7 Adoçante de refrigerantes: planejamento de um estudo

Vamos ilustrar respostas típicas às questões que acabamos de colocar, olhando novamente o exemplo do teste de um novo refrigerante em relação à perda de doçura na armazenagem (Exemplo 17.2). Dez provadores treinados classificam a doçura em uma escala de 10 pontos, antes e depois do armazenamento. A diferença nos escores antes e depois representa o julgamento de cada provador sobre a perda de doçura, com a diferença de 0 significando nenhuma perda. Pela experiência, sabemos que os escores da perda de doçura variam de provador para provador de acordo com uma distribuição Normal, com desvio-padrão de cerca de $\sigma = 1$. Para verificar se o teste do sabor fornece razão para pensar que o refrigerante realmente perde doçura, testaremos

$$H_0: \mu = 0$$
$$H_a: \mu > 0$$

Dez provadores são suficientes ou devemos usar mais?

Nível de significância. A exigência de significância no nível de 5% é proteção suficiente contra a afirmativa de que há uma perda de doçura quando, de fato, não há qualquer mudança, se pudéssemos olhar para toda a população. Isso significa que, quando não há mudança na doçura na população, uma em 20 amostras de provadores encontrará, erroneamente, uma perda significante.

Tamanho do efeito. Uma perda média de doçura de 0,8 ponto na escala de 10 pontos será notada pelos consumidores e, assim, é importante na prática.

Poder. Desejamos estar 90% confiantes de que nosso teste detectará uma perda média de 0,8 ponto na população de todos os provadores. Concordamos em usar significância no nível de 5% como nosso padrão para detectar um efeito. Portanto, desejamos uma probabilidade de, pelo menos, 0,9 de que um teste no nível $\alpha = 0{,}05$ rejeite a hipótese nula H_0: $\mu = 0$ quando a verdadeira média populacional é $\mu = 0{,}8$.

A probabilidade de o teste detectar, com sucesso, uma perda de doçura do tamanho especificado é o *poder* do teste. Você pode considerar testes com alto poder como altamente sensíveis a afastamentos em relação à hipótese nula. No Exemplo 18.6, decidimos por um poder de 90%, quando a verdade sobre a população é que $\mu = 0{,}8$.

Para a maioria dos testes estatísticos, o cálculo do poder é trabalho para um amplo pacote estatístico. O cálculo do poder para o teste z é mais fácil do que para a maioria dos testes estatísticos, mas, mesmo assim, vamos omitir os detalhes. Os dois exemplos que seguem ilustram duas abordagens: um *applet* que mostra o significado do poder e um programa estatístico.

Poder

O **poder** de um teste contra uma alternativa específica é a probabilidade de o teste rejeitar H_0 em determinado nível de significância α, quando o valor alternativo especificado do parâmetro é verdadeiro.

EXEMPLO 18.8 Cálculo do poder com o uso de um *applet*

applet

A determinação do poder de um teste z é menos desafiadora do que a maioria dos outros cálculos de poder, porque requer apenas um cálculo de probabilidade de uma distribuição Normal. O *applet* Statistical Power (conteúdo em inglês) faz isso e ilustra o cálculo com curvas Normais. Introduza a informação do Exemplo 18.7 no *applet*: hipóteses, nível de significância $\alpha = 0{,}05$, valor alternativo $\mu = 0{,}8$, desvio-padrão $\sigma = 1$ e o tamanho amostral $n = 10$. Clique em "Update". A saída do *applet* aparece na Figura 18.1.

O poder do teste contra a alternativa específica $\mu = 0{,}8$ é 0,812. Isto é, o teste rejeitará H_0 cerca de 81% das vezes, quando essa alternativa for verdadeira. Assim, 10 observações não são suficientes para dar um poder de 90%.

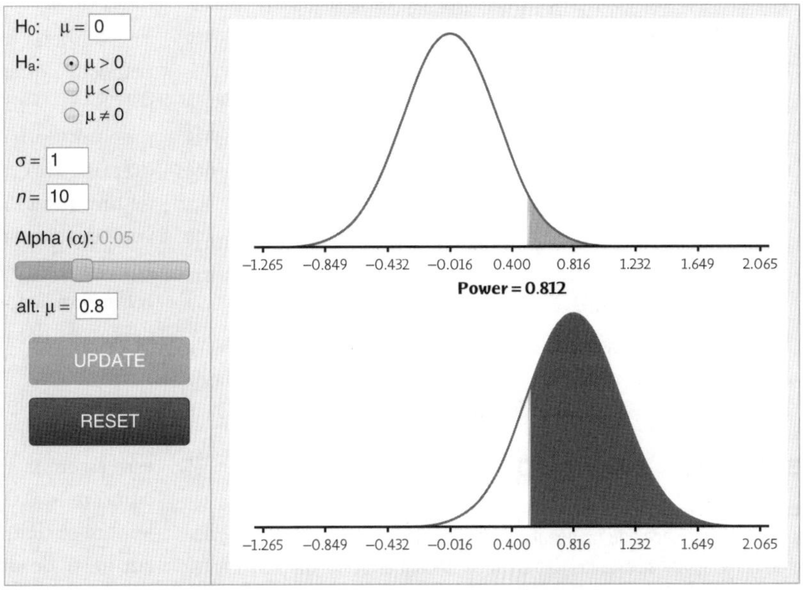

FIGURA 18.1
Saída do *applet* Statistical Power para o Exemplo 18.8 (conteúdo em inglês), juntamente com a informação introduzida no *applet*. A curva de cima mostra o comportamento de $\bar{x}$ quando a hipótese nula é verdadeira ($\mu = 0$). A curva de baixo mostra a distribuição de $\bar{x}$ quando $\mu = 0{,}8$.

As duas curvas Normais na Figura 18.1 mostram a distribuição amostral de $\bar{x}$ sob a hipótese nula $\mu = 0$ (acima) e também sob a alternativa específica $\mu = 0{,}8$ (abaixo). As curvas têm a mesma forma, porque σ não muda. A curva do topo está centrada em $\mu = 0$ e a curva de baixo, em $\mu = 0{,}8$. A região sombreada à direita da curva superior tem área 0,05. Ela determina os valores de $\bar{x}$ que são estatisticamente significantes no nível $\alpha = 0{,}05$. A curva de baixo mostra a probabilidade desses mesmos valores quando $\mu = 0{,}8$. Essa área é o poder, 0,812.

O *applet* encontrará o poder para qualquer tamanho amostral dado. É mais útil, na prática, reverter o processo e verificar de qual tamanho amostral precisamos para atingir determinado poder. Programas estatísticos farão isso, mas normalmente não mostram as úteis curvas Normais que são parte da saída do *applet*.

EXEMPLO 18.9 Cálculo do poder com o uso de um programa

Alguns pacotes estatísticos (por exemplo, SAS, JMP, Minitab e R) calcularão o poder. Pedimos ao Minitab que encontrasse o número de observações necessárias para que um teste z unilateral tivesse poder 0,9 contra várias alternativas específicas no nível de significância de 5%, quando o desvio-padrão da população é $\sigma = 1$. Eis a tabela resultante:

Difference	Sample Size	Target Power	Actual Power
0.1	857	0.9	0.900184
0.2	215	0.9	0.901079
0.3	96	0.9	0.902259
0.4	54	0.9	0.902259
0.5	35	0.9	0.905440
0.6	24	0.9	0.902259
0.7	18	0.9	0.907414
0.8	14	0.9	0.911247
0.9	11	0.9	0.909895
1.0	9	0.9	0.912315

Nessa saída, "Difference" é a diferença entre o valor da hipótese nula $\mu = 0$ e a alternativa que desejamos detectar. Esse é o tamanho do efeito. A coluna "Sample Size" mostra o menor número de observações necessárias para o poder de 0,9 contra cada tamanho do efeito.

Vemos, novamente, que nossa amostra anterior de 10 provadores não é grande o suficiente para estarmos 90% confiantes em detectar (no nível de 5% de significância) um efeito de tamanho 0,8. Se desejarmos poder de 90% contra o tamanho do efeito de 0,8, precisamos, pelo menos, de 14 provadores. O poder real com 14 provadores é 0,911247.

Um programa estatístico, diferentemente do *applet*, fará o cálculo do poder para a maioria dos testes deste livro.

A tabela no Exemplo 18.9 torna claro que efeitos menores exigem amostras maiores para alcançar 90% de poder. Eis uma visão geral das influências sobre "Qual o tamanho da amostra de que preciso?"

- Se você insiste em um nível de significância menor (como 1% em vez de 5%), você precisará de uma amostra maior. Nível de significância menor requer evidência mais forte para a rejeição da hipótese nula.
- Se você insiste em poder mais alto (como 99% em vez de 90%), você precisará de uma amostra maior. Poder maior dá melhor chance de detectar um efeito quando ele realmente está lá.
- Para qualquer nível de significância e poder desejados, uma alternativa bilateral requer uma amostra maior do que uma alternativa unilateral.
- Para qualquer nível de significância e poder desejados, a detecção de um pequeno efeito requer uma amostra maior do que a detecção de um grande efeito.

ESTATÍSTICA NO MUNDO REAL

Peixe, pescador e poder

Os estoques de bacalhau no oceano a leste do Canadá estão diminuindo? Durante vários anos, estudos deixaram de encontrar evidência significante de um declínio. Esses estudos tinham baixo poder – isto é, eles podiam deixar de encontrar um declínio, mesmo que um estivesse presente. Quando ficou claro que o bacalhau estava acabando, quotas sobre pesca devastaram a economia em partes do Canadá.

Se estudos anteriores tivessem tido alto poder, eles provavelmente teriam percebido o declínio. Ação rápida poderia ter reduzido os custos econômicos e ambientais.

Planejar um estudo estatístico sério sempre requer uma resposta à questão "Qual o tamanho da amostra de que necessito?" Se você pretende testar a hipótese H_0: $\mu = \mu_0$ sobre a média μ de uma população, você precisa de pelo menos alguma ideia do tamanho do desvio-padrão da população σ e de quão grande um desvio $\mu - \mu_0$ da média populacional ao valor hipotético você deseja ser capaz de detectar. Contextos mais elaborados, como a comparação dos efeitos médios de vários tratamentos, requerem informação mais elaborada de antemão. Você pode deixar os detalhes para os especialistas, mas você deve entender a ideia do poder e os fatores que influenciam o tamanho da amostra de que você precisa.

Para o cálculo do poder de um teste, agimos como se estivéssemos interessados em um nível fixo de significância, como $\alpha = 0{,}05$. Isso é essencial para o cálculo do poder, mas lembre-se de que, na prática, pensamos em termos de valores P em lugar de um nível fixo α. Para planejar com eficiência um teste estatístico, devemos encontrar o poder para vários níveis de significância e para uma gama de tamanhos amostrais e tamanhos de efeito, para obter uma imagem completa de como o teste irá se comportar.

Erros Tipo I e Tipo II em testes de significância. Podemos avaliar o desempenho de um teste fornecendo duas probabilidades: o nível de significância α e o poder para uma alternativa que queremos ser capazes de detectar. O nível de significância de um teste é a probabilidade de se chegar a uma conclusão *errada* quando a hipótese nula é verdadeira. O poder para uma alternativa específica é a probabilidade de se chegar a uma conclusão *certa* quando a alternativa é verdadeira. Do mesmo modo, podemos descrever o teste fornecendo as probabilidades de uma decisão *errada* sob ambas as condições.

As possibilidades estão resumidas na Figura 18.2. Se H_0 é verdadeira, nossa decisão está correta se deixamos de rejeitar H_0, e é um erro Tipo I se rejeitamos H_0. Se H_a é verdadeira, a nossa decisão ou está correta ou é um erro Tipo II. Apenas um erro é possível de cada vez. A Figura 18.3 ilustra poder, erro Tipo I, e erro Tipo II no contexto do Exemplo 18.7.

Erros Tipo I e Tipo II

Se rejeitamos H_0 quando, de fato, H_0 é verdadeira, esse é um **erro Tipo I**.

Se deixamos de rejeitar H_0 quando, de fato, H_a é verdadeira, esse é um **erro Tipo II**.

O **nível de significância** α de qualquer teste de nível fixo é a probabilidade de um erro Tipo I.

O **poder** de um teste contra qualquer alternativa é a probabilidade de rejeitarmos corretamente a hipótese nula para aquela alternativa. Ele pode ser calculado como 1 menos a probabilidade de um erro Tipo II para aquela alternativa.

		Verdade sobre a população	
		H_0 Verdadeira	H_a Verdadeira
Conclusão baseada na amostra	Rejeitar H_0	Erro Tipo I	Conclusão correta
	Deixar de rejeitar H_0	Conclusão correta	Erro Tipo II

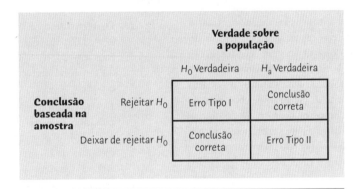

FIGURA 18.2
Os dois tipos de erro em testes de hipóteses.

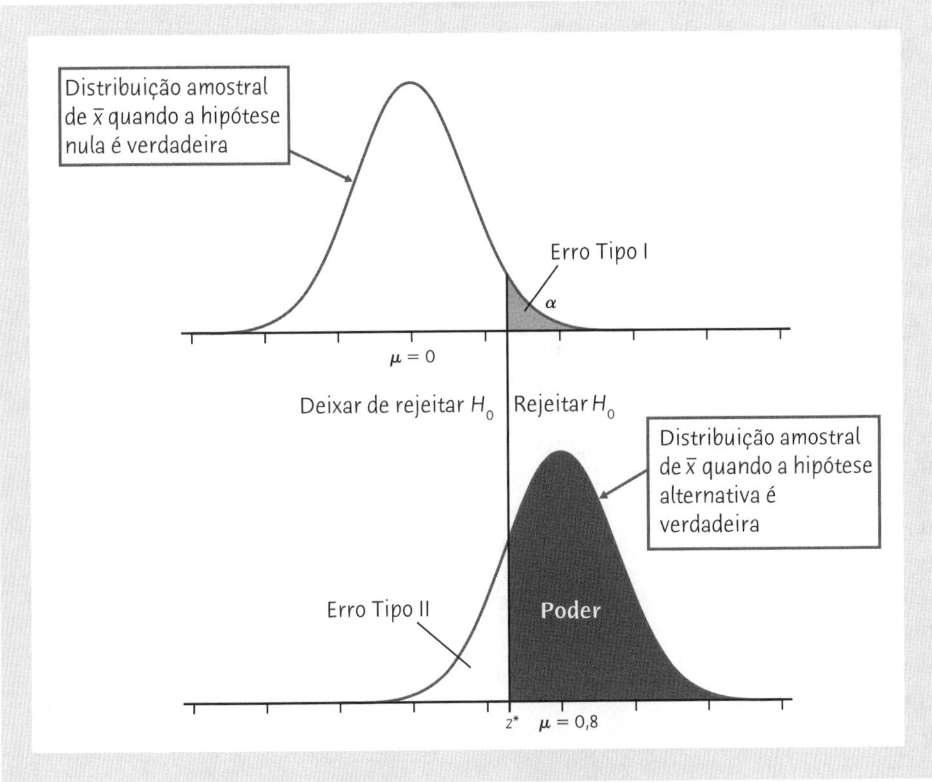

FIGURA 18.3
Ilustração do poder, erro Tipo I, e erro Tipo II no contexto do Exemplo 18.7. A curva Normal superior é a distribuição amostral de $\bar{x}$ sob a hipótese nula H_0: $\mu = 0$. A área da região sombreada de cinza-claro é o nível de significância α, que é também o erro Tipo I. A curva Normal inferior é a distribuição amostral de $\bar{x}$ quando $\mu = 0,8$. A área da região sombreada de cinza-escuro é o poder. A área da região não sombreada é o erro Tipo II. A linha vertical se localiza no ponto correspondente ao valor crítico z^* para um teste de nível α. Rejeitamos H_0 para valores à direita de z^*.

EXEMPLO 18.10 Cálculo de probabilidades de erro

applet

Como as probabilidades dos dois tipos de erro são apenas uma reescrita do nível de significância e do poder, podemos ver, pela Figura 18.1, o que são as probabilidades de erro para o teste no Exemplo 18.7:

$$P(\text{erro Tipo I}) = P(\text{rejeitar } H_0 \text{ quando de fato } \mu = 0) = \text{nível de significância } \alpha = 0{,}05$$

$$P(\text{erro Tipo II}) = P(\text{deixar de rejeitar } H_0 \text{ quando de fato } \mu = 0{,}8) = 1 - \text{poder} = 1 - 0{,}812 = 0{,}188$$

As duas curvas Normais na Figura 18.1 são usadas para encontrarmos as probabilidades de um erro Tipo I (curva superior, $\mu = 0$) e de um erro Tipo II (curva inferior, $\mu = 0{,}8$).

APLIQUE SEU CONHECIMENTO

18.14 O que é poder? O Trial Urban District Assessment (TUDA) mede o progresso educacional entre grandes distritos urbanos participantes. TUDA aplica um teste de leitura com escores de 0 a 500. Um escore de 208 é um nível "básico" de leitura para alunos do quarto ano.[7] Suponha que os escores no teste de leitura do TUDA para alunos do quarto ano em seu distrito sigam uma distribuição Normal com desvio-padrão σ = 40. Em 2019, o escore médio para os alunos do quarto ano em seu distrito foi 219. Nesse ano, você planeja aplicar um teste a uma amostra aleatória de 25 alunos do quarto ano em seu distrito para verificar se o escore médio μ para todos os estudantes do quarto ano em seu distrito ainda está acima do nível básico. Você, então, testará

$$H_0: \mu = 208$$
$$H_a: \mu > 208$$

Se o verdadeiro escore médio for novamente 219, em média, os alunos ainda têm desempenho acima do nível básico. Você sabe que o poder de seu teste no nível de significância de 5% contra a alternativa μ = 219 é 0,394.

(a) Explique, em linguagem simples, o que significa "poder = 0,394".

(b) Explique por que o teste planejado não protegerá você adequadamente contra decidir incorretamente que a média dos escores de leitura em seu distrito não está acima do nível básico.

18.15 Pensando sobre poder. Responda a estas questões no contexto do Exercício 18.14 sobre medida dos escores de leitura de alunos do quarto ano no TUDA.

(a) Você poderia obter poder mais alto contra a mesma alternativa e com o mesmo α, mudando o número de alunos que você testou. Você deveria testar mais ou menos alunos para aumentar o poder?

(b) Se você decide usar α = 0,10 em vez de α = 0,05, sem quaisquer outras mudanças no teste, o poder do teste aumentará ou diminuirá?

(c) Se você muda seu interesse para a alternativa μ = 214, sem quaisquer outras mudanças, o poder aumentará ou diminuirá?

18.16 Como se comporta o poder. No contexto do Exercício 18.14, use o *applet* Statistical Power para encontrar o poder em cada uma das seguintes circunstâncias.

applet

(a) Desvio-padrão σ = 40; nível de significância α = 0,05; alternativa μ = 219; e tamanhos amostrais n = 25, n = 50, e n = 100. Como o aumento do tamanho amostral, sem outras alterações, afeta o poder?

(b) Desvio-padrão σ = 40; nível de significância α = 0,05; tamanho amostral n = 25; e alternativas μ = 219, μ = 224, e μ = 229. Como as alternativas mais distantes da hipótese (maiores tamanhos do efeito) afetam o poder?

(c) Desvio-padrão σ = 40; tamanho amostral n = 25; alternativa μ = 219; e níveis de significância α = 0,05, α = 0,10, e α = 0,20. Como o aumento do nível de significância desejado afeta o poder?

18.17 Como se comporta o poder. Utilize o *applet* Statistical Power para encontrar o poder do teste no Exercício 18.14 em cada uma destas circunstâncias: nível de significância α = 0,05; alternativa μ = 219; tamanho amostral n = 25; e σ = 40, σ = 30, e σ = 20. Como a diminuição da variabilidade da população de medições afeta o poder?

applet

18.18 Dois tipos de erro. Sua companhia comercializa um programa computadorizado de diagnóstico médico para avaliar milhares de pessoas. O programa escaneia os resultados de testes médicos de rotina (pulso, testes de sangue etc.) e relata o caso para um médico, se houver evidência de um problema médico. O programa toma uma decisão sobre cada pessoa.

(a) Quais são as duas hipóteses e os dois tipos de erro que o programa pode cometer? Descreva os dois tipos de erro em termos dos resultados de teste falso-positivo e falso-negativo.

(b) O programa pode ser ajustado para diminuir a probabilidade de um erro, ao custo do aumento na probabilidade do outro erro. Qual probabilidade de erro você escolheria para diminuir, e por quê? (Essa é uma questão de julgamento. Não há uma resposta correta.)

RESUMO

- Um intervalo de confiança ou teste específico são corretos apenas sob condições específicas. As condições mais importantes são relativas ao método usado para a produção dos dados. Outros fatores, como a forma da distribuição populacional, também podem ser importantes.
- Sempre que você usar inferência estatística, estará agindo como se seus dados fossem uma amostra aleatória ou fossem provenientes de um experimento comparativo aleatorizado.
- Antes da inferência, sempre faça uma análise dos dados para detectar valores atípicos ou outros problemas que tornariam a inferência não confiável.
- A margem de erro em um intervalo de confiança considera apenas a variação casual devida à amostragem aleatória. Na prática, erros causados pela não resposta ou subcobertura são frequentemente mais sérios.
- Não há uma regra universal que determine quão pequeno deva ser um valor P em um teste de significância para considerá-lo evidência convincente contra a hipótese nula. Cuidado para não colocar muito peso em níveis de significância tradicionais, como $\alpha = 0{,}05$.
- Efeitos muito pequenos podem ser altamente significantes (valor P pequeno) quando um teste se baseia em uma amostra grande. Sempre considere se o **tamanho do efeito** – magnitude do efeito na população – é importante na prática. Represente graficamente os dados para evidenciar o efeito que está procurando e use intervalos de confiança para estimar os verdadeiros valores dos parâmetros.
- Por outro lado, a ausência de significância não implica que H_0 seja verdadeira. Até mesmo um efeito grande pode deixar de ser significante quando um teste se baseia em uma amostra pequena.
- Muitos testes realizados simultaneamente provavelmente produzirão alguns resultados significantes apenas devido ao acaso, mesmo que todas as hipóteses nulas sejam verdadeiras.
- Quando planejar um estudo estatístico, planeje também a inferência. Em particular, determine qual o tamanho amostral de que você necessita para uma inferência bem-sucedida.
- Para a estimação da média de uma população Normal usando o intervalo de confiança z com dada margem de erro m e um nível de confiança especificado, o tamanho amostral n deve ser

$$n = \left(\frac{z^*\sigma}{m}\right)^2$$

- Aqui, z^* é o valor crítico para o nível de confiança desejado. Sempre arredonde n para o primeiro número inteiro acima quando usar essa fórmula.
- O **poder** de um teste de significância mede sua habilidade de detectar a verdade de uma hipótese alternativa. O poder contra uma alternativa específica é a probabilidade de o teste rejeitar H_0, em um nível particular α, quando aquela alternativa é verdadeira (tópicos opcionais).
- O aumento do tamanho da amostra aumenta o poder de um teste de significância. Você pode usar um programa estatístico para encontrar o tamanho amostral necessário para alcançar o poder desejado (tópicos adicionais).
- Se você rejeitar H_0 quando, de fato, H_0 é verdadeira, esse é um **erro Tipo I**. Se você deixar de rejeitar H_0 quando, de fato, H_a é verdadeira, esse é um **erro Tipo II**.

VERIFIQUE SUAS HABILIDADES

18.19 A condição mais importante para conclusões sólidas a partir de inferência estatística é, usualmente, que

(a) o valor P que calculamos seja pequeno.

(b) a distribuição da população seja exatamente Normal.

(c) os dados possam ser considerados como uma amostra aleatória da população de interesse.

18.20 O treinador de um time feminino de futebol de uma universidade canadense registra as taxas cardíacas em repouso dos 25 membros do time. Você não deve confiar em um intervalo de confiança para a taxa cardíaca média em repouso de todas as mulheres estudantes dessa universidade canadense com base nesses dados porque

(a) os membros do time de futebol não podem ser considerados uma amostra aleatória de todas as mulheres estudantes dessa universidade.

(b) as taxas cardíacas podem não ter uma distribuição Normal.

(c) com apenas 25 observações, a margem de erro será grande.

18.21 Você se conecta à pesquisa *online* Harris Interactive. Com base em 2.223 respostas, a pesquisa relata que 60% dos adultos americanos disseram que chefia é uma ocupação de prestígio.[8] Você deve se recusar a calcular um intervalo de confiança de 95% para a proporção de todos os adultos americanos que acreditam que chefia é uma ocupação de prestígio com base nessa amostra porque

(a) esse percentual é muito pequeno.

(b) inferência a partir de amostra de resposta voluntária não é confiável.

(c) a amostra é muito grande.

18.22 Muitas pesquisas amostrais usam amostras aleatórias bem planejadas, mas metade ou mais das amostras originais não pode ser contatada ou se recusa a participar. Quaisquer erros devidos a essa não resposta

(a) não têm qualquer efeito sobre a precisão dos intervalos de confiança.

(b) estão incluídos na margem de erro anunciada.

(c) são um acréscimo à variação aleatória considerada pela margem de erro anunciada.

18.23 Um escritor, em um periódico médico, diz que "Um experimento não controlado com 37 mulheres descobriu um escore médio de sintoma clínico significantemente melhor depois de tratamento. Falhas metodológicas tornam difícil a interpretação dos resultados desse estudo". O escritor é cético em relação à melhora significante porque

(a) não há grupo de controle, de modo que a melhora pode dever-se ao efeito placebo ou ao fato de que muitas condições clínicas melhoram ao longo do tempo.

(b) o valor P dado foi $P = 0{,}048$, que é muito grande para ser convincente.

(c) a variável resposta pode não ter uma distribuição exatamente Normal na população.

18.24 Exercício vigoroso está associado a alguns anos extras de vida (em média). Pesquisadores na Dinamarca encontraram evidência de que a caminhada vagarosa pode fornecer até melhores benefícios para a expectativa de vida do que corrida vigorosa.[9] Suponha que o tempo a mais, além da expectativa de vida, devido a caminhadas vagarosas regulares por 30 minutos, três vezes na semana, seja de apenas 1 mês. Um teste estatístico tem mais chance de detectar um aumento significante na expectativa média de vida para aqueles que caminham lentamente, se

(a) ele se baseia em uma amostra aleatória muito grande.

(b) ele se baseia em uma amostra aleatória muito pequena.

(c) O tamanho da amostra não tem qualquer efeito sobre a significância do teste para um aumento tão pequeno na expectativa de vida.

18.25 Um experimento médico comparou suplementos de zinco com um placebo para a redução da duração de resfriados. Seja μ a diminuição média, em dias, na duração de um resfriado. Uma diminuição de $\mu = 2$ é uma diminuição praticamente importante. O nível de significância de um teste de H_0: $\mu = 0$ *versus* H_a: $\mu > 0$ é definido como

(a) a probabilidade de que o teste deixe de rejeitar H_0 quando $\mu = 2$ é verdadeira.

(b) a probabilidade de que o teste rejeite H_0 quando $\mu = 2$ é verdadeira.

(c) a probabilidade de que o teste rejeite H_0 quando $\mu = 0$ é verdadeira.

18.26 **(Tópico opcional)** O poder do teste no Exercício 18.25 contra a alternativa específica $\mu = 2$ é definido como

(a) a probabilidade de que o teste deixe de rejeitar H_0 quando $\mu = 2$ é verdadeira.

(b) a probabilidade de que o teste rejeite H_0 quando $\mu = 2$ é verdadeira.

(c) a probabilidade de que o teste rejeite H_0 quando $\mu = 0$ é verdadeira.

18.27 **(Tópico opcional)** O poder de um teste é importante na prática porque o poder

(a) descreve quão bom é o desempenho do teste quando a hipótese nula é realmente verdadeira.

(b) descreve quão sensível é o teste a violações de condições como distribuição populacional Normal.

(c) descreve quão bom é o desempenho do teste quando a hipótese nula, realmente, não é verdadeira.

EXERCÍCIOS

18.28 **Gerentes de hotéis.** No Exercício 17.30, você realizou um teste de significância com base nos dados de 148 gerentes gerais de hotéis três e quatro estrelas. Antes de acreditar em seus resultados, você gostaria de obter mais informação sobre os dados. Quais fatos você mais gostaria de saber?

18.29 **Professores atraentes.** Um psicólogo afirma que os estudantes prestam mais atenção a aulas ministradas por professores classificados como atraentes pelos alunos do que a aulas com professores classificados como não atraentes. Ele pesquisa estudantes em aulas ministradas por professores classificados como atraentes e em aulas ministradas por professores classificados como não atraentes. A proporção de alunos que afirmam prestar muita atenção às aulas é significantemente mais alta ($P < 0{,}05$) entre os estudantes com professores atraentes. Qual informação adicional você desejaria para ajudá-lo a decidir se você acredita na afirmativa do psicólogo?

macniak/iStock

18.30 **Amostragem em uma loja de comida *gourmet*.** Um pesquisador de mercado escolhe ao acaso entre homens que entram em uma loja de comida *gourmet*. Um resultado do estudo é um intervalo de confiança de 95% para a média de "o maior preço que você pagaria por uma garrafa de vinho".

(a) Explique por que esse intervalo de confiança não fornece informação útil sobre a população de todos os homens.

(b) Explique por que ele pode fornecer informação útil sobre a população de homens que compram em lojas de comida *gourmet*.

18.31 **Perguntas delicadas.** A Youth Risk Behavior Survey de 2013 encontrou que 194 indivíduos em sua amostra de 1.450 estudantes do Ensino Médio em Ohio disseram que eles carregaram uma arma, como um revólver, canivete, faca ou um bastão nos 30 dias anteriores. Isso é 13,4% da amostra. Por que essa afirmativa é provavelmente viesada? Você acha que ela é viesada para mais ou para menos? A margem de erro de um intervalo de confiança de 95% para a proporção de todos os estudantes do Ensino Médio em Ohio que carregaram uma arma, como um revólver, canivete, faca ou um bastão nos 30 dias anteriores, leva em conta esse viés?

18.32 **Graus universitários.** No *site* do Statistics Canada, www.statcan.gc.ca, você pode encontrar o percentual de adultos em cada província que possui, pelo menos, um certificado ou diploma universitário, ou um grau de bacharel, ou mais elevado. Não faz sentido calcular $\bar{x}$ para esses dados e usar para a obtenção de um intervalo de confiança para o percentual médio μ em todas as 13 províncias ou territórios. Por que não?

18.33 Um valor atípico ataca. Você tem dados sobre uma AAS de calouros de sua faculdade que mostram quanto tempo cada estudante gasta estudando e fazendo as tarefas de casa. Os dados contêm um valor atípico alto. Esse valor atípico terá um efeito maior sobre um intervalo de confiança para o tempo médio para completar as tarefas se sua amostra for pequena ou grande? Por quê?

18.34 Podemos confiar nesse intervalo? A seguir, apresentamos os dados sobre a variação percentual na massa total (em toneladas) de vida selvagem em várias reservas na África Ocidental, nos anos de 1971 a 1999:[10] VIDASELV

1971	1972	1973	1974	1975	1976	1977	1978	1979	1980
2,9	3,1	−1,2	−1,1	−3,3	3,7	1,9	−0,3	−5,9	−7,9
1981	1982	1983	1984	1985	1986	1987	1988	1989	1990
−5,5	−7,2	−4,1	−8,6	−5,5	−0,7	−5,1	−7,1	−4,2	0,9
1991	1992	1993	1994	1995	1996	1997	1998	1999	
−6,1	−4,1	−4,8	−11,3	−9,3	−10,7	−1,8	−7,4	−22,9	

Programas de computador fornecem o intervalo de confiança de 95% para a variação percentual média anual como -6,66% a -2,55%. Há várias razões pelas quais não podemos confiar nesse intervalo.

(a) Examine a distribuição dos dados. Qual característica da distribuição lança dúvida sobre a validade da inferência estatística?

(b) Esboce os percentuais contra ano. Qual tendência você vê nessa série temporal? Explique por que uma tendência ao longo do tempo lança dúvida sobre a condição de que os anos de 1971 a 1999 possam ser considerados como uma AAS de uma população maior de anos.

18.35 Quando usar marca-passos. Um painel médico preparou diretrizes sobre quando marca-passos devem ser implantados em pacientes com problemas cardíacos. O painel reviu um grande número de estudos médicos para julgar a força da evidência que apoia cada recomendação. Para cada recomendação, eles classificaram a evidência como nível A (mais forte), B, ou C (mais fraca). A seguir, fora de ordem, estão as descrições do painel dos três níveis de evidência.[11] Qual é A, qual é B e qual é C? Explique sua classificação.

A evidência foi classificada como nível _______ quando os dados derivavam de um número limitado de ensaios, envolvendo número comparativamente pequeno de pacientes, ou de uma análise de dados bem planejada de estudos não aleatorizados ou registros de dados observacionais.

A evidência foi classificada como nível _______ se os dados derivavam de ensaios clínicos aleatorizados múltiplos, envolvendo um grande número de indivíduos.

A evidência foi classificada como nível _______ quando o consenso de opiniões de especialistas foi a fonte primária de recomendação.

18.36 Para que serve a significância? Um teste de significância responde a qual das seguintes perguntas? Explique sucintamente suas respostas.

(a) O efeito observado é grande?

(b) O efeito observado é devido ao acaso?

(c) O efeito observado é importante?

18.37 Por que amostras maiores são melhores? Os estatísticos preferem amostras grandes. Descreva resumidamente o efeito de aumentar o tamanho da amostra (ou o número de sujeitos do experimento) sobre cada um dos seguintes:

(a) O valor P de um teste, quando H_0 é falsa e todos os fatos sobre a população permanecem inalterados quando n cresce.

(b) (Opcional) O poder de um teste de nível α fixado, quando α, a hipótese alternativa, e todos os fatos sobre a população permanecem inalterados.

18.38 Divórcios. As taxas de divórcio variam de cidade para cidade nos Estados Unidos. Temos muitos dados sobre várias cidades americanas. Programas estatísticos facilitam a realização de dúzias de testes de significância sobre dúzias de variáveis, para verificar quais predizem melhor a taxa de divórcio. Uma descoberta interessante é que as cidades com parques esportivos das Ligas Principais tendem a ter significantemente mais divórcios do que as outras cidades. Para melhorar suas chances de ter um casamento duradouro, você deve usar essa variável "significante" para decidir onde morar? Explique sua resposta.

18.39 Um teste sai errado. Programas de computador podem gerar amostras de distribuições (quase) exatamente Normais. Eis uma amostra aleatória de tamanho 5 de uma distribuição Normal com média 20 e desvio-padrão 2,5: ALEAT

22,94 17,04 17,58 20,96 19,29

Esses dados combinam as condições para um teste z melhor do que dados reais o farão: a população é muito próxima da Normal e tem desvio-padrão conhecido $\sigma = 2{,}5$, e a média populacional é $\mu = 20$. Embora saibamos o verdadeiro valor de μ, suponha que não o saibamos e testamos as hipóteses

$$H_0: \mu = 17{,}5$$
$$H_a: \mu \neq 17{,}5$$

(a) Quais são a estatística z e seu valor P? O teste é significante no nível 5%?

(b) Sabemos que a hipótese nula não se verifica, mas o teste deixou de dar evidência forte contra H_0. Explique por que isso não é de surpreender.

18.40 Reduzindo a lacuna de gênero. Em muitas disciplinas científicas, as mulheres são superadas pelos homens nos escores de testes. O "treinamento de afirmação de valores" melhora a autoconfiança e, portanto, o desempenho das mulheres em relação aos homens em cursos de ciências? Um estudo realizado em uma grande universidade compara os escores de homens e mulheres no final de um grande curso introdutório de física, em um teste padronizado, normatizado nacionalmente, de física conceitual, o Force and Motion Conceptual Evaluation (FMCE). Metade das mulheres no curso foi associada a um treinamento de afirmação de valores durante o curso; a outra metade não recebeu qualquer treinamento. O estudo relata que houve uma diferença significante ($P < 0{,}01$) na lacuna entre os escores de homens e mulheres, embora a lacuna para as mulheres que receberam o treinamento de afirmação de valores tenha sido muito menor do que para as mulheres que não receberam o treinamento. Como evidência de que essa lacuna foi reduzida para as mulheres que receberam o treinamento, o estudo relata, também, que um intervalo de confiança de 95% para a diferença média nos escores no exame FMCE entre mulheres que receberam o treinamento e as que não receberam é 13 ± 8 pontos. Você é um professor da universidade no departamento de física, e o reitor, que está interessado em mulheres nas ciências, lhe pergunta sobre o estudo.

(a) Explique, em uma linguagem simples, o que significa "uma diferença significante ($P < 0{,}01$)".

(b) Explique clara e resumidamente o que significa "95% de confiança".

(c) Esse estudo é boa evidência de que a exigência do treinamento de afirmação de valores para todas as estudantes mulheres reduziria grandemente a lacuna de gênero nos testes de ciências nos cursos das universidades?

18.41 Até onde pais ricos podem nos levar? O nível de educação que as crianças alcançam está fortemente associado ao grau de riqueza e *status* social dos pais. No jargão das ciências sociais, esse é o *status* socioeconômico, ou SSE. Mas o SSE dos pais tem pouca influência no fato de jovens que se graduaram na faculdade obterem, ou não, mais educação. Um estudo observou se graduados em faculdades fizeram testes de admissão para administração, direito e outros programas de graduação. Os efeitos do SSE dos pais sobre o fato de jovens fazerem o teste LSAT para a escola de direito foram "tanto estatisticamente insignificantes quanto pequenos".

(a) O que significa "estatisticamente insignificante"?

(b) Por que é importante que os efeitos tenham sido pequenos em tamanho, bem como insignificantes?

18.42 Esse vinho cheira mal. Quão sensíveis são os olfatos não treinados de estudantes? O Exercício 16.27 apresenta os níveis mais baixos de dimetilsulfeto (DMS) que 10 estudantes puderam detectar. Você deseja estimar o limiar médio de odor do DMS entre todos os estudantes, e você gostaria de estimar a média dento de ±0,1, com 99% de confiança. Sabe-se que o desvio-padrão do limiar de odor para olfatos não treinados é $\sigma = 7$ microgramas por litro de vinho. Qual o tamanho de uma AAS de estudantes com olfatos não treinados de que você precisa?

18.43 Ruptura de madeira. Você deseja estimar a carga média necessária para romper peças de madeira do Exercício 16.25, dentro de ±600 libras, com 95% de confiança. Qual é o tamanho de amostra necessário?

Os exercícios que seguem se referem ao material opcional sobre poder de um teste.

18.44 O primeiro filho tem QI mais alto. A ordem dos nascimentos dos filhos de uma família influencia seus escores de QI? Um estudo cuidadoso de 241.310 noruegueses, com idade entre 18 e 19 anos, encontrou que as crianças primogênitas tinham escores 2,3 pontos mais altos, na média, do que os segundos filhos na mesma família. Essa diferença foi altamente significante ($P < 0{,}001$). Um comentarista disse que "Um enigma acentuado por essas últimas descobertas é por que outros estudos dentro de famílias deixaram de apresentar resultados igualmente consistentes. Alguns desses resultados nulos anteriores, que foram obtidos a partir de amostras muito menores, podem ser explicados pelo poder estatístico inadequado".[12]

(a) Explique, em linguagem simples, por que testes que têm poder baixo, em geral, deixam de dar evidência contra a hipótese nula, mesmo quando ela é realmente falsa.

(b) Você acha que a diferença de 2,3 pontos nos escores de QI é uma diferença importante?

18.45 Como atua o Valium®. Valium® é um antidepressivo e sedativo comum. Um estudo examinou como o Valium® atua, comparando seu efeito sobre o sono em sete camundongos geneticamente modificados e oito camundongos normais de controle. Não houve diferença significante entre os dois grupos. Os autores dizem que a falta de significância "está relacionada à grande variabilidade entre os indivíduos que também se reflete no baixo poder (20%) do teste".[13]

(a) Explique exatamente o que significa poder de 20% contra uma alternativa específica.

(b) Explique, em linguagem simples, por que testes que têm poder baixo, em geral, deixam de dar evidência contra uma hipótese nula, mesmo quando ela é realmente falsa.

(c) Qual fato relativo a esse experimento tem mais probabilidade de explicar o baixo poder?

18.46 Doença arterial. Um artigo no *New England Journal of Medicine* descreve um teste controlado aleatorizado que comparou os efeitos de usar um balão com uma cobertura especial em angioplastia (reparação dos vasos sanguíneos) em lugar do balão padrão. De acordo com o artigo, o estudo foi planejado para ter poder de 90%, com um erro bilateral Tipo I de 0,05, para detectar uma diferença clinicamente importante de aproximadamente 17 pontos percentuais na presença de certas lesões, 12 meses depois de cirurgia.[14]

(a) Qual nível fixo de significância foi usado no cálculo do poder?

(b) Explique, a alguém que não saiba estatística, por que poder de 90% significa que, provavelmente, o experimento teria sido significante se tivesse havido diferença entre o uso do balão com a cobertura especial e o uso do balão padrão.

18.47 Poder. No Exercício 18.39, uma amostra de uma população Normal, com média $\mu = 20$ e desvio-padrão $\sigma = 2{,}5$, deixou de rejeitar a hipótese nula H_0: $\mu = 17{,}5$ no nível de significância $\alpha = 0{,}05$. Introduza a informação desse exemplo no *applet* Statistical Power. (Não se esqueça de que a hipótese alternativa é bilateral.) Qual é o poder do teste contra a alternativa $\mu \neq 17{,}5$? Visto que o poder não é alto, não é de surpreender que a amostra no Exercício 18.39 tenha deixado de rejeitar H_0.

applet

18.48 Encontrando o poder à mão. Mesmo que os programas sejam usados na prática para o cálculo do poder, fazer esse trabalho à mão ajuda na sua compreensão. Volte ao teste no Exemplo 18.7. Há $n = 10$ observações de uma população com desvio-padrão $\sigma = 1$ e média μ desconhecida. Testaremos

$$H_0: \mu = 0$$
$$H_a: \mu > 0$$

com nível fixo de significância $\alpha = 0{,}05$. Ache o poder contra a alternativa $\mu = 0{,}8$, seguindo esses passos.

(a) A estatística de teste z é

$$z = \frac{\bar{x} - \mu_0}{\sigma/\sqrt{n}} = \frac{\bar{x} - 0}{1/\sqrt{10}} = 3{,}162\bar{x}$$

(Lembre-se de que você não conhece o valor numérico de $\bar{x}$ até ter os dados.) Quais valores de z levam à rejeição de H_0 no nível de significância de 5%?

(b) Começando pelo seu resultado de (a), quais valores de $\bar{x}$ levam à rejeição de H_0? A área acima desses valores está sombreada sob a curva superior na Figura 18.1.

(c) O poder é a probabilidade de você observar qualquer desses valores de $\bar{x}$ quando $\mu = 0{,}8$. Essa é a área sombreada sob a curva inferior na Figura 18.1. Qual é essa probabilidade?

18.49 Encontrando o poder à mão: teste bilateral. O Exercício 18.48 mostra como calcular o poder de um teste z unilateral. Os cálculos do poder para testes bilaterais seguem a mesma linha. Encontraremos o poder de um teste com base em uma amostra aleatória de tamanho 5, discutida no Exercício 18.39. As hipóteses são

$$H_0: \mu = 17{,}5$$
$$H_a: \mu \neq 17{,}5$$

A população de todas as medições é Normal, com desvio-padrão $\sigma = 2{,}5$, e a alternativa que esperamos ser capazes de detectar é $\mu = 20$ (a real média populacional). (Se você usou o *applet* Statistical Power para o Exercício 18.47, as duas curvas Normais para $n = 5$ ilustram as partes (a) e (b) a seguir.)

(a) Escreva a estatística de teste z em termos da média amostral $\bar{x}$. Para quais valores de z esse teste bilateral rejeita H_0 no nível de significância de 5%?

(b) Reformule seu resultado da parte (a). Quais valores de $\bar{x}$ levam à rejeição de H_0?

(c) Agora suponha que $\mu = 12$. Qual é a probabilidade de observar um $\bar{x}$ que leve à rejeição de H_0? Esse é o poder do teste.

18.50 Probabilidades de erro. Você lê que um teste estatístico, no nível de significância $\alpha = 0{,}05$, tem poder 0,80. Quais são as probabilidades de erros Tipo I e Tipo II para esse teste?

18.51 Poder. Você lê que um teste estatístico, no nível $\alpha = 0{,}01$, tem probabilidade 0,44 de fazer um erro Tipo II, quando uma alternativa específica é verdadeira. Qual é o poder do teste contra essa alternativa?

18.52 Encontre as probabilidades de erro. Você tem uma AAS de tamanho $n = 25$ de uma distribuição Normal, com $\sigma = 2{,}0$. Você deseja testar

$$H_0: \mu = 0$$
$$H_a: \mu > 0$$

Você decide rejeitar H_0, se $\bar{x} > 0$, e não rejeitar H_0, caso contrário.

(a) Ache a probabilidade de um erro Tipo I. Isto é, ache a probabilidade de que o teste rejeite H_0 quando, de fato, $\mu = 0$.

(b) Ache a probabilidade de um erro Tipo II quando $\mu = 0{,}5$. Essa é a probabilidade de que o teste deixe de rejeitar H_0 quando, de fato, $\mu = 0{,}5$.

(c) Ache a probabilidade de um erro Tipo II quando $\mu = 1{,}0$.

18.53 Dois tipos de erro. Vá ao *applet* Statistical Significance. Esse *applet* realiza testes em um nível fixo de significância. Quando você abrir o *applet*, ele estará preparado para o teste de sabor de refrigerante do Exemplo 18.7. Isto é, as hipóteses são

$$H_0: \mu = 0$$
$$H_a: \mu > 0$$

Temos uma AAS de tamanho 10 de uma população Normal com desvio-padrão $\sigma = 1$, e faremos um teste no nível $\alpha = 0{,}05$. No pé da tela, um botão permite que você escolha um valor da média μ e, então, gere amostras aleatórias de uma população com essa média.

(a) Faça $\mu = 0$, de modo que a hipótese nula é verdadeira. Cada vez que você clica no botão, aparece uma nova amostra. Se a média amostral $\bar{x}$ cai na região colorida, aquela amostra rejeita H_0 no nível 5%. Clique 100 vezes rapidamente, mantendo registro de quantas amostras rejeitam H_0. Use seus resultados para estimar a probabilidade de um erro Tipo I. Se você clicasse para sempre, qual probabilidade você obteria?

(b) Faça, agora, $\mu = 0{,}8$. O Exemplo 18.8 mostra que o teste tem poder 0,812 contra essa alternativa. Clique 100 vezes rapidamente, mantendo registro de quantas amostras deixam de rejeitar H_0. Use seus resultados para estimar a probabilidade de um erro Tipo II. Se você clicasse para sempre, qual probabilidade você obteria?

18.54 Erros Tipo I e Tipo II. A Seção 13.7 discute o teste do antígeno específico para próstata (PSA) para o câncer de próstata. O teste não é sempre correto, algumas vezes indicando câncer de próstata (teste positivo) quando ele não está presente (um falso-positivo), e muitas vezes deixando de detectar um câncer (teste negativo) que está presente (um falso-negativo). Eis uma tabela das quatro possibilidades.

	Resultado do teste	
	Positivo	Negativo
Câncer presente	Teste está correto	Falso-negativo
Câncer ausente	Falso-positivo	Teste está correto

Se consideramos "Câncer ausente" como nossa hipótese nula e o resultado do teste de PSA como nossa estatística de teste, qual das quatro combinações corresponde a um erro Tipo I? Qual corresponde a um erro Tipo II?

18.55 Testagem múltipla. *Este problema supõe que você tenha estudado o Capítulo 14, opcional, sobre distribuições binomiais.* Se a hipótese nula é verdadeira, o teste no nível de significância de 0,05 significa que a probabilidade é 0,05 de rejeitar, incorretamente, a hipótese nula. Suponha que se realizem 20 testes independentes no nível de 0,05, e que, em cada caso, a hipótese nula seja verdadeira. Seja X o número de testes que, incorretamente, rejeitam a hipótese nula. X poderá assumir valores de 0 a 20 e seguirá uma distribuição binomial, com $n = 20$ observações e probabilidade $p = 0{,}05$ de sucesso. Qual é a probabilidade $X \geq 1$? Essa é a probabilidade de que pelo menos um teste rejeitará a hipótese nula incorretamente.

18.56 Viés de publicação. Leia o Exemplo 18.5 sobre viés de publicação. Use os resultados do Exercício 18.55 para determinar a probabilidade de que pelo menos um dos 20 pesquisadores publicará seus resultados como sendo significantes no nível 0,05, mesmo que a terapia não tenha qualquer efeito sobre a doença.

CAPÍTULO

19

Bobex-73/iStock

NESTE CAPÍTULO ABORDAMOS...

Parte III: Revisão de Habilidades

Autoteste

Exercícios Suplementares

Da Produção de Dados à Inferência: Revisão da Parte III

Na Parte I deste livro, você dominou a *análise de dados*, o uso de gráficos e resumos numéricos para a organização e exploração de qualquer conjunto de dados. A Parte II introduziu planejamentos para a produção de dados. A Parte III introduziu a probabilidade e o raciocínio da inferência estatística. As Partes IV e V vão tratar, em detalhe, da inferência prática.

A *inferência estatística* tira conclusões sobre uma população com base em dados amostrais e usa a probabilidade para indicar quão confiáveis são as conclusões. Um intervalo de confiança estima um parâmetro desconhecido. Um teste de significância mostra quão forte é a evidência para alguma afirmativa sobre um parâmetro.

As probabilidades em ambos, intervalos de confiança e testes, nos dizem o que aconteceria se usássemos o método, para o intervalo ou o teste, por muitas e muitas vezes:

- Um nível de confiança é a taxa de sucesso do método para um intervalo de confiança. Essa é a probabilidade de que o método realmente produza um intervalo que capte o parâmetro desconhecido. Um intervalo de confiança de 95% fornece um resultado correto (capta o parâmetro desconhecido) 95% das vezes, quando o usamos repetidamente.
- Um valor P nos diz quão improvável seria o resultado observado se a hipótese nula fosse verdadeira. Isto é, P é a probabilidade de que o teste produziria um resultado pelo menos tão extremo como o resultado observado se a hipótese nula fosse realmente verdadeira. Resultados muito surpreendentes (pequenos valores P) são boa evidência contra a hipótese nula.

As Figuras 19.1 e 19.2 usam os procedimentos z, introduzidos nos Capítulos 16 e 17, para apresentar, em forma pictórica, as principais ideias dos intervalos de confiança e testes de significância. Essas ideias são o fundamento para o restante deste livro. Teremos muito a dizer sobre muitos métodos estatísticos e seu uso na prática. Em cada caso, o raciocínio básico de intervalos de confiança e testes de significância permanece o mesmo.

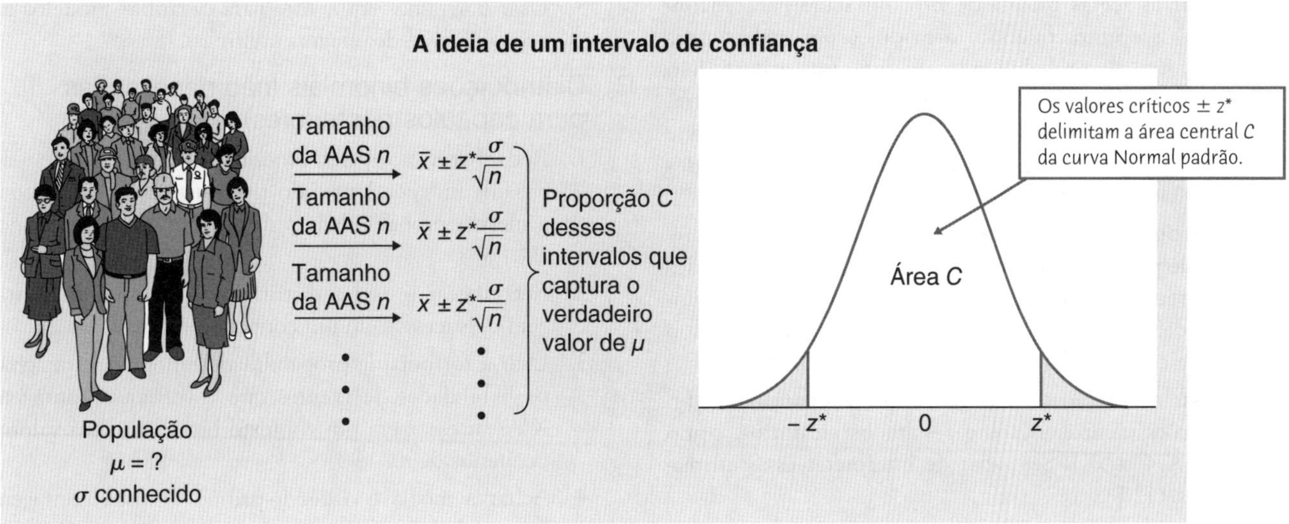

FIGURA 19.1
A ideia de um intervalo de confiança.

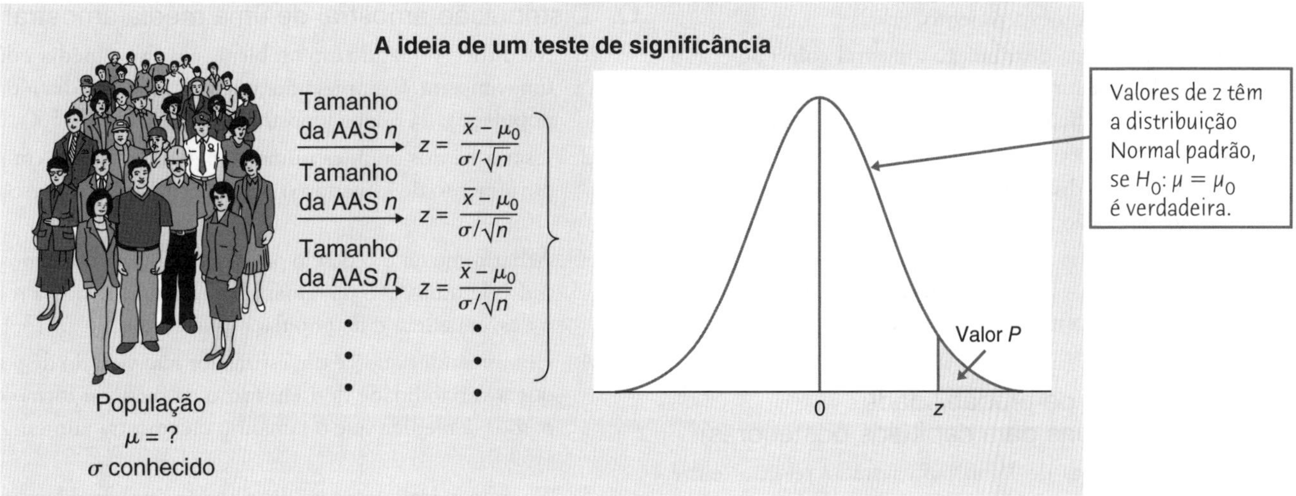

FIGURA 19.2
A ideia de um teste de significância.

Parte III Revisão de Habilidades

Aqui estão as habilidades mais importantes que você deve ter adquirido com leitura dos Capítulos 12 a 18. Após cada habilidade, entre parênteses, está a seção do texto em que o tópico foi apresentado.

M. Probabilidade

1. Reconhecer que as ocorrências de alguns fenômenos são aleatórias. A probabilidade descreve a regularidade de longo prazo de fenômenos aleatórios. (12.1)
2. Compreender que a probabilidade de um evento é a proporção de vezes em que o evento ocorre em muitas e muitas repetições de um fenômeno aleatório. Usar a

ideia de probabilidade como proporção no longo prazo para pensar sobre probabilidade. (12.1)

3. Usar as regras básicas de probabilidade para detectar associações ilegítimas de probabilidade: qualquer probabilidade deve ser um número entre 0 e 1, e a probabilidade total associada a todos os resultados possíveis deve ser 1. (12.4)
4. Usar as regras básicas de probabilidade para encontrar os eventos que são formados a partir de outros eventos. A probabilidade de que um evento não ocorra é 1 menos a probabilidade de que ele ocorra. Se dois eventos são disjuntos, a probabilidade de que um ou outro ocorra é a soma de suas probabilidades individuais. (12.4)
5. Encontrar probabilidades em um modelo discreto de probabilidade usando a soma das probabilidades de seus resultados. Encontrar probabilidades em um modelo contínuo de probabilidade como áreas sob uma curva de densidade. (12.5-12.6)
6. Usar a notação de variáveis aleatórias para fazer afirmações compactas sobre resultados aleatórios, como $P(\bar{x} \leq 4 = 0{,}3$. Ser capaz de interpretar essas afirmações. (12.7)

N. Distribuições amostrais

1. Identificar parâmetros e estatísticas em um estudo estatístico. (15.1)
2. Reconhecer o fato da variabilidade amostral: uma estatística assumirá valores diferentes quando você repetir uma amostra ou experimento. (15.2)
3. Interpretar uma distribuição amostral como descrição dos valores assumidos por uma estatística em todas as possíveis repetições de uma amostra ou experimento, sob as mesmas condições. (15.3)
4. Interpretar a distribuição amostral de uma estatística como descrição das probabilidades de seus possíveis valores. (15.4)
5. Compreender como a distribuição amostral de uma estatística amostral pode ser usada para a avaliação da significância estatística. (15.6)

O. Regras gerais de probabilidade (não necessárias para capítulos posteriores)

1. Usar diagramas de Venn para retratar relações entre diversos eventos. (13.1)
2. Usar a regra geral da adição para achar probabilidades que envolvem eventos que se sobrepõem. (13.1)
3. Compreender a ideia de independência. Julgar quando é razoável pressupor independência como parte de um modelo probabilístico. (13.2)
4. Usar a regra da multiplicação para eventos independentes para achar a probabilidade de que todos de vários eventos independentes ocorram. (13.2)
5. Usar a regra da multiplicação para eventos independentes, combinada a outras regras de probabilidade, para achar as probabilidades de eventos complexos. (13.2, 13.4)
6. Compreender a ideia de probabilidade condicional. Achar probabilidades condicionais para indivíduos escolhidos aleatoriamente a partir de uma tabela de contagens de resultados possíveis. (13.3)
7. Usar a regra geral da multiplicação para achar $P(A \text{ e } B)$ a partir de $P(A)$ e da probabilidade condicional $P(B \mid A)$. (13.4)
8. Usar diagramas em árvore para organizar modelos de probabilidade de estágios múltiplos. (13.6)

P. Distribuições binomiais (não necessárias para capítulos posteriores)

1. Reconhecer o contexto binomial: um número fixo n de ensaios independentes do tipo sucesso/fracasso, com a mesma probabilidade p de sucesso em cada ensaio. (14.1)
2. Reconhecer e usar a distribuição binomial da contagem de sucessos em um contexto binomial. (14.2)
3. Usar a fórmula de probabilidade binomial para achar probabilidades de eventos que envolvem a contagem X de sucessos em um contexto binomial, para valores pequenos de n. (14.3)
4. Achar a média e o desvio-padrão de uma contagem binomial X. (14.5)
5. Reconhecer quando se pode usar a aproximação Normal para uma distribuição binomial. Usar a aproximação Normal para calcular probabilidades relativas à contagem binomial X. (14.6)

Q. Distribuição amostral de uma média amostral

1. Reconhecer quando um problema envolve a média $\bar{x}$ de uma amostra. Compreender que $\bar{x}$ estima a média μ da população, da qual a amostra é extraída. (15.3-15.4)
2. Usar a lei dos grandes números para descrever o comportamento de $\bar{x}$ quando o tamanho da amostra cresce. (15.2)
3. Achar a média e o desvio-padrão de uma média amostral $\bar{x}$ de uma AAS de tamanho n, quando a média μ e o desvio-padrão σ da população são conhecidos. (15.4)
4. Compreender que $\bar{x}$ é um estimador não viesado de μ e que a variabilidade de $\bar{x}$ em torno da média μ torna-se menor, à medida que o tamanho da amostra aumenta. (15.4)
5. Compreender que $\bar{x}$ tem distribuição aproximadamente Normal quando a amostra é grande (teorema limite central). Usar essa distribuição Normal para calcular probabilidades relativas a $\bar{x}$. (15.5)

R. Intervalos de confiança

1. Enunciar, em linguagem não técnica, o que significa "95% de confiança" ou outras afirmativas de confiança em relatórios estatísticos. (16.2)
2. Aplicar o processo dos quatro passos para qualquer intervalo de confiança. Esse processo será usado mais extensivamente em capítulos posteriores. Lembrar-se de descrever seus resultados no contexto do problema. (16.3)

3. Calcular um intervalo de confiança para a média μ de uma população Normal com desvio-padrão conhecido σ, usando a fórmula $\bar{x} \pm z^* \sigma/\sqrt{n}$. (16.3)
4. Compreender como a margem de erro de um intervalo de confiança muda com o tamanho da amostra e o nível de confiança C. (16.4)
5. Achar o tamanho de amostra necessário para obter um intervalo de confiança com margem de erro especificada m, quando são dados o nível de confiança e outras informações. (18.4)
6. Identificar, em um estudo, as fontes de erro que *não* estão incluídas na margem de erro de um intervalo de confiança, como subcobertura ou não resposta. (18.2)

S. Testes de significância

1. Enunciar as hipóteses nula e alternativa em uma situação de teste quando o parâmetro em questão é uma média populacional μ. (17.2)
2. Explicar, em linguagem não técnica, o significado do valor P quando lhe for dado o valor numérico de P para um teste. (17.3)
3. Aplicar o processo dos quatro passos para qualquer teste de significância. Esse processo será utilizado mais extensivamente em capítulos posteriores. Lembrar-se de descrever seus resultados no contexto do problema. (17.4)
4. Calcular a estatística z de uma amostra e o valor P para testes unilaterais ou bilaterais sobre a média μ de uma população Normal. (17.4)
5. Avaliar a significância estatística em níveis usuais α, ou comparando P com α, ou comparando z a valores críticos da Normal padrão. (17.3, 17.5)
6. Reconhecer que o teste de significância não mede o tamanho ou a importância de um efeito. Explicar por que um efeito pequeno pode ser significante em uma amostra grande, e por que um grande efeito pode não ser significante em uma amostra pequena. (18.3)
7. Reconhecer que qualquer procedimento de inferência age como se os dados tivessem sido produzidos apropriadamente. O intervalo de confiança e o teste z requerem que os dados sejam uma AAS da população. (18.1)

AUTOTESTE

As questões a seguir incluem questões de múltipla escolha, cálculos e questões de respostas curtas. Elas irão ajudá-lo na revisão das ideias e habilidades básicas apresentadas nos Capítulos 12 a 18.

19.1 Um sujeito escolhido aleatoriamente chega para um estudo de exercício e *fitness*. Descreva um espaço amostral para cada uma das informações a seguir. (Em alguns casos, você pode ter alguma liberdade para sua escolha de S.)

(a) O sujeito tem menos de 40 anos de idade, ou 40 anos, ou mais de 40 anos.

(b) Depois de dez minutos de um exercício em uma bicicleta, você pede ao sujeito para classificar o esforço dele na escala de taxa percebida de esforço (RPE – *rate of perceived exertion*). A RPE abrange passos de números inteiros, de 6 (nenhum esforço) a 20 (máximo de esforço).

(c) Você mede VO_2 máx, o volume máximo de oxigênio consumido por minuto durante o exercício. VO_2, em geral, fica entre 2,5 e 6,1 litros por minuto.

(d) Você mede a taxa cardíaca máxima (batimentos por minuto).

Mecanismos de busca na internet. *Os sites de busca na internet competem por usuários porque eles vendem espaços para anúncios nos sites e podem cobrar mais se forem usados pesadamente. Escolha na internet uma busca aleatoriamente. Aqui está a distribuição de probabilidade para o site que a busca utiliza:*[1]

Site	Google	Microsoft	Verizon	Ask Network
Probabilidade	0,63	0,25	0,11	?

Use essa informação para responder às Questões 19.2 a 19.4.

19.2 Qual é a probabilidade de uma tentativa de busca ser feita na Microsoft ou Verizon?

(a) 0,25

(b) 0,36

(c) 0,99

(d) Não pode ser determinada a partir da informação dada.

19.3 Qual é a probabilidade de uma tentativa de busca ser feita na Ask Network?

(a) 0,01

(b) 0,36

(c) 0,99

(d) Não pode ser determinada a partir da informação dada.

19.4 Qual é a probabilidade de uma tentativa de busca ser dirigida a um *site* diferente do Google?

(a) 0,01

(b) 0,25

(c) 0,37

(d) Não pode ser determinada a partir da informação dada.

Quantos na casa? *Em dados governamentais, uma família consiste em todos os ocupantes de uma unidade habitacional. Eis a distribuição dos tamanhos das unidades habitacionais nos Estados Unidos:*[2]

Número de pessoas	1	2	3	4	5	6	7
Probabilidade	0,28	0,35	0,15	0,13	0,06	0,02	0,01

Escolha aleatoriamente uma moradia e seja Y a variável aleatória que conta o número de pessoas que vivem em uma unidade habitacional. Use essa informação para responder às Questões 19.5 a 19.7.

19.5 Expresse "mais de uma pessoa vive nessa moradia" em termos de Y. Qual é a probabilidade desse evento?

19.6 Quanto é $P(2 < Y \leq 4)$?

19.7 Quanto é $P(Y \neq 2)$?

(a) 0,28

(b) 0,35

(c) 0,37

(d) 0,65

Quantas crianças? *Escolha aletoriamente uma mulher americana com idade entre 15 e 50 anos. Eis a distribuição do número de crianças que ela deu à luz:*[3]

X = número de crianças	0	1	2	3	4	5 ou mais
Probabilidade	0,442	0,168	0,217	0,107	0,043	0,023

Use essa informação para responder às Questões 19.8 a 19.11.

19.8 Verifique que essa distribuição satisfaz os dois requisitos para um legítimo modelo discreto de probabilidade.

19.9 Descreva em palavras o evento $X \le 2$. Qual é a probabilidade desse evento?

19.10 Quanto vale $P(X < 2)$?

(a) 0,168

(b) 0,442

(c) 0,610

(d) 0,827

19.11 Escreva o evento "uma mulher dá à luz três ou mais crianças" em termos dos valores de X. Qual é a probabilidade desse evento?

Geradores de números aleatórios. *Muitos geradores de números aleatórios permitem que os usuários especifiquem a amplitude dos números a serem produzidos. Suponha que você especifique que o número aleatório Y possa assumir qualquer valor entre −5 e 5. A curva de densidade do resultado tem uma altura constante entre −5 e 5 e altura 0 nas outras partes. Use essa informação para responder às Questões 19.12 a 19.15.*

19.12 A variável aleatória Y é

(a) discreta.

(b) contínua, mas não Normal.

(c) contínua e Normal.

(d) nenhuma das anteriores.

19.13 A altura da curva de densidade entre -5 e 5 é

(a) 0,1

(b) 0,2

(c) 1

(d) 5

19.14 Desenhe um gráfico da curva de densidade e encontre $P(1 \le Y \le 3)$.

19.15 Determine $P(-2 < Y < 2)$.

Um teste de QI. *A Wechsler Adult Intelligence Scale (WAIS) é um teste de QI comum para adultos. A distribuição dos escores WAIS para pessoas acima de 16 anos é aproximadamente Normal, com média 100 e desvio-padrão 15. Use essa informação para responder às Questões 19.16 a 1.19.*

19.16 Qual é a probabilidade de que um indivíduo, escolhido aleatoriamente, tenha escore WAIS de 105 ou maior?

(a) 0,0005

(b) 0,3707

(c) 0,4400

(d) 0,6293

19.17 Quais são a média e o desvio-padrão do escore WAIS médio $\bar{x}$ para uma AAS de 60 pessoas?

(a) Média = 13,56, desvio-padrão = 15

(b) Média = 100, desvio-padrão = 15

(c) Média = 100, desvio-padrão = 1,94

(d) Média = 100, desvio-padrão = 0,25

19.18 Qual é a probabilidade de que o escore WAIS médio de uma AAS de 60 pessoas seja 105 ou maior?

(a) 0,0049

(b) 0,3707

(c) 0,9738

(d) Nenhuma das anteriores

19.19 Suas respostas a algumas das Questões de 19.16 a 19.18 seriam afetadas se a distribuição dos escores WAIS na população adulta fosse distintamente não Normal? Explique.

Tempos de reação. *O tempo que as pessoas precisam para reagir a um estímulo tem, em geral, uma distribuição assimétrica à direita, porque a falta de atenção ou o cansaço resultam em alguns tempos de reação mais longos. Os tempos de reação para crianças com distúrbio de déficit de atenção/hiperatividade (DDAH) são mais assimétricos porque a condição delas causa falta de atenção mais frequente. Em um estudo com crianças com DDAH, foi pedido que elas pressionassem a barra de espaço no teclado do computador quando qualquer letra diferente de X aparecesse na tela. Com dois segundos entre as letras, o tempo médio de reação foi de 445 milissegundos (ms), e o desvio-padrão foi de 82 ms.*[4] *Admita que esses valores sejam o μ e o σ populacionais para crianças com DDAH. Use essa informação para responder às Questões 19.20 a 19.22.*

19.20 Quais são a média e o desvio-padrão do tempo médio de reação $\bar{x}$ para um grupo escolhido aleatoriamente de 15 crianças com DDAH? E para um grupo de 150 dessas crianças?

19.21 A distribuição dos tempos de reação é fortemente assimétrica. Explique brevemente por que hesitamos em considerar $\bar{x}$ como Normalmente distribuída para 15 crianças, mas desejamos usar a distribuição Normal para o tempo médio de reação de 150 crianças.

19.22 Qual é a probabilidade aproximada de que o tempo médio de reação em um grupo de 150 crianças com DDAH seja maior do que 450 ms?

Pesticidas na gordura de baleia: estimação. *O nível de pesticidas encontrado na gordura de baleias é uma medida da poluição dos oceanos pelo despejo a partir dos continentes, e também pode ser usado para a identificação de diferentes populações de baleias. Uma amostra de oito baleias macho minke, na área a oeste da Groenlândia, no Atlântico Norte, indicou que a concentração do pesticida dieldrin era de $\bar{x} = 357$ nanogramas por grama de gordura (ng/g).*[5] *Suponha que a concentração, em todas essas baleias, varie Normalmente, com um desvio-padrão de $\sigma = 50$ ng/g. Use essa informação para responder às Questões 19.23 a 19.26.*

joetsm/iStock

19.23 Um intervalo de confiança de 95% para a estimação do nível médio é

(a) 344,75 a 369,25

(b) 339,32 a 374,68

(c) 322,35 a 391,65

(d) 259,00 a 455,00

19.24 Um intervalo de confiança de 90% para a estimação do nível médio é

(a) 346,72 a 367,28

(b) 327,92 a 386,08

(c) 311,36 a 402,54

(d) 274,75 a 439,25

19.25 Encontre um intervalo de 80% de confiança para a concentração média de deldrin na população de baleias minke.

19.26 Qual fato geral sobre intervalos de confiança as margens de erro de seus três intervalos nos problemas anteriores ilustram?

Estimação do colesterol LDL. *A distribuição do nível do colesterol LDL na população de todos os adultos testados em um grande hospital por um período de dez anos é próxima da Normal, com desvio-padrão $\sigma = 40$ miligramas por decilitro (mg/dL). Você mede o colesterol no sangue de 16 pacientes adultos com idade de 20 a 34 anos. O nível médio é $\bar{x} = 125$ mg/dL. Suponha que σ seja o mesmo que na população adulta do hospital. Use essa informação para responder às Questões 19.27 a 19.29.*

19.27 Um intervalo de 90% de confiança para o nível médio μ do colesterol LDL em pacientes adultos com idade de 20 a 34 anos é

(a) $125 \pm 2{,}50$ mg/dL.
(b) $125 \pm 10{,}00$ mg/dL.
(c) $125 \pm 16{,}45$ mg/dL.
(d) nenhuma das anteriores.

19.28 Qual o tamanho amostral necessário para cortar pela metade a margem de erro na questão anterior?

(a) 4
(b) 8
(c) 32
(d) 64

19.29 Qual o tamanho amostral necessário para cortar para ± 5 mg/dL a margem de erro para um intervalo de confiança de 90%?

(a) 14
(b) 64
(c) 174
(d) 246

19.30 As classificações de economia de combustível da Environment Protection Agency dizem que o carro híbrido Toyota Prius de 2019 com tração nas quatro rodas faz 48 milhas por galão (mpg) na estrada. Deborah imagina se a milhagem média verdadeira de longo termo na estrada μ de seu novo Prius com tração nas quatro rodas é maior do que 48 mpg. Ela mantém registros cuidadosos da milhagem por 3 mil milhas de direção na estrada. Seu resultado é $\bar{x} = 49{,}2$ mpg. Quais são suas hipóteses nula e alternativa?

(a) H_0: $\mu = 48$, H_a: $\mu < 48$
(b) H_0: $\mu = 48$, H_a: $\mu > 48$
(c) H_0: $\bar{x} = 48$, H_a: $\bar{x} < 48$
(d) H_0: $\bar{x} = 48$, H_a: $\bar{x} > 48$

ESTATÍSTICA NO MUNDO REAL

Quantas milhas por galão?

À medida que o preço da gasolina sobe, mais pessoas prestam atenção às classificações de milhagem de gasolina feitas pelo governo. Até recentemente, essas classificações superestimavam o número de milhas por galão que esperamos quando realmente dirigimos. As classificações assumiam uma velocidade máxima de 60 milhas por hora, aceleração lenta, e sem ar-condicionado. Isso não reflete o que vemos a nosso redor nas estradas. Talvez não reflita o modo como nós mesmos dirigimos. Começando com modelos 2008, as classificações assumem velocidades mais altas (80 milhas por hora), aceleração mais rápida, e ar-condicionado em tempo de calor. As classificações de milhagem dos mesmos veículos caíram em cerca de 12% na cidade e 8% na estrada.

19.31 De acordo com a National Survey of Student Engagement (NSSE), a quantidade média de tempo que os estudantes de primeiro ano de faculdade gastam preparando-se para as aulas (estudando, lendo, escrevendo, fazendo deveres de casa ou trabalho de laboratório, analisando dados, ensaiando, e outras atividades acadêmicas), em 2019, foi de 14,44 horas por semana. Sua faculdade imagina se a média μ para seus alunos de primeiro ano em 2019 difere da média nacional. Uma amostra aleatória de 500 estudantes que estavam no primeiro ano em 2019 afirma ter gastado uma média de $\bar{x} = 13{,}4$ horas por semana com deveres de casa em seu primeiro ano. Quais são as hipóteses nula e alternativa para uma comparação dos estudantes do primeiro ano de sua faculdade com estudantes nacionais de primeiro ano em 2019?

(a) H_0: $\bar{x} = 14{,}44$, H_a: $\bar{x} \neq 14{,}44$
(b) H_0: $\bar{x} = 13{,}4$, H_a: $\bar{x} > 13{,}4$
(c) H_0: $\mu = 14{,}44$, H_a: $\mu \neq 14{,}44$
(d) H_0: $\mu = 13{,}4$, H_a: $\mu > 13{,}4$

Testando o colesterol no sangue. *A distribuição dos níveis de colesterol no sangue na população de todos os pacientes adultos testados em um grande hospital por um período de dez anos é próxima da Normal, com média de 130 miligramas por decilitro (mg/dL) e desvio-padrão de 40 mg/dL. Você mede o colesterol no sangue de 16 pacientes adultos com idade entre 20 e 34 anos. O nível médio é $\bar{x} = 125$ mg/dL. Suponha que σ seja como na população geral do hospital. Use essa informação para responder às Questões 19.32 a 19.34.*

19.32 Suspeitamos que a média μ para todos os adultos jovens com idade entre 20 e 34 anos que foram pacientes do hospital seja menor do que aquela da população de todos os pacientes adultos. Desse modo, decidimos testar as hipóteses H_0: $\mu = 130$, H_a: $\mu < 130$. A estatística de teste z para o teste dessas hipóteses é

(a) 0,50
(b) -0,50
(c) 2,00
(d) -2,00

19.33 O resultado é significante no nível

(a) $\alpha = 0{,}01$.
(b) $\alpha = 0{,}05$, mas não a $\alpha = 0{,}01$.
(c) $\alpha = 0{,}10$, mas não a $\alpha = 0{,}05$.
(d) nenhuma das anteriores.

19.34 Você aumenta a amostra de jovens adultos, com idade entre 20 e 34 anos, que foram pacientes no hospital, de 16 sujeitos para 256. Suponha que essa amostra maior resulte no mesmo nível médio de $\bar{x} = 125$ mg/dL. Refaça o teste nas Questões 19.32 e 19.33. O resultado é significante no nível

(a) $\alpha = 0{,}01$.
(b) $\alpha = 0{,}05$, mas não a $\alpha = 0{,}01$.
(c) $\alpha = 0{,}10$, mas não a $\alpha = 0{,}05$.
(d) Nenhuma das anteriores.

19.35 A Food and Drug Administration regula a quantidade de dieldrin em comida crua. Para alguns alimentos, não mais de 100 ng/g é permitido. Há boa evidência de que a concentração média μ na gordura de baleia esteja acima de 100 ng/g? Use a informação para os Exercícios 19.23 a

19.26 para realizar um teste das hipóteses de H_0: $\mu = 100$, H_a: $\mu > 100$, supondo que as "condições simples" se verificam. O valor *P* do seu teste é

(a) acima de 0,10.

(b) menor do que ou igual a 0,10, porém maior do que 0,05.

(c) menor do que ou igual a 0,05, porém maior do que 0,01.

(d) não maior do que 0,01.

19.36 Bebês que pesam menos de 1.500 gramas ao nascer são classificados como de "peso baixo ao nascer". Peso baixo ao nascer traz muitos riscos. Um estudo acompanhou 113 bebês meninos, com peso baixo ao nascer, até a vida adulta. Com 20 anos, o escore médio de QI para esses homens era $\bar{x} = 87{,}6$.[6] Os escores de QI variam Normalmente, com desvio-padrão $\sigma = 15$. Dê um intervalo de confiança de 95% para o escore médio de QI na idade de 20 anos para todos os homens com peso baixo ao nascer.

19.37 Os testes de QI são escalonados de modo que o escore médio em uma grande população deve ser $\mu = 100$. Suspeitamos que a população de pessoas com peso baixo ao nascer tenha escore médio de QI menor do que 100. O estudo descrito na questão anterior apresenta boa evidência de que isso seja verdade? Estabeleça hipóteses, realize um teste supondo que as "condições simples" sejam satisfeitas, calcule o valor *P* e dê sua conclusão em linguagem simples.

19.38 Quando nossos cérebros armazenam informação, mudanças químicas complicadas ocorrem. Ao tentar entender essas mudanças, os pesquisadores bloquearam alguns processos nas células do cérebro de ratos e compararam essas células com um grupo de controle de células normais. Eles afirmam que "não foram vistas diferenças" entre os dois grupos no nível de significância 0,05, em quatro variáveis resposta. Eles dão valores *P* de 0,45, 0,83, 0,26, e 0,84 para essas quatro comparações.[7] Qual das seguintes afirmativas está correta?

(a) É literalmente verdade que "não foram vistas diferenças". Isto é, as respostas médias foram exatamente semelhantes nos dois grupos.

(b) As respostas médias foram exatamente semelhantes nos dois grupos para pelo menos uma das quatro variáveis medidas, mas não para todas elas.

(c) A afirmativa "não foram vistas diferenças" significa que as diferenças observadas não eram estatisticamente significantes no nível de significância usado pelos pesquisadores.

(d) A afirmativa "não foram vistas diferenças" significa que as diferenças observadas foram todas menores do que 1 (e foram realmente 0,45, 0,83, 0,26, e 0,84 para essas quatro comparações).

19.39 Em um estudo de 2013, pesquisadores compararam várias medidas de homens de meia idade em sobrepeso, primogênito e segundo filho.[8] Eles descobriram que o primogênito tinha um peso significantemente mais alto ($P = 0{,}013$) do que o nascido em segundo lugar, mas que não havia qualquer diferença significante no colesterol total ($P = 0{,}74$). Explique cuidadosamente por que $P = 0{,}013$ significa que haja evidência de que os homens primogênitos podem ter pesos maiores do que os nascidos em segundo lugar, e por que $P = 0{,}74$ não dá evidência de que os homens primogênitos de meia idade possam ter níveis de colesterol total diferentes dos nascidos em segundo lugar.

19.40 Em geral, vemos na televisão reportagens sobre queimadas que ameaçam casas na Califórnia. Algumas pessoas argumentam que a prática moderna de apagar rapidamente pequenos focos permite que o combustível se acumule e aumente o dano causado pelos focos maiores. Um estudo detalhado de datas históricas sugere que isso seja errado, e que os danos têm aumentado simplesmente porque há mais casas nas áreas de risco.[9] Como é usual, o relatório do estudo dá informação estatística bem sucinta. A seguir, o resumo de uma regressão do número de incêndios na década (nove pontos de dados, para as décadas de 1910 a 1990). "Coletivamente, desde 1910, tem havido um aumento altamente significante ($r^2 = 0{,}61$, $P < 0{,}01$) no número de incêndios por década." Como você explicaria essa afirmativa a alguém que não sabe estatística? Inclua uma explicação, tanto da descrição dada por r^2 quanto de sua significância estatística.

19.41 **(Tópico opcional)** Byron afirma que a probabilidade de que Alabama e Clemson joguem no campeonato de futebol nacional neste ano é de 25%. O número 25% é

(a) a proporção de vezes que os times do Alabama e de Clemson jogaram no campeonato no passado.

(b) a probabilidade pessoal de Byron de que Alabama e Clemson jogarão no campeonato de futebol neste ano.

(c) a área sob uma curva de densidade Normal.

(d) todas as anteriores.

19.42 **(Tópico opcional) Causas de mortes.** Tumores de câncer, doenças do coração e acidentes são as principais causas de morte para adultos. Eis as contagens de mortes devidas a essas causas em 2017 para adultos na Califórnia e em Nova York:

	Califórnia	Nova York
Tumores de câncer	59.516	34.956
Doenças do coração	62.797	44.092
Acidentes	13.840	7.687

(a) Escolha aleatoriamente um adulto da Califórnia ou Nova York que tenha morrido de uma dessas três causas. Qual é a probabilidade de que o adulto seja de Nova York?

(b) Encontre a probabilidade condicional de que a vítima era de Nova York, dado que a morte foi acidental.

(c) Use suas respostas das partes (a) e (b) para explicar se o estado de onde era o adulto era (Califórnia ou Nova York) e se esses três tipos de morte são independentes ou não.

(Tópico opcional) Uma baleia de cada vez. *A companhia Hacksaw's Boats leva turistas em um cruzeiro diário para observação de golfinhos/baleias. Seu folheto afirma que há uma chance de 85% de avistar uma baleia ou um golfinho. Suponha que haja uma chance de 65% de avistar golfinhos e de 10% de avistar golfinhos e baleias. Use essa informação para responder às Questões 19.43 a 19.45. (Você pode querer fazer um diagrama de Venn para ajudar nas respostas às Questões 19.43 e 19.44.)*

19.43 A probabilidade de se avistar uma baleia durante o cruzeiro é

(a) 0,15.

(b) 0,20.

(c) 0,30.

(d) 0,55.

19.44 A probabilidade de se avistar uma baleia, mas não um golfinho é

(a) 0,15.

(b) 0,20

(c) 0,30.

(d) 0,55.

19.45 Suponha que os avistamentos de um dia para outro sejam independentes. Se você faz o cruzeiro de observação de golfinhos/baleias em dois dias consecutivos, qual é a probabilidade de que você aviste um golfinho ou uma baleia em pelo menos um dia? (*Sugestão*: calcule primeiro a probabilidade de que esse evento não ocorra.)

(a) 0,0225

(b) 0,2775

(c) 0,7225

(d) 0,9775

19.46 **(Tópico opcional)** Alysha converte 40% de seus lances livres. Ela recebe cinco lances livres em um jogo. Se os lances são independentes uns dos outros, a probabilidade de que ela perca os dois primeiros lances, mas converta os outros três, é de cerca de

(a) 0,230.

(b) 0,115.

(c) 0,023.

(d) 0,600.

19.47 **(Tópico opcional)** Alysha converte 40% de seus lances livres. Ela recebe cinco lances livres em um jogo. Se os lances são independentes uns dos outros, a probabilidade de que ela converta *exatamente* um dos cinco lances é de cerca de

(a) 0,259.

(b) 0,115.

(c) 0,052.

(d) 0,200.

(Tópico opcional) Rastreando sua saúde. *Pesquisas amostrais apontam que mais pessoas estão rastreando mudanças em sua saúde em papel, planilhas, aparelhos móveis, ou apenas "na cabeça". Uma pesquisa perguntou a uma amostra nacional de 3.014 adultos, "Agora, pensando em sua saúde em geral, você atualmente acompanha seu peso, dieta, ou rotina de exercícios, ou isso não é algo que você faça atualmente?"*[10] *A população sobre a qual a pesquisa deseja tirar conclusões são todos os residentes nos Estados Unidos, com 18 anos ou mais. Suponha que, de fato, 61% de todos os adultos diriam sim como resposta a essa pergunta. Use essa informação para responder às Questões 19.48 e 19.49.*

19.48 A distribuição aproximada do número na amostra de 3.014 adultos que diriam sim é

(a) *N*(61; 26,78).

(b) *N*(61; 717,03).

(c) *N*(1838,5; 26,78).

(d) *N*(1838,5; 717,03).

19.49 Encontre a probabilidade (aproximada) de que 1.900 ou mais adultos na amostra digam sim.

EXERCÍCIOS SUPLEMENTARES

Os exercícios suplementares aplicam as habilidades que você adquiriu de maneiras que exigem mais raciocínio ou uso mais elaborado da tecnologia.

19.50 **A regra da adição.** A regra da adição para probabilidades, $P(A \text{ ou } B) = P(A) + P(B)$, não é sempre verdadeira. Dê (em palavras) um exemplo de eventos do mundo real, *A* e *B*, para os quais essa regra não é verdadeira.

19.51 **Comparando provadores de vinho.** Dois provadores de vinho classificam cada vinho que provam em uma escala de 1 a 5. A partir dos dados de suas classificações de uma grande quantidade de vinhos, obtemos as seguintes probabilidades para as classificações dos dois provadores de um vinho selecionado aleatoriamente:

	Provador 2				
Provador 1	1	2	3	4	5
1	0,05	0,02	0,01	0,00	0,00
2	0,02	0,08	0,04	0,02	0,01
3	0,01	0,04	0,25	0,05	0,01
4	0,00	0,02	0,05	0,18	0,02
5	0,00	0,01	0,01	0,02	0,08

(a) Por que esse é um legítimo modelo discreto de probabilidade?

(b) Qual é a probabilidade de que os provadores concordem na classificação de um vinho?

(c) Qual é a probabilidade de que o Provador 1 dê uma classificação mais alta do que o Provador 2? Qual é a probabilidade de que o Provador 2 dê uma classificação mais alta do que o Provador 1?

19.52 **Um dado de 14 faces.** Um antigo jogo coreano, usado quando se bebe, envolve um dado de 14 faces. Os jogadores se alternam rolando o dado e devem se submeter a qualquer que seja a humilhação escrita na face que se apresenta: algo como "Mantenha-se estático quando fizerem cócegas na sua face". Seis das 14 faces são quadradas. Vamos denotá-las abreviadamente por A, B, C, D, E e F. As outras oito faces são triângulos, que chamaremos de 1, 2, 3, 4, 5, 6, 7 e 8. Todos os quadrados são igualmente prováveis. Todos os triângulos também são igualmente prováveis, mas a probabilidade de triângulo difere da probabilidade de quadrado. A probabilidade de se obter

David Moore

um triângulo é 0,28. Forneça um modelo de probabilidade para os 14 resultados possíveis.

19.53 Distribuições: médias *versus* indivíduos. O intervalo de confiança e o teste *z* se baseiam na distribuição amostral da média amostral $\bar{x}$. A National Survey of Student Engagement (NSSE) pede aos alunos de último ano das faculdades que classifiquem quanto suas experiências em suas instituições contribuíram para suas habilidades em analisar informação numérica e estatística. As classificações estão em uma escala de 1 a 7, com 7 representando a mais alta (melhor) classificação. Suponha que os escores para todos os alunos de último ano em 2019 sejam Normais, com média $\mu = 2{,}9$ e desvio-padrão $\sigma = 1{,}0$. (As classificações assumem valores inteiros de 1 a 7, de modo que a população das classificações de todos os alunos de último ano das faculdades poderia não ser Normal. No entanto, como discutido na Seção 18.1, é razoável assumir que a média amostral $\bar{x}$ seja aproximadamente Normal, e é a Normalidade da média amostral que torna o uso dos procedimentos *z* preciso.)

(a) Você toma uma amostra de 100 alunos de último ano de faculdade. De acordo com a parte 99,7 da regra 68-95-99,7, qual é a faixa de classificações que você espera observar em sua amostra?

(b) Você observa várias amostras de tamanho 100. Qual é a faixa de valores das médias amostrais das classificações, $\bar{x}$, que você espera observar?

19.54 Distribuições: amostras maiores. No contexto do exercício anterior, quantos alunos de último ano você deve amostrar para reduzir à metade a faixa dos valores de $\bar{x}$? Isso também reduzirá à metade a margem de erro de um intervalo de confiança para μ. Você espera que a faixa das classificações individuais na nova amostra seja também muito menor do que em uma amostra de tamanho 100? Por quê?

19.55 Temperatura corporal normal. A seguir, estão as temperaturas corporais médias diárias (°F) para 20 adultos saudáveis:[11] TEMPCORP

98,74	98,83	96,80	98,12	97,89	98,09	97,87	97,42	97,30	97,84
100,27	97,90	99,64	97,88	98,54	98,33	97,87	97,48	98,92	98,33

(a) Faça um diagrama de ramo e folhas dos dados. A distribuição é razoavelmente simétrica e de pico único. Há um valor atípico suave. Esperamos que a distribuição da média amostral $\bar{x}$ seja próxima da Normal.

(b) Esses dados fornecem evidência de que a temperatura corporal média para todos os adultos saudáveis não seja igual aos "tradicionais" 98,6°F (37°C)? (Esse valor tradicional foi reavaliado recentemente. Ver referência nas notas.) Siga o processo dos quatro passos para testes de significância. (Suponha que a temperatura corporal varie Normalmente, com desvio-padrão 0,7°F.)

19.56 Tempo em um restaurante. O proprietário de uma pizzaria na França sabe que o tempo que os clientes gastam em um restaurante nas noites de sábado tem média de 90 minutos e desvio-padrão de 15 minutos. Ele leu que os odores agradáveis podem influenciar os clientes, de modo que espargiu um perfume de lavanda por todo o restaurante. Eis os tempos (em minutos) para clientes na noite do sábado seguinte:[12] RSTRNT

92	126	114	106	89	137	93	76	98	108
124	105	129	103	107	109	94	105	102	108
95	121	109	104	116	88	109	97	101	106

(a) Faça um diagrama de ramo e folhas dos tempos. A distribuição é razoavelmente simétrica e de um só pico, de modo que a distribuição de $\bar{x}$ deve ser próxima da Normal.

(b) Suponha que o desvio-padrão $\sigma = 15$ minutos não seja alterado pelo odor. Há razão para se pensar que o odor de lavanda tenha aumentado o tempo médio que os clientes gastam no restaurante? Siga o processo dos quatro passos para testes de significância.

19.57 Temperatura corporal normal. Use os dados no Exercício 19.55 para estimar a temperatura corporal média com 90% de confiança. Siga o processo dos quatro passos para intervalos de confiança. TEMPCORP

19.58 Tempo em um restaurante. Use os dados do Exercício 19.56 para estimar o tempo médio que os clientes gastam nesse restaurante nas noites de sábado, com 95% de confiança. Siga o processo dos quatro passos para intervalos de confiança. RSTRNT

19.59 Testes a partir de intervalos de confiança. Você lê em um relatório do Census Bureau que um intervalo de confiança de 90% para a renda mediana em 2018 das famílias americanas foi de US\$61.937 ± US\$94. Com base nesse intervalo, você pode rejeitar a hipótese nula de que a renda mediana nesse grupo seja de US\$62 mil? Qual é a hipótese alternativa do teste com base nesse intervalo de confiança? Qual é o nível de significância?

19.60 (Tópico opcional) Teste para HIV. Testes de imunoensaio enzimático são usados para o exame de espécimes de sangue em relação à presença de anticorpos do HIV, o vírus que causa a AIDS. Anticorpos indicam a presença do vírus. O teste é muito preciso, mas não é sempre correto. Eis as probabilidades aproximadas de resultados de teste positivos e negativos, quando o sangue testado realmente contém ou não contém anticorpos para ao HIV:[13]

	Resultado do teste	
	Positivo	Negativo
Anticorpos presentes	0,9985	0,0015
Anticorpos ausentes	0,0060	0,9940

Suponha que 1% de uma grande população carregue anticorpos para o HIV em seu sangue.

(a) Desenhe um diagrama em árvore para a seleção de uma pessoa dessa população (resultados: anticorpos presentes ou ausentes) e testagem do seu sangue (resultados: teste positivo ou negativo).

(b) Qual é a probabilidade de que o teste seja positivo para uma pessoa escolhida aleatoriamente dessa população?

19.61 (Tópico opcional) Tipo de escola de Ensino Médio frequentada. Digamos que você escolha um calouro de faculdade aleatoriamente e lhe pergunte qual tipo de escola de Ensino Médio ele frequentou. Eis a distribuição dos resultados:[14]

Tipo	Pública regular	Pública autônoma	Pública ímã	Religiosa privada	Independente privada	Escola em casa
Probabilidade	0,758	0,029	0,035	0,109	0,063	0,006

Qual é a probabilidade condicional de que um calouro de faculdade tenha sido ensinado em casa, dado que não frequentou uma escola pública regular de Ensino Médio?

19.62 **(Tópico opcional) Teste para HIV falso positivo.** Continue seu trabalho do Exercício 19.60. Qual é a probabilidade de que uma pessoa tenha o anticorpo, dado que seu teste é positivo? (Seu resultado ilustra um fato que é importante ao considerar propostas de testagem em larga escala para o HIV, câncer de próstata, drogas ilegais, ou agentes de guerra biológica: se a condição sendo testada é incomum na população, a maioria dos positivos será de falsos positivos.)

19.63 **(Tópico opcional) Taxas de retenção em um programa de perda de peso.** Os americanos gastam mais de 30 bilhões de dólares anualmente em uma variedade de produtos e serviços para perda de peso. Em um estudo das taxas de retenção dos que usaram o Programa de Recompensas de Jenny Craig em 2005, descobriu-se que cerca de 18% dos que começaram o programa o abandonaram nas quatro primeiras semanas.[15] Suponha que tenhamos uma amostra aleatória de 300 pessoas que estão começando o programa.

(a) Admitindo que os resultados do estudo de 2005 ainda caracterizem a população geral, qual é o número médio de pessoas que abandonarão o Programa de Recompensas dentro de quatro semanas, em uma amostra desse tamanho? Qual é o desvio-padrão?

(b) Qual é a probabilidade de que pelo menos 235 pessoas na amostra ainda estarão no Programa de Recompensas depois das quatro primeiras semanas? Verifique se a aproximação Normal é permissível e use-a para encontrar essa probabilidade. Se seu programa permitir, ache a probabilidade binomial exata e compare os dois resultados.

19.64 **(Tópico opcional) Baixo poder?** Parece que a ingestão de farelo de aveia reduz pouco o colesterol. Quando o farelo de aveia era popularmente considerado promotor de boa saúde, um artigo no *New England Journal of Medicine* afirmou que ele não tinha efeito significante sobre o colesterol.[16] O artigo relatava um estudo com apenas 20 sujeitos. Cartas enviadas ao periódico denunciavam a publicação de descobertas negativas a partir de um estudo com poder muito baixo. Explique por que a falta de significância em um estudo com poder baixo não fornece qualquer razão para aceitar a hipótese nula de que o farelo de aveia não tenha qualquer efeito.

19.65 **(Tópico opcional) Erros Tipo I e Tipo II.** A Questão 19.37 pede um teste de significância da hipótese nula de que o QI médio de bebês do sexo masculino com peso muito baixo ao nascer é 100, contra a hipótese alternativa de que a média é menor do que 100. Diga, em palavras, o que significa cometer um erro Tipo I e um erro Tipo II nesse contexto.

Giuseppe Lombardo/iStock

PARTE IV

Inferência sobre uma Média Populacional

Com os princípios em mãos, prosseguimos para a prática – isto é, para a inferência em contextos totalmente realistas. Nos capítulos restantes deste livro, você encontrará muitos dos procedimentos estatísticos mais comumente utilizados. Agrupamos esses procedimentos em duas classes, correspondentes à nossa divisão da análise de dados em exploração de variáveis e distribuições, e exploração de relações. Os cinco capítulos da Parte IV dizem respeito à inferência sobre a distribuição de uma única variável e inferência para comparação das distribuições de duas variáveis. A Parte V apresenta a inferência para relações entre variáveis. Nos Capítulos 20 e 21, analisamos dados de variáveis quantitativas. Começamos com a já conhecida distribuição Normal para uma variável quantitativa. Os Capítulos 22 e 23 se referem às variáveis categóricas, de modo que a inferência começa com contagens e proporções de resultados. O Capítulo 24 faz uma revisão dessa parte do livro.

O processo dos quatro passos para a abordagem de um problema estatístico pode orientar grande parte de seu trabalho nesses capítulos. Você deve rever os esboços do processo dos quatro passos para um intervalo de confiança e para um teste de significância. O enunciado de um exercício, em geral, apresenta o passo Estabeleça, deixando os passos Planeje, Resolva e Conclua para você completar. É útil, antes, resumir o passo Estabeleça em suas próprias palavras, para ajudar na organização de seu pensamento. Muitos exemplos e exercícios nesses capítulos envolvem tanto a realização de inferência quanto a reflexão acerca da inferência na prática. Lembre-se de que qualquer método de inferência é útil somente sob certas condições, e você precisa avaliar essas condições antes de se precipitar para a inferência.

CAPÍTULO

20

Após leitura do capítulo, você será capaz de:

20.1 Reconhecer se as condições para o uso dos métodos de inferência para a estimação de uma média populacional são satisfeitas.

20.2 Dados o tamanho amostral e o nível de confiança desejado para inferência com base na distribuição *t*, usar programas ou uma tabela para a determinação dos valores críticos t^*.

20.3 Usar o procedimento *t* de uma amostra para obter um intervalo de confiança no nível de confiança estabelecido para a média μ de uma população.

20.4 Realizar o teste *t* de uma amostra para a hipótese de que uma média populacional tenha um valor especificado e fornecer o valor *P* associado.

20.5 Usar a tecnologia para implementar os procedimentos *t* de uma amostra.

20.6 Reconhecer dados emparelhados e usar procedimentos *t* para obter intervalos de confiança e realizar testes de significância para estudos de dados emparelhados.

20.7 Usar o tamanho amostral e o exame da distribuição dos dados amostrais para determinar se a robustez dos procedimentos *t* permite o uso daqueles procedimentos em contextos específicos.

Richard Nowitz/Getty Images

Inferência sobre uma Média Populacional

Nos Capítulos 16 a 18, iniciamos nosso estudo de inferência. Focamos nossa atenção na inferência para uma média populacional com base em uma amostra de uma população Normal. Incluímos a hipótese não realista de que conhecíamos o desvio-padrão populacional σ. Fomos capazes de usar o que aprendemos sobre a distribuição Normal nos Capítulos 3 e 12, e o que aprendemos sobre distribuição amostral da média amostral no Capítulo 15, para a construção de intervalos de confiança para, e realizar testes de hipótese sobre, a média populacional.

Neste capítulo, descartamos a condição não realista de que conhecemos o desvio-padrão da população, σ, e apresentamos procedimentos para uso prático. Também prestamos mais atenção ao contexto de dados reais de nosso trabalho. Os detalhes dos intervalos de confiança e testes mudam apenas ligeiramente quando você não conhece σ. O mais importante é que os resultados podem ser interpretados exatamente como antes. Para ilustrar isso, o Exemplo 20.2 repete um exemplo do Capítulo 16.

20.1 Condições para inferência sobre uma média

Intervalos de confiança e testes de significância para a média μ de uma população Normal se baseiam na média amostral $\bar{x}$. Intervalos de confiança e valores *P* envolvem probabilidades calculadas a partir da distribuição amostral de $\bar{x}$. Eis as condições necessárias para a inferência realista sobre uma média populacional.

Condições para inferência sobre uma média

- Consideramos nossos dados como uma amostra aleatória simples (AAS) da população. Essa condição é muito importante.
- As observações da população têm uma distribuição Normal, com média μ e desvio-padrão σ. Na prática, é suficiente que a distribuição seja simétrica e com um único pico, a menos que a amostra seja muito pequena. Ambos, μ e σ, são parâmetros desconhecidos.

Há outra condição que se aplica a todos os métodos de inferência neste livro: *a população deve ser muito maior do que a amostra – digamos, pelo menos 20 vezes maior.*[1] Todos os nossos exemplos e exercícios satisfazem essa condição. Contextos práticos, nos quais a amostra é uma grande parte da população, são bastante especiais, e não os discutiremos.

Quando as condições para a inferência são satisfeitas, a média amostral $\bar{x}$ tem distribuição Normal, com média μ e desvio-padrão $\sigma/\sqrt{n}$. Como não conhecemos σ, o estimamos pelo desvio-padrão amostral s. Estimamos, então, o desvio-padrão de $\bar{x}$ por $s/\sqrt{n}$. Essa quantidade é denominada *erro padrão* da média amostral $\bar{x}$.

Erro padrão

Quando o desvio-padrão de uma estatística é estimado a partir dos dados, o resultado é chamado de **erro padrão** da estatística. O erro padrão da média amostral $\bar{x}$ é $s/\sqrt{n}$.

Por exemplo, se uma amostra de tamanho $n = 20$ de uma população tem desvio-padrão $s = 8$, o erro padrão da média amostral seria $s/\sqrt{n} = 8/\sqrt{20} = 8/4{,}472 = 1{,}789$.

Não confunda o erro padrão com o desvio-padrão amostral s. O desvio-padrão amostral s é uma estimativa do desvio-padrão da população da qual a amostra é extraída. O erro padrão não é uma estimativa do desvio-padrão populacional.

APLIQUE SEU CONHECIMENTO

20.1 Tempo de viagem para o trabalho. Um estudo do tempo de deslocamento relata o tempo de viagem de ida para o trabalho de uma amostra aleatória de mil adultos empregados em Seattle.[2] A média é $\bar{x} = 30{,}1$ minutos e o desvio-padrão é $s = 27{,}2$ minutos. Qual é o erro padrão da média?

20.2 Carteiras altas para uso em pé queimam calorias. Pesquisadores da Texas A&M estudaram o efeito do uso de carteiras altas, para uso em pé, sobre o gasto de energia por nove estudantes da escola elementar. Em seu artigo sobre o estudo, eles relataram estatísticas descritivas para os nove estudantes. Essas estatísticas descritivas eram expressas como uma média mais ou menos um desvio-padrão.[3] Uma dessas estatísticas descritivas era o peso dos estudantes antes do uso das carteiras em pé, que foi relatado como $27{,}0 \pm 7{,}9$ quilogramas. Quais são $\bar{x}$ e o erro padrão da média desses estudantes? (Esse exercício é também um alerta para a leitura cuidadosa: $27{,}0 \pm 7{,}9$ *não* é um intervalo de confiança, embora resumos nessa forma sejam comuns em relatórios científicos.)

20.2 As distribuições *t*

Se conhecêssemos o valor de σ, basearíamos os intervalos de confiança e os testes para μ na estatística z de uma amostra que usamos no Capítulo 17:

$$z = \frac{\bar{x} - \mu}{\sigma/\sqrt{n}}$$

Essa estatística z tem distribuição Normal padrão $N(0, 1)$. Na prática, não conhecemos σ e, assim, o erro padrão $s/\sqrt{n}$ de $\bar{x}$ substitui seu desvio-padrão $\sigma/\sqrt{n}$. A estatística resultante não tem uma distribuição Normal. Tem uma distribuição nova para nós, chamada de *distribuição t*.

A estatística *t* de uma amostra e as distribuições *t*

Selecione uma AAS de tamanho n de uma grande população que tem distribuição Normal, com média μ e desvio-padrão σ. A **estatística *t* de uma amostra**

$$t = \frac{\bar{x} - \mu}{s/\sqrt{n}}$$

tem **distribuição *t*** com $n - 1$ graus de liberdade.

A estatística t tem a mesma interpretação que qualquer estatística padronizada: informa a distância de $\bar{x}$ à sua média μ em unidades de desvio-padrão. Há uma distribuição t diferente para cada tamanho de amostra. Especificamos uma distribuição t particular dando seus *graus de liberdade*. Os graus de liberdade para a estatística t de uma amostra provêm do desvio-padrão amostral s no denominador de t. Vimos, no Capítulo 2, que s tem $n - 1$ graus de liberdade. Há outras estatísticas t com graus de liberdade diferentes, algumas das quais serão apresentadas posteriormente. Para abreviar, denotaremos a distribuição t com $n - 1$ graus como liberdade por t_{n-1}.

A Figura 20.1 compara as curvas de densidade da distribuição Normal padrão e as das distribuições t com 2 e 9 graus de liberdade. A figura ilustra os seguintes fatos sobre as distribuições t:

- As curvas de densidade das distribuições t são semelhantes, em forma, à curva Normal padrão. São simétricas em torno de 0, com um único pico e têm forma de sino.
- A dispersão das distribuições t é um pouco maior do que a da distribuição Normal padrão. As distribuições t na Figura 20.1 têm mais probabilidade nas caudas e menos no centro do que a distribuição Normal padrão. Isso é verdade porque

FIGURA 20.1

Curvas de densidade para as distribuições t com 2 e 9 graus de liberdade e para a distribuição Normal padrão. Todas são simétricas com centro em 0. As distribuições t são, de algum modo, mais variáveis.

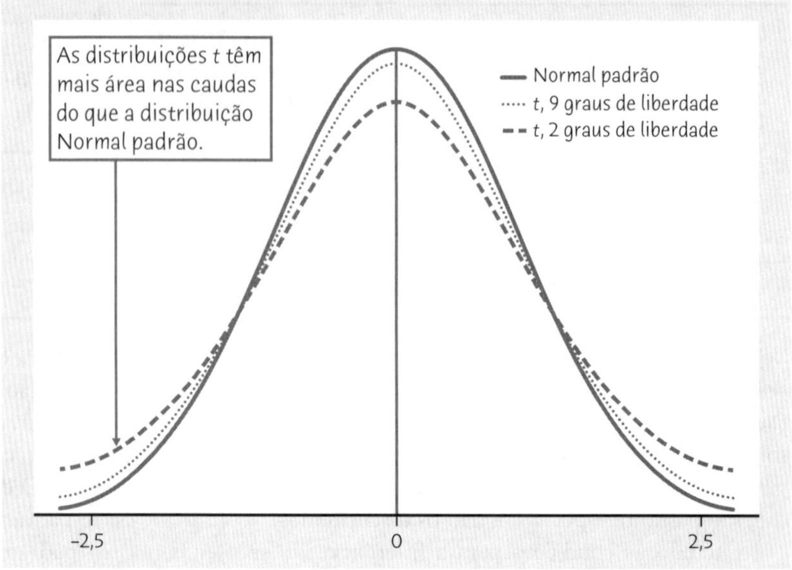

a substituição do parâmetro fixo σ pela estimativa s introduz mais variação na estatística.

- À medida que os graus de liberdade aumentam, a curva de densidade t se aproxima da curva $N(0, 1)$ cada vez mais. Isso acontece porque s estima σ mais precisamente quando o tamanho da amostra aumenta. Logo, o uso de s no lugar de σ gera pouca variação extra quando a amostra é grande.

A Tabela C, no fim do livro, fornece valores críticos para as distribuições t. Cada linha na tabela contém valores críticos para a distribuição t cujos graus de liberdade aparecem à esquerda da linha. Por conveniência, rotulamos as entradas da tabela tanto pelo nível de confiança C (em porcentagem) necessário para intervalos de confiança, quanto por valores P unilaterais e bilaterais, para cada valor crítico. Você já usou os valores críticos da Normal padrão na linha z^* na parte inferior da Tabela C. Olhando qualquer coluna de cima para baixo, você pode verificar que os valores críticos t se aproximam dos valores Normais à medida que os graus de liberdade aumentam. Se você usar um programa estatístico, a Tabela C se torna desnecessária.

EXEMPLO 20.1 Valores críticos t

A Figura 20.1 mostra a curva de densidade para a distribuição t com 9 graus de liberdade. Qual ponto nessa distribuição tem probabilidade 0,05 à sua direita? Na Tabela C, procure na linha gl = 9 acima do valor P unilateral 0,05, e verá que o valor crítico é $t^* = 1{,}833$. Para usar um programa, introduza os graus de liberdade e a probabilidade que você deseja *à esquerda*, 0,95 nesse caso. Eis a saída do Minitab:

```
Student's t distribution with 9 DF

P(X <= x)      x
     0.95   1.83311
```

Para a distribuição Normal padrão, o ponto que tem probabilidade 0,05 à direita é 1,645. (Ver linha z^* na parte inferior da Tabela C para os valores críticos da distribuição Normal.) O valor para a distribuição Normal padrão é menor do que o valor para a distribuição t. Esse é um exemplo do que queremos dizer com a afirmativa de que as distribuições t têm mais probabilidade nas caudas do que a distribuição Normal padrão.

APLIQUE SEU CONHECIMENTO

20.3 Valores críticos. Use um programa ou a Tabela C para achar

(a) o valor crítico para um teste unilateral com nível $\alpha = 0{,}01$ com base na distribuição t_1.

(b) o valor crítico para um intervalo de confiança de 90% com base na distribuição t_{30}. Como isso se compara com o valor crítico z^* para um intervalo de confiança de 90% com base na distribuição Normal padrão?

20.4 Mais valores críticos. Você tem uma AAS de tamanho 100 e calcula a estatística t de uma amostra. Qual é o valor crítico t^* de modo que

(a) t tem probabilidade 0,02 à direita de t^*?

(b) t tem probabilidade 0,80 à esquerda de t^*?

(c) Como os valores em (a) e (b) se comparam com os valores correspondentes de z^* para a distribuição Normal padrão?

20.3 O intervalo de confiança *t* de uma amostra

Para analisar amostras de populações Normais com σ desconhecido, apenas substitua o desvio-padrão $\sigma/\sqrt{n}$ de $\bar{x}$ por seu erro padrão $s/\sqrt{n}$ nos procedimentos z dos Capítulos 16, 17 e 18. O intervalo de confiança e o teste que resultam são *procedimentos t de uma amostra.* Valores críticos e valores *P* são provenientes da distribuição *t* com $n - 1$ graus de liberdade. Os procedimentos *t* de uma amostra são semelhantes aos procedimentos z, tanto no raciocínio quanto nos detalhes computacionais.

ESTATÍSTICA NO MUNDO REAL

Melhor estatística, melhor cerveja

A distribuição *t* e os procedimentos *t* para inferência foram criados por William S. Gosset (1876-1937). Gosset trabalhava para a cervejaria Guinness e seu objetivo na vida era fazer a melhor cerveja. Ele usou seus novos procedimentos *t* para encontrar as melhores variedades de cevada e lúpulo. O trabalho estatístico de Gosset ajudou-o a se tornar um cervejeiro melhor, um título muito mais interessante do que o de professor de estatística. Como Gosset publicava sob o pseudônimo de "Student", frequentemente veremos a distribuição *t* ser chamada de "t de Student", em sua homenagem.

O intervalo de confiança t de uma amostra

Selecione uma AAS de tamanho n de uma grande população que tem média μ desconhecida. Um intervalo de confiança para μ de nível C é

$$\bar{x} \pm t^* \frac{s}{\sqrt{n}}$$

em que t^* é o valor crítico para a curva de densidade t_{n-1} com área C entre $-t^*$ e t^*. Esse intervalo é exato quando a distribuição populacional é Normal, e aproximadamente correto para n grande, nos outros casos.

Vamos fornecer diretrizes sobre o tamanho amostral necessário para que o intervalo de confiança *t* seja aproximadamente correto, na Seção 20.7.

EXEMPLO 20.2 Bom tempo, boas gorjetas?

4 PASSOS Voltemos ao estudo sobre gorjetas em um restaurante, que vimos no Exemplo 16.3. Seguimos o processo dos quatro passos para um intervalo de confiança. GORJETA2

ESTABELEÇA: a expectativa de bom tempo conduz a comportamento mais generoso? Psicólogos estudaram o tamanho de gorjetas em um restaurante quando uma mensagem, indicando que o tempo no dia seguinte seria bom, vinha escrita na conta. Eis as gorjetas de 20 clientes, medidas em percentual do total da conta:[4]

asiseeit/iStock

20,8 18,7 19,9 20,6 21,9 23,4 22,8 24,9 22,2 20,3

24,9 22,3 27,0 20,4 22,2 24,0 21,1 22,1 22,0 22,7

Esse é um dos três conjuntos de medições feitas, as outras correspondendo a gorjetas recebidas quando a mensagem escrita na conta dizia que, no dia seguinte, o tempo não seria bom, e gorjetas recebidas quando não havia qualquer mensagem. Desejamos estimar a gorjeta média para comparação com gorjetas sob as outras condições.

PLANEJE: estimaremos a gorjeta percentual média μ para todos os clientes desse restaurante, quando recebem a mensagem de que, no dia seguinte, o tempo será bom, apresentando um intervalo de confiança de 95%.

RESOLVA: devemos começar pela verificação das condições para inferência.

- Como no Capítulo 16, desejamos considerar esses clientes como uma AAS de todos os clientes desse restaurante
- O diagrama de ramo e folhas na Figura 20.2 não sugere qualquer afastamento forte da Normalidade.

Podemos continuar com os cálculos. Para esses dados,

$$\bar{x} = 22{,}21 \quad \text{e} \quad s = 1{,}963$$

18	7
19	9
20	3 4 6 8
21	1 9
22	0 1 2 2 3 7 8
23	4
24	0 9 9
25	
26	
27	0

FIGURA 20.2
Diagrama de ramo e folhas das gorjetas percentuais, para o Exemplo 20.2.

Os graus de liberdade são $n - 1 = 19$. Pela Tabela C, vemos que, para 95% de confiança, $t^* = 2{,}093$. O intervalo de confiança é

$$\begin{aligned} \bar{x} \pm t^* \frac{s}{\sqrt{n}} &= 22{,}21 \pm 2{,}093 \frac{1{,}963}{\sqrt{20}} \\ &= 22{,}21 \pm 0{,}92 \\ &= 21{,}29\% \text{ a } 23{,}13\% \end{aligned}$$

CONCLUA: estamos 95% confiantes de que a gorjeta percentual média para todos os clientes desse restaurante, quando as contas contêm uma mensagem de bom tempo no dia seguinte, fique entre 21,29 e 23,13.

Nosso trabalho no Exemplo 20.2 é muito semelhante ao que fizemos no Exemplo 16.3. Para tornar a inferência realista, substituímos o suposto $\sigma = 2$ por $s = 1{,}963$, calculado a partir dos dados, e substituímos o valor crítico da Normal padrão $z^* = 1{,}960$ pelo valor t crítico, $t^* = 2{,}093$. O intervalo de confiança resultante é um pouco mais amplo do que aquele obtido no Exemplo 16.3 (que foi 21,33 a 23,09).

O intervalo de confiança t de uma amostra resultante tem a forma

$$\text{estimativa} \pm t^* \, \text{EP}_{\text{estimativa}}$$

em que EP significa "erro padrão". Encontraremos diversos intervalos de confiança com essa forma em comum. No Exemplo 20.2, a estimativa é a média amostral $\bar{x}$ e seu erro padrão é

$$\text{EP}_{\bar{x}} = \frac{s}{\sqrt{n}} = \frac{1{,}963}{\sqrt{20}} = 0{,}439$$

Programas darão $\bar{x}$, s, $\text{EP}_{\bar{x}}$, e o intervalo de confiança a partir dos dados. A Figura 20.5 mostra saídas típicas de programas para o Exemplo 20.2.

APLIQUE SEU CONHECIMENTO

20.5 Valores críticos. Qual valor crítico t^* da Tabela C você usaria para um intervalo de confiança para a média da população em cada uma das situações a seguir? (Se você tem acesso a programas, você pode usá-los para determinar os valores críticos.)

(a) Um intervalo de confiança de 99% com base em $n = 2$ observações.

(b) Um intervalo de confiança de 95% a partir de uma AAS de 30 observações.

(c) Um intervalo de confiança de 90% a partir de amostra de tamanho 1001.

20.6 Quanto apostarei? Nossas decisões dependem de como as opções nos são apresentadas. Eis um experimento que ilustra esse fenômeno. Diga a 20 sujeitos que eles vão receber US$ 50, mas não podem ficar com esse valor. Apresente-lhes, então, uma longa lista de escolhas de apostas que eles podem fazer com os US$ 50. Entre essas escolhas, em ordem aleatória, estão 64 escolhas que pedem que o sujeito escolha entre apostar uma quantia fixa e uma aposta de tudo ou nada. As chances para as apostas são sempre as mesmas, mas em 32 das 64 escolhas, as opções fixas, dizem "Guarde US$ 20" e as outras 32 escolhas, as opções fixas dizem "Perca US$ 30". Essas duas opções levam exatamente ao mesmo resultado, mas as pessoas são mais propensas a apostar se a opção fixa diz que elas perdem dinheiro. Aqui estão as diferenças percentuais ("Número de vezes que a escolha é de 'Perca US$ 30'" menos "Número de vezes que a escolha é de 'Guarde US$ 20'", dividido pelo número de tentativas nas quais os 20 sujeitos optaram por apostar na opção fixa em vez de na aposta de tudo ou nada).[5] APOSTA1

37,5	30,8	6,2	17,6	14,3	8,3	16,7	20,0	10,5	21,7
30,8	27,3	22,7	38,5	8,3	10,5	8,3	10,5	25,0	7,7

(a) Faça um diagrama de ramo e folhas. Há algum sinal de um grande desvio da Normalidade?

(b) Todos os 20 sujeitos apostavam na quantia fixa mais vezes quando se deparavam com uma perda certa do que quando se deparavam com um ganho certo. Use os dados acima para dar um intervalo de confiança de 99% para a diferença percentual média nas quantias fixas apostadas quando os sujeitos se deparavam com a opção "Perca $30" em comparação com a opção "Guarde $20".

20.7 Ela soa alta! 4 PASSOS Quando se apresentam gravações de um par de pessoas do mesmo sexo falando a mesma frase, um ouvinte pode determinar qual das pessoas que falam é mais alta, simplesmente pelo som da voz? Vinte e quatro adultos jovens na Washington University ouviram 100 pares de pessoas falando e, em cada par, deveriam indicar qual dos dois falantes soava mais alto. Eis os números corretos (em 100) para cada um dos 24 participantes:[6] ALTA

65	61	67	59	58	62	56	67	61	67	63	53
68	49	66	58	69	70	65	56	68	56	58	70

Suponha que esses adultos jovens possam ser considerados como uma AAS de todos os adultos jovens nos Estados Unidos. Use um intervalo de confiança de 95% para estimar o número correto médio na população de todos os adultos jovens nos Estados Unidos. Siga o processo dos quatro passos como ilustrado no Exemplo 20.2.

20.4 O teste *t* de uma amostra

Assim como o uso de t^* no lugar de z^* para intervalos de confiança é direto, também o é o uso da distribuição t para testes de significância.

O teste *t* de uma amostra

Selecione uma AAS de tamanho n de uma grande população que tenha média μ desconhecida. Para o teste da hipótese H_0: $\mu = \mu_0$, calcule a estatística **t de uma amostra**

$$t = \frac{\bar{x} - \mu_0}{s/\sqrt{n}}$$

Em termos de uma variável t que tem distribuição t_{n-1}, o valor P para um teste de H_0 contra

H_a: $\mu > \mu_0$ é $P(T \geq t)$

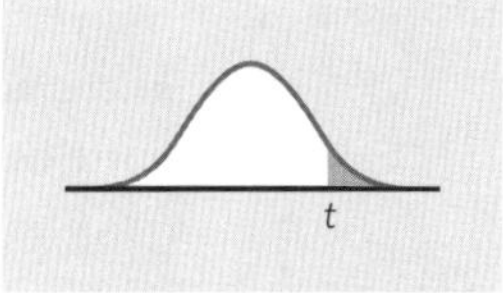

H_a: $\mu < \mu_0$ é $P(T \leq t)$

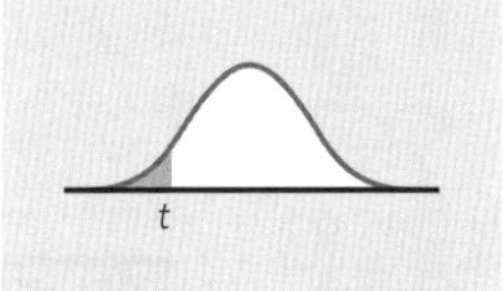

H_a: $\mu \neq \mu_0$ é $2P(T \geq |t|)$

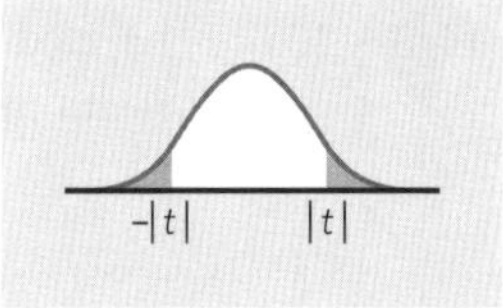

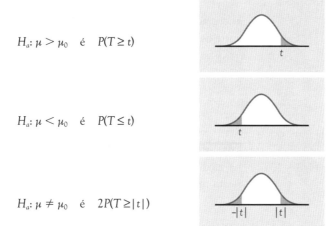

Esses valores P são exatos, se a distribuição populacional for Normal, e aproximadamente corretos para n grande, nos outros casos.

Forneceremos diretrizes sobre o tamanho de amostra necessário para que os valores P sejam aproximadamente corretos, na Seção 20.7.

EXEMPLO 20.3 Qualidade da água

4 PASSOS Seguimos o processo dos quatro passos para um teste de significância. QUALAGUA

ESTABELEÇA: para investigar a qualidade da água, no final de julho de 2016, o Ohio Department of Health coletou frascos de água de 12 praias no Lago Erie, no Condado de Cuyahoga. Esses frascos foram testados em relação à presença de coliformes fecais, que são a bactéria *E. coli* encontrada nas fezes de humanos e animais. Um nível não seguro de coliformes fecais significa que há uma chance aumentada de que as bactérias causadoras de doenças estejam presentes, e mais risco de que um nadador adoeça se, acidentalmente, engolir um pouco da água. Um *site* considera inseguro se um frasco de 100 mililitros de água contiver mais de 88 bactérias coliformes.

PLANEJE: os níveis de coliformes fecais podem mudar à medida que o clima e outras condições mudam. Essas praias tinham sido consideradas seguras mais cedo no verão de 2016, e a razão pela qual os dados foram coletados era para determinar se isso continuava sendo verdade. Então, estamos procurando evidência de que as condições passadas, ao longo dessa faixa de praias, tenham se deteriorado. Fazemos a pergunta em termos do nível médio de coliformes fecais μ para todas essas praias. A hipótese nula é a de que "o nível é seguro", e a hipótese alternativa é a de que "o nível é inseguro":

$$H_0: \mu = 88$$
$$H_a: \mu > 88$$

RESOLVA: eis os níveis de coliformes fecais encontrados pelos laboratórios:[7]

248 37 146 19 66 236 164 30 13 144 242 20

Esses dados fornecem boa evidência de que, na média, os níveis de coliformes fecais nessas praias eram seguros?

Primeiro, verifique as condições para a inferência. Desejamos considerar essas 12 amostras particulares como uma AAS de uma grande população de amostras possíveis. A Figura 20.3 é um histograma desses dados. Não podemos julgar a Normalidade com precisão a partir de 12 observações; não há valores atípicos, mas a distribuição dos níveis

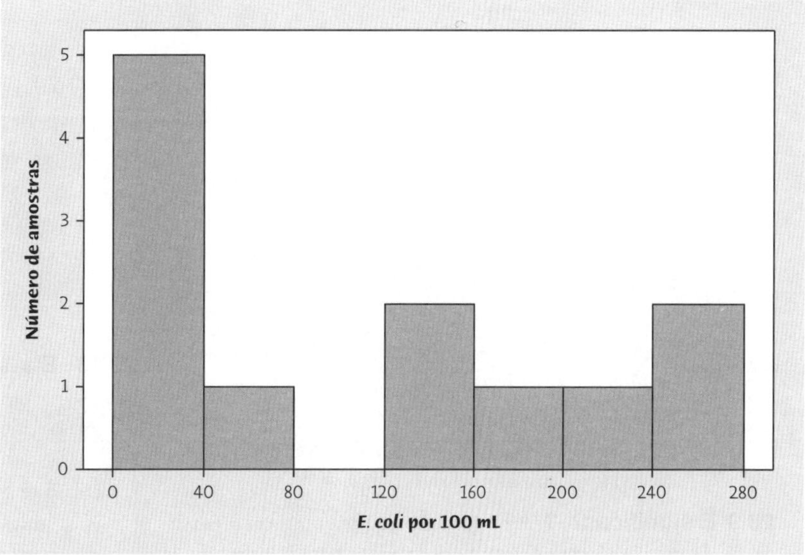

FIGURA 20.3
Histograma dos níveis de coliformes fecais (*E. coli* por 100 mL), para o Exemplo 20.3.

de coliformes fecais é um pouco assimétrica. Os valores P para o teste t podem ser apenas aproximadamente precisos.

As estatísticas básicas são

$$\bar{x} = 113{,}75 \quad \text{e} \quad s = 93{,}90$$

A estatística t de uma amostra é

$$t = \frac{\bar{x} - \mu_0}{s/\sqrt{n}} = \frac{113{,}75 - 88}{93{,}90/\sqrt{12}} = 0{,}95$$

O valor P para $t = 0{,}95$ é a área à direita de 0,95 sob a curva da distribuição t com $n - 1 = 11$ graus de liberdade. A Figura 20.4 mostra essa área. Um programa (ver Figura 20.6) nos diz que $P = 0{,}1813$.

Sem *software*, podemos enquadrar P entre dois valores usando a Tabela C. Procure na linha gl = 11 da Tabela C as entradas que englobam $t = 0{,}95$. O valor t observado está entre os valores críticos P unilaterais 0,20 e 0,15.

gl = 11

t^*	0,876	1,088
P unilateral	0,20	0,15

CONCLUA: não há forte evidência ($P = 0{,}1813$) de que, na média, os níveis de coliformes fecais nas praias de Ohio sejam inseguros.

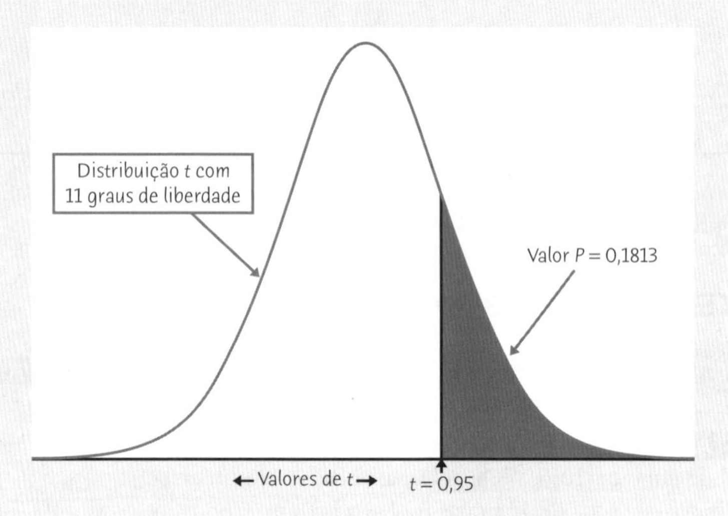

FIGURA 20.4
O valor P para o teste t unilateral, para o Exemplo 20.3.

APLIQUE SEU CONHECIMENTO

20.8 É significante? A estatística t de uma amostra para o teste de

$$H_0: \mu = 0$$
$$H_a: \mu > 0$$

a partir de uma amostra de $n = 101$ observações tem o valor $t = 3{,}00$.

(a) Quais são os graus de liberdade para essa estatística?

(b) Forneça os dois valores críticos t^* da Tabela C que englobam t. Quais são os valores P unilaterais para essas duas entradas?

(c) O valor $t = 3{,}00$ é significante no nível de 10%? É significante no nível de 5%? É significante no nível de 1%?

(d) (Opcional) Se você tem acesso à tecnologia adequada, dê o valor P unilateral exato para $t = 3{,}00$.

20.9 É significante? A estatística t de uma amostra a partir de uma amostra de $n = 2$ observações para o teste bilateral de

$$H_0: \mu = 50$$
$$H_a: \mu \neq 50$$

tem o valor $t = 3{,}00$.

(a) Quais são os graus de liberdade para t?

(b) Localize os dois valores críticos t^* na Tabela C que englobam t. Quais são os valores P bilaterais para essas duas entradas?

(c) O valor $t = 3{,}00$ é estatisticamente significante no nível de 10%? No nível de 5%? No nível de 1%?

(d) (Opcional) Se você tem acesso à tecnologia adequada, dê o valor P bilateral exato para $t = 3{,}00$.

20.10 Ela soa alta (continuação). 4 PASSOS Os dados do Exercício 20.7 dão boa razão para se pensar que o número médio de identificações corretas na população de adultos jovens nos Estados Unidos seja maior do que 50 (o número esperado se alguém está apenas adivinhando)? Realize um teste de significância, seguindo o processo dos quatro passos, como ilustrado no Exemplo 20.3. ALTA

20.5 Exemplos de tecnologia

Qualquer tecnologia apropriada para estatística implementará os procedimentos *t* de uma amostra. Como de costume, você pode ler e usar praticamente qualquer saída, agora que sabe o que procurar. A Figura 20.5 mostra saídas para o intervalo de confiança de 95% do Exemplo 20.2 de uma calculadora gráfica, três programas estatísticos e de uma planilha de cálculo. As saídas da calculadora, do Minitab, do JMP e do CrunchIt! são diretas. Todas as três saídas fornecem a estimativa $\bar{x}$ e o intervalo de confiança, além de uma seleção claramente rotulada de outras informações. O intervalo de confiança concorda com nosso cálculo manual no Exemplo 20.2. Em geral, os resultados de programas são mais precisos, devido aos arredondamentos nos cálculos manuais. O Excel dá várias medidas descritivas, mas não inclui o intervalo de confiança.

TEXAS INSTRUMENTS

TInterval
(21.292,23.128)
x̄=22.2100
Sx=1.9625
n=20.0000

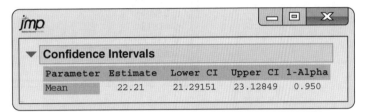

jmp

Confidence Intervals

Parameter	Estimate	Lower CI	Upper CI	1-Alpha
Mean	22.21	21.29151	23.12849	0.950

Minitab

One-Sample T: percent

Variable	N	Mean	StDev	SE Mean	95% CI
Percent	20	22.210	1.963	0.439	(21.292, 23.128)

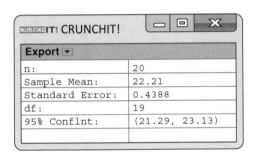

CRUNCHIT!

Export

n:	20
Sample Mean:	22.21
Standard Error:	0.4388
df:	19
95% Conflnt:	(21.29, 23.13)

Excel

	B	C	D	E
1	Percent			
2				
3	Média	22.21		
4	Erro-padrão	0.4388		
5	Mediana	22.15		
6	Desvio-padrão	1.96		
7	Variância da amostra	3.85		
8	Intervalo	8.30		
9	Mínimo	18.70		
10	Máximo	27		
11	Contagem	20		
12	Nível de confiança (95,0%)	0.9185		
13				

Esta é uma estimativa de μ.

Esta é a margem de erro $\pm t^*$ EP.

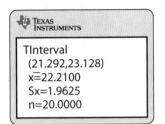

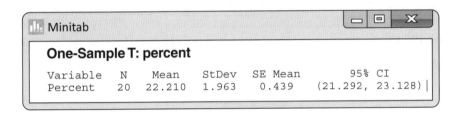

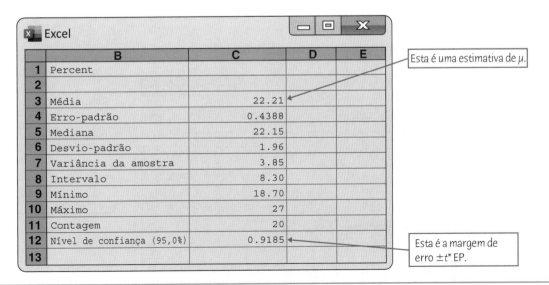

FIGURA 20.5
O intervalo de confiança *t* para o Exemplo 20.2: saídas de uma calculadora gráfica, de dois programas estatísticos e de uma planilha de cálculo.

A entrada rotulada "Nível de confiança (95,0%)" é a margem de erro. Você pode usá-la, juntamente com $\bar{x}$, para obter o intervalo, usando ou uma calculadora ou o recurso de fórmula da planilha de cálculos.

A Figura 20.6 exibe a saída do teste *t* no Exemplo 20.3. A calculadora gráfica, o Minitab, o JMP e o CrunchIt! dão a média amostral $\bar{x}$, a estatística *t* e seu valor *P*. Valores *P* precisos são a maior vantagem dos programas para os procedimentos *t*. O Excel, como usual, é mais desajeitado do que programas projetados para estatística. No Excel, falta a opção de teste *t* de uma amostra, mas há uma função chamada de DISTT para áreas nas caudas sob curvas de densidade *t*. A saída do Excel mostra funções para a estatística *t* e seu valor *P* à direita da tela principal, juntamente com seus valores $t = 0{,}94990954$ e $P = 0{,}18128113$.

FIGURA 20.6

O teste *t*, para o Exemplo 20.3: saídas de uma calculadora gráfica, de três programas estatísticos e de uma planilha de cálculo.

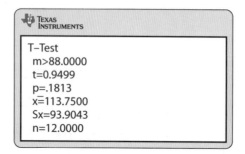

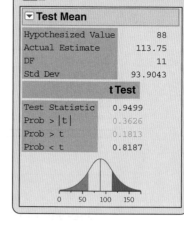

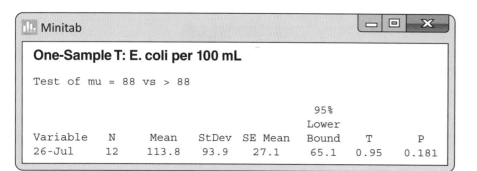

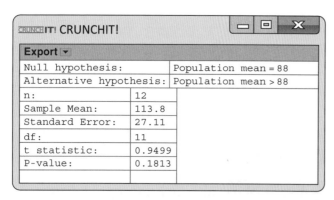

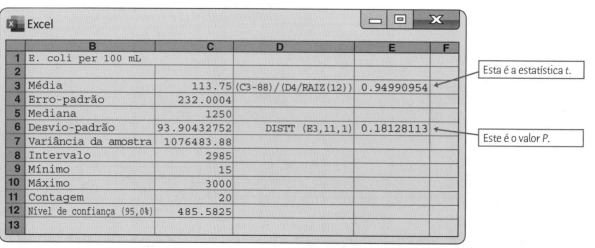

TEXAS INSTRUMENTS

T-Test
m>88.0000
t=0.9499
p=.1813
x̄=113.7500
Sx=93.9043
n=12.0000

jmp

Test Mean

Hypothesized Value	88
Actual Estimate	113.75
DF	11
Std Dev	93.9043

t Test

Test Statistic	0.9499
Prob > |t|	0.3626
Prob > t	0.1813
Prob < t	0.8187

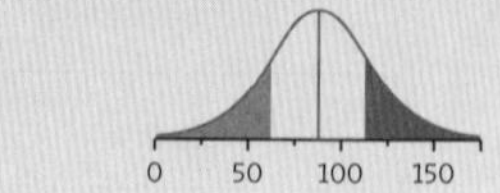

Minitab

One-Sample T: E. coli per 100 mL

Test of mu = 88 vs > 88

Variable	N	Mean	StDev	SE Mean	95% Lower Bound	T	P
26-Jul	12	113.8	93.9	27.1	65.1	0.95	0.181

CRUNCHIT! CRUNCHIT!

Export

Null hypothesis:	Population mean = 88
Alternative hypothesis:	Population mean > 88
n:	12
Sample Mean:	113.8
Standard Error:	27.11
df:	11
t statistic:	0.9499
P-value:	0.1813

Excel

	B	C	D	E	F
1	E. coli per 100 mL				
2					
3	Média	113.75	(C3-88)/(D4/RAIZ(12))	0.94990954	
4	Erro-padrão	232.0004			
5	Mediana	1250			
6	Desvio-padrão	93.90432752	DISTT (E3,11,1)	0.18128113	
7	Variância da amostra	1076483.88			
8	Intervalo	2985			
9	Mínimo	15			
10	Máximo	3000			
11	Contagem	20			
12	Nível de confiança (95,0%)	485.5825			
13					

Esta é a estatística *t*.

Este é o valor *P*.

20.6 Procedimentos *t* para dados emparelhados

Em geral, o objetivo de uma pesquisa é demonstrar que um tratamento causa um efeito observado. No Capítulo 9, vimos que estudos comparativos aleatorizados são mais convincentes do que investigações de amostra única para a demonstração de causação. Por essa razão, a inferência de uma amostra é menos comum do que a inferência comparativa. Um planejamento comum para a comparação de dois tratamentos faz uso de procedimentos de uma amostra. Os planejamentos de dados emparelhados foram discutidos no Capítulo 9. Em um *planejamento de dados emparelhados*, os sujeitos são associados em pares e cada tratamento é aplicado a um sujeito em cada par. Outra situação que requer o uso de dados emparelhados é aquela em que são feitas observações antes e depois nos mesmos sujeitos.

Procedimentos *t* de dados emparelhados

Para comparar as respostas aos dois tratamentos em um planejamento de dados emparelhados, determine a *diferença* entre as respostas em cada par. Em seguida, aplique o procedimento *t* de uma amostra a essas diferenças.

O parâmetro μ em um procedimento *t* de dados emparelhados é a média das diferenças nas respostas aos dois tratamentos dentro de pares de sujeitos associados na população inteira.

EXEMPLO 20.4 Os chimpanzés colaboram?

4 PASSOS

ESTABELEÇA: os humanos muitas vezes colaboram para a solução de problemas. Será que os chimpanzés recrutam outro chimpanzé quando a solução de um problema exige colaboração? Pesquisadores ofereceram a sujeitos chimpanzés comida fora de sua jaula, mas que eles podiam trazer a seu alcance puxando duas cordas, cada uma amarrada a uma extremidade da bandeja de comida. Se um chimpanzé puxasse apenas uma corda, esta se soltava e a comida se perdia. Outro chimpanzé estava disponível para parceria, mas apenas se o sujeito destrancasse uma porta entre as duas jaulas. (Chimpanzés aprendem essas coisas rapidamente.) Os mesmos oito chimpanzés sujeitos enfrentaram esse problema em duas versões: as duas cordas estavam juntas o bastante, de modo que apenas um chimpanzé pudesse puxar ambas (colaboração desnecessária), ou as duas cordas estavam bastante afastadas para que apenas um chimpanzé as puxasse (colaboração necessária). A Tabela 20.1 mostra a frequência, em 24 tentativas de cada versão, com que cada sujeito abriu a porta para chamar outro chimpanzé como colaborador.[8] Há evidência de que os chimpanzés recrutem parceiros mais frequentemente quando um problema exige colaboração? CHIMPANZE

Tabela 20.1 Tentativas (em 24) nas quais os chimpanzés recrutaram um parceiro

Chimpanzé	Colaboração requerida: Sim	Colaboração requerida: Não	Diferença
Namuiska	16	0	16
Kalema	16	1	15
Okech	23	5	18
Baluku	19	3	16
Umugenzi	15	4	11
Indi	20	9	11
Bili	24	16	8
Asega	24	20	4

guenterguni/iStock

PLANEJE: tome μ como a diferença média (colaboração requerida menos não requerida) no número de vezes que um sujeito recrutou um parceiro. A hipótese nula diz que a necessidade de colaboração não tem qualquer efeito, e H_a diz que os parceiros são recrutados mais frequentemente quando o problema requer colaboração. Assim, testamos as hipóteses

$$H_0: \mu = 0$$
$$H_a: \mu > 0$$

RESOLVA: os sujeitos são "chimpanzés meio livres da Ngamba Island Chimpanzee Sanctuary, em Uganda". Desejamos considerá-los como uma AAS de sua espécie. Para analisar os dados, examinamos a diferença no número de vezes que um chimpanzé recrutou um colaborador; assim, subtraia a contagem de "nenhuma colaboração necessária" da contagem de "colaboração necessária" para cada sujeito. As oito diferenças formam uma única amostra de uma população com média μ desconhecida.

Elas aparecem na coluna "Diferença" na Tabela 20.1. Todos os chimpanzés recrutaram um parceiro mais frequentemente quando as cordas estavam muito separadas para serem puxadas por um único chimpanzé.

O diagrama de ramo e folhas, na Figura 20.7, cria a impressão de uma distribuição assimétrica à esquerda. Isso é um tanto enganoso, como mostra o gráfico de pontos na parte inferior da Figura 20.7. Como observado no Capítulo 1,

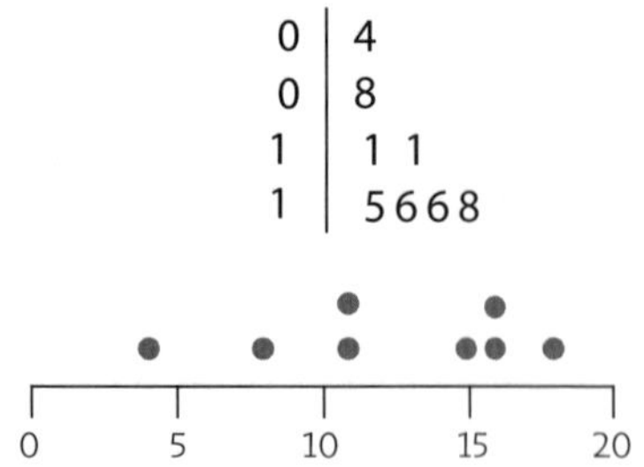

FIGURA 20.7
Diagrama de ramo e folhas e gráfico de pontos das diferenças, para o Exemplo 20.4.

os gráficos de pontos dão uma boa imagem de uma distribuição com apenas números inteiros como valores. Sabemos que observações que assumem apenas valores inteiros não podem ser provenientes de uma população Normal.[9] Na prática, os pesquisadores desejam considerar essas observações como provenientes de uma população Normal se há mais do que apenas alguns valores possíveis, e se a distribuição parece ser aproximadamente Normal. Naturalmente, não podemos avaliar a proximidade da Normalidade com apenas oito observações, mas não há sinais de grandes afastamentos da Normalidade. Os pesquisadores usaram o teste t de dados emparelhados.

As oito diferenças têm

$$\bar{x} = 12{,}375 \quad \text{e} \quad s = 4{,}749$$

A estatística t de uma amostra é, portanto,

$$t = \frac{\bar{x} - 0}{s/\sqrt{n}} = \frac{12{,}375 - 0}{4{,}749/\sqrt{8}} = 7{,}37$$

gl = 7

t^*	4,785	5,408
P unilateral	0,001	0,0005

Encontre o valor P a partir da distribuição t_7. (Lembre-se de que os graus de liberdade são uma unidade a menos do que o tamanho amostral.) A Tabela C mostra que 7,37 é maior do que o valor crítico para $P = 0{,}0005$ unilateral. O valor P é, portanto, menor do que 0,0005. Programas dão $P = 0{,}000077$.

CONCLUA: os dados fornecem forte evidência ($P < 0{,}0005$) de que os chimpanzés recrutam um colaborador mais frequentemente quando enfrentam um problema que requer um colaborador para sua solução. Isto é, os chimpanzés reconhecem quando a colaboração é necessária, uma habilidade que compartilham com os humanos.

O Exemplo 20.4 ilustra como transformar dados emparelhados em dados de uma única amostra, tomando as diferenças dentro de cada par. Estamos fazendo inferências acerca de uma única população, a população de todas as diferenças dentro de pares. *É incorreto ignorarmos os pares e analisarmos os dados como se tivéssemos duas amostras de chimpanzés, uma encarando as cordas juntas e a outra que encara as cordas muito separadas.* Procedimentos de inferência para a comparação de duas amostras supõem que as amostras sejam selecionadas independentemente uma da outra. Essa suposição não vale quando os mesmos sujeitos são medidos duas vezes. A análise apropriada depende do plano utilizado para a produção dos dados.

APLIQUE SEU CONHECIMENTO

Muitos exercícios, a partir de agora, requer que você forneça o valor P de um teste t. Se você possui uma tecnologia apropriada, forneça o valor P exato. Caso contrário, use a Tabela C para fornecer dois valores entre os quais P está localizado.

20.11 Graxa nos olhos. (4 PASSOS) Atletas que praticam esportes à luz forte do Sol usam, em geral, uma graxa preta embaixo dos olhos para reduzir o brilho. A graxa nos olhos funciona? Em um estudo, 16 sujeitos estudantes fizeram um teste de sensitividade ao contraste depois de três horas fitando o Sol brilhante, tanto com a graxa como sem a graxa. (Maior sensitividade ao contraste melhora a visão, e o brilho reduz a sensitividade ao contraste.) Esse é um planejamento de dados emparelhados. Aqui estão as diferenças na sensitividade, com graxa nos olhos menos sem graxa nos olhos:[10] PROTOCULAR

0,07	0,64	−0,12	−0,05	−0,18	0,14	−0,16	0,03
0,05	0,02	0,43	0,24	−0,11	0,28	0,05	0,29

Desejamos saber se a graxa nos olhos aumenta a sensitividade ao contraste, em média. Os dados apoiam essa ideia? Complete os passos Planeje, Resolva e Conclua do processo dos quatro passos, seguindo o modelo do Exemplo 20.4.

20.12 Graxa nos olhos (continuação). Quão mais sensíveis ao contraste são os atletas com a graxa nos olhos do que sem a graxa nos olhos? Dê um intervalo de confiança de 95% para responder a essa questão. PROTOCULAR

20.7 Robustez dos procedimentos *t*

O intervalo de confiança e o teste *t* são exatamente corretos quando a distribuição da população é exatamente Normal. Dados reais nunca são exatamente Normais. No máximo, a distribuição Normal é uma excelente aproximação para a verdadeira distribuição dos dados de estudos reais.[11] A utilidade dos procedimentos *t* na prática, portanto, depende do quão fortemente eles são afetados pela falta de Normalidade.

Procedimentos robustos

Um intervalo de confiança ou um teste de significância é chamado de **robusto** se o nível de confiança ou valor *P* não muda muito quando as condições para uso do procedimento são violadas.

A condição de que a população seja Normal efetivamente elimina valores atípicos em uma AAS, de modo que a presença de valores atípicos mostra que essa condição não foi satisfeita. Os procedimentos *t* não são robustos contra valores atípicos, a menos que a amostra seja grande, porque $\bar{x}$ e *s* não são resistentes a valores atípicos.

Felizmente, os procedimentos *t* são bastante robustos contra a não Normalidade da população, exceto quando há valores atípicos ou forte assimetria presentes. (A assimetria é mais séria do que outros tipos de não Normalidade.) À medida que o tamanho da amostra aumenta, o teorema limite central garante que a distribuição da média amostral $\bar{x}$ se aproxima mais da Normal, e que a distribuição *t* se torna mais precisa para valores críticos e valores *P* dos procedimentos *t*.

Sempre faça um gráfico dos dados para averiguar assimetria e valores atípicos antes de usar procedimentos *t* para amostras pequenas. Para a maioria dos propósitos, você pode seguramente usar os procedimentos *t* de uma amostra quando $n \geq 15$, a menos que estejam presentes um valor atípico ou uma assimetria bastante forte. A seguir, estão diretrizes práticas para inferência sobre uma única média.[12]

ESTATÍSTICA NO MUNDO REAL

Pegando trapaceiros

Um teste de certificação para cirurgiões contém 277 questões de múltipla escolha. Smith e Jones têm 193 respostas corretas em comum e 53 escolhas erradas idênticas. O computador considera suas 246 respostas idênticas como evidência de possível fraude. Eles abrem processo. A corte quer saber quão improvável é que resultados tão semelhantes ocorram apenas por acaso. Isto é, a corte deseja um valor *P*. Os estatísticos oferecem vários valores *P* com base em diferentes modelos para o processo de exame. Todos dizem que resultados tão semelhantes quase nunca ocorreriam apenas por acaso. Smith e Jones foram reprovados no exame.

Uso dos procedimentos *t*

Exceto no caso de amostras pequenas, a condição de que os dados sejam uma AAS da população de interesse é mais importante do que a condição de que a distribuição populacional seja Normal.

- *Tamanho amostral menor que 15*: use procedimentos *t* se os dados parecerem aproximadamente Normais (razoavelmente simétricos, um único pico, sem valores atípicos). Se os dados são claramente assimétricos ou se há valores atípicos presentes, não use *t*
- *Tamanho amostral de, pelo menos, 15*: os procedimentos *t* podem ser usados, exceto se há valores atípicos presentes ou forte assimetria
- *Amostras grandes*: os procedimentos *t* podem ser usados, mesmo para distribuições claramente assimétricas, quando a amostra é grande, aproximadamente $n \geq 40$.

EXEMPLO 20.5 Podemos usar *t*?

A Figura 20.8 mostra gráficos de diversos conjuntos de dados. Para quais desses podemos usar procedimentos *t* com segurança?[13]

- A Figura 20.8(a) é um histograma do percentual de adultos residentes em cada estado que têm curso superior. *Temos dados da população inteira dos 50 estados; logo, a inferência não é necessária.* Podemos calcular a média exata da população (de estados, não de indivíduos). Não há incerteza por termos apenas uma amostra da população, e não há necessidade de um intervalo de confiança ou teste. *Se esses dados fossem uma AAS de uma população maior, a inferência t seria segura, apesar da leve assimetria, porque n = 50.*
- Figura 20.8(b) é um diagrama de ramo e folhas da força necessária para romper 20 pedaços de pinheiro Douglas. *Os dados são fortemente assimétricos à esquerda, com possíveis valores atípicos inferiores, de modo que não podemos confiar em procedimentos t para n = 20.*
- A Figura 20.8(c) é um diagrama de ramo e folhas dos comprimentos de 23 espécimes da variedade vermelha da flor tropical chamada *Heliconia*. *Os dados são ligeiramente assimétricos à direita, e não há valores atípicos. Podemos usar a distribuição t para esses dados.*
- A Figura 20.8(d) é um histograma das alturas das estudantes em uma turma de faculdade. *Essa distribuição é bastante simétrica e parece ser aproximadamente Normal. Podemos usar procedimentos t para qualquer tamanho de amostra.*

FIGURA 20.8

Podemos usar procedimentos *t* para esses dados? (a) Percentual de adultos com curso superior nos 50 estados. *Não*, essa é uma população inteira, não uma amostra. (b) Força necessária para romper 20 pedaços de pinheiro Douglas. *Não*, há apenas 20 observações e forte assimetria. (c) Comprimentos de 23 flores tropicais da mesma variedade. *Sim*, a amostra é grande o suficiente para superar a leve assimetria. (d) Alturas das alunas em uma faculdade. *Sim, para qualquer tamanho de amostra*, porque a distribuição é próxima da Normal.

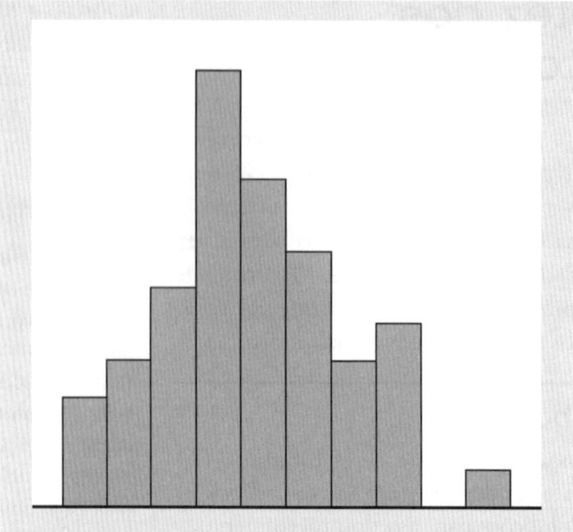

(a)

23	0
24	0
25	
26	5
27	
28	7
29	
30	2 5 9
31	3 9 9
32	0 3 3 6 7 7
33	0 2 3 6

(b)

37	4 8 9
38	0 0 1 1 2 2 8 9
39	2 6 8
40	6 7
41	5 7 9 9
42	0 2
43	1

(c)

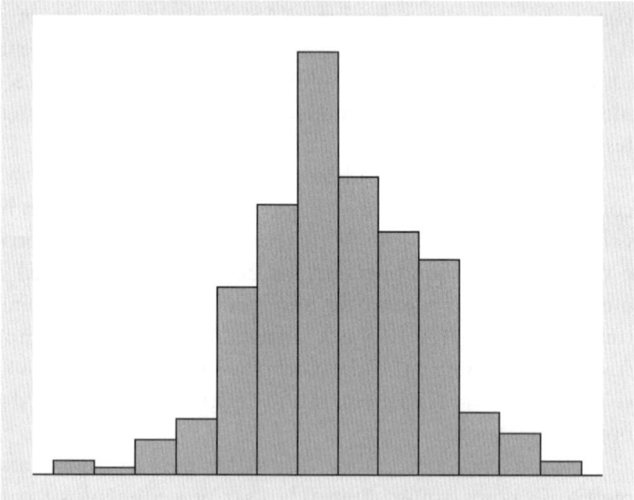

(d)

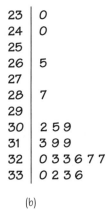

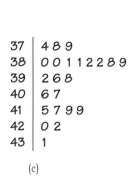

O que podemos fazer se os gráficos sugerem que os dados são claramente não Normais, especialmente quando temos apenas algumas poucas observações? Essa não é uma questão simples. A seguir, apresentamos as opções básicas:

1. Se a falta de Normalidade se deve a valores atípicos, pode ser legítimo *remover os valores atípicos*, se você tiver razão para pensar que eles não sejam provenientes da mesma população que as outras observações. Defeito no equipamento que produziu uma medida ruim, por exemplo, permite que você remova o valor atípico e analise os dados restantes. *Mas, se um valor atípico parece ser um "dado real", você não deve, arbitrariamente, removê-lo.*
2. Em alguns contextos, outras distribuições padrão substituem a distribuição Normal como modelo para o padrão geral na população. A vida útil em serviços e equipamentos, ou o tempo de sobrevida de pacientes de câncer depois do tratamento têm, em geral, distribuições assimétricas à direita. Estudos estatísticos nessas áreas usam famílias de distribuições assimétricas à direita em lugar de distribuições Normais. Há procedimentos de inferência para os parâmetros dessas distribuições que substituem os procedimentos *t*.
3. *Métodos bootstrap* modernos e *testes de permutação* usam computação pesada para evitar a exigência de Normalidade ou qualquer outra forma específica da distribuição amostral. Recomendamos esses métodos, a menos que a amostra seja tão pequena que possa não representar bem a população. Para uma introdução, ver Capítulo 32, disponível como material suplementar *online*, como um capítulo opcional.
4. Finalmente, há métodos não paramétricos, que não pressupõem qualquer forma específica para a distribuição da população. Diferentemente do *bootstrap* e dos métodos de permutação, os métodos não paramétricos comuns não fazem uso dos valores reais das observações. Para uma introdução, ver Capítulo 28, disponível como material suplementar *online*, como um capítulo opcional.

APLIQUE SEU CONHECIMENTO

20.13 Diamantes. Um grupo de cientistas da terra estudou os pequenos diamantes encontrados em um nódulo de rocha.[14] A Tabela 20.2 apresenta dados sobre o conteúdo de nitrogênio (partes por milhão) e a abundância de carbono 13 nesses diamantes. O carbono 12 e o carbono 13 são formas do elemento carbono, o componente primário dos diamantes. O carbono 12 constitui quase 99% do carbono natural. A abundância de carbono 13 é medida pela razão do carbono 13 para o carbono 12, em partes por milhão a mais ou a menos do que um padrão. (O sinal de menos nos dados significa que a razão é menor nesses diamantes do que no carbono padrão.)

Gostaríamos de estimar a abundância média de nitrogênio e de carbono 13 na população de diamantes representada por essa amostra. Examine os dados para o nitrogênio. Podemos usar um intervalo de confiança t para o nitrogênio médio? Explique sua resposta. Dê um intervalo de confiança de 95% se você considera que o resultado seja confiável. DIAMANTE

Reimphoto/iStock

20.14 Diamantes (continuação). Examine os dados na Tabela 20.2 sobre a abundância de carbono 13. Podemos usar um intervalo de confiança t para o carbono 13 médio? Explique sua resposta. Dê um intervalo de confiança de 95% se você considera que o resultado seja confiável. DIAMANTE

Tabela 20.2 Nitrogênio e carbono 13 em uma amostra de diamantes

Diamante	Nitrogênio (ppm)	Razão do carbono 13	Diamante	Nitrogênio (ppm)	Razão do carbono 13
1	487	−2,78	13	273	−2,73
2	1430	−1,39	14	94	−2,33
3	60	−4,26	15	69	−3,83
4	244	−1,19	16	262	−2,04
5	196	−2,12	17	120	−2,82
6	274	−2,87	18	302	−0,84
7	41	−3,68	19	75	−3,57
8	54	−3,29	20	242	−2,42
9	473	−3,79	21	115	−3,89
10	30	−4,06	22	65	−3,87
11	98	−1,83	23	311	−1,58
12	41	−4,03	24	61	−3,97

RESUMO

- Testes e intervalos de confiança para a média μ de uma população Normal se baseiam na média amostral $\bar{x}$ de uma AAS. Pelo teorema limite central, os procedimentos resultantes são aproximadamente corretos para outras distribuições populacionais, quando a amostra é grande.
- A média amostral padronizada é a estatística z de uma amostra,

$$z = \frac{\bar{x} - \mu}{\sigma/\sqrt{n}}$$

Se conhecêssemos σ, usaríamos a estatística z e a distribuição Normal padrão.

- Na prática, não conhecemos σ. Substitua o desvio-padrão $\sigma/\sqrt{n}$ de $\bar{x}$ pelo **erro padrão** $s/\sqrt{n}$ para obter a **estatística t de uma amostra,**

$$t = \frac{\bar{x} - \mu}{s/\sqrt{n}}$$

A estatística t tem a **distribuição t** com n - 1 graus de liberdade.

- Há uma distribuição t para cada número positivo de graus de liberdade. Todas são distribuições simétricas, semelhantes, em forma, à distribuição Normal padrão. A distribuição t aproxima-se da distribuição $N(0, 1)$ à medida que o número de graus de liberdade aumenta.
- Um intervalo de confiança de nível C para a média μ de uma população Normal é

$$\bar{x} \pm t^* \frac{s}{\sqrt{n}}$$

- Escolhe-se o valor crítico t^* de modo que a curva t, com $n - 1$ graus de liberdade, tenha área C entre $-t^*$ e t^*.
- Testes de significância para H_0: $\mu = \mu_0$ se baseiam na estatística t. Use valores P ou níveis de significância fixos a partir da distribuição t_{n-1}.
- Use esses procedimentos de uma amostra para analisar dados emparelhados tomando, primeiramente, a diferença dentro de cada par para produzir uma única amostra.
- Os procedimentos t são relativamente robustos quando a população é não Normal, especialmente para tamanhos maiores de amostras. Os procedimentos t são úteis para dados não Normais quando $n \geq 15$, exceto se os dados apresentarem valores atípicos ou forte assimetria. Quando $n \geq 40$, os procedimentos t podem ser usados, mesmo para distribuições claramente assimétricas.

VERIFIQUE SUAS HABILIDADES

20.15 Preferimos os procedimentos t aos procedimentos z para inferência sobre uma média populacional porque

(a) z requer que você conheça que as observações são de uma população Normal, enquanto t não o requer.

(b) z requer que se conheça o desvio-padrão populacional σ, enquanto t não o requer.

(c) z requer que se considerem os dados como uma AAS da população, enquanto t não o requer.

20.16 Você está testando H_0: $\mu = 100$ contra H_a: $\mu < 100$ com base em uma AAS de 25 observações de uma população Normal. Os dados fornecem $\bar{x} = 98{,}32$ e $s = 4$. O valor da estatística t é

(a) -10,5.

(b) -2,1.

(c) -0,525.

20.17 Você está testando H_0: $\mu = 100$ contra H_a: $\mu > 100$ com base em uma AAS de 25 observações de uma população Normal. A estatística t é $t = 2{,}10$. Os graus de liberdade para a estatística t são

(a) 24.

(b) 25.

(c) 26.

20.18 O valor P para a estatística no exercício anterior

(a) está entre 0,05 e 0,10.

(b) está entre 0,01 e 0,05.

(c) é menor do que 0,01.

20.19 Você tem uma AAS de nove observações de uma população Normalmente distribuída. Qual valor crítico você usaria para obter um intervalo de confiança de 80% para a média μ da população?

(a) 1,397

(b) 1,383

(c) 1,372

20.20 Você está testando H_0: $\mu = 100$ contra H_a: $\mu \neq 100$ com base em uma AAS de nove observações de uma população Normal. Quais valores da estatística t são estatisticamente significantes no nível $\alpha = 0{,}005$?

(a) $t \geq 3{,}833$

(b) $t \leq -3{,}833$ ou $t \geq 3{,}833$

(c) $t \leq -3{,}690$ ou $t \geq 3{,}690$

20.21 Pediu-se a 25 cidadãos adultos dos Estados Unidos que estimassem a renda média de todas as famílias no país. A estimativa média foi $\bar{x}$ = US$ 70 mil e s = US$ 15 mil. (*Nota*: a renda média real por família é de cerca de US$ 90 mil.) Suponha que os 25 adultos no estudo possam ser considerados como uma AAS da população de todos os cidadãos adultos dos Estados Unidos. Um intervalo de confiança de 95% para a estimativa média da renda média de todas as famílias dos Estados Unidos é

(a) US$ 67 mil a US$ 73 mil.

(b) US$ 63.808 a US$ 76.192.

(c) US$ 83.808 a US$ 96.192.

20.22 Das condições a seguir, qual causaria mais preocupação sobre a validade do intervalo de confiança calculado no exercício anterior?

(a) Você notou que há um valor atípico claro nos dados.

(b) Um diagrama de ramo e folhas tem forma de sino, de modo que o procedimento z é o procedimento apropriado.

(c) Você não conhece o desvio-padrão populacional, σ.

20.23 Qual dos seguintes contextos *não* nos permite o uso do procedimento t de dados emparelhados?

(a) Você entrevista o instrutor e um de seus alunos em cada uma das 20 turmas de estatística introdutória e pergunta a cada um quantas horas por semana são necessárias para se fazerem os deveres de casa.

(b) Você entrevista uma amostra de 15 instrutores e outra de 15 estudantes e pergunta a cada um quantas horas por semana são necessárias para se fazerem os deveres de casa.

(c) Você entrevista 40 estudantes do curso de estatística introdutória no início de semestre e, novamente, no final do semestre, e lhes pergunta quantas horas por semana são necessárias para se fazerem os deveres de casa.

20.24 Como os procedimentos t são robustos, a condição mais importante para seu uso com segurança é que

(a) o tamanho amostral seja de, pelo menos, 15.

(b) a distribuição populacional seja exatamente Normal.

(c) os dados possam ser considerados uma AAS da população.

EXERCÍCIOS

20.25 **Leia cuidadosamente.** Você lê em um relatório de um experimento de psicologia, "Análises separadas de nossos dois grupos de 12 participantes não revelaram qualquer efeito placebo geral para nosso grupo de estudantes (média = 0,08, DP = 0,37, t_{11} = 0,49) e um efeito significante para nosso grupo de não estudantes (média = 0,35, DP = 0,37, t_{11} = 3,25, $p < 0{,}01$)".[15] A hipótese nula é de que o efeito médio é zero. Quais são os valores corretos das duas estatísticas t com base nas médias e nos desvios-padrão? Compare cada valor t correto com os valores críticos na Tabela C. O que você pode dizer do valor P bilateral em cada caso?

20.26 **Índice de massa corporal em homens jovens.** No Exemplo 16.1, desenvolvemos um intervalo de confiança z de 95% para o índice médio de massa corporal (IMC) de homens americanos de 20 a 29 anos de idade, com base em uma amostra aleatória nacional de 936 desses homens. Admitimos lá que o desvio-padrão da população era conhecido, $\sigma = 11{,}6$. De fato, os dados amostrais tinham IMC médio $\bar{x} = 27{,}2$ e desvio-padrão $s = 11{,}63$. Qual é o intervalo de confiança t de 95% para o IMC médio de todos os homens jovens americanos?

20.27 **Escores de matemática em Dallas.** O Trial Urban District Assessment (TUDA) é um estudo, financiado pelo governo, do desenvolvimento de estudantes em grandes distritos escolares urbanos. TUDA aplica um teste de matemática com escores de 0 a 500. Um escore de 262 é um nível "básico" de matemática, e um escore de 299 é "proficiente". Escores de uma amostra aleatória de 1.100 estudantes da oitava série em Dallas tiveram $\bar{x} = 264$, com erro padrão 1,3.[16]

(a) Não temos os 1.100 escores individuais, mas o uso dos procedimentos t é certamente seguro. Por quê?

(b) Dê um intervalo de confiança de 99% para o escore médio de todos os alunos de oitava série de Dallas. (Cuidado: o relatório fornece o erro padrão de $\bar{x}$, não o desvio-padrão s.)

(c) Com base em sua resposta em (b), há boa evidência de que a média para todas as crianças de oitava série de Dallas seja diferente da média do nível básico? (Assim como com os procedimentos z, um intervalo de confiança t de nível C para uma média μ pode ser usado para o teste de

$$H_0: \mu = \mu_0$$
$$H_a: \mu \neq \mu_0$$

no nível 1 – C, verificando se μ_0 está no intervalo.)

20.28 **Cor e cognição.** Em um experimento comparativo aleatorizado relativo ao efeito da cor sobre o desempenho em uma tarefa cognitiva, os pesquisadores dividiram aleatoriamente 69 sujeitos (27 homens e 42 mulheres, com idade entre 17 e 25 anos) em três grupos. Pediu-se aos participantes que resolvessem uma série de seis anagramas. A um grupo, os anagramas foram apresentados sobre uma tela azul, outro grupo os viu sobre uma tela vermelha, e o outro grupo, sobre uma tela neutra. Registrou-se o tempo, em segundos, necessário para a resolução dos anagramas. O artigo que relata o estudo dá $\bar{x} = 11{,}58$ e $s = 4{,}37$ para os tempos dos 23 membros do grupo da tela neutra.[17]

(a) Dê um intervalo de confiança de 95% para o tempo médio na população da qual os sujeitos foram recrutados.

(b) Quais condições sobre a população e do planejamento do estudo são exigidas pelo procedimento usado em (a)? Quais dessas condições são importantes para a validade do procedimento nesse caso?

20.29 **Tecnologia vestível e perda de peso.** Dispositivos vestíveis que monitoram a dieta e atividade física ajudam as pessoas a perder peso? Pesquisadores fizeram com que 237 sujeitos, que já estavam envolvidos em um programa de dieta e exercício, usassem uma tecnologia vestível durante 24 meses. Eles mediram seus pesos (em quilogramas) antes do uso da tecnologia e 24 meses depois do uso da tecnologia.[18]

(a) Explique por que o procedimento próprio para a comparação do peso médio antes do uso da tecnologia vestível e 24 meses depois do uso da tecnologia vestível é um teste t de dados emparelhados.

(b) As 237 diferenças no peso (peso depois de 24 meses menos peso antes do uso da tecnologia vestível) tiveram $\bar{x} = -3{,}5$ e $s = 7{,}8$. Há evidência significante de uma redução no peso depois do uso da tecnologia vestível?

20.30 **Inspeção de carne moída.** O National Institute of Standards and Technology (NIST) publica procedimentos para a inspeção de conteúdos anunciados de pacotes de alimentos.[19] A discussão desses procedimentos inclui um exemplo da inspeção de pesos de pacotes de carne moída de um fornecedor particular. Uma AAS de 12 pacotes é pesada (em libras) de acordo com os procedimentos do NIST. A tabela mostra os pesos reais junto com o peso listado no rótulo do pacote. CHUCK

Amostra	1	2	3	4	5	6	7	8	9	10	11	12
Peso rotulado	1,85	1,21	1,56	1,98	1,07	1,55	1,02	1,44	1,33	2,03	1,73	1,16
Peso medido	1,67	1,14	1,48	1,84	0,84	1,39	1,00	1,19	1,17	1,83	1,59	1,05

(a) Por que esse é um planejamento de dados emparelhados? Explique sua resposta.

(b) Faça um diagrama de ramo e folhas das diferenças entre os pesos rotulados e medidos (peso medido menos peso rotulado). Há valores atípicos ou forte assimetria que impediriam o uso dos procedimentos t?

(c) Realize um teste t para verificar se a diferença média do peso medido menos o peso rotulado é menor do que 0.

20.31 **Escapamento de ônibus escolares.** Em um estudo das emissões de escapamentos de ônibus escolares, determinou-se a inalação de poluição pelos passageiros para uma amostra de nove ônibus escolares usados na Área da Baía da Califórnia do Sul. A inalação de poluição é a quantidade de emissões de escapamentos, em gramas por pessoa por milhão de gramas emitidas, que seria inalada enquanto se viaja no ônibus, durante sua viagem usual de 18 milhas nas autoestradas congestionadas, desde o centro-sul de Los Angeles a uma escola no Oeste de LA. (Como referência, uma cidade com 1 milhão de pessoas inalará cerca de 12 gramas de exaustão por milhão de gramas emitidas.) Eis as quantidades para os nove ônibus circulando com janelas abertas:[20] EMISSAO

1,15 0,33 0,40 0,33 1,35 0,38 0,25 0,40 0,35

(a) Faça um diagrama de ramo e folhas. Há valores atípicos ou forte assimetria que impediriam o uso dos procedimentos *t*?

(b) Uma boa maneira de julgar o efeito de valores atípicos é fazer sua análise duas vezes, uma com os valores atípicos e outra sem eles. Dê dois intervalos de confiança de 90%, um com todos os dados e um sem os valores atípicos, para a inalação média de poluição entre os ônibus escolares usados na Área da Baía da Califórnia do Sul que fazem a rota investigada no estudo.

(c) Compare os dois intervalos da parte (b). Qual é o efeito mais importante da remoção dos valores atípicos?

20.32 Um problema no dedão do pé. *Hallux abducto valgus* (denominado HAV) é uma deformidade no dedão do pé que, muitas vezes, requer cirurgia. Médicos usaram raios X para medir o ângulo (em graus) da deformidade em 38 pacientes consecutivos, com idade inferior a 21 anos, que procuraram um centro médico para fazer a cirurgia corretiva de HAV. O ângulo é uma medida da gravidade da deformidade. Estes são os dados:[21] DEDOPE

4 PASSOS

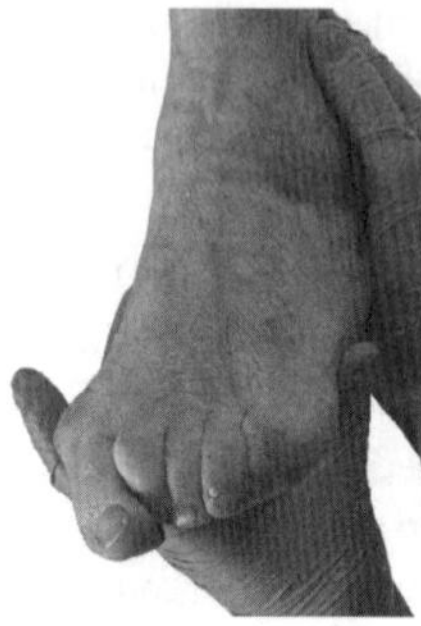

Ocskaymark/iStock

28	32	25	34	38	26	25	18	30	26	28	13	20
21	17	16	21	23	14	32	25	21	22	20	18	26
16	30	30	20	50	25	26	28	31	38	32	21	

É razoável que esses pacientes sejam considerados como uma amostra aleatória de pacientes jovens que precisam de cirurgia de HAV? Execute os passos Resolva e Conclua para um intervalo de confiança de 95% para o ângulo de HAV médio na população de todos esses pacientes.

20.33 Efeito de um valor atípico. Nossos corpos possuem um campo elétrico natural que, sabe-se, ajuda na cura de feridas. A mudança na intensidade do campo retarda a cura? Uma série de experimentos com salamandras examinou essa questão. Em um deles, as duas pernas traseiras de 12 salamandras foram associadas aleatoriamente, cada uma delas, ou ao grupo de experimento, ou ao grupo de controle. Esse é um planejamento de dados emparelhados. O campo elétrico nas pernas experimentais foi reduzido a zero pela aplicação de tensão. As pernas de controle foram deixadas inalteradas. Eis as taxas às quais novas células fecharam um corte de navalha em cada perna, em micrômetros por hora:[22] SALAMANDRA

Salamandra	1	2	3	4	5	6	7	8	9	10	11	12
Perna de controle	36	41	39	42	44	39	39	56	33	20	49	30
Perna experimental	28	31	27	33	33	38	45	25	28	33	47	23

(a) Por que esse é um planejamento de dados emparelhados? Explique sua resposta.

(b) Faça um diagrama de ramo e folhas das diferenças entre as pernas da mesma salamandra (perna de controle menos perna experimental). Há um alto valor atípico.

(c) Uma boa maneira de julgar o efeito de um valor atípico é fazer sua análise duas vezes, uma com o valor atípico e a segunda, sem ele. Realize dois testes *t* para verificar se a taxa média de cura é significantemente menor nas pernas experimentais, um incluindo todas as 12 salamandras e o outro omitindo o valor atípico. Quais são as estatísticas de teste e seus valores *P*? O valor atípico tem forte influência sobre sua conclusão?

(d) (Opcional) Se você estudou a Seção 2.6 opcional, faça um diagrama em caixa modificado das diferenças entre as pernas da mesma salamandra (perna de controle menos perna experimental). Você deve achar dois valores suspeitos de serem atípicos. Realize dois testes *t* para verificar se a taxa média de cura é significantemente menor nas pernas experimentais, com um teste incluindo todas as 12 salamandras (o que você já fez na parte (c)) e o outro, omitindo ambos os valores atípicos. Quais são as estatísticas de teste e seus valores *P*? Os valores atípicos têm forte influência sobre sua conclusão? Como esses resultados se comparam com o que você encontrou na parte (c)?

20.34 Efeito de um valor atípico. Uma boa maneira de julgar o efeito de um valor atípico é fazer sua análise duas vezes, uma com o valor atípico e a segunda sem ele. Os dados no Exercício 20.32 seguem bem de perto uma distribuição Normal, exceto para um paciente com ângulo de HAV de 50 graus, um alto valor atípico. DEDOPE

(a) Encontre o intervalo de confiança de 95% para a média populacional com base nos 37 pacientes restantes após a retirada do valor atípico.

(b) Compare seu intervalo em (a) com seu intervalo do Exercício 20.32. Qual é o efeito mais importante da remoção do valor atípico?

20.35 Homens de poucas palavras? Pesquisadores afirmam que as mulheres americanas falam significantemente mais palavras por dia do que os homens americanos. Uma estimativa é a de que uma mulher usa cerca de 20 mil palavras por dia, enquanto um homem usa cerca de 7 mil. Para investigar essas afirmativas, um estudo usou um aparelho especial para registrar as conversas de homens e de mulheres estudantes universitários, por um período de quatro dias. Com base nessas gravações, determinaram-se as contagens diária de palavras dos 20 homens no estudo, que são apresentadas a seguir:[23] PALAVRA

28.408	10.084	15.931	21.688	37.786
10.575	12.880	11.071	17.799	13.182
8.918	6.495	8.153	7.015	4.429
10.054	3.998	12.639	10.974	5.255

(a) Examine os dados. É razoável o uso dos procedimentos *t* (supondo que esses homens sejam uma AAS de todos os estudantes homens nessa universidade)?

(b) Se sua conclusão na parte (a) foi "sim", os dados fornecem evidência convincente de que o número médio de palavras, por dia, dos homens nessa universidade seja diferente de 7 mil?

20.36 Engenharia genética para o tratamento do câncer. Eis uma nova ideia para o tratamento de melanoma avançado, o tipo mais sério de câncer de pele: manipule geneticamente as células brancas do sangue para reconhecerem melhor e destruírem células cancerosas e, então, infunda essas células nos pacientes. Os sujeitos em um pequeno estudo inicial foram 11 pacientes cujos melanomas não responderam aos tratamentos existentes. Uma pergunta era quão rapidamente as novas células se multiplicariam após a infusão, medindo-se o tempo de duplicação em dias. Eis os tempos de duplicação:[24] TRATCANC

1,4 1,0 1,3 1,0 1,3 2,0 0,6 0,8 0,7 0,9 1,9

(a) Examine os dados. É razoável o uso dos procedimentos *t*?

(b) Dê um intervalo de confiança de 90% para a média dos tempos de duplicação. Você usaria esse intervalo para fazer inferência sobre o tempo médio de duplicação em uma população de pacientes similares? Explique sua resposta.

20.37 Engenharia genética para o tratamento do câncer (continuação). Outro resultado no experimento do tratamento de câncer descrito no Exercício 20.36 é medido por um teste relativo à presença de células que desencadeiam uma resposta imune no corpo e, assim, podem ajudar a combater o câncer. Eis os dados para os 11 sujeitos: contagens de células ativas desencadeadoras de resposta imune por 100 mil células, antes e depois da infusão de células modificadas A diferença (depois menos antes) é a variável resposta. TRATCANC1

Antes	14	0	1	0	0	0	0	20	1	6	0
Depois	41	7	1	215	20	700	13	530	35	92	108
Diferença	27	7	0	215	20	700	13	510	34	86	108

(a) Explique por que esse é um planejamento de dados emparelhados.

(b) Examine os dados. É razoável o uso dos procedimentos *t*?

(c) Se sua conclusão na parte (b) foi sim, os dados fornecem evidência convincente de que a contagem de células ativas seja maior depois do tratamento?

20.38 Chutando uma bola de futebol cheia de hélio. Uma bola de futebol cheia de hélio percorre uma distância maior do que quando cheia com ar? Para o teste disso, o *Columbus Dispatch* realizou um estudo. Foram usadas duas bolas de futebol idênticas, uma cheia com hélio e a outra com ar. Um observador casual não poderia perceber a diferença entre as duas bolas. Um chutador novato foi usado para chutar as bolas. Uma tentativa consistia em chutar ambas as bolas, em uma ordem aleatória. O chutador não sabia qual bola (com hélio ou com ar) estava chutando. Registrou-se a distância de cada chute. Realizaram-se, então, outras tentativas, em um total de 39 tentativas. Eis os dados para as 39 tentativas, em jardas percorridas pelas bolas. A diferença (hélio menos ar) é a variável resposta.[25] FUTAMER

Hélio	25	16	25	14	23	29	25	26	22	26
Ar	25	23	18	16	35	15	26	24	24	28
Diferença	0	−7	7	−2	−12	14	−1	2	−2	−2
Hélio	12	28	28	31	22	29	23	26	35	24
Ar	25	19	27	25	34	26	20	22	33	29
Diferença	−13	9	1	6	−12	3	3	4	2	−5
Hélio	31	34	39	32	14	28	30	27	33	11
Ar	31	27	22	29	28	29	22	31	25	20
Diferença	0	7	17	3	−14	−1	8	−4	8	−9
Hélio	26	32	30	29	30	29	29	30	26	
Ar	27	26	28	32	28	25	31	28	28	
Diferença	−1	6	2	−3	2	4	−2	2	−2	

(a) Examine os dados. É razoável o uso dos procedimentos *t*?

(b) Se sua conclusão na parte (a) foi sim, então os dados fornecem evidência convincente de que a bola cheia com hélio percorre uma distância maior do que a bola cheia com ar?

20.39 Crescimento mais rápido de árvores. A concentração de dióxido de carbono (CO_2) na atmosfera está aumentando rapidamente devido ao uso humano de combustíveis fósseis. Como as plantas usam CO_2 para a realização da fotossíntese, mais CO_2 pode ocasionar um crescimento mais acelerado de árvores e outras plantas. Um instrumento sofisticado permite aos pesquisadores lançar CO_2 extra em um círculo de floresta de 30 metros. Eles selecionaram dois círculos vizinhos em cada uma das três partes de uma floresta de pinheiros e escolheram aleatoriamente um de cada par para receber CO_2 extra. A variável resposta é o aumento médio na área de base para 30 a 40 árvores em um círculo durante um período de crescimento. Isso é medido em crescimento percentual por ano. Estes são os dados de um ano:[26] ARVORES

Par	Lote de controle	Lote tratado	Tratado − Controle
1	9,752	10,587	0,835
2	7,263	9,244	1,981
3	5,742	8,675	2,933

(a) Enuncie as hipóteses nula e alternativa. Explique claramente por que os pesquisadores utilizaram uma alternativa unilateral.

(b) Use um procedimento *t* e faça um teste, e relate sua conclusão em linguagem simples.

(c) Os pesquisadores usaram o mesmo teste que você acabou de usar. Qualquer uso de procedimentos *t* é arriscado com amostras desse tamanho. Por quê?

20.40 Fungos no ar. O ar em fábricas de processamento de aves contém, em geral, germes de fungos. Ventilação inadequada pode afetar a saúde dos trabalhadores. O problema é mais sério durante o verão. Para medir a presença de germes, amostras de ar são bombeadas para uma lâmina de musgo e são contadas as "unidades formadoras de colônias" (UFC) depois de um período de incubação. A seguir, estão os dados de duas localizações em uma fábrica que processa 37 mil perus por dia, coletados durante quatro dias no verão. As unidades são UFCs por metro cúbico de ar.[27] FUNGOS

	Dia 1	Dia 2	Dia 3	Dia 4
Sala de abate	3175	2526	1763	1090
Processamento	529	141	362	224
Sala de abate - processamento	2646	2385	1401	866

(a) Explique cuidadosamente por que esses são dados emparelhados.

(b) A contagem dos germes é claramente mais alta na sala de abate. Dê as médias amostrais e um intervalo de confiança de 90% para estimar quão mais alta é essa contagem. Certifique-se de estabelecer sua conclusão em linguagem clara.

(c) Você verá, com frequência, procedimentos *t* sendo usados com dados como esses. Você deve considerar os resultados apenas como aproximações grosseiras. Por quê?

20.41 Ervas daninhas entre o milho. *Velvetleaf* (folha de veludo) é uma erva daninha particularmente prejudicial nos campos de milho. Ela produz muitas sementes e estas esperam no solo, durante anos, pelas condições próprias. Quantas sementes essas plantas produzem? Eis as contagens a partir de 28 plantas que nasceram em um campo de milho em que nenhum herbicida tinha sido usado:[28] ERVADAN

dashtik/iStock

2450	2504	2114	1110	2137	8015	1623	1531	2008	1716
721	863	1136	2819	1911	2101	1051	218	1711	164
2228	363	5973	1050	1961	1809	130	880		

Gostaríamos de dar um intervalo de confiança para o número médio de sementes produzidas pelas plantas de *velvetleaf* na plantação de milho. Infelizmente, o intervalo *t* não pode ser usado com segurança para esses dados. Por que não?

20.42 Adoçando refrigerantes. Os fabricantes de refrigerantes testam novas receitas em relação à perda de doçura durante a armazenagem. Provadores treinados classificam a doçura usando um "escore de doçura" de 1 a 10, com maiores escores correspondendo a maior doçura. Os provadores classificam a doçura do refrigerante antes e depois da armazenagem. Eis as perdas de doçura (doçura antes da armazenagem menos doçura depois da armazenagem) encontradas por 10 provadores, para uma receita de refrigerante atualmente no mercado: REFCOLA

1,6 0,4 0,5 −2,0 1,5 −1,1 1,3 −0,1 −0,3 1,2

Considere os dados desses 10 provadores cuidadosamente treinados como uma AAS de uma grande população de todos os provadores treinados.

(a) Use esses dados para ver se há boa evidência de que o refrigerante perde doçura.

(b) Não é raro ver os procedimentos *t* usados para dados como esses. No entanto, você deve considerar os resultados apenas como aproximações. Por quê?

20.43 Quanto petróleo? A quantidade de petróleo que poços em determinado campo produzirão é uma informação-chave na decisão sobre a abertura de mais poços. Eis as quantidades totais estimadas de petróleo recuperado de 64 poços na área Devonian Richmond Dolomite da bacia de Michigan, em milhares de barris:[29] PETROLEO

21,7	53,2	46,4	42,7	50,4	97,7	103,1	51,9
43,4	69,5	156,5	34,6	37,9	12,9	2,5	31,4
79,5	26,9	18,5	14,7	32,9	196	24,9	118,2
82,2	35,1	47,6	54,2	63,1	69,8	57,4	65,6
56,4	49,4	44,9	34,6	92,2	37,0	58,8	21,3
36,6	64,9	14,8	17,6	29,1	61,4	38,6	32,5
12,0	28,3	204,9	44,5	10,3	37,7	33,7	81,1
12,1	20,1	30,5	7,1	10,1	18,0	3,0	2,0

Considere esses poços como uma AAS dos poços nessa área.

(a) Dê um intervalo de confiança *t* de 95% para a quantidade média de petróleo recuperado de todos os poços nessa área.

(b) Faça um gráfico dos dados. A distribuição é muito assimétrica, com vários valores atípicos altos. Um método intensivo de computador, que dá intervalos de confiança precisos sem supor qualquer forma específica para a distribuição, dá um intervalo de confiança de 95% de 40,28 a 60,32. Como o intervalo *t* se compara com esse? Os procedimentos *t* deveriam ser usados com esses dados?

20.44 *E. coli* em áreas de natação. Para investigar a qualidade da água, no início de setembro de 2016, o Ohio Department of Health coletou amostras de água em 24 praias no Lago Eriê, no Condado de Eriê. Essas amostras foram testadas em relação à bactéria *E. coli*, encontrada nas fezes de humanos e animais. Um nível inseguro de coliformes fecais significa que há maior chance de a bactéria que causa doenças estar presente, e maior o risco de que um banhista adoeça se, acidentalmente, engolir um pouco de água. Ohio considera a água insegura para natação se uma amostra de 100 mililitros de água contiver mais de 400 bactérias de coliforme. Aqui estão os níveis de *E. coli* encontrados pelos laboratórios:[30] ECOLI

18,7	579,4	1986,3	517,2	98,7	45,7	124,6	201,4
19,9	83,6	365,4	307,6	285,1	152,9	18,7	151,5
365,4	238,2	209,8	290,9	137,6	1046,2	127,4	224,7

Considere essas amostras de água como uma AAS da água em todas as áreas de natação no Condado de Eriê.

(a) Esses dados constituem boa evidência de que, na média, os níveis de *E. coli* nessas áreas de natação sejam seguros?

(b) Faça um gráfico desses dados. A distribuição é muito assimétrica. Outro método, que fornece o valor P sem supor qualquer forma específica para a distribuição, dá um valor P de 0,0043 para a questão na parte (a). Como se compara o teste t de uma amostra com esse resultado? Os procedimentos t devem ser usados com esses dados?

Os exercícios que seguem pedem que você responda a perguntas a partir dos dados, sem que os detalhes lhe sejam fornecidos. O processo dos quatro passos está ilustrado nos Exemplos 20.2, 20.3 e 20.4. Os enunciados dos exercícios lhe dão o passo ***Estabeleça****. Em seu trabalho, siga os passos* ***Planeje****,* ***Resolva*** *e* ***Conclua****.*

20.45 Controle natural de ervas daninhas? Felizmente, os fazendeiros não estão realmente interessados no número de sementes que as plantas *velvetleaf* produzem (ver Exercício 20.41). O besouro de semente de *velvetleaf* se alimenta dessas sementes e pode ser um controle natural dessa erva daninha. Eis o total de sementes, total de sementes infectadas pelo besouro, e percentuais de sementes infectadas, para 28 dessas plantas: CTERVDAN

Sementes	2450	2504	2114	1110	2137	8015	1623	1531	2008	1716
Infectadas	135	101	76	24	121	189	31	44	73	12
Percentual	5,5	4,0	3,6	2,2	5,7	2,4	1,9	2,9	3,6	0,7
Sementes	721	863	1136	2819	1911	2101	1051	218	1711	164
Infectadas	27	40	41	79	82	85	42	0	64	7
Percentual	3,7	4,6	3,6	2,8	4,3	4,0	4,0	0,0	3,7	4,3
Sementes	2228	363	5973	1050	1961	1809	130	880		
Infectadas	156	31	240	91	137	92	5	23		
Percentual	7,0	8,5	4,0	8,7	7,0	5,1	3,8	2,6		

Faça uma análise completa do percentual de sementes infectadas pelo besouro. Inclua um intervalo de confiança de 90% para o percentual médio de infectadas na população de todas essas plantas. Você acha que o besouro é útil no controle dessa erva daninha? Por que a análise do percentual de sementes infectadas é mais útil do que a análise do número de sementes infectadas?

20.46 Recrutando células T. Existe evidência de que os linfócitos T citotóxicos (células T) participem no controle do crescimento de tumores e que possam ser aproveitados para usar o sistema imunológico do corpo para combater o câncer. Um estudo investigou o uso de um anticorpo agregador de célula T, blinatumomab, para induzir as células T a controlarem o crescimento do tumor. Os dados que seguem são contagens de células T (mil por microlitro) na linha de base (início do estudo) e depois de 20 dias sob blinatumomab, para os seis sujeitos no estudo.[31] A diferença (20 dias depois menos linha de base) é a variável resposta. CELT

Linha de base	0,04	0,02	0,00	0,02	0,38	0,33
Depois de 20 dias	0,28	0,47	1,30	0,25	1,22	0,44
Diferença	0,24	0,45	1,30	0,23	0,84	0,11

Os dados fornecem evidência convincente de que a contagem de células T seja mais alta depois de 20 dias sob blinatumomab?

20.47 Recrutando células T (continuação). Dê um intervalo de confiança de 95% para a diferença média nas contagens de células T (depois de 20 dias menos linha de base) no exercício anterior. CELT

20.48 Desempenho de fundos mútuos. Fundos mútuos, em geral, têm seus desempenhos comparados com uma referência fornecida por um "índice" que descreve o desempenho da classe de ativos nos quais o fundo investe. Por exemplo, o Vanguard International Growth Fund compara seu desempenho contra o índice Spliced International Index. A Tabela 20.3 dá os retornos anuais (percentuais) para o fundo e o índice. O retorno percentual anual médio do fundo difere significantemente do retorno de sua referência? FUNDOMUT

(a) Explique claramente por que o teste t de dados emparelhados é a escolha apropriada para responder a essa questão.

(b) Faça uma análise completa que responda à questão proposta.

(c) O teste t emparelhado usa a média das diferenças nos retornos percentuais anuais para comparar o desempenho do fundo com o de seu padrão ao longo do tempo. O que você acha dessa maneira de comparar o desempenho ao longo do tempo? (Considere um exemplo simples ao longo de dois anos. O Fundo 1 tem um retorno anual de 50% no ano 1 e retorno de −50% no ano 2. A referência tem um retorno anual de 0% nos dois anos. A média das diferenças nos retornos percentuais anuais é 0. No entanto, quanto vale um investimento inicial de US$ 100 no Fundo 1 depois de dois anos? Quanto vale um investimento inicial de US$ 100 na referência depois de dois anos?)

20.49 Direita *versus* esquerda. O planejamento de controles e instrumentos afeta o nível de dificuldade das pessoas ao usá-los. Timothy Sturn examinou esse efeito em um projeto de curso, pedindo a 25 estudantes destros que girassem uma maçaneta (com a mão direita) que movia um indicador pela ação de um parafuso. Havia dois instrumentos idênticos, um com rosca direita (a maçaneta se move no sentido horário) e o outro com rosca esquerda (a maçaneta se move no sentido anti-horário). A Tabela 20.4 dá os tempos, em segundos, que cada sujeito gastou para mover o indicador a uma distância fixa.[32] DIRESQ

(a) Cada um dos 25 estudantes usou ambos os instrumentos. Explique brevemente como você usaria a aleatorização no arranjo do experimento.

(b) O projeto esperava mostrar que as pessoas destras consideram as roscas direitas de mais fácil manejo. Faça uma análise que leve a uma conclusão sobre esse assunto.

20.50 Comparação de dois medicamentos. Os fabricantes de medicamentos genéricos precisam comprovar que estes não diferem significantemente dos medicamentos de "referência" que eles imitam. Uma das possíveis diferenças entre os medicamentos é sua capacidade de absorção pelo sangue. A Tabela 20.5 fornece dados extraídos de 20

Tabela 20.3 Um fundo mútuo *versus* seu índice de referência

Ano	Retorno do fundo (%)	Retorno do índice (%)	Ano	Retorno do fundo (%)	Retorno do índice (%)	Ano	Retorno do fundo (%)	Retorno do índice (%)	Ano	Retorno do fundo (%)	Retorno do índice (%)
1984	−1,02	7,38	1993	44,74	32,56	2002	−17,79	−15,94	2011	−13,68	−13,71
1985	56,94	56,16	1994	0,76	7,78	2003	34,45	38,59	2012	20,01	16,83
1986	56,71	69,44	1995	14,89	11,21	2004	18,95	20,25	2013	22,95	15,29
1987	12,48	24,63	1996	14,65	6,05	2005	15,00	13,54	2014	−5,63	−3,87
1988	11,61	28,27	1997	4,12	1,78	2006	25,92	26,34	2015	−0,67	−5,66
1989	24,76	10,54	1998	16,93	20,00	2007	15,98	11,17	2016	1,71	4,50
1990	−12,05	−23,45	1999	26,34	26,96	2008	−44,94	−43,38	2017	42,96	27,19
1991	4,74	12,13	2000	−8,60	−14,17	2009	41,63	31,78	2018	−12,69	−14,20
1992	−5,79	−12,17	2001	−18,92	−21,44	2010	15,66	8,13	2019	31,56	21,51

Tabela 20.4 Tempos de desempenho (segundos) usando instrumentos de roscas direita e esquerda

Sujeito	Rosca direita	Rosca esquerda	Sujeito	Rosca direita	Rosca esquerda
1	113	137	14	107	87
2	105	105	15	118	166
3	130	133	16	103	146
4	101	108	17	111	123
5	138	115	18	104	135
6	118	170	19	111	112
7	87	103	20	89	93
8	116	145	21	78	76
9	75	78	22	100	116
10	96	107	23	89	78
11	122	84	24	85	101
12	103	148	25	88	123
13	116	147			

sujeitos saudáveis do sexo masculino e não fumantes para um par de medicamentos.[33] Esse é um planejamento de dados emparelhados. Os sujeitos foram numerados aleatoriamente de 1 a 20. Os Sujeitos 1 a 10 receberam o medicamento genérico primeiro, seguido pelo medicamento de referência. Os Sujeitos 11 a 20 receberam o medicamento de referência primeiro, seguido pelo medicamento genérico. Em todos os casos, um período de excreção separou a administração dos dois medicamentos, de modo que o primeiro tivesse desaparecido do sangue antes que o sujeito tomasse o segundo. Pela aleatorização da ordem, eliminamos o confundimento da ordem de administração com a diferença na absorção pelo sangue. Os medicamentos diferem significantemente em termos da quantidade absorvida no sangue? MEDIC

Tabela 20.5 Extensão da absorção para duas versões de um medicamento

Sujeito	Droga de referência	Droga genérica
15	4108	1755
3	2526	1138
9	2779	1613
13	3852	2254
12	1833	1310
8	2463	2120
18	2059	1851
20	1709	1878
17	1829	1682
2	2594	2613
4	2344	2738
16	1864	2302
6	1022	1284
10	2256	3052
5	938	1287
7	1339	1930
14	1262	1964
11	1438	2549
1	1735	3340
19	1020	3050

20.51 **Significância prática?** Dê um intervalo de significância de 90% para o tempo médio de vantagem das roscas direitas sobre as roscas esquerdas, no contexto do Exercício 20.49. Você acha que o tempo economizado seria de importância prática se a tarefa devesse ser executada muitas vezes – por exemplo, por um trabalhador em uma linha de montagem?

Para ajudar na resposta, encontre o tempo médio para as roscas direitas como um percentual do tempo médio para as roscas esquerdas. DIRESQ

20.52 **Mau tempo, más gorjetas?** Como parte do estudo das gorjetas em um restaurante que encontramos no Exemplo 16.3, os psicólogos estudaram também o tamanho da gorjeta em um restaurante quando a mensagem junto à conta indicava mau tempo no dia seguinte. Eis as gorjetas de 20 clientes, medidas como percentual da conta total:[34] GORJETA3

4 PASSOS

18,0	19,1	19,2	18,8	18,4	19,0	18,5	16,1	16,8	14,0
17,0	13,6	17,5	20,0	20,2	18,8	18,0	23,2	18,2	19,4

Os dados fornecem evidência convincente de que a gorjeta percentual média para todos os clientes desse restaurante, quando suas contas contêm uma mensagem de mau tempo no dia seguinte, seja menor do que 20%? (Note que 20% é o tamanho normalmente recomendado para gorjetas em restaurantes.)

20.53 ***t vs z.*** Se você examinar a Tabela C, notará que os valores críticos da distribuição t se aproximam cada vez mais dos valores críticos correspondentes da distribuição Normal à medida que o número de graus de liberdade aumenta. Você pode ver isso pela comparação dos valores críticos z, no pé da Tabela C, com os valores críticos t na coluna correspondente. Isso sugere que, para tamanhos amostrais muito grandes, a inferência com base nos cálculos da probabilidade Normal nos Capítulos 15 e 16 (supondo que σ seja conhecido), e a inferência com base na distribuição t discutida neste capítulo (σ desconhecido) podem dar essencialmente a mesma resposta, se os tamanhos amostrais forem grandes e se procedermos como se nossa estimativa de σ fosse o verdadeiro valor de σ. Muitos pacotes estatísticos calcularão probabilidades t. Se você tem acesso a um tal programa, responda as questões a seguir.

(a) Use o programa para determinar quão grande o tamanho amostral (ou quantos graus de liberdade) precisa ser para que o valor crítico da distribuição t fique a menos de 0,01 do correspondente valor crítico da distribuição Normal, para um intervalo de confiança de 90, 95, e 99% para a média populacional.

(b) Com base em suas descobertas, qual tamanho de amostra você considera necessário para que a inferência com o uso da distribuição Normal e a inferência com o uso da distribuição t deem resultados muito semelhantes, se σ (tanto o valor real quanto sua estimativa) for 1? Se σ (tanto o valor real quanto sua estimativa) for 100?

CAPÍTULO

21

Após leitura do capítulo, você será capaz de:

21.1 Reconhecer a diferença entre estudos de duas amostras e estudos de dados emparelhados e distinguir qual é apropriado a dado contexto.

21.2 Determinar se as condições para inferência na comparação de duas médias são satisfeitas em situações específicas.

21.3 Usar os procedimentos *t* de duas amostras para calcular o valor *P* para testes de significância e para calcular intervalos de confiança.

21.4 Usar a tecnologia para calcular intervalos e valores *P* para procedimentos *t* de duas amostras.

21.5 Usar o tamanho amostral e informação sobre a Normalidade de duas populações para determinar se um procedimento *t* de duas amostras é apropriado.

21.6 Usar a fórmula para os graus de liberdade para encontrar a distribuição aproximada da estatística *t* de duas amostras na comparação de duas médias.

21.7 Estabelecer as limitações do procedimento *t* de duas amostras combinadas e a razão pela qual ele não deve ser usado se um programa estatístico estiver disponível.

21.8 Explicar por que inferências sobre desvios-padrão populacionais devem ser evitados na prática básica da estatística.

Aja Koska/Getty Images

Comparação de Duas Médias

No Capítulo 20, estudamos inferência para a média de uma população Normal, usando procedimentos com base na distribuição *t*. Na prática, o uso mais comum dos procedimentos *t* para uma única média populacional é com dados emparelhados, porque a maioria dos estudos de pesquisa faz comparações entre duas ou mais populações. Neste capítulo, discutimos os procedimentos *t* para a comparação das médias de duas populações Normais, quando temos amostras independentes dessas duas populações.

A comparação de duas populações ou dois tratamentos é uma das situações mais comuns encontradas na prática estatística. Chamamos essas situações de *problemas de duas amostras*.

Problemas de duas amostras

- O objetivo da inferência é a comparação das respostas a dois tratamentos ou a comparação das características de duas populações
- Temos uma amostra separada de cada tratamento ou de cada população.

21.1 Problemas de duas amostras

Um problema de duas amostras pode surgir de um experimento comparativo aleatorizado que divide os sujeitos aleatoriamente em dois grupos e expõe cada grupo a um tratamento diferente. A comparação de amostras aleatórias selecionadas separadamente de duas populações é também um problema de duas amostras. Diferentemente dos planejamentos de dados emparelhados estudados antes, não há qualquer emparelhamento dos indivíduos nas duas amostras. Supõe-se que as duas amostras sejam independentes e que possam ser de tamanhos diferentes. Procedimentos de inferência para dados de duas amostras diferem daqueles para dados emparelhados. A seguir, apresentamos alguns problemas típicos de duas amostras.

EXEMPLO 21.1 Problemas de duas amostras

- A fisioterapia regular ajuda na dor lombar? Um experimento aleatorizado associou pacientes com dores lombares a dois grupos: 142 receberam um exame e conselhos de um fisioterapeuta; outros 144 receberam fisioterapia regular durante até cinco semanas. Depois de um ano, a mudança em seus níveis de incapacidade (0 a 100%) foi avaliada por um médico que não sabia qual tratamento o paciente havia recebido
- Uma pesquisadora educacional aplica um teste da compreensão geral de assuntos a partir de leituras indicadas a uma amostra de estudantes que usam *tablets* em vez do tradicional livro impresso, e a uma amostra de estudantes que usam livros-texto impressos. Ela compara os escores de teste dos estudantes que usam *tablets* com os escores dos estudantes que usam os tradicionais livros-texto impressos
- Um banco deseja saber qual de dois planos de incentivo aumentará mais o uso de seus cartões de crédito. Ele oferece cada incentivo a amostras aleatórias independentes de clientes de cartão de crédito e compara as quantias debitadas no cartão durante os seis meses seguintes.

ESTATÍSTICA NO MUNDO REAL

Dirigindo enquanto jejua

Muitos islâmicos jejuam do nascer até o pôr do sol durante o mês do Ramadan. Isso afeta a taxa de acidentes de trânsito? O jejum pode melhorar o estado de alerta, reduzindo acidentes. Ou pode causar desidratação, aumentando os acidentes. Dados da Turquia mostram um aumento estatisticamente significante, começando duas semanas no Ramadan. Ora, como o Ramadan segue um calendário lunar, ele tem um ciclo ao longo do ano. Talvez os acidentes diminuam em um Ramadan no inverno (estado de alerta), mas aumentem durante um Ramadan no verão (jejum mais longo e desidratação). Pergunte aos estatísticos sobre essa questão e obtenha deles sua resposta favorita: precisamos de mais dados.

APLIQUE SEU CONHECIMENTO

Qual é o planejamento dos dados? *Cada situação descrita nos Exercícios 21.1 a 21.4 requer inferência sobre uma média ou médias. Identifique cada uma como envolvendo* (1) *uma única amostra*, (2) *dados emparelhados ou* (3) *duas amostras independentes. Os procedimentos do Capítulo 20 se aplicam aos planejamentos* (1) *e* (2). *Estamos prestes a aprender os procedimentos para* (3).

21.1 Postagem no Twitter. As pessoas fazem mais postagens no Twitter à medida que o número de seus seguidores aumenta? Para testar isso, pesquisadores selecionaram uma amostra aleatória de usuários do Twitter. Esses usuários foram divididos aleatoriamente em dois grupos, um grupo de tratamento e um grupo de controle. Os usuários não sabiam a qual grupo haviam sido destinados. Durante um período de 100 dias, o número de seguidores foi firmemente aumentado pelos pesquisadores para os sujeitos no grupo de tratamento. No entanto, os sujeitos desse grupo não sabiam a fonte desse aumento. Os usuários no grupo de controle foram simplesmente observados pelos pesquisadores. O número médio de postagens para cada usuário foi registrado por um período de 50 dias. Compararam-se, então, os números médios de postagens para cada grupo.

21.2 Quem é mais inteligente? Escolha uma amostra aleatória de 100 famílias, com pelo menos duas crianças de idades diferentes em cada uma. Meça os escores de QI do primogênito e da criança mais nova em cada família. Compare o escore médio de QI de cada primogênito com o da criança mais nova.

21.3 Hambúrguer com base em vegetais. Uma nutricionista de uma escola seleciona uma amostra de estudantes em uma grande escola distrital e lhes pede que provem e classifiquem um novo hambúrguer que está sendo considerado como um item adicional no menu do almoço da escola. A nutricionista não diz aos estudantes que o novo hambúrguer é feito à base de vegetais que, supostamente, devem ter o sabor de carne. As classificações variam de −5 a 5, com −5 significando que fortemente não gostou, 0 nem gostou nem desgostou, e 5 gostou fortemente. A nutricionista testa se a classificação média é maior do que 0.

21.4 Hambúrguer com base em vegetais (continuação). Outra nutricionista seleciona uma amostra de estudantes em uma grande escola distrital e divide aleatoriamente a amostra em dois grupos. Um grupo classifica o gosto de um hambúrguer à base de vegetais, e o outro, o gosto de um hambúrguer tradicional de carne. Nenhum dos grupos sabe de que é feito o hambúrguer que prova. As classificações variam de −5 a 5, com −5 significando que fortemente não gostou, 0 nem gostou nem desgostou, e 5 gostou fortemente. A nutricionista compara as classificações médias dos dois grupos.

21.2 Comparação de duas médias populacionais

A comparação de duas populações, ou das respostas a dois tratamentos, começa com a análise de dados: faça diagramas de caixas, diagramas de ramo e folhas (para amostras pequenas), ou histogramas (para amostras maiores), e compare as formas, os centros e as dispersões das duas amostras. O objetivo mais comum da inferência é a comparação das respostas médias ou típicas nas duas populações. Quando a análise de dados sugere que ambas as distribuições populacionais são simétricas e, especialmente, quando elas são, pelo menos, aproximadamente Normais, desejamos comparar as médias populacionais. Eis as condições para a inferência sobre médias.

Condições para inferência na comparação de duas médias

- Temos duas AASs, provenientes de duas populações diferentes. As amostras são *independentes*. Ou seja, uma amostra não tem influência sobre a outra. O emparelhamento viola a independência, por exemplo. Medimos a mesma variável resposta para ambas as amostras.
- As duas populações são *Normalmente distribuídas*. As médias e os desvios-padrão das populações são desconhecidos. Na prática, é suficiente que as distribuições tenham formas semelhantes e que os dados não tenham valores atípicos extremos.

Os procedimentos de duas amostras neste capítulo também podem ser usados para estudos que comparam as respostas a dois tratamentos. Supomos que temos dados provenientes de um experimento comparativo aleatorizado que divide aleatoriamente os sujeitos em dois grupos e expõe cada grupo a um tratamento diferente.

Chame de x_1 a variável que medimos na primeira população e de x_2, na segunda, porque a variável pode ter distribuições diferentes nas duas populações. A seguir, apresentamos como descrevemos as duas populações:

População	Variável	Média	Desvio-padrão
1	x_1	μ_1	σ_1
2	x_2	μ_2	σ_2

Há quatro parâmetros desconhecidos: as duas médias e os dois desvios-padrão. O índice nos indica qual população um parâmetro descreve. Queremos comparar as duas médias populacionais, ou fornecendo um intervalo de confiança para sua diferença $\mu_1 - \mu_2$, ou testando a hipótese de nenhuma diferença, H_0: $\mu_1 = \mu_2$. A hipótese nula de nenhuma diferença é usada para investigar se um tratamento tem algum efeito.

Usamos as médias e desvios-padrão amostrais para estimar os parâmetros desconhecidos. Novamente, o índice nos informa de qual amostra a estatística provém. A seguir, está a notação que descreve as amostras:

População	Tamanho amostral	Média amostral	Desvio-padrão amostral
1	n_1	$\bar{x}_1$	s_1
2	n_2	$\bar{x}_2$	s_2

Para fazermos inferência sobre a diferença $\mu_1 - \mu_2$ entre as médias das duas populações, partimos da diferença $\bar{x}_1 - \bar{x}_2$ entre as médias das duas amostras.

EXEMPLO 21.2 Atividade diária e obesidade

4 PASSOS ATIVID

ESTABELEÇA: as pessoas ganham peso quando absorvem mais energia dos alimentos do que gastam. James Levine e seus colaboradores da Clínica Mayo examinaram a ligação entre obesidade e gasto de energia na atividade diária.[1]

Escolha 20 voluntários saudáveis que não fazem exercício. Escolha, deliberadamente, 10 que sejam magros e 10 que sejam ligeiramente obesos, mas, ainda assim, saudáveis. Coloque nos sujeitos sensores que monitorem cada movimento deles durante dez dias. A Tabela 21.1 apresenta os dados do tempo (em minutos por dia) que os sujeitos gastaram em pé ou andando, sentados ou deitados. Os magros e os obesos diferem no tempo médio que gastam em pé ou andando?

Tabela 21.1 Tempo (minutos por dia) gasto, em três posturas diferentes, por sujeitos magros e obesos

Grupo	Sujeito	De pé/Andando	Sentado	Deitado
Magro	1	511,100	370,300	555,500
Magro	2	607,925	374,512	450,650
Magro	3	319,212	582,138	537,362
Magro	4	584,644	357,144	489,269
Magro	5	578,869	348,994	514,081
Magro	6	543,388	385,312	506,500
Magro	7	677,188	268,188	467,700
Magro	8	555,656	322,219	567,006
Magro	9	374,831	537,031	531,431
Magro	10	504,700	528,838	396,962
Obeso	11	260,244	646,281	521,044
Obeso	12	464,756	456,644	514,931

(*Continua*)

Tabela 21.1 Tempo (minutos por dia) gasto, em três posturas diferentes, por sujeitos magros e obesos *(Continuação)*

Grupo	Sujeito	De pé/Andando	Sentado	Deitado
Obeso	13	367,138	578,662	563,300
Obeso	14	413,667	463,333	532,208
Obeso	15	347,375	567,556	504,931
Obeso	16	416,531	567,556	448,856
Obeso	17	358,650	621,262	460,550
Obeso	18	267,344	646,181	509,981
Obeso	19	410,631	572,769	448,706
Obeso	20	426,356	591,369	412,919

PLANEJE: examine os dados e realize um teste de hipóteses. Suspeitamos, de antemão, que os sujeitos magros (Grupo 1) sejam mais ativos do que os sujeitos obesos (Grupo 2), de modo que testamos as hipóteses

$$H_0: \mu_1 = \mu_2$$
$$H_a: \mu_1 > \mu_2$$

RESOLVA (primeiros passos): as condições para inferência são satisfeitas? Os sujeitos são voluntários, de modo que não são AASs de todos os adultos magros e de todos os ligeiramente obesos. O estudo tentou recrutar grupos comparáveis: todos tinham ocupações sedentárias, nenhum fumava ou estava tomando algum medicamento, e assim por diante. Ao estabelecermos padrões claros como esses, compensamos o fato de que não podemos, razoavelmente, conseguir AASs para um estudo tão invasivo. Não foi dito aos sujeitos que eles foram escolhidos de um grupo maior de voluntários porque não faziam exercícios ou porque eram magros ou ligeiramente obesos. Como a sua disposição em participar não está relacionada ao objetivo do estudo, vamos considerá-los como duas AASs independentes.

Um diagrama de ramo e folhas lado a lado (Figura 21.1) mostra os dados para "De pé/Andando" em detalhe. Para fazermos o gráfico, arredondamos os dados até os dez minutos mais próximos e usamos as centenas como ramos e as dezenas como folhas. As distribuições são um pouco irregulares, como esperaríamos de apenas 10 observações.

Magro		Obeso
	2	67
72	3	567
	4	11236
886410	5	
81	6	

FIGURA 21.1
Diagrama de ramo e folhas lado a lado dos tempos gastos andando ou em pé, para o Exemplo 21.2. Aqui, os valores estão em centenas, de modo que, por exemplo, 2|6 = 260.

Não há afastamentos claros da Normalidade, como valores atípicos extremos ou assimetria. Os sujeitos magros, como um grupo, gastam mais tempo em pé ou andando do que os sujeitos obesos. O cálculo das médias dos grupos confirma isso:

Grupo	n	Mean $\bar{x}$	Desvio-padrão s
Grupo 1 (magro)	10	525,751	107,121
Grupo 2 (obeso)	10	373,269	67,498

A diferença observada no tempo médio por dia gasto em pé ou andando é

$$\bar{x}_1 - \bar{x}_2 = 525{,}751 - 373{,}269 = 152{,}482 \text{ minutos}$$

Para completar o passo "Resolva", devemos aprender os detalhes da inferência que compara duas médias.

21.3 Procedimentos *t* de duas amostras

Para avaliarmos a significância da diferença observada entre as médias de nossas duas amostras, seguimos um caminho familiar. O fato de uma diferença observada ser surpreendente depende da dispersão das observações, bem como das duas médias. Médias muito diferentes podem ocorrer apenas devido ao acaso, se as observações individuais variam bastante. Para levarmos em consideração a variação, gostaríamos de padronizar a diferença $\bar{x}_1 - \bar{x}_2$, dividindo-a por seu desvio-padrão. Esse desvio-padrão da diferença das médias amostrais é

$$\sqrt{\frac{\sigma_1^2}{n_1} + \frac{\sigma_2^2}{n_2}}$$

Esse desvio-padrão se torna maior quando a população se torna mais variável – isto é, quando σ_1 ou σ_2 aumentam. Torna-se menor quando os tamanhos das amostras n_1 e n_2 aumentam.

Como não conhecemos os desvios-padrão populacionais, nós os estimamos pelos desvios-padrão amostrais de nossas duas amostras. O resultado é o erro padrão, ou desvio-padrão estimado, da diferença das médias amostrais:

$$EP_{\bar{x}_1 - \bar{x}_2} = \sqrt{\frac{s_1^2}{n_1} + \frac{s_2^2}{n_2}}$$

Quando padronizamos a estimativa dividindo-a por seu erro padrão, o resultado é a **estatística t de duas amostras:**

$$t = \frac{(\bar{x}_1 - \bar{x}_2) - (\mu_1 - \mu_2)}{\sqrt{\dfrac{s_1^2}{n_1} + \dfrac{s_2^2}{n_2}}}$$

Note que, para testes de hipóteses, H_0: $\mu_1 = \mu_2$ nos diz que $\mu_1 - \mu_2 = 0$. A estatística t tem a mesma interpretação que qualquer estatística z ou t: ela tem a forma

$$\frac{\text{Estimativa do parâmetro} - \text{Valor do parâmetro sob a hipótese nula}}{\text{Erro padrão da estimativa}}$$

e informa quão distante $\bar{x}_1 - \bar{x}_2 = 0$ está de $\mu_1 - \mu_2 = 0$ em unidades de desvio-padrão.

A estatística t de duas amostras tem, aproximadamente, uma distribuição t. Não tem exatamente uma distribuição t, mesmo se as populações forem exatamente Normais. Na prática, contudo, a aproximação é bem precisa. Há duas opções práticas para o uso dos procedimentos t de duas amostras:

Opção 1. Com um programa, use a estatística t com valores críticos precisos da distribuição t aproximada. Os graus de liberdade são calculados a partir dos dados, por uma fórmula complicada. Além disso, os graus de liberdade podem não ser números inteiros.

Opção 2. Sem um programa, use a estatística t com valores críticos da distribuição t com número de *graus de liberdade igual ao menor entre* $n_1 - 1$ *e* $n_2 - 1$. Esses procedimentos são sempre conservadores para quaisquer duas populações Normais. O intervalo de confiança tem uma margem de erro *tão grande ou maior que* o necessário para o nível de confiança desejado. O teste de significância dá um valor P *igual a ou maior que* o verdadeiro valor P.

As duas opções são exatamente a mesma, exceto pelo número de graus de liberdade usados para os valores críticos de t e valores P. À medida que os tamanhos amostrais aumentam, os níveis de confiança e os valores P da Opção 2 se tornam mais precisos. A lacuna entre o que a Opção 2 reporta e a verdade é muito pequena, a menos que os tamanhos amostrais sejam ambos pequenos e diferentes.[2]

Procedimentos t de duas amostras

Extraia uma AAS de tamanho n_1 de uma população Normal com média μ_1 desconhecida, e extraia uma AAS independente de tamanho n_2 de outra população Normal com média desconhecida μ_2. Um intervalo de confiança para $\mu_1 - \mu_2$ de nível C é dado por

$$(\bar{x}_1 - \bar{x}_2) \pm t^* \sqrt{\frac{s_1^2}{n_1} + \frac{s_2^2}{n_2}}$$

Aqui, t^* é o valor crítico para o nível de confiança C para a distribuição t com graus de liberdade da Opção 1 (programa) ou da Opção 2 (menor entre $n_1 - 1$ e $n_2 - 1$).

Para testar a hipótese H_0: $\mu_1 = \mu_2$, calcule a estatística t de duas amostras

$$t = \frac{\bar{x}_1 - \bar{x}_2}{\sqrt{\dfrac{s_1^2}{n_1} + \dfrac{s_2^2}{n_2}}}$$

Determine valores P a partir da distribuição t com graus de liberdade da Opção 1 (programa) ou da Opção 2 (menor entre $n_1 - 1$ e $n_2 - 1$).

EXEMPLO 21.3 Atividade diária e obesidade

4 PASSOS

Podemos, agora, completar o Exemplo 21.2.

RESOLVA (inferência): a estatística t de duas amostras que compara a média de minutos gastos em pé ou andando no Grupo 1 (magros) e no Grupo 2 (obesos) é

$$t = \frac{\bar{x}_1 - \bar{x}_2}{\sqrt{\dfrac{s_1^2}{n_1} + \dfrac{s_2^2}{n_2}}} = \frac{525{,}751 - 373{,}269}{\sqrt{\dfrac{107{,}121^2}{10} + \dfrac{67{,}498^2}{10}}} = \frac{152{,}482}{40{,}039} = 3{,}808$$

Um programa (Opção 1) dá o valor P unilateral $P = 0{,}0008$, baseado em gl $= 15{,}174$.

Sem um programa, use a Opção 2 conservadora. Como $n_1 - 1 = 9$ e $n_2 - 1 = 9$, há 9 graus de liberdade. Como H_a é unilateral, o valor P é a área à direita de $t = 3{,}808$, sob

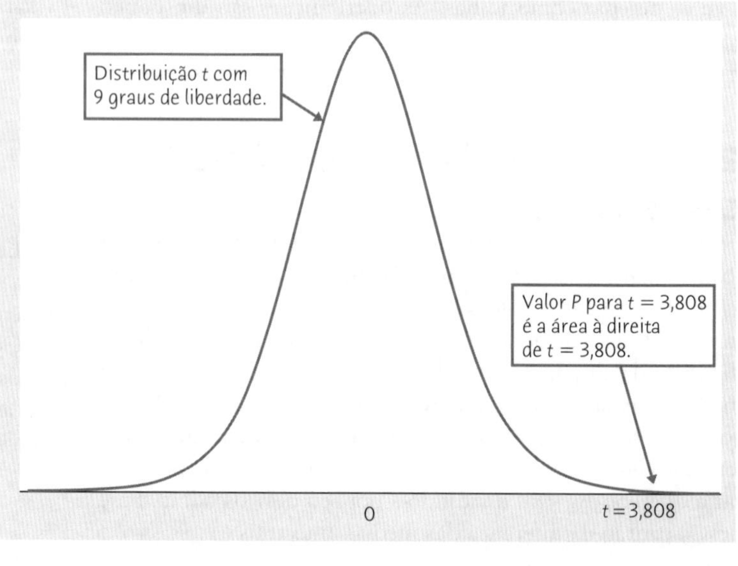

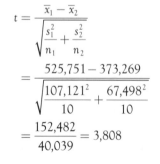

FIGURA 21.2
Usando a Opção 2 conservadora, o valor P no Exemplo 21.3 vem da distribuição t com 9 graus de liberdade.

a curva t_9. A Figura 21.2 ilustra esse valor P. A Tabela C mostra que $t = 3{,}808$ está entre os valores críticos t^* para 0,0025 e 0,001. Assim, $0{,}001 < P < 0{,}0025$. A Opção 2 dá um valor P maior (mais conservador) do que a Opção 1. Como sempre, a conclusão prática é a mesma para ambas as versões do teste.

gl = 9

t^*	3,690	4,297
P unilateral	0,0025	0,001

CONCLUA: há evidência muito forte ($P = 0{,}0008$) de que as pessoas magras, na média, gastam mais tempo andando ou de pé do que as moderadamente obesas.

A falta de atividade diária *causa* obesidade? Esse é um estudo observacional, e isso afeta nossa capacidade de tirar conclusões sobre causa e efeito. Pode ser que algumas pessoas sejam naturalmente mais ativas e, portanto, menos propensas a ganhar peso. Ou pode ser que as pessoas que ganhem peso reduzam seu nível de atividade. O estudo prosseguiu, colocando a maior parte dos sujeitos obesos em um programa de redução de peso e a maioria dos sujeitos magros em um programa supervisionado de superalimentação. Depois de oito semanas, os sujeitos obesos tinham perdido peso (média de 8 kg) e os sujeitos magros tinham ganhado peso (média de 4 kg). Porém, ambos os grupos mantiveram suas alocações originais de tempo às diferentes posições. Isso sugere que a alocação de tempo é biológica e influencia o peso, mais do que o contrário. Os autores observam que "Deve-se enfatizar que esse foi um estudo piloto e que os resultados precisam ser confirmados em estudos mais amplos".

EXEMPLO 21.4 Quão mais ativas são as pessoas magras?

PLANEJE: para estimarmos quão mais ativas são as pessoas magras, damos um intervalo de confiança de 90% para $\mu_1 - \mu_2$, a diferença na média diária de minutos gastos em pé ou andando, entre os adultos magros e os obesos.

RESOLVA E CONCLUA: como no Exemplo 21.3, a Opção 2 conservadora usa 9 graus de liberdade. A Tabela C mostra que o valor crítico de t_9 é $t^* = 1{,}833$. Estamos 90% confiantes em que $\mu_1 - \mu_2$ esteja no intervalo

$$(\bar{x}_1 - \bar{x}_2) \pm t^*\sqrt{\frac{s_1^2}{n_1} + \frac{s_2^2}{n_2}}$$

$$= (525{,}751 - 373{,}269) \pm 1{,}833\sqrt{\frac{107{,}121^2}{10} + \frac{67{,}498^2}{10}}$$

$$= 152{,}482 \pm 73{,}391$$

$$= 79{,}09 \text{ a } 225{,}87 \text{ minutos}$$

Um programa que use a Opção 1 dá o intervalo de 90% como 82,35 a 222,62 minutos, com base em t com 15,174 graus de liberdade. O intervalo da Opção 2 é maior porque esse método é conservador. Ambos os intervalos são bastante grandes porque as amostras são pequenas e a variação entre indivíduos, medida pelos dois desvios-padrão amostrais, é grande. Seja qual for o intervalo que relatarmos, estaremos (pelo menos) 90% confiantes em que a diferença média nos minutos médios diários gastos em pé ou andando entre adultos magros e ligeiramente obesos estará nesse intervalo.

ESTATÍSTICA NO MUNDO REAL

Metanálise

Pequenas amostras têm grandes margens de erro. Grandes amostras são dispendiosas. Frequentemente, podemos encontrar vários estudos sobre o mesmo problema; se pudéssemos combinar seus resultados, teríamos uma grande amostra com uma pequena margem de erro. Essa é a ideia da "metanálise". Naturalmente, não podemos apenas colocar os estudos junto devido às diferenças no planejamento e qualidade. Estatísticos têm maneiras mais sofisticadas de combinar os resultados. A metanálise tem sido aplicada a problemas que vão desde o efeito do fumo passivo até se treinamento melhora os escores SAT.

Note que no Exemplo 21.4 poderíamos ter mudado a ordem e calculado um intervalo de confiança de 90% para $\mu_2 - \mu_1$, usando $\bar{x}_2 - \bar{x}_1 = 373{,}269 - 525{,}751 = -152{,}482$, o que teria alterado os sinais no intervalo de confiança, e resultando então no intervalo −225,87 a −79,09 minutos para $\mu_2 - \mu_1$. No entanto, a interpretação final seria a mesma que o intervalo para $\mu_1 - \mu_2$.

EXEMPLO 21.5 Serviço comunitário e afeição a amigos

ESTABELEÇA: universitários voluntários atuantes em trabalhos comunitários e aqueles que não atuam nesses trabalhos diferem no modo como se ligam afetivamente a seus amigos? Um estudo obteve dados de 57 alunos que atuaram em trabalho comunitário e de 17 que não atuaram. Uma das variáveis resposta era uma medida de afeição a amigos, medida pelo Inventory of Parent and Peer Attachment (escores maiores indicam maior ligação). Em particular, a resposta é um escore que se baseia nas respostas a 25 questões. A seguir, apresentamos os resultados:[3]

DragonImages/iStock

Grupo	Condição	n	$\bar{x}$	s
1	Serviço	57	105,32	14,68
2	Sem serviço	17	96,82	14,26

PLANEJE: a pesquisadora não tinha em mente qualquer direção específica para a diferença antes de examinar os dados; logo, a alternativa é bilateral. Testaremos as hipóteses

$$H_0: \mu_1 = \mu_2$$
$$H_a: \mu_1 \neq \mu_2$$

RESOLVA: a pesquisadora diz que os escores individuais, examinados separadamente nas duas amostras, parecem razoavelmente Normais. Há um sério problema em relação à condição mais importante para que as duas amostras possam ser consideradas como AASs das duas populações de estudantes. Discutiremos isso depois de termos realizado os cálculos.

A estatística t de duas amostras é

$$t = \frac{\bar{x}_1 - \bar{x}_2}{\sqrt{\frac{s_1^2}{n_1} + \frac{s_2^2}{n_2}}} = \frac{105{,}32 - 96{,}82}{\sqrt{\frac{14{,}68^2}{57} + \frac{14{,}26^2}{17}}} = \frac{8{,}5}{3{,}9677} = 2{,}142$$

Um programa (Opção 1) diz que o valor P bilateral é $P = 0{,}0414$.

Sem um programa, use a Opção 2 para achar um valor P conservador. Há 16 graus de liberdade, o menor entre

$$n_1 - 1 = 57 - 1 = 56 \quad \text{e} \quad n_2 - 1 = 17 - 1 = 16$$

gl = 16

t^*	2,120	2,235
P bilateral	0,05	0,04

A Figura 21.3 ilustra o valor P. Ache-o, comparando $t = 2{,}142$ com os valores críticos bilaterais da distribuição t_{16}. A Tabela C mostra que valor P está entre 0,05 e 0,04.

CONCLUA: os dados fornecem evidência moderadamente forte ($P < 0{,}05$) de que os alunos que se envolveram em trabalhos comunitários diferem, em média, daqueles que não se envolveram em serviços comunitários, no grau de ligação com seus amigos (e os dados sugerem que eles são mais ligados a seus amigos).

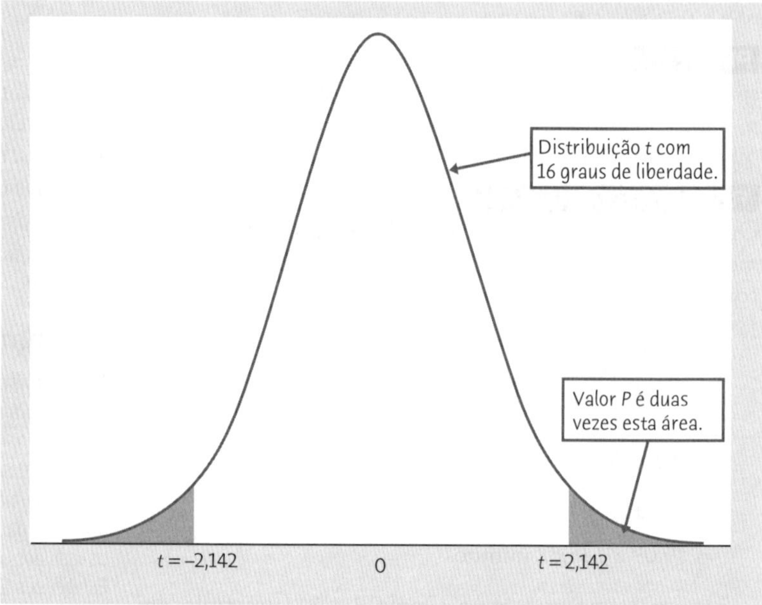

FIGURA 21.3
O valor P no Exemplo 21.5. Como a alternativa é bilateral, o valor P é o dobro da área à direita de $t = 2{,}142$.

Justifica-se o teste t no Exemplo 21.5? Os sujeitos alunos estavam "matriculados em um curso sobre Diversidade nos EUA em uma universidade grande do Meio-Oeste". A menos que esse curso seja exigido de todos os alunos, os sujeitos não podem ser considerados uma amostra aleatória até mesmo desse *campus*. Os alunos foram colocados nos dois grupos com base em um questionário, 39 no grupo de "nenhum serviço" e 71 no grupo de "serviço". Os dados foram coletados a partir de uma pesquisa de acompanhamento dois anos depois; 17 dos 39 alunos no grupo de "nenhum serviço" responderam (44%), em comparação com 80% de resposta (57 entre 71) no grupo de "serviço". A não resposta está confundida com grupo: alunos que participaram de trabalhos comunitários tinham muito mais propensão a responder. Finalmente, 75% dos respondentes do grupo "serviço" eram mulheres, em comparação com 47% dos respondentes do grupo "nenhum serviço". Gênero, que pode influenciar em muito a afeição a amigos, confunde-se, de modo prejudicial, com participação ou não em serviço comunitário. Os dados estão tão longe de satisfazer a condição de AAS para inferência que o teste t é sem sentido. Dificuldades assim são comuns em pesquisas de ciências sociais, nas quais variáveis de confundimento têm efeitos mais fortes do que o usual, quando variáveis biológicas ou físicas são medidas. Essa pesquisadora revelou honestamente as fraquezas na produção dos dados, mas deixou que os leitores decidissem se deviam, ou não, confiar em suas inferências.

APLIQUE SEU CONHECIMENTO

Nos exercícios que exigem procedimentos t de duas amostras, use a Opção 1, se você tiver a tecnologia que implemente aquele método. Caso contrário, use a Opção 2 (graus de liberdade como o menor entre $n_1 - 1$ e $n_2 - 1$).

21.5 Nintendo e habilidades laparoscópicas. 4 PASSOS Na cirurgia laparoscópica, uma câmera de vídeo e vários instrumentos finos são inseridos na cavidade abdominal do paciente. O cirurgião usa a imagem da câmera de vídeo posicionada dentro do corpo do paciente para realizar o procedimento pela manipulação dos instrumentos inseridos anteriormente. Descobriu-se que o Nintendo Wii™, com sua interface de busca de movimento, replica os movimentos requeridos na cirurgia laparoscópica com mais precisão do que outros *videogames*. Se o treinamento com o Nintendo Wii™ pode melhorar as habilidades laparoscópicas, ele pode complementar um treinamento mais dispendioso em um simulador laparoscópico. Foram escolhidos 42 médicos residentes e todos eles foram testados em um conjunto de habilidades laparoscópicas básicas. Vinte e um foram selecionados aleatoriamente para passar por um treinamento sistemático com o Nintendo Wii™ por uma hora por dia, cinco dias por semana, durante quatro semanas. Os 21 residentes restantes não receberam nenhum treinamento com Nintendo Wii™, e lhes foi pedido que se afastassem dos *videogames* durante esse período. Ao final das quatro semanas, todos os 42 residentes foram testados novamente em relação às mesmas habilidades laparoscópicas. Uma das habilidades envolvia uma remoção virtual de vesícula biliar, com várias medidas de desempenho registradas, incluindo o tempo para completar a tarefa. Eis os tempos de melhora (antes menos depois), em segundos, depois de quatro semanas, para os dois grupos:[4] NINT

O treinamento com o Nintendo Wii™ aumenta significantemente o tempo de melhora? Siga o processo dos quatro passos como ilustrado nos Exemplos 21.2 e 21.3.

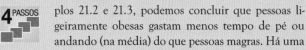

Tratamento						Controle					
291	134	186	128	84	243	21	66	54	85	229	92
212	121	134	221	59	244	43	27	77	−29	−14	88
79	333	−13	−16	71	−16	145	110	32	90	45	−81
71	77	144				68	61	44			

21.6 Atividade diária e obesidade. 4 PASSOS Com base nos Exemplos 21.2 e 21.3, podemos concluir que pessoas ligeiramente obesas gastam menos tempo de pé ou andando (na média) do que pessoas magras. Há uma diferença significante entre os tempos médios que os dois grupos gastam deitados? Use o processo dos quatro passos para responder a essa questão a partir dos dados da Tabela 21.1. Siga o modelo dos Exemplos 21.2 e 21.3. ATIVID

21.7 Nintendo e habilidades laparoscópicas (continuação). Use os dados no Exercício 21.5 para dar um intervalo de confiança de 95% para a diferença nos tempos de melhora média entre os grupos de tratamento e de controle. NINT

21.4 Exemplos de tecnologia

Os programas devem usar a Opção 1 para os graus de liberdade para fornecer intervalos de confiança e valores *P* precisos. Infelizmente, há variação no grau de qualidade da implementação da Opção 1. A Figura 21.4 mostra as saídas de uma calculadora gráfica, de três programas estatísticos e de um programa de planilhas, para o teste do Exemplo 21.3. Todos os quatro afirmam usar a Opção 1. A estatística *t* de duas amostras é exatamente como está no Exemplo 21.3, $t = 3{,}808$. Você pode encontrar esse valor em todas as quatro saídas. (O Minitab arredonda para 3.81; o Excel e a calculadora gráfica fornecem casas decimais adicionais.) No entanto, as diferentes tecnologias usam diferentes métodos para determinar o valor *P* para $t = 3{,}808$:

- CrunchIt!, JMP e a calculadora chegam à Opção 1 de forma totalmente correta. A aproximação precisa usa a distribuição *t* com aproximadamente 15,174 graus de liberdade (CrunchIt! Arredonda para 15,17). O valor *P* é $P = 0{,}0008$
- Minitab usa a Opção 1, mas *trunca* o número exato de graus de liberdade para o menor inteiro mais próximo para obter valores críticos e valores *P*. Nesse exemplo, o valor exato gl = 15,174 é truncado para gl = 15, de modo que os resultados do Minitab são levemente conservadores. Isto é, o valor *P* do Minitab (arredondado para $P = 0{,}001$ na saída) é ligeiramente maior que o valor *P* completo da Opção 1
- O Excel *arredonda* o número exato de graus de liberdade para o inteiro mais próximo, de modo que gl = 15,174 torna-se gl = 15. O método do Excel coincide com o Minitab nesse exemplo. Mas, quando o arredondamento leva os graus de liberdade para o maior inteiro mais próximo, os valores *P* do Excel são ligeiramente menores do que o correto. Isto é enganoso, uma ilustração do fato de que o Excel fica abaixo do padrão como programa estatístico.

O rótulo do JMP e do Excel de que o teste supõe variâncias diferentes é um pouco enganoso. *Os procedimentos t de duas amostras que descrevemos funcionam quer as populações tenham, quer não, a mesma variância.* Há um antigo procedimento especial que funciona apenas quando as duas variâncias são iguais. Discutiremos esse método na Seção 21.7, mas não há necessidade de seu uso em problemas de duas amostras.

Embora calculadoras e programas diferentes forneçam valores *P* ligeiramente diferentes, na prática você pode aceitar o que sua tecnologia lhe dá. As pequenas diferenças em *P* não alteram a conclusão. Mesmo "entre 0,001 e 0,0025" da Opção 2 (Exemplo 21.3) é próximo o suficiente para fins práticos.

Texas Instruments

```
2-SampTTest
 μ1>μ2
 t=3.808375604
 p=8.4101904E-4
 df=15.17355038
 x̄1=525.7513
↓x̄2=373.2692
```

Minitab

Two-sample T for stand

```
group     N     Mean    StDev   SE Mean
1        10      526      107        34
2        10    373.3     67.5        21

Difference = mu (1) - mu (2)
Estimate for difference: 152.5
T-Test of difference = 0 (vs >): T-Value = 3.81 P-Value = 0.001 DF = 15
```

Excel

	A	B	C
1	Teste-t: duas amostras presumindo variâncias diferentes		
2			
3		*Magro*	*Obeso*
4	Média	525.7513	373.2692
5	Variância	11474.8903	4556.019849
6	Observações	10	10
7	Hipótese da diferença de média	0	
8	gl	15	
9	Stat t	3.808375604	
10	P(T<=t) unicaudal	0.000856818	
11	t crítico unicaudal	1.753051038	
12	P(T<=t) bicaudal	0.001713635	
13	t crítico bicaudal	2.131450856	
14			

CRUNCHIT!

Export

Null hypothesis:	Difference of means = 0
Alternative hypothesis:	Difference of means > 0

Group	Std Dev	Sample Mean	n
1	107.1	525.8	10
2	67.50	373.3	10

df:	15.17
Difference of means:	152.5
t statistic:	3.808
P-value:	0.0008410

jmp

Assuming unequal variances

Difference	152.482	t Ratio	3.808376
Std Err Dif	40.039	DF	15.17355
Upper CL Dif	237.737	Prob > |t|	0.0017*
Lower CL Dif	67.227	Prob > t	0.0008*
Confidence	0.95	Prob < t	0.9992

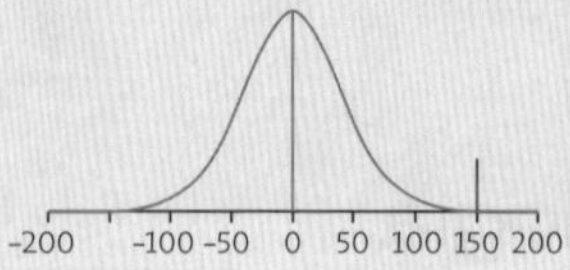

FIGURA 21.4

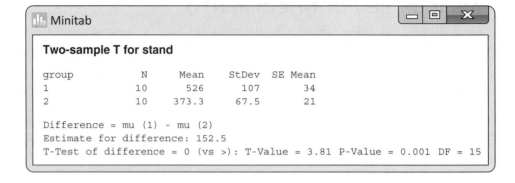

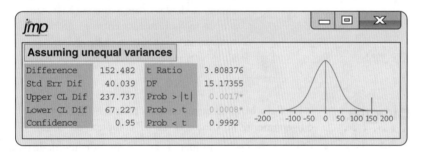

Procedimentos *t* de duas amostras aplicados aos dados sobre atividade e obesidade: saídas de uma calculadora gráfica, de três programas estatísticos, e de um programa de planilhas.

APLIQUE SEU CONHECIMENTO

21.8 Protetores solares. Avobenzone é um dos ingredientes ativos em vários protetores solares comercialmente disponíveis. Ele pode ser absorvido na corrente sanguínea quando o protetor solar é aplicado na pele. A Food and Drug Administration expressou preocupação com a segurança de absorção exagerada de avobenzone. Pesquisadores recrutaram 12 voluntários saudáveis para investigar a absorção de avobenzone para dois protetores solares comercialmente disponíveis: um *spray* e um creme. Os sujeitos foram associados aleatoriamente a um dos dois protetores, com seis sujeitos a cada um. Aplicaram-se 2 mg de protetor por 1 cm^2 em 75% da área da superfície do corpo de cada um (área fora da roupa de banho normal), quatro vezes por dia, durante quatro dias. A quantidade de avobenzone absorvida na corrente sanguínea (em nanogramas por mililitro aplicado, ng/mL) depois de 150 horas foi então medida para cada sujeito. Eis as medidas:[5] PROTSOLAR

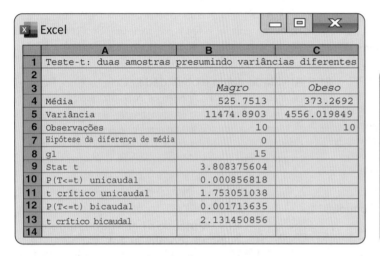

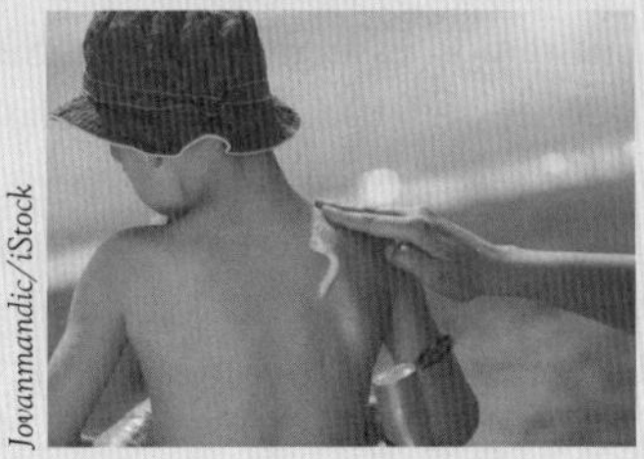

Spray	2,0	1,5	1,5	1,5	0,6	0,4
Creme	0,7	0,7	0,7	0,3	0,2	0,2

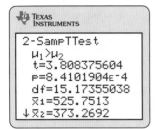

A Figura 21.5 mostra a saída para o teste de duas amostras usando a Opção 1. (Essa saída é do programa CrunchIt!, que realiza a Opção 1 sem arredondamento

ou truncamento dos graus de liberdade.) Os dois protetores solares diferem na quantidade de avobenzone absorvida na corrente sanguínea depois de 150 horas? Usando a saída na Figura 21.5, escreva um resumo, em uma sentença ou duas, incluindo t, gl, P, e uma conclusão.

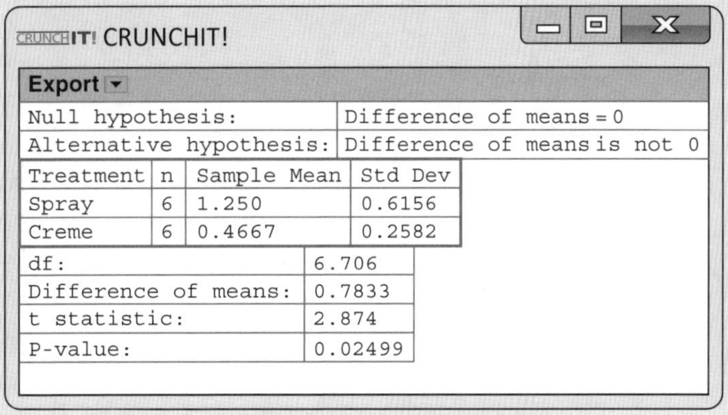

FIGURA 21.5
Saída do programa CrunchIt! para o t de duas amostras, para o Exercício 21.8.

21.5 Robustez novamente

Os procedimentos t de duas amostras são mais robustos (menos sensíveis a afastamentos de nossa condição de Normalidade para inferência para comparação de duas médias) que os métodos t de uma amostra, particularmente quando as distribuições não são simétricas. Quando os tamanhos das duas amostras são iguais e as duas populações que estão sendo comparadas têm distribuições com formas semelhantes, os valores de probabilidades da tabela t são bastante precisos para uma grande variedade de distribuições, quando os tamanhos de amostras são tão pequenos quanto $n_1 = n_2 = 5$.[6] Quando as duas distribuições populacionais têm formas diferentes, são necessárias amostras maiores.

Como uma orientação para a prática, adapte as diretrizes fornecidas no Capítulo 20 para o uso de procedimentos t de uma amostra aos procedimentos t de duas amostras, substituindo "tamanho da amostra" por "soma dos tamanhos das amostras", $n_1 + n_2$. Essas diretrizes erram a favor da segurança, particularmente quando as duas amostras têm tamanhos iguais. *Ao planejar um estudo de duas amostras, você deve escolher tamanhos iguais de amostras sempre que possível. Nesse caso, os procedimentos t de duas amostras são mais robustos contra a não Normalidade, e os valores conservadores da probabilidade da Opção 2 são mais precisos.*

APLIQUE SEU CONHECIMENTO

21.9 Bons odores trazem bons negócios? Os comerciantes sabem que os clientes, em geral, respondem à música de fundo. Eles respondem a odores também? Realizou-se um estudo dessa questão em uma pequena pizzaria na França, em duas noites de sábado, em maio. Em uma dessas noites, espalhou-se um perfume relaxante de lavanda por todo o restaurante. Na outra noite, não se usou qualquer perfume. A Tabela 21.2 dá os tempos (minutos) que duas amostras de 30 clientes gastaram no restaurante e a quantidade que gastaram (em euros).[7] As duas noites eram comparáveis em vários aspectos (clima, conta do cliente, entre outros), de modo que desejamos considerar os dados como AASs independentes das noites de sábado de primavera nesse restaurante. ODORES2

Tabela 21.2 Tempo (minutos) e gasto (euros) por cliente do restaurante

Nenhum perfume		Lavanda	
Minutos	Euros gastos	Minutos	Euros gastos
103	15,9	92	21,9
68	18,5	126	18,5
79	15,9	114	22,3
106	18,5	106	21,9
72	18,5	89	18,5
121	21,9	137	24,9
92	15,9	93	18,5

(Continua)

Tabela 21.2 Tempo (minutos) e gasto (euros) por cliente do restaurante *(Continuação)*

Nenhum perfume		Lavanda	
Minutos	Euros gastos	Minutos	Euros gastos
84	15,9	76	22,5
72	15,9	98	21,5
92	15,9	108	21,9
85	15,9	124	21,5
69	18,5	105	18,5
73	18,5	129	25,5
87	18,5	103	18,5
109	20,5	107	18,5
115	18,5	109	21,9
91	18,5	94	18,5
84	15,9	105	18,5
76	15,9	102	24,9
96	15,9	108	21,9
107	18,5	95	25,9
98	18,5	121	21,9
92	15,9	109	18,5
107	18,5	104	18,5
93	15,9	116	22,8
118	18,5	88	18,5
87	15,9	109	21,9
101	25,5	97	20,7
75	12,9	101	21,9
86	15,9	106	22,5

(a) O odor de lavanda encoraja os clientes a permanecer mais tempo no restaurante? Examine os dados dos tempos e explique por que eles são adequados a procedimentos *t* de duas amostras. Use o teste *t* de duas amostras para responder à questão proposta.

(b) O odor de lavanda encoraja os clientes a gastar mais enquanto permanecem no restaurante? Examine os dados dos gastos. De que maneiras esses dados se afastam da Normalidade? Explique por que, com 30 observações, os procedimentos *t* são razoavelmente precisos. Use o teste *t* de duas amostras para responder à questão proposta.

21.10 Tempos de viagem. A American Community Survey pergunta, entre muitas outras coisas, sobre os tempos de viagem dos trabalhadores de casa para o trabalho. Eis os tempos de viagem em minutos para 15 trabalhadores na Carolina do Norte e 20 trabalhadores em Nova York, escolhidos aleatoriamente dos dados do U.S. Census Bureau:[8] TVIAGEM

Carolina do Norte									
20	35	8	70	5	15	25	30	40	35
10	12	40	15	20					
Nova York									
10	15	55	20	65	50	12	20	10	10
35	50	30	45	15	10	75	40	35	60

(a) Faça diagramas de ramo e folhas para analisar as formas das distribuições. Os tempos de viagem, tanto para a Carolina do Norte quanto para Nova York, são assimétricos à direita, e os tempos de viagem para a Carolina do Norte têm um alto valor atípico. O valor atípico alto é plausível, mas também é possível que esse seja um erro. Devido à incerteza, não estamos certos se devemos removê-lo.

(b) Suspeitamos que os tempos de viagem para Nova York sejam mais longos do que para Carolina do Norte. Os dados suportam essa suspeita?

(c) Suponhamos que se descubra que o valor atípico nos tempos da Carolina do Norte é um erro. Os dados (com o valor atípico removido) agora apoiam a suspeita de que os tempos de viagem para Nova York são mais longos do que para a Carolina do Norte?

21.11 Ervas daninhas entre o milho. *Lamb's-quarter* é uma erva daninha comum que interfere no crescimento do milho. Um pesquisador agrícola plantou milho a uma taxa uniforme em 16 pequenos lotes e, em seguida, distribuiu manualmente a erva daninha nos lotes para permitir que um número fixo de plantas de *lamb's-quarter* crescesse em cada metro de fileira de milho. Foi evitado o crescimento de qualquer outra erva daninha. A seguir, está a produtividade do milho (*bushels* por acre) apenas para lotes experimentais controlados para terem uma erva daninha por metro de fileira e nove ervas daninhas por metro de fileira:[9] EDMILHO

Uma erva/metro	166,2	157,3	166,7	161,1
Nove ervas/metro	162,8	142,4	162,8	162,4

Explique cuidadosamente por que um intervalo de confiança t de duas amostras para a diferença das produtividades médias pode não ser preciso.

21.12 Tempos de viagem (continuação). Use os dados do Exercício 21.10 para dar dois intervalos de confiança de 90% para a diferença nos tempos médios de viagem para Nova York e Carolina do Norte. Um intervalo deve usar todos os dados e o outro deve usar os dados com o valor atípico removido. TVIAGEM

21.6 Detalhes da aproximação t*

A distribuição exata da estatística t de duas amostras não é uma distribuição t. Além disso, a distribuição muda, à medida que os desvios-padrão desconhecidos das populações, σ_1 e σ_2, mudam. No entanto, uma excelente aproximação está disponível. Nós a chamamos de Opção 1 para procedimentos t.

Distribuição aproximada da estatística t de duas amostras

A distribuição da estatística t de duas amostras é muito próxima da distribuição t com número de graus de liberdade (gl) dado por

$$\text{gl} = \frac{\left(\dfrac{s_1^2}{n_1} + \dfrac{s_2^2}{n_2}\right)^2}{\dfrac{1}{n_1 - 1}\left(\dfrac{s_1^2}{n_1}\right)^2 + \dfrac{1}{n_2 - 1}\left(\dfrac{s_2^2}{n_2}\right)^2}$$

Essa aproximação é precisa quando os dois tamanhos de amostras n_1 e n_2 são maiores ou iguais a 5. Note que o numerador, $\left(\dfrac{s_1^2}{n_1} + \dfrac{s_2^2}{n_2}\right)^2$, é equivalente a $\left(PE_{\bar{x}_1}^2 + PE_{\bar{x}_2}^2\right)^2$.

EXEMPLO 21.6 Atividade diária e obesidade

ATIVID

No experimento dos Exemplos 21.2 e 21.3, os dados sobre os minutos por dia passados em pé ou andando fornecem

Grupo	n	$\bar{x}$	s
Grupo 1 (magro)	10	525,751	107,121
Grupo 2 (obeso)	10	373,269	67,498

A estatística de teste t de duas amostras calculada a partir desses valores é $t = 3{,}808$. O valor P unilateral é a área à direita de 3,808 sob uma curva t de densidade, como na Figura 21.2. A Opção 2 conservadora usa a distribuição t com 9 graus de liberdade. A Opção 1 chega a um valor P muito preciso, usando a distribuição t com graus de liberdade (gl) dados por

$$\text{gl} = \frac{\left(\dfrac{107{,}121^2}{10} + \dfrac{67{,}498^2}{10}\right)^2}{\dfrac{1}{9}\left(\dfrac{107{,}121^2}{10}\right)^2 + \dfrac{1}{9}\left(\dfrac{67{,}498^2}{10}\right)^2} = \frac{2.569.894}{169.367{,}2} = 15{,}1735$$

Esses graus de liberdade aparecem na saída da calculadora gráfica na Figura 21.4. Como a fórmula é complicada, com muitas variáveis, e erros de arredondamento são prováveis, não recomendamos o cálculo de gl à mão.

O número de graus de liberdade (gl), em geral, não é um número inteiro. É sempre, no mínimo, tão grande quanto o menor entre $n_1 - 1$ e $n_2 - 1$. O número maior de graus de liberdade que resulta da Opção 1 fornece intervalos de confiança ligeiramente mais curtos e valores P ligeiramente menores do que a Opção 2 conservadora produz. Há uma distribuição t para qualquer número positivo de graus de liberdade, embora a Tabela C contenha entradas apenas para números inteiros de graus de liberdade.

A diferença entre os procedimentos t usando as Opções 1 e 2 raramente tem importância na prática. Esse é o motivo pelo qual recomendamos a Opção 2, mais simples e conservadora, para inferência sem um computador. Com o uso de um computador, os procedimentos mais precisos da Opção 1 não causam transtornos.

*Esta seção pode ser omitida, a menos que você esteja usando um programa e deseje entender o que o programa faz.

APLIQUE SEU CONHECIMENTO

21.13 Intervenção comportamental na ingestão de caloria. A prevenção da obesidade infantil é importante na redução do risco futuro de doença crônica. Pesquisadores analisaram o efeito de uma intervenção comportamental envolvendo pais e crianças sobre a ingestão diária de calorias (quilocalorias/dia) pelas crianças. Os pesquisadores recrutaram 610 pares de pais/criança para o estudo. Eles associaram aleatoriamente 304 pares pais/criança ao programa de intervenção comportamental e os 306 restantes foram associados a um grupo de controle, que recebeu seis sessões de prontidão na escola durante o período do estudo. A intervenção comportamental leva a uma ingestão mais baixa de caloria comparada à do grupo de controle?[10] Um programa que usa a Opção 1 fornece estes resultados resumo:

Treatment	n	Mean	Std dev	Std err	t	df	P
Intervenção comportamental	304	1227	363	20.82	-3.117	603.9	<0.002
Controle	306	1323	397	22.69			

Começando pelas médias e desvios-padrão amostrais, verifique cada uma destas entradas: os erros padrão das médias, os graus de liberdade para o t de duas amostras e o valor de t.

21.14 Protetor solar. A Figura 21.5 dá a saída, para os dados dos protetores solares no Exercício 21.8, de um programa que usa a Opção 1 com o número correto de graus de liberdade. Quanto são $\bar{x}_i$ e s_i para os dois grupos de tratamento? Começando com esses valores, encontre a estatística de teste t e seus graus de liberdade. Seu trabalho deve coincidir com a Figura 21.5.

21.15 Intervenção comportamental e ingestão de caloria (continuação). Escreva uma ou duas sentenças para resumir a comparação da ingestão diária de caloria pelas crianças do grupo de intervenção comportamental com a das crianças no grupo de controle do Exercício 21.13, como se você estivesse preparando um relatório para publicação. Use a saída no Exercício 21.13.

21.7 Evite os procedimentos *t* de duas amostras combinadas*

A maioria dos programas e calculadoras gráficas, incluindo os quatro ilustrados na Figura 21.4, disponibiliza uma escolha de estatísticas t de duas amostras. Uma estatística é normalmente rotulada para variâncias "desiguais" e a outra, para variâncias "iguais". O procedimento de variâncias "desiguais" é o nosso t de duas amostras. *Esse teste é válido para variâncias populacionais iguais ou não.* A outra escolha é uma versão especial da estatística t de duas amostras que supõe que as duas populações têm variâncias iguais. Esse procedimento calcula a média (o termo estatístico é *combina*) das duas variâncias amostrais para estimar a variância comum da população. A estatística resultante é chamada de *estatística t de duas amostras combinadas.* Ela é igual à nossa estatística t se os dois tamanhos de amostras forem iguais, mas não em caso contrário. Poderíamos escolher usar a t combinada para testes e intervalos de confiança.

A estatística t combinada tem exatamente a distribuição t com $n_1 + n_2 - 2$ graus de liberdade *se* as duas variâncias populacionais forem, de fato, iguais, e as distribuições populacionais forem exatamente Normais. A t combinada era de uso comum até o advento de programas tornar fácil a utilização da Opção 1 para a nossa estatística t de duas amostras. Claro que, no mundo real, as distribuições não são exatamente Normais e as variâncias populacionais não são exatamente iguais. Na prática, os procedimentos t de duas amostras da Opção 1 são quase sempre mais precisos do que os procedimentos combinados. Nosso conselho: *nunca use os procedimentos t combinados, se você tiver um programa que execute a Opção 1.*

*Esta pequena seção oferece conselhos sobre o que não fazer. Esse material não é necessário para a leitura do restante do livro.

21.8 Evite fazer inferência sobre desvios-padrão*

Duas características básicas de uma distribuição são o seu centro e a sua dispersão. Em uma população Normal, medimos o centro pela média e a dispersão pelo desvio-padrão. Usamos os procedimentos t para inferência sobre médias populacionais de populações Normais, e sabemos que os procedimentos t são, em geral, úteis também para populações não Normais. É natural recorrermos, em seguida, à inferência sobre desvios-padrão de populações Normais. Nosso conselho, nesse caso, é curto e claro: não o faça sem a orientação de um especialista.

Há métodos para inferência sobre desvios-padrão de populações Normais. O método mais comum desse tipo é o teste F para comparar os desvios-padrão de duas populações Normais. Você encontrará esse teste nos menus da maioria dos pacotes estatísticos. *Ao contrário dos procedimentos t para médias, o teste F para desvios-padrão é extremamente sensível a distribuições não Normais.* Essa falta de robustez não melhora em amostras grandes. Ao comparar a dispersão de duas populações, é difícil, na prática, dizer se um resultado de teste significante é evidência de dispersões populacionais desiguais, ou simplesmente sugestivo de que as populações não sejam Normais. Como esse teste é de pouco uso na prática, não daremos os detalhes.

*Esta pequena seção oferece conselhos sobre o que não fazer. Esse material não é necessário para a leitura do restante do livro.

A maior dificuldade subjacente à pouca robustez dos procedimentos de população Normal para inferência sobre dispersão já apareceu no nosso trabalho de descrição dos dados. O desvio-padrão é uma medida natural de dispersão para distribuições Normais, mas não para distribuições em geral. Na verdade, visto que distribuições assimétricas têm caudas com dispersões diferentes, nenhuma medida numérica única funciona bem para descrever a dispersão de uma distribuição assimétrica. Resumindo, o desvio-padrão nem sempre é um parâmetro útil, e, mesmo quando o é (para distribuições simétricas), os resultados da inferência para dispersão não são confiáveis. Consequentemente, *não recomendamos a tentativa de fazer inferência sobre desvios-padrão populacionais na prática estatística básica.*[11]

RESUMO

- Os dados em um **problema de duas amostras** são duas AASs independentes, cada uma extraída de uma população distinta.
- Testes e intervalos de confiança para a diferença entre as médias μ_1 e μ_2 de duas populações Normais começam pela diferença $\bar{x}_1 - \bar{x}_2$ entre as duas médias amostrais. Devido ao teorema limite central, os procedimentos resultantes são aproximadamente corretos para outras distribuições populacionais quando os tamanhos das amostras são grandes.
- Extraia AASs independentes de tamanhos n_1 e n_2 de duas populações Normais com parâmetros μ_1, σ_1 e μ_2, σ_2. A **estatística *t* de duas amostras** é

$$t = \frac{(\bar{x}_1 - \bar{x}_2) - (\mu_1 - \mu_2)}{\sqrt{\frac{s_1^2}{n_1} + \frac{s_2^2}{n_2}}}$$

- Para testes de hipótese, H_0: $\mu_1 = \mu_2$ significa $\mu_1 - \mu_2 = 0$, de modo que o numerador acima se simplifica para $\bar{x}_1 - \bar{x}_2$. A estatística t tem, aproximadamente, a distribuição t.
- Há duas escolhas para os graus de liberdade da estatística t de duas amostras. Opção 1: programas produzem valores de probabilidade precisos, usando os graus de liberdade calculados a partir dos dados. Opção 2: para procedimentos de inferência conservadores, utilize os graus de liberdade fornecidos pelo menor entre $n_1 - 1$ e $n_2 - 1$.
- O intervalo de confiança para $\mu_1 - \mu_2$ é

$$(\bar{x}_1 - \bar{x}_2) \pm t^* \sqrt{\frac{s_1^2}{n_1} + \frac{s_2^2}{n_2}}$$

- O valor crítico t^* da Opção 1 dá um intervalo de confiança muito próximo do nível de confiança C desejado. A Opção 2 produz uma margem de erro, pelo menos, tão grande quanto o necessário para o nível de confiança C desejado.
- Testes de significância para H_0: $\mu_1 = \mu_2$ se baseiam em

$$t = \frac{\bar{x}_1 - \bar{x}_2}{\sqrt{\frac{s_1^2}{n_1} + \frac{s_2^2}{n_2}}}$$

- Valores P calculados a partir da Opção 1 são muito precisos. Os valores P calculados a partir da Opção 2 são, pelo menos, tão grandes quanto o P verdadeiro.
- Os procedimentos t de duas amostras são bastante robustos contra afastamentos da Normalidade. As diretrizes para o uso prático são semelhantes àquelas para procedimentos t de uma amostra. Recomendamos tamanhos iguais de amostras.
- Procedimentos para inferência sobre os desvios-padrão de populações Normais são muito sensíveis a afastamentos da Normalidade. Evite inferências sobre desvios-padrão, a menos que tenha conselho de especialista.

VERIFIQUE SUAS HABILIDADES

21.16 O National Assessment of Educational Progress (NAEP) de 2019 aplicou um teste de matemática a uma amostra aleatória de alunos da oitava série nos Estados Unidos. O escore médio foi de 282 em um total de 500. Para dar um intervalo de confiança para o escore médio de todos os alunos da oitava série dos Estados Unidos, você usaria

(a) um intervalo t de duas amostras.

(b) um intervalo t de dados emparelhados.

(c) um intervalo t de uma amostra.

21.17 Na amostra do NAEP de 2019 de alunos da oitava série dos Estados Unidos, os escores médios em matemática foram de 294 para estudantes de Massachusetts e de 276 para estudantes da Califórnia. Para verificar se essa diferença é estatisticamente significante, você usaria

(a) um teste t de duas amostras.

(b) um teste t de dados emparelhados.

(c) um teste t de uma amostra.

21.18 Considera-se que as bananas forneçam um impulso de alto carboidrato antes de uma corrida e melhorem o desempenho. Para o teste disso, 40 adultos de uma grande cidade que regularmente competem em corridas de 10K são recrutados para um estudo. Os corredores são divididos em dois grupos de 20. Ambos os grupos competem em uma corrida de 10K realizada na cidade, e seus tempos são registrados. Em seguida, um grupo é instruído a seguir sua rotina regular de preparação para a próxima corrida de 10K. O outro grupo é instruído a seguir sua dieta regular e, além disso, comer uma banana antes de correr na competição. Você compara a mudança nos tempos entre a primeira e a segunda corrida para os dois grupos e usa

(a) um teste t de duas amostras.

(b) um teste t de dados emparelhados.

(c) um teste t de uma amostra.

21.19 Uma das principais razões de os procedimentos t de duas amostras serem largamente utilizados é o fato de serem bastante ***robustos***. Isso significa que

(a) os procedimentos t não exigem que se conheçam os desvios-padrão das populações.

(b) os níveis de confiança e os valores P dos procedimentos t são muito precisos, mesmo se a distribuição da população não for exatamente Normal.

(c) os níveis de confiança e os valores P dos procedimentos t são muito precisos, mesmo se os graus de liberdade não forem exatamente conhecidos.

21.20 Crianças e adolescentes com distúrbios do espectro do autismo em geral sofrem de comportamento obsessivo-compulsivo. A droga fluoxetina ajudará a reduzir a frequência e a severidade desse comportamento em pessoas com distúrbios do espectro do autismo? Pesquisadores associaram sujeitos, com idade entre 7 e 18 anos, à fluoxetina ou a um placebo. Desses sujeitos, 54 foram associados à fluoxetina, e 55 ao placebo. Antes do tratamento e depois de 16 semanas de tratamento, os sujeitos passaram por um teste que media a frequência e a severidade do comportamento obsessivo-compulsivo. Os escores variavam de 0 a 20, com escores mais altos indicando sintomas mais graves. A mudança no escore (escore no início - escore depois de 16 semanas) foi registrada para cada participante.[12] Para a comparação da mudança média nos escores para os dois grupos, usando procedimentos t de duas amostras, com a Opção 2 conservadora, o número correto de graus de liberdade é

(a) 55.

(b) 54.

(c) 53.

21.21 Na Questão 21.20, as condições para inferência t de duas amostras são satisfeitas?

(a) Talvez: o estudo foi aleatorizado, mas precisamos observar os dados para verificar a Normalidade, porque os tamanhos amostrais são pequenos.

(b) Não: escores em uma amplitude de 0 a 20 não podem ser Normais.

(c) Sim: o estudo foi aleatorizado, e os grandes tamanhos amostrais tornam a condição de Normalidade desnecessária.

21.22 Na Questão 21.20, os pesquisadores estavam interessados em saber se a fluoxetina diminuía os sintomas (resultava em uma grande mudança no escore) comparada a um placebo. Se denotarmos por $\mu_{fluoxetina}$ a verdadeira mudança média nos escores, depois de 16 semanas, para crianças e adolescentes que tomaram fluoxetina, e por $\mu_{placebo}$ a verdadeira mudança média nos escores, depois de 16 semanas, para crianças e adolescentes que tomaram o placebo, testaremos as hipóteses

(a) H_0: $\mu_{fluoxetina} = \mu_{placebo}$ *versus* H_a: $\mu_{fluoxetina} > \mu_{placebo}$

(b) H_0: $\mu_{fluoxetina} = \mu_{placebo}$ *versus* H_a: $\mu_{fluoxetina} \neq \mu_{placebo}$

(c) H_0: $\mu_{fluoxetina} = \mu_{placebo}$ *versus* H_a: $\mu_{fluoxetina} < \mu_{placebo}$

21.23 Na Questão 21.20, os 54 sujeitos que receberam a fluoxetina tiveram uma mudança média no escore de 3,72, com desvio-padrão de 4,22; os 55 sujeitos que receberam o placebo tiveram uma mudança média no escore de 2,53, com desvio-padrão de 5,05. A estatística t de duas amostras para a comparação das médias populacionais tem valor de

(a) 1,336. (b) −1,19. (c) −1,336.

21.24 O valor P para o teste das hipóteses da questão anterior satisfaz

(a) $0{,}01 < P < 0{,}05$. (b) $0{,}05 < P < 0{,}10$. (c) $0{,}10 < P$.

EXERCÍCIOS

Os Exercícios 21.25 a 21.34 se baseiam em estatísticas resumo, mais do que em dados brutos. Essa informação é tipicamente tudo o que é apresentado em relatórios publicados. Você pode realizar procedimentos de inferência à mão a partir dos resumos. Use a Opção 2 conservadora (número de graus de liberdade igual ao menor entre $n_1 - 1$ e $n_2 - 1$) para intervalos de confiança t de duas amostras e valores P. Você deve acreditar que os autores compreenderam as condições para a inferência e verificaram se elas se aplicavam. Isto nem sempre é verdade.

21.25 **As mulheres falam mais que os homens?** Coloque em estudantes homens e mulheres aparelhos que registrem, secretamente, os sons para 30 segundos aleatórios em cada período de 12,5 minutos, durante dois dias. Conte as palavras que cada sujeito diz durante cada período de gravação e, a partir disso, estime quantas palavras por dia cada sujeito fala. O relatório publicado inclui uma tabela que dá o resumo para seis desses estudos.[13] Eis dois desses seis:

	Tamanho amostral		Número médio estimado e DP de palavras faladas por dia	
Estudo	Mulheres	Homens	Mulheres	Homens
1	56	56	16.177 (7520)	16.569 (9.108)
2	27	20	16.496 (7914)	12.867 (8.343)

Supõe-se que os leitores entendam que, por exemplo, as 56 mulheres no primeiro estudo tinham $\bar{x}$ = 16.177 e s = 7.520. É comum pensar que as mulheres falam mais do que os homens. Alguma das duas amostras corrobora essa ideia? Para cada estudo:

(a) estabeleça hipóteses em termos das médias populacionais para os homens (μ_M) e mulheres (μ_F).

(b) encontre a estatística t de duas amostras.

(c) quantos graus de liberdade a Opção 2 usa para obter um valor P conservador?

(d) compare seu valor de t com os valores críticos na Tabela C. O que você pode dizer do valor P do teste?

(e) O que você conclui dos resultados desses dois estudos?

21.26 **Álcool e tonteira.** Homens saudáveis, com idade entre 21 e 35 anos, foram destinados aleatoriamente a um de dois grupos: metade recebeu 0,82 grama de álcool por quilograma de peso corporal; metade recebeu um placebo. Os participantes tiveram, então, 30 minutos para ler 34 páginas de *Guerra e Paz*, de Tolstoy (começando no Capítulo 1, com cada página contendo aproximadamente 22 linhas de texto). A cada dois ou três minutos, pedia-se aos participantes que indicassem se estavam ficando tontos. Registrou-se a proporção de vezes que cada participante indicava estar ficando tonto. A tabela que segue resume dados sobre a proporção de episódios de tonteira.[14] (O relatório do estudo deu o erro padrão da média $s/\sqrt{n}$ abreviado como EPM, em lugar do desvio-padrão s.)

Taymaz Valley

Grupo	n	$\bar{x}$	EPM
Álcool	25	0,25	0,05
Placebo	25	0,12	0,03

(a) Quais são os dois desvios-padrão amostrais?

(b) Quantos graus de liberdade a Opção 2 conservadora usa para os procedimentos t de duas amostras para essas amostras?

(c) Usando a Opção 2, forneça um intervalo de confiança de 95% para a diferença média entre os dois grupos.

(d) Um teste da hipótese nula, usando a Opção 2, de nenhuma diferença entre as duas médias dos grupos contra a alternativa bilateral, seria significante no nível 0,05? Note que, como no caso do Exercício 17.42, você pode realizar um teste bilateral no nível $\alpha = 1 - C$, da hipótese nula H_0: $\mu_1 = \mu_2$, a partir de um intervalo de confiança de nível C para $\mu_1 - \mu_2$, rejeitando H_0 se $\mu_1 - \mu_2$ estiver fora do intervalo.

21.27 Humor e comida Em um estudo dos efeitos do humor sobre a avaliação de comida nutricional, 208 sujeitos foram associados aleatoriamente a ler uma história feliz (para induzir um humor positivo), ou a um grupo de controle (sem história, humor neutro). Pediu-se, então, aos sujeitos, que avaliassem suas atitudes em relação a certa comida, em uma escala de nove pontos, com números mais altos indicando uma atitude mais positiva em relação à comida. A tabela a seguir resume os dados sobre a classificação de atitude:[15]

Grupo	n	$\bar{x}$	s
Humor positivo	104	4,30	2,05
Humor neutro	104	5,50	1,74

(a) Quais são os erros padrão para as médias amostrais dos dois grupos?

(b) Quantos graus de liberdade a Opção 2 conservadora usa para os procedimentos t de duas amostras para esses dados?

(c) Teste a hipótese nula de nenhuma diferença entre as médias dos dois grupos contra a alternativa bilateral. Use os graus de liberdade da parte (b). Qual é a conclusão do teste de hipótese?

21.28 Filhos únicos são mais narcisistas? Pesquisadores analisaram se é verdade o estereótipo de que filhos únicos são mais narcisistas do que crianças com irmãos. Como parte do estudo, os pesquisadores compararam as percepções de pessoas que são filhos únicos com as de pessoas que têm irmãos. Formou-se um painel representativo de 556 pessoas classificadas como "uma típica criança filho único", com o uso do teste Narcissistic Admiration and Rivalry Questionnaire Short Scale. Do painel de 556 pessoas, 105 eram filhos únicos e 451 eram pessoas que tinham irmãos. Eis os resumos dos escores de admiração para ambos os grupos:[16]

Grupo	Tamanho amostral	Média	Desvio-padrão
Filho único	105	3,50	1,03
Irmãos	451	3,55	0,98

Há alguma evidência de que o escore médio de admiração de uma "típica criança filho único", como classificada pela população de filhos únicos, seja diferente do escore médio de admiração de uma "típica criança filho único" classificada pela população de pessoas que têm irmãos?

21.29 Filhos únicos são mais narcisistas? Pesquisadores analisaram se é verdade o estereótipo de que filhos únicos são mais narcisistas do que crianças com irmãos. Um painel representativo de 1.810 pessoas se submeteu ao teste Narcissistic Admiration and Rivalry Questionnaire Short Scale. Dessas 1.810 pessoas, 233 eram filhos únicos e 1.577 tinham irmãos. Eis os resumos dos escores de admiração para ambos os grupos:[17]

Grupo	Tamanho amostral	Média	Desvio-padrão
Filho único	233	1,95	1,04
Irmãos	1.577	2,06	1,11

Há evidência de que o escore médio de admiração de uma criança "típico filho único" como classificada pela população de filhos únicos seja menor do que o escore de admiração de uma criança "típico filho único" classificada pela população de pessoas que têm irmãos?

21.30 Altura e a grande visão. Quarenta e seis estudantes de faculdade foram divididos aleatoriamente em dois grupos de tamanho 23. A um grupo pediu-se que se imaginassem no último andar de um alto edifício (de onde se tinha uma bela vista do entorno do prédio), e ao outro, no andar mais baixo do prédio. Pediu-se, então, aos participantes que escolhessem entre um trabalho que exigisse mais orientação detalhada *versus* um trabalho que exigisse mais orientação geral, de grande visão. Eles classificaram suas preferências de trabalho em uma escala de 11 pontos, com números mais altos correspondendo a maior preferência pelo trabalho de grande visão. Eis o resumo das estatísticas:[18]

Grupo	Tamanho do grupo	Média	Desvio-padrão
Baixo	23	4,61	3,08
Alto	23	6,68	3,45

(a) Quantos graus de liberdade você usaria nos procedimentos t de duas amostras pelo procedimento conservador para comparar os grupos do andar mais alto e do andar mais baixo?

(b) Qual é a estatística de teste t de duas amostras para a comparação das classificações médias de preferência de trabalho para os dois grupos?

(c) Teste a hipótese nula de nenhuma diferença entre as duas médias populacionais contra a alternativa bilateral. Use sua estatística da parte (b) com os graus de liberdade da parte (a).

21.31 **Concussões e tamanho do cérebro.** Qual é o efeito de concussões no cérebro? Pesquisadores mediram os tamanhos dos cérebros (volume do hipocampo, em microlitros) de 25 jogadores de futebol de faculdade com uma história de diagnóstico clínico de concussão e de 25 jogadores de futebol de faculdade sem história de concussão. Eis as estatísticas resumo:[19]

Grupo	Tamanho do grupo	Média	Desvio-padrão
Concussão	25	5784	609,3
Sem concussão	25	6489	815,4

(a) Há evidência de uma diferença no tamanho médio do cérebro entre os jogadores de futebol com história de concussão e aqueles sem concussões?

(b) Os pesquisadores nesse estudo afirmaram que os participantes eram "casos consecutivos de atletas saudáveis da National Collegiate Athletic Association Football Bowl Subdivision Division I, com (n = 25) ou sem (n = 25) um histórico de diagnóstico clínico de concussão ... entre junho de 2011 e agosto de 2013" em um instituto de pesquisa psiquiátrica nos Estados Unidos especializado em neuroimagem, entre jogadores de futebol de faculdades. Qual efeito tem essa informação sobre sua conclusão na parte (a)?

21.32 **Treinamento e escores SAT.** Empresas de treinamento afirmam que seus cursos podem elevar os escores SAT de alunos do Ensino Médio. É claro que alunos que fazem outra vez o SAT, sem pagar por treinamento, geralmente também elevam seus escores. Uma amostra aleatória de alunos que fizeram o SAT duas vezes tinha 427 alunos que treinaram e 2.733 que não receberam treinamento.[20] A partir de seus escores em matemática na primeira e na segunda tentativa, temos estas estatísticas resumo:

		Tentativa 1		Tentativa 2		Ganho	
	n	$\bar{x}$	s	$\bar{x}$	s	$\bar{x}$	s
Com treinamento	427	521	100	561	100	40	58
Sem treinamento	2733	505	101	527	101	22	50

As estatísticas resumo para Ganho se baseiam nas mudanças nos escores dos estudantes individuais. Vamos primeiro perguntar se os alunos que foram treinados aumentaram significantemente seus escores.

(a) Você poderia usar a informação dada na linha "Com treinamento" para realizar um teste t de duas amostras que compare a Tentativa 1 e a Tentativa 2 para alunos treinados, ou um teste t de dados emparelhados usando o "Ganho". Qual é o teste correto? Por quê?

(b) Faça o teste apropriado. O que você conclui?

(c) Forneça um intervalo de confiança de 99% para o ganho médio de todos os alunos que são treinados.

21.33 **Treinamento e escores SAT (continuação).** O que realmente desejamos saber é se a melhora dos alunos treinados é superior à melhora dos alunos não treinados e, se houver qualquer vantagem, se ela é grande o suficiente para valer a pena o investimento. Use a informação do exercício anterior para responder as perguntas.

(a) Há boa evidência de que os alunos treinados ganharam mais pontos em média do que os não treinados?

(b) Quanto a mais os alunos treinados ganham em média? Forneça um intervalo de confiança de 99%.

(c) Com base em seu trabalho, qual é a sua opinião: você acha que vale a pena pagar cursos de treinamento?

21.34 **Treinamento e escores SAT: crítica.** Os dados que você usou nos dois problemas anteriores são provenientes de uma amostra aleatória de alunos que fizeram o SAT duas vezes. A taxa de resposta foi de 63%, o que é bastante bom para pesquisas não governamentais, de modo que vamos aceitar que os respondentes, de fato, representem todos os alunos que fizeram o exame duas vezes. Entretanto, não podemos estar certos de que o treinamento realmente *levou* os alunos treinados a obter um ganho maior do que os alunos não treinados. Explique brevemente, mas com clareza, por que isso acontece.

21.35 **Vendas de eletrodomésticos.** Uma empresa de pesquisa fornece aos fabricantes estimativas das vendas de seus produtos a partir de amostras das lojas. Os gerentes de *marketing* sempre olham as estimativas de vendas e ignoram o erro amostral. Uma AAS de 50 lojas nesse mês mostra vendas médias de 41 unidades de um eletrodoméstico particular, com desvio-padrão de 11 unidades. Durante o mesmo mês, no ano anterior, uma amostra de 52 lojas forneceu vendas médias de 38 unidades do mesmo eletrodoméstico, com desvio-padrão de 13 unidades. Um aumento de 38 para 41 é um crescimento de 7,9%. O gerente está feliz porque as vendas subiram 7,9%.

(a) Dê um intervalo de 95% para a diferença no número médio de unidades desse eletrodoméstico vendidas nas lojas de varejo.

(b) Explique, em linguagem que os gerentes possam entender, por que eles não podem estar confiantes de que as vendas subiram em 7,9% e, de fato, podem ter caído.

21.36 **Duas estratégias de mercado.** As companhias de cartão de crédito ganham uma porcentagem da quantia debitada em seus cartões de crédito, porcentagem paga pelas lojas que aceitam o cartão. Uma companhia de cartão de crédito compara duas propostas para aumentar a quantia que seus clientes debitam em seus cartões de crédito. A Proposta 1 oferece eliminar a taxa anual para clientes que debitam US$ 1.800 ou mais em seus cartões durante o ano. A Proposta 2 oferece uma pequena porcentagem do total da quantia debitada como um retorno pecuniário, ao final do ano. A companhia de cartão de crédito oferece cada proposta a uma amostra de 100 de seus atuais clientes. Ao final do ano, registra-se a quantia total debitada por cada cliente. A seguir, as estatísticas resumo.

Grupo	n	$\bar{x}$	s
Proposta 1	100	US$ 1.319	US$ 261
Proposta 2	100	US$ 1.372	US$ 274

(a) Os dados mostram uma diferença significante entre as quantias médias debitadas pelos clientes a quem foram oferecidos os dois planos propostos? Dê as hipóteses nula e alternativa, e calcule a estatística t de duas amostras. Obtenha o valor P, usando a Opção 2. Estabeleça sua conclusão prática.

(b) As distribuições das quantias debitadas nos cartões de crédito são assimétricas à direita. No entanto, valores atípicos são evitados pelos limites que as companhias de cartões de crédito impõem sobre os saldos de crédito. Você acha que a assimetria ameaça a validade do texto que você usou na parte (a)? Explique sua resposta.

Os Exercícios 21.37 a 21.46 incluem dados reais. Para aplicar os procedimentos t de duas amostras, use a Opção 1 se você dispõe de um programa que implemente aquele método. Caso contrário, use a Opção 2.

21.37 Melhorando suas gorjetas. Pesquisadores deram 40 cartões a uma garçonete em um restaurante italiano em Nova Jersey. Antes de entregar a conta a cada cliente, a garçonete escolhia aleatoriamente um cartão e escrevia na conta a mesma mensagem que estava no cartão. Vinte dos cartões tinham a mensagem "O tempo será realmente bom amanhã. Espero que você o aproveite!" Os outros 20 cartões continham a mensagem "O tempo não será bom amanhã. Espero que você o aproveite mesmo assim!" Depois que os clientes saíram, a garçonete registrou a quantidade da gorjeta (em percentual da conta) antes das taxas. Eis as gorjetas para os que receberam a mensagem de tempo bom:[21] GORJETA4

20,8	18,7	19,9	20,6	21,9	23,4	22,8	24,9	22,2	20,3
24,9	22,3	27,0	20,5	22,2	24,0	21,2	22,1	22,0	22,7

As gorjetas dos clientes que receberam a mensagem de mau tempo são

18,0	19,1	19,2	18,8	18,4	19,0	18,5	16,1	16,8	14,0
17,0	13,6	17,5	20,0	20,2	18,8	18,0	23,2	18,2	19,4

(a) Faça diagramas de ramo e folhas ou histogramas de ambos os conjuntos de dados. Como as distribuições são razoavelmente simétricas, sem valores atípicos extremos, os procedimentos t funcionarão bem.

(b) Há boa evidência de que as duas mensagens diferentes produzam gorjetas percentuais diferentes? Estabeleça as hipóteses, realize um teste t de duas amostras e relate suas conclusões.

21.38 Bons odores trazem bons negócios? No Exercício 21.9, você examinou os efeitos do odor de lavanda sobre o comportamento dos clientes de um pequeno restaurante. Lavanda é um odor relaxante. Os pesquisadores analisaram também os efeitos dos odores de limão, que é estimulante. O planejamento do estudo está descrito no Exercício 21.9. Aqui, apresentamos os tempos, em minutos, que os clientes gastaram no restaurante quando nenhum odor estava presente: ODORES3

103	68	79	106	72	121	92	84	72	92
85	69	73	87	109	115	91	84	76	96
107	98	92	107	93	118	87	101	75	86

Quando estava presente o odor de limão, os clientes ficaram por estes tempos:

78	104	74	75	112	88	105	97	101	89
88	73	94	63	83	108	91	88	83	106
108	60	96	94	56	90	113	97		

(a) Examine ambas as amostras. Parece que o uso de procedimentos t de duas amostras seja justificável? As médias amostrais sugerem que um odor de limão mude o tempo médio de permanência?

(b) O odor de limão influencia no tempo que os clientes permanecem no restaurante? Estabeleça hipóteses, realize um teste t e relate suas conclusões.

21.39 Melhorando suas gorjetas (continuação). Use os dados no Exercício 21.37 para fornecer um intervalo de confiança de 95% para a diferença entre as gorjetas percentuais médias para as duas diferentes mensagens. GORJETA4

21.40 O poder do pensamento positivo? A maneira como a imprensa relata o futuro econômico afeta o mercado de ações? Para investigar isso, pesquisadores analisaram o artigo mais longo sobre condições econômicas da página de rosto da seção Dinheiro do *USA Today*, de um dia da semana escolhido aleatoriamente, de cada semana entre agosto de 2007 a junho de 2009. Os artigos eram classificados em relação a quão positivos ou negativos eram sobre o futuro econômico. Para cada semana, a mudança na Dow Jones Industrial Average (valor médio DJIA na semana anterior ao lançamento do artigo menos a média na semana em que o artigo apareceu) era calculada. Valores positivos da mudança indicam que a DJIA aumentou.[22] Eis as mudanças na DJIA correspondentes a artigos muito positivos: DJIA

−325	−200	−225	−75	−25	25	50
225	25	−325	−250	200	250	75

Aqui, as mudanças nos valores da DJIA correspondentes a artigos muito negativos:

150	300	225	125	−175	−225	−375
−175	0	125	175	475		

Há boa evidência de que a DJIA tenha desempenho diferente depois de artigos muito positivos do que depois de artigos muito negativos?

(a) As médias amostrais sugerem que haja uma diferença na mudança de DJIA depois de artigos muito positivos *versus* artigos muito negativos?

(b) Faça diagramas de ramo e folhas para ambas as amostras. Há afastamentos óbvios da Normalidade?

(c) Teste a hipótese H_0: $\mu_1 = \mu_2$ contra a alternativa bilateral. O que você conclui a partir da parte (a) e do resultado do seu teste?

(d) Entre uma quantidade de fatores que se afirma terem disparado a crise econômica de 2007 a 2009, um foi a "cultura da irresponsabilidade" na maneira como o futuro era descrito na imprensa. Os dados fornecem alguma evidência de que os artigos negativos na imprensa contribuíram para um desempenho fraco da DJIA?

21.41 Papel ou *tablet*? Duzentos e trinta e um estudantes foram associados aleatoriamente a ler, em forma digital ($n = 119$), ou em forma de papel ($n = 112$), versões de artigo sobre liderança. Depois, os estudantes faziam um teste de 10 itens de múltipla escolha para verificar a precisão da memória.[23] O conjunto de dados MEMÓRIA dá os escores para todos os estudantes. MEMORIA

(a) As médias amostrais sugerem que haja uma diferença nos escores médios de memória entre os dois grupos?

(b) Faça diagramas de ramo e folhas para ambas as amostras. Há algum afastamento óbvio da Normalidade?

(c) Teste a hipótese H_0: $\mu_{tablet} = \mu_{papel}$ contra a alternativa unilateral de que os estudantes que leem a versão em papel têm escores de memória mais altos do que os que leem a versão no *tablet*. O que você conclui da parte (a) e do resultado do seu teste?

21.42 Quão grande é a diferença? Continue seu trabalho do Exercício 21.40. Um pesquisador deseja saber quão grande é a diferença na mudança na DJIA depois de artigos com um olhar econômico positivo em comparação a artigos com um olhar econômico negativo. Dê um intervalo de confiança de 90% para a diferença na mudança média na DJIA. DJIA

21.43 As mulheres falam mais do que os homens? Outro estudo. O Exercício 21.25 descreveu uma série de seis estudos que investigavam o número de palavras que mulheres e homens falavam por dia, e dá resultados de dois desses estudos. Aqui estão os resultados de outros desses estudos. Os números estimados de palavras faladas por dia para 27 mulheres são PALAVRA2

15.357	13.618	9.783	26.451	12.151	8.391	19.763
25.246	8.427	6.998	24.876	6.272	10.047	15.569
39.681	23.079	24.814	19.287	10.351	8.866	10.827
12.584	12.764	19.086	26.852	17.639	16.616	

Os números estimados de palavras faladas por dia para 20 homens são

28.408	10.084	15.931	21.688	37.786	10.575	12.880
11.071	17.799	13.182	8.918	6.495	8.153	7.015
4.429	10.054	3.998	12.639	10.974	5.255	

O estudo fornece boa evidência de que as mulheres falam mais do que os homens, na média?

(a) Faça diagramas de ramo e folhas para ambas as amostras. Há desvios óbvios em relação à Normalidade? A despeito desses desvios da Normalidade, é seguro o uso dos procedimentos *t*. Explique.

(b) Teste a hipótese H_0: $\mu_1 = \mu_2$ contra a alternativa unilateral de que o número médio de palavras por dia para mulheres (μ_1) é maior do que o número médio de palavras por dia para os homens (μ_2). O que você conclui?

Os pássaros aprendem a hora de procriar? O *chapim-azul come lagartas. Os pássaros gostariam de ter por perto muitas lagartas, quando fossem alimentar seus filhotes, mas eles procriam antes do pico da estação das lagartas. Os pássaros regulam o tempo para procriação com base no suprimento de lagartas do ano anterior? Pesquisadores alocaram ao acaso sete pares de pássaros para receber uma suplementação da provisão natural de lagartas enquanto estivessem alimentando seus filhotes, e outros seis pares para servirem como grupo de controle, que contariam apenas com a provisão natural de alimento. No ano seguinte, eles registraram o número de dias transcorridos entre o pico de lagartas e a procriação.*[24] *Os Exercícios 21.44 a 21.46 se baseiam nesse experimento.*

schnuddel/iStock

21.44 A aleatorização produziu grupos semelhantes? Primeiro, compare os dois grupos no primeiro ano. A única diferença entre eles deveria ser o efeito da chance da alocação aleatória. O relatório do estudo diz que, "No ano experimental, o grau de sincronização [momento de procriação com suprimento de lagartas] não foi diferente para as fêmeas com suplemento de alimento e as do grupo de controle". Para essa comparação, o relatório fornece $t = -1{,}05$. Que tipo de estatística *t* (emparelhada ou de duas amostras) é esse? Quais são os graus de liberdade dessa estatística? Mostre que esse *t* conduz à conclusão citada.

21.45 O tratamento surtiu algum efeito? Os pesquisadores esperavam que o grupo de controle ajustasse a data de procriação no ano seguinte, enquanto o grupo bem alimentado, que recebera suplemento, não teria razão para mudar. O relatório prossegue: "mas, no ano seguinte, as fêmeas que receberam o suplemento alimentar estavam mais fora de sincronia com o pico das lagartas do que as do grupo de controle". Estes são os dados (dias após o pico de lagartas): REPROD

Controle	4,6	2,3	7,7	6,0	4,6	−1,2	
Suplementado	15,5	11,3	5,4	16,5	11,3	11,4	7,7

Faça um teste *t* e mostre que ele leva à conclusão citada.

21.46 Comparação ano a ano. Em vez de comparar os dois grupos em cada ano, poderíamos comparar o comportamento de cada grupo no primeiro e no segundo ano. O relatório do estudo diz que "Nossa predição principal era de que as fêmeas que recebessem alimento adicional quando estivessem com filhotes pequenos não mudariam a data de pôr os ovos no ano seguinte, enquanto as do grupo de controle, que (em nossa área) procriaram muito tarde no primeiro ano, adiantariam as datas de pôr os ovos no segundo ano". A comparação dos dias após o pico de lagartas nos Anos 1 e 2 forneceu $t = 0{,}63$ para o grupo de controle e $t = -2{,}63$ para o grupo com suplemento. Essas são estatísticas *t* de dados emparelhados ou de duas amostras? Quais são os graus de liberdade para cada *t*? Mostre que esses valores de *t não* estão de acordo com a predição.

Os exercícios restantes pedem que você responda a questões a partir dos dados, sem que os detalhes lhe sejam fornecidos. O enunciado do exercício lhe dá o passo **Estabeleça** *do processo de quatro passos. Siga os passos* **Planeje**, **Resolva** *e* **Conclua** *conforme ilustrado nos Exemplos 21.2 e 21.3 para testes de significância e no Exemplo 21.4 para intervalos de confiança. Lembre-se de que o exame dos dados e a discussão das condições para inferência fazem parte do passo* **Resolva**.

21.47 Pensar em dinheiro muda o comportamento. Kathleen Vohs, da University of Minnesota, e seus colaboradores realizaram vários experimentos comparativos aleatorizados sobre os efeitos de se pensar em dinheiro. Eis parte de um desses experimentos.[25] Peça a sujeitos estudantes que desembaralhem 30 conjuntos de cinco palavras para formar uma frase com sentido a partir de quatro das cinco palavras de cada conjunto. O grupo de controle desembaralhou frases como "frio está carteira lá fora" em "está frio lá fora". O grupo de tratamento desembaralhou frases que levavam a pensar sobre dinheiro, e "alto de salário carteira pagamento" foi transformado em "alto pagamento de salário". Então, cada sujeito trabalhou em um difícil quebra-cabeça, sabendo que poderia pedir ajuda. Eis os tempos, em segundos, até os sujeitos pedirem ajuda. Para o grupo de tratamento: PENSDIN

609	444	242	199	174	55	251	466	443
531	135	241	476	482	362	69	160	

Para o grupo de controle:

118	272	413	291	140	104	55	189	126
400	92	64	88	142	141	373	156	

Os pesquisadores suspeitavam que dinheiro estivesse ligado a autossuficiência, de modo que o grupo de tratamento iria pedir ajuda menos rapidamente, na média. Os dados corroboram essa ideia?

ESTATÍSTICA NO MUNDO REAL

O dinheiro é a raiz de todo o mal?

Isso é ir muito longe, mas Kathleen Vohs e seus colaboradores mostram que até mesmo pensar em dinheiro tem fortes efeitos. O Exercício 21.47 descreve uma pequena parte de seu trabalho. O que a Professora Vohs diz sobre as consequências de se ter dinheiro? "O dinheiro faz com que as pessoas se sintam autossuficientes e se comportem de acordo com isso." Com dinheiro, você pode alcançar seus objetivos com menos ajuda dos outros. Você se sente menos dependente dos outros e mais desejoso de trabalhar na direção de seus objetivos. Talvez isso seja bom. Você também prefere se envolver menos com os outros, de modo que a autossuficiência é uma barreira para relações mais próximas com outras pessoas. Talvez isso não seja bom. Os cientistas não nos dizem o que é bom e o que não é, apenas que o dinheiro aumenta nossa sensação de autossuficiência.

21.48 Obesidade em adolescentes. A obesidade em adolescentes é um sério risco para a saúde e afeta mais de 5 milhões de pessoas jovens, apenas nos Estados Unidos. Bandagem gástrica ajustável por laparoscopia tem a vantagem de oferecer um tratamento seguro e eficaz. Cinquenta adolescentes com idade entre 14 e 18 anos, com índice de massa corporal superior a 35, foram recrutados na comunidade de Melbourne, Austrália, para o estudo.[26] Vinte e cinco foram selecionados aleatoriamente para fazerem a bandagem gástrica, e os restantes 25 foram direcionados para um programa de intervenção no estilo de vida supervisionado, envolvendo dieta, exercício e modificação de comportamento. Todos os sujeitos foram acompanhados por dois anos. Eis as perdas de peso, em quilogramas, para os sujeitos que completaram o estudo. No grupo da bandagem gástrica: OBESADOL

35,6	81,4	57,6	32,8	31,0	37,6	36,5	−5,4	27,9	49,0	64,8	39,0
43,0	33,9	29,7	20,2	15,2	41,7	53,4	13,4	24,8	19,4	32,3	22,0

No grupo da intervenção no estilo de vida:

6,0	2,0	−3,0	20,6	11,6	15,5	−17,0	1,4	4,0
−4,6	15,8	34,6	6,0	−3,1	−4,3	−16,7	−1,8	−12,8

Há boa evidência de que a bandagem gástrica leve a uma perda de peso maior do que o programa de intervenção no estilo de vida?

21.49 Dor compartilhada e vínculo. Embora experiências dolorosas estejam envolvidas em rituais sociais em muitas partes do mundo, pouco se sabe sobre os efeitos sociais da dor. Compartilhar uma experiência dolorosa em um pequeno grupo leva a maior ligação dos membros do grupo do que o compartilhamento de uma experiência semelhante não dolorosa? Cinquenta e quatro estudantes em South Wales foram divididos aleatoriamente em um grupo de dor, contendo 27 estudantes, e um grupo de não dor, contendo os restantes 27 estudantes. A dor foi induzida por tarefas. Na primeira tarefa, os estudantes submergiam suas mãos em água gelada pelo tempo possível, movendo bolas de metal no fundo da vasilha, em um recipiente submerso. Na segunda tarefa, os estudantes realizaram um agachamento com as costas retas na parede e joelhos a 90 graus pelo tempo possível. O grupo da não dor completou a primeira tarefa usando água à temperatura ambiente por 90 segundos, e a segunda tarefa equilibrando-se em um só pé por 60 segundos, trocando de pé, se necessário. Em ambos os contextos, com e sem dor, os estudantes completaram as tarefas em pequenos grupos que, tipicamente, eram compostos por quatro estudantes e tinham níveis semelhantes de interação de grupo. Depois, cada estudante respondeu a um questionário para criar um escore de vínculo, com base nas respostas a sete afirmativas, como "Eu sinto que os participantes no estudo têm muito em comum", ou "Sinto que posso confiar nos outros participantes". Cada resposta recebeu um escore em uma escala de cinco pontos (1 = discorda fortemente, 5 = concorda fortemente), e fez-se a média dos escores nas sete afirmativas para criar um escore de vínculo para cada sujeito. Eis os escores de vínculo para os sujeitos nos dois grupos:[27] DOR

Grupo sem dor:	3,43	4,86	1,71	1,71	3,86	3,14	4,14
	3,14	4,43	3,71	3,00	3,14	4,14	4,29
	2,43	2,71	4,43	3,43	1,29	1,29	3,00
	3,00	2,86	2,14	4,71	1,00	3,71	
Grupo com dor:	4,71	4,86	4,14	1,29	2,29	4,43	3,57
	4,43	3,57	3,43	4,14	3,86	4,57	4,57
	4,29	1,43	4,29	3,57	3,57	3,43	2,29
	4,00	4,43	4,71	4,71	2,14	3,57	

Os dados mostram que o compartilhamento de uma experiência dolorosa em um pequeno grupo leva a escores mais altos de vínculo para os membros do grupo do que o compartilhamento de uma experiência semelhante sem dor?

21.50 A cada dia melhoro em matemática. Uma mensagem "subliminar" está abaixo de nosso limiar de consciência, mas, mesmo assim, pode nos influenciar. Mensagens subliminares podem ajudar os alunos a aprenderem matemática? Um grupo de alunos reprovados na parte de matemática do teste de avaliação City University of New York Skills Assessment Test concordou em participar de um estudo para descobrir isso.

Todos recebiam diariamente uma mensagem subliminar, que acendia em uma tela tão rapidamente que não podia ser conscientemente lida. O grupo de tratamento de 10 alunos (escolhidos aleatoriamente) foi exposto a "A cada dia melhoro em matemática". O grupo de controle de oito alunos foi exposto a uma mensagem neutra. "As pessoas estão andando na rua." Todos os alunos participaram de um programa de verão planejado para elevar suas habilidades matemáticas e todos se submeteram à avaliação novamente no fim do programa. A Tabela 21.3 fornece os dados sobre os escores dos sujeitos antes e depois do programa.[28] Há boa evidência de que o tratamento tenha gerado melhores resultados nos escores de matemática do que a mensagem neutra? Quão grande é a diferença média nos ganhos entre os grupos de tratamento e de controle? (Use 95% de confiança.) SUBLIM

Tabela 21.3 Escores de habilidades matemáticas antes e depois de uma mensagem subliminar

Grupo de tratamento		Grupo de controle	
Antes	Depois	Antes	Depois
18	24	18	29
18	25	24	29
21	33	20	24
18	29	18	26
18	33	24	38
20	36	22	27
23	34	15	22
23	36	19	31
21	34		
17	27		

21.51 Dor compartilhada e vínculo (continuação).

(a) Use os dados no Exercício 21.49 para dar um intervalo de confiança de 90% para a diferença no escore médio de vínculo nos grupos de sem dor e com dor.

(b) Dê um intervalo de confiança para o escore médio de vínculo dos estudantes do grupo da dor. DOR

21.52 Flores tropicais. Diferentes variedades da flor tropical *Helicônia* são fertilizadas por diferentes espécies de beija-flores. Ao longo do tempo, os comprimentos das flores e as formas dos bicos dos beija-flores evoluíram para se adaptarem uns aos outros. Eis os dados dos comprimentos, em milímetros, de duas variedades de cores da mesma espécie de flor na ilha de Dominica:[29] FLOR

edsongrandisoli/iStock

H. caribaea vermelha							
41,90	42,01	41,93	43,09	41,47	41,69	39,78	40,57
39,63	42,18	40,66	37,87	39,16	37,40	38,20	38,07
38,10	37,97	38,79	38,23	38,87	37,78	38,01	

H. caribaea amarela							
36,78	37,02	36,52	36,11	36,03	35,45	38,13	37,1
35,17	36,82	36,66	35,68	36,03	34,57	34,63	

Há boa evidência de que os comprimentos médios das duas variedades sejam diferentes? Estime a diferença entre as médias populacionais. (Use 95% de confiança.)

21.53 Estudantes que bebem. Um professor perguntou a seus estudantes de segundo ano, "Quantos drinques vocês bebem tipicamente por vez? [Um drinque é definido como uma cerveja de 12 oz (354,88 mL), uma taça de vinho de 4 oz (118,29 mL), ou um copo de 1 oz (29,57 mL) de bebida alcoólica.]" Alguns dos estudantes não bebiam. A Tabela 21.4 dá as respostas dos estudantes mulheres e homens que bebiam.[30] É provável que alguns estudantes tenham exagerado um pouco. A amostra são todos os estudantes de uma grande classe de segundo ano. A classe é popular, de modo que estamos tentados a considerar seus membros como uma AAS dos estudantes de segundo ano dessa faculdade. Faça uma análise completa que informe sobre DRINQUES

(a) o comportamento relativo à bebida relatado pelas mulheres do segundo ano.

(b) o comportamento relativo à bebida relatado pelos homens do segundo ano.

(c) uma comparação entre os comportamentos de mulheres e homens.

Tabela 21.4 Drinques por vez declarados por estudantes mulheres e homens

Estudantes mulheres

2,5	9	1	3,5	2,5	3	1	3	3	3	3	2,5	2,5
5	3,5	5	1	2	1	7	3	7	4	4	6,5	4
3	6	5	3	8	6	6	3	6	8	3	4	7
4	5	3,5	4	2	1	5	5	3	3	6	4	2
7	7	7	3,5	3	2,5	10	5	4	9	8	1	6
2	5	2,5	3	4,5	9	5	4	4	3	4	6	7
4	5	1	5	3	4	10	7	3	4	4	4	4
2	1	2,5	2,5									

Estudantes homens

7	7,5	8	15	3	4	1	5	11	4,5	6	4	10
16	4	8	5	9	7	7	3	5	6,5	1	12	4
6	8	8	4,5	10,5	8	6	10	1	9	8	7	8
15	3	10	7	4	6	5	2	10	7	9	5	8
7	3	7	6	4	5	2	5	5,5	9	10	10	4
8	4	2	4	12,5	3	15	2	6	3	4	3	10
6	4,5	5										

CAPÍTULO

22

Após leitura do capítulo, você será capaz de:

22.1 Resolver problemas que envolvem a proporção amostral $\hat{p}$ e sua distribuição amostral.

22.2 Usar o procedimento z de grandes amostras para dar um intervalo de confiança para uma proporção populacional p quando as condições são satisfeitas.

22.3 Calcular o tamanho amostral necessário para estimar uma proporção populacional dentro de margem de erro dada.

22.4 Utilizar a estatística z para realizar um teste de significância para a hipótese H_0: $p = p_0$ sobre uma proporção populacional p contra uma alternativa unilateral ou bilateral.

22.5 Depois de confirmar que as condições são satisfeitas, usar o intervalo de confiança mais quatro para estimar uma proporção populacional.

Thomas_Zsebok_Images/iStock

Inferência sobre uma Proporção Populacional

Nossa discussão de inferência estatística, até este ponto, se concentrou na realização de inferências sobre *médias* populacionais. A estimação da resposta média para uma população ou a comparação de médias de duas populações são comuns quando a variável resposta é quantitativa e assume um valor numérico com alguma unidade de medida. Agora, passamos para perguntas acerca da *proporção* de algum resultado em uma população. Mesmo quando a resposta original é uma variável quantitativa, como o colesterol total, podemos estar mais interessados em se alguém tem, ou não, colesterol mais alto do que 200 mg/dL (resultado de interesse). Nossa proporção de interesse é, então, a proporção populacional de adultos que têm colesterol mais alto do que 200 mg/dL, e os métodos deste capítulo se aplicam. Aqui estão mais alguns exemplos que requerem inferência sobre proporções populacionais.

EXEMPLO 22.1 Comportamento de risco na era da AIDS

Quão comum é o comportamento das pessoas que as coloca sob risco de AIDS? No início da década de 1990, a pesquisa marco National AIDS Behavioral Surveys entrevistou uma amostra aleatória de 2.673 adultos heterossexuais. Desses, 170 tiveram mais de um parceiro sexual no ano anterior. Isso são 6,36% da amostra.[1] Com base nesses dados, o que podemos afirmar sobre o percentual de todos os adultos heterossexuais que têm múltiplos parceiros? Desejamos *estimar uma única proporção populacional*. Este capítulo diz respeito à inferência sobre uma proporção.

EXEMPLO 22.2 Fumar cigarros entre alunos de último ano do Ensino Médio

Desde a década de 1990, o hábito de fumar cigarros diariamente entre alunos de último ano do Ensino Médio caiu de cerca de 12% para pouco mais de 3%. Em 2017, uma amostra aleatória de 1.725 mulheres e 1.564 homens, alunos de último ano do Ensino Médio, encontrou que 3,7% das mulheres e 3,1% dos homens haviam fumado cigarros diariamente nos 30 dias antes da pesquisa.[2] Isso é evidência significante de que as proporções de fumantes diários de cigarros diferem nas populações de todos os homens e mulheres do último ano do Ensino Médio? Desejamos *comparar duas proporções populacionais*. Isso é o assunto do Capítulo 23.

Para fazer inferência acerca de uma média populacional μ, usamos a média $\bar{x}$ de uma amostra aleatória da população. O raciocínio da inferência começa com a distribuição amostral de $\bar{x}$. Seguimos, agora, o mesmo padrão, substituindo médias por proporções.

22.1 A proporção amostral $\hat{p}$

Estamos interessados na proporção desconhecida p de uma população que tem algum resultado. Por conveniência, chame de "sucesso" o resultado que estamos procurando. No Exemplo 22.1, a população compreende os adultos heterossexuais, e o parâmetro p é a proporção dos que tiveram mais de um parceiro sexual no ano anterior. Para estimar p, a National AIDS Behavioral Surveys utilizou discagem aleatória de números telefônicos para contatar uma amostra de 2.673 pessoas. Dessas, 170 afirmaram ter tido vários parceiros sexuais. A estatística que estima o parâmetro p é a *proporção amostral*:

$$\hat{p} = \frac{\text{número de sucessos na amostra}}{\text{número total de indivíduos na amostra}} = \frac{170}{2673} = 0{,}0636$$

Leia a proporção amostral $\hat{p}$ como "p chapéu".

Qual é a qualidade da estatística $\hat{p}$ como uma estimativa do parâmetro p? Para descobrir, perguntamos "O que aconteceria se selecionássemos muitas amostras?" A distribuição amostral de $\hat{p}$ responde a essa pergunta. Eis os fatos.[3]

Distribuição amostral de uma proporção amostral

Escolha uma AAS de tamanho n de uma grande população com proporção p de sucessos. Seja $\hat{p}$ a **proporção amostral** de sucessos,

$$\hat{p} = \frac{\text{número de sucessos na amostra}}{n}$$

Então:

- A média da distribuição amostral é p.
- O desvio-padrão da distribuição amostral é

$$\sqrt{\frac{p(1-p)}{n}}$$

- À medida que o tamanho da amostra aumenta, a distribuição amostral de $\hat{p}$ se torna aproximadamente Normal. Isto é, para n grande, $\hat{p}$ tem distribuição aproximadamente $N(p, \sqrt{p(1-p)/n})$.

A Figura 22.1 resume esses fatos de uma maneira que ajuda você a se lembrar da ideia principal de uma distribuição amostral. O comportamento de proporções amostrais $\hat{p}$ é semelhante ao comportamento de médias amostrais $\bar{x}$, exceto pelo fato de a distribuição de $\hat{p}$ ser apenas aproximadamente Normal. A média da distribuição amostral de $\hat{p}$ é o verdadeiro valor da proporção populacional p. Ou seja, $\hat{p}$ é um estimador não viesado de p. O desvio-padrão de $\hat{p}$ diminui à medida que o tamanho da amostra n aumenta, de modo que essa estimativa é provavelmente mais precisa quando a amostra é maior. Assim como para $\bar{x}$, o desvio-padrão diminui apenas à taxa de $\sqrt{n}$. Precisamos de quatro vezes o número de observações para reduzir o desvio-padrão à metade.

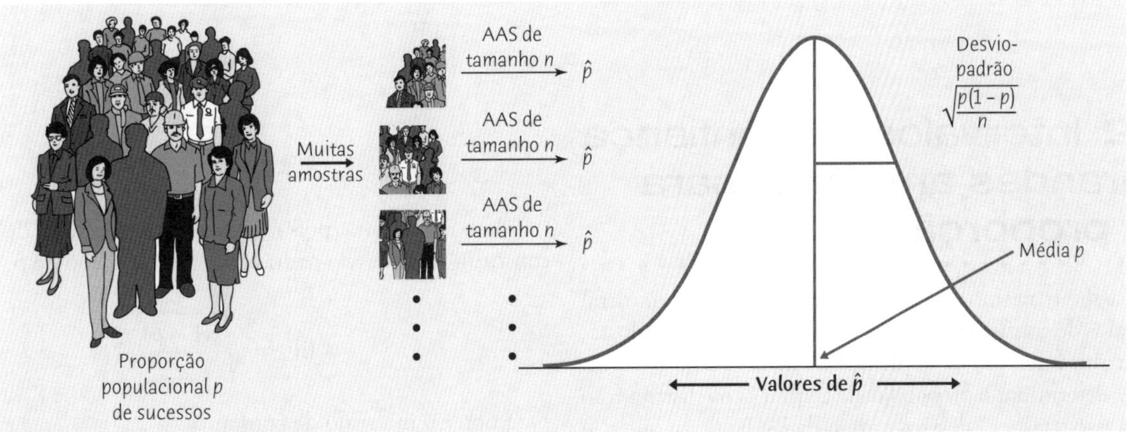

FIGURA 22.1
Selecione uma grande AAS de uma população na qual a proporção p é de sucessos. A distribuição amostral da proporção $\hat{p}$ de sucessos na amostra é aproximadamente Normal. A média é p e o desvio-padrão é $\sqrt{p(1-p)/n}$.

EXEMPLO 22.3 Indagando sobre comportamento de risco

Suponha que, de fato, 6% de todos os adultos heterossexuais tenham tido mais de um parceiro sexual no ano anterior (e, se perguntados, admitiriam isso). A pesquisa National AIDS Behavioral Surveys entrevistou uma amostra aleatória de 2.673 pessoas dessa população. Em muitas amostras desse tipo, a proporção $\hat{p}$ das 2.673 pessoas na amostra que tiveram mais de um parceiro sexual no ano anterior variaria de acordo com (aproximadamente) a distribuição Normal com média 0,06 e desvio-padrão

$$\sqrt{\frac{p(1-p)}{n}} = \sqrt{\frac{(0{,}06)(0{,}94)}{2673}}$$
$$= \sqrt{0{,}0000211} = 0{,}00459$$

APLIQUE SEU CONHECIMENTO

22.1 Infecções por estafilococos. Um estudo investigou modos de prevenir infecções por estafilococos em pacientes de cirurgia. Em um primeiro passo, os pesquisadores examinaram as secreções nasais de uma amostra aleatória de 6.771 pacientes admitidos em vários hospitais para cirurgia. Eles encontraram que 1.251 desses pacientes testaram positivo para ***Staphylococus aureus***, uma bactéria responsável pela maioria das infecções por estafilococos.[4]

(a) Descreva a população e explique em palavras o que é o parâmetro p.

(b) Dê o valor numérico da estatística $\hat{p}$ que estima p.

22.2 A regra 68-95-99,7 e $\hat{p}$. O Condado de Greenville, Carolina do Sul, tem 396.183 adultos residentes, dos quais 80.987 têm 65 anos ou mais. Uma pesquisa deseja contatar $n = 689$ residentes.[5]

(a) Encontre p, a proporção de adultos residentes no Condado de Greenville que têm 65 anos ou mais.

(b) Se repetidas amostras aleatórias simples de 689 residentes forem extraídas, qual seria a amplitude da proporção amostral de adultos acima de 65 anos na amostra, de acordo com a parte 95 da regra 68-95-99,7?

(c) Suponha que a pesquisa real tenha contatado 689 adultos por meio de discagem aleatória de números residenciais, usando uma base de dados de ramais, sem contatar quaisquer números de telefones celulares. Os 689 respondentes representam uma taxa de resposta de aproximadamente 30%. Na mesma amostra obtida, 253 dos 689 adultos contatados tinham mais de 65 anos. Você tem alguma restrição em tratar esse conjunto como uma amostra aleatória simples de adultos do Condado de Greenville? Explique brevemente.

22.3 Você come carne vermelha? Cerca de 60% dos adultos americanos incluem bife e outras carnes vermelhas em suas dietas.[6] Uma companhia de carnes à base de plantas contata uma AAS de 1.500 adultos americanos e calcula a proporção $\hat{p}$ nessa amostra que come carne vermelha.

(a) Qual é a distribuição aproximada de $\hat{p}$?

(b) Se o tamanho amostral fosse de 6 mil, em vez de 1.500, qual seria a distribuição aproximada de $\hat{p}$?

rezart/iStock

22.2 Intervalos de confiança de grandes amostras para uma proporção

Podemos seguir o mesmo caminho, desde a distribuição amostral até intervalos de confiança, como fizemos para $\bar{x}$ no Capítulo 15. Para obter um intervalo de confiança de nível C para p, começamos por determinar a probabilidade central C na distribuição de $\hat{p}$. Para isso, afaste z^* desvios-padrão da média p, em que z^* é o valor crítico, com base em um nível de confiança desejado, que captura a área central C sob a curva Normal padrão. A Figura 22.2 mostra o resultado. O intervalo de confiança é

$$\hat{p} \pm z^* \sqrt{\frac{p(1-p)}{n}}$$

Isso não servirá, pois não conhecemos o valor de p. Assim, substituímos o desvio-padrão pelo **erro padrão de $\hat{p}$**

$$EP_{\hat{p}} = \sqrt{\frac{\hat{p}(1-\hat{p})}{n}}$$

para obter o intervalo de confiança

$$\hat{p} \pm z^* \sqrt{\frac{\hat{p}(1-\hat{p})}{n}}$$

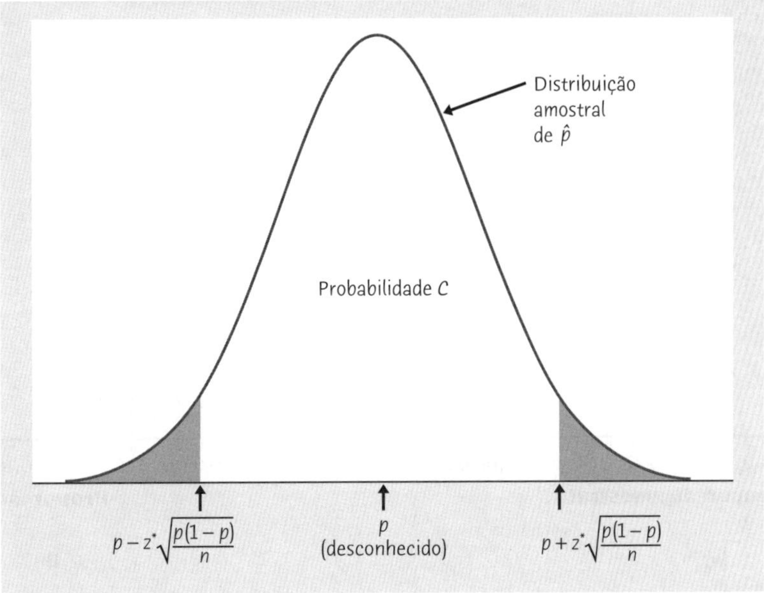

FIGURA 22.2

Com probabilidade C, $\hat{p}$ está a $\pm z^*\sqrt{p(1-p)/n}$ da proporção populacional desconhecida, p. Isso é, nessas amostras, p está a $\pm z^*\sqrt{p(1-p)/n}$ de $\hat{p}$.

Assim como com intervalos de confiança anteriores, esse intervalo tem a forma familiar

$$\text{estimativa} \pm z^* EP_{\text{estimativa}}$$

Podemos confiar nesse intervalo de confiança apenas para grandes amostras. Como o número de sucessos deve ser um número inteiro, o uso de uma distribuição Normal contínua para descrever o comportamento de $\hat{p}$ pode não ser preciso, a menos que n seja grande. Como a aproximação é menos precisa para populações constituídas quase só de sucessos ou quase só de fracassos, exigimos que a amostra tenha suficientes sucessos e fracassos, em vez de exigir que o tamanho geral da amostra seja grande. *Preste atenção às duas condições para inferência no boxe a seguir, que resume o intervalo de confiança: como sempre, estamos ansiosos por considerar a amostra como uma AAS da população, e a amostra deve ter sucessos e fracassos em números suficientes.* A condição sobre sucessos e fracassos garante que o tamanho amostral seja grande o bastante para o uso da aproximação Normal sem o conhecimento de p.

A Figura 22.3 apresenta a distribuição amostral da proporção amostral para uma amostra de tamanho $n = 50$ e (a) $p = 0{,}01$, (b) $p = 0{,}05$, (c) $p = 0{,}10$, (d) $p = 0{,}25$, (e) $p = 0{,}50$, (f) $p = 0{,}75$, (g) $p = 0{,}90$, (h) $p = 0{,}95$ e (i) $p = 0{,}99$. Nossa condição de que os números de sucessos e de fracassos na amostra sejam ambos, pelo menos 15, é satisfeita apenas em (e), e a distribuição amostral parece aproximadamente Normal. A condição é quase satisfeita em (d) e (f), e a distribuição amostral parece ligeiramente Normal, mas com uma leve assimetria. À medida que a condição é menos e menos próxima de ser satisfeita, a distribuição amostral é crescentemente assimétrica.

A Figura 22.4 apresenta a distribuição amostral da proporção amostral para $p = 0{,}1$ e tamanhos amostrais (a) $n = 10$, (b) $n = 25$ e (c) $n = 250$. Apenas em (c) a condição é satisfeita, e a distribuição amostral parece ser aproximadamente Normal. À medida que a proporção populacional de sucessos se aproxima de 0 ou 1 e a condição é cada vez menos próxima de ser satisfeita, a distribuição amostral é crescentemente assimétrica.

Intervalo de confiança de grandes amostras para uma proporção populacional

Selecione uma AAS de tamanho n de uma grande população com proporção p de sucessos desconhecida. Um intervalo de confiança para p de nível aproximado C é

$$\hat{p} \pm z^*\sqrt{\frac{\hat{p}(1-\hat{p})}{n}}$$

em que z^* é o valor crítico da curva de densidade Normal padrão, com área C entre $-z^*$ e z^*.

Use esse intervalo apenas quando os números de sucessos e fracassos na amostra forem, ambos, pelo menos, 15.[7]

Por que não t? Observe que *não* mudamos z^* para t^* quando substituímos o desvio-padrão pelo erro padrão. Quando a média amostral $\bar{x}$ estima a média populacional μ, um parâmetro separado σ descreve a dispersão da distribuição de $\bar{x}$. Estimamos σ separadamente, e isso leva a uma distribuição t. Quando a proporção amostral $\hat{p}$ estima a proporção populacional p, a dispersão depende de p, não de um parâmetro separado. Não há distribuição t; apenas tornamos a aproximação Normal um pouco menos precisa quando substituímos p, no desvio-padrão, por $\hat{p}$.

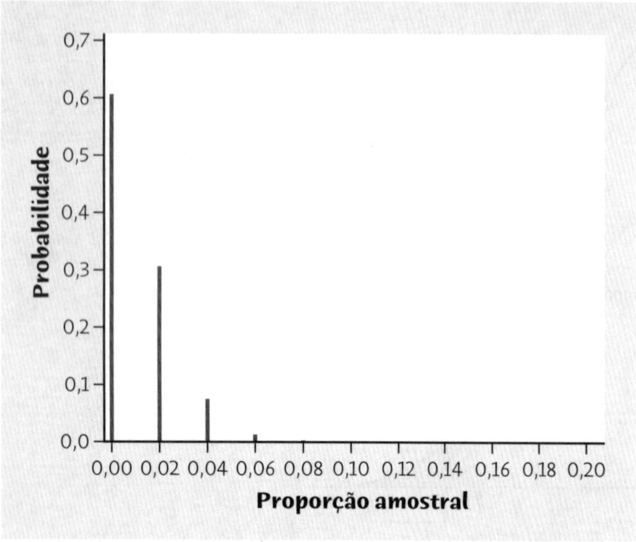
Probabilidade
0,7
0,6
0,5
0,4
0,3
0,2
0,1
0,0
0,00 0,02 0,04 0,06 0,08 0,10 0,12 0,14 0,16 0,18 0,20
Proporção amostral

(a)

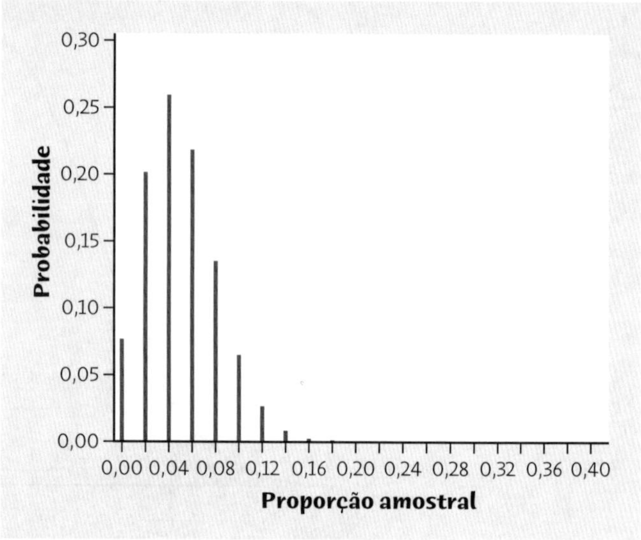
Probabilidade
0,30
0,25
0,20
0,15
0,10
0,05
0,00
0,00 0,04 0,08 0,12 0,16 0,20 0,24 0,28 0,32 0,36 0,40
Proporção amostral

(b)

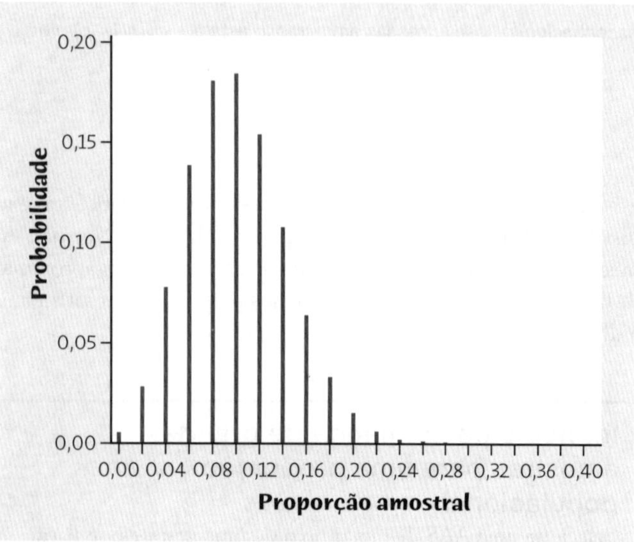
Probabilidade
0,20
0,15
0,10
0,05
0,00
0,00 0,04 0,08 0,12 0,16 0,20 0,24 0,28 0,32 0,36 0,40
Proporção amostral

(c)

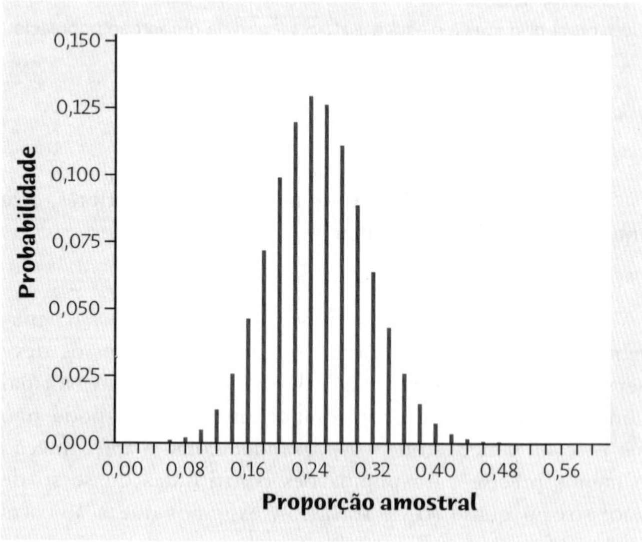
Probabilidade
0,150
0,125
0,100
0,075
0,050
0,025
0,000
0,00 0,08 0,16 0,24 0,32 0,40 0,48 0,56
Proporção amostral

(d)

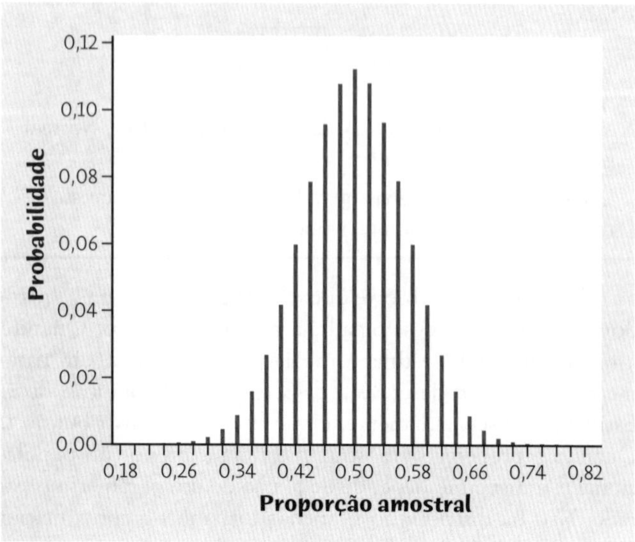
Probabilidade
0,12
0,10
0,08
0,06
0,04
0,02
0,00
0,18 0,26 0,34 0,42 0,50 0,58 0,66 0,74 0,82
Proporção amostral

(e)

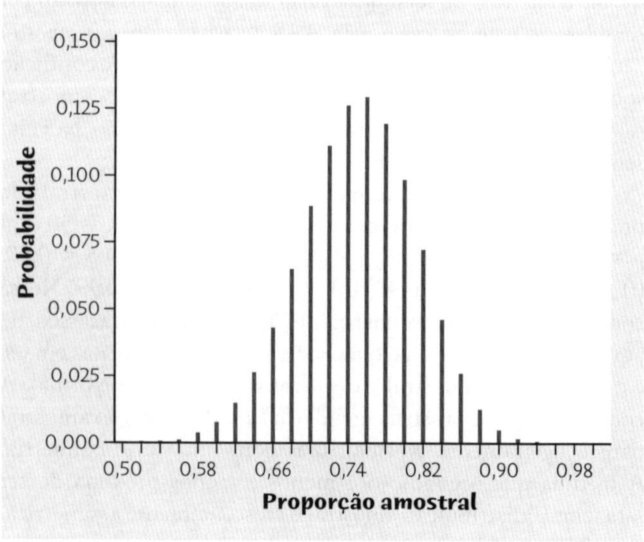
Probabilidade
0,150
0,125
0,100
0,075
0,050
0,025
0,000
0,50 0,58 0,66 0,74 0,82 0,90 0,98
Proporção amostral

(f)

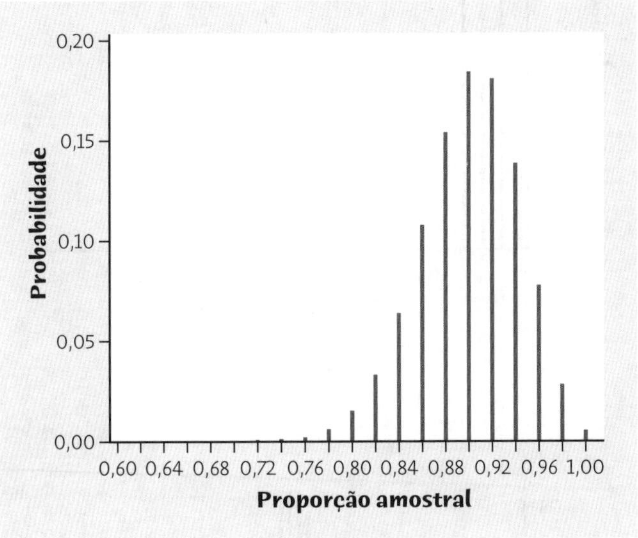

(g)

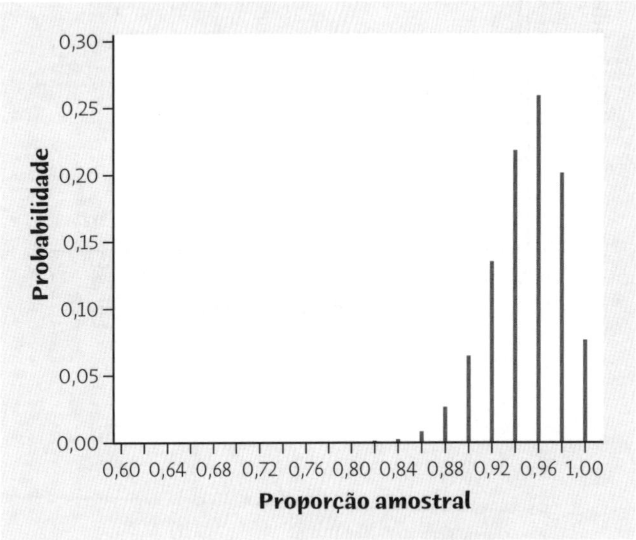

(h)

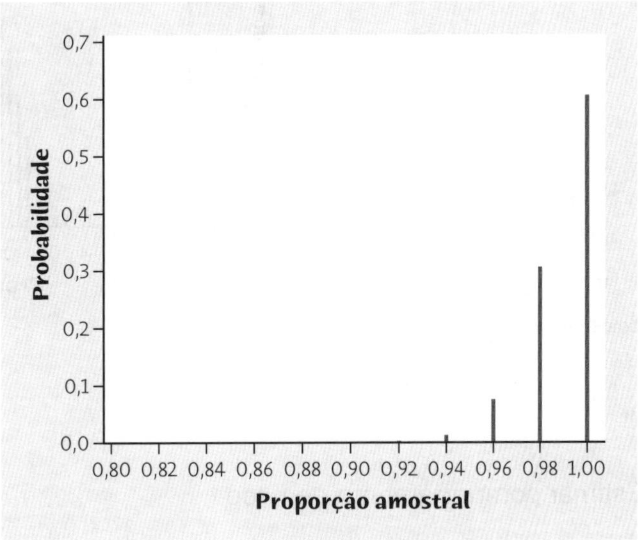

(i)

FIGURA 22.3

A distribuição amostral da proporção amostral para $n = 50$ e (a) $p = 0{,}01$, (b) $p = 0{,}05$ (c) $p = 0{,}10$, (d) $p = 0{,}25$, (e) $p = 0{,}50$, (f) $p = 0{,}75$, (g) $p = 0{,}90$, (h) $p = 0{,}95$ e (i) $p = 0{,}99$.

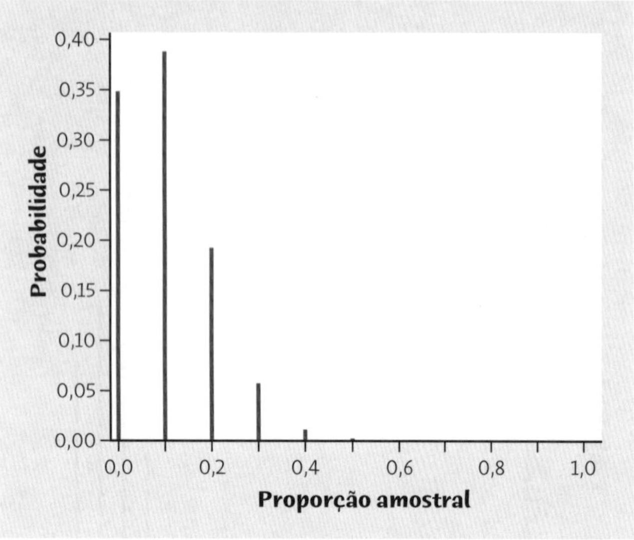

(a)

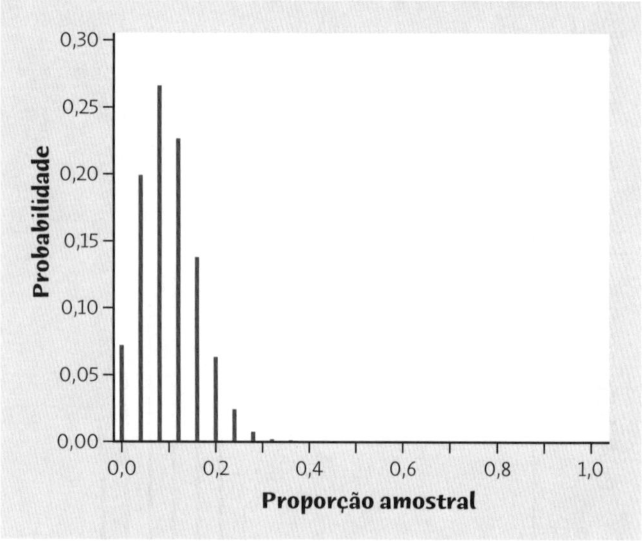

(b)

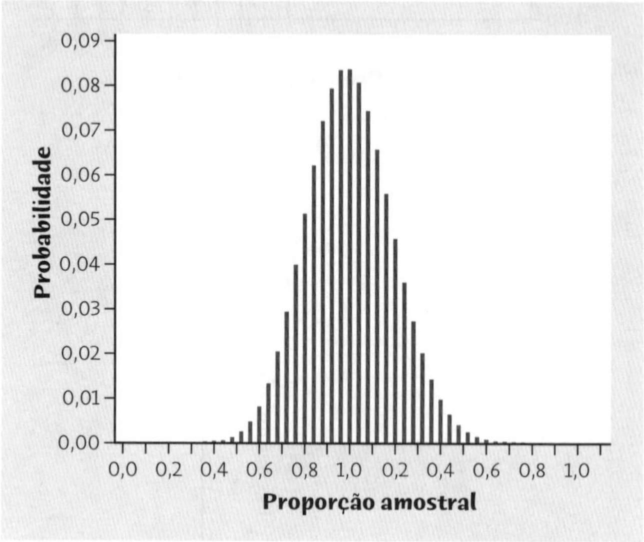

(c)

FIGURA 22.4
A distribuição amostral da proporção amostral para $p = 0,1$ e (a) $n = 10$, (b) $n = 25$ e (c) $n = 250$.

EXEMPLO 22.4 Estimar comportamento de risco

4 PASSOS O processo de quatro passos para qualquer intervalo de confiança foi esboçado na Seção 16.3, Intervalos de confiança para uma média populacional, no Capítulo 16.

ESTABELEÇA: a National AIDS Behavioral Surveys descobriu que 170 de uma amostra de 2.673 adultos heterossexuais tiveram parceiros múltiplos. Ou seja,

$$\hat{p} = \frac{170}{2673} = 0,0636$$

O que se pode dizer da população de todos os adultos heterossexuais?

PLANEJE: daremos um intervalo de confiança de 99% para estimar a proporção p de todos os adultos heterossexuais que tiveram parceiros múltiplos.

RESOLVA: primeiro, verifique as condições para inferência:

- O planejamento amostral foi de amostragem estratificada complexa e a pesquisa utilizou procedimentos de inferência para esse planejamento. Contudo, o efeito geral é próximo a uma AAS.
- amostra é suficientemente grande: os números de sucessos (170) e fracassos (2.503) na amostra são ambos muito maiores que 15.

A condição sobre o tamanho da amostra é obviamente satisfeita. A condição de que a amostra seja um AAS é apenas aproximadamente satisfeita.

Um intervalo de confiança de 99% para a proporção p de todos os adultos heterossexuais com parceiros múltiplos usa o valor crítico da Normal padrão $z^* = 2,576$. O intervalo de confiança é

$$\begin{aligned} \hat{p} \pm z^* \sqrt{\frac{\hat{p}(1-\hat{p})}{n}} &= 0,0636 \pm 2,576 \sqrt{\frac{(0,0636)(0,9364)}{2673}} \\ &= 0,0636 \pm 0,0122 \\ &= 0,0514 \text{ a } 0,0758 \end{aligned}$$

CONCLUA: temos 99% de confiança de que o percentual de adultos heterossexuais que tiveram mais de um parceiro sexual no ano anterior esteja entre cerca de 5,1 e 7,6%.

Como de costume, os problemas práticos de uma pesquisa de grandes amostras enfraquecem nossa confiança nas conclusões da pesquisa sobre AIDS. Somente as pessoas nos domicílios com telefone fixo puderam ser contatadas. Embora à época da pesquisa cerca de 89% das residências americanas tivessem telefone fixo, à medida que o número de usuários de apenas celulares aumenta, o uso de uma amostra de residências com telefone fixo se torna cada vez menos aceitável para pesquisas da população geral (ver Seção 8.7, O impacto da tecnologia, no Capítulo 8). Além disso, alguns grupos de alto risco para a AIDS, como usuários de drogas injetáveis ilegais, em geral não moram em domicílios fixos e estão sub-representados na amostra. Cerca de 30% das pessoas contatadas recusaram-se a cooperar. Uma taxa de não resposta de 30% não é incomum em pesquisas amostrais grandes, mas pode gerar algum viés se os que se recusam a cooperar diferem sistematicamente daqueles que cooperam. A pesquisa utilizou métodos estatísticos para fazer ajustes às taxas desiguais de resposta nos diferentes grupos. Finalmente, alguns respondentes podem não ter falado a verdade quando indagados sobre seu comportamento sexual. A equipe de pesquisa se esforçou bastante para deixar os respondentes à vontade. Por exemplo, as mulheres hispânicas foram entrevistadas apenas por mulheres hispânicas, e os que falavam espanhol foram entrevistados por pessoas que também falavam espanhol, com o mesmo sotaque regional (cubano, mexicano ou porto-riquenho). Não obstante, o relatório da pesquisa afirma que, provavelmente, ela apresenta algum viés:

> *É mais provável que esses valores sejam subestimativas; alguns entrevistados podem informar a menos a quantidade correta de parceiros sexuais e de uso de droga injetável, por vergonha e medo de represália, ou podem também não lembrar, ou desconhecer, detalhes de seu próprio risco de HIV ou de seu parceiro, bem como seu histórico de exame de anticorpos.*[8]

A leitura do relatório de um estudo grande como a National AIDS Behavioral Surveys nos recorda que a estatística, na prática, abrange muito mais do que fórmulas para inferência.

ESTATÍSTICA NO MUNDO REAL

Quem é fumante?

Ao estimar uma proporção p, certifique-se do que você considera "sucesso". A imprensa diz que 20% dos adolescentes fumam. Chocante! Acontece que esse é o percentual dos que haviam fumado pelo menos uma vez no mês anterior. Se considerarmos que um fumante é alguém que fumou pelo menos por 20 dos 30 dias passados, e fumou pelo menos meio maço de cigarros em cada um desses dias, menos de 4% dos adolescentes serão considerados fumantes.

APLIQUE SEU CONHECIMENTO

22.4 Nenhum intervalo de confiança. Na amostra de 2017 da Youth Risk Behavioral Survey, em uma amostra aleatória de 497 alunos de último ano do Ensino Médio em Connecticut, encontrou-se que 0,8% (isto é, 0,008 como um número decimal) fumava cigarros diariamente.[9] Explique por que não podemos usar intervalo de confiança de grande amostra para estimar a proporção p na população de todos os alunos de último ano do Ensino Médio de Connecticut em 2017 que fumaram cigarros diariamente.

22.5 Atitudes de canadenses em relação a armas de fogo. O Canadá tem leis muito mais severas de controle de armas do que os Estados Unidos, e os canadenses apoiam o controle de armas muito mais fortemente do que os americanos. Uma pesquisa amostral perguntou a uma amostra aleatória de 1.525 adultos canadenses "Você apoia ou se opõe a que o Canadá proíba completamente a posse, por civis, de armas de fogo manuais?" Das 1.525 pessoas na amostra, 930 responderam "Concordo fortemente" ou "Concordo".[10]

(a) A pesquisa contatou uma amostra aleatorizada de grande painel dos adultos canadenses, que foram convidados para o processo de pesquisa usando uma grande variedade de métodos e canais. A amostra aleatorizada de membros do painel foi escolhida de modo a ser representativa da população canadense como um todo. Com base no que você sabe sobre pesquisas amostrais, qual deve ser, provavelmente, a maior fragilidade nessa pesquisa?

(b) No entanto, aja como se tivéssemos uma AAS de adultos das províncias do Canadá. Dê um intervalo de confiança de 95% para a proporção dos que apoiam o registro de todas as armas de fogo.

22.6 Enxaquecas. Enxaqueca é uma doença neurológica que afeta aproximadamente 1 bilhão de pessoas no mundo inteiro. Os sintomas característicos da enxaqueca incluem dor de cabeça, que dura de 4 a 72 horas, náusea, e sensibilidade a luz e som. Os pesquisadores estudaram o efeito do fármaco ubrogepant sobre os sintomas da enxaqueca. Eles recrutaram 1.686 sujeitos, os quais sofriam, todos, de enxaqueca, e 464 deles foram designados, aleatoriamente, para receber 50 mg de ubrogepant assim que estabelecer um ataque de enxaqueca de intensidade de dor moderada ou intensa. Desses, 101 ficaram livres da dor duas horas depois de tomarem o medicamento.[11]

(a) Supondo que os 1.686 sujeitos sejam uma amostra representativa das pessoas que sofrem de enxaqueca (uma hipótese feita, em geral, em testes clínicos), dê um intervalo de confiança de 90% para a proporção dos que sofrem de enxaqueca que ficarão livres da dor duas horas depois de tomarem 50 mg de ubrogepant para o tratamento de uma moderada a severa enxaqueca. Siga o processo dos quatro passos como ilustrado no Exemplo 22.4.

(b) Quais preocupações você teria em generalizar esses resultados para a população de todos os que sofrem de enxaqueca?

22.3 Escolha do tamanho amostral

Ao planejar um estudo, podemos desejar escolher um tamanho amostral que nos permitirá estimar o parâmetro dentro de uma margem de erro dada. Vimos antes, (ver Seção 18.4, Planejamento de estudos: tamanho amostral para intervalos de confiança, no Capítulo 18), como fazer isso para uma média populacional. O método para a estimação de uma proporção populacional é semelhante.

A margem de erro no intervalo de confiança de grande amostra para p é

$$m = z^* \sqrt{\frac{\hat{p}(1-\hat{p})}{n}}$$

Aqui, z^* é o valor crítico da Normal padrão para o nível de confiança que desejamos. Como a margem de erro envolve a proporção amostral de sucessos $\hat{p}$, precisamos fazer uma suposição sobre esse valor ao escolhermos n. Chame nossa suposição de p^*. Eis duas maneiras de obter p^*:

1. Use um valor de p^* com base em um estudo piloto ou em experiência passada com estudos semelhantes. Você pode fazer vários cálculos para cobrir a amplitude de valores de $\hat{p}$ que você deve obter.
2. Use $p^* = 0{,}5$ como suposição. A margem de erro m é a maior quando $\hat{p} = 0{,}5$, de modo que essa suposição é conservadora no sentido de que, se obtivermos qualquer outro valor de $\hat{p}$ quando fizermos nosso estudo, obteremos uma margem de erro menor do que planejamos.

Uma vez que você tenha um valor para p^*, a fórmula para a margem de erro pode ser obtida, dando-se o tamanho necessário n. Eis o resultado para o intervalo de confiança de grandes amostras. Por simplicidade, use o resultado, mesmo que você esteja planejando usar o intervalo mais quatro, a ser discutido na Seção 22.5.

ESTATÍSTICA NO MUNDO REAL

Nova York, Nova York

A Cidade de Nova York, dizem, é maior, mais rica, mais rápida, e mais rude. Talvez haja alguma coisa de verdade nisso. Uma pesquisa amostral da empresa Zogby International diz que, como uma média nacional, são necessárias cinco chamadas telefônicas para alcançar alguém que atenda. Ao se ligar para Nova York, são necessárias 12 chamadas. As empresas de pesquisa destinam seus melhores entrevistadores para fazerem chamadas para Nova York e, em geral, lhes pagam bônus para lidarem com o estresse.

Tamanho amostral para uma desejada margem de erro

O intervalo de confiança de nível C para uma proporção populacional p terá margem de erro aproximadamente igual a um valor especificado m quando o tamanho amostral for

$$n = \left(\frac{z^*}{m}\right)^2 p^*(1-p^*)$$

em que p^* é o valor conjecturado para a proporção amostral. A margem de erro será sempre menor do que ou igual a m se você tomar 0,5 como sua suposição p^*.

Qual método para a suposição de p^* você deve usar? O n que você obtém não se altera muito ao mudar p^*, desde que p^* não esteja muito distante de 0,5. Você pode usar o valor conservador $p^* = 0{,}5$ se você esperar que o verdadeiro $\hat{p}$ esteja razoavelmente entre 0,3 e 07. Se o verdadeiro $\hat{p}$ estiver perto de 0 ou de 1, o uso de $p^* = 0{,}5$ resultará em um tamanho de amostra muito maior do que o necessário. Tente usar um valor de p^* obtido a partir de estudo piloto, quando suspeitar que $\hat{p}$ será menor do que 0,3 ou maior do que 0,7.

EXEMPLO 22.5 Planejamento de uma pesquisa

ESTABELEÇA: uma grande cidade está propondo a imposição de uma taxa escolar para prover fundos para lidar com as condições de deterioração de vários prédios escolares mais antigos. Você entrará em contato com uma AAS de eleitores registrados na cidade. Você deseja estimar a proporção p de eleitores que aprova a imposição, com um intervalo de confiança de 95% e uma margem de erro não maior do que 3%, ou 0,03. Qual o tamanho de amostra de que você precisa?

PLANEJE: encontre o tamanho amostral n para a margem de erro $m = 0{,}03$ e 95% de confiança. Imposições passadas de taxas escolares foram decididas por margens apertadas, de modo que você decide usar $p^* = 0{,}5$.

RESOLVA: o tamanho amostral de que você precisa é

$$n = \left(\frac{1{,}96}{0{,}03}\right)^2 (0{,}5)(1 - 0{,}5) = 1067{,}1$$

Arredonde o resultado para $n = 1.068$. (O arredondamento para baixo resultaria em uma margem de erro ligeiramente maior do que 0,03.)

CONCLUA: uma AAS de 1.068 eleitores registrados é adequada para uma margem de erro de ±3%.

Se você deseja uma margem de erro de 2,5% em lugar de 3%, então (depois de arredondar para cima)

$$n = \left(\frac{1{,}96}{0{,}025}\right)^2 (0{,}5)(1 - 0{,}5) = 1537$$

Para uma margem de erro de 2%, o tamanho amostral de que você precisa é

$$n = \left(\frac{1{,}96}{0{,}02}\right)^2 (0{,}5)(1 - 0{,}5) = 2401$$

Finalmente, para uma margem de erro de 1,5% (metade de 3%), o tamanho amostral deve ser

$$n = \left(\frac{1{,}96}{0{,}015}\right)^2 (0{,}5)(1 - 0{,}5) = 4268{,}4$$

que é 4 vezes aquela para a margem de erro de 3%, antes de arredondamento para cima para 4.269. Pode-se mostrar que, se você desejar cortar a margem de erro pela metade, você precisará multiplicar o tamanho amostral por 4. Como usual, margens de erro menores exigem amostras maiores.

APLIQUE SEU CONHECIMENTO

22.7 Você ouve *podcasts*? Em janeiro e fevereiro de 2019, Edison Research realizou uma pesquisa nacional por telefone com 1.500 americanos com 12 anos de idade ou mais, usando a técnica de discagem de dígitos aleatórios, tanto para telefones celulares quanto para telefones fixos. A pesquisa incluiu questões sobre o uso de aparelhos móveis, áudio de internet, *podcasts*, mídias sociais, alto-falantes inteligentes, e mais. Das 1.500 pessoas pesquisadas, 480 disseram que ouviram *podcasts* no último mês.[12]

(a) Qual é a margem de erro do intervalo de confiança de 95% de grandes amostras para a proporção de americanos, com idade de 12 anos ou mais, que ouviram um *podcast* no último mês?

(b) Qual o tamanho de amostra necessário para obter a margem de erro comum de ±3 pontos percentuais? Use a pesquisa de janeiro/fevereiro de 1.500 pessoas como um estudo piloto para obter p^*.

22.8 Você pode sentir o gosto do PTC? PTC é uma substância de forte gosto amargo para algumas pessoas, e sem gosto para outras. A capacidade de sentir o gosto do PTC é herdada e depende de um único gene que codifica para um receptor de sabor na língua. De modo interessante, no entanto, embora a molécula de PTC não seja encontrada na natureza, a capacidade de senti-la está fortemente correlacionada com a capacidade de sentir o gosto de outras substâncias amargas que ocorrem naturalmente, muitas das quais são toxinas. Cerca de 75% dos italianos conseguem sentir o gosto do PTC. Desejamos estimar a proporção de americanos com pelo menos um dos avós que possa sentir o gosto do PTC.

(a) Começando com a estimativa de 75% para os italianos, qual o tamanho da amostra que você precisa coletar para estimar a proporção dos que sentem o gosto do PTC dentro de ±0,04, com 90% de confiança?

(b) Estime o tamanho da amostra necessário se você não fez qualquer suposição sobre o valor da proporção dos que podem sentir o gosto do PTC. De quanto mudou o tamanho amostral necessário?

22.4 Testes de significância para uma proporção

A estatística de teste para a hipótese nula H_0: $p = p_0$ é a proporção amostral $\hat{p}$, padronizada usando o valor p_0 especificado por H_0,

$$z = \frac{\hat{p} - p_0}{\sqrt{\dfrac{p_0(1 - p_0)}{n}}}$$

Essa estatística z tem distribuição aproximadamente Normal padrão quando H_0 é verdadeira. Os valores P, portanto, são provenientes da distribuição Normal padrão. Diferentemente do intervalo de confiança, no qual p é desconhecido e deve ser estimado por $\hat{p}$, na padronização da estimativa, no teste podemos substituir p por p_0 na padronização, uma vez que p_0 é especificado por H_0. Além disso, como H_0 fixa um valor de p na padronização da estimativa, as condições do tamanho amostral para uso do teste são menos restritivas do que para o intervalo de confiança de grandes amostras, no qual p deve ser estimado. A seguir, o procedimento para testes.

Testes de significância para uma proporção

Extraia uma AAS de tamanho n de uma grande população que contém uma proporção desconhecida p de sucessos. Para o teste da hipótese H_0: $p = p_0$, calcule a estatística z

$$z = \frac{\hat{p} - p_0}{\sqrt{\frac{p_0(1-p_0)}{n}}}$$

Em termos de uma variável Z com distribuição Normal padrão, o valor P para um teste de H_0 contra

$H_a: p > p_0$ é $P(Z \geq z)$

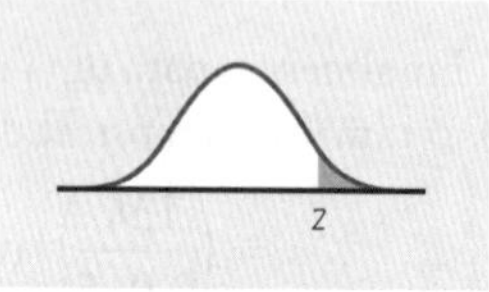

$H_a: p < p_0$ é $P(Z \leq z)$

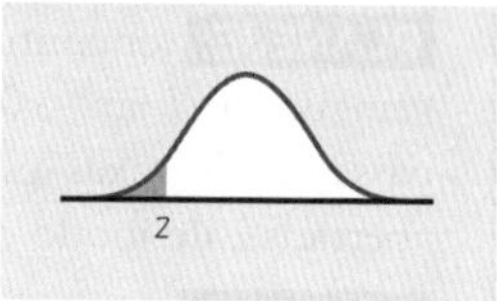

$H_a: p \neq p_0$ é $2P(Z \geq |z|)$

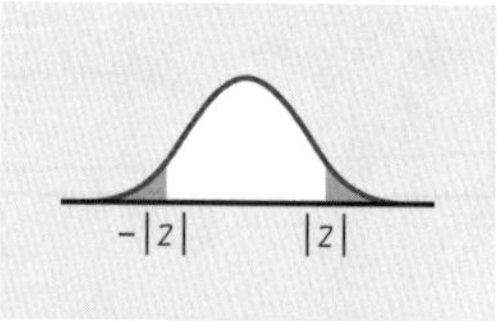

Use esse teste quando o tamanho amostral n é tão grande que ambos, np_0 e $n(1 - p_0)$, sejam iguais a 10 ou maiores que 10.[13]

EXEMPLO 22.6 Você pode combinar cão e dono?

O processo dos quatro passos para qualquer teste de significância está esboçado na Seção 16.3, Intervalos de confiança para uma média populacional, no Capítulo 16.

ESTABELEÇA: pesquisadores apresentaram a uma amostra aleatória de alunos de graduação duas folhas de teste, cada folha incluindo 20 fotos de pares de rostos de cão-dono em um festival de amantes de cães. Os conjuntos de pares de cão-dono nas duas páginas eram equivalentes em raça, diversidade de aparência, e gênero dos donos. Em uma folha, os cães estavam emparelhados com seus donos, enquanto na segunda folha os cães e os donos foram deliberadamente trocados. Pediu-se aos estudantes que "escolhessem o conjunto de pares de cão-dono que se assemelhavam, Folha 1 ou Folha 2", e foi dito aos estudantes simplesmente que o objetivo era "uma pesquisa das relações cão-dono". Dos 61 estudantes juízes nessa parte do estudo, 49 escolheram a folha com cães e donos corretamente emparelhados.[14] A proporção amostral que escolheu a folha com os cães e donos emparelhados corretamente foi

$$\hat{p} = \frac{49}{61} = 0{,}8033$$

Se os estudantes estivessem apenas adivinhando, esperaríamos que cerca de 50% identificassem corretamente a folha com os cães e seus donos, enquanto se, de fato, cães e donos se parecem uns com os outros, então os estudantes se sairiam melhor do que adivinhando. Embora mais da metade dos estudantes tenha emparelhado corretamente cães e donos, não esperamos uma divisão perfeita 50-50 em uma amostra aleatória. Essa amostra é evidência de que os sujeitos estão se saindo melhor do que apenas adivinhando?

PLANEJE: tome p como a proporção de estudantes de graduação que escolheriam a folha com o emparelhamento correto de cães e donos. Desejamos testar as hipóteses

$$H_0: p = 0{,}5$$
$$H_a: p > 0{,}5$$

RESOLVA: as condições para inferência requerem que tenhamos uma amostra aleatória e que $np_0 = (61)(0{,}5) = 30{,}5$ e $n(1 - p_0) = (61)(0{,}5) = 30{,}5$ sejam ambos maiores do que 10. Como as condições para inferência são satisfeitas, podemos continuar para achar a estatística de teste z:

$$z = \frac{\hat{p} - p_0}{\sqrt{\frac{p_0(1-p_0)}{n}}} = \frac{0{,}8033 - 0{,}5}{\sqrt{\frac{(0{,}5)(0{,}5)}{61}}} = 4{,}74$$

O valor P é a área sob a curva Normal padrão à direita de $z = 4{,}74$. Sabemos que isso é muito pequeno; a Tabela C mostra que $P < 0{,}0005$. O Minitab (Figura 22.5) diz que P é 0 com três casas decimais.

CONCLUA: há evidência muito forte de que os estudantes estão se saindo melhor do que simplesmente adivinhando quando identificam a folha com os pares cão-dono corretos ($P < 0{,}001$).

NeonShot/iStock

Monica Click/iStock

Minitab

Test and CI for One Proportion

```
Test of p = 0.5 p > 0.5

Sample    X    N    Sample p    95% Lower bound    Z-Value    P-Value
1        49   61    0.803279           0.719560       4.74      0.000

Using the normal approximation.
```

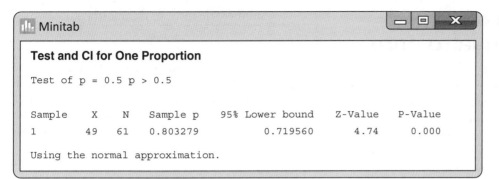

FIGURA 22.5
Saída do Minitab para o teste de significância, para o Exemplo 22.6.

O Exemplo 22.6 foi o primeiro de uma série de experimentos que incluíram mais de 500 alunos de graduação de três faculdades como sujeitos. O Exercício 22.9 examina dois experimentos adicionais nessa série, que analisa mais a semelhança entre cães e donos.

EXEMPLO 22.7 Estimação da chance de emparelhar corretamente cães e donos

Com 49 sucessos em 61 tentativas, temos 49 sucessos e 12 fracassos na amostra. As condições para o intervalo de confiança de grandes amostras são quase satisfeitas, de modo que usamos o intervalo de confiança com cuidado (ver também o Exercício 22.48). O intervalo de confiança de 99% é

$$\hat{p} \pm z^* \sqrt{\frac{\hat{p}(1-\hat{p})}{n}} = 0{,}8033 \pm 2{,}576\sqrt{\frac{(0{,}8033)(0{,}1967)}{61}}$$
$$= 0{,}8033 \pm 0{,}1311$$
$$= 0{,}6722 \text{ a } 0{,}9344$$

Estamos 99% confiantes de que entre cerca de 67 e 93% de alunos de graduação podem emparelhar corretamente os cães e seus donos.

O intervalo de confiança é mais informativo do que o teste no Exemplo 22.6, que nos diz apenas que mais da metade dos estudantes de graduação pode emparelhar corretamente os cães e seus donos. O intervalo de confiança nos diz que essa proporção é substancialmente maior do que 50%.

APLIQUE SEU CONHECIMENTO

22.9 Mais sobre emparelhamento de cães e donos. Os resultados relatados no Exemplo 22.6 eram parte de um estudo mais amplo que examinou a natureza da semelhança entre cães e seus donos. No segundo experimento, quando apenas a "região da boca" dos donos foi obscurecida em todas as fotos de cães e donos, 37 dos 51 sujeitos participantes nessa parte do estudo escolheram corretamente a folha com os cães e seus donos. No entanto, quando apenas a "região dos olhos" dos donos foi obscurecida em um terceiro experimento, apenas 30 dos 60 sujeitos usados para essa parte do estudo emparelharam corretamente os cães e seus donos. Siga o processo dos quatro passos como ilustrado no Exemplo 22.6, para analisar os resultados desses dois experimentos. Resuma suas conclusões no contexto do problema.

22.10 Preferência pelo meio? Ao escolher um item de um grupo, pesquisadores mostraram que um fator importante que influencia a escolha é a localização do item. Isso ocorre em uma variedade de situações, como posições na prateleira ao fazer compras, ao preencher um questionário, e até ao escolher um candidato preferido durante um debate presidencial. Nesse experimento, cinco pares idênticos de meias brancas foram expostos em uma coluna vertical em um cavalete de visualização. Cem participantes da University of Chester foram usados como sujeitos e foi pedido a cada um que escolhesse seu par de meias preferido.[15] Em situações de escolha desse tipo, os sujeitos em geral exibem o "efeito do estágio central", que é uma tendência de escolher o item no centro. Nesse experimento, 34 sujeitos escolheram o par de meias no centro. Esses dados fornecem evidência "do efeito do estágio central"? Siga o processo dos quatro passos ilustrado no Exemplo 22.6. (*Sugestão:* se os sujeitos estão escolhendo um par de meias aleatoriamente entre as cinco posições, qual seria a probabilidade de selecionarem o par do meio? Esse é o valor de p na hipótese nula.)

22.11 Nenhum teste. Explique se podemos usar o teste z para uma proporção nestas situações:

(a) Você joga uma moeda 10 vezes para o teste da hipótese H_0: $p = 0{,}5$ de que a moeda é equilibrada.

(b) Uma pessoa local do congresso contata uma AAS de 500 eleitores registrados em seu distrito para ver se há evidência de que mais da metade apoia o projeto que está sendo proposto.

(c) O CEO de uma grande corporação diz "apenas 2% de nossos funcionários estão insatisfeitos com nosso novo plano de seguro de saúde". Você faz contato com uma AAS de 150 dos 10 mil funcionários da corporação para o teste da hipótese H_0: $p = 0{,}02$.

22.5 Intervalos de confiança mais quatro para uma proporção*

É fácil calcular o intervalo de confiança de grandes amostras $\hat{p} \pm z^*\sqrt{\hat{p}(1-\hat{p})/n}$ para uma proporção populacional p. Também é fácil entendê-lo, pois se baseia diretamente na distribuição amostral aproximadamente Normal de $\hat{p}$. Infelizmente, níveis de confiança a partir desses intervalos são muitas vezes imprecisos, particularmente com tamanhos amostrais pequenos. O nível de confiança real é geralmente *menor* do que o nível de confiança desejado ao escolher o valor crítico z^*. Isso não é bom. E o que é pior, a precisão não melhora consistentemente à medida que o tamanho n da amostra aumenta. Há combinações "felizes" e "infelizes" do tamanho amostral n e da verdadeira proporção populacional p.

Felizmente, há uma modificação simples que é notadamente eficaz para melhorar a precisão do intervalo de confiança. Ela é denominada método "mais quatro", porque tudo o que você precisa fazer é *adicionar quatro observações imaginárias: dois sucessos e dois fracassos.* Com as observações acrescentadas, a *estimativa mais quatro* de p é

$$\tilde{p} = \frac{\text{número de sucessos na amostra} + 2}{n + 4}$$

A fórmula para o intervalo de confiança é exatamente como antes, com o novo tamanho amostral e novo número de sucessos.[16] Você não precisa de um programa que forneça o intervalo mais quatro: apenas introduza o novo tamanho amostral (tamanho real + 4) e o novo número de sucessos (número real + 2) no procedimento para grandes amostras.

Intervalo de confiança mais quatro para uma proporção

Escolha uma AAS de tamanho n de uma população grande que contém uma proporção p de sucessos desconhecida. Para obter o **intervalo de confiança mais quatro** para p, acrescente quatro observações imaginárias: dois sucessos e dois fracassos. Use, então, o intervalo de confiança de grandes amostras com o novo tamanho amostral (n + 4) e o novo número de sucessos (número real + 2).

Use esse intervalo quando o nível de confiança for de, pelo menos, 90%, e o tamanho da amostra n for, pelo menos, 10, com qualquer contagem de sucessos e fracassos.

EXEMPLO 22.8 Traços de cocaína no dinheiro espanhol

4 PASSOS

ESTABELEÇA: usuários de cocaína, em geral, aspiram o pó pelo nariz usando uma cédula de dinheiro enrolada. A Espanha tem alta taxa de uso de cocaína, de modo que não é de surpreender que o papel-moeda do euro na Espanha frequentemente revele traços de cocaína. Pesquisadores coletaram cédulas de 20 euros em várias cidades da Espanha. Em Madri, 17 em 20 continham traços de cocaína.[17] Os pesquisadores observam que não se pode dizer se as notas tinham sido usadas para cheirar cocaína ou se tinham sido contaminadas nas máquinas de contar dinheiro. Estime a proporção de todas as notas de euro em Madri que têm traços de cocaína.

PLANEJE: tome p como a proporção de cédulas que mostram traços de cocaína. Isto é, um "sucesso" é uma nota que mostre traços de cocaína. Dê um intervalo de confiança de 95% para p.

tomograf/iStock

RESOLVA: não é muito claro como as notas na amostra foram selecionadas, de modo que não sabemos se temos uma AAS. Vamos agir como se tivéssemos uma AAS, mas prosseguimos com cautela. As condições para uso do intervalo de grandes amostras não são satisfeitas, porque há apenas três fracassos. Para aplicar o método mais quatro, acrescente dois sucessos e dois fracassos aos dados originais. A estimativa mais quatro de p é

$$\tilde{p} = \frac{17+2}{20+4} = \frac{19}{24} = 0{,}7917$$

Calculamos o intervalo de confiança mais quatro da mesma maneira que o fazemos para o intervalo de grandes amostras, mas com base em 19 sucessos em 24 observações. Eis esse intervalo:

$$\begin{aligned}\tilde{p} \pm z^*\sqrt{\frac{\tilde{p}(1-\tilde{p})}{n+4}} &= 0{,}7917 \pm 1{,}960\sqrt{\frac{(0{,}7917)(0{,}2083)}{24}} \\ &= 0{,}7917 \pm 0{,}1625 \\ &= 0{,}6292 \text{ a } 0{,}9542\end{aligned}$$

CONCLUA: admitindo que a amostra possa ser considerada como uma AAS, estimamos, com 95% de confiança, que entre 63 e 95% de todas as notas de euro em Madri contenham traços de cocaína.

*Esta seção é opcional.

Para comparação, a proporção amostral ordinária é

$$\hat{p} = \frac{17}{20} = 0{,}85$$

A estimativa mais quatro $\tilde{p} = 0{,}7917$ no Exemplo 22.8 está mais distante de 1 do que $\hat{p} = 0{,}85$. A estimativa mais quatro ganha sua precisão adicional por sempre se mover em direção a 0,5 e para longe de 1 ou 0, o que estiver mais perto. Isso é particularmente útil quando a amostra contém apenas poucos sucessos ou poucos fracassos. A diferença numérica entre o intervalo de grandes amostras e o intervalo mais quatro correspondente é sempre pequena. Lembre-se de que o nível de confiança é a probabilidade de que o intervalo capture a verdadeira proporção populacional ***em muitos usos***. Pequenas diferenças sempre favorecem os níveis de confiança mais precisos do método mais quatro *versus* o intervalo de grandes amostras.

Quão mais preciso é o intervalo mais quatro? Estudos computacionais tentaram determinar qual deve ser o tamanho de n para garantir que a probabilidade real de um intervalo de confiança de 95% incluir o valor do verdadeiro parâmetro seja de, pelo menos, 0,94 para todas as amostras de tamanho n ou maiores. Se $p = 0{,}1$, por exemplo, a resposta é $n = 646$ para o intervalo de grandes amostras e $n = 11$ para o intervalo mais quatro.[18] É consenso entre estudos computacionais e teóricos que o método mais quatro é melhor do que o intervalo de grandes amostras para muitas combinações de n e p.

APLIQUE SEU CONHECIMENTO

22.12 Framboesas pretas e câncer. Em geral, pesquisas amostrais contatam grandes amostras, de modo que podemos usar o intervalo de confiança de grandes amostras se o planejamento amostral for próximo de uma AAS. Estudos científicos, em geral, usam amostras menores, que requerem o método mais quatro. Por exemplo, Familial Adenomatous Polyposis (FAP) é uma doença rara herdada, caracterizada pelo desenvolvimento de um número grande de pólipos muito cedo na vida e por câncer de cólon em virtualmente 100% dos pacientes antes da idade de 40 anos. Um grupo de 14 pessoas que sofriam de FAP, e que estavam sendo tratadas na Cleveland Clinic, tomou pó de framboesa preta em uma solução de água por 9 meses. O número de pólipos foi reduzido em 11 desses 14 pacientes.[19]

(a) Por que não podemos usar o intervalo de confiança de grandes amostras para a proporção p de pacientes que sofrem de FAP que terão o número de pólipos reduzido depois de 9 meses de tratamento?

(b) O método mais quatro acrescenta quatro observações: dois sucessos e dois fracassos. Quais são o tamanho amostral e o número de sucessos depois que você faz isso? Qual é a estimativa mais quatro $\tilde{p}$ de p?

(c) Dê o intervalo de confiança mais quatro de 90% para a proporção de pacientes que sofrem de FAP que terão o número de pólipos reduzido, depois de 9 meses de tratamento.

22.13 Violência com armas e *videogames*. Pessoas discordam sobre o impacto dos *videogames* sobre a violência com armas. Uma pesquisa em 2017 com uma amostra aleatória de 1.501 adultos nos EUA perguntou "A quantidade de violência com armas em *videogames* contribui muito ou pouco para a violência com armas?" Dos 1.501 amostrados, 180 disseram "Nem um pouco".[20]

(a) Dê um intervalo de grandes amostras de 95% para a proporção p de todos os adultos nos Estados Unidos que diriam que a violência com armas em *videogames* não contribui, de modo algum, para a violência com armas. Certifique-se de verificar que o tamanho amostral seja grande o bastante para o uso do intervalo de confiança de grandes amostras.

(b) Dê um intervalo de confiança mais quatro de 95% para p. Se você expressar os dois intervalos em porcentagens, arredondados para o décimo de percentual mais próximo, como eles diferem? (O intervalo mais quatro sempre puxa os resultados na direção dos 50%.)

22.14 Traços de cocaína no dinheiro espanhol (continuação). O método mais quatro é particularmente útil quando *não* há sucessos ou *não* há fracassos nos dados. O estudo da moeda espanhola, descrito no Exemplo 22.8, descobriu que, em Sevilha, todas as 20, de uma amostra de 20 cédulas de euro, tinham traços de cocaína.

(a) Qual é a proporção amostral $\hat{p}$ de cédulas contaminadas? Qual é o intervalo de confiança de grandes amostras de 95% para p? Não é plausível que *todas* as cédulas em Sevilha tenham traços de cocaína, como esse intervalo diz.

(b) Encontre a estimativa mais quatro $\tilde{p}$ e o intervalo de confiança mais quatro de 95% para p. Esses resultados são mais razoáveis nessa situação.

RESUMO

- Testes e intervalos de confiança para uma proporção populacional p quando os dados são uma AAS de tamanho n se baseiam na **proporção amostral** $\hat{p}$.
- Quando n é grande, a distribuição de $\hat{p}$ tem aproximadamente a distribuição Normal com média p e desvio-padrão $\sqrt{p(1-p)/n}$. Esse desvio-padrão é o **erro padrão de** $\hat{p}$.
- O **intervalo de confiança de grandes amostras** de nível C **para** p é

$$\hat{p} \pm z^* \sqrt{\frac{\hat{p}(1-\hat{p})}{n}}$$

em que z^* é o valor crítico da curva Normal padrão com área C entre $-z^*$ e z^*. Use esse intervalo apenas quando *ambos*, o número de sucessos e o número de fracassos na amostra, forem no mínimo 15.
- O tamanho amostral necessário para obter um intervalo de confiança com margem de erro aproximada m para uma proporção populacional é

$$n = \left(\frac{z^*}{m}\right)^2 p^*(1-p^*)$$

em que p^* é um valor conjecturado para a proporção amostral $\hat{p}$, e z^* é o ponto crítico da Normal padrão para o nível de confiança que você deseja. Se você usar $p^* = 0{,}5$ nessa fórmula, a margem de erro do intervalo será menor do que m ou igual a m, independentemente do valor de $\hat{p}$.
- **Testes de significância de H_0: $p = p_0$** se baseiam na estatística z

$$z = \frac{\hat{p} - p_0}{\sqrt{\dfrac{p_0(1-p_0)}{n}}}$$

com valores P calculados a partir da distribuição Normal padrão. Use esse teste na prática quando $np_0 \geq 10$ e $n(1 - p_0) \geq 10$.
- **(Tópico opcional)** Para obter um intervalo de confiança mais preciso para tamanhos amostrais menores, adicione quatro observações imaginárias - dois sucessos e dois fracassos - a sua amostra. Então, use a mesma fórmula para o intervalo de confiança. Esse é o **intervalo de confiança mais quatro**. Use esse intervalo na prática para nível de confiança de 90% ou maior, e tamanhos amostrais n de, pelo menos, 10.

ESTATÍSTICA NO MUNDO REAL

Crianças em bicicletas

Nos anos mais recentes para os quais se dispõe de dados, 77% das crianças mortas em acidentes de bicicleta eram meninos. Podemos considerar esses dados como uma amostra e começar com $\hat{p} = 0{,}77$ para fazer inferência sobre mortes em acidentes de bicicleta no futuro próximo. O que não se deve fazer é concluir que meninos em bicicletas estão mais expostos ao perigo do que meninas. Não sabemos quantos meninos e meninas andam de bicicleta; pode ser que a maioria das mortes seja de meninos porque eles são a maioria dos que andam de bicicleta.

VERIFIQUE SUAS HABILIDADES

22.15 Produtos à base de canabidiol (CBD) são mundialmente elogiados, por seus benefícios terapêuticos sem quaisquer efeitos psicoativos. Uma Pesquisa Gallup de 2019 perguntou a uma amostra de 2.543 adultos se eles pessoalmente usavam, ou não, produtos CBD. Suponha que, de fato, 15% de todos os adultos dos EUA tenham usado produtos CBD. Em amostras repetidas, a proporção amostral $\hat{p}$ seguiria aproximadamente uma distribuição Normal com média

(a) 381,45.

(b) 0,15.

(c) 0,007.

22.16 O desvio-padrão da distribuição de $\hat{p}$ na Questão 22.15 é de cerca de

(a) 0,007.

(b) 0,357.

(c) 0,1275.

Use a informação a seguir, para as Questões 22.17 a 22.19. Uma Pesquisa Gallup de 2018 pediu aos respondentes que considerassem várias comidas e bebidas, e que indicassem, para cada uma, se eles tentaram ativamente incluí-las em suas dietas, ativamente tentaram evitá-las, ou nem pensaram sobre isso. Dos 1.033 adultos pesquisados, 630 indicaram que eles, ativamente, tentaram evitar beber refrigerantes. Suponha que a amostra seja uma AAS.

22.17 Com base na amostra, o intervalo de confiança de grandes amostras de 90% para a proporção de todos os adultos americanos que, ativamente, tentariam evitar beber refrigerante é

(a) 0,61 ± 0,015.

(b) 0,61 ± 0,025.

(c) 0,61 ± 0,029.

22.18 Na Questão 22.17, suponha que tenhamos calculado um intervalo de confiança de grandes amostras de 99% para a proporção de todos os adultos americanos que, ativamente, tentariam evitar beber refrigerante. Esse intervalo de confiança de 99%

(a) teria uma margem de erro menor do que a do intervalo de confiança de 90%.

(b) teria uma margem de erro maior do que a do intervalo de confiança de 90%.

(c) poderia ter uma margem de erro maior ou menor do que a do intervalo de confiança de 90%. Isso varia de amostra para amostra.

22.19 Quantos americanos adultos devem ser entrevistados para estimar a proporção de todos os adultos americanos que, ativamente, tentariam evitar beber refrigerante, dentro de ±0,01, com 99% de confiança, usando o intervalo de confiança de grandes amostras? Use 0,5 como a conjectura conservadora para p.

(a) $n = 6.765$

(b) $n = 9.604$

(c) $n = 16.590$

22.20 Uma pesquisa de opinião pergunta a uma AAS de 100 universitários de último ano como eles enxergam suas perspectivas de trabalho. Ao todo, 53 disseram "Boas". O intervalo de confiança de grandes amostras de 95% para a estimativa da proporção de todos os universitários de último ano que consideram boas suas perspectivas de trabalho é

(a) $0,530 \pm 0,082$.

(b) $0,530 \pm 0,098$.

(c) $0,530 \pm 0,049$.

22.21 A pesquisa amostral na Questão 22.20 chamou, na verdade, 130 alunos de último ano, mas 30 deles se recusaram a responder. Essa não resposta poderia trazer erro ao resultado da pesquisa. O erro devido à não resposta

(a) está além da margem de erro encontrada no Exercício 22.20.

(b) faz parte da margem de erro encontrada no Exercício 22.20.

(c) pode ser ignorado porque não é aleatório.

22.22 Experimentos sobre aprendizagem de animais algumas vezes medem quanto tempo leva para camundongos encontrarem o caminho em um labirinto. Apenas metade de todos os camundongos completou um labirinto particular em menos de 18 segundos. Uma pesquisadora acha que um som alto poderá fazer com que os camundongos completem o labirinto mais depressa. Ela mede a proporção de 40 camundongos que completaram o labirinto em menos de 18 segundos, com o som como um estímulo. A proporção de camundongos que completaram o labirinto em menos de 18 segundos é $\hat{p} = 0,7$. As hipóteses para um teste que responda à questão da pesquisadora são

(a) H_0: $p = 0,5$, H_a: $p > 05$.

(b) H_0: $p = 0,5$, H_a: $p < 05$.

(c) H_0: $p = 0,5$, H_a: $p \neq 05$.

22.23 O valor da estatística z para a Questão 22.22 é 2,53. Esse teste é

(a) não significante tanto em $\alpha = 0,05$ quanto em $\alpha = 0,01$.

(b) significante em $\alpha = 0,05$, mas não em $\alpha = 0,01$.

(c) significante tanto em $\alpha = 0,05$ quanto em $\alpha = 0,01$.

22.24 Uma pesquisa do Gallup, de novembro de 2019, descobriu que apenas 55% das pessoas na amostra disseram desejar perder peso. A margem de erro da pesquisa para 95% de confiança foi de 4%. Isso significa que

(a) a pesquisa usou um método que obtém uma resposta dentro de 4% da verdade sobre a população 95% das vezes.

(b) podemos estar certos de que o percentual de todos os adultos que desejam perder peso está entre 50 e 58%.

(c) se o Gallup extrair outra amostra, usando o mesmo método, os resultados da segunda pesquisa estarão entre 51 e 59%.

EXERCÍCIOS

22.25 **Os fumantes sabem que o fumo lhes faz mal?** Uma pesquisa da Harris perguntou a uma amostra de fumantes "Você acredita, ou não, que o fato de você fumar vai diminuir seu tempo de vida?" Das 1.010 pessoas na amostra, 848 disseram "sim".

alessandro0770/iStock

(a) Harris ligou para telefones residenciais aleatórios, na tentativa de encontrar uma AAS de fumantes. Com base no que você sabe sobre pesquisas amostrais nacionais, qual é, provavelmente, a maior fraqueza dessa pesquisa?

(b) Mesmo assim, vamos agir como se as pessoas entrevistadas fossem uma AAS de fumantes. Dê um intervalo de confiança de 95% para o percentual de fumantes que concordam que o fumo, provavelmente, diminuirá seu tempo de vida.

22.26 **Denunciando a cola.** Estudantes relutam em denunciar a cola feita por outros estudantes. Um projeto de um estudante propôs a questão, a seguir, a uma AAS de 172 alunos de graduação de uma grande universidade. "Você testemunha dois estudantes colando em um exame. Você os denuncia ao professor?" Apenas 19 responderam "sim".[21] Dê um intervalo de confiança de 95% para a proporção de todos os estudantes de graduação dessa universidade que denunciariam a cola.

22.27 **Harris anuncia uma margem de erro.** O Exercício 22.25 descreve uma pesquisa da Harris com fumantes, na qual 848 de uma amostra de 1.010 fumantes concordaram que o fumo, provavelmente, encurtaria suas vidas. Harris anuncia uma margem de erro de ±3 pontos percentuais para todas as amostras de, mais ou menos, mesmo tamanho. Pesquisas de opinião anunciam margem de erro para 95% de confiança.

(a) Qual é a real margem de erro (em percentual) para o intervalo de confiança de grandes amostras a partir dessa amostra?

(b) A margem de erro é a maior quando $\hat{p} = 0,5$. Qual seria a margem de erro (em percentual) se a amostra tivesse resultado em $\hat{p} = 0,5$?

(c) Por que você acha que Harris anuncia uma margem de erro de ±3% para todas as amostras de cerca do mesmo tamanho?

22.28 Amostrando o Condado de Greenville. O programa Rails and Trails se refere à conversão dos antigos corredores de trilhos em trilhas de propósitos múltiplos, para recreação e transporte. Os pesquisadores estavam interessados em obter informação sobre características dos usuários e não usuários de uma trilha verde pavimentada de 10 milhas em Greenville, Carolina do Sul, que liga áreas residenciais tanto ao *campus* da universidade quanto à área comercial central. Fez-se a discagem de dígitos aleatórios de números residenciais, usando a base de dados de ramais. Um total de 2.461 pessoas foram contatadas, das quais 726 completaram a pesquisa. Quando uma residência era contactada, os pesquisadores pediam para falar com o adulto com mais de 18 anos de idade no próximo aniversário. Não foram incluídos telefones celulares na amostra. Na amostra, embora 726 tenham completado a pesquisa, apenas 689 desses respondentes forneceram dados sobre suas idades. Entre os 689 respondentes que forneceram dados sobre suas idades, 253 tinham mais de 65 anos.[22]

(a) De acordo com os dados do censo dos EUA, à época da pesquisa 13% da população de adultos no Condado de Greenville tinham mais de 65 anos de idade. Se os 689 que completaram a pesquisa que incluía dados sobre idade fossem uma AAS de adultos residentes do Condado de Greenville, você acha que a diferença entre a proporção daqueles acima de 65 anos que completaram a pesquisa e a proporção populacional de 13% pode ser facilmente explicada pela variação do acaso? Estabeleça as hipóteses e dê o valor *P*. Dê sua conclusão no contexto do problema.

(b) Entre as 726 pesquisas que foram completadas, 24,9% dos respondentes tinham usado a trilha nos 6 meses anteriores à pesquisa. Se aqueles com menos de 65 anos tivessem mais chance de usar a trilha, qual seria, provavelmente, a direção do viés ao usar 24,9% como estimativas da proporção de todos os residentes do Condado de Greenville que usaram a trilha nos 6 meses anteriores à pesquisa? Explique sua resposta.

22.29 Facebook. Pew Research Center's Internet and American Life Project perguntou a uma amostra aleatória de 1.502 adultos nos EUA se eles tinham usado Facebook. Desses, 1.096 disseram "sim".[23] Pew ligou aleatoriamente para números de telefones fixos e celulares no território continental dos Estados Unidos em uma tentativa de contatar uma amostra aleatória de adultos. Os respondentes da amostra de telefones fixos foram selecionados aleatoriamente, pedindo para falar com o adulto mais jovem, homem ou mulher, que agora estivesse em casa.

(a) Qual você considera ser, provavelmente, a maior fragilidade nessa pesquisa?

(b) Aja como se a amostra fosse uma AAS. Dê um intervalo de confiança de grandes amostras de 90% para a proporção p de todos os adultos americanos que usaram o Facebook.

22.30 Parando o trânsito com um sorriso! Por toda a Europa, mais de 8 mil pedestres são mortos a cada ano em acidentes nas estradas, com aproximadamente 25% deles morrendo em uma travessia de pedestres. Embora deixar de parar para pedestres em uma travessia de pedestres seja uma transgressão de trânsito séria na França, mais da metade dos motoristas não para quando um pedestre está esperando em uma faixa de pedestre. Neste experimento, uma mulher assistente de pesquisa foi instruída a ficar em uma faixa de pedestre e olhar para a face do motorista quando um carro se aproximasse da travessia. Em 400 tentativas, a assistente de pesquisa manteve uma expressão neutra e, em um segundo conjunto de 400 tentativas, a assistente de pesquisa foi instruída a sorrir. A ordem de sorrir ou não sorrir foi aleatorizada, e várias faixas de pedestres foram usadas em uma cidade na costa oeste da França. A assistente de pesquisa estava vestida com traje normal para sua idade (*jeans*, camiseta e tênis).[24]

(a) Nas 400 tentativas nas quais a assistente manteve uma expressão neutra, o motorista parou em 229 das 400 tentativas. Encontre um intervalo de confiança de 95% para a proporção de motoristas que parariam quando fosse mantida uma expressão neutra.

(b) Nas 400 tentativas em que a assistente sorriu para o motorista, este parou em 277 das 400 tentativas. Encontre um intervalo de confiança de 95% para a proporção de motoristas que parariam quando a assistente estivesse sorrindo.

(c) O que seus resultados nas partes (a) e (b) sugerem em relação ao efeito de um sorriso sobre o fato de um motorista parar em uma faixa de pedestres? Explique brevemente. (No Capítulo 23, consideraremos métodos formais para a comparação de duas proporções.)

22.31 Ultrapassagem do sinal vermelho. Uma pesquisa por telefone, com discagem de dígitos aleatórios, com 880 motoristas, perguntou: "relembrando os últimos dez sinais que você cruzou, quantos deles estavam vermelhos quando você entrou nos cruzamentos?" Dos 880 respondentes, 171 admitiram que pelo menos um sinal estava vermelho.[25]

(a) Forneça um intervalo de confiança de 95% para a proporção de todos os motoristas que ultrapassaram um ou mais sinais vermelhos entre os dez últimos que eles encontraram.

(b) A não resposta é um problema prático para essa pesquisa: apenas 21,6% das ligações que alcançaram uma pessoa foram completadas. Outro problema prático é a possibilidade de as pessoas não fornecerem respostas confiáveis. Qual é a direção provável do viés? Você acha que mais de 171 ou menos de 171 dos 880 informantes realmente ultrapassaram um sinal vermelho? Por quê?

22.32 Uso do Olympic National Park. Os parques nacionais americanos que contêm áreas designadas de vida selvagem são exigidos por lei a desenvolver e manter um plano de administração da vida selvagem. O Olympic National Park, que contém uma das maiores diversidades de vida selvagem nos Estados Unidos, realizou uma pesquisa em 2012 para coletar informação relevante ao desenvolvimento desse plano. A equipe do National Park Service visitou 30 trilhas selvagens, em áreas de moderado a alto uso, por um período de 60 dias, e pediu aos visitantes, quando completaram seus passeios, que respondessem a um questionário. Os 1.019 questionários completados, dando uma taxa de resposta de 50,4%, forneceram as opiniões dos sujeitos sobre o uso e gestão da vida selvagem. Em particular, havia 694 usuários de dia e 325 usuários durante a noite na amostra.[26]

(a) Por que você acha que a equipe do National Park visitou apenas trilhas em áreas de moderado a alto uso para a obtenção da amostra?

(b) Supondo que os 1.019 sujeitos representem uma amostra aleatória dos usuários de áreas de vida selvagem no Olympic National Park, dê um intervalo de confiança de 90% para a proporção de usuários diurnos.

(c) A taxa de resposta foi de 49% para usuários diurnos e 52% para usuários noturnos. Isso diminui algumas preocupações que você possa ter em relação ao efeito da não resposta sobre o intervalo que você obteve na parte (b)? Explique brevemente.

(d) Você acha que seria melhor referir-se ao intervalo da parte (b) como um intervalo de confiança para a proporção de usuários diurnos ou a proporção de usuários diurnos nas trilhas mais populares no parque? Explique brevemente.

22.33 Voto no melhor rosto? Muitas vezes, julgamos as pessoas por seus rostos. Parece que algumas pessoas julgam candidatos a cargos eletivos por seus rostos. Psicólogos mostraram fotos de cabeça e ombros dos dois principais candidatos em 32 disputas para o Senado dos EUA a muitos sujeitos (tirando sujeitos que reconheciam um dos candidatos), para ver qual candidato era classificado como "mais competente" com base em nada mais do que as fotos. No dia da eleição, os candidatos cujos rostos pareceram mais competentes venceram 22 das 32 disputas. Se o rosto não influencia o voto, metade de todas as disputas de dois candidatos, no longo prazo, deviam ser vencidas por candidatos com o rosto favorecido. Há evidência de que a proporção de vezes em que venceu o candidato com o rosto com mais alta classificação seja maior do que 50%?

(a) Quais são as hipóteses nula e alternativa H_0 e H_a?

(b) O resultado é estatisticamente significante no nível de 5%? E no nível de 1%?

22.34 Químicos têm mais filhas? Algumas pessoas acham que os químicos são mais propensos do que outros pais a terem crianças meninas. (Talvez os químicos sejam expostos a alguma coisa em seus laboratórios que afete o sexo de suas crianças.) O Washington State Department of Health lista as ocupações dos pais nas certidões de nascimento. Durante um período de 10 anos, 555 crianças nasceram de pais químicos. Desses nascimentos, 273 eram meninas. Durante esse período, 48,8% de todos os nascimentos no Estado de Washington eram meninas. Há evidência de que a proporção de meninas nascidas de pais químicos seja maior do que a proporção em todo o estado? Estabeleça as hipóteses nula e alternativa H_0 e H_a, e dê o valor P.

22.35 Jogando uma moeda. O naturalista francês, Conde de Buffon (1707-1788), jogou uma moeda 4.040 vezes. O resultado foram 2.048 caras, sendo $\frac{2048}{4040} = 0{,}5069$ a proporção de caras. Isso é evidência de que a moeda não era equilibrada? Estabeleça as hipóteses apropriadas e dê o valor P.

22.36 PES. Um experimento clássico para a detecção de percepção extrassensorial (PES) usa um baralho de cartas bem misturado, contendo cinco tipos (ondas, estrelas, círculos, quadrados e cruzes). À medida que o experimentador vira uma carta e se concentra nela, o sujeito adivinha o tipo da carta. Um sujeito que não tenha PES tem probabilidade 1 em 5 de acertar por acaso em cada adivinhação. Um sujeito que tem PES estará correto com mais frequência. Julie está correta em 5 de 10 tentativas. (Experimentos reais usam séries de adivinhações muito mais longas, de modo que PES fraca ou não existente pode ser apontada. Ninguém jamais esteve certo em metade das vezes em um longo experimento!)

(a) Dê H_0 e H_a para um teste para verificar se esse resultado é evidência significante de que Julie possua PES.

(b) Quão convincente foi o desempenho de Julie?

22.37 A Receita Federal planeja uma AAS. A Receita Federal planeja examinar uma AAS de declarações de imposto de renda individuais de cada estado. Uma variável de interesse é a proporção de devoluções reivindicadas sobre deduções específicas. O número total de devoluções em um estado varia de mais de 30 milhões na Califórnia a aproximadamente de 500 mil em Wyoming.

(a) A margem de erro para estimar a proporção populacional mudará de estado para estado, se uma AAS de duas mil declarações for selecionada em cada estado? Explique sua resposta.

(b) A margem de erro mudará de estado para estado se uma AAS de 1% de todas as declarações for selecionada em cada estado? Explique sua resposta.

22.38 Pesquisa com alunos. Você planeja uma pesquisa com alunos de uma grande universidade para determinar qual proporção é favorável a um aumento nas taxas estudantis para viabilizar uma expansão do jornal dos alunos. Com o uso de registros fornecidos pela secretaria, você pode selecionar uma amostra aleatória de alunos. Você perguntará a cada um na amostra se é favorável ao aumento proposto. Seu orçamento lhe permitirá uma amostra de 100 alunos.

(a) Para uma amostra de tamanho 100, construa uma tabela das margens de erro para intervalos de confiança de 95% quando $\hat{p}$ assume os valores 0,1; 0,3; 0,5; 0,7 e 0,9.

(b) Um ex-editor do jornal dos alunos oferece uma doação suficiente para financiar uma amostra de tamanho 500. Repita os cálculos da margem de erro em (a) para o tamanho maior da amostra. Em seguida, escreva uma breve nota de agradecimento ao ex-editor, descrevendo como uma amostra maior irá aperfeiçoar os resultados da pesquisa.

*Na solução dos Exercícios 22.35 a 22.41, siga os passos **Planeje**, **Resolva** e **Conclua** do processo de quatro passos.*

22.39 Pais com educação superior. A National Assessment of Educational Progress (NAEP) inclui um estudo de "tendência de longo prazo" que avalia habilidades de leitura e de matemática ao longo do tempo e obtém informação demográfica. No estudo de 2012 (o mais recente disponível até 2020), foi selecionada uma amostra aleatória de 9 mil estudantes de 17 anos de idade.[27] A amostra NAEP usou um planejamento de estágios múltiplos, mas o efeito geral é muito semelhante a uma AAS de estudantes de 17 anos de idade que ainda estão na escola.

(a) Na amostra, 51% dos estudantes tinham pelo menos um dos pais com educação superior. Estime, com 99% de confiança, a proporção de todos os estudantes de 17 anos de idade, em 2012, que tinham pelo menos um dos pais com educação superior.

(b) A amostra não inclui os adolescentes de 17 anos de idade que abandonaram a escola, de modo que sua estimativa é válida apenas para estudantes. Você acha que a proporção de todos os adolescentes de 17 anos de idade com pelo menos um dos pais com educação superior seria maior ou menor do que 51%? Explique.

22.40 **Baixando músicas.** Marido e mulher, Stan e Lucretia, compartilham um tocador de música digital que tem a característica de selecionar aleatoriamente qual música vai ser tocada. Um total de 2.444 canções foi baixado para o tocador, algumas por Stan, e o restante por Lucretia. Eles estão interessados em determinar se cada um deles baixou uma proporção diferente de canções para o tocador. Suponha que, quando o tocador estava no modo de seleção aleatória, 26 das 40 primeiras canções selecionadas haviam sido baixadas por Lucretia. Seja p a proporção de canções que foram baixadas por Lucretia.

(a) Estabeleça as hipóteses nula e alternativa a serem testadas. Quão forte é a evidência de que Stan e Lucretia tenham, cada um, baixado uma proporção diferente de canções para o tocador? Certifique-se de verificar as condições para a utilização desse teste.

(b) As condições para o uso do intervalo de grandes amostras são satisfeitas? Se sim, estime, com 95% de confiança, a proporção de canções que foram baixadas por Lucretia.

22.41 **Leitura de livros.** Embora uma crescente parcela de americanos esteja lendo livros digitais em *tablets* ou *smartphones*, mais do que em leitores dedicados, os livros impressos continuam a ser muito mais populares do que livros em *formato digital* (formato digital inclui *e-books* e áudio *books*). Uma pesquisa nacional do Pew Research Center com 1.502 adultos, realizada de 8 de janeiro a 7 de fevereiro de 2019, encontrou que 1.081 dos pesquisados tinham lido um livro, ou no formato impresso ou no digital, nos 12 meses anteriores.[28]

(Você pode considerar os 1.081 adultos na pesquisa que leram um livro nos 12 meses anteriores como uma amostra aleatória de leitores.)

(a) O que você pode dizer, com 95% de confiança, sobre o percentual de adultos que leu um livro, impresso ou digital, nos 12 meses precedentes?

(b) Dos 1.081 pesquisados que tinham lido um livro nos 12 meses precedentes, 105 tinham lido apenas livros no formato digital. Entre aqueles adultos que leram um livro nos 12 meses precedentes, encontre um intervalo de confiança de 95% para a proporção dos que leram exclusivamente livros digitais.

22.42 **Acelerando.** Em geral, parece que a maioria dos motoristas na estrada está dirigindo acima do limite de velocidade permitido. As situações diferem, naturalmente, mas eis um conjunto de dados. Pesquisadores estudaram o comportamento de motoristas em uma autoestrada interestadual rural em Maryland, onde o limite de velocidade era de 55 milhas por hora. Eles mediram a velocidade com um aparelho eletrônico escondido no pavimento e, para eliminar grandes caminhões, consideraram apenas veículos com menos de 20 pés de comprimento. Eles descobriram que 5690 em 12.931 veículos ultrapassaram o limite de velocidade. Isso é boa evidência, no nível de significância de 0,05, de que (pelo menos nessa localização) menos da metade de todos os motoristas está dirigindo acima do limite de velocidade?

22.43 **Incentivos em dinheiro melhoram a aprendizagem?** Um professor do Ensino Médio de uma escola urbana de baixa renda em Worcester, Massachusetts, usou incentivos em dinheiro para encorajar a aprendizagem em sua turma de Estatística AP.[29] Em 2010, 15 dos 61 estudantes matriculados em sua turma tiveram escore 5 no exame de Estatística AP. Em todo o mundo, a proporção de estudantes que tiveram escore 5 em 2010 foi de 0,15. Isso é evidência de que a proporção de estudantes que teriam um escore 5 no exame de Estatística AP quando ensinados pelo professor em Worcester, utilizando incentivos, em dinheiro, é maior do que a proporção mundial de 0,15?

(a) Estabeleça as hipóteses, encontre o valor P, e apresente suas conclusões no contexto do problema. Você tem alguma reserva sobre o uso do teste z para proporções para esses dados?

(b) O estudo fornece evidência de que incentivos em dinheiro causem um aumento na proporção de escores 5 no exame de Estatística AP? Explique sua resposta.

22.44 **Ordem na escolha.** A ordem em que cada vinho é apresentado faz diferença? Nesse estudo, pediu-se aos sujeitos que provassem duas amostras de vinho em sequência. Ambas as amostras dadas aos sujeitos eram do *mesmo* vinho, embora os sujeitos estivessem esperando provar dois vinhos diferentes de uma variedade particular. Dos 32 sujeitos, 22 selecionaram o primeiro vinho apresentado, quando lhes foram apresentadas duas amostras de vinho idênticas.[30]

(a) Os dados fornecem boa razão para concluir que os sujeitos não são igualmente prováveis na escolha de qualquer das posições, quando lhes são apresentadas duas amostras idênticas de vinho em sequência?

(b) Os sujeitos foram recrutados em Ontário, Canadá, por meio de anúncios para participarem de um estudo de "atitudes e valores relativos a vinho". Podemos generalizar nossas conclusões a todos os provadores de vinho? Explique.

22.45 **Precisão de *fast-food*.** Qual tipo de cadeia de *fast-food* atende pedidos com maior precisão na janela do *drive-thru*? O estudo sobre *drive-thru* da revista Quick Service Restaurant (QSR) visitou restaurantes das maiores cadeias de *fast-food* em todos os 50 estados americanos. As visitas ocorreram durante todo o dia, começando às cinco horas da manhã até as sete horas da noite. Durante cada visita, o pesquisador pedia um item principal, um item complementar, uma bebida e fazia um pedido especial de menor importância, como bebida sem gelo. Depois de receber a ordem, todos os itens de comida e bebida eram checados em relação à precisão completa. Qualquer comida ou bebida que não estivesse exatamente como pedido resultava em que a ordem fosse classificada como não precisa. Também incluídos nas medidas de precisão estavam os temperos pedidos, guardanapos, canudos e troco correto. Quaisquer erros nesses itens resultavam na classificação do pedido como não preciso. Em 2019, Arby's, Burger King, Carl's Jr., Chick-fil-A, Dunkin', Hardee's, KFC, McDonald's, Taco Bell, e Wendy's foram incluídos no estudo. KFC teve

Bubbers13/iStock

a maioria das imprecisões, com 56 dos 165 pedidos classificados como imprecisos.[31] Qual proporção dos pedidos é atendida *com precisão* pela KFC? (Use 95% de confiança.)

22.46 Ordem na escolha: planejamento de um estudo. Qual o tamanho necessário de uma amostra para obter uma margem de erro de ±0,05 no estudo da ordem de escolha para a prova do vinho? Use o $\hat{p}$ do Exercício 22.44 como sua conjectura para o p desconhecido. (Use 95% de confiança.)

Os Exercícios 22.47 a 22.50 se referem ao material opcional sobre o método mais quatro.

22.47 Ordem na escolha (continuação). A ordem na qual o vinho é apresentado faz alguma diferença? Nesse estudo, pediu-se aos sujeitos que provassem duas amostras de vinho em sequência. Ambas as amostras dadas a um sujeito eram do *mesmo* vinho, embora os sujeitos estivessem esperando provar duas amostras diferentes de uma variedade particular. Dos 32 sujeitos no estudo, 22 selecionaram o vinho apresentado primeiro, quando lhes foram apresentadas duas amostras idênticas de vinho.[32]

(a) Embora as condições para o teste de significância de grandes amostras tenham sido satisfeitas no Exercício 22.44, mostre que as condições para o intervalo de confiança de grandes amostras discutidas neste capítulo não são satisfeitas.

(b) As condições para o uso do intervalo de confiança mais quatro são satisfeitas? Se sim, use o método mais quatro para dar um intervalo de confiança de 90% para a proporção de sujeitos que escolheriam a primeira opção apresentada.

22.48 Arbustos que resistem ao fogo. Alguns arbustos têm a capacidade útil de ressurgirem de suas raízes depois de suas copas serem destruídas. Fogo é uma ameaça particular aos arbustos em clima seco, porque pode prejudicar as raízes, além de destruir a ramagem. Um estudo desse ressurgimento ocorreu em uma área seca do México.[33] Os pesquisadores podaram os topos de amostras de várias espécies de arbustos. Em alguns casos, atearam fogo aos tocos para simular um incêndio. Dos 12 espécimes do arbusto *Krameria cytisoides*, cinco ressurgiram depois do fogo. Estime, com confiança de 90%, a proporção de todos os arbustos dessa espécie que ressurgirão depois de um incêndio.

22.49 Você pode emparelhar cão e dono? No Exemplo 22.7, foi calculado o intervalo de confiança de grandes amostras para a proporção de alunos de graduação que escolhiam a folha com o cão e o dono corretamente, embora as condições para o intervalo de grandes amostras não fossem exatamente satisfeitas.

(a) As condições para o uso do intervalo de confiança mais quatro são satisfeitas? Se sim, use o método mais quatro para dar um intervalo de confiança de 99% para a proporção de sujeitos que conseguem escolher a folha com os cães e os donos corretamente combinados.

(b) Se você expressar o intervalo como uma porcentagem, arredonde para o décimo de percentual mais próximo e compare o intervalo na parte (a) com o intervalo no Exemplo 22.7. (Como sempre, o método mais quatro puxa os resultados para longe de 0 ou 100%, o que for mais próximo.)

22.50 Precisão de *fast-food* (continuação). Qual tipo de cadeia de *fast-food* atende pedidos com mais precisão na janela do *drive-thru*? O estudo sobre *drive-thru* da revista Quick Service Restaurant (QSR) visitou restaurantes das maiores cadeias de *fast-food* em todos os 50 estados americanos. As visitas ocorreram durante todo o dia, começando às cinco horas da manhã até as sete horas da noite. Durante cada visita, o pesquisador pedia um item principal, um item complementar, uma bebida e fazia um pedido especial de menor importância, como bebida sem gelo. Depois de receber a ordem, todos os itens de comida e bebida eram checados em relação à precisão completa. Qualquer comida ou bebida que não estivesse exatamente como pedido, resultava em que a ordem fosse classificada como não precisa. Também incluídos nas medidas de precisão estavam os temperos pedidos, guardanapos, canudos e troco correto. Quaisquer erros nesses itens resultavam na classificação do pedido como não preciso. Em 2019, Arby's, Burger King, Carl's Jr., Chick-fil-A, Dunkin', Hardee's, KFC, McDonald's, Taco Bell, e Wendy's foram incluídos no estudo. Chick-fil-A teve o menor número de imprecisões, com 11 dos 183 pedidos classificados como imprecisos. As condições para o uso do intervalo de confiança mais quatro são satisfeitas? Se sim, use o método mais quatro para dar um intervalo de confiança de 99% para a proporção de pedidos atendidos *com precisão* pelo Chick-fil-A.

CAPÍTULO

23

Após leitura do capítulo, você será capaz de:

23.1 Reconhecer problemas de duas amostras que envolvem proporções e compreender os passos envolvidos na solução desses problemas.

23.2 Descrever as propriedades e estatísticas da distribuição amostral de uma diferença entre duas proporções.

23.3 Usar o procedimento *z* de duas amostras para produzir intervalos de confiança para a diferença entre proporções em duas populações, com base em amostras das populações, quando as condições são satisfeitas.

23.4 Usar a tecnologia para calcular intervalos de confiança para a diferença entre duas proporções.

23.5 Usar a estatística *z* para o teste da hipótese H_0: $p_1 = p_2$ de que as proporções em duas populações distintas sejam iguais.

23.6 Usar intervalo de confiança mais quatro para a comparação de duas proporções, quando as condições são satisfeitas.

guruXOOX/iStock

Comparação de Duas Proporções

Um problema de duas amostras pode surgir de um experimento comparativo aleatorizado que divide aleatoriamente os sujeitos em dois grupos e expõe cada grupo a um tratamento diferente. A comparação de amostras aleatórias selecionadas separadamente de duas populações é também um problema de duas amostras. As diferenças nos tipos de conclusões a que podemos chegar em experimentos comparativos *versus* estudos observacionais foram descritas no Capítulo 9.

Quando uma comparação envolve as *médias* de duas populações, usamos os métodos *t* de duas amostras do Capítulo 21. Neste capítulo, consideramos problemas de duas amostras nos quais a medida no indivíduo pode ser categorizada como um sucesso ou um fracasso. Nosso objetivo é a comparação das *proporções* de sucessos em duas populações.

23.1 Problemas de duas amostras: proporções

Existem algumas questões a que você responderá nos exercícios deste capítulo.

EXEMPLO 23.1 Problemas de duas amostras: proporções

- A proporção de homens do último ano do Ensino Médio que fumam cigarros diariamente difere da proporção de mulheres do último ano do Ensino Médio que também fazem o mesmo? Obtêm-se uma amostra de homens e uma amostra de mulheres do último ano do Ensino Médio, e as proporções em cada amostra dos que fumaram cigarros diariamente nos últimos 30 dias antes da pesquisa são comparadas (ver Exercício 23.1).

- Lavar as mãos com desinfetantes à base de álcool reduz o risco de infecção com a gripe comum? Um experimento aleatorizado associou 100 sujeitos a um grupo de tratamento, que seguiu um regime de lavar as mãos com desinfetantes à base de álcool e 100 sujeitos a um grupo de controle que usou a lavação de mãos de rotina, sem desinfetantes à base de álcool. Depois de dez semanas, o estudo comparou as proporções nos dois grupos dos que foram infectados com o vírus da gripe comum durante o período do estudo (ver Exercício 23.35).

ESTATÍSTICA NO MUNDO REAL

Entrevista assistida por computador

Os dias de entrevistas com pranchetas são passados. Os entrevistadores, agora, leem as questões na tela de um computador e usam o teclado para introduzir as respostas. O computador omite itens irrelevantes; por exemplo, uma vez que uma mulher diz não ter filhos, outras questões sobre crianças não aparecem. O computador pode até apresentar questões em ordem aleatória para evitar viés por seguir sempre a mesma ordem. Os programas guardam registros de quem respondeu e prepara um arquivo de dados a partir das respostas. O processo tedioso de transferência das respostas do papel para o computador, que antes era uma fonte de erros, desapareceu.

Usaremos uma notação semelhante àquela utilizada em nosso estudo da estatística t de duas amostras. Os grupos que desejamos comparar são a População 1 e a População 2. Temos uma AAS separada de cada população, ou respostas a dois tratamentos em um experimento comparativo aleatorizado. Um subscrito indica o grupo que o parâmetro ou a estatística descreve. A notação que adotamos é a seguinte:

População	Proporção populacional	Tamanho amostral	Proporção amostral
1	p_1	n_1	$\hat{p}_1$
2	p_2	n_2	$\hat{p}_2$

Comparamos as populações fazendo inferência sobre a diferença $p_1 - p_2$ entre as proporções populacionais. A estatística que estima essa diferença é a diferença entre as duas proporções amostrais, $\hat{p}_1 - \hat{p}_2$.

EXEMPLO 23.2 Namoro inter-racial

4 PASSOS

ESTABELEÇA: "você namoraria uma pessoa de uma raça diferente?" Os pesquisadores responderam a essa pergunta coletando dados do *site* Match.com, da internet. Quando as pessoas postam perfis no *site*, elas indicam as raças das pessoas com as quais querem se encontrar. Embora várias raças tenham sido estudadas, vamos nos concentrar nos dados coletados para pessoas negras namorando pessoas brancas. Uma amostra aleatória de 100 homens negros e uma amostra de 100 mulheres negras foram selecionadas do *site* de namoro, com 75 dos homens negros indicando seu desejo de se encontrar com mulheres brancas e 56 mulheres negras indicando seu desejo de se encontrar com homens brancos.[1] Isso constitui boa evidência de que proporções diferentes de homens e mulheres negros, nesse *site* de namoro da internet, desejam encontrar alguém que seja branco? Qual o tamanho da diferença entre as proporções de homens e mulheres negros que gostariam de se encontrar com alguém que seja branco?

PLANEJE: considere os homens negros como a População 1 e as mulheres negras como a População 2. As proporções populacionais dos que desejam se encontrar com alguém que seja branco são p_1 para homens negros e p_2 para mulheres negras. Desejamos testar as hipóteses

$$H_0: p_1 = p_2 \text{ (o mesmo que } H_0: p_1 = p_2 = 0)$$
$$H_a: p_1 \neq p_2 \text{ (o mesmo que } H_a: p_1 = p_2 \neq 0)$$

Desejamos também dar um intervalo de confiança para a diferença $p_1 - p_2$.

RESOLVA: inferência sobre proporções populacionais se baseia nas proporções amostrais

$$\hat{p}_1 = \frac{75}{100} = 0{,}75 \quad \text{(homens)}$$
$$\hat{p}_2 = \frac{56}{100} = 0{,}56 \quad \text{(mulheres)}$$

Vemos que 75% dos homens negros, mas apenas 56% das mulheres negras, gostariam de namorar alguém que seja branco. Como as amostras são de tamanho moderado e as proporções amostrais são bem diferentes, esperamos que um teste seja altamente significante (de fato, $P = 0{,}0046$). Assim, nos concentramos no intervalo de confiança. Para estimar $p_1 - p_2$, comece pela diferença entre as proporções amostrais

$$\hat{p}_1 - \hat{p}_2 = 0{,}75 - 0{,}56 = 0{,}19$$

Para completar o passo Resolva, devemos conhecer como essa diferença se comporta.

23.2 A distribuição amostral da diferença entre proporções

Para usar $\hat{p}_1 - \hat{p}_2$ para inferência, precisamos conhecer sua distribuição amostral. Estes são os fatos necessários:

- Quando as amostras são grandes, a distribuição de $\hat{p}_1 - \hat{p}_2$ é aproximadamente Normal
- A média da distribuição amostral é $p_1 - p_2$. Ou seja, a diferença das proporções amostrais é um estimador não viesado da diferença entre as proporções populacionais
- O desvio-padrão da distribuição é

$$\sqrt{\frac{p_1(1-p_1)}{n_1} + \frac{p_2(1-p_2)}{n_2}}$$

Note que somamos, em vez de subtrair, os termos sob o sinal da raiz quadrada na fórmula para o desvio-padrão, a despeito do fato de ser o desvio-padrão de uma diferença. A dispersão na diferença depende da dispersão *combinada* das duas amostras.

A Figura 23.1 mostra a distribuição de $\hat{p}_1 - \hat{p}_2$. O desvio-padrão de $\hat{p}_1 - \hat{p}_2$ envolve os parâmetros desconhecidos p_1 e p_2. Assim como no Capítulo 22, precisamos substituí-los por estimativas para fazer inferência. E também como no Capítulo 22, essa substituição se dá de maneira um pouco diferente para intervalos de confiança e para testes de hipótese.

Intervalo de confiança de grandes amostras para comparação de duas proporções

Extraia uma AAS de tamanho n_1 de uma grande população com proporção p_1 de sucessos e extraia uma AAS independente de tamanho n_2 de outra grande população, com proporção p_2 de sucessos. Quando n_1 e n_2 são grandes, um intervalo de confiança para $p_1 - p_2$ de nível aproximado C é

$$(\hat{p}_1 - \hat{p}_2) \pm z^* \mathrm{EP}_{\hat{p}_1 - \hat{p}_2}$$

Nessa fórmula, o erro-padrão $\mathrm{EP}_{\hat{p}_1 - \hat{p}_2}$ de $\hat{p}_1 - \hat{p}_2$ é

$$\mathrm{EP}_{\hat{p}_1 - \hat{p}_2} = \sqrt{\frac{\hat{p}_1(1-\hat{p}_1)}{n_1} + \frac{\hat{p}\ (1-\hat{p}\ )}{n_2}}$$

e z^* é o valor crítico da curva de densidade Normal padrão com área C entre $-z^*$ e z^*.

Use esse intervalo apenas quando os números de sucessos e fracassos forem iguais a 10, ou mais, nas duas amostras.

23.3 Intervalos de confiança de grandes amostras para comparação de proporções

Para obter um intervalo de confiança, substitua as proporções populacionais p_1 e p_2, no desvio-padrão, pelas proporções amostrais. O resultado é o *erro-padrão* da estatística $\hat{p}_1 - \hat{p}_2$:

$$\mathrm{EP}_{\hat{p}_1 - \hat{p}_2} = \sqrt{\frac{\hat{p}_1(1-\hat{p}_1)}{n_1} + \frac{\hat{p}_2(1-\hat{p}_2)}{n_2}}$$

O intervalo de confiança tem a mesma forma que vimos no Capítulo 22:

$$\text{estimativa} \pm z^* \mathrm{EP}_{\text{estimativa}}$$

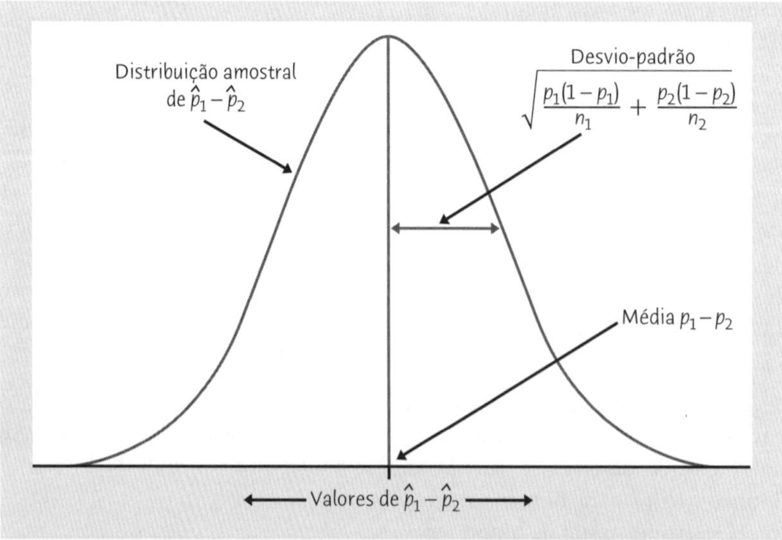

FIGURA 23.1

Selecione AASs independentes de duas populações com proporções de sucessos p_1 e p_2. As proporções de sucessos nas duas amostras são $\hat{p}_1$ e $\hat{p}_2$. Quando as amostras são grandes, a distribuição amostral da diferença $\hat{p}_1 - \hat{p}_2$ é aproximadamente Normal.

EXEMPLO 23.3 Namoro inter-racial

4 PASSOS Podemos, agora, completar o Exemplo 23.2. Eis um resumo das informações básicas:

População	Descrição da população	Tamanho amostral	Número de sucessos	Proporção amostral
1	Homens negros	$n_1 = 100$	75	$\hat{p}_1 = 75/100 = 0{,}75$
2	Mulheres negras	$n_2 = 100$	56	$\hat{p}_2 = 56/100 = 0{,}56$

RESOLVA: daremos um intervalo de confiança de 95% para $p_1 - p_2$, a diferença entre as proporções de homens negros e mulheres negras que estariam desejosos de namorar alguém que fosse branco. Para verificar que o intervalo de confiança de grandes amostras é de uso seguro, observe as contagens de sucessos e fracassos nas duas amostras. Todas essas quatro contagens são maiores do que 10, de modo que o método das grandes amostras é preciso. O erro-padrão é

$$\begin{aligned} EP_{\hat{p}_1-\hat{p}_2} &= \sqrt{\frac{\hat{p}_1(1-\hat{p}_1)}{n_1} + \frac{\hat{p}_2(1-\hat{p}_2)}{n_2}} \\ &= \sqrt{\frac{(0{,}75)(0{,}25)}{100} + \frac{(0{,}56)(0{,}44)}{100}} \\ &= \sqrt{0{,}004339} = 0{,}0659 \end{aligned}$$

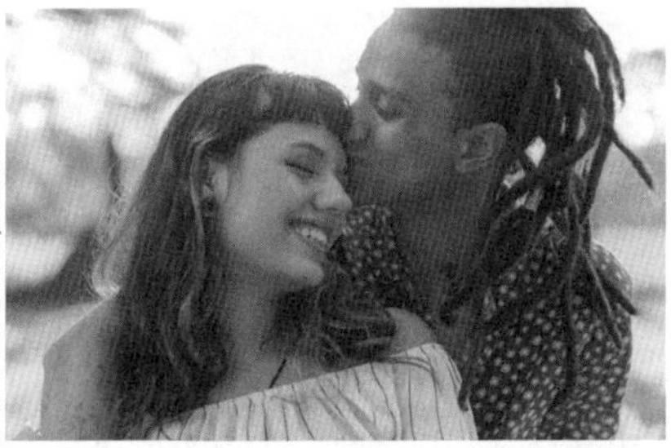
JLco - Julia Amaral/iStock

O intervalo de confiança de 95% é

$$\begin{aligned} (\hat{p}_1 - \hat{p}_2) \pm z^* EP_{\hat{p}_1-\hat{p}_2} &= (0{,}75 - 0{,}56) \pm (1{,}960)(0{,}0659) \\ &= 0{,}19 \pm 0{,}13 \\ &= 0{,}06 \text{ a } 0{,}32 \end{aligned}$$

CONCLUA: estamos 95% confiantes de que a porcentagem de homens negros que desejam namorar mulheres brancas está entre 6 e 32 pontos percentuais acima do percentual de mulheres negras que desejam namorar homens brancos em *sites* de namoro comparáveis da internet. Mesmo com tamanhos amostrais de 100 em cada grupo, o intervalo de confiança resultante 0,06 a 0,32 é bastante largo. Assim como com uma única proporção, tamanhos amostrais muito grandes são exigidos para obter intervalos de confiança menores. Em um estudo semelhante feito pelos mesmos autores, encontrou-se que os homens brancos estavam mais desejosos do que as mulheres brancas de namorar alguém que fosse negro. Note que nossas conclusões são restritas a *sites* de namoro comparáveis da internet, e não necessariamente refletem o comportamento de namoro da população em geral, uma vez que indivíduos em *sites* de namoro podem não ser representativos da população em geral.

Algumas vezes, veremos intervalo de confiança para a diferença entre duas proporções sendo usados para inferência sobre se as proporções diferem. Por exemplo, pesquisas eleitorais pedem aos eleitores que indiquem em qual candidato eles votariam, se a eleição fosse hoje. Se o intervalo de confiança para a diferença entre a proporção p_1 dos que votariam no candidato 1 e a proporção p_2 dos que votariam no candidato 2 incluir 0, isso pode ser relatado como eleição muito próxima de um empate. Se o intervalo de confiança para a diferença $p_1 - p_2$ inclui apenas valores positivos, isso pode ser considerado evidência de que, se a eleição fosse hoje, o candidato 1 venceria. Do mesmo modo, se o intervalo de confiança para a diferença $p_1 - p_2$ inclui apenas valores negativos, a previsão seria de que o candidato 2 venceria, se a eleição fosse hoje.

Mais adiante, neste capítulo, discutiremos testes de significância para H_0: $p_1 = p_2$, que se destinam a responder a questões sobre se $p_1 \neq p_2$, $p_1 > p_2$, ou $p_1 < p_2$. Mas, intervalos de confiança também fornecem evidência sobre isso, junto com informação sobre a magnitude de alguma diferença. Se o intervalo de confiança para a diferença $p_1 - p_2$ inclui 0, não podemos descartar a possibilidade de que a diferença seja desprezível. Se todos os valores no intervalo para $p_1 - p_2$ são positivos, isso fornece evidência de que $p_1 > p_2$. Se todos os valores no intervalo para $p_1 - p_2$ são negativos, isso vai fornecer evidência de que $p_1 < p_2$. Intervalos de confiança muito amplos para $p_1 - p_2$ indicam grande incerteza sobre a diferença. Intervalos de confiança mais restritos sugerem maior certeza sobre a magnitude da diferença. No entanto, um intervalo restrito próximo de 0, mas não incluindo 0, pode indicar que há uma diferença entre p_1 e p_2, mas que a diferença não é de importância prática.

23.4 Exemplos de tecnologia

A Figura 23.2 mostra as saídas, para o Exemplo 23.3, de uma calculadora gráfica e de dois programas estatísticos. Como de costume, é possível você entender a saída, mesmo sem conhecer o programa que a produziu. Minitab fornece o teste, bem como o intervalo de confiança, confirmando que a diferença entre homens e mulheres é altamente significante. No CrunchIt!, o teste e o intervalo de confiança devem ser pedidos usando comandos separados, resultando nas duas saídas na figura.

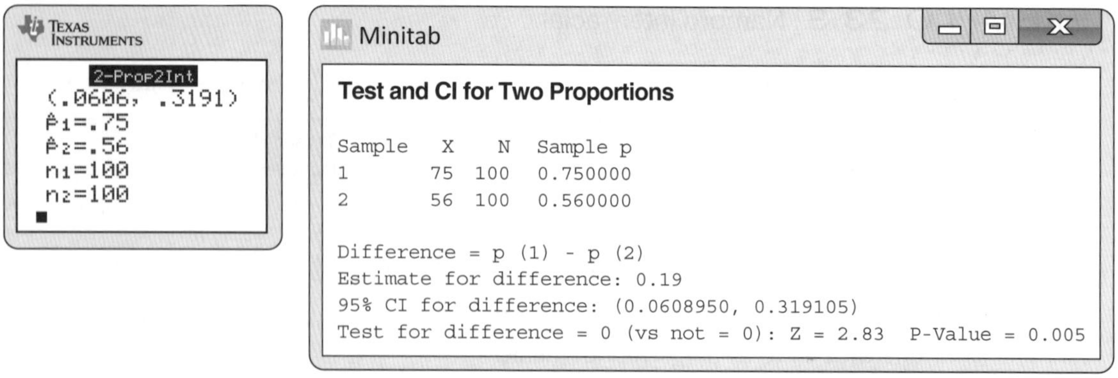

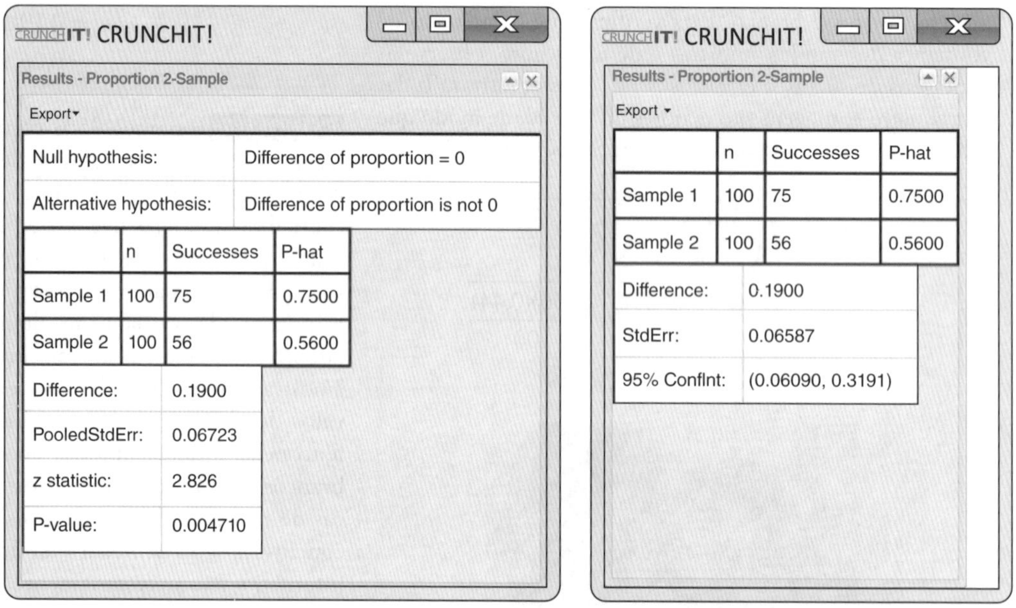

FIGURA 23.2
Saídas de uma calculadora gráfica, do Minitab e do CrunchIt! para o intervalo de confiança de 95%, para o Exemplo 23.3.

Os programas, incluindo a calculadora gráfica, permitem que você especifique o nível de confiança como parte dos comandos usados para a produção da saída na Figura 23.2. O nível predefinido é 95%, e esse é o nível apresentado na saída da calculadora gráfica.

APLIQUE SEU CONHECIMENTO

23.1 Fumo entre alunos do último ano. Desde a década de 1990, o hábito de fumar cigarros diariamente entre alunos do último ano do Ensino Médio caiu de cerca de 12% para ligeiramente mais de 3%. Em 2017, amostras aleatórias de 1.725 mulheres e 1.564 homens, alunos do último ano do Ensino Médio, encontraram que 3,7% das mulheres e 3,1% dos homens tinham fumado cigarros diariamente nos 30 dias anteriores à pesquisa.[2] Apresente um intervalo de confiança de 95% para a diferença entre as proporções das populações de homens e mulheres, alunos do último ano do Ensino Médio, que fumaram cigarros diariamente nos 30 dias antes da pesquisa. Siga o processo dos quatro passos como ilustrado nos Exemplos 23.2 e 23.3.

4 PASSOS

23.2 Vacinas em aerossol para sarampo. Uma vacina em aerossol para sarampo foi desenvolvida no México e tem sido usada em mais de 4 milhões de crianças desde 1980. Vacinas em aerossol têm as vantagens de serem passíveis de administração por pessoas sem treinamento clínico e de não causarem infecções associadas às injeções. A despeito dessas vantagens, dados sobre a eficácia das vacinas em aerossol contra sarampo comparada à injeção subcutânea da vacina têm sido inconsistentes. Por isso, um grande estudo aleatorizado, controlado, foi realizado usando crianças na Índia. O resultado primário foi uma resposta imune ao sarampo medida 91 dias depois dos tratamentos. Entre as 785 crianças que receberam a injeção subcutânea, 743 desenvolveram uma resposta imune, enquanto entre as 775 crianças que receberam a vacina em aerossol, 662 desenvolveram uma resposta imune.[3]

(a) Calcule a proporção dos sujeitos que experimentaram o resultado primário para ambos os grupos, aerossol e injeção.

(b) Podemos, com segurança, usar o intervalo de confiança de grandes amostras para comparar a proporção de crianças que desenvolveram uma resposta imune ao sarampo nos grupos do aerossol e da injeção? Explique.

(c) Dê um intervalo de confiança de 95% para a diferença entre a proporção de crianças nos grupos do aerossol e da injeção que experimentaram o resultado primário.

(d) O estudo descrito é um exemplo de um teste clínico de não inferioridade, destinado a mostrar que o efeito de um novo tratamento, a vacina em aerossol, não é pior do que o tratamento padrão em mais do que uma margem especificada.[4] Especificamente, a porcentagem de crianças que desenvolveram uma resposta imune para o tratamento em aerossol está a mais de 5% abaixo da porcentagem para a vacina injetada subcutânea? A diferença de 5 pontos percentuais se baseou em estudos anteriores e no fato de que, com uma diferença maior, a vacina em aerossol poderia não fornecer os níveis de proteção necessários para alcançar a imunidade de rebanho. Usando sua resposta à parte (c), você acha que os pesquisadores demonstraram a não inferioridade da vacina em aerossol? Explique.

4 PASSOS **23.3 Eutanásia.** Uma pesquisa do Gallup, de 2018, apresentou duas versões de uma questão referente à eutanásia.

Versão A: "quando uma pessoa tem uma doença que não pode ser curada, você acha que os médicos deveriam ter permissão da lei para terminar a vida do paciente por algum meio indolor, se o paciente e sua família o pedissem?"

Versão B: "quando uma pessoa tem uma doença que não pode ser curada e está vivendo com dor severa, você acha que os médicos deveriam, ou não, ter permissão da lei para assistir o paciente a cometer suicídio, se os parentes o pedissem?"

Perguntou-se a uma amostra aleatória de 542 norte-americanos adultos a versão A dessa questão, e a uma amostra aleatória de 482 norte-americanos adultos, a versão B dessa questão. Eis os resultados:[5]

Questão	Tamanho amostral	Número dos que responderam "sim, deveriam"
Versão A	$n_A = 542$	390
Versão B	$n_B = 482$	312

Dê um intervalo de confiança de 99% para a diferença entre as proporções de todos os norte-americanos adultos que responderiam "Sim, deveriam" à questão como escrita na versão A e aqueles que responderiam "Sim, deveriam" à questão como escrita na versão B. Siga o processo dos quatro passos como ilustrado nos Exemplos 23.2 e 23.3.

23.5 Testes de significância para comparação de proporções

Uma diferença observada entre duas proporções amostrais pode refletir uma real diferença nas populações, ou pode simplesmente ser devida à variação da chance na amostragem aleatória. Testes de significância nos ajudam a decidir se o efeito que vemos nas amostras está realmente presente nas populações. A hipótese nula diz que não há diferença entre as duas populações:

$$H_0: p_1 = p_2 \text{ (o mesmo que } H_0: p_1 - p_2 = 0)$$

A hipótese alternativa diz que tipo de diferença esperamos.

EXEMPLO 23.4 Falsas memórias

4 PASSOS **ESTABELEÇA:** o evento político mostrado na Figura 23.3 foi lembrado por 31% de entrevistados, embora o fato nunca tenha acontecido. Em 2010, *Slate*, uma revista de fatos atuais e cultura, entrevistou 5 mil leitores em relação a suas perspectivas sobre vários eventos políticos passados e suas lembranças desses eventos. Sem que os entrevistados soubessem, um dos eventos mostrados a cada participante foi fabricado, tornando esse o maior estudo de falsa memória realizado até aquela data.[6] A hipótese de interesse era se preferências políticas guiavam a formação de falsas memórias, uma vez que já se havia mostrado que falsas memórias são mais facilmente implantadas na memória quando elas são congruentes com as atitudes preexistentes da pessoa. A Figura 23.3 foi vista por 616 participantes que se categorizavam como progressistas, e 49 participantes que se categorizavam como conservadores. O evento foi falsamente lembrado como tendo realmente ocorrido por 212 dos progressistas pesquisados e por sete dos conservadores. Quão forte é a evidência de que uma proporção maior de progressistas tenha uma falsa memória desse evento do que os conservadores?

FIGURA 23.3
1º de setembro de 2005: enquanto partes de Nova Orleans estão submersas na sequência do furacão Katrina, o presidente Bush distrai Roger Clemens, lançador do Houston Astros, em seu rancho em Crawford, Texas, para o Exemplo 23.4.

Photo illustration by Holly Allen (Slate Magazine), Roger Clemens photo credit: Al Messerschmidt/Getty Images; George W. Bush credit: Pool/Getty Images

PLANEJE: chame as proporções populacionais de p_1 para progressistas e p_2 para conservadores. Como a imagem de um presidente conservador relaxando em seu rancho durante uma grande crise é mais congruente com a atitude preexistente de progressistas, nossa hipótese dá a direção para a diferença antes de olharmos os dados, de modo que temos a alternativa unilateral:

$$H_0: p_1 = p_2$$
$$H_a: p_1 > p_2$$

RESOLVA: considere aqueles que se classificaram como progressistas e conservadores como AASs separadas de progressistas e conservadores leitores da *Slater*. As proporções amostrais dos que falsamente lembraram o evento na Figura 23.3 são

$$\hat{p}_1 = \frac{212}{616} = 0{,}344 \quad \text{(progressista)}$$

$$\hat{p}_2 = \frac{7}{49} = 0{,}143 \quad \text{(conservador)}$$

Isto é, 34% dos que se classificaram como progressistas lembraram falsamente do evento na Figura 23.3, mas apenas 14% dos conservadores o lembraram falsamente. Essa diferença aparente é estatisticamente significante? Para continuar a solução, devemos aprender o teste apropriado.

ESTATÍSTICA NO MUNDO REAL

O *cookie* ataca

Quantas pessoas diferentes entraram no *site* de sua empresa no último mês? A tecnologia tenta ajudar: quando uma pessoa visita seu *site*, um pequeno pedaço de código, chamado *cookie*, é deixado no computador dela. Quando a mesma pessoa clica de novo em seu *site*, o *cookie* diz para não considerá-la uma "visita nova", porque essa não é sua primeira visita. Porém muitos usuários da internet apagam esses *cookies*, à mão, ou automaticamente, com programas. Essas pessoas são contadas novamente quando visitam seu *site* de novo. Isto é viés: suas contagens de visitantes distintos são sistematicamente muito altas. Um estudo descobriu que as contagens de visitantes distintos, em geral, excedem o real em 50%.

Para realizar um teste de hipótese, padronize a diferença entre as proporções amostrais $\hat{p}_1 - \hat{p}_2$ para obter uma estatística z. Se H_0 for verdadeira, as duas amostras são provenientes de populações nas quais a mesma proporção desconhecida p tem uma falsa memória do evento mostrado na Figura 23.3. Tiramos vantagem disso, combinando as duas amostras para estimar esse único p, em vez de estimar p_1 e p_2 separadamente. Chame isso de **proporção amostral combinada**. Ela é

$$\hat{p}_1 = \frac{\text{número de sucessos em ambas as amostras combinadas}}{\text{número de indivíduos em ambas as amostras combinadas}}$$

Use $\hat{p}$ em vez de $\hat{p}_1$ e $\hat{p}_2$ na expressão para o erro-padrão $EP_{\hat{p}_1-\hat{p}_2}$ de $\hat{p}_1 - \hat{p}_2$, para obter uma estatística z que tenha distribuição Normal padrão quando H_0 for verdadeira. Segue o teste.

Teste de significância para comparação de duas proporções

Extraia uma AAS de tamanho n_1 de uma grande população, com proporção p_1 de sucessos, e extraia uma AAS independente de tamanho n_2 de outra grande população, com proporção p_2 de sucessos. Para testar a hipótese H_0: $p_1 = p_2$, primeiro determine a proporção combinada $\hat{p}$ de sucessos nas duas amostras combinadas. Em seguida, calcule a estatística z

$$z = \frac{\hat{p}_1 - \hat{p}_2}{\sqrt{\hat{p}(1-\hat{p})\left(\frac{1}{n_1} + \frac{1}{n_2}\right)}}$$

Em termos de uma variável Z com distribuição Normal padrão, o valor P para um teste de H_0 contra

$H_a: p_1 > p_2$ é $P(Z \geq z)$

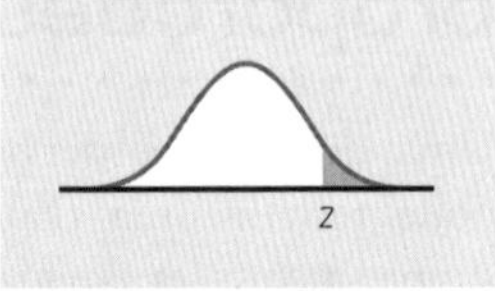

$H_a: p_1 < p_2$ é $P(Z \leq z)$

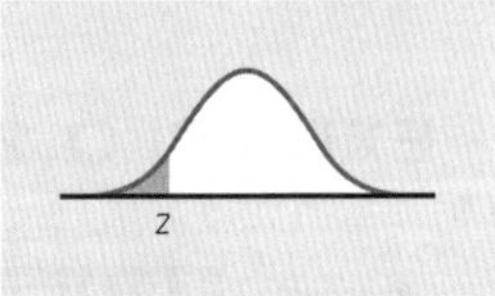

$H_a: p_1 \neq p_2$ é $2P(Z \geq |z|)$

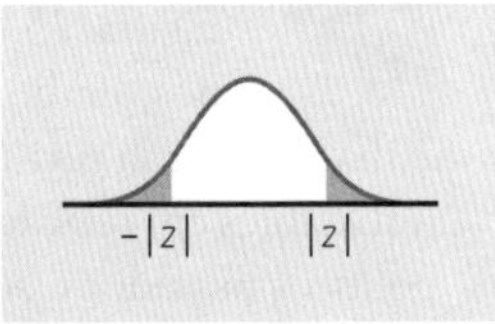

Use esse teste quando os números de sucessos e fracassos forem, cada um, cinco ou mais nas duas amostras.[7]

EXEMPLO 23.5 Falsas memórias (continuação)

4 PASSOS **RESOLVA:** os dados são provenientes de uma AAS, e as contagens de sucessos e fracassos são todas maiores do que cinco. A proporção combinada de progressistas e conservadores que falsamente relembraram esse evento é

$$\hat{p} = \frac{\text{número dos que "falsamente relembraram o evento" entre progressistas e conservadores combinados}}{\text{número de progressistas e conservadores combinados}}$$

$$= \frac{212 + 7}{616 + 49}$$

$$= \frac{219}{665} = 0{,}329$$

A estatística de teste z é

$$z = \frac{\hat{p}_1 - \hat{p}_2}{\sqrt{\hat{p}(1-\hat{p})\left(\frac{1}{n_1} + \frac{1}{n_2}\right)}}$$

$$= \frac{0{,}344 - 0{,}143}{\sqrt{(0{,}329)(0{,}671)\left(\frac{1}{616} + \frac{1}{49}\right)}}$$

$$= \frac{0{,}201}{0{,}0697} = 2{,}88$$

O valor P unilateral é a área sob a curva Normal padrão à direita de 2,88. A Figura 23.4 mostra essa área. Um programa nos diz que $P = 0{,}00199$.

z^*	2,807	3,091
P unilateral	0,0025	0,001

Sem um programa, você pode comparar $z = 2{,}88$ com a linha inferior da Tabela C (valores críticos da Normal padrão) para aproximar P.

Ele se encontra entre os valores críticos 2,807 e 3,091 para valores P unilaterais 0,0025 e 0,001.

CONCLUA: há forte evidência ($P < 0{,}0025$) de que, entre os leitores da *Slate*, os progressistas têm mais chance do que os conservadores de terem uma falsa lembrança de Mr. Bush de férias com Roger Clemens após o furacão Katrina. Em um segundo evento fabricado pelos autores, encontrou-se que os conservadores tinham mais chance do que os progressistas de falsamente se lembrarem do presidente Obama apertando a mão do antigo presidente iraniano Ahmadinejad em uma conferência nas Nações Unidas.

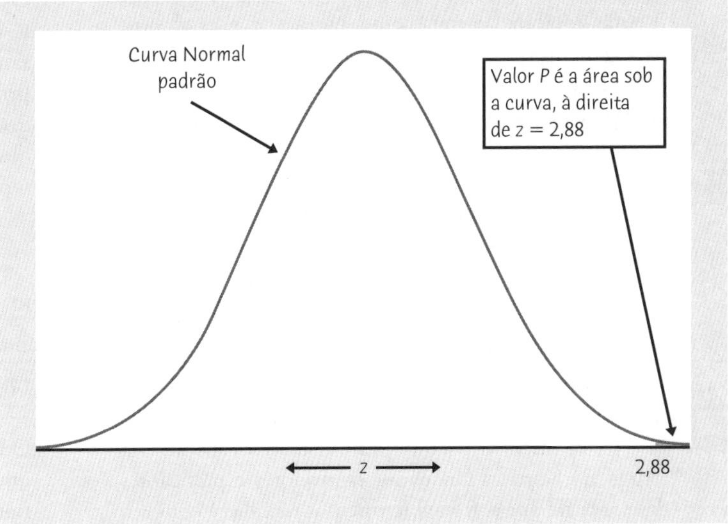

FIGURA 23.4
O valor *P* para o teste unilateral para o Exemplo 23.5.

A pesquisa amostral nesse exemplo selecionou uma única amostra dos leitores da *Slate*, não duas amostras separadas de progressistas e conservadores. Para obter duas amostras, dividimos a única amostra por orientação política. Isso significa que não sabíamos os dois tamanhos amostrais n_1 e n_2 até depois de ter os dados em mãos. Os procedimentos z de duas amostras para a comparação de duas proporções são válidos em tais situações. Esse é um fato importante sobre esses métodos.

APLIQUE SEU CONHECIMENTO

23.4 Combinando cães e donos. 4 PASSOS Pesquisadores construíram duas folhas de teste, cada folha incluindo 20 fotos de pares de rostos de cão-dono em um festival de amantes de cães. Os 20 conjuntos de pares de cão-dono nas duas páginas eram equivalentes em raça, diversidade de aparência, e gênero dos donos. Na primeira folha, os cães estavam emparelhados com seus donos; já na segunda folha os cães e os donos foram deliberadamente trocados. Foram realizados três experimentos e, em todos eles, pedia-se aos sujeitos que "escolhessem o conjunto de pares de cão-dono que se assemelhavam, Folha 1 ou Folha 2", e lhes foi dito simplesmente que o objetivo era "uma pesquisa das relações cão-dono". No primeiro experimento, as folhas originais foram mostradas aos sujeitos; no segundo experimento, apenas a "região da boca" dos donos foi obscurecida em todas as figuras em ambas as folhas; no terceiro experimento, apenas a "região dos olhos" dos donos foi obscurecida. Os sujeitos foram designados a três grupos experimentais aleatoriamente e, em cada experimento, o número de sujeitos que selecionaram a folha com os cães e seus donos corretamente combinados foi registrado. Os pesquisadores estavam interessados em saber se o obscurecimento de porções da face reduzia a capacidade dos sujeitos em associar corretamente cães e donos.[8] Eis os resultados:

Experimento	Número de sujeitos	Número de combinações corretas
Experimento 1	61	49
Experimento 2 (boca obscurecida)	51	37
Experimento 3 (olhos obscurecidos)	60	30

(a) Há evidência de que o obscurecimento da boca reduza a capacidade do sujeito em escolher a folha que combina corretamente os cães e seus donos? Siga o processo dos quatro passos, como exibido nos Exemplos 23.4 e 23.5.

(b) Há evidência de que o obscurecimento dos olhos reduza a capacidade do sujeito em escolher a folha que combina corretamente os cães e seus donos? Siga o processo dos quatro passos como exibido nos Exemplos 23.4 e 23.5.

(c) Contraste suas conclusões nas partes (a) e (b) no contexto do problema, usando linguagem não técnica.

23.5 Protegendo esquiadores e praticantes de *snowboard*. 4 PASSOS A maioria de esquiadores e praticantes de *snowboard* nos Alpes não usa capacetes. Os capacetes reduzem o risco de ferimentos na cabeça? Um estudo na Noruega comparou esquiadores e praticantes de *snowboard* que sofreram ferimentos na cabeça com um grupo que não tinha sofrido ferimentos. Dos 578 sujeitos com ferimentos, 96 tinham usado capacete. Dos 2.992 do grupo de controle, 656 usaram capcetes.[9] O uso de capacete é menos comum entre esquiadores e praticantes de *snowboard* que sofreram ferimentos na cabeça? Siga o processo dos quatro passos como ilustrado nos Exemplos 23.4 e 23.5. (Note que esse é um estudo observacional que compara sujeitos com e sem ferimentos. Um experimento que associasse sujeitos a grupos com capacete e sem capacete seria mais convincente.)

23.6 Doença cardiovascular. 4 PASSOS Doença cardiovascular é a principal causa de morte e doença em todo o mundo, com alta pressão sanguínea e alto colesterol LDL sendo, ambos, considerados fatores de risco. Como a maioria dos eventos cardiovasculares ocorre em pessoas com risco médio e sem histórico prévio de doença cardiovascular, a presente pesquisa examinou o uso simultâneo de drogas redutoras de pressão e drogas redutoras do colesterol nessa população, mais do que se concentrar apenas naqueles com alto risco. Os sujeitos incluíam homens com pelo menos 55 anos, e mulheres com pelo menos 65 anos, sem doença cardiovascular, que tinham pelo menos um fator de risco adicional, além da idade, como hábito de fumar recente ou atual, hipertensão, ou histórico familiar de doença coronariana prematura. Aqueles com doença cardiovascular atual foram excluídos do estudo. Os sujeitos foram destinados aleatoriamente ao tratamento (drogas redutoras de colesterol e redutoras de pressão sanguínea) ou a um placebo; os que sofreram o resultado primário de um evento cardiovascular fatal ou um enfarte do miocárdio não fatal ou um derrame não fatal foram observados. Eis os resultados para os dois grupos durante o período do estudo:[10]

Grupo	Tamanho amostral	Número dos que experimentaram resultado primário
Tratamento	3.180	113
Placebo	3.168	157

Quão forte é a evidência de que a proporção de sujeitos que experimentaram o resultado primário no grupo de tratamento difere da proporção daqueles que estavam no grupo de controle? Siga o processo dos quatro passos como ilustrado nos Exemplos 23.4 e 23.5.

23.6 Intervalos de confiança mais quatro para comparação de proporções*

Assim como os intervalos de confiança de grandes amostras para uma única proporção p, o intervalo de grandes amostras para $p_1 - p_2$ geralmente tem um verdadeiro nível de confiança inferior ao nível desejado. A imprecisão não é tão séria como no caso de uma amostra, pelo menos se nossas diretrizes de uso forem seguidas. Mais uma vez, como discutido na Seção 22.5 para o caso de uma amostra, o acréscimo de observações imaginárias melhora muito a precisão.[11]

Se seu programa não oferece o método mais quatro, apenas introduza os novos tamanhos amostrais mais quatro e contagens de sucessos no procedimento de grandes amostras.

Intervalo de confiança mais quatro para comparação de duas proporções

Extraia AASs independentes de duas grandes populações com proporções populacionais de sucessos p_1 e p_2. Para obter o **intervalo de confiança mais quatro para a diferença $p_1 - p_2$**, acrescente

*Esta seção é opcional

quatro observações imaginárias, um sucesso e um fracasso em cada uma das duas amostras. Use, então, o intervalo de confiança de grandes amostras com os novos tamanhos das amostras (tamanhos reais + 2) e novas contagens de sucessos (contagens reais + 1). Use esse intervalo quando o tamanho amostral for de, pelo menos, 5 em cada grupo, com quaisquer contagens de sucessos e fracassos.

EXEMPLO 23.6 Programa abecedário de educação na primeira infância: resultados quando adultos

4 PASSOS

ESTABELEÇA: o Projeto Abecedário foi um estudo aleatorizado controlado para avaliar os efeitos de educação intensiva na primeira infância sobre crianças em situação de alto risco, com base em vários indicadores sociodemográficos. O projeto associou aleatoriamente crianças a um grupo de tratamento, que recebiam cedo atividades educacionais antes do Jardim de Infância, e as restantes, a um grupo de controle. Um estudo de acompanhamento entrevistou os sujeitos com 30 anos de idade e comparou as taxas de graduação em faculdades (um grau de 4 anos).[12] Eis os dados para os dois grupos:

População	Descrição da população	Tamanho amostral	Número de sucessos	Proporção amostral
1	Tratamento	$n_1 = 52$	12	$\hat{p}_1 = 12/52 = 0{,}2308$
2	Controle	$n_2 = 49$	3	$\hat{p}_2 = 3/49 = 0{,}0612$

Em quanto a educação na primeira infância aumenta a proporção dos que alcançam um grau de 4 anos aos 30 anos?

PLANEJE: dê um intervalo de confiança de 90% para a diferença entre as proporções populacionais, $p_1 - p_2$.

RESOLVA: as condições para o intervalo de grandes amostras não são satisfeitas porque há apenas três sucessos no grupo de controle. No entanto, podemos usar o método mais quatro, porque os tamanhos amostrais para os grupos de tratamento e de controle são, ambos, pelo menos, 5. Acrescente quatro observações imaginárias. O novo resumo dos dados é

População	Descrição da população	Tamanho amostral	Número de sucessos	Proporção amostral
1	Tratamento	$n_1 + 2 = 54$	$12 + 1 = 13$	$\tilde{p}_1 = 13/54 = 0{,}2407$
2	Controle	$n_2 + 2 = 51$	$3 + 1 = 4$	$\tilde{p}_2 = 4/51 = 0{,}0784$

O erro-padrão baseado nos novos dados é

$$\begin{aligned} EP_{\tilde{p}_1-\tilde{p}_2} &= \sqrt{\frac{\tilde{p}_1(1-\tilde{p}_1)}{n_1+2}+\frac{\tilde{p}_2(1-\tilde{p}_2)}{n_2+2}} \\ &= \sqrt{\frac{(0{,}2407)(0{,}7593)}{54}+\frac{(0{,}0784)(0{,}9216)}{51}} \\ &= \sqrt{0{,}00480} = 0{,}0693 \end{aligned}$$

O intervalo de confiança mais quatro de 90% é

$$\begin{aligned} (\tilde{p}_1-\tilde{p}_2) \pm z^* EP_{\tilde{p}_1-\tilde{p}_2} &= (0{,}2407 - 0{,}0784) \pm (1{,}645)(0{,}0693) \\ &= 0{,}1623 \pm 0{,}1140 \\ &= 0{,}048 \text{ a } 0{,}276 \end{aligned}$$

CONCLUA: estamos 90% confiantes de que o programa de educação na primeira infância aumenta a proporção de crianças em alto risco que obtêm um grau de 4 anos até a idade de 30 anos, em 4,8 a 27,6%.

O intervalo mais quatro pode ser conservador (ou seja, o verdadeiro nível de confiança pode ser *maior* do que o desejado) para amostras muito pequenas e o p da população próximo de 0 ou 1. Geralmente, é muito mais preciso do que o intervalo de grandes amostras quando as amostras são pequenas. No entanto, o intervalo mais quatro no Exemplo 23.6 não pode evitar que tamanhos amostrais em torno de 50 produzam intervalos de confiança grandes, quando comparamos duas proporções.

APLIQUE SEU CONHECIMENTO

23.7 Alergias a amendoim. Nos últimos 10 anos, a prevalência de alergias a amendoim tem dobrado nos países ocidentais. O consumo ou não consumo de amendoins por crianças está relacionado ao desenvolvimento de alergias a amendoim em crianças em risco? Os sujeitos incluíam crianças entre 4 e 11 meses com eczema severo, alergia a ovo, ou ambos, mas que não apresentavam sensibilidade preexistente a amendoins, com base em um teste cutâneo. As crianças foram associadas aleatoriamente a um tratamento que evitava o consumo de proteína de amendoim, ou a um tratamento no qual pelo menos 6 gramas de proteína de amendoim eram consumidos por semana. A resposta era a presença ou ausência de alergia a amendoim aos 60 meses de idade. No grupo em que se evitou o consumo de proteína de amendoim, que continha 263 crianças, 36 desenvolveram alergia ao amendoim aos 60 meses de idade, enquanto no grupo que consumiu essa proteína, que continha 266 crianças, cinco desenvolveram alergia ao amendoim aos 60 meses de idade.[13]

(a) A despeito dos grandes tamanhos amostrais em ambos os tratamentos, por que não devemos usar o intervalo de confiança de grandes amostras para esses dados?

(b) O método mais quatro acrescenta um sucesso e um fracasso a cada amostra. Quais são os tamanhos amostrais e as contagens de sucessos depois que você faz isso?

(c) Dê o intervalo de confiança mais quatro de 99% para a diferença nas probabilidades de desenvolvimento de uma alergia a amendoim para os dois grupos de tratamento - o que evitou e o que consumiu a proteína de amendoim. O que seu intervalo diz sobre a comparação desses tratamentos no contexto do problema?

23.8 Arbustos que resistem ao fogo. 4 PASSOS Fogo é uma séria ameaça a arbustos em climas secos. Alguns arbustos têm a capacidade útil de ressurgirem de suas raízes depois de suas copas serem destruídas. Um estudo desse ressurgimento ocorreu em uma área seca do México.[14] Os pesquisadores primeiro podaram os topos de todos os arbustos no estudo. Para o tratamento, eles então aplicaram uma tocha de propano aos tocos para simular um incêndio, e para o controle, os tocos foram deixados como estavam. O estudo incluía 24 arbustos, dos quais 12 foram associados aleatoriamente ao tratamento e os demais 12, ao controle. Um arbusto é um sucesso se ele renasce. Para o arbusto *Xerospirea hartwegiana*, todos os 12 arbustos no grupo de controle renasceram, enquanto apenas oito no grupo de tratamento renasceram. Em quanto a queima reduz a proporção de arbustos dessa espécie que renascem? Dê o intervalo de confiança mais quatro de 95% para a quantidade em que a queima reduz a proporção de arbustos que renascem. O método mais quatro é particularmente útil quando, como aqui, uma contagem, ou de sucessos ou de fracassos, é zero. Siga o processo dos quatro passos como ilustrado no Exemplo 23.6.

Mieszko9/iStock

RESUMO

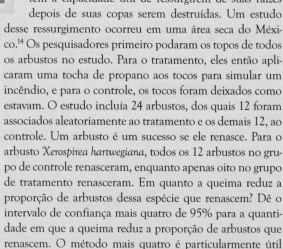

- Os dados em um problema de duas amostras são duas AASs independentes, cada uma extraída de uma população diferente.
- Testes e intervalos de confiança para a comparação de duas proporções p_1 e p_2 de sucessos nas duas populações se baseiam na diferença $\hat{p}_1 - \hat{p}_2$ entre as proporções amostrais de sucessos nas duas AASs.
- Quando os tamanhos amostrais n_1 e n_2 são grandes, a distribuição amostral de $\hat{p}_1 - \hat{p}_2$ é próxima da Normal, com média $p_1 - p_2$.
- O intervalo de confiança de grandes amostras de nível C para $p_1 - p_2$ é

$$(\hat{p}_1 - \hat{p}_2) \pm z^* \mathrm{EP}_{\hat{p}_1 - \hat{p}_2}$$

em que o erro-padrão de $\hat{p}_1 - \hat{p}_2$ é

$$\mathrm{EP}_{\hat{p}_1 - \hat{p}_2} = \sqrt{\frac{\hat{p}_1(1-\hat{p}_1)}{n_1} + \frac{\hat{p}_2(1-\hat{p}_2)}{n_2}}$$

e z^* é um valor crítico da Normal padrão

O verdadeiro nível de confiança do intervalo de grandes amostras pode ser substancialmente menor do que o nível C planejado. Use esse intervalo somente se os números de sucessos e fracassos nas duas amostras forem ambos maiores ou iguais a 10.

- Testes de significância para H_0: $p_1 = p_2$ usam a **proporção amostral combinada**.

$$\hat{p} = \frac{\text{número de sucessos em ambas as amostras combinadas}}{\text{número de indivíduos em ambas as amostras combinadas}}$$

e a estatística z

$$z = \frac{\hat{p}_1 - \hat{p}_2}{\sqrt{\hat{p}(1-\hat{p})\left(\frac{1}{n_1} + \frac{1}{n_2}\right)}}$$

Valores P são provenientes da distribuição Normal padrão. Use esse teste quando houver cinco ou mais sucessos e cinco ou mais fracassos em ambas as amostras.

- **(Tópico opcional)** Quando as condições para o intervalo de confiança de grandes amostras não são satisfeitas, para obter um intervalo de confiança mais preciso, acrescente quatro observações imaginárias: um sucesso e um fracasso em cada amostra. Então, use a mesma fórmula para o intervalo de confiança. Esse é o **intervalo de confiança mais quatro**. Você pode usá-lo sempre que ambas as amostras tiverem cinco ou mais observações.

VERIFIQUE SUAS HABILIDADES

Embora quase todas as crianças pequenas e crianças em idade pré-escolar tomem o café da manhã diariamente, o consumo dessa refeição diminui, à medida que as crianças crescem. O Youth Risk Behavior Surveillance System (YRBSS) monitora comportamentos de risco à saúde entre estudantes do Ensino Médio nos EUA. Em 2017, a pesquisa selecionou aleatoriamente 4.031 alunos da nona série e 3.396 alunos da décima segunda série, e lhes perguntou se eles tinham tomado o café da manhã em todos os sete dias antes da pesquisa.[15] *Desses estudantes, 1.536 da nona série e 1.090 da décima segunda série disseram sim. Esses dados fornecem evidência de que a proporção de alunos da nona série que tomam café da manhã diariamente seja maior do que a proporção dos alunos da décima segunda série que tomam café da manhã diariamente? As Questões 23.9 a 23.13 se baseiam nesses resultados.*

23.9 Denote por p_9 e p_{12} as proporções de todos os alunos da nona série e da décima segunda série, respectivamente, que tomam café da manhã diariamente. As hipóteses a serem testadas são

(a) H_0: $p_9 = p_{12}$ *versus* H_a: $p_9 \neq p_{12}$.

(b) H_0: $p_9 = p_{12}$ *versus* H_a: $p_9 > p_{12}$.

(c) H_0: $p_9 = p_{12}$ *versus* H_a: $p_9 < p_{12}$.

23.10 As proporções amostrais de alunos da nona série e da décima segunda série que tomaram café da manhã em todos os sete dias antes da pesquisa são

(a) $\hat{p}_9 = 0{,}381$ e $\hat{p}_{12} = 0{,}321$.

(b) $\hat{p}_9 = 0{,}270$ e $\hat{p}_{12} = 0{,}452$.

(c) $\hat{p}_9 = 0{,}321$ e $\hat{p}_{12} = 0{,}381$.

23.11 A proporção amostral combinada dos respondentes que tomaram café da manhã em todos os sete dias antes da pesquisa é

(a) $\hat{p} = 0{,}321$.

(b) $\hat{p} = 0{,}354$.

(c) $\hat{p} = 0{,}381$.

23.12 Os valores numéricos da estatística z para a comparação das proporções de alunos da nona e da décima segunda séries que tomaram café da manhã diariamente é

(a) 7,84. (b) 7,49. (c) 5,39.

23.13 O intervalo de confiança de grandes amostras de 90% para a diferença $p_9 - p_{12}$ nas proporções de alunos da nona e da décima segunda série que tomaram café da manhã é de cerca de

(a) $0{,}060 \pm 0{,}011$.

(b) $0{,}060 \pm 0{,}013$.

(c) $0{,}060 \pm 0{,}018$.

23.14 Avobenzone é um dos ingredientes ativos em vários protetores solares disponíveis comercialmente. Ele pode ser absorvido na corrente sanguínea quando o protetor é aplicado na pele. A Food and Drug Administration expressou preocupação sobre a segurança da absorção exagerada de avobenzone. Quantidades menores que ou iguais a 0,5 ng/mL (nanograma absorvido por mililitro aplicado) são consideradas aceitáveis. Os pesquisadores recrutaram 12 voluntários saudáveis para investigar a absorção do avobenzone para dois protetores solares diferentes, comercialmente disponíveis: um *spray* e um creme. Os sujeitos foram associados aleatoriamente a um dos dois protetores solares, com 6 sujeitos para cada. Os sujeitos tiveram 2 mg de protetor por 1 cm^2 aplicados a 75% da área da superfície de seus corpos (área fora da roupa de banho normal). A quantidade de avobenzone absorvida na corrente sanguínea depois de seis horas foi, então, medida para cada sujeito. Quatro dos seis sujeitos que receberam o *spray* tinham níveis de avobenzone que excediam a 0,5 ng/mL, e um dos seis sujeitos que receberam o creme tinha níveis que excediam a 0,5 ng/mL.[16] O teste z para "nenhuma diferença" nas duas proporções que excediam a 0,5 ng/mL contra "as duas proporções diferem" tem

(a) $z = 1{,}76$, $P < 0{,}05$.

(b) $z = 1{,}84$, $P < 0{,}055$.

(c) $z = 1{,}76$, $0{,}05 < P < 0{,}10$.

23.15 O teste z na Questão 23.14

(a) pode ser impreciso, porque as populações são muito pequenas.

(b) pode ser impreciso, porque algumas contagens de sucessos e fracassos são muito pequenas.

(c) é razoavelmente preciso, porque as condições para inferência são satisfeitas.

23.16 **(Tópico opcional)** O intervalo de confiança mais quatro de 90% para a diferença entre a proporção daqueles que receberam o *spray* e aqueles que receberam o creme e que tinham níveis de avobenzone excedendo 0,5 ng/mL é

(a) $0{,}375 \pm 0{,}451$.

(b) $0{,}375 \pm 0{,}378$.

(c) $0{,}375 \pm 0{,}230$.

EXERCÍCIOS

Ao usar os métodos de grandes amostras deste capítulo, certifique-se de verificar se as diretrizes para seu uso são satisfeitas e de estabelecer suas conclusões no contexto.

23.17 **Eles estão me seguindo?** Uma pesquisa de 2019 perguntou a uma amostra aleatória de adultos dos EUA se eles acreditavam que o governo estava seguindo todas, ou a maioria de suas atividades *online* ou em seus telefones celulares. Dos 671 adultos com idades de 18 a 29 anos, 396 disseram "sim". Dos 977 adultos com 65 anos ou mais, 293 disseram "sim".[17]

(a) Essas amostras satisfazem as diretrizes para o intervalo de grandes amostras?

(b) Dê um intervalo de confiança de 95% para a diferença entre as proporções de adultos com idades de 18 a 29 anos e adultos com 65 anos ou mais que acreditam que o governo esteja seguindo todas, ou a maioria de suas atividades *online* ou nos seus celulares.

23.18 **Efeitos de um supressor de apetite.** Constatou-se que sujeitos com sintomas cardiovasculares preexistentes que estavam recebendo sibutramina, um supressor do apetite, apresentavam risco aumentado de acidentes cardiovasculares durante o período de ingestão da droga. O estudo incluiu 9.804 sujeitos em sobrepeso ou obesos com doenças cardiovasculares preexistentes e/ou diabetes tipo 2. Os sujeitos foram alocados aleatoriamente à sibutramina (4.906 sujeitos) ou a um placebo (4.898 sujeitos) em um sistema duplo-cego. O resultado primário medido foi a ocorrência de qualquer dos seguintes eventos: enfarto do miocárdio ou derrame não fatais, ressuscitação depois de parada cardíaca, ou morte cardiovascular. O resultado primário foi observado em 561 sujeitos no grupo da sibutramina e em 490 sujeitos no grupo do placebo.[18]

(a) Encontre a proporção de sujeitos que apresentaram o resultado primário para ambos os grupos, da sibutramina e do placebo.

(b) Podemos usar com segurança o intervalo de confiança de grandes amostras para a comparação das proporções de sujeitos da sibutramina e sujeitos do placebo que apresentaram resultados primários? Explique.

(c) Dê um intervalo de confiança de 95% para a diferença entre as proporções de sujeitos da sibutramina e sujeitos do placebo que apresentaram resultado primário.

23.19 (Tópico opcional) Ratos alterados geneticamente. Influências genéticas sobre o câncer podem ser estudadas pela manipulação da constituição genética de ratos. Um dos processos que liga ou desliga genes (assim dizendo) em localizações particulares é chamado de "metilação do DNA". Baixos níveis desses processos ajudam a causar tumores? Compare os ratos alterados para terem baixos níveis com ratos normais. Dos 33 ratos com níveis reduzidos de metilação do DNA, 23 desenvolveram tumores. Nenhum dos 18 ratos normais do grupo de controle desenvolveu tumores no mesmo período de tempo.[19]

jxfzsy/iStock

(a) Explique por que não podemos, com segurança, usar tanto o intervalo de confiança de grandes amostras quanto o teste para a comparação de proporções de ratos normais e alterados que desenvolveram tumores.

(b) O método mais quatro acrescenta duas observações, um sucesso e um fracasso, a cada amostra. Quais são os tamanhos amostrais e os números de ratos com tumores depois desse procedimento?

(c) Dê um intervalo de confiança de 99% para a diferença nas proporções das duas populações que desenvolvem tumores.

23.20 Efeitos de um supressor de apetite (continuação). O Exercício 23.18 descreve um estudo para determinar se sujeitos com sintomas cardiovasculares preexistentes passavam a ter risco aumentado de eventos cardiovasculares enquanto tomavam sibutramina. Os dados fornecem boa razão para pensar que haja uma diferença entre a proporção dos sujeitos do tratamento e do placebo que apresentaram resultados primários? (Note que a sibutramina não está mais disponível nos EUA desde o final de 2010 devido às preocupações do fabricante com o aumento do risco de ataque cardíaco ou derrame, embora, presentemente, ainda possa ser comprado em outros países.)

(a) Estabeleça hipóteses, encontre a estatística de teste e use um programa ou a linha inferior da Tabela C para o valor *P*. Certifique-se de estabelecer sua conclusão.

(b) Explique, de maneira simples, por que era importante ter o grupo do placebo nesse estudo.

Tomar chá e derrames. *Tomar chá é bom para sua saúde? Pesquisadores na China estudaram uma amostra de 100.902 adultos e os classificaram como bebedores habituais de chá (3 ou mais xícaras por semana) e nunca/não habitual bebedor de chá (menos de 3 xícaras por semana). Esses sujeitos foram acompanhados por vários anos, e o número de sujeitos que tiveram derrames foi registrado. Dos 69.017 sujeitos que eram nunca/não habitual bebedores de chá, 2.949 tiveram derrames. Dos 31.885 bebedores habituais de chá, 854 tiveram derrames.*[20] *Os Exercícios 23.21 a 23.23 se baseiam nesse estudo.*

23.21 Tomar chá faz diferença?

(a) Há uma diferença significante nas proporções de sujeitos que eram bebedores habituais de chá e aqueles que eram nunca/não habituais bebedores de chá que tiveram derrames? Estabeleça hipóteses, encontre a estatística de teste e use um programa ou a linha inferior da Tabela C para obter um valor *P*.

(b) Esse é um estudo observacional ou um experimento? Por quê?

(c) Em função de sua resposta em (b), estabeleça cuidadosamente suas conclusões sobre a relação entre tomar chá e derrames.

23.22 Quantos tiveram derrames? Dê um intervalo de confiança de 95% para a proporção dos nunca/não habituais bebedores de chá que tiveram um derrame.

23.23 Qual o tamanho dessa diferença? Dê um intervalo de confiança de 95% para a diferença entre as proporções dos bebedores habituais de chá e os nunca/não habituais bebedores de chá que tiveram derrames. Seu intervalo apoia a afirmativa de que tomar chá é bom para sua saúde? Discuta.

23.24 O planejamento do estudo importa. Devido a preocupações sobre a segurança da cirurgia bariátrica para perda de peso, em 2006 os Centers for Medicare & Medicaid Services (CMS) restringiram a cobertura da cirurgia bariátrica a hospitais designados como Centros de Excelência. A restrição do CMS melhorou os resultados da cirurgia bariátrica para os pacientes do Serviço de Saúde? Entre 1.847 pacientes do Medicare no estudo que fizeram a cirurgia nos 18 meses precedentes à restrição, 270 tiveram complicações gerais, enquanto entre os 1.639 pacientes que fizeram a cirurgia nos 18 meses após a restrição, 170 tiveram complicações gerais.[21]

(a) Quais são as proporções amostrais de pacientes Medicare que tiveram complicações da cirurgia bariátrica antes e depois da restrição de cobertura pelo CMS? Quão forte é a evidência de que as proporções de complicações gerais sejam diferentes antes e depois da restrição do CMS? Use um teste de hipótese apropriado para responder a essa questão.

(b) Esse é um estudo observacional ou um experimento? Podemos concluir que a restrição do CMS tenha reduzido a proporção de complicações gerais?

(c) Resultados melhorados podem se dever a vários fatores, inclusive o uso de procedimentos bariátricos de menor risco, aumento da experiência dos cirurgiões, ou pacientes mais saudáveis que se submetem à cirurgia. Qual o tipo dessas variáveis, e como elas afetam os tipos de conclusões a que você pode chegar?

23.25 Significante não significa importante. Nunca se esqueça de que até mesmo pequenos efeitos podem ser estatisticamente significantes, se as amostras forem grandes. Para ilustrar esse fato, considere uma amostra de 148 pequenos negócios. Durante um período de três anos, 15 dos 106 negócios dirigidos por homens e 7 dos 42 dirigidos por mulheres faliram.[22]

(a) Determine as proporções de falências em empresas dirigidas por mulheres e empresas dirigidas por homens. Essas proporções amostrais estão bem próximas uma da outra. Forneça o valor *P* para o teste z da hipótese de que a mesma proporção de empresas de mulheres e de homens entra em falência. (Use a alternativa bilateral.) O teste está muito longe de ser significante.

(b) Agora, suponha que as mesmas proporções amostrais sejam provenientes de uma amostra 30 vezes maior. Ou seja, 210 de 1.260 empresas dirigidas por mulheres e 450 de 3.180 empresas dirigidas por homens entram em falência. Verifique se as proporções de falências são exatamente as mesmas que em (a). Repita o teste z para os dados novos e mostre que, agora, ele é significante ao nível $\alpha = 0{,}05$.

(c) É aconselhável o uso de um intervalo de confiança para a estimativa do tamanho de um efeito, em vez de apenas fornecer um valor *P*. Forneça intervalos de confiança de grandes amostras de 95% para a diferença entre as proporções de empresas dirigidas por mulheres e homens que entram em falência, para as situações em (a) e (b). Qual é o efeito de amostras maiores sobre o intervalo de confiança? Você acha que a diferença entre as proporções é uma diferença importante?

Ao responder aos Exercícios 23.26 a 23.36, siga os passos ***Planeje, Resolva*** *e* ***Conclua****, do processo dos quatro passos.*

23.26 Dados pessoais e privacidade. Há uma preocupação generalizada entre o público em geral sobre como seus dados pessoais são usados. Uma pesquisa da Pew Internet, de 2019, perguntou a uma amostra de adultos dos EUA se eles se sentiam preocupados sobre quanta informação a aplicação da lei poderia fornecer sobre eles. Dos 2.887 não hispânicos brancos na pesquisa, 1.617 disseram se sentir preocupados. Dos 445 não hispânicos negros na pesquisa, 325 disseram se sentir preocupados.[23] Há boa evidência de que as proporções de não hispânicos brancos e não hispânicos negros que se sentiam preocupados sobre quanta informação a aplicação da lei poderia fornecer sobre eles diferem?

23.27 Dados pessoais e privacidade. A pesquisa no Exercício 23.26 também examinou possíveis diferenças nas proporções de brancos não hispânicos e negros não hispânicos que estavam preocupados sobre quanta informação seus amigos e família poderiam saber sobre eles. Dos 2.887 brancos não hispânicos na pesquisa, 1.010 disseram estar preocupados. Dos 445 negros não hispânicos na pesquisa, 271 disseram estar preocupados. Há evidência de uma diferença entre as proporções de brancos não hispânicos e negros não hispânicos que estavam preocupados sobre quanta informação seus amigos e família poderiam saber sobre eles?

23.28 Mais sobre dados pessoais e privacidade. Continue seu trabalho do Exercício 23.26. Estime a diferença entre as proporções de brancos não hispânicos e negros não hispânicos que estavam preocupados sobre quanta informação a aplicação da lei poderia produzir sobre eles. (Use 90% de confiança.)

23.29 Vou parar de fumar – logo! Chantix® é diferente da maioria dos outros produtos para interrupção do tabagismo, pois se dirige aos receptores de nicotina no cérebro, ataca-os e impede que a nicotina os alcance. Um teste clínico aleatorizado, controlado por placebo e duplo-cego, foi realizado em um período de 24 semanas de tratamento. Os participantes do estudo eram fumantes de cigarros que não queriam, ou eram incapazes de deixar de fumar no mês seguinte, mas estavam desejosos de reduzir seu hábito de fumar e fazer uma tentativa de deixar de fumar nos próximos três meses. Os sujeitos receberam o Chantix® ou um placebo durante 24 semanas, com o objetivo de reduzir o número de cigarros fumados em 50% ou mais até a semana 4, 75% ou mais até a semana 8, e uma tentativa de deixar de fumar até a semana 12. O resultado primário medido foi a abstinência contínua de fumo durante as semanas 15 a 24. Dos 760 sujeitos que tomaram o Chantix®, 244 se abstiveram do fumo durante as semanas 15 a 24, enquanto 52 dos 750 sujeitos que tomaram o placebo se abstiveram durante o mesmo período.[24]

(a) Dê um intervalo de confiança de 99% para a diferença (tratamento menos placebo) nas proporções de fumantes que se absteriam do fumo durante as semanas 15 a 24.

(b) A Pfizer, companhia que fabrica o Chantix®, afirma que foi provado que o Chantix® ajuda os fumantes a deixarem o fumo. O seu intervalo de confiança apoia essa afirmativa? Discuta.

23.30 Manequins sem cabeça. A maioria das lojas de varejo de roupas usa manequins para apresentar sua mercadoria, com aproximadamente um terço mostrando manequins com cabeças, e dois terços mostrando manequins sem cabeças. Pesquisadores recrutaram 126 mulheres participantes e destinaram cada uma a um de dois manequins

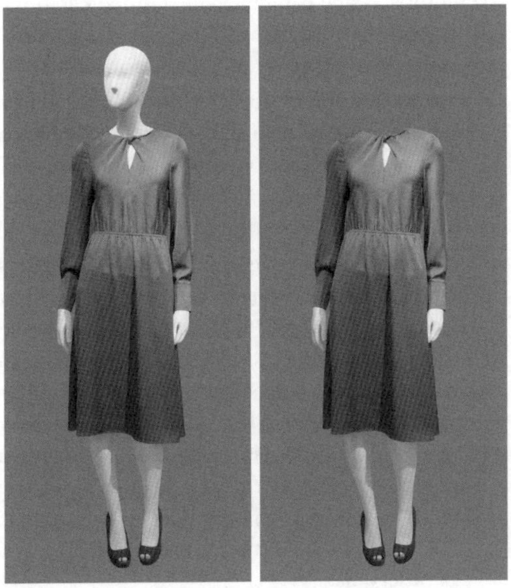
modustollens/iStock

(cabeça/sem cabeça). Pediu-se às participantes que imaginassem que elas queriam comprar um novo vestido e que fossem a uma loja indicada para fazer suas compras. Elas, então, viram o vestido apresentado em um manequim (com cabeça ou sem cabeça) e lhes perguntaram se comprariam, ou não, o vestido. Das 63 participantes que viram o vestido em um manequim com cabeça, 18 disseram que comprariam o vestido, enquanto apenas 10, das 63 que participantes que viram o vestido em um manequim sem cabeça, disseram que comprariam o vestido.[25]

(a) Há boa evidência de que a proporção de mulheres que comprariam o vestido difere entre aquelas que viram o vestido em um manequim com ou sem cabeça?

(b) Com base nesse estudo, você acha uma boa ideia para a maioria dos fabricantes usar manequins de apresentação sem cabeças?

23.31 **Parando o trânsito com um sorriso!** Por toda a Europa, mais de 8 mil pedestres são mortos a cada ano em acidentes nas estradas, com aproximadamente 25% deles morrendo em uma travessia de pedestres. Embora deixar de parar para pedestres em uma travessia de pedestres seja uma transgressão de trânsito séria na França, mais da metade dos motoristas não para quando um pedestre está esperando em uma faixa de pedestre. Nesse experimento, um homem assistente de pesquisa foi instruído a ficar em uma faixa de pedestre e olhar para a face do motorista quando um carro se aproximasse da travessia. Em 400 tentativas, o assistente de pesquisa manteve uma expressão neutra e, em um segundo conjunto de 400 tentativas, o assistente de pesquisa foi instruído a sorrir. A ordem de sorrir ou não sorrir foi aleatorizada, e várias faixas de pedestres foram usadas em uma cidade na costa oeste da França. O assistente de pesquisa estava vestido com traje normal para sua idade (*jeans*, camiseta e tênis). Nas 400 tentativas nas quais o assistente manteve uma expressão neutra, o motorista parou em 172 vezes, enquanto nas 400 tentativas em que o assistente sorriu para o motorista, este parou em 226 vezes.[26] Faça um teste para avaliar a evidência de que um sorriso aumenta a proporção de motoristas que pararam. (Na parte do estudo usando uma mulher assistente de pesquisa, um sorriso aumentou significantemente a proporção de motoristas que pararam, com a proporção dos que pararam sendo significantemente maior do que para homens, em ambas as condições – neutra ou sorrindo.)

23.32 **Vou parar de fumar – logo! (continuação).** O teste clínico descrito no Exercício 23.29 associou sujeitos aleatoriamente para receber ou Chantix® ou um placebo. Para verificar se a associação aleatória produziu grupos comparáveis, podemos comparar os grupos no início do estudo.

(a) No grupo de tratamento, 439 dos 760 sujeitos tinham feito pelo menos duas tentativas sérias para parar de fumar por qualquer método desde que começaram a fumar, e no grupo do placebo, 303 dos 750 sujeitos tinham feito pelo menos duas tentativas. Se a associação aleatória funcionou bem, não deveria haver uma diferença significante nas proporções de sujeitos nos dois grupos que tivessem feito pelo menos duas tentativas sérias para parar de fumar por qualquer método desde que começaram a fumar. Quão significante é a diferença observada?

(b) Para os sujeitos no grupo de tratamento, a média do número de cigarros fumados por dia no mês anterior foi 20,6, com desvio-padrão de 8,5, e no grupo do placebo, a média foi 20,8, com desvio-padrão de 8,2. Se a associação aleatória funcionou bem, não deveria haver uma diferença significante nas médias do número de cigarros fumados por dia no mês anterior para os dois grupos. Quão significante é a diferença observada?

23.33 **(Tópico opcional) Doença de Lyme.** A doença de Lyme se alastra no nordeste dos EUA por meio de carrapatos infectados. Os carrapatos se infectam principalmente por se alimentarem de camundongos, de modo que o aumento de camundongos resulta em mais carrapatos infectados. A população de camundongos, por sua vez, aumenta e diminui de acordo com a abundância de frutos do carvalho, ou bolotas, seu alimento preferido. Os cientistas estudaram duas áreas semelhantes de floresta, em um ano em que a produção do fruto declinou. Eles introduziram centenas de milhares de frutos do carvalho em uma área para imitar uma produção abundante, ao mesmo tempo que deixaram a outra área sem interferência. Na primavera seguinte, 54 dos 72 camundongos presos na primeira área estavam em procriação, *versus* 10 dos 17 camundongos presos na segunda área.[27] Estime a diferença entre as proporções de camundongos prontos para procriação em anos de produção abundante de frutos e em anos de produção escassa. (Use 90% de confiança. Certifique-se de justificar sua escolha do intervalo de confiança.)

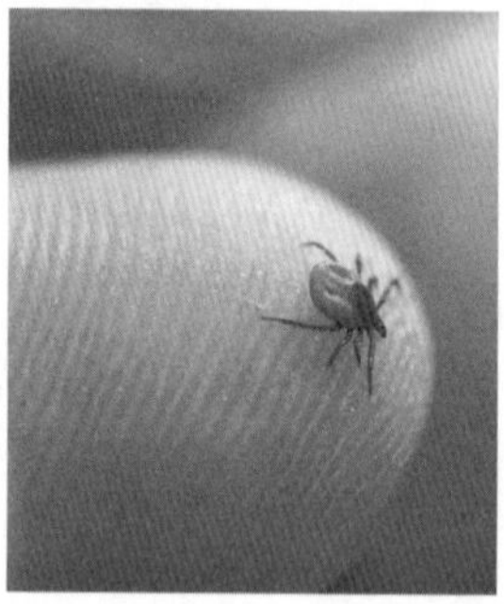
Avalon_Studio/iStock

23.34 **Programa abecedário de educação na primeira infância: resultados quando adultos.** O Projeto Abecedário é um estudo aleatorizado controlado para avaliar os efeitos de educação intensiva na primeira infância sobre crianças em situação de alto risco com base em vários indicadores sociodemográficos.[28] O projeto associou aleatoriamente algumas crianças a um grupo de tratamento, que recebiam cedo atividades educacionais antes do Jardim de Infância, e as restantes, a um grupo de controle. Um estudo recente de acompanhamento entrevistou os sujeitos com 30 anos de idade e avaliou os resultados educacionais, econômicos e socioemocionais para verificar os efeitos do programa continuado durante a vida adulta. O estudo de acompanhamento incluiu 52 indivíduos do grupo de tratamento e 49 do grupo de controle. Desses, 39 do grupo de tratamento e 26 do grupo de controle foram considerados "consistentemente" empregados (trabalhando 30 ou + horas por semana em, pelo menos, 18 a 24 meses anteriores à entrevista). O estudo fornece evidência significante de que os sujeitos que receberam educação cedo na infância têm proporção mais alta de emprego consistente do que os que não receberam essa educação? Qual o tamanho da diferença entre as proporções nas duas populações dos que estão consistentemente empregados? Faça inferência para responder a ambas as questões. Certifique-se de explicar exatamente qual inferência você escolheu fazer.

23.35 Higienizadores de mãos. A desinfecção das mãos é frequentemente recomendada para a prevenção de transmissão do rinovírus que causa o resfriado comum. Em particular, constatou-se que uma loção para as mãos, contendo 2% de ácido cítrico e 2% de ácido málico, em 70% de etanol (HL+) tem as capacidades imediata e persistente de desativar o rinovírus (RV) nas mãos, em um ambiente experimental. A desinfecção das mãos é eficaz na redução do risco de infecção em um ambiente natural? Um total de 212 voluntários foi alocado aleatoriamente a um grupo HL+, que usava a loção para as mãos a cada três horas ou depois de lavar as mãos, ou a um grupo de controle, ao qual se pediu que fizesse a lavação de mãos de rotina, mas que evitasse o uso de higienizadores à base de álcool. Eis os dados dos números de sujeitos com e sem infecção por RV nos dois grupos, durante o período de dez semanas do estudo:[29]

	Infecção por RV	
	Sim	Não
HL+	49	67
Grupo de controle	49	47

(a) Esse é um experimento ou um estudo observacional? Por quê?

(b) Muitos fabricantes de higienizadores de mãos afirmam que os higienizadores reduzem a chance de infecção por RV. Os dados fornecem boa evidência para essa afirmativa? Discuta.

23.36 A cultura de Wall Street corrompe os banqueiros? Bancários de um grande banco internacional foram recrutados, e 67 foram associados aleatoriamente a um grupo de controle, e os restantes 61, a um grupo de tratamento. Todos os sujeitos completaram, primeiro, uma pequena pesquisa *online*. Depois de responder a algumas perguntas gerais de preenchimento, os membros do grupo de tratamento responderam a sete questões sobre seu passado profissional, como "Em qual banco você está atualmente empregado?", ou "Qual é sua função nesse banco?" Essas questões são conhecidas como questões de "identidade inicial". Os membros do grupo de controle responderam a sete questões inócuas, não relacionadas a suas profissões, como "Quantas horas por semana, em média, você assiste à televisão?" Depois da pesquisa, todos os sujeitos realizaram uma tarefa de jogada de uma moeda, que requeria que jogassem uma moeda 10 vezes e registrassem os resultados *online*. Foi-lhes dito que poderiam ganhar US$ 20 para cada cara resultante, com um pagamento máximo de US$ 200. Os sujeitos não foram observados durante a tarefa, tornando impossível dizer se um sujeito particular havia trapaceado. Se a cultura bancária favorece o comportamento desonesto, conjecturou-se que seria possível que esse comportamento fosse disparado pela lembrança de sujeitos de sua profissão.[30] Eis os resultados. A primeira linha dá o número possível de caras em 10 jogadas, e as duas linhas seguintes dão o número de sujeitos que relataram terem jogado aquele número de caras, para os grupos de controle e de tratamento, respectivamente (por exemplo, 16 sujeitos no grupo de controle relataram obter quatro caras).

Número de caras	0	1	2	3	4	5	6	7	8	9	10
Grupo de controle	0	0	1	8	16	17	14	6	2	1	2
Grupo de tratamento	0	0	2	4	8	14	15	7	6	0	5

Se um sujeito estivesse trapaceando, você esperaria que ele relatasse estar se saindo melhor do que o acaso, ou obtendo seis ou mais caras.

(a) Ache a proporção de sujeitos em cada grupo que relataram obter seis ou mais caras.

(b) Teste as hipóteses de que as proporções que relatam a obtenção de seis ou mais caras nos dois grupos são a mesma, contra a alternativa apropriada. Explique suas conclusões no contexto do problema, certificando-se de relatar a conjectura do pesquisador.

CAPÍTULO

24

Giuseppe Lombardo/iStock

NESTE CAPÍTULO ABORDAMOS...

Parte IV: Revisão de Habilidades

Autoteste

Exercícios Suplementares

Inferência sobre Variáveis: Revisão da Parte IV

Os procedimentos dos Capítulos 20 a 23 estão entre os mais comuns de todos os métodos de inferência estatística. Agora que você domina as ideias importantes e métodos práticos para inferência, é hora de rever as grandes ideias da estatística em linhas gerais. Eis um resumo das Partes I, II e III deste livro, que levam à Parte IV. O esboço contém algumas advertências importantes: observe o ícone de Atenção.

1. **Produção de dados**
   - O básico sobre dados:
     Indivíduos (sujeitos)
     Variáveis: categórica *versus* quantitativa, unidades de medida, explicativa *versus* resposta
     Objetivo do estudo
   - O básico sobre produção de dados:
     Observação *versus* experimento
     Amostras aleatórias simples
     Experimentos completamente aleatorizados
   - Atenção: fragilidades na produção de dados (por exemplo, amostragem de estudantes em apenas um *campus*) podem tornar difícil a generalização de conclusões
   - Atenção: produção de dados realmente ruim (resposta voluntária, confundimento) pode tornar impossível a interpretação.

2. **Análise de dados**

- Faça um gráfico de seus dados. Procure o padrão geral e desvios marcantes
- Acrescente descrições numéricas com base no que você vê
- Atenção: médias e outras descrições simples podem perder a verdadeira história
- Uma variável quantitativa:
  Gráficos: diagrama de ramo e folhas, histograma, diagramas em caixa
  Padrão: forma da distribuição, centro, dispersão. Valores atípicos?
  Curvas de densidade (como as curvas Normais) para descrever o padrão geral
  Descrições numéricas: resumo dos cinco números ou $\bar{x}$ e s
- Relações entre duas variáveis quantitativas:
  Gráfico: diagrama de dispersão
  Padrão: forma da relação, direção, intensidade. Valores atípicos? Observações influentes?
  Descrição numérica para relações lineares: correlação, reta de regressão
  Atenção com a variável oculta: correlação não implica causação
- Atenção com os efeitos de valores atípicos e observações influentes.

3. **A lógica da inferência**

- A inferência usa dados para inferir conclusões sobre uma população maior
- Quando você faz inferências, você considera que os dados são provenientes de amostras aleatórias ou de experimentos comparativos aleatorizados. Atenção: caso não o sejam, pode-se ter "lixo entra, lixo sai"
- Sempre examine seus dados antes de fazer inferência. A inferência, em geral, exige um padrão regular, tal como aproximadamente Normal, sem valores atípicos fortes
- Ideia-chave: "o que aconteceria se repetíssemos isso muitas vezes?"
- Intervalos de confiança: estimativa de um parâmetro populacional
  95% de confiança: o método usado captura o verdadeiro parâmetro 95% das vezes em uso repetido
  Atenção: a margem de erro de um intervalo de confiança não inclui os efeitos de erros práticos, como subcobertura e não resposta
- Testes de significância: avaliam a evidência contra H_0 em favor de H_a
  Valor P: se H_0 fosse verdadeira, com que frequência encontraríamos um resultado tão fortemente favorável à alternativa? Menor P = evidência mais forte contra H_0
  Significância estatística no nível de 5%, $P < 0,05$, significa que um resultado tão extremo ocorreria menos do que em 5% das vezes, se H_0 fosse verdadeira
  Atenção: $P < 0,05$ não é sagrado. Evidência contra H_0 torna-se mais forte à medida que o valor P decresce, mas não existe uma fronteira definida entre "significante" e "não significante"
  Atenção: significância estatística não é o mesmo que significância prática.
  Grandes amostras podem tornar significantes pequenos efeitos. Pequenas amostras podem deixar de declarar significantes grandes efeitos.
  Sempre tente estimar o tamanho de um efeito (por exemplo, com um intervalo de confiança), não apenas sua significância.

4. **Métodos de inferência**

- Escolha o procedimento correto de inferência
- Confirme se as condições são satisfeitas e realize os cálculos
- Estabeleça sua conclusão.

A Parte IV deste livro introduz a quarta e última parte desse esboço. Para realmente fazer inferência, você deve escolher o procedimento correto, confirmar se as condições são satisfeitas e realizar os cálculos. O fluxograma da estatística em resumo oferece um guia resumido. É importante resolver alguns dos exercícios suplementares, porque, neste momento, pela primeira vez, você deve decidir qual procedimento usar, entre vários procedimentos de inferência. Aprender a reconhecer o contexto do problema, de forma a escolher o tipo correto de inferência, representa um passo-chave para melhorar seu domínio da estatística. Esse é o passo Planeje no processo de quatro passos, no qual você traduz o problema do mundo real do passo Estabeleça em um procedimento específico de inferência estatística.

O fluxograma organiza um caminho para o planejamento de problemas de inferência. Vamos segui-lo da esquerda para a direita.

1. *Você deseja testar uma afirmativa ou estimar uma quantidade desconhecida?* Isto é, você usará um teste de significância ou um intervalo de confiança?
2. *Seus dados são uma única amostra que representa uma população ou duas amostras escolhidas para comparar duas populações ou respostas a dois tratamentos em um experimento?* Lembre-se de que, para trabalhar com *dados emparelhados*, forma-se uma amostra das diferenças dentro dos pares.
3. *A variável resposta é quantitativa ou categórica?* Variáveis quantitativas assumem valores numéricos com alguma unidade de medida, como polegadas ou gramas. As questões mais comuns sobre inferência relativa a variáveis quantitativas se referem a respostas *médias*. Se a variável resposta é categórica, a inferência, em geral, se refere à *proporção* de alguma categoria (chame-a de "sucesso") entre as respostas.

O fluxograma conduz a um teste específico ou intervalo de confiança, indicados por uma fórmula no final de cada caminho. A fórmula serve apenas para guiá-lo através dos passos Resolva e Conclua. Você (ou sua tecnologia) usará a fórmula como parte do passo Resolva, mas não se esqueça de que você deve fazer mais.

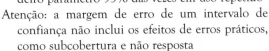

ESTATÍSTICA EM RESUMO

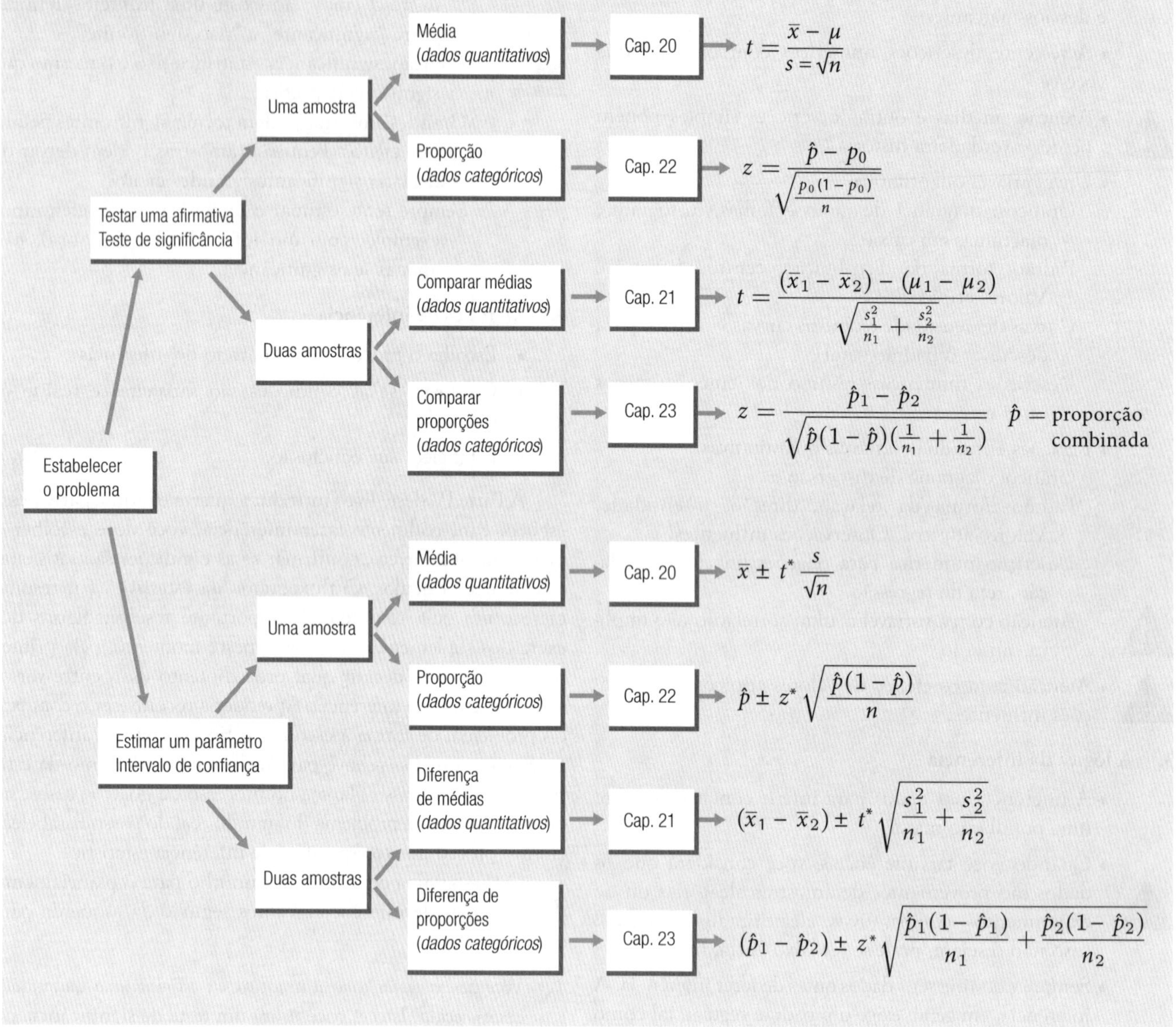

4. *As condições para esse procedimento são satisfeitas?* Você pode considerar os dados como provenientes de uma amostra aleatória ou de um experimento comparativo aleatorizado? A análise de dados mostra valores atípicos extremos ou forte assimetria que proíbam o uso da inferência com base na Normalidade? Você tem observações suficientes para o procedimento pretendido?

5. *Os seus dados são provenientes de um experimento ou de um estudo observacional?* Os detalhes dos métodos de inferência são os mesmos para ambos. Mas o planejamento do estudo determina a quais conclusões você pode chegar, porque um experimento fornece melhor evidência de que um efeito, exposto pela inferência, possa ser explicado por causação direta.

Você pode se perguntar, enquanto estuda o fluxograma da estatística em resumo, "E se eu tivesse um experimento que comparasse quatro tratamentos, ou amostras de três populações?" O fluxograma permite apenas um ou dois, não três ou quatro ou mais. Seja paciente: métodos para a comparação de mais de duas médias ou proporções, bem como outros contextos para inferência, aparecerão na Parte V.

ESTATÍSTICA NO MUNDO REAL

Quantos eram mesmo?

Boas causas, muitas vezes, produzem más estatísticas. Um grupo de advocacia afirma, sem muita evidência, que 150 mil norte-americanos sofrem de anorexia nervosa, um distúrbio de alimentação. Logo alguém entende mal e diz que 150 mil pessoas *morrem* de anorexia nervosa a cada ano. Esse número pavoroso se repete em incontáveis livros e artigos. Na verdade, é pavoroso: cerca de apenas 55 mil mulheres, com idade entre 15 e 44 anos (o principal grupo afetado) morrem de *todas as causas* a cada ano.

Parte IV: Revisão de Habilidades

Aqui estão as habilidades mais importantes que você deve ter adquirido com a leitura dos Capítulos 20 a 23. Após cada habilidade, entre parênteses, está a seção do texto em que o tópico foi apresentado.

A. Reconhecimento

1. Reconhecer quando um problema requer inferência sobre médias populacionais (variável resposta quantitativa) ou proporções populacionais (em geral, variável resposta categórica). (20.1, 22.1)
2. Reconhecer, a partir do planejamento do estudo, se são necessários procedimentos de uma amostra, de dados emparelhados ou de duas amostras. (20.6, 21.1)
3. Com base no reconhecimento do contexto do problema, escolher entre procedimentos t de uma e duas amostras para médias, e procedimentos z de uma e duas amostras para proporções. (20.3, 21.5, 22.2, 23.1)

B. Inferência sobre uma média

1. Verificar se os procedimentos t são apropriados em um contexto particular. Conferir o planejamento do estudo e a distribuição dos dados e tirar vantagem da robustez contra a falta de Normalidade. (20.3, 20.7)
2. Reconhecer quando um plano de estudo deficiente, valores atípicos ou uma pequena amostra de uma distribuição assimétrica tornam arriscados os procedimentos t. (20.7)
3. Usar o procedimento t de uma amostra para obter um intervalo de confiança no nível de confiança estabelecido para a média μ de uma população. (20.2, 20.3)
4. Fazer um teste t de uma amostra para a hipótese de que uma média populacional μ tenha um valor especificado, contra uma alternativa unilateral ou bilateral. Usar *software* para encontrar o valor P, ou a Tabela C para obter um valor aproximado. (20.4, 20.5)
5. Reconhecer dados emparelhados e usar os procedimentos t para obter intervalos de confiança e para realizar testes de significância para esses dados. (20.6)

C. Comparação de duas médias

1. Verificar se os procedimentos t de duas amostras são apropriados em um contexto particular. Conferir o planejamento do estudo e a distribuição dos dados e tirar vantagem da robustez contra a falta de Normalidade. (21.2, 21.5)
2. Fornecer um intervalo de confiança para a diferença entre duas médias. Usar um *software*, se disponível. Utilizar a estatística t de duas amostras com número de graus de liberdade conservador e a Tabela C, se você não tiver um programa estatístico. (21.3, 21.4)
3. Testar a hipótese de que duas populações têm médias iguais, contra uma alternativa unilateral ou bilateral. Usar um *software*, se disponível. Usar o teste t de duas amostras com número de graus de liberdade conservador e a Tabela C, se você não tiver um programa estatístico. (21.3, 21.4)
4. Saber que há procedimentos para a comparação dos desvios-padrão de duas populações Normais, mas que esses procedimentos são arriscados por não serem nada robustos contra distribuições não Normais. (21.8)

D. Inferência sobre uma proporção

1. Verificar se é seguro o uso de procedimentos z de grandes amostras ou mais quatro em um contexto particular. Conferir o planejamento do estudo e as diretrizes para o tamanho amostral. (22.2, 22.5)
2. Usar o procedimento z de grandes amostras para fornecer um intervalo de confiança para uma proporção populacional p, quando as condições são satisfeitas. Caso contrário, a modificação mais quatro do procedimento z pode dar um intervalo de confiança para p que é preciso, mesmo para amostras pequenas e para qualquer valor de p. (22.2, 22.5)
3. Usar a estatística z para realizar um teste de significância para a hipótese H_0: $p = p_0$ sobre uma proporção populacional p contra uma alternativa unilateral ou bilateral. Usar um *software* ou a Tabela A para encontrar o valor P, ou usar a Tabela C para obter um valor aproximado. (22.4)

E. Comparação de duas proporções

1. Verificar se é seguro o uso dos procedimentos z de grandes amostras ou mais quatro em um contexto particular. Conferir o planejamento do estudo e as diretrizes para os tamanhos amostrais. (23.3, 23.5, 23.6)
2. Usar o procedimento z de grandes amostras para fornecer um intervalo de confiança para a diferença $p_1 - p_2$ entre proporções em duas populações baseadas em amostras independentes das populações, quando as condições são satisfeitas. Caso contrário, a modificação mais quatro do procedimento z pode fornecer um intervalo de confiança para $p_1 - p_2$ que é preciso, mesmo para amostras muito pequenas, e para quaisquer valores de p_1 e p_2. (23.3, 23.6)
3. Usar a estatística z para o teste da hipótese nula H_0: $p_1 = p_2$ de que as proporções em duas populações distintas são iguais. Use um *software* ou a Tabela A para encontrar o valor P, ou use a Tabela C para obter um valor aproximado. (23.5)

ESTATÍSTICA NO MUNDO REAL

Quantas milhas por galão?

À medida que o preço da gasolina aumenta, mais pessoas prestam atenção nas classificações de milhagem de seus veículos, emitidas pelo governo. Até recentemente, essas classificações ultrapassavam o número de milhas por galão que você esperaria ao dirigir na vida real. Essas classificações supunham velocidade máxima de 60 milhas por hora, baixa aceleração e sem ar-condicionado. Isso não se parece com o que vemos a nossa volta nas estradas. Talvez não se pareça com o modo como nós mesmos dirigimos. Começando com modelos 2008, as classificações assumem velocidades mais altas (80 milhas por hora, no máximo), aceleração mais rápida e ar-condicionado em clima quente. As classificações de milhagem dos mesmos veículos caíram em cerca de 12% na cidade e 8% na estrada.

AUTOTESTE

As questões a seguir incluem questões de múltipla escolha, cálculos e questões de respostas curtas. Elas irão ajudá-lo na revisão das ideias e habilidades básicas apresentadas nos Capítulos 20 a 23.

FatCamera/iStock

Multitarefa em aula. *A presença de um estudante por perto, digitando em um laptop enquanto assiste à aula, cria uma distração que inibe a aprendizagem durante a aula? Pesquisadores associaram aleatoriamente 38 alunos de graduação a um de dois grupos de tratamento, ambos de tamanho 19. Os alunos de um dos grupos estavam sentados de modo a verem alguém que estava ocupado no computador durante a aula. Os alunos do outro grupo estavam sentados sem verem alguém ocupado ao laptop. Voluntários foram recrutados para passar a aula trabalhando ao mesmo tempo em seus laptops, e foram colocados estrategicamente na sala para prover a distração. Ao final da aula, os sujeitos receberam um teste sobre o conteúdo da aula, e os escores dos dois grupos foram comparados. O escore médio do teste para os estudantes que não estavam vendo alguém ao computador foi de $\bar{x} = 73$, com desvio-padrão $s = 12$.*[1] *Use essa informação para responder às Questões 24.1 e 24.2.*

24.1 Um intervalo de confiança de 95% para o escore médio no teste na população que os estudantes que não viam alguém ao computador supostamente representam é

(a) 70,25 a 75,75.

(b) 68,23 a 77,77.

(c) 67,60 a 78,40.

(d) 67,22 a 78,78.

24.2 Quais condições são exigidas para a população e para o planejamento do estudo pelo procedimento que você usou para construir seu intervalo de confiança? Quais dessas condições são importantes para a validade do procedimento nesse caso?

A natureza cura melhor? *Nossos corpos têm um campo elétrico natural que, sabe-se, ajuda na cura de ferimentos. A mudança na intensidade desse campo retarda a cura? Uma série de experimentos com salamandras estudou essa questão. A tabela a seguir fornece as taxas de cura de cortes (micrômetros por hora) em um experimento de dados emparelhados. Os pares são as duas pernas traseiras da mesma salamandra, com o campo natural do corpo em uma perna (controle) e metade do valor natural na outra perna (experimental).*[2]

Salamandra	1	2	3	4	5	6	7	8	9	10	11	12	13	14
Controle	25	13	44	45	57	42	50	36	35	38	43	31	26	48
Experimental	24	23	47	42	26	46	38	33	28	28	21	27	25	45
Diferença (controle − experimental)	1	−10	−3	3	31	−4	12	3	7	10	22	4	1	3

A média e o desvio-padrão das diferenças são 5,71 e 10,56 micrômetros por hora, respectivamente. Use essa informação para responder às Questões 24.3 e 24.4.

24.3 Há boa evidência de que a mudança no campo elétrico de seu nível natural retarde a cura? O valor P para o seu teste

(a) é menor que 0,01.

(b) está entre 0,01 e 0,05.

(c) está entre 0,05 e 0,10.

(d) é maior que 0,10.

24.4 Explique por que esse é um experimento de dados emparelhados. Dê um intervalo de confiança de 95% para a diferença nas taxas de cura (controle menos experimental).

Liberdade de expressão. *Em dezembro de 2017, a Pesquisa Gallup perguntou a uma amostra de estudantes de faculdade: "Você acha que o direito de liberdade de expressão está muito seguro, seguro ameaçado, ou muito ameaçado no país hoje?"*[3] *Entre os 2.116 estudantes de faculdade respondentes democratas/inclinação democrática, 1.248 responderam seguro ou muito seguro, enquanto entre os 720 estudantes de faculdade respondentes republicanos/inclinação republicana, 511 responderam seguro ou muito seguro. A diferença entre a proporção dos estudantes de faculdade democratas/inclinação democrática e a proporção dos estudantes de faculdade republicanos/inclinação republicana, que disseram que o direito à liberdade de expressão é seguro ou muito seguro, é estatisticamente significante? As Questões 24.5 a 24.8 se baseiam nesses resultados.*

24.5 Sejam p_D e p_R as proporções de todos os estudantes de faculdade democratas/inclinação democrática e republicanos/inclinação republicana, respectivamente, à época da pesquisa, que diriam que o direito à liberdade de expressão é seguro ou muito seguro. As hipóteses a serem testadas são

(a) H_0: $p_D = p_R$ *versus* H_a: $p_D \neq p_R$

(b) H_0: $p_D = p_R$ *versus* H_a: $p_D > p_R$

(c) H_0: $p_D = p_R$ *versus* H_a: $p_D < p_R$

(d) H_0: $p_D < p_R$ *versus* H_a: $p_D = p_R$

24.6 A proporção amostral dos estudantes de faculdade republicanos/inclinação republicana que disseram que o direito à liberdade de expressão é seguro ou muito seguro é

(a) 0,59.

(b) 0,62.

(c) 0,65.

(d) 0,71.

24.7 A proporção amostral combinada de respondentes democratas/inclinação democrática e republicanos/inclinação republicana que disseram que o direito à liberdade de expressão é seguro ou muito seguro é

(a) 0,59.

(b) 0,62.

(c) 0,65.

(d) 0,71.

24.8 O teste z para a comparação das proporções de estudantes de faculdade democratas/inclinação democrática e estudantes de faculdades republicanos/inclinação republicana que disseram que o direito à liberdade de expressão é seguro ou muito seguro tem

(a) $P < 0{,}001$.

(b) $0{,}001 < P < 0{,}01$.

(c) $0{,}01 < P < 0{,}05$.

(d) $P > 0{,}05$.

24.9 **Cirurgia gástrica de *bypass*.** Qual a eficácia da cirurgia de *bypass* gástrico na manutenção da perda de peso em pessoas extremamente obesas? Pesquisadores descobriram que 427 de 771 sujeitos que se submeteram à cirurgia de *bypass* gástrico recuperaram, pelo menos, 25% de sua perda de peso pós-cirurgia, cinco anos depois.[4]

(a) As condições para o uso de intervalo de confiança de grandes amostras são satisfeitas? Explique.

(b) Dê um intervalo de confiança de 90% para a proporção daqueles que se submeteram à cirurgia de *bypass* gástrico e que recuperaram, pelo menos, 25% de sua perda de peso pós-cirurgia, cinco anos depois da cirurgia.

(c) Interprete seu intervalo no contexto do problema.

Gênio do mal? *A trapaça realça a criatividade? Pesquisadores recrutaram 178 sujeitos e pediram aos participantes que adivinhassem se o resultado da jogada de uma moeda virtual seria cara ou coroa. Depois de indicar suas predições, os participantes deveriam pressionar um botão para jogar a moeda virtualmente. Pedia-se que eles pressionassem o botão apenas uma vez, mas eles tinham a oportunidade de testar o botão várias vezes antes do início da experiência. Assim, os participantes poderiam "trapacear", pressionando o botão antes de fazer suas predições e fazer parecer que haviam pressionado o botão apenas uma vez para cada predição. Os participantes, então, relatavam se tinham adivinhado corretamente e recebiam um bônus de US$ 1 se acertassem. O programa registrava os resultados das jogadas virtuais iniciais da moeda, de modo que os pesquisadores podiam dizer se os participantes haviam trapaceado. Depois da tarefa da jogada da moeda, todos os participantes faziam um teste que media a criatividade. Eis as estatísticas em resumo para os escores do teste de criatividade:*[5]

Grupo	n	$\bar{x}$	s
Trapaceiros	43	3,60	1,26
Não trapaceiros	135	2,33	1,00

Use essa informação para responder às Questões 24.10 a 24.13.

24.10 Um intervalo de confiança de 90% para o escore médio no teste de criatividade para os sujeitos que trapacearam é

(a) 3,60 ± 0,19.
(b) 3,60 ± 0,32.
(c) 3,60 ± 2,12.
(d) 1,26 ± 0,43.

24.11 Um intervalo de confiança de 90% para o escore médio no teste de criatividade para os sujeitos que não trapacearam é

(a) 2,33 ± 0,09.
(b) 2,33 ± 0,14.
(c) 2,33 ± 1,68.
(d) 1,00 ± 0,14.

24.12 Há uma diferença significante entre os escores médios no teste de criatividade para os que trapacearam e para os que não o fizeram? O valor da estatística t para o teste da hipótese nula de nenhuma diferença nos escores médios no teste de criatividade é

(a) 0,21.
(b) 1,27.
(c) 4,76.
(d) 6,03.

24.13 Há uma diferença significante entre os escores médios no teste de criatividade para os que trapacearam e para os que não o fizeram? Os graus de liberdade usando a Opção 2 conservadora para a estatística t do teste da hipótese nula de nenhuma diferença nos escores médios no teste de criatividade são

(a) 42.
(b) 59,2.
(c) 88.
(d) 253.

24.14 **Multitarefa em aula.** A presença de um estudante por perto, digitando em um *laptop* enquanto assiste à aula, cria uma distração que inibe a aprendizagem durante a aula? Pesquisadores associaram aleatoriamente 38 alunos de graduação a um de dois grupos de tratamento, ambos de tamanho 19. Os alunos de um dos grupos estavam sentados de modo a verem alguém que estava ocupado no computador durante a aula. Os alunos do outro grupo estavam sentados, sem verem alguém ocupado ao *laptop*. Voluntários foram recrutados para passar a aula trabalhando ao mesmo tempo em seus *laptops*, e foram colocados estrategicamente na sala para prover a distração. Ao final da aula, os sujeitos receberam um teste sobre o conteúdo da aula, e os escores dos dois grupos foram comparados. O escore médio no teste para os alunos que estavam sentados de modo a verem alguém ocupado no computador foi $\bar{x} = 56$, com desvio-padrão $s = 12$. O escore médio no teste para os alunos que não estavam sentados de modo a verem alguém ocupado no computador foi $\bar{x} = 73$, com desvio-padrão $s = 12$.[6] A diferença observada nas médias é estatisticamente significante? Faça o teste usando a Opção 2 conservadora para os graus de liberdade. O valor P

(a) é menor do que 0,01.
(b) está entre 0,01 e 0,05.
(c) está entre 0,05 e 0,10.
(d) é maior do que 0,10.

Tratando a enxaqueca. *Em um teste clínico aleatorizado, 135 jovens, com idade entre 10 e 17 anos, diagnosticados com enxaqueca crônica, foram associados a um de dois tratamentos. Um envolvia 10 sessões de terapia comportamental cognitiva (TCC) e uso da droga amitriptilina. O outro envolvia 10 sessões de educação para dor de cabeça mais amitriptilina. Vinte semanas depois do tratamento, a severidade da enxaqueca para cada sujeito foi avaliada, com o uso do Escore Pediátrico de Avaliação de Incapacidade pela Enxaqueca (PedMIDAS). Eis os dados dos escores PedMIDAS, 20 semanas depois do tratamento, para os dois grupos:*[7]

Grupo	n	Média	Desvio-padrão
TCC	64	15,5	17,4
Educação	71	29,6	42,2

Use essa informação para responder às Questões 24.15 a 24.18.

24.15 Ambos os conjuntos de dados de resistência são assimétricos à direita. Como sabemos isso? (Note que os escores PedMIDAS são maiores do que zero ou iguais a zero.) Por que os procedimentos t são, apesar de tudo, razoavelmente precisos para esses dados?

24.16 Um intervalo de confiança de 95% para o escore médio PedMIDAS para o grupo TCC é

(a) 14,97 a 16,03.
(b) 13,32 a 17,68.
(c) 11,87 a 19,13.
(d) 11,15 a 19,85.

24.17 Um intervalo de confiança de 95% para a diferença média (educação menos TCC) nos escores PedMIDAS, usando a Opção 2 conservadora para os graus de liberdade, é

(a) 3,18 a 25,02.
(b) 4,98 a 23,22.
(c) 8,64 a 19,56.
(d) 21,24 a 37,96.

24.18 Os dados mostram que há uma diferença nos escores médios PedMIDAS para os dois tratamentos? Realize um teste de hipótese apropriado, usando a Opção 2 conservadora para os graus de liberdade.

24.19 **Pré-leitores no jardim de infância.** Uma escola tem duas classes de jardim de infância. Há 21 crianças na classe da professora Hazelcorn. Dessas, 12 são "pré-leitores" - crianças que estão prontas para ler. Há 19 crianças na classe do Prof. Shapiro. Dessas, 14 são pré-leitores. Há uma diferença estatisticamente significante nas proporções de "pré-leitores" nas duas classes? A estatística z é calculada, e o valor P é 0,263.

(a) Esse teste não é confiável, porque as amostras são muito pequenas.

(b) Esse teste não tem qualquer utilidade porque deveríamos comparar médias com uma estatística t.

(c) Esse teste é razoável, porque as contagens de sucessos e de fracassos são, cada uma, cinco ou mais em ambas as amostras.

(d) Esse teste não é apropriado porque essas amostras não podem ser consideradas amostras aleatórias simples extraídas de uma população maior.

24.20 **Assistência médica.** Se desejamos estimar p, a proporção populacional de prováveis eleitores que acreditam ser a assistência médica a preocupação nacional mais urgente, com 95% de confiança e uma margem de erro não maior do que 2%, quantos prováveis eleitores devem ser pesquisados? Suponha que você não tenha qualquer ideia do valor de p.

(a) 188

(b) 1.691

(c) 2.401

(d) 4.802

Áudio *online*. *Uma pesquisa Infinite Dial, de 2019, encontrou que 67% de uma amostra de 1.500 norte-americanos, com 12 anos de idade ou mais, disseram ter ouvido áudios* online *(estações de rádio AM/FM online, e/ou ouviram conteúdos de áudios transmitidos, disponíveis apenas na internet) pelo menos uma vez no mês anterior à pesquisa. Suponha que a amostra seja uma AAS. Use essa informação para responder às Questões 24.21 a 24.23.*

24.21 Com base na amostra, o intervalo de grandes amostras de 90% para a proporção de todos os norte-americanos com 12 anos de idade ou mais que ouviram áudios *online* no mês anterior à pesquisa é

(a) $0{,}67 \pm 0{,}012$.

(b) $0{,}67 \pm 0{,}020$.

(c) $0{,}67 \pm 0{,}024$.

24.22 Na Questão 24.21, suponha que tenhamos calculado um intervalo de confiança de grandes amostras de 80% para a proporção de todos os norte-americanos com 12 anos de idade ou mais que ouviram áudios *online* no mês anterior à pesquisa. Esse intervalo de confiança de 80%

(a) teria uma margem de erro menor do que a do intervalo de confiança de 90%.

(b) teria uma margem de erro maior do que a do intervalo de confiança de 90%.

(c) poderia ter uma margem de erro menor ou maior do que a do intervalo de confiança de 90%. Isso varia de amostra para amostra.

24.23 Quantos norte-americanos de 12 anos ou mais, selecionados aleatoriamente, devem ser entrevistados para estimar a proporção dos que ouviram áudios *online* no mês anterior à pesquisa, dentro de ±0,02, com 99% de confiança, usando o intervalo de confiança de grandes amostras? Use 0,5 como a adivinhação conservadora para p.

(a) $n = 1.692$

(b) $n = 2.401$

(c) $n = 4.148$

Bebês com peso muito baixo ao nascer. *A partir de 1970, a tecnologia médica possibilitou que crianças com peso muito baixo ao nascer (PMBN, menos do que 1.500 gramas) sobrevivessem sem deficiências físicas importantes. Observou-se que essas crianças, não obstante, tinham dificuldades na escola e como adultos. Um estudo de longo prazo acompanhou 242 bebês com PMBN até a idade de 20 anos, juntamente com um grupo de controle de 233 bebês da mesma população que apresentaram peso normal ao nascer.*[8] *Com 20 anos de idade, 179 do grupo PMBN e 193 do grupo de controle tinham concluído o Ensino Médio. Use essa informação para responder às Questões 24.24 a 24.29.*

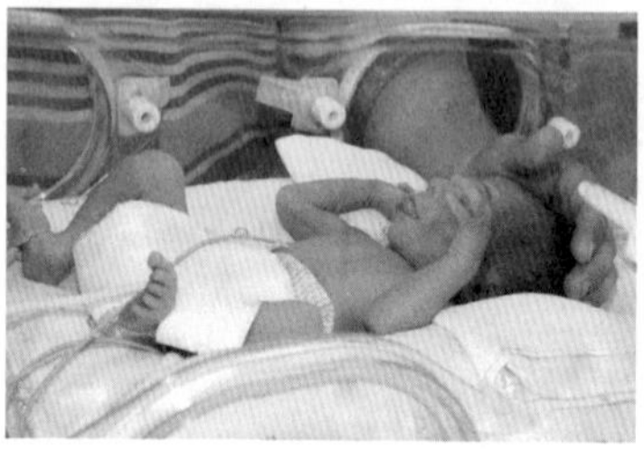

herjua/iStock

24.24 Esse é um exemplo de

(a) um estudo observacional.

(b) um experimento não aleatorizado.

(c) um estudo aleatorizado controlado.

(d) um experimento de dados emparelhados.

24.25 Denote por p_{PMBN} e $p_{controle}$ as proporções de todos os bebês com PMBN e peso normal ao nascer (controle), respectivamente, que completaram o Ensino Médio. As hipóteses a serem testadas são

(a) H_0: $p_{PMBN} = p_{controle}$ *versus* H_a: $p_{PMBN} \neq p_{controle}$.

(b) H_0: $p_{PMBN} = p_{controle}$ *versus* H_a: $p_{PMBN} > p_{controle}$.

(c) H_0: $p_{PMBN} = p_{controle}$ *versus* H_a: $p_{PMBN} < p_{controle}$.

(d) H_0: $p_{PMBN} > p_{controle}$ *versus* H_a: $p_{PMBN} = p_{controle}$.

24.26 A proporção amostral combinada de sujeitos que se graduaram no Ensino Médio é

(a) $\hat{p} = 0{,}74$.

(b) $\hat{p} = 0{,}78$.

(c) $\hat{p} = 0{,}81$.

(d) $\hat{p} = 0{,}83$.

24.27 O valor numérico do teste z para a comparação das proporções de todos os bebês com PMBN e com peso normal ao nascer (controle) que se graduariam no Ensino Médio é

(a) $z = -1{,}65$.

(b) $z = -2{,}34$.

(c) $z = -2{,}77$.

(d) $z = -3{,}14$.

24.28 Os escores de QI estavam disponíveis para 113 homens do grupo PMBN e para 106 homens no grupo de controle. O QI médio dos 113 homens do grupo PMBN foi de 87,6 e o desvio-padrão foi de 15,1. Os 106 homens no grupo de controle tinham QI médio de 94,7, com desvio-padrão 14,9. Há boa evidência de que o QI médio seja mais baixo entre homens do grupo PMBN do que entre os homens do grupo de controle, com histórico semelhante? Para verificar isso com um teste t de duas amostras, a estatística de teste seria

(a) $t = -1{,}72$.

(b) $t = -3{,}50$.

(c) $t = -5{,}00$.

(d) $t = -7{,}10$.

24.29 Das 126 mulheres no grupo PMBN, 38 afirmaram ter usado drogas ilícitas; 54 das 124 mulheres do grupo de controle também haviam usado. Os escores de QI para as mulheres do grupo PMBN que tinham usado drogas ilícitas tinham média de 86,2 (desvio-padrão 13,4), e as mulheres com peso normal ao nascer que usaram drogas ilícitas tinham QI médio de 89,8 (desvio-padrão 14,0). Existe uma diferença estatisticamente significante entre os dois grupos no QI médio? O valor P para esse teste

(a) é menor que 0,01.

(b) está entre 0,01 e 0,05.

(c) está entre 0,05 e 0,10.

(d) é maior que 0,10.

Girando euros. *Todas as moedas de euro têm uma imagem nacional no lado de "cara" e um desenho comum no lado de "coroa". Girar uma moeda, em vez de jogá-la, pode não dar a caras e coroas probabilidades iguais. Estudantes poloneses giraram o euro belga 250 vezes, com seu rei corpulento, Albert, mostrado no lado de cara. O resultado foram 140 caras.*[9] *Qual a significância dessa evidência contra probabilidades iguais? Use essa informação para responder às Questões 24.30 e 24.31.*

24.30 Seja p a probabilidade de que um euro girado caia com cara para cima. As hipóteses a serem testadas são

(a) H_0: $p = 0{,}5$ *versus* H_a: $p \neq 0{,}5$.

(b) H_0: $p = 0{,}5$ *versus* H_a: $p > 0{,}5$.

(c) H_0: $p = 0{,}5$ *versus* H_a: $p < 0{,}5$.

24.31 O valor P para o teste de hipótese está

(a) entre 0,15 e 0,20.

(b) entre 0,10 e 0,15.

(c) entre 0,05 e 0,10.

(d) abaixo de 0,05.

24.32 **Voto para o melhor rosto?** Muitas vezes, julgamos as pessoas por seus rostos. Parece que algumas pessoas julgam candidatos a cargos eletivos por seus rostos. Psicólogos mostraram fotos de rosto e ombros dos dois principais candidatos em 32 corridas para o Senado dos EUA a muitos sujeitos (retirando os que reconheciam algum deles) para ver qual candidato era classificado como "mais competente" com base apenas nas fotos. No dia da eleição, os candidatos cujas faces pareciam mais competentes ganharam 22 das 32 disputas.[10] Se as faces não influenciam o voto, metade de todas as corridas, no longo prazo, deveriam ser vencidas pelo candidato de melhor rosto. Há evidência de que o candidato com a melhor face vença mais de metade das vezes?

(a) Estabeleça as hipóteses nula e alternativa a serem testadas.

(b) Quão forte é a evidência de que o candidato com o melhor rosto vença mais da metade das vezes? Certifique-se de verificar as condições para o uso desse teste.

Quem *twitta*? *Jovens usam o Twitter com mais frequência do que as pessoas mais velhas. Em uma amostra de 236 jovens adultos com idade de 18 a 29 anos, 90 haviam usado o Twitter. Em uma amostra de 391 adultos com idade de 65 anos ou mais, 27 haviam usado o Twitter.*[11] *Utilize essa informação para responder às Questões 24.33 e 24.34.*

24.33 Dê um intervalo de confiança de 90% para a proporção de todos os jovens adultos com idade de 18 a 29 anos que usaram o Twitter.

24.34 Dê um intervalo de confiança de 95% para a diferença entre as proporções dos que usaram o Twitter, para esses dois grupos de idade.

24.35 **Eu recuso!** Nossas emoções influenciam nossas decisões econômicas? Uma maneira de se examinar isso é fazer com que sujeitos joguem um "jogo de ultimato" contra outra pessoa ou contra um computador. Seu parceiro (pessoa ou computador) ganha US$ 10, com a condição de que essa quantia deve ser dividida com você. O parceiro faz a você uma oferta. Se você recusar, nenhum de vocês ganha qualquer coisa. Assim, é vantagem para você aceitar, mesmo uma oferta injusta, como US$ 2 em US$ 10. Algumas pessoas ficam enlouquecidas e recusam ofertas injustas. Eis os dados das respostas de 76 sujeitos designados aleatoriamente para receberem uma oferta de US$ 2 de uma pessoa a quem foram apresentados, ou de um computador:[12]

	Aceita	Rejeita
Oferta humana	20	18
Oferta de computador	32	6

Suspeitamos que a emoção fará com que as ofertas de outra pessoa sejam recusadas com mais frequência do que as ofertas impessoais de um computador. Faça um teste para avaliar a evidência para essa conjectura.

Dieta e densidade óssea em gatos. *Alguns dietistas sugerem que dietas altamente ácidas podem ter um efeito adverso sobre a densidade óssea em humanos. Dietas alcalinas têm sido comercializadas para evitar ou neutralizar esse efeito. Esse mesmo efeito é verdadeiro para gatos, e uma dieta alcalina seria benéfica? Dois grupos de quatro gatos foram alimentados, por 12 meses, com dietas que diferiam apenas nas propriedades acidificantes e alcalinizantes. A densidade mineral óssea (g/cm^3) de cada gato foi medida ao final dos 12 meses. As estatísticas em resumo para a densidade mineral óssea aparecem a seguir.*[13]

Dieta	n	$\bar{x}$	s
Acidificante	4	0,63	0,01
Alcalinizante	4	0,64	0,05

As Questões 24.36 a 24.39 se baseiam nesse estudo.

24.36 Um intervalo de confiança de 90% para a densidade mineral óssea média dos gatos, depois de 12 meses em dieta acidificante, é

(a) 0,622 a 0,638.

(b) 0,618 a 0,642.

(c) 0,614 a 0,646.

(d) 0,620 a 0,640.

24.37 Há evidência forte de que os gatos em dieta alcalinizante tenham densidade mineral óssea maior, depois de 12 meses, do que os gatos em dieta acidificante? Para o teste disso, com um teste t de duas amostras, os valores da estatística t e seus graus de liberdade, com o uso da Opção 2 conservadora, são

(a) $t = 0{,}39$, gl = 3.

(b) $t = 0{,}39$, gl = 4.

(c) $t = 0{,}01$, gl = 6.

(d) $t = 0{,}01$, gl = 7.

24.38 Um intervalo de confiança de 90% para a diferença na densidade mineral óssea média depois de 12 meses sob dieta alcalinizante e sob dieta acidificante é (use a Opção 2 conservadora para os graus de liberdade)

(a) 0,01 a 0,05.

(b) −0,03 a 0,05.

(c) −0,05 a 0,07.

(d) −0,07 a 0,09.

24.39 Quais condições devem ser satisfeitas para a justificativa dos processos que você usou na Questão 24.36? Na Questão 24.37? Na Questão 24.38?

Escolhendo um procedimento de inferência. *Em cada uma das Questões 24.41 a 24.46, diga qual tipo de procedimento de inferência do fluxograma da estatística em resumo você usaria, ou explique por que nenhum desses procedimentos se ajusta ao problema. Você não precisa realizar qualquer dos procedimentos.*

24.40 Dirigindo com velocidade. Com que seriedade as pessoas encaram a velocidade em comparação com outros comportamentos inoportunos? Pediu-se a uma grande amostra aleatória de adultos que classificasse vários comportamentos em uma escala de 1 (nenhum problema) a 5 (problema muito sério). Os motoristas que dirigem com excesso de velocidade obtêm uma classificação mais alta do que vizinhos barulhentos?

24.41 Prevenção de afogamento. Afogamento em banheira é uma das principais causas de mortes entre crianças com menos de 5 anos de idade. Uma amostra aleatória de pais respondeu a várias questões sobre segurança na banheira. Ao todo, 85% da amostra disseram que usavam banheiras de bebê para crianças pequenas. Estime o percentual de todos os pais de crianças pequenas que usam banheiras de bebê.

24.42 Chuva ácida? Você tem dados sobre água da chuva coletados em 16 localidades nas Montanhas Adirondack, do estado de Nova York. Umas das medidas é a acidez da água, medida pelo pH em uma escala de 0 a 14. (O pH da água destilada é 7,0.) Estime a acidez média da água da chuva nas Montanhas Adirondack.

24.43 Salários de atletas. Na internet, você encontra os salários base de todos os 25 jogadores ativos no elenco do Chicago Cubs escalados no dia da abertura da temporada de beisebol de 2019. O salário total desses 25 jogadores era de US$ 194,1 milhões, um dos maiores na Liga Principal de Beisebol. Estime o salário médio dos 25 jogadores ativos no elenco.

24.44 Recordando o namoro da adolescência. Como os jovens adultos veem o namoro que tiveram na adolescência? Pesquisadores entrevistaram 40 casais na faixa dos 25 anos. As mulheres e os homens que formavam casais foram entrevistados separadamente. A cada um foi perguntado sobre o relacionamento do momento e também sobre uma relação romântica que tenha durado pelo menos dois meses, quando eles tinham 15 ou 16 anos de idade. Uma variável resposta foi uma medida, em uma escala numérica, do grau de importância da atração pelo parceiro adolescente. Você quer comparar os homens e as mulheres em relação a essa medida.

24.45 Prevenção da AIDS pela educação. O Multisite HIV Prevention Trial foi um experimento comparativo aleatorizado que comparou os efeitos de sessões de discussão sobre AIDS em pequenos grupos. Essas sessões foram realizadas duas vezes por semana (o tratamento) e em uma única sessão de uma hora (o controle). Compare os efeitos do tratamento e do controle em cada uma das seguintes variáveis resposta:

(a) Um sujeito usa, ou não usa, camisinha seis meses depois das sessões educativas.

(b) O número de atos sexuais sem proteção realizados entre quatro e oito meses depois dessas sessões.

(c) Um sujeito está, ou não, infectado com uma doença sexualmente transmissível seis meses após essas sessões.

EXERCÍCIOS SUPLEMENTARES

Os exercícios suplementares aplicam as habilidades que você adquiriu de maneiras que exigem mais raciocínio ou uso mais elaborado da tecnologia. Alguns desses exercícios começam a partir de dados brutos reais e não de resumos de dados. Muitos destes exercícios pedem que você siga os passos Planeje, Resolva e Conclua do processo de quatro passos. Lembre-se de que o passo Resolva inclui a verificação das condições para a inferência planejada.

24.46 Você tem confiança? Um relatório de uma pesquisa distribuído a endereços de *e-mail* selecionados aleatoriamente em uma grande universidade dizia: "coletamos 427 respostas de nossa amostra de 2.100 em 30 de abril de 2004. O número de respostas é grande o bastante para alcançar um intervalo de confiança de 95%, com ±5% de margem de erro amostral na generalização dos resultados para nossa população de estudo".[14] Por que você relutaria em confiar no intervalo de confiança baseado nesses dados?

22.48 Tratando a enxaqueca. As Questões 24.15 a 24.18 envolvem um teste clínico aleatorizado para investigar os efeitos de dois tratamentos para enxaqueca. Um dos tratamentos, terapia comportamental cognitiva (TCC) junto com a droga amitriptilina, tinha perspectiva de ser particularmente eficaz. Para cada um dos 64 sujeitos nesse tratamento, avaliou-se a severidade das enxaquecas, usando os escores PedMIDAS. Eis os dados resumo para esses sujeitos:

Tempo	$\bar{x}$	s
Antes do tratamento	68,2	31,7
Depois do tratamento	15,5	17,4

(a) Quais procedimentos t são corretos para a comparação dos escores médios PedMIDAS antes e depois do tratamento: uma amostra, dados emparelhados, ou duas amostras?

(b) O resumo dos dados apresentado não tem informação suficiente para a realização dos procedimentos t corretos. Explique por que não.

24.48 Macacos e música. Os humanos, em geral, preferem música ao silêncio. O que dizer de macacos? Em um estudo, os pesquisadores permitiram que um macaco sagui entrasse em uma jaula em forma de V, com comida em ambos os braços do V. Depois que o macaco comeu a comida, os pesquisadores se perguntaram qual braço ele preferiria? A localização do macaco determinava o que ele ouvia: um acalanto tocado por uma flauta, em um dos braços, ou o silêncio, no outro. Cada um de quatro macacos foi testado seis vezes, em dias diferentes e com a alternância da música entre os dois braços, esquerdo e direito (para o caso de um macaco preferir uma direção). Os macacos preferiram o silêncio em 65% do tempo em que estiveram na jaula. Os pesquisadores relataram um teste t de uma amostra para o percentual médio de tempo gasto no braço com música, H_0: $\mu = 50\%$ contra a alternativa bilateral, $t = -5{,}26$; gl = 23, $P < 0{,}0001$.[15]

Embora o resultado seja interessante, a análise estatística não está correta. Os graus de liberdade gl = 23 mostram que os pesquisadores assumiram ter 24 observações independentes. Explique por que os resultados das 24 tentativas não são independentes.

24.49 (Opcional) Ratos detectores de drogas? Cachorros são grandes e caros. Ratos são pequenos e baratos. Os ratos podem ser treinados para substituir os cachorros no farejamento de drogas ilegais? Um primeiro estudo dessa ideia treinou ratos para se levantarem em suas patas traseiras quando sentissem o cheiro simulado de cocaína. Para verificar o desempenho dos ratos depois do treinamento, eles foram soltos em uma superfície com muitos recipientes enterrados nela, um dos quais continha cocaína simulada. Quatro dos seis ratos treinados tiveram sucesso em 80 das 80 tentativas.[16] Como deveríamos estimar a taxa de sucesso de longo prazo p de um rato que teve sucesso em cada uma de 80 tentativas?

(a) Qual é a proporção amostral $\hat{p}$ do rato? Qual é o intervalo de confiança de grandes amostras de 95% para p? Não é plausível o rato ser *sempre* bem-sucedido, como esse intervalo diz.

(b) Encontre a estimativa mais quatro $\tilde{p}$ e o intervalo de confiança mais quatro de 95% para p. Esses resultados são mais razoáveis.

24.50 Uma nova vacina. 4 PASSOS Em 2006, a companhia farmacêutica Merck liberou uma vacina chamada Gardasil para o vírus humano papiloma, a causa mais comum de câncer de colo de útero em mulheres jovens. O *site* da Merck na internet apresenta os resultados de "quatro estudos clínicos aleatorizados, duplo-cego, controlados por placebo", com mulheres de 16 a 26 anos de idade, como segue:[17]

	n	Câncer de colo de útero	n	Verrugas genitais
Gardasil	8487	0	7897	1
Placebo	8460	32	7899	91

(a) Dê um intervalo de confiança de 99% para a diferença nas proporções de jovens mulheres que desenvolveram câncer de colo de útero com e sem a vacina.

(b) Faça o mesmo para as proporções das que desenvolveram verrugas genitais.

(c) O que você conclui sobre a eficácia geral da vacina?

24.51 Começando a falar. 4 PASSOS Com qual idade as crianças falam sua primeira palavra? Eis os dados de 20 crianças (idade em meses):[18] PRIMPAL

15	26	10	9	15	20	18	11	8	20
7	9	10	11	11	10	12	17	11	10

(Na verdade, a amostra continha uma criança a mais, que começou a falar com 42 meses. Os especialistas em desenvolvimento infantil consideram isso anormalmente tarde, de modo que os pesquisadores tiraram o valor atípico para obterem uma amostra de crianças "típicas". Desejamos considerar esses dados como uma AAS.) Há boa evidência de que a idade média da primeira palavra entre todas as crianças típicas seja maior do que 1 ano?

24.52 Fertilização de uma planta tropical. 4 PASSOS Bromélias são plantas tropicais que dão flor. Muitas são epífitas, que se agarram a árvores e obtêm umidade e nutrientes do ar e da chuva. Em um experimento na Costa Rica, Jacqueline Ngai e Diane Srivastava observaram se a adição de nitrogênio aumentava a produtividade das bromélias. Bromélias foram associadas aleatoriamente a grupos de nitrogênio e de controle. Eis os dados sobre o número de novas folhas produzidas em um período de sete meses:[19] FERT

glasslanguage/iStock

Controle	11	13	16	15	15	11	12	
Nitrogênio	15	14	15	16	17	18	17	13

Há evidência de que a adição de nitrogênio aumente o número médio de novas folhas formadas?

24.53 Começando a falar (continuação). Use os dados do Exercício 24.51 para fornecer um intervalo de confiança de 90% para a idade média à qual as crianças falam sua primeira palavra. PRIMPAL

24.54 Tingimento de tecidos. 4 PASSOS Diferentes tecidos respondem de maneiras diferentes quando tingidos. Isso é motivo de preocupação para os fabricantes de roupas, que desejam que a cor do tecido combine muito proximamente com suas especificações. Uma pesquisadora tingiu tecidos de algodão e de rami com a mesma tinta "azul prócion", aplicada da mesma maneira. Ela usou, então, um colorímetro para medir a luminosidade da cor, em uma escala na qual o preto é 0 e o branco é 100. Eis os dados para oito peças de cada tecido:[20] TINTURA

Algodão	48,82	48,88	48,98	49,04	48,68	49,34	48,75	49,12
Rami	41,72	41,83	42,05	41,44	41,27	42,27	41,12	41,49

Há uma diferença significante entre os tecidos? Qual tecido fica mais escuro quando tingido dessa maneira?

24.55 Mais sobre tingimento de tecidos. A cor de um tecido depende da tinta usada e, também, do modo de aplicação. A pesquisadora do estudo discutido no exercício anterior continuou com o tingimento de tecidos de rami com a mesma tinta "azul prócion" aplicada de duas maneiras diferentes. Eis os escores de luminosidade para oito peças de tecidos idênticos tingidos de cada uma das maneiras: TINTURA2

Método B	40,98	40,88	41,30	41,28	41,66	41,50	41,39	41,27
Método C	42,30	42,20	42,65	42,43	42,50	42,28	43,13	42,45

(a) Esse é um experimento comparativo aleatorizado. Esboce seu planejamento.

(b) Um fabricante de roupas deseja saber qual método dá a cor mais escura (escore de luminosidade menor). Use médias amostrais para responder a essa questão. A diferença entre as duas médias amostrais é estatisticamente significante? Você pode dizer, com base apenas no valor *P*, se a diferença é grande o suficiente para ser importante na prática?

24.56 Os pais se importam? Um professor perguntou, a seus alunos de segundo ano, "Seu pai ou sua mãe permitem que você consuma bebida alcoólica perto deles?" e "Quantos drinques você tipicamente toma por vez?" [Um drinque é definido como uma cerveja de 12 oz (354,88 mL), uma taça de vinho de 4 oz (118,29 mL) ou uma dose de bebida alcoólica de 1 oz (29,57 mL).] A Tabela 24.1 contém as respostas de mulheres estudantes que não são abstêmias.[21] A amostra são todos os estudantes em uma grande turma do segundo ano. A classe é popular, por isso desejamos considerá-la como uma AAS de estudantes do segundo ano dessa faculdade. O comportamento dos pais faz uma diferença significante no número de drinques que as estudantes tomam, em média? DRINQFEM

24.57 Comportamento dos pais. Imaginamos qual proporção de mulheres estudantes tem pelo menos um dos pais que permite que elas consumam bebida alcoólica perto dele. A Tabela 24.1 contém informação sobre uma amostra de 94 estudantes. Use essa amostra para dar um intervalo de confiança de 95% para essa proporção. DRINQFEM

24.58 Camundongos diabéticos. O campo elétrico natural do corpo ajuda a cicatrizar feridas. Se o diabetes muda esse campo, isso pode explicar por que as pessoas diabéticas têm cicatrização mais lenta. Um estudo dessa ideia comparou camundongos normais com camundongos criados para desenvolver o diabetes. Os pesquisadores colocaram sensores na perna traseira direita e nos pés dianteiros dos camundongos e mediram a diferença de potencial elétrico (milivolts) entre esses locais. Eis os dados:[22] CAMUND

Camundongos diabéticos					
14,70	13,60	7,40	1,05	10,55	16,40
10,00	22,60	15,20	19,60	17,25	18,40
9,80	11,70	14,85	14,45	18,25	10,15
10,85	10,30	10,45	8,55	8,85	19,20

Camundongos não diabéticos				
13,80	9,10	4,95	7,70	9,40
7,20	10,00	14,55	13,30	6,65
9,50	10,40	7,75	8,70	8,85
8,40	8,55	12,60		

(a) Faça um diagrama de ramo e folhas de cada amostra de potenciais. Há um baixo valor atípico no grupo do diabetes. Parece que os potenciais são muito diferentes nos dois grupos de um modo sistemático?

(b) Há evidência significante de uma diferença nos potenciais médios entre os dois grupos?

(c) Repita sua inferência sem o valor atípico. Esse valor afeta sua conclusão?

24.59 Evitando que os biscoitos se quebrem. Não gostamos de encontrar biscoitos quebrados quando abrimos o pacote. Como os fabricantes podem reduzir as quebras? Uma ideia é colocar os biscoitos no micro-ondas por 30 segundos, logo depois de serem assados. Analise os seguintes resultados de dois experimentos destinados a examinar essa ideia.[23] O micro-ondas melhora significantemente os indicadores de futuras quebras? Qual o tamanho dessa melhora? O que você conclui sobre a ideia do micro-ondas para os biscoitos?

(a) O experimentador associou aleatoriamente ao micro-ondas 65 biscoitos que acabavam de ser assados, e outros 65 ao grupo de controle, os quais não vão ao micro-ondas. Quatorze dias depois de assados, três dos 65 biscoitos do micro-ondas e 57 dos 65 do grupo de controle mostravam fissuras visíveis

Tabela 24.1 Drinques por vez de mulheres estudantes

Pais permitem que o estudante beba												
2,5	1	2,5	3	1	3	3	3	2,5	2,5	3,5	5	2
7	7	6,5	4	8	6	6	3	6	3	4	7	5
3,5	2	1	5	3	3	6	4	2	7	5	8	1
6	5	2,5	3	4,5	9	5	4	4	3	4	6	4
5	1	5	3	10	7	4	4	4	4	2	2,5	2,5
Pais não permitem que o estudante beba												
9	3,5	3	5	1	1	3	4	4	3	6	5	3
8	4	4	5	7	7	3,5	3	10	4	9	2	7
4	3	1										

(rachados finos pequenos), que são o ponto inicial das quebras.

(b) O experimentador associou aleatoriamente 20 biscoitos ao micro-ondas e 20 a um grupo de controle. Depois de 14 dias, ele quebrou os biscoitos. Eis o resumo da pressão necessária para quebrá-los, em libras por metro quadrado:

	Micro-ondas	Controle
Média	139,6	77,0
Desvio-padrão	33,6	22,6

24.60 Caindo por entre o gelo. No Capítulo 7, a Tabela 7.2 fornece as datas, para os anos de 1917 a 2019, nas quais um tripé de madeira caiu, através do gelo, dentro do rio Tanana no Alasca, decidindo assim o vencedor do concurso Nenana Ice Classic. Dê um intervalo de confiança de 95% para a data média na qual o tripé cai através do gelo. Depois de calcular o intervalo na escala usada na tabela (dias a partir de 20 de abril, que é o dia 1), transforme seu resultado em datas do calendário e horas dentro das datas. (Cada hora é 1/24, ou 0,042, de um dia.) TANANA

24.61 Um caso para a Suprema Corte. Em 1986, um júri no Texas considerou um homem negro culpado de assassinato. Os promotores usaram o recurso de "desafio autoritário" para remover 10 dos 11 negros e 4 dos 31 brancos da lista da qual o júri seria escolhido.[24] A lei diz que deve haver uma razão plausível (isto é, uma razão diferente de raça) para o tratamento diferente entre negros e brancos na lista do júri. Quando o caso chegou à Suprema Corte, 17 anos depois, a Corte disse que "é improvável que a casualidade produza essa disparidade". Os métodos inferenciais que conhecemos não podem ser usados com segurança para fazer a inferência que está por trás da descoberta da Corte, de que é improvável que o acaso produza uma diferença negro-branco tão grande. Por que não?

24.62 Genes de camundongos. Um estudo sobre as influências genéticas no diabetes comparou camundongos normais com camundongos semelhantes, mas geneticamente alterados para remover o gene *aP2*. Camundongos de ambos os tipos foram alimentados com uma dieta de alto teor de gordura para se tornarem obesos. Os pesquisadores então mediram os níveis de insulina e de glicose no plasma sanguíneo dos animais. A seguir, estão alguns trechos de suas descobertas.[25] Os camundongos normais são chamados de "tipo selvagem", e os camundongos alterados são denominados "$aP2^{-/-}$".

> *Cada valor é a média ± EPM das medidas em, pelo menos, 10 camundongos. Os valores médios de cada componente de plasma são comparados entre camundongos $aP2^{-/-}$ e camundongos tipo selvagem de controle por um teste t de Student (*P < 0,05 e **P < 0,005).*

Parâmetro	Tipo selvagem	$aP2^{-/-}$
Insulina (ng/mL)	5,9 ± 0,9	0,75 ± 0,2**
Glicose (mg/dL)	230 ± 25	150 ± 17*

> *A despeito de quantidades bem maiores de insulina circulando, os camundongos do tipo selvagem tinham níveis mais altos de glicose no sangue do que os camundongos $aP2^{-/-}$. Esses resultados indicam que a ausência de aP2 interfere no desenvolvimento da resistência à insulina na obesidade induzida por dieta.*

Supõe-se que outros biólogos compreendam as estatísticas relatadas tão resumidamente.

(a) O que significa "EPM"? Qual é a expressão para EPM com base em n, $\bar{x}$ e s de uma amostra?

(b) Qual dos testes que estudamos os pesquisadores aplicaram?

(c) Explique a um biólogo que nada sabe sobre estatística o que significam $P < 0{,}05$ e $P < 0{,}005$. Qual deles é a evidência mais forte de uma diferença entre os dois tipos de camundongos?

24.63 Genes de camundongos (continuação). O relatório mencionado no exercício anterior apenas cita que os tamanhos das amostras foram "pelo menos 10". Suponha que os resultados tenham sido baseados em exatamente 10 camundongos de cada tipo. Use os valores na tabela para achar $\bar{x}$ e s para as concentrações de insulina nos dois tipos de camundongo. Faça um teste para avaliar a significância da diferença na concentração média de insulina. O seu valor P confirma a afirmação no relatório de que $P < 0{,}005$?

24.64 (Opcional) Qual tipo de letra? Tipos de letras simples, como Times New Roman, são de mais fácil leitura do que tipos de letras extravagantes, como Gigi. Um grupo de 25 sujeitos voluntários leu o mesmo texto nos dois tipos de letra. (Esse é um planejamento de dados emparelhados. Procedimentos de uma amostra para proporções, como aqueles para médias, são usados para a análise de dados de planejamentos de dados emparelhados.) Dos 25 sujeitos, 17 disseram preferir Times New Roman para uso na rede. Porém 20 disseram que Gigi era mais atrativa.[26]

(a) Como os sujeitos eram voluntários, conclusões a partir dessa amostra podem ser contestadas. Mostre que a condição do tamanho amostral para o intervalo de confiança de grandes amostras não é satisfeita, mas que a condição para o intervalo mais quatro o é.

(b) Dê um intervalo de confiança de 95% para a proporção de todos os adultos que preferem Times New Roman para uso na *web*. Dê um intervalo de confiança de 90% para a proporção de todos os adultos que acham que Gigi é mais atrativa.

24.65 Pais fazendo demais. Uma pesquisa nacional do Pew Research Center com 9.834 adultos dos EUA, realizada de 25 a 30 de junho de 2019, encontrou que 55% dos pesquisados disseram que os pais de jovens adultos, com idade de 18 a 29 anos, estão fazendo demais por seus filhos adultos. À época em que a pesquisa foi realizada, o que você pode dizer, com 95% de confiança, sobre o percentual de todos os adultos nos EUA que diriam que os pais de jovens adultos, de 18 a 29 anos, estavam fazendo demais por seus filhos adultos?

TABELAS

A entrada da tabela para z é a área sob a curva Normal padrão à esquerda de z.

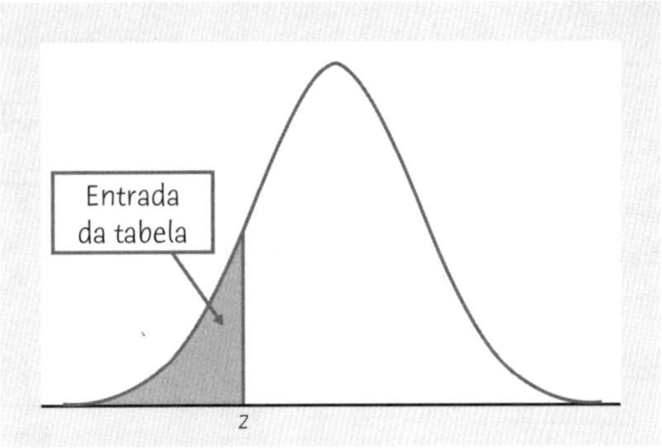

Tabela A Proporções acumuladas da Normal padrão

z	0,00	0,01	0,02	0,03	0,04	0,05	0,06	0,07	0,08	0,09
−3,4	0,0003	0,0003	0,0003	0,0003	0,0003	0,0003	0,0003	0,0003	0,0003	0,0002
−3,3	0,0005	0,0005	0,0005	0,0004	0,0004	0,0004	0,0004	0,0004	0,0004	0,0003
−3,2	0,0007	0,0007	0,0006	0,0006	0,0006	0,0006	0,0006	0,0005	0,0005	0,0005
−3,1	0,0010	0,0009	0,0009	0,0009	0,0008	0,0008	0,0008	0,0008	0,0007	0,0007
−3,0	0,0013	0,0013	0,0013	0,0012	0,0012	0,0011	0,0011	0,0011	0,0010	0,0010
−2,9	0,0019	0,0018	0,0018	0,0017	0,0016	0,0016	0,0015	0,0015	0,0014	0,0014
−2,8	0,0026	0,0025	0,0024	0,0023	0,0023	0,0022	0,0021	0,0021	0,0020	0,0019
−2,7	0,0035	0,0034	0,0033	0,0032	0,0031	0,0030	0,0029	0,0028	0,0027	0,0026
−2,6	0,0047	0,0045	0,0044	0,0043	0,0041	0,0040	0,0039	0,0038	0,0037	0,0036
−2,5	0,0062	0,0060	0,0059	0,0057	0,0055	0,0054	0,0052	0,0051	0,0049	0,0048
−2,4	0,0082	0,0080	0,0078	0,0075	0,0073	0,0071	0,0069	0,0068	0,0066	0,0064
−2,3	0,0107	0,0104	0,0102	0,0099	0,0096	0,0094	0,0091	0,0089	0,0087	0,0084
−2,2	0,0139	0,0136	0,0132	0,0129	0,0125	0,0122	0,0119	0,0116	0,0113	0,0110
−2,1	0,0179	0,0174	0,0170	0,0166	0,0162	0,0158	0,0154	0,0150	0,0146	0,0143
−2,0	0,0228	0,0222	0,0217	0,0212	0,0207	0,0202	0,0197	0,0192	0,0188	0,0183
−1,9	0,0287	0,0281	0,0274	0,0268	0,0262	0,0256	0,0250	0,0244	0,0239	0,0233
−1,8	0,0359	0,0351	0,0344	0,0336	0,0329	0,0322	0,0314	0,0307	0,0301	0,0294
−1,7	0,0446	0,0436	0,0427	0,0418	0,0409	0,0401	0,0392	0,0384	0,0375	0,0367
−1,6	0,0548	0,0537	0,0526	0,0516	0,0505	0,0495	0,0485	0,0475	0,0465	0,0455
−1,5	0,0668	0,0655	0,0643	0,0630	0,0618	0,0606	0,0594	0,0582	0,0571	0,0559
−1,4	0,0808	0,0793	0,0778	0,0764	0,0749	0,0735	0,0721	0,0708	0,0694	0,0681
−1,3	0,0968	0,0951	0,0934	0,0918	0,0901	0,0885	0,0869	0,0853	0,0838	0,0823
−1,2	0,1151	0,1131	0,1112	0,1093	0,1075	0,1056	0,1038	0,1020	0,1003	0,0985
−1,1	0,1357	0,1335	0,1314	0,1292	0,1271	0,1251	0,1230	0,1210	0,1190	0,1170
−1,0	0,1587	0,1562	0,1539	0,1515	0,1492	0,1469	0,1446	0,1423	0,1401	0,1379
−0,9	0,1841	0,1814	0,1788	0,1762	0,1736	0,1711	0,1685	0,1660	0,1635	0,1611
−0,8	0,2119	0,2090	0,2061	0,2033	0,2005	0,1977	0,1949	0,1922	0,1894	0,1867
−0,7	0,2420	0,2389	0,2358	0,2327	0,2296	0,2266	0,2236	0,2206	0,2177	0,2148
−0,6	0,2743	0,2709	0,2676	0,2643	0,2611	0,2578	0,2546	0,2514	0,2483	0,2451
−0,5	0,3085	0,3050	0,3015	0,2981	0,2946	0,2912	0,2877	0,2843	0,2810	0,2776
−0,4	0,3446	0,3409	0,3372	0,3336	0,3300	0,3264	0,3228	0,3192	0,3156	0,3121
−0,3	0,3821	0,3783	0,3745	0,3707	0,3669	0,3632	0,3594	0,3557	0,3520	0,3483
−0,2	0,4207	0,4168	0,4129	0,4090	0,4052	0,4013	0,3974	0,3936	0,3897	0,3859
−0,1	0,4602	0,4562	0,4522	0,4483	0,4443	0,4404	0,4364	0,4325	0,4286	0,4247
−0,0	0,5000	0,4960	0,4920	0,4880	0,4840	0,4801	0,4761	0,4721	0,4681	0,4641

A entrada da tabela para *z* é a área sob a curva Normal padrão à esquerda de *z*.

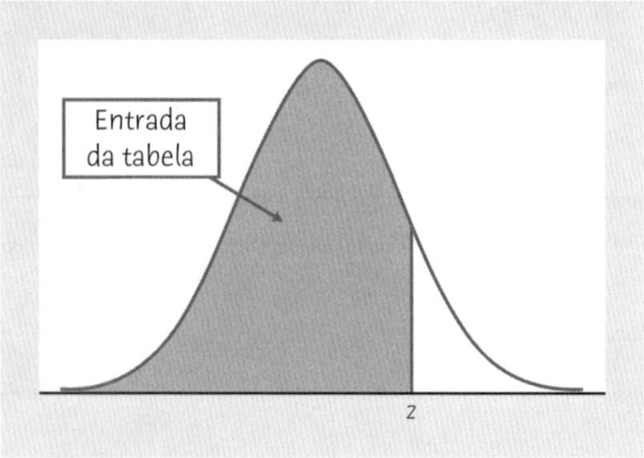

Tabela A Proporções acumuladas da Normal padrão (*continuação*)

z	0,00	0,01	0,02	0,03	0,04	0,05	0,06	0,07	0,08	0,09
0,0	0,5000	0,5040	0,5080	0,5120	0,5160	0,5199	0,5239	0,5279	0,5319	0,5359
0,1	0,5398	0,5438	0,5478	0,5517	0,5557	0,5596	0,5636	0,5675	0,5714	0,5753
0,2	0,5793	0,5832	0,5871	0,5910	0,5948	0,5987	0,6026	0,6064	0,6103	0,6141
0,3	0,6179	0,6217	0,6255	0,6293	0,6331	0,6368	0,6406	0,6443	0,6480	0,6517
0,4	0,6554	0,6591	0,6628	0,6664	0,6700	0,6736	0,6772	0,6808	0,6844	0,6879
0,5	0,6915	0,6950	0,6985	0,7019	0,7054	0,7088	0,7123	0,7157	0,7190	0,7224
0,6	0,7257	0,7291	0,7324	0,7357	0,7389	0,7422	0,7454	0,7486	0,7517	0,7549
0,7	0,7580	0,7611	0,7642	0,7673	0,7704	0,7734	0,7764	0,7794	0,7823	0,7852
0,8	0,7881	0,7910	0,7939	0,7967	0,7995	0,8023	0,8051	0,8078	0,8106	0,8133
0,9	0,8159	0,8186	0,8212	0,8238	0,8264	0,8289	0,8315	0,8340	0,8365	0,8389
1,0	0,8413	0,8438	0,8461	0,8485	0,8508	0,8531	0,8554	0,8577	0,8599	0,8621
1,1	0,8643	0,8665	0,8686	0,8708	0,8729	0,8749	0,8770	0,8790	0,8810	0,8830
1,2	0,8849	0,8869	0,8888	0,8907	0,8925	0,8944	0,8962	0,8980	0,8997	0,9015
1,3	0,9032	0,9049	0,9066	0,9082	0,9099	0,9115	0,9131	0,9147	0,9162	0,9177
1,4	0,9192	0,9207	0,9222	0,9236	0,9251	0,9265	0,9279	0,9292	0,9306	0,9319
1,5	0,9332	0,9345	0,9357	0,9370	0,9382	0,9394	0,9406	0,9418	0,9429	0,9441
1,6	0,9452	0,9463	0,9474	0,9484	0,9495	0,9505	0,9515	0,9525	0,9535	0,9545
1,7	0,9554	0,9564	0,9573	0,9582	0,9591	0,9599	0,9608	0,9616	0,9625	0,9633
1,8	0,9641	0,9649	0,9656	0,9664	0,9671	0,9678	0,9686	0,9693	0,9699	0,9706
1,9	0,9713	0,9719	0,9726	0,9732	0,9738	0,9744	0,9750	0,9756	0,9761	0,9767
2,0	0,9772	0,9778	0,9783	0,9788	0,9793	0,9798	0,9803	0,9808	0,9812	0,9817
2,1	0,9821	0,9826	0,9830	0,9834	0,9838	0,9842	0,9846	0,9850	0,9854	0,9857
2,2	0,9861	0,9864	0,9868	0,9871	0,9875	0,9878	0,9881	0,9884	0,9887	0,9890
2,3	0,9893	0,9896	0,9898	0,9901	0,9904	0,9906	0,9909	0,9911	0,9913	0,9916
2,4	0,9918	0,9920	0,9922	0,9925	0,9927	0,9929	0,9931	0,9932	0,9934	0,9936
2,5	0,9938	0,9940	0,9941	0,9943	0,9945	0,9946	0,9948	0,9949	0,9951	0,9952
2,6	0,9953	0,9955	0,9956	0,9957	0,9959	0,9960	0,9961	0,9962	0,9963	0,9964
2,7	0,9965	0,9966	0,9967	0,9968	0,9969	0,9970	0,9971	0,9972	0,9973	0,9974
2,8	0,9974	0,9975	0,9976	0,9977	0,9977	0,9978	0,9979	0,9979	0,9980	0,9981
2,9	0,9981	0,9982	0,9982	0,9983	0,9984	0,9984	0,9985	0,9985	0,9986	0,9986
3,0	0,9987	0,9987	0,9987	0,9988	0,9988	0,9989	0,9989	0,9989	0,9990	0,9990
3,1	0,9990	0,9991	0,9991	0,9991	0,9992	0,9992	0,9992	0,9992	0,9993	0,9993
3,2	0,9993	0,9993	0,9994	0,9994	0,9994	0,9994	0,9994	0,9995	0,9995	0,9995
3,3	0,9995	0,9995	0,9995	0,9996	0,9996	0,9996	0,9996	0,9996	0,9996	0,9997
3,4	0,9997	0,9997	0,9997	0,9997	0,9997	0,9997	0,9997	0,9997	0,9997	0,9998

Tabela B Dígitos aleatórios

Linha								
101	19223	95034	05756	28713	96409	12531	42544	82853
102	73676	47150	99400	01927	27754	42648	82425	36290
103	45467	71709	77558	00095	32863	29485	82226	90056
104	52711	38889	93074	60227	40011	85848	48767	52573
105	95592	94007	69971	91481	60779	53791	17297	59335
106	68417	35013	15529	72765	85089	57067	50211	47487
107	82739	57890	20807	47511	81676	55300	94383	14893
108	60940	72024	17868	24943	61790	90656	87964	18883
109	36009	19365	15412	39638	85453	46816	83485	41979
110	38448	48789	18338	24697	39364	42006	76688	08708
111	81486	69487	60513	09297	00412	71238	27649	39950
112	59636	88804	04634	71197	19352	73089	84898	45785
113	62568	70206	40325	03699	71080	22553	11486	11776
114	45149	32992	75730	66280	03819	56202	02938	70915
115	61041	77684	94322	24709	73698	14526	31893	32592
116	14459	26056	31424	80371	65103	62253	50490	61181
117	38167	98532	62183	70632	23417	26185	41448	75532
118	73190	32533	04470	29669	84407	90785	65956	86382
119	95857	07118	87664	92099	58806	66979	98624	84826
120	35476	55972	39421	65850	04266	35435	43742	11937
121	71487	09984	29077	14863	61683	47052	62224	51025
122	13873	81598	95052	90908	73592	75186	87136	95761
123	54580	81507	27102	56027	55892	33063	41842	81868
124	71035	09001	43367	49497	72719	96758	27611	91596
125	96746	12149	37823	71868	18442	35119	62103	39244
126	96927	19931	36809	74192	77567	88741	48409	41903
127	43909	99477	25330	64359	40085	16925	85117	36071
128	15689	14227	06565	14374	13352	49367	81982	87209
129	36759	58984	68288	22913	18638	54303	00795	08727
130	69051	64817	87174	09517	84534	06489	87201	97245
131	05007	16632	81194	14873	04197	85576	45195	96565
132	68732	55259	84292	08796	43165	93739	31685	97150
133	45740	41807	65561	33302	07051	93623	18132	09547
134	27816	78416	18329	21337	35213	37741	04312	68508
135	66925	55658	39100	78458	11206	19876	87151	31260
136	08421	44753	77377	28744	75592	08563	79140	92454
137	53645	66812	61421	47836	12609	15373	98481	14592
138	66831	68908	40772	21558	47781	33586	79177	06928
139	55588	99404	70708	41098	43563	56934	48394	51719
140	12975	13258	13048	45144	72321	81940	00360	02428
141	96767	35964	23822	96012	94591	65194	50842	53372
142	72829	50232	97892	63408	77919	44575	24870	04178
143	88565	42628	17797	49376	61762	16953	88604	12724
144	62964	88145	83083	69453	46109	59505	69680	00900
145	19687	12633	57857	95806	09931	02150	43163	58636
146	37609	59057	66967	83401	60705	02384	90597	93600
147	54973	86278	88737	74351	47500	84552	19909	67181
148	00694	05977	19664	65441	20903	62371	22725	53340
149	71546	05233	53946	68743	72460	27601	45403	88692
150	07511	88915	41267	16853	84569	79367	32337	03316

Entrada da tabela para *C* é o valor crítico t^* necessário para o nível de confiança *C*. Para aproximar valores *P* unilaterais e bilaterais, compare o valor da estatística *t* com os valores críticos t^* associados aos valores *P* dados nas linhas finais da tabela.

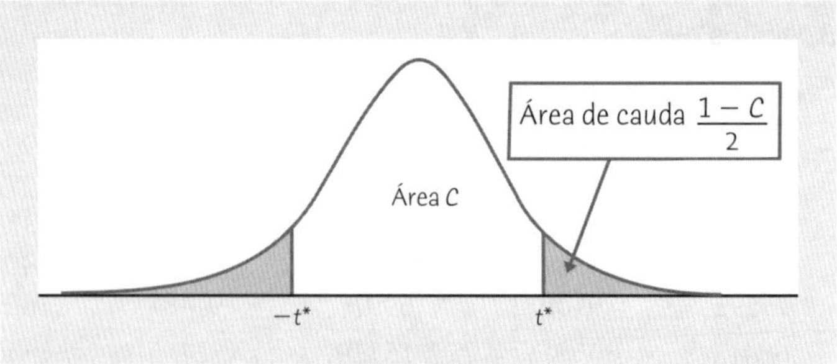

Tabela C Valores críticos da distribuição *t*

Graus de liberdade	Nível de confiança C											
	50%	60%	70%	80%	90%	95%	96%	98%	99%	99,5%	99,8%	99,9%
1	1,000	1,376	1,963	3,078	6,314	12,71	15,89	31,82	63,66	127,3	318,3	636,6
2	0,816	1,061	1,386	1,886	2,920	4,303	4,849	6,965	9,925	14,09	22,33	31,60
3	0,765	0,978	1,250	1,638	2,353	3,182	3,482	4,541	5,841	7,453	10,21	12,92
4	0,741	0,941	1,190	1,533	2,132	2,776	2,999	3,747	4,604	5,598	7,173	8,610
5	0,727	0,920	1,156	1,476	2,015	2,571	2,757	3,365	4,032	4,773	5,893	6,869
6	0,718	0,906	1,134	1,440	1,943	2,447	2,612	3,143	3,707	4,317	5,208	5,959
7	0,711	0,896	1,119	1,415	1,895	2,365	2,517	2,998	3,499	4,029	4,785	5,408
8	0,706	0,889	1,108	1,397	1,860	2,306	2,449	2,896	3,355	3,833	4,501	5,041
9	0,703	0,883	1,100	1,383	1,833	2,262	2,398	2,821	3,250	3,690	4,297	4,781
10	0,700	0,879	1,093	1,372	1,812	2,228	2,359	2,764	3,169	3,581	4,144	4,587
11	0,697	0,876	1,088	1,363	1,796	2,201	2,328	2,718	3,106	3,497	4,025	4,437
12	0,695	0,873	1,083	1,356	1,782	2,179	2,303	2,681	3,055	3,428	3,930	4,318
13	0,694	0,870	1,079	1,350	1,771	2,160	2,282	2,650	3,012	3,372	3,852	4,221
14	0,692	0,868	1,076	1,345	1,761	2,145	2,264	2,624	2,977	3,326	3,787	4,140
15	0,691	0,866	1,074	1,341	1,753	2,131	2,249	2,602	2,947	3,286	3,733	4,073
16	0,690	0,865	1,071	1,337	1,746	2,120	2,235	2,583	2,921	3,252	3,686	4,015
17	0,689	0,863	1,069	1,333	1,740	2,110	2,224	2,567	2,898	3,222	3,646	3,965
18	0,688	0,862	1,067	1,330	1,734	2,101	2,214	2,552	2,878	3,197	3,611	3,922
19	0,688	0,861	1,066	1,328	1,729	2,093	2,205	2,539	2,861	3,174	3,579	3,883
20	0,687	0,860	1,064	1,325	1,725	2,086	2,197	2,528	2,845	3,153	3,552	3,850
21	0,686	0,859	1,063	1,323	1,721	2,080	2,189	2,518	2,831	3,135	3,527	3,819
22	0,686	0,858	1,061	1,321	1,717	2,074	2,183	2,508	2,819	3,119	3,505	3,792
23	0,685	0,858	1,060	1,319	1,714	2,069	2,177	2,500	2,807	3,104	3,485	3,768
24	0,685	0,857	1,059	1,318	1,711	2,064	2,172	2,492	2,797	3,091	3,467	3,745
25	0,684	0,856	1,058	1,316	1,708	2,060	2,167	2,485	2,787	3,078	3,450	3,725
26	0,684	0,856	1,058	1,315	1,706	2,056	2,162	2,479	2,779	3,067	3,435	3,707
27	0,684	0,855	1,057	1,314	1,703	2,052	2,158	2,473	2,771	3,057	3,421	3,690
28	0,683	0,855	1,056	1,313	1,701	2,048	2,154	2,467	2,763	3,047	3,408	3,674
29	0,683	0,854	1,055	1,311	1,699	2,045	2,150	2,462	2,756	3,038	3,396	3,659
30	0,683	0,854	1,055	1,310	1,697	2,042	2,147	2,457	2,750	3,030	3,385	3,646
40	0,681	0,851	1,050	1,303	1,684	2,021	2,123	2,423	2,704	2,971	3,307	3,551
50	0,679	0,849	1,047	1,299	1,676	2,009	2,109	2,403	2,678	2,937	3,261	3,496
60	0,679	0,848	1,045	1,296	1,671	2,000	2,099	2,390	2,660	2,915	3,232	3,460
80	0,678	0,846	1,043	1,292	1,664	1,990	2,088	2,374	2,639	2,887	3,195	3,416
100	0,677	0,845	1,042	1,290	1,660	1,984	2,081	2,364	2,626	2,871	3,174	3,390
1000	0,675	0,842	1,037	1,282	1,646	1,962	2,056	2,330	2,581	2,813	3,098	3,300
z^*	0,674	0,841	1,036	1,282	1,645	1,960	2,054	2,326	2,576	2,807	3,091	3,291
P unilateral	0,25	0,20	0,15	0,10	0,05	0,025	0,02	0,01	0,005	0,0025	0,001	0,0005
P bilateral	0,50	0,40	0,30	0,20	0,10	0,05	0,04	0,02	0,01	0,005	0,002	0,001

A entrada da tabela para *p* é o valor crítico χ^* com probabilidade *p* à sua direita.

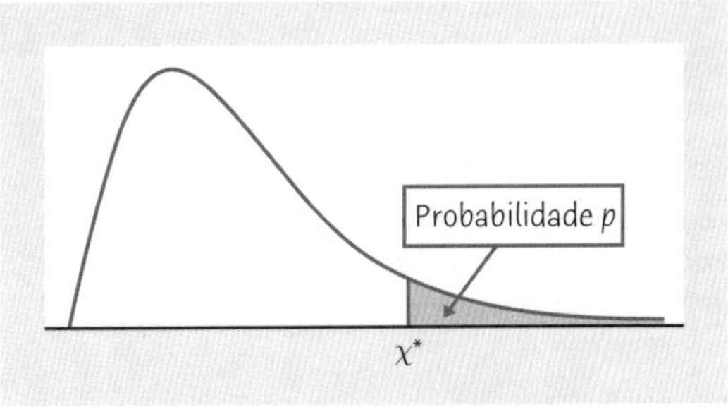

Tabela D Valores críticos da distribuição qui-quadrado

gl	*p* 0,25	0,20	0,15	0,10	0,05	0,025	0,02	0,01	0,005	0,0025	0,001	0,0005
1	1,32	1,64	2,07	2,71	3,84	5,02	5,41	6,63	7,88	9,14	10,83	12,12
2	2,77	3,22	3,79	4,61	5,99	7,38	7,82	9,21	10,60	11,98	13,82	15,20
3	4,11	4,64	5,32	6,25	7,81	9,35	9,84	11,34	12,84	14,32	16,27	17,73
4	5,39	5,99	6,74	7,78	9,49	11,14	11,67	13,28	14,86	16,42	18,47	20,00
5	6,63	7,29	8,12	9,24	11,07	12,83	13,39	15,09	16,75	18,39	20,51	22,11
6	7,84	8,56	9,45	10,64	12,59	14,45	15,03	16,81	18,55	20,25	22,46	24,10
7	9,04	9,80	10,75	12,02	14,07	16,01	16,62	18,48	20,28	22,04	24,32	26,02
8	10,22	11,03	12,03	13,36	15,51	17,53	18,17	20,09	21,95	23,77	26,12	27,87
9	11,39	12,24	13,29	14,68	16,92	19,02	19,68	21,67	23,59	25,46	27,88	29,67
10	12,55	13,44	14,53	15,99	18,31	20,48	21,16	23,21	25,19	27,11	29,59	31,42
11	13,70	14,63	15,77	17,28	19,68	21,92	22,62	24,72	26,76	28,73	31,26	33,14
12	14,85	15,81	16,99	18,55	21,03	23,34	24,05	26,22	28,30	30,32	32,91	34,82
13	15,98	16,98	18,20	19,81	22,36	24,74	25,47	27,69	29,82	31,88	34,53	36,48
14	17,12	18,15	19,41	21,06	23,68	26,12	26,87	29,14	31,32	33,43	36,12	38,11
15	18,25	19,31	20,60	22,31	25,00	27,49	28,26	30,58	32,80	34,95	37,70	39,72
16	19,37	20,47	21,79	23,54	26,30	28,85	29,63	32,00	34,27	36,46	39,25	41,31
17	20,49	21,61	22,98	24,77	27,59	30,19	31,00	33,41	35,72	37,95	40,79	42,88
18	21,60	22,76	24,16	25,99	28,87	31,53	32,35	34,81	37,16	39,42	42,31	44,43
19	22,72	23,90	25,33	27,20	30,14	32,85	33,69	36,19	38,58	40,88	43,82	45,97
20	23,83	25,04	26,50	28,41	31,41	34,17	35,02	37,57	40,00	42,34	45,31	47,50
21	24,93	26,17	27,66	29,62	32,67	35,48	36,34	38,93	41,40	43,78	46,80	49,01
22	26,04	27,30	28,82	30,81	33,92	36,78	37,66	40,29	42,80	45,20	48,27	50,51
23	27,14	28,43	29,98	32,01	35,17	38,08	38,97	41,64	44,18	46,62	49,73	52,00
24	28,24	29,55	31,13	33,20	36,42	39,36	40,27	42,98	45,56	48,03	51,18	53,48
25	29,34	30,68	32,28	34,38	37,65	40,65	41,57	44,31	46,93	49,44	52,62	54,95
26	30,43	31,79	33,43	35,56	38,89	41,92	42,86	45,64	48,29	50,83	54,05	56,41
27	31,53	32,91	34,57	36,74	40,11	43,19	44,14	46,96	49,64	52,22	55,48	57,86
28	32,62	34,03	35,71	37,92	41,34	44,46	45,42	48,28	50,99	53,59	56,89	59,30
29	33,71	35,14	36,85	39,09	42,56	45,72	46,69	49,59	52,34	54,97	58,30	60,73
30	34,80	36,25	37,99	40,26	43,77	46,98	47,96	50,89	53,67	56,33	59,70	62,16
40	45,62	47,27	49,24	51,81	55,76	59,34	60,44	63,69	66,77	69,70	73,40	76,09
50	56,33	58,16	60,35	63,17	67,50	71,42	72,61	76,15	79,49	82,66	86,66	89,56
60	66,98	68,97	71,34	74,40	79,08	83,30	84,58	88,38	91,95	95,34	99,61	102,7
80	88,13	90,41	93,11	96,58	101,9	106,6	108,1	112,3	116,3	120,1	124,8	128,3
100	109,1	111,7	114,7	118,5	124,3	129,6	131,1	135,8	140,2	144,3	149,4	153,2

A entrada da tabela para p é o valor crítico r^* do coeficiente de correlação r com a probabilidade p à sua direita.

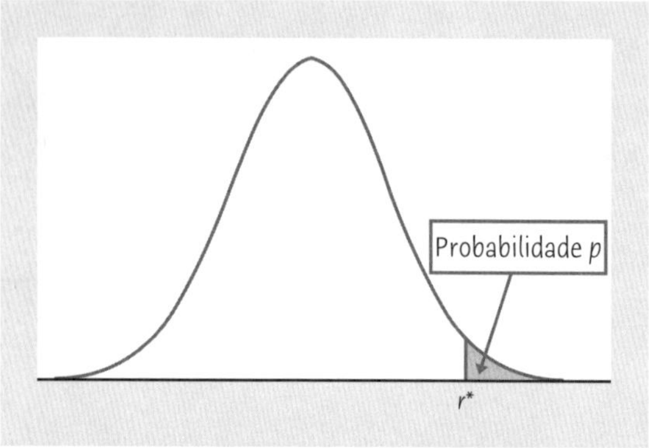

Tabela E Valores críticos da correlação r

n	Probabilidade p na cauda superior									
	0,20	0,10	0,05	0,025	0,02	0,01	0,005	0,0025	0,001	0,0005
3	0,8090	0,9511	0,9877	0,9969	0,9980	0,9995	0,9999	1,0000	1,0000	1,0000
4	0,6000	0,8000	0,9000	0,9500	0,9600	0,9800	0,9900	0,9950	0,9980	0,9990
5	0,4919	0,6870	0,8054	0,8783	0,8953	0,9343	0,9587	0,9740	0,9859	0,9911
6	0,4257	0,6084	0,7293	0,8114	0,8319	0,8822	0,9172	0,9417	0,9633	0,9741
7	0,3803	0,5509	0,6694	0,7545	0,7766	0,8329	0,8745	0,9056	0,9350	0,9509
8	0,3468	0,5067	0,6215	0,7067	0,7295	0,7887	0,8343	0,8697	0,9049	0,9249
9	0,3208	0,4716	0,5822	0,6664	0,6892	0,7498	0,7977	0,8359	0,8751	0,8983
10	0,2998	0,4428	0,5494	0,6319	0,6546	0,7155	0,7646	0,8046	0,8467	0,8721
11	0,2825	0,4187	0,5214	0,6021	0,6244	0,6851	0,7348	0,7759	0,8199	0,8470
12	0,2678	0,3981	0,4973	0,5760	0,5980	0,6581	0,7079	0,7496	0,7950	0,8233
13	0,2552	0,3802	0,4762	0,5529	0,5745	0,6339	0,6835	0,7255	0,7717	0,8010
14	0,2443	0,3646	0,4575	0,5324	0,5536	0,6120	0,6614	0,7034	0,7501	0,7800
15	0,2346	0,3507	0,4409	0,5140	0,5347	0,5923	0,6411	0,6831	0,7301	0,7604
16	0,2260	0,3383	0,4259	0,4973	0,5177	0,5742	0,6226	0,6643	0,7114	0,7419
17	0,2183	0,3271	0,4124	0,4821	0,5021	0,5577	0,6055	0,6470	0,6940	0,7247
18	0,2113	0,3170	0,4000	0,4683	0,4878	0,5425	0,5897	0,6308	0,6777	0,7084
19	0,2049	0,3077	0,3887	0,4555	0,4747	0,5285	0,5751	0,6158	0,6624	0,6932
20	0,1991	0,2992	0,3783	0,4438	0,4626	0,5155	0,5614	0,6018	0,6481	0,6788
21	0,1938	0,2914	0,3687	0,4329	0,4513	0,5034	0,5487	0,5886	0,6346	0,6652
22	0,1888	0,2841	0,3598	0,4227	0,4409	0,4921	0,5368	0,5763	0,6219	0,6524
23	0,1843	0,2774	0,3515	0,4132	0,4311	0,4815	0,5256	0,5647	0,6099	0,6402
24	0,1800	0,2711	0,3438	0,4044	0,4219	0,4716	0,5151	0,5537	0,5986	0,6287
25	0,1760	0,2653	0,3365	0,3961	0,4133	0,4622	0,5052	0,5434	0,5879	0,6178
26	0,1723	0,2598	0,3297	0,3882	0,4052	0,4534	0,4958	0,5336	0,5776	0,6074
27	0,1688	0,2546	0,3233	0,3809	0,3976	0,4451	0,4869	0,5243	0,5679	0,5974
28	0,1655	0,2497	0,3172	0,3739	0,3904	0,4372	0,4785	0,5154	0,5587	0,5880
29	0,1624	0,2451	0,3115	0,3673	0,3835	0,4297	0,4705	0,5070	0,5499	0,5790
30	0,1594	0,2407	0,3061	0,3610	0,3770	0,4226	0,4629	0,4990	0,5415	0,5703
40	0,1368	0,2070	0,2638	0,3120	0,3261	0,3665	0,4026	0,4353	0,4741	0,5007
50	0,1217	0,1843	0,2353	0,2787	0,2915	0,3281	0,3610	0,3909	0,4267	0,4514
60	0,1106	0,1678	0,2144	0,2542	0,2659	0,2997	0,3301	0,3578	0,3912	0,4143
80	0,0954	0,1448	0,1852	0,2199	0,2301	0,2597	0,2864	0,3109	0,3405	0,3611
100	0,0851	0,1292	0,1654	0,1966	0,2058	0,2324	0,2565	0,2786	0,3054	0,3242
1000	0,0266	0,0406	0,0520	0,0620	0,0650	0,0736	0,0814	0,0887	0,0976	0,1039

Capítulo 0: Introdução

0.1 (a) Mais do que provável, os indivíduos que escolheram ingerir níveis mais altos de vitamina C, de modo geral se envolviam em comportamentos mais saudáveis do que aqueles que ingeriam níveis mais baixos de vitamina C, ou que escolheram não tomá-la. (De fato, o exercício afirma que "níveis mais altos de vitamina C estão associados a pessoas que tinham padrões de comportamento mais saudáveis.") Aqueles que tomavam níveis mais altos de vitamina C podem, também, ser mais ricos (isto é, tinham dinheiro disponível para comprar vitaminas e, possivelmente, tinham melhor assistência médica em geral). (b) Em um experimento aleatorizado, pessoas de todos os tipos são destinadas aos tratamentos, equilibrando os efeitos das influências outras que não a vitamina C. Se a vitamina C na corrente sanguínea não reduz o risco de morte, então não devíamos esperar ver uma diferença nas taxas de mortalidade entre aqueles com altos níveis de vitamina C e aqueles com níveis mais baixos no experimento.

0.3 (a) A proporção de respondentes que não acham que a Europa recebeu muitos refugiados é, provavelmente, diferente de 32% (embora seja difícil determinar em qual direção). A pesquisa *online* usou a resposta voluntária: as pessoas não foram selecionadas aleatoriamente, mas tomaram sua própria decisão de participar ou não. (*Nota*: a pesquisa está associada a um artigo que menciona que o Dalai Lama acha que a Europa permitiu a entrada de refugiados demais, de modo que os respondentes podem ter se sentido compelidos a concordar com ele.) (b) Uma vez que a pesquisa foi de resposta voluntária, o tamanho da amostra (3 mil ou 30 mil) não importa; é uma amostra viesada e não refletirá a opinião das pessoas no país.

Capítulo 1: Como Retratar Distribuições por Meio de Gráficos

1.1 (a) Os indivíduos são os fabricantes de carros (marcas) e modelos. (b) Para cada indivíduo, as variáveis registradas são classe do veículo (categórica), tipo da transmissão (categórica), número de cilindros (em geral, tratada como quantitativa), mpg na cidade (quantitativa), mpg na estrada (quantitativa) e custo anual de combustível em dólares (quantitativa).

1.3 (a) 90% usam esses *sites top* de mídias sociais; 10% usam outros *sites* a maioria do tempo. (b) Fornece-se um gráfico de barras.

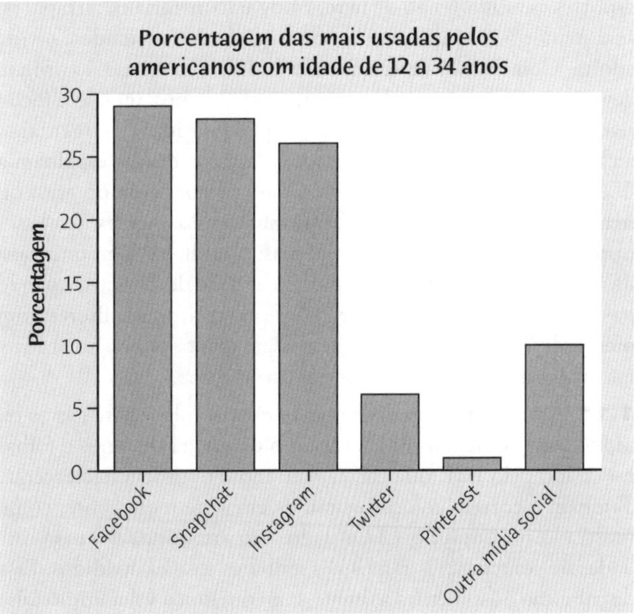

(c) Se você incluir uma categoria "Outra", então, sim, um gráfico de setores é apropriado. (d) Se uma companhia estiver considerando veicular anúncios para americanos com idade de 12 a 34 anos, esses dados forneceriam informação sobre onde anunciar para esse público-alvo.

1.5 Um gráfico de setores pode ser feito porque os dias não se sobrepõem e constituem um total. Alguns nascimentos são programados (como parto induzido) e, provavelmente, a maioria é programada para dias de semana.

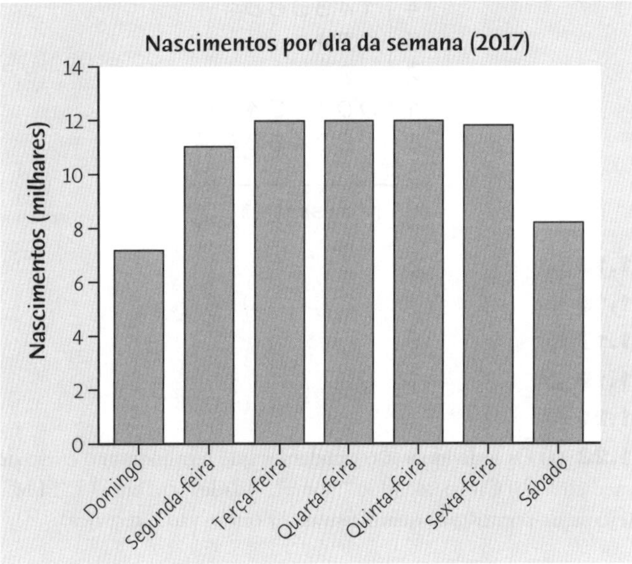

1.7 Use o *applet* para responder a essas questões.

1.9 (a) Há dois picos claros na distribuição. Se déssemos apenas um centro, ele estaria, muito provavelmente, entre esses picos e não seria realmente representativo. (b) Meninos mais novos devem passar muito tempo ao ar livre, brincando e envolvidos em esportes; seu tempo ao ar livre, onde encontrariam carrapatos, será menor à medida que chegam à idade de faculdade e à vida adulta. Com famílias e serviços de jardim, seu tempo ao ar livre deve aumentar, começando em torno dos 30 anos. (c) Isso é incorreto. Caminhadas nas florestas, em qualquer idade, aumentarão a chance de uma pessoa encontrar os carrapatos que espalham a doença de Lyme. Há menos casos para pessoas com 65 anos ou mais, porque menos pessoas caminham nessas idades. (d) Esses histogramas têm a mesma forma, mas as mulheres têm uma taxa de incidência ligeiramente menor até a idade de 75 anos, quando passam a ter uma taxa ligeiramente mais alta. Mulheres com menos de 75 anos possivelmente passem menos tempo ao ar livre, em áreas onde poderiam encontrar carrapatos.

1.11 Apresenta-se um diagrama de ramo e folhas para gastos *per capita* com saúde (em PPC). (*Nota*: o diagrama de ramo e folhas foi criado pelo JMP, que coloca os ramos em ordem decrescente. Também é correto colocar os ramos em ordem crescente, como mostrado no Capítulo 1.) Os dados são arredondados para unidades de centenas. Os ramos são milhares e estão divididos. Essa distribuição é assimétrica à direita, com um único valor atípico alto (EUA). Parece haver dois conglomerados de países. O centro dessa distribuição está em cerca de 26 (gasto *per capita* de US$ 2.600). A distribuição varia de cerca de 0 | 1 (gasto *per capita* de cerca de US$ 100) a cerca de 9 | 5 (gasto *per capita* de cerca de US$ 9.500).

Ramo	Folha
9	5
8	
7	6
6	2
5	11334
4	145568
3	124
2	46
1	001134447
0	1224689

0|1 representa 100

1.13 (a)

1.15 (b)

1.17 (c)

1.19 (b)

1.21 (c)

1.23 (a) Os indivíduos são estudantes que terminaram o curso de medicina. (b) Cinco, além de "Nome", "Idade" (em anos) e "ELM", (escore de pontos) são quantitativas. As outras são categóricas.

1.25 Verde corresponde a 1%. Fornece-se um gráfico de barras. Um gráfico de setores também poderia ser feito.

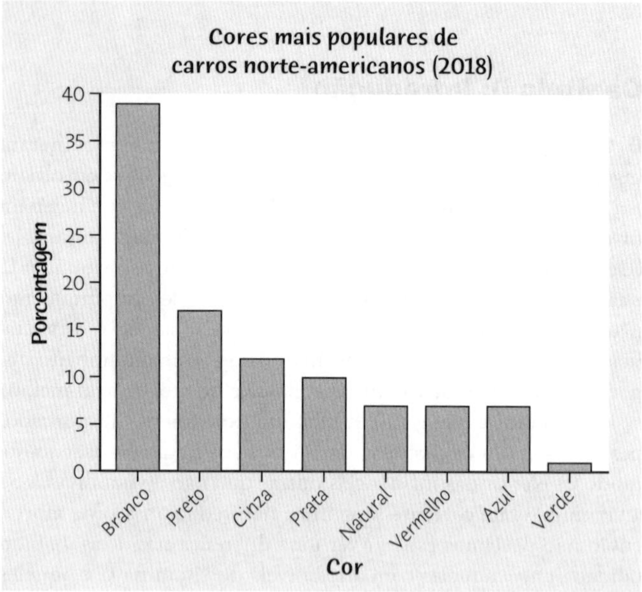

1.27 (a) Apresenta-se um gráfico de barras.

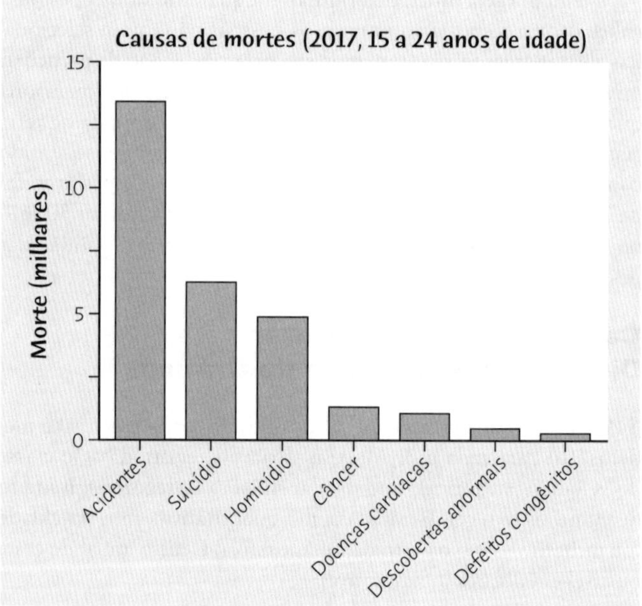

(b) Sim, podemos construir um gráfico de setores se criarmos uma categoria "Outra", onde o número total de mortes na categoria "Outra" é 32.025 − 13.441 − 6.252 − 4.905 − 1.374 − 1.126 − 501 − 362 = 4.064. A criação da categoria "Outra" é exigida para um gráfico de setores de modo que o número de mortes em cada categoria tenha por soma o número total de mortes. Sem uma categoria "Outra", não podemos construir um gráfico de setores.

1.29 (a) É dado um gráfico de barras.

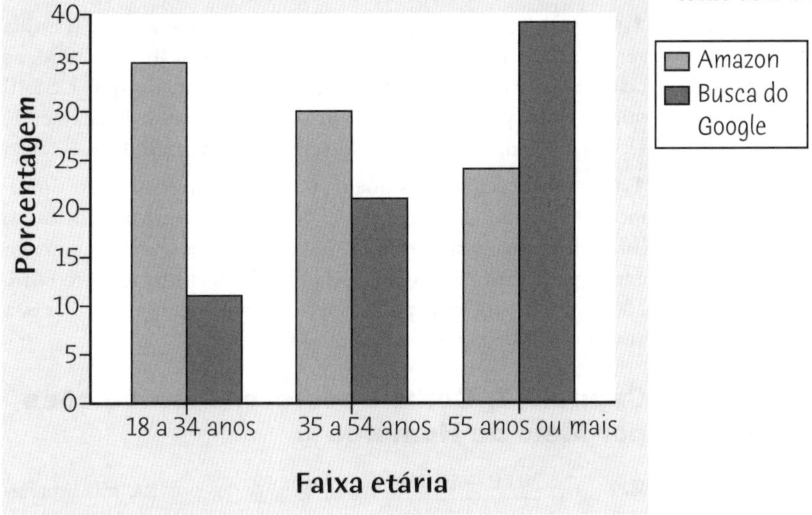

(b) Mais usuários de *smartphones*, com idades de 18 a 34 anos, disseram não poder ficar sem Amazon do que sem busca do Google. Mais usuários de 55 anos ou mais disseram não poder ficar sem busca do Google do que sem Amazon. Os usuários de *smartphones* entre 35 e 54 anos são mais equilibrados em relação a qual aplicativo eles não podem ficar sem, embora haja ainda uma preferência por Amazon sobre busca do Google. (c) Um gráfico de setores não é apropriado porque esses dados não representam partes de um "todo".

1.31 (a) Ignorando os quatro valores atípicos mais baixos, a distribuição é razoavelmente simétrica, centrada no escore 111, e tem uma amplitude de 86 a 136. (b) 62 dos 78 escores são maiores do que 100. Isso significa 79,5%.

1.33 (1.) Histograma (c). A diferença nas frequências é provavelmente menor do que a diferença destro/canhoto. (2.) Histograma (b), porque há mais pessoas destras do que pessoas canhotas. (3.) Histograma (d). A distribuição de alturas é, provavelmente, simétrica. (4.) Histograma (a). O tempo gasto estudando deve, provavelmente, ser uma distribuição assimétrica à direita, com a maioria dos alunos gastando menos tempo estudando, mas alguns estudando muito.

1.35 (a) Os estados variam em população. O número de enfermeiras por 100 mil fornece uma melhor medida de quantas enfermeiras estão disponíveis para servir um estado. (b) Um diagrama de ramo e folhas é fornecido. Os ramos são centenas e as folhas, dezenas, depois de arredondamento. A distribuição é ligeiramente assimétrica à esquerda, com um centro em torno de 900 e uma amplitude de 585 a 1.483 enfermeiras por 100 mil. A observação com 1.483 enfermeiras por 100 mil é um valor atípico. Esta corresponde a Washington DC; muitas pessoas vivem em estados em torno de DC e vão a DC para tratamento de saúde

Ramo	Folha
14	8
13	0
12	6
11	06
10	0122234599
9	001113455578
8	00113355666 8
7	246
6	11347889
5	9

5|9 representa 590

(c) A divisão dos ramos torna a cauda direita mais visível e permite que você veja a variabilidade entre o grande número de estados com 800 a 1.100 enfermeiras por 100 mil.

1.37 A forma da distribuição é bimodal e (talvez) assimétrica à esquerda. Há um alto valor atípico em torno de 246 mil. O centro está em cerca de 170 mil. Os dados vão de 75,7 mil a 245,93 mil.

Ramo	Folha
24	6
23	
22	
21	
20	1244
19	2
18	22
17	022399
16	68
15	9
14	6
13	
12	3
11	0
10	3
9	257
8	1
7	6

7|6 representa 76

1.39 O declínio na população não é visto no diagrama de ramo e folhas feito no Exercício 1.37.

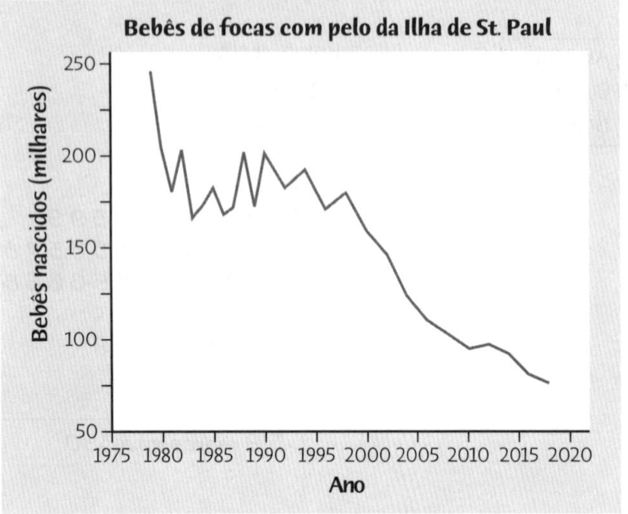

1.41 (a) É apresentado um gráfico de barras.

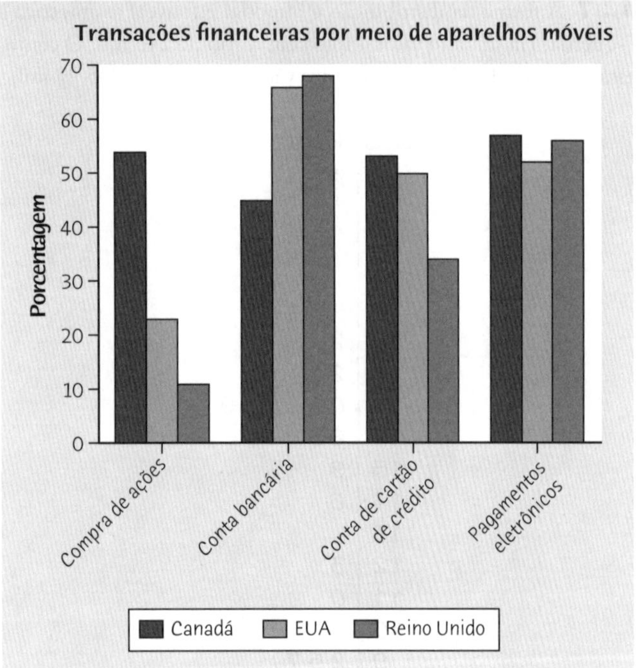

(b) Aproximadamente o mesmo percentual de compradores por aparelhos móveis usa pagamentos eletrônicos no Canadá, nos EUA e no Reino Unido. (As barras são semelhantes em altura.) Um percentual acentuadamente maior dos que fazem compras por aparelhos móveis no Canadá, em relação aos Estados Unidos ou Reino Unido, faz negociação de ações. (A barra para o Canadá é muito mais alta do que para os Estados Unidos ou o Reino Unido.) (c) Um gráfico de setores não é apropriado porque esses dados não representam partes de um "todo".

1.43 (a) O gráfico (a) parece mostrar o maior aumento. A escala vertical pode impactar a percepção dos dados. (b) Em 2000, as taxas eram de cerca de US$ 5 mil, e subiram para cerca de US$ 10 mil em 2018; portanto, esse é um aumento de, aproximadamente, US$ 5 mil. Ambos os gráficos descrevem os mesmos dados.

1.45 (a) Parece que os quadrimestres de inverno estão tipicamente associados com baixo nível de início de construção de casas. (b) e (c) A longo prazo, o início das construções aumentou, exceto em anos de crise, o que é mostrado pelo declínio abrupto entre 2006 e 2008. (d) Desde 2011, parece que a construção de casas está aumentando de novo de ano para ano.

Capítulo 2: Como Descrever Distribuições por Meio de Números

2.1 $\bar{x} = \dfrac{291{,}0 + 10{,}9 + \cdots + 9{,}6}{16} = 56{,}28$ por 100 mL. Apenas três (86, 190,4, 291) áreas têm níveis de *E. coli* maiores do que a média. A média é maior do que a maioria das observações por causa dos três valores atípicos altos (86, 190,4, 291).

2.3 $\bar{x} = 33{,}1$ minutos. A mediana é 32,5 minutos. A média é maior do que a mediana, o que era esperado com uma distribuição assimétrica à direita.

2.5 Apresenta-se um histograma. A média é maior do que a mediana por causa da assimetria à direita, $\bar{x} = 4{,}9676$ e a mediana é 2,753.

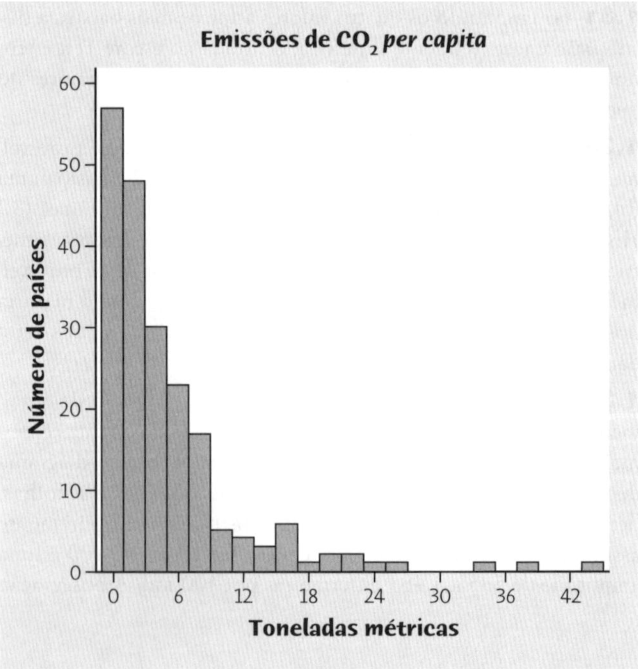

2.7 (a) Mínimo = 12, Q_1 = 23, Mediana = 26, Q_3 = 30,5, Máximo = 56. (b) O diagrama em caixa mostra assimetria à direita na distribuição dos valores de MPG. Há valores atípicos à direita (que provavelmente correspondem aos carros híbridos).

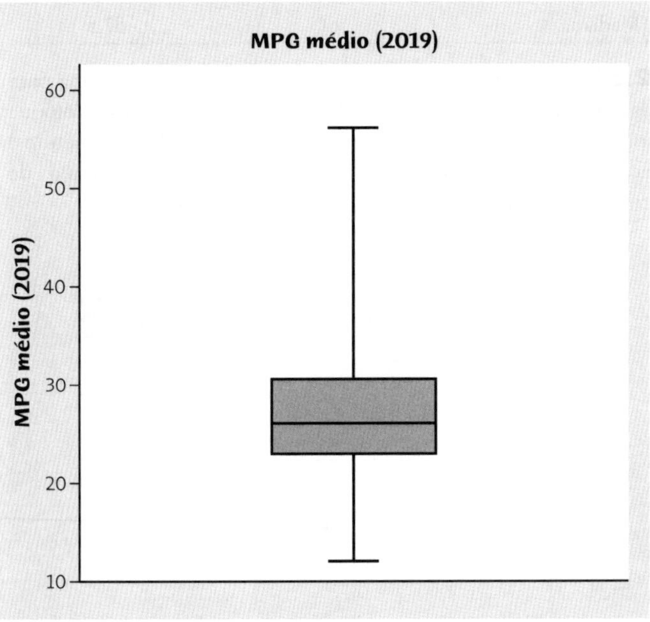

2.9 $AIQ = 30 - 23 = 7$, de modo que $Q_3 + 1{,}5 \times AIQ = 30 + 15 \times 7 = 40{,}5$. Possíveis valores atípicos são 41, 41, 41, 41, 42, 42, 43, 44, 44, 46, 46, 48, 50, 52, 52, 52, 56. Como $Q_1 - 1{,}5 \times AIQ = 23 - 1{,}5 \times 7 = 12{,}5$, não há possíveis valores atípicos inferiores. Explicações variarão, mas valores atípicos altos podem ser de modelos híbridos.

2.11 A seguir, estão os diagramas de ramos e folhas depois de arredondamento para o décimo mais próximo. Ambos os conjuntos de dados têm a mesma média e o mesmo desvio-padrão (cerca de 7,5 e 2,0, respectivamente). O conjunto A tem uma distribuição muito assimétrica à esquerda, enquanto o conjunto B tem uma distribuição ligeiramente assimétrica à direita, com um alto valor atípico.

A		B
1	3	
7	4	
	5	368
1	6	69
3	7	079
8711	8	58
311	9	
	10	
	11	
	12	5

2.13 ESTABELEÇA: gostaríamos de saber como a extração de madeira impacta o número de árvores. PLANEJE: crie diagramas em caixa lado a lado para os três tipos de lotes e calcule estatísticas resumo. RESOLVA: nenhuma das distribuições é simétrica; os Grupos 2 e 3 têm valor atípico inferior e as distribuições são assimétricas à esquerda, enquanto para o Grupo 1 a distribuição é assimétrica à direita. Os resumos dos cinco números são calculados. CONCLUA: lotes que nunca foram desmatados têm mais árvores do que qualquer lote que já foi desmatado. Se compararmos as distribuições para os dois grupos já desmatados, leva muito tempo para que a floresta tropical se recupere da extração de madeira.

	Mín	Q_1	M	Q_3	Máx
Grupo 1 (nunca desmatado)	16	19,5	23	27,5	33
Grupo 2 (desmatado um ano antes)	2	12	14,5	17,5	20
Grupo 3 (desmatado oito anos antes)	4	12	18	20,5	22

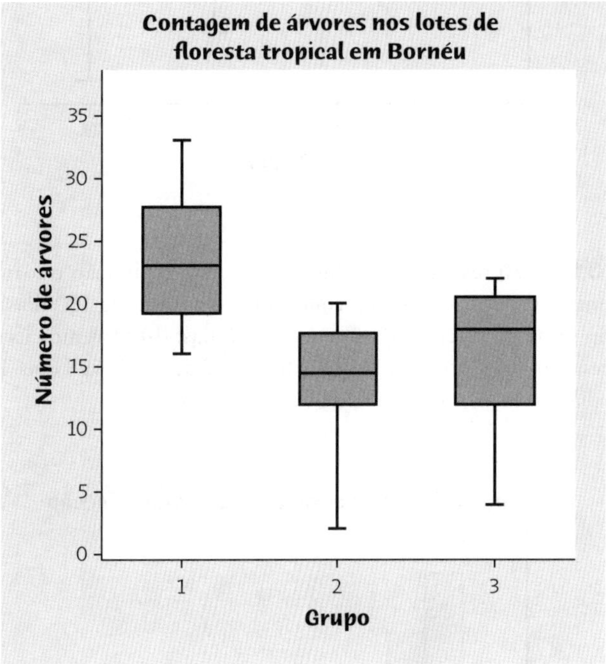

2.15 (b)

2.17 (a)

2.19 (c)

2.21 (b)

2.23 (b)

2.25 Esperamos que a renda, uma variável econômica, seja assimétrica à direita. A média é US$ 60.178 e a mediana, é US$ 50.350.

2.27 A mediana é a doação ordenada $(809 + 1)/2 = 405$. O primeiro quartil, Q_1, é a doação $(404 + 1)/2 = 202{,}5$. Q_3 é a doação $405 + 202{,}5 = 607{,}5$.

2.29 Nesse caso, os diagramas em caixa não deixam de revelar qualquer informação importante, porque não há falhas nos diagramas de ramo e folhas.

	Mín	Q_1	M	Q_3	Máx
MO	80,2	83,75	86,75	88,45	91
NE	81,8	85,35	87,9	89	90,5
S	73,2	82,45	86,9	89,35	89,8
O	71,1	78,1	79,7	84,25	86,2

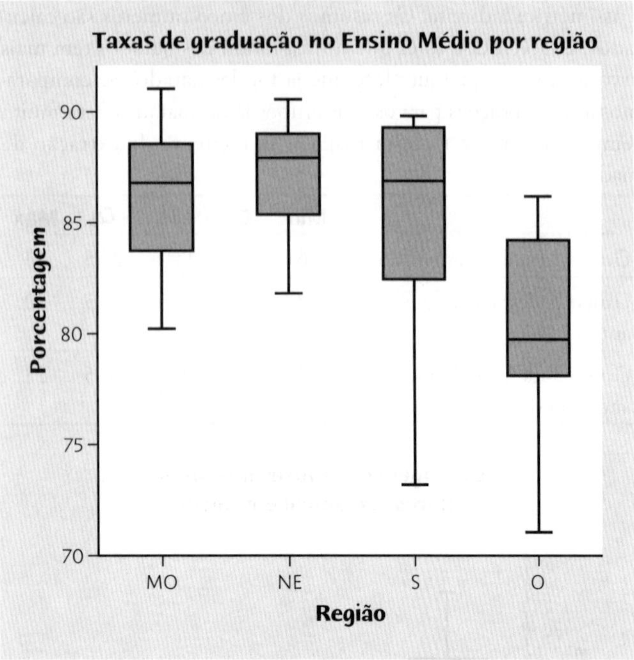

2.31 (a) Apresenta-se um histograma. A distribuição é fortemente assimétrica à direita, com centro em torno de 100 dias e amplitude de cerca de 0 a cerca de 600 dias. (b) Devemos usar o resumo dos cinco números: 43; 82,5; 102,5; 151,5; 598 dias. A mediana está mais próxima de Q_1 do que de Q_3.

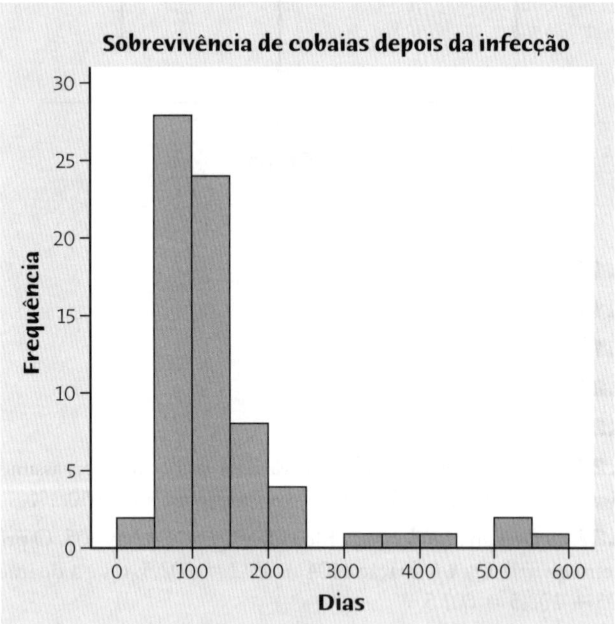

2.33 (a) Distribuições simétricas são mais bem resumidas por $\bar{x}$ e s. A distribuição para o grupo de tratamento era assimétrica à direita. A distribuição do grupo de controle poderia ser chamada de razoavelmente simétrica, mas ela tem um alto valor atípico. (b) A média decresce em 8,45 segundos; o desvio-padrão decresce em 12,03. (c) A mediana é menos afetada pelo valor atípico do que a média.

	Com valor atípico	Sem valor atípico
Média	59,7	51,25
Desvio-padrão	63,0	50,97
Mediana	61	57,5

2.35 (a) A sexta observação deve ser colocada na mediana para as cinco observações originais. (b) Não importa onde você coloque a sétima observação; a mediana é um dos dois valores (repetidos) acima porque ela será a quarta observação (ordenada). Na saída de computador, o sétimo ponto é o mais à esquerda.

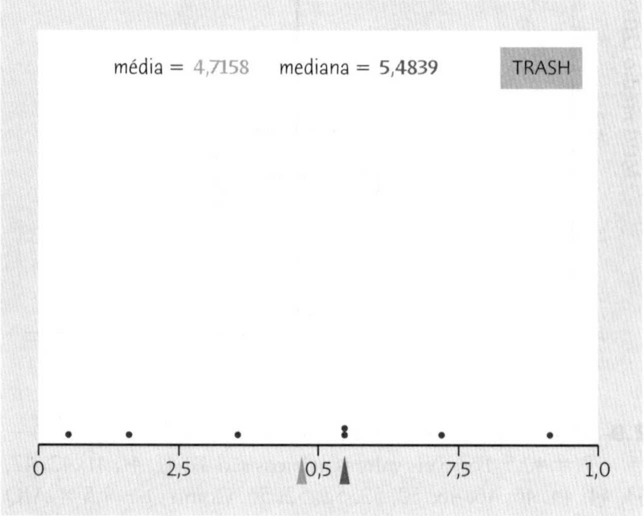

2.37 $\bar{x}$ = 33,9%. Os estados mais populosos têm mais peso no percentual nacional.

2.39 (a) O desvio-padrão menor possível virá da escolha de todos os quatro números iguais; por exemplo, escolha os números (2, 2, 2, 2). (b) O maior desvio-padrão possível vem dos quatro números (0, 0, 10, 10). (c) Há mais de uma escolha na parte (a), mas não na parte (b).

2.41 Muitas respostas são possíveis. Uma solução: (1, 2, 3, 4, 5, 100). Em geral, um valor atípico muito "grande" garantirá que a média seja maior do que a mediana.

2.43 ESTABELEÇA: desejamos determinar como o uso do capacete se relaciona à medida de comportamento de risco. PLANEJE: faremos diagramas em caixa lado a lado e calcularemos os resumos de cinco números dos escores para cada grupo. Compararemos as distribuições para cada grupo para chegarmos a uma conclusão sobre como um capacete se relaciona com o número médio de bombeadas (risco assumido). RESOLVA: os diagramas em caixa são fornecidos. A mínima, o primeiro quartil, e mediana do grupo do capacete é apenas ligeiramente maior do que a do grupo do boné de beisebol. Há uma discrepância maior entre os terceiros quartis e os máximos, com estes sendo muito maiores para o grupo do capacete do que para o grupo do boné de beisebol. Há uma grande variabilidade no grupo do capacete. CONCLUA: o uso do capacete parece estar relacionado ao comportamento de risco. Embora este não aumente muito para a maioria dos indivíduos, alguns que usavam capacete demonstraram comportamento de maior risco.

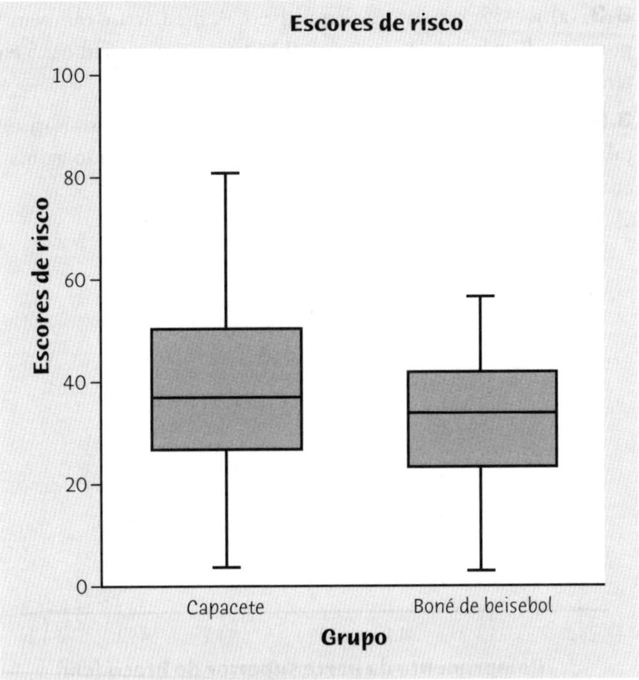

	Mín	Q_1	M	Q_3	Máx
Capacete	3,67	27,015	37,0	50,2	81,29
Boné de beisebol	2,68	23,935	33,635	42,17	56,58

2.45 ESTABELEÇA: descreva a distribuição dos retornos do índice de ações Wilshire 5000 no período de 1971 a 2018. PLANEJE: faça um gráfico dos retornos com um histograma e um gráfico temporal. Calcule e reporte estatísticas resumo apropriadas. RESOLVA: o histograma, o gráfico temporal e as estatísticas resumo são oferecidos. CONCLUA: a distribuição dos retornos médios é assimétrica à esquerda. Na maioria dos anos, o retorno médio é positivo. Os retornos vão de −40% a cerca de 40%, com retorno mediano em torno de 16%.

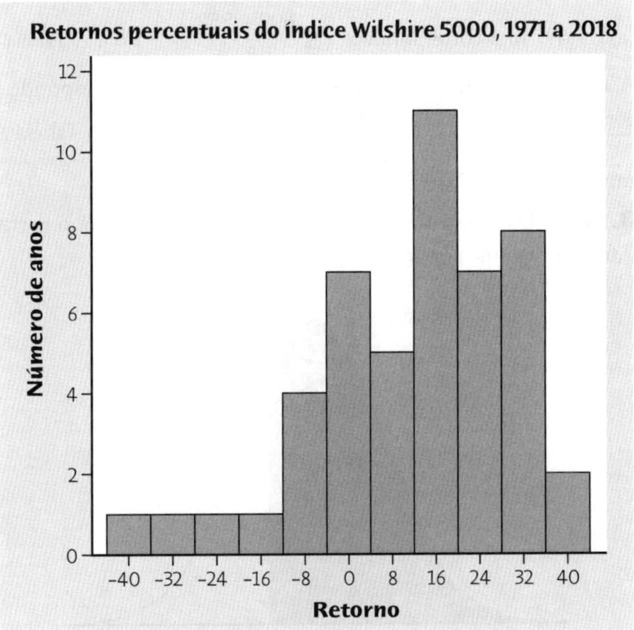

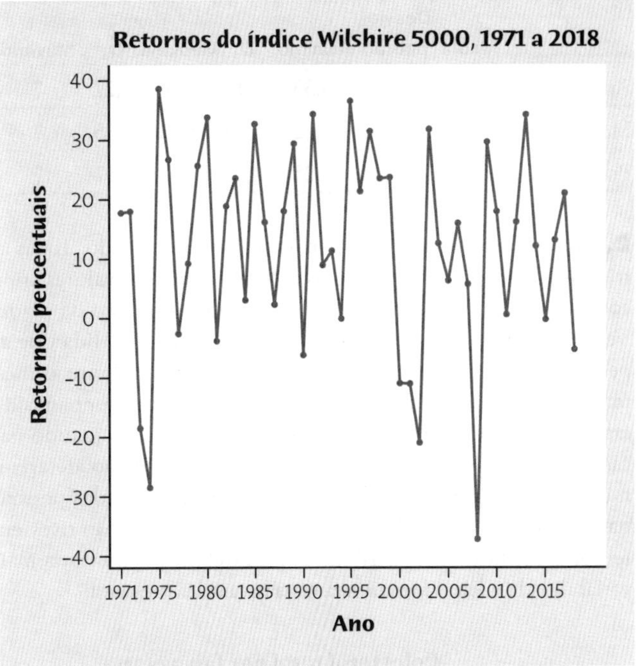

Média	Desvio-padrão	Mín	Q_1	Mediana	Q_3	Máx
11,96	17,64	−37,34	0,265	15,99	24,56	38,47

2.47 ESTABELEÇA: desejamos saber como a justificativa de um líder afeta o apoio a uma política. PLANEJE: crie diagramas em caixa lado a lado e calcule estatísticas resumo. RESOLVA: diagramas em caixa lado a lado e estatísticas resumo são fornecidos. As distribuições são muito similares; a abordagem pragmática resulta em ligeiramente menos apoio. Todas as três distribuições são assimétricas à esquerda. CONCLUA: uma justificativa ambígua ou moral de uma política tende a ter ligeiramente mais apoio do que a justificativa pragmática. Há pouca diferença entre as justificativas ambígua e moral.

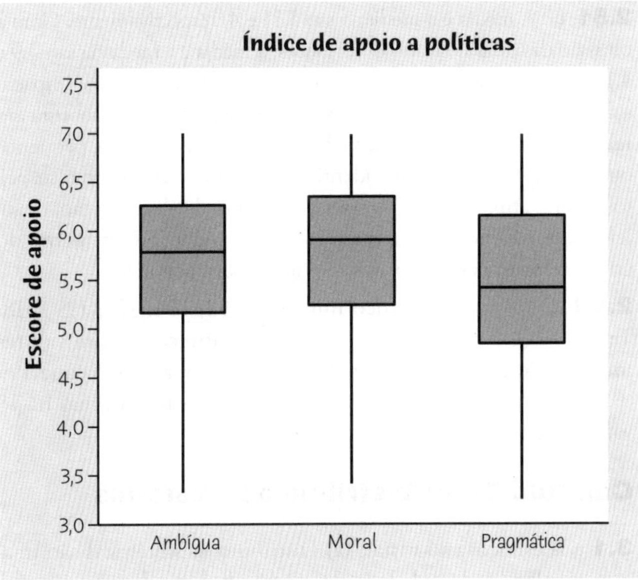

	Média	Desvio-padrão	Mínimo	Q_1	Mediana	Q_3	Máximo
Ambígua	5,71	0,77	3,33	5,17	5,79	6,27	7
Moral	5,81	0,82	3,42	5,23	5,92	6,35	7
Pragmática	5,44	0,89	3,25	4,83	5,42	6,17	7

2.49 (a) São fornecidos diagramas em caixa lado a lado. Todas as três distribuições são assimétricas à direita com altos valores atípicos. A mediana aumenta ligeiramente com o aumento da idade. Vemos, também, um aumento na variabilidade à medida que as pessoas envelhecem, embora as AIQs sejam relativamente as mesmas. (b) A menos que os níveis de colesterol originais tenham sido *extremamente* altos, as 4 ou 24 pessoas sob medicação quando nas casas dos 20 e 30, respectivamente, provavelmente não afetariam muito essas distribuições. No entanto, mais de 10% das pessoas na casa dos 40 estão sob medicação. Se aquelas 117 não tivessem recebido medicação, a distribuição, provavelmente, mostraria mais variabilidade e leituras mais altas dos níveis de colesterol.

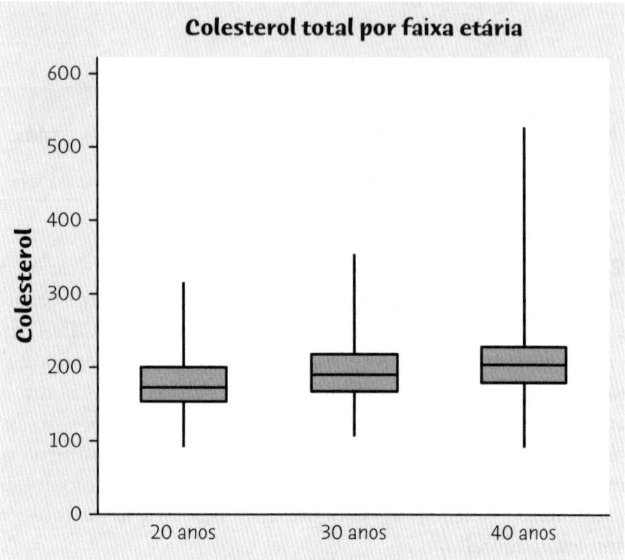

2.51 (a) A média e a mediana são 3,71 e 4, respectivamente. Com a omissão das duas menores observações, a média e a mediana são 3,9 e 4,14. A omissão das duas menores observações teve um maior impacto sobre a média do que sobre a mediana. A mediana é mais robusta em relação a um pequeno número de valores não usualmente pequenos ou grandes. (b) Sim, a regra identifica esses dois escores como suspeitos valores atípicos. (c) É possível que, depois da aleatorização, os sujeitos que vivenciaram pequeno vínculo, independentemente do grupo, tenham sido associados ao grupo da dor por acaso.

2.53 O resumo dos cinco números é 92, 154, 173, 199, 318. Temos $AIQ = 199 - 154 = 45$. Valores atípicos seriam valores menores do que $154 - 1{,}5 \times 45 = 86{,}5$, ou maiores do que $199 + 1{,}5 \times 45 = 266{,}5$. Não há valores atípicos baixos, mas há 18 valores atípicos altos.

Capítulo 3: As Distribuições Normais

3.1 Os esboços vão variar. (a) Distribuições simétricas são imagens espelhadas de cada lado do centro. (b) Uma distribuição que é assimétrica à direita tem cauda longa à direita.

3.3 (a) $\mu = 5$, o ponto de equilíbrio. A mediana é também 5 porque a distribuição é simétrica. (b) O primeiro quartil é 2,5 e o terceiro, 7,5.

3.5 Dá-se um esboço da distribuição. As marcas no eixo horizontal estão colocadas na média e a 1, 2 e 3 desvios-padrão acima e abaixo da média.

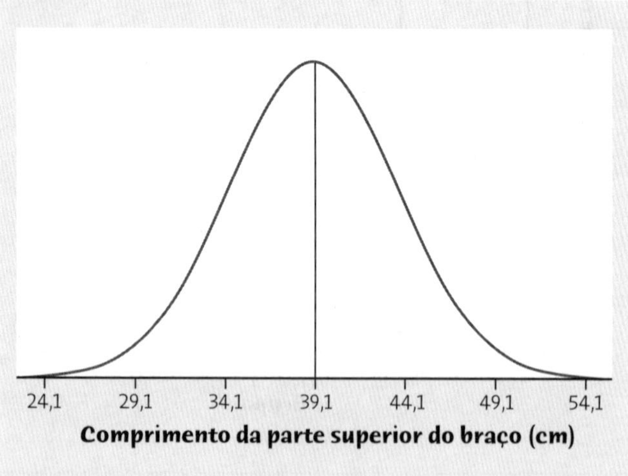

3.7 (a) Nos 95% centrais de todos os anos, os níveis da chuva de monção estão entre $852 \pm 2(82) = 688$ e 1.016 mm. (b) Os 2,5% anos mais secos de chuvas de monção têm menos do que 688 mm (mais do que 2σ abaixo de μ).

3.9 Uma mulher com altura de 5,5 pés (66 polegadas ou 1,68 m) tem $z = \dfrac{66 - 64{,}1}{3{,}7} = 0{,}51$. Um homem com altura de 5,5 pés tem $z = \dfrac{66 - 69{,}4}{3{,}1} = -1{,}10$. Uma mulher com altura de 5,5 pés é 0,51 desvio-padrão mais alta do que a média das mulheres. Um homem com altura de 5,5 pés é 1,10 desvio-padrão *abaixo* da média para os homens.

3.11 Seja x a quantidade de chuva de monção em dado ano. (a) $x \le 697$ mm corresponde a $z \le \dfrac{697 - 852}{82} = -1{,}89$. A Tabela A mostra 0,0294, ou 2,94%. (b) $682 < x < 1.022$ corresponde a $\dfrac{682 - 852}{82} < z < \dfrac{1.022 - 852}{82}$, ou $-2{,}07 < z < 2{,}07$. A Tabela A mostra $0{,}9808 - 0{,}0192 = 0{,}9616$, ou 96,16%.

3.13 (a) Usando a Tabela A, encontramos que esse valor tem $z = 0{,}67$ (o programa apresenta $z = 0{,}6745$).

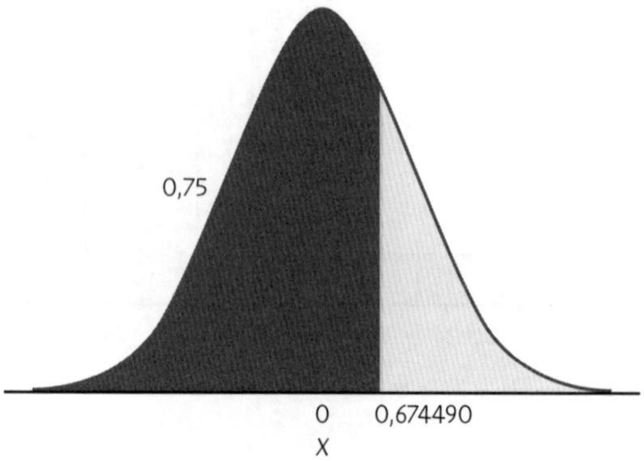

(b) Desejamos uma proporção de 0,85 abaixo. Usando a Tabela A, encontramos o valor $z = 1{,}04$ (o programa apresenta $z = 1{,}036$).

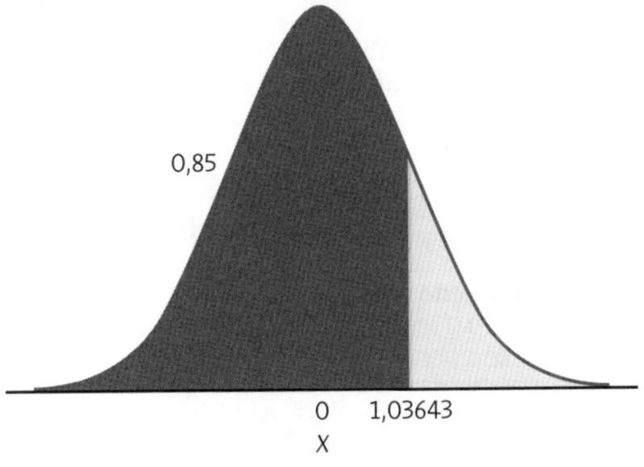

(c) Usando a Tabela A, encontramos que esse valor tem $z = -1{,}04$ (o programa mostra $z = -1{,}036$).

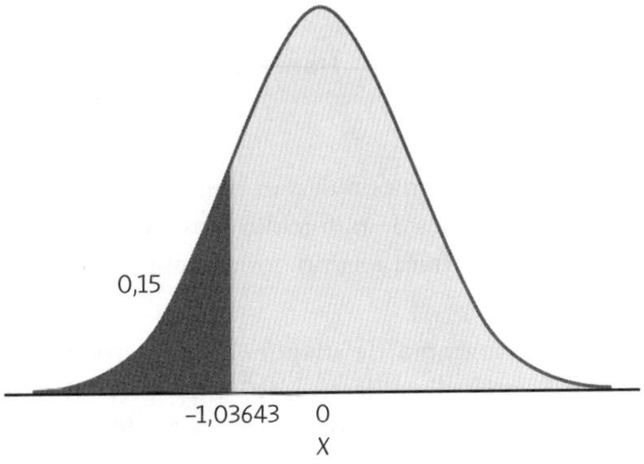

3.15 (c)

3.17 (b)

3.19 (c)

3.21 (b)

3.23 (b)

3.25 Esboços variarão, mas devem ser alguma variação sobre aquele visto aqui; o pico em 0 deve ser "alto e fino", enquanto perto de 1 a curva deve ser "baixa e gorda".

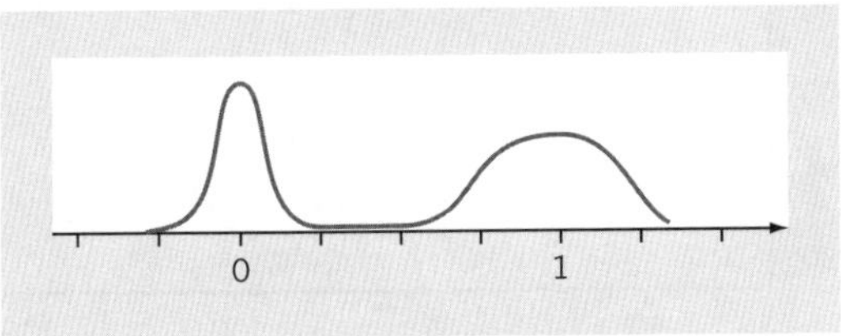

3.27 $(100 - 68)/2 = 16\%$ têm níveis de LDL em 1 ou mais desvios-padrão acima da média.

3.29 (a) $z = -0{,}84$. (O programa mostra $z = -0{,}8416$.) (b) $z = 0{,}25$. (O programa mostra $z = 0{,}2533$.)

3.31 $x < 5{,}0$ corresponde a $z < \dfrac{5{,}0 - 5{,}43}{0{,}54} = -0{,}80$; a Tabela A mostra 0,2119.

3.33 (a) $z > \dfrac{130 - 100}{15} = 2$. A Tabela A fornece $1 - 0{,}9772 = 0{,}0228$ ou 2,28%. (b) $z > \dfrac{130 - 120}{15} = 0{,}67$. A Tabela A fornece $1 - 0{,}7486 = 0{,}2514$, ou 25,14%.

3.35 $z > \dfrac{29 - 22{,}8}{4{,}8} = 1{,}29$. A Tabela A mostra $1 - 0{,}9015 = 0{,}0985$, ou 9,85%.

3.37 Q_1 e Q_3 têm $z = -0{,}67$ e 0,67, respectivamente. $Q_1 = 22{,}8 - (0{,}67)(4{,}8) = 19{,}58$ mpg e $Q_3 = 22{,}8 + (0{,}67)(4{,}8) = 26{,}02$ mpg.

3.39 (a) O braço de Cecile tem $z = \dfrac{33{,}9 - 35{,}9}{5{,}1} = -0{,}39$. Usando a Tabela A, seu percentil é 0,3483, ou 34,83%. (b) Sua resposta vai variar por causa da variação nos comprimentos dos braços dos estudantes.

3.41 $z > \dfrac{64{,}1 - 69{,}4}{3{,}1} = -1{,}71$. A Tabela A mostra $1 - 0{,}0436 = 0{,}9564$, ou 95,64%.

3.43 (a) Para o SAT de matemática, $z = \dfrac{780 - 528}{117} = 2{,}15$. A Tabela A mostra $1 - 0{,}9842 = 0{,}0158$, ou 1,58%. (b) Para a leitura e escrita, $z = \dfrac{780 - 531}{104} = 2{,}39$. A Tabela A mostra $1 - 0{,}9916 = 0{,}0084$, ou 0,84%.

3.45 (a) Cerca de 0,6% de jovens adultos saudáveis têm osteoporose (a área acumulada abaixo de $z = -2{,}5$). (b) O nível da DMO de $2{,}5\sigma$ abaixo da média do adulto jovem deveria ser $z = -0{,}5$ para essas mulheres mais velhas. A Tabela A fornece 0,3085, ou 30,85%.

3.47 Seja x o retorno. (a) Para $x > 0$, $z = \dfrac{0 - 11{,}36}{19{,}58} = -0{,}58$. A Tabela A mostra $1 - 0{,}2810 = 0{,}7190$, ou 71,9% dos retornos são maiores do que 0. Para $x > 30$, $z = \dfrac{30 - 11{,}36}{19{,}58} = 0{,}95$. A Tabela A mostra $1 - 0{,}8289 = 0{,}1711$, ou 17,11% dos retornos são maiores do que 30. (b) Cerca de 72,5% dos retornos reais são maiores do que 0, e cerca de 18,7% dos retornos reais são maiores do que 30. O valor para retornos maiores do que 0 é próximo do que esperaríamos a partir da distribuição $N(11{,}36; 19{,}58)$, como é o valor para retornos maiores do que 30. Essa distribuição Normal é uma boa aproximação.

3.49 (a) É dado um histograma razoavelmente simétrico. (b) Média = 536,95, Mediana = 540, Desvio-padrão = 69,88, $Q_1 = 490$, $Q_3 = 580$. A média e a mediana são próximas. As distâncias entre a mediana e os quartis, 50 (para Q_1) e 40 (para Q_3), são semelhantes. Isso é consistente com uma distribuição Normal. (c) Suponha que os escores dos calouros da GSU tenham uma distribuição $N(536{,}95; 69{,}88)$. A proporção maior do que 511 corresponde a $z > \dfrac{511 - 536{,}95}{69{,}88} = -0{,}37$. A Tabela A mostra essa proporção como $1 - 0{,}3557 = 0{,}6443$, ou 64,43%. (d) 63,6% dos calouros da GSU tiveram escores maiores do que 511. Isso é próximo da área calculada na parte (c).

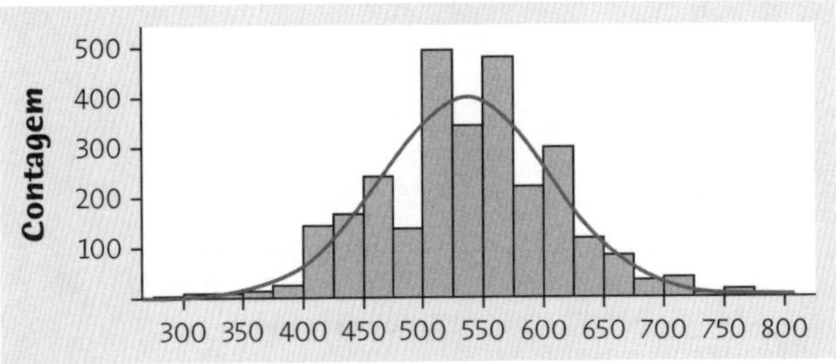

3.51 (a) 14/548 = 0,0255 (2,55%) pesavam menos do que 100 libras. $x < 100$ corresponde a $z < \dfrac{100 - 161{,}58}{48{,}96} = -1{,}26$. Usando a Tabela A, a área é 0,1038 (10,38%). (b) 33/548 = 0,0602 (6,02%) pesavam mais do que 250 libras. $x > 250$ corresponde a $z > \dfrac{250 - 161{,}58}{48{,}96} = 1{,}81$. Usando a Tabela A, cerca de 1 − 0,9649 = 0,0351 (3,51%) pesariam mais do que 250 libras. (c) O modelo da distribuição Normal prediz que 10,38% das mulheres pesam menos do que 100 libras, enquanto, na verdade, cerca de 2,55% o fazem. O modelo Normal também prediz que 3,51% das mulheres pesam mais de 250 libras, enquanto realmente observamos 6,02% de mulheres com peso acima de 250 libras. Esse é um erro substancial.

3.53 Como os quartis de qualquer distribuição têm 50% das observações entre eles, coloque as marcas de modo que a área relatada seja 0,5. O mais próximo que o *applet* chega é a uma área de 0,4978, entre −0,671 e 0,671. Os quartis de qualquer distribuição Normal estão a cerca de $0{,}67\sigma$ acima e abaixo de μ.

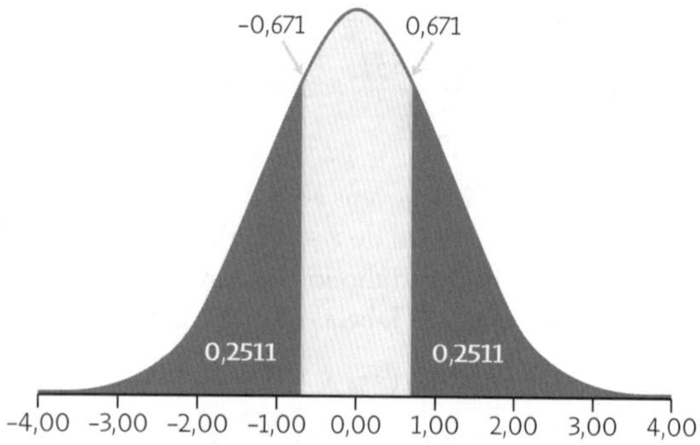

Capítulo 4: Diagramas de Dispersão e Correlação

4.1 (a) Explicativa: número de vezes que um estudante acessou o *site* de seu curso de estatística; resposta: nota no exame final para o curso. (b) Explicativa: número de horas por semana gastas se exercitando; resposta: calorias queimadas por semana. (c) Explicativa: horas por semana gastas *online* usando mídias sociais; resposta: média (GPA). (d) Explore a relação.

4.3 Sua resposta variará em relação à de seus colegas e de seu professor. Exemplos: peso, sexo, pressão sanguínea, país de origem etc.

4.5 Percentual de terceirização é a variável explicativa. Os dados não apoiam as preocupações dos críticos.

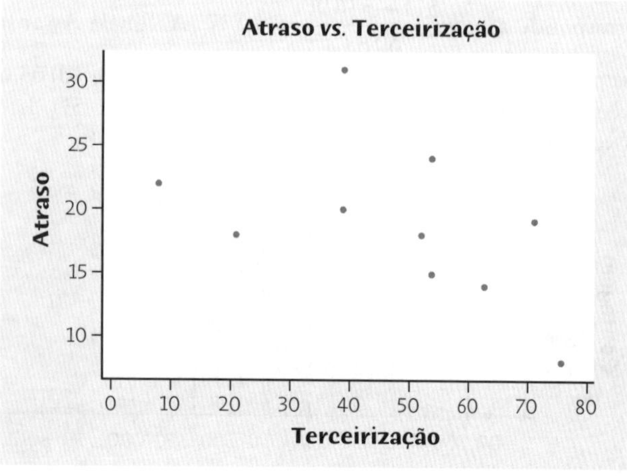

4.7 Allegiant e Spirit poderiam ser considerados valores atípicos. Ambos têm baixas porcentagens de terceirização e moderadas porcentagens de atraso. Sem essas duas companhias aéreas, a relação é fracamente negativa.

4.9 (a) Condados com populações muito grandes (acima de 800 mil) são marcados com pontos cinza; os outros, são marcados com pontos pretos.

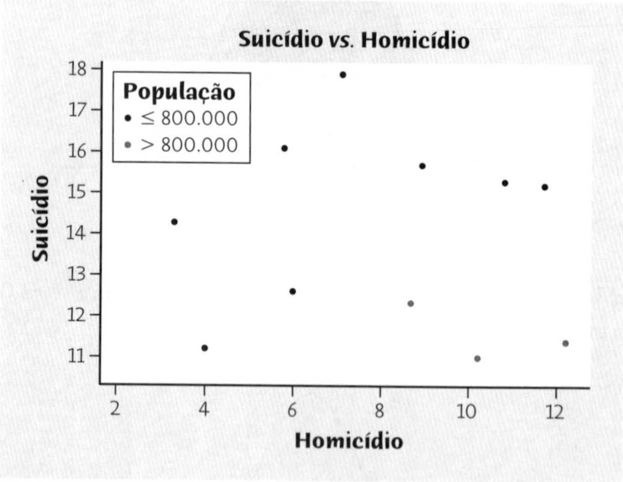

(b) Para os condados com populações muito grandes, parece não haver relação entre taxas de homicídio e suicídio. Para os condados menores, há uma fraca relação positiva entre taxas de homicídio e suicídio.

4.11 (a) Ver diagrama de dispersão a seguir. O tamanho do cérebro é a variável explicativa. (b) $\bar{x} = 95{,}17$ (10 mil *pixels*), $s_x = 6{,}77$ (10 mil *pixels*), $\bar{y} = 108$ pontos, $s_y = 24{,}29$ pontos. Ver escores padronizados na tabela que se segue. A correlação é $r = 0{,}374$. Isso é consistente com a associação fraca, positiva, mostrada no diagrama de dispersão. (c) Um programa fornece $r = 0{,}377$. A resposta na parte (c), na casa dos milésimos, está errada devido a arredondamento.

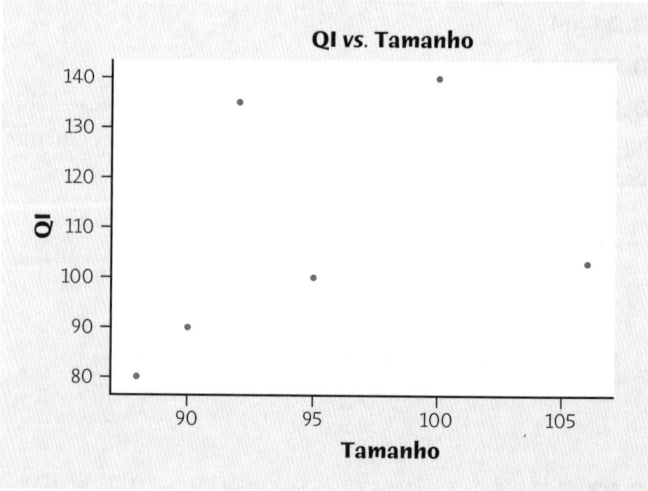

z_x	z_y	$z_x z_y$
0,71	1,32	0,94
−0,76	−0,74	0,56
−0,03	−0,33	0,01
−0,47	1,11	−0,52
−1,06	−1,15	1,22
1,60	−0,21	−0,34
	Soma	1,87

4.13 (a) $r = 0{,}0645$
(b) $r = 0{,}8085$

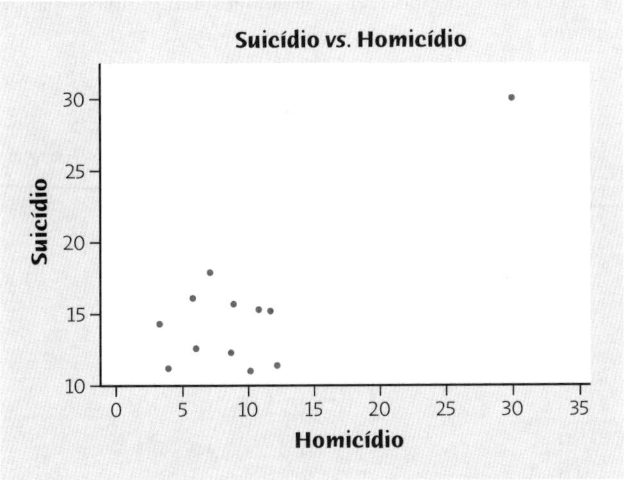

(c) O ponto A reforça a associação linear positiva, porque, quando A é incluído, os pontos do diagrama de dispersão parecem realmente ter uma associação linear (seu olhar é atraído para aquele ponto à direita, no alto).

4.15 (b)

4.17 (b)

4.19 (c)

4.21 (c)

4.23 (b)

4.25 (a) O menor escore na primeira rodada foi 66, atingido por dois jogadores. Um dos jogadores teve escore 71 na segunda rodada, enquanto o outro teve escore 75 na segunda rodada. (b) José Maria Olazabal e Jovan Rebula tiveram, ambos, escores de 79 na segunda rodada. Seus primeiros escores foram 73 e 78. (c) A correlação é pequena, mas positiva, muito próxima de 0,25. Saber o escore de um jogador de golfe na primeira rodada não é muito útil para predizer seu escore na segunda.

4.27 (a) O diagrama de dispersão revela uma forte relação linear positiva. Esperamos que r fique próximo de $+1$.

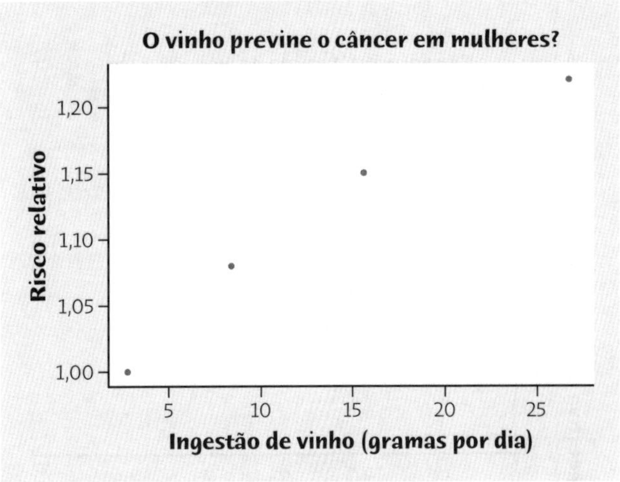

(b) Usando um programa, $r = 0{,}9851$. Os dados sugerem que as mulheres que consomem mais vinho têm risco mais alto de ter câncer de mama. (c) Não podemos concluir uma relação causal entre consumo de vinho e câncer de mama em mulheres, porque esse é um estudo observacional. Mulheres que bebem mais vinho podem diferir em muitos aspectos das mulheres que bebem menos vinho.

4.29 (a) O diagrama de dispersão mostra uma relação negativa, algo linear. A correlação é uma medida apropriada da intensidade; $r = -0{,}7485$.

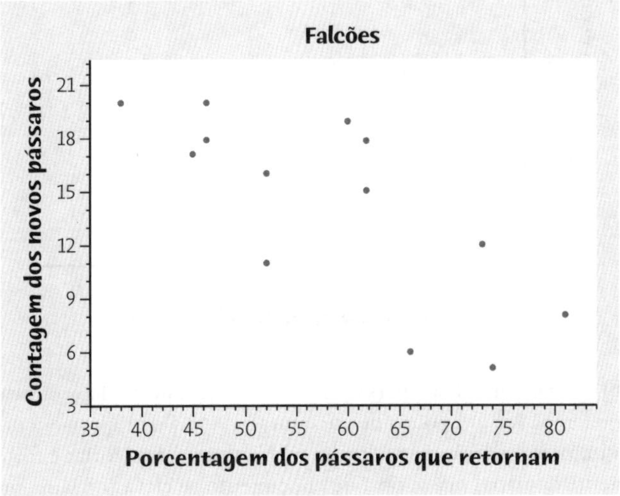

(b) Porque essa associação é negativa, concluímos que o falcão é uma espécie territorial de longa vida.

4.31 (a) O diagrama de dispersão é mostrado; note que o posto de percentil da pobreza é a variável explicativa (e deve, então, estar no eixo horizontal).

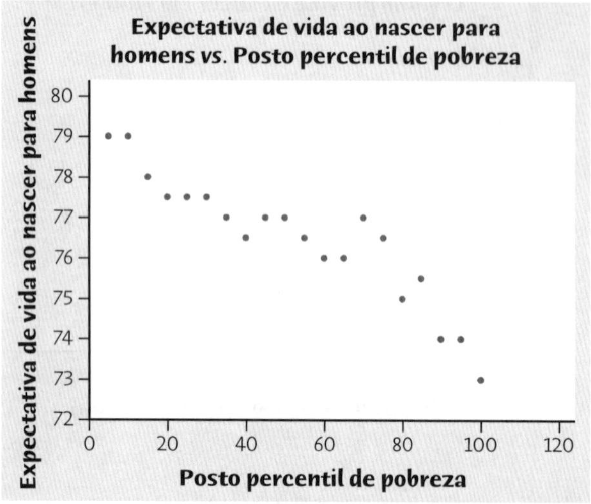

(b) A associação é forte, negativa e linear; $r = -0{,}924$.

4.33 (a) É fornecido o diagrama de dispersão.

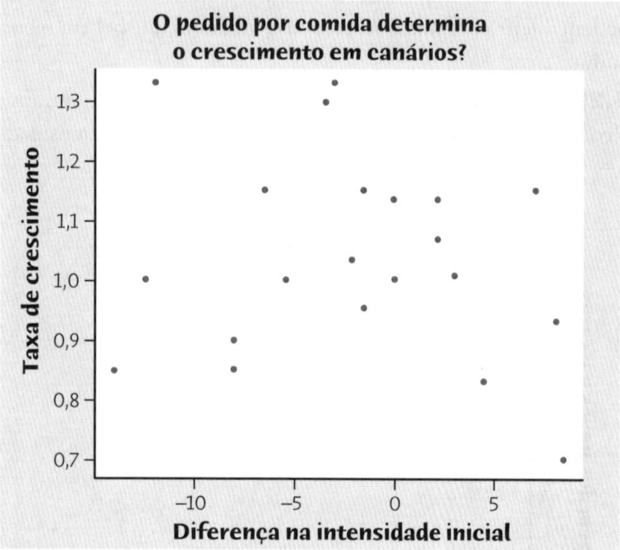

(b) O diagrama de dispersão não sugere qualquer relação linear (podemos ver um pouco de curvatura). $r = -0{,}1749$. r não é útil aqui, pois a relação não é linear. (c) Nenhuma das teorias é fortemente apoiada, mas a taxa de crescimento se eleva inicialmente à medida que a intensidade do pedido aumenta e, então, se estabiliza ou decresce, à medida que os pais começam a ignorar os aumentos dos pedidos dos bebês adotados.

4.35 (a) A correlação não mudaria (correlação não depende de unidades). (b) A correlação não mudaria. A subtração de 0,25 de todos os riscos desloca o diagrama para "baixo" em 0,25, mas a intensidade e a direção da relação linear não mudam. (c) Haveria uma perfeita relação positiva; $r = +1$.

4.37 Explicações e esboços variarão, mas deve-se notar que a correlação mede a intensidade da associação linear, não a inclinação da reta. Os Fundos A e B hipotéticos mencionados no relatório, por exemplo, teriam uma relação linear com reta de inclinação 2 ou 1/2.

4.39 A pessoa que escreveu o artigo interpretou uma correlação próxima de 0 como se fosse uma correlação próxima de −1 (implicando uma associação negativa entre taxa de ensino e produtividade de pesquisa). As descobertas do professor McDaniel significam que há uma pequena associação linear entre produtividade de pesquisa e taxa de ensino.

4.41 (a) Dois diagramas de dispersão são mostrados a seguir. A olho nu, os dois diagramas parecem idênticos. (b) Para o conjunto de dados A, $r = 0{,}664$. Para o conjunto de dados B, $r = 0{,}834$. O aumento em r é devido a mais pontos em (1, 1) e (4, 4). Você não esperaria a diferença em r se simplesmente olhasse para os diagramas.

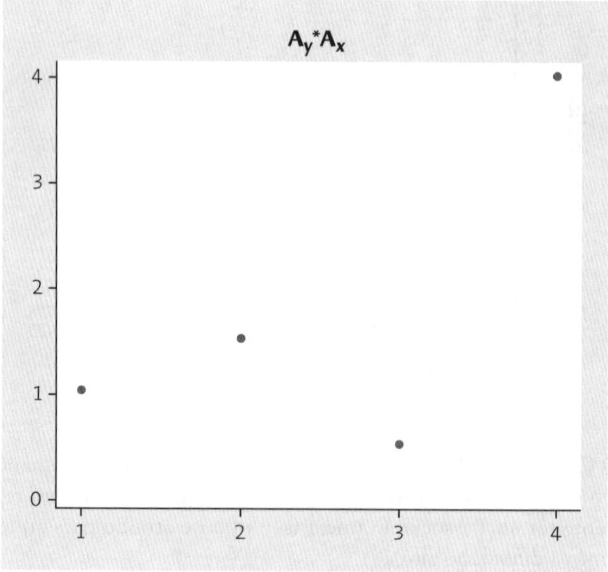

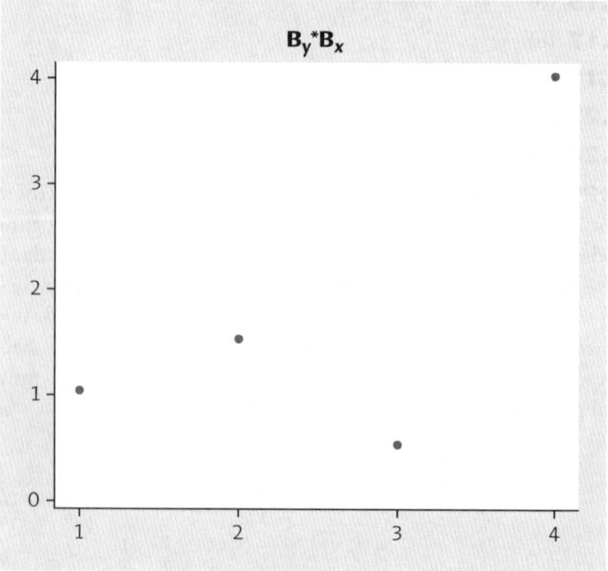

4.43 (a) Como dois pontos determinam uma reta, a correlação é sempre −1 ou +1.

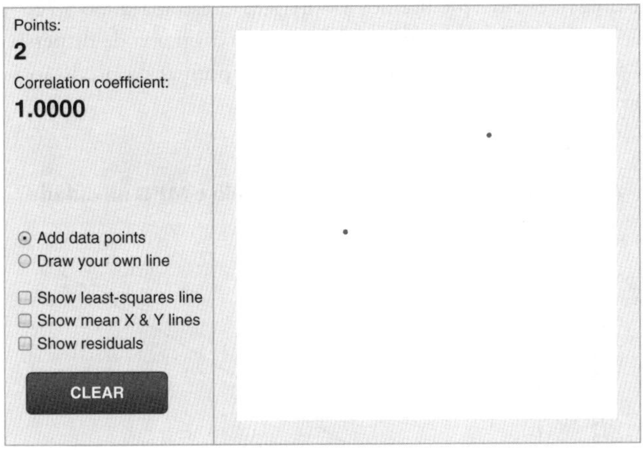

(b) Seu esboço variará. Um exemplo aparece a seguir. Note que o diagrama de dispersão deve ter inclinação positiva, mas r é afetado apenas pela dispersão em torno da reta, não por quão íngreme é a inclinação da reta.

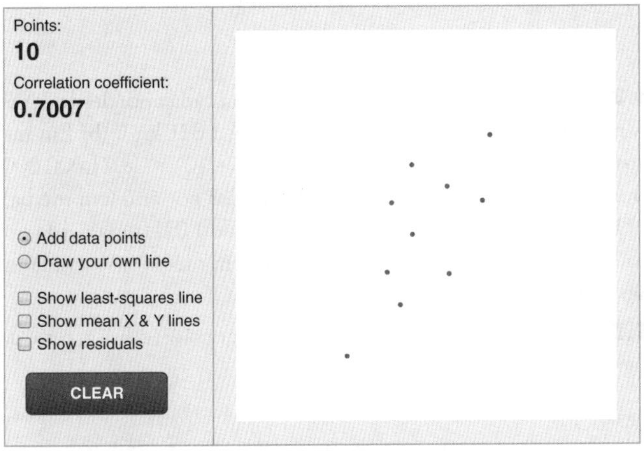

(c) Seu esboço variará. Um exemplo aparece a seguir.

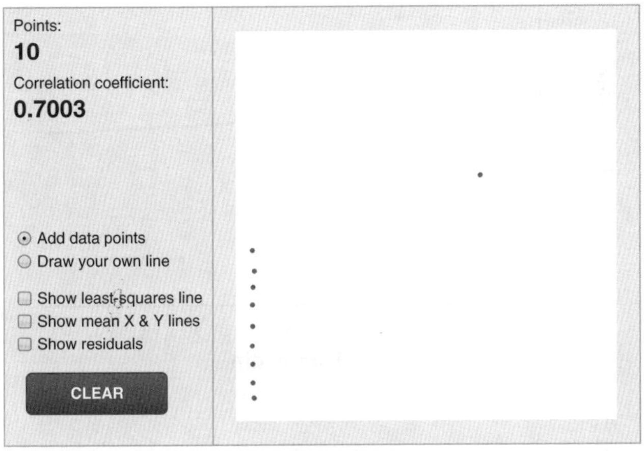

(d) Seu esboço variará. Um exemplo aparece a seguir.

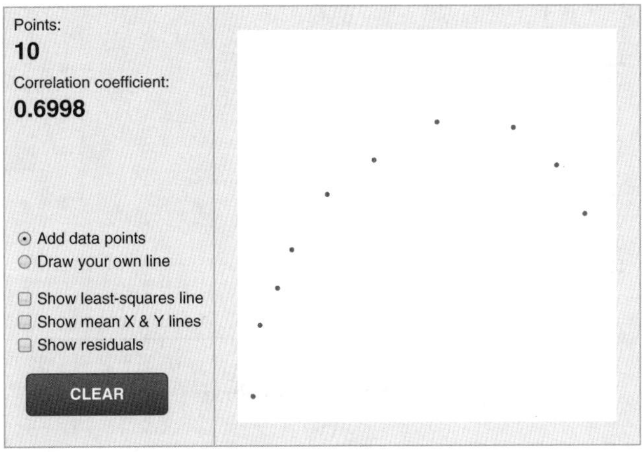

4.45 (a e b) PLANEJE: marque os dados no mesmo diagrama de dispersão. Examine o diagrama para ver se as mulheres estão começando a ultrapassar os homens. RESOLVA: o diagrama é fornecido. Por inspeção, pode-se pensar que as "retas" que se ajustam a esses conjuntos de dados se encontram em torno de 1998.

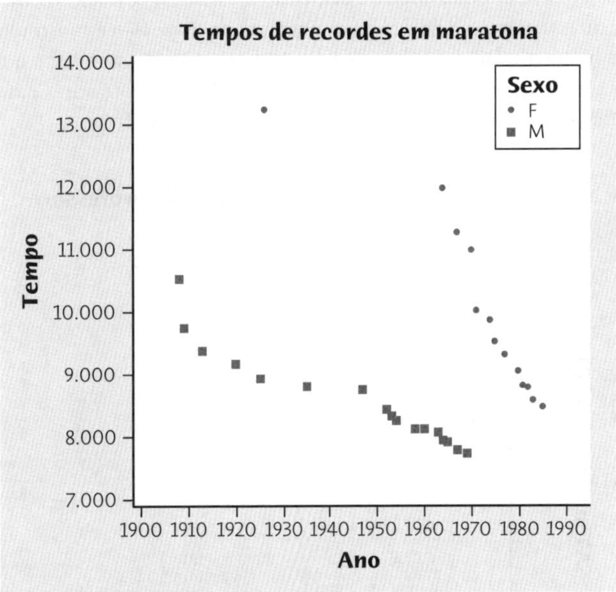

CONCLUA: os tempos de homens e de mulheres têm se aproximado ao longo do tempo. Ambos os sexos melhoraram seus tempos de recorde na maratona, mas os tempos das mulheres têm melhorado a uma taxa mais rápida. A diferença atualmente (dados de fevereiro de 2020) é de cerca de 745 segundos (aproximadamente 12,5 minutos).

4.47 PLANEJE: comece com um diagrama de dispersão. Calcule a correlação, se apropriado. RESOLVA: um diagrama de dispersão mostra uma associação linear bastante forte entre atividade cerebral e desconforto social. Não há valores atípicos particulares; cada ponto tem valores altos e baixos, mas esses pontos não se desviam do padrão dos restantes. $r = 0{,}8782$.

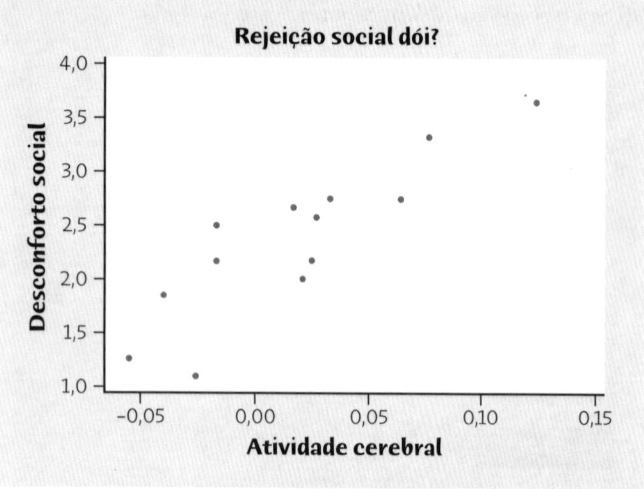

CONCLUA: a exclusão social parece, sim, disparar o gatilho de uma resposta de dor: medidas de desconforto social mais altas estão associadas com atividade aumentada na área do cérebro sensível à dor. No entanto, não é possível nenhuma conclusão de causa e efeito porque esse não foi um experimento planejado.

4.49 PLANEJE: salário é a variável explicativa, escore SAT é a resposta. Crie um diagrama de dispersão e calcule a correlação entre as duas variáveis. RESOLVA: o diagrama de dispersão é mostrado. Se há uma relação linear, ela é muito fraca. O mais notável é que os estados com as taxas mais altas de salários de professores parecem ter baixos escores SAT em matemática. $r = -0{,}266$.

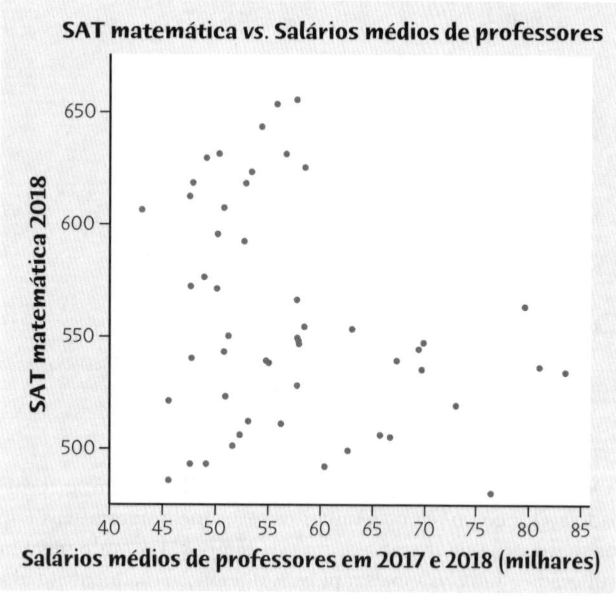

CONCLUA: a relação entre salários de professores e escores SAT em matemática (com base nas médias por estado) é ligeiramente linear e decrescente; esses dados *não* apoiam a ideia de que maiores salários dos professores levam a melhor desempenho dos estudantes (como medido pelos escores SAT de matemática).

Capítulo 5: Regressão

5.1 (a) A inclinação é 0,914. Na média, a milhagem na estrada aumenta de 0,914 mpg para cada aumento de 1 mpg na milhagem na cidade. (b) O intercepto é 8,720 mpg. Essa é a milhagem na estrada para um carro inexistente, que faz 0 mpg na cidade. (c) Para um carro que faz 16 mpg na cidade, predizemos a milhagem na estrada como 8,720 + (0,914)(16) = 23,344 mpg. Para um carro que faz 28 mpg na cidade, predizemos a milhagem na estrada como 8,720 + (0,914)(28) = 34,312 mpg. (d) Mostra-se o diagrama de dispersão. A reta de regressão passa por ambos os pontos da predição na parte (c).

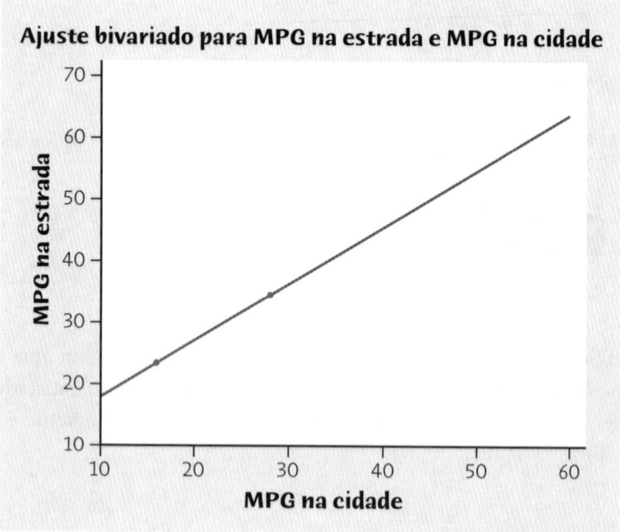

5.3 (a) A inclinação é de 1.021. Isto é, para cada ano, desde 2000, as perdas florestais têm média de cerca de 1.021 km². (b) Em metros quadrados, a inclinação seria de $1.021 \times 10^6 = 1.021.000.000$, uma perda de 1 bilhão de metros quadrados por ano (em média). (c) Em milhares de km², a inclinação seria de 1,021, uma perda um pouco mais do que 1.000 km² por ano (em média). As unidades são importantes na regressão.

5.5 (a) Mostra-se o diagrama de dispersão (com a reta de regressão).

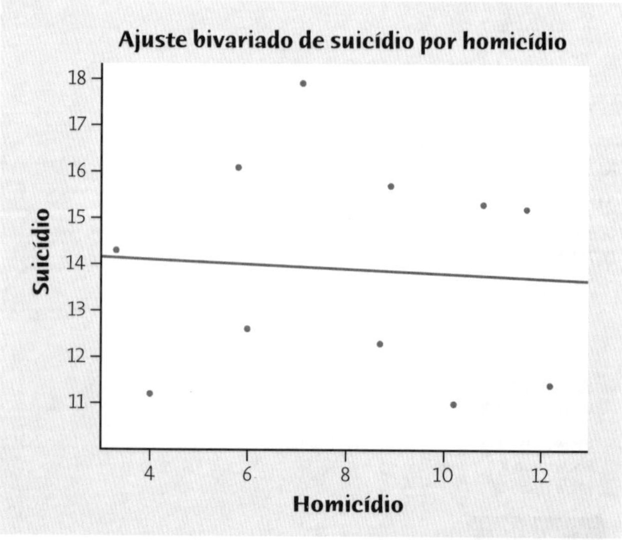

(b) Por um programa, suicídio = 14,306 − 0,0492 (homicídio). (c) A inclinação significa que, para cada homicídio adicional (por 100 mil pessoas), há um decréscimo médio de 0,0492 suicídio (por 100 mil pessoas) nesses condados de Ohio. (d) A taxa predita de suicídio é 14,306 − (0,0492)(8,0) = 13,91 suicídios (por 100 mil pessoas).

5.7 (a) A seguir, mostra-se o diagrama de dispersão (com a reta de regressão). O gráfico sugere um padrão ligeiramente curvo, não um forte padrão linear. Uma reta de regressão não é útil para fazer predições.

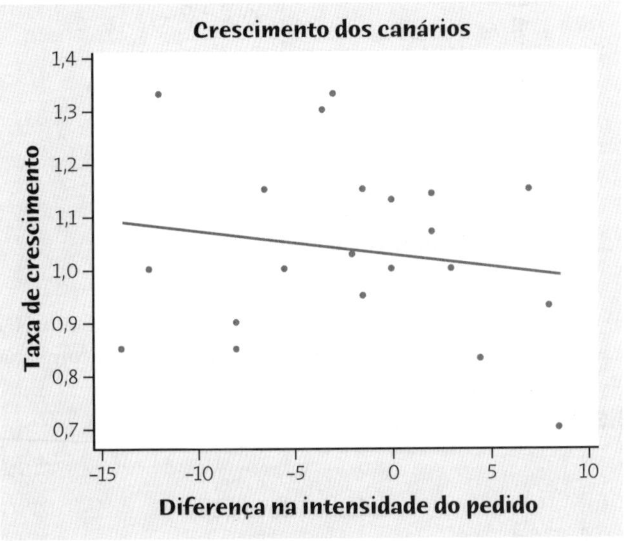

(b) r^2 = 0,031. Isso confirma o que vemos no gráfico: a reta de regressão não faz um bom trabalho em resumir a relação. Apenas cerca de 3% da variação na taxa de crescimento é explicada pela regressão de mínimos quadrados sobre a diferença na intensidade do pedido.

5.9 (a) É mostrado o diagrama de dispersão (com a reta de regressão). (b) O padrão é curvo; a regressão linear não é apropriada.

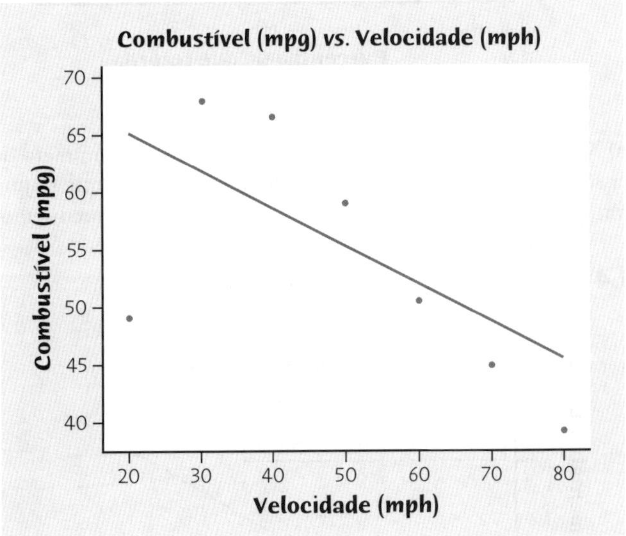

(c) Para x = 20, $\hat{y}$ = 70,243 − 0,329(20) = 63,663; portanto, o resíduo é real − predito = 49 − 63,663 = −14,663 (que coincide, a menos de arredondamentos). A soma dos resíduos é −14,67 + 7,51 + 9,40 + 5,19 + (−0,13) + (−2,44). (d) Segue um gráfico de resíduos. O primeiro e os três últimos resíduos são negativos; o segundo, o terceiro e o quarto são positivos. O padrão dos resíduos e o padrão do diagrama de dispersão são os mesmos.

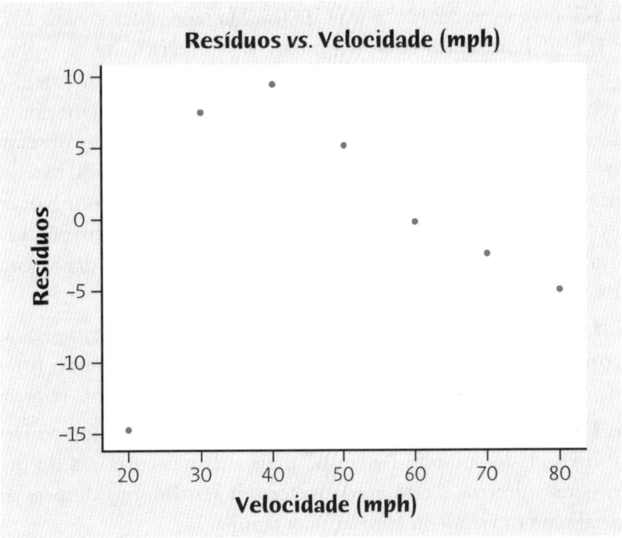

5.11 (a) Qualquer ponto que se localize exatamente sobre a reta de regressão não aumentará a soma dos quadrados das distâncias verticais, de modo que a reta de regressão não muda; r aumenta porque o novo ponto reduz a dispersão relativa em torno da reta de regressão. (b) Pontos cujas coordenadas x são valores atípicos são sempre influentes. A reta de regressão "seguirá" um ponto influente se ele se mover para cima ou para baixo, na direção y.

5.13 (a) Hawaiian Airlines é identificada com "HA" no diagrama de dispersão. Como esse ponto é um valor atípico e se localiza na parte final mais alta da amplitude dos x, ele é influente.

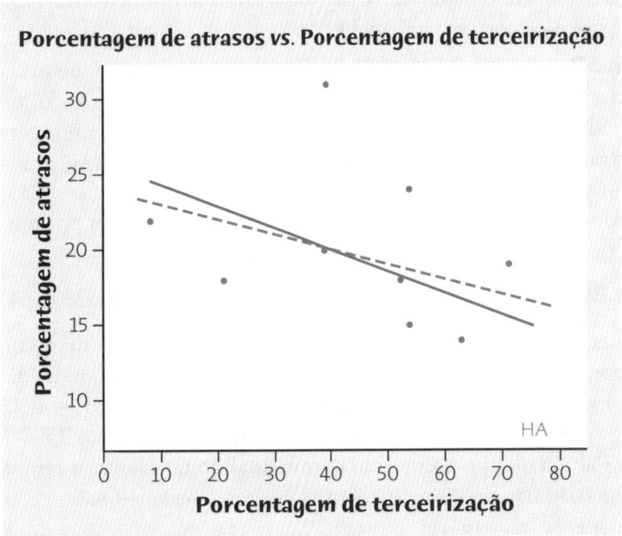

(b) Com o valor atípico, r = −0,4943. Se o valor atípico for omitido, r = −0,2990. O valor atípico é um pouco influente para a correlação. (c) As duas retas de regressão são desenhadas. A reta com base no conjunto total dos dados foi puxada para baixo na direção do valor atípico, indicando que ele é influente. A reta de regressão com base no conjunto completo dos dados é $\hat{y}$ = 25,7120 − 0,1433x; quando x = 78,4, predizemos 14,48% de atrasos. Omitindo o valor atípico, $\hat{y}$ = 23,5150 − 0,0766x, de modo que nossa predição seria de 17,51% de atrasos. O valor atípico influencia a predição porque influencia a reta de regressão.

5.15 (a) $\hat{y} = -52{,}2321 + 0{,}1451x$ (ou *Mortes preditas* = −52,2321 + 0,1451 *Barcos*). (b) Se 950 mil barcos são registrados, $x = 950$, e $\hat{y} = -52{,}2321 + 0{,}1451(950) = 85{,}61$ peixes-boi mortos. A predição parece razoável, desde que as condições permaneçam as mesmas, pois 950 está dentro da amplitude dos valores observados de x. (c) $x = 0$ (correspondendo a nenhum registro de barcos); então a predição seria de −52,2321 peixes-boi mortos por barcos. Isso é absurdo porque é claramente impossível. Isso ilustra a loucura da extrapolação; $x = 0$ está bem fora da amplitude dos valores observados de x.

5.17 Possíveis variáveis ocultas incluem o QI e o *status* socioeconômico da mãe. Essas variáveis estão associadas com o fumo de várias maneiras e são também preditivas do QI de uma criança.

5.19 Um exemplo pode ser homens que são casados, viúvos ou divorciados podem "investir" mais em suas carreiras do que homens solteiros. Pode ainda haver um sentimento de pressão social para um homem "prover" sua família.

5.21 (c)

5.23 (a)

5.25 (c)

5.27 (a)

5.29 (a)

5.31 (a) A reta de regressão de mínimos quadrados diz que o aumento em um quilate no tamanho de um diamante aumenta seu preço em US$ 11.975,14, em média. (b) Um diamante de tamanho 0 quilate teria um custo predito de −US$ 6.047,75. Essa é uma extrapolação, porque o conjunto de dados sobre o qual a reta foi construída quase certamente não teria anéis com diamantes de tamanho 0 quilate. (E não faz sentido um comerciante pagar a você para comprar um anel.)

5.33 (a) $\hat{y} = 0{,}919 + 2{,}0647x$. Para cada grau Celsius, o tucano perderá cerca de 2,06% mais calor pelo seu bico, em média. (b) $\hat{y} = 0{,}919 + 2{,}0647(25) = 52{,}5$. A uma temperatura de 25 graus Celsius, predizemos que um tucano perca, em média, 52,5% mais calor pelo seu bico. (c) $r^2 = 83{,}6$. (d) $r = \sqrt{r^2} = \sqrt{0{,}836} = 0{,}914$. A correlação é positiva porque a reta de regressão tem inclinação positiva.

5.35 (a) $b = r\frac{s_y}{s_x} = 0{,}5\left(\frac{8}{40}\right) = 0{,}1$ e $a = \bar{y} - b\bar{x} = 75 - (0{,}1)(280) = 47$. A equação de regressão é $\hat{y} = 47 + 0{,}1x$. Cada ponto do escore total do pré-exame significa 0,1 ponto no exame final, em média. (b) $\hat{y} = 47 + 0{,}1(300) = 77$. (c) Com $r = 0{,}5$, $r^2 = (0{,}5)^2 = 0{,}25$, de modo que a reta de regressão é responsável por apenas 25% da variabilidade nos escores do exame final do estudante; a reta de regressão não prediz muito bem os escores no exame final.

5.37 (a) $\hat{y} = 28{,}037 + 0{,}521x$. $r = 0{,}555$. O gráfico é mostrado a seguir.

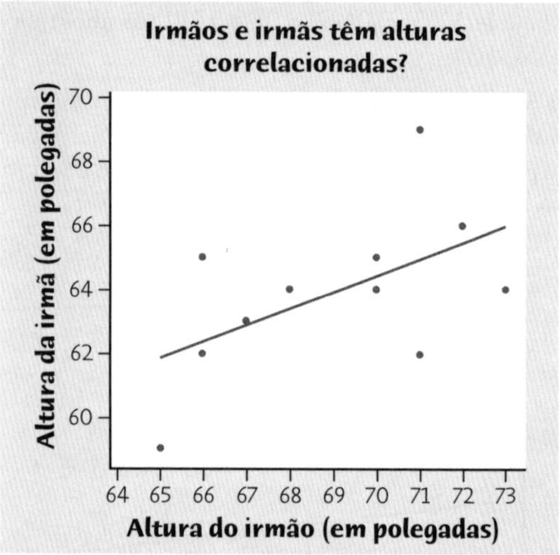

(b) $\hat{y} = 28{,}037 + 0{,}521(70) = 64{,}5$ polegadas (arredondado). Não se espera que essa predição seja muito acurada porque a correlação não é muito grande; $r^2 = (0{,}555)^2 = 0{,}308$.

5.39 (a) $\hat{y} = 31{,}934 - 0{,}304x$.

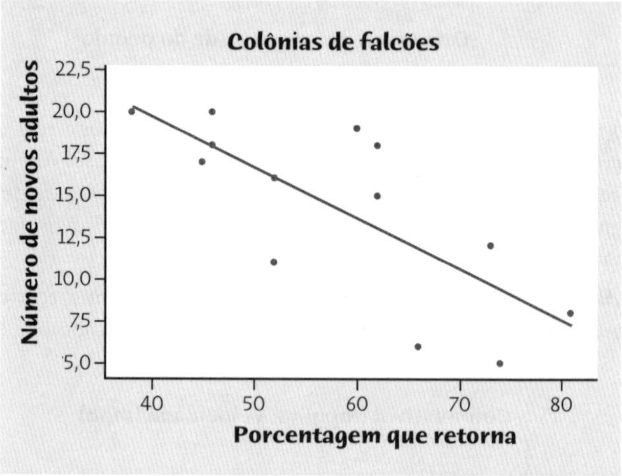

(b) Na média, para cada 1% adicional de aumento no número de pássaros que retornam, o número de novos pássaros que se juntam à colônia decresce de 0,304. (c) Quando $x = 60$, predizemos $\hat{y} = 31{,}934 - 0{,}304(60) = 13{,}69$ novos pássaros.

5.41 (a) O valor atípico está no canto superior direito.

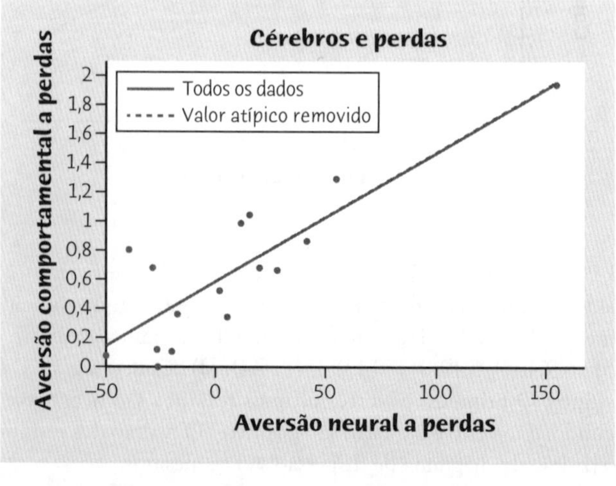

(b) Com o valor atípico removido, $\hat{y} = 0{,}586 + 0{,}00891x$. (Essa é a linha sólida no gráfico.) (c) A reta não muda muito porque o valor atípico se ajusta ao padrão dos outros pontos; r muda porque a dispersão (em relação à reta) é maior com o valor atípico removido. (d) A correlação muda de 0,8486 (com todos os pontos) para 0,7015 (sem o valor atípico). Com todos os pontos incluídos, a reta de regressão será $\hat{y} = 0{,}585 + 0{,}00879x$ (quase indistinguível da outra reta de regressão).

5.43 (a) As duas observações não usuais estão indicadas no diagrama de dispersão.

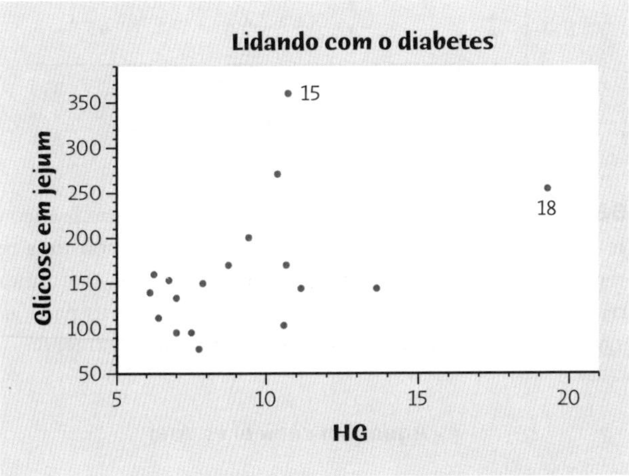

(b) As correlações são

$$r_1 = 0{,}4819 \text{ (todas as observações)}$$
$$r_2 = 0{,}5684 \text{ (sem o Sujeito 15)}$$
$$r_3 = 0{,}3837 \text{ (sem o Sujeito 18)}$$

Ambos os valores atípicos mudam a correlação. A remoção do Sujeito 15 aumenta r porque sua presença torna o diagrama de dispersão menos linear. A remoção do Sujeito 18 diminui r porque sua presença diminui a dispersão relativa em torno do padrão linear.

5.45 Mostra-se, a seguir, o diagrama de dispersão com as retas de regressão acrescentadas.

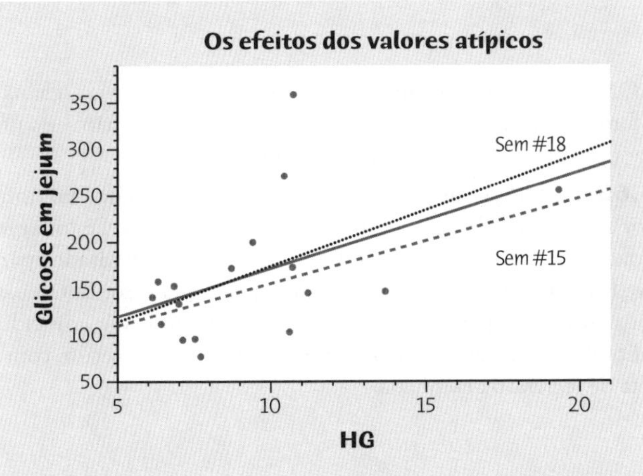

As equações são

$$\hat{y} = 66{,}4 + 10{,}4x \text{ (todas as observações)}$$
$$\hat{y} = 69{,}5 + 8{,}92x \text{ (sem o Sujeito 15)}$$
$$\hat{y} = 52{,}3 + 12{,}1x \text{ (sem o Sujeito 18)}$$

Embora a equação mude em resposta à remoção de qualquer um dos sujeitos, pode-se argumentar que nenhum deles é particularmente influente, porque a reta se move muito pouco sobre todo o alcance dos valores de x (HG). O Sujeito 15 é um valor atípico em termos de seu valor y; esses pontos são tipicamente não influentes. O Sujeito 18 é um valor atípico em termos de seu valor de x, mas não é particularmente influente porque é consistente com o padrão linear sugerido pelos outros pontos.

5.47 A correlação seria menor. A renda individual variará muito mais do que a renda média para determinada idade.

5.49 As respostas vão variar. Por exemplo, estudantes que escolhem o curso *online* devem ter mais automotivação ou podem ter melhores habilidades computacionais.

5.51 (a) $\hat{y} = 495{,}524 + 0{,}0005x$. O aumento do salário médio de professor de US\$ 1,00 leva a um aumento, em média, de 0,0005 ponto no escore SAT médio de matemática. (b) $\hat{y} = 384{,}233 + 0{,}0041x$. O aumento do salário médio de professor de US\$1,00 leva a um aumento, em média, de 0,0041 ponto no escore SAT médio de matemática. (c) As inclinações aqui têm sinais opostos em relação à inclinação encontrada no Exercício 5.50. A consideração de uma terceira variável (oculta) mudou a relação.

5.53 Por exemplo, um estudante que, no passado, poderia ter recebido um conceito B (e um escore SAT mais baixo) agora recebe um conceito A (mas tem um escore SAT menor do que um estudante com conceito A no passado). Embora isso seja uma simplificação excessiva, significa que os estudantes A de hoje são os estudantes A e B de ontem; os estudantes B de hoje são os estudantes C de ontem, e assim por diante. Por causa da inflação do conceito, não estamos comparando estudantes com iguais habilidades no passado e hoje.

5.55 Temos inclinação $b = r\frac{s_y}{s_x}$, intercepto $a = \bar{y} - b\bar{x}$, e $\hat{y} = a + bx$. Quando $x = \bar{x}$, $\hat{y} = a + b\bar{x} = (\bar{y} - b\bar{x}) + b\bar{x} = \bar{y}$.

5.57 Note que $\bar{y} = 46{,}6 + 0{,}41\bar{x}$. Predizemos que Otávio terá um escore de 4,1 pontos acima da média no exame final: $\bar{y} = 46{,}6 + 0{,}41(\bar{x} + 10) = 46{,}6 + 0{,}41\bar{x} + 4{,}1 = \bar{y} + 4{,}1$. (Alternativamente, porque a inclinação é 0,41, podemos observar que um aumento de 10 pontos no exame do meio do período resultará em uma média de 4,1 no escore predito do exame final.)

5.59 (a) Desenhar a olho a "melhor reta" é um processo não acurado; poucas pessoas escolhem a melhor reta. (b) A maioria das pessoas tende a sobrestimar a inclinação para um diagrama de dispersão com $r = 0{,}7$; isto é, a reta de mínimos quadrados, em geral, é menos inclinada do que uma reta estimada desenhada pelo centro dos pontos.

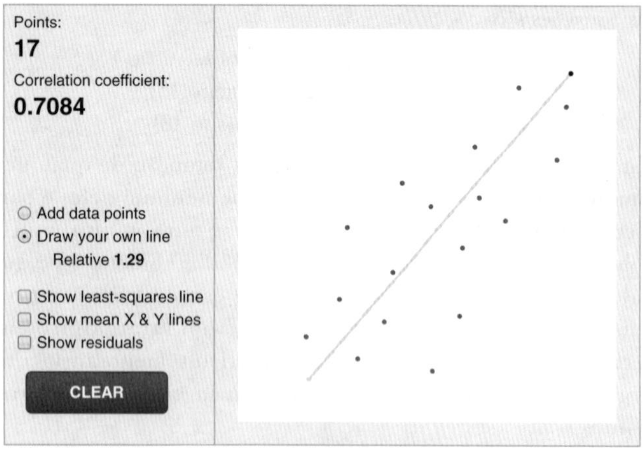

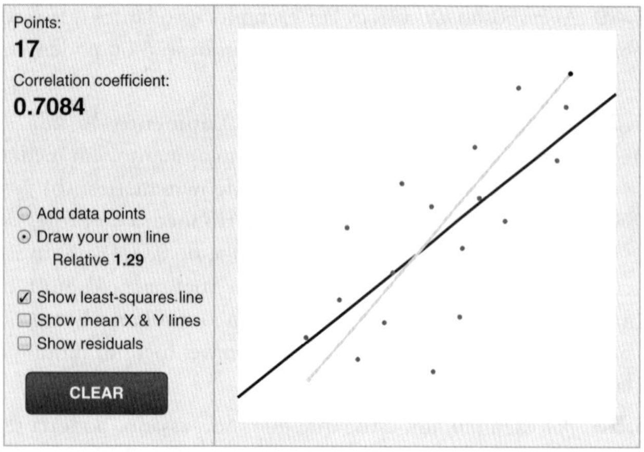

5.61 PLANEJE: construímos um diagrama de dispersão, com distância como a variável explicativa, utilizando diferentes símbolos para as mãos esquerda e direita, e (se apropriado) encontramos retas de regressão separadas para cada mão. RESOLVA: no diagrama de dispersão, os pontos da mão direita são pontos cinza, e pontos da mão esquerda são pontos pretos. Em geral, os pontos da mão direita estão abaixo dos pontos da mão esquerda, significando que os tempos da mão direita são mais curtos, de modo que o sujeito é, provavelmente, destro. Não há um padrão marcante para os pontos da mão esquerda; o padrão para os pontos da mão direita é obscurecido porque eles estão "espremidos" na base do gráfico. Embora nenhuma relação pareça particularmente linear, podemos, mesmo assim, encontrar duas retas de regressão; para a mão direita, $\hat{y} = 99{,}364 + 0{,}0283x$ ($r = 0{,}305$, $r_2 = 9{,}3\%$) e, para a mão esquerda, $\hat{y} = 171{,}5 + 0{,}2619x$ ($r = 0{,}318$, $r_2 = 10{,}1\%$). CONCLUA: nenhuma regressão é particularmente útil para predição. Distância responde por apenas 9,3% (direita) e 10,1% (esquerda) da variação no tempo.

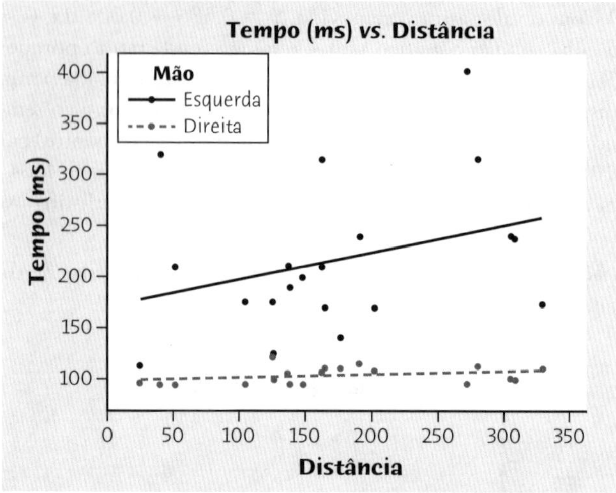

5.63 PLANEJE: Marcamos os dados, produzindo um gráfico de série temporal. Se for apropriado, consideramos ajustar uma reta de regressão. RESOLVA: o gráfico é fornecido. Vemos que, durante os recentes 15 a 20 anos, o volume de descarga tem se tornado altamente variável, mas, antes disso, a taxa crescia vagarosamente.

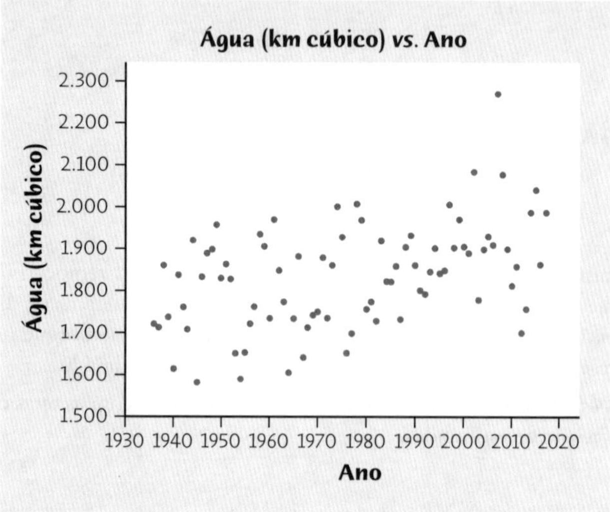

CONCLUA: se houver uma relação entre ano e descarga, ela não é fortemente linear, e o uso de uma reta de regressão não seria útil para predizer a descarga de ano para ano.

5.65 PLANEJE: marcamos os pontos de tempos da maratona por ano, para cada sexo, usando símbolos diferentes. Se for apropriado, ajustamos reta de regressão de mínimos quadrados para predição do tempo a partir de tempo, para cada sexo. Então usamos essas retas para adivinhar quando os tempos vão coincidir. RESOLVA: o diagrama de dispersão é apresentado a seguir, com a reta de regressão desenhada.

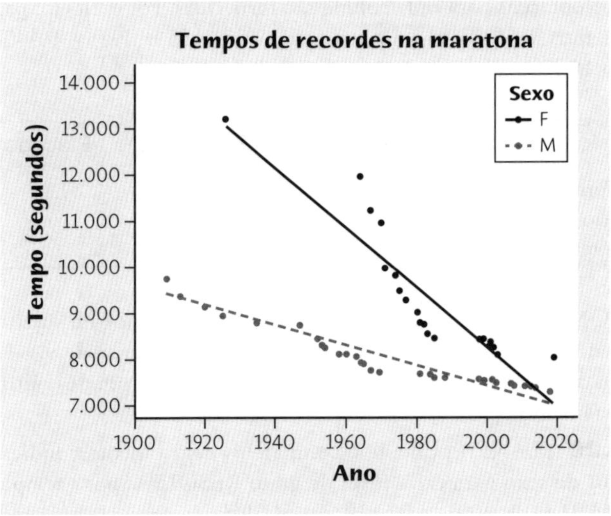

As retas de regressão são
Para homens: $\hat{y} = 51.247,7 - 21,9013x$
Para mulheres: $\hat{y} = 137,936 - 64,8306x$

Para os homens, a reta de regressão parece se ajustar aos tempos de recordes razoavelmente. Para as mulheres, a reta de regressão se ajustaria melhor se omitíssemos o valor atípico associado ao ano de 1926 e se a relação entre tempo de recorde e ano fosse mais linear (parece ser curva). CONCLUA: usando as retas de regressão desenhadas, poderíamos esperar que as mulheres "ultrapassassem" os homens por volta de 2019. Como o tempo de recorde para mulheres em 2019 foi mais alto do que o tempo de recorde para os homens nesse mesmo ano, isso não aconteceu.

Capítulo 6: Tabelas de Dupla Entrada

6.1 (a) 736 + 450 + 193 + 205 + 144 + 80 = 1.808 pessoas. 736 + 450 + 193 = 1.397 jogaram *videogames*. (b) (736 + 205)/1.808 = 0,5205, ou 52,05%, receberam As e Bs. Faça isso para todos os três níveis de conceitos. A distribuição marginal completa é

Conceito	Percentual
As e Bs	52,05%
Cs	32,85%
Ds e Fs	15,10%

32,85% + 15,10% = 47,95% ganharam conceito C ou menor.

6.3 Há 736 + 450 + 193 = 1.397 jogadores. Destes, 736/1.379 = 0,5337, ou 53,37%, ganharam As ou Bs. Há 205 + 144 + 80 = 429 não jogadores. Destes, 205/429 = 0,4779, ou 47,79%, ganharam As ou Bs. Continuando dessa maneira, as distribuições condicionais de conceitos seguem:

Conceitos	Jogadores	Não jogadores
As e Bs	53,37%	47,79%
Cs	32,63%	33,57%
Ds e Fs	14,00%	18,65%

Os jogadores tiveram conceitos um pouco maiores que os não jogadores, é o que podemos dizer, mas isso poderia se dever ao acaso.

6.5 Mostram-se dois exemplos. Em geral, escolha *a* como qualquer número entre 0 e 50 e, então, todas as outras entradas podem ser determinadas.

30	20
30	20

50	0
10	40

6.7 (a) Para o Distrito de Rotorua, 79/8.889 = 0,0089, ou 0,9% de Maori estão na lista para o júri, enquanto 258/24.009 = 0,0107, ou 1,07% dos não Maori estão na lista do júri. Para o Distrito de Nelson, as porcentagens correspondentes são 0,08% para Maori e 0,17% para não Maori. Em cada distrito, a porcentagem de não Maori excede a porcentagem de Maori na lista do júri. (b) No geral, 80/10.218 = 0,0078, ou 0,78% de Maori estão na lista do júri, enquanto 314/56.667 = 0,0055, ou 0,55% de não Maori estão na lista do júri. No geral, os Maori têm uma porcentagem maior na lista do júri, mas, em cada região, eles têm porcentagem menor na lista do júri.

	Maori	Não Maori
Na lista do júri	80	314
Não na lista do júri	10.138	56.353
Total	10.218	56.667

(c) A razão é que os Maori constituem uma grande proporção da população de Rotorua, enquanto em Nelson eles são uma pequena comunidade de minoria.

6.9 (b)

6.11 (a)

6.13 (c)

6.15 (b)

6.17 (b)

6.19 Para cada tipo de lesão (acidental, não acidental), a distribuição das idades está produzida aqui:

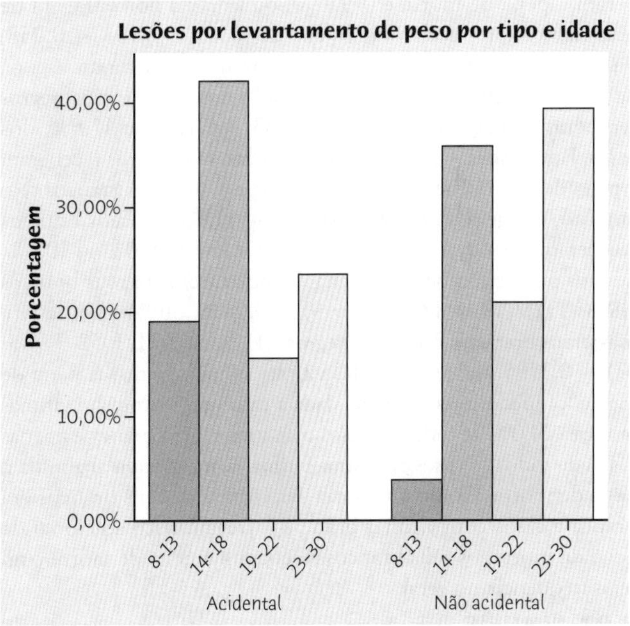

	Acidental	Não acidental
8-13	19,0%	4,0%
14-18	42,2%	35,8%
19-22	15,4%	20,8%
23-30	23,4%	39,4%

Entre as lesões acidentais por levantamento de peso, a porcentagem de levantadores mais jovens é maior, enquanto, entre as lesões que não são acidentais, a porcentagem de levantadores mais velhos é maior.

6.21 A porcentagem de homens solteiros com nenhuma renda é 5.514/39.776 = 0,1386, ou 13,86%. A porcentagem de homens sem qualquer renda e que são solteiros é 5.514/8.135 = 0,6778, ou 67,78%.

6.23 (a) Precisamos calcular as porcentagens em vez de confiar nas contagens, porque mais homens casados do que homens solteiros foram contados no censo. (b) A seguir, fornece-se uma tabela. Homens divorciados e viúvos tiveram porcentagens semelhantes entre os dois grupos de renda estudados. Homens solteiros tiveram porcentagens muito maiores de sem renda; homens casados tiveram porcentagens mais altas de renda de US$ 100 mil ou mais.

	Solteiro	Casado	Divorciado	Viúvo
Sem renda	67,78%	23,76%	6,79%	1,67%
US$ 100 mil ou mais	11,57%	79,85%	7,11%	1,48%

6.25 (a) A tabela de dupla entrada de raça (branca, negra) *versus* pena de morte (pena de morte, não pena de morte) segue:

	Réu branco	Réu negro
Pena de morte	19	17
Não pena de morte	141	149

(b) Para vítimas negras, a porcentagem de réus brancos que receberam a pena de morte é 0/9 = 0, ou 0%, e a porcentagem de réus negros que receberam a pena de morte é 6/103 = 0,058, ou 5,8%. Para vítimas brancas, réus brancos receberam a pena de morte em 19/151 = 0,126, ou 12,6% dos casos, e réus negros receberam a pena de morte em 11/63 = 0,175, ou 17,5%, dos casos. Para ambas, vítimas negras e brancas, réus negros receberam a pena de morte com maior frequência do que réus brancos. No entanto, em geral, 19/160 = 0,119, ou 11,9%, de réus brancos receberam a pena de morte, enquanto 17/166 = 0,102, ou 10,2%, de réus negros receberam a pena de morte. (c) Para réus brancos (19 + 132)/(19 + 132 + 0 + 9) = 0,9438, ou 94,4%, de vítimas eram brancas. Para réus negros, (11 + 52)/(11 + 52 + 6 + 97) = 0,3795, ou 37,95%, das vítimas eram brancas. A pena de morte foi predominantemente dada a casos que envolviam vítimas brancas: 14,0% de todos os casos com uma vítima branca e apenas 5,4% de todos os casos com uma vítima negra tiveram atribuída a pena de morte. Como a maioria das vítimas de réus brancos era branca e casos com vítimas brancas carregam risco adicional de pena de morte, os réus brancos receberam a pena de morte com mais frequência no geral.

6.27 PLANEJE: determine e compare as distribuições condicionais do resultado para cada tratamento. RESOLVA: as porcentagens para cada coluna são fornecidas. Por exemplo, para Chantix, a porcentagem de sucesso é 155/(155 + 197) = 0,4403, ou 44,0%.

	Chantix®	Bupropiona	Placebo
Porcentagem dos que não fumaram nas semanas de 9 a 12	44,0%	29,5%	17,7%

CONCLUA: claramente, uma porcentagem maior de sujeitos usando Chantix® era de não fumantes nas semanas de 9 a 12, em comparação com os resultados para qualquer um dos outros tratamentos.

6.29 PLANEJE: calcule e compare as distribuições condicionais de sexo para cada nível de grau. RESOLVA: por exemplo, 644/(644 + 405) = 0,6139, ou 61,39%, de graus de associado foram para mulheres. A tabela mostra os percentuais de mulheres em cada nível de grau, que é o de que precisamos.

Grau	% de mulheres
Associado	61,39%
Bacharel	57,53%
Mestre	58,23%
Doutor	52,66%

CONCLUA: as mulheres constituem uma maioria substancial dos graus de associados, bacharéis e mestres e uma pequena maioria de graus de doutor.

6.31 PLANEJE: encontre e compare as distribuições condicionais para saúde para fumantes e não fumantes. RESOLVA: a tabela fornece a porcentagem de sujeitos com vários perfis de saúde para cada grupo. CONCLUA: claramente, os perfis dos fumantes atuais são geralmente mais sombrios do que os dos não fumantes atuais. Porcentagens muito maiores de não fumantes relataram estar em "excelente" ou "muito boa" saúde, enquanto porcentagens muito maiores de fumantes relataram estar em "razoável" ou "má" saúde.

	Perfil de saúde				
	Excelente	Muito boa	Boa	Razoável	Ruim
Fumante atual	6,2%	28,5%	35,9%	22,3%	7,2%
Não fumante atual	12,4%	39,9%	33,5%	14,0%	0,3%

6.33 PLANEJE: como os números de estudantes que usam (ou não usam) medicamentos são diferentes, encontramos as distribuições condicionais daqueles que usam e dos que não usam medicamentos. RESOLVA: a tabela fornece as porcentagens de sujeitos com vários níveis de qualidade de sono para os grupos que usam remédios. CONCLUA: aqueles que usam medicamentos têm menos probabilidade de ter um ótimo sono. Esse é o caso em que não podemos atribuir causação: não sabemos se aqueles que usam medicamentos para permanecer acordados têm uma qualidade de sono insatisfatória porque usam os medicamentos ou porque tinham qualidade de sono ruim antes de usá-los.

	Qualidade do sono		
	Ótima	Limite	Ruim
Usa medicamentos	21,3%	30,5%	48,3%
Não usa medicamentos	38,2%	26,7%	35,2%

Capítulo 7: Exploração de Dados: Revisão da Parte I

7.1 (c)

7.3 (d)

7.5 (b)

7.7 (c)

7.9 (c)

7.11 (a) gramas. (b) centímetros. (c) centímetros. (d) gramas^2.

7.13 (c)

7.15 (a)

7.17 (a) $40 < x < 50$ corresponde a $\frac{40-44{,}8}{2{,}1} < z < \frac{50-44{,}8}{2{,}1}$, ou $-2{,}29 < z < 2{,}48$. Essa proporção é $0{,}9934 - 0{,}0110 = 0{,}9824$, ou 98,24%. (b) Cerca de 95% de todos os valores estão a 2σ de μ em uma distribuição Normal; isso se torna $44{,}8 - 2(2{,}1) = 40{,}6$ polegadas a $44{,}8 + 2(2{,}1) = 49{,}0$ polegadas. (c) O 70º percentil corresponde a $z = 0{,}52$ porque a área à esquerda de 0,52 sob a curva Normal é 0,6985. Então, $x = 44{,}8 + 0{,}52(2{,}1) = 45{,}892$ polegadas.

7.19 Cerca de 3,76%. As aberturas que satisfazem às especificações correspondem a $0{,}8725 < x < 0{,}8775$, o que para a distribuição $N(0{,}8750, 0{,}0012)$ corresponde a $-2{,}08 < z < 2{,}08$, para o que a Tabela A fornece $0{,}9812 - 0{,}0188 = 0{,}9624$. A proporção de aberturas que não satisfazem às especificações é $1 - 0{,}9624 = 0{,}0376$.

7.21 (a) Mínimo = 7,2; $Q_1 = 8{,}5$; M = 9,3; $Q_3 = 10{,}9$; Máximo = 12,8. (b) M = 27. (c) 25% dos valores excedem $Q_3 = 30$. (d) Sim. Todas as agulhas de pinheiros Torrey são mais longas do que as agulhas dos pinheiros Aleppo.

7.23 (a)

7.25 (c)

7.27 (d)

7.29 (d)

7.31 (d)

7.33 (c)

7.35 (b)

7.37 (a) Não. (b) $r^2 = 0{,}64$, ou 64%.

7.39 (a) 8,683 kg. (b) 10,517 kg. (c) Essa comparação não é razoável porque o grupo magro tem menos massa corporal e, portanto, seria de se esperar que queimassem menos energia na média. (d) Ver diagrama de dispersão a seguir.

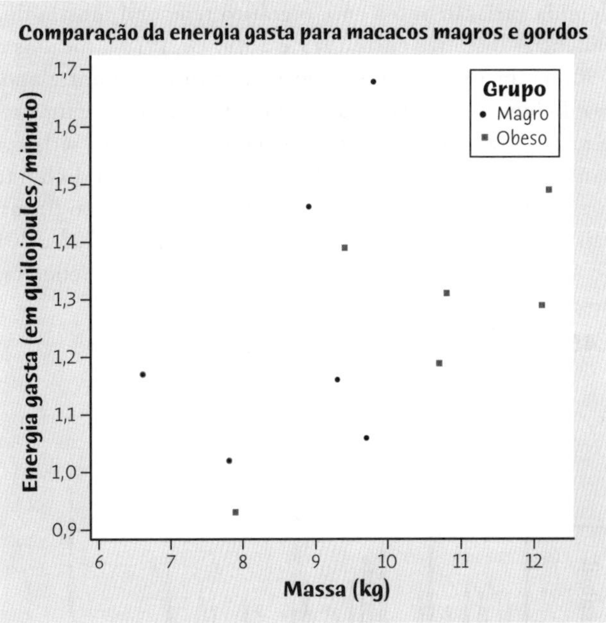

(e) Parece que a taxa de crescimento na energia consumida por quilograma de massa é basicamente a mesma para ambos os grupos. Os macacos obesos queimam menos energia do que os macacos magros porque os pontos correspondentes a eles tendem a ficar abaixo dos outros.

7.41 (a) 190/8.474 = 0,0224, ou 2,24%. (b) 633/8.474 = 0,0747, ou 7,47%. (c) 27/633 = 0,0427, ou 4,27%. (d) 4.621/8.284 = 0,5578, ou 55,78%. (e) A distribuição condicional de CHD para cada nível de raiva está tabulada a seguir.

Raiva baixa	Raiva moderada	Raiva alta
1,70%	2,33%	4,27%

O resultado para o grupo de raiva alta foi calculado na parte (c). Claramente, pessoas com mais raiva têm risco mais alto para CHD.

7.43 PLANEJE: faça um gráfico temporal para mostrar o tamanho do buraco na camada de ozônio entre 1979 e 2019. RESOLVA: o gráfico temporal é dado a seguir.

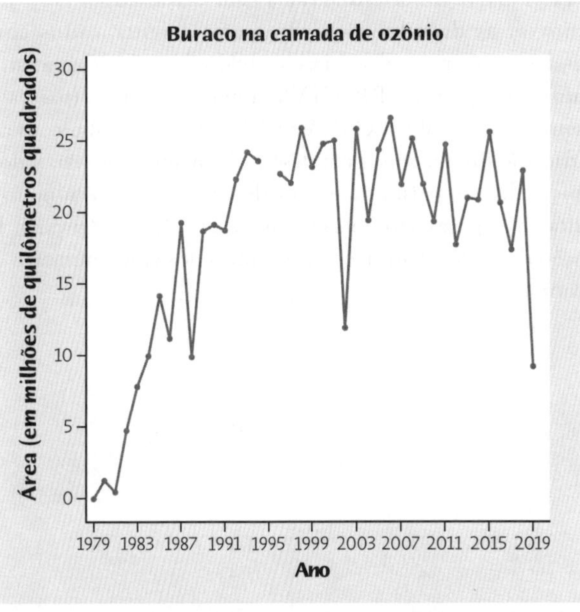

Além da variação ano a ano, o gráfico temporal mostra duas tendências distintas entre 1979 e 2019. De 1979 a meados de 1990, há uma relação linear positiva muito forte entre ano e área do buraco na camada de ozônio. A inclinação de uma reta de regressão que se ajustasse a essa porção dos dados seria bem grande. De 1993 a 2019, a relação entre ano e área do buraco na camada de ozônio é bem diferente; aqui, a relação linear é mais fraca e negativa. Além disso, os dados para 2002 e 2019 são valores atípicos baixos. Nenhuma flutuação cíclica está presente.

7.45 (a) O gráfico é apresentado a seguir.

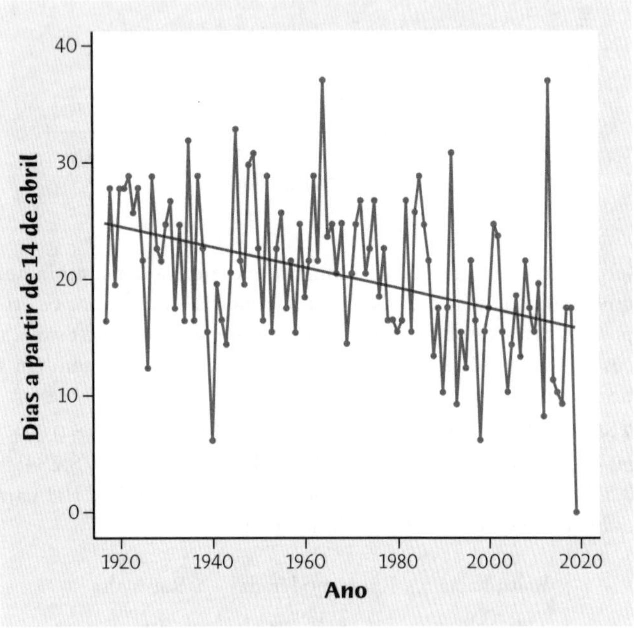

(b) $\hat{y} = 189{,}985 - 0{,}0860x$. A inclinação é negativa, sugerindo que o dia da quebra do gelo está ocorrendo mais cedo (cerca de 0,086 dia por ano). (c) A reta de regressão não é muito útil para predição, porque responde por apenas cerca de 15,4% ($r^2 = 0{,}1538$) da variação na data de quebra do gelo.

7.47 PLANEJE: crie diagramas em caixa lado a lado para comparar as distribuições para países identificados como "em desenvolvimento" e "desenvolvidos" e calcule estatísticas resumo apropriadas. RESOLVA: ambos os grupos (países em desenvolvimento e países desenvolvidos) têm distribuições assimétricas à direita. Países em desenvolvimento têm mais valores atípicos do que países desenvolvidos, mas o maior número de multas não pagas são de um país desenvolvido (Kuwait). Em função dos valores atípicos, os resumos dos cinco números são apropriados.

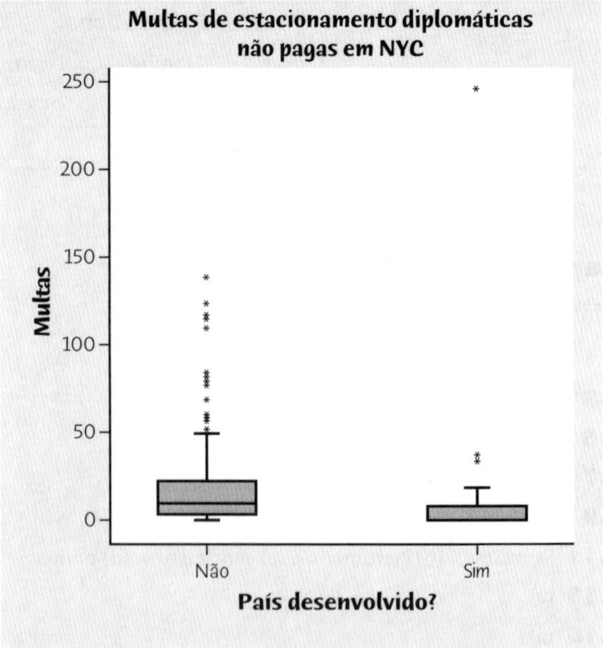

	Mín	Q_1	M	Q_3	Máx
Desenvolvido	0	0	0,7	8,13	246,2
Não desenvolvido	0	3,2	9,5	22,8	139,6

CONCLUA: comparando as distribuições, os diplomatas de países em desenvolvimento tendem a ter mais multas não pagas. Apenas a renda nacional não explica países cujos diplomatas têm mais ou menos multas não pagas; o país com o maior número de multas não pagas é classificado como "desenvolvido", mas é um emirado árabe; talvez a cultura de lá tenha um impacto.

7.49 PLANEJE: faça o gráfico dos dados e calcule resumos numéricos apropriados. RESOLVA: um diagrama de ramo e folhas é mostrado a seguir:

1	34
1	66788
2	000111123
2	5555666688 8
3	00012224
3	88
4	
4	
5	0

A distribuição parece bastante Normal, a menos de um alto valor atípico de 50°. O resumo dos cinco números é preferível por causa do valor atípico: Mínimo = 13°, Q_1 = 20°, M = 25°, Q_3 = 30°, Máximo = 50°. Se pudermos descartar o valor atípico como um erro, podemos usar a média e o desvio-padrão para descrever o centro e a dispersão: $\bar{x}$ = 24,8°, s = 6,3°. CONCLUA: descrições da distribuição variarão. A maioria dos pacientes tem um ângulo de deformidade no intervalo de 15 a 35°.

7.51 PLANEJE: examine a relação com um diagrama de dispersão e (se apropriado) correlação e a reta de regressão. RESOLVA: o ângulo MA é a variável explicativa. O diagrama de dispersão a seguir mostra uma fraca associação linear positiva, com um claro valor atípico (ângulo HAV de 50°). $r = 0{,}302$ e $\hat{y} = 19{,}723 + 0{,}3388x$. (Se excluirmos o valor atípico, $r = 0{,}443$ e $\hat{y} = 17{,}659 + 0{,}4189x$.)

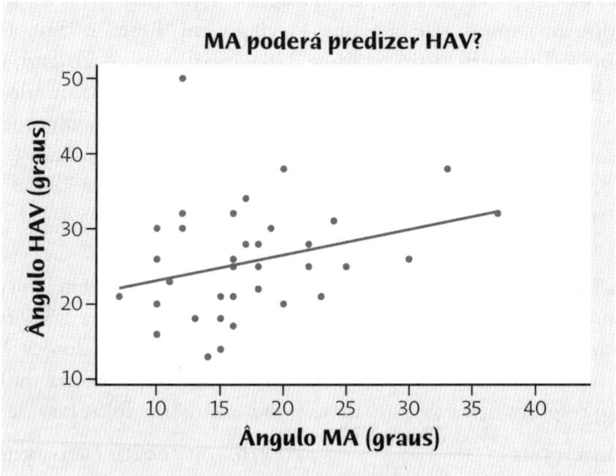

CONCLUA: o ângulo MA pode ser usado para dar estimativas do ângulo HAV, mas a dispersão é tão grande que as estimativas não seriam muito confiáveis. A relação linear explica apenas $r^2 = 9{,}1\%$ da variação no ângulo HAV com todo o conjunto de dados (apenas $r^2 = 19{,}6\%$ da variação no ângulo HAV, com o valor atípico removido).

7.53 PLANEJE: examinaremos a relação com um diagrama de dispersão e (se apropriado) correlação e reta de regressão. RESOLVA: o diagrama de dispersão, visto com a reta $\hat{y} = 70{,}44 + 274{,}78x$, mostra uma moderada relação linear positiva. A relação linear explica cerca de $r^2 = 49{,}3\%$ da variação na velocidade do portão. CONCLUA: a fórmula da regressão pode ser usada como uma regra empírica para novos trabalhadores que venham a seguir, mas a grande variabilidade no diagrama de dispersão sugere que podem existir outros fatores que deveriam ser levados em conta.

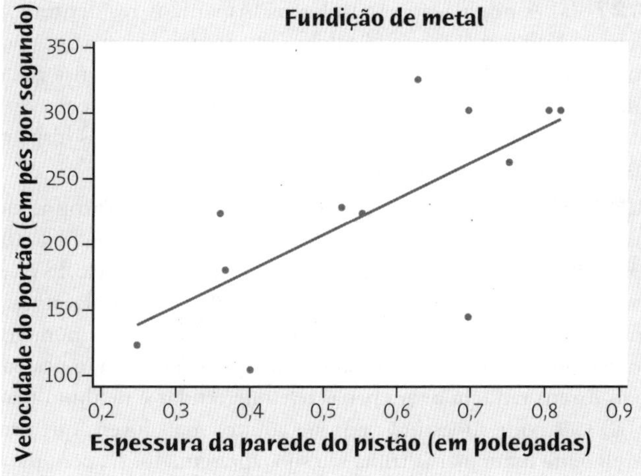

7.55 (a) O diagrama de dispersão dos retornos de 2003 contra os retornos de 2002 mostra (ignorando-se o valor atípico) uma forte associação negativa. (b) Para todos os 23 pontos, $r = -0{,}616$; com o valor atípico removido, $r = -0{,}838$. O valor atípico se desvia do padrão linear dos outros pontos, sendo mais alto do que o esperado; sua remoção torna a associação negativa mais forte, e assim r se move na direção de -1. (c) As fórmulas de regressão são dadas a seguir. A reta de regressão pontilhada para 22 fundos que não o Gold deve girar para cima na direção do Fidelity Gold para minimizar a soma dos quadrados para todos os 23 desvios. Fidelity Gold é muito influente.

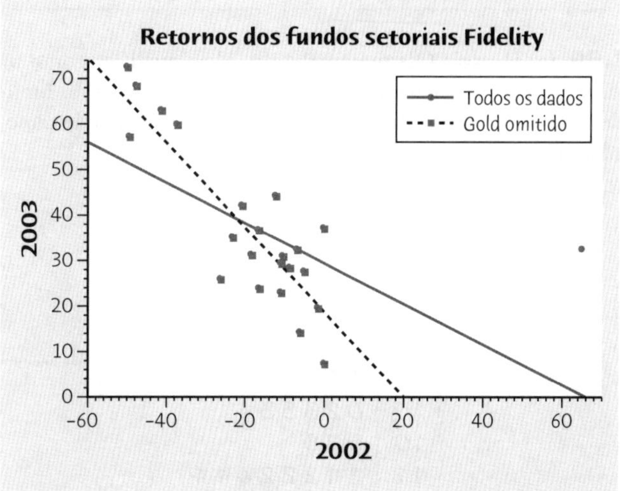

	r	Equação
Todos os 23 fundos	−0,616	$\hat{y} = 31{,}1167 - 0{,}4132x$
Sem o Gold	−0,838	$\hat{y} = 21{,}4616 - 0{,}8403x$

7.57 (a) A pesca é a variável explicativa. O ponto para 1999 está na parte de baixo do gráfico.

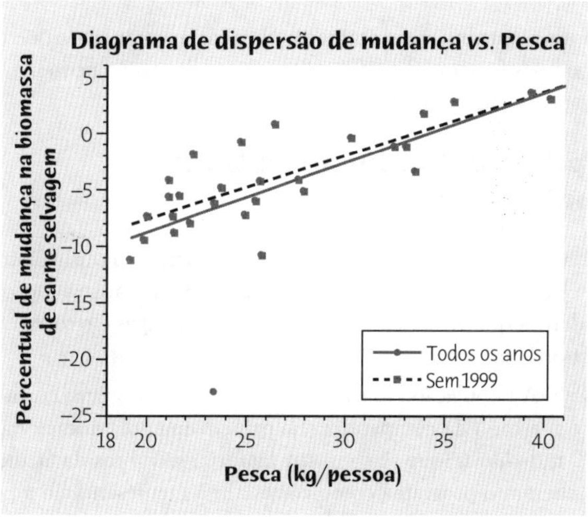

(b) Para todos os 41 pontos, $r = 0{,}672$; com o ponto para 1999 removido, $r = 0{,}804$. O valor atípico diminui r porque enfraquece a intensidade da associação linear. (c) As fórmulas de regressão são dadas a seguir. O efeito do valor atípico sobre a reta é pequeno:

o aglomerado apertado dos outros pontos enfraquece o papel do valor atípico na alteração da reta de regressão. Também, 1999 não foi particularmente extremo em relação à quantidade de peixe pescado, de modo que a reta de regressão não precisa girar para baixo em direção ao ponto para 1999 para minimizar a soma dos quadrados para todas as 41 observações.

	r	Equação
Todos os pontos	0,672	$\hat{y} = -21{,}09 + 0{,}6345x$
Sem 1999	0,804	$\hat{y} = -19{,}05 + 0{,}5788x$

7.59 (a) Há dois QIs meio baixos – 72 se qualifica como um valor atípico pela regra 1,5 × *AIQ*, enquanto 74 está no limite. No entanto, para uma pequena amostra, esse diagrama de ramo e folhas parece razoavelmente Normal.

7	24
7	
8	
8	69
9	13
9	68
10	023334
10	578
11	11222444
11	89
12	0
12	8
13	02

(b) Calculamos $\bar{x} = 105{,}84$ e $s = 14{,}27$ e encontramos:

23/31 = 0,7419, ou cerca de 74,2%, dentro de $\bar{x} \pm 1s$, ou 91,6 a 120,1; e 29/31 = 0 9355, ou cerca de 93,6%, dentro de $\bar{x} \pm 2s$, ou 77,3 a 134,4.

Para uma distribuição exatamente Normal, esperaríamos que essas proporções fossem 68 e 95%. Visto que a amostra é pequena, essa é uma concordância razoavelmente próxima.

Capítulo 8: Produção de Dados: Amostragem

8.1 (a) A população são (todos) os estudantes da universidade que vivem em moradias fora do *campus*. (b) A amostra são os 78 estudantes que vivem em moradias fora do *campus* e retornaram o questionário.

8.3 (a) A população são todos os usuários do programa. A menos que o mercado da companhia seja principalmente educacional, os 1.100 indivíduos (que são, em sua maioria, membros da faculdade e receberam o programa como cortesia) não representarão a população. (b) A amostra são as 186 pessoas que completaram a pesquisa.

8.5 Esse é um método de amostragem viesado. Aqueles que gastaram tempo para escrever um comentário *online* estavam, provavelmente, aborrecidos com o serviço que receberam. A direção do viés é provavelmente a superestimação da proporção dos clientes que têm opinião negativa do serviço.

8.7 Numere de 01 a 24, em ordem alfabética (ao longo das colunas). Com o *applet*: população = 1 a 24, selecione uma amostra de tamanho 3 e clique em "Reset" e "Sample". Com a Tabela B: entre na linha 127 e escolha 06 = Deis, 08 = Fernandez e 11 = Gemayel.

8.9 Com a eleição bem próxima, a organização da pesquisa deseja aumentar a exatidão de seus resultados. Amostras maiores fornecem melhor informação sobre a população.

8.11 Rotule as cidades suburbanas de 01 a 30, em ordem alfabética (ao longo das colunas). Com o *applet*: população = 1 a 30, selecione uma amostra de tamanho 4 e clique em "Reset" e "Sample". Com a Tabela B: entre na linha 118 e escolha 19 = Orland, 03 = Bloom, 25 = Riverside e 04 = Bremen. Em seguida, rotule os distritos suburbanos que compõem Chicago, de 1 a 8, em ordem alfabética (ao longo das colunas). Com o *applet*: população = 1 a 8, selecione uma amostra de tamanho 2 e clique em "Reset" e "Sample". Com a Tabela B: entre na linha 127 e escolha 4 = Lake View e 3 = Lake.

8.13 (a) A população são todos os médicos que exercem a medicina nos EUA. O tamanho amostral é $n = 2.379$. Se os 2.379 fossem selecionados aleatoriamente, poderíamos tirar conclusões. No entanto, não foram selecionados aleatoriamente, e houve muita não resposta nessa amostra de resposta voluntária. (b) A taxa de não resposta é $\frac{100.000 - 2.379}{100.000} = 0{,}9762$, ou 97,62%. Não sabemos as atitudes dos não respondentes sobre a reforma do serviço de saúde, de modo que os resultados podem não ser confiáveis. (c) Eles apenas receberam 2.379 respostas.

8.15 (a) Inferência a partir de amostras de resposta voluntária é enganosa, porque o método de escolha da amostra é viesado. Em particular, precisamos considerar como os mais de 2 milhões de pessoas que respondem às pesquisas SurveyMonkey diferem do restante dos adultos dos EUA que não fazem as pesquisas SurveyMonkey. (b) Pessoas que não têm acesso regular à internet são mais propensas a serem omitidas nessa pesquisa. (Além disso, a razão de não terem acesso regular à internet está, provavelmente, relacionada à situação financeira delas.)

8.17 (a)

8.19 (c)

8.21 (b)

8.23 (c)

8.25 (b)

8.27 (a) A população são todos os hispânicos residentes em Denver. A amostra são os 200 adultos que responderam a questões nos endereços de correio selecionados. (b) Essa pesquisa pode sofrer de viés de resposta porque o funcionário que faz a entrevista é também hispânico, ou porque a amostra exclui pessoas hispânicas que não vivem nas vizinhanças hispânicas.

8.29 (a) População = residentes de Greenville, Carolina do Sul. Taxa de resposta = 726/2.461 = 0,2950, ou 29,50%. (b) 436/689 = 0,6328, ou 63,28%, da amostra estão entre 18 e 64 anos. 356.123/461.299 = 0,7720, ou 77,2%, da população está entre 18 e 64 anos. Isso não é surpreendente porque os números de telefones celulares não foram incluídos na amostra, e pessoas mais jovens tendem a ter apenas telefone celular e nenhum fixo. (c) O viés pode subestimar porque adultos mais jovens que provavelmente usam mais a trilha são sub-representados na pesquisa.

8.31 A Questão A apontou 48%. A opção "muito alto" na Questão B induziu os respondentes com uma opção que refletia suas opiniões de maneira mais clara.

8.33 As questões foram escritas de maneiras muito diferentes. A Segunda Emenda à Constituição dos EUA permite armas, de modo que alguns respondentes acham que a primeira questão, que especificamente menciona uma "lei", desafia a Segunda Emenda. A segunda questão aborda uma "proibição", o que alguns respondentes podem (mesmo inconscientemente) interpretar como sendo diferente de uma nova lei.

8.35 (a) Associe rótulos de 0001 a 5024. Com o *applet*: população = 1 a 5024, selecione uma amostra de tamanho 5 e clique em "Reset" e "Sample". Usando a Tabela B e começando na linha 118, selecione 0325, 3304, 4702, 1887 e 2099. (b) Mais de 171 respondentes ultrapassaram o sinal vermelho. Não esperaríamos que muitas pessoas afirmassem *ultrapassar* o sinal vermelho quando não o fizeram, mas algumas pessoas vão negar terem ultrapassado o sinal vermelho quando o fizeram.

8.37 (a) 300/30.000 = 0,01; 100/10.000 = 0,01. (b) Para ser uma amostra aleatória simples, *todas* as amostras possíveis de tamanho 400 devem ter a mesma chance de serem escolhidas. Esse não é o caso, porque as únicas amostras possíveis são aquelas com 300 estudantes da graduação e 100 graduados.

8.39 (a) A maneira como a amostra foi obtida pode contribuir para viés nos resultados, se a amostragem não for feita aleatória e equilibradamente. (b) As respostas vão variar. Por exemplo, não é mostrado como os 655 usuários da internet foram selecionados.

8.41 Amostre separadamente em cada estrato; ou seja, associe rótulos separadamente, escolha a primeira amostra, continue na tabela para escolher a próxima amostra etc. Com o *applet*: população = 1 a 36; selecione uma amostra de tamanho 4 e clique em "Reset" e "Sample". Em seguida, população = 1 a 72, selecione uma amostra de tamanho 7 e clique em "Reset" e "Sample". Depois, população = 1 a 31; selecione uma amostra de tamanho 3, e clique em "Reset" e "Sample". Em seguida, população = 1 a 42, selecione uma amostra de tamanho 4 e clique em "Reset" e "Sample". Começando na linha 112 na Tabela B, escolhemos:

Tipo de floresta	Rótulos	Lotes selecionados
Clímax 1	01 a 36	04, 11, 19, 35
Clímax 2	01 a 72	27, 30, 57, 62, 56, 02, 06
Clímax 3	01 a 31	08, 02, 25
Secundária	01 a 42	11, 17, 14, 29

8.43 (a) Como 200/5 = 40, escolhemos aleatoriamente 1 entre os 40 primeiros nomes. Com o *applet*: população = 1 a 40, selecione uma amostra de tamanho 1 e clique em "Reset" e "Sample". Começando na linha 128 da Tabela B, os endereços são 15, 55, 95, 135 e 175. (Apenas o primeiro número é escolhido da tabela; cada número subsequente é 40 a mais do que o anterior.) (b) Todos os endereços são igualmente prováveis; cada um tem chance 1/40 de ser selecionado. Essa não é uma AAS porque as únicas amostras possíveis têm exatamente 1 endereço entre os 40 primeiros, 1 endereço entre os 40 segundos, e assim por diante. Uma AAS poderia conter quaisquer 5 dos 200 endereços na população.

8.45 (a) Esse planejamento omite residências sem telefones, aquelas com apenas telefones celulares e aquelas com números que não constam da lista. Essas residências seriam, provavelmente, constituídas por indivíduos que não podem pagar por um telefone, ou que escolhem não ter telefone fixo, e os que não desejam ter seus números publicados. (b) Aqueles com números de telefones fixos não listados seriam incluídos no cadastro de referência quando um discador de dígitos aleatórios é usado. Se o código de área selecionado é um que pode ser usado para telefones celulares, alguns desses indivíduos seriam também incluídos no cadastro de referência.

8.47 (a) O fraseado é claro, mas quase certamente será viesado na direção de alta concordância, por causa da referência à mudança climática. (b) O fraseado é claro, faz a defesa de um sistema nacional de saúde e, assim, as respostas serão viesadas na direção do Sim. (c) Essa questão de pesquisa não é clara.

8.49 O ministro está errado. A amostra pode não ser representativa da população, porque as pessoas que preenchem o formulário com o questionário longo opcional serão, sistematicamente, diferentes daquelas que não o fazem. Amostras maiores não abordam esses problemas de viés.

8.51 (a) Associe rótulos de 01 a 25. Com o *applet*: população = 1 a 25, selecione uma amostra de tamanho 5 e clique em "Reset" e "Sample". Usando a Tabela B e começando na linha 121, selecione 07, 22, 10, 25 e 13. (b) Para a amostragem de 100 estudantes, você precisará amostrar quatro dormitórios, porque três deles não seriam suficientes.

Capítulo 9: Produção de Dados: Experimentos

9.1 (a) Explicativa: nível de educação; resposta: taxa de mortes por batidas de veículos. (b) Idade do carro, classificação de teste de batida e presença de características de segurança são variáveis ocultas, uma vez que não são nem a explicativa primária nem a variável resposta. (c) Não, porque uma variável oculta poderia ser a verdadeira causa.

9.3 Esse é um estudo observacional, de modo que não é razoável concluir qualquer relação de causa e efeito. Além disso, mesmo que parar de fumar aumente o risco de diabetes, esse risco poderia ser ofuscado pelos riscos à saúde provocados pelo fumo.

9.5 Sujeitos: os estudantes. Fatores: tom de voz. Tratamentos: alto tom e baixo tom. Resposta: classificação de tamanho percebido do sanduíche.

9.7 Não houve grupo de comparação para o estudo. Os pesquisadores não foram capazes de comparar os resultados com resultados de casais que não estavam discutindo assuntos sensíveis; assim, "discutir assuntos sensíveis" é uma variável oculta. Talvez apenas o fato de estarem envolvidos no experimento tenha contribuído para os níveis mais altos de proteína de ligação LPS. Além disso, há algum confundimento, porque os pesquisadores usaram apenas casais saudáveis, e poderia haver uma diferença no comportamento da proteína de ligação LPS em casais saudáveis e não saudáveis.

9.9 (a) Segue o diagrama.

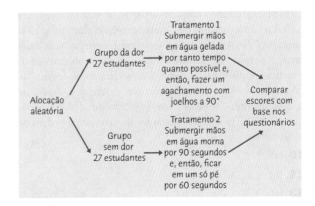

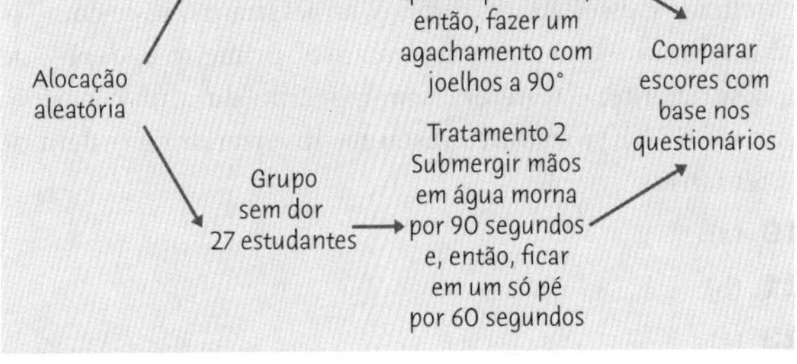

(b) Rotule os sujeitos de 01 a 54. Com o *applet*: população = 1 a 54, selecione uma amostra de tamanho 27 e clique em "Reset" e "Sample". Usando a Tabela B, começando na linha 125, os primeiros poucos sujeitos selecionados são 21, 49, 37, 18, 44, 23, 51, e assim por diante. (c) O experimento usou tarefas semelhantes para o controle em relação ao vínculo, que pode resultar de certas tarefas, independentemente de haver dor. Isso é importante porque, se as tarefas não fossem semelhantes, não poderíamos concluir se a diferença no vínculo seria atribuída à dor ou à atividade particular.

9.11 Em um estudo científico controlado, os efeitos dos fatores diferentes do tratamento não físico (por exemplo, o efeito do lugar, diferenças na saúde anterior dos sujeitos) podem ser eliminados ou levados em conta, de modo que as diferenças nas melhoras entre os sujeitos podem ser atribuídas às diferenças nos tratamentos.

9.13 (a) Os pesquisadores não alteraram as dietas dos sujeitos. (b) Essa linguagem é apropriada porque, com estudos observacionais, nenhuma conclusão de causa e efeito seria razoável.

9.15 Aqui, "cegamento único" significa que apenas os avaliadores dos níveis de colesterol dos sujeitos não sabiam qual tratamento os sujeitos estavam recebendo. Não há como cegar os sujeitos em relação a qual tratamento estão recebendo.

9.17 Use um planejamento completamente aleatorizado como o esboçado a seguir e compare os tempos na corrida final.

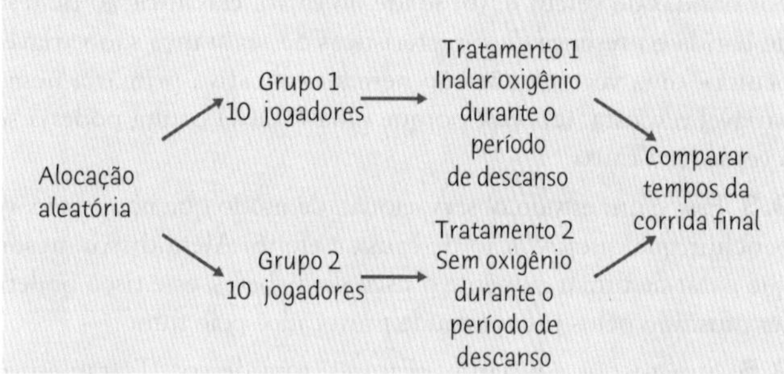

Esse experimento poderia, de modo alternativo, ser feito como dados emparelhados, em que todos os 20 jogadores inalem oxigênio durante o período de descanso e, durante um teste separado, não o inalem (o controle) durante o período de descanso. Tempo suficiente deveria decorrer entre os dois testes para permitir recuperação. A ordem dos testes com oxigênio *versus* sem oxigênio seria associada aleatoriamente a cada jogador.

Para fazer a aleatorização, rotule os jogadores de 01 a 20. Com o *applet Simple Random Sample* : população = 1 a 20, selecione uma amostra de tamanho 10 e clique em "Reset" e "Sample". Usando a Tabela B, e começando na linha 142, os 10 primeiros jogadores selecionados são 02, 08, 17, 10, 05, 09, 19, 06, 16 e 01. Em um planejamento completamente aleatorizado, esses 10 jogadores estariam no grupo de "inalar oxigênio durante o período de descanso", e os 10 restantes estariam no grupo "sem oxigênio durante o período de descanso". Em um planejamento de dados emparelhados, esses 10 jogadores completariam o teste com "inalar oxigênio durante o período de descanso" primeiro e, depois de um tempo suficiente, o teste de "sem oxigênio durante o período de descanso". Os 10 jogadores restantes inverteriam a ordem dessas duas tentativas.

9.19 (a)

9.21 (b)

9.23 (c)

9.25 (a)

9.27 (a)

9.29 (a) Estudo observacional; os sujeitos escolheram quanto de carne vermelha comer. Variável explicativa: consumo de carne vermelha; resposta: se o sujeito morre ou não. (b) Muitas respostas são possíveis. Por exemplo, sabe-se que fumar aumenta o risco de câncer. Variáveis como atividade física, *status* de tabagismo, comportamento de bebida e índice de massa corporal são chamadas de variáveis ocultas. (c) Muitas respostas são possíveis. Por exemplo, quantas porções de frutas e vegetais foram consumidas com a carne vermelha?

9.31 (a) Planejamento de dados emparelhados. Variável explicativa: nível de atividade; variáveis resposta: porcentagem de gordura corporal, nível de resistência e sensibilidade à insulina. (b) Esse é um estudo observacional porque nenhum tratamento é associado. (c) Cego significa que a pessoa que toma as medidas não sabe se está medindo o gêmeo ativo ou o inativo. Isso é importante porque a pessoa que registra essa informação não será capaz de influenciar os resultados.

9.33 (a) Simplesmente observamos as pessoas que passaram por cirurgia cardíaca. Em um experimento, associaríamos alguns indivíduos para receberem uma cirurgia e outros não teriam a cirurgia. (b) As respostas variarão. Por exemplo, aqueles que não são casados podem não ter alguém para lhes dar assistência na recuperação. Acesso a cuidados seria uma variável de confundimento. (c) Esse estudo é limitado porque é observacional. Não é possível estabelecer uma relação causal nesse caso. No entanto, ele ainda fornece informação aos pesquisadores no sentido de que os médicos levem em consideração o estado civil de um paciente quando estiverem desenvolvendo um plano de recuperação.

9.35 (a) Segue o diagrama.

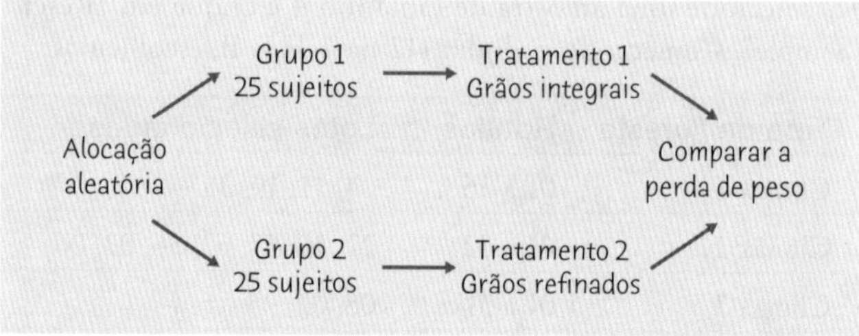

(b) Rotule os sujeitos de 01 a 50. Com o *applet* Simple Random Sample: população = 1 a 50. Selecione uma amostra de tamanho 10 e clique "Reset" e "Sample". Usando a Tabela B, começando na linha 107, os 10 primeiros adultos são 20, 11, 38, 31, 48, 07, 20, 24, 17 e 49.

9.37 (a) Segue o diagrama.

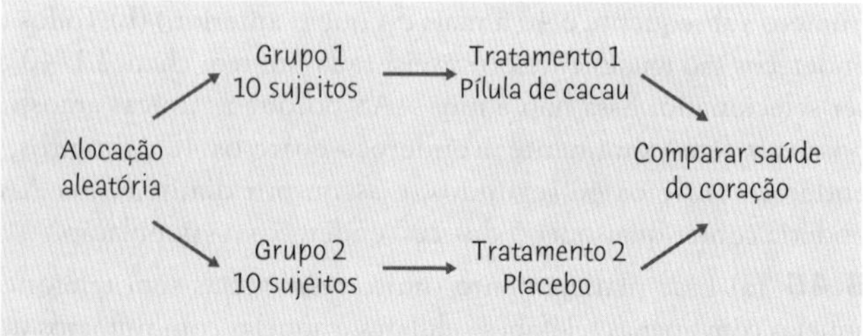

(b) Rotule os sujeitos de 01 a 20 em ordem alfabética (pelas colunas). Com o *applet* Simple Random Sample: população = 1 a 20, selecione uma amostra de tamanho 10 e clique em "Reset" e

"Sample". Usando a Tabela B, começando na linha 129, escolha 13 = Reichert, 18 = Williams, 03 = Birkel, 05 = DeVore, 16 = Scannell, 17 = Stout, 20 = Worbis, 19 = Wilson, 04 = Bower, 07 = Fritz. (c) Isso poderia ser executado como um experimento duplo-cego, supondo que os sujeitos não possam distinguir entre a pílula de cacau e o placebo, e as pessoas que avaliam a saúde do coração dos sujeitos não saibam qual tratamento os sujeitos receberam.

9.39 (a) Há dois fatores. O primeiro é tipo da granola (regular ou de baixo teor de gordura). O segundo fator é o rótulo do tamanho da porção (duas porções, uma porção e nenhum rótulo). Há seis combinações de tratamentos (granola regular com duas porções, granola regular com uma porção, granola regular sem rótulo de porção, granola de baixo teor de gordura com duas porções, granola com baixo teor de gordura e uma porção, granola com baixo teor de gordura sem rótulo de porção). Com 20 sujeitos por tratamento, haveria 120 sujeitos no experimento.

	Tipo da granola	
Rótulo de tamanho de porção	**Regular**	**Baixo teor de gordura**
2 porções	20 sujeitos	20 sujeitos
1 porção	20 sujeitos	20 sujeitos
Sem rótulo	20 sujeitos	20 sujeitos

9.41 (a) Os fatores são tipo de pílula e tipo de *spray*. "Duplo-cego" significa que o tratamento associado a um paciente era desconhecido tanto para o paciente quanto para os responsáveis por avaliar a eficácia do tratamento. "Controlado por placebo" significa que alguns dos sujeitos recebem placebos. Muito embora os placebos não apresentem propriedades médicas, alguns sujeitos mostram melhoras ou benefícios apenas por participarem do experimento. (b) "Nenhuma diferença significante" *não* quer dizer que os grupos sejam idênticos, mas sim que as diferenças reais observadas são facilmente explicadas pela variação do acaso. Por exemplo, as proporções de fumantes nos quatro grupos eram suficientemente semelhantes para que o efeito de fumar sobre a sinusite fosse aproximadamente o mesmo em cada grupo.

9.43 (a) Os sujeitos são escolhidos aleatoriamente. Cada sujeito prova dois copos de água aromatizada em copos idênticos sem rótulos. Um contém MiO, o outro o produto pronto para beber. Os copos são apresentados em ordem aleatória. A preferência é a variável resposta. (b) Devemos associar 10 sujeitos para beberem a água aromatizada pronta para beber primeiro e 10 sujeitos para beberem MiO primeiro. Rotule os sujeitos de 01 a 20 em ordem alfabética (pelas colunas). Com o *applet*: população = 1 a 20, selecione uma amostra de tamanho 10, clique em "Reset" e "Sample". Usando a Tabela B, começando na linha 138, o grupo "MiO primeiro" é 16, 08, 15, 13, 17, 04, 10, 19, 12 e 18.

9.45 (a) Os sujeitos são todos consumidores recrutados e associados a uma combinação de programa e propaganda. Os fatores são os programas de economia de energia (conservação ou economia de pico) e propaganda (economize dinheiro, economize energia ou economize ambos). Os tratamentos são as seis combinações de programa e propaganda (ver parte (b)). A variável resposta era se o consumidor decidia se envolver no programa depois de ler a propaganda. (b) Segue o diagrama.

		Propaganda		
		Economize dinheiro	**Economize energia**	**Economize ambos**
Programa	Conservação	1	2	3
	Economia de pico	4	5	6

9.47 Há duas variáveis explicativas, cada uma com dois níveis, de modo que há quatro tratamentos: vinho e lanche, vinho sem lanche, lanche sem vinho, nem vinho nem lanche. A variável resposta é quantas vezes o sujeito acorda durante a noite. Para eliminar o efeito de variáveis ocultas, como quantidade de sono na noite anterior, aleatorize os sujeitos em cada um dos quatro tratamentos.

9.49 A idade é completamente confundida com tratamento. Se adultos com menos de 65 anos e adultos com 65 anos ou mais respondem de maneira diferente ao tratamento, ou se eles já tendem a diferir na variável resposta independentemente do tratamento, então o experimento será fortemente viesado.

9.51 (a) "Aleatorizado" significa que os sujeitos no estudo foram associados aos tratamentos aleatoriamente (ao acaso). Isso reduz a chance de que dois grupos difiram de alguma maneira que influencie o resultado, maneira diferente do fato de um grupo receber o tratamento e o outro não. "Duplo-cego" significa que nem os sujeitos nem as pessoas que avaliam os sintomas de depressão sabiam se os sujeitos estavam no grupo de tratamento (tomaram SAMe) ou no grupo de controle (tomaram um placebo). Embora os placebos não apresentem quaisquer propriedades medicinais, alguns sujeitos podem demonstrar melhoras ou benefícios apenas por participarem do experimento; os placebos permitem que os que fazem o estudo observem esse efeito. (b) Significância estatística quer dizer que o grupo SAMe teve uma diferença na resposta (mais sujeitos tiveram uma resposta positiva) maior do que poderia ser atribuída ao acaso. Isso significa que parece que SAMe ajuda a reduzir a depressão quando usado com o tratamento padrão. (c) Segue o diagrama.

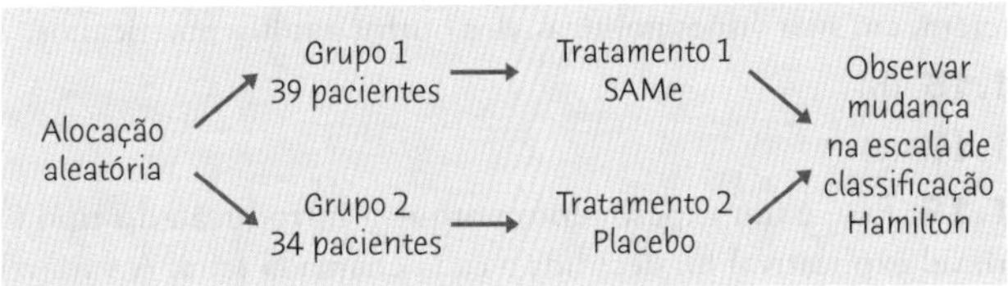

Capítulo 10: Ética nos Dados

Como o texto estabelece, "a maioria destes exercícios coloca questões para discussão. Não há respostas certas ou erradas, mas há respostas mais ou menos conscientes". Não tentamos oferecer respostas para exercícios que são, em grande parte, questão de opinião. Por essa razão, apenas respostas para alguns poucos exercícios são fornecidas.

10.1 As respostas vão variar. Muitas respostas indicarão que a opção (a) qualifica como risco mínimo, e a maioria concordará que a opção (e) vai além do risco mínimo.

10.3 (a) Perder um emprego e sentir que não há alternativa para ganhar dinheiro induziria a maioria dos sujeitos a concordar em participar. (b) Pressionar um novo empregado a participar pode ser encarado como uma ameaça à continuação do emprego.

10.15 As respostas são confidenciais se as respostas da pesquisa forem relatadas em um agregado – isto é, se o nome do sujeito ou outra informação identificadora não for colocado com a resposta. O sujeito não é anônimo para o entrevistador.

10.19 A questão ética aqui é que o prisioneiro pode consentir sob influência indevida. Além disso, a associação não aleatória dos prisioneiros aos tratamentos pode resultar em confundimento: prisioneiros complacentes podem diferir dos prisioneiros não complacentes de maneiras que afetam o resultado do estudo.

Capítulo 11: Produção de Dados: Revisão da Parte II

11.1 (c)

11.3 (a) Rotule os estudantes de 01 a 30 em ordem alfabética (ao longo das colunas). (b) Com o *applet* Simple Random Sample: população = 1 a 30, selecione uma amostra de tamanho 5, clique em "Reset" e "Sample". Com a Tabela B, na linha 122, escolha 13 = Hans, 15 = Jeter, 05 = Collins, 29 = Verducci e 09 = Drake. (c) A variável resposta é quanto os sujeitos confiam em informações da internet sobre política.

11.5 (d)

11.7 (a)

11.9 Muitas respostas são possíveis. Uma possível variável oculta é a "atitude do estudante em relação ao objetivo da faculdade". (Estudantes com a visão de que faculdade é mais sobre festas do que estudo podem ser mais propensos a beber mais e mais prováveis de terem notas mais baixas.)

11.11 (c)

11.13 Pessoas que seguem C-SPAN no Twitter não representam largamente os adultos americanos. Aquelas pessoas que responderam à pesquisa saíram de seu caminho para responder à pesquisa e, como seguidores do C-SPAN no Twitter, eles têm alguma informação sobre política através da C-SPAN. (Não sabemos se eles seguem outras fontes políticas no Twitter.) Parece razoável acreditar que os respondentes nessa amostra de resposta voluntária diferem, em suas visões políticas, dos outros adultos americanos.

11.15 (b)

11.17 (c)

11.19 Esse é um experimento porque a introdução do tipo (a variável explicativa) foi decidida a cada chamada feita. A variável resposta é se a entrevista foi, ou não, completada.

11.21 (a) aumento. (b) decréscimo. (c) aumento. (d) decréscimo.

11.23 (a) A variável explicativa é a quantidade de álcool que uma pessoa bebe. A resposta é se a pessoa tem câncer, ou não. (b) Mesmo tomando zero drinque, isso não garante que uma pessoa não terá câncer, mas é uma boa recomendação. (Tomar zero drinque não fará você não ter um acidente de carro, mas tomar zero drinque antes de dirigir é uma boa recomendação.) Riscos para a saúde por beber pequenas quantidades de álcool podem ser insignificantes e ofuscados por potenciais benefícios.

11.25 (a) Sujeitos não foram indicados onde viver; assim, esse estudo não é um experimento. (b) Respostas variarão. Por exemplo, aqueles que vivem perto de autoestradas podem ter menos dinheiro e podem ser atraídos pelo baixo custo de moradia perto de uma autoestrada. Dinheiro poderia ser a variável de confundimento. (c) Não, os pesquisadores não podem associar aleatoriamente uma pessoa para viver perto de uma autoestrada.

Capítulo 12: Introdução à Probabilidade

12.1 No longo prazo de um *grande* número de mãos de cinco cartas no pôquer, a fração na qual você vai receber um *flush* é 1/508. Isso *não* significa que, exatamente 1 em 508 dessas mãos de cinco cartas de pôquer resultaria em uma sequência. À medida que você recebe mais mãos, a proporção de mãos que são um *flush* se *aproxima* de 1 em 508, mas essa proporção pode não ser exata, mesmo para muitos milhares de mãos.

12.3 (a) Há 21 zeros entre os primeiros 200 dígitos da tabela (linhas 101-105), uma proporção de 0,105. (b) As respostas vão variar; porém, mais do que 99% de todos os resultados devem ficar entre 9 e 33 caras em 200 jogadas, quando $p = 0{,}1$.

12.5 (a) S = {tem um *pet*, não tem um *pet*}. (b) S = {Todos os números entre ________ e ________}. (A escolha dos limites superior e inferior variará.) (c) S = {000, 001, 002, ..., 999}. (d) S = {janeiro, fevereiro, ... , dezembro}.

12.7 Adicione 2 a cada total do par: S = {4, 5, 6, 7, 8, 9, 10}. Cada um dos 16 possíveis emparelhamentos é igualmente provável; assim (por exemplo), a probabilidade total de 6 é 3/16, porque 3 emparelhamentos somam 4 (e, então, somamos 2). A seguir, o conjunto completo das probabilidades.

Total	Probabilidade
4	1/6 = 0,0625
5	2/16 = 0,125
6	3/16 = 0,1875
7	4/16 = 0,25
8	3/16 = 0,1875
9	2/16 = 0,125
10	1/16 = 0,0625

12.9 (a) O evento B especificamente exclui os sujeitos obesos, de modo que não há sobreposição com o evento A. (b) A ou B é o evento "a pessoa escolhida está em sobrepeso ou é obesa". $P(A \text{ ou } B) = P(A) + P(B) = 0{,}40 + 0{,}32 = 0{,}72$. (c) $P(C) = 1 - P(A \text{ ou } B) = 1 - 0{,}72 = 0{,}28$.

12.11 (a) Disjunto. (b) Não disjunto. Por exemplo, US$ 300 mil é mais do que US$ 100 mil e mais do que US$ 250 mil. (c) Disjunto. Se um dado dá 3, então a soma de ambos os dados deve ser maior do que 3.

12.13 (a) $A = \{4, 5, 6, 7, 8, 9\}$, $P(A) = 0{,}097+0{,}079 + 0{,}067 + 0{,}058 + 0{,}051 + 0{,}046 = 0{,}398$. (b) $B\ \{2, 4, 6, 8\}$, $P(B) = 0{,}176 + 0{,}097 + 0{,}067 + 0{,}051 = 0{,}391$. (c) A ou $B = \{2, 4, 5, 6, 7, 8, 9\}$, $P(A \text{ ou } B) = 0{,}176 + 0{,}097 + 0{,}079 + 0{,}067 + 0{,}058 + 0{,}051 + 0{,}046 = 0{,}574$. Isso é diferente de $P(A) + P(B)$ porque A e B não são disjuntos.

12.15 (a) $P(Y \le 0{,}6) = 0{,}6$. (b) $P(Y < 0{,}6) = 0{,}6$. (c) $P(0{,}4 \le Y \le 0{,}8) = 0{,}4$. (d) $P(0{,}4 < Y \le 0{,}8) = 0{,}4$.

12.17 (a) $\{X \ge 510\}$. (b) $P(X \ge 510 = P\left(Z \ge \frac{510 - 500{,}9}{10{,}6}\right) = P(Z \ge 0{,}86) = 1 - 0{,}8051 = 0{,}1949$ (usando a Tabela A).

12.19 (a) Variável aleatória contínua: ela pode assumir qualquer valor dentro de um intervalo. (b) $P(Y \ge 8)$ é "a probabilidade de que um homem fisicamente capaz, selecionado aleatoriamente, corra uma milha em 8 minutos ou mais".

$P(Y \geq 8) = P\left(Z \geq \frac{8 - 7,11}{0,74}\right) = P(Z \geq 1,20)$

$= 1 - 0,8849 = 0,1151$ (usando a Tabela A). (c) $\{Y < 6\}$. $P(Y < 6)$

$= P\left(Z < \frac{6 - 7,11}{0,74}\right) = P(Z < -1,50) = 0,0668$

(usando a Tabela A).

12.21 (a) Se Joe diz P(Louisville vai vencer) = 0,05, então Joe acredita que P(Carolina do Norte vai vencer) = 0,10 e P(Duke vai vencer) = 0,20. (b) As probabilidades de Joe para Louisville, Carolina do Norte e Duke somam 0,35, de modo que deixa um total de 0,65 para os outros 15 times.

12.23 (b)

12.25 (b)

12.27 (b)

12.29 (c)

12.31 (c)

12.33 (a) Legítima (embora não seja um dado "equilibrado".) (b) Legítima (mesmo que o baralho não o seja!) (c) Não legítima, porque os quatro eventos listados são disjuntos, mas suas probabilidades têm soma maior do que 1.

12.35 Tiramos os zeros finais dos valores das áreas. (a) P(área é floresta) = 4.176/9.094 = 0,4592. (b) P(área não é floresta) = 1 − 0,4592 = 0,5408.

12.37 (a) As probabilidades dadas têm soma 0,99, de modo que outras cores devem corresponder ao 0,01 restante. (b) P(nem branco nem prata) = 1 − P(branco ou prata) = 1 − (0,39 + 0,10) = 1 − 0,49 = 0,51.

12.39 As probabilidades de 2, 3, 4 e 5 não mudam (1/6), de modo que P(1 ou 6) deve ser ainda 1/3. Se P(6) = 0,2, então P(1) = 1/3 − 0,2 = 2/15 (ou cerca de 0,1333).

Face	⚀	⚁	⚂	⚃	⚄	⚅
Probabilidade	0,13	1/6	1/6	1/6	1/6	0,2

12.41 (a) Legítima: cada pessoa deve estar em exatamente uma categoria, as probabilidades estão todas entre 0 e 1, e têm soma igual a 1. (b) P(hispânico) = 0,003 + 0,011 + 0,161 + 0,009 = 0,184. (c) P(exceto não hispânico branco) = 1 − P(não hispânico branco) = 1 − 0,605 = 0,395.

12.43 (a) A = {mulher que nunca se casou, mulher casada, mulher divorciada, mulher viúva, homem casado}. P(A) = 0,152 + 0,261 + 0,057 + 0,045 + 0,259 = 0,774. Isso é diferente da soma das probabilidades nas partes (c) e (d) do Exercício 12.42, porque a soma conta a probabilidade de uma mulher casada (0,261) duas vezes; "mulher" e "casada" não são eventos disjuntos.

12.45 (a) X é discreta porque tem um espaço amostral finito. (b) "Ao menos um erro de não palavra" é o evento $\{X \geq 1\}$ ou $\{X > 0\}$. $P(X \geq 1) = 1 - P(X = 0) = 1 - 0,1 = 0,9$. (c) $\{X \leq 2\}$ é "não mais do que dois erros", ou "menos de três erros de não palavra". $P(X \leq 2) = P(X = 0) + P(X = 1) + P(X = 2) = 0,1 + 0,2 + 0,3 = 0,6$. $P(X < 2) = P(X = 0) + P(X = 1) = 0,1 + 0,2 = 0,3$.

12.47 (a) Usando apenas as iniciais: {(A, D), (A, M), (A, S) (A, R), (D, M), (D, S), (D, R), (M, S), (M, R), (S, R)}. (b) Cada uma tem probabilidade 1/10 = 0,1, ou 10%. (c) Mei-Ling é escolhida em quatro dos dez possíveis resultados: 4/10 = 0,4, ou 40%. (d) Há três pares sem Sam e sem Roberto: 3/10 = 0,3, ou 30%.

12.49 Os valores possíveis de Y são 1, 2, 3, ... , 12, cada um com probabilidade 1/12.

12.51 (a) Essa é uma variável aleatória contínua, porque o conjunto de valores possíveis é um intervalo. (b) A altura deve ser 0,5, porque a área sob a curva deve ser 1. (Para um retângulo, área = base × altura.) A curva de densidade é ilustrada a seguir.

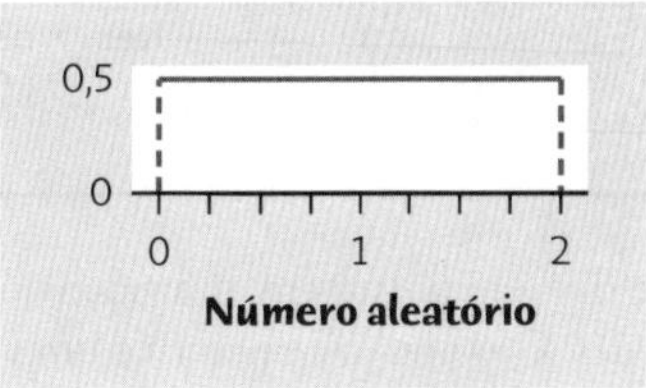

(c) $P(Y \leq 1) = 0,5$.

12.53 (a) $P(0,44 \leq V \leq 0,48) = P\left(\frac{0,44 - 0,46}{0,011} \leq Z \leq \frac{0,48 - 0,46}{0,011}\right)$

$= P(-1,82 \leq Z \leq 1,82) = 0,9656 - 0,0344 = 0,9312$.

(b) $P(V \geq 0,43) = P\left(Z \geq \frac{0,43 - 0,46}{0,011}\right) = P(Z \geq -2,73) =$

$= 1 - 0,0032 = 0,9968$.

12.55 (a) Como há 10 mil números de quatro dígitos igualmente prováveis (0000 a 9999), a probabilidade de uma coincidência exata é 1/10.000 = 0,0001. (b) Há um total de 24 arranjos dos dígitos 5, 9, 7 e 4, de modo que a probabilidade de uma coincidência em qualquer ordem é 24/10.000 = 0,0024.

12.57 (a)-(c) Os resultados variarão, mas depois de n jogadas a distribuição da proporção (chame-a de $\hat{p}$) é aproximadamente Normal, com média 0,5 e desvio-padrão $1/(2\sqrt{n})$, enquanto a distribuição da contagem de caras é aproximadamente Normal, com média $0,5n$ e desvio-padrão $\sqrt{n}/2$. Portanto, usando a regra 68-95-99,7, temos os resultados mostrados na tabela a seguir. Note que a amplitude para a proporção $\hat{p}$ se torna mais estreita, enquanto a amplitude para a contagem se torna mais ampla.

n	99,7% Amplitude para $\hat{p}$	99,7% Amplitude para a contagem
50	0,5 ± 0,212	25 ± 10,6
150	0,5 ± 0,122	75 ± 18,4
250	0,5 ± 0,095	125 ± 23,7
500	0,5 ± 0,067	250 ± 33,5

12.59 (a) Com n = 50, a variabilidade na proporção (chame-a de $\hat{p}$) é maior. Com n = 100, quase todas as respostas estarão entre 0,20 e 0,48. Com n = 400, quase todas as respostas estarão entre 0,27 e 0,41. (b) Os resultados variarão.

Capítulo 13: Regras Gerais de Probabilidade

13.1 (a) Como P(A ou B) = 0,34 = P(A) + P(B) − P(A e B) = 0,30 + 0,13 − P(A e B), devemos ter que P(A e B) = 0,30 + 0,13 − 0,34 = 0,09. Segue um diagrama de Venn.

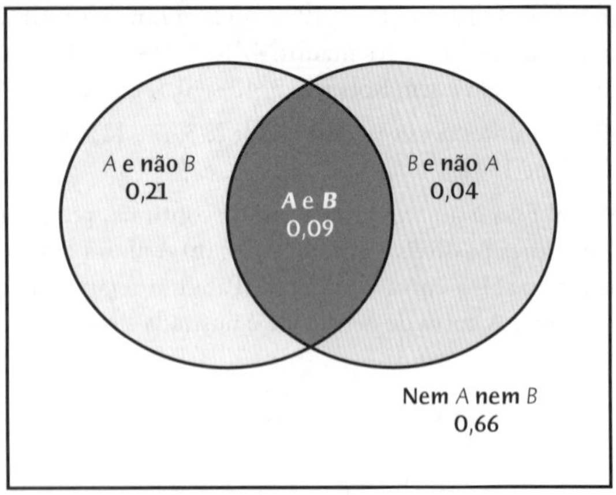

(b) O evento (*A* e *B*) é, em linguagem, um vídeo que envolve jogos e *hobbies* e habilidades. O evento (*A* e não *B*) é um vídeo que envolve jogos, mas não *hobbies* e habilidades. O evento (*B* e não A) é um vídeo que envolve *hobbies* e habilidades, mas não jogos. O evento (nem A nem *B*) é um vídeo que não envolve jogos e também não envolve *hobbies* e habilidades. (c) *P*(*A* e *B*) = 0,09; *P*(*A* e não *B*) = 0,30 − 0,09 = 0,21; *P*(*B* e não A) = 0,13 − 0,09 = 0,04; *P*(nem A nem *B*) = 1 − 0,34 = 0,66. As probabilidades são mostradas no diagrama de Venn.

13.3 É improvável que esses eventos sejam independentes. Em particular, é razoável esperar que adultos mais jovens tenham mais probabilidade de serem estudantes de faculdades do que adultos mais velhos.

13. 5 Se supusermos que cada *site* de referência que permanece válido é independente dos outros, *P*(todos os sete ainda são bons) $= (1 - 0{,}47)^7 = (0{,}53)^7 = 0{,}0117$.

13.7 Usando o diagrama de Venn do Exercício 13.1 anterior:
$P(A \mid B) = \frac{P(A \text{ e } B)}{P(B)} = \frac{0{,}09}{0{,}13} = 0{,}6923$.

13.9 Seja *H* o evento em que um adulto pertence a um clube de saúde e seja *T* o evento em que o adulto vai ao clube pelo menos duas vezes por semana. Observe que *P*(*T* e *H*) = *P*(*T*), pois é preciso ser membro de um clube de saúde para frequentá-lo. *P*(*T*) = *P*(*H*)*P*(*T* | *H*) = (0,45)(0,08) = 0,036.

13.11 (a) Seja M o evento em que um professor é uma mulher.
$P(M) = \frac{94+134+244}{253+314+949} = \frac{472}{1.516} = 0{,}3113$.
(b) Seja *T* o evento em que o professor é titular.
$P(M \mid T) = \frac{P(M \text{ e } T)}{P(T)} = \frac{244}{949} = 0{,}2571$.
(c) Não, classificação e sexo não são independentes porque $P(M \mid T) \neq P(M)$.

13.13 (a) *P*(idade 18 a 24 | namoro *online* não) =
$= \frac{P(\text{Idade 18 a 24 e namoro } online \text{ não})}{P(\text{namoro } online \text{ não})} = \frac{0{,}1241}{0{,}1241+0{,}3198+0{,}3654} = \frac{0{,}1241}{0{,}8093} =$
$= 0{,}1533$; *P*(idade 25 a 44 | namoro *online* não) $= \frac{0{,}3198}{0{,}8093}$
$= 0{,}3952$; *P*(idade 45 a 64 | namoro *online* não) $= \frac{0{,}3654}{0{,}8093}$
$= 0{,}4515$. (b) As probabilidades condicionais para os grupos com idade entre 18 e 24 e 25 e 44 anos são menores do que as probabilidades não condicionais, e a probabilidade condicional é maior do que a probabilidade não condicional para o grupo com idade entre 45 e 64 anos. As respostas irão variar.

13.15 $P(B_1 \mid \text{não } A) = \frac{P(\text{não } A|B_1)P(B_1)}{P(\text{não } A|B_1)P(B_1) + P(\text{não } A|B_2)P(B_2)} =$
$\frac{(1-0{,}21)(0{,}063)}{(1-0{,}21)(0{,}063)+(1-0{,}06)(1-0{,}063)} = 0{,}0535$.

13.17 (a) As probabilidades *a priori* de cabelo preto, castanho, louro e ruivo são 0,061, 0,461, 0,453 e 0,025, respectivamente. (b) Primeiro, observe que *P*(azul) = (0,061)(0,03) + (0,461)(0,259) + (0,453)(0,562) + (0,025)(0,473) = 0,3876. *P*(preto | azul) =
$= \frac{P(\text{preto} \mid \text{azul})}{P(\text{azul})} = \frac{(0{,}061)(0{,}03)}{0{,}3876} = 0{,}0047$; *P*(castanho | azul) =
$= \frac{(0{,}461)(0{,}259)}{0{,}3876} = 0{,}3080$; *P*(louro | azul) $= \frac{(0{,}453)(0{,}562)}{0{,}3876} = 0{,}6568$;
P(ruivo | azul) $= \frac{(0{,}025)(0{,}473)}{0{,}3876} = 0{,}0305$.

As probabilidades são o que se esperava. As pessoas com cabelos louros e ruivos têm a maior probabilidade de terem olhos azuis, de modo que esperaríamos que as probabilidades condicionais para esses grupos fossem mesmo maiores do que as probabilidades *a priori*.

13.19 (b)

13.21 (b)

13.23 (c)

13.25 (b)

13.27 (b)

13.29 *P*(nenhum é O negativo) $= (1 - 0{,}072)^{10} = 0{,}4737$, de modo que *P*(pelo menos um é O negativo) = 1 − 0,4737 = 0,5263.

13.31 PLANEJE: seja *I* o evento "infecção ocorre" e seja *F* o evento "falha a reparação". É dado que *P*(*I*) = 0,03, *P*(*F*) = 0,14 e *P*(*I* e *F*) = 0,01. Desejamos *P*(não *I* e não *F*). RESOLVA: primeiro, *P*(*I* ou *F*) = *P*(*I*) + *P*(*F*) − *P*(*I* e *F*) = 0,03 + 0,14 − 0,01 = 0,16. *P*(não *I* e não *F*) = 1 − *P*(*I* ou *F*) = 0,84. CONCLUA: 84% das operações são bem-sucedidas e livres de infecções.

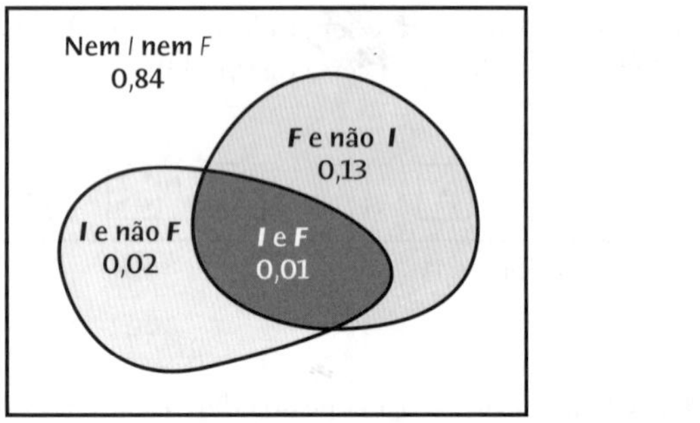

13.33 PLANEJE: seja *I* o evento "infecção ocorre" e seja *F* o evento "falha a reparação". Ver diagrama de Venn no Exercício 13.31. Desejamos *P*(*I* | não *F*). RESOLVA: *P*(*I* | não *F*) =
$= \frac{P(I \text{ e não } F)}{P(\text{não } F)} = \frac{0{,}02}{0{,}86} = 0{,}0233$. CONCLUA: a probabilidade de infecção, dado que a cirurgia foi bem-sucedida, é 0,0233.

13.35 (a) *P*(débito é de pelo menos US$ 20.000) = 0,17 + 0,12 + 0,08 + 0,10 = 0,47. (b) *P*(débito é de pelo menos US$ 50.000 | débito é de pelo menos US$ 20.000) =
$= \frac{P(\text{débito é de pelo menos US\$ 50.000})}{P(\text{débito é de pelo menos US\$ 20.000})} = \frac{0{,}10}{0{,}47} = 0{,}2128$.

13.37 Seja M o evento "a pessoa é um homem" e seja *S* o evento "a pessoa obteve o grau de mestre". (a) *P*(M) = 1.657/3.990 = 0,4153. (b) $P(M \mid S) = \frac{P(M \text{ e } S)}{P(S)} = \frac{340}{813} = 0{,}4182$ (c) Os eventos "escolher um homem" e "escolher um ganhador do grau de mestre" não são independentes. Se o fossem, as duas probabilidades nas partes (a) e (b) seriam iguais.

13.39 Seja F o evento "a pessoa é uma mulher" e seja A o evento "a pessoa obteve um grau de associado". (a) $P(F) = 2.333/3.990 = 0,5847$. (b) $P(A \mid F) = \frac{P(A \text{ e } F)}{P(F)} = \frac{653}{2.333} = 0,2799$. (c) Usando a regra da multiplicação, $P(F \text{ e } A) = P(F)P(A \mid F) = (0,5847)(0,2799) = 0,1637$; usando a tabela, $P(F \text{ e } A) = 653/3.990 = 0,1637$.

13.41 (a) e (b) Essas probabilidades são fornecidas a seguir.

P(1ª carta é ♠)	$13/52 = 0,25$
P(2ª carta é ♠ | 1ª é ♠)	$12/51 = 0,2353$
P(3ª carta é ♠ | 2 primeiras são ♠)	$11/50 = 0,22$
P(4ª carta é ♠ | 3 primeiras são ♠)	$10/49 = 0,2041$
P(5ª carta é ♠ | 4 primeiras são ♠)	$9/48 = 0,1875$

(c) O produto dessas probabilidades condicionais dá a probabilidade de um *flush* de espadas. O produto das cinco probabilidades é 0,0004952. (d) Como há quatro possíveis naipes nos quais se pode obter um *flush*, a probabilidade de um *flush* é quatro vezes aquela encontrada na parte (c), ou cerca de 0,001981.

13.43 Essa probabilidade condicional é $P\left(\text{cobertura} > \frac{2}{3} \mid \text{não } D\right) = \frac{176}{151+158+177+176} = \frac{176}{662} = 0,2659$, ou 26,59%.

13.45 O diagrama de Venn para os Exercícios 13.45 até 13.47 é dado a seguir. P(nenhum produto de tabaco) $= 0,65$.

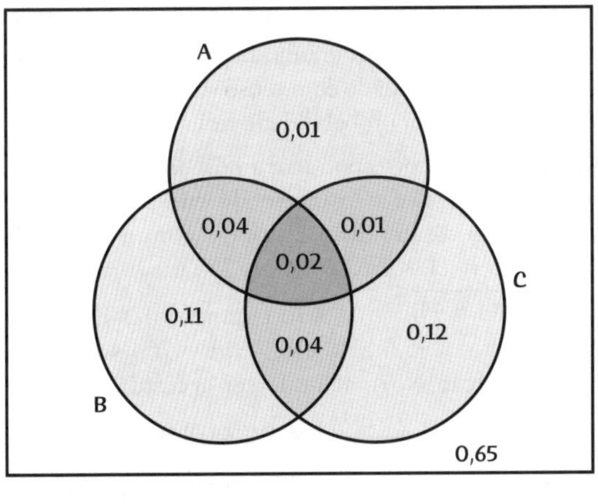

13.47 $P(A \mid B) = \frac{P(A \text{ e } B)}{P(B)} = \frac{0,06}{0,21} = 0,2857$; $P(B \mid A) = \frac{P(A \text{ e } B)}{P(A)} = \frac{0,06}{0,08} = 0,75$.

13.49 O diagrama em árvore fornecido organiza essa informação. A probabilidade total de o jogador em serviço ganhar um ponto é $0,4307 + 0,208034 = 0,638734$.

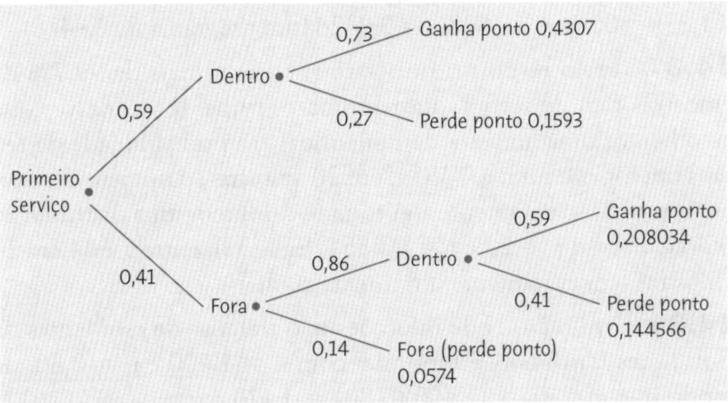

13.51 P(primeiro serviço dentro | o servidor ganhou o ponto) $= \frac{P(\text{primeiro serviço dentro } e \text{ ganhou o ponto})}{P(\text{ganhou o ponto})} = \frac{0,4307}{0,638734} = 0,6743$.

13.53 Para um residente nos EUA selecionado aleatoriamente, sejam B, N, A e L (respectivamente) os eventos em que o residente é branco, negro, asiático e intolerante à lactose.

(a) $P(L) = P(B \text{ e } L) + P(N \text{ e } L) + P(A \text{ e } L) = (0,82)(0,15) + (0,14)(0,70) + (0,04)(0,90) = 0,257$. (b) $P(A \mid L) = \frac{P(A \text{ e } L)}{P(L)} = \frac{(0,04)(0,90)}{0,257} = 0,1401$.

13.55 Para um recebedor de um grau, selecionado aleatoriamente nos EUA, sejam A, B, M e D (respectivamente) os eventos em que a pessoa recebeu um grau de associado, um grau de bacharel, um grau de mestre e um grau de doutor ou outro grau avançado. Seja I o evento em que o recebedor é asiático ou das Ilhas do Pacífico. (a) $P(A) = 0,26$, $P(B) = 0,49$, $P(M) = 0,2$ e $P(D) = 0,05$.

(b) $P(A \mid I) = \frac{P(A \text{ e } I)}{P(I)} = \frac{P(I|A)P(A)}{P(I|A)P(A)+P(I|B)P(B)+P(I|M)P(M)+P(I|D)P(D)}$

$= \frac{(0,07)(0,26)}{(0,07)(0,26)+(0,06)(0,49)+(0,06)(0,2)+(0,11)(0,05)} = \frac{0,0182}{0,0651} = 0,2796$;

$P(B \mid I) = \frac{(0,06)(0,49)}{(0,07)(0,26)+(0,06)(0,49)+(0,06)(0,2)+(0,11)(0,05)} = 0,4516$;

$P(M \mid I) = \frac{(0,06)(0,20)}{(0,07)(0,26)+(0,06)(0,49)+(0,06)(0,2)+(0,11)(0,05)} = 0,1843$;

$P(D \mid I) = \frac{(0,11)(0,05)}{(0,07)(0,26)+(0,06)(0,49)+(0,06)(0,2)+(0,11)(0,05)} = 0,0845$.

As explicações variarão.

13.57 A proporção que tem combinação (16, 17) é $(2)(0,232)(0,213) = 0,098832$.

13.59 Se o perfil de DNA encontrado no cabelo é possuído por um em 1,6 milhão de indivíduos, então seria de esperar que cerca de três indivíduos na base de dados de 4,5 milhões de criminosos condenados demonstrassem uma coincidência. A proporção de pessoas com o perfil de DNA é 1/(1,6 milhão). O número esperado de coincidências é 1/(1,6 milhão) × (4,5 milhões) = 2,8125, que foi arredondado para 3.

Capítulo 14: Distribuições Binomiais

14.1 Binomial. (1) Temos um número fixo de observações ($n = 20$). (2) É razoável acreditar que cada chamada seja independente das outras. (3) "Sucesso" significa que é fornecida uma resposta útil para a pesquisa; "fracasso" é qualquer outro resultado. (4) Cada número discado aleatoriamente tem chance $p = 0,10$ de alcançar uma resposta útil à pesquisa.

14.3 Não binomial. As tentativas não são independentes. Se uma cerâmica em uma caixa está quebrada, há possivelmente mais cerâmicas quebradas.

14.5 (a) C, o número encontrado, é binomial com $n = 10$ e $p = 0,7$. M, o número dos não encontrados, é binomial, com $n = 10$ e $p = 0,3$.

(b) $P(M = 3) = \binom{10}{3}(0,3)^3(0,7)^7 = (120)(0,027)(0,08235) = 0,2668$. Com um programa, $P(M \geq 3) = 1 - P(M \leq 2) = 0,6172$.

14.7 (a) **5, 2 a 2** retorna 10. (b) **500, 2 a 2** retorna 124.750 e **500, 100 a 100** retorna $2,041694 \times 10^{107}$. (c) **(10, 1 a 1) * 0,11 * 0,89 ^ 9** retorna 0,38539204407.

14.9 (a) X é binomial com $n = 10$ e $p = 0,3$; Y é binomial com $n = 10$ e $p = 0,7$. (b) A média de Y é $(10)(0,7) = 7$ erros encontrados, e a média de X é $(10)(0{,}3) = 3$ erros não encontrados. (c) O desvio-padrão de Y (ou X) é $\sigma = \sqrt{10(0{,}7)(0{,}3)} = 1{,}4491$ erros.

14.11 (a) Seja X o número de estudantes que aceitam as ofertas de admissão. Então, X é binomial, com $n = 1.250$ e $p = 0{,}4$. A média é $\mu = np = (1.250)(0{,}4) = 500$ e $\sigma = \sqrt{np(1-p)} = \sqrt{1.250(0{,}4)(0{,}6)} = 17{,}32$ estudantes. (b) Observamos que $np = (1.250)(0{,}4) = 500 \geq 10$ e $n(1-p) = (1.250)(0{,}6) = 750 \geq 10$, de modo que n é grande o bastante para a aproximação Normal. $P(X \geq 501) = P\left(Z \geq \frac{501-500}{17{,}32}\right) = P(Z \geq 0{,}06) = 1 - 0{,}5239 = 0{,}4761$. (c) A probabilidade binomial exata é 0,4877, de modo que a aproximação Normal é 0,0116 menor. (d) Para diminuir a chance de mais estudantes do que o desejado, a faculdade precisa diminuir o número de admitidos. Se $n = 1.181$, temos $P(X \geq 501) = 0{,}0479$. Se $n = 1.182$, temos $P(X \geq 501) = 0{,}0503$. A faculdade deve admitir, no máximo, 1.181 estudantes.

14.13 (a)

14.15 (a)

14.17 (c)

14.19 (c)

14.21 (a)

14.23 (a) Uma distribuição binomial *não* é uma escolha apropriada para gols marcados porque, dadas as diferentes situações que um chutador encara (vento, distância etc.), é provável que sua probabilidade de sucesso mude de uma para outra tentativa. Além disso, as condições que afetam o sucesso do gol podem variar de temporada para temporada, de modo que 20 tentativas de uma temporada particular podem não ter o mesmo p como no passado. (b) Seria razoável o uso da distribuição binomial para lances livres feitos, porque cada um é feito da mesma posição em relação à cesta, sem a permissão de qualquer interferência para o lance e, presumivelmente, cada lance é independente de qualquer outro lance.

14.25 (a) $n = 5$ e $p = 0{,}256$. (b) Os valores possíveis são os inteiros 0, 1, 2, 3, 4 e 5. (c) $P(X = 0) = \binom{5}{0}(0{,}256)^0(0{,}744)^5 = 0{,}2280$; $P(X = 1) = \binom{5}{1}(0{,}256)^1(0{,}744)^4 = 0{,}3922$; $P(X = 2) = \binom{5}{2}(0{,}256)^2(0{,}744)^3 = 0{,}2699$; $P(X = 3) = \binom{5}{3}(0{,}256)^3(0{,}744)^2 = 0{,}0929$; $P(X = 4) = \binom{5}{4}(0{,}256)^4(0{,}744)^1 = 0{,}0160$; $P(X = 5) = \binom{5}{5}(0{,}256)^5(0{,}744)^0 = 0{,}0011$.

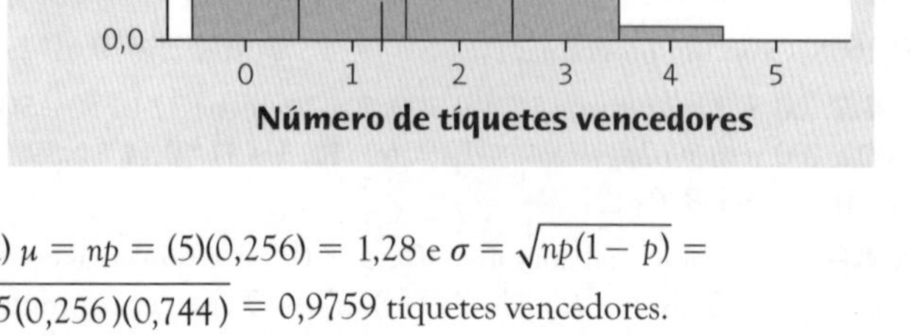

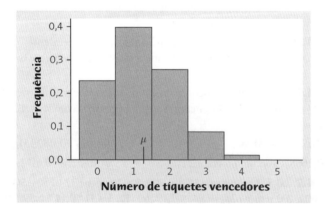

(d) $\mu = np = (5)(0{,}256) = 1{,}28$ e $\sigma = \sqrt{np(1-p)} = \sqrt{5(0{,}256)(0{,}744)} = 0{,}9759$ tíquetes vencedores.

14.27 (a) Desde que as crianças não sejam relacionadas, todas deveriam ser independentes em termos da resposta imune. Há um número fixo de crianças a serem observadas, e (supomos) cada uma tem a mesma probabilidade de ter uma resposta imune. Nosso tamanho amostral é presumivelmente muito menor do que 5% da população. (b) Seja X o número das que desenvolveram uma resposta imune. Observe que pelo menos uma criança *não* desenvolveu uma resposta imune é equivalente a $X \leq 19$. Para a vacina em aerossol, $P(X \leq 19) = 1 - P(X = 20) = 1 - \binom{20}{20}(0{,}85)^{20}(0{,}15)^0 = 0{,}9612$. Para a injeção subcutânea, a probabilidade é $1 - \binom{20}{20}(0{,}95)^{20}(0{,}05)^0 = 0{,}6415$.

14.29 (a) $n = 100$ e $p = 0{,}85$. Observe que $np = 85 \geq 10$ e $n(1-p) = 15 \geq 10$, de modo que a aproximação Normal pode ser aplicada. Também, $\mu = np = (100)(0{,}85) = 85$ e $\sigma = \sqrt{np(1-p)} = \sqrt{100(0{,}85)(0{,}25)} = 3{,}5707$ reações. $P(X \geq 90) = P\left(Z \geq \frac{90-85}{3{,}5707}\right) = P(Z \geq 1{,}40) = 1 - 0{,}9192 = 0{,}0808$. A probabilidade exata é 0,0994, que é 0,0186 maior do que a probabilidade aproximada. (b) Se a injeção subcutânea é usada, então $np = 95 \geq 10$, mas $n(1-p) = 5$, que não é pelo menos 10, de modo que a aproximação Normal não pode ser usada.

14.31 (a) Se R é o número de plantas com flores vermelhas em uma amostra de 4, então $P(R = 3) = \binom{4}{3}(0{,}75)^3(0{,}25)^1 = 0{,}4219$. (b) Com $n = 60$, $np = 60(0{,}75) = 45$. (c) $P(R \geq 45) = P(Z \geq 0) = 0{,}5000$ (um programa dá 0,5688 como a probabilidade exata). A probabilidade com o uso da aproximação Normal é 0,0688 menor do que a probabilidade real.

14.33 (a) Elantras correspondem à proporção 200.415/677.946 = 0,2956. (b) Se E é o número de compradores de Elantra, então E tem distribuição binomial com $n = 1.000$ e $p = 0{,}2956$; $\mu = np = (1.000)(0{,}2956) = 295{,}6$ e $\sigma = \sqrt{np(1-p)} = \sqrt{1.000(0{,}2956)(0{,}7044)} = 14{,}430$ compradores de Elantra. (c) Observe que $np = 295{,}6 \geq 10$ e $n(1-p) = 704{,}4 \geq 10$, de modo que a aproximação Normal pode ser aplicada. $P(E < 300) = P(E \leq 299) = P\left(Z \leq \frac{299-295{,}6}{14{,}430}\right) = P(Z \leq 0{,}24) = 0{,}5948$.

14.35 (a) Com $n = 100$ e $p = 0{,}75$, $\mu = np = (100)(0{,}75) = 75$ e $\sigma = \sqrt{np(1-p)} = \sqrt{100(0{,}75)(0{,}25)} = 4{,}3301$ questões. $P(70 \leq X \leq 80) = P\left(\frac{70-75}{4{,}3301} \leq Z \leq \frac{80-75}{4{,}3301}\right) = P(-1{,}15 \leq Z \leq 1{,}15) = 0{,}8749 - 0{,}1251 = 0{,}7498$ (um programa dá 0,7518).
(b) Com $n = 250$ e $p = 0{,}75$, $\mu = np = (250)(0{,}75) = 187{,}5$ e $\sigma = \sqrt{np(1-p)} = \sqrt{250(0{,}75)(0{,}25)} = 6{,}8465$ questões. $P(175 \leq X \leq 200) = P\left(\frac{175-187{,}5}{6{,}8465} \leq Z \leq \frac{200-187{,}5}{6{,}8465}\right) = P(-1{,}83 \leq Z \leq 1{,}83) = 0{,}9664 - 0{,}0336 = 0{,}9328$ (um programa dá 0,9428).

14.37 (a) As respostas irão variar; porém, mais de 99,7% de amostras têm de zero a quatro tomates ruins. (b) Cada vez que escolhemos uma amostra de tamanho 10, a probabilidade de termos um tomate ruim é 0,3854; em 20 amostras, o número de vezes em que temos exatamente um tomate ruim tem uma distribuição binomial, com $n = 20$ e $p = 0{,}3854$. Em geral, entre 2 e 14 em 20 amostras têm exatamente um tomate ruim.

14.39 O número N de infecções não tratadas de estudantes da Bob Jones University é binomial com $n = 1.400$ e $p = 0{,}80$, de modo que $\mu = np = (1.400)(0{,}80) = 1.120$ e $\sigma = \sqrt{np(1-p)} =$

$\sqrt{1.400(0,80)(0,20)} = 14,9666$ estudantes. Podemos usar a aproximação Normal porque $np = 1.120 \geq 10$ e $n(1-p) = 280 \geq 10$. Dos 1.400 estudantes da Bob Jones University, 75% são 1.050. $P(N \geq 1.050) = P\left(Z \geq \frac{1.050 - 1.120}{14,9666}\right) = P(Z \geq -4,68)$, que é muito próximo de 1. (O cálculo da binomial exata dá 0,999998.)

14.41 Sejam V e U os números, respectivamente, de novas infecções entre as crianças vacinadas e entre as crianças não vacinadas. (**a**) $P(V = 1) = 0,3741$ e $P(U = 1) = 0,0960$. Como se supõe que os eventos são independentes, $P(V = 1 \text{ e } U = 1) = P(V = 1)P(U = 1) = (0,3741)(0,0960) = 0,0359$. (**b**) Temos $P(2 \text{ infecções}) = P(V = 0 \text{ e } U = 2) + P(V = 1 \text{ e } U = 1) + P(V = 2 \text{ e } U = 0) = P(V = 0)P(U = 2) + P(V = 1)P(U = 1) + P(V = 2)P(U = 0) = (0,4181)(0,3840) + (0,3741)(0,0960) + (0,1575)(0,0080) = 0,1977$.

14.43 (**a**) $np = (20)(0,5) = 10 \geq 10$ e $n(1-p) = (20)(0,5) = 10 \geq 10$. (**b**) $\mu = np = 10$ e $\sigma = \sqrt{np(1-p)} = \sqrt{20(0,5)(0,5)} = 2,236$ casos. $P(X \geq 13) = P\left(Z \geq \frac{13 - 10}{2,236}\right) = P(Z \geq 1,34) = 1 - 0,9099 = 0,0901$. (**c**) $P(X \geq 13) = P(X \geq 12,5) = P\left(Z \geq \frac{12,5 - 10}{2,236}\right) = P(Z \geq 1,12) = 1 - 0,8686 = 0,1314$.

Capítulo 15: Distribuições Amostrais

15.1 Ambos são estatísticas; eles são provenientes dos 11 sujeitos no experimento.

15.3 27,3 e 4,4% são estatísticas; eles se baseiam nos 14.765 estudantes americanos do Ensino Médio. 26,5% é um parâmetro; ele se baseia em todos os estudantes americanos do Ensino Médio.

15.5 Embora a probabilidade de ter de pagar por perda total para uma ou mais das 10 apólices seja muito pequena, se isso acontecesse, seria o desastre financeiro. Para milhares de apólices, a lei dos grandes números diz que a reclamação sobre muitas apólices será próxima da média, de modo que a companhia de seguros pode ter certeza de que o prêmio que ela coleta (quase certamente) cobrirá as reclamações.

15.7 (a) O histograma é apresentado.

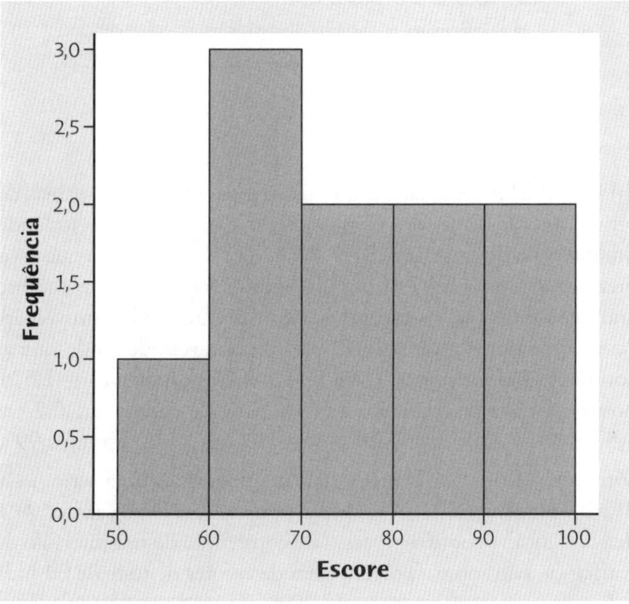

(**b**) A média é $\mu = 75,6$. (**c**) e (**d**) Os resultados vão variar. Mostra-se o resultado para uma amostra.

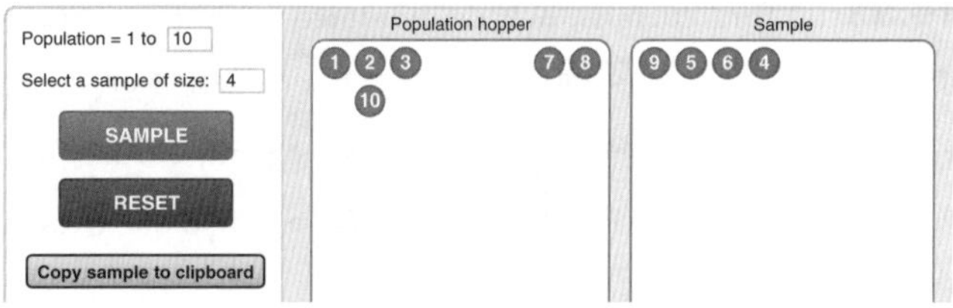

Essa amostra seleciona os estudantes 9, 5, 6 e 4, com escores de 88, 72, 84 e 75, respectivamente. A média deles é $\bar{x} = \frac{88+72+84+75}{4} = 79,75$. Os resultados para todas as 10 amostras de tamanho $n = 4$ vão variar em relação ao resultado acima deles e entre eles.

15.9 (**a**) A distribuição amostral de $\bar{x}$ é $N(182 \text{ mg/dL}; 3,7 \text{ mg/dL})$. Assim, usando a Tabela A, $P(180 < \bar{x} < 184) = P\left(\frac{180 - 182}{3,7} < Z < \frac{184 - 182}{3,7}\right) = P(-0,54 < Z < 0,54) = 0,7054 - 0,2946 = 0,4108$. (**b**) Com $n = 1.000$, a distribuição amostral de $\bar{x}$ é $N(182 \text{ mg/dL}; 1,17 \text{ mg/dL})$, de modo que, usando a Tabela A, $P(180 < \bar{x} < 184) = P(-1,71 < Z < 1,71) = 0,9564 - 0,0436 = 0,9128$.

15.11 Os alvos (a) e (c) mostram viés; os alvos (b) e (c) mostram grande variabilidade amostral.

15.13 (**a**) A média é 2,2 e o desvio-padrão é $\frac{\sigma}{\sqrt{n}} = \frac{3,9}{\sqrt{50}} = 0,5515$. (**b**) A distribuição amostral de $\bar{x}$ é $N(2,2,\ 0,5515)$. Portanto, usando a Tabela A, $P(\bar{x} > 3,0) = P\left(Z > \frac{3,0 - 2,2}{0,5515}\right) = P(Z > 1,45) = 1 - 0,9265 = 0,0735$.

15.15 Uma variância amostral de 9,2 ($s = 3,033$) está no extremo inferior do histograma mostrado na Figura 15.8(b) do texto. No entanto, como não é não usual, não podemos dizer que a variabilidade dos adultos com 65 anos ou mais seja diferente daquela do restante da população.

15.17 (b)

15.19 (b)

15.21 (c)

15.23 (c)

15.25 (a)

15.27 Ambos, 25,40 e 20,41, são estatísticas, pois são médias das duas amostras, não da população.

15.29 (**a**) $P(495 < X < 505) = P\left(\frac{495 - 500}{10,6} < Z < \frac{505 - 500}{10,6}\right) = P(-0,47 < Z < 0,47) = 0,6808 - 0,3192 = 0,3616$. (**b**) Para $n = 25$ estudantes, $\bar{x}$ é $N(500,\ 10,6/\sqrt{25}) = N(500,\ 2,12)$. (**c**) $P(495 < \overline{X} < 505) = P\left(\frac{495 - 500}{2,12} < Z < \frac{505 - 500}{2,12}\right) = P(-2,36 < Z < 2,36) = 0,9909 - 0,0091 = 0,9818$.

15.31 (a) Seja $\bar{x}$ o número médio de minutos por dia que as cinco pessoas ligeiramente obesas, selecionadas aleatoriamente, gastam caminhando. Então, $\bar{x}$ é $N(373,\ 67/\sqrt{5}) = N(373 \text{ min}; 29,96 \text{ min})$. $P(\bar{x} > 420) = P\left(Z > \frac{420 - 373}{29,96}\right) = P(Z > 1,57) = 1 - 0,9418 = 0,0582$. (b) Seja $\bar{x}$ o número médio de minutos por dia que as cinco pessoas magras, selecionadas aleatoriamente, gastam caminhando. Então $\bar{x}$ é $N(526,\ 107/\sqrt{5}) = N(526 \text{ min}; 47,85 \text{ min})$. $P(\bar{x} > 420) = P\left(Z > \frac{420 - 526}{47,85}\right) = P(Z > -2,22) = 1 - 0,0132 = 0,9868$.

15.33 (a) Para as emissões X de um único carro, $P(X > 86) = P\left(Z > \frac{86-80}{4}\right) = P(Z > 1{,}5) = 1 - 0{,}9332 = 0{,}0668$. (b) A média $\bar{x}$ tem distribuição $N(80, 4/\sqrt{25}) = N(80$ mg/mi; $0{,}8$ mg/mi). Portanto, $P(\overline{X} > 86) = P\left(Z > \frac{86-80}{0{,}8}\right) = P(Z > 7{,}5)$, o que é essencialmente 0.

15.35 O nível médio de NOX para 25 carros tem uma distribuição $N(80$ mg/mi; $0{,}8$ mg/mi), e $P(Z > 2{,}33) = 0{,}01$ se Z for $N(0, 1)$, de modo que $L = 80 + (2{,}33)(0{,}8) = 81{,}864$ mg/mi.

15.37 ESTABELEÇA: qual é a probabilidade de que o peso total dos 22 passageiros exceda 4.500 libras? PLANEJE: use o teorema limite central para aproximar essa probabilidade. RESOLVA: se W é o peso total, então o peso médio amostral é $\bar{x} = W/22$. O evento de que o peso total exceda 4.500 libras é equivalente ao evento de que $\bar{x}$ exceda $4.500/22 = 204{,}55$ libras. Note que $\bar{x}$ é aproximadamente Normal, com média 195 libras e desvio-padrão $35/\sqrt{22} = 7{,}462$ libras, de modo que $P(W > 4.500) = P(\bar{x} > 204{,}55) = P\left(Z > \frac{204{,}55 - 195}{7{,}462}\right) = P(Z > 1{,}28) = 1 - 0{,}8997 = 0{,}1003$. CONCLUA: há cerca de 10% de chance de que o peso total exceda 4.500 libras.

15.39 (a) 99,7% de todas as observações estão a 3 desvios-padrão da média, de modo que desejamos $3\sigma/\sqrt{n} = 1$. O desvio-padrão de $\bar{x}$ (isto é, $\sigma/\sqrt{n}$) deve ser, portanto, 1/3. (b) Precisamos escolher n, de modo que $10{,}6/\sqrt{n} = 1/3$. Isso significa que $\sqrt{n} = (10{,}6)(3) = 31{,}8$, de modo que $n = 1.011{,}24$. Como n deve ser um número inteiro, tome $n = 1.012$.

15.41 (a) Com $n = 14$ mil, a média e o desvio-padrão de $\bar{x}$ são US\$ 0,60 e US\$ $18{,}96/\sqrt{14.000}$ = US\$ 0,1602, respectivamente. (b) $P(\text{US\$ } 0{,}50 < \overline{X} < \text{US\$ } 0{,}70) = P\left(\frac{0{,}50-0{,}60}{0{,}1602} < Z < \frac{0{,}70-0{,}60}{0{,}1602}\right) = P(-0{,}62 < Z < 0{,}62) = 0{,}7324 - 0{,}2676 = 0{,}4648$.

15.43 (a) A estimativa no Exercício 15.41(b) foi de 0,4648, de modo que a aproximação Normal subestimou a resposta exata por 0,0313. (b) Com $n = 3.500$, a aproximação Normal dá $P(\text{US\$ } 0{,}50 < \overline{X} < \text{US\$ } 0{,}70) = P\left(\frac{0{,}50-0{,}60}{0{,}3205} < Z < \frac{0{,}70-0{,}60}{0{,}3205}\right) = P(-0{,}31 < Z < 0{,}31) = 0{,}6217 - 0{,}3783 = 0{,}2434$ (usando a Tabela A). Isso é menor do que a resposta exata em 0,1614. (c) Com $n = 150$ mil, a aproximação Normal dá $P(\text{US\$ } 0{,}50 < \overline{X} < \text{US\$ } 0{,}70) = P\left(\frac{0{,}50-0{,}60}{0{,}0490} < Z < \frac{0{,}70-0{,}60}{0{,}0490}\right) = P(-2{,}04 < Z < 2{,}04) = 0{,}9793 - 0{,}0207 = 0{,}9586$ (usando a Tabela A). Isso é menor do que a resposta exata em apenas 0,0043.

15.45 A probabilidade encontrada no Exercício 12.50 foi de $1/20 = 0{,}05$. Esse resultado é muito improvável se assumirmos que nosso amigo canadense está selecionando somente ao acaso, de modo que o resultado é estatisticamente significante.

Capítulo 16: Intervalos de Confiança: o Básico

16.1 (a) A distribuição amostral de $\bar{x}$ tem desvio-padrão $\frac{\sigma}{\sqrt{n}} = \frac{40}{\sqrt{147.400}} = 0{,}1042$. (b) 95% de todos os valores de $\bar{x}$ estão a até dois desvios-padrão da média μ (dentro de $2(0{,}1042) = 0{,}2084$ ponto). (c) $282 \pm 0{,}2084$, ou entre 281,7916 e 282,2084 pontos.

16.3 As respostas vão variar, em razão da aleatoriedade. Em 99,7% de todas as repetições na parte (a), o *applet* deve produzir entre 5 e 10 acertos. Entre mil intervalos de confiança de 80%, quase todas as taxas de acerto vão estar entre 76 e 84%.

16.5 Procure na Tabela A a probabilidade mais próxima de 0,1250. O valor $z = -1{,}15$ tem área 0,1251 à sua esquerda, de modo que o valor crítico é $z^* = 1{,}15$.

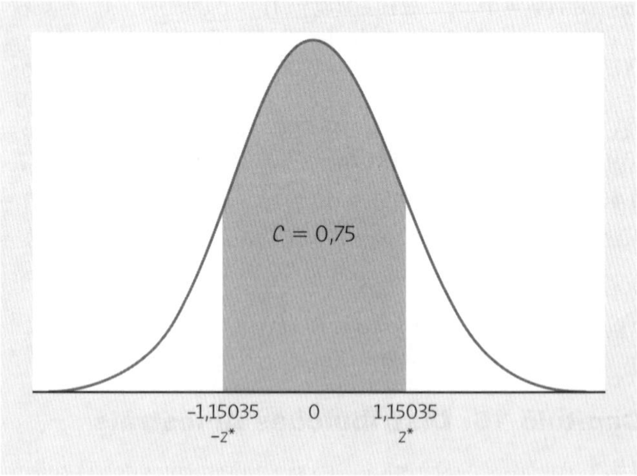

16.7 (a) Um diagrama de ramo e folhas é fornecido. Não há desvios aparentes da Normalidade.

13	6
13	0 2
12	6 7 7 8 8 8
12	0 0 3 3 4 4
11	5 5 6 8 8 9 9 9
11	0 0 0 0 1 1 1 1 2 2 2 2 3 3 3 4 4 4 4
10	5 5 5 6 6 6 7 7 7 7 8 9
10	0 0 2 2 3 3 3 3 4 4
9	6 7 7 8
9	0 1 3 3
8	6 9

(b) ESTABELEÇA: qual é o QI médio μ para todas as meninas do sétimo ano desse distrito escolar? PLANEJE: estimamos μ dando um intervalo de confiança. RESOLVA: o problema afirma que essas meninas são uma AAS da população, que supostamente é muito grande. Vimos que os escores são consistentes com a proveniência de uma população Normal, e conhecemos σ, de modo que as condições são satisfeitas. Com $\bar{x} = 110{,}73$ pontos e $z^* = 2{,}576$, nosso intervalo de confiança de 99% para μ é dado por $110{,}73 \pm 2{,}576 \frac{11}{\sqrt{74}} = 110{,}73 \pm 3{,}29$ pontos. CONCLUA: estamos 99% confiantes de que o QI médio das meninas da sétima série nesse distrito está entre 107,44 e 114,02 pontos. (c) Não. A frase "99% de confiança" é sobre o processo de construção de um intervalo de confiança, não sobre a porcentagem de escores de teste de QI individuais que estariam no intervalo. "99% de confiança" significa que, se repetíssemos o processo amostral muitas vezes e construíssemos o intervalo de confiança de 99% a cada vez, 99% dos intervalos incluiriam o QI médio para todas as meninas da sétima série.

16.9 Com $z^* = 1{,}96$ e $\sigma = 11{,}6$, a margem de erro é $z^* \frac{\sigma}{\sqrt{n}} = \frac{22{,}736}{\sqrt{n}}$. (a) e (b) As margens de erro são dadas na tabela.

n	m.e.
100	2,2736
400	1,1368
1.600	0,5684

(c) A margem de erro diminui pela metade quando n aumenta quatro vezes.

16.11 (c)

16.13 (b)

16.15 (b)

16.17 (a)

16.19 (a) Usamos $\bar{x} \pm z^* \frac{\sigma}{\sqrt{n}} = 13{,}7 \pm 2{,}576 \frac{7{,}4}{\sqrt{463}} = 13{,}7 \pm 0{,}886 = 12{,}814$ a $14{,}586$ horas. (b) Os 463 estudantes da classe devem ser uma amostra aleatória de todos os estudantes de primeiro ano nessa universidade, e a população inteira dos estudantes de primeiro ano deve ter, no mínimo, 9.260 estudantes para que as condições para inferência sejam satisfeitas.

16.21 A margem de erro é agora $2{,}576 \frac{7{,}4}{\sqrt{464}} = 0{,}885$; assim, a observação extra tem impacto mínimo sobre a margem de erro. Porém, se $\bar{x} = 35{,}2$, então o intervalo de confiança de 99% para a quantidade média de tempo gasta com estudo se torna $35{,}2 \pm 0{,}885 = 34{,}315$ a $36{,}085$ horas, que é muito diferente do resultado no Exercício 16.19.

16.23 O estudante está confuso. Se extraíssemos amostras repetidamente, então 95% de todas as futuras médias amostrais estariam a até 1,96 desvio-padrão de μ (isto é, a até $1{,}96\frac{\sigma}{\sqrt{n}}$) do verdadeiro e desconhecido valor de μ. Futuras amostras não terão qualquer memória dessa amostra.

16.25 (a) O diagrama de ramo e folhas dos dados é fornecido. Note que a distribuição é notadamente assimétrica à esquerda. Os dados não parecem seguir uma distribuição Normal.

33	0237
32	033677
31	399
30	259
29	
28	7
27	
26	5
25	
24	1
23	0

(b) PLANEJE: estimaremos μ dando um intervalo de confiança de 95%. RESOLVA: o problema afirma que queremos considerar essa amostra como uma AAS da população. A despeito da forma do diagrama de ramo e folhas, convém supor que essa distribuição é Normal, com desvio-padrão $\sigma = 3.000$ lb. Temos $\bar{x} = 30.841$ lb, de modo que o intervalo de confiança de 95% para μ é dado por $30.841 \pm 1{,}96 \frac{3.000}{\sqrt{20}} = 30.841 \pm 1.314{,}8 = 29.526{,}2$ a $32.155{,}8$. CONCLUA: com 95% de confiança, a carga média μ necessária para romper pedaços do pinheiro Douglas está entre 29.526,2 e 32.155,8 lb; no entanto, considerando a forma da distribuição dos dados, não podemos depositar muita confiança nesse intervalo. (c) O estudante não está correto. O intervalo de confiança é sobre a média populacional μ, não sobre futuras medições.

16.27 (a) Um diagrama de ramo e folhas é fornecido. Parece razoável que a amostra seja proveniente de uma distribuição Normal. Para inferência, devemos supor que os 10 estudantes com olfatos não treinados foram selecionados aleatoriamente da população de todas as pessoas com olfatos não treinados.

4	2
3	5
3	0013
2	9
2	23
1	9

(b) PLANEJE: vamos estimar μ dando um intervalo de confiança de 95%. RESOLVA: admitimos que temos uma amostra aleatória e que a população da qual estamos amostrando é Normal. Obtemos $\bar{x} = 29{,}4$ μg/L. Nosso intervalo de confiança de 95% para μ é dado por $29{,}4 \pm 1{,}96 \frac{7}{\sqrt{10}} = 29{,}4 \pm 4{,}34 = 25{,}06$ a $33{,}74$ μg/L. CONCLUA: com 95% de confiança, a sensibilidade média para todas as pessoas com olfatos não treinados está entre 25,06 e 33,74 μg/L.

16.29 Não, não podemos concluir isso. A margem de erro de 4% se baseia na amostra inteira de 1.108 adultos. Como o tamanho amostral para independentes é menor do que o tamanho amostral para toda a amostra, a margem de erro será maior do que 4%.

Capítulo 17: Testes de Significância: o Básico

17.1 (a) Se $\mu = 563$, a distribuição amostral de $\bar{x}$ é aproximadamente Normal, com média $\mu = 563$ e desvio-padrão $\frac{\sigma}{\sqrt{n}} = \frac{118}{\sqrt{250}} = 7{,}463$. A curva de densidade é fornecida.

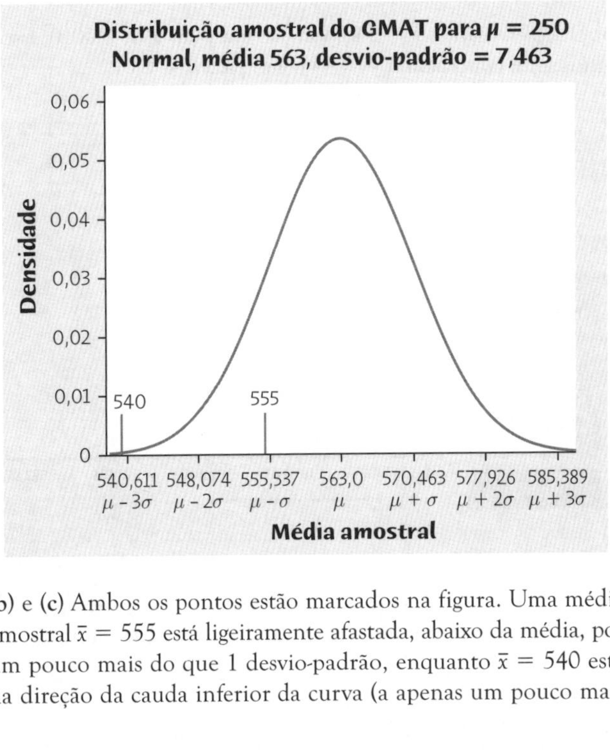

(b) e (c) Ambos os pontos estão marcados na figura. Uma média amostral $\bar{x} = 555$ está ligeiramente afastada, abaixo da média, por um pouco mais do que 1 desvio-padrão, enquanto $\bar{x} = 540$ está na direção da cauda inferior da curva (a apenas um pouco mais do que três desvios-padrão abaixo da média). Se $\mu = 563$, observar um valor de 555 não é muito surpreendente, mas observar um valor de 540 é muito menos provável, e ele, portanto, fornece alguma evidência de que $\mu < 563$.

17.3 H_0: $\mu = 563$ *vs.* H_a: $\mu < 563$. A parte (c) do Exercício 17.1 se refere ao provimento de evidência de que o escore médio é menor do que 563; use o teste unilateral com menor do que.

17.5 H_0: $\mu = 70$ *vs.* H_a: $\mu < 70$. O professor suspeita que os estudantes dessa seção têm escores de teste mais baixos, em média, do que a população de todos os estudantes da turma.

17.7 As hipóteses são afirmativas sobre parâmetros, não estatísticas. A questão de pesquisa não deveria ser sobre a média amostral, $\bar{x}$, mas sobre a média populacional, μ.

17.9 (a) Com $\sigma = 60$ e $n = 18$, o desvio-padrão da distribuição amostral de $\bar{x}$ é $\frac{\sigma}{\sqrt{n}} = \frac{60}{\sqrt{18}} = 14{,}1421$, de modo que, quando $\mu = 0$, a distribuição de $\bar{x}$ é $N(0,\ 14{,}1421)$. (b) O valor P é $P = 2P\left(z \geq \left|\frac{17-0}{14{,}1421}\right|\right) = 2P(Z \geq 1{,}20) = 2(0{,}1151) = (0{,}2302)$.

17.11 (a) O *applet*, usando $\bar{x} = 555$, fornece um valor P de 0,1419. Isso não é significante para $\alpha = 0{,}05$ nem para $\alpha = 0{,}01$.

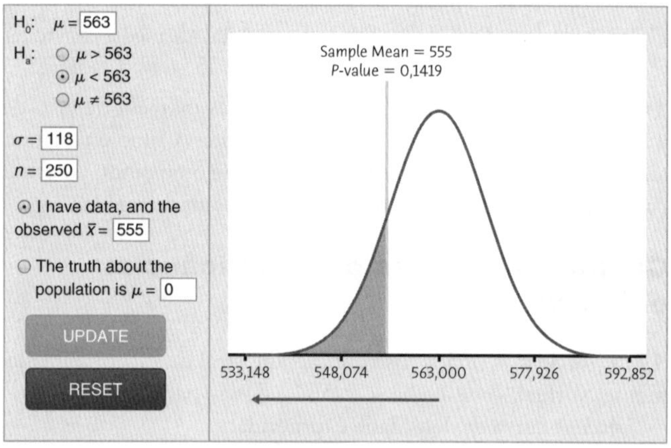

(b) O *applet*, usando $\bar{x} = 540$, fornece um valor P de 0,0010. Isso é significante tanto para $\alpha = 0{,}05$ como para $\alpha = 0{,}01$.

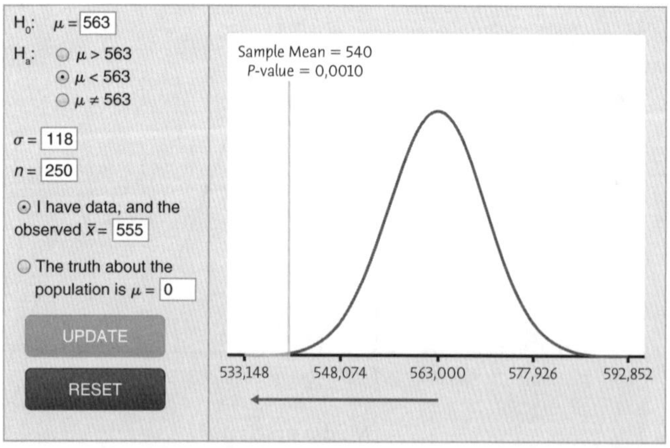

(c) Se $\mu = 563$ (isto é, se H_0 for verdadeira), a observação de um valor de 555 não será muito improvável, mas a observação de um valor de 540 não é provável de jeito algum, e assim, fornece forte evidência de que $\mu < 563$.

17.13 (a) $z = \frac{0{,}3-0}{1/\sqrt{10}} = \frac{0{,}3}{0{,}3162} = 0{,}9488$. (b) $z = \frac{1{,}02-0}{1/\sqrt{10}} = \frac{1{,}02}{0{,}3162} = 3{,}226$. (c) $z = \frac{17-0}{60/\sqrt{18}} = \frac{17}{14{,}1421} = 1{,}2021$. Note que na parte (c) o teste é bilateral, enquanto nas partes (a) e (b) ele é unilateral.

17.15 ESTABELEÇA: há evidência de que a gorjeta percentual média, quando se recebem más notícias (uma predição de mau tempo), seja menor do que 20%? PLANEJE: seja μ a gorjeta percentual média para todos os clientes que recebem más notícias. Testamos H_0: $\mu = 20$ contra H_a: $\mu < 20$. RESOLVA: temos uma amostra aleatória de $n = 20$ clientes e nos foi dito para considerarmos que as gorjetas tenham uma distribuição Normal. Observamos $\bar{x} = 18{,}19\%$. O desvio-padrão de $\bar{x}$ é $\frac{\sigma}{\sqrt{n}} = \frac{2}{\sqrt{20}} = 0{,}4472$, de modo que $z = \frac{18{,}19-20}{0{,}4472} = -4{,}05$, e o valor P é $P(Z \leq -4{,}05) \approx 0$. CONCLUA: há evidência esmagadora de que a gorjeta percentual média, quando se recebem más notícias, seja menor do que a gorjeta percentual geral (20%).

17.17 Utilizando a linha z^* da Tabela C, $z = 1{,}65$ não é significante para $\alpha = 0{,}05$, porque não é maior do que 1,960 ou menor do que $-1{,}960$. Também não é significante para $\alpha = 0{,}01$, porque $|z|$ é menor do que 2,576.

17.19 (a)

17.21 (a)

17.23 (a)

17.25 (c)

17.27 (c)

17.29 (a) H_0: $\mu = 0$ *vs.* *Há*: $\mu > 0$. (b) $z = \frac{2{,}35-0}{2{,}5/\sqrt{200}} = 13{,}29$. (c) O valor P é essencialmente 0. Sob H_0, seria praticamente impossível observar uma média amostral tão grande quanto 2,35 com base em uma amostra de 200 homens. Essa média amostral não pode ser explicada pela chance aleatória, pois facilmente rejeitaríamos H_0.

17.31 "$P = 0{,}005$" significa que não é provável que H_0 seja correta – mas apenas no sentido de que dá uma fraca explicação dos dados observados. Significa que, se H_0 fosse verdadeira, uma amostra tão contrária a H_0 como a nossa ocorreria, por acaso, somente cerca de 0,5% das vezes se o experimento fosse repetido muitas e muitas vezes. No entanto, não significa que exista chance de 0,5% de que H_0 seja verdadeira.

17.33 A pessoa está confundindo significância prática com significância estatística. De fato, um aumento de 5% não é grande coisa no sentido pragmático. No entanto, $P = 0{,}03$ significa que a chance aleatória não explica a diferença observada.

17.35 No esboço, a região de "significância a 1%" inclui apenas a parte sombreada escura ($Z \geq 2{,}326$). A região de "significância a 5%" do esboço inclui ambas as partes com sombreado claro e escuro ($Z \geq 1{,}645$). Se $P < 0{,}01$, devemos ter $P < 0{,}05$. O inverso é falso; alguma coisa que ocorra menos de 5 vezes em 100 repetições não é necessariamente tão rara como alguma coisa que ocorra menos de uma vez em 100 repetições, de modo que um teste que é significante no nível de 5% não é necessariamente significante no nível de 1%.

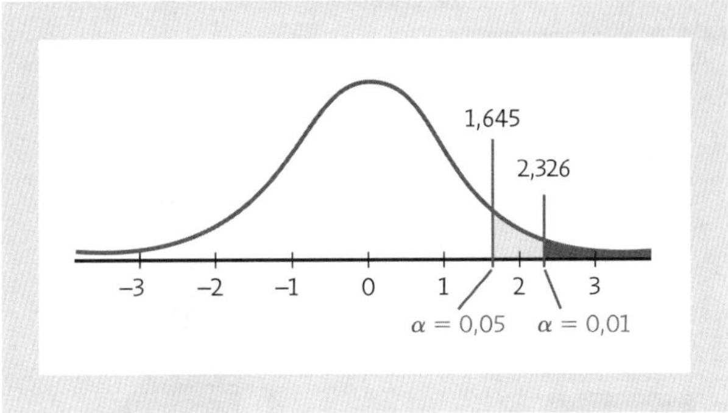

17.37 Como um valor *P* é uma probabilidade, ele nunca pode ser maior do que 1. O valor *P* correto é $P(Z \geq 1{,}33) = 0{,}0918$.

17.39 PLANEJE: teste a hipótese H_0: $\mu = 0\%$ contra H_a: $\mu < 0\%$. RESOLVA: $\bar{x} = -3{,}587$, $z = \dfrac{-3{,}587-0}{2{,}5/\sqrt{47}} = -9{,}84$, e $P(Z \leq -9{,}84) \approx 0$. CONCLUA: há evidência contundente de que, na média, mães que amamentam perdem mineral dos ossos.

17.41 (a) Testamos H_0: $\mu = 0$ *vs.* H_a: $\mu > 0$, em que μ é a diferença média da sensibilidade na população de pessoas que usam graxa sob os olhos. (b) PLANEJE: testamos a hipótese estabelecida na parte (a). RESOLVA: $\bar{x} = 0{,}10125$, $z = \dfrac{0{,}10125-0}{0{,}22/\sqrt{16}} = 1{,}84$, e $P = P(Z \geq 1{,}84) = 0{,}0329$. CONCLUA: a amostra fornece evidência significante (no nível $\alpha = 0{,}05$) de que a graxa sob os olhos aumenta a sensibilidade, na média.

17.43 (a) Sim, porque 6,2 está fora do intervalo de confiança de 99%, que é (6,3, 8,1). (b) Não, porque 6,4 está no intervalo de confiança de 99%.

17.45 ESTABELEÇA: usaremos um intervalo de confiança de 90% para o teste do ponto médio de fusão do cobre. PLANEJE: testamos H_0: $\mu = 1.084{,}62°C$ *vs.* H_a: $\mu \neq 1.084{,}62°C$, em que μ é o ponto médio de fusão do cobre. RESOLVA: $\bar{x} = 1.084{,}8$. Pela Tabela C, $z^* = 1{,}645$. O intervalo de confiança de 90% para μ é dado por $1.084{,}8 \pm 1{,}645\dfrac{0{,}25}{\sqrt{6}} = 1.084{,}8 \pm 167{,}89 = 916{,}9$ a 1.252,7°C. Note que o verdadeiro ponto de fusão do cobre (1.084,62°C) está no intervalo. CONCLUA: como 1.084,62°C está no intervalo de confiança de 90%, não podemos concluir que o ponto médio de fusão populacional do cobre seja diferente de 1.084,8°C.

Capítulo 18: Inferência na Prática

18.1 A razão (c) é a mais importante; essa é uma pesquisa de resposta voluntária que consiste apenas naqueles clientes que escolhem responder ao *e-mail*. Essa não é uma AAS. Qualquer coisa que saibamos a partir dessa amostra não poderá ser estendida a uma população maior. As outras duas razões são válidas, porém menos importantes. Razão (a) – o tamanho da amostra e grande margem de erro – tornariam o intervalo menos informativo, mesmo se a amostra fosse representativa da população. Razão (b) – não resposta – é um problema potencial em qualquer pesquisa, mas não há razão para acreditar que as pessoas que não leem o convite sejam diferentes da população em relação a sua (hipotética) classificação, em algum modo sistemático.

18.3 As respostas vão variar. A seguir, alguns exemplos. A amostra não é aleatória. Também, clientes fora de uma loja em um *shopping* de alto nível podem não ser uma boa representação da população inteira de clientes.

18.5 Você não pode concluir isso. O restaurante em que você trabalha é, muito provavelmente, diferente, em aspectos que poderiam afetar as quantias das gorjetas, do restaurante onde o experimento foi realizado.

18.7 A única fonte de erro incluída na margem de erro é aquela devida à variabilidade da amostra aleatória; então (c).

18.9 (a) e (b) Os resultados e a curva para $n = 9$ são mostrados aqui. Vemos que, à medida que o tamanho amostral aumenta, a mesma diferença entre μ_0 e $\bar{x}$ varia de nem um pouco significante a altamente significante.

n	Valor *P*
9	0,1587
16	0,0912
36	0,0228
64	0,0038

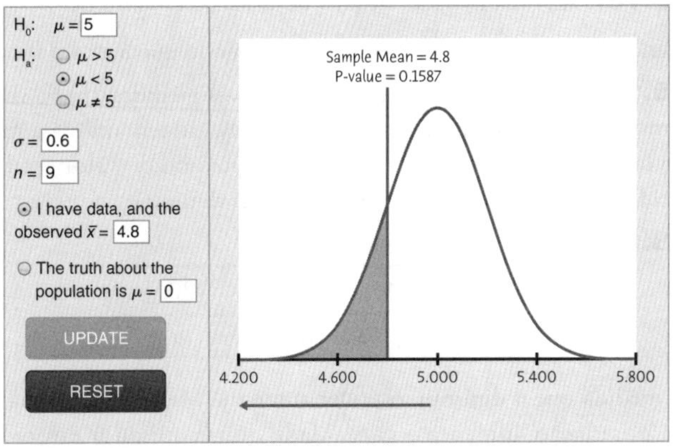

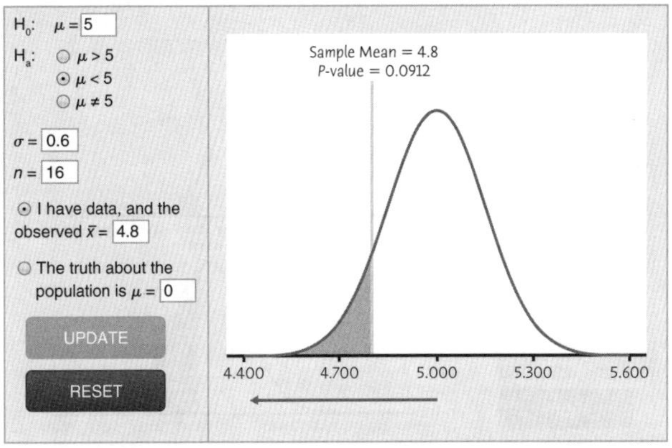

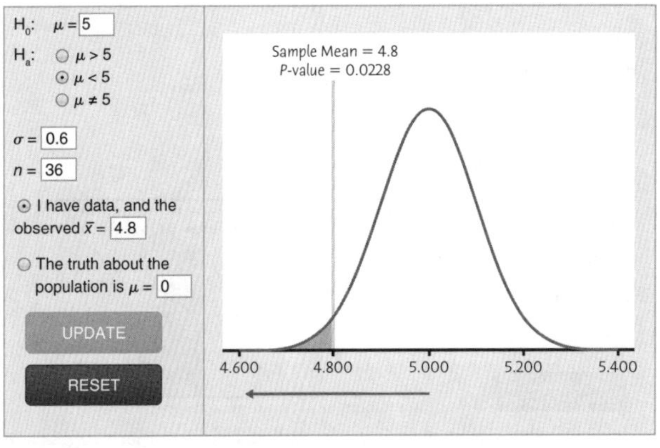

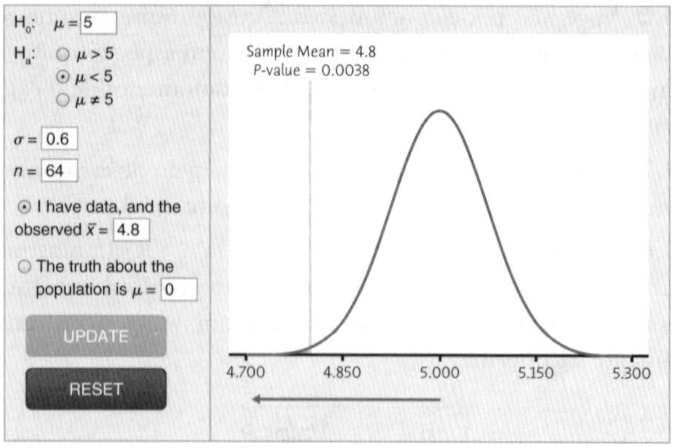

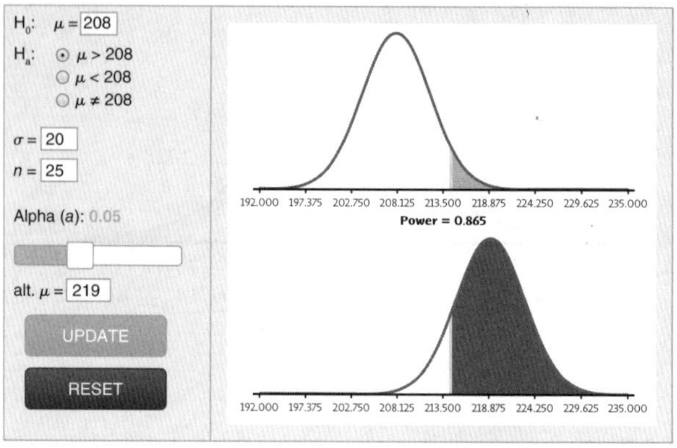

18.11 (a) Cada teste (sujeito) tem uma chance de 5% de ser considerado "significante" no nível de 5% quando a hipótese nula (nenhuma PES) é verdadeira. Com mil testes, esperaríamos cerca de 50 dessas ocorrências apenas por acaso. (b) Teste novamente os 43 sujeitos promissores com uma versão diferente do teste.

18.13 Para uma margem de erro de ± 10, precisamos de, pelo menos, $n = \left(\frac{1,645 \times 40}{1}\right)^2 = 4.329,64$, de modo que $n = 4.330$.

18.15 (a) Aumente o poder tomando mais medidas. (b) Se você aumentar α, fica mais fácil a rejeição de H_0, aumentando assim o poder. (c) Um valor de $\mu = 214$ é mais próximo do valor estabelecido de $\mu = 208$, sob H_0, e assim o poder diminui.

18.17

σ	40	30	20
Poder	0,394	0,575	0,865

À medida que σ diminui, o poder aumenta. Menos variabilidade na população aumenta a capacidade do pesquisador em reconhecer uma falsa hipótese nula.

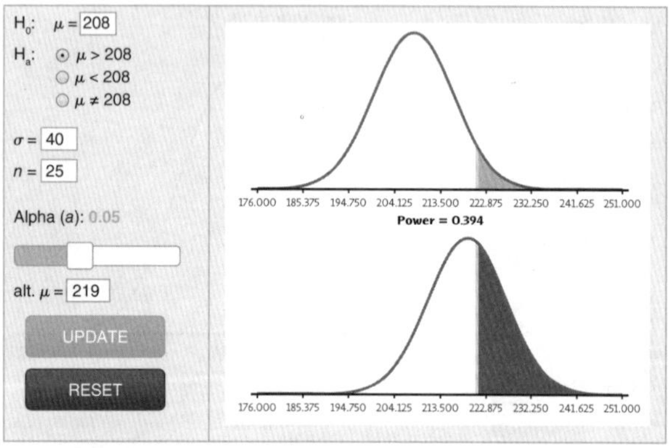

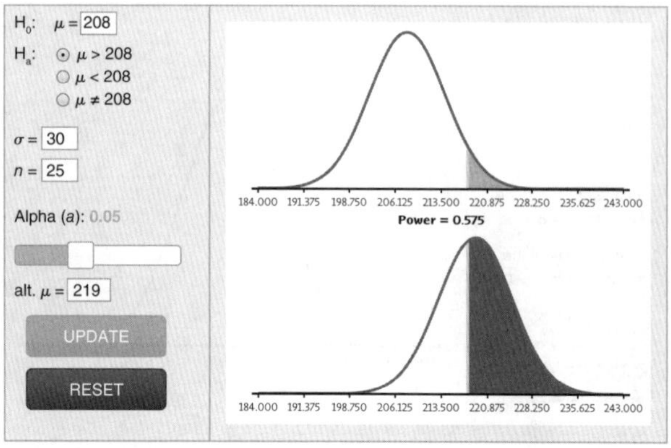

18.19 (c)

18.21 (b)

18 23 (a)

18.25 (c)

18.27 (c)

18.29 Precisamos saber se as amostras extraídas de ambas as populações são aleatórias. Também seria útil saber o tamanho de cada amostra, uma vez que grandes tamanhos amostrais poderiam fornecer resultados estatisticamente significantes, mesmo sem significância prática. Para isso, seria útil saber o tamanho do efeito (uma medida da magnitude da diferença sem considerar os tamanhos amostrais).

18.31 Muitos estudantes do Ensino Médio podem ficar relutantes em admitir que carregaram uma arma nos últimos 30 dias. Assim, essa resposta é provavelmente viesada para baixo. A margem de erro cobre apenas erros da amostragem aleatória e não considera esse viés de resposta.

18.33 O tamanho do efeito é maior se a amostra for menor. Com uma amostra maior, o impacto de qualquer valor é menor.

18.35 Opinião – mesmo a de um especialista – não apoiada em dados é o tipo mais fraco de evidência, de modo que a terceira descrição é nível C. A segunda descrição se refere a experimentos (testes clínicos) e grandes amostras; essa é a evidência mais forte (nível A).

18.37 (a) O valor P diminui. (b) O poder aumenta.

18.39 (a) $\bar{x} = 19,562$, $z = \frac{19,562 - 17,5}{2,5/\sqrt{5}} = 1,84$, $P = 2P(Z \geq 1,84) = 2(0,0329) = 0,0658$. Isso não é significante no nível 5%. Não rejeitaríamos 17,5 como um valor plausível para μ, mesmo sendo $\mu = 20$. (b) O pequeno tamanho amostral dificulta a detecção da diferença que realmente está presente, a menos que a diferença seja muito maior do que 2,5.

18.41 (a) "Estatisticamente insignificante" quer dizer que as diferenças observadas não eram mais do que havia sido esperado que ocorressem por acaso, mesmo que o SSE não tenha qualquer efeito sobre os pedidos de admissão LSAT. (b) Se os resultados são baseados em uma pequena amostra, então, mesmo se a hipótese nula não fosse verdadeira, o teste poderia não ser sensível o bastante para detectar o efeito (isto é, ter poder baixo). Saber que os efeitos foram pequenos nos diz que o teste não foi insignificante meramente por causa de um pequeno tamanho amostral. Além disso, um pequeno efeito pode não ser de nenhuma significância *prática*.

18.43 $n = \left(\frac{1,96 \times 3.000}{600}\right)^2 = 96,04$; tome $n = 97$.

18.45 (a) Esse teste tem uma chance de 20% de rejeitar H_0 quando a alternativa é verdadeira. (b) Se o teste tem poder de 20%, então, quando a alternativa é verdadeira, ele deixará de rejeitar H_0 80% das vezes. (c) Os tamanhos amostrais são muito pequenos, o que tipicamente leva a poder baixo. Isso é exacerbado pelo σ grande, como notado pelo autor do estudo.

18.47 Pelo *applet*, contra a alternativa $\mu = 20$, poder $= 0{,}609$.

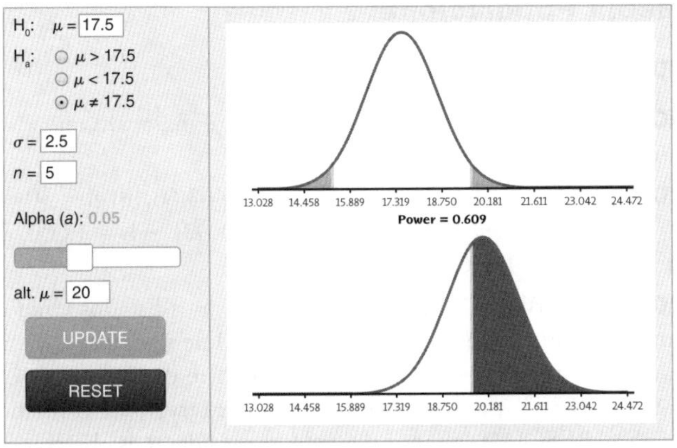

18.49 (a) $z = \dfrac{\bar{x}-\mu_0}{\sigma/\sqrt{n}} = \dfrac{\bar{x}-17{,}5}{2{,}5/\sqrt{5}} = 0{,}894\bar{x} - 15{,}652$. Visto que a alternativa é $\mu \neq 17{,}5$, rejeitamos H_0 no nível de 5% quando $z \geq 1{,}96$ ou $z \leq -1{,}96$. (b) Rejeitamos H_0 no nível de 5% quando $z = 0{,}894\bar{x} - 15{,}652 \geq 1{,}96$ (isto é, quando $\bar{x} \geq 19{,}70$) ou $z = 0{,}894\bar{x} - 15{,}652 \leq -1{,}96$ (isto é, quando $\bar{x} \leq 15{,}315$). (c) Quando $\mu = 20$, o poder é $P(\bar{x} \geq 19{,}70) + P(\bar{x} \leq 15{,}315) = P\left(Z \geq \dfrac{19{,}70 - 20}{2{,}5/\sqrt{5}}\right) + P\left(Z \leq \dfrac{15{,}315 - 20}{2{,}5/\sqrt{5}}\right) = P(Z \geq -0{,}27) + P(Z \leq -4{,}19) \approx 0{,}6064 + 0{,}0000 = 0{,}6064$.

18.51 Poder $= 1 - P(\text{erro Tipo II}) = 1 - 0{,}44 = 0{,}56$.

18.53 (a) No longo prazo, essa probabilidade deveria ser 0,05. Em 100 testes simulados, o número de rejeições falsas terá uma distribuição binomial, com $n = 100$ e $p = 0{,}05$. A maioria dos resultados estará entre 0 e 10 rejeições (inclusive). (b) Se o poder é 0,812, a probabilidade de um erro Tipo II é 0,188. Em 100 testes simulados, o número de não rejeições falsas terá uma distribuição binomial, com $n = 100$ e $p = 0{,}188$. A maioria dos resultados estará entre 10 e 29 não rejeições (inclusive).

18.55 X é binomial com $n = 20$ e $p = 0{,}05$. $P(X \geq 1) = 1 - P(X < 1) = 1 - P(X = 0) = 1 - \binom{20}{0}(0{,}05)^0(0{,}95)^{20} = 1 - 0{,}3585 = 0{,}6415$.

Capítulo 19: Da Produção de Dados à Inferência: Revisão da Parte III

19.1 (a) S = {Abaixo de 40 anos, 40 anos ou mais}. (b) S = {6, 7, 8, ..., 19, 20}. (c) S = {Todos os valores $2{,}5 \leq VO_2 \leq 6{,}1$ litros por minuto}. (d) S = {Todas as taxas cardíacas tais que x bpm < taxa cardíaca < y bpm}. Valores escolhidos para x e y podem variar.

19.3 (a)

19.5 $\{Y > 1\}$ ou $\{Y \geq 2\}$; $P(Y > 1) = 1 - 0{,}28 = 0{,}72$.

19.7 (d)

19.9 $\{X \leq 2\}$ é o evento de que uma mulher com idade entre 15 e 50 anos tenha dado à luz dois ou menos bebês. $P(X \leq 2) = 0{,}442 + 0{,}168 + 0{,}217 = 0{,}827$.

19.11 $\{X \geq 3\}$; $P(X \geq 3) = 0{,}107 + 0{,}043 + 0{,}023 = 0{,}173$.

19.13 (a)

19.15 $P(-2 < Y < 2) = [2 - (-2)](0{,}1) = 4(0{,}1) = 0{,}4$.

19.17 (c)

19.19 A resposta à Questão 19.16 mudaria, porque isso se refere à distribuição populacional, que é, agora, não Normal. A resposta à Questão 19.17 não mudaria; o desvio-padrão de $\bar{x}$ é 1,94, independentemente da distribuição da população. A resposta à Questão 19.18 não mudaria, essencialmente. O teorema limite central nos diz que a distribuição amostral de $\bar{x}$ é aproximadamente Normal quando n é grande o bastante, não importando a distribuição populacional.

19.21 Se a população da qual estamos amostrando é fortemente assimétrica, então é necessária uma amostra maior para a aplicação do teorema limite central. Se $n = 15$, a distribuição amostral de $\bar{x}$ pode não ser aproximadamente Normal, mas, se $n = 150$, ela certamente será aproximadamente Normal.

19.23 (c)

19.25 $\bar{x} \pm z^* \dfrac{\sigma}{\sqrt{n}} = 357 \pm 1{,}282 \dfrac{50}{\sqrt{8}} = 334{,}34$ a $379{,}66$.

19.27 (c)

19.29 (c)

19.31 (c)

19.33 (d)

19.35 (d)

19.37 ESTABELEÇA: há evidência de que o QI médio para a população com baixo peso ao nascer seja menor do que 100? PLANEJE: seja μ o QI médio para a população com baixo peso ao nascer. Testamos H_0: $\mu = 100$ contra H_a: $\mu < 100$. RESOLVA: temos uma amostra aleatória de $n = 113$ meninos com baixo peso ao nascer e nos foi dito para supormos que os pesos ao nascer têm uma distribuição Normal. Observamos $\bar{x} = 87{,}6$. O desvio-padrão de $\bar{x}$ é $\dfrac{\sigma}{\sqrt{n}} = \dfrac{15}{\sqrt{113}} = 1{,}411$, de modo que $z = \dfrac{87{,}6-100}{1{,}411} = -8{,}79$, e o valor P é $P(Z \leq -8{,}79) \approx 0$. CONCLUA: há forte evidência de que o QI médio para a população de baixo peso ao nascer é menor do que 100.

19.39 $P = 0{,}013$ significa que a diferença observada era improvável de ter ocorrido por pura chance; esse resultado (ou algo mais extremo) deveria ser esperado apenas 13 vezes em mil repetições desse estudo. $P = 0{,}74$ significa que a diferença observada é facilmente explicada pelo acaso.

19.41 (b)

19.43 (c)

19.45 (d)

19.47 (a) Essa é uma binomial, com $n = 5$ e $p = 0{,}4$.

19.49 $P(X \geq 1.900) = P\left(Z \geq \dfrac{1.900-1.838{,}5}{26{,}78}\right) = P(Z \geq 2{,}30) = 1 - 0{,}9893 = 0{,}0107$.

19.51 (a) Todas as probabilidades estão entre 0 e 1, e sua soma é 1. (b) Seja R_1 a classificação do Provador 1 e R_2 a classificação do Provador 2. Some as probabilidades na diagonal (da esquerda superior à direita inferior): $P(R_1 = R_2) = 0{,}05 + 0{,}08 + 0{,}25 + 0{,}18 + 0{,}08 = 0{,}64$. (c) $P(R_1 > R_2) = 0{,}18$. Essa é a soma dos 10 números na parte "esquerda inferior" da tabela. $P(R_2 > R_1) = 0{,}18$. Essa é a soma dos 10 números na parte "superior direita" da tabela.

19.53 (a) Quase todos os *estudantes individuais* deveriam estar na faixa $\mu \pm 3\sigma = 2{,}9 \pm 3(1{,}0) = 2{,}9 \pm 3{,}0 = -0{,}1$ a $5{,}9$. Como os escores NSSE não podem ser negativos, quase todos os *estudantes individuais* deveriam estar na faixa de 0 a 5,9. **(b)** A média amostral $\bar{x}$ tem uma distribuição $N(\mu, \sigma/\sqrt{n}) = N(2{,}9;\ 0{,}1)$ e, assim, quase todas dessas *médias* deveriam estar na faixa 2,9 ± 3(0,1) = 2,9 ± 0,3 = 2,6 a 3,2.

19.55 **(a)** O diagrama de ramo e folhas (a seguir) confirma a descrição dada no texto. (Discutivelmente, há dois "valores atípicos suaves", embora o critério 1,5 × *AIQ* apenas aponte o mais alto como um valor atípico.)

96	8
97	344
97	888889
98	0133
98	5789
99	
99	6
100	2

(b) ESTABELEÇA: há evidência de que a temperatura corporal média para adultos saudáveis não seja igual aos "tradicionais" "98,6°F? PLANEJE: seja μ a temperatura corporal média. H_0: $\mu = 98{,}6°$ *versus* H_a: $\mu \neq 98{,}6°$. RESOLVA: suponha que tenhamos uma distribuição Normal e uma AAS. $\bar{x} = 98{,}203°$, de modo que $z = \frac{98{,}203 - 98{,}6}{0{,}7/\sqrt{20}} = -2{,}54$. $P = 2P(Z < -2{,}54) = 0{,}0110$. CONCLUA: temos evidência bastante forte – significante no nível $\alpha = 0{,}05$, mas não em $\alpha = 0{,}01$ – de que a temperatura corporal média não é igual a 98,6°F. (Especificamente, os dados sugerem que a temperatura corporal média é menor.)

19.57 ESTABELEÇA: qual é a temperatura corporal média para adultos saudáveis? PLANEJE: estimaremos μ dando um intervalo de confiança de 90%. RESOLVA: suponha que tenhamos uma distribuição Normal e uma AAS (condições foram verificadas no Exercício 19.55). Com $\bar{x} = 98{,}203°$, nosso intervalo de confiança de 90% para μ é $\bar{x} \pm z^* \frac{\sigma}{\sqrt{n}} = 98{,}203 \pm 1{,}645 \frac{0{,}7}{\sqrt{20}} = 98{,}203 \pm 0{,}257 = 97{,}95$ a 98,46. CONCLUA: temos 90% de confiança em que a temperatura corporal média para adultos saudáveis está entre 97,95°F e 98,46°F.

19.59 Para o teste bilateral H_0: M = US\$ 62 mil *versus* H_a: M ≠ US\$ 62 mil, com nível de significância de $\alpha = 0{,}10$, deixamos de rejeitar H_0 porque US\$ 62 mil está dentro do intervalo de confiança de 90%.

19.61 Seja *H* o evento de que o estudante foi educado em casa. Seja *R* o evento de que o estudante frequentou uma escola pública regular. Desejamos *P*(*H* | não *R*). Note que o evento "*H* e não *R*" = "*H*". Então, $P(H \mid \text{não } R) = \frac{P(H)}{P(\text{não } R)} = \frac{0{,}006}{1 - 0{,}758} = 0{,}025$.

19.63 **(a)** $\mu = np = 300(0{,}18) = 54$ pessoas e $\sigma = \sqrt{np(1-p)} = \sqrt{300(0{,}18)(1-0{,}18)} = \sqrt{44{,}28} = 6{,}65$ pessoas. **(b)** $np = 54$ e $n(1-p) = 246$; ambos são maiores do que 10, de modo que a aproximação Normal é permitida. Seja *X* o número de pessoas que abandonaram o programa. Então, usando a aproximação Normal: $P(X \le 65) = P\left(Z \le \frac{65 - 54}{6{,}65}\right) = P(Z \le 1{,}65) = 0{,}9505$. Usando um programa para o cálculo da probabilidade binomial exata, $P(X \le 65) = 0{,}9554$. A aproximação Normal 0,9505 subestima a verdadeira probabilidade por cerca de 0,0049.

19.65 Um erro Tipo I significa que concluímos que o QI médio de bebês meninos com baixo peso ao nascer é menor do que 100 quando ele é 100, realmente (ou mais). Um erro Tipo II significa que concluímos que o QI médio de bebês meninos com baixo peso ao nascer é 100 (ou mais), quando, na realidade, ele é menor do que 100.

Capítulo 20: Inferência sobre uma Média Populacional

20.1 $EP = \frac{s}{\sqrt{n}} = \frac{27{,}2}{\sqrt{1.000}} = 0{,}8601$.

20.3 **(a)** $t^* = 31{,}82$. **(b)** $t^* = 1{,}697$. Isso é maior do que $z^* = 1{,}645$.

20.5 **(a)** gl = 2 – 1 = 1, de modo que $t^* = 63{,}66$. **(b)** gl = 30 – 1 = 29, de modo que $t^* = 2{,}045$. **(c)** gl = 1.001 – 1 = 1.000, de modo que $t^* = 1{,}646$.

20.7 ESTABELEÇA: entre jovens adultos nos Estados Unidos, qual é o número médio (em 100 tentativas) de respostas corretas para a identificação da pessoa mais alta entre duas pessoas pela voz? PLANEJE: vamos estimar μ com um intervalo de confiança de 95%. RESOLVA: fomos orientados a considerar as observações como uma AAS. Um diagrama de ramo e folhas (a seguir) mostra alguma possível bimodalidade, mas nenhum valor atípico.

4	9
5	
5	3
5	
5	666
5	8889
6	11
6	23
6	55
6	6777
6	889
7	00

Com $\bar{x} = 62{,}1667$ e $s = 5{,}806$ correto, gl = 24 – 1 = 23, e $t^* = 2{,}069$, o intervalo de confiança de 95% para μ é $\bar{x} \pm 2{,}069 \frac{s}{\sqrt{n}} = 62{,}1667 \pm 2{,}069 \frac{5{,}806}{\sqrt{24}} = 62{,}1667 \pm 2{,}4521 = 59{,}71$ a 64,62. CONCLUA: estamos 95% confiantes de que o número médio (em 100) de respostas corretas para identificar a mais alta de duas pessoas pela voz está entre 59,71 e 64,62.

20.9 **(a)** gl = 2 – 1 = 1. **(b)** $t = 3{,}00$ é englobado por $t^* = 1{,}963$ (com probabilidade nas duas caudas de 0,30) e $t^* = 3{,}078$ (com probabilidade nas duas caudas de 0,20), de modo que $0{,}20 < P < 0{,}30$. **(c)** Esse teste não é significante nos níveis de 10, 5 ou 1% porque $P > 0{,}20$. **(d)** Por um programa, $P = 0{,}2048$.

20.11 ESTABELEÇA: há evidência de que a graxa sob os olhos aumente a sensitividade ao contraste, em média? PLANEJE: tome μ como a diferença média (com graxa menos sem graxa) na sensibilidade. Testamos H_0: $\mu = 0$ contra H_a: $\mu > 0$, usando uma alternativa unilateral porque, se a graxa funciona, ela deve aumentar a sensibilidade. RESOLVA: supomos que os estudantes no experimento possam ser considerados uma AAS de todos os estudantes, que os tratamentos foram aleatorizados e que os atletas sentiriam um efeito semelhante ao dos estudantes. As diferenças para cada estudante são fornecidas; um diagrama de ramo e folhas dessas diferenças (a seguir) parece mostrar dois valores atípicos; nesse gráfico −1 | 8 representa −0,18.

-1	8621
-0	5
0	23557
1	4
2	489
3	
4	3
5	
6	4

Verificando com a ajuda da regra 1,5 × AIQ, esses não são valores atípicos. (Usando o JMP, $Q_1 = -0{,}095$, $Q_3 = 0{,}27$ e $Q_3 + 1{,}5 \times AIQ = 0{,}27 + 1{,}5(0{,}365) = 0{,}8175$; calculando esses valores à mão, $Q_1 = -0{,}08$, $Q_3 = 0{,}26$ e $Q_3 + 1{,}5 \times AIQ = 0{,}26 + 1{,}5(0{,}34) = 0{,}77$.) No entanto, os valores P serão apenas aproximados devido à assimetria e ao tamanho amostral relativamente pequeno. Com $\bar{x} = 0{,}1013$ e $s = 0{,}2263$, $t = \frac{0{,}1013 - 0}{0{,}2263/\sqrt{16}} = 1{,}79$ e gl = 15. Usando a Tabela C, $0{,}025 < P < 0{,}05$ (um programa dá 0,0469). CONCLUA: temos evidência de que a graxa sob os olhos aumenta a sensibilidade ao contraste, na média. Devido à assimetria nos dados, podemos não querer dar muita ênfase a esse resultado.

20.13 O diagrama de ramo e folhas, a seguir, sugere que a distribuição do conteúdo de nitrogênio é pesadamente assimétrica, com um forte valor atípico, 1430. Embora os procedimentos t sejam robustos a violações da Normalidade, eles não devem ser usados se a população que está sendo amostrada for tão pesadamente assimétrica.

0	00000000000111
0	2222233
0	44
0	
0	
1	
1	
1	4

20.15 (b)

20.17 (a)

20.19 (a)

20.21 (b)

20.23 (b)

20.25 Para o grupo de estudantes: $t = \frac{0{,}08 - 0}{0{,}37/\sqrt{12}} = 0{,}749$. Para o grupo de não estudantes: $t = \frac{0{,}35 - 0}{0{,}37/\sqrt{12}} = 3{,}277$. Pela Tabela C, o primeiro valor P (supondo uma hipótese alternativa bilateral) está entre 0,4 e 0,5 (um programa dá 0,47), e o segundo valor P está entre 0,005 e 0,01 (um programa dá 0,007). Esses valores P apoiam as descobertas dos pesquisadores de nenhuma evidência forte de um efeito para estudantes, mas de um efeito significante para não estudantes.

20.27 (a) Com $n = 1.100$, é seguro o uso dos procedimentos t (que podem ser utilizados, mesmo para distribuições claramente assimétricas quando $n \geq 40$). (b) Pela Tabela C, $t^* = 2{,}581$ (gl = 1.000); ou, usando um programa, $t^* = 2{,}580$ (gl = 1.099). Para qualquer um dos valores, o intervalo de confiança de 99% é $\bar{x} \pm t^*(1{,}3) = 264 \pm 3{,}4 = 260{,}6$ a 267,4, arredondados para uma casa decimal. (c) Como o intervalo de confiança de 99% para μ contém 262, os dados não fornecem evidência de que a média para todos os estudantes do oitavo ano de Dallas seja diferente do nível básico.

20.29 (a) Esse é um teste t de dados emparelhados, porque o peso de cada pessoa é medido duas vezes. (b) Seja μ a diferença média de peso (peso depois da tecnologia menos o peso antes). Testamos H_0: $\mu = 0$ contra H_a: $\mu < 0$. São dados $\bar{x} = -3{,}5$, $s = 7{,}8$ e $n = 237$, de modo que $t = \frac{-3{,}5 - 0}{7{,}8/\sqrt{237}} = -6{,}908$. Pela Tabela C, com gl = 236, $P < 0{,}0005$ ($P < 0{,}0001$, usando um programa). Há uma forte evidência de que existe um decréscimo no peso médio depois do uso da tecnologia.

20.31 (a) Um diagrama de ramo e folhas (a seguir) sugere a presença de valores atípicos. A amostra é pequena, e o diagrama de ramo e folhas é assimétrico, de modo que o uso dos procedimentos t não é apropriado.

2	5
3	3358
4	00
5	
6	
7	
8	
9	
10	
11	5
12	
13	5

(b) No primeiro intervalo, usando nove observações, temos gl = 8 e $t^* = 1{,}860$. Para o segundo intervalo, removendo os dois valores atípicos (1,15 e 1,35), gl = 6 e $t^* = 1{,}943$. Os dois intervalos de confiança de 90% são

$$0{,}549 \pm 1{,}860\left(\frac{0{,}403}{\sqrt{9}}\right) = 0{,}299 \text{ a } 0{,}799 \text{ gramas}$$

$$0{,}349 \pm 1{,}943\left(\frac{0{,}053}{\sqrt{7}}\right) = 0{,}310 \text{ a } 0{,}388 \text{ gramas}$$

(c) O intervalo de confiança calculado sem os dois valores atípicos é muito menor e tem um centro menor.

20.33 (a) Esse é um planejamento de dados emparelhados porque cada salamandra é medida duas vezes. (b) O diagrama de ramo e folhas, a seguir, mostra o valor atípico alto (31).

-1	3
-0	6
-0	
0	12
0	5789
1	012
1	
2	
2	
3	1

(c) Seja μ a diferença média populacional (controle menos experimental) das taxas de cura. Teste H_0: $\mu = 0$ *versus* H_a: $\mu > 0$. Com todas as 12 diferenças, $\bar{x} = 6{,}417$ e $s = 10{,}7065$, de modo que $t = \frac{6{,}417 - 0}{10{,}7065/\sqrt{12}} = 2{,}08$. Com gl = 11, $P = 0{,}0311$ (usando um programa). Omita o valor atípico: $\bar{x} = 4{,}182$ e $s = 7{,}7565$, de modo que $t = \frac{4{,}182 - 0}{7{,}7565/\sqrt{11}} = 1{,}79$. Com gl = 10, $P = 0{,}0520$ (usando um programa). Com todas as 12 diferenças, há mais evidência de que o tempo médio de cura da população é maior para a perna de controle. Quando omitimos o valor atípico, a evidência é mais fraca. (d) O diagrama de caixa modificado (a seguir) mostra os dois valores atípicos antecipados (−13 e 31). Omita os dois valores atípicos: $\bar{x} = 5{,}9$ e $s = 5{,}5468$, de modo que $t = \frac{5{,}9 - 0}{5{,}5468/\sqrt{10}} = 3{,}36$. Com gl = 9, $P = 0{,}0042$. Com a remoção dos dois valores atípicos, há forte evidência de que o tempo médio de cura da população é maior para a perna de controle (evidência muito mais forte do que a encontrada na parte (c), quando usamos os dados de todas as 12 salamandras).

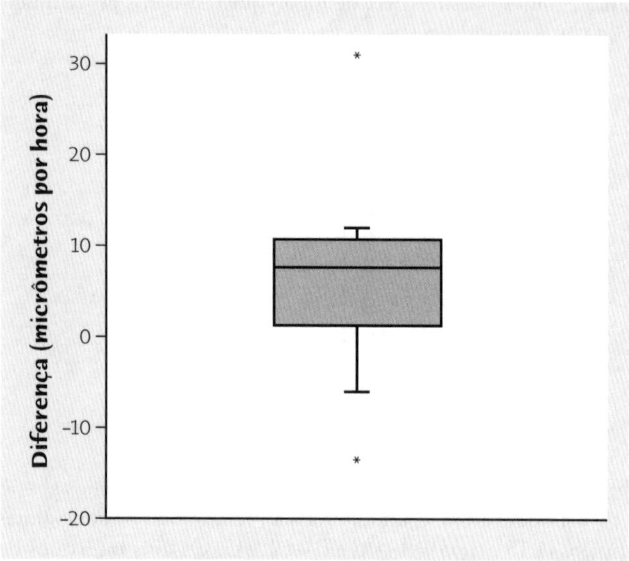

20.35 (a) Um histograma (a seguir) mostra um valor atípico significante e indica assimetria. Devemos considerar a aplicação dos procedimentos *t* à amostra, depois de removermos a observação mais extrema (37.786).

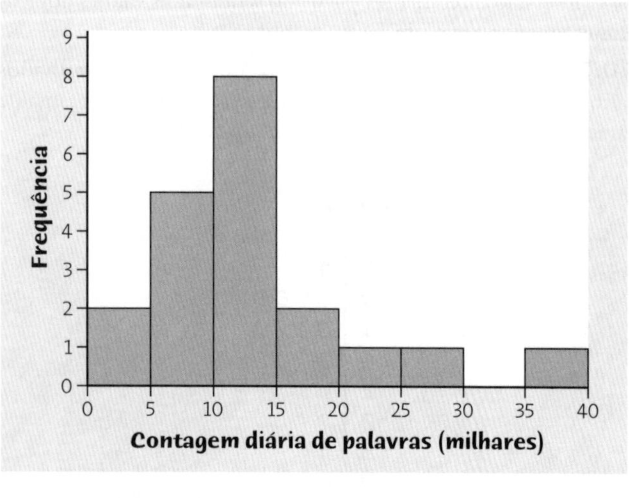

(b) Se removermos a maior observação, a amostra restante não é pesadamente assimétrica e não tem valores atípicos. Agora, testamos H_0: $\mu = 7.000$ *versus* H_a: $\mu \neq 7.000$. Com a remoção do valor atípico, $\bar{x} = 11.555{,}16$ e $s = 6.095{,}015$, de modo que $t = \frac{11.555{,}16 - 7.000}{6.095{,}015/\sqrt{19}} = 3{,}258$. Com gl = 18, $P = 0{,}0044$ (com uso de programa). Há evidência esmagadora de que o número médio populacional de palavras por dia para homens nessa universidade difere de 7 mil.

20.37 (a) Cada paciente foi medido antes e depois do tratamento. (b) O diagrama de ramo e folhas das diferenças (a seguir) mostra uma assimetria extrema à direita e um ou dois valores atípicos altos. Os procedimentos *t* não devem ser usados.

0	0012238
1	0
2	1
3	
4	
5	1
6	
7	0

(c) Suponha que os pesquisadores realizem um teste (H_0: $\mu = 0$ *versus* H_a: $\mu > 0$) usando os procedimentos *t*, a despeito da presença de forte assimetria e valores atípicos na amostra. Nesse caso, eles encontrariam $\bar{x} = 156{,}36$, $s = 234{,}2952$ e $t = 2{,}213$, resultando em $P = 0{,}0256$ (com uso de programa).

20.39 (a) Testamos H_0: $\mu = 0$ *versus* H_a: $\mu > 0$, em que μ é a diferença média populacional (tratados menos controle). Esse teste é unilateral porque os pesquisadores têm razões para acreditar que o CO_2 aumentará a taxa de crescimento. (b) $\bar{x} = 1{,}916$ e $s = 1{,}050$, de modo que $t = \frac{1{,}916 - 0}{1{,}050/\sqrt{3}} = 3{,}16$. Com gl = 2, $P = 0{,}0436$ (com uso de programa). Isso é significante no nível de significância de 5%. (c) Para amostras muito pequenas, os procedimentos *t* podem apenas ser usados se supusermos que a população seja Normal. Não temos como avaliar a Normalidade da população com base nessas três diferenças.

20.41 Um diagrama de ramo e folhas (a seguir) revela que esses dados contêm dois valores atípicos altos (5973 e 8015). Assim, os procedimentos *t* não são apropriados.

0	1123788
1	00115677899
2	01112458
3	
4	
5	9
6	
7	
8	0

20.43 (a) $\bar{x} = 48{,}25$ e $s = 40{,}24$ mil barris. Pela Tabela C, $t^* = 2{,}000$ (gl = 60). Usando um programa, com gl = 63, $t^* = 1{,}998$. O intervalo de confiança de 95% para μ é $48{,}25 \pm 2{,}000\left(\frac{40{,}24}{\sqrt{64}}\right) = 48{,}25 \pm 10{,}06 = 38{,}19$ a $58{,}31$ mil barris. (Usando um programa, o intervalo de confiança é 38,20 a 58,30 mil barris.) (b)

Um diagrama de ramo e folhas (a seguir) confirma a assimetria e os valores atípicos (156,5, 196, 204,0) descritos. Os dois intervalos têm larguras semelhantes, mas o novo intervalo é levado mais acima por cerca de 2 mil barris. Embora os procedimentos *t* sejam bastante robustos, devemos ter cuidado ao usar o resultado na parte (a), por causa da forte assimetria e valores atípicos. O método de computação intensiva pode produzir um intervalo mais confiável.

0	00001111111111
0	22222223333333333333
0	44444445555555
0	6666667
0	8899
1	01
1	
1	5
1	
1	9
2	0

20.45 A análise do percentual de sementes infectadas é mais útil do que a análise do número de sementes infectadas porque nos permite comparar plantas com diferentes contagens de sementes. PLANEJE: construiremos um intervalo de confiança de 90% para μ, o percentual populacional médio de sementes infectadas pelos besouros. RESOLVA: um diagrama de ramo e folhas (a seguir) mostra uma distribuição com um só pico e razoavelmente simétrica.

0	07
1	9
2	24689
3	666778
4	0000336
5	157
6	
7	00
8	57

Supomos que as 28 plantas possam ser consideradas uma AAS da população, de modo que os procedimentos *t* são apropriados. $\bar{x} = 4{,}0786$ e $s = 2{,}0135$. Usando $t^* = 1{,}703$ (gl = 27), o intervalo de confiança de 90% para μ é $4{,}0786 \pm 1{,}703\left(\frac{2{,}0135}{\sqrt{28}}\right) = 4{,}0786 \pm 0{,}648 = 3{,}43$ a 4,73%. CONCLUA: estimamos que o besouro infecte menos de 5% das sementes, de modo que é improvável que seja eficaz no controle da erva daninha.

20.47 $\bar{x} = 0{,}5283$ e $s = 0{,}4574$. Usando $t^* = 2{,}571$ (gl = 5), o intervalo de confiança de 95% para μ é $0{,}5283 \pm 2{,}571\left(\frac{0{,}4574}{\sqrt{6}}\right) = 0{,}5283 \pm 0{,}4801 = 0{,}0482$ a 1,0084 milhares de células.

20.49 (a) Para cada sujeito, selecione aleatoriamente qual maçaneta (direita ou esquerda) ele vai usar primeiro. (b) PLANEJE: teste H_0: $\mu = 0$ *versus* H_a: $\mu < 0$, em que μ denota a diferença populacional média nos tempos (tempo da rosca direita – tempo da rosca esquerda). RESOLVA: um diagrama de ramo e folhas das diferenças (a seguir) não indica que os procedimentos *t* não sejam apropriados.

-5	2
-4	853
-3	511
-2	94
-1	66621
-0	74331
0	02
1	1
2	03
3	8

Supomos que nossa amostra possa ser considerada uma AAS, $\bar{x} = -13{,}32$ segundos e $s = 22{,}936$ segundos, de modo que $t = \frac{-13{,}32 - 0}{22{,}936/\sqrt{25}} = -2{,}90$. Com gl = 24, encontramos $P = 0{,}0039$ (usando um programa). CONCLUA: temos boa evidência (significância no nível de 1%) de que a diferença média populacional é realmente negativa – isto é, o tempo médio populacional para a maçaneta de rosca direita é menor do que o tempo médio populacional para a maçaneta de rosca esquerda.

20.51 Consulte o Exercício 20.49. Com gl = 24, $t^* = 1{,}711$, de modo que o intervalo de confiança de 90% para μ é $-13{,}32 \pm 1{,}711\left(\frac{22{,}936}{\sqrt{25}}\right) = -13{,}32 \pm 7{,}85 = -21{,}2$ a $-5{,}5$ segundos. Agora, $\bar{x}_{RH}/\bar{x}_{LH} = \frac{104{,}12}{117{,}44} = 0{,}887$. Os destros trabalhando com maçanetas de rosca direita podem concluir a tarefa em cerca de 89% do tempo necessário para os destros trabalhando com maçanetas de rosca esquerda, o que poderia ser significante para tarefas que envolvam o uso frequente de maçanetas, por longos períodos.

20.53 (a) Começando com valores da Tabela C, para 90% de confiança, $t(100) = 1{,}660$ e $z^* = 1{,}645$. Para 95% de confiança, $t(100) = 1{,}984$ e $z^* = 1{,}96$. Analogamente, para 99% de confiança, $t(100) = 2{,}626$ e $z^* = 2{,}576$. As diferenças são 0,015, 0,024 e 0,05. Níveis de confiança maiores necessitarão de mais observações. Notamos que $t(1000)$ está a 0,01 de z^* para todos esses níveis de confiança. Usando um programa, encontramos que $t(150) = 1{,}655$ para 90% de confiança, $t(240) = 1{,}9699$ para 95% de confiança e $t(485) = 2{,}586$ para 99% de confiança. (b) As respostas variarão.

Devemos notar que o efeito de aumentar o desvio-padrão de 1 para 100 multiplica por 100 a margem de erro no cálculo, o que implica que a obtenção de resultados similares requer mais observações com $\sigma = 100$ do que com $\sigma = 1$. Usando $n = 485$ com $\sigma = 100$, a margem de erro de 99%, usando *t*, é 11,74, em comparação com uma margem de erro de 99%, usando *z*, de 11,70. Usando $\sigma = 1$, as margens de erro são ambas 0,117, arredondadas para três casas decimais.

Capítulo 21: Comparação de Duas Médias

21.1 Essa situação envolve duas amostras independentes.

21.3 Essa situação envolve uma única amostra.

21.5 ESTABELEÇA: há evidência de que o treinamento com o Nintendo Wii aumente significantemente o tempo médio de melhora? PLANEJE: teste H_0: $\mu_{Wii} = \mu_{NãoWii}$ *versus* H_a: $\mu_{Wii} > \mu_{NãoWii}$. Usamos uma alternativa unilateral porque a prática com o Wii deve resultar em mais aprimoramento do que a realização da mesma operação de novo sem o treinamento com o Wii. RESOLVA: esses dados são provenientes de participantes em um experimento aleatorizado, de modo que os grupos são independentes. Diagramas de ramo e folhas sugerem algum desvio da Normalidade e um possível valor atípico alto para o grupo do Não Wii. Diagramas em caixa não indicam quaisquer valores atípicos e uma distribuição relativamente simétrica para o grupo do Wii, mas tanto −81 e 229 são valores atípicos no grupo de Não Wii. Prosseguimos com o teste para duas amostras apelando para a robustez (especialmente boa com tamanhos amostrais iguais; ver Seção 21.5). Temos $\bar{x}_{Wii} = \bar{x}_{NãoWii} = 59{,}67$, $s_{Wii} = 98{,}44$, $s_{NãoWii} = 63{,}04$, $n_{Wii} = 21$ e $n_{NãoWii} = 21$. Assim, $EP = \sqrt{\frac{s^2_{Wii}}{n_{Wii}} + \frac{s^2_{NãoWii}}{n_{NãoWii}}} = 25{,}509$ e $t = \frac{\bar{x}_{Wii} - \bar{x}_{NãoWii}}{EP} = 2{,}863$. Como ambos os tamanhos amostrais são 21, temos gl = 20 e $0{,}0025 < P < 0{,}005$. Com um programa, gl = 34,04 e $P = 0{,}0036$. CONCLUA: há evidência bastante forte de que jogar com o Nintendo Wii ajuda a melhorar as habilidades dos médicos estudantes, pelo menos em termos do tempo médio para completar uma operação virtual de retirada de vesícula biliar.

21.7 Do Exercício 21.5, temos $\bar{x}_{Wii} = 132{,}71$, $\bar{x}_{NãoWii} = 59{,}67$, $n_{Wii} = n_{NãoWii} = 21$ (de modo que gl = 20 para a Opção 2) e $EP = 25{,}509$. Um intervalo de confiança de 95% para a diferença média populacional na melhora no tempo para completar a operação de retirada virtual de vesícula biliar é $(\bar{x}_{Wii} - \bar{x}_{NãoWii}) \pm t^*EP = 73{,}04 \pm 2{,}086(25{,}509) = 19{,}828$ a 126,252 segundos. Um programa usa gl = 34,04 e dá um intervalo de 21,203 a 124,88 segundos.

21.9 (a) Diagramas de ramo e folhas lado a lado parecem ser razoavelmente Normais, e a discussão no exercício justifica nosso tratamento dos dados como AASs independentes, de modo que podemos usar os procedimentos *t*. Testamos H_0: $\mu_1 = \mu_2$ *versus* H_a: $\mu_1 < \mu_2$, em que μ_1 é a população dos tempos médios no restaurante sem qualquer perfume e μ_2 é a população dos tempos médios no restaurante com o perfume de lavanda. Aqui temos $\bar{x}_1 = 91{,}27$, $\bar{x}_2 = 105{,}700$, $s_1 = 14{,}930$, $s_2 = 13{,}105$ e $n_1 = n_2 = 30$: $EP = \sqrt{\frac{s_1^2}{n_1} + \frac{s_2^2}{n_2}} = 3{,}627$ e $t = \frac{\bar{x}_1 - \bar{x}_2}{EP} = -3{,}98$. Com o uso de um programa, gl = 57,041 e $P = 0{,}0001$. Utilizando os graus de liberdade mais conservadores, gl = 29 (ambas as amostras são de tamanho 30, de modo que gl = 30 - 1) e a Tabela C, $P < 0{,}0005$. Há forte evidência de que os clientes gastam mais tempo, em média, no restaurante quando está presente o perfume de lavanda. (b) Diagramas de ramo e folhas lado a lado dos dados dos tempos gastos são assimétricos e têm muitas lacunas (talvez devido ao preço). Mesmo assim, o teorema limite central nos diz que os procedimentos *t* são aproximadamente corretos para outras distribuições populacionais quando os tamanhos amostrais são grandes. (Ambas as amostras são de tamanho 30.) Testamos H_0: $\mu_1 = \mu_2$ *versus* H_a: $\mu_1 < \mu_2$, em que μ_1 é a quantia média populacional gasta no restaurante sem qualquer perfume e μ_2 é a quantia média populacional gasta no restaurante com perfume de lavanda. Aqui, com $\bar{x}_1 = € \ 17{,}5133$, $\bar{x}_2 = € \ 21{,}1233$, $s_1 = € \ 2{,}3588$, $s_2 = € \ 2{,}3450$ e $n_1 = n_2 = 30$: $EP = \sqrt{\frac{s_1^2}{n_1} + \frac{s_2^2}{n_2}} = € \ 0{,}6073$ e $t = \frac{\bar{x}_1 - \bar{x}_2}{EP} = -5{,}94$. Com um programa, gl = 57,998 e $P < 0{,}0001$. Usando gl = 29, mais conservador, e a Tabela C, $P < 0{,}0005$. Há evidência muito forte de que, na média, os clientes gastem mais dinheiro quando o perfume de lavanda está presente.

21.11 Temos duas amostras pequenas ($n_1 = n_2 = 4$), de modo que os procedimentos *t* não são confiáveis, a menos que ambas as distribuições sejam Normais.

21.13 Faça *IC* representar "Intervenção Comportamental" e C representar "Controle". Eis os detalhes dos cálculos:

$$EP_{IC} = \frac{s_{IC}}{\sqrt{n_{IC}}} = \frac{363}{\sqrt{304}} = 20{,}82$$

$$EP_C = \frac{s_C}{\sqrt{n_C}} = \frac{397}{\sqrt{306}} = 22{,}69$$

$$gl = \frac{(EP_{IC}^2 + EP_C^2)^2}{\frac{1}{(n_{IC}-1)}(EP_{IC}^2)^2 + \frac{1}{(n_C-1)}(EP_C^2)^2} = \frac{\left(\frac{363^2}{304} + \frac{397^2}{306}\right)^2}{\frac{1}{(303)}\left(\frac{363^2}{304}\right)^2 + \frac{1}{(305)}\left(\frac{397^2}{306}\right)^2} = 603{,}9$$

$$t = \frac{\bar{x}_{IC} - \bar{x}_C}{\sqrt{EP_{IC}^2 + EP_C^2}} = \frac{1.227 - 1.323}{\sqrt{\frac{363^2}{304} + \frac{397^2}{306}}} = -3{,}117$$

21.15 Lendo a saída do programa mostrada no Exercício 21.13, vemos que existe uma diferença significante entre a média populacional da ingestão diária de caloria por crianças no grupo da intervenção comportamental e a média populacional de ingestão diária de caloria pelas crianças no grupo de controle ($t = -3{,}117$, gl = 603,9, $P < 0{,}002$). Devido ao fato de a média da ingestão diária de caloria ser menor no grupo da intervenção comportamental, parece que a intervenção comportamental leva a uma menor ingestão diária de caloria, quando comparada com o grupo de controle.

21.17 (a)

21.19 (b)

21.21 (c)

21.23 (a)

21.25 (a) Para testar a crença de que as mulheres falam mais do que os homens, teste H_0: $\mu_F = \mu_M$ *versus* H_a: $\mu_F > \mu_M$. (b)-(d) A pequena tabela a seguir fornece um resumo de estatísticas *t*, graus de liberdade e valores *P* para ambos os estudos. Usamos a abordagem conservadora para o cálculo de gl como o menor tamanho amostral menos 1.

Estudo	*t*	gl	Valores da Tabela C	Valor *P*
1	−0,248	55	$\lvert t \rvert < 0{,}679$	$P > 0{,}25$
2	1,507	19	$1{,}328 < \lvert t \rvert < 1{,}729$	$0{,}05 < P < 0{,}10$

Note que, para o Estudo 1, tomamos como referência gl = 50 na Tabela C. (e) O primeiro estudo não dá suporte à crença de que as mulheres falam mais dos que os homens; o segundo estudo dá um fraco suporte, e é significante apenas em um nível relativamente alto de significância (digamos, $\alpha = 0{,}10$).

21.27 (a) Os erros-padrão são $EP_P = \frac{s_P}{\sqrt{n_P}} = \frac{2{,}05}{\sqrt{104}} = 0{,}201$ e $EP_N = \frac{s_N}{\sqrt{n_N}} = \frac{1{,}74}{\sqrt{104}}$ 0,171 para os grupos do humor positivo e do humor neutro, respectivamente. (b) Usando a abordagem mais conservadora para o cálculo de gl como o menor tamanho amostral menos 1, gl = 104 − 1 = 103. (Ambas as amostras são de tamanho 104.) (c) Testamos H_0: $\mu_P = \mu_N$ *versus* H_a: $\mu_P \neq \mu_N$, em que μ_P é o escore médio de atitude populacional para o grupo do humor positivo e μ_N é o escore médio de atitude populacional para o grupo do humor negativo. A estatística de teste é

$t = \dfrac{\bar{x}_P - \bar{x}_N}{\sqrt{EP_P^2 + EP_N^2}} = \dfrac{4{,}30 - 5{,}50}{\sqrt{\dfrac{2{,}05^2}{104} + \dfrac{1{,}74^2}{104}}} = -4{,}551$, e com gl = 103 (arredondado para baixo para 100), a Tabela C mostra $P < 0{,}001$. Há evidências esmagadoras de que a atitude média populacional em relação à comida não saudável foi diferente para aqueles que leram uma história alegre (humor positivo) da atitude daqueles que não leram a história (humor neutro).

21.29 Testamos H_0: $\mu_U = \mu_I$ *versus* H_a: $\mu_U < \mu_I$, em que μ_U é o escore médio de admiração de uma "típica criança filho único", como classificada pela população de filhos únicos, e μ_I é o escore médio de admiração de uma "típica criança filho único", como classificada pela população de pessoas que têm irmãos. A estatística de teste é $t = \dfrac{\bar{x}_O - \bar{x}_S}{\sqrt{EP_O^2 + EP_S^2}} = \dfrac{1{,}95 - 2{,}06}{\sqrt{\dfrac{1{,}04^2}{233} + \dfrac{1{,}11^2}{1.577}}} = -1{,}494$, e com gl = 232 (arredondado para baixo para 100), a Tabela C mostra $0{,}05 < P < 0{,}10$ (usando gl = 315,35 e um programa, $P = 0{,}681$). Não temos evidência de que, no nível $\alpha = 0{,}05$, o escore médio de admiração de uma "típica criança filho único", conforme classificada pela população de filhos únicos, seja menor do que o escore médio de admiração de uma "típica criança filho único", conforme classificada pela população dos que têm irmãos.

21.31 (a) Seja μ_C o tamanho médio do cérebro populacional para jogadores de futebol que sofreram concussões e μ_{NC} o tamanho médio do cérebro para jogadores de futebol que não sofreram concussões. Testamos H_0: $\mu_C = \mu_{NC}$ *versus* H_a: $\mu_C \neq \mu_{NC}$. Esse é um teste bilateral porque nós simplesmente desejamos saber se há uma diferença no tamanho médio do cérebro. A estatística de teste é $t = \dfrac{\bar{x}_C - \bar{x}_{NC}}{\sqrt{EP_C^2 + EP_{NC}^2}} = \dfrac{5.784 - 6.489}{\sqrt{609{,}3^2/25 + 815{,}4^2/25}} = -3{,}463$. Usando a abordagem conservadora para o cálculo de gl como o menor tamanho amostral menos 1, gl = 25 − 1 = 24. (Ambas as amostras são de tamanho 25.) A Tabela C mostra que $0{,}002 < P < 0{,}005$. (Usando um programa, gl = 44,43 e $P = 0{,}0012$.) Há uma forte evidência de que o tamanho médio populacional do cérebro é diferente para jogadores de futebol que sofreram concussões em oposição aos que não sofreram concussões. (b) O fato de os sujeitos serem referências de um instituto psiquiátrico indica que eles não são uma amostra aleatória de todos os jogadores de futebol que sofreram, ou não, concussões. Isso poderia enfraquecer ou negar os resultados do teste. Precisaríamos de mais informação sobre como e por que esses jogadores foram encaminhados ao instituto.

21.33 (a) Seja μ_T o ganho médio populacional entre os estudantes com treinamento e seja μ_{NT} o ganho médio populacional entre os estudantes sem treinamento. As hipóteses são H_0: $\mu_T = \mu_{NT}$ *versus* H_a: $\mu_T > \mu_{NT}$. Encontramos $EP = \sqrt{\dfrac{s_T^2}{n_T} + \dfrac{s_{NT}^2}{n_{NT}}} = \sqrt{\dfrac{58^2}{427} + \dfrac{50^2}{2.733}} = 2{,}9653$ e $t = \dfrac{\bar{x}_T - \bar{x}_{NT}}{EP} = \dfrac{40 - 22}{2{,}9653} = 6{,}070$. Usando a abordagem conservadora para o cálculo de gl como o menor tamanho amostral menos 1, gl = 427 − 1 = 426. (O menor tamanho é 427.) Usando a Tabela C e arredondando gl para baixo para 100, $P < 0{,}0005$. (Usando um programa, gl = 529,56 e $P < 0{,}0001$.) Há forte evidência de que os estudantes que tiveram treinamento apresentaram um aumento médio maior do que os estudantes sem treinamento. (b) O intervalo de confiança de 99% para a diferença na melhora do escore para os que tiveram treinamento *versus* os que não tiveram treinamento é $(\bar{x}_T - \bar{x}_{NT}) \pm t^*(EP) = 18 \pm t^*(2{,}9653)$, em que $t^* = 2{,}626$ (usando gl = 100 com a Tabela C), ou 2,585 (gl = 529,56 com programa). Isso nos dá 10,21 a 25,79, ou 10,33 a 25,67, respectivamente. (c) O aumento do escore de uma pessoa em cerca de 10 a 26 pontos (ver resultado da parte (b)) provavelmente não faz uma diferença que garanta a admissão ou o recebimento de bolsas de estudo de qualquer faculdade, de modo que o treinamento pode não valer o custo.

21.35 (a) Seja μ_1 o número médio populacional de unidades do eletrodoméstico vendido nesse mês e μ_2 o número médio populacional de unidades do eletrodoméstico vendido nesse mesmo mês do ano anterior. Então, $\bar{x}_1 = 41$, $\bar{x}_2 = 38$, $s_1 = 11$, $s_2 = 13$, $n_1 = 50$, $n_2 = 52$ e $EP = \sqrt{\dfrac{s_1^2}{n_1} + \dfrac{s_2^2}{n_2}} = 2{,}381$. O intervalo de confiança de 95% é $(\bar{x}_1 - \bar{x}_2) \pm t^*(EP) = 3 \pm t^*(2{,}381)$, em que $t^* = 2{,}021$ (usando a abordagem conservadora da Tabela C com gl = 40) ou 1,984 (gl = 98,427, com um programa). Isso resulta em −1,812 a 7,812 unidades ou −1,724 a 7,724 unidades, respectivamente. (b) Ambos os intervalos de confiança de 95% contêm 0; é possível que não haja uma diferença significante no número médio de unidades do eletrodoméstico vendidas nesse mês e no mesmo mês do último ano. Como os intervalos contêm números negativos, é possível que o número médio de unidades vendidas em todas as lojas nesse mês seja menor do que o número médio das vendidas no mesmo mês no último ano.

21.37 (a) O diagrama de ramo e folhas para o grupo da mensagem de bom tempo (a seguir) mostra um potencial valor atípico (27,0%). O diagrama de ramo e folhas para o grupo da mensagem de mau tempo mostra três potenciais valores atípicos (13,6, 14,0 e 23,2%). Os diagramas em caixa mostram os mesmos quatro potenciais valores atípicos.

Mensagem de bom tempo

18	7
19	9
20	3568
21	29
22	0122378
23	4
24	099
25	
26	
27	0

Mensagem de mau tempo

13	6
14	0
15	
16	18
17	05
18	0024588
19	0124
20	02
21	
22	
23	2

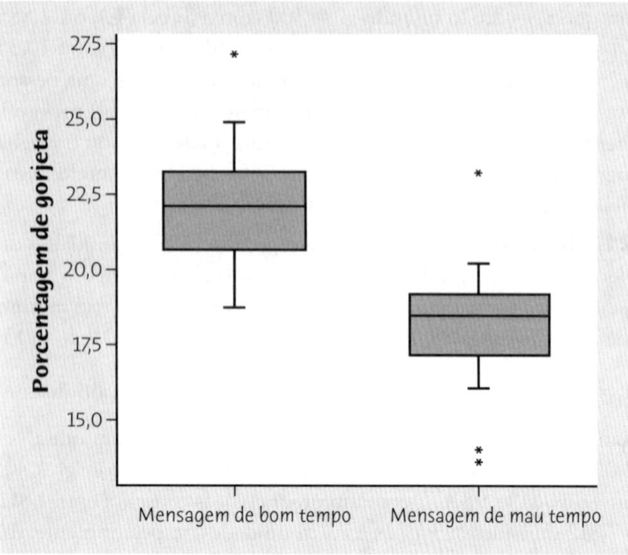

Como os procedimentos t são robustos em relação a violações da Normalidade, é razoável prosseguirmos. **(b)** Seja μ_1 a gorjeta percentual média populacional quando a previsão é de bom tempo e μ_2 a gorjeta percentual média populacional quando a previsão é de mau tempo. Testamos H_0: $\mu_1 = \mu_2$ *versus* H_a: $\mu_1 \neq \mu_2$. Temos $\bar{x}_1 = 22{,}22$, $\bar{x}_2 = 18{,}19$, $s_1 = 1{,}955$, $s_2 = 2{,}105$, $n_1 = 20$ e $n_2 = 20$. Aqui, $EP = \sqrt{\frac{s_1^2}{n_1} + \frac{s_2^2}{n_2}} = 0{,}642$ e $t = \frac{\bar{x}_1 - \bar{x}_2}{EP} = \frac{22{,}22 - 18{,}19}{0{,}642} = 6{,}274$. Usando a abordagem conservadora para o cálculo de gl como o menor tamanho amostral menos 1, gl = 20 − 1 = 19. (Ambas as amostras são de tamanho 20.) Usando a Tabela C, $P < 0{,}001$. (Usando um programa, gl = 37,8 e $P < 0{,}00001$.) Há evidência esmagadora de que a gorjeta percentual média difere entre os dois tipos de previsões apresentadas aos clientes.

21.39 Consulte os resultados do Exercício 21.37. O intervalo de confiança de 95% para a diferença na média das percentagens de gorjetas entre essas duas populações é $(\bar{x}_1 - \bar{x}_2) \pm t^*(EP) = (22{,}22 - 18{,}19) \pm t^*(0{,}642)$, em que $t^* = 2{,}093$ (usando a abordagem conservadora da Tabela C, com gl = 19) ou 2,025 (gl = 37,8, com um programa). Isso dá 2,69 a 5,37% ou 2,73 a 5,33%, respectivamente.

21.41 **(a)** As médias das duas amostras são $\bar{x}_{tablet} = 7{,}059$ e $\bar{x}_{papel} = 7{,}232$. Estas não parecem diferentes o suficiente para sugerir que haja uma diferença nos escores médios de memória entre os dois grupos. **(b)** Os diagramas de ramo e folhas (a seguir) sugerem que as distribuições populacionais sejam ambas moderadamente assimétricas à esquerda (não Normal).

Tablet

2	00
3	000
4	00000
5	00000000000
6	0000000000000000000
7	000000000000000000000
8	0000000000000000000000000000000000000
9	000000000000000
10	000000

Papel

3	0000000
4	0000
5	0000000000
6	0000000000000
7	0000000000000000000000
8	0000000000000000000000000
9	0000000000000000000
10	000000000000

(c) Lembre-se de que os procedimentos t são robustos para populações não Normais, a menos que haja valores atípicos ou forte assimetria. Não há valores atípicos em qualquer dos conjuntos de dados, e a assimetria não é extrema, de modo que podemos prosseguir usando os procedimentos t. Testamos H_0: $\mu_{tablet} = \mu_{papel}$ *versus* H_a: $\mu_{tablet} < \mu_{papel}$. Temos $\bar{x}_{tablet} = 7{,}059$, $\bar{x}_{papel} = 7{,}232$, $s_{tablet} = 1{,}738$, $s_{papel} = 1{,}908$, $n_{tablet} = 119$ e $n_{papel} = 112$. Aqui, $EP = \sqrt{\frac{s_{tablet}^2}{n_{tablet}} + \frac{s_{papel}^2}{n_{papel}}} = \sqrt{\frac{1{,}738^2}{119} + \frac{1{,}908^2}{112}} = 0{,}2406$ e $t = \frac{\bar{x}_{tablet} - \bar{x}_{papel}}{EP}$ $\frac{7{,}059 - 7{,}232}{0{,}2406} = -0{,}719$. Usando a abordagem conservadora para o cálculo de gl como o menor dos tamanhos amostrais menos 1, gl = 112 − 1 = 111. (A menor amostra é de tamanho 112.) Usando a Tabela C (e gl arredondado para baixo para 100), $0{,}20 < P < 0{,}25$. (Usando um programa, gl = 223,74 e $P = 0{,}2360$.) Os resultados de nosso teste de hipótese concordam com nossos pensamentos da parte (a). Não parece que os estudantes que leram a versão em papel tenham escores de memória mais altos, em média, do que os que leram a versão no *tablet*.

21.43 **(a)** O diagrama de ramo e folhas para o número de palavras que as mulheres falam por dia (a seguir) mostra um potencial valor atípico (39.681). O diagrama de ramo e folhas para o número de palavras que os homens falam por dia (a seguir) mostra um potencial valor atípico (37.786). Ambos os diagramas sugerem que haja alguma assimetria em ambas as populações, mas os tamanhos amostrais deveriam ser grandes o bastante para superar esse problema.

Palavras/dia para mulheres

0	668889
1	0002223
1	5567999
2	344
2	566
3	
3	9

Palavras/dia para homens

0	34
0	56788
1	00001223
1	57
2	1
2	8
3	
3	7

(**b**) Seja μ_1 o número médio populacional de palavras por dia faladas pelas mulheres e μ_2 o número médio populacional de palavras por dia faladas pelos homens. Testamos H_0: $\mu_1 = \mu_2$ *versus* H_a: $\mu_1 > \mu_2$. Temos $\bar{x}_1 = 16.496{,}1$, $\bar{x}_2 = 12.866{,}7$, $s_1 = 7.914{,}35$, $s_2 = 8.342{,}47$, $n_1 = 27$ e $n_2 = 20$. Aqui, $EP = \sqrt{\frac{s_1^2}{n_1} + \frac{s_2^2}{n_2}} = \sqrt{\frac{7.914{,}35^2}{27} + \frac{8.342{,}47^2}{20}} = 2.408{,}26$ e $t = \frac{\bar{x}_1 - \bar{x}_2}{EP} = \frac{16.496{,}1 - 12.866{,}7}{2.408{,}26} = 1{,}51$. Usando a abordagem conservadora para o cálculo de gl como o menor tamanho amostral menos 1, gl = 20 − 1 = 19. (O menor tamanho amostral é 20.) Usando a Tabela C, $0{,}05 < P < 0{,}10$. (Usando um programa, gl = 39,8 e $P = 0{,}0698$.) Há alguma evidência de que, na média, as mulheres falem mais palavras por dia do que os homens, mas a evidência não é particularmente forte.

21.45 Seja μ_1 a média populacional de dias depois do pico das lagartas para o grupo de controle e μ_2 a média populacional de dias depois do pico das lagartas para o grupo do suplemento. Testamos H_0: $\mu_1 = \mu_2$ *versus* H_a: $\mu_1 \neq \mu_2$. Temos $\bar{x}_1 = 4{,}0$, $\bar{x}_2 = 11{,}3$, $s_1 = 3{,}10934$, $s_2 = 3{,}92556$, $n_1 = 6$ e $n_2 = 7$. Aqui, $EP = \sqrt{\frac{s_1^2}{n_1} + \frac{s_2^2}{n_2}} = \sqrt{\frac{3{,}10934^2}{6} + \frac{3{,}92556^2}{7}} = 1{,}95263$ e $t = \frac{\bar{x}_1 - \bar{x}_2}{EP} = \frac{4{,}0 - 11{,}3}{1{,}95263} = -3{,}74$. Usando a abordagem conservadora para o cálculo de gl como o menor tamanho amostral menos 1, gl = 6 − 1 = 5. (O menor tamanho amostral é 6.) Usando a Tabela C, $0{,}01 < P < 0{,}02$. (Usando um programa, gl = 10,96 e $P = 0{,}0033$.) Esses resultados concordam com a conclusão estabelecida de que há uma diferença significante.

21.47 ESTABELEÇA: o grupo de tratamento pede ajuda menos rapidamente, em média? PLANEJE: seja μ_1 o tempo médio populacional em segundos até que os sujeitos no grupo de tratamento peçam ajuda e μ_2 o tempo médio populacional em segundos até que os sujeitos no grupo de controle peçam ajuda. Testamos H_0: $\mu_1 = \mu_2$ *versus* H_a: $\mu_1 > \mu_2$. A hipótese alternativa é unilateral porque o pesquisador suspeita que o grupo de tratamento esperará mais antes de pedir ajuda. RESOLVA: devemos supor que os dados provenham de uma AAS da população de interesse; não podemos verificar isso com os dados. O diagrama de ramo e folhas lado a lado (a seguir) mostra alguma irregularidade nos tempos do tratamento e assimetria nos tempos do controle.

Tratamento		Controle
65	0	5689
3	1	012444
976	1	58
44	2	
5	2	79
	3	
6	3	7
44	4	01
876	4	
3	5	
	5	
0	6	

Esperamos que nossos tamanhos amostrais iguais e moderadamente grandes superarão qualquer desvio da Normalidade. Temos $\bar{x}_1 = 314{,}0588$, $\bar{x}_2 = 186{,}1176$, $s_1 = 172{,}7898$, $s_2 = 118{,}0926$, $n_1 = 17$ e $n_2 = 17$. Aqui, $EP = \sqrt{\frac{s_1^2}{n_1} + \frac{s_2^2}{n_2}} = \sqrt{\frac{172{,}7898^2}{17} + \frac{118{,}0926^2}{17}} = 50{,}7602$ e $t = \frac{\bar{x}_1 - \bar{x}_2}{EP} = \frac{314{,}0588 - 186{,}1176}{50{,}7602} = 2{,}521$. Usando a abordagem conservadora para o cálculo de gl como o menor dos tamanhos amostrais menos 1, gl = 17 − 1 = 16. (Os tamanhos amostrais são ambos 17.) Usando a Tabela C, $0{,}01 < P < 0{,}02$. (Usando um programa, gl = 28,27 e $P = 0{,}0088$.) CONCLUA: há forte evidência de que os sujeitos preparados com as palavras embaralhadas orientadas para a ideia de dinheiro esperam mais, em média, para pedir ajuda.

21.49 ESTABELEÇA: o compartilhamento de uma experiência dolorosa em um pequeno grupo leva a maiores escores de vínculo para os membros do grupo do que o compartilhamento de uma experiência semelhante não dolorosa? PLANEJE: seja μ_1 o escore médio populacional de vínculo para sujeitos no grupo da dor e μ_2 o escore médio populacional de vínculo para sujeitos no grupo da não dor. Testamos H_0: $\mu_1 = \mu_2$ *versus* H_a: $\mu_1 > \mu_2$. RESOLVA: devemos assumir que os dados sejam provenientes de uma AAS da população de interesse; não podemos verificar isso com os dados. O diagrama de ramo e folhas lado a lado (a seguir) mostra que ambos os grupos são ligeiramente assimétricos à esquerda. Também, usando o critério 1,5 × *AIQ*, o grupo da dor tem dois valores atípicos baixos (1,29 e 1,43).

Dor		Sem dor
42	1	022
	1	77
221	2	14
	2	78
44	3	00011144
855555	3	778
44422110	4	11244
877755		78

Removeremos esses valores atípicos esperando que nossos tamanhos amostrais moderadamente grandes superem qualquer desvio. Temos $\bar{x}_1 = 3{,}903$, $\bar{x}_2 = 3{,}138$, $s_1 = 0{,}7734$, $s_2 = 1{,}0876$, $n_1 = 25$ e $n_2 = 27$. Aqui, $EP = \sqrt{\frac{s_1^2}{n_1} + \frac{s_2^2}{n_2}} = \sqrt{\frac{0{,}7734^2}{25} + \frac{1{,}0876^2}{27}} = 0{,}2603$ e $t = \frac{\bar{x}_1 - \bar{x}_2}{EP} = \frac{3{,}903 - 3{,}138}{0{,}2603} = 2{,}940$. Usando a abordagem conservadora para o cálculo de gl como o menor dos tamanhos amostrais menos 1, gl = 25 − 1 = 24. (O menor tamanho amostral é 25.) Usando a Tabela C, $0{,}0025 < P < 0{,}005$. (Usando um programa, gl = 46,98 e $P = 0{,}0025$.) Há forte evidência de que o compartilhamento de uma experiência dolorosa em um pequeno grupo leve a escores mais altos de vínculo para os membros do grupo do que o compartilhamento de uma experiência semelhante sem dor.

21.51 (**a**) Consulte o Exercício 21.49 para detalhes. O intervalo de confiança de 90% para a diferença no escore de vínculo médio populacional para estudantes nos grupos com dor e sem dor é $(\bar{x}_1 - \bar{x}_2) \pm t^*(EP) = (3{,}903 - 3{,}138) \pm t^*(0{,}2603)$, em que $t^* = 1{,}711$ (usando a abordagem conservadora da Tabela C com gl = 24) ou 1,678 (gl = 46,98, com um programa). Isso resulta em 0,32 a 1,21, ou 0,33 a 1,20, respectivamente. (**b**) Usando a notação do Exercício 21.49, o intervalo de confiança de 90% para o escore médio populacional de vínculo para estudantes no grupo da dor é $\bar{x}_1 \pm t^*\left(\frac{s_1}{\sqrt{n_1}}\right) = 3{,}903 \pm 1{,}711\left(\frac{0{,}7734}{\sqrt{25}}\right) = 3{,}638$ a 4,168 (em que gl = 25 − 1 = 24).

21.53 As respostas podem variar porque as hipóteses específicas e os níveis de confiança não foram estabelecidos. Essa solução dá intervalos de confiança de 95% para as médias nas partes (a) e (b) e realiza um teste de hipótese e dá um intervalo de confiança de 95% para a parte (c). Note que os dois primeiros problemas pedem procedimentos *t* de amostra única (Capítulo 20), e o último usa os procedimentos do Capítulo 21. As respostas devem ser formatadas de acordo com o "processo dos quatro passos" do texto; essas respostas não estão formatadas como tal, mas podem ser usadas para a verificação de qualquer resultado. Começamos com as estatísticas resumo.

	n	$\bar{x}$	s
Mulheres	95	4,2737	2,1472
Homens	81	6,5185	3,3471

Um diagrama de ramo e folhas lado a lado para homens e mulheres revela que a distribuição de drinques por dia afirmada para as mulheres é ligeiramente assimétrica, mas não apresenta valores atípicos. Para os homens, a distribuição é apenas ligeiramente assimétrica, mas apresenta quatro valores atípicos. No entanto, esses valores atípicos não são tão extremos. Em todas as partes do exercício, parece que o uso dos procedimentos *t* é razoável. Seja μ_F o número médio populacional de drinques por vez afirmado para mulheres e seja μ_M o número médio populacional de drinques por vez afirmado para homens.

(a) Construímos um intervalo de confiança de 95% para μ_F. Aqui, $t^* = 1{,}990$ (gl = 80 na Tabela C) ou $t^* = 1{,}9855$ (gl = 94, com um programa) e $EP = \frac{2{,}1472}{\sqrt{95}} = 0{,}2203$. Um intervalo de confiança de 95% para μ_F é $4{,}2737 \pm 1{,}990(0{,}2203) = 3{,}84$ a 4,71 drinques por vez. O intervalo com o uso de um programa é praticamente o mesmo. Com 95% de confiança, o número médio populacional de drinques por vez afirmado para mulheres está entre 3,84 e 4,71 drinques. (b) Construímos um intervalo de confiança de 95% para μ_M. Aqui, $t^* = 1{,}990$ (gl = 80 na Tabela C ou com um programa) e $EP = \frac{3{,}3471}{\sqrt{81}} = 0{,}3719$. Um intervalo de confiança de 95% para μ_M é $6{,}5185 \pm 1{,}990(0{,}3719) = 5{,}78$ a 7,26 drinques por vez. Com 95% de confiança, o número médio populacional de drinques por vez afirmado para homens está entre 5,78 e 7,26 drinques. (c) Testamos H_0: $\mu_F = \mu_M$ *versus* H_a: $\mu_F \neq \mu_M$. Temos $EP = \sqrt{\frac{2{,}1472^2}{95} + \frac{3{,}3471^2}{81}} = 0{,}4322$ e $t = \frac{4{,}2737 - 6{,}5185}{0{,}4322} = -5{,}193$. Independentemente da escolha de gl (80 ou 132,14), os resultados são altamente significantes ($P < 0{,}001$). Temos forte evidência de que o número de drinques por vez afirmado é diferente para mulheres e homens. Para construir um intervalo de confiança para $\mu_F - \mu_M$, usamos $t^* = 1{,}990$ (gl = 80) ou 1,9781 (gl = 132,15, com um programa). Usando $(\bar{x}_F - \bar{x}_M) \pm t^*(EP)$, obtemos $-2{,}2448 \pm 0{,}8601$ ou $-2{,}2448 \pm 0{,}8549$. Depois de arredondar qualquer intervalo, relatamos que, com 95% de confiança, os homens do segundo ano da faculdade que bebem, na média, afirmam beber um adicional de 1,4 a 3,1 drinques por vez, em comparação com as mulheres do segundo ano que bebem.

Capítulo 22: Inferência sobre uma Proporção Populacional

22.1 (a) A população é de pacientes cirúrgicos; p é a proporção de todos os pacientes cirúrgicos que testarão positivo para *Staphylococcus aureus*. (b) $\hat{p} = \frac{1.251}{6.771} = 0{,}185$, ou 18,5%.

22.3 (a) Uma vez que n é grande, a distribuição aproximada de $\hat{p}$ é Normal, com média $p = 0{,}6$ e desvio-padrão $\sqrt{\frac{p(1-p)}{n}} = \sqrt{\frac{(0{,}6)(0{,}4)}{1.500}} = 0{,}0126$. (b) Se o tamanho amostral fosse de 6 mil, a distribuição aproximada de $\hat{p}$ ainda seria Normal, com média $p = 0{,}6$, mas o desvio-padrão decresceria para $\sqrt{\frac{p(1-p)}{n}} = \sqrt{\frac{(0{,}6)(0{,}4)}{6.000}} = 0{,}0063$.

22.5 (a) A maior fragilidade seria a subcobertura se a pesquisa deixasse de considerar alguns grupos de adultos canadenses que não foram alcançados pela "grande variedade de métodos e canais" usados para solicitar respondentes. (b) $\hat{p} = \frac{930}{1.525} = 0{,}6098$, de modo que $EP = \sqrt{\frac{\hat{p}(1-\hat{p})}{n}} = \sqrt{\frac{(0{,}6098)(0{,}3902)}{1.525}} = 0{,}0125$. O intervalo de confiança de 95% é $\hat{p} \pm 1{,}96EP = 0{,}6098 \pm 1{,}96(0{,}0125) = 0{,}5853$ a 0,6343, ou 58,5 a 63,4%.

22.7 (a) $\hat{p} = \frac{480}{1.500} = 0{,}320$, de modo que a margem de erro é $1{,}96\sqrt{\frac{0{,}320(0{,}680)}{1.500}} = 0{,}0236$. (b) Precisamos de uma amostra de tamanho $n = \left(\frac{z^*}{m}\right)^2 p^*(1-p^*) = \left(\frac{1{,}96}{0{,}03}\right)^2 (0{,}3)(0{,}68) = 928{,}8$; assim, 929.

22.9 ESTABELEÇA: a proporção dos juízes que identificam corretamente os pares de cão-dono é a mesma que a proporção dos que não identificam? PLANEJE: seja p_1 a proporção populacional de alunos de graduação que identificaria corretamente a folha quando a região da boca fosse obscurecida. Seja p_2 a proporção populacional de alunos de graduação que identificaria corretamente a folha quando a região dos olhos fosse obscurecida. Desejamos testar as hipóteses H_0: $p_1 = 0{,}5$ *versus* H_a: $p_1 > 0{,}5$. Desejamos, também, testar as hipóteses H_0: $p_2 = 0{,}5$ *versus* H_a: $p_2 > 0{,}5$. RESOLVA: quando a região da boca é obscurecida: esperamos $51(0{,}5) = 25{,}5$ sucessos e 25,5 fracassos. Ambos são maiores do que 10; então, supondo que essa amostra possa ser considerada uma AAS, as condições são satisfeitas. $\hat{p} = \frac{37}{51} = 0{,}7255$, $z = \frac{\hat{p} - p_0}{\sqrt{\frac{p_0(1-p_0)}{n}}} = \frac{0{,}7255 - 0{,}5}{\sqrt{\frac{0{,}5(0{,}5)}{51}}} = 3{,}22$, e o valor P é 0,0006. Quando a região dos olhos é obscurecida: esperamos $60(0{,}5) = 30$ sucessos e 30 fracassos. Ambos são maiores do que 10; então, supondo que essa amostra possa ser considerada uma AAS, as condições são satisfeitas. $\hat{p} = \frac{30}{60} = 0{,}5$, $z = \frac{\hat{p} - p_0}{\sqrt{\frac{p_0(1-p_0)}{n}}} = \frac{0{,}5 - 0{,}5}{\sqrt{\frac{0{,}5(0{,}5)}{60}}} = 0$ e o valor P é 0,5. CONCLUA: quando a região da boca é obscurecida, há forte evidência de que a proporção populacional dos alunos de graduação que pode combinar corretamente os pares cães-donos seja maior do que 0,5. Quando a região dos olhos é obscurecida, *não* há evidência de que a proporção populacional dos alunos de graduação que pode combinar corretamente os pares cães-donos seja maior do que 0,5.

22.11 (a) Como esperamos 10(0,5) = 5 < 10, o número de tentativas não é grande o suficiente. (b) Desde que a amostra possa ser considerada uma AAS, um teste z para uma proporção pode ser usado. (c) Sob a hipótese nula, esperamos apenas 150(0,02) = 3 sucessos, o que é menor do que os 10 necessários para o uso de um teste z para uma proporção.

22.13 (a) Temos uma amostra aleatória. Há 180 sucessos e 1.501 − 180 = 1.321 fracassos, que são, ambos, pelo menos 15. $\hat{p} = \frac{180}{1.501} = 0{,}1199$. Um intervalo de confiança de grandes amostras para p é $\hat{p} \pm 1{,}96\sqrt{\frac{\hat{p}(1-\hat{p})}{n}} = 0{,}1199 \pm 1{,}96\sqrt{\frac{(0{,}1199)(0{,}8801)}{1.501}} =$ 0,1035 a 0,1363, ou 10,4 a 13,6%. (b) O nível de confiança (95%) é maior do que 90%, e o tamanho amostral é de, pelo menos, 10, de modo que o intervalo mais quatro pode ser usado. $\tilde{p} = \frac{180+2}{1.501+4} = 0{,}1209$. O intervalo de confiança mais quatro de 95% é $\tilde{p} \pm 1{,}96\sqrt{\frac{\tilde{p}(1-\tilde{p})}{n+4}} = 0{,}1209 \pm 1{,}96\sqrt{\frac{(0{,}1201)(0{,}8799)}{1.505}} = 0{,}1044$ a 0,1374, ou 10,4 a 13,7%. O intervalo mais quatro é aproximadamente da mesma largura que o intervalo de confiança de grandes amostras, porque o tamanho amostral é muito grande.

22.15 (b)

22.17 (b)

22.19 (c)

22.21 (a)

22.23 (c)

22.25 (a) A pesquisa exclui aqueles que não têm qualquer telefone ou que têm apenas telefone celular. (b) Temos 848 respostas "sim" e 162 respostas "não"; ambas de pelo menos 15. Com a proporção amostral $\hat{p} = \frac{848}{1.010} = 0{,}8396$, o intervalo de confiança de grandes amostras de 95% é $\hat{p} \pm 1{,}96(\text{EP}) = 0{,}8396 \pm 1{,}96\sqrt{\frac{(0{,}8396)(0{,}1604)}{1.010}} = 0{,}8170$ a 0,8622.

22.27 (a) $\hat{p} = \frac{848}{1.010} = 0{,}8396$, $EP = 0{,}01155$, de modo que a margem de erro para 95% de confiança é 1,96(EP) = 0,02263, ou 2,26%. (b) Se $\hat{p} = 0{,}50$, então $EP = 0{,}01573$, e a margem de erro para 95% de confiança é 1,96(EP) = 0,03084, ou 3,08%. (c) Para amostras de cerca desse tamanho, a margem de erro não é mais do que cerca de ±3%, não importando o tamanho de $\hat{p}$.

22.29 (a) A maior fragilidade é, provavelmente, que a pesquisa exclui os adultos americanos que vivem no Alasca ou Havaí, ou aqueles que não têm um telefone celular ou fixo. (b) Temos 1.096 sucessos e 406 fracassos; ambos são maiores do que 15. Com a proporção amostral $\hat{p} = \frac{1.096}{1.502} = 0{,}7297$, o intervalo de confiança de grandes amostras de 95% é $\hat{p} \pm 1{,}645(EP) = 0{,}7297 \pm 1{,}645\sqrt{\frac{(0{,}7297)(0{,}2703)}{1.502}} = 0{,}7108$ a 0,7485, ou 71,1 a 74,9%.

22.31 (a) Podemos construir um intervalo de confiança de grandes amostras porque temos 171 sucessos e 709 fracassos, ambos maiores do que 15. Com a proporção amostral $\hat{p} = \frac{171}{880} =$ 0,1943, o intervalo de confiança de grandes amostras de 95% é $\hat{p} \pm 1{,}96(EP) = 0{,}1943 \pm 1{,}96\sqrt{\frac{(0{,}1943)(0{,}8057)}{880}} = 0{,}1682$ a 0,2204, ou 16,8 a 22,0%. (b) É provável que mais de 171 respondentes tenham ultrapassado o sinal vermelho. Não esperaríamos que muitas pessoas afirmassem terem ultrapassado o sinal vermelho, quando não o tivessem feito, mas algumas pessoas vão negar terem ultrapassado o sinal vermelho quando o fizeram.

22.33 (a) Seja p a proporção populacional de vezes em que o candidato com o rosto mais bem classificado vence. Desejamos testar as hipóteses H_0: $p = 0{,}5$ *versus* H_a: $p > 0{,}5$. (b) Esperamos 32(0,5) = 16 sucessos e 16 fracassos. Ambos são, pelo menos, 10, de modo que, supondo que essa amostra possa ser considerada uma AAS, as condições são satisfeitas. $\hat{p} = \frac{22}{32} = 0{,}6875$, $z = \frac{\hat{p}-p_0}{\sqrt{\frac{p_0(1-p_0)}{n}}} = \frac{0{,}6875-0{,}5}{\sqrt{\frac{0{,}5(0{,}5)}{32}}} = 2{,}12$, e o valor P é 0,0170. Como $0{,}01 < p < 0{,}05$, os resultados são estatisticamente significantes no nível de 5%, mas não no nível de 1%.

22.35 Seja p a proporção populacional de vezes em que a moeda deu cara. Desejamos testar as hipóteses H_0: $p = 0{,}5$ *versus* H_a: $p \neq 0{,}5$. Esperamos 4.040(0,5) = 2.020 sucessos e 2.020 fracassos. Ambos são maiores do que 10 e, com base no método simples do experimento da jogada de uma moeda, podemos tratar os dados como uma AAS, de modo que as condições são satisfeitas. O exercício nos dá $\hat{p} \pm 0{,}5069$, de modo que $z = \frac{\hat{p}-p_0}{\sqrt{\frac{p_0(1-p_0)}{n}}} = \frac{0{,}5069-0{,}5}{\sqrt{\frac{0{,}5(0{,}5)}{4.040}}} =$ 0,88. Esse é um teste bilateral, e o valor P é $2P(Z > 0{,}88) = 0{,}3788$. Não temos evidência que sugira que a moeda não seja equilibrada.

22.37 (a) A margem de erro mudará ligeiramente porque a proporção amostral das restituições com base em reduções de itens discriminados mudará de estado para estado. Estes são provavelmente semelhantes de um para outro estado, de modo que a margem de erro será semelhante para os estados. (b) Sim, mudará porque o tamanho amostral usado para cada margem de erro será bem diferente.

22.39 (a) ESTABELEÇA: qual é a proporção de todos os estudantes de 17 anos ainda na escola em 2012 que tinham pelo menos um dos pais graduado em curso superior? PLANEJE: construímos um intervalo de confiança de 99%. RESOLVA: como foi dito, vamos tratar essa amostra como uma AAS de estudantes de 17 anos ainda na escola. O tamanho amostral é $n = 9.000$, e foi dado que $\hat{p} = 0{,}51$, de modo que temos 9.000(0,51) = 4.590 estudantes com um dos pais graduados em curso superior e 4.410 estudantes cujos pais não se graduaram em curso superior. Ambos são maiores do que 15; assim, o intervalo de confiança de grandes amostras é apropriado. O intervalo de confiança de grandes amostras de 99% é $\hat{p} \pm 2{,}576(EP) = 0{,}51 \pm 2{,}576\sqrt{\frac{(0{,}51)(0{,}49)}{9.000}} = 0{,}4964$ a 0,5236, ou 49,6 a 52,4%. CONCLUA: com 99% de confiança, a proporção de todos os estudantes de 17 anos ainda na escola em 2012 que tinham pelo menos um dos pais graduados em curso superior está entre cerca de 0,496 e 0,524. (b) As respostas vão variar, mas os de 17 anos que saíram da escola têm mais chance de não terem nenhum dos pais graduado em curso superior. Se assim for, então a proporção para toda a população é, provavelmente, menor.

22.41 (a) ESTABELEÇA: qual porcentagem de todos os adultos americanos leu um livro, impresso ou em formato digital, nos 12 meses precedentes? PLANEJE: construímos um intervalo de confiança de 95%. RESOLVA: como dito, vamos tratar essa amostra como uma AAS de leitores. Há 1.081 sucessos e 421 fracassos. Ambos são maiores do que 15, de modo que o intervalo de confiança de grandes amostras é apropriado. $\hat{p} = \frac{1.081}{1.502} =$ 0,7197. O intervalo de confiança de grandes amostras de 95% é $\hat{p} \pm 1{,}96(EP) = 0{,}7197 \pm 1{,}96\sqrt{\frac{(0{,}7197)(0{,}2803)}{1.502}} = 0{,}6970$ a 0,7424, ou 69,7 a 74,2%. CONCLUA: estamos 95% confiantes de que a porcentagem de todos os adultos americanos que leram um livro, impresso ou em formato digital, nos 12 meses precedentes está entre 69,7 e 74,2%. (b) ESTABELEÇA: qual porcentagem de todos os adultos que leram um livro nos 12 meses precedentes leu apenas livros digitais? PLANEJE: construímos um intervalo de confiança de 95%. RESOLVA: como dito, vamos tratar essa amostra como uma AAS de leitores. Há 105 sucessos e 976 fracassos. Ambos são maiores do que 15, de modo que o intervalo de grandes amostras é apropriado. $\hat{p} = \frac{105}{1.081} = 0{,}0971$. O intervalo de confiança de grandes amostras de 95% é $\hat{p} \pm 1{,}96(EP) = 0{,}0971 \pm 1{,}96\sqrt{\frac{(0{,}0971)(0{,}9029)}{1.081}} =$ 0,0794 a 0,1148, ou 7,94 a 11,48%. CONCLUA: estamos 95% confiantes de que, entre todos os adultos que leram um livro nos 12 meses precedentes, a porcentagem dos que leram apenas livros digitais esteja entre 7,94 e 11,48%.

22.43 (a) Seja p a proporção populacional de estudantes que tiveram escores de 5 no exame de Estatística AP. Desejamos testar as hipóteses H_0: $p = 0{,}15$ *versus* H_a: $p > 0{,}15$. Esperamos 61(0,15) = 9,15 sucessos e 61(0,85) = 51,85 fracassos. O número de sucessos é menor do que 10, de modo que temos alguma preocupação em usar o teste z para proporções. Além disso, esses estudantes, provavelmente, não são uma AAS de qualquer população significativa; então devemos ser cuidadosos em relação a quaisquer conclusões a que chegarmos. Temos $\hat{p} = \frac{15}{61} = 0{,}2459$, de modo que $z = \frac{\hat{p} - p_0}{\sqrt{\frac{p_0(1-p_0)}{n}}} = \frac{0{,}2459 - 0{,}15}{\sqrt{\frac{0{,}15(0{,}85)}{61}}} = 2{,}10$. Esse é um teste unilateral à direita, e o valor P é $P(Z > 2{,}10) = 0{,}0179$. Há evidência que sugere que a população de estudantes que teriam escores de 5 no exame de Estatística AP quando recebem um incentivo em dinheiro é maior do que 0,15. (b) Esse é um estudo observacional, não um experimento aleatorizado, de modo que não podemos concluir que os incentivos em dinheiro *causem* um aumento na proporção de escores 5 no exame de Estatística AP.

22.45 ESTABELEÇA: qual é a proporção de todos os pedidos de *drive-thru* na KFC atendidos com precisão? PLANEJE: construímos um intervalo de confiança de 95%. RESOLVA: precisamos admitir que podemos considerar essa amostra como uma AAS de todos os pedidos de *drive-thru* na KFC. Há 109 sucessos (pedidos realizados com precisão) e 56 fracassos. Ambos são maiores do que 15, de modo que o intervalo de confiança de grandes amostras é apropriado. $\hat{p} = \frac{109}{165} = 0{,}6606$. O intervalo de confiança de grandes amostras de 95% é $\hat{p} \pm 1{,}96(EP) = 0{,}6606 \pm 1{,}96\sqrt{\frac{(0{,}6606)(0{,}3394)}{165}} = 0{,}5883$ a 0,7329, ou 58,8 a 73,3%. CONCLUA: estamos 95% confiantes de que a proporção de todos os pedidos do *drive-thru* da KFC que são atendidos com precisão esteja entre 58,8 e 73,3%.

22.47 (a) Temos 22 pessoas que preferiram o primeiro vinho apresentado e 10 que preferiram o segundo. Como 10 é menor do que 15, as condições para o intervalo de confiança de grandes amostras não são satisfeitas. (b) ESTABELEÇA: desejamos estimar a proporção populacional de sujeitos que selecionariam a primeira escolha apresentada. PLANEJE: construímos um intervalo de confiança de 90%. RESOLVA: o nível de confiança é igual a 90%, e o tamanho amostral é de pelo menos 10, de modo que o intervalo mais quatro pode ser usado. $\tilde{p} = \frac{22+2}{32+4} = 0{,}6667$. O intervalo de confiança mais quatro de 90% é $\tilde{p} \pm 1{,}645\sqrt{\frac{\tilde{p}(1-\tilde{p})}{n+4}} = 0{,}6667 \pm 1{,}645\sqrt{\frac{(0{,}6667)(0{,}3333)}{36}} = 0{,}5374$ a 0,7959, ou 53,74 a 79,59%. CONCLUA: estamos 90% confiantes de que a proporção populacional de sujeitos que selecionariam a primeira escolha apresentada esteja entre 0,5374 e 0,7959.

22.49 (a) Desde que tenhamos uma AAS, as condições são satisfeitas, uma vez que o número total de observações é, no mínimo, 10, e o nível de confiança é maior do que 90%. $\tilde{p} = \frac{49+2}{61+4} = 0{,}7846$. O intervalo de confiança mais quatro de 99% é $\tilde{p} \pm 2{,}576\sqrt{\frac{\tilde{p}(1-\tilde{p})}{n+4}} = 0{,}7846 \pm 2{,}576\sqrt{\frac{(0{,}7846)(0{,}2154)}{65}} = 0{,}6532$ a 0,9160. (b) Na forma de porcentagem, o intervalo é de 65,3 a 91,6%. Esse intervalo é ligeiramente deslocado em relação ao intervalo no Exemplo 22.7 em cerca de 1,9%.

Capítulo 23: Comparação de Duas Proporções

23.1 (a) ESTABELEÇA: desejamos estimar a diferença entre as proporções de homens e mulheres, alunos do último ano do Ensino Médio, que fumaram cigarros diariamente nos 30 dias antes da pesquisa. PLANEJE: seja p_M a proporção de todos os homens alunos de último ano do Ensino Médio que fumaram cigarros diariamente nos 30 dias antes da pesquisa e p_F a proporção de todas as mulheres alunas de último ano do Ensino Médio que fumaram cigarros diariamente nos 30 dias antes da pesquisa. Desejamos um intervalo de confiança de 95% para a diferença nessas proporções. RESOLVA: as amostras eram grandes, com claramente mais de 10 "sucessos" e 10 "fracassos" em cada amostra. Suponha que as observações de cada grupo possam ser consideradas como uma AAS de suas respectivas populações. $\hat{p}_F = 0{,}037$, $\hat{p}_M = 0{,}031$, $EP = \sqrt{\frac{\hat{p}_F(1-\hat{p}_F)}{n_F} + \frac{\hat{p}_M(1-\hat{p}_M)}{n_M}} = \sqrt{\frac{0{,}037(0{,}963)}{1.725} + \frac{0{,}031(0{,}969)}{1.564}} = 0{,}0063$. O intervalo de confiança de 95% é $(\hat{p}_F - \hat{p}_M) \pm 1{,}96(\text{EP}) = (0{,}037 - 0{,}031) \pm 1{,}96(0{,}0063) = -0{,}0063$ a 0,0183. CONCLUA: estamos 95% confiantes de que, entre 0,6% menos e 1,8% mais mulheres do que homens do último ano do Ensino Médio, fumaram cigarros diariamente nos 30 dias anteriores à pesquisa.

23.3 ESTABELEÇA: desejamos estimar a diferença entre as proporções de todos os adultos dos EUA que responderiam "Sim, deveriam" à questão conforme versão A e aqueles que responderiam "Sim, deveriam" à questão na versão B. PLANEJE: seja p_A a proporção de todos os adultos dos EUA que responderiam "Sim, deveriam" à questão na versão A e p_B a proporção de todos os adultos dos EUA que responderiam "Sim, deveriam" à questão na versão B. Desejamos um intervalo de confiança de 99% para a diferença nessas proporções. RESOLVA: há 390 sucessos e 152 fracassos na versão A amostral e 312 sucessos e 170 fracassos na versão B amostral, todos maiores do que 10. Suponha que as observações de cada grupo possam ser consideradas uma AAS de suas respectivas populações. $\hat{p}_A = \frac{390}{542} = 0{,}7196$, $\hat{p}_B = \frac{312}{482} = 0{,}6473$, $EP = \sqrt{\frac{\hat{p}_A(1-\hat{p}_A)}{n_A} + \frac{\hat{p}_B(1-\hat{p}_B)}{n_B}} = \sqrt{\frac{0{,}7196(0{,}2804)}{542} + \frac{0{,}6473(0{,}3527)}{482}} = 0{,}0291$. O intervalo de confiança de 99% é $(\hat{p}_F - \hat{p}_M) \pm 2{,}576(\text{EP}) = (0{,}7196 - 0{,}6473) \pm 2{,}576(0{,}0291) = -0{,}0027$ a 0,1473. CONCLUA: estamos 99% confiantes de que a proporção de adultos dos EUA que responderiam "Sim, deveriam" à versão A está entre 0,003 menos e 0,147 mais do que a proporção dos que responderiam "Sim, deveriam" à versão B.

23.5 ESTABELEÇA: o capacete é de uso comum entre esquiadores e praticantes de *snowboard* que sofreram ferimentos na cabeça, quando comparados com aqueles que não sofreram ferimentos na cabeça? PLANEJE: seja p_1 a proporção de todos os esquiadores e praticantes de *snowboard* que sofreram ferimentos na cabeça e p_2 a proporção de todos os esquiadores e praticantes de *snowboard* que não sofreram ferimentos na cabeça. Testamos H_0: $p_1 = p_2$ *versus* H_a: $p_1 < p_2$. RESOLVA: suponha que as observações de cada grupo possam ser consideradas uma AAS. A menor contagem é 96, que é maior do que 5, de modo que o procedimento de teste de significância é de uso seguro. $\hat{p}_1 = \frac{96}{578} = 0{,}1661$, $\hat{p}_2 = \frac{656}{2.992} = 0{,}2193$. A proporção combinada é $\hat{p} = \frac{96 + 656}{578 + 2.992} = 0{,}2106$ e $\text{EP} = \sqrt{\hat{p}(1-\hat{p})\left(\frac{1}{n_1}+\frac{1}{n_2}\right)} = \sqrt{0{,}2106(0{,}7894)\left(\frac{1}{578}+\frac{1}{2.992}\right)} = 0{,}01853$. $z = \frac{\hat{p}_1-\hat{p}_2}{\text{EP}} = \frac{0{,}1661-0{,}2193}{0{,}01853} = -2{,}87$ e $P = P(Z < -2{,}87) = 0{,}0021$. CONCLUA: temos forte evidência de que esquiadores e praticantes de *snowboard* que sofreram ferimentos na cabeça são menos propensos a usar capacetes do que esquiadores e praticantes de *snowboard* que não sofreram ferimentos na cabeça.

23.7 (a) Não podemos calcular o intervalo de confiança de grandes amostras, porque apenas cinco crianças no grupo de consumo de amendoim desenvolveram uma alergia a amendoim, e o método requer pelo menos 10 sucessos e 10 fracassos. (b) Os tamanhos amostrais se tornam 265 e 268, com as contagens de sucessos agora iguais a 37 e 6, respectivamente. (c) Seja p_A a proporção populacional de crianças que desenvolveram uma alergia a amendoim depois de se absterem de comer amendoim e p_C a proporção populacional de crianças que desenvolveram uma alergia a amendoim depois de consumirem amendoins. Suponha que as observações de cada grupo possam ser consideradas uma AAS. $\tilde{p}_A = \frac{36+1}{263+2} = 0{,}1396$, $\tilde{p}_C = \frac{5+1}{266+2} = 0{,}0224$, $\text{EP} = \sqrt{\frac{\tilde{p}_A(1-\tilde{p}_A)}{n_A+2}+\frac{\tilde{p}_C(1-\tilde{p}_C)}{n_C+2}} = \sqrt{\frac{0{,}1396(0{,}8604)}{265}+\frac{0{,}0224(0{,}9776)}{268}} = 0{,}0231$. O intervalo de confiança mais quatro de 99% é $(\tilde{p}_A - \tilde{p}_C) \pm 2{,}576(\text{EP}) = 0{,}1396 - 0{,}0224) \pm 2{,}576(0{,}0231) = 0{,}0577$ a $0{,}1767$. Estamos 99% confiantes de que, entre 5,77 e 17,67% mais crianças com eczema grave, alergia a ovo, ou ambos, desenvolverão uma alergia a amendoim após 60 meses depois de se absterem de comer amendoins, em comparação com as que consumiram amendoins.

23.9 (b)

23.11 (b)

23.13 (c)

23.15 (b)

23.17 (a) A menor contagem é $671 - 396 = 275$, o que é mais do que 10, de modo que um intervalo de confiança de grandes amostras pode ser usado. (b) Seja p_1 a proporção de todos os adultos com 18 a 29 anos de idade que acreditam que o governo estava rastreando todas, ou a maioria, de suas atividades *online* ou no telefone celular e p_2 a proporção de todos os adultos com 65 anos ou mais que acreditavam que o governo estava rastreando todas, ou a maioria, de suas atividades *online* ou no telefone celular. Desejamos um intervalo de confiança de 95% para a diferença nessas proporções. $\hat{p}_1 = \frac{396}{671} = 0{,}5902$, $\hat{p}_2 = \frac{293}{977} = 0{,}2999$, $\text{EP} = \sqrt{\frac{\hat{p}_1(1-\hat{p}_1)}{n_1}+\frac{\hat{p}_2(1-\hat{p}_2)}{n_2}} = \sqrt{\frac{0{,}5902(0{,}4098)}{671}+\frac{0{,}2999(0{,}7001)}{977}} = 0{,}0240$. O intervalo de confiança de 99% para a diferença nas proporções é $(\hat{p}_1 - \hat{p}_2) \pm 1{,}96(\text{EP}) = (0{,}5902 - 0{,}2999) \pm 1{,}96(0{,}0240) = 0{,}2433$ a $0{,}3373$. Estamos 95% confiantes de que a diferença entre as proporções populacionais de adultos com idade de 18 a 29 e adultos com 65 anos ou mais, que acreditavam que o governo estava rastreando todas ou a maioria de suas atividades *online* ou no telefone celular, esteja entre 0,2433 e 0,3373.

23.19 (a) Não podemos calcular o intervalo de confiança de grandes amostras nem realizar um teste de hipótese, porque uma das contagens é zero e o método requer, pelo menos, 10 sucessos e, pelo menos, 10 fracassos. (b) O tamanho amostral para o grupo de tratamento é 35, dos quais 24 têm tumores; o tamanho amostral para o grupo de controle é 20, dos quais um tem um tumor. (c) Suponha que os camundongos tenham sido associados aleatoriamente ao tratamento. $\tilde{p}_1 = \frac{23+1}{33+2} = 0{,}6857$, $\tilde{p}_C = \frac{0+1}{18+2} = 0{,}05$, $\text{EP} = \sqrt{\frac{\tilde{p}_1(1-\tilde{p}_1)}{n_1+2}+\frac{\tilde{p}_2(1-\tilde{p}_2)}{n_2+2}} = \sqrt{\frac{0{,}6857(0{,}3143)}{35}+\frac{0{,}05(0{,}95)}{20}} = 0{,}0924$. O intervalo de confiança mais quatro de 99% é $(\tilde{p}_1 - \tilde{p}_1) \pm 2{,}576(\text{EP}) = (0{,}6857 - 0{,}05) \pm 2{,}576(0{,}0924) = 0{,}3977$ a $0{,}8737$. CONCLUA: estamos 99% confiantes de que a diminuição da metilação do DNA aumenta a incidência de tumores em entre cerca de 40 e 87%.

23.21 (a) Seja p_1 a proporção de todos os bebedores habituais de chá que tiveram um derrame e p_2 a proporção dos que nunca/não habitualmente beberam chá que tiveram um derrame. Testamos H_0: $p_1 = p_2$ *versus* H_a: $p_1 \neq p_2$. Suponha que as observações de cada grupo possam ser consideradas uma AAS. A menor contagem é 854, que é maior do que 5, de modo que o procedimento de teste de significância é de uso seguro. $\hat{p}_1 = \frac{854}{31.885} = 0{,}0268$, $\hat{p}_2 = \frac{2.949}{69.017} = 0{,}0427$. A proporção combinada é $\hat{p} = \frac{854+2.949}{31.885+69.017} = 0{,}0377$ e $\text{EP} = \sqrt{\hat{p}(1-\hat{p})\left(\frac{1}{n_1}+\frac{1}{n_2}\right)} = \sqrt{0{,}0377(0{,}9623)\left(\frac{1}{31.885}+\frac{1}{69.017}\right)} = 0{,}00129$. $z = \frac{\hat{p}_1-\hat{p}_2}{\text{EP}} = \frac{0{,}0268-0{,}0427}{0{,}00129} = -12{,}33$ e $P = 2P(Z < -12{,}33) \approx 0$. Temos evidência muito forte de que haja uma diferença nas proporções de todos os bebedores de chá habituais que tiveram um derrame e os que nunca/não habituais bebedores de chá que tiveram um derrame. (b) Esse é um estudo observacional, porque os pesquisadores não associaram os sujeitos a tratamentos. (c) Não podemos concluir uma relação de causa e efeito, a menos que tenhamos um experimento aleatorizado. Além disso, os tamanhos das amostras extremamente grandes teriam resultado em um valor P muito pequeno, mesmo que houvesse uma diferença muito pequena nas proporções.

23.23 A menor contagem é 854, que é maior do que 10, de modo que um intervalo de confiança de grandes amostras pode ser construído. $\hat{p}_1 = \frac{854}{31.885} = 0{,}0268$, $\hat{p}_2 = \frac{2.949}{69.017} = 0{,}0427$. $\text{EP} = \sqrt{\frac{\hat{p}_1(1-\hat{p}_1)}{n_1+2}+\frac{\hat{p}_2(1-\hat{p}_2)}{n_2+2}} = \sqrt{\frac{0{,}0268(0{,}9732)}{31.885}+\frac{0{,}0427(0{,}9573)}{69.017}}) = 0{,}00119$. O intervalo de confiança de grandes amostras de 95% é $(\hat{p}_1 - \hat{p}_2) \pm 1{,}96(\text{EP}) = (0{,}0268 - 0{,}0427) \pm 1{,}96(0{,}00119) = -0{,}0183$ a $-0{,}01345$. Como o intervalo está inteiramente abaixo de 0, parece que a taxa de derrame é menor para aqueles que são bebedores habituais de chá. Isso apoia a afirmativa de que tomar chá é bom para sua saúde. Precisamos ter em mente que esse é um estudo observacional, de modo que não podemos concluir uma causação.

23.25 (a) Seja p_W a proporção de todos os negócios dirigidos por mulheres que vão à falência e p_M a proporção de todos os negócios dirigidos por homens que vão à falência. Testamos H_0: $p_W = p_M$ *versus* H_a: $p_W \neq p_M$. $\hat{p}_W = \frac{7}{42} = 0{,}1667$,

$\hat{p}_M = \frac{15}{106} = 0{,}1415$. A proporção combinada é $\hat{p} = \frac{7+15}{42+106} = 0{,}1486$ e $EP = \sqrt{\hat{p}(1-p)\left(\frac{1}{n_1}+\frac{1}{n_2}\right)} = \sqrt{0{,}1486(0{,}8514)\left(\frac{1}{42}+\frac{1}{106}\right)} = 0{,}06485$. $z = \frac{\hat{p}_1-\hat{p}_2}{EP} = \frac{0{,}1667-0{,}1415}{0{,}06485} = 0{,}39$ e $P = 2P(Z > 0{,}39) = 0{,}6966$, que praticamente não fornece nenhuma evidência de uma diferença nas taxas de falência.

(**b**) $\hat{p}_W = \frac{210}{1.260} = 0{,}1667$, $\hat{p}_M = \frac{450}{3.180} = 0{,}1415$ e $\hat{p} = 0{,}1486$, mas agora $EP = \sqrt{\hat{p}(1-\hat{p})\left(\frac{1}{n_1}+\frac{1}{n_2}\right)} = \sqrt{0{,}1486(0{,}8514)\left(\frac{1}{1.260}+\frac{1}{3.180}\right)} = 0{,}01184$, de modo que $z = \frac{0{,}1667-0{,}1415}{0{,}01184} = 2{,}13$ e $P = 0{,}0332$.

(**c**) Para o caso (a), o intervalo de confiança de 95% para a diferença é $(\hat{p}_W - \hat{p}_M) \pm 1{,}96\sqrt{\frac{\hat{p}_W(1-\hat{p}_W)}{n_W}+\frac{\hat{p}_M(1-\hat{p}_M)}{n_M}} = (0{,}1667-0{,}1415) \pm 1{,}96(0{,}0667) = -0{,}1055$ a $0{,}1559$. Para o caso (b), o intervalo de confiança resultante é $(0{,}1667 - 0{,}1415) \pm 1{,}96(0{,}0122) = 0{,}0013$ a $0{,}0491$. O intervalo de confiança é mais estreito com maiores tamanhos amostrais e indica que a diferença absoluta entre as proporções é menor do que 0,05.

23.27 ESTABELEÇA: há uma diferença entre as proporções populacionais de brancos não hispânicos e negros não hispânicos que estavam preocupados sobre quanta informação seus amigos e família podem saber sobre eles? PLANEJE: seja p_W a proporção de brancos não hispânicos que estavam preocupados e p_B a proporção de negros não hispânicos que estavam preocupados. Testamos H_0: $p_W = p_B$ *versus* H_a: $p_W \neq p_B$. RESOLVA: suponha que as observações de cada grupo possam ser consideradas uma AAS. A menor contagem é $445 - 271 = 174$, que é maior do que 5, de modo que o procedimento do teste de significância é de uso seguro. $\hat{p}_W = \frac{1.010}{2.887} = 0{,}3498$, $\hat{p}_B = \frac{271}{445} = 0{,}6090$. A proporção combinada é $\hat{p} = \frac{1.010+271}{2.887+445} = 0{,}38445$ e $EP = \sqrt{\hat{p}(1-\hat{p})\left(\frac{1}{n_1}+\frac{1}{n_2}\right)} = \sqrt{0{,}38445\,(0{,}61555)\left(\frac{1}{2.887}+\frac{1}{445}\right)} = 0{,}02477$. $z = \frac{\hat{p}_1-\hat{p}_2}{EP} = \frac{0{,}3498-0{,}6090}{0{,}02477} = -10{,}46$ e $P = 2P(Z < -10{,}46) \approx 0$. CONCLUA: temos forte evidência de que há uma diferença entre as proporções populacionais de brancos não hispânicos e negros não hispânicos que estavam preocupados com quanta informação seus amigos e família poderiam saber sobre eles.

23.29 ESTABELEÇA: desejamos estimar a diferença (tratamento menos placebo) nas proporções de fumantes que se absteriam de fumar durante as semanas 15 a 24. PLANEJE: seja p_1 a proporção de todos os adultos que se absteriam de fumar com Chantix® e seja p_2 a proporção de todos os adultos que se absteriam de fumar sem Chantix®. Desejamos um intervalo de confiança de 99% para a diferença nessas proporções. RESOLVA: o teste foi um experimento aleatorizado, duplo-cego, controlado por placebo. A menor contagem é 52, que é maior do que 10, de modo que podemos calcular o intervalo de confiança de grandes amostras. $\hat{p}_1 = \frac{244}{760} = 0{,}3211$, $\hat{p}_2 = \frac{52}{750} = 0{,}0693$, $EP = \sqrt{\frac{\hat{p}_1(1-\hat{p}_1)}{n_1}+\frac{\hat{p}_2(1-\hat{p}_2)}{n_2}} = \sqrt{\frac{0{,}3211(0{,}6789)}{760}+\frac{0{,}0693(0{,}9307)}{750}} = 0{,}0193$. O intervalo de confiança de 99% para a diferença nas proporções é $(\hat{p}_1 - \hat{p}_2) \pm 2{,}576(EP) = (0{,}3211 - 0{,}0693) \pm 2{,}675(0{,}0193) = 0{,}2021$ a $0{,}3015$. CONCLUA: estamos 99% confiantes de que a proporção populacional dos que se abstém de fumar com Chantix® é entre 20,21e 30,15% maior do que a proporção daqueles sem Chantix®.

23.31 ESTABELEÇA: há evidência de que um sorriso aumente a proporção de motoristas que param? PLANEJE: seja p_1 a proporção populacional dos que pararam quando um pedestre tinha uma expressão neutra e p_2 a proporção populacional dos que pararam quando o pedestre estava sorrindo. Testamos H_0: $p_1 = p_2$ *versus* H_a: $p_1 < p_2$. RESOLVA: suponha que as observações de cada grupo possam ser consideradas uma AAS. A menor contagem é 172, que é maior do que 5, de modo que o procedimento do teste de significância é de uso seguro. $\hat{p}_1 = \frac{172}{400} = 0{,}430$, $\hat{p}_2 = \frac{226}{400} = 0{,}5650$. A proporção combinada é $\hat{p} = \frac{172+226}{400+400} = 0{,}4975$ e $EP = \sqrt{\hat{p}(1-p)\left(\frac{1}{n_1}+\frac{1}{n_2}\right)} = \sqrt{0{,}4975(0{,}5025)\left(\frac{1}{400}+\frac{1}{400}\right)} = 0{,}03535$. $z = \frac{\hat{p}_1-\hat{p}_2}{EP} = \frac{0{,}43-0{,}565}{0{,}03535} = -3{,}82$ e $P = P(Z < -3{,}82) < 0{,}0002$. CONCLUA: há evidência de que um sorriso aumente a proporção populacional dos motoristas que param para um pedestre em uma faixa de pedestres. Podemos concluir uma relação de causa e efeito, porque esse foi um experimento aleatorizado.

23.33 ESTABELEÇA: desejamos estimar a diferença entre as proporções de camundongos prestes a procriar em bons anos de nozes e em maus anos de nozes. PLANEJE: seja p_G a proporção populacional de camundongos prestes a procriar em bons anos de nozes e p_B a proporção de camundongos prestes a procriar em maus anos de nozes. Desejamos um intervalo de confiança de 90% para a diferença nessas proporções. RESOLVA: suponha que os camundongos representem uma AAS da população de camundongos. A menor contagem é 7 e as diretrizes para o uso do método de grandes amostras exigem que todas as contagens sejam, no mínimo, 10. Usamos o método mais quatro. $\tilde{p}_G = \frac{54+1}{72+2} = 0{,}7432$, $\tilde{p}_C = \frac{10+1}{17+2} = 0{,}5789$, $EP = \sqrt{\frac{\tilde{p}_G(1-\tilde{p}_G)}{n_G+2}+\frac{\tilde{p}_B(1-\tilde{p}_B)}{n_B+2}} = \sqrt{\frac{0{,}7432(0{,}2568)}{74}+\frac{0{,}5789(0{,}4211)}{19}} = 0{,}12413$. O intervalo de confiança mais quatro de 90% é $(\tilde{p}_G - \tilde{p}_B) \pm 1{,}645(EP) = (0{,}7432 - 0{,}5789) \pm 1{,}645(0{,}12413) = -0{,}0399$ a $0{,}3685$. CONCLUA: estamos 90% confiantes de que a proporção populacional de camundongos prestes a procriar em bons anos de nozes está entre 0,04 menor e 0,3685 maior do que a proporção populacional em maus anos de nozes.

23.35 (**a**) Esse é um experimento, porque os pesquisadores associaram os sujeitos aos grupos a serem comparados. (**b**) ESTABELEÇA: a higienização das mãos reduz a chance de infecções pelo rinovírus (RV)? PLANEJE: seja p_1 a proporção populacional de sujeitos que têm uma infecção por RV para o grupo HL+ e p_2 a proporção populacional de sujeitos que têm uma infecção por RV para o grupo de controle. Testamos H_0: $p_1 = p_2$ *versus* H_a: $p_1 < p_2$. RESOLVA: suponha que as observações de cada grupo possam ser consideradas uma AAS. A menor contagem é 47, que é maior do que 5, de modo que o procedimento do teste de significância é de uso seguro. $\hat{p}_1 = \frac{49}{49+67} = 0{,}4224$, $\hat{p}_2 = \frac{49}{49+67} = 0{,}5104$. A proporção combinada é $\hat{p} = \frac{49+49}{116+96} = 0{,}46226$ e $EP = \sqrt{\hat{p}(1-\hat{p})\left(\frac{1}{n_1}+\frac{1}{n_2}\right)} = \sqrt{0{,}46226(0{,}53774)\left(\frac{1}{116}+\frac{1}{96}\right)} = 0{,}06879$. $z = \frac{\hat{p}_1-\hat{p}_2}{EP} = \frac{0{,}4224-0{,}5104}{0{,}06879} = -1{,}28$ e $P = P(Z < -1{,}28) = 0{,}1003$. CONCLUA: não temos evidência suficiente para a rejeição da hipótese nula. Há pouca evidência para concluir que a proporção populacional de usuários de HL+ com uma infecção por rinovírus seja menor do que para não usuários de HL+.

Capítulo 24: Inferência sobre Variáveis: Revisão da Parte IV

24.1 (c)

24.3 (b)

24.5 (a)

24.7 (b)

24.9 (a) Há 427 sucessos e 344 fracassos, ambos maiores do que 15. Supondo que as observações possam ser consideradas uma AAS da população, o intervalo de confiança de grandes amostras é apropriado. (b) Com $\hat{p} = \frac{427}{771} = 0{,}5538$, o intervalo de confiança de 90% é $\hat{p} \pm 1{,}645\sqrt{\frac{\hat{p}(1-\hat{p})}{n}} = 0{,}5538 \pm 1{,}645\sqrt{\frac{(0{,}5538)(0{,}4462)}{771}} = 0{,}5244$ a $0{,}5832$, ou 52,4 a 58,3%. (c) Estamos 90% confiantes de que, entre 52,4 e 58,3% das pessoas extremamente obesas que se submeteram à cirurgia de *bypass* gástrico, recuperaram, pelo menos, 25% de sua perda de peso pós-cirurgia, cinco anos depois da cirurgia.

24.11 (b)

24.13 (a)

24.15 Note que os desvios-padrão são maiores do que a média. Como os escores PedMIDAS devem ser maiores ou iguais a zero, todos esses escores que são menores do que a média diferem da média por menos que um desvio-padrão. Isso significa que vários escores que são maiores do que a média devem ser maiores por mais de um desvio-padrão (caso contrário, o desvio-padrão não seria tão grande), "empurrando" a distribuição para a direita. Os tamanhos amostrais são bastante grandes ($n = 64$ e 71); assim, as médias amostrais devem ser aproximadamente Normais, pelo teorema limite central.

24.17 (a)

24.19 (c)

24.21 (b)

24.23 (c)

24.25 (c)

24.27 (b)

24.29 (d)

24.31 (c)

24.33 Há 90 sucessos e 146 fracassos, ambos maiores do que 15. Foi dado que temos uma amostra aleatória, de modo que o intervalo de confiança de grandes amostras é apropriado. Com $\hat{p} = \frac{90}{236} = 0{,}3814$, o intervalo de confiança de 90% é $\hat{p} \pm 1{,}645\sqrt{\frac{\hat{p}(1-\hat{p})}{n}} = 0{,}3814 \pm 1{,}645\sqrt{\frac{(0{,}3814)(0{,}6186)}{236}} = 0{,}3294$ a $0{,}4334$. Estamos 90% confiantes de que, entre 32,9 e 43,3% dos jovens adultos, com idade entre 18 e 29 anos, tenham usado o Twitter.

24.35 Seja p_H a proporção populacional de ofertas humanas rejeitadas e p_C a proporção populacional de ofertas do computador rejeitadas. Suponha que as observações de cada grupo possam ser consideradas uma AAS. A menor contagem é 6, que é maior do que 5, de modo que o procedimento de teste de significância é de uso seguro. Testamos H_0: $p_H = p_C$ *versus* H_a: $p_H > p_C$. $\tilde{p}_H = \frac{18}{38} = 0{,}4737$, $\tilde{p}_C = \frac{6}{38} = 0{,}1579$. A proporção combinada é $\hat{p} = \frac{18+6}{38+38} = 0{,}3158$ e $\text{EP} = \sqrt{\hat{p}(1-\hat{p})\left(\frac{1}{n_1}+\frac{1}{n_2}\right)} = \sqrt{0{,}3158(0{,}6842)\left(\frac{1}{38}+\frac{1}{38}\right)} = 0{,}10664$. $z = \frac{\hat{p}_1-\hat{p}_2}{\text{EP}} = \frac{0{,}4737-0{,}1579}{0{,}10664} = 2{,}96$, e $P = P(Z > 2{,}96) = 0{,}0015$ (com programa; usando a Tabela C, $0{,}001 < P < 0{,}0025$). Há forte evidência de que as ofertas feitas por outra pessoa são rejeitadas com maior frequência do que as ofertas feitas por um computador.

24.37 (a)

24.39 Em todos os três casos, as observações devem poder ser consideradas amostras aleatórias dos dois tipos de dietas. Também, as populações devem ser Normalmente distribuídas.

24.41 Um intervalo de confiança de grandes amostras (ou mais quatro) para uma proporção populacional.

24.43 Essa é a população inteira dos jogadores do Chicago Cubs na lista de ativos. Inferência estatística não é apropriada.

24.45 (a) Teste de duas amostras ou intervalo de confiança para diferença nas proporções. (b) Teste de duas amostras ou intervalo de confiança para diferença nas médias. (c) Teste de duas amostras ou intervalo de confiança para diferença nas proporções.

24.47 (a) Essa é uma situação de dados emparelhados; as respostas de cada sujeito antes e depois do tratamento não são independentes. (b) Precisamos saber o desvio-padrão das diferenças, não os desvios-padrão das duas amostras individuais. (Note que a diferença média amostral é igual à diferença nas duas médias amostrais, e isso é o motivo de só precisarmos saber o desvio-padrão das diferenças.)

24.49 (a) $\hat{p} = \frac{80}{80} = 1$. A margem de erro de grandes amostras para 95% de confiança (ou qualquer nível de confiança) é 0 porque $z^*\sqrt{\frac{1(1-1)}{n}} = 0$. Certamente, se mais tentativas fossem realizadas, um rato, eventualmente, cometeria um erro, de modo que a taxa real de sucessos é menor do que 1. (b) O nível de confiança (95%) é maior do que 90%, e o tamanho amostral (80) é, pelo menos, 10, de modo que o intervalo mais quatro pode ser usado. $\tilde{p} = \frac{80+2}{80+4} = 0{,}9762$, e o intervalo de confiança de 95% mais quatro é $\tilde{p} \pm 1{,}96\sqrt{\frac{\tilde{p}(1-\tilde{p})}{n+4}} = 0{,}9762 \pm 1{,}96\sqrt{\frac{(0{,}9762)(0{,}0238)}{84}} = 0{,}9436$ a $1{,}0088$. Ignorando o limite superior, estamos 95% confiantes de que a taxa real de sucesso é 0,9436 ou maior.

24.51 ESTABELEÇA: há boa evidência de que a idade média ao falar a primeira palavra, entre todas as crianças típicas, seja maior do que um ano? PLANEJE: testamos H_0: $\mu = 12$ *versus* H_a: $\mu > 12$, em que μ denota a idade média populacional à primeira palavra. RESOLVA: consideramos nossa amostra uma AAS. Um diagrama de ramo e folhas (a seguir) mostra que os dados são assimétricos à direita, com um valor atípico (26).

0	7
0	899
1	00001111
1	2
1	55
1	7
1	8
2	00
2	
2	
2	6

Se prosseguirmos com os procedimentos t apesar disso, encontraremos $\bar{x} = 13$ e $s = 4{,}9311$ meses. $t = \frac{13-12}{4{,}9311/\sqrt{20}} = 0{,}907$. Com gl = 19, encontramos $P = 0{,}1879$ (usando um programa). Se desprezarmos o valor atípico mencionado acima, $\bar{x} = 12{,}3158$ e $s = 3{,}9729$ meses. $t = \frac{12{,}3158-12}{3{,}9729/\sqrt{19}} = 0{,}346$. Com gl = 18, encontramos $P = 0{,}3665$ (usando um programa). CONCLUA: não podemos concluir que a idade média à primeira palavra seja maior do que um ano.

24.53 ESTABELEÇA: qual é a idade média à primeira palavra entre todas as crianças típicas? PLANEJE: construímos um intervalo de confiança de 90% para μ. RESOLVA: já verificamos as condições no Exercício 24.51. Ignorando o valor atípico: gl = 19 e $t^* = 1{,}729$. O intervalo de confiança de 90% para μ é $\bar{x} \pm 1{,}729 \frac{s}{\sqrt{n}} = 13{,}0 \pm 1{,}729\frac{4{,}9311}{\sqrt{20}} = 11{,}09$ a $14{,}91$. CONCLUA: estamos 90% confiantes de que a idade média à primeira palavra para crianças típicas esteja entre 11,1 e 14,9 meses.

24.55 (a) O planejamento é mostrado a seguir.

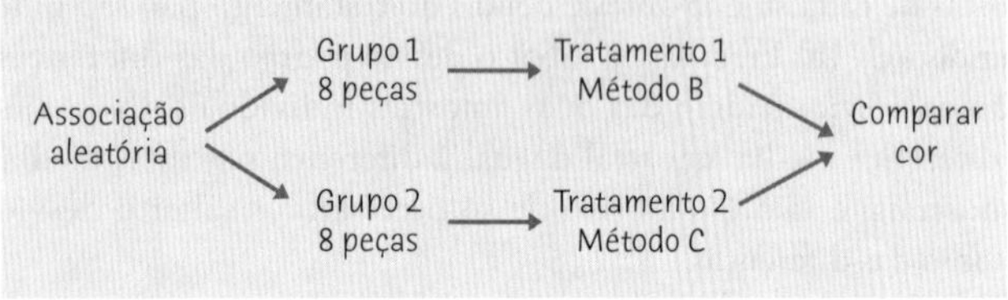

(b) ESTABELEÇA: qual método (B ou C) resulta na cor mais escura (escore mais baixo de luminosidade), em média? PLANEJE: seja μ_B o escore médio populacional de luminosidade para o Método B e μ_C o escore médio populacional de luminosidade para o Método C. Testamos H_0: $\mu_B = \mu_C$ *versus* H_a: $\mu_B \neq \mu_C$. RESOLVA: os diagramas de ramo e folhas a seguir não parecem violar a Normalidade. As amostras são independentes porque temos um experimento aleatorizado. Podemos usar os procedimentos t.

408	8
409	8
410	
411	
412	78
413	09
414	
415	0
416	6

42	223
42	445
42	6
42	
43	1

Aqui, com $\bar{x}_B = 41{,}2825$, $\bar{x}_C = 42$, $s_B = 0{,}2550$, $s_C = 0{,}2939$ e $n_1 = n_2 = 8$: $EP = \sqrt{\frac{s_B^2}{n_B} + \frac{s_C^2}{n_C}} = 0{,}1376$ e $t = \frac{\bar{x}_B - \bar{x}_C}{EP} = -8{,}79$. Usando um programa, gl = 13,73, $P < 0{,}0001$. Usando o valor mais conservador gl = 7 (ambas as amostras são de tamanho 8; assim, gl = 8 − 1) e a Tabela C, $P < 0{,}001$. CONCLUA: há evidência esmagadora de que os dois métodos de tingimento, na média, realmente diferem nos escores de luminosidade, e os dados sugerem que o Método B resulta em cor mais escura. No entanto, o valor P não nos diz coisa alguma sobre a magnitude da diferença, e ela pode ser muito pequena para ser de importância prática.

24.57 ESTABELEÇA: qual proporção de estudantes mulheres tem pelo menos um dos pais que permite que elas bebam na sua frente? PLANEJE: construímos um intervalo de confiança de 95%. RESOLVA: foi-nos dito que nossa amostra representa uma AAS. Temos 65 sucessos e 29 fracassos, ambos maiores do que 15, de modo que os métodos de grandes amostras podem ser usados. Com $\hat{p} = \frac{65}{94} = 0{,}6915$, o intervalo de confiança de 95% é $\hat{p} \pm 1{,}96\sqrt{\frac{\hat{p}(1-\hat{p})}{n}} = 0{,}6915 \pm 1{,}96\sqrt{\frac{(0{,}6915)(0{,}3085)}{94}} = 0{,}5981$ a $0{,}7849$. CONCLUA: com 95% de confiança, a proporção de estudantes mulheres que têm pelo menos um dos pais que permite que elas bebam na presença deles está entre 0,598 e 0,785.

24.59 (a) ESTABELEÇA: o micro-ondas reduz a porcentagem de biscoitos quebrados? PLANEJE: seja p_1 a proporção de todos os biscoitos que passaram pelo micro-ondas que mostravam rachaduras e p_2 a proporção de todos os biscoitos de controle que mostraram rachaduras. Desejamos um intervalo de confiança de 95% para a diferença nessas proporções. RESOLVA: suponha que os biscoitos representem uma AAS da população de biscoitos. A menor contagem é três, e as diretrizes para o uso do método de grandes amostras exigem que todas as contagens sejam, no mínimo, 10. Usamos o método mais quatro. $\tilde{p}_1 = \frac{3+1}{65+2} = 0{,}0597$, $\tilde{p}_2 = \frac{57+1}{65+2} = 0{,}8657$, $EP = \sqrt{\frac{\tilde{p}_1(1-\tilde{p}_1)}{n_1+2} + \frac{\tilde{p}_2(1-\tilde{p}_2)}{n_2+2}} = \sqrt{\frac{0{,}0597(0{,}9403)}{67} + \frac{0{,}8657(0{,}1343)}{67}} = 0{,}05073$. O intervalo de confiança mais quatro de 95% é $(\tilde{p}_1 - \tilde{p}_2) \pm 1{,}96(EP) = (0{,}0597 - 0{,}8657) \pm 1{,}96(0{,}05073) = -0{,}9054$ a $-0{,}7066$. CONCLUA: estamos 95% confiantes de que o micro-ondas reduz a porcentagem de biscoitos quebrados entre 70,7 e 90,5%. (b) ESTABELEÇA: os biscoitos que passam pelo micro-ondas mudam sua resistência à quebra? PLANEJE: seja μ_1 a força média populacional de quebra dos biscoitos que vão ao micro-ondas e μ_2 a força média populacional de quebra dos biscoitos de controle. Testamos H_0: $\mu_1 = \mu_2$ *versus* H_a: $\mu_1 \neq \mu_2$; construa um intervalo de confiança de 95% para a diferença entre as duas médias. RESOLVA: suponha que os dados possam ser considerados AAS das populações de biscoitos. Não dispomos dos dados para exame, mas nossos tamanhos amostrais são grandes o bastante para o uso dos procedimentos t. Temos $\bar{x}_1 = 139{,}6$, $\bar{x}_2 = 77{,}0$, $s_1 = 33{,}6$, $s_2 = 22{,}6$, $n_1 = n_2 = 20$. Aqui, $EP = \sqrt{\frac{s_1^2}{n_1} + \frac{s_2^2}{n_2}} = \sqrt{\frac{33{,}6^2}{20} + \frac{22{,}6^2}{20}} = 9{,}0546$ e $t = \frac{\bar{x}_1 - \bar{x}_2}{EP} = \frac{139{,}6 - 77{,}0}{9{,}0546} = 6{,}914$. Usando a abordagem conservadora para o cálculo de gl como o menor tamanho amostral menos 1, gl = 20 − 1 = 19 (os tamanhos amostrais são, ambos, 20). Usando a Tabela C, $P < 0{,}001$ (usando um programa, gl = 33,27 e $P \approx 0$). O intervalo de confiança de 95% é $(\bar{x}_1 - \bar{x}_2) \pm t^*(EP) = (139{,}6 - 77{,}0) \pm t^*(9{,}0546)$, em que $t^* = 2{,}093$ (usando a abordagem conservadora da Tabela C, com gl = 19) ou 2,0339 (gl = 33,27, com um programa). Isso resulta em 43,65 a 81,55 psi ou 44,18 a 81,02 psi, respectivamente. CONCLUA: há evidência muito forte de que levar os biscoitos ao micro-ondas muda sua força média de quebra. Estamos 95% confiantes de que os biscoitos que vão ao micro-ondas aumentam sua força média de quebra em 43,65 a 81,55 psi.

24.61 Duas das contagens (um e quatro) são muito pequenas para a realização, com segurança, de um teste de significância.

24.63 Sejam μ_1 a média populacional de glicose no sangue para os camundongos do tipo selvagem e μ_2 a média populacional de glicose no sangue para os camundongos $aP2^{-/-}$. Testamos H_0: $\mu_1 = \mu_2$ *versus* H_a: $\mu_1 \neq \mu_2$. As médias dos grupos são $\bar{x}_1 = 5{,}9$ (tipo selvagem) e $\bar{x}_2 = 0{,}75$ ($aP2^{-/-}$) ng/mL, e os desvios-padrão são $\text{EPM}_1 = 0{,}9$ e $\text{EPM}_2 = 0{,}2$ ng/mL. Os tamanhos amostrais são $n_1 = n_2 = 10$. Suponha que os dados possam ser considerados AAS das populações de camundongos. Usaremos os procedimentos t como foi feito no artigo. Temos $\bar{x}_1 = 5{,}9$, $\bar{x}_2 = 0{,}75$, $s_1 = 0{,}9\sqrt{10} = 2{,}846$, $s_2 = 0{,}2\sqrt{10} = 0{,}632$, $n_1 = n_2 = 10$. Aqui, $EP = \sqrt{0{,}9^2 + 0{,}2^2} = 0{,}9220$ e $t = \frac{\bar{x}_1 - \bar{x}_2}{\text{EP}} = \frac{5{,}9 - 0{,}75}{0{,}9220} = 5{,}59$. Usando a abordagem conservadora para o cálculo de gl como o menor tamanho amostral menos 1, gl = 10 − 1 = 9 (os tamanhos amostrais são, ambos, 10) ou gl = 9,89 (usando um programa) e $P < 0{,}001$. A evidência é ainda mais forte do que o artigo afirmou.

24.65 ESTABELEÇA: qual porcentagem de todos os adultos nos Estados Unidos diria que os pais de jovens adultos, com idade entre 18 e 29 anos, estão fazendo demais para seus filhos adultos? PLANEJE: construímos um intervalo de confiança de 95%. RESOLVA: supomos que possamos tratar essa amostra uma AAS de todos os adultos nos Estados Unidos. Há 983(0,55) = 5.408,7 sucessos e 9.834(0,45) = 4.425,3 fracassos. Ambos são maiores do que 15, de modo que o intervalo de confiança de grandes amostras é apropriado. $\hat{p} = 0{,}55$. O intervalo de confiança de 95% de grandes amostras é $\hat{p} \pm 1{,}96(\text{EP}) = 0{,}55 \pm 1{,}96\sqrt{\frac{(0{,}55)(0{,}45)}{9.834}} =$ 0,5402 a 0,5598, ou 54,0 a 56,0%. CONCLUA: estamos 95% confiantes de que, entre 54,0 e 56,0% dos adultos nos Estados Unidos, diriam que os pais de jovens adultos, com idade entre 18 e 29 anos, estão fazendo demais por seus filhos adultos.

ÍNDICE ALFABÉTICO

10
1
2
3
4
5
6
7
8
9
2023